Tratado sobre el aprovechamiento energético de la biomasa

Borja Velázquez Martí

edUPV

Universitat Politècnica de València

Colección Académica http://tiny.cc/edUPV_aca

Para referenciar esta publicación utilice la siguiente cita:
Velázquez Martí, Borja (2024). *Tratado sobre el aprovechamiento energético de la biomasa*. Valencia: edUPV.

Venta: www.lalibreria.upv.es / Ref.: 0609_64_01_02

ISBN: 978-84-1396-241-2
Depósito Legal: V-3975-2024

Maquetación: Enrique Mateo, *Triskelion Diseño Editorial*
Imprime: La Imprenta CG

Si el lector detecta algún error en el libro o bien quiere contactar con los autores, puede enviar un correo a edicion@editorial.upv.es

edUPV se compromete con la ecoimpresión y utiliza papeles de proveedores que cumplen con los estándares de sostenibilidad medioambiental, https://editorialupv.webs.upv.es/compromiso-medioambiental

Prólogo

La BIOMASA, entendida como materia orgánica generada en los procesos biológicos, y al alcance del hombre, ha sido utilizada con fines energéticos desde el descubrimiento del fuego. Fue el *Homo erectus*, un antecesor del *Homo sapiens,* quien realizó ese trascendental descubrimiento hace cerca de un millón de años. El fuego le proporcionó y permitió luz para la vida nocturna y para las cavernas, calor para protegerse de bajas temperaturas, realizar la cocción de sus alimentos, recurso para la caza, defensa ante el ataque de las fieras y de los rivales. Una vez que nuestro ancestro obtuvo el dominio del fuego, comenzó su carrera desenfrenada hacia la humanización, tanto al perfeccionar la vida en comunidades, fortalecida al amparo del hogar y enriquecida con interacciones sociales, como por la influencia de una mejor dieta para el desarrollo y calidad de su organismo. Por tanto, es evidente la importancia que para el hombre ha tenido y tiene ese recurso energético primario, que es la biomasa.

Su hegemonía como fuente de energía ha cumplido centenares de miles de años. Después, ese dominio se va a ir compartiendo con otras fuentes de energía, que sucesivamente van descubriéndose. En orden cronológico por su aprovechamiento se sitúan básicamente, la energía hidráulica, la eólica, la fósil (carbón, petróleo y gas natural), la solar, la geotérmica y la nuclear.

Las energías hidráulica y eólica, llamadas renovables por no agotar sus fuentes, y consideradas limpias al minimizar el riesgo ambiental, son aprovechadas desde los primeros siglos de nuestra historia con las invenciones respectivas de la rueda hidráulica (noria) y el molino de viento. Pero a estas fuentes de energía les aparece la competencia de los combustibles fósiles: carbón, gas natural y petróleo. El alto valor energético de estos combustibles y las grandes cantidades existentes, ha llevado al hombre, una vez resueltas las técnicas de extracción, a su explotación desmesurada. Para el carbón, gran protagonista de la revolución industrial y del desarrollo europeo del siglo XVIII, su extracción ha requerido la construcción de minas, ya obradas por los romanos y ampliamente extendidas al final de la edad media. Para el petróleo y el gas, hegemónicos como fuentes de energía en los siglos XIX y XX, su extracción se logra con la perforación de pozos a gran profundidad, tanto en zonas terrestres como marinas. Hoy día los combustibles fósiles suponen alrededor del 85 % del total de energías consumidas en el mundo.

El repaso de las principales fuentes de energía utilizadas por el hombre, debe incluir necesariamente la energía nuclear. Hoy día, su presencia se estima en el 4,5 % de la energía total consumida anualmente en el mundo (140 000 TW.h). El descubrimiento de la fisión nuclear del uranio y del torio en 1938 por el alemán Otto Han, cabe considerarlo como el comienzo de la carrera nuclear. La fisión de núcleos pesados es un proceso exotérmico, que libera cantidades sustanciales de energía, mucho mayores a la obtenida en las reacciones químicas convencionales. A esta enorme ventaja de carácter energético se le opone por un lado, las altas condiciones de seguridad exigibles en una central nuclear, y que nunca pueden garantizar la eliminación absoluta del riesgo, y por otro, la problemática de los residuos. En efecto, los productos resultantes de la fisión son generalmente altamente radiactivos y de larga vida. Su retirada y almacenamiento constituyen un riesgo permanente para toda la sociedad, actual y futura.

Ante los problemas que afectan al medio ambiente, y de modo singular el cambio climático, unido a los problemas económicos y de inseguridad que se han creado, por un lado, en el uso del carbón y petróleo y por otro, en el proceso de obtención, almacenamiento y destino de la energía nuclear, las energías renovables (hidráulica, biomasa, eólica, geotérmica y solar) toman un papel relevante, siquiera como alternativa parcial, exigiendo mayor atención de científicos, técnicos, economistas y políticos para lograr su implantación eficiente al servicio del desarrollo sostenible de nuestro tiempo. De hecho, hay estudios que acreditan un incremento del consumo de energías renovables limpias a nivel mundial que ha pasado del 7% al 10% en los últimos diez años, a costa de una caída del 6% al 4,5% de la nuclear, junto a una reducción sensible del consumo de carbón mineral. Dentro del grupo de renovables, la bioenergía (aprovechamiento de la biomasa) avanza significativamente.

Se hace pues necesario que el conocimiento y difusión de los recursos y técnicas que aseguren el aprovechamiento y buena gestión de la biomasa con procesos eficientes y rentables, estén presentes en la literatura técnica. Y así queda justificada la oportunidad de la obra que tengo la satisfacción de prologar.

Esta obra ofrece una amplia visión del aprovechamiento de la biomasa como fuente de energía renovable. Abarca desde su caracterización, cuantificación, recogida y transporte a los puntos de transformación y aprovechamiento, hasta el análisis de los diferentes procesos e instalaciones que puede ofrecer el campo energético: calderas, máquinas térmicas, gasificadores y biorreactores. También se incluye el estudio y aplicación para obtener biocombustibles sólidos (pélets, briquetas, carbón vegetal), líquidos (bioetanol y biodiesel), y gases (biogás y syngas). Finalmente recoge una revisión sobre la producción de los principales cultivos energéticos oleaginosos.

A pesar de que, como se ha expuesto, la biomasa ha sido un recurso históricamente utilizado como fuente de energía, las enormes demandas que exigen las necesidades actuales requieren que el sistema de aprovechamiento se tecnifique, apareciendo una ciencia multidisciplinar, que es atendida en esta obra.

Los procesos de aprovechamiento de la biomasa a gran escala se han convertido en sistemas complejos, donde la técnica en los campos de la agricultura, mecánica, termodinámica, química, economía entre otros..., ofrecen herramientas donde técnicos y científicos deben basarse para garantizar la sostenibilidad en todos los niveles. En su conjunto, esta obra expone y resuelve las cuestiones de interés práctico que el aprovechamiento de la biomasa plantea, desde una perspectiva actual, moderna y tecnificada.

El profesor Borja Velázquez Martí, a quien conozco desde las etapas de formación de Grado y Posgrado, ha mostrado a lo largo de su trayectoria profesional una gran capacidad de trabajo, una probada ilusión y empeño en las tareas académicas y un propósito permanente por aprender y transmitir conocimiento.

Tras sus comienzos en el campo de la mecanización y tecnología agraria, donde a lo largo de cinco años aportó interesantes trabajos, como los relacionados con la aplicación de microondas para eliminación de malas hierbas y desinfección de suelos, accedió al conocimiento de los equipos y sistemas empleados en la producción, mantenimiento y explotación forestal, con una larga estancia en Alemania durante los años 2004 a 2006, en la Universidad Albert-Ludwig de Freiburg (Alemania), y posteriormente en la Universidad de Wageningen (Países Bajos) (2007).

Desde entonces, el concepto de biomasa como fuente de energía, va a ir ocupando un lugar preferente entre sus objetivos docentes y de investigación. Y así, esta obra es el resultado del estudio y la práctica, durante sus últimos diez años.

Varias tesis doctorales dirigidas por el autor se han centrado en la caracterización y cuantificación de la biomasa en el arco mediterráneo, principalmente leñosa, tanto agrícola como forestal. En el laboratorio de análisis de biomasa de origen vegetal de la Universitat Politècnica de València, diseñado y equipado por el profesor Velázquez, se ha desarrollado pues un importante trabajo de caracterización y determinación de propiedades físicas, químicas y energéticas, en muestras de diferentes especies vegetales (palmeras, plátano de sombra, moreras, acacias, entre otras).

También hay que destacar sus trabajos en la cuantificación de estructuras vegetales, factores de forma y de ocupación de especies arbustivas y evaluación de rodales arbustivos. Todo ello necesario para la toma de decisiones ante un plan de aprovechamiento de la biomasa en un determinado territorio.

A lo largo de los últimos siete años, con estancias prolongadas, ha vivido de cerca la situación de ciertos países latinoamericanos ante el reto del aprovechamiento energético de la biomasa. Destacan sus proyectos y realizaciones en Ecuador en conjunción con varias universidades de ese país.

Por otro lado, sus publicaciones científicas y técnicas han enriquecido la elaboración de material docente para sus alumnos en la UPV. Es una faceta que no descuida y por ello no nos sorprende que este libro ofrezca ejemplos y ejercicios prácticos, con supuestos de cálculo en buen número de sus temas. Incluso el desarrollo del temario no renuncia a la exposición de las bases conceptuales necesarias para la comprensión final de ciertos procesos termodinámicos, químicos, matemáticos, etc.., presentes en la obra.

En definitiva, un libro completo, sobre un tema de gran interés que refleja una experiencia personal intensa en esa temática. Sea pues bienvenido para quienes desean formarse en el campo de la biomasa, quienes ejercen su trabajo en el aprovechamiento energético de la misma y para quienes deben tomar las decisiones políticas sobre planes energéticos.

Enhorabuena al profesor Borja Velázquez Martí, y mi deseo para que el libro cumpla el fin para el que ha sido escrito

Carlos Gracia López
Catedrático emérito de la Universitat Politècnica de València

Simbología

A	Sección o área
A_d	Porcentaje de masa de cenizas en la muestra seca
c	Velocidad
C	Fuerza cortante
$(C)_d$	Porcentaje de masa de carbono en la muestra seca
$(Cl)_d$	Porcentaje de masa de cloro en la muestra seca
Cp	Calor específico a presión constante
C_e	Capacidad calorífica
d	Diámetro
Dc	Diámetro de copa
Dt	Diámetro de tronco
DAP	Diámetro a altura del pecho
e	Espesor
E	Energía
f	Factor de forma
FC	Porcentaje de carbono fijo
J	Momento de inercia polar
k	Conductividad térmica
K_g	Coeficiente global de transmisión de calor
K_h	Constante de Henry
F	Caudal, flujo volumétrico
F	Fuerza (en mecánica)
h	Entalpía específica
h_p	Coeficiente de transferencia de calor por convección. Coeficiente de película
H	Altura (en dendrometría)
H	Entalpía
$(H)_d$	Porcentaje de masa de hidrógeno en la muestra seca
I	Momento de inercia
λ	Exceso de aire
L	Longitud
μ	Viscosidad dinámica

μ	Tasa de crecimiento celular
η	Rendimiento energético
$\dot{m}$	Flujo másico
m_C	Masa de carbono
m_H	Masa de hidrógeno
m_N	Masa de nitrógeno
m_S	Masa de azufre
m_O	Masa de oxígeno
$\dot{m}_\omega$	Velocidad de secado
n	Velocidad de giro en rev/min
n_c	Número de cilindros en el motor
n_e	Número de moles necesario para combustión completa
n_w	Revoluciones por segundo a las que gira el motor $(N)_d$
$(N)_d$	Porcentaje de masa de nitrógeno en la muestra seca
Nu	Número de Nusselt
P	Presión
P	Concentración de producto (en biorreactores)
PCS	Poder calorífico superior. Poder calorífico bruto a volumen constante
PCS_d	Poder calorífico superior del material seco, sin humedad
PCS_m	Poder calorífico superior del material a una determinada humedad
PCI	Poder calorífico inferior. Poder calorífico neto a volumen constante
PCN	Poder calorífico neto a presión constante
Pr	Número de Prandtl
R	Constante universal de los gases
Re	Número de Reynolds
ρ	Densidad
ρ_r	Densidad real
$(\rho)\omega$	Densidad a humedad ω
$(\rho)_d$	Densidad de material seco
S	Entropía
S	Concentración de sustrato en biorreactores
$(S)_d$	Porcentaje de masa de azufre en la muestra seca
Sc	Número de Smith
Sh	Número de Sherwood
σ	Tensión normal
Q	Calor
$\dot{Q}_c$	Potencia de la caldera
$\dot{Q}_s$	Potencia disipada condensador

t	Tiempo
T	Temperatura
T	Momento torsor (en mecánica)
τ	Tensión tangencial
TR	Tiempo de retención
V	Volumen
VM_d	Porcentaje de masa de volátiles en la muestra seca
V_c	Volumen del cilindro
W	Trabajo
$\dot{W}_b$	Potencia bomba
$\dot{W}_t$	Potencia turbina
u	Energía interna específica
U	Energía interna
v	Volumen específico
ω_d	Porcentaje de humedad en base seca
ω_h	Porcentaje de humedad en base húmeda
X	Título en mezclas líquido-gas
X	Concentración celular

Índice

Capítulo I
La biomasa como fuente de energía renovable

1.1. Definición de biomasa y biocombustible

Se denominan energías renovables a fuentes de energía inagotables y respetuosas con el medio ambiente. Este tipo de energías podrían solucionar muchos de los problemas ambientales y económicos que supone el actual uso del resto de las fuentes de energía, como la contaminación atmosférica, los residuos radiactivos, liberación de gases que propician la destrucción de la capa de ozono e incrementan el efecto invernadero, y a su vez, frenar la dependencia de las importaciones energéticas de fuentes agotables, dado que las fuentes de energía renovables son accesibles en cualquier zona del mundo. Las energías renovables se pueden clasificar en cinco grupos:

- Energía hidráulica.
- Energía eólica.
- Energía geotérmica.
- Energía solar.
- Biomasa.

Se denomina *biomasa* a la materia orgánica no fosilizada, ya sea originada en un proceso biológico espontáneo o provocado. En términos generales, esta materia tiene múltiples usos y utilidades para los hombres, pues constituye la base de nuestra alimentación y es materia prima para gran número de industrias, tal como la farmacéutica, cosmética, textil, maderera, papelera o ciertos elementos de la construcción. Asimismo, la biomasa puede suponer una fuente de energía, pues se puede transformar en sustancias combustibles denominadas biocombustibles. Es importante diferenciar estos dos términos pues en numerosos contextos se confunden creyendo que son sinónimos, cuando no lo son. Los biocombustibles son productos finales comercializables en el mercado energético obtenidos de la transformación física, química o microbiológica de la biomasa, que es su materia prima. Es decir, los biocombustibles son directamente utilizables en procesos de combustión obteniendo calor. Ese calor podrá ser utilizado directamente o ser transformado en otros tipos de energía, principalmente mecánica o eléctrica.

Teniendo en cuenta la rápida regeneración de los sistemas productores de biomasa, puede considerarse ésta como una fuente de energía renovable, por ser inagotable. Por otra parte, los residuos de la fabricación de biocombustibles a partir de biomasa, junto sus emisiones en la combustión, presenta contaminaciones menores a las derivadas de la fabricación y uso de los combustibles procedentes del petróleo o carbón, por ello se considera que es una fuente de energía más limpia. No obstante, hay que advertir que los residuos de la fabricación de biocombustibles no son inexistentes, más aún, presentan problemáticas relevantes en muchas ocasiones.

Cambio climático

Cuando la radiación emitida por el Sol incide sobre la corteza terrestre, parte de la energía se absorbe, calentando la misma, y parte se refleja. El calor generado en el suelo por la absorción de la energía incidente aumenta la temperatura del aire por convección. De la fracción reflejada parte se libera hacia el espacio exterior cuando pasa la troposfera, y otra parte rebota, volviendo a direccionarse hacia la tierra, aumentando la radiación incidente. La presencia de CO_2 en la atmósfera hace que la fracción reflejada al espacio exterior sea menor, incrementando la radiación sobre la corteza, y en consecuencia la temperatura del suelo y aire. Esto es lo que se denomina *Efecto Invernadero*. El efecto invernadero provocado por el CO_2 es algo necesario para mantener la temperatura del planeta en unos niveles cómodos para la vida humana en la Tierra. Pero un exceso de este componente gaseoso en la atmósfera provoca que la reflexión troposférica sea mayor a la adecuada, siendo la energía incidente sobre la corteza muy grande, y con ello la temperatura del suelo, agua y aire. Las variaciones de temperatura del suelo, agua oceánica y aire provocan alteraciones impredecibles en el clima, al cambiar la dirección de los vientos, corrientes marinas, etc. Se supone que la concentración de CO_2 en la atmósfera hasta el siglo xx, oscilaba alrededor de los 280 ppm (cm^3/m^3), y en la actualidad hemos alcanzado los 390 ppm.

La fuente de energía primaria en la producción de biomasa es la energía solar, que permite la construcción de materia orgánica vegetal por la captación de carbono de la atmósfera a través de la fotosíntesis. La absorción de carbono en los tejidos vegetales primero, y posteriormente en los animales que consumen los mismos, permite calificar a la biomasa como sumidero del carbono atmosférico. La absorción de CO_2 ayuda a paliar el exceso de efecto invernadero.

1.2. Fuentes de biomasa

Es indudable la existencia de numerosas fuentes de biomasa y tipos, derivados de la diversidad de sistemas de producción agrícola, sistemas forestales y sistemas marinos. Una propuesta de clasificación de las fuentes más relevantes para obtener biomasa para uso energético se muestra en la Tabla 1.1. Podemos diferenciar dos grandes grupos: por un lado, la biomasa procedente de sistemas naturales y plantaciones energéticas, denominada biomasa de primera generación; por otro, la biomasa procedente de residuos o restos de actividades humanas, denominada biomasa de segunda generación. Actualmente, hay un tercer grupo que se le denomina biomasa de tercera generación, que es biomasa procedente del cultivo de algas y microorganismos en biorreactores.

Se denomina plantaciones energéticas a aquellas plantaciones que desde su concepción tienen el objetivo principal de obtener materia prima que se va a transformar en biocombustibles.

Las plantaciones energéticas se caracterizan por cultivar especies de crecimiento rápido. Cabe distinguir las plantaciones energéticas para la producción de materiales lignocelulósicos, destinados mayoritariamente a la combustión o gasificación, y los cultivos cuyo objetivo es la producción de semillas o granos, como son el cultivo de oleaginosas para la obtención de aceite que se transformará en biodiesel, o el cultivo de cereales para la obtención de almidón destinado a la producción de etanol. El destino de los materiales lignocelulósicos es mayoritariamente la producción de biocombustibles sólidos, tanto de especies típicamente forestales como chopos, sauces, eucaliptos, robinas y acacias, como de cultivos agrícolas como el cardo y el miscanto, aunque pueden ser sometidos a procesos de hidrólisis de la celulosa y hemicelulosa para la producción de azúcares, y de éstos obtener bioetanol.

Los restos y residuos biomásicos (biomasa de segunda generación) se producen en procesos de producción y transformación de otros productos principales, tanto para la alimentación (agricultura e industria agroalimentaria) como para uso industrial (madera, papel, tejidos, sustancias químicas, etc.). Se consideran residuos biomásicos a materiales que ya no son aprovechables económicamente para ningún destino diferente que su desecho o utilización como fuente de energía. Se consideran restos biomásicos a materiales que podrían reutilizarse para la elaboración de otros subproductos; como por ejemplo, tableros de virutas orientadas, tableros de fibra, conglomerados, etc. El uso de los restos para la producción de biocombustibles supone un planteamiento ambiental inadecuado dado que el CO_2 fijado en los procesos biológicos de producción agrícola y forestal debería ser devuelto a la atmósfera lo más tarde posible en la cadena productiva para que perduren lo máximo como sumidero. Un adecuado planteamiento ambiental consistiría en prolongar lo máximo posible la utilización de la biomasa, empleando tan sólo residuos finales para la generación de energía. Sin embargo, cabe puntualizar que esto debe ser analizado desde el punto de vista económico en cada caso, puesto que los restos pueden tener una mejor situación, por ser de más fácil gestión.

Tabla 1.1. Fuentes de origen de la biomasa con destino energético.

Cultivos energéticos	Herbáceos		Cardo, sorgo, miscanto, girasol, soja, maíz, trigo, cebada remolacha, especies C4 agrícolas.
	Leñosos		Chopos, sauces, eucaliptos, robinas, acacias, y especies C4 forestales.
Restos y residuos	Restos de cultivos agrícolas	Herbáceos	Paja, restos de cereales, restos de cultivos hortícolas
		Leñosos	Poda o eliminación de plantaciones de frutales de hueso y pepita, olivo, vid, cítricos, etc.
	Restos de operaciones silvícolas		Cortas finales, podas, claras, clareos, apertura de vías y pistas forestales, limpieza de monte para prevención de incendios, catástrofes forestales (incendios)
	Restos de las industrias agroalimentarias		Piel de frutos (cítricos), cáscaras (almendra, cacahuete...), huesos (aceituna), pulpa en industrias de zumo, etc
	Restos de industrias forestales		Serrines y virutas, polvo de lijado, corteza, tacos y recortes
	Restos de las explotaciones ganaderas		Purines, cama animal, animales fallecidos
	Productos o restos marinos		Algas, conchas, etc.
	Actividades humanas		Residuos alimenticios, papel, otros residuos industriales

1.3. Biomasa agrícola para uso energético

Es indudable el protagonismo que posee la agricultura como sistema de producción de productos biomásicos susceptibles de ser transformados en biocombustibles. La valorización de estos productos puede ser un complemento de la renta agraria, dado que supondría un ingreso adicional al percibido por la comercialización de alimentos. Tres aspectos son los que se deben considerar en la promoción de los biocombustibles agrícolas: primero, la oportunidad que ofrecen para paliar la problemática energética, por la necesidad de reducir la dependencia del carbón y del petróleo; el segundo, el beneficio mediomabiental, por la necesidad de reducir las emisiones de CO_2 que provocan el efecto invernadero y el sobrecalentamiento del planeta; y tercero, la necesidad que tiene la agricultura y el mundo rural en ciertos países por ser competitivo en una economía globalizada. Los dos primeros aspectos, energético y medioambiental, son problemáticas globales de todo el planeta, y probablemente serán resueltos con el esfuerzo internacional. Ahora bien, el tercer aspecto, la baja rentabilidad de la agricultura en ciertas regiones, es un problema localizado, y por tanto su solución dependerá de las soluciones locales y política regional. La producción de materias primas para biocombustibles supone una oportunidad para la agricultura local.

La baja rentabilidad de la agricultura en ciertas zonas viene provocada por diversas causas. Primero, generalmente existe una mala estructura de la propiedad, esto provoca que la escala económica de las empresas agrarias sea pequeña porque los volúmenes de productos comercializados son también bajos; por otra parte, la existencia de parcelas de extensión muy reducida evita el desarrollo de la mecanización y la aplicación de tecnología apropiada. Segundo, los costes de insumos como semillas, fertilizantes, plaguicidas y mando de obra pueden resultar muy elevados, mientras que existen bajos precios de mercado de los productos, dado que suele estar saturado o monopolizado, proporcionando un margen de beneficio muy pequeño. Por último, la climatología en ciertas zonas puede ser adversa, existiendo periodos prolongados de sequía, o periodos prolongados de mucho frío.

La necesidad de biocarburantes, como sustituyentes de los derivados del petróleo hace pensar que los cultivos energéticos oleaginosos y ricos en hidratos de carbono sufrirán una proliferación en todo el mundo, llegando a globalizarse su comercialización tal como ocurre en el sistema agroalimentario. De los primeros se obtendrá biodiesel, de los segundos bioetanol. La pregunta que suscita la promoción de estos cultivos energéticos en zonas donde la agricultura alimentaria no es rentable es la siguiente: cuando el mercado de biomasa para biocombustibles esté generalizado y globalizado, ¿los cultivos energéticos agrícolas serán competitivos en las zonas donde la agricultura convencional alimentaria no lo es, teniendo éstos los mismos condicionantes que los cultivos alimentarios?

Por ejemplo, el rendimiento medio de la colza para la producción de biodiesel en el norte de España es de 1,70 t/ha según el Anuario de Estadística Agraria 2010, cuando la media de la Unión Europea es de 4,2 t/ha; o el girasol en España tiene un rendimiento medio de 0,9 t/ha en secano y 2 t/ha en regadío, pero en Argentina está cerca de los 2,3 t/ha. Por otra parte, cultivos tropicales oleaginosos que no pueden ser cultivados en Europa como la palma aceitera o la jatrofa curcas poseen rendimientos de 15 t/ha y 11,5 t/ha respectivamente, siendo los costes de producción 1/3 respecto a los cultivos europeos y la tasa de aceite en la semilla para producir biodiesel es muy similar en todos estos cultivos, un 32% aproximadamente. Probablemente los países con mejor rendimiento (t/ha) y producción más económica albergarán también la industria de transformación para producción de biodiesel o bioetanol. Ante esto, habría que diferenciar dos tipos de biocombustibles, primero los líquidos que proceden de aceites y azúcares, obtenidos de semillas oleaginosas y amiláceas respectivamente, y segundo, los biocombustibles sólidos procedentes de residuos, de los cuales hay una amplia gama.

Los biocombustibles líquidos son fácilmente trasportables, al igual que se hace con el petróleo; pero el transporte de la biomasa procedente de residuos, generalmente sólidos, no es tan apta para el trasporte, y ello hace que su gestión deba realizarse en la misma zona geográfica donde se producen. En este sentido, por los condicionantes anteriormente expuestos, cuando la agricultura no sea competitiva como fuente de materia prima de biocarburantes (biodiesel y bioetanol) es necesario potenciar la gestión de residuos o los biocombustibles sólidos, aun procediendo de plantaciones energéticas para incentivar el desarrollo económico en esa zona, complementando la actividad de producción alimentaria, dado que estos biocombustibles son difícilmente importables. Entonces esa región será dependiente de la importación de biocarburantes pero más independiente de biocombustibles sólidos para obtener calor por combustión, gas de síntesis o electricidad con sistemas de cogeneración. Esto no significa que la política de potenciación de la industria de transformación de biomasa para producción de biodiesel o bioetanol en un determinado territorio no sea adecuada para ocupar una posición ventajosa en el mercado, y ganar independencia energética; sólo que en el análisis de viabilidad habría que contemplar las anteriores consideraciones.

En este sentido, en zonas donde la viabilidad de la agricultura está comprometida es necesario potenciar la gestión de residuos de las plantaciones para lo cual es necesario tener un conocimiento amplio de la cantidad y tipo de residuos generados, junto su aptitud e implicaciones para sus transformaciones en biocombustibles. Una gran cantidad de biomasa residual con posible uso energético puede ser extraída de la gestión de la agricultura, especialmente en operaciones de poda, renovación de plantaciones, restos de cosecha y residuos del procesamiento de productos. Actualmente estos residuos son amontonados y eliminados por quema o trituración en campo no consiguiendo ningún beneficio directo, más bien un coste en estas operaciones. La utilización de esta biomasa adicional de la agricultura como fuente de energía podría rentabilizar las operaciones de mantenimiento dentro de una gestión sostenible, y conseguir ingresos adicionales para los agricultores, que además de comercializar sus cosechas, pueden obtener ingresos complementarios por los residuos generados en las explotaciones agrarias.

Influencia de la bioenergía en el mercado alimentario

En distintos foros se discute la influencia que tiene el empleo de superficie cultivable para la obtención de biomasa para uso energético en los precios de los alimentos tanto humanos como para la ganadería. Por ejemplo, la producción de maíz para la obtención de almidón, y de él bioetanol, ha provocado un aumento del precio de este producto, y son conocidas las quejas de los ganaderos, que ven limitada su capacidad de compra y la rentabilidad de las explotaciones. Un análisis adecuado del sistema es difícil, pero se hace necesario. Indudablemente el empresario agrario desea obtener el máximo beneficio y venderá el maíz a aquel sector cuyas exigencias de calidad pueda conseguir al menor coste y le dé por su producto el precio más alto, maximizando así el margen de beneficio. El aumento de la demanda de biocombustibles provoca que la influencia sea prácticamente inevitable. Pero nos encontramos con una paradoja, en muchas zonas del mundo, algunas de ellas en Europa, la agricultura posee baja rentabilidad, atribuida a unos elevados costes en los insumos necesarios (mano de obra, combustible, fertilizantes y plaguicidas) y a unos bajos precios de los alimentos. La producción de biomasa para biocombustibles debería mejorar esta situación. Una propuesta razonable sería diferenciar zonas donde la producción de alimentos es rentable de zonas donde la producción de alimentos no es rentable. En las zonas donde no es rentable la producción de alimentos se tiende a abandonar esta actividad, produciéndose despoblamiento rural y otros problemas de carácter ambiental, como la desertización. Entonces la potenciación de plantaciones energéticas puede ser una oportunidad. Esto significa que mediante una planificación adecuada, es decir, una ordenación del territorio desde el punto de vista legal, se debería limitar la producción de biocombustibles en zonas de alta rentabilidad en productos alimentarios, y potenciar las plantaciones energéticas en zonas donde ésta no es rentable. Encontrar el equilibrio entre la demanda y oferta, para que los precios tanto de alimentos como biocombustibles sean asequibles y cubriesen las necesidades es difícil. Pero es indudable que la subida de precio de los alimentos puede ser paliada en zonas del tercer mundo si sube su renta por la comercialización de combustibles, dado que pueden comprarlos más fácilmente.

Varios proyectos de investigación muy interesantes han intentado predecir los efectos de la globalización de la agricultura energética, es decir, predecir sus impactos antes de que se produzcan. Estos pueden ser positivos, negativos o neutros. Uno de los impactos puede ser la interferencia de los mercados energético y alimentario (negativo o positivo). ¿Podría darse el caso de que los precios de los alimentos subiesen y el precio de los combustibles también? ¿Cuánta superficie es necesaria en plantaciones energéticas para cubrir las necesidades mundiales actualmente abastecidas por el uso del petróleo o carbón?

Pongamos como ejemplo de análisis España. Según el Instituto Nacional de Estadística (INE), España tuvo un consumo de gasóleo en 2006 de 30 millones de toneladas, aunque en 2012 descendió hasta 25 millones de toneladas. Un biocombustible sustitutivo del gasóleo es el biodiésel que se obtiene de la transesterificación de los triglicéridos del aceite. El aceite para la obtención de biodiésel en España proviene de las plantaciones de girasol y colza, las cuales tienen un rendimiento medio de 1,5 t de semillas por hectárea. El contenido de aceite habitualmente extraído de estas semillas es el 30%, por lo que se obtiene una tasa de 0,45 t de aceite por hectárea. A partir de estas cifras se puede calcular la superficie requerida en cultivos oleaginosos para cubrir las necesidades de gasóleo, es decir 66,66 millones de hectáreas. La superficie agrícola en España según el censo agrio del 2011 es de 17,22 millones de hectáreas, de las cuales está utilizada 14,5 millones de hectáreas. Fácilmente se deduce que es inviable cubrir las necesidades españolas de gasóleo con biodiésel proveniente sólo de cultivos oleaginosos del propio país. Esto significa que el exceso de demanda va a provocar el aumento de precio.

Otro ejemplo puede ser Ecuador, con un consumo de 4 millones de toneladas anuales de gasóleo según el Banco Central del Ecuador (Balance Energético Nacional, 2013), 7,3 millones de hectáreas de labor agrícolas de las que hay que restar tierras de pastos, por lo que sólo tiene disponible 2,4 millones de hectáreas destinadas a cultivos permanentes o transitorios. Los cultivos potenciales para obtener aceite para biodiesel en Ecuador son la palma africana y la jatrofa curcas, con un rendimiento medio de 12 t semillas/hectárea, que equivalen a 4 t de aceite/hectárea. Esto significa que para cubrir las necesidades de gasóleo del país deben cultivarse 1 millón de hectáreas, el 41% de la superficie destinada a cultivos permanentes y transitorios. Esto parece más viable, pero ¿Cómo influirá esto en los alimentos? Además, si la demanda mundial es elevada, ¿no exportará a otros países como España?

Tanto la alimentación como la energía son necesidades primarias del ser humano. Como se ha demostrado los recursos del planeta son escasos, y las necesidades primarias elevadas. Si comparten los medios de producción no es posible predecir de modo rápido la influencia en los sistemas económicos.

1.4. Biomasa forestal para uso energético

Generalmente la extracción de biomasa de los montes se denomina aprovechamiento forestal. El principal producto extraído en el aprovechamiento forestal es biomasa destinada a la industria de primera transformación (biomasa maderable, corcho, resinas, esparto u otros), pero en la extracción existe una fracción tradicionalmente no utilizada por la industria denominada residuos forestales. Este material está compuesto por ramas, despuntes, hojas y acículas. Hasta hace poco, en la mayor parte de los casos el material residual quedaba disperso por la zona de corta. El abandono de estos materiales en la superficie del monte supone un alto impacto ambiental. Esto es debido a que el elevado volumen de biomasa sobrante tiene una lenta descomposición, permaneciendo largo tiempo en el lugar. En la época calurosa estos residuos sufren un secado suponiendo posteriormente focos con alto riesgo de incendio. Por otra parte, ejerce un impacto paisajístico visual. Además, puede suponer una fuente de parásitos y plagas. Existen varias posibilidades para la eliminación de estos residuos, una opción es la quema controlada o el amontonamiento; otra posibilidad es la trituración o el astillado abandonándose en el monte para favorecer la rápida incorporación al suelo. En algunas ocasiones, generalmente cuando se realiza una regeneración artificial, se realiza un desbroce o trituración *in situ* con el fin de facilitar las labores de plantación.

El correcto manejo de las masas forestales obliga a realizar podas, clareos y claras, operaciones silvícolas a veces no rentables económicamente. El aprovechamiento energético de los residuos forestales originados en estas labores puede rentabilizar estas tareas. El aprovechamiento de estos residuos requiere optimizar los procesos de extracción, transporte, selección y transformación. El concepto debe ser económicamente atractivo, ecológicamente sostenible y aceptado por la sociedad. Esto significa que el aprovechamiento energético de los residuos forestales debe quedar supeditado al correcto manejo de las masas forestales. Un incorrecto planteamiento de las operaciones forestales corre el riesgo de realizar un sistema de producción no sostenible.

En el caso de la extracción de biomasa forestal para uso energético debemos diferenciar distintas situaciones.

- Aprovechamientos forestales convencionales.
- Limpieza de monte bajo.
- Infraestructuras forestales.
- Recogida de restos de catástrofes (incendios).
- Plantaciones energéticas.
- Biomasa de las industrias forestales.

Aprovechamiento forestal convencional

En los aprovechamientos convencionales el objetivo principal es la extracción de madera para la industria. Existen varios tipos de aprovechamiento:

Sistemas discontinuos de aprovechamiento

Son aquellos sistemas en los que se cortan todos los árboles al mismo tiempo al final del turno. Es decir, después del número de años planificado que transcurre entre la formación o regeneración de la masa arbórea y el momento de su corta final. Este tipo de sistemas se denomina *cortas a hecho* o *"clear-cut"*.

El fuste del árbol es la parte maderable que será serrada en listones de diferentes dimensiones según las necesidades industriales de la empresa receptora. Estos listones después serán unidos formando tableros macizos. Por ello la verticalidad del árbol y su diámetro permitirá una mejor utilización de su madera. Los árboles suelen tener una forma conoidal. La disminución del diámetro con la altura debe ser la menor posible dado que el diámetro menor limita la amplitud de los listones serrados. Por otra parte, las ramas son las causantes de nudos en los listones, que suponen por un lado un punto susceptible de deterioro y fragilidad frente a tensiones mecánicas, por otro lado, a veces son considerados poco estéticos en la madera.

En este tipo de aprovechamientos la biomasa de cada árbol que va a destino energético la componen:

1. Despuntes: parte superior de la copa que corresponde a la parte más fina con gran ramosidad de diámetros pequeños.
2. Ramas procedentes del procesado. Al derribo del árbol le sigue el desramado, medición de las diferentes piezas en las que será dividido el fuste y troceado. Las ramas del fuste pueden suponer el 50% de la biomasa residual disponible para usos energéticos.

La longitud y número de divisiones que se realicen en el árbol dependerá de los intereses comerciales o energéticos. En función de éstos, la cantidad de biomasa residual variará. En Centroeuropa se están estudiando dos tipos de sistemas de utilización del árbol. Ambos sistemas son mostrados en la Figura 1.1.

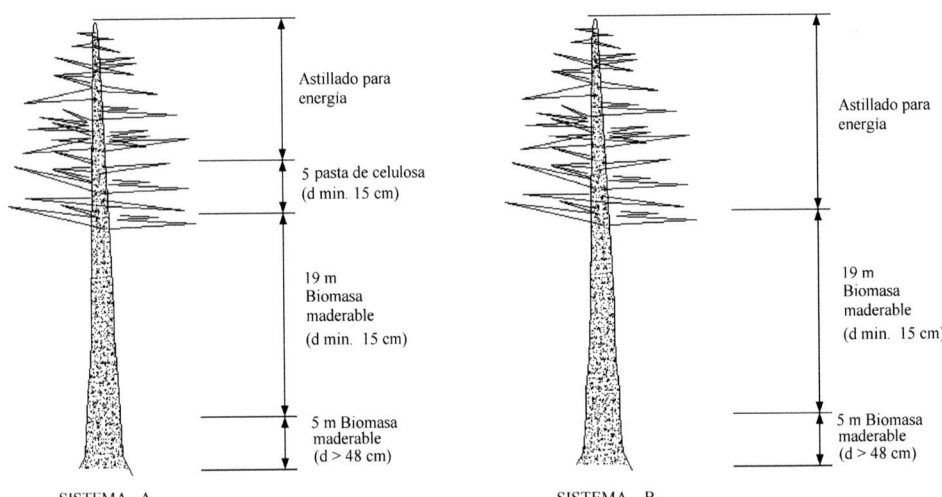

Figura 1.1. Sistemas de utilización del árbol.

En el sistema A la biomasa de cada árbol es dividida en 4 partes:
- Primeros 5 m, cuando el tronco tiene un diámetro mayor a 48 cm. Ésta es la parte de mejor calidad, sin presencia de ramas, utilizada para tablero noble, carpintería e industria del mueble.
- Siguiente parte del tronco con una longitud máxima de 19 m si el diámetro menor supera los 15 cm. Esta parte es destinada a la industria maderera para la producción de fibras, productos para la construcción, etc.
- Siguiente parte del tronco con una longitud máxima de 5 m si el diámetro menor supera los 15 cm. Esta parte es destinada a pasta de celulosa
- Los despuntes y las ramas más gruesas suponen la biomasa residual con destino energético.

En el sistema B la biomasa de cada árbol era dividida en 3 partes:
- Primeros 5 m, cuando el tronco tiene un diámetro mayor a 48 cm, con el mismo destino que en el caso anterior.
- Siguiente parte del tronco con una longitud máxima de 19 m si el diámetro menor supera los 15 cm. Esta parte es destinada a la industria maderera.
- El resto es destinado a uso energético, con el consiguiente aumento de biomasa destinada a este fin.

Análisis realizados en el sur de Alemania sobre latifoliadas indican que el sistema B, donde más parte de la copa del árbol es rechazada como despunte y nada es utilizado para pasta de celulosa, se obtiene entre el 30 y el 40% más masa de materiales con destino energético que en el sistema A. Esto nos indica que en los estudios de valoración del potencial de biomasa disponible para fines energéticos de un determinado monte el tipo de fraccionamiento de las partes del árbol para distintos fines debe ser considerado. Por otra parte, las condiciones de humedad en la madera en el momento de la tala influirán también en el sistema de fraccionamiento elegido. En árboles muy secos, por falta de lluvia o riego, o también aquellos afectados por parásitos que impiden que llegue agua y nutrientes a la copa, presentarán una madera sin buenas condiciones para la obtención de pasta de celulosa, por tanto, se tiende a realizar el sistema B.

Sistemas continuos de aprovechamiento

Son sistemas de aprovechamiento en los que los árboles se talan en una sucesión de cortas. Este tipo de aprovechamiento puede ser debido a varias razones. En ocasiones, pueden realizarse clareos intermedios para cortar los árboles que no se quieren preservar para la corta final, para que los demás mejoren su calidad al recibir una mayor cantidad de luz y nutrientes, alcanzando mayor tamaño. Esta selección debe realizarse desde un doble enfoque: industrial y silvícola. Los criterios de calidad industriales serán:

- Verticalidad del árbol.
- Diámetro a 1,3 metros y 7 metros.
- Escasa ramosidad en el fuste.
- Densidad.

Otras circunstancias que motivan el aprovechamiento continuo son debidas a que los árboles de la masa poseen edades diferentes, con diámetros y alturas distintos. Por tanto, no todos los árboles de la masa se cortan en un ciclo determinado. Este tipo de aprovechamiento también se denomina *corta selectiva*. La selección de los que se han de cortar se basa en criterios de calidad industrial y silvícolas anteriormente citados. Este tipo de sistemas se da generalmente en el aprovechamiento de selva nativa, o repoblaciones realizadas de forma discontinua en determinadas zonas.

El aprovechamiento continuo se denomina *claras* cuando los árboles talados tienen un diámetro suficiente para ser utilizados bien para pasta de celulosa o para tablero, aunque puedan ser destinados para uso energético. El aprovechamiento discontinuo se denomina *clareo* cuando los árboles cortados tienen un diámetro pequeño y para su aprovechamiento industrial deben ser astillados o tener destino energético. El clareo tiene como objetivo principal la mejora de la calidad de los árboles que no se cortan. Cuando se realiza una plantación de árboles de una determinada especie, el número de pies plantados por unidad de superficie es muy superior a la densidad conveniente para un adecuado crecimiento y su posterior aprovechamiento maderero. Por ejemplo, en la especie *Pinus silvetris* la densidad de plantación es aproximadamente de 1000 o 2000 pies por hectárea. A los cinco años se realiza una reducción de la densidad dejando aproximadamente 200 árboles por hectárea. Los criterios de selección están basados en calidad, vitalidad (existencia de una copa con suficiente follaje) y estabilidad. De acuerdo con estos criterios se talan los árboles menos apropiados de forma que la distancia mínima entre árboles sea superior a 3 o 5 metros.

Limpieza de monte bajo

Son operaciones de eliminación de matorral bajo en zonas donde la elevada densidad provoca un riesgo elevado de incendios en las épocas secas. Estas operaciones suponen un coste económico periódico, necesario para un adecuado mantenimiento de la masa forestal, sobre

Figura 1.2. Desbrozadora manual.

todo en el área de clima mediterráneo. Dado que los materiales eliminados del monte deben ser extraídos, los costes de la operación podrían ser compensados si el destino de los restos resultantes fuera en un 100% a uso energético. En la actualidad esta inversión en las operaciones de limpieza no es realizada por propietarios privados. En cierto modo la obtención de biomasa energética puede incentivar la realización de estas operaciones.

El desbroce puede realizarse de forma manual o con desbrozadoras acopladas a tractores agrícolas.

Desbroce manual

Se realiza por operarios en terrenos de poca accesibilidad o elevada pendiente. Para ello se utilizan desbrozadoras manuales que consisten en un rotor con latiguillos de plástico o cuchillas situado en el extremo de una lanza siendo accionado por un motor de dos tiempos de bajo peso. El operario sujeta la máquina de pie a través de unas asas, desplazándose por la zona que desea desbrozar.

Utilización de desbrozadora acoplada a tractor agrícola

Son aperos suspendidos accionados por un tractor agrícola convencional. Están constituidas por un bastidor acoplado al enganche tripuntal y un rotor formado por un eje horizontal o vertical al que se unen los elementos de corte. Estos elementos de corte pueden ser cadenas, cuchillas o martillos que giran a gran velocidad dentro de una carcasa. El rotor es accionado por la toma de fuerza del tractor. El corte de la vegetación se realiza en un plano a determinada altura del suelo por impacto, por tanto, sólo obtienen buenos rendimientos en montes de suave relieve. Este tipo de máquinas no es adecuado para desbroces selectivos, no debiendo ser utilizadas en montes en los que haya que respetar las plantas jóvenes de las especies arbóreas o determinadas matas o arbustos.

Estas máquinas van acopladas a tractores de pequeñas dimensiones de gran maniobrabilidad para dirigir adecuadamente el desbroce y evitar destruir ciertas especies. Éstos suelen ser equipos de 60 a 130 kW, generalmente de ruedas, capaces de operar en curvas de nivel con una inclinación de hasta un 40 o 50%. Al tener que circular por terrenos con matorral alto deben disponer de las correspondientes protecciones adecuadas al terreno forestal: protección de los bajos, radiador, faros y otras zonas sensibles del motor.

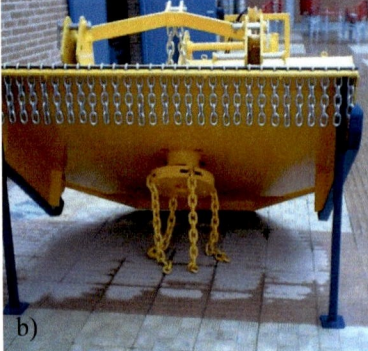

Figura 1.3. Desbrozadoras de ejes horizontal (a) y vertical (b).

Las desbrozadoras más usadas en el medio forestal son las de eje vertical, principalmente con cadenas como elementos de corte.

Una vez realizado el desbroce se debe realizar una concentración de los materiales y posteriormente la extracción hasta la pista forestal donde serán astillados o empacados para su transporte. Estas operaciones de concentración y extracción se pueden realizar con rastrillos acoplados a tractores, mediante la pala empujadora de un buldócer, su carga mediante tractor autocargardor o de forma manual. La elección del método dependerá principalmente de la pendiente y accesibilidad del terreno.

Infraestructuras forestales

Son obras de accesibilidad, cortafuegos, pistas de aterrizaje para avionetas de extinción de incendios, etc. Estas infraestructuras requieren la eliminación de la cubierta vegetal, que supone también un 100% de residuo destinable a uso energético. La primera fase de la construcción es la eliminación de los árboles de la zona de obras. Esta operación requiere primero el apeo del árbol y posteriormente la eliminación de los tocones, que corresponde a la parte basal y raíces enterradas en el suelo. El apeo se puede realizar de forma manual con motosierra, con máquinas taladoras-apiladoras o con procesadora. Dependerá del diámetro de los árboles y pendiente del terreno. El desenterrado de los tocones requiere buldócer si las raíces no son muy profundas. Esta máquina consiste en un tractor con tren de rodaje de cadenas que dispone en la parte delantera de una hoja empujadora que permite el amontonamiento de los materiales. Si las raíces son profundas, se emplearán retroexcavadoras. En el caso de tratarse de una zona de matorral se realizará un desbrozado con los mismos sistemas descritos en las operaciones de limpieza de monte bajo. Una vez eliminada la cubierta vegetal (árboles o matorral) se procede a la concentración de residuos en una zona de acopio para su posterior astillado o empacado.

Recogida de restos de catástrofes

Los incendios forestales y las inundaciones suponen una destrucción del medio natural que deja una biomasa residual que en la mayoría de las ocasiones debe ser retirada dado que suponen un obstáculo a la regeneración natural o a las operaciones de repoblación posteriores. El residuo proveniente de estas catástrofes también es aprovechable totalmente para la obtención de energía. La eliminación de estos residuos se realiza generalmente con buldócer. Éstos serán astillados o empacados para el transporte. Para la concentración de residuos también puede ser utilizado un tractor autocargador.

Figura 1.4. Concentración de residuos con buldócer.

11

Plantaciones energéticas

Son plantaciones específicamente destinadas a la obtención de materia prima para biocombustibles. Normalmente se emplean especies de crecimiento rápido con turnos cortos en zonas marginales donde no es adecuado otro destino para la biomasa producida. En estas plantaciones se realizan cortas a hecho, de forma que se eliminan todos los árboles comerciales de una determinada zona en la que no queda una cubierta arbórea significativa. Las especies más comúnmente utilizadas en este tipo de plantaciones en el área mediterránea son chopos, sauces, eucaliptos, robinas, acacias, y especies C4 forestales. La tala de los árboles se realiza con diámetros pequeños 10-15 cm, dos o tres años después de la plantación. Existen diversos sistemas generalmente utilizados en la extracción.

Figura 1.5. Esquema de extracción de biomasa en plantaciones energéticas.

1. Tala mediante máquina taladora-apiladora, los árboles talados son depositados en montones en la zona de corte. Posteriormente un tractor autocargador recoge los materiales y los agrupa en una zona de acopio donde una astilladora de elevada potencia los astilla. Mediante impulsión neumática las astillas son depositadas en un contenedor de transporte que las conducirá a la fábrica donde serán utilizadas.

Figura 1.6. Máquinas con cabezal de corte en plantaciones energéticas (Ehlert y Pecenka, 2012).

2. Máquinas con cabezal de corte frontal. Estas máquinas disponen en su parte delantera un cabezal con cuchillas en la parte inferior que a su vez conducen los materiales hacia un triturador situado en el interior de la máquina. El corte se produce simultáneamente al avance sobre la plantación. Una vez el material está triturado es impulsado de forma neumática y dirigido mediante deflectores a un contenedor de transporte traccionado por un tractor que avanza paralelamente. El uso de estos cabezales es sólo apto para diámetros menores que el sistema anterior.

Biomasa de las industrias forestales

La materia prima que llega a la industria se utiliza para su transformación en bienes manufacturados (madera, corcho, pasta de celulosa, etc.), la parte sobrante es residuo industrial. Este planteamiento se muestra en la Figura 1.7

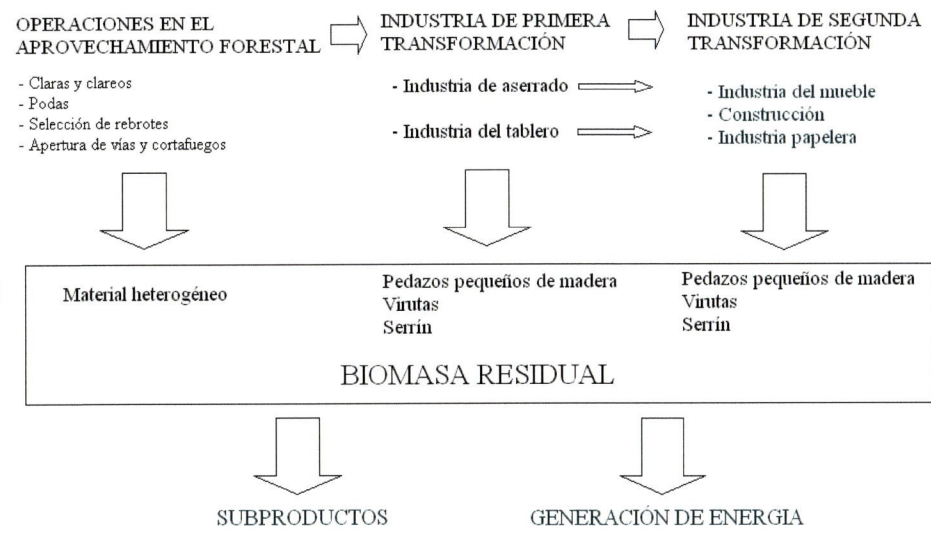

Figura 1.7. Clasificación de la biomasa forestal.

La biomasa residual que procede de los procesos productivos vinculados a la cadena *aprovechamiento de los montes – industria*, es generada en diferentes puntos de la misma:

a) Residuos generados directamente en las explotaciones forestales.
b) Industria de aserrado.
c) Industria del tableros y pasta.
d) Aplicaciones de 2ª transformación.

Los residuos generados en la industria de aserrado, tableros, pasta y segunda transformación son materiales generalmente de alta calidad calorífica, si son densos y con baja humedad, además están concentrados en las diferentes empresas. Por estas razones mediante un sistema de recogida bien organizado estos residuos son ampliamente utilizados, bien para la creación de subproductos o la generación de energía calorífica, empleada en las propias industrias o en plantas de generación de energía eléctrica. En la Tabla 1.2 se muestra los residuos generados en cada uno de los posibles destinos de la biomasa forestal.

Tabla 1.2. Biomasa residual generada en la industria forestal de primera y segunda transformación.

Tipo de Residuo	Destino
Biomasa en aprovechamiento forestal	
· Fuste	· Industria de aserradero
· Ramas procedentes del procesado del fuste	· Astillado para aplicaciones energéticas
· Despunte, parte superior de la copa, con diámetro menor y mayor número de ramas	· Astillado para aplicaciones energéticas
Biomasa en aserradero	
· Fuste	· Industria del tablero
· Corteza	· Aplicaciones energéticas · Sustratos vegetales
· Serrín blanco (procedente de coníferas, eucalipto, o mezcla de ambos)	· Fabricación de productos derivados de la madera
· Serrín rojo (procedente de frondosas y especies tropicales)	· Aplicaciones energéticas
· Costeros y leñas	· Industria de tableros derivados de la madera
Biomasa residual en la industria del tablero y chapa	
· Corteza	· Aplicaciones energéticas
· Polvo de lijado	· Aplicaciones energéticas
Biomasa residual en la industria de la celulosa	
· Corteza	· Aplicaciones energéticas
· Lejías negras	
Biomasa residual en la industria de segunda transformación	
· Serrines y virutas	· Aplicaciones energéticas · Industria de tableros derivados de la madera · Cama animal en las explotaciones agropecuarias
· Tacos y recortes	· Aplicaciones energéticas
Biomasa residual en la industria de palets, envases y embalajes	
· Serrines y virutas	· Aplicaciones energéticas · Tableros de partículas · Cama animal en las explotaciones agropecuarias
· Tacos y recortes	· Aplicaciones energéticas
Residuos de madera urbana	
· Residuos voluminosos	· Aplicaciones energéticas · Tableros de partículas

A pesar de que estos residuos tienen su origen en el monte, no pueden ser considerados todos residuos forestales. En sentido estricto, sólo son tales aquellos que son generados directamente en el medio forestal.

1.5. Conclusiones

Como conclusión cabe decir que mucha de la biomasa producida en los sistemas agrícola y forestal no es utilizada para la producción de bioenergía debido a que existen diversas dificultades técnicas en su extracción, manipulación y transporte, así como insuficiente información sobre la cantidad y calidad de estos residuos. Los residuos forestales o agrícolas están generalmente dispersos, ofrecen unas características heterogéneas muy variables de unos sistemas a otros al depender de condiciones no controladas como el clima, edafología, sistema de aprovechamiento, etc. Por tanto, la variedad y dispersión de estos residuos encarece las operaciones de obtención y abastecimiento, teniendo además que homogeneizar el material utilizable. Por esta razón, las industrias generadoras de energía pueden orientar su demanda prioritariamente hacia los residuos generados en la industria de primera y segunda transformación, que son materiales generalmente de alta calidad para la combustión, y además están preconcentrados en las diferentes empresas. Por tanto, mediante un sistema de recogida bien organizado resulta fácil su obtención y logística, pero provoca la existencia de una biomasa residual producida en las explotaciones del sector primario, aprovechamientos y operaciones forestales y explotaciones agrícolas que no están siendo utilizadas dado que presentan las citadas dificultades técnicas. El aprovechamiento de estos residuos requiere optimizar los procesos de extracción, transporte, selección y transformación.

La explotación racional de la biomasa para la obtención de energía por parte de las plantas generadoras pasaría por una parte por orientar a éstas hacia el uso de residuos finales, por otra parte, utilizar biomasa agrícola y forestal que no se está movilizando en la actualidad, y que podrían aportar enormes beneficios indirectos tanto ambientales como económicos en el sector rural. Esta concepción requiere realizar una valoración global de la biomasa residual existente que defina, cual es residuo final y no está siendo utilizado para la generación de energía y qué residuos son reutilizables por los sectores industriales.

El estudio del aprovechamiento de los residuos biomásicos comprende seis fases fundamentales:

1. Valoración de la biomasa residual procedente de un determinado sistema.
2. Caracterización de los residuos en sus diferentes fracciones, definiendo su aptitud para ser transformados a biocombustibles.
3. Estudio de las técnicas de recogida, selección y acopio, en cuanto a su aplicabilidad, rendimiento, coste económico.
4. Evaluación técnica y económica de los procesos de transformación, dado que el aprovechamiento energético de los residuos debe compensar el coste económico de su retirada del sistema.
5. Balance energético: la extracción de biomasa supone un consumo para energía en el uso de maquinaria (especialmente combustibles fósiles). Debe evaluarse el balance de energía obtenido por la combustión de cada tipo de residuo.
6. Evaluación del impacto ambiental vinculado a la recogida de los restos.

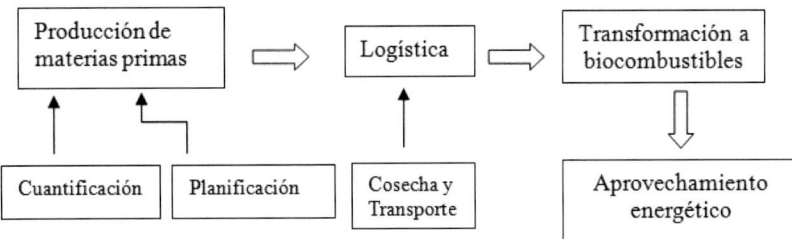

Figura 1.8. Cadena aprovechamiento de biomasa.

15

Para el aprovechamiento de la biomasa residual leñosa procedente de la agricultura o de los sistemas forestales, y el consecuente aumento de la renta agraria, es necesario desarrollar la cadena mostrada en la Figura 1.8 y evidentemente debe ser impulsada o favorecida desde las distintas administraciones. En mi opinión, debe comenzarse por crear una necesidad de materia prima, es decir, la creación de demanda de biocombustibles; por ejemplo, con ayudas a la instalación de calderas de biomasa (pélets o astillas) para calefacción en viviendas, o para miniplantas de cogeneración (energía eléctrica + calor) en industrias. Estas instalaciones precisarán de industrias de transformación y valorización de biomasa que puede obtenerse de residuos leñosos agrícolas y forestales. Debe trabajarse en mi opinión a escala pequeña o mediana, de forma que puedan abastecerse los transformadores de zonas muy concretas y con una planificación previa. La existencia de demanda implicará la implantación de sistemas de recogida o cosecha de residuos, bien mediante recursos propios o a través de empresas agraria de servicios. Esta fuente de biomasa no ha sido utilizada hasta ahora, debido a que presentan diferentes dificultades técnicas en su extracción, manipulación y transporte que encarecen el proceso, así como por la carencia de suficiente información sobre la cantidad y aptitud de estos residuos.

CAPITULO I. RECUERDA

- *Biomasa* es materia orgánica no fosilizada, ya sea originada en un proceso biológico espontáneo o provocado.

- *Biocombustible* es un combustible producido de la transformación de biomasa.

- *Residuos biomásicos finales* son materiales orgánicos cuyo aprovechamiento no energético no resulta interesante desde el punto de vista económico.

- *Restos orgánicos* son materiales que podrían ser transformados en otros subproductos, aunque son aptos para la fabricación de biocombustibles.

- *Plantaciones energéticas* son cultivos destinados a la obtención de materias primas para la producción de biocombustibles.

REFERENCIAS

Ministerio Coordinador de Sectores Estratégicos. 2013. *Balance Energético Nacional. Series históricas (1995-2012).* Ministerio Coordinador de Sectores Estratégicos. Ecuador. 159 pp.

Ehlert, D., Pecenka, R. 2012. Harvesters for Short Rotation Coppices: Current Status and New Solutions, *International Conference on Agricultural Engineering CIGR-Ageng* 2012, Valencia (Spain), July 9th, 2012.

Capítulo II
Tipos de biocombustibles

2.1. Proceso de combustión

Denominamos *biocombustible* a sustancias o materiales que provienen de la transformación física o química de la biomasa que tienen la facilidad de reaccionar con el oxígeno de forma exotérmica, es decir, desprendiendo energía calorífica. La materia orgánica, que está formada principalmente por cadenas de carbono hidrogenadas, en el proceso de combustión produce fundamentalmente CO_2 y H_2O, junto otros gases en menor cantidad como SO_2. La fracción no oxidable son las cenizas, constituidas por la fracción mineral (Figura 2.1). El gas comburente, que aporta el oxígeno para la reacción de oxidación, es el generalmente aire. El aire está formado en un 21% de O_2, 79% de N_2 y sólo una fracción muy pequeña por dióxido de carbono, alrededor de 390 ppm. Las moléculas de oxígeno y nitrógeno en la combustión a temperaturas por debajo de los 1600 °C no se combinan formando óxidos de nitrógeno (NO_x), por lo que estos gases contaminantes no se producen normalmente en la combustión de biomasa.

$$MO + O_2 \rightarrow CO_2 + H2O + CENIZAS + LUZ + CALOR$$

Aunque la combustión es una reacción muy común, su control encierra cierta complejidad. Los sistemas de regulación de temperatura en un quemador se basan principalmente en el control del material combustible aportado y la cantidad de aire disponible. El proceso de combustión comprende dos fases: *Fase de encendido o ignición* y *Fase de oxidación.*

Fase de ignición
Para el encendido se debe aplicar una energía de activación externa para que se inicie la reacción. Esta energía proviene de una chispa, una corriente eléctrica, una llama de menor intensidad, por fricción, impacto u otros. La energía de activación se consume en dos procesos: inicialmente en la deshidratación del combustible, en la que el material se seca evaporándose el agua que pudiera contener; posteriormente en la descomposición termal del combustible. Antes de empezar a oxidarse se produce la liberación de volátiles, es decir, una fracción del combustible cambia de estado pasando a fase gaseosa. Esta etapa se denomina *Pirólisis.* Los gases volátiles tienen una densidad menor que la del aire y tienden a ascender.

17

Fase de oxidación

Tras la sublimación de los gases volátiles empieza la oxidación de los mismos, desprendiendo luz y calor. Este proceso es el responsable de que las llamas de combustión tengan una forma alargada y vertical. También se produce la oxidación de una fracción de la materia sólida, no volatilizada, denominada carbón. En la parte superior de la llama se produce la oxidación de los gases volátiles en movimiento ascendente, y tiene generalmente un color y una temperatura. En la parte inferior de la llama, se produce la oxidación de la fracción sólida, generalmente con un color distinto de llama y otra temperatura. El color y la temperatura dependen de la composición química de los gases y del carbón, que variarán según la naturaleza del combustible. En definitiva, el proceso de combustión se produce en dos fases que forman las cuatro etapas esquematizadas en la Tabla 2.1.

Tabla 2.1. Fases de la combustión.

Fase de activación o ignición	Etapa de Deshidratación	Eliminación del agua
	Etapa de Pirólisis	Descomposición termal del combustible en gases volátiles y formación de carbón
Fase de oxidación	Etapa de oxidación de la fracción volátil	Combustión de los gases volátiles generados en la etapa anterior formando la llama
	Etapa de la oxidación de la fracción sólida	Combustión del carbón

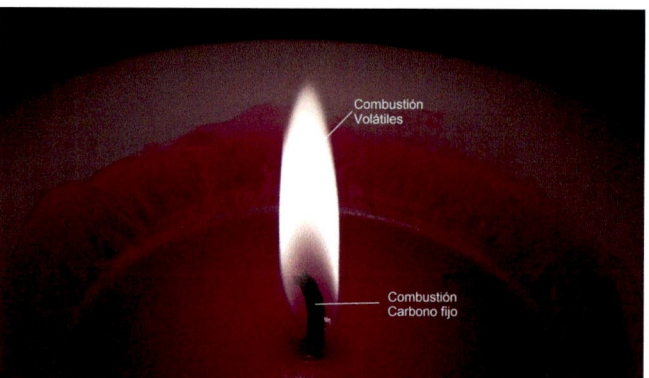

Figura 2.1. Forma de la llama en la combustión.

La energía de activación está relacionada con la inflamabilidad y combustibilidad del combustible. Si la energía de activación necesaria para la ignición de un determinado combustible es pequeña, éste es muy inflamable. Si la energía de activación necesaria es grande, estamos ante un combustible menos inflamable. Cuando se aplica la energía de ignición (activación) en un combustible, no se aplica a todas sus moléculas simultáneamente, sino que se aplica en un determinado punto. Cuando las moléculas de ese punto empiezan a reaccionar con el oxígeno liberan calor. Si el calor liberado es suficiente para activar las moléculas combustibles adyacentes, la combustión se propagará, en caso contrario se extinguirá. Es condición para la propagación que el balance entre el calor liberado menos el absorbido en la fase de ignición sea positivo. Si es así, se dice que el material es muy combustible, propaga rápidamente la reacción. Si no, el material es poco combustible. Combustibilidad e inflamabilidad son propiedades relacionadas, pero no son sinónimos. Un material puede encenderse, pero no propagar la reacción a lo largo del mismo, entonces es inflamable, pero con baja combustibilidad. También puede darse el caso contrario, un material es difícil de encender, pero una vez encendido la combustión se propaga con facilidad, entonces es un material poco inflamable, pero con mejor combustibilidad.

2.2. Tipos de biocombustibles

Los distintos tipos de transformación a los que se ve sometida la biomasa nos permite clasificar los biocombustibles. Por otra parte, según el tipo de aplicación distinguimos entre biocombustibles biocarburantes y no biocarburantes. Se denominan biocarburantes a todo combustible líquido o gaseoso producido a partir de biomasa que es posible utilizarlo en motores de combustión interna utilizable en vehículos de transporte. De forma global existen nueve tipos de biocombustibles, tres de ellos son sólidos, tres líquidos y tres gaseosos.

Leñas y astillas

Son materiales de madera, por tanto sólidos, que se utilizan bien para la combustión directa en calderas, o para la obtención de carbón vegetal o productos densificados, como pélets o briquetas. También pueden ir destinados a procesos químicos en biorrefinerías para extracción de celulosa, hemicelulosa y lignina, y de ellas bioetanol fruto de la fermentación de los azúcares hidrolizados, u otras sustancias químicas. Se obtienen de los sistemas forestales o de los cultivos agrícolas leñosos. Se denominan leñas a pedazos de madera con unas dimensiones del orden entre 25 y 50 cm de longitud; se denominan astillas a trozos de madera con dimensiones de pocos centímetros (entre 7 y 15 cm). Los procesos de transformación de la biomasa maderera para la producción de leñas y astillas son los más simples desde el punto de vista técnico. La madera extraída es fragmentada, haciéndole después una desecación, que puede ser natural o forzada.

Desde del punto de vista técnico podemos distinguir cuatro procesos de fragmentación. La fragmentación se denomina *trozado* cuando lo que se obtiene son leñas (piezas de 25 y 50 cm de longitud); se denomina *astillado* cuando se obtienen astillas (piezas entre 7 y 15 cm); se denomina *trituración* cuando se obtienen piezas del orden de los 3 cm; y se denomina *molienda* cuando se obtienen fragmentos con una granulometría inferior a los 3 mm. El trozado lo realizan máquinas específicas llamadas leñadoras, el astillado astilladoras, el triturado trituradoras y la molienda molinos.

En principio el secado puede realizarse de forma natural al aire hasta obtener un contenido de humedad de 20 a un 25 por ciento, pero posteriormente es imprescindible un secado artificial donde la humedad final quede por debajo del 10%. La humedad final depende del tratamiento y tiempo de aplicación. Los procedimientos artificiales de secado pueden clasificarse de acuerdo a los rangos de temperatura utilizados.

- Secado a baja temperatura, $T<50\,°C$. Utilizado generalmente para presecado, y se realiza por deshumidificación.
- Secado convencional. Se realiza a temperaturas intermedias, $50\,°C <T< 82\,°C$. Los tipos de tratamiento son:
  a) Aire Caliente Condicionado (ACC), tecnología más usada.
  b) Secado al vacío.
  c) y algunos sistemas por deshumidificación.
- Secado a alta o ultraelevada temperatura, $T>100\,°C$. Donde se usan equipos de ACC, secado a microondas o frecuencias de radio.

Carbón vegetal

Si se calienta la madera en un recinto cerrado con escasez de oxígeno con una temperatura entre los 400-450 °C, sólo una parte combustionará, pero el calor liberado en esa combustión incompleta permitirá la eliminación de los materiales volátiles de la parte no oxidada que se perderán mezclándose posteriormente con la atmósfera. La fracción sólida no oxidada y no volatilizada se denomina carbón vegetal, para diferenciarlo del carbón mineral fósil. El carbón vegetal presenta algunas ventajas como biocombustible respecto a la madera: Primero, posee mayor poder calorífico que ésta, y segundo es más inerte, es decir, más difícilmente alterable frente a las condiciones ambientales o agentes biológicos. Sin embargo, posee una menor densidad, por lo que para una misma masa es necesario más volumen. El carbón vegetal es utilizado para combustión directa en caldera o la fabricación de productos densificados.

Este biocombustible sólido obtenido de la combustión incompleta de la madera, ha sido producido históricamente de forma artesanal, a través de hornos excavados en la montaña que se rellenaban de madera provocando una pequeña combustión en el interior. La presencia de aire en el mismo quedaba limitada por la expansión de los gases en el calentamiento y su desplazamiento por la producción de humos. También se producía mediante un apilamiento de madera en forma de cono que se recubría con tierra. Actualmente existen instalaciones carbonizadoras de ladrillo refractario, u hornos metálicos.

Pélets y briquetas

Dado que la energía liberada en la combustión depende de la cantidad de materia oxidada, es conveniente tener la mayor cantidad de masa en el mínimo volumen. La densidad tanto de la madera como del carbón vegetal puede aumentarse mediante compresión de partículas. Si los materiales biomásicos son molidos, se pueden compactar, obteniendo materiales sólidos densificados. Éstos se denominan pélets si tienen una longitud de pocos centímetros (entre 3 y 6 cm aproximadamente), se denominan briquetas si poseen una longitud entre 15 y 25 cm. El uso energético de los pélets consiste en su combustión en caldera, donde su uniformidad de dimensiones permite su fácil manipulación y la automatización de la alimentación. Los pélets son transportados y almacenados en depósitos o silos que se llenan y vacían bien por aspiración neumática o por tornillo sinfín. Las dimensiones de las briquetas hacen que sean destinadas a la combustión de hogares donde anteriormente podrían quemarse leñas.

Su proceso de fabricación consta básicamente de tres operaciones: secado, molienda y extrusión. La humedad de la madera para hacer pélet no debe superar generalmente el 10%, debido a que posteriormente se deben extruir, y un exceso de agua provoca presiones intersticiales que hacen que el material tienda a expandirse. El material molido es comprimido contra una matriz perforada con agujeros de 6 u 8 mm de diámetro generalmente. La compresión se realiza mediante un rodillo giratorio generalmente a una temperatura alrededor de los 80 °C. A esta temperatura la lignina se fluidifica y actúa como adherente cementante tras el enfriamiento. El material finamente molido al pasar con los agujeros empuja las partículas que ya se habían introducido en los orificios. La pasta de partículas forma unos cilindros que son cortados en una determinada altura por una cuchilla. Los cilindros cortados caen en un secador donde se produce una cementación de las partículas dándole consistencia al producto. La matriz perforada puede ser plana o anular. En la matriz plana los pélets caen verticalmente en el secador, en la matriz anular salen radialmente.

Los productos densificados no sólo se fabrican de partículas de madera o carbón vegetal, sino que pueden emplearse una gran diversidad materiales biomásicos, principalmente lignocelulósicos como paja de cereales, hierba, algodón, papel, serrín, polvo de lijado, residuos urbanos, etc. Pueden ser formados mediante mezclas de diferentes materiales e incorporar aditivos que mejoran sus cualidades, como parafina o aceite vegetal que mejora el poder calorífico, inflamabilidad y adhesión de las partículas en la compactación principalmente cuando no hay lignina, como es el caso del carbón vegetal.

Aceites piroleñosos

Si la biomasa es calentada sin suficiente oxígeno entre 400-450 °C, como en el caso de la fabricación de carbón vegetal, los materiales volátiles se desprenden sin combustión. Los gases liberados pueden condensarse de forma controlada formando un líquido insoluble combustible llamado *aceite piroleñoso*, por proceder del proceso llamado pirólisis. Este biocombustible líquido es una mezcla homogénea de compuestos orgánicos, agua y residuos sólidos carbonosos llamados (char). Para este tipo de proceso se utilizan residuos leñosos, paja de cereales (arroz, trigo...), tallos de maíz, mazorca de maíz. Como subproductos se forma carbón vegetal y un gas pobre también combustible.

Previa filtración, los aceites piroleñosos pueden ser usados en calderas para la obtención de calor o como carburante de motores de combustión interna. Presentan el inconveniente de no poderse mezclar con los carburantes convencionales, presentando un poder calorífico un 40% menor. En motores convencionales pueden provocar ciertos desórdenes mecánicos como la deposición de residuos carbonosos en el cilindro, taponamiento de inyectores, obstrucción de la bomba de inyección, agarrotamiento de las válvulas. Ello obliga a motores específicos. Además, son más inestables, es decir, modifican su composición con el tiempo, alterando sus propiedades. Estás razones hacen que su uso actualmente esa prácticamente inexistente.

Gas de síntesis u obtenido por gasificación

La gasificación consiste en un proceso de desdoblamiento termal de la biomasa separando la fracción volátil y las cenizas en ausencia de oxígeno. Cuando la biomasa se calienta sin oxígeno a mayor temperatura (950-1300 °C) en un proceso de pirolisis, el gas resultante procedente de la volatilización de parte de los compuestos orgánicos puede ser directamente utilizado como biocombustible. Este gas se denomina gas de síntesis, obtenido por gasificación de la biomasa, o *syngas*.

El poco oxígeno existente en el gasificador oxidará completamente una pequeña parte del carbono produciendo dióxido de carbono y calor, que mejora la pirolisis del resto de moléculas volátiles (Ecuación 2.1). En las zonas donde el oxígeno es escaso ya no realiza una oxidación completa sino parcial produciendo monóxido de carbono (Ecuación 2.2). El monóxido de carbono ya es una molécula gaseosa combustible puesto que se puede seguir oxidando. Si los átomos de carbono no tienen oxígeno para oxidarse buscan oxidantes alternativos. Cuando el gas dominante es dióxido de carbono, éste puede actuar como oxidante alternativo al oxígeno produciendo más monóxido de carbono (Ecuación 2.3). Lo mismo ocurre con las moléculas de vapor de agua, que además de combinarse con los átomos de carbono (Ecuación 2.4), pueden combinarse con el monóxido de carbono, produciendo hidrógeno gas (Ecuación 2.5), lo cual mejora la inflamabilidad de gas de síntesis final. No obstante, el hidrógeno puede reaccionar con el carbono en ausencia de oxígeno formando metano (Ecuaciones 2.6 y 2.7). Las reacciones de hidratación del carbono (Ecuaciones 2.4 y 2.5) deben producirse a alta temperatura porque si no, produciría carbonatos. En definitiva, la composición del gas de síntesis es una mezcla muy variable de CO_2, CO, H_2O, H_2 y CH_4, que dependerá de la composición de la biomasa materia prima, de su granulometría, de la temperatura a la que se produce y de la velocidad de variación de temperatura durante el proceso, además tendrá una cantidad apreciable de residuos carbonosos, hidrocarburos y alquitranes, que es necesario eliminar antes de ser empleado como biocombustible.

$$C + O_2 \rightarrow CO_2 \qquad \Delta H = -406 \text{ MJ/mol} \qquad (2.1)$$

$$C + \frac{1}{2}O_2 \rightarrow CO \qquad \Delta H = -268 \text{ MJ/mol} \qquad (2.2)$$

$$C + CO_2 \rightarrow 2CO \qquad \Delta H = 78,3 \text{ MJ/mol} \qquad (2.3)$$

$$C + H_2O \rightarrow CO + H_2 \qquad \Delta H = -42 \text{ MJ/mol} \qquad (2.4)$$

$$CO + H_2O \rightarrow CO_2 + H_2 \qquad \Delta H = +118,9 \text{ MJ/mol} \qquad (2.5)$$

$$CO + 3H_2 \rightarrow CH_4 + H_2O \qquad \Delta H = -88 \text{ MJ/mol} \qquad (2.6)$$

$$C + 2H_2 \rightarrow CH_4 \qquad \Delta H = -206,3 \text{ MJ/mol} \qquad (2.7)$$

En la práctica las plantas de gasificación deben hacer pruebas empíricas para encontrar las condiciones idóneas de operación (granulometría, humedad, temperatura de proceso, cantidad de oxígeno, y velocidad de variación de la temperatura) para un tipo de biomasa concreto a tratar. No existen modelos de predicción viables de componentes finales del gas del proceso de gasificación.

El esquema del proceso es mostrado en la Figura 2.2.

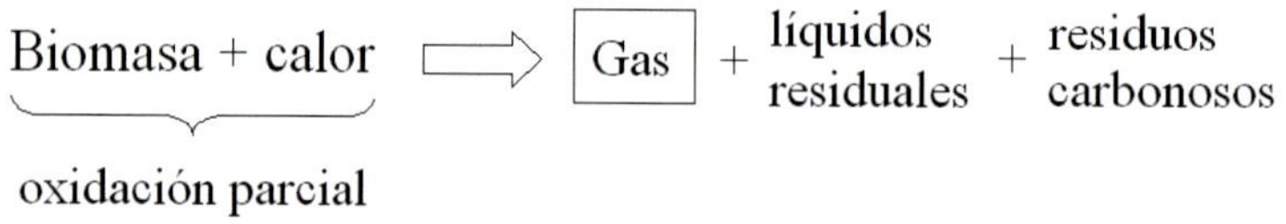

$$\underbrace{Biomasa + calor}_{\text{oxidación parcial}} \implies \boxed{Gas} + \begin{matrix} \text{líquidos} \\ \text{residuales} \end{matrix} + \begin{matrix} \text{residuos} \\ \text{carbonosos} \end{matrix}$$

Figura 2.2. Proceso de gasificación.

Para este tipo de proceso se utilizan residuos leñosos, paja de cereales (arroz, trigo...), tallos de maíz, mazorca de maíz. El gas obtenido se puede utilizar directamente en calderas para la producción de calor, en mezclas con carburantes en motores de combustión interna, turbinas de gas para la producción de energía eléctrica o la producción de otros líquidos o gases combustibles de síntesis.

Biodiésel

A diferencia de los procesos para producir los biocombustibles anteriores donde se somete la biomasa a tratamientos fundamentalmente térmicos, el biodiésel procede de una reacción química, una transesterificación de los triglicéridos con metanol o etanol produciendo *metiléster* y *dimetiléster* respectivamente, junto glicerina.

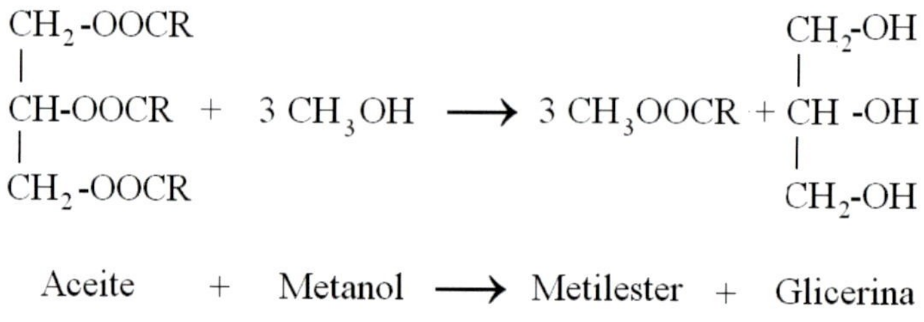

$$\begin{matrix} CH_2\text{-OOCR} \\ | \\ CH\text{-OOCR} \\ | \\ CH_2\text{-OOCR} \end{matrix} + 3\,CH_3OH \longrightarrow 3\,CH_3OOCR + \begin{matrix} CH_2\text{-OH} \\ | \\ CH\text{-OH} \\ | \\ CH_2\text{-OH} \end{matrix}$$

$$\text{Aceite} + \text{Metanol} \longrightarrow \text{Metilester} + \text{Glicerina}$$

Figura 2.3. Obtención del Metiléster.

Estos ésteres poseen unas cualidades en viscosidad, octanaje y poder calorífico muy semejantes a los carburantes utilizados en los motores diésel, por tanto, se emplean como tales de forma directa, denominándose de forma genérica *biodiésel*.

Los triglicéridos son el componente mayoritario de los aceites vegetales. Junto los monoglicéridos, diglicéridos y ácidos grasos libres suponen la fracción saponificable (98%). El 2% lo forman otros componentes no saponificables como esteroles, fenoles, fosfolípidos, alcoholes terpenos, clorofila, tocoferoles y carotenos entre otros. La fracción insaponificable supone un obstáculo a la transesterificación, por ello son necesarios unos pretratamientos del aceite para su eliminación mediante un proceso llamado *refinado*. Existen más de 300 especies capaces de producir aceites aptos para la producción de biodiesel en cantidades industriales, aunque los más utilizados son la colza, la soja, el girasol y el aceite de palma. También se pueden utilizar aceites vegetales residuales de freiduría, o de procesos industriales presentando la ventaja de estar más saturados.

Bioetanol y biometanol

El metanol y el etanol son biocombustibles utilizables como biocarburantes de motores Otto de combustión interna o como aditivo mezclándose con gasolina en una proporción comprendida entre el 10 y 20%. Son alcoholes líquidos obtenidos de la fermentación de azúcares (hidratos de carbono). Por tanto, tiene su origen en la degradación de la materia orgánica por la acción de microorganismos tales como levaduras, bacterias (*Zimomonas*) u hongos (*Clostridium*). El sustrato de estos microorganismos suelen ser azúcares monoméricos (glucosa, fructosa, galactosa, manosa o ribosa) o diméricos (sacarosa). Para cada tipo de sustrato se intenta producir los microorganismos específicos más eficientes para su degradación, por tanto, el proceso de producción se realiza en biorreactores, en principio totalmente estériles, donde se introduce el sustrato y se inocula la cepa deseada.

La fuente de los azúcares para la producción de estos biocombustibles suele ser biomasa de origen vegetal. Sin embargo, los azúcares en los vegetales pueden estar de tres formas: libre en monómeros y dímeros disueltos en jugos, en forma de almidón, o cn forma de celulosa. En cultivos como la remolacha o la caña de azúcar predominan los jugos con monómeros y dímeros. En los granos de los cereales o la patata predomina el almidón. En los materiales como la madera o la paja se denominan lignocelulósicos por predominar la celulosa y hemicelulosa cementadas con lignina. Cuando los monómeros están libres, el azúcar es directamente fermentable, pero cuando está en forma polimérica (almidón o celulosa) es necesaria la hidrólisis, es decir, fragmentar los polímeros en sus moléculas constituyentes. La hidrólisis del almidón se realiza mediante enzimas que poseen microorganismos como *Aspergillus* sp. o *Rhizopus Niveus*. Por lo que primero debe extraerse el almidón de la semilla, y posteriormente intervienen dos procesos microbianos: uno para la hidrólisis y otro para la fermentación. La hidrólisis de la celulosa presenta más dificultades técnicas que la del almidón, pues la lignina supone una barrera que es necesario eliminar, y además la celulosa cristalina es más difícilmente hidrolizable que la celulosa amorfa. Por ello se requiere un proceso de varias etapas: primero es necesaria la disociación de la lignina y provocar la transformación de la mayor fracción posible de celulosa cristalina a celulosa amorfa. Esto se consigue mediante pretratamientos fisicoquímicos como la molienda, explosión con amoniaco o tratamientos ácidos. Posteriormente se hidroliza la celulosa con microorganismos celulolíticos, como la *Trichoderma*, *Phanerochaete* o *Fusaruim*, o aplicando ácidos.

Tras la hidrólisis polimérica ya quedan liberados los monómeros para poder proceder a la fermentación.

El metanol y el etanol también se emplean para la síntesis de biocarburantes de mayor calidad: bioETBE (etil ter-butil éter) producido a partir del bioetanol; bioMTBE (metil ter-butil éter), combustible producido a partir del biometanol.

Biogás

El biogás es un biocombustible gaseoso rico en metano, procedente de una fermentación anaerobia. Es decir, es el resultado de un proceso degenerativo de la materia orgánica provocado por la acción microbiana. Junto al metano el biogás posee otras moléculas como dihidruro de azufre, nitrógeno, monóxido y dióxido de carbono, y otros gases en fracciones menores (sulfuros y amoniaco). Los materiales susceptibles de fermentación suelen tener un alto contenido de agua, siendo fluidos con sólidos en suspensión: fangos de aguas residuales, residuos sólidos urbanos, residuos agrícolas y ganaderos como purines, u otros residuos orgánicos industriales, como de la industria del aceite, vino o de zumos. La composición final del gas resultante de la fermentación depende de la composición de la materia prima inicial, relación agua-sólido, de la granulometría de las partículas en suspensión, tipo de microorganismos actuantes, temperatura, y condiciones de anaerobiosis.

En el proceso de fermentación actúan tres tipos de microorganismos en tres etapas encadenadas:

- *Fase hidrolítica*: los microorganismos hidrolíticos dividen las largas moléculas poliméricas en trozos más pequeños, generalmente ácidos de cadena corta.
- *Fase acetogénica*: los monómeros son transformados en ácido acético por microrganismos específicos
- *Fase metanogénica*: el tercer tipo de microorganismos transforman el ácido acético en metano.

A diferencia de la producción de metanol o etanol, donde se inoculaban en los biorreactores cepas de microorganismos seleccionadas, en la producción de metano a partir de la fermentación se intenta favorecer la reproducción de los más eficientes entre aquellos que ya posee la biomasa (generalmente residual).

El gas obtenido de la fermentación es un gas combustible que puede tener distintas aplicaciones según la magnitud de la instalación. En instalaciones pequeñas se utiliza en fogones de cocina o calderas de calefacción. En instalaciones medianas o grandes el gas puede utilizarse en motores de gas estacionarios, acoplados a alternadores para producir energía eléctrica, o suministrarse a una red de abastecimiento general.

Biohidrógeno

De la hidrólisis de biomasa puede obtenerse gas hidrógeno que es combustible. Evidentemente para la hidrólisis hay que aplicar una energía, por tanto, el gas supone una forma de almacenamiento energética que puede ser utilizada como biocarburante.

En la Tabla 2.2 se muestra de forma resumida las características de los distintos tipos de biocombustibles: estado físico, la biomasa de origen, tipos de transformación y aplicaciones. De todos los biocombustibles, la definición de biocarburante sólo engloba al bioetanol, biometanol, biodiésel (metiléster, dimetiléster), bioETBE (etil ter-butil éter), bioMTBE (metil ter-butil éter), biogás, aceites obtenidos por pirólisis e hidrógeno procedente de la hidrólisis de biomasa. Los biocarburantes se utilizan principalmente para obtener energía para equipos automotrices. También son utilizados en motores estáticos acoplados a un alternador para la obtención de electricidad. Si el calor de los gases de escape y el de la refrigeración de los motores es utilizado para otras aplicaciones, el sistema de denomina cogeneración. Tanto los biocarburantes como los biocombustibles sólidos pueden ser quemados directamente en caldera para la obtención de calor. La caldera preparada para un tipo concreto de biocombustible tendrá un tipo específico de quemador. El calor suele ser utilizado en sistemas de calefacción o procesos de secado ya sea de biomasa materia prima, maderas, ladrillos, frutas, pieles u cualquier producto. Si el calor es utilizado para la producción de vapor, éste puede ser incorporado a un ciclo de Rankine para la producción de electricidad. Este es un ciclo cerrado en el que el vapor generado en la caldera se hace pasar por una turbina a cierta presión. La turbina acoplada a un alternador produce electricidad. El vapor tras la turbina ha perdido parte de su presión, entonces se hace pasar por un condensador para obtener líquido que se impulsa con una bomba para compensar la caída de presión del circuito para introducirlo de nuevo en la caldera. Al ciclo de Rankine se le puede acoplar un proceso de cogeneración mediante la utilización de una parte del vapor para procesos de aprovechamiento del calor junto otra parte que al pasar por el circuito obtiene electricidad. En definitiva, como se puede observar en la Figura 2.4, los biocarburantes tienen tres aplicaciones principales: obtención de energía automotriz, obtención de calor, y electricidad. Los combustibles sólidos se utilizan para obtener calor o electricidad, ya sea aisladamente o simultáneamente a través de sistemas de cogeneración.

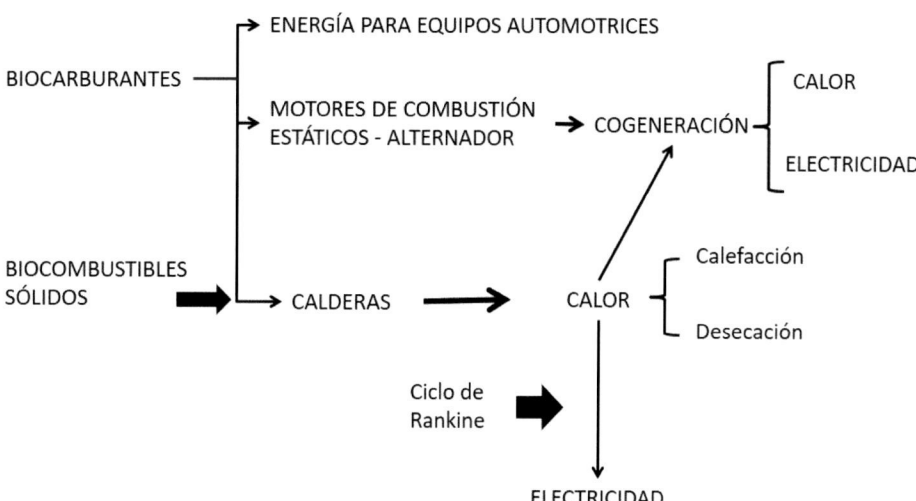

Figura 2.4. Aplicaciones de los biocombustibles.

Todos estos biocombustibles suponen una alternativa a los combustibles fósiles (derivados del petróleo, carbón y gas natural). No obstante, su utilización no se ha generalizado por diversas razones:

1. De momento la mayoría de los procesos para la obtención de biocombustibles requieren un coste económico mayor que los combustibles fósiles, por depender de limitaciones técnicas.
2. Se requieren fuertes inversiones en instalaciones, de momento, poco rentables en el mercado actual.
3. Infraestructuras poco desarrolladas.
4. Inercia del sistema energético convencional
5. Conflicto de intereses de las compañías energéticas, que suponen un *lobby* contrario a cualquier cambio del sistema energético mundial.
6. Falta de voluntad política, a nivel internacional.
7. Es necesaria más investigación y desarrollo para mejorar la eficiencia y reducir los costes de las cadenas de producción.

Tabla 2.2. Biocombustibles obtenidos de la transformación de biomasa.

Biocombustibles	Estado Físico	Biomasa de origen	Tipo y proceso de transformación		Utilización
Leñas y astillas	Sólido	Cultivos energéticos de especies leñosas Restos de operaciones selvícolas Recortes y tacos procedentes de las industrias forestales Residuos de poda de árboles agrícolas o urbanos	Física	Fragmentación y secado	Combustión directa en calderas Formación de carbón vegetal Formación de pélets y briquetas Biorrefinerías
Carbón vegetal	Sólido	Cultivos energéticos de especies leñosas Restos de operaciones selvícolas Recortes y tacos procedentes de las industrias forestales Residuos de poda de árboles agrícolas o urbanos	Fisicoquímica	Secado Fragmentación Carbonización	Combustión directa en calderas Formación de pélets y briquetas
Pélets y briquetas	Sólido	Cultivos energéticos de especies leñosas Restos de operaciones selvícolas Recortes y tacos procedentes de las industrias forestales Residuos de poda de árboles agrícolas o urbanos Paja, residuos urbanos	Física	Secado Molienda Mezcla con aditivos Compactación	Combustión directa en calderas
Bioetanol y biometanol	Líquido	Azúcares procedentes de cultivos como la caña de azúcar o remolacha Almidón obtenido de diversas especies vegetales entre las que destaca patata, maíz y demás cereales Celulosa obtenida de materiales lignocelulósicos (maderas, pajas o material arbustivo)	Química microbiológica	Eliminación de la lignina (en materiales lignocelulósicos) Hidrólisis de polímeros (almidón o celulosa) Fermentación de azúcares Destilación	Directamente como carburantes de motores de encendido provocado Como aditivo mezclándose con gasolina en una proporción comprendida entre el 10 y 20% En síntesis de biocarburantes de mayor calidad: ETBE, MTBE
Biodiesel	Líquido	Cualquier aceite de origen vegetal, principalmente de cultivos oleaginosos: colza, el girasol y palma africana Aceites vegetales residuales de freiduría, o de procesos industriales	Física y química	Prensado de semillas Refinado del aceite Transesterificación de aceites con metanol o etanol, obteniendo el éster correspondiente junto con glicerina	Directamente como carburante para motores de encendido por compresión

(Continúa en la página siguiente)

26

(Continúa de la página anterior)

Biocombustibles	Estado Físico	Biomasa de origen	Tipo y proceso de transformación		Utilización
Aceites piroleñosos	Líquido	Materiales leñosos, paja de cereales (arroz, trigo), tallos de maíz, mazorca de maíz	Química y física	Pirólisis (calentamiento de la biomasa a temperaturas entre 400-450 ºC y posterior enfriamiento rápido)	Calderas para la obtención de calor Como carburante para motores
Biogás	Gaseoso	Residuos ganaderos (purines) fangos aguas residuales, residuos sólidos urbanos, residuos agrícolas, residuos orgánicos industriales, como de la industria del aceite, vino o de zumos	Química	Fermentación anaerobia de origen microbiológico, obteniendo principalmente metano, nitrógeno, amoniaco e hidrógeno	Combustión directa en calderas Como carburante para motores
Gas obtenido por gasificación	Gaseoso	Materiales leñosos, paja de cereales (arroz, trigo), tallos de maíz, mazorca de maíz	Química	Pirólisis de la biomasa a alta temperatura (900 ºC) sin combustión, obteniendo hidrógeno e hidrocarburos (metano)	Combustión directa en calderas Como carburantes para motores En turbinas gas para energía eléctrica Producción de otros líquidos o gases combustibles de síntesis
Biohidrógeno	Gaseoso	Biomasa con gran contenido en agua o alcoholes	Química	Hidrólisis	Carburante

CAPÍTULO II. RECUERDA

- Hay nueve grupos de biocombustibles: tres sólidos, tres líquidos y tres gaseosos.
- Sólo los líquidos y los gaseosos pueden ser utilizados como biocarburantes.
- El carbón vegetal, los aceites piroleñosos y el gas de síntesis son biocombustibles que se obtienen del tratamiento térmico de la biomasa en atmósfera pobre de oxígeno (pirólisis), produciéndose reacciones químicas de orden diverso.
- La pirólisis se denomina carbonización si su objetivo es la producción de carbón vegetal. Se llama gasificación si su objetivo es la producción de gas de síntesis. Por tanto, carbonización y gasificación son en esencia el mismo tipo de proceso.
- El biodiésel es un biocombustible producto de una reacción puramente química, mientras que el bioetanol y biogás proceden de reacciones metabólicas de origen microbiano.
- La composición del gas de síntesis obtenido por gasificación depende del tipo de biomasa, granulometría, temperatura media del proceso y de la rampa de subida de temperatura.

Capítulo III
Caracterización de la biomasa sólida

La caracterización de la biomasa consiste en la medición de ciertos parámetros con dos objetivos: por un lado, determinar la aptitud de las distintas materias primas para ser transformados en alguno de los tipos de biocombustibles, por otro lado, definir las propiedades y calidad de los mismos. La estandarización de los biocombustibles está regulada por el conjunto de normas europeas elaboradas por el Comité Técnico CEN/TC 335, por la que se regulan terminología, descripción, especificaciones, etc. El objeto de la normalización es establecer reglas que faciliten la producción en serie y el intercambio de productos a nivel nacional e internacional; hacer que todo el colectivo, fabricantes, vendedores, administración, usuarios y consumidores hablen el mismo lenguaje; y el cumplimiento de unos mínimos de calidad que garanticen el producto. El anexo a este capítulo recoge el conjunto de normas más relevantes para la caracterización de biocombustibles. A continuación, se pone énfasis en los parámetros de más importancia.

3.1. Masa y volumen

La masa es la cantidad de materia. La determinación de la masa de modo sencillo resulta muy importante para las operaciones de compraventa, planificación de cosecha, transporte, almacenamiento y medición de la eficiencia del aprovechamiento. La cantidad de materia puede ser medida mediante pesada, pero su medición directa resulta a veces inviable, por ejemplo, si la biomasa es de origen vegetal y las plantas no han sido cortadas; o es complicado porque el entramado voluminoso obliga a tener contenedores y básculas de elevadas dimensiones no transportables con facilidad. Por otra parte, en ocasiones la biomasa es muy higroscópica, es decir, absorbe agua de la atmósfera que la rodea, adquiriendo distintas humedades según la temperatura ambiente, la humedad relativa del aire y su porosidad. El contenido de agua influye en la pesada, y la cantidad de materia combustible no es comparable si ésta no es anhidra, sin agua. El agua en la materia supone un obstáculo en la combustión. Por ello en muchas ocasiones en lugar de medir la masa, para la cuantificación de la biomasa sólida se utiliza el volumen. Naturalmente si se dispone de la densidad anhidra se conoce la proporcionalidad entre el volumen y la masa. En la utilización de la biomasa sólida hay que diferenciar tres tipos de volumen:

- *Volumen del sólido*: es el espacio que ocupa el material biomásico, sin contar los huecos existentes entre los distintos pedazos. Generalmente se aplica a leñas, astillas o semillas.

Figura 3.1. Disposición de la leña para ser medida por estéreos.

Figura 3.2. Amontonamiento de astillas en campo.

En ciertas aplicaciones puede ser importante conocer la biomasa contenida en la planta entera sin cortar para realizar una predicción para la planificación de la gestión. La biomasa de la planta entera no sólo está relacionada con la fracción útil combustible, sino que está también relacionada con ciertos parámetros biológicos, agronómicos o silvícolas, según el caso. Estas relaciones, junto con los métodos de cuantificación de biomasa se expondrán con detenimiento en el Capítulo IV. Estos métodos están basados en la dendrometría y la dasometría.

- *Volumen estéreo*: se denomina estéreo al metro cúbico formado por un conjunto de leñas apiladas de forma longitudinal. Este espacio estará compuesto por material sólido y el aire existente entre los prismas apoyados unos junto a otros, según aparece en la Figura 3.1.
- *Volumen de astillas o partículas*: la madera astillada en pedazos pequeños (del orden de centímetros) ocupará un volumen diferente al de los estéreos para una misma cantidad de material sólido, aunque el espacio ocupado también esté formado por material y aire entre los fragmentos.

Las relaciones entre los diferentes volúmenes varían según la forma y dimensiones de cada tipo de leña o astillas comparadas y la forma de apilado. Los valores medios de dichas relaciones son mostrados en la Tabla 3.1

Tabla 3.1. Factores de conversión de entre los distintos tipos de volumen de biomasa forestal.

	Volumen sólido	Volumen estéreo	Volumen de astillas
Volumen sólido	1	1,3-1,4	1,9-2,0
Volumen estéreo	0,7-0,8	1	1,5-1,8
Volumen de astillas	0,4-0,7	0,6-0,8	1

La equivalencia entre los distintos tipos de volumen depende de la granulometría de la muestra.

3.2. Distribución de tamaño de partícula

Como se ha comentado el tamaño de partícula influye en las proporcionalidades entre los distintos tipos de volumen. También influye en los sistemas de alimentación automática de materia basados en tornillo sinfín, aspiradores, cangilones u otros. Los rangos de los tamaños de las piezas obtenidas de las astilladoras de campo suelen estar comprendidas entre 50 mm y 120 mm. Éstos dependen del diseño del sistema de astillado y de las cribas que lleva incorporada cada máquina. Para este tipo de materiales no existen normas específicas para evaluar su granulometría, de forma general se utilizan tamices de orificios variables.

Para la determinación de la granulometría en laboratorio de materiales de tamaño más pequeño deben seguirse las normas EN ISO 17827 partes 1 y 2 y CEN/TS 15149-3. Estas normas se aplican a materiales de origen diverso, tales como astillas, huesos de frutos, cáscaras o granos, de tamaño más pequeño. La parte 1 describe el método de referencia para la clasificación de las partículas que forman la muestra con tamaño de partícula entre 65 mm y 3,15 mm. La parte 2 describe el procedimiento para la clasificación de partículas con tamaños menores a 3,15 mm. La distribución granulométrica en este tipo de partículas influirá en procesos industriales como la peletización, carbonización, gasificación o fermentación. Los procedimientos tanto de la parte 1 como la 2 están basados en tamices que oscilan horizontalmente. Para la clasificación de partículas mayores de 3,15 mm (parte 1) la superficie mínima de cribado debe ser de 1200 cm^2, con un tamaño de muestra de 8 litros. La humedad de las partículas no debe superar el 20%. Los orificios recomendados de los tamices deben tener un diámetro de 3,15 mm, 8 mm, 16 mm, 45 mm y 63 mm. Los tamices se colocan en columna, situando abajo el de orificio menor y aumentando el tamaño de orificio en cada nivel. El resultado se expresa como el porcentaje de masa que es retenida en cada tamiz respecto a la masa total. Para la clasificación de las partículas menores a 3,15 mm (Parte 2) la superficie el tamiz debe ser como mínimo de 250 cm^2 y un tamaño de muestra 50 g. Los orificios recomendados de los tamices deben tener un diámetro de 3,15 mm, 2,5 mm, 1,4 mm, 1,0 mm 0,5 y 0,25 mm

Se define como *diámetro nominal superior de una muestra* al tamaño de abertura de tamiz por el cual pasa al menos el 95% de la masa del material.

La parte 3 describe un método de clasificación basado en tamices cilíndricos rotatorios conectados consecutivamente uno detrás de otro. La longitud de cada cilindro perforado debe ser como mínimo de 360 mm, y estar inclinado de forma que las partículas deslicen por su interior mientras el tambor gira a 16 vueltas por minuto. Las partículas que pasan por los orificios de cada tamiz se recogen en receptáculos independientes, de forma que se puede calcular el porcentaje de materiales caídos en cada uno de ellos.

3.3. Humedad

Es la fracción de agua contenida en la biomasa considerada. La humedad influirá directamente en multitud de parámetros importantes: masa, densidad, y principalmente en el poder calorífico del material si es utilizado directamente como combustible. También influirá en el procesado de las semillas oleaginosas o amiláceas para obtener biodiésel o etanol, o en los procesos de pirólisis, gasificación o fermentación de los distintos tipos de materiales, en su caso. Puede expresarse en dos formas distintas:

- Humedad en base húmeda (ω_h), calculada por la Ecuación 3.1

$$\omega_h = \frac{P_h - P_s}{P_h} \cdot 100$$

(3.1)

- Humedad en base seca (ω_s), calculada por la Ecuación 3.2

$$\omega_s = \frac{P_h - P_s}{P_s} \cdot 100$$

(3.2)

Donde P_h es la masa del material en un momento considerado con cierta cantidad de agua en su estructura, y P_s es la masa del material totalmente anhidro, es decir, sin contenido en agua. En muestras pequeñas el estado anhidro se consigue después de haber secado toda el agua introduciéndolas en estufa a 105 °C hasta que su masa es constante. Esto suele durar un tiempo entre 2 y 24 h según el tamaño de las partículas. Superar este tiempo de desecación no es conveniente para evitar la liberación de volátiles. El método para la determinación de la humedad en la biomasa sólida está establecido por la norma EN ISO 18134 Partes 1, 2 y 3. Según esta norma las muestras a analizar deben ser tomadas y preparadas según las especificaciones recogidas en la norma EN 14778. Las muestras a analizar deben recibirse en botes herméticos cerrados, tener un tamaño máximo de 30 mm y una masa mínima de 300 g. La precisión de la balanza para la pesada debe ser de al menos de 0,1 g.

El procedimiento descrito tiene pequeñas variaciones según la precisión requerida y tamaño de la muestra a analizar. El método establecido por la parte 1 de la norma EN ISO 18134 es el reconocido como de referencia, y sólo debe ser usado cuando se requieren determinaciones

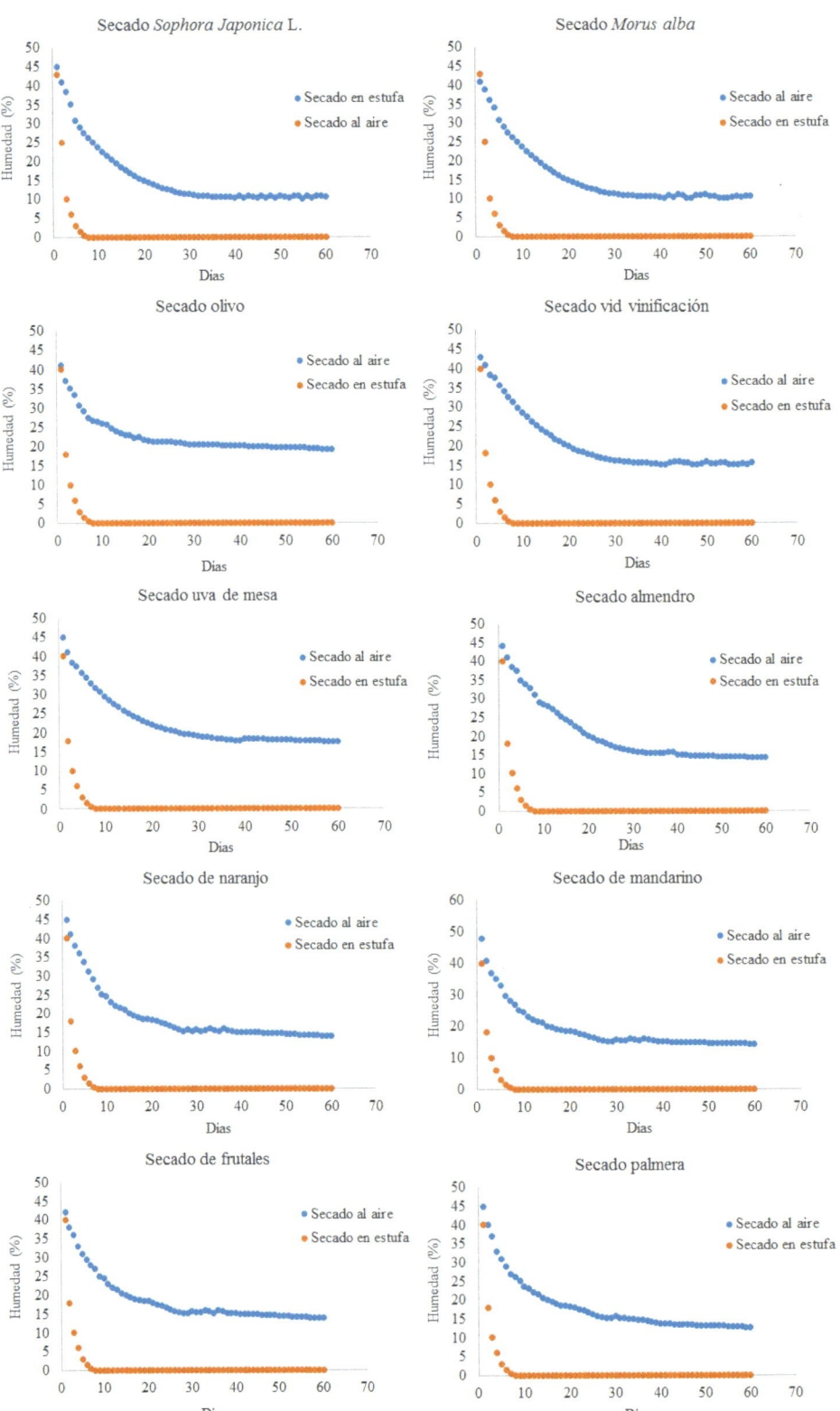

Figura 3.3. Variación de la humedad en material astillado secado al aire en la ciudad de Valencia (España) con una humedad relativa del aire del 65% y temperatura 25 °C durante los experimentos.

de gran precisión. En él debe introducirse junto el recipiente con la muestra, otro recipiente vacío de comparación que servirá para determinar su influencia en el proceso de secado en el mismo. El procedimiento habitual seguido en procesos rápidos se realizará siguiendo el método descrito en la parte 2. Cuando el tamaño de partícula es muy pequeño, menores a 5 mm, debe utilizarse el procedimiento descrito en la parte 3. Este es el caso de las determinaciones de humedad previo posteriores análisis, tales como la determinación del poder calorífico o la composición elemental CHN, donde el contenido de humedad influye en los resultados. El pequeño tamaño de las partículas requiere especial cuidado cuando se extrae de la estufa, dado que su gran higroscopicidad puede hacer que varíe su humedad en pocos segundos. Por eso es necesario que el recipiente que contiene la muestra sea cerrado con una tapa tras la desecación, y posteriormente sea introducido en un desecador durante su enfriamiento para evitar que la muestra absorba humedad de la atmósfera. Tras el enfriamiento se procede a su pesada.

La humedad de los materiales biomásicos lignocelulósicos recién cortados suele estar alrededor del 50%. A partir de ese momento sufrirá generalmente una disminución de humedad. La velocidad de descenso dependerá de la temperatura y humedad relativa del aire de su entorno. Experimentos realizados en la Universitat Politècnica de València para evaluar el descenso de la humedad en materiales astillados en clima mediterráneo en distintas especies son mostrados en la Figura 3.3. Este tipo de curvas permite conocer la humedad tras un tiempo determinado de desecación al aire. Como se puede observar la humedad mínima obtenida se sitúa alrededor del 15-20% tras 15 días de secado, a partir de ese momento la humedad permanece constante.

La determinación de las curvas de secado de forma empírica no suele resultar práctica debido a que están elaboradas en condiciones muy específicas de temperatura, humedad relativa, y velocidad de circulación del aire. Cuando estos parámetros cambian, la curva se modifica, por tanto, existe cierta incertidumbre para poder predecir el tiempo de secado en condiciones cambiantes del aire que rodea la biomasa. Modelos de predicción de velocidad de secado deben basarse en fenómenos de transferencia de masa cuyo objetivo es determinar el tiempo de secado a partir de cualquier temperatura, humedad relativa, y velocidad de circulación del aire, así como el volumen y geometría de las piezas a desecar. El desarrollo de estos modelos para cuantificar la velocidad de secado sin necesidad de realizar previamente un experimento se aborda en un capítulo específico la presente publicación.

3.4. Densidad

Es la relación que existe entre la masa de material y el volumen que ocupa. Se diferencian dos tipos de densidades:

- Densidad real (ρ_r): es el cociente de la masa de material y el volumen que ocupa excluyendo los espacios que hay entre las distintas partículas que la forman. En caso de los líquidos los huecos son considerados inexistentes.

$$\rho_r = \frac{m}{V_{solidos}}$$

(3.3)

- Densidad aparente (ρ_a): es el cociente entre la masa del material y el volumen que ocupa junto los huecos existentes entre el material.

$$\rho_a = \frac{m}{V_{solidos} + V_{huecos}}$$

(3.4)

33

Se calculan respectivamente con las Ecuaciones 3.3 y 3.4, donde m es la masa del material, $V_{\text{sólidos}}$ es el volumen de sólidos y V_{huecos} es el volumen de los espacios entre los pedazos de material.

En los sólidos la densidad va a depender directamente del contenido de agua existente en la materia, por tanto, su utilización debe ser referida al porcentaje de humedad de la misma. En la caracterización de la biomasa deben considerarse $(\rho_r)_h$ y $(\rho_a)_h$, la densidad real y aparente a humedad ω_h, y los valores $(\rho_r)_a$ y $(\rho_a)_a$, densidad real y aparente del material anhidro, es decir, sin contenido de agua. Se define la densidad aparente en base seca $(\rho_a)_{bs}$ el valor dado por la Ecuación 3.5, y densidad real en base seca calculada por la Ecuación 3.6 $(\rho_r)_{bs}$, donde ω_h es la humedad en porcentaje de masa en base húmeda.

$$\left(\rho_a\right)_{bs} = \left(\rho_a\right)_h \cdot \left(1 - \frac{\omega_h}{100}\right) \tag{3.5}$$

$$\left(\rho_r\right)_{bs} = \left(\rho_r\right)_h \cdot \left(1 - \frac{\omega_h}{100}\right) \tag{3.6}$$

Las Ecuaciones 3.5 y 3.6 se deducen del siguiente desarrollo:

$$m_{total} = m_{sólido} + m_{agua}$$

$$1 = \frac{m_{sólido}}{m_{total}} + \frac{m_{agua}}{m_{total}}$$

$$100 = 100\frac{m_{sólido}}{m_{total}} + 100\frac{m_{agua}}{m_{total}}$$

$$100 = 100\frac{m_{sólido}}{m_{total}} + \omega_h$$

$$100 \cdot m_{total} = 100 \cdot m_{sólido} + m_{total} \cdot \omega_h$$

$$100 \cdot \frac{m_{total}}{V} = 100 \cdot \frac{m_{sólido}}{V} + \frac{m_{total}}{V} \cdot \omega_h$$

$$100 \cdot (\rho)_h = 100 \cdot (\rho)_{bs} + (\rho)_h \cdot \omega_h$$

$$(\rho)_{bs} = (\rho)_h \cdot \left(1 - \frac{\omega_h}{100}\right)$$

Valores medios de la densidad real para distintos tipos de biomasa se muestran en la Tabla 3.2. La densidad aparente en seco de los residuos forestales astillados de las especies europeas oscila entre 130 y 250 kg/m^3. La densidad real en seco oscila entre 325 y 625 kg/m^3.

La densidad aparente es un parámetro importante en los suministros de biocombustibles sólidos como las astillas, huesos de frutas, corteza, pélets o briquetas; porque multiplicado por el volumen y el poder calorífico proporciona la cantidad de energía bruta disponible. También permite estimar las necesidades de transporte y almacenamiento.

La densidad aparente no es un valor fijo para una determinada granulometría, sino que depende de varios factores, tales como los efectos de compactación y vibración a los que se ven sometidos los materiales irregulares en los recipientes de elevada altura, como pueden ser los contenedores de transporte o los silos de almacenamiento. El efecto de la compactación se puede comprobar en un depósito cilíndrico de elevada altura. Después de su llenado con partículas desde la parte superior, si el volumen se divide en tres partes iguales, se constata que existe más material en la franja inferior (y por ende menos espacio entre partículas) que en la franja media, y que en la franja media existe más material que en la franja superior donde hay más espacio entre partículas. En definitiva, la densidad aparente es variable dentro del depósito siendo creciente con la profundidad. Este efecto aumenta cuando existen también vibraciones, que pueden darse durante el transporte, dado que ayuda a la reordenación de las partículas sometidas a presión. La diferencia de densidad entre el fondo y la parte superior en vehículos de transporte puede alcanzar entre el 5 y el 20%. Estos efectos deben considerarse tanto en la cuantificación de los materiales transportados como en las cantidades almacenables en los silos de almacenamiento.

La norma EN 17828 proporciona el método estandarizado para la determinación de la densidad aparente. Según el tamaño de partícula pueden ser empleados dos volúmenes cilíndricos para la medición, bien 5 litros o 50 litros, sometidos a vibración. La relación entre la altura y el diámetro de la base debe ser 1,5.

3.5. Poder calorífico

Es la cantidad de calor desprendido de un material por unidad de masa durante su combustión en unas condiciones dadas. Se debe distinguir tres tipos de poder calorífico en condiciones estándar:

- *Poder calorífico bruto a volumen constante*, también es llamado *Poder calorífico superior* (PCS). Es el calor generado en la combustión de un material, provocada en un recipiente cerrado, añadiendo el calor obtenido por la condensación del agua evaporada en el proceso, referido a la unidad de masa. La presión es variable porque va aumentando a medida que se van produciendo los gases resultantes de la combustión: dióxido de carbono, vapor de agua, nitrógeno y dióxido de azufre.
- *Poder calorífico neto a volumen constante,* también llamado *Poder calorífico inferior* (PCI). Es el calor por unidad de masa de material generado en la combustión en recipiente cerrado donde el vapor producido en el proceso queda libre.
- *Poder calorífico neto a presión constante,* es el calor desprendido en recinto abierto con exceso de aire a presión atmosférica. En estas condiciones los gases desprendidos quedan también libres.

El poder calorífico neto a presión constante es el que más se aproximará al realmente aprovechable en una caldera de combustión con aplicaciones domésticas o industriales. La determinación de los diferentes valores de poder calorífico se realiza siguiendo la norma EN 14918. De acuerdo a esta norma, el poder calorífico bruto a volumen constante PCS se mide en calorímetros en los que se provoca una combustión de la muestra en un recipiente cerrado, llamado bomba, de entre 250 y 300 ml, que se llena con exceso de oxígeno a 3 MPa de presión. En el interior de la bomba existen dos electrodos unidos por un alambre o filamento de masa y poder calorífico conocido, por el que circula la corriente en el momento del encendido. Dicha corriente pasando por el filamento produce calor por el efecto Joule, que aporta la energía de activación necesaria para la reacción (energía de ignición). El recipiente debe estar sumergido en agua, de la cual se mide la temperatura a intervalos regulares de tiempo.

Existen dos tipos de calorímetros: *calorímetros adiabáticos* y *calorímetros isoperibólicos*.

En los calorímetros adiabáticos el vaso del calorímetro, que contiene el agua donde se sumerge la bomba, está rodeado de un material aislante, es decir, con una conductividad térmica muy baja, de forma que no existe pérdida de calor al exterior.

En los calorímetros isoperibólicos el vaso del calorímetro está rodeado de un termostato, es decir, un material que modifica su temperatura de forma automatizada al mismo tiempo que lo hace el agua donde está sumergida la bomba, de forma que existe relativamente poca transferencia de calor entre el agua y el exterior. En estos calorímetros cada ensayo se divide en tres etapas: Etapa preliminar en la que el agua equilibra su temperatura con la del termostato (Punto 4 de la Figura 3.5); una vez la temperatura del agua y la del termostato son iguales se inicia la etapa principal con la ignición a través del filamento de mecha, registrando un aumento muy rápido de la temperatura del agua hasta que alcanza un valor prácticamente constante; y la tercera etapa es un periodo más o menos prolongado para la evaluación de la inercia de transferencia de calor entre la camisa del termostato y el agua.

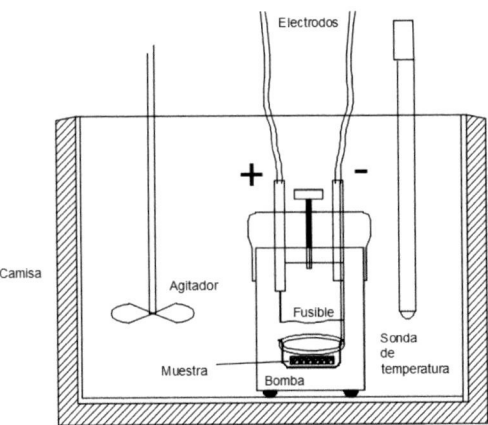

Figura 3.4. Esquema de los calorímetros.

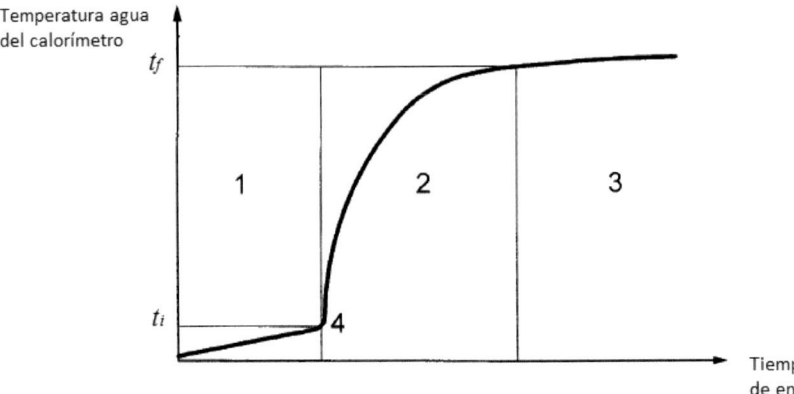

Figura 3.5. Variación de la temperatura del agua en un calorímetro isoperibólico.

En ambos tipos de calorímetro el calor desprendido durante la combustión provoca el aumento de la temperatura de los gases internos de la bomba, aumento de temperatura de la propia bomba, y el aumento de la temperatura del agua. En la mayoría de los calorímetros sólo se mide la temperatura del agua, siendo la temperatura del interior de la bomba y del recipiente en principio desconocidas. Por esta razón debe medirse la *capacidad calorífica específica del calorímetro, ε,* la cual se define como el calor aportado para conseguir una variación unitaria de temperatura en el agua del vaso (J/K). La cual responde a la Ecuación 3.7, donde $(T_f - T_i)$ es el incremento temperatura registrado y $Q_{bomb.}$ es el calor generado en el interior de la bomba, el cual es la suma del calor de combustión de la muestra, el calor de fusión o combustión de la mecha, y el calor desprendido por la formación de ácido nítrico a partir del nitrógeno y el agua desprendidas. Para la determinación de ε se precisa la calibración del sistema mediante una sustancia patrón, que suele ser ácido benzóico.

$$\varepsilon = \frac{Q_{bomb.}}{T_f - T_i} \qquad (3.7)$$

En los calorímetros isoperibólicos, dado que la medición de la temperatura del agua y la regulación de la temperatura del termostato no es inmediata, la norma EN 14918 establece la corrección Regnault-Pfauldler (Ecuación 3.8) en el incremento de temperatura registrado, para compensar las pérdidas de calor existente.

$$\varepsilon = \frac{Q_{bomb.}}{\theta} \qquad (3.8)$$

Donde:

$$\theta = T_f - T_i - \Delta T_{ext}$$

$$\Delta t_{ext} = (t_f - t_i) \cdot g_f + \frac{g_i - g_f}{T_{mf} - T_{mi}} \left[n \cdot T_{mf} - \frac{T_i + T_f}{2} - \sum_{k=1}^{k=n-1} T_k \right]$$

t_i es el tiempo en el que se inicia la etapa principal en minutos.

t_f es el tiempo al final de la etapa principal en minutos.

g_i es la velocidad de desviación de la etapa preliminar en K/min.

g_f es la velocidad de desviación de la etapa posterior a la principal en K/min.

T_i es la temperatura al final de la etapa principal K.

T_f es la temperatura al comienzo de la etapa principal K.

T_{mi} es la temperatura media de la etapa preliminar en K.

T_{mf} es la temperatura media de la etapa posterior en K.

n es el número de minutos la etapa principal.

T_k son las sucesivas lecturas de temperatura tomadas a intervalos de un minuto durante la etapa principal.

En la práctica el valor de ε no es una constante, sino que presenta cierta variabilidad, por ello en la calibración se determina una recta de regresión

$$\varepsilon = a + b \cdot \theta$$

Una vez calibrada la capacidad calorífica efectiva, el poder calorífico bruto a volumen constante (poder calorífico superior) se calculará como:

$$PCS = \frac{\varepsilon \cdot \theta - Q_{ign} - Q_N - Q_S - m_{cod}q_{cod,}}{m} \quad (J/kg)$$

Donde:

ε es la capacidad calorífica determinada para el calorímetro.

θ es el incremento de temperatura corregido registrado en el agua del calorímetro.

Q_{ign} es el calor desprendido para la ignición por la mecha.

Q_N es la contribución de calor debida a la formación de óxidos de nitrógeno y a partir de estos ácido nítrico.

Q_S es la contribución de calor debida a la formación de ácido sulfúrico a partir del dióxido de azufre.

m_{cod} masa del coadyuvante para la combustión.

q_{cod} poder calorífico del coadyuvante si éste es empleado para facilitar la combustión.

La temperatura alcanzada en el interior de la bomba cerrada (volumen constante) durante la combustión de la biomasa puede superar los 2000 °C. Estas condiciones provocan que el nitrógeno liberado, junto el ya existente en el aire que estaba en el interior de la bomba antes de la carga, pueda combinarse con el oxígeno formando dióxidos de nitrógeno, y éste combinarse con el agua formando ácido nítrico. Del mismo modo, la liberación de dióxido de azufre durante la combustión junto con el vapor de agua puede formar ácido sulfúrico. Ambas reacciones colaterales a la oxidación de la materia orgánica provocan calor que no se puede asociar a las características de la muestra, por ello Q_N y Q_S deben restarse al calor registrado por el incremento de la temperatura del agua del vaso del calorímetro. El calor liberado por la formación de ácido nítrico a partir de N_2, O_2 y H_2O es de 60 J/mmol. El calor liberado por la formación de SO_2 es de 302 J/mmol.

$$N_2 + \frac{5}{2}O_2 + H_2O \rightarrow 2HNO_3$$

$$SO_2 + \frac{1}{2}O_2 + H_2O \rightarrow H_2SO_4$$

La cuantificación de los moles generados durante la combustión se realiza mediante el análisis de estos compuestos en agua líquida residual en la bomba, donde estos han quedado disueltos. La determinación del ácido nítrico se puede realizar mediante cromatografía iónica según norma EN ISO 10304-1 o se diluyen los restos del agua de la bomba con 50 ml, valorándose con hidróxido sódico (0,1 M) hasta pH 5,5 utilizando como indicador naranja de metilo. El análisis de sulfatos se puede hacer por tres métodos: bien por cromatografía iónica según norma EN ISO10304-1, valoración con hidróxido de bario (0,05 M) y ácido clorhídrico (0,1 M), o valoración con hidróxido de sodio (0,1 M).

Para la valoración con hidróxido de bario, el agua residual se lava hasta 100 ml. Posteriormente se lleva a 100 °C (donde hierve para liberar CO_2 disuelto), y todavía caliente se realiza la valoración utilizando como indicador fenolftaleína. Se añaden 20 ml de carbonato de sodio y se lava el precipitado con agua destilada. Se valora el filtrado con el HCl utilizando naranja de metilo como indicador. La valoración con hidróxido de sodio se realiza después de hervir utilizando fenolftaleína como indicador.

El poder calorífico superior del material seco, sin humedad, PCS_d, viene determinado por la Ecuación 3.9.

$$PCS_d = PCS_h \frac{100}{100 - \omega_h} \tag{3.9}$$

La Ecuación 3.9 se deduce del siguiente desarrollo: el calor desprendido en el calorímetro es el mismo tanto si el material está seco como si está húmedo, dado que el calor absorbido en la evaporación del agua se recupera por la condensación de la misma porque la medición se realiza a volumen constante.

$$Q = m_{total} \cdot PCS_h = m_{sólidos} \cdot PCS_d$$

$$PCS_h = \frac{m_{total} - m_{agua}}{m_{total}} \cdot PCS_d$$

$$100 \cdot PCS_h = 100 \cdot \left(1 - \frac{m_{agua}}{m_{total}}\right) \cdot PCS_d$$

$$100 \cdot PCS_h = \left(100 - \omega_h\right) \cdot PCS_d$$

$$PCS_d = PCS_h \frac{100}{100 - \omega_h}$$

El PCS del material a una determinada humedad, PCS_h, se calcula con la Ecuación 3.10.

$$PCS_h = PCS_d \cdot (1 - 0{,}01 \cdot \omega_h) \tag{3.10}$$

El PCI se obtiene a partir del PCS si es conocido el contenido de hidrógeno y la humedad de la muestra.

$$PCI = \left[PCS_h - 206 \cdot (H)_d\right] \cdot (1 - 0{,}01 \cdot \omega_h) - 23 \cdot \omega_h \tag{3.11}$$

Donde

PCI es el poder calorífico inferior en kJ/kg

PCS_h es el poder calorífico superior en kJ/kg a humedad ω_h

$(H)_d$ es el porcentaje de masa de hidrógeno en la muestra seca

ω_h es la humedad en base húmeda

El poder calorífico neto a presión constante (PCN) del material a una cierta humedad se calcula a partir del contenido de hidrógeno, nitrógeno, oxígeno y humedad en la muestra.

$$PCN = \left[PCI - 212{,}2 \cdot (H)_d - 0{,}8 \cdot \left((O)_d + (N)_d\right)\right] \cdot \left(1 - 0{,}01 \cdot \omega_h\right) - 24{,}43 \cdot \omega_h \tag{3.12}$$

Donde

PCS es el poder calorífico neto en kJ/kg.

PCI es el poder calorífico inferior en kJ/kg.

$(H)_d$ es el porcentaje de masa de hidrógeno en la muestra seca.

$(O)_d$ es el porcentaje de masa de oxígeno en la muestra seca.

$(N)_d$ es el porcentaje de masa de nitrógeno en la muestra seca.

ω_h es la humedad en base húmeda.

No hay que confundir el concepto de poder calorífico superior del material seco (PCS_d) con el poder calorífico inferior (PCI), pues en la determinación del PCI sí existe humedad, cuya evaporación consume energía que se pierde dado que el vapor se libera a la atmósfera.

Además, se puede formar agua a partir del hidrógeno estructural de la biomasa. De acuerdo a las definiciones realizadas se deduce que $PCS_h > PCI_h$. A más humedad del material la diferencia entre ambos parámetros será mayor. El valor de éstos dependerá del tipo de material que constituye la biomasa considerada y contenido de agua. Por ello, al igual que la densidad, los valores obtenidos para el poder calorífico superior deben ser referidos al porcentaje de humedad del material estudiado. El cálculo del rendimiento de la combustión en una caldera será la relación entre el PCN y el calor aprovechado, que dependerá del diseño de la misma y el método de captación del calor para ser empleado en el proceso que se quiera utilizar. En la Tabla 3.2 se muestran valores de PCS referenciales de distintos materiales.

Tabla 3.2. Valores medios y desviación típica de la humedad, densidad real y poder calorífico de diferentes tipos de biomasa.

Tipos de biomasa	Humedad en base húmeda (%)	Densidad en base seca (t/m³)	Poder calorífico en base seca (MJ/kg)	Referencia
Ramas de almendros *Prunus dulcis* Mill.D.A. Webb	19,01	0,75±0,04	19,55±0,241	Velázquez *et al.* (2014b)
Ramas de cítricos *Citrus x sinensis* Osbeck	34,68	0,78±0,03	19,12±0,233	Velázquez *et al.* (2012)
Ramas de olivos *Olea europaea* L.	31,08	0,86±0,03	22,08±0,232	Velázquez *et al.* (2014b)
Sarmientos de vid *Vitis vinifera* L.	40,83	0,88±0,03	17,71±0,281	Fernández y Velázquez (2009)
Madera de *Platanus hipanica*	40,03	0,50±0,14	18,95 ± 0,554	Velázquez *et al.* (2014a)
Madera de *Sophora japonica*	45,25	0,86±0,19	19,62 ± 0,101	Velázquez *et al.* (2014a)
Madera de *Morus alba*	47,03	0,60±0,04	18,19 ± 0,556	Velázquez *et al.* (2014a)
Residuos de pimiento *Cucurbita pepo* L.	93,04	-	12,85 ± 0.040	Callejón-Ferre *et al.* (2011)
Residuos de pimiento *Cucumis sativus* L.	89,36	-	12,59 ± 0.052	Callejón-Ferre *et al.* (2011)
Residuos de pimiento *Solanum melongena* L.	83,64	-	16,53 ± 0.031	Callejón-Ferre *et al.* (2011)
Residuos de pimiento *Solanum lycopersicum* L.	89,54	-	14,83 ± 0.051	Callejón-Ferre *et al.* (2011)
Residuos de pimiento *Phaseoulus vulgaris* L.	85,52	-	17,01 ± 0.046	Callejón-Ferre *et al.* (2011)
Residuos de pimiento *Capsicum annuum* L.	80,91	-	15,26 ± 0.062	Callejón-Ferre *et al.* (2011)
Residuos de pimiento *Citrillus vulgaris* Schrad	90,84	-	14,26 ± 0.051	Callejón-Ferre *et al.* (2011)
Residuos de pimiento *Cucumis melo* L.	91,85	-	13,50 ± 0.052	Callejón-Ferre *et al.* (2011)

Como se puede observar en la Tabla 3.2, el poder calorífico inferior de los materiales ligno-celulósicos se sitúa entre 17 y 20 MJ/kg en materiales completamente secos. Cabe tener en cuenta que en un material con composición elemental fija, homogéneo e isotrópico el poder calorífico es constante. La combustión del mismo siempre va a desprender el mismo calor. No obstante, en la práctica, la biomasa utilizada para aprovechamientos energéticos está compuesta por materiales de composición variable porque por un lado puede tener distintos porcentajes de polímeros estructurales (lignina celulosa, hemicelulosa), por otro, retiene agua, ya que la madera es un material de elevada porosidad, y además, la biomasa que se combustiona suele proceder de mezclas de distintos materiales. Por ejemplo, la biomasa residual de origen agrícola y forestal puede pertenecer a una mezcla de distintas especies, de ramas de distinto diámetro que contienen distintos porcentajes de corteza y pueden tener restos de hojas, flores y frutos. La variabilidad en la composición obliga a realizar análisis del PCS si se desea obtener el rendimiento de un proceso determinado.

El uso de una bomba calorimétrica para la medición directa del poder calorífico de un combustible tiene unos costes económicos relativamente elevados y requiere un gasto de tiempo relativamente alto. En Anexo 2 se muestran las tablas del coste del análisis de determinación del PCS con calorímetro isoperibólico Leco AC-500 y la determinación del análisis elementa CHN con el analizado Leco Truspec CHN. Se puede comprobar que el coste por muestra y tiempo de análisis son mayores en el primer instrumento que en el segundo. Por esta razón desde hace tiempo numerosos investigadores han publicado modelos indirectos de predicción del poder calorífico de materiales biomásicos. Según las variables explicativas utilizadas para la predicción los modelos se clasifican en modelos elementales, obtenidos a partir de su composición elemental, midiendo el porcentaje en carbono (C), hidrógeno (H), nitrógeno (N), azufre (S) y otros (Buckley, 1991; Friedl *et al.*, 2005; Parikh *et al.*, 2007; Callejón-Ferre et al., 2011; Velázquez *et al.* 2014); modelos de predicción proximales o método de Weende donde el poder calorífico se calcula a partir de variables como el contenido de cenizas, humedad de la muestra, etc. (Demirbas, 2007; Erol *et al.*, 2010); y modelos estructurales basados en los porcentajes de celulosa, hemicelulosa y lignina (Callejón-Ferre *et al.*, 2014).

Primero Sheng y Azevedo (2005) y posteriormente Vargas-Moreno *et al.* (2012) revisaron los modelos de predicción publicados hasta la fecha, proponiendo una nueva metodología para prevenir errores de cálculo detectados en anteriores publicaciones. En la Tabla 3.3 se muestran modelos basados en análisis elementales obtenidos para distintos tipos de biomasa específicos.

Un parámetro que no depende sólo directamente del material sino también del diseño de la caldera utilizada para la combustión de las leñas y las astillas es la *Potencia calorífica*.

La *potencia calorífica* es el calor desprendido por unidad de masa y tiempo en una determinada caldera. Los factores que influirán en la potencia calorífica serán

- El poder calorífico del combustible.
- Superficie específica del material colocado en el interior de la caldera.
- Aireación durante la combustión.
- Sistema de captación del calor para utilizarlo en algún proceso industrial o generación de energía eléctrica.

3.6. Análisis elemental

Los elementos mayoritarios en la biomasa son carbono, hidrógeno, oxígeno, nitrógeno y azufre; otros elementos están presentes en cantidades minoritarias como el cloro, magnesio o el sodio. Los sistemas de análisis elemental generalmente proporcionan el porcentaje en peso de cada elemento en la muestra. Los moles existentes de cada uno de ellos se obtienen de la multiplicación del peso de la muestra por el porcentaje en peso de cada elemento, dividido por su peso atómico, pudiéndose obtener su fórmula empírica $CH_wO_xN_yS_z$, donde w es el número de moles de hidrógeno por mol de carbono; x es el número de moles de oxígeno por mol de carbono; y es el número de moles de nitrógeno por mol de carbono; z es el número de moles de azufre por mol de carbono. Los valores de w, x, y, y z se obtienen de dividir los moles de cada elemento contenidos en la muestra por los moles de carbono. El conocimiento de la composición elemental en la biomasa nos permite predecir las reacciones que se producirán en la combustión, digestión u otros procesos, pudiendo determinar las cantidades de reactivos, productos obtenidos y calor desprendido en las mismas. Por ejemplo, a partir de la reacción genérica de combustión (Ecuación 3.13), pueden determinarse los moles de oxígeno necesarios para la combustión completa y de ahí el volumen de aire como comburente. Este valor es muy importante para el diseño de las calderas dado que el caudal de aire debe estar ajustado a la masa que se está quemando en la parrilla. También es importante en reacciones controladas de carbonización, pirólisis o gasificación, dado que distintos niveles de deficiencia de aire/oxígeno proporcionará productos con diferente calidad y aplicabilidad.

$$CH_wO_xN_yS_z + nO_2 \rightarrow CO_2 + \frac{w}{2}H_2O + zSO_2 + (\frac{y}{2} + n\frac{79}{21})N_2 \qquad (3.13)$$

$$\text{Moles de oxígeno: } n = 1 + \frac{w}{4} + z - \frac{x}{2}$$

El valor de n de la Ecuación 3.13 es el número de moles de oxígeno necesario para la combustión completa de 1 mol de biomasa. El volumen de aire requerido en condiciones normales (0 °C y 1 atmósfera de presión) vendrá determinado por la Ecuación 3.14. El volumen ocupado por un mol de gas ideal en condiciones normales es de 22,39 l. Es conocido que sólo el 21% de las partículas de aire es oxígeno, eso explica que el factor de n sea $(22,39 \cdot 10^{-3}/0,21)$.

$$\text{Aire }(m^3\text{N/kg biomasa}) = \frac{22,39 \cdot 10^{-3}}{0,21} \cdot \left(\frac{m_C}{12} + \frac{1}{4}\frac{m_H}{1} + \frac{m_S}{32} - \frac{m_O}{32} \right) \qquad (3.14)$$

Donde m_C, m_H, m_S y m_O es la masa de carbono, hidrógeno, azufre, y oxígeno en la muestra medida en gramos por cada kg de biomasa. Sus denominadores corresponden a los pesos atómicos de estos elementos. La N hace referencia a que el volumen de aire es medido en condiciones normales. El volumen a utilizar a otra temperatura viene dado por la Ecuación 3.15, donde V_1 y T_1 son el volumen y temperatura en el estado 1 (condiciones normales), V_2 y T_2 son el volumen y temperatura en el estado 2.

$$\frac{V_2}{V_1} = \frac{T_2}{T_1} \qquad (3.15)$$

Por otra parte, como se ha comentado, el conocimiento del porcentaje de oxígeno e hidrógeno en la muestra se hace necesario para la determinación del poder calorífico neto a volumen (*PCI*) y presión constante (*PCN*), a partir del *PCS* obtenido en el ensayo con un calorímetro (Ecuaciones 3.11 y 3.12). Cuando no es posible la determinación del poder calorífico bruto a volumen constante (*PCS*) con calorímetro, el conocimiento de la cantidad de los elementos C, H, O y S permite tener una estimación del poder calorífico neto a presión constante (*PCN*) a partir de las entalpías de oxidación (Ecuaciones 3.16). Este cálculo es una aproximación dado que el cómputo de las entalpías de oxidación no tiene en cuenta que los distintos átomos de carbono pueden estar ligados con enlaces simples, dobles o triples, además los grupos pueden estar sometidos a distintas interacciones como puentes de hidrógeno o fuerzas de Van der Wals.

$$C + O_2 \rightarrow CO_2 \quad (+34,2 \text{ MJ/kg})$$
$$S + O_2 \rightarrow SO_2 \quad (+10,0 \text{ MJ/kg})$$
$$2H + \frac{1}{2}O_2 \rightarrow H_2O \quad (+120 \text{ MJ/kg})$$
$$(3.16)$$

En las reacciones de oxidación 3.16 no se ha incluido la formación de los óxidos de nitrógeno porque el nitrógeno sólo se combina con el oxígeno a partir de 1600 °C aproximadamente. No obstante, si se supera esta temperatura la determinación del contenido de N en las muestras permite cuantificar en nivel de emisiones contaminantes que suponen estos compuestos en la atmósfera y que está limitada en España por Real Decreto 653/2003.

La variabilidad en la composición de la biomasa y sus mezclas que modifican su fórmula empírica, junto las imprecisiones de la utilización de las entalpías de oxidación para el cálculo del poder calorífico, propicia el desarrollo de modelos de regresión predictivos del mismo a partir de los porcentajes gravimétricos de C, H, O y N. Los porcentajes de C, H, O y en la biomasa se encuentran entre los siguientes rangos, respectivamente: 42-71 %, 3-11 %, 16-49 % y un 0,1-12 % en masa (Vassilev *et al.*, 2010). Los valores más bajos de N en biomasa se encuentran en madera de coníferas y árboles de hoja caduca, siendo más elevados en residuos y cultivos herbáceos (Obernberger *et al.*, 2006).

Tabla 3.3. Modelos basados en análisis elementales.

Tipo de biomasa	Modelo	r^2	Referencia
Biomasa en general	$PCS_d = 0{,}4373 \cdot (C)_d - 1{,}6701$	0,66	Tillman (1978)
Biomasa en general	$PCS_d = 0{,}301 \cdot (C)_d + 0{,}525 \cdot (H)_d + 0{,}064 \cdot (O)_d - 0{,}763$	0,79	Jenkins y Ebeling (1985)
Miscanthus y otros cultivos energéticos	$PCS_d = 0{,}0036(C)_d^2 - 0{,}232(C)_{d,} - 2{,}230(H)_d$ $+ 0{,}051(C \cdot H)_d + 0{,}131(N)_d + 0{,}206$		Friedl *et al.* (2005)
Biomasa en general	$PCS_d = 0{,}3259 \cdot (C)_d + 3{,}4597$	0,76	Sheng y Azevedo (2005)
	$PCS = 0{,}314 \cdot (C)_d + 0{,}701 \cdot (H)_d + 0{,}032 \cdot (O')_d - 1{,}368$	0,83	
Paja de arroz y de trigo	$PCS_d = 0{,}433 \cdot (C)_d - 0{,}298 \cdot (H)_d + 0{,}287 \cdot (N)_d - 0{,}357$		Huang *et al.* (2008)
Residuos hortícolas cultivos de invernadero	$PCS_d = 0{,}468 \cdot (C)_d - 3{,}147$	0.99	Callejón-Ferre *et al.* (2011)
	$PCS_d = 0{,}507 \cdot (C)_d - 0{,}341 \cdot (H)_d + 0{,}067 \cdot (N)_d - 3{,}393$	0.99	
Árboles urbanos Platanus hispanica	$PCS = 0{,}439 \cdot (C)_d - 2{,}08$	0,97	Velázquez *et al.* (2014)
Sophora japonica	$PCS = 0{,}269 \cdot (C)_d + 2{,}138 \cdot (N)_d - 4{,}189$	0,97	
Morera	$PCS = 0{,}302 \cdot (C)_d - 3{,}674$	0,67	

PCS_d es el poder calorífico superior del material seco en MJ kg^{-1}; PCS es el poder calorífico superior del material tal y como se recibe en MJ kg^{-1}; $(C)_d$ es el porcentaje de carbono en masa en base seca; $(H)_d$ es el porcentaje de masa de hidrógeno en base seca; $(N)_d$ es el porcentaje de masa de nitrógeno en base seca; $(O)_d$ es el porcentaje en masa de oxígeno en base seca; $(O')_d$ es la suma de los contenidos de oxígeno y otros elementos (incluyendo S, N, Cl, etc.) en la materia orgánica seca ($O' = 100$-C-H-Cenizas).

Otra de las aplicaciones del análisis elemental de la biomasa es la posibilidad de estudiar el balance de los distintos elementos en su procesamiento. Particular importancia tiene el balance de emisiones de CO_2 en el aprovechamiento. La cantidad de C en la biomasa de un vegetal se calcula por el producto de su masa por el porcentaje de este elemento. Los moles de carbono se obtienen de dividir la masa total de C por su número atómico, es decir, 12. Los moles de C contenidos en la materia biomásica equivalen a los moles de CO_2 que ha absorbido de la atmósfera por el proceso de la fotosíntesis durante su formación. De esta manera podemos valorar el vegetal como sumidero de carbono. El balance consistirá en comparar si la liberación de CO_2 durante su cultivo y procesamiento como biocombustible, es mayor o menor que lo fijado. No obstante, hay que advertir que todo ese carbono se liberará a la atmósfera en el proceso de combustión. La Ecuación 3.17 resume el cálculo donde $V_{biomasa}$ es el volumen se biomasa, ρ es la densidad:

$$CO_2 \text{ fijado} = \frac{V_{biomasa} \cdot \rho}{12} \cdot \frac{\%C}{100}$$

(3.17)

En procesos de fermentación metánica o alcohólica el conocimiento de la fórmula empírica de la biomasa permite determinar el potencial máximo de producción de metano o alcohol si la acción microbiana consiguiera la conversión completa del sustrato. Como en las aplicaciones reales no se consigue el 100% de la conversión, es posible definir el parámetro eficiencia de la conversión como relación entre la cantidad de metano o metanol obtenido respecto al potencial máximo. Esto permite comparar dos procesos sobre el mismo sustrato en condiciones de operación distintas. Este parámetro da una idea de la afinidad de los microorganismos al tipo de biomasa y sus contaminaciones.

(Fermentación metánica)

$$C_nH_aO_b + \left(n - \frac{a}{4} - \frac{b}{2}\right)H_2O \Leftrightarrow \left(n - \frac{a}{8} + \frac{b}{4}\right)CO_2 + \left(\frac{n}{2} + \frac{a}{8} - \frac{b}{4}\right)CH_4$$

(Fermentación alcohólica)

$$aCH_mO_n + bO_2 + cNH_3 \rightarrow dCH_xO_yN_z + eCO_2 + fH_2O + gCH_rO_W$$

Donde CH_mO_n es la fuente de carbono en la reacción microbiológica, el NH_3 es la fuente de nitrógeno, y $CH_xO_yN_z$ es la composición elemental del microorganismo.

Por otra parte, la relación entre el contenido de carbono y de nitrógeno (C/N) en el sustrato es un parámetro de evaluación del equilibrio nutritivo de ese sustrato para los microorganismos responsables de la fermentación. Los microorganismos necesitan tanto carbono como nitrógeno para su desarrollo metabólico. Una relación C/N considerada adecuada es de 20-30, es decir, 25 átomos de carbono por uno de nitrógeno. Valores mayores implica poca disponibilidad de nitrógeno por lo que habría que realizar un aporte para favorecer la fermentación. Valores pequeños de la relación C/N implican escaso carbono para su conversión en metano o metanol. Es habitual preparar mezclas de diferentes tipos de biomasa para equilibrar esta relación.

La determinación de C en las plantas y suelos nos permite evaluar los sistemas naturales como sumideros de CO_2 que ha sido fijado por fotosíntesis. El porcentaje de carbono por la masa de la planta, dividido por la masa atómica del carbono proporciona el número de moles captado por la misma durante su crecimiento. Los métodos para la determinación de la masa de la planta entera o partes de la misma de desarrollarán en el capítulo IV. Por otra parte, el contenido de C en los suelos está directamente relacionado con su materia orgánica y su fertilidad.

La determinación del contenido total de carbono, hidrógeno y nitrógeno mediante métodos instrumentales está regulada por la norma EN ISO 16948. El principio de la medición está basado en la combustión de los materiales orgánicos entre 950 y 1300 °C. A esta temperatura toda la materia orgánica se descompone produciendo CO_2, N_2, H_2O y SO_3. Estos gases se separan a través de filtros específicos y se mide su número de moléculas haciéndolas circular por una tubería mediante una mezcla de gas inerte, generalmente helio. En la tubería se mide de forma continua la absorbancia en el infrarrojo. El helio que pasa por la tubería es desplazado alternativamente por cada uno de los gases en el momento en que debe ser medido. La variación de absorbancia que detecta el paso de moléculas diferentes al helio está calibrada previamente a través de una sustancia patrón. Para la medición del O y el S el equipo tiene un módulo analítico independiente, utilizando una técnica muy similar utilizando por ejemplo fluorescencia de rayos X. El analizador permite valorar sustratos y productos de reacciones microbiológicas entre otras muchas aplicaciones.

El contenido de oxígeno se puede estimar de forma indirecta con la fórmula

$$(O)_d = 100 - (C)_d - (H)_d - (N)_d - (S)_d - (Cl)_d - A_d$$

Donde:

$(H)_d$	es el porcentaje de masa de hidrógeno en la muestra seca.
$(O)_d$	es el porcentaje de masa de oxígeno en la muestra seca.
$(N)_d$	es el porcentaje de masa de nitrógeno en la muestra seca.
$(Cl)_d$	es el porcentaje de masa de cloro en la muestra seca.
A_d	es el porcentaje de masa de cenizas en la muestra seca.

El contenido en S y Cl es importante tanto en biocombustibles como en carburantes convencionales, dado que, por una parte, a partir del azufre durante la combustión se puede formar H_2S ó H_3SO_4, que ataca las tuberías de las instalaciones, y acidifica aguas y vapores atmosféricos, con el consiguiente impacto ambiental. Por otra parte, el principal problema del Cl está provocado por la formación de sales (cloruros de sodio y potasio fundamentalmente) y la formación de ácido clorhídrico (HCl) que provocan, por un lado, incrustaciones sobre las partes metálicas de los hornos, estufas y calderas, y por otro, la corrosión y la generación de emisiones ácidas. La concentración de Cl en la biomasa varía entre un 0,01 y un 2,3% en masa (Khan *et al.*, 2009), y en general es escaso en la madera, mientras que es más abundante en la paja, cereales y residuos de grasas y frutas (Obernberger *et al.*, 2006). El cloro está presente en la biomasa de dos formas: como sales inorgánicas solubles o secuestrado en la fracción orgánica o mineral. La mayor parte se encuentra en forma de sal soluble que se libera como volátil en la combustión.

Para la determinación del cloro, sodio y potasio soluble en la biomasa se debe seguir la norma EN ISO 16995, en la que se somete a la muestra a una digestión en agua caliente a 120 °C durante 60 min, siendo el tamaño de partícula de la muestra requerido de 1 mm. Tras esta digestión, previo filtrado, se procede a la determinación de los moles de estos elementos. El Cl bien con cromatografía iónica según la norma EN ISO 10304-1, culombimetría o valoración potenciométrica con nitrato de plata. El sodio y el potasio se determinarán con espectroscopia de absorción atómica o espectroscopia de emisión de llama según las normas ISO 9964 partes 1, 2 y 3 o espectroscopia de emisión óptica en plasma acoplado inductivamente (IPC-OES). Para la determinación de Cl y S totales se sigue la norma EN ISO 16994. El método propuesto consiste en hacer la determinación de cloruros y sulfatos disueltos en el agua residual de la bomba calorimétrica después de haber analizado el poder calorífico. En el ensayo del poder calorífico la muestra es combustionada en oxígeno puro (99,99%) a una presión de 3 MPa. En el interior de la bomba también se introduce un pequeño volumen de agua destilada entre 1 y 10 ml, y durante la combustión todo el cloro y azufre es liberado y disuelto en esa agua formando cloruros y sulfatos, pudiendo ser analizados con los métodos mencionados anteriormente.

Junto los seis elementos mayores (C, H, N, S, Cl, O) de la fase orgánica, existen al menos diez elementos en la fase inorgánica (Si, Al, Ti, Fe, Ca, Mg, Na, K y P) que son importantes para la caracterización de las cenizas, aparte de las trazas que puedan encontrarse de metales pesados. Su determinación se realiza según la norma ISO 16967. La importancia de la determinación de estos elementos en las cenizas radica en la influencia que tienen éstos en la temperatura de fusibilidad de las mismas. Si se supera la temperatura de fusibilidad de las cenizas en una caldera, éstas adquieren una consistencia viscosa que hace que se adhieran a las conducciones y paredes interiores cuando son arrastradas por el aire. El contenido de silíceo influye especialmente en la temperatura de fusibilidad. Es por ello que la combustión de materiales ricos en este elemento suele dar problemas en las calderas, por ejemplo, la paja de arroz. En otro ámbito, uno de los destinos posibles de las cenizas es la mejora de los suelos en cuanto a capacidad de intercambio catiónico y micronutrientes.

El porcentaje de cualquier elemento en una muestra húmeda está relacionado con el porcentaje del mismo en la muestra seca. A continuación, se muestra el desarrollo para el carbono: La masa de carbono contenida en la muestra es la misma tanto si está seca como si está húmeda. Si $(C)_h$ es el porcentaje de carbono en la muestra con una humedad ω_h, y $(C)_d$ es el porcentaje de carbono de la muestra seca, se da la siguiente igualdad.

$$m_C = m_{total} \cdot (C)_h = m_{sólidos} \cdot (C)_d$$

$$(C)_h = \frac{m_{total} - m_{agua}}{m_{total}} \cdot (C)_d$$

$$100 \cdot (C)_h = 100 \cdot \left(1 - \frac{m_{agua}}{m_{total}} \right) \cdot (C)_d$$

$$100 \cdot (C)_h = \left(100 - \omega_h \right) \cdot (C)_d$$

$$(C)_d = (C)_h \cdot \frac{100}{100 - \omega_h}$$

3.7. Análisis proximal

Los análisis proximales consisten en determinar los contenidos de materia volátil (VM, siglas en inglés), de cenizas y carbono fijo (FC, siglas en inglés) presentes en la biomasa. La fracción volátil es aquella que se transforma en gas durante el proceso de la combustión, mientras que el carbono fijo es el que se oxida en fase sólida. La fracción volátil es de menor densidad que el aire, por tanto, tiene movimiento ascendente durante la combustión, conformando la forma de la llama. El contenido de cenizas es el porcentaje de materiales inorgánicos no combustibles respecto a la materia de biomasa seca. Por definición, un alto contenido en cenizas responde a un menor poder calorífico, por otro lado, el poder calorífico de la biomasa se incrementa cuando lo hacen el *FC* y la *VM*. La proporcionalidad entre el poder calorífico y el contenido de materiales volátiles y carbono fijo en la biomasa permite desarrollar ecuaciones de predicción de éste mediante modelos de regresión lineal, tal como se muestra en la Tabla 3.5.

El conocimiento del contenido de cenizas permite determinar la cantidad de los residuos después de la combustión, lo cual es importante en el diseño de las calderas, concretamente la determinación del volumen del cenicero y el sistema de limpieza del mismo. El contenido en cenizas varía entre los distintos tipos de biocombustibles y su contaminación con elementos minerales, por ejemplo, suelo si la biomasa proviene de la recogida de residuos. La biomasa leñosa suele presentar bastante Ca y K, mientras que la biomasa herbácea muestra frecuentemente elevados niveles de Si (Demirbas, 2007). La concentración de cenizas varía desde un 1% de masa en base seca para la madera, hasta un 30-40% para el caso de residuos vegetales procedentes de invernadero.

La determinación del contenido de cenizas se realiza según la norma EN ISO 18122, midiendo la diferencia de peso de una muestra tras su incineración a 550 °C. El contenido de ceniza viene dado por la Ecuación 3.18.

$$A_d = \frac{m_3 - m_1}{m_2 - m_1} \cdot \frac{100}{100 - \omega_h} \qquad (3.18)$$

Donde

m_1 es el peso del crisol vacío.
m_2 es el peso del crisol con la muestra antes de incinerar.
m_3 es la masa del crisol y de las cenizas fruto de la incineración.
ω_h es la humedad de la muestra.

El porcentaje de material volátil en la biomasa se determina según la norma EN ISO 18123 a partir de la pérdida de peso sufrida por una muestra cuando es calentada a 900 °C sin contacto con el aire durante 7 min. Al porcentaje de pérdida de peso hay que restarle el correspondiente a la pérdida de humedad. Para que durante el calentamiento no esté en contacto con el aire se utilizan unos crisoles cerámicos con tapa. El porcentaje de volátiles se calcula mediante la Ecuación 3.19.

$$VM = \left(100 \frac{m_3 - m_1}{m_2 - m_1} - \omega_h \right) \cdot \frac{100}{100 - \omega_h} \qquad (3.19)$$

La biomasa en general contiene un alto contenido en materia volátil, generalmente entre 48-86 % de masa en base seca (Vassilev *et al.*, 2010), formado por hidrocarburos ligeros, monóxido de carbono (CO), CO_2, agua y alquitranes. Esto provoca que los biocombustibles tengan alta inflamabilidad, es decir, puedan encenderse a bajas temperaturas.

El FC se obtiene por la diferencia entre el 100% en porcentaje en masa en base seca de la muestra y el porcentaje de volátiles (*VM*) y porcentaje cenizas (A_d).

$$FC = 100 - A_d - VM$$

En la Tabla 3.4 se muestran resultados del análisis proximal de algunos materiales (Fernández y Velázquez, 2010).

Tabla 3.4. Propiedades proximales de los residuos agrícolas.

	% Humedad madera recién cortada	% Cenizas	% Volátiles	PCS (MJ/kg)	Tª de Ignición °C
Albaricoque	37,39	2,1	79,8	17,13	259
Almendro	23,05	0,8	81,4	17,28	258
Melocotón	25,03	7,89	77,1	17,54	251
Cítricos sin hojas	36,05	5,2	77,6	17,4	204
Cítricos con hojas	30,12	1,2	80,1	17,5	260
Olivo sin hojas	32,32	3	53,3	17,26	205
Olivo con hojas	29,33	1,2	81	17,26	260
Vid	40,3	5,01	70,7	17,7	246

3.8. Temperatura de fusión de las cenizas

Durante la combustión de biomasa en calderas, las partículas de cenizas pueden ser arrastradas por la corriente de aire primario y secundario que se introduce a presión dentro de la misma como comburente. Estas partículas arrastradas por el aire deben ser eliminadas de los humos de salida de la caldera, generalmente a través de ciclones. Por otra parte, si la temperatura en el interior de la caldera es muy elevada, las partículas de cenizas en suspensión pueden alcanzar su punto de fusión pasando a estado más o menos viscoso. Las cenizas fusionadas son muy adherentes y quedan incrustadas dentro de las tuberías del intercambiador de calor de la caldera. Esto provoca, por un lado, dificultades en la transmisión de calor entre los humos y el caloportador (aceite o agua) utilizado para el aprovechamiento, dado que se reduce la conductividad térmica, por otro lado reduce la sección dificultando el paso. La eliminación de las cenizas fundidas e incrustadas en las tuberías es prácticamente imposible en la mayoría de los diseños. Es por ello que el estudio del punto de fusión de las cenizas es importante y debe ser analizado.

La temperatura que consigue la fusión de las cenizas se determina mediante la norma CEN/TS 15370-1. El método consiste básicamente en formar un cono o pirámide con las cenizas a través de un molde de dimensiones estandarizadas. La pirámide moldeada se somete a temperaturas crecientes, lo que va provocando su deformación cuando se llega a las temperaturas cercanas al punto de fusión. La deformación de la pirámide se va evaluando generalmente mediante análisis de imagen.

No obstante, este método puede resultar caro y tecnológicamente complicado, por eso se propone un método más sencillo consistente en verificar, no la temperatura a la que las cenizas funden, sino la no fusibilidad de las cenizas resultantes de la combustión de biomasa a una determinada temperatura.

Esto es aplicable a biocombustibles sólidos como madera y materiales leñosos, hierbas y residuos de cultivos agrícolas, biomasa acuática, biomasa residual de animales, residuos sólidos municipales, lodos tratados, residuos industriales, y biomasa en mezclas con otros materiales que se someten a cierta temperatura.

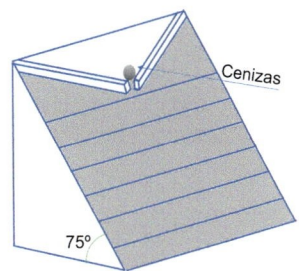

Figura 3.6. Esquema de una caldera de combustibles sólidos.

Para el análisis se utilizará un crisol cerámico con un plano inclinado dividido transversalmente por un resalte. El resalte presenta una o varias aberturas. La ceniza a evaluar se coloca en la parte superior del plano inclinado.

Cuando el crisol con la ceniza se lleva en mufla a la misma temperatura de trabajo a la que va a ser sometido en las calderas o torres pirolíticas (o una superior para ganar seguridad), se verifica si a esa temperatura la ceniza ha discurrido por las aberturas hacia la parte baja del plano inclinado. En caso de que esto sucediese, se concluye que la ceniza se ha fundido, y por tanto, no puede ser empleada esa temperatura, sino una menor. En caso de que no discurra, se ha verificado que la ceniza no funde a esa temperatura de la caldera o torre pirolítica, debiendo trabajar como límite esa temperatura o una menor.

El crisol utilizado puede ser de porcelana, níquel u otro material resistente a la temperatura y a la corrosión. El tamaño debe permitir la colocación de una muestra que no supere los 0,2 g por cm^2.

Tabla 3.5. Modelos basados en análisis proximales.

Tipo de biomasa	Modelo	r^2	Referencia
Biomasa de cultivos herbáceos	$PCS = -0,196 \cdot A_d + 19,246$		Jenkins y Ebeling (1985)
	$PCS = -0,217 \cdot A_d - 0,028 VM + 21,439$		
Residuos forestales	$PCS = -0,365 \cdot A_d - 20,179$		Jenkins y Ebeling (1985)
	$PCS = -0,409 \cdot A_d - 0,030 \cdot VM + 22,608$		
Biomasa en general	$PCS = 0,196 \cdot FC - 14,119$	0,65	Demirbas (1997)
Residuos urbanos sólidos	$PCS = 0,356 \cdot VM - 6,998$		Kathiravale *et al.* (2003)
Biomasa en general	$PCS = -0,2324 \cdot A_d + 19,914$	0,63	Sheng y Acevedo (2005)
	$PCS = 0,2218 \cdot VM + 10,260 \cdot FC - 3,0368$	0,62	
Paja de arroz y de trigo	$PCS = 0,266 \cdot VM - 0,160 \cdot \omega_h - 2,737$	0,83	Huang *et al.* (2008)
	$PCS = -0,206 \cdot A_d - 0,124 \cdot \omega_h + 18,655$	0,91	
Residuos hortícolas de invernadero	$PCS = -0,261 \cdot A_d + 20,086$	0,91	Callejón-Ferre *et al.* (2011)
	$PCS = -0,092 \cdot A_d + 0,279 \cdot VM - 2,057$	0,95	

*A_d=% de cenizas, VM=% de volátiles, FC=% de carbono fijo, ω_h =% humedad en base húmeda.

3.9. Análisis estructural

La biomasa está formada por macromoléculas llamadas estructurales y funcionales. Las macromoléculas estructurales constituyen el esqueleto físico del material, es decir, les confiere resistencia mecánica. Las macromoléculas funcionales regulan las diversas reacciones metabólicas. Las moléculas estructurales de la biomasa influyen en sus propiedades térmicas, y en los procesos de transformación a los distintos tipos de biocombustibles. Estas macromoléculas son distintas según la naturaleza de la biomasa. Por ejemplo, la biomasa lignocelulósica (madera, paja o material arbustivo semileñoso) está constituida principalmente por celulosa, hemicelulosa y lignina, junto pequeñas cantidades de lípidos y proteínas; por otra parte los granos de los cereales están formados por almidón, y una pequeña fracción de fibra, grasas y proteínas.

La celulosa está compuesta por largas cadenas de glucosa unidas por enlaces $\beta(1\text{-}4)$ que, a su vez, establecen múltiples puentes de hidrógeno entre los grupos hidroxilo de las distintas cadenas, formando una estructura lineal o fibrosa de gran cristalinidad. El enlace $\beta(1\text{-}4)$ se produce entre el oxígeno del primer carbono anomérico (proveniente de -OH) de una glucosa y el oxígeno perteneciente al cuarto carbono de la otra. Las fibras de celulosa yuxtapuestas son impenetrables al agua, lo que hace que sea insoluble. Esta estructura constituye la pared celular de las células vegetales.

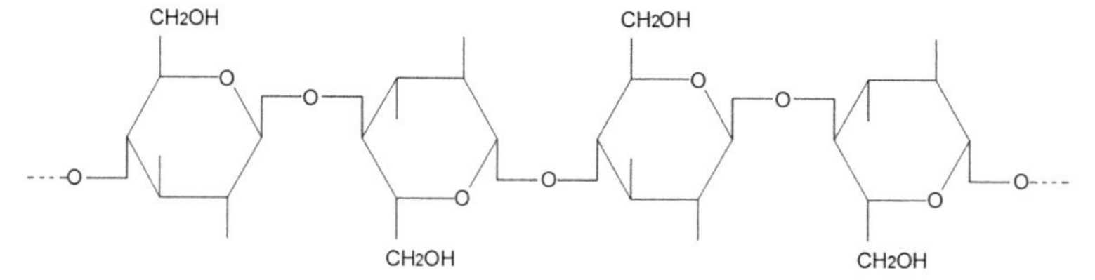

Figura 3.7. Estructura de la celulosa.

La hemicelulosa es heteropolisacárido (polisacárido compuesto por más de un tipo de monómero), formados por enlaces $\beta\ (1\text{-}4)$ fundamentalmente de glucosa, galactosa, fructosa, xilosa, arabinosa, manosa, y ácido glucurónico, entre otros, que forman una cadena lineal ramificada. La hemicelulosa, junto la celulosa y la pectina (heteropolisacarido de enlaces $\alpha(1\text{-}4)$ muy ramificado), forma las paredes celulares de las diferentes células que constituyen los tejidos de los vegetales.

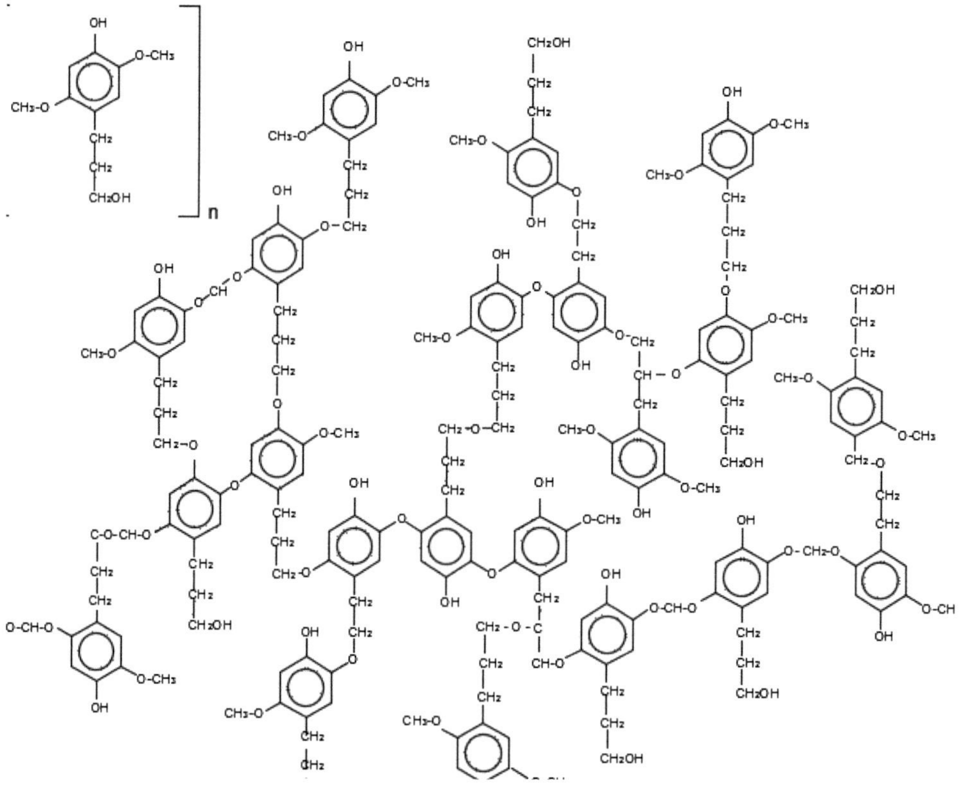

Figura 3.8. Estructura de la lignina, ramificaciones de ácidos y alcoholes fenilpropílicos.

50

La lignina es el constituyente intercelular incrustante o cementante de las células fibrosas de los vegetales. Se concentra en la lámela media y funciona prácticamente como relleno para impartir rigidez al tallo de la planta. La molécula de lignina presenta un elevado peso molecular, que resulta de la unión de varios ácidos y alcoholes fenilpropílicos.

Influencia en la combustión

Muchos investigadores han demostrado la relación directa de los porcentajes de los distintos compuestos estructurales (respecto al peso total del material) y el valor de su poder calorífico. El poder calorífico de la lignina es relativamente alto 27 MJ/kg. El de la celulosa y de la hemicelulosa es 16,7 MJ/kg. Lo significa que un alto contenido de lignina supone un mayor poder calorífico del material. Por otro lado, junto a la celulosa, hemicelulosa, lignina y las cenizas o minerales, en la biomasa existen otros materiales conocidos como extractivos, que se corresponden con ácidos grasos, ácidos resínicos, taninos, azúcares, oligómeros terpenos, esteroles, hidrocarburos, etc. La cantidad de ellos depende de la especie, parte del árbol, época del año y otros factores. Los extractivos tienen un poder calorífico de unos 35 MJ/kg, resultando muy interesantes para las aplicaciones energéticas (Arin y Demirbas, 2004). En la Tabla 3.6 se presentan modelos de predicción del poder calorífico basados en modelos de regresión a partir de los porcentajes de los distintos elementos estructurales.

La celulosa y la hemicelulosa son generalmente más abundantes en maderas duras que en blandas. En maderas duras también se presenta una mayor proporción de extractivos que contribuyen al aumento del poder calorífico, pues su valor energético es muy superior al de la celulosa y la hemicelulosa. Las maderas blandas presentan una mayor concentración de lignina (Arin y Demirbas, 2004).

Tabla 3.6. Modelos basados en análisis estructurales.

Tipo de biomasa	Modelo*	r^2	Referencia
Madera con extractivos	$PCS = 0,07444L + 0,0661E + 17,9017$	0,76	White (1987)
Madera libre de extractivos	$PCS = 0,0853L + 17,6132$	0,97	White (1987)
Rastrojo de maíz, girasol y otros	$PCS = 0,0979L + 16,292$	0,93	Acar y Ayanoglu (2012)
Cultivos hortícolas de invernadero	$PCS = 0,629L + 10,955$	0,75	Callejón Ferre *et al.* (2014)
	$PCS = 0,759L + 0,183Hem + 0,004E + 6,575$	0,81	
	$PCS = 0,481L + 0,046(L + Cel) + 0,0002(L^2 \cdot Cel) + 9,052$	0,82	

*L=lignina, *Cel*=celulosa, *Hem*=hemicelulosa, *E*=Extrativos.

Influencia en la obtención de bioetanol

La celulosa y la hemicelulosa son polisacáridos potencialmente convertibles a etanol mediante hidrólisis y posterior fermentación. La mayoría de los microorganismos fermentadores (levaduras, hongos y baterías) actúan sólo sobre monómeros o dímeros para la obtención de alcohol, ello se hace necesaria la hidrolización que consiste en la rotura de las cadenas largas de polisacáridos. La hidrólisis de la celulosa y hemicelulosa puede realizarse mediante tratamientos con ácidos o procesos enzimáticos. Sin embargo, su estructura cristalina junto con la presencia de lignina dificulta su hidrólisis para la obtención de azúcares fermentables. La lignina ofrece un obstáculo ralentizador dado que supone una barrera física a los agentes celulohidrolíticos y por ello es necesario separar la lignina antes de llevar a cabo el proceso de hidrólisis. Existen varios tipos de procesos para la remoción de la lignina y obtención de celulosa amorfa, entre ellos destacan el pretratamiento por explosión con vapor, amoniaco o CO_2 y los tratamientos microbianos como por ejemplo con *Phanerocete*. En definitiva, la obtención de alcoholes a partir de materiales lignocelulósicos pasa por cuatro etapas: pretratamiento para la eliminación de la lignina y convertir la celulosa cristalina en amorfa; hidrólisis de la celulosa y hemicelulosa; fermentación de los monosacáridos fruto de la hidrólisis, destilación del alcohol obtenido.

Influencia en procesado en biorrefinerías

Actualmente se está imponiendo el concepto de biorrefinería como procesos de extracción de diversos productos químicos de los materiales lignocelulósicos. La complejidad química de estos materiales supone una oportunidad de utilizarlos como una materia prima abundante y barata para obtener compuestos de diversa aplicación industrial. El concepto se desarrolló en la industria papelera donde para la obtención de la celulosa de la madera es aplicada una hidrolisis de la hemicelulosa extrayendo los azúcares que puede ser utilizados para la fabricación de bioplásticos, químicos o biocombustibles. Esto hace que la industria sea mucho más rentable.

La tecnología de autohidrólisis del material lignocelulósico lleva a una fase líquida rica en hemicelulosa con diversos azúcares y oligoelementos, pero no provoca una disolución significativa de la celulosa y la lignina que constituyen una fase sólida base de la industria papelera. Existen diversos procesos de tratamiento de la fase líquida para la obtención de biocombustibles.

Almidón

Entre los materiales susceptibles de ser transformados a etanol se encuentran los granos de los cereales que están formados mayoritariamente por almidón. Las cadenas de almidón están compuestas por dos grandes subcadenas: amilosa y amilopectina. La amilosa posee como unidad repetitiva moléculas de glucosas unidas por un enlace glucosídico $\alpha(1\text{-}4)$. Tiene la facilidad de adquirir una conformación tridimensional helicoidal, en la que cada vuelta de hélice consta de seis moléculas de glucosa. El interior de la hélice contiene sólo átomos de hidrógeno, y es por tanto lipofílico, mientras que los grupos hidroxilos están situados en el exterior de la hélice. La amilopectina es un polisacárido similar a la amilosa pero que contiene ramificaciones con enlaces $\alpha\text{-D-}(1,6)$, localizadas cada 25-30 unidades lineales de glucosa. La amilopectina constituye alrededor del 75% de los almidones más comunes. Algunos almidones están constituidos exclusivamente por amilopectina y son conocidos como céreos.

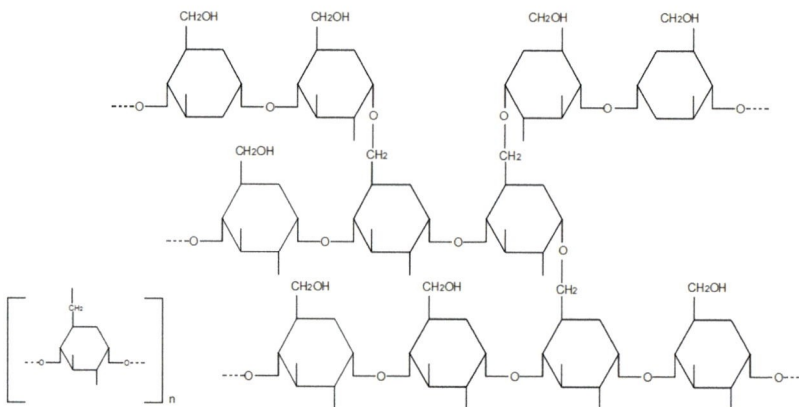

Figura 3.9. Estructura de la amilopectina constituyente del almidón.

Análisis de los elementos estructurales

El contenido de celulosa, hemicelulosa y lignina se determinan por el método de Van Soest (Van Soest *et al.*, 1991). Una muestra, con tamaños de partícula de 3 mm, desecada previamente, se hierve durante una hora con detergentes neutros. Posteriormente se filtra, y el sólido retenido en el filtrado es lavado y secado. Lo que se ha eliminado en este proceso son los extractivos. El sólido está formado por la celulosa, la hemicelulosa, la lignina y la fracción inorgánica (cenizas). El peso de las cenizas determinado previamente a través de análisis proximal es sustraído del peso, obteniéndose lo que se denomina Fibra Detergente Neutra, NDF, formado exclusivamente por celulosa, hemicelulosa y lignina.

Otra muestra, también es sometida a cocción usando detergente ligeramente ácido, durante una hora. De igual modo que en la obtención del NDF, se filtra y se lava la fracción sólida. El sólido aquí obtenido, sustrayendo el peso de las cenizas, se denomina Fibra Detergente Ácida, ADF, y está compuesto exclusivamente por celulosa y la lignina.

El contenido de hemicelulosa se obtiene por la diferencia de peso entre el NDF y el ADF.

Para la determinación del contenido de lignina el ADF es tratado con ácido sulfúrico (72%) durante tres horas. Posteriormente la muestra es filtrada, lavada con agua caliente y secada a 105 °C durante tres horas. Después es calcinada a 550 °C. La pérdida de peso corresponde a la lignina y el sólido a la celulosa.

La determinación de almidón en los materiales se realiza por la norma EN-ISO 10520. El método se realiza en dos fases: Primero una fracción de muestra de 2,5 g es tratada con 50 ml ácido clorhídrico diluido (0,3 M) dejándose en baño de agua en ebullición 15 min. Tras este tiempo se deja enfriar a 20 °C. Posteriormente se añaden 10 ml de la disolución I de Carrez* agitándose durante 1 min, tras este tiempo se añaden otros 10 ml de la disolución II de Carrez** agitando otro minuto. A continuación se mide el ángulo de rotación óptica (α_1) con un polarímetro.

Una segunda fracción de muestra de 5 g se trata con 80 ml de etanol durante una hora y posteriormente se enrasa hasta 100 ml. A continuación se filtra y a 50 ml de la solución obtenida se le añaden 2,1 ml de ácido clorhídrico concentrado 8M, dejándose en baño de agua en ebullición 15 mim. Tras este tiempo se deja enfriar a 20 °C y se añaden 10 ml de la disolución I de Carrez* agitándose 1 min. Luego se añaden otros 10 ml de la disolución II de Carrez**, agitándose otro minuto. Finalmente se mide el ángulo de rotación óptica (α_2) con un polarímetro.

* Disolución de 10,6 gramos de hexacianoferrato potásico trihidratado en agua destilada hasta 100 ml.

** Disolución de 21,9 gramos de acetato de zinc dihidratado y 3 gramos de ácido acético glacial en agua destilada hasta 100 ml.

El contenido de almidón se calcula de acuerdo a la Ecuación 3.20. El valor α_D^{20} varía según el material a analizar entre 181 y 184; y dm es el porcentaje de materia seca de la muestra.

$$w = \frac{2000}{\alpha_D^{20}} \cdot \left[\frac{2,5 \cdot \alpha_1}{m_1} - \frac{5 \cdot \alpha_2}{m_2} \right] \cdot \frac{100}{dm} \tag{3.20}$$

Tabla 3.7. Modelos basados en combinaciones de variable de análisis elementales, proximales y estructurales.

Tipo de biomasa	Modelo	r^2	Referencia
Biomasa leñosa	$PCS = 0,349 \cdot (C)_d + 1,783 \cdot (H)_d + 0,100 \cdot (S)_d$ $- 0,103 \cdot (O)_d - 0,015 \cdot (N)_d - 0,021 \cdot A$	0,89	Channiwala y Parikh 2002
Biomasa de cultivos herbáceos	$PCS = -1,563 - 0,0251 \cdot A + 0,475(C)_d - 0,385 \cdot (H)_d$ $+ 0,102 \cdot (N)_d$	0,99	Callejón Ferre *et al.* 2011
Lodos de depuradora	$PCS_d = 0,406 \cdot (C)_d - ,2106 \cdot (H)_d + 0.154 \cdot (S)_d$ $+ 0,1603 \cdot (O)_d - 0,1513 \cdot (N)_d + 0,0238 \cdot A + 0,0034$	0,87	Thikhunthod *et al.* 2005

3.10. Inflamabilidad y combustibilidad

Se denomina *inflamabilidad* a la facilidad que presenta un combustible (gas, líquido o sólido) para encenderse, y la *combustibilidad* hace referencia a la rapidez con que una vez encendido se propagarán sus llamas. Cuanta menos energía de activación sea necesaria para la ignición, más inflamable será el material. Los materiales inflamables no lo son por sí mismos, sino que lo son debido a que su vapor es combustible. La medición de la inflamabilidad se realiza en base al *punto de inflamación*.

El *Punto de inflamación (flash point)* es la temperatura mínima a la cual combustible desprende cantidades suficientemente significativas de vapor para formar una mezcla que puede encenderse en contacto con el aire cuando existe una fuente externa de ignición. Para determinar ese punto se suele emplear una pequeña llama como foco de ignición (como por ejemplo, chispas eléctricas o llamas). Un material se puede encender a temperatura igual o superior a su punto de inflamación. Por ejemplo, el queroseno tiene un punto de inflamación entre 38 y 65,5 °C. Los gases inflamables no tienen punto de inflamación puesto que ya se encuentran en fase de vapor.

Para la medición del Flash Point se utiliza recipiente de campana con salida de gases, donde el material se calienta lentamente midiendo la temperatura. El punto de inflamación es la temperatura a la cual se observa un destello (flash) al aplicarse una llama o fuente de ignición sobre la salida de gases.

En las leñas y astillas el conocimiento del punto de inflamabilidad adquiere especial importancia en los procesos de pirolisis (carbonización y gasificación), donde se calienta este tipo de biomasa a elevadas temperaturas para obtener carbón y gases combustibles respectivamente. El punto de inflamación dependerá del tipo de madera, porcentaje de humedad y proporción de madera, hojas, acículas y corteza. A mayor cantidad de agua menor inflamabilidad tendrá el material (punto de inflamación alto). Por otro lado, cuanto mayor sea el porcentaje de corteza, hojas y acículas en el material, la inflamabilidad aumentará (punto de inflamación bajo).

Por otra parte, se denomina *temperatura de autoignición o autoinflamación* a la temperatura mínima, a presión de una atmósfera, a la que una sustancia en contacto con el aire, arde espontáneamente sin necesidad de una fuente de ignición. A esta temperatura se alcanza la energía de activación suficiente para que se inicie la reacción de combustión. La temperatura de autoignición puede disminuir sustancialmente ante la presencia de catalizadores como polvo de óxido de hierro, ante atmósferas ricas en oxígeno y ante presiones elevadas.

Existen concentraciones mínimas y máximas del vapor o gas en mezcla con el aire, en las que son inflamables. Estas concentraciones se denominan *Límites de inflamabilidad,* el límite inferior de inflamabilidad está relacionado con temperatura de inflamación, pero son condiciones distintas.

Combustibilidad

Es la capacidad que tiene un material para prolongar la reacción de combustión una vez se ha producido la ignición, es decir, reaccionar con el oxígeno de forma continuada sin extinguirse la reacción mientras persista material. Esta capacidad de propagación de la llama depende de la relación entre el poder calorífico y la energía de activación. Si el calor desprendido en la combustión de una determinada molécula es capaz de activar las moléculas adyacentes, es decir, supera su energía de activación, entonces la ignición se propagará a través del material. Sin embargo, si el calor desprendido no es mayor que la energía de activación las moléculas adyacentes la llama se extinguirá.

La medición de la combustibilidad se realiza de acuerdo con la norma UNE 23102:1990 *Ensayo de la determinación de la no combustibilidad.* O por la norma UNE-EN 1182:2002 (ISO 1182:2002) aunque esta última norma sólo es aplicable a elementos utilizados en la construcción.

Del mismo modo que la inflamabilidad, la combustibilidad de las leñas y astillas dependerá del tipo de madera, porcentaje de humedad y proporción de madera, hojas, acículas y corteza. A mayor cantidad de agua menor combustibilidad tendrá el material. Por otro lado, cuanto mayor sea el porcentaje de corteza, hojas y acículas en el material la combustibilidad aumentará.

3.11. Análisis termogravimétrico

El análisis termogravimétrico consiste en determinar la variación de peso que sufre una muestra que se calienta en atmósfera controlada; tanto en aire normal, como con atmósfera inerte (con ausencia de oxígeno, normalmente N_2 o He) y analizar el gas volatilizado través de un cromatógrafo de gases acoplado a un espectrómetro de masas. El tipo de salida que proporciona el aparato es como la indicada en la Figura 3.10, donde se observa la disminución del peso con la temperatura alcanzada. Las zonas planas suponen procesos de modificación estereoisomérica de las moléculas (Las moléculas transforman su conformación tridimensional con consumo de energía, pero sin proceso de volatilización).

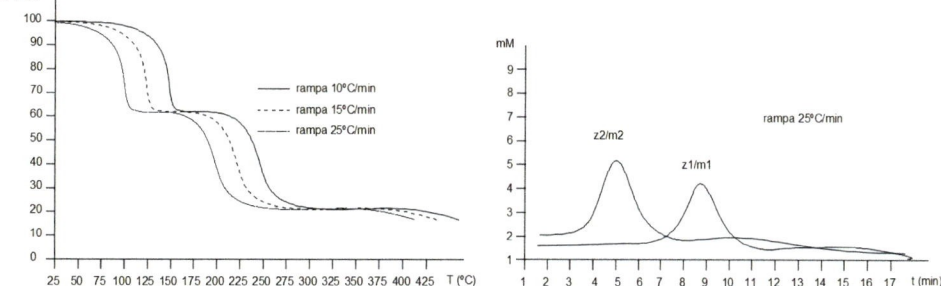

Figura 3.10. Ejemplo de descomposición termal de biomasa analizando los gasas con espectrómetro de masas.

55

La variación del peso con la temperatura permite conocer la humedad de la muestra, cuál es el porcentaje de peso que es volátil a una temperatura dada, junto la composición de gas volátil e inflamabilidad. Los resultados dependerán de la naturaleza molecular de la biomasa, rampa de aumento de la temperatura y tipo de atmósfera en la que se produce la descomposición.

La utilidad de este equipo se basa en cuatro aplicaciones de suma importancia:

- Puede volatilizar cualquier sustancia orgánica pasándola a fase gaseosa en atmósfera inerte, principalmente de N_2. Al no existir oxígeno en la atmósfera de la descomposición termal no existe oxidación, es decir, no existe combustión. Ello permite obtener gas sin modificación molecular. Al pasar el gas obtenido por el cromatógrafo de gases y el espectrómetro de masas se identificarán las moléculas constituyentes de la muestra. Así se pueden identificar moléculas como: restos de plaguicidas en alimentos y plantas, productos obtenidos de reacciones microbiológicas, hormonas en carne, orina y heces, sustancias contaminantes en suelos y aguas, hidrocarburos, etc.

- En caso del estudio de la biomasa, el gas volátil obtenido en atmósfera inerte es un biocombustible. Este proceso de producción de gas combustible se denomina Pirólisis o Gasificación. La composición del gas obtenido es muy variable según los factores anteriormente mencionados: naturaleza molecular de la biomasa, rampa de aumento de la temperatura y tipo de atmósfera en la que se produce la descomposición. La variabilidad de estos factores hace que industrias de gasificación trabajen con cierto empirismo (recetas consistentes en una temperatura fija para una cantidad de biomasa gasificada y composición de la atmósfera en la reacción). Las empresas que se ven obligadas a trabajar con distintos tipos de biomasa (forestal, agrícola, pecuaria, residuos urbanos, etc.), requieren pruebas de gasificación previas determinado el volumen y composición del gas obtenido, a través del análisis con el espectrómetro.

- Por otra parte permite la determinación de la inflamabilidad en atmosfera normal. La *Inflamabilidad*: es la medida de la facilidad que presenta un combustible (gas, líquido o sólido) para encenderse, es decir, una medida de la energía de activación. Cuanto menor sea la energía de activación, más inflamable será el material. Los materiales inflamables no lo son por sí mismos, sino que lo son debido a que su vapor es combustible. La variación de peso registrada con el aumento de la temperatura permite determinar a partir de que momento se produce una volatilización rápida, temperatura de ese instante marca el *punto de inflamación*. El *punto de inflamación* de un material es la temperatura a la cual desprende vapor en cantidades suficientemente significativas para formar una mezcla que puede encenderse en contacto con el aire. Cuando existe una fuente externa de ignición (como, por ejemplo, chispas eléctricas o llamas) un material se puede encender a temperatura igual o superior a su punto de inflamación.

- El conjunto balanza termogravimétrica-cromatógrafo de gases-espectrómetro de masas también permite evaluar los gases emitidos en una combustión normal. Esto es importante porque de la combustión de ciertos materiales contaminados con plásticos, hidrocarburos u otros, pueden salir sustancias tóxicas como dioxinas, furanos, etc. Que se detectan con el espectrómetro tras la combustión dentro de la balanza a atmosfera convencional (21% de oxígeno). Ello permite valorar la utilización de diversas sustancias como combustible o la eliminación de desechos de origen urbano o industrial mediante combustión.

3.12. Durabilidad de los materiales densificados

Los productos densificados (pélets y briquetas) son sólidos formados por extrusión de partículas, generalmente lignocelulósicas, confiriendo piezas cilíndricas o prismáticas destinados a su combustión en calderas. Durante su manipulación, los productos densificados sufren acciones mecánicas como golpes, rozamientos y compresión en la fase de empacado, transporte, almacenamiento y alimentación en caldera. Estas acciones mecánicas pueden provocar la rotura y pulverización de la pieza, reduciendo el tamaño de partícula. Un indicador de la calidad del pélet o briqueta es su resistencia mecánica, es decir la capacidad mantener sus dimensiones durante su manejo, lo cual favorece la mecanización de su suministro a través de aspiradores, tornillos sinfín y la alimentación automatizada de la caldera. La resistencia mecánica de los pélets y briquetas se mide en términos se durabilidad. Según la norma EN ISO 17831-1 se define durabilidad de un pélet como el porcentaje de piezas que no han sido rotas o erosionadas después de haber sido sometidas a golpes originados entre las piezas y las paredes de un recipiente prismático de dimensiones normalizadas ($300\times300\times150$ mm^3) en rotación a 50 r/min durante 4 min.

El tamaño mínimo de la muestra en el análisis debe ser de 1,5 kg, la cual se criba inicialmente con tamiz con orificio de 3,15 mm de diámetro para separar los finos. Tras el volteo en el recipiente de ensayo se vuelve a pasar por dicho tamiz, pesando el material retenido. La durabilidad se calcula de acuerdo con la Ecuación 3.21.

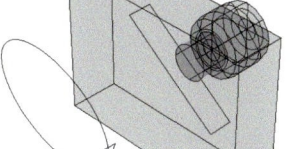

$$D_U = \frac{m_2}{m_1} \cdot 100$$

(3.21)

Donde:

D_U es la durabilidad del pélet.

m_1 es el peso de la muestra después de haber eliminado los finos existentes inicialmente.

m_2 es el peso de la muestra después de haber eliminado los finos tras el volteo en el recipiente prismático.

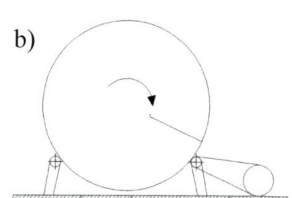

Figura 3.11. Dispositivo de análisis de la durabilidad de los pélets (a) y briquetas (b).

Para determinar la durabilidad de las briquetas se utiliza la norma EN ISO 17831-2. El principio de medición es el mismo que el del pélet; las briquetas de someten a acciones mecánicas haciéndolas rotar a 21 r/min en un recipiente en este caso cilíndrico con 598 mm de diámetro y longitud.

Tanto el recipiente para la evaluación de la durabilidad de los pélets como el utilizado para la evaluación de la durabilidad de las briquetas deben poseer una chapa interna que favorecerá las colisiones entre las piezas densificadas. La chapa en el tambor de las briquetas debe tener un ancho de 200 mm y en el prisma de evaluación de pélets unas dimensiones de (230 mm x 50 mm) estando inclinada 45° respecto a la base.

3.13. Especificaciones de los biocombustibles

Con el objeto de asegurar los estándares de calidad en el mercado de los biocombustibles, así como facilitar la regulación del mercado de la biomasa, la norma EN 17225-1 establece la denominación y codificación de los distintos materiales de acuerdo a las características de los mismos.

La biomasa comercializada debe estar identificada de acuerdo a su origen y parámetros indicados en este capítulo (densidad, humedad, poder calorífico, cenizas, composición elemental, etc.) obtenidos por los métodos de referencia.

De acuerdo al origen, la norma establece una clasificación jerárquica con cuatro niveles. El primer nivel presenta cuatro grupos o categorías.

1. Biomasa leñosa
2. Biomasa herbácea
3. Biomasa de frutos
4. Conjuntos y mezclas

Estas categorías se dividen en subgrupos hasta cuatro niveles de acuerdo a su procedencia, por ejemplo:

"1. Biomasa leñosa → 1.1. Biomasa leñosa procedente del monte, plantación y otra madera virgen → 1.1.4. Residuos de corta → 1.1.4.1. Fresco/verde, frondosas (incluyendo hojas)".

Por tanto se trataría de "residuos de corta de frondosas" (1.1.4.1).

Los parámetros a especificar necesarios en la identificación del producto comercializado están codificados con letras identificativas, tal como se muestra en la Tabla 3.8.

Tabla 3.8. Nomenclatura identificativa en la caracterización de los biocombustibles.

Parámetro	Símbolo	Ejemplo
Dimensiones (mm)	P (tamaño de partículas)	P45 (Fracción principal, 75% de partículas entre 8 mm y 45 mm)
	D (diámetro en pélets y briquetas)	D06 (diámetro < 6 mm, 3,15 mm < L< 40 mm, en caso de pélets)
	L (longitud en pélets y briquetas)	L50 (longitud < 50 mm, en caso de briquetas por ejemplo)
Porcentaje de finos (% en masa < 3,15 mm)	F	F0.2 (contenido en finos < 0,2 %)
Humedad (% de masa en base húmeda)	M	M10 (humedad < 10%)
Cenizas (% de masa en base seca)	A	A0.7 (contenido de cenizas < 0,7%)
Nitrógeno (% de masa en base seca)	N	N0.5 (contenido de nitrógeno < 0,5 %)
Cloro (% de masa en base seca)	Cl	Cl0.07 (contenido de cloro < 0,07 %)
Azufre (% de masa en base seca)	S	S0.05 (contenido de azufre < 0,05 %)
Poder calorífico (MJ/kg)	Q	Q17 (valor mínimo de 17 MJ/kg)
Densidad a granel (kg/m^3)	DB	BD550 (densidad a granel > 550 kg/m^3)
Fusión de cenizas (°C)	DT	DT1300 (Temperatura de fusión de cenizas 1300 °C)
Durabilidad mecánica (% de masa de pélets después del ensayo)	DU (en pélets y briquetas)	DU95 (95% no fraccionado después del ensayo
Aditivos (%)	Aditivos	Aditivos 0.01 (contenido de azufre < 0,01 %)

Siguiendo la norma indicada, se muestra un ejemplo de clasificación realizada con materiales analizados en experimentos de caracterización de Velázquez *et al.* (2014). Como se puede comprobar en las Tablas 3.9, 3.10 y 3.11, las especificaciones requeridas por la norma EN 17225-1 son distintas para los diferentes estados de los materiales. Así en la especificación técnica de troncos de madera (como en la Tabla 3.9) no es necesario definir la concentración de ningún elemento, tales como el nitrógeno o el cloro; tampoco indicar parámetros proximales como cenizas, ni siquiera el poder calorífico. Sin embargo cuando se realiza la especificación de material triturado o de astillas hay que indicar éstos junto otros como la densidad a granel (densidad aparente) o el comportamiento de las cenizas respecto a su fusibilidad.

Tabla 3.9. Especificación de las propiedades de troncos de madera de cítricos (Norma EN 17225-1).

Origen: Residuos de corta de frondosas (1.1.4.1)	Biomasa leñosa (1.1) *Citrus x sinensis* Osbeck
Forma comercializada	Troncos de madera, leña
Dimensiones (cm) **Longitud** (L) (longitud máxima de un solo corte) cm	L 100 (100 cm ± 5 cm)
Diámetro (D) (diámetro máximo de un solo corte), cm	D10 (2 cm ≤ D ≤ 10 cm)
Humedad, M (% en masa según se recibe) EN ISO 18134-1, EN ISO 18134-2	M 45 (≤ 45 %)
Volumen o peso, m^3 apilados o sueltos o kg según se recibe	15 – 20 kg
Proporción en volumen de troncos partidos	Troncos sin partir. Ramas enteras.
Superficie de corte	Superficie de corte lisa y regular.
Moho y pudrición	Ninguna de las muestras presenta moho.

[a] La utilización de motosierra se considera que produce una superficie lisa y regular.

Tabla 3.10. Especificación de las propiedades de material triturado de olivo (Norma EN 17225-1).

Origen: Residuos de corta de frondosas (1.1.4.1)	Biomasa leñosa (1.1) *Olea europaea* L.
Forma comercializada	Material triturado
Dimensiones (cm) **Fracción principal** (mínimo el 75% de la masa)	P45 (3,15 mm ≤ P ≤ 45 mm)
Finos (F) (<3,15 mm) % en masa	F10 (<10%)
Humedad, M (% en masa según se recibe) EN ISO 18134-1, EN ISO 18134-2	M 35 (≤ 35 %)
Cenizas (% en masa seca) EN ISO 18122	3,1
Poder Calorífico Q(MJ/kg) EN 14918	18,078±0,232
Nitrógeno (% de masa en base seca)	0,51
Cloro (% de masa en base seca)	0,08
Densidad a granel DB, según se recibe (kg/m^3)	
Comportamiento fusión de cenizas (°C)	1123 °C

Tabla 3.11. Especificación de las propiedades de material astillado de almendro (Norma EN 17225-1).

Origen: Residuos de corta de frondosas (1.1.4.1)	Biomasa leñosa (1.1) *Prunus dulcis* (Mill.) D.A. Webb.
Forma comercializada	Material astillado
Dimensiones (cm) **Fracción principal** (mínimo el 75% de la masa)	P45 (8 mm ≤ P ≤ 45 mm)
Finos (F) (<3,15 mm) % en masa	F12 (<12%)
Humedad, M (% en masa según se recibe) EN ISO 18134-1, EN ISO 18134-2	M 35 (≤ 35 %)
Cenizas (% en masa seca) EN ISO 18122	1,1
Poder Calorífico Q(MJ/kg) EN 14918	19,55±0,24
Nitrógeno (% de masa en base seca)	0,65
Cloro (% de masa en base seca)	0,08
Densidad a granel DB, según se recibe (kg/m^3)	
Comportamiento fusión de cenizas (°C)	1300 °C

CAPÍTULO III. RECUERDA

- Conociendo el aporte energético de la caldera en un sistema de aprovechamiento térmico de biomasa, se puede calcular el consumo de combustible dividiendo por el poder calorífico neto a presión constante.

- Normalmente una instalación térmica basada en la biomasa como combustible tiene asociado un silo de almacenamiento con una autonomía de varias semanas. El volumen del silo es la división de la masa a almacenar para conseguir esa autonomía por la densidad aparente determinada por el ensayo normalizado EN 17828.

REFERENCIAS

Acar, S., Ayanoglu, A. 2012. Determination of higher heating values (HHVs) of biomass fuels. *Energy Education Science and Technology, Part A- 28*(2), 749-758.

Arin, G., Demirbaş, A. 2004. Mathematical modeling the relations of pyrolytic products from lignocellulosic materials. *Energy Source A, 26*, 1023-1032. https://doi.org/10.1080/00908310490494595

Buckley, T.J. 1991. Calculation of higher heating values of biomass materials and waste components from elementals analyses. *Resour Conserv Recy, 5*, 329-341. https://doi.org/10.1016/0921-3449(91)90011-C

Callejón-Ferre, A.J., Velázquez-Martí, B., Lopez-Martinez, J.A., Manzano-Agugliaro, F. 2011. Greenhouse crop residues: Energy potential and models for prediction of their higher heating value. *Renewable and Sustinable Energy Reviews, 15*(2), 948-955. https://doi.org/10.1016/j.rser.2010.11.012

Callejón-Ferre, A.J., Carreño-Sánchez, J., Suárez-Medina, F.J., Pérez-Alonso, J., Velázquez-Martí, B. 2014. Prediction models for higher heating value based on the structural analysis of the biomass of plant remains from the greenhouses of Almería (Spain). *Fuel, 116*, 377–387. https://doi.org/10.1016/j.fuel.2013.08.023

Channiwala, S.A., Parikh, P.P. 2002. Aunified correlationfor estimating HHV of solid and liquid and gaseosus fuels. *Fuel, 81*, 1051-1063. https://doi.org/10.1016/S0016-2361(01)00131-4

Demirbas, A. 1997. Calculation higher heating values of biomass fuels. *Fuel, 769*(5):431-434. https://doi.org/10.1016/S0016-2361(97)85520-2

Demirbas, A. 2007. Mathematical modeling the relations of biomass fuels based on proximate analysis. *Energ Source Part A, 29*:1017-1023. https://doi.org/10.1080/00908310500433855

Erol, M., Haykiri-Acma, H., Kücükbayrak, S. 2010. Calorific value estimation of biomass from their proximate analyses data. *Renew Energy, 35*, 170-173. https://doi.org/10.1016/j.renene.2009.05.008

Fernádez González, E., Velázquez-Marti, B. (Dir). *Análisis de los procesos de producción de biomasa residual procedente del cultivo de frutales mediterráneos. Cuantificación, cosecha y caracterización para su uso energético o industrial.* Tesis doctoral Universidad Politécnica de Valencia.

Friedl, A., Padouvas, E., Rotter, H., Varmuza, K. 2005. Prediction of heating values of biomass fuel from elemental composition. *Anal Chim Acta, 544*, 191-198. https://doi.org/10.1016/j.aca.2005.01.041

Huang, C., Han, L., Yang, Z., Liu, X. 2008. Prediction of heating value of straw by proximate data, and near infrared spectroscopy. *Energy Conversion and Management, 49*, 3433–3438. https://doi.org/10.1016/j.enconman.2008.08.020

Jenkins, B.M., Ebeling, J.M. 1985. Correlations of physical and chemical properties of terrestrial biomass with conversion, *Symposium energy from biomass and waste IX IGT*. p. 371.

Kathiravale, S., Yunus, M.N.M., Sopian, K., Samsuddin, A.H., Rahman, R.A. 2003. Modeling the heating value of municipal solid waste. *Fuel, 82*, 1119-1125. https://doi.org/10.1016/S0016-2361(03)00009-7

Khan, A.A., Jonga, W.D., Jansens, P.J., Spliethoff, H. 2009. Biomass combustion in fluidized bed boilers: potential problems and remedies. *Fuel Process Technol., 90*, 21-50. https://doi.org/10.1016/j.fuproc.2008.07.012

Obernberger, I., Brunner, T., Barnthaler, G. 2006. Chemical properties of solid biofuels-significance and impact. *Biomass and Bioenergy, 30*, 973-982. https://doi.org/10.1016/j.biombioe.2006.06.011

Parikh, J., Channiwala, S.A., Ghosal, G.K. 2007. A correlation for calculating elemental composition from proximate analysis of biomass materials. *Fuel, 86*:1710-1719. https://doi.org/10.1016/j.fuel.2006.12.029

Sheng, C., Azevedo, J.L.T. 2005. Estimating the higher heating value of biomass fuels from basic analysis data. *Biomass and Bioenergy, 28*, 499-507. https://doi.org/10.1016/j.biombioe.2004.11.008

Tillman, D.A. *Wood as an energy resource.* New York: Academic Press; 1978.

Thickhunthod, P., Meeyoo, V., Rangsunvigit, P. Kitiyanan, B., Siemanond, K., Rirkomboom, T. 2005. Predicting the heating value of sewage sludges in Thailand from proximate and ultiumate analyses. *Fuel, 84*, 849-857. https://doi.org/10.1016/j.fuel.2005.01.003

Van Soest, P.V., Robertson, J.B., Lewis, B.A. 1991. Methods for dietary fiber, neutral detergent fiber, and nonstarch polysaccharides in relation to animal nutrition. *Journal of dairy science, 74*(10), 3583-3597. https://doi.org/10.3168/jds.S0022-0302(91)78551-2

Vargas-Moreno, J.M., Callejón-Ferre, A.J., Pérez-Alonso, J., Velázquez-Martí, B. 2012. A review of the mathematical models for predicting the heating value of biomass materials. *Renewable and Sustainable Energy Reviews, 16*, 3065– 3083. https://doi.org/10.1016/j.rser.2012.02.054

Vassilev, S.V., Baxter, D., Andersen, L.K., Vassileva, C.G. 2010. Na overview of the chemical composition of biomass. *Fuel, 89*, 913-933. https://doi.org/10.1016/j.fuel.2009.10.022

Velázquez-Martí, B., Estornell, J., López-Cortés, I., Martí-Gavila, J. 2012. Calculation of biomass volume of citrus trees from an adapted dendrometry. *Biosystems Engineering, 112*(4), 285-292. https://doi.org/10.1016/j.biosystemseng.2012.04.011

Velázquez-Martí, B., Sajdak, M., López-Cortés, I., Callejón-Ferre, A.J. 2014. Wood characterization for energy application proceeding from pruning *Morus alba* L., *Platanus hispanica* Münchh, and *Sophora japonica* L. in urban áreas. *Renewable Energy, 62*, 478-483. https://doi.org/10.1016/j.renene.2013.08.010

White, R. 1987. Effect of lignin content and extractives on the Higher Heating Value of wood. *Wood and Fiber Science, 19*(4), 446-452.

ANEXO 3.1. Normas de análisis para la caracterización de Biomasa

Referencia de la norma	Título
EN ISO 16559	Biocombustibles sólidos – Terminología, definiciones y descripciones.
EN 14778	Biocombustibles sólidos – Muestreo.
EN 14780	Biocombustibles sólidos – Métodos para la preparación de la muestra.
EN ISO 18134-1	Biocombustibles sólidos – Determinación del contenido de humedad – método de secado en estufa. Parte 1: Total de humedad. Método de referencia.
EN ISO 18134-2	Biocombustibles sólidos – Determinación del contenido de humedad – método de secado en estufa. Parte 2. Método simplificado: Total de humedad.
EN ISO 18134-3	Biocombustibles sólidos – Determinación del contenido de humedad – método de secado en estufa. Parte 3. Humedad de la muestra para análisis general.
EN ISO 17827-1	Biocombustibles sólidos – Métodos para la determinación de la distribución del tamaño de partícula para combustibles sin comprimir – Parte 1: Método de pantalla oscilante utilizando abertura de malla igual o superior a 3,15 mm.
EN ISO17827-2	Biocombustibles sólidos – Métodos para la determinación de la distribución del tamaño de partícula para combustibles sin comprimir – Parte 2: Método del tamiz vibratorio con abertura de malla inferior o igual a 3,15 mm.
CEN/TR 15149-3 IN	Biocombustibles sólidos – Métodos para la determinación de la distribución del tamaño de partícula – Parte 3: Método de pantalla Rotary.
EN 17828	Biocombustibles sólidos – Determinación de la densidad a granel (densidad aparente).

(Continúa en la página siguiente)

Referencia de la norma	Título
EN ISO 17829	Biocombustibles sólidos – Determinación de la longitud y el diámetro de pélets.
EN ISO 18847	Biocombustibles sólidos – Determinación de la densidad de partícula de pélets y briquetas.
EN 14918	Biocombustibles sólidos – Determinación del valor calorífico
EN ISO 18122	Biocombustibles sólidos – Determinación del contenido de cenizas
EN ISO 18123	Biocombustibles sólidos – Determinación del contenido de materia volátil
EN ISO 16948	Biocombustibles sólidos – Determinación del contenido total de carbono, hidrógeno y nitrógeno – Métodos Instrumentales
UNE 164002	Biocombustibles sólidos – Trazabilidad
EN ISO 18846	Biocombustibles sólidos. Determinación de partículas finas en muestras de pélets
EN ISO 16214-1	Criterios de sostenibilidad para la producción de biocombustibles y biolíquidos para aplicaciones energéticas. Principios, criterios, indicadores y verificadores. Parte 1
EN ISO 16214-3	Criterios de sostenibilidad para la producción de biocombustibles y biolíquidos para aplicaciones energéticas. Principios, criterios, indicadores y verificadores. Parte 3
EN ISO 16994	Biocombustibles sólidos – Determinación del contenido total de azufre y cloro
EN ISO 16967	Biocombustibles sólidos – Determinación de elementos mayoritarios Al, Ca, Fe, Mg
EN ISO 16968	Biocombustibles sólidos – Determinación de elementos menores
CEN/TS 15370-1	Biocombustibles sólidos – Método para la determinación del comportamiento de fusión de cenizas – Parte 1: Método de temperaturas características
EN ISO 17831-1	Biocombustibles sólidos – Determinación de la durabilidad mecánica de pélets y briquetas. Parte 1. Pélets
EN ISO 17831-2	Biocombustibles sólidos – Determinación de la durabilidad mecánica de pélets y briquetas. Parte 2: Briquetas
EN 15234	Aseguramiento de la calidad del combustible – Biocombustibles sólidos
EN ISO 16993	Biocombustibles sólidos – Cálculo de los análisis a las diferentes bases
EN ISO 17225-1	Biocombustibles sólidos – especificaciones del combustible y las clases – Parte 1: Requisitos generales
EN ISO 17225-2	Biocombustibles sólidos – especificaciones del combustible y las clases – Parte 2: Clases de pélets de madera
EN ISO 17225-3	Biocombustibles sólidos – especificaciones del combustible y las clases – Parte 3: Clases de briquetas de madera
EN ISO 17225-4	Biocombustibles sólidos – especificaciones del combustible y las clases – Parte 4: Astillas de madera
EN ISO 10520	Almidones y féculas nativos- Determinación del contenido de almidón. Método polarimétrico de Ewers

ANEXO 3.2. Costes de análisis

Tabla 3.12. Costes unitarios de los materiales necesarios para la determinación del poder calorífico con el calorímetro Leco AC-500.

Consumible	Precio unidad de compra	Consumo por muestra	Precio análisis
Patrón de calibración ref. 502-208-T Ac. Benzóico	160,0 Euros/100 pastillas	5 pastillas/calibración	1,60 Euros/análisis
Acelerador combustión ref. 502-815 Aceite Mineral	175,7 Euros/118 ml	0,25 Ml	Euros/Muestra
Alambre para ignición ref. 502-462	38,2 Euros/375 alambres	1 Ud	0,10 Euros/Muestra
Alquiler botella O_2	94,4 Euros/año		0,019 Euros/Muestra
Gas O_2			1,7 Euros/Muestra
Mantenimiento (contrato según empresa)	1200 Euros/año		0,24 Euros/Muestra
Personal de laboratorio	20 Euros/h	20 min/muestra 100 min/calibración	6,67 Euros/Muestra

Tabla 3.13. Costes de calibración el calorímetro Leco AC-500.

	nº	Tiempo (min/análisis)	Tiempo total (min)	Coste
Número de análisis	5	20	100	33,33 Euros
Patrón de calibración ref. 502-208-T Ac. Benzóico	5			8,00 Euros
Alambre para ignición ref. 502-462	5			0,51 Euros
Gas O_2				8,57 Euros
Mantenimiento y alquiler botella				1,294 Euros
			TOTAL	**51,71 Euros**

Tabla 3.14. Coste de amortización por análisis calorímetro Leco AC-500, supuesto 5000 análisis/año.

Coste de adquisición	50000
Años vida útil	10
Valor residual 10%	5000
Coste de Amortización	**0.9 Euros/muestra**

Tabla 3.15. Coste de por muestra y total del calorímetro Leco AC-500, supuesto 5000 análisis/año.

Nº de muestras	Calibración equipo	Tiempo empleado (h)	Técnico de laboratorio (Euros)	Gases (Euros)	Alambre (Euros)	Total (Euros)	Precio/ muestra
1	1	2,00	6,67	1,71	0,10	**61,35**	61,35
2	1	2,33	13,33	3,43	0,20	**70,99**	35,49
3	1	2,67	20,00	5,14	0,30	**80,63**	26,88
4	1	3,00	26,67	6,86	0,40	**90,27**	22,57
5	1	3,33	33,33	8,57	0,50	**99,91**	19,98
6	1	3,67	40,00	10,29	0,60	**109,55**	18,26
7	1	4,00	46,67	12,00	0,70	**119,19**	17,03
8	1	4,33	53,33	13,71	0,80	**128,83**	16,10
9	1	4,67	60,00	15,43	0,90	**138,47**	15,39
10	1	5,00	66,67	17,14	1,00	**148,11**	14,81
11	1	5,33	73,33	18,86	1,10	**157,75**	14,34
12	1	5,67	80,00	20,57	1,20	**167,39**	13,95
13	1	6,00	86,67	22,29	1,30	**177,03**	13,62
14	1	6,33	93,33	24,00	1,40	**186,67**	13,33
15	1	6,67	100,00	25,71	1,50	**196,31**	13,09
16	1	7,00	106,67	27,43	1,60	**205,95**	12,87
17	1	7,33	113,33	29,14	1,70	**215,59**	12,68
18	1	7,67	120,00	30,86	1,80	**225,23**	12,51
19	1	8,00	126,67	32,57	1,90	**234,86**	12,36
20	1	8,33	133,33	34,29	2,00	**244,50**	12,23
21	1	8,67	140,00	36,00	2,10	**254,14**	12,10
22	1	9,00	146,67	37,71	2,20	**263,78**	11,99
23	1	9,33	153,33	39,43	2,30	**273,42**	11,89
24	1	9,67	160,00	41,14	2,40	**283,06**	11,79
25	1	10,00	166,67	42,86	2,50	**292,70**	11,71

Tabla 3.16. Costes unitarios de los materiales necesarios para la determinación del porcentaje de C, H, y N con el analizador Leco Truspec CHN.

Consumible	Precio unidad de compra	Consumo por muestra	Precio análisis
Patrón de calibración EDTA ref. 502-092	44,8 Euros/50 g	0.2×8 g/calibración	0,18 Euros/análisis
Recipiente muestras sólidas Large Tin Foil ref. 502-397-400	65,5 Euros/400 envases	1 ud/muestra	0,16 Euros/Muestra
Alquiler botella O_2	94,4 Euros/año		0,019 Euros/Muestra
Alquiler botella N_2	47,2 Euros/año		0,009 Euros/Muestra
Alquiler botella He	47,2 Euros/año		0,009 Euros/Muestra
Alquiler botella aire sintético	47,2 Euros/año		0,009 Euros/Muestra

(Continúa en la página siguiente)

(Continúa de la página anterior)

Consumible	Precio unidad de compra	Consumo por muestra	Precio análisis
Gas O_2	Euros/botella	1 botella/200 análisis	1,71 Euros/Muestra
Gas N_2	Euros/botella	1 botella/200 análisis	0,00 Euros/Muestra
Gas He	Euros/botella	1 botella/200 análisis	0,00 Euros/Muestra
Gas aire sintético	126,23 Euros/año		0,03 Euros/Muestra
Mantenimiento (contrato según empresa)	1200 Euros/año		0,24 Euros/Muestra
Personal de laboratorio	20 Euros/h	5 min/muestra	3,33 Euros/Muestra
		Total	**5,70 Euros/Muestra**

Tabla 3.17. Costes de calibración del analizador Leco Truspec CHN.

		nº	Tiempo (min/análisis)	Tiempo total (min)	
Cálculo tiempo de calibración	Blanco	15	5	75	
	Patrón	8	5	40	
				115 min	38,33 Euros
Patrón de calibración	EDTA ref. 502 - 092	8			1,43 Euros
Recipiente muestras sólidas	Large Tin Foil ref. 502 - 397 - 400	8			1,31 Euros
Gases		8			13,71 Euros
Alquiler de las botellas + mantenimiento		8			2.30 Euros
				Total	**57,09 Euros**

Tabla 3.18. Coste de amortización por análisis del analizador Leco Truspec CHN, supuesto 5000 análisis/año.

Coste de adquisición	125000	
Años vida útil	10	
Valor residual 10%	12500	
Coste de Amortización	2,25	Euros/muestra

Tabla 3.19. Coste por muestra y total de la determinación del porcentaje de C, H, y N con el analizador Leco Truspec CHN.

Nº de análisis	Calibr.	Coste calibraciones	Tiempo empleado (h)	Técnico de laboratorio	Gases	Papelito	Total	Precio/ muestra
1	1	57,09	2,00	1,67	1,71	0,16	**63,17**	63,17
2	1	57,09	2,08	3,33	3,43	0,33	**69,25**	34,63
3	1	57,09	2,17	5,00	5,14	0,49	**75,33**	25,11
4	1	57,09	2,25	6,67	6,86	0,66	**81,42**	20,35
5	1	57,09	2,33	8,33	8,57	0,82	**87,50**	17,50
6	1	57,09	2,42	10,00	10,29	0,98	**93,58**	15,60
7	1	57,09	2,50	11,67	12,00	1,15	**99,66**	14,24
8	1	57,09	2,58	13,33	13,71	1,31	**105,74**	13,22

(Continúa en la página siguiente)

(Continúa de la página anterior)

Nº de análisis	Calibr.	Coste calibraciones	Tiempo empleado (h)	Técnico de laboratorio	Gases	Papelito	Total	Precio/ muestra
9	1	57,09	2,67	15,00	15,43	1,47	**111,83**	12,43
10	1	57,09	2,75	16,67	17,14	1,64	**117,91**	11,79
11	1	57,09	2,83	18,33	18,86	1,80	**123,99**	11,27
12	1	57,09	2,92	20,00	20,57	1,97	**130,07**	10,84
13	1	57,09	3,00	21,67	22,29	2,13	**136,15**	10,47
14	1	57,09	3,08	23,33	24,00	2,29	**142,24**	10,16
15	1	57,09	3,17	25,00	25,71	2,46	**148,32**	9,89
16	1	57,09	3,25	26,67	27,43	2,62	**154,40**	9,65
17	1	57,09	3,33	28,33	29,14	2,78	**160,48**	9,44
18	1	57,09	3,42	30,00	30,86	2,95	**166,56**	9,25
19	1	57,09	3,50	31,67	32,57	3,11	**172,64**	9,09
20	1	57,09	3,58	33,33	34,29	3,28	**178,73**	8,94
21	1	57,09	3,67	35,00	36,00	3,44	**184,81**	8,80
22	1	57,09	3,75	36,67	37,71	3,60	**190,89**	8,68
23	1	57,09	3,83	38,33	39,43	3,77	**196,97**	8,56
24	1	57,09	3,92	40,00	41,14	3,93	**203,05**	8,46
25	1	57,09	4,00	41,67	42,86	4,09	**209,14**	8,37
26	1	57,09	4,08	43,33	44,57	4,26	**215,22**	8,28
27	1	57,09	4,17	45,00	46,29	4,42	**221,30**	8,20
28	1	57,09	4,25	46,67	48,00	4,59	**227,38**	8,12
29	1	57,09	4,33	48,33	49,71	4,75	**233,46**	8,05
30	1	57,09	4,42	50,00	51,43	4,91	**239,55**	7,98
31	1	57,09	4,50	51,67	53,14	5,08	**245,63**	7,92
32	1	57,09	4,58	53,33	54,86	5,24	**251,71**	7,87
33	1	57,09	4,67	55,00	56,57	5,40	**257,79**	7,81
34	1	57,09	4,75	56,67	58,29	5,57	**263,87**	7,76
35	1	57,09	4,83	58,33	60,00	5,73	**269,96**	7,71
36	1	57,09	4,92	60,00	61,71	5,90	**276,04**	7,67
37	1	57,09	5,00	61,67	63,43	6,06	**282,12**	7,62
38	1	57,09	5,08	63,33	65,14	6,22	**288,20**	7,58
39	1	57,09	5,17	65,00	66,86	6,39	**294,28**	7,55
40	1	57,09	5,25	66,67	68,57	6,55	**300,36**	7,51
41	1	57,09	5,33	68,33	70,29	6,71	**306,45**	7,47
42	1	57,09	5,42	70,00	72,00	6,88	**312,53**	7,44
43	1	57,09	5,50	71,67	73,71	7,04	**318,61**	7,41
44	1	57,09	5,58	73,33	75,43	7,21	**324,69**	7,38
45	1	57,09	5,67	75,00	77,14	7,37	**330,77**	7,35
46	1	57,09	5,75	76,67	78,86	7,53	**336,86**	7,32
47	1	57,09	5,83	78,33	80,57	7,70	**342,94**	7,30
48	1	57,09	5,92	80,00	82,29	7,86	**349,02**	7,27
49	1	57,09	6,00	81,67	84,00	8,02	**355,10**	7,25
50	1	57,09	6,08	83,33	85,71	8,19	**361,18**	7,22

Capítulo IV
Cuantificación e inventariación de biomasa

4.1. Introducción

La valoración de la biomasa potencial utilizable para la generación de energía supone una operación esencial en la planificación y gestión de este recurso en un determinado sistema. La determinación de la cantidad de la biomasa disponible es la información base para la modelización de cualquier sistema logístico orientado a su aprovechamiento. La cuantificación de la biomasa en un sistema supone conocer la masa seca disponible en el mismo. Si la valoración de la masa no se realiza en base seca, las distintas humedades a las que se pueden hacer las mediciones provocan que éstas no sean comparables. A partir de la biomasa seca, características como el poder calorífico o su contenido de carbono permiten calcular la energía almacenada y el CO_2 fijado por el sistema. La biomasa, contenida en un sistema o cualquier elemento del mismo, se podría medir directamente por pesada. Sin embargo, la dificultad que supone esta operación ha propiciado el desarrollo de métodos indirectos.

De forma general los métodos indirectos de cuantificación de biomasa están basados en la hipótesis de proporcionalidad o de relación de los sistemas naturales. Esto quiere decir que distintos algoritmos permiten cuantificar un recurso cuya medición es dificultosa a través de su relación con parámetros de medición más sencilla. La determinación de esas relaciones es objeto de investigación científica. Una vez conocida la relación, ésta se convierte en un instrumento de aplicación técnica.

Los sistemas naturales manifiestan una proporcionalidad establecida en el equilibro, si consideramos estos sistemas en estado estacionario. Por ejemplo, estas proporciones se dan en la anatomía humana y animal (principios que fueron valorados en el arte desde la Antigüedad, y principalmente en el Renacimiento s. xv y xvi). Las especies vegetales están formadas por estructuras materiales que las podemos clasificar de forma simplificada en biomasa leñosa, hojas, flores y frutos. Estos materiales constituyen la biomasa del vegetal. Los distintos tipos de biomasa del vegetal desempeñan distintas funciones y es razonable pensar que la cantidad de materia en cada una de las estructuras está relacionada, conservando una proporcionalidad equilibrada, característica de la especie y de las prácticas de cultivo (Velázquez et al., 2010). Esta proporcionalidad también se aplica cuando son evaluados los ecosistemas globalmente. El número de seres vivos productores (especies vegetales que fabrican materia orgánica a partir de inorgánica a través de la fotosíntesis), el número de seres vivos consumidores (especies herbívoras) y los depredadores en sistemas en equilibrio deben ser proporcionales. Si esa relación de proporcionalidad varía, se dice que el ecosistema está evolucionando, y por tanto, no es estacionario ni está en equilibrio.

Las características particulares de los sistemas a evaluar, principalmente en lo que se refiere al tipo de recurso, obliga a utilizar técnicas indirectas diferenciadas. Así, por ejemplo, los sistemas de cuantificación de la biomasa de origen vegetal están basados en la dendrometría y en la dasometría, siendo aplicables también técnicas de teledetección, sin embargo estas técnicas difieren sustancialmente cuando el recurso biomásico evaluado proviene de la ganadería, operaciones industriales o de residuos orgánicos urbanos.

4.2. Cuantificación indirecta de la biomasa en estructuras vegetales

La biomasa contenida en un vegetal o cualquier estructura del mismo se podría medir directamente por pesada, pero esto obligaría al corte del mismo, lo que supone un método destructivo. Las técnicas de cuantificación de biomasa no destructivas aplicadas a especies vegetales están basadas principalmente en la dendrometría y dasometría. La *dendrometría* es la parte de la ciencia que se ocupa del estudio de las mediciones geométricas de los vegetales individualmente. La *dasometría* se ocupa de la estimación de la biomasa vegetal global de los sistemas a partir de las mediciones de pocas partes del mismo, es decir, un muestreo. Ambas técnicas pretenden medir la cantidad de biomasa de forma indirecta a partir de parámetros fácilmente medibles.

Las técnicas dendrométricas para la medición indirecta de biomasa en las estructuras vegetales se basan en la determinación del volumen y la densidad seca, puesto que el producto de ambos parámetros proporciona la masa. Para el cálculo del volumen se han desarrollado dos tipos de técnicas, aplicadas tanto al fuste principal de la planta, como a las ramas e incluso a los frutos: en la primera el cálculo del volumen se realiza mediante la aplicación de factores de forma, en la segunda mediante la aplicación de funciones de volumen.

Se denomina *factor de forma* o *coeficiente mórfico* a la relación entre el volumen real buscado y un volumen tomado como modelo, generalmente un sólido de revolución definido a partir de un diámetro y una longitud determinada (Ecuación 4.1). En principio el coeficiente mórfico es una característica de la especie, aunque existe cierta variabilidad, pudiendo existir distintas aproximaciones para distintas clases diamétricas.

$$f = \frac{\text{Volumen real del vegetal}}{\text{Volumen del modelo}} \qquad (4.1)$$

Los modelos de volumen de una rama o tallo habitualmente utilizados son mostrados en la Tabla 4.1 Como puede comprobarse el volumen del cilindro, paraboloide, cono y neiloide son proporcionales, por lo que habitualmente se tiende a utilizar sólo el factor de forma respecto al modelo cilíndrico. Sin embargo, el modelo geométrico con factor más cercano a la unidad es el que proporcionará un ajuste mejor a la forma real de la estructura.

Como es sabido, el diámetro de las estructuras vegetales no es contante, sino variable, presentando una tendencia decreciente a medida que nos alejamos de la base. Esto obliga a definir cuál debe ser el diámetro de referencia para la aplicación de las ecuaciones de la Tabla 4.1. Según sea el diámetro elegido el volumen modelo será diferente, y en consecuencia el factor de forma a aplicar. Por ello se diferencian distintos tipos de factor de forma:

Tabla 4.1. Ecuaciones de los modelos de volumen sólido de los vegetales.

Tipo de modelo	Volumen real de la estructura
Cilindro	$V_i = \dfrac{\pi \cdot d^2}{4} \cdot L \cdot f_{cilindro}$
Paraboloide	$V_i = \dfrac{1}{2} \cdot \dfrac{\pi \cdot d^2}{4} \cdot L \cdot f_{paraboloide}$
Cono	$V_i = \dfrac{1}{3} \cdot \dfrac{\pi \cdot d^2}{4} \cdot L \cdot f_{cono}$
Neiloide	$V_i = \dfrac{1}{4} \cdot \dfrac{\pi \cdot d^2}{4} \cdot L \cdot f_{neiloide}$

*Donde d es el diámetro de referencia y L la longitud de la estructura medida del vegetal.

Factor de forma absoluto. (f_0)

El factor de forma absoluto está referido al diámetro de la base del tallo o de la rama. A pesar de resultar bastante coherente su aplicación, apenas se utiliza debido a las irregularidades que suele presentar la base del tronco y a lo dificultoso que resulta la medición del diámetro a nivel del suelo o en las inserciones de las ramas. Una solución para su determinación es medir el perímetro de la forma irregular de la base y dividir éste por π.

Factor de forma normal. (f_n)

El factor de forma normal es el que toma como modelo de referencia un cilindro cuyo diámetro coincide con el de la sección a una altura fija de 1,3 m en el fuste (llamada sección normal o diámetro a la altura del pecho, DAP, por coincidir con éste) o a una longitud de 10 cm desde la base en una rama. El empleo de esta sección tiene la ventaja de ser más circular y de fácil accesibilidad. El diámetro debe ser medido de forma perpendicular a la fibra central de la estructura.

La determinación del factor de forma de cada especie es fruto de una investigación. Esta consiste en determinar el volumen real y el volumen modelo de una muestra significativa de las estructuras de la especie a estudiar, y posteriormente analizar la variabilidad estadística de su división (Ecuación 4.1). La determinación del volumen real se puede hacer sumergiendo la estructura en agua en una probeta graduada y observar el volumen desplazado por la pieza. Este método puede ser aplicado fácilmente a ramas de pequeño tamaño, sin embargo, su aplicación es muy dificultosa cuando se trata de ramas grandes o el fuste entero. Además, supone un método de medición destructivo. En estructuras grandes el volumen real puede calcularse midiendo las secciones a lo largo de la longitud en intervalos fijos. El volumen comprendido entre dos secciones medidas (V_i) puede modelizarse a un tronco de cono el cual podemos calcular por la Ecuación 4.2. El volumen real será la suma de todos los volúmenes parciales (Ecuación 4.3). Cuanto más finas sean las porciones, es decir, más próximas estén las secciones, más exacta será la medición del volumen total. Es el mismo procedimiento de cálculo que utilizaba Riemann para el cálculo de integrales definidas mediante particiones.

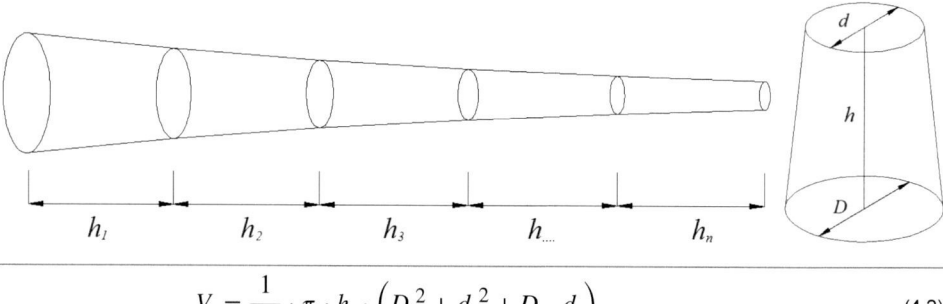

$$V_i = \frac{1}{12} \cdot \pi \cdot h_i \cdot \left(D_i{}^2 + d_i{}^2 + D_i \cdot d_i \right) \tag{4.2}$$

Figura 4.1. Mediciones y cálculos para la determinación del volumen real de una rama.

$$V_{real} = \sum_{1}^{i} V_i \tag{4.3}$$

Si en lugar de suponer que cada porción entre dos secciones medidas posee una forma de tronco de cono se supone que es un cilindro, el volumen total vendrá dado por la Ecuación 4.4. Al dividir y multiplicar la expresión por el diámetro de referencia al cuadrado el contenido del paréntesis de la Ecuación 4.5 proporciona el denominado factor de forma verdadero (f_v).

$$V = h \cdot \frac{\pi}{4} \cdot \left(d_1^2 + d_2^2 + \ldots + d_n^2 \right) \tag{4.4}$$

$$V = h \cdot \frac{\pi \cdot d^2}{4} \cdot \left(\frac{d_1^2}{d^2} + \frac{d_2^2}{d^2} + \ldots + \frac{d_n^2}{d^2} \right) \tag{4.5}$$

$$f_v = \frac{d_1^2}{d^2} + \frac{d_2^2}{d^2} + \ldots\ldots + \frac{d_n^2}{d^2} \tag{4.6}$$

En principio cada coeficiente mórfico debe ser un parámetro característico de la especie y clase diamétrica para cada uno de los modelos probados. No obstante, para cada una de las determinaciones realizadas existe una variabilidad estadística, donde debe considerarse la media y la dispersión para cada uno de los casos. La determinación del coeficiente mórfico y la modelización del volumen del vegetal como un sólido de revolución (cilindro, paraboloide, cono o neiloide) permite la determinación del volumen real a partir de medidas simples como son el diámetro de la base y la altura de la planta. Junto con el volumen, la determinación del porcentaje de humedad (ω) y la densidad (ρ) nos permite el cálculo de la biomasa seca.

$$\text{Biomasa seca} = V \cdot \rho \cdot (1 - \frac{\omega}{100})$$

La medición del diámetro se puede realizar fácilmente con distintos instrumentos como la cinta diamétrica o una forcípula. Para la medición de alturas se utilizan generalmente hipsómetros o pértiga (para árboles de baja altura), y para longitudes la cinta métrica (Figura 4.2).

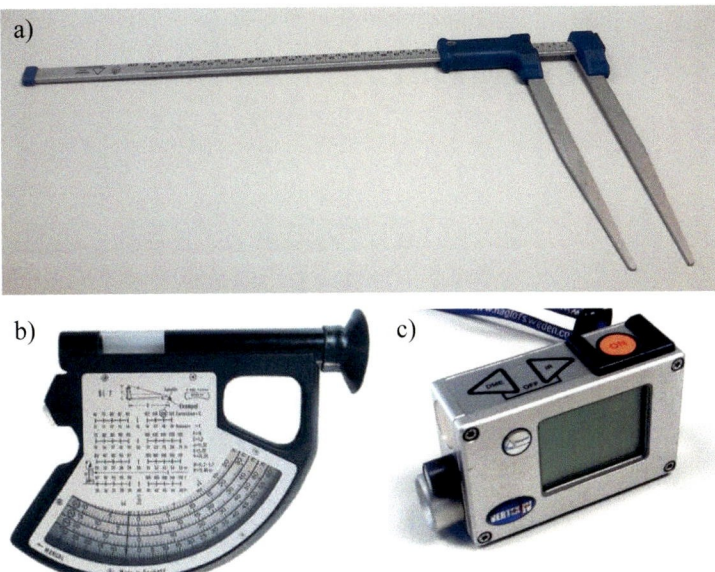

Figura 4.2. Forcípula (a) Hipsómetro Blume-Leiss (b) Hipsómetro Vertex IV (c).

Junto con estos métodos de cubicación basados en factores de forma se han desarrollado funciones de volumen basados es modelos de regresión. Éstos permiten el cálculo del volumen también a partir del diámetro de referencia y la longitud de la pieza, y resultan generalmente de mayor precisión, $V=f(d, L)$. Estas funciones pueden ser de tipo lineal, cuadrático, logarítmico, potencial o exponencial. En la Tabla 4.2 se proporcionan las ecuaciones obtenidas para diferentes especies, junto el coeficiente de determinación, el error absoluto medio (EAM) y la desviación típica de los errores (RMS).

Tabla 4.2. Funciones de volumen para estructuras vegetales.

Especie/estructura	Ecuación	r^2	EMA	RMS	Referencia
Morus alba/rama	$V = -591,75 + 507,09 \cdot do^2 - 2,09 \cdot do^2 \cdot l + 0,0084 \cdot do \cdot l^2$	0,96	26,2	43,6	Velázquez *et al.*, 2013
Platanus hispanica/rama	$V = -11,273 + 0,620237 \cdot do^2 \cdot l$	0,99	19,1	27,1	Sajdak *et al.*, 2014a
Sophora japonica/rama	$V = 12,7026 + 9,5878 \cdot do^2 + 0,305 \cdot do^2 \cdot l$	0,80	10,5	13,8	Sajdak y Velázquez, 2012
Naranjo/ramas	$V = 0,087 + 2,03 \cdot do + 0,28 \cdot do^2 \cdot l$	0,95	0,07	0,18	Velázquez *et al.*, 2012
Mandarino/ramas	$V = -0,011 + 0,95 \cdot do^2 \cdot l$	0,98	0,04	0,07	Velázquez *et al.*, 2012
Olivo/ramas	$V = 738,45 + 0,40 \cdot do^2 \cdot l$	0,87	913	681	Velázquez *et al.*, 2014

r^2: coeficiente de determinación; RMS: desviación estándar; EMA error medio absoluto; V: volumen de la rama (cm^3); do: Diámetro de referencia (cm); l: longitud de la rama (cm).

Si en lugar de utilizar métodos indirectos de medición de biomasa se aplican métodos directos a partir de pesada, se pueden desarrollar modelos que utilicen la biomasa como variable dependiente. $B=f(D, L)$. Una obra de referencia en España es la de Montero *et al.* (2004) que propone una ecuación de tipo potencial para cada una de las especies arbóreas forestales de la Península Ibérica (Ecuación 4.7, donde B es la biomasa del componente del árbol y d es el diámetro de la pieza). La estimación de los parámetros se obtiene vía regresión lineal una vez que d y B han sido transformados mediante logaritmo natural:

$$B = a \cdot d^b \qquad (4.7)$$

$$lnB = lna + b \cdot lnd \qquad (4.8)$$

Montero el al. (2004) especifica cada uno de los coeficientes $ln\, a$ y b para cada una de las especies arbóreas forestales de la Península Ibérica, particularizadas para árboles de diámetro entre 5 y 90 cm, evaluando las ramas también por tamaños.

Otros investigadores defienden que un parámetro más adecuado para la determinación de la función es el diámetro al cuadrado por la altura d^2L. Este tipo de relación ha sido ampliamente utilizado con buenos coeficientes de determinación r^2 tanto en la predicción de la biomasa de ramas como de fustes de árboles donde el diámetro de referencia es el DAP.

4.3. Cuantificación de biomasa vegetal forestal

El proceso de la medición de la cantidad de biomasa existente en un determinado sistema productivo vegetal posee las siguientes fases:
- Selección de una muestra.
- Medición de individuos mediante métodos dendrométricos.
- Inferencia a la población mediante la aplicación de métodos dasométricos.

Tanto en la evaluación directa como la indirecta, la cualificación de la biomasa global en un área comienza con el muestreo. Podemos distinguir entre *muestreo al azar simple* y *muestreo al azar estratificado*. El muestreo al azar simple consiste en escoger una muestra de n individuos de los que se encuentre constituida la población, en el que cada uno de ellos debe tener la misma oportunidad de ser elegido. En el muestreo al azar estratificado los individuos de la población se agrupan de acuerdo a su semejanza en alguna característica, y después se selecciona de cada grupo o estrato un número determinado para obtener la estimación de la población. Para determinar el tamaño de la muestra de nuestra población (entiéndase las especies vegetales de un monte o parcela agrícola), un aspecto importante es la definición de la intensidad de muestreo (I), que es la relación porcentual del tamaño de la muestra con respecto al tamaño total de la población (Ecuación 4.9).

$$I = \left(\frac{n}{N}\right) \cdot 100 \qquad (4.9)$$

Donde:
$I =$ Intensidad de muestreo en porcentaje.
$n =$ Número de unidades de la muestra.
$N =$ Número de unidades de toda la población.

En inventarios forestales se han utilizado intensidades de muestreo de 0,1% a 1%. El valor que se tome está en función de la superficie a inventariar, los recursos financieros disponibles, precisión requerida, tiempo disponible para realizar el inventario. A medida que el tamaño de la población se reduce la intensidad de muestreo crece, pudiendo ser del 100% cuando el número de individuos que constituye la población es muy reducido.

En especies vegetales el parámetro que suele emplearse para estratificar la población y seleccionar muestras de cada estrato es la clase diamétrica. Es decir, el conjunto de plantas se divide en grupos con diámetros de tronco distintos. Por ejemplo, para separar el conjunto de árboles de un monte en tres clases diamétricas se define la diferencia entre el diámetro mayor y el diámetro menor, dividiéndola entre tres (por desear dividir la población en tres grupos). Este parámetro lo denominaremos K. Los intervalos que definen las clases diamétricas tendrán como límites el diámetro menor y éste más un número de veces K.

$$K = \frac{D_{max} - D_{min}}{3}$$

Clase diamétrica 1 $\left[D_{min}, D_{min} + K\right]$

Clase diamétrica 2 $\left[D_{min} + K, D_{min} + 2K\right]$

Clase diamétrica 3 $\left[D_{min} + 2K, D_{max}\right]$

Tomando i individuos de cada una de las clases diamétricas, se mide en cada uno de ellos la biomasa, ya sea de forma directa o indirecta, calculándose su media $\bar{b}_i$ como característica de cada intervalo. Para calcular la biomasa global en un determinado monte, se determina el porcentaje de individuos incluidos en cada clase P_i en distintas áreas de muestreo. De tal manera que la biomasa total media viene dada por su esperanza matemática $E(x)$ (Ecuación 4.10).

$$\bar{B} = E(x) = \bar{b}_1 \cdot P_1 + \bar{b}_2 \cdot P_2 + \bar{b}_3 \cdot P_3 \tag{4.10}$$

A partir de la estimación del número total de individuos N en el sistema se puede calcular la biomasa total B multiplicando N por la biomasa media.

$$B = \bar{B} \cdot N$$

De forma general si se desea clasificar los árboles en n intervalos las ecuaciones se expresarían del siguiente modo:

$$K = \frac{D_{max} - D_{min}}{n}$$

Clase diamétrica 1 $\left[D_{min}, D_{min} + K\right]$

Clase diamétrica 2 $\left[D_{min} + K, D_{min} + 2K\right]$

$$\ldots$$

$$\ldots$$

Clase diamétrica n $\left[D_{min} + (n-1) \cdot K, D_{max}\right]$

$$\bar{B} = E(x) = \sum_{1}^{n} \bar{b}_i \cdot P_i$$

Es importante resaltar que en aprovechamiento de los montes no se suele extraer toda la biomasa sino una parte, es decir, se extraen árboles de ciertas características. Para la estimación de la biomasa extraíble, se particulariza el sistema de cálculo descrito a los árboles que cumplan los criterios establecidos.

Una forma de planificar la extracción de biomasa de los montes se basa en dividir éste en un número de subparcelas equivalente al turno, es decir, número de años entre la plantación y la extracción. Cada año se extrae la biomasa de una de las subparcelas de forma que tras el aprovechamiento de la última de ellas se vuelve a la primera, repitiéndose el ciclo. Para la estimación del turno sólo es necesario cortar el fuste de algunos de los árboles del tipo que se pretenden extraer y contar su número de anillos.

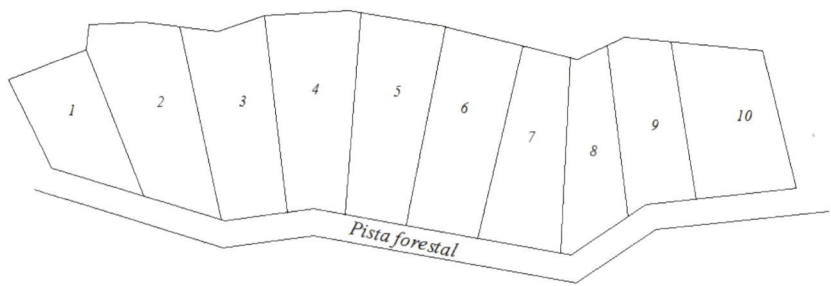

Figura 4.3. Sectorización de un monte con turno de 10 años para su aprovechamiento continuo.

4.4. Cuantificación de biomasa de árboles frutales

A diferencia de los árboles forestales donde la mensura se ha centrado tradicionalmente en la cubicación del tallo, que es la parte utilizable por la industria maderera, si se desea valorar la biomasa leñosa de los árboles frutales hay que considerar que éstos poseen un tallo relativamente corto y la mayor cantidad de biomasa se concentra en la copa. Es por ello que para cuantificar la biomasa existente en árboles frutales enteros ha sido necesario desarrollar metodologías específicas basadas en la estimación de la biomasa contenida en la copa. Los principios utilizados se basan en las mismas hipótesis que en el cálculo de la biomasa de ramas, es decir, mediante dos técnicas: a través de factores de ocupación y mediante la aplicación de funciones de volumen de copa.

Denominamos *factor de ocupación* (*FO*) a la relación entre el volumen real de las ramas que ocupan la copa y el volumen aparente de ésta, según la ecuación 4.11.

$$FO = \frac{\text{Volumen real de las ramas en la copa}}{\text{Volumen aparente modelo de la copa}} \qquad (4.11)$$

El volumen aparente de la copa está formado por los materiales constituyentes y los huecos existentes entre los mismos. El volumen aparente de las copas vendrá determinado por un modelo geométrico definido por su diámetro y la altura media de las mismas que va desde la base al ápice. Estos modelos pueden ser semielípticos, paraboloides, cónicos o cilíndricos (Figura 4.4). A menudo se toma como diámetro de copa el promedio de dos rectas que intersectan en el centro formando un ángulo de 90°.

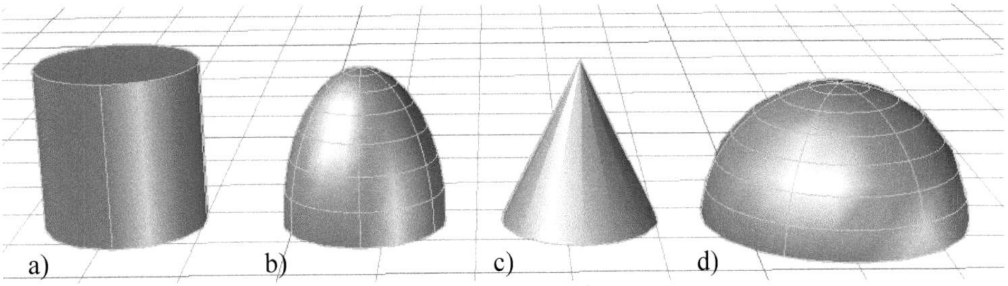

Figura 4.4. Modelos de crecimiento de copas arbóreas en una superficie determinada: (a) crecimiento cilíndrico, (b) paraboloide, (c) crecimiento cónico, (d) semielipse.

Conociendo el factor de ocupación, la altura del árbol junto con el diámetro de la copa se puede determinar el volumen real del mismo. Y mediante la densidad ρ_s de los materiales su biomasa leñosa por la Ecuación 4.12, donde D_c es el diámetro de copa, h la altura de copa, FO el factor de ocupación, ρ_s la densidad seca, y k es el factor de acuerdo al modelo geométrico considerado k=1 para el cilindro, k=1/2 para el paraboloide k=1/3 para el cono; para el modelo semielíptico se aplica la Ecuación 4.13, siendo a y b los diámetros perpendiculares de la copa.

$$B = k \cdot \pi \frac{D_c^2}{4} \cdot h \cdot FO \cdot \rho_s \qquad (4.12)$$

$$B = \pi \cdot a \cdot b \cdot h \cdot FO \cdot \rho_s \qquad (4.13)$$

También se puede valorar la biomasa total contenida en un volumen aparente de un árbol si se conocen funciones de volumen basados modelos de regresión. Estos métodos son modelos predictivos de la forma $V_c = f(D_c, h)$. Dado que los factores de ocupación suelen presentar elevada variabilidad (dispersión), los modelos de cálculo basados en este tipo de funciones suelen ser más precisos.

La obtención tanto de los factores de ocupación como de las funciones de volumen de copa en cada especie requiere procesos de investigación. En ellos es imprescindible la determinación del volumen real de las ramas contenidas en la copa. Los árboles frutales poseen una estructura latifoliada distribuyéndose las ramas en estratos. Al primer estrato corresponderán las ramas primarias que son las que parten del tallo principal. Según los cultivos su número puede variar entre 2 y 5 ramas. El segundo estrato está formado por las ramificaciones que parten de las ramas primarias que a su vez se ramifican en los sucesivos estratos tercero y cuarto. Generalmente a partir de éste las ramificaciones se hacen múltiples con brotaciones del año formando un entramado complejo. Esta última capa con la que finaliza la estructura la denominamos *capa biomásica superficial*. El número de estratos y estructura de los mismos es variable para distintos cultivos y va a depender del patrón de poda seguido en cada explotación (dicotómica, tradicional o libre) o del tipo de formación (vaso, espaldera, o parral).

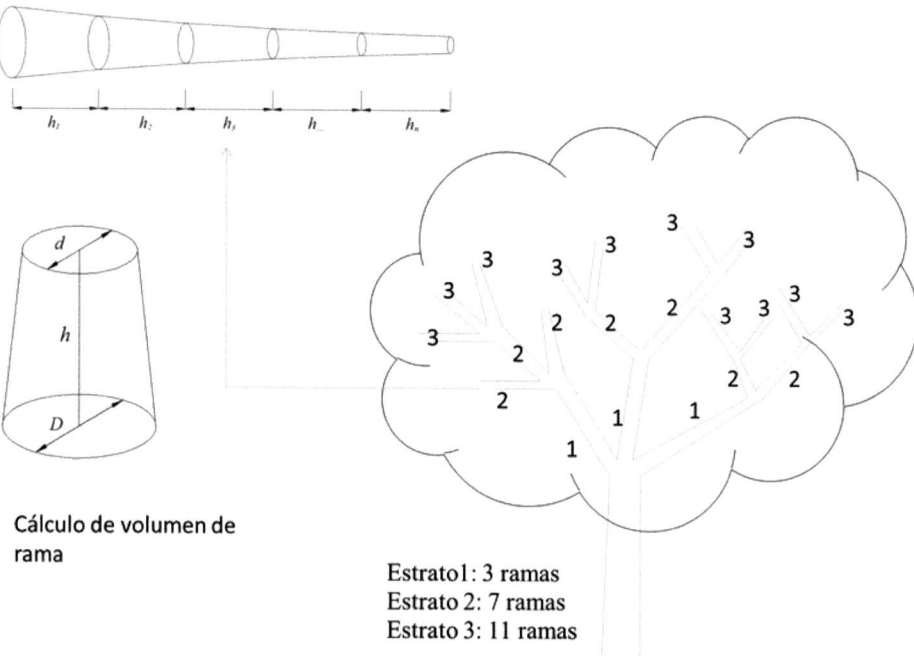

Cálculo de volumen de rama

Estrato1: 3 ramas
Estrato 2: 7 ramas
Estrato 3: 11 ramas

Figura 4.5. Estratificación de la copa en especies leñosas latifoliadas.

Para cuantificar la biomasa contenida en la copa de los árboles frutales se deben cubicar las ramas del estrato primero, y dependiendo del número de ramas del estrato segundo también éstas pueden ser cubicadas en su totalidad. A partir de segundo estrato si el número de ramas es elevado debe contabilizarse el número total de ramas del estrato estudiado, y posteriormente realizar el cálculo del volumen de una muestra de las ramas. El conteo de las ramas del estrato puede realizarse mediante estimación, contabilizando en número medio de brotaciones que se desarrollan por cada rama del estrato anterior. A las ramas seleccionadas para ser muestreadas se les determina su volumen real bien a través del factor de forma o bien a partir de las funciones de volumen, que deben ser previamente conocidos. El volumen de biomasa en cada estrato viene dado por el producto de la media del volumen de las ramas medidas y el número total contenido en el estrato.

La aplicación de los factores de forma o funciones de volumen a las ramas de cada estrato es válida para todos los estratos excepto para la *capa biomásica superficial.* El complejo entramado que constituye esta capa externa obliga a que para determinar la biomasa total deba de cortarse varios elementos de la misma y determinar su volumen sumergiendo cada uno en agua, supervisando su desplazamiento en una cubeta graduada. La media se multiplica por el número de elementos que constituye la capa, obtenido por estimación, contando el número medio de ellos existente por rama del estrato anterior.

Cuando las ramas de un estrato tienen valores de diámetro y longitud muy variable, en lugar de dividir las ramas de la copa en estratos, se pueden clasificar éstas por clase diámetrica. De forma similar a la técnica anterior se deben contar las ramas de cada clase diámetrica y medir el volumen de una muestra de cada una de ellas. La media de la muestra por el número de ramas de esa clase proporcionará una estimación del volumen total de las ramas contenidas en cada clase diamétrica.

A través de estos métodos se puede analizar si existen diferencias de producción de biomasa en parcelas con distinta elevación, pendiente, orientación, tipos de poda, tipos de suelo y edades. Para ello son convenientes los análisis de varianza multifactorial para determinar la influencia de estos factores e interacciones entre los mismos sobre la longitud, diámetro, volumen y biomasa de los tallos y ramas de las especies analizadas. Se pueden realizar análisis de regresión multivariante de las magnitudes observadas según las condiciones de crecimiento.

Tabla 4.3. Funciones de volumen de la copa de algunas especies.

Especie / estruc.	Ecuación	r^2	EMA	RMS	Ref.
Naranjo/ramas	$V_c = 0,081 - 0,085 \cdot D_c - 0,023 \cdot D_c^2 + 0,016 \cdot D_c H_c^2$	0,81	0,003	0,004	Velázquez *et al.*, 2012
Mandarino/ramas	$V_c = -0,25 + 0,11 \cdot D_c - 0,02 \cdot D_c^2 H_c + 0,056 \cdot H_c^2$	0,80	0,011	0,017	Velázquez *et al.*, 2012
Olivo/copa	$V_c = -0,25 - 0,07 \cdot D_c + 0,022 \cdot H_c$	0,62	0,055	0,036	Velázquez *et al.*, 2014
Olivo/copa	$V_c = 0,00087 \cdot D_c^{3,219} \rightarrow \ln V_c = \ln 0,00087 + 3,219 \ln D_c$	0,74	0,34	0,41	Velázquez *et al.*, 2014

r^2: coeficiente de determinación; RMS: desviación estándar; EMA error medio absoluto; V_c: volumen de la copa (m^3); D_c: Diámetro de copa (m); H_c: altura de la copa (m).

4.5. Cuantificación de biomasa arbustiva

Un porcentaje importante de la superficie forestal está cubierta por masas arbustivas. La elevada dificultad que supone la gestión, junto con el desconocimiento del comportamiento de estas masas hace, que en múltiples ocasiones queden fuera de los proyectos de ordenación del territorio, siendo sin embargo un medio de enorme relevancia paisajística y ambiental. Estas masas suponen un sumidero muy importante de CO_2, impiden la erosión y desertización del suelo, influyendo directamente en la recarga de los acuíferos. El desarrollo de herramientas eficaces para su manejo se convierte en un reto científico con el objeto de realizar acciones de mantenimiento, restauración de zonas erosionadas, superficies incendiadas o degradadas con la optimización de recursos. La cuantificación de esta biomasa adquiere enorme importancia en distintos ámbitos: primero para evaluar el grado de desarrollo de una determinada especie en un ecosistema, también para definir modelos de incendio basados en la cantidad de combustible existente por unidad de superficie, en el cálculo de la carga ganadera que se alimenta de esa especie, cuantificación del CO_2 secuestrado por las masas arbustivas durante su crecimiento, y por último en la cuantificación de la energía disponible si se emplean los residuos de estos materiales como biocombustibles tras su eliminación en la gestión de los ecosistemas. Para la cuantificación de la biomasa arbustiva es necesario establecer modelos dendométricos a partir de mediciones sencillas de las plantas, como la altura y diámetro del tallo, altura y diámetro o área del rodal arbustivo. Esto significa, que deben calcularse los factores de forma/ocupación que relacionarán el volumen real de cada planta con uno de los modelos geométricos ya mencionados, y las funciones de volumen correspondientes. El desarrollo de estos métodos permite a su vez correlacionar la biomasa y la superficie ocupada con parámetros obtenidos de imágenes espectrales o datos de escáner terrestre (TLS) o aéreo (LiDAR).

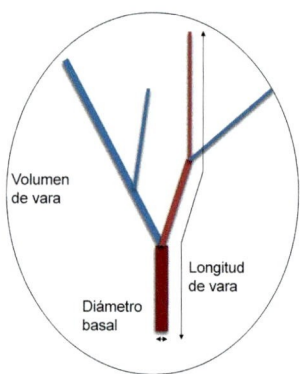

Figura 4.6. Parámetros de medición para el cálculo del factor de forma global de la vara.

Para la obtención tanto de los factores de forma y ocupación como de las funciones de volumen de las especies arbustivas, desde el punto de vista científico pueden aplicarse métodos semejantes a los descritos. Si el arbusto tiene un tallo principal, que posteriormente se ramifica, se aplicará el mismo método descrito para árboles frutales. Si el arbusto está formado por distintas varas que emergen del suelo, la obtención del volumen real de la vara se realiza midiendo el diámetro de todas sus ramificaciones cada 5 o 10 cm y se aplican las Ecuaciones 4.2 y 4.3 para el cálculo del volumen. En este caso el factor de forma no corresponde a una sola estructura sino también de sus ramificaciones, por ello se denomina factor de *forma global de la vara*. En la Figura 4.6 se representa la estructura de una vara arbustiva, el volumen real de la vara correspondería al de todas las ramificaciones encerradas en el óvalo, el volumen modelo se obtendría a partir del diámetro basal de la vara y la longitud de la ramificación mayor, utilizándose generalmente la ecuación del cilindro. Con estos parámetros también pueden calcularse *funciones de volumen global de la vara* $V_g = f(D_b, L)$.

Conjuntamente al análisis dendromético para calcular el volumen de las varas individuales de forma indirecta, para determinar el volumen real de las plantas contenidas en una superficie de rodal caracterizado por su área y altura máxima dominante de las varas, debe desarrollarse el análisis de los factores de ocupación y funciones. Para ello, deben utilizarse, de igual modo que se hizo en el estudio de la biomasa en copas de árboles frutales, diferentes modelos de volumen aparente (semiesfera, semielipse, paraboloide, cono o cilindro) (Figura 4.4), ocupado por materiales vegetales y huecos. La relación entre el volumen real de los vegetales que crecen en un rodal y volumen aparente del mismo lo denominamos *Factor de ocupación del rodal*, FO_r que vendrá expresado por la Ecuación 4.14.

$$FO_r = \frac{\text{Volumen real de los vegetales contenidosen el rodal}}{\text{Volumen modelo del rodal}} \qquad (4.14)$$

El volumen real de los vegetales contenidos en una superficie es el resultado de medir los diámetros y longitudes de todas las varas y aplicar los factores de forma global de vara o las funciones de volumen de vara correspondientes. Conocido el volumen real se calcula la biomasa total a partir de la densidad y humedad.

Pueden obtenerse también ecuaciones que relacionen la biomasa total del rodal a partir de la superficie del mismo y la altura dominante de las varas, sin necesidad de determinar el volumen. Para ello puede aplicarse un desbrozado de los materiales de una superficie aproximada de 1 m² y obtener la biomasa de forma directa mediante pesada. No hay que olvidar que el material recién cortado está húmedo y es necesario determinar su humedad para poder calcular el equivalente de peso seco correspondiente al material pesado.

El análisis dasométrico (cubicación de superficies arbustivas) debe realizarse en al menos en 10 rodales de zona cubierta por cada 1 km² de la superficie total, tanto si está cubierta uniformemente como si presenta clareos. En conjunto los rodales muestreados deben estar localizados en número equivalente en diferentes capas bioclimáticas (altitud), pendientes y orientación de la pendiente. En cada una de las parcelas debe contabilizarse el porcentaje de superficie cubierta. El tamaño de los rodales muestreados debe ser al menos de 0,5 m de radio siendo el ideal 1,5 m (Estornell *et al.*, 2011a).

Velázquez *et al.* (2010) establecieron los factores de forma de diferentes especies arbustivas: *Quercus coccifera* L., *Rosmarinus officinalis* L., *Ulex parviflorus* L., *Cistus albidus* L. y *Erica multiflora* L., que son las más abundantes en la cuenca Mediterránea. Los factores de forma calculados para cada especie y modelo considerados son mostrados en la Tabla 4.4. Se puede observar que el modelo cilíndrico es el que mayor se acerca a la unidad y por tanto el que se aproxima mejor al volumen real ocupado.

Tabla 4.4. Valores factores de forma globales para el modelo cilíndrico y densidad de ramas.

	f_v	σ_{f_v}	Densidad kg/cm³	σ_{d_v}
Quercus coccifera	1,24	0,46	1,17	0,26
Rosmarinus officinalis	0,80	0,19	0,95	0,49
Ulex parviflorus	1,34	0,56	0,97	0,32
Cistus albidus	2,24	1,26	0,76	0,15
Erica multiflora	2,33	0,61	0,99	0,26

f_v: factor de forma global de vara, σ_{f_v}: desviación típica del factor de forma global de vara, σ_{d_v}: desviación típica de la densidad.

La humedad media de las diferentes especies recién cortadas es: 32% para el *Quercus coccifera*, 20% para el *Rosmarinus officinalis*, 40% para la *Erica multiflora*, 43% para el *Ulex parviflorum* y 42% para el *Cistus albidus*. La determinación de la evolución de la humedad nos permite calcular el peso seco de biomasa de cada individuo o rama a partir del volumen real del individuo y la densidad. También es útil para la evaluación del riesgo de inicio de incendio tras el desbroce.

Los factores de ocupación calculados para cada modelo geométrico de rodal muestran en la Tabla 4.5 en dm³ volumen sólido/m³ de volumen modelo (materiales y huecos). Se observa que la dispersión de los valores obtenidos para el factor de ocupación es relativamente grande.

Tabla 4.5. Factores ocupación de los modelos analizados de volumen aparente (dm³/m³).

Modelo del rodal	Especie dominante en el rodal									
	Quercus coccifera		*Rosmarinus officinalis*		*Ulex parviflorus*		*Cistus albidus*		*Erica multiflora*	
	$\overline{FO}$	σ_{FO}	$\overline{FO}$	σ_{FO}	$\overline{FO}$	σ_{FO}	$\overline{FO}$	σ_{FO}	$\overline{FO}$	σ_{FO}
Semiesférico	16,11	7,42	12,42	4,84	20,94	6,74	18,17	6,55	15,78	9,34
Paraboloide	8,40	3,36	7,37	2,71	11,97	2,60	9,74	3,17	8,85	4,44
Cono	12,60	5,03	11,07	4,06	16,45	3,91	14,61	4,75	13,27	6,66
Cilindro	4,20	1,68	3,69	1,35	5,48	1,30	4,87	10,58	4,42	2,22

$\overline{FO}$: factor de ocupación medio, σ_{FO}: desviación típica del factor de ocupación.

Velázquez *et al.* (2010) estudió la variación de la biomasa contenida en 86 rodales arbustivos en distinta pendiente, orientación y elevación en montes de clima mediterráneo, realizado mediante análisis de varianza. Para ello se clasificaron los rodales según las categorías de la Tabla 4.6.

Tabla 4.6. Clasificación de los 86 rodales por pendiente, altura y orientación.

	Rango	Código	Número
Clasificación pendientes	0°-20°	Pendiente baja	36
	20°-40°	Pendiente media	36
	>40°	Pendiente alta	14
Clasificación alturas	510-663 m	Baja altura	20
	663-816 m	Media altura	24
	816-970 m	Gran altura	42
Clasificación Orientaciones	NO-SE (315-135)	Alta insolación	39
	SE-NO (135-315)	Baja insolación	47

Ninguno de los factores resultó tener influencia significativa tratado aisladamente. No obstante, sí resultó significativa la interacción entre la orientación y la elevación del rodal. En la Figura 4.7 se puede observar que la biomasa existente en zonas elevadas es mayor en zonas de baja insolación, mientras que en áreas bajas del valle la mayor biomasa se produce en zonas con alta insolación. Este hecho se puede explicar porque la zona de estudio está caracterizada por valles estrechos de elevadas pendientes. Cuando los vegetales se encuentran en el fondo del valle (zona umbría) no reciben la luz suficiente, creciendo con mayor vigor en la zona Sur, de mayor insolación. Sin embargo, los vegetales que crecen en zonas elevadas (sobre meseta) sufren mayor insolación, y por tanto desecación, por ello crecen de manera más abundante en zonas con orientación Norte menos iluminadas.

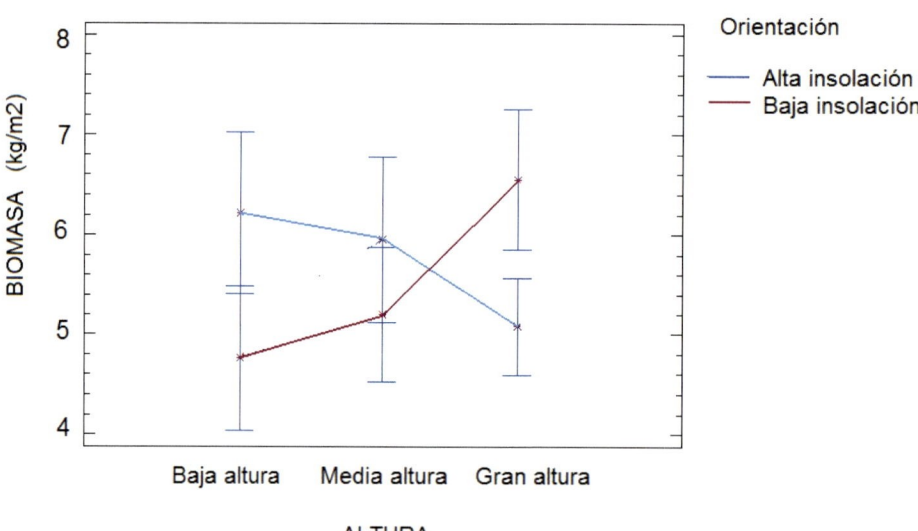

Figura 4.7. Interacción entre la orientación y la altura de la localización de los rodales.

En la Figura 4.8 se representa la relación existente entre la biomasa contenida en un rodal y el volumen modelo considerado a partir de su superficie y altura dominante de la vegetación. Se comprueba que la relación entre el volumen aparente ocupado y la biomasa contenida es

80

lineal. En la Tabla 4.7 se muestran los modelos de regresión calculados para las diferentes formas geométricas ensayadas. Es de señalar que la elevada dispersión ha provocado coeficientes de determinación relativamente bajos, ente 0,6 y 0,75.

Tabla 4.7. Ecuaciones de predicción de la biomasa existente en un rodal para distintos volúmenes modelo (Velázquez *et al.*, 2010).

Modelo de volumen aparente	Ecuación predictiva	Coeficiente de determinación
Cilindro	$Biomasa = 4{,}1215 \cdot V + 0{,}9859$	$r^2 = 0{,}64$
Semiesfera	$Biomasa = 6{,}1873 \cdot V + 1{,}9681$	$r^2 = 0{,}58$
Paraboloide	$Biomasa = 8{,}3124 \cdot V + 2{,}2317$	$r^2 = 0{,}61$
Cono	$Biomasa = 12{,}3813 \cdot V + 1{,}2234$	$r^2 = 0{,}62$

Biomasa: kg; V: m^3 de volumen aparente.

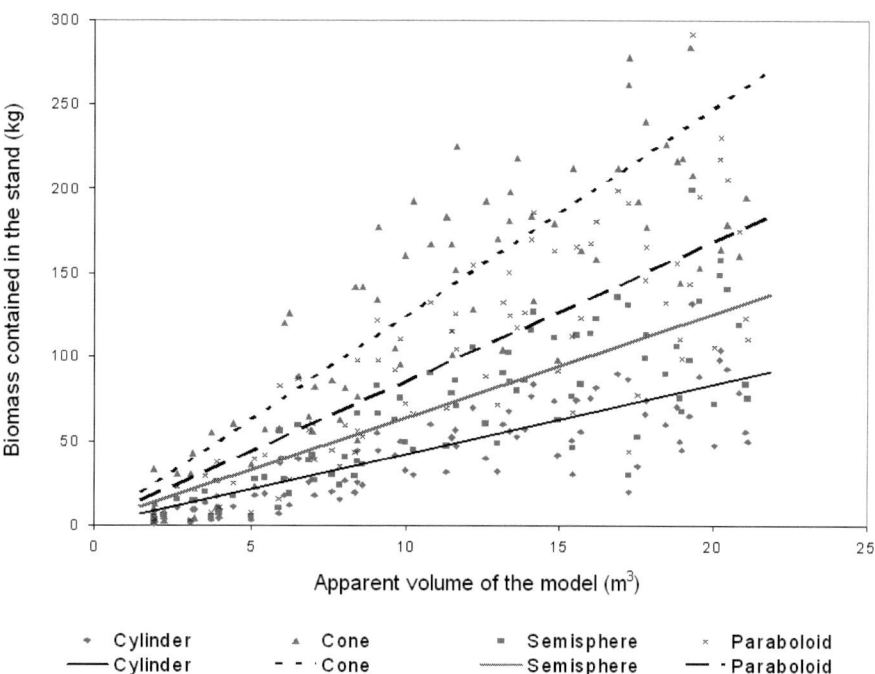

Figura 4.8. Relación entre la biomasa existente y el volumen modelo de un rodal.

Estos resultados permitirán orientar mejor las políticas de promoción del uso y conservación de la superficie forestal arbustiva; evaluar cuales son los potenciales de biomasa existente de los sistemas mediterráneos; definir la tecnología apropiada para las actuaciones de conservación y mejora de biomasa potencial que todavía no ha sido gestionada; determinar modelos de combustibilidad en la prevención de incendios; determinación de la carga ganadera soportable por el monte.

4.6. Biomasa procedente de podas

Las fuentes de biomasa de las plantaciones de árboles frutales son principalmente las podas y la renovación de árboles. Este tipo de operaciones produce materiales leñosos susceptibles de ser transformados en biocombustibles mediante tratamientos físicos o químicos, o en materia prima para la industria maderera. Esta sección tiene por objeto determinar los parámetros más importantes que influyen en la cantidad de residuos generados en la poda, y poner de manifiesto los estudios e investigaciones más relevantes acerca de su cuantificación en inventariación.

Las brotaciones de los árboles se realizan en unos órganos llamados *yemas*. Cuando los árboles son jóvenes prácticamente todas las yemas son de madera, es decir, que se desarrollan dando chupones que se convertirán en ramas. A medida que el árbol va madurando cada año sufre un proceso morfológico, fisiológico y químico por el que se transforman algunas yemas de madera en yemas de flor o yemas mixtas. A este proceso se le denomina *Diferenciación Floral.* La diferenciación de yemas se produce generalmente en un periodo vegetativo anterior a la floración producto de la misma. Es decir, lo normal es que un árbol se diferencie en el periodo vegetativo X y florezca en el periodo vegetativo X+1. El periodo vegetativo suele durar un año. La diferenciación es producida por sustancias hormonales producidas en las hojas (SADH, TIBA) cuando se conjugan determinadas condiciones de insolación y temperatura, razón por la cual la diferenciación floral se realiza siempre en la misma época del año (Vozmediano, 1982; González y Borroto, 1987; Sartori *et al.*, 2007). A medida que el árbol se va convirtiendo en adulto va sufriendo en cada ciclo una diferenciación más intensa y en consecuencia una excesiva floración. La sobreabundancia de floración revertirá en un exceso de frutos que demandarán los nutrientes almacenados. El reparto excesivo de los nutrientes por los frutos provocará que éstos alcancen poco calibre y menores cualidades organolépticas. En otras palabras, un exceso de frutos tiene efectos negativos sobre la producción a nivel comercial. Por otra parte, los frutos producen en su maduración ácido giberélico, sustancia que inhibe la diferenciación provocando una alternancia de años con mucha floración y producción, y años de baja floración y producción debido a la inhibición, fenómeno que se denomina *vecería* (Guardiola *et al.*, 2008). La poda es una práctica de control fisiológico para orientar las plantas hacia una producción óptima continuada. Al eliminar ramas, se reduce el número de frutos por planta, se reparte mejor los nutrientes y el peso sobre las ramas principales. Se eliminan ramas mal formadas o dañadas que van a producir frutos defectuosos. Se consigue una mejor iluminación a la parte interna del árbol, mejorando en general la calidad de la producción y reducir la vecería (Sartori *et al.*, 2007; Nesbitt *et al.*, 2008).

Existen relativamente pocos estudios que cuantifiquen la masa obtenida en la poda con experimentos específicos. Sólo aparecen en la bibliografía estimaciones globales basadas en encuestas. Ello hace necesario la realización de experimentos que tengan en cuenta factores como tamaño de la planta, tipos e formación o tipo de poda. Di Blasi *et al.* (1997) estudiaron la generación de residuos agrícolas en Italia, país influido también por el clima mediterráneo. En la Tabla 4.8 aparecen las cuantificaciones de dos de estos estudios para cada uno de los cultivos evaluados.

Tabla 4.8. Estimaciones biomasa residual de distintos cultivos según autores.

Cultivo	Di Blasi (1997) t/ha	Fernández-González. (2010) t/ha
Olivo	1,70	2,50
Viña	2,90	2,50
Melocotonero	2,90	3,00
Albaricoquero	2,00	1,24
Almendro	1,70	1,74
Naranjo	1,80	4,00
Mandarino	-	4,00

A pesar de los datos medios proporcionados, existe una gran dispersión debido a la gran diferencia entre variedades, variabilidad de formas de manejo de los cultivos (secano/regadío, distintos marcos de plantación o tipos de formación) y a las múltiples técnicas de poda que se llevan a cabo. El olivo por ejemplo puede ser podado anual o bienalmente, e incluso en la misma zona geográfica se encuentran razones bien argumentadas que defienden una u otra opción. Evidentemente, la masa que se obtiene de la poda bienal, es mayor que la que procede de la poda anual. El melocotón por su parte, tiene dos tipos de poda, una que consiste en el aclareo de las varas que contienen las yemas, y otra que consiste en la renovación de la madera. Estas diferencias de técnicas culturales hacen que los mismos cultivos que se han desarrollado en condiciones climáticas parecidas den cifras muy diferentes.

Fernández-González (2010), Velázquez *et al.* (2012) evaluaron la influencia de estos factores obteniendo ecuaciones de predicción de los residuos de poda en función de los mismos. El área de trabajo abarcó la cuenca mediterránea española que comprende Cataluña, Comunidad Valenciana, Murcia, la provincia de Albacete y Sureste de Andalucía. Los cultivos leñosos estudiados corresponden a los de mayor representación en cuanto a superficie ocupada: cítricos, olivo, vid, almendro, melocotón; también se incluyó en este estudio las palmeras porque aunque tienen una ocupación diseminada presentan un interés especial por su abundancia.

Sajdak y Velázquez (2012); Velázquez *et al.* (2013); Sajdak *et al.* (2014a); Sajdak *et al.* (2014b) estudiaron también residuos de poda en árboles ornamentales urbanos,

El procedimiento de ensayo consiste en la selección de parcelas (o áreas urbanas) para cada uno de los cultivos indicados con diferentes combinaciones de los parámetros estudiados: variedad, tipo de formación, condiciones de riego, edad y tamaño. De cada una de las parcelas se selecciona un número comprendido entre 8 y 10 árboles para su análisis. Previamente a que el operario lleve a cabo la poda, debe realizarse la caracterización de los árboles seleccionados. La Tabla 4.9, muestra la hoja de campo utilizada en los ensayos. Esta identificación consta de los siguientes bloques de datos:

- Datos generales: especie, variedad, patrón, localidad, finca y provincia. Además este apartado se completa con los datos personales del contacto que nos facilitó el cultivo.
- Datos de la plantación: edad de la plantación, producción media del fruto, sistema de regadío, datos de la última poda y objeto de la misma
- Datos del espécimen: diámetro de tronco, diámetro de copa, altura de la copa al suelo, altura del árbol, año de la última poda, edad y peso de la poda.

Tras la poda se procede a pesar toda la masa obtenida mediante un dinamómetro o medidor de fuerzas, realizándose gavillas de los materiales leñosos residuales. La medición de masa en campo se realiza generalmente en húmedo, por ello deben tomarse muestras de individuos en pequeños botes de plástico para determinar su humedad para realizar la corrección de los datos y obtener la materia seca de las mismas. Los cultivos donde la poda es realizada con presencia de hojas en las ramas, como el olivo y los cítricos, 5 ramas de cada árbol deben ser deshojadas para determinar el porcentaje de masa foliar y el porcentaje de masa de madera.

Tabla 4.9. Hoja de campo utilizada.

ENSAYO DETERMINACIÓN DE BIOMASA PROCEDENTE DE RESTOS DE PODA

DATOS GENERALES   **FECHA:**

Especie:	
Variedad:	Patrón:
Localidad:	Provincia:
Finca:	

Persona de contacto:	
Dirección:	
Teléfono fijo:	Móvil:
Email:	

DATOS DE LA PLANTACIÓN

•   Marco de plantación:
•   Secano o regadío:
•   Año de plantación (edad de la plantación):
•   Producción media de fruto (t/ha):

ESTRUCTURA DE FORMACIÓN (elegir una opción)

Un tronco y pocas ramas principales	Palmeta	Sin tronco

BIOMASA DE PODA

•   Año que se podó por última vez:
•   Intensidad de la poda anterior (elegir una opción)

Alta	Baja

•   Objeto de la poda

Formación	Producción	Rejuvenecimiento

(Continúa en la página siguiente)

(Continúa de la página anterior)

	Árbol 1	Árbol 2	Árbol 3	Árbol 4
Diámetro de tronco (cm)				
Diámetro de copa (m)				
Altura de la copa al suelo (cm)				
Altura del árbol (m)				
Pesada 1 (kg)				
Pesada 2 (kg)				
Pesada 3 (kg)				
Pesada 4 (kg)				

- Humedad de la madera recién pesada en base seca (%).
- Humedad de la madera recién pesada en base húmeda (%).

La Tabla 4.10 proporciona algunas ecuaciones de predicción de la cantidad de residuos de poda obtenidas de los estudios mencionados.

Tabla 4.10. Funciones de biomasa residual de poda de algunas especies.

Especie/estructura	Ecuación	r^2	EMA	RMS	Referencia
Phoenix canariensis	$B = -214,15 + 4,41 \cdot DAP + 17,98 \cdot Dc - 0,029 \cdot DAP^2 - 2,53 \cdot Dc \cdot h + 6,39 \cdot h \cdot cbh - 6,85 \cdot cbh2$	0,65	5,19	3,75	Sajdak *et al.*, 2014b
Phoenix dactilifera	$B = 77,20 - 22,81 \cdot h + 21,4252 \cdot cbh + 1,89 \cdot h^2 - 2,23 \cdot h \cdot cbh$	0,53	8,38	5,69	Sajdak *et al.*, 2014b
Platanus hispânica	$B = 2,83173 + 0,0343369 \cdot DAP^2$	0,80	5,11	5,55	Sajdak *et al.*, 2014a
Morus alba	$B = 2,65673 + 0,382245 \cdot V_{paraboloid}$	0,90	4,32	5,70	Velázquez *et al.* 2013
Sophora japônica	$B = -0,103 \cdot DAP^2 + 5,122 \cdot DAP - 39,912$	0,60	2,15	2,77	Sajdak y Velázquez 2012

B: biomasa seca (kg); r^2: coeficiente de determinación; RMS: desviación típica de los errores; EMA: error medio absoluto; DAP: Diámetro a la altura del pecho (cm); Dc: diámetro de la copa (m); cbh: altura de la base de la copa (m); h: altura total (m).

4.7. Cuantificación de la biomasa ligada a la producción

Existen algunos sistemas en los que la producción de biomasa bioenergética es complementaria a la obtención de un recurso principal. Por ejemplo, éste es el caso de los aprovechamientos forestales en los que una parte del árbol quiere ser aprovechado como materia prima de la industria maderera y otra parte como material con destino energético, sistema A y sistema B de la Figura 4.9. Otro caso de este tipo es la obtención de residuos de poda de árboles frutales, donde el recurso principal buscado es la producción de fruta.

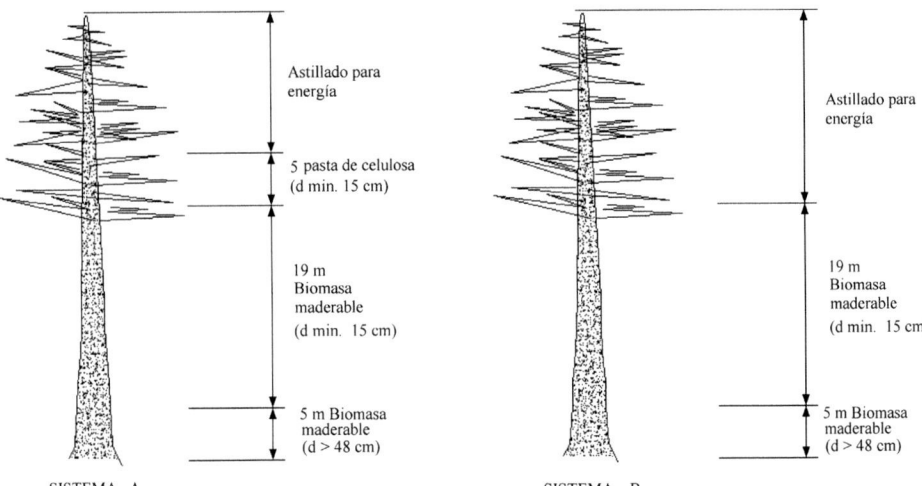

Figura 4.9. Sistemas de utilización del árbol.

En el sistema A de la Figura 4.9 la biomasa de cada árbol es dividida en 4 partes:
- Primeros 5 m, cuando el tronco tiene un diámetro mayor a 48 cm. Ésta es la parte de mejor calidad, sin presencia de ramas, utilizada para tablero noble, carpintería e industria del mueble.
- Siguiente parte del tronco con una longitud máxima de 19 m si el diámetro menor supera los 15 cm. Esta parte es destinada a la industria maderera para la producción de fibras, productos para la construcción, etc.
- Siguiente parte del tronco con una longitud máxima de 5 m si el diámetro menor supera los 15 cm. Esta parte es destinada a pasta de celulosa
- Los despuntes y las ramas más gruesas suponen la biomasa residual con destino energético.

En el sistema B de la Figura 4.9 la biomasa de cada árbol era dividida en 3 partes:
- Primeros 5 m, cuando el tronco tiene un diámetro mayor a 48 cm, con el mismo destino que en el caso anterior.
- Siguiente parte del tronco con una longitud máxima de 19 m si el diámetro menor supera los 15 cm. Esta parte es destinada a la industria maderera.
- El resto es destinado a uso energético, con el consiguiente aumento de biomasa destinada a este fin.

En estos sistemas, la cuantificación de la biomasa disponible para uso energético se puede realizar mediante dos tipos de métodos: los basados en la proporción de la biomasa energética con la biomasa con destino industrial o alimentario, y los basados en funciones obtenidas por modelos de regresión. En el primer caso se definen los coeficientes de proporcionalidad gravimétrico λ y superficial δ de acuerdo con las Ecuaciones 4.15 y 4.16.

$$PB_j = R_j \times \lambda_j \tag{4.15}$$

$$PB_j = S_j \times \delta_j \tag{4.16}$$

Donde:

PB_j: es la biomasa potencial obtenida en un sistema biológico de características j en toneladas.

R_j: es la cantidad de recurso obtenido en un sistema productivo de características j en una determinada operación. Por ejemplo, m³ de madera, o en un sistema agrícola toneladas de frutos.

λ_j: es el coeficiente de proporcionalidad gravimétrico de producción de biomasa energética en un sistema de características j. En los aprovechamientos forestales el recurso obtenido es madera. λ será las toneladas de astilla seca obtenida por cada m³ de madera con destino industrial extraída. En los cultivos agrícolas el recurso obtenido es fruta. λ serán las t de astilla seca obtenida por cada tonelada de fruta producida.

S_j: es la superficie del sistema de características j (ha).

δ_j: es el coeficiente de potencialidad superficial de producción de biomasa en un monte de características j. (t de biomasa residual seca/ha y operación).

El subíndice j hace referencia a la especie dominante, edad, número de árboles por hectárea, diámetro medio de los árboles, altura media de la vegetación, determinada operación realizada en su gestión (clareo, poda, corta final selectiva, apertura de camino, limpieza, etc.) y tecnología empleada en la extracción de la biomasa residual generada.

La periodicidad de la biomasa potencial en un determinado monte dependerá del turno de explotación, es decir, del tiempo que transcurre entre dos operaciones consecutivas. Por ejemplo, en los sistemas agrícolas será el ciclo de cultivo, en explotaciones forestales tiempo existente entre clareos o cortas finales.

R y λ dependen del tipo de explotación (especies, tipo de árboles o cultivos, edad, condiciones ambientales).

Dependiendo de los sistemas estudiados debe usarse la Ecuación 4.15 o 4.16 como mejor aproximación, conociendo λ y δ respectivamente. Por ejemplo, en operaciones de limpieza de monte, apertura de caminos, etc. se utilizará la Ecuación 4.16 para determinar la biomasa residual que se puede obtener en esa operación. En sistemas de aprovechamiento maderero, clareos, podas, etc. la Ecuación 4.15 se utilizará para obtener el volumen de biomasa residual que se produce en ese tipo de aprovechamiento.

Para la obtención de λ y δ se sigue el esquema experimental mostrado en la Figura 4.10.

Los factores λ y δ serán obtenidos experimentalmente mediante las Ecuaciones 4.17 y 4.18:

$$\lambda_j = \frac{PB_{astillasX}}{R_j} \tag{4.17}$$

$$\delta_j = \frac{PB_{astillasX}}{S_j} \tag{4.18}$$

Siendo $R_{astillasX}$ la masa de astillas obtenida en cada una de las variantes posibles. Una vez conocidos estos parámetros pueden ser aplicados a inventarios forestales o agrícolas.

Este tipo de esquemas puede ser utilizado en la cuantificación de purines en función de las cabezas de ganado con una determinada producción de carne por animal; así como en la cuantificación de residuos industriales.

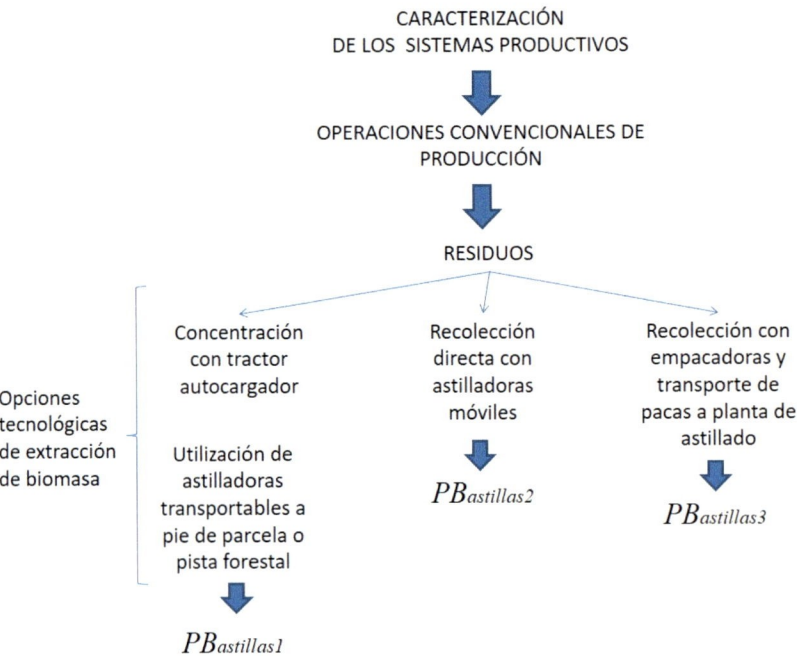

Figura 4.10. Esquema de los experimentos para la obtención de λ y δ.

4.8. Cuantificación de la biomasa energética obtenible de cultivos energéticos

Un caso particular en los procesos de cuantificación de biomasa es la predicción de los rendimientos de los cultivos energéticos, ya sean herbáceos (oleaginosos o azucareros) o leñosos (choperas). En estas plantaciones el sistema productivo va orientado desde su planificación a la obtención de biomasa energética como único o principal recurso. La productividad de estas plantaciones está condicionada al potencial de la especie (girasol, colza, chopo, etc.) y a las condiciones de cultivo: climáticas, fertilidad del suelo, prácticas realizadas (fertilización, control fitosanitario, podas, etc.). La variabilidad de condicionantes hace que la predicción de la productividad obtenida sea muy compleja y particularizada a cada zona y tipo de labores realizado. Sólo podrán estimarse cantidades a partir de experiencias en condiciones parecidas a las que se desea predecir.

4.9. Determinación de biomasa mediante teledetección

Los datos provenientes de la teledetección espacial han permitido desarrollar un amplio conjunto de variables biofísicas de la cubierta vegetal, tanto en el ámbito forestal como en el agrícola, que permiten la clasificación de tipos de vegetación, definir su estado, y ser relacionadas con el volumen y la biomasa de los vegetales existentes en una superficie, determinar su índice de área foliar, humedad y temperatura, lo que constituye una herramienta para realizar inventarios y evaluaciones. Existen dos grandes grupos de tecnologías aplicadas para estos estudios: Obtención de imágenes multiespectrales y la tecnología LIDAR.

Utilización de imágenes multiespectrales

La teledetección espacial es aquella técnica que permite adquirir imágenes o datos de la superficie terrestre a través de sensores instalados en plataformas espaciales que captan las ondas electromagnéticas reflejadas de la superficie terrestre. Los componentes del sistema de adquisición de la imagen o de los datos se representan en la Figura 4.11.

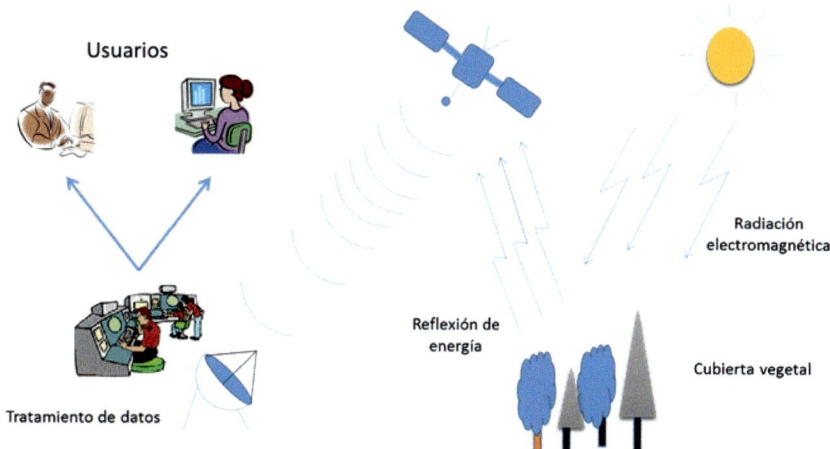

Figura 4.11. Componentes del sistema de adquisición de imágenes por teledetección.

La energía electromagnética emitida por el sol y reflejada por la superficie terrestre se propaga en forma de ondas caracterizadas por su longitud de onda y frecuencia. El espectro se clasifica de acuerdo a estos parámetros según muestra la Figura 4.12.

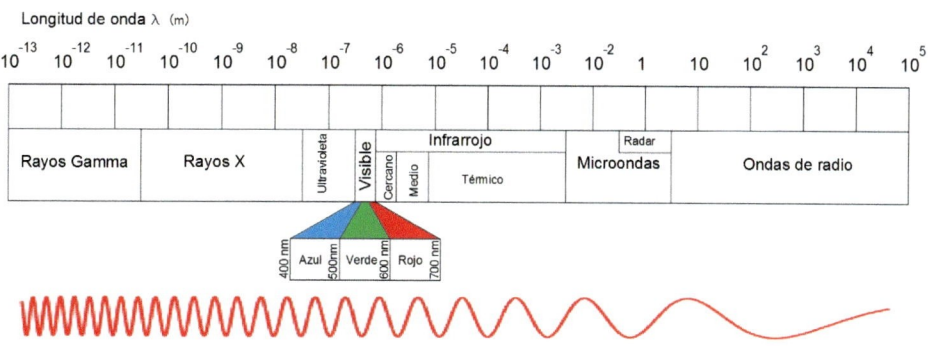

Figura 4.12. Espectro electromagnético.

De la energía electromagnética incidente sobre una superficie terrestre procedente del sol, una parte es absorbida por el suelo y por los objetos situados sobre el mismo, transmitiéndose en profundidad y aumentando su temperatura; y el resto se refleja volviendo a cruzar la atmósfera saliendo hacia el espacio exterior. Las longitudes de onda absorbidas y reflejadas dependen de las características de la superficie del suelo y los objetos. Es decir, dependiendo de los materiales, unas longitudes de onda se absorben o se reflejan más que otras con una relación de energía específica denominada *reflectáncia*. La representación de la variación de la reflectancia de un objeto en función de la longitud de onda se denomina *espectro.* En la Figura 4.13 se representan varios espectros de distintos tipos de vegetación y suelo. Se observa que tanto la vegetación vigorosa como la marchita, suelo desnudo y agua presentan reflectancias muy próximas en longitudes de onda de entre 300 y 700 nm, sin embargo a partir de 800 nm presentan reflectancias muy diferentes. Estableciendo umbrales en las longitudes de onda superiores a los 800 nm podremos discriminar tipo de cubierta y el tipo de vegetación. Si la reflectancia es inferior al 20% en la Figura 4.13, el objeto observado se puede clasificar como agua; si la reflectancia se sitúa entre el 20 y 35%, el objeto observado se puede clasificar como suelo desnudo; si la reflectancia se sitúa entre el 35 y 50%, se puede clasificar como vegetación marchita; si la reflectancia se sitúa entre el 50 y el 60%, se puede clasificar como vegetación vigorosa; si la reflectancia es superior al 60% se clasificaría como nieve. A partir de estas propiedades, podemos clasificar el suelo, vegetación y agua en las distintas áreas captadas midiendo la reflectancia en una longitud de onda adecuada, por ejemplo 880 nm.

La clasificación de la superficie a través de umbrales se suele realizar a nivel de píxel. Si el píxel representa una superficie grande, se dice que la imagen es de baja resolución; si la superficie representada por el píxel es pequeña, la imagen es de gran resolución. Una imagen pixelada con valores en cada uno de los píxeles se denomina *mapa Raster.*

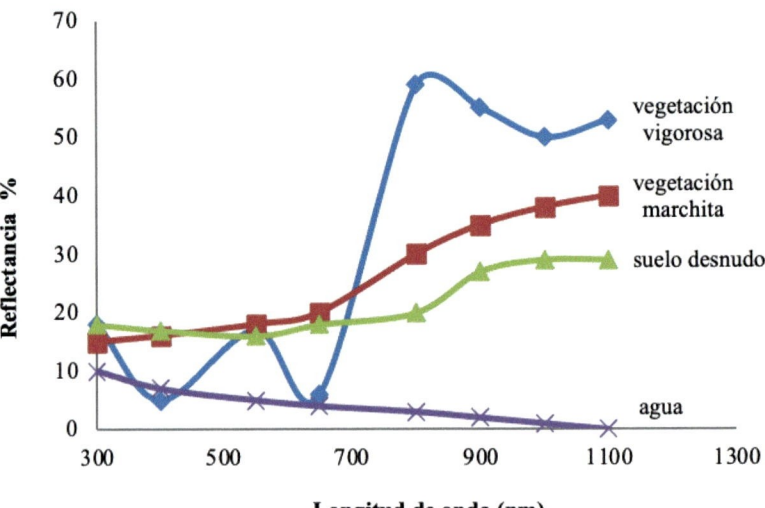

Figura 4.13. Variación de la reflectancia en función de la longitud de onda incidente en distintas superficies.

La energía electromagnética reflejada por la superficie terrestre la podemos filtrar captando determinadas longitudes de onda o frecuencia. Las bandas espectrales más utilizadas en teledetección para la adquisición de imágenes y datos son las siguientes:

- Espectro visible (400 a 700 nm): En él se distinguen tres bandas elementales, que se denominan azul (400 a 500 nm); verde (500 a 600 nm), y rojo (600 a 700 nm), en razón de los colores asociados a esas longitudes de onda.
- Infrarrojo cercano (700 a 1300 nm).
- Infrarrojo medio (1300 a 8000 nm).
- Infrarrojo lejano o térmico (8000 a 14 000 nm).
- Microondas (a partir de 1 mm).

El comportamiento de una cubierta no sólo está influido por sus propias características, sino también por una serie de factores externos como:

- Ángulo de iluminación solar, muy dependiente de la fecha del año y del momento de paso del satélite.

- Modificaciones que el relieve tiene en el ángulo de iluminación (pendiente u orientación de las laderas).
- Partículas de la atmósfera, especialmente en lo que se refiere a la dispersión selectiva en distintas longitudes de onda.
- Ángulo de observación, relacionado con la órbita del satélite y con las características del sensor.
- Variaciones medio-ambientales en la cubierta: estado fenológico de la cubierta en un momento dado (floración, letargo invernal, coloración de las hojas, etc.).

La corrección y estandarización de las imágenes se realiza mediante un procesamiento de los datos generalmente por la agencia que adquiere y comercializa las imágenes.

Considerando que los factores apuntados están controlados, en el comportamiento de la cubierta vegetal frente a la incidencia de las ondas hay que considerar que la reflectividad de la hoja se modifica en función de su estado fenológico, forma y contenido de humedad. Además es preciso tener en cuenta la influencia de la altura de la planta, grado de cobertura del suelo, asociación de distintas especies, etc. No obstante, el comportamiento típico de la vegetación vigorosa muestra una reducida reflectividad en las bandas visibles, con un máximo relativo en la porción verde del espectro (en torno a 550 nm, por realizar en este punto la fotosíntesis). Por el contrario, en el infrarrojo cercano presenta una elevada reflectividad, reduciéndose paulatinamente hacia el infrarrojo medio. A partir de los 880 nm la reflectancia permitiría determinar incluso el tipo de especie en cada área.

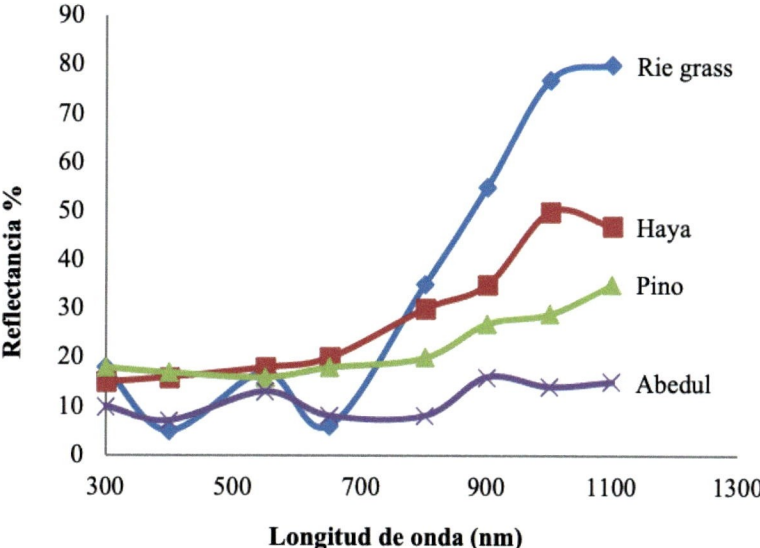

Figura 4.14. Variación de la reflectancia de distintos tipos de cubiertas vegetales con la longitud de onda de la radiación incidente.

Por otra parte, el comportamiento espectral de los suelos desnudos es mucho más uniforme que en la vegetación, mostrando una curva espectral bastante plana y de carácter ascendente. Los principales factores que intervienen en este caso son la composición química del suelo, su textura, estructura y contenido de humedad. La composición química es la causa del color dominante. Los de origen calcáreo tienden al color blanco, indicando una alta reflectividad en todas las bandas visible; los suelos arcillosos ofrecen una mayor reflectividad en el rojo, como consecuencia de su alto contenido en óxido de hierro. Por otra parte, un suelo de textura gruesa puede presentar una reflectividad menor que los finos cuando el contenido de humedad es bajo.

Las superficies acuáticas absorben o transmiten la mayor parte de la radiación visible que reciben, siendo mayor su absorbancia (y menor reflectancia) cuando mayor sea la longitud de onda.

La información proporcionada por la reflectancia en las distintas bandas de longitud de onda permite por un lado, una caracterización estructural del paisaje y por otro la de describir patrones de comportamiento espectral de la reflexión y emisión de las distintas categorías estructurales. Estos patrones relacionan con la cantidad de biomasa existente en un determinado sistema.

A pesar de la clasificación que permite realizar el distinto comportamiento espectral de las superficies, las reflectancias en una sola longitud de onda determinada no se han mostrado como una buena variable para obtener ecuaciones predictivas de la biomasa existente en un determinado sistema. Sin embargo, se han definido índices que combinan las reflectancias a distintas longitudes de onda con mucha correlación con la cantidad de biomasa. Estas resultan de operaciones algebraicas con bandas correspondientes a distintas porciones del espectro electromagnético. Los índices más utilizados son los siguientes:

Índice de Vegetación Normalizado

El Índice de Vegetación Normalizado (o *Normalized Difference Vegetation Index*, NDVI) fue introducido por Rouse *et al.* (1973). El *IVN* se obtiene por la relación de la diferencia de la reflectancia media obtenida en el infrarrojo (841-1300 nm) y el rojo (620-670 nm), respecto a la suma de la reflectancia media obtenida en el infrarrojo y el rojo (Ecuación 4.19).

$$IVN = \frac{IR - R}{IR + R} \tag{4.19}$$

en donde R e IR corresponden a la reflectancia media en la porción roja e infrarroja del espectro respectivamente.

El *IVN* ha mostrado tener una fuerte relación con la biomasa (Tucker, 1977; Gerberman *et al.*, 1984; Ripple, 1985; Sellers, 1985). Tras la toma de la imagen de la zona se calcula para cada píxel el *IVN*, asociándole un valor de biomasa. La relación entre la biomasa y el *IVN* se establece por medio de modelos de regresión. Los modelos deben haberse obtenido mediante investigaciones previas, para lo cual debe haberse realizado un muestreo en campo calculando de la biomasa existente por métodos dendrométricos y dasométricos tradicionales, para confrontaros con el *IVN* de los puntos muestreados.

Por otra parte también se relaciona con:
- El *índice de área foliar* (IAF), que se la superficie foliar existente por m^2 de terreno (Asrar *et al.*, 1984; Baret *et al.*, 1989);
- La *productividad primaria neta aérea* (PPNA), que es la biomasa generada por m^2 y año (g/m^2 año) (Prince, 1991; Paruelo *et al.*, 1997).
- La *fracción de radiación fotosintéticamente activa absorbida por los tejidos verdes* (fRFAA) (Baret y Guyot, 1991; Sellers *et al.*, 1992; Gamon *et al.*, 1995; Myneni *et al.*, 1995).

La relación entre el *IVN* y variables de estado como el IAF o la biomasa dependen de la arquitectura de la cubierta vegetal y de la densidad de la vegetación presente. Estas relaciones dieron lugar a numerosas aplicaciones del *IVN* en estudios de ecología regional, clasificaciones de tipos de cobertura (Guerschman *et al.*, 2003; Paruelo *et al.*, 2004; Baldi *et al.*, 2006;

Baldi y Paruelo, 2008), definición de Tipos Funcionales de Ecosistemas (Paruelo *et al.*, 2001; Alcaraz *et al.*, 2006; Baeza *et al.*, 2006), evapotranspiración (Di Bella *et al.*, 2000; Nosetto *et al.*, 2005) entre otros.

La influencia del estadío fenológico en el *IVN* y demás indicadores obliga a que la medición se realice en momentos comparables, por ejemplo el mes con máximo *IVN* (MMAX).

Algunos índices espectrales derivados del *IVN* son el *Perpendicular Vegetation Index* (PVI) (Richardson y Wiegand, 1977), el *Soil-Adjusted Vegetation Index* (SAVI) (Huete, 1988), el *Atmospherically Resistant Vegetation Index* (ARVI) (Kaufman y Tanre, 1992) y el *Global Environment Monitoring Index* (GEMI) (Pinty y Verstraete, 1992). Cada uno de ellos fue desarrollado para aplicaciones específicas. La difusión de estos índices se ha debido principalmente a la necesidad de datos adicionales a la reflectancia en el *R* y el *IR*. Uno de los problemas del *IVN* es su saturación a altos niveles de biomasa y con su sensibilidad al sustrato debajo del dosel.

Índice de Vegetación Mejorado

El *Índice de Vegetación Mejorado IVM* (Enhanced Vegetation Index, EVI) es similar al *IVN* pero incorpora otras bandas espectrales para mejorar la señal de la vegetación, particularmente en niveles altos de biomasa. El *IVM* busca a su vez desacoplar la señal del sustrato y la vegetación y minimizar la influencia de la atmósfera. Se expresa como

$$IVM = 2{,}5 \cdot \frac{IR - R}{IR - C1 \cdot R - C2 \cdot A + L} \tag{4.20}$$

Donde *A*, *R* e *IR* son las reflectancias medias corregidas atmosféricamente correspondientes a la porción del azul (459-479 nm), del rojo (620-670 nm) y del infrarrojo cercano del espectro electromagnético (841-876 nm), respectivamente. *L* es un elemento de ajuste de acuerdo al sustrato. *C1* y *C2* son coeficientes que tienen en cuenta la presencia de nuves y que usan la banda correspondiente al azul para corregir la reflectancia en la porción roja. Los coeficientes habitualmente adoptados son *L*=1, *C1*=6 y *C2*=7,5 (correspondientes al sensor MODIS, mayormente utilizado en satélites convencionales).

Índice de Reflectancia Fotoquímico

El *Índice de Reflectancia Fotoquímico IRF* (*Photochemical Reflectance Index, PRI*) es el más utilizado para evaluar cambios en la eficiencia fijación de carbono (moles C fijados/moles de fotones incidentes). Se determina por la Ecuación 4.21:

$$IRF = \frac{R531 - R570}{R531 + R570} \tag{4.21}$$

Siendo *R531* y *R570* las reflectancias en esas respectivas longitudes de onda.

Este índice se basa en que parte de la energía absorbida por la clorofila en la fotosíntesis.

Albedo

El albedo es la relación, expresada en porcentaje, de la radiación visible que una superficie refleja de la radiación que incide sobre la misma.

Tabla 4.11. Albedos para distintos tipos de cubierta.

Tipo de cubierta	% de radiación reflejada
Nieve reciente	86
Nubes brillantes	78
Nubes (promedio)	50
Desiertos terrestres	21
Suelo terrestre sin vegetación	18
Bosques (promedio)	8
Ceniza volcánica	7
Océanos	5 a 10

Se ha aplicado en la evaluación de cambios en el uso del suelo y sus efectos en consecuencias en procesos climáticos y biofísicos.

Evapotranspiración

Se define la evapotranspiración como la pérdida de humedad de una superficie por evaporación directa junto con la pérdida de agua por transpiración de la vegetación. Se expresa en mm por unidad de tiempo. Dentro de los métodos indirectos por las cuales se puede medir este parámetro, relacionado con la cantidad de biomasa, destaca una aproximación sencilla, y ampliamente utilizada, desarrollada por Jackson *et al.* (1977). La evapotranspiración diaria (*ETd*) se estima a partir de la radiación neta absorbida y la diferencia entre la temperatura superficial (*Ts*) y la temperatura del aire (*Ta*):

$$ETd = Rn - B \cdot (Ts - Ta)^n \tag{4.22}$$

El modelo calcula *Ts* a partir de la radiación registrada por sensores remotos en el infrarrojo térmico (por ejemplo la banda 6 del sensor TM o ETM+ de Landsat). La radiación neta (*Rn*) es el balance de las sumas de la radiación de onda corta (*Rc*) y larga (*Rl*) entrante ($\downarrow$) y saliente ($\uparrow$):

$$Rn = (Rc \downarrow + Rl \downarrow) - (Rc \uparrow + Rl \uparrow) \tag{4.23}$$

Los modelos de predicción de biomasa pueden combinar varios indicadores simultáneamente. Es decir, tomar la forma de función: *B=f(IVN, IVM, IRF*, albedo…).

Por otra parte, estimaciones de la biomasa pueden tomarse de variaciones existentes en los índices en el tiempo a partir de estadísticos como:

- *IVN* promedio para un período de observación (generalmente un año).

$$\overline{IVN} = \frac{1}{t_2 - t_1} \int_{t1}^{t2} IVN(t)dt \tag{4.24}$$

- El rango relativo anual (RREL), un indicador de la estacionalidad en la absorción de radiación (la diferencia entre el máximo y el mínimo *IVN*, dividida por la integral);

- El mes con máximo *IVN* (MMAX), que describe la fenología —la variación con las estaciones— de la vegetación.

Estos datos estadísticos obtenidos de la evolución de los índices permiten la definición de *Tipos Funcionales de Ecosistemas*, integrando píxeles con los patrones de absorbancia-reflexión de radiación similares. La combinación de estos parámetros se puede relacionar con la cantidad de biomasa existente a partir de modelos de regresión si se tienen suficientes puntos muestreados en el terreno, donde se ha calculado la biomasa existente con métodos clásicos de dendrometría y dasometría.

Tecnología LIDAR

La tecnología LIDAR (Light Detection and Ranging), es un sistema de teledetección que permite registrar de manera masiva puntos sobre la superficie terrestre, basándose en la medición del tiempo que transcurre desde la emisión de pulsos de energía en un emisor aerotransportado y la recepción de la onda reflejada tras alcanzar la superficie terrestre. El tiempo de ida y vuelta del pulso de energía emitido permite determinar la altura de los puntos del terreno y de los objetos sobre éste. Los sistemas LIDAR pueden registrar la señal de retorno de un pulso emitido en diferentes ecos y con la ayuda de un GPS y un sistema inercial permite calcular las coordenadas (x, y, z) del punto en el que se ha producido la reflexión. Si el sistema emite con una frecuencia muy alta (150000 Hz), permite disponer de una densidad de puntos superior a los 10 puntos/m². Con esta información es posible definir modelos digitales del terreno (MDT), eligiendo los puntos de z mínima; modelos digitales de superficie (MDS), eligiendo los puntos con z máxima; y modelos digitales de la vegetación (CHM) que es la diferencia entre el MDS y el MDT, por tanto es una distribución de las alturas de los objetos existentes sobre la superficie terrestre. Estos modelos consisten en imágenes ráster en el que cada píxel tiene un valor de altura. Estos datos son aplicados en diferentes áreas como por ejemplo: creación de modelos hidráulicos (Cobby *et al.*, 2001), identificación de construcciones (Sohn y Dowman, 2007), cambios en la arena en la costa (Shrestha *et al.*, 2005) y ampliamente utilizado en aplicaciones forestales (Lefsky *et al.*, 1999; Næsset, 2002; Popescu *et al.*, 2007).

Para el cálculo de un MDT, a partir de datos LIDAR, es necesario aplicar algoritmos que permitan filtrar de todos los puntos registrados, aquellos que no pertenezcan a la superficie del suelo. Existen diferentes métodos para realizar estas operaciones aunque es muy difícil automatizarlos completamente. Una comparación y clasificación de ellos fue realizada por Sithole y Vosselman (2004). Un grupo importante de algoritmos están basados en la utilización de filtros morfológicos en los que se seleccionan valores mínimos o máximos en un vecindario determinado. Dentro de este grupo se puede incluir el algoritmo basado en un proceso iterativo de selección de puntos mínimos probado por Popescu *et al.* (2002), Wack y Wimmer (2002) o Clark *et al.* (2004). La estrategia seguida en estos trabajos consiste en la selección de puntos con cota mínima en un radio de búsqueda determinado, estableciendo un MDT inicial. Posteriormente se realiza a los datos iniciales una nueva selección de cotas mínimas aplicando radios de búsqueda menores. Los nuevos puntos seleccionados se comparan con el MDT obtenido en el paso anterior. Si se elige un umbral en la diferencia de la cota de un determinado punto seleccionado con respecto a la asociada a ese punto en el MDT de comparación, este parámetro permite eliminar puntos seleccionados en cada paso cuya cota difiera más de un cierto valor Figura 4.15. De esta manera se puede obtener un MDT más preciso ya que se eliminarían puntos asociados a cualquier objeto sobre la superficie terrestre como la vegetación.

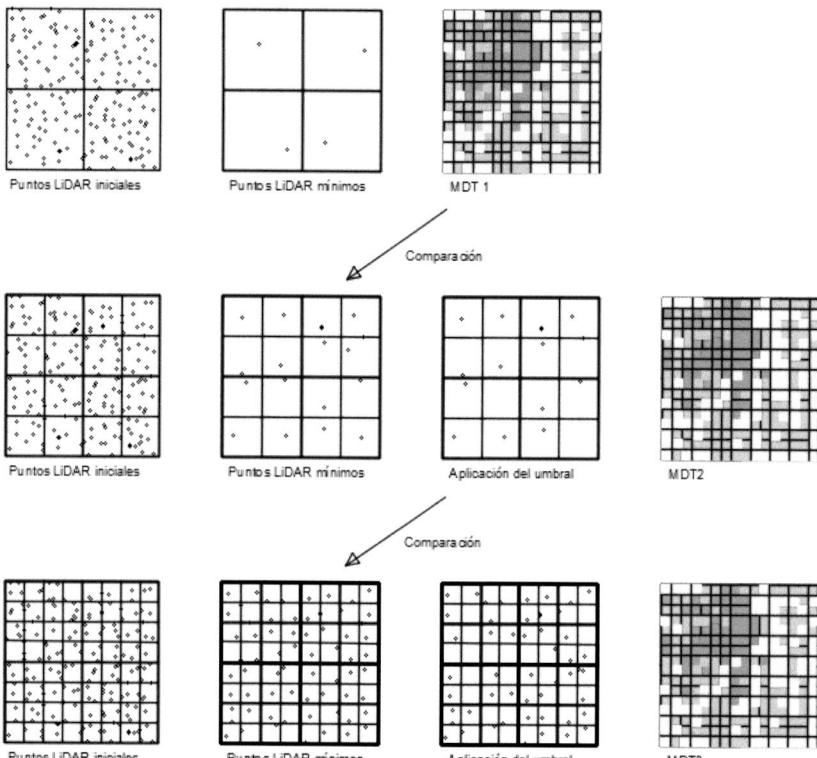

Figura 4.15. Esquema del algoritmo utilizado en el cálculo del MDT (Estornell *et al.*, 2011b).

Un MDT es la base para calcular variables dendrométricas y dasométricas relacionadas con la vegetación como son la altura, el volumen y la biomasa. La altura de cada punto se obtiene mediante la diferencia de la cota del punto (componente z) y la del MDT con misma x e y. De esta manera se puede saber la altura de la vegetación en una zona escaneada. La altura de la vegetación es una variable que permite detectar crecimientos y muestra una correlación muy alta con la biomasa. Para su estudio, se siguen varias estrategias, una de ellas será determinar el volumen aparente que ocupa el vegetal mediante cilindroides definidos por una área y la altura correspondiente, y posteriormente aplicar factores de ocupación o funciones predictivas obtenidas de modelos de regresión donde las variables explicativas pueden ser el volumen aparente, el área cubierta o la altura del material; otra estrategia es definir modelos de regresión para la predicción de biomasa a partir de estadísticos de la distribución de las alturas de los puntos incluidos en el área que ocupa el vegetal, tales como altura máxima, altura media, distintos percentiles. Estas dos estrategias se pueden aplicar considerando como unidad de estudio el individuo (árboles aislados) o la parcela.

Es posible modelar los distintos tipos de árboles a partir de la distribución de las alturas de los datos LIDAR en el área cubierta por el mismo (Hyyppa *et al.*, 2000; Persson *et al.*, 2002; Maltamo *et al.*, 2004; Popescu, 2007). Sin embargo, con los arbustos no sucede lo mismo ya que trata de una estructura continua y de menor altura, lo que exige mayor precisión. Por esa razón cuando se comparan alturas de la vegetación arbustiva medidas en campo con los datos LIDAR se utilizan zonas de influencia. La estrategia común en estos trabajos es seleccionar los puntos LIDAR incluidos en un área con centro en el punto medido en campo con un radio determinado. La selección del radio está relacionada con los factores que afectan a la precisión en el cálculo de las alturas de la vegetación (Estornell *et al.*, 2011c).

No obstante los cálculos de las alturas de la vegetación con LIDAR produce una subestimación de este parámetro debido al hecho de que el pulso no se refleja suficientemente la parte alta de la vegetación sino algo más baja. Por otra parte, el ángulo de escaneo también afectaría a la capacidad de penetración junto la densidad de la ramosidad, cuando es poco densa y abierta la capacidad de penetración será más alta. Estornell *et al.* (2011c) probaron los estadísticos altura media (H_{media}), y los percentiles 80, 90, 95 de las alturas de los datos obtenidos en un radio de 1,5 m para la estimación de las alturas de la vegetación arbustiva en un rodal de 0,5 m mediante datos LIDAR con regresiones simples, resultando que el estadístico percentil 95 era el que mejor correlación tiene con la altura real de la vegetación (Tabla 4.12).

Tabla 4.12. Estimación de la altura real las masas arbustivas en rodales de 0,5 m de radio en base a estadísticos de las alturas de los puntos LIDAR obtenidos en áreas de 1,5 m de radio con el mismo centro.

Ecuación de predicción	r^2	P-value	RMSE (m)
$H_{real} = 0{,}79 \cdot H_{media} + 0{,}97$	47,91	<0,01	0,18
$H_{real} = 0{,}72 \cdot (80th\_percentil) + 0{,}74$	57,36	<0,01	0,16
$H_{real} = 0{,}67 \cdot (90th\_percentil) + 0{,}66$	64,26	<0,01	0,15
$H_{real} = 0{,}63 \cdot (95th\_percentil) + 0{,}61$	70,68	<0,01	0,13
$H_{real} = 0{,}86 \cdot Maximum + 0{,}23$	39,46	<0,01	0,19

Una vez calculada la altura de la vegetación (CHM) se puede determinar el volumen aparente de las zonas con presencia de vegetación multiplicando el área de la celda de cuyas dimensiones dependerá de la resolución de trabajo. Aplicando el factor de ocupación y la densidad seca de puede determinar el volumen real de los vegetales contenidos, con el producto del volumen real con densidad de los materiales se obtiene la biomasa. También se pueden aplicar funciones de regresión en lugar de factores que relacionen la biomasa con la altura y área o volumen aparente. De los análisis químicos de las plantas leñosas se desprende que el 48% de la masa maderera generalmente es carbono. Considerando que la relación entre la masa del CO_2 y del carbono es de (44/12) 3,67, se puede calcular también el CO_2 absorbido por los mismos.

La utilización de datos LIDAR, combinadas con los índices obtenidos de imágenes multiespectrales pueden mejorar la detección y caracterización de la vegetación y por ende la estimación de biomasa (Bork y Su, 2007; Mutlu *et al.*, 2008; Estornell *et al.*, 2012).

Escaneo con láser terrestre

Los sistemas LIDAR terrestre (o terrestrial laser scaner TLS) se basan en los mismos principios que los aéreos, es decir, emiten energía y, tras incidir en los objetos, retorna al sensor lo que permite registrar de manera masiva nubes de puntos con coordenadas *x, y, z* del objeto analizado con lo que se pueden generar modelos tridimensionales. Se puede trabajar en coordenadas locales o en un sistema de referencia concreto. Una ventaja respecto al LiDAR aéreo es que se puede escanear cualquier objeto desde distintos puntos o estaciones generando nubes independientes que se pueden enlazar a través de puntos de referencia o marcas identificables en todas ellas. La densidad de escaneado puede llegar a ser muy alta, de hasta 1 punto por milímetro. Estos equipos tanto fijos como móviles son cada vez más empleados

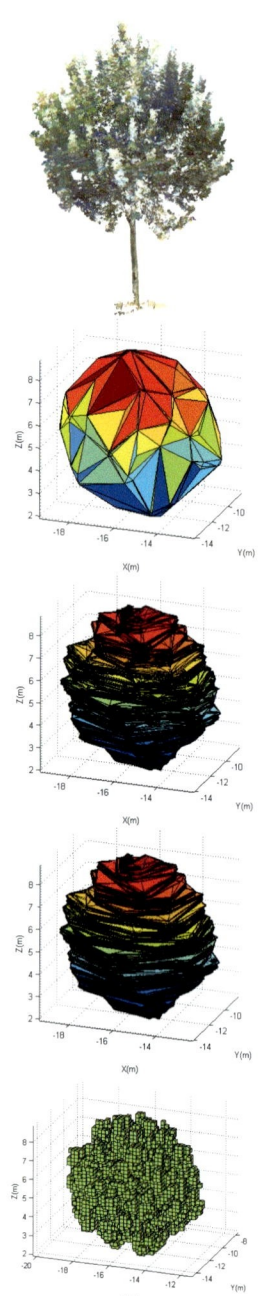

Figura 4.16. Representación de los volúmenes generados por los cuatro algoritmos de procesado un árbol. De arriba abajo: Copa del árbol; convex hull global; convex hull por capas; secciones planas trianguladas y voxels. (Fernández-Sarría *et al.*, 2011; Fernández-Sarría *et al.*, 2013).

en aplicaciones muy variadas que van desde el ámbito industrial, edificación, ingeniería civil, restauración de obras de arte, documentación de accidentes e investigación criminal, aplicaciones forestales y agrícolas, etc.

Las nubes de puntos obtenidos por TLS pueden proporcionar una mejor definición de la estructura de los vegetales que el obtenido por LiDAR aéreo. Por una parte, la densidad de puntos del TLS es mucho mayor, y por otra, permite obtener datos tanto de la parte superior como de la parte inferior a la cual es difícil de acceder en los escaneos con LiDAR aéreo. Con ello se puede tener una buena definición de las medidas dendrométricas clásicas, como diámetro y altura de copa, volumen aparente, volumen de fuste, que tomados desde el terreno requieren medidas lentas y laboriosas, y por supuesto, de la biomasa.

Es evidente el enorme potencial que ofrece la combinación del TLS con el LiDAR aéreo, complementándose además con imágenes espectrales. La variable volumen es una de las más interesantes para la gestión de las plantaciones. Diversos estudios abordan el problema de su cálculo de volumen de copa y superficie foliar de diferentes especies arbóreas (Wei y Salyani, 2004) y viña (Palacín *et al.*, 2008, Rosell *et al.*, 2009) de cara a su gestión de la vegetación, tal como la aplicación de pesticidas. De las variables geométricas directas se pueden derivar estimaciones de los llamados índices foliares, como el LAI (Leaf Area Index) y LAD (Leaf Area Density), tal y como obtienen en sus trabajos Hosoi y Omasa (2006), Moorthy *et al.* (2011), Rosell Polo *et al.* (2009).

La determinación el volumen aparente de los vegetales puede seguir diferentes metodologías
- Aplicar la envolvente convexa o Convex Hull (función convhulln) sobre la nube de puntos de cada copa (Lee y Ehsani, 2009).
- Aplicar Convex Hull sobre rebanadas de distinto espesor tanto horizontales como verticales en cada copa.
- Seccionar la copa cada a distintas alturas obteniendo el área de cada sección mediante la triangulación Delaunay, y posteriormente obtener el volumen multiplicando por la altura entre secciones.
- Rasterizar cada nube de puntos y trabajar con unidades mínimas de volumen (voxel) (Stoker, 2009).

En la Figura 4.16 se pueden apreciar las formas geométricas resultantes de cada método.

Covex hull global

El cierre convexo, envolvente convexa o convex hull de un conjunto de puntos en el plano o en el espacio es la menor de las superficies o volúmenes que los contienen. Para el espacio tridimensional, convex hull es la frontera que determina el cierre convexo y se genera mediante triangulaciones de Delaunay entre los puntos exteriores. Es la forma compuesta de superficies triangulares que se ajusta a esos puntos extremos de la nube de datos.

El convex hull puede determinarse a través de varios algoritmos: Incremental, Gift Wrap, Divide and Conquer y QuickHull que pueden ser implementados en distintos software, por ejemplo con Matlab. Consiste en ir descartando los puntos que no forman parte de la frontera del cierre convexo, es decir, los situados en el interior de la nube de puntos. Los pasos que sigue son los siguientes:
- *Paso 1:* se buscan los seis puntos extremos de la nube de puntos (x, y, z, mínimos y máximos) y se forma un octaedro irregular con estos puntos como esquinas. Todos los puntos que hay dentro de este poliedro ya no formarán parte de la frontera. Se produce una división del espacio de tal forma que quedan el octaedro y 8 regiones externas a él y separadas entre sí (Figura 4.17a).
- *Paso 2*: en cada una de estas regiones se busca el punto más alejado al lado triangular adyacente a dicha zona del octaedro. De esta forma se obtiene una figura de

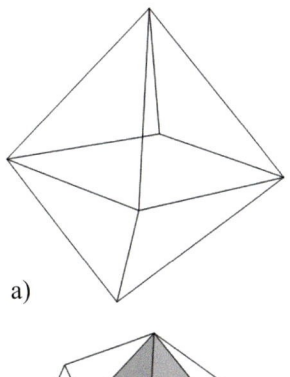

a)

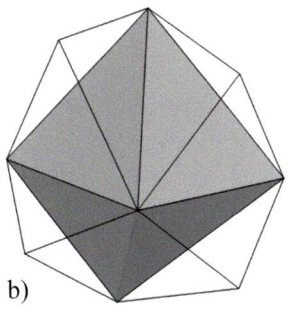

b)

Figura 4.17. Fases iniciales de la formación de convex hull.

14 vértices (6 iniciales más 8 secundarios) y 24 triángulos que descartará los puntos interiores como pertenecientes al borde del cierre convexo y dividirá los puntos exteriores en hasta 24 nuevas regiones separadas (Figura 4.17b).

- *Paso 3*: se sigue repitiendo el proceso en cada nueva región según las reglas anteriores hasta que no queden vértices externos a la figura. Este poliedro irregular de n caras triangulares resultante será el cierre convexo, del cual se puede conocer su volumen.

El principal inconveniente de este método es que en el cálculo del volumen de copa se incluyen espacios vacíos donde realmente no existen puntos, correspondientes a los múltiples huecos existentes entre las ramas externas. Es necesario buscar una mejor aproximación.

Convex hull por capas

Se aplica la misma rutina de cálculo que en el caso anterior pero esta vez sobre rebanadas de altura determinada. Si bien se siguen incluyendo en el cálculo espacios vacíos en el plano XY, se obtiene una mejor aproximación sobre el eje Z.

La forma de proceder es la siguiente: Se parte de la cota mínima de la copa, se seleccionan todos los puntos que se encuentren entre ésta y la altura siguiente que define la rebanada y se aplica la función *convexhull* sobre cada una de las secciones. A partir de esta última cota, se repite la operación sobre las rebanadas superiores siguientes, y así sucesivamente. El resultado final es la suma de todos los volúmenes resultantes. En este caso se puede apreciar como la forma se ajusta mejor que el caso anterior a la forma real de la copa del árbol (Figura 4.16). El número de operaciones que implica es superior al del método anterior puesto que, además de aplicarse Convex Hull un determinado número de veces, previamente se ha realizado una división de la copa en secciones.

Sumatorio de Secciones

Se divide la copa en secciones planas a alturas equidistantes, y se calcula el área que ocupa la copa del árbol en cada una de ellas. Para el cálculo del volumen comprendido entre dos secciones consecutivas de la copa del árbol se aplica la siguiente ecuación:

$$V_i = \frac{S_i + S_s}{2} \cdot h \qquad (4.25)$$

donde S_i y S_s son las superficies de las secciones inferior y superior, y h la separación entre ellas.

Se aplica de la siguiente forma: considerando que se realizan rebabadas de 10 cm, se parte de la menor cota de la copa, se seleccionan los puntos que se encuentren dentro de los primeros 10 cm de cota. Se considera que los puntos encontrados dentro de una misma selección están situados en un mismo plano (como si estuviesen proyectados verticalmente sobre el plano horizontal de z constante). Sobre ellos se calcula una triangulación en superficie, en lugar de hacerlo en volumen como en el caso anterior, y de esta manera se obtiene el área de cada sección. El volumen final de la copa será la suma de los volúmenes parciales V_i.

Método por Voxels

La obtención de las variables dendrométricas en TLS están basadas principalmente en matrices tridimensionales donde el elemento mínimo de información es el voxel. Se define como voxel un volumen que encierra un número de puntos determinado, considerándose éste como materia. Ello se consigue a través del algoritmo *K-Dimensional tree*, remuestreando los datos

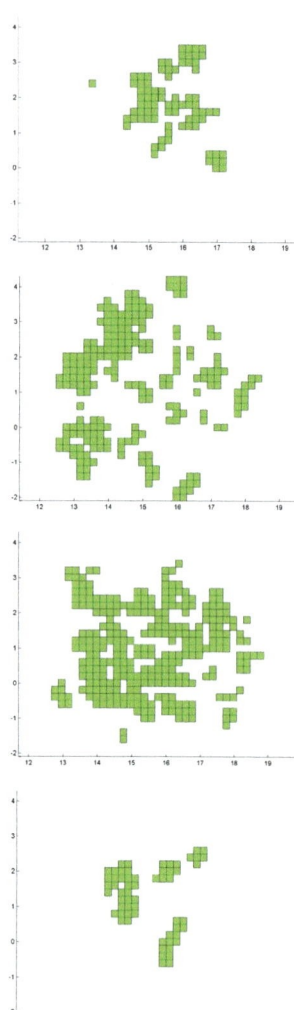

Figura 4.18. Posición de los voxels en 4 secciones horizontales a 3, 5, 7 y 9m de altura del árbol de la Figura 4.16.

de tal forma que se consigan modelos con voxel de diferentes resoluciones (Park *et al.*, 2010). Algunos modelos de procesado basados en este concepto, como el Voxel-based Light Interception Model (VLIM), permiten estimar el porcentaje de luz natural incidente y que atraviesa la copa y así determinar el LAI sobre árboles en diferentes estados de crecimiento foliar (Van der Zande *et al.*, 2010).

El término voxel (*volumetric pixel*) se refiere a la mínima unidad, con apariencia cúbica, que forma parte de un objeto tridimensional, y que puede ser procesada. Se organiza la nube de puntos irregular en una malla o matriz tridimensional regular donde el elemento mínimo de información (voxel) que contiene un número de puntos determinado de la nube inicial. Al ser conocida la geometría de las formas, son muchas las aplicaciones que se realizan a partir de esta estructura, cuyas ventajas se pueden resumir en:

- Se puede trabajar con coordenadas de cada voxel.
- Los puntos captados desde las sucesivas tomas no son contabilizados de forma múltiple sino como un solo voxel sin que se produzcan entonces sobremuestreos.
- Los modelos tridimensionales pueden ser analizados como imágenes digitales.
- Se puede representar el exterior y el interior de los árboles (siempre y cuando la señal del láser penetre lo suficiente).

El concepto de voxel ayuda a ver la copa del árbol como una imagen digital 3D y a partir de ella se puede calcular su volumen aproximado descontando los huecos interiores, ya que se conoce el volumen de cada voxel y cuántos la forman. Se opera de la siguiente manera:

- Paso 1: componer el modelo tridimensional de partida al conocer las coordenadas x, y, z mínimas y máximas de la nube de puntos obtenida por TLS.
- Paso 2: se definen los valores máximos y mínimos de las coordenadas x, y, z de los puntos que forman la nube. A partir de éstos se crean dos mallas en el plano horizontal y vertical de lado igual que el voxel deseado, por ejemplo cada 2 cm. Las mallas forman una matriz tridimensional en que cada cuadrícula está acotada por los valores máximos y mínimos de las coordenadas x, y, z.
- Paso 3: en cada plano se seleccionan los puntos que están en el interior de dos límites definidos por la matriz, de forma que a cada punto se le asigna una cuadrícula de la fila longitudinal, una cuadrícula de la fila transversal y una cuadrícula columna.
- Paso 4: si se desea que el voxel sea sólo considerado si tiene al menos 3 puntos en su interior, se tomará el valor 1 por cuadrícula con al menos tres puntos con la misma asignación de columna y filas. El resto se le asigna el valor 0.

Este método puede generar ocultaciones de hojas y ramas internas a causa de la técnica del escaneo. En la Figura 4.18 se puede apreciar como existe un número de huecos variable dentro de la copa para 4 secciones horizontales de un mismo árbol realizadas a 3 m, 5 m, 7 m y 9 m de altura sobre el suelo, bien porque no existen ramas y hojas o bien como consecuencia de esas ocultaciones.

Los cuatro procedimientos permiten el cálculo del volumen de copa, además de otras variables geométricas como son altura del árbol, altura del tronco y de la copa y diámetros de tronco y de copa, tanto el máximo como el perpendicular a él. Estas variables permiten establecer las relaciones con las medidas manuales clásicas, así como con la biomasa residual procedente de la poda.

Numerosos estudios relacionan la variables dendrométricas obtenidas con instrumentos tradicionales con parámetros importantes en la gestión de las masas arbóreas, por ejemplo o la optimización de las dosis de pesticidas a aplicar (Palacín *et al.*, 2008), el conocimiento de las tasas de crecimiento y productividad de la planta (Lee y Ehsani, 2009), la estimación de la biomasa de cada árbol y su empleo como parámetro físico que indique su estado de salud

(Lin *et al.*, 2010) o cuantificación de los residuos generados en la poda (Velázquez-Martí *et al.*, 2011a, Velázquez-Martí *et al.*, 2011b). Es por ello que el conocimiento de las relaciones de los cálculos realizados a partir de aplicaciones TLS sobre vegetación es importante para poder utilizar esta herramienta.

CAPÍTULO IV. RECUERDA

- La cuantificación de la biomasa en un sistema supone conocer la masa seca disponible en el mismo. Si la masa no está seca, las distintas humedades a las que se pueden hacer las mediciones provocan que éstas no sean comparables.

- Características como el poder calorífico o su contenido de carbono permiten calcular la energía almacenada y el CO_2 fijado por el sistema.

- La determinación el coeficiente mórfico y la modelización del volumen del vegetal como un sólido de revolución (cilindro, paraboloide, cono o neiloide) permite la determinación del volumen real a partir de medidas simples como son el diámetro de la base y la altura de la planta. Junto con el volumen, la determinación de la humedad y la densidad nos permite el cálculo de la biomasa seca. Se propone al lector el ejercicio de desarrollar la ecuación que conjugue estos parámetros para la obtención de la biomasa seca de una determinada pieza.

- La relación entre la energía incidente y la reflejada, se denomina *reflectancia*, y existe una reflectancia específica para cada tipo de material para cada longitud de onda. La combinación de la reflectancia en distintas bandas permite estimar la cantidad de biomasa a través de modelos de regresión.

REFERENCIAS

Alcaraz-Segura, D., Paruelo, J.M., Cabello, J. 2006. Current distribution of ecosystem functional types in the Iberian peninsula. *Global Ecology and Biogeography, 15*, 200-210. https://doi.org/10.1111/j.1466-822X.2006.00215.x

Asrar, G., Fuchus, M., Kanemasu, E.T., Hatfield, J.L. 1984. Estimation absorbed photosynthetic radiation and leaf area index from spectral reflectance in wheat. *Agronomy Journal, 76*, 300-306. https://doi.org/10.2134/agronj1984.00021962007600020029x

Baeza, S., Paruelo, J.M., Altesor, A. 2006. Caracterización funcional de la vegetación del Uruguay mediante el uso de sensores remotos. *Interciencia, 31*, 382-387.

Baldi, G., Guerschman, J.P., Paruelo, J.M. 2006. Landscape fragmentation in the Río de la Plata Grasslands of Argentina. *Agricultural Ecosystems and Environment, 116*, 197-208. https://doi.org/10.1016/j.agee.2006.02.009

Baldi, G., Paruelo, J.M. 2008. Land use and land cover dynamics in South American temperate grasslands. *Ecology and Society, 13*, 6. https://doi.org/10.5751/ES-02481-130206

Baret, F., Guyot, G., Major, D.J. 1989. Crop biomass evaluation using radiometric measurements. *Photogrammetria, 43*, 241-256. https://doi.org/10.1016/0031-8663(89)90001-X

Baret, F., Guyot, G. 1991. Potentials and limits of vegetation indices for LAI and APAR assessment. *Remote Sensing of Environment, 35*, 161-173. https://doi.org/10.1016/0034-4257(91)90009-U

Bork, E.W., Su, J.G. 2007. Integrating LIDAR data and multispectral imagery for enhanced classification of rangeland vegetation: A meta analysis. *Remote sensing of environment, 111*(1), 11-24. https://doi.org/10.1016/j.rse.2007.03.011

Clark, M.L., Clark, D.B., Roberts, D.A. 2004. Small-footprint LiDAR estimation of sub-canopy elevation and tree height in a tropical rain forest landscape, *Remote Sensing of Environment, 91*, 68-89. https://doi.org/10.1016/j.rse.2004.02.008

Cobby, D.M, Mason, D.C., Davenport, I.J. 2001. Image processing of airborne scanning laser altimetry data for improved river flood modelling. *ISPRS Journal of Photogrammetry and Remote Sensing, 56*(2), 121-138. https://doi.org/10.1016/S0924-2716(01)00039-9

Di Bella, C.M., Rebella, C.M., Paruelo JM. 2000. Evapotranspiration estimates using NOAA AVHRR imagery in the Pampa region of Argentina. *International Journal of Remote Sensing, 21*, 791-797. https://doi.org/10.1080/014311600210579

Di Blasi, C., Tanzi, V., Lanzetta, M. 1997. A study on the production of agricultural residues in Italy. *Biomass and Bioenergy, 12*(5), 321-333. https://doi.org/10.1016/S0961-9534(96)00073-6

Estornell, J., Ruiz, L.A., Velázquez-Martí, B., Fernández-Sarria, A. 2011a. Estimation of shurb biomass by airborne LiDAR data in small forest stands. *Forest Ecology and Management, 262*, 1697-1703. https://doi.org/10.1016/j.foreco.2011.07.026

Estornell, J., Ruiz, L.A., Velázquez-Martí, B., Hermisilla, T. 2011b. Analysis of factors affecting LIDAR DTM accuracy in a steep shrub areas. *International Journal of Digital Earth, 4*(6), 521-538. https://doi.org/10.1080/17538947.2010.533201

Estornell, J., Ruiz, L.A., Velázquez-Martí, B. 2011c. Study of shrub cover and height using LIDAR data in a Mediterranean area. *Forest Science, 57*(3), 171-179. https://doi.org/10.1093/forestscience/57.3.171

Estornell, J., Ruiz, L.A., Velázquez-Martí, B., Hermosilla, T. 2012. Estimation of biomass and volume of shrub vegetation using LiDAR and spectral data in a Mediterranean environment. *Biomass and Bioenergy, 46*, 710 - 721. https://doi.org/10.1016/j.biombioe.2012.06.023

Fernández-González, E. 2010 *Análisis de los procesos de producción de biomasa residual procedente del cultivo de frutales mediterráneos. Cuantificación, cosecha y caracterización para su uso energético o industrial.* Tesis Doctoral. Universidad Politécnica de Valencia.

Fernández-Sarriá, A., Martínez-Palomero, L., Velázquez Martí, B., Sajdak, M., Estornell, J., Recio Recio, J.A., Hermosilla, T. 2011. Diferentes metodologías de cálculo de volumen de copa en Platanus hispanica empleando láser escáner terrestre. *XIV congreso de la Asociación Española de Teledetección*: 149-152. Mieres del Camino (Asturias), Sept. 21-23.

Fernández-Sarría, A., Velázquez-Martí, B., Sajdak, M., Martínez, L., Estornell, J. 2013. Residual biomass calculation from individual tree architecture using terrestrial laser scanner and ground-level measurements. *Computers and Electronics in Agriculture, 93*, 90-97. https://doi.org/10.1016/j.compag.2013.01.012

Gamon, J.A., Field, C.B., Goulden, M.L., Griffin, K.L., Hartley, A.E., Joel, G., Peñuelas, J., Valentini, R. 1995. Relationships between NDVI, canopy structure, and photosynthesis, in three Californian vegetation types. *Ecological Applications, 5*, 28-41. https://doi.org/10.2307/1942049

Gerberman, A.J., Cuellar, J.A., Gausman, H.W. 1984. Relationship of sorghum canopy variables to reflected infrared radiationbfor 2 wavelengths and 2 wavebands. *Photogrammetric Engineering and Remote Sensing, 50*, 209-214.

Guardiola, L., Monerri, C., Agusti, M. 2008. The inhibitory effect of gibberellic acid on flowering in Citrus. *Physiologia Plantarum, 55*(2), 136 - 142. https://doi.org/10.1111/j.1399-3054.1982.tb02276.x

Guerschman, J.P., Paruelo, J.M., Di Bella, C.M., Giallorenzi, M.C., Pacín, F. 2003. Land classification in the Argentine pampas using multitemporal landsat TM data. *International Journal of Remote Sensing, 17*, 3381-3402. https://doi.org/10.1080/0143116021000021288

Hyyppä, J., Pyysalo, U., Hyyppä, H., & Samberg, A. 2000. Elevation accuracy of laser scanning-derived digital terrain and target models in forest environment. *In Proceedings of EARSeL-SIG-Workshop LIDAR* (pp. 14-17).

Hosoi, F., Omasa, K., 2006. Voxel-based 3-D modeling of individual trees for estimating leaf area density using high-resolution portable scanning LiDAR. *IEEE Trans. Geosci. Remote Sens., 44*, 3610-3618. https://doi.org/10.1109/TGRS.2006.881743

Huete, A.R. 1988. A soil-adjusted vegetation index (SAVI). *Remote Sensing of Environment, 25*, 53-70. https://doi.org/10.1016/0034-4257(88)90106-X

Jackson, R.D., Reginato, R.J., Idso, S.B. 1977. Wheat canopy temperature: a practical tool for evaluating water requirements. *Water Resources Research, 13*, 651-656. https://doi.org/10.1029/WR013i003p00651

Kaufman, Y.J., Tanre, D. 1992. A Atmospherically resistant vegetation index (ARVI) for EOS-MODIS. En: *Proceedings of the IEEE International Geoscience and Remote Sensing Symposium A92*, pp: 261-270, IEEE, New York, USA. https://doi.org/10.1109/36.134076

Lee, K.H., Ehsani, R. 2009. A laser scanner based measurement system for quantification of citrus tree geometric characteristics. *Appl. Eng. Agric., 25*, 777-788. https://doi.org/10.13031/2013.28846

Lefsky, M.A., Cohen, W.B., Acker, S.A., Parker, G.G., Spies, T.A., Harding, D. 1999. LiDAR remote sensing of the canopy structure and biophysical properties of douglas-fir western hemlock forests. *Remote sensing of environment, 70*(3), 339-361. https://doi.org/10.1016/S0034-4257(99)00052-8

Lin, Y., Jaakkola, A., Hyyppa, J., Kaartinen, H. 2010. From TLS to VLS: Biomass Estimation at Individual Tree Level. *Remote Sens., 2*, 1864-1879. https://doi.org/10.3390/rs2081864

Maltamo, M., Eerikäinen, K., Pitkänen, J., Hyyppa, J., Vehmas, M. 2004. Estimation of timber volume and stem density based on scanning laser altimetry and expected tree size distribution functions. *Remote sensing of environment, 90*(3), 319-330. https://doi.org/10.1016/j.rse.2004.01.006

Montero, G., Ruiz-Peinado, R., Muñoz, M. 2005. Producción de biomasa y fijación de CO_2 por los bosques españoles. *Monografías INIA: Serie Forestal 13*-2005.

Moorthy, I., Miller, J.R., Jiménez Berni, J.A., Zarco-Tejada, P., Hu, B., Chen, J. 2011. Field characterization of olive (*Olea europaea* L.) tree crown architecture using terrestrial laser scanning data. *Agric. For. Meteorol., 151*, 204-214. https://doi.org/10.1016/j.agrformet.2010.10.005

Mutlu, M., Popescu, S.C., Stripling, C., Spencer, T. 2008. Mapping surface fuel models using LiDAR and multispectral data fusion for fire behavior. *Remote Sensing of Environment, 112*: 274-285. https://doi.org/10.1016/j.rse.2007.05.005

Myneni, R.B., Hall, F.G., Sellers, P.J., Marshak, A.L. 1995. The interpretation of spectral vegetation indexes. *IEEE Transactions on Geoscience and Remote Sensing, 33*, 481-486. https://doi.org/10.1109/36.377948

Næsset, E. 2002. Predicting forest stand characteristics with airborne scanning laser using a practical two-stage procedure and field data. *Remote Sensing of Environment, 80*, 88-99. https://doi.org/10.1016/S0034-4257(01)00290-5

Nesbitt, M.L., Ebel, R.C., Dozier, W.A. 2008. Production practices for satsuma mandarins in the southeastern United States. *HortScienc, 43*(2), 290-292. https://doi.org/10.21273/HORTSCI.43.2.290

Nosetto, M.D., Jobbágy, E.G., Paruelo, J.M. 2005. Land use change and water losses: the case of grassland afforestation across a soil textural gradient in central Argentina. *Global Change Biology, 11*, 1-17. https://doi.org/10.1111/j.1365-2486.2005.00975.x

Palacín, J., Palleja, T., Tresanchez, M., Teixido, M., Sanz, R., Llorens, J., Arno, J., Rosell, J.R. 2008. Difficulties on Tree Volume Measurement from a Ground Laser Scanner. In *Proceedings of 2008 IEEE Instrumentation and Measurement Technology Conference*, Vols 1-5, pp. 1997-2002. https://doi.org/10.1109/IMTC.2008.4547376

Park, H.J., Lim, S., Trinder, J.C., Turner, R., 2010. Voxel-based volume modelling of individual trees using terrestrial laser scanners. In *Proceedings of 15th Australasian Remote Sensing & Photogrammetry Conf*, Alice Springs, Australia, pp. 1125-1133.

Paruelo, J.M., Epstein, H.E., Lauenroth, W.K., Burke, I.C. 1997. ANPP estimates from NDVI for the Central Grassland Region of the US. *Ecology, 78*, 953-958. https://doi.org/10.1890/0012-9658(1997)078[0953:AEFNFT]2.0.CO;2

Paruelo, J.M., Jobbagy, E.G., Sala, O.E. 2001. Current distribution of ecosystem functional types in temperate South America. *Ecosystems, 4*, 683-698. https://doi.org/10.1007/s10021-001-0037-9

Paruelo, J.M., Garbulsky, M.F., Guerschman, J.P., Jobbágy, E.G. 2004. Two decades of NDVI in South America: identifying the imprint of global changes. *International Journal of Remote Sensing, 25*, 2793-2806. https://doi.org/10.1080/01431160310001619526

Persson, A., Holmgren, J., Soderman, U. 2002. Detecting and measuring individual trees using an airborne laser scanner. *Photogrammetric Engineering and Remote Sensing, 68*, 925–932.

Pinty, B., Verstraete, M.M. 1992. GEMI: A non-linear index to monitor global vegetation from satellites, *Vegetatio, 101*, 15-20. https://doi.org/10.1007/BF00031911

Popescu, S.C, Wynne, R.H, Nelson, R.F. 2002. Estimating plot-level tree heights with LiDAR: Local filtering with a canopy-height based variable window size. *Computers and electronics in agriculture, 37*(1-3), 71-95. https://doi.org/10.1016/S0168-1699(02)00121-7

Popescu, S.C. 2007. Estimating biomass of individual pine trees using airborne LiDAR. *Biomass & bioenergy, 31*(9), 646-655. https://doi.org/10.1016/j.biombioe.2007.06.022

Prince, S.D. 1991. A model of regional primary production for use with coarse resolution satellite data. *International Journal of Remote Sensing, 12*, 1313-1330. https://doi.org/10.1080/01431169108929728

Richardson, A.J., Wiegand, C.L. 1977. Distinguishing vegetation from soil background information. *Photogrammetric Engineering and Remote Sensing, 43*, 1541-1552.

Ripple, W.J. 1985. Asymptotic reflectance characteristics of grass vegetation. *Photogrammetric Engineering and Remote Sensing, 43*, 1915-1921.

Rosell, J.R., Llorens, J., Sanz, R., Arno, J., Ribes-Dasi, M., Masip, J., Escola, A., Camp, F., Solanelles, F., Gracia, F., Gil, E., Val, L., Planas, S., Palacin, J. 2009. Obtaining the three-dimensional structure of tree orchards from remote 2D terrestrial LIDAR scanning. *Agric. For. Meteorol., 149*, 1505-1515. https://doi.org/10.1016/j.agrformet.2009.04.008

Rouse, J.W., Haas Jr. R.H., Schell, J.A., Deering, D.W. 1973. Monitoring the vernal advancement and retrogradation (greenwave effect) of natural vegetation. *Prog. Rep. RSC 1978-1*, Remote Sensing Center, Texas A&M Univ., College Station, 93p.

Sartori, I., Koller, O., Theisen, S., De Souza, P., Bender, R., Marodin, G. 2007. Pruning effect, hand thinning and use of growth regulators on the production of tangerineiras (Citrus deliciosa Tenore) cv. Montenegrina. *Revista Brasileira de fruticultura, 29*(1), 5-10. https://doi.org/10.1590/S0100-29452007000100004

Sellers, P.J. 1985. Canopy reflectance, photosynthesis, and transpiration. *International Journal of Remote Sensing, 6*, 1335-1372. https://doi.org/10.1080/01431168508948283

Sellers, P.J., Berry, J.A., Collatz, G.J., Field, C.B., Hall, F.G. 1992. Canopy reflectance, photosynthesis, and transpiration. III. A reanalysis using improved leaf models and a new canopy integration scheme. *Remote Sensing of Environment, 42*, 187-216. https://doi.org/10.1016/0034-4257(92)90102-P

Shrestha, R.L., Carter, W.E., Sartori, M., Luzum, B.J., Slatton, K.C. 2005. Airborne Laser Swath Mapping: Quantifying changes in sandy beaches over time scales of weeks to years. *ISPRS journal of photogrammetry and remote sensing 59*(4), 222-232. https://doi.org/10.1016/j.isprsjprs.2005.02.009

Sithole, G., Vosselman, G., 2004. Experimental comparison of filter algorithms for bare-Earth extraction from airborne laser scanning point clouds, *ISPRS Journal of Photogrammetry and Remote Sensing, 59*, 85-101. https://doi.org/10.1016/j.isprsjprs.2004.05.004

Sohn, G., Dowman, I. 2007. Data fusion of high-resolution satellite imagery and LiDAR data for automatic building extraction, *ISPRS Journal of Photogrammetry and Remote Sensing, 62*, 43-63. https://doi.org/10.1016/j.isprsjprs.2007.01.001

Tucker, C.J. 1977. Resolution of grass canopy biomass classes. *Photogrammetric Engineering and Remote Sensing, 43*, 1059-1067.

Sajdak, M., Velázquez-Martí, B. 2012. Estimation of pruned biomass through the adaptation of classic dendrometry on urban forests: case study of Sophora japonica. Renewable energy, 47, 188-193. https://doi.org/10.1016/j.renene.2012.04.002

Sajdak, M., Velázquez-Martí, B., López-Cortés, I. 2014a. Quantitative and qualitative characteristics of biomass derived from pruning *Phoenix canariensis* hort. ex Chabaud. and *Phoenix dactilifera* L. *Renewable Energy, 71*, 545-552. https://doi.org/10.1016/j.renene.2014.06.004

Sajdak, M., Velázquez-Martí, B., López-Cortés, I., Estornell, J., Fernández-Sarría, A. 2014b. Prediction models for estimating pruned biomass obtained from *Platanus hispanica* Münchh. used for material surveys in urban forests. *Renewable Energy, 66*, 178-184. https://doi.org/10.1016/j.renene.2013.12.005

Stoker, J. 2009. Volumetric Visualization of Multiple-Return LiDAR Data: using Voxels. *Photogramm. Eng. Remote Sens., 75*, 109-112.

Van der Zande, D., Stuckens, J., Verstraeten, W.W., Muys, B., Coppin, P. 2010. Assessment of Light Environment Variability in Broadleaved Forest Canopies Using Terrestrial Laser Scanning. *Remote Sens., 2*, 1564-1574. https://doi.org/10.3390/rs2061564

Velázquez-Martí, B., Annevelink, E., 2009. GIS application to define biomass collection points as sources for linear programming of delivery networks. *Transactions of ASABE. 52*(4), 1069-1078. https://doi.org/10.13031/2013.27776

Velázquez-Marti, B., Fernandez-González, E., Estornell, J., Ruiz, L.A. 2010. Dendrometric and dasometric analysis of the bushy biomass in mediterranean forests. *Forest Ecology and Management, 259*, 875-882. https://doi.org/10.1016/j.foreco.2009.11.027

Velázquez-Martí, B., Fernández-González, E., López-Cortes, I., Salazar-Hernández, D.M. 2011a. Quantification of the residual biomass obtained from pruning of vineyards in Mediterranean area. *Biomass & Bioenergy. 35*(3), 3453-3464. https://doi.org/10.1016/j.biombioe.2011.04.009

Velázquez-Martí, B., Fernández-González, E., López-Cortes, I., Salazar-Hernández, D.M. 2011b. Quantification of the residual biomass obtained from pruning of trees in Mediterranean olive groves. *Biomass & Bioenergy. 35*(2), 3208-3217. https://doi.org/10.1016/j.biombioe.2011.04.042

Velázquez-Martí, B., Estornell, J., López Cortés, I., Martí-Gavilá, J. 2011c. Calculation of biomass volume of the citrus trees in base on adapted dendrometry focused on management of the plantations and energy or industrial utilization of its residual. In *Proceedings of XXXIV CIOSTA CIGR V Conference*, 2011, Vienna, Austria. https://doi.org/10.1016/j.biosystemseng.2012.04.011

Velázquez-Martí, B., Estornell, J., López-Cortés, I., Martí-Gavila, J. 2012. Calculation of biomass volume of citrus trees from an adapted dendrometry. *Biosystems Engineering 112*(4), 285-292. https://doi.org/10.1016/j.biosystemseng.2012.04.011

Velázquez-Martí, B., Sajdak, M., López-Cortés, I. 2013. Available residual biomass obtained from pruning of Morus alba L. trees cultivated in urban forest. *Renewable Energy, 60*, 27-33. https://doi.org/10.1016/j.renene.2013.04.001

Velázquez-Martí, B., López-Cortés, I., Salazar, D.M. 2014. Dendrometric analysis of olive trees for wood biomass quantification in Mediterranean orchards. *Agroforestry Systems 88*(5), 755-765. https://doi.org/10.1007/s10457-014-9718-1

Vozmediano, J. 1982. *Fruticultura: Fisiología, ecología del árbol frutal y tecnología aplicada.* Servicio de publicaciones agrarias. Madrid. 518 pp.

Wack, R., Wimmer, A. 2002. Digital terrain models from airborne laser scanner data - a grid based approach, *International Archives of Photogrammetry and Remote Sensing, 35*(3B), 293-296.

Wei, J., Salyani, M. 2004. Development of a laser scanner for measuring tree canopy characteristics: Phase 1. Prototype development. *Transactions of the ASAE, 47*, pp. 2101-2107. https://doi.org/10.13031/2013.17795

Capítulo V
Sistemas de cosecha de biomasa leñosa

5.1. Introducción

El diseño integral de un proyecto de aprovechamiento energético de la biomasa en una determinada zona requiere una optimización de su recolección y transporte desde los lugares donde se produce la materia prima hasta las plantas de su transformación en biocombustibles. Los sistemas de gestión de este proceso se denominan genéricamente *logística*. Los costes logísticos en el cómputo global de la obtención del biocombustible pueden oscilar del 60 al 70%, y en muchas ocasiones son determinantes para la viabilidad económica de su utilización.

La diversidad de fuentes de biomasa susceptible de ser empleada para la producción de biocombustible condiciona la aplicación de las distintas tecnologías. Así podríamos distinguir cuatro grandes grupos de sistemas productivos en cuanto a sus sistemas de cosecha:

- Plantaciones energéticas de cultivos azucareros, amiláceos y oleaginosas. Estas plantaciones son eminentemente agrícolas y emplean sistemas de recolección específicos, tales como cosechadoras de cereales de grano, cosechadoras de maíz, cosechadoras de girasol, etc.
- Plantaciones energéticas de materiales lignocelulósicos, ya sean agrícolas o forestales. El proceso de cosecha requiere una serie de operaciones comunes, como son la siega (corte de la parte aérea del vegetal), concentración del material, trituración o empacado y transporte.
- Recolección de residuos vegetales. Suelen ser residuos de poda o paja en caso de los cereales. Los residuos suelen estar dispersos sobre la superficie de la explotación, para su aprovechamiento se necesita un sistema de cosecha y concentración, un astillado o empacado, y su transporte.
- Desechos ganaderos. La recolección de los residuos más o menos fluidos puede realizarse mediante bombeo en cisternas; en los residuos sólidos se realiza mediante palas cargadoras o tornillos sinfín, y el transporte mediante carga en contenedores o remolques.

El concepto de logística es más amplio que la simple cosecha y transporte, también puede abarcar el dimensionado de puntos intermedios de concentración, pretratamiento (como secado, limpieza y homogeneización granulométrica) y distribución.

En todo el proceso logístico hay pérdidas de material, y cabe definir un coeficiente de eficiencia del sistema logístico, dado por la Ecuación 5.1. Denominamos *potencial teórico* a la biomasa disponible teóricamente en un sistema, calculada mediante de métodos dendrométricos o dasométricos, a partir de mediciones del volumen total o parcial del conjunto de árboles, plantas o materiales de origen orgánico. Básicamente el volumen de biomasa de cada árbol se determina a partir del diámetro del tronco, altura del árbol, ancho y altura de la copa. No obstante, la obtención de biomasa con destino energético pasa por un sistema de recogida y transporte para los cuales se requieren diversos procesos como pueden ser un astillado, una trituración o empacado que facilita su manipulación. Estas transformaciones iniciales se realizan generalmente en parcela. Las operaciones de extracción y transformación implicarán una pérdida de materiales, por no ser recogidos eficientemente, quedándose en la parcela, o se pierden en las descargas de los contenedores de transporte. Por tanto, es necesario definir un *potencial técnico* de la biomasa disponible dependiente del sistema de recogida y de las características de la fuente de biomasa. El *potencial técnico* será la biomasa obtenida en una determinada parcela de características definidas donde se ha utilizado un sistema de recogida y transporte concretos. Se tiene entonces que: potencial teórico > potencial técnico. El potencial teórico es el que suele utilizarse en los trabajos de predicción. El potencial técnico deberá estimarse al elegir el sistema de recogida o cosecha en cada explotación. Para ello es necesario conocer la eficiencia de las máquinas. La relación entre el potencial técnico y el teórico se define como eficiencia del sistema de cosecha.

$$\text{Eficiencia sistema de cosecha} = \frac{\text{Potencial técnico de biomasa}}{\text{Potencial teórico de biomasa}} < 1 \qquad (5.1)$$

Cada variante en la cosecha de biomasa tendrá una eficiencia. Por ejemplo, las grúas de pinzas empleadas en el tractor autocargador para la concentración previa de los residuos vegetales, o las pinzas en las astilladoras móviles o en las máquinas empacadoras, no recogen eficientemente ramas sueltas de diámetro menor de 10 cm. La eficiencia será diferente respecto un sistema *pick up*, que sí las recoge.

5.2. Equipos para la adaptación de la biomasa leñosa para el transporte y posterior utilización

La mayor limitación que afecta a la manipulación de la biomasa leñosa es su baja densidad aparente, que dificulta y encarece el transporte. Por esta razón las tecnologías de recogida se basan bien en triturar el material en astillas, o la compresión de los residuos hasta formar unidades de alta densidad. En la actualidad existen numerosos equipos de astillado y empacado. Haremos una descripción de las variantes más interesantes actualmente utilizadas.

Astilladoras

Las astilladoras son máquinas que fragmentan la biomasa residual en piezas de pocos centímetros. Poseen una tolva o plataforma de alimentación donde se colocan los materiales a astillar. De ahí éstos son conducidos mediante cilindros rugosos al módulo de astillado. El módulo de astillado está formado por elementos cortantes que inciden sobre los materiales fragmentándolos y una rejilla que permite pasar sólo aquellos pedazos de cierto tamaño, de forma que aquellos elementos todavía grandes no pasan por la criba y vuelven a ser golpeados hasta conseguir el tamaño máximo permitido. Las astillas formadas en este módulo son desalojadas bien al exterior o a un depósito.

Figura 5.1. Sistema de cuchillas de una astilladora fija.

En muchos contextos se diferencian los términos astillado, triturado y molienda. Todos ellos se refieren a procesos de fragmentación de los materiales pero con distinta granulometría final. El astillado consigue fragmentos del orden de pocos centímetros (entre 3 y 10 cm generalmente); la trituración consigue piezas más pequeñas entre 3 cm y 3 mm; de la molienda se obtienen materiales finos con un tamaño de partícula menos a 3 mm.

Las astilladoras se clasifican según varios criterios:
- Según su instalación.
- Según el sistema de alimentación de los materiales.
- Según su mecanismo astillador.
- Según la salida de la astilla.

Clasificación de las astilladoras según su instalación

Según sea su instalación las astilladoras se pueden clasificar en tres grupos:
- *Astilladoras fijas:* están instaladas en plantas industriales de forma permanente, bien para adaptar la materia prima recibida para el proceso de producción, o bien para tratar los residuos generados. Este tipo de astilladoras se suele emplear cuando los materiales biomásicos son extraídos del campo mediante empacado y es necesario realizar astillas de muy reducido tamaño, para su utilización en caldera o para ser usadas para la fabricación de otros biocombustibles.

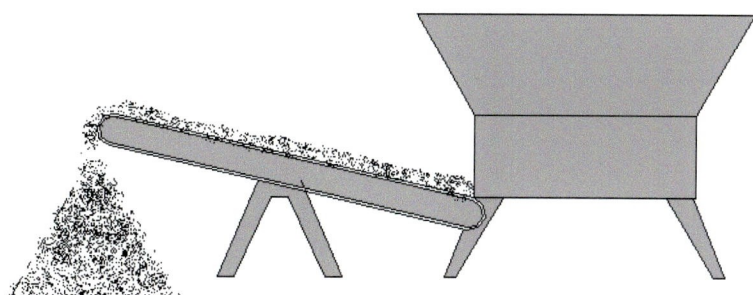

Figura 5.2. Vista de astilladora fija.

- *Astilladoras transportables*: son máquinas transportadas al campo mediante un equipo auxiliar, generalmente un camión, realizando el astillado en posición fija. El conjunto astillador está alimentado por un motor independiente al utilizado por el vehículo que las transporta. Este tipo de vehículos no puede circular por el interior de las parcelas, teniendo que realizar el astillado en la pista de acceso. Por tanto, su utilización debe ir precedida de una concentración previa de los residuos en una zona de acopio, generalmente situada a los lados de la parcela o del camino agrícola o forestal. Esta concentración de materiales puede realizarse de forma manual en parcelas agrícolas, mediante sistemas *pick up*, o mediante un tractor autocargador en aprovechamientos forestales convencionales, ya que es un tractor adaptado para circular por el interior de la parcela, o también un buldócer en caso de obras de infraestructuras, limpiezas de monte bajo o residuos de incendios o inundaciones.

Generalmente este tipo de astilladoras montadas sobre camión poseen una grúa de pinzas, de forma que recoge los materiales amontonados y los deposita en la tolva o plataforma de alimentación de forma autónoma (Figura 5.3). Dado que las pilas de materiales suelen estar separadas a una cierta distancia (entre 60 y 100 m), cuando un montón está completamente astillado, la máquina debe desplazarse hacia el siguiente montón para continuar su trabajo. Tras la trituración, este tipo de astilladoras suelen poseer un sistema continuo de descarga por impulsión neumática, de forma que a medida que se va produciendo la astilla se va depositando directamente un contenedor de transporte situado paralelamente a la misma. Estos contenedores suelen tener una capacidad comprendida entre 30 y 45 m^3. Son transportados en remolques por tractores o por camiones de bastidor rígido que los depositan en el suelo para su llenado, volviéndolos a cargar después sin necesidad de ningún medio auxiliar (Figura 5.4). Este sistema presenta el inconveniente de necesitar espacio para la colocación de la astilladora y contenedor en paralelo.

Figura 5.3. Astilladora transportable montada sobre camión.

Figura 5.4. Descarga de contenedores en pista forestal.

- *Astilladoras móviles*: estas astilladoras son capaces de desplazarse por el interior de la parcela, es decir entre las líneas de cultivo en las parcelas agrícolas o por las vías de saca en las parcelas forestales, pudiéndose realizar la carga manual o mecanizada en el punto donde se encuentran los residuos. Pueden diferenciarse tres tipos: autopropulsadas, arrastradas, o suspendidas por tractor agrícola o forestal.

   a) Astilladoras autopropulsadas: son astilladoras forestales de última generación. Van montadas sobre la estructura de un tractor autocargador (*forwarder*) en el que se ha sustituido la caja de carga del semichasis trasero por un depósito que almacena la astilla después de ser producida, y se ha incorporado el cuerpo astillador en el chasis delantero, junto la cabina y el motor. Están dotadas de grúa de pinzas para la alimentación de la plataforma, trabajando de forma independiente.

El depósito propio para el almacenamiento de la astilla producida suele tener unos 15 a 20 m³, lo que permite realizar un trabajo continuado en un área más o menos grande. Posteriormente al llenado del depósito propio es necesario vaciar la máquina en contenedores de acopio situados en las pistas forestales de las mismas características que los usados en el caso anterior. Una vez llenos serán cargados por camiones de transporte hasta la planta de transformación o directamente a la industria.

Figura 5.5. Astilladora móvil autopropulsada.

b) Astilladoras arrastradas: son astilladoras traccionadas por un tractor o por un camión. Generalmente son de alimentación manual o grúa de pinzas, y expulsan los materiales de forma neumática hacia el exterior. También poseen motor independiente al vehículo que las desplaza.

Figura 5.6. Astilladora de alimentación manual arrastrada por camión y con expulsión neumática de la astilla.

d) Astilladoras suspendidas en el enganche tripuntal de tractores agrícolas o forestales: son generalmente de alimentación manual o grúa de pinzas, y pueden ser accionadas por motor independiente o a través de la toma de fuerza del tractor.

Figura 5.7. Elementos de astilladora suspendida.

Figura 5.8. Astilladora enganchada al tripuntal de tractor agrícola.

En plantaciones energéticas de cultivos leñosos se suelen emplear dos formas de organización: Una primera opción es realizar una corta a hecho. La tala de los árboles energéticos se realiza de forma ordenada mediante una taladora-apiladora, dejando los residuos en líneas paralelas para que las astilladoras los recojan directamente sin necesidad de una concentración adicional de los materiales, o bien se realiza una concentración previa y se astillan mediante una astilladora transportable (Figura 5.9). Una segunda opción es utilizar astilladoras móviles con cabezales segadores-alimentadores que realizan ambas funciones, cortan la parte aérea del vegetal y lo introducen mediante peines o rodillos rugosos en la cámara de astillado, donde se fragmentan y se impulsan neumáticamente hasta un depósito o contenedor que circula en paralelo arrastrado por un tractor o camión (Figura 5.10).

Figura 5.9. Esquema de extracción de biomasa en plantaciones energéticas.

Clasificación de las astilladoras según la alimentación del material

El sistema de alimentación junto a la movilidad de la máquina astilladora van a ser los factores más influyentes en la organización del trabajo de los sistemas de recogida de biomasa, porque dependiendo de éste deberán realizarse operaciones de alineación o concentración de una forma determinada. Los materiales a astillar pueden ser introducidos en el módulo astillador de forma manual o de forma mecánica.

- *Astilladoras de alimentación manual.* Constan de una tolva donde los operarios van introduciendo los materiales. Este tipo de carga es propia de las astilladoras suspendidas de tractores agrícolas. Estos tractores van circulando a velocidades muy lentas por la zona donde se encuentran los residuos. Varios operarios recogen de forma manual los residuos colocados en hileras abarcando una anchura de trabajo de unos 10 metros (Figura 5.6).

- *Alimentación mecánica con grúa de pinzas.* Mediante una grúa de pinzas se recogen los materiales del suelo y se depositan en una tolva o bandeja de alimentación. Esta plataforma posee rodillos rugosos para la introducción de los materiales en la cámara de astillado. La grúa de pinzas puede pertenecer a la propia astilladora si se trata de una astilladora transportable o móvil, o bien estar acoplada al equipo auxiliar que la arrastra y acciona.

  En este tipo de alimentación el material se deposita sobre una mesa o plataforma. Dicha mesa posee forma cóncava o prismática con base móvil. El sistema de avance del material consiste en una banda rugosa movida por cadenas que lo arrastran por la base hacia la boca de alimentación. En este punto existen unos rodillos también rugosos que lo empujan hacia la cámara de astillado.

Figura 5.10. Máquinas con cabezal de corte en plantaciones energéticas.

Existen algunos modelos de astilladora con plataforma de alimentación delantera y con depósito incorporado en la parte trasera. Estos modelos están pensados para plantaciones energéticas donde los residuos están colocados en hileras. Estas máquinas van astillando desplazándose en la dirección en la que los residuos están depositados. Suponen un caso intermedio entre las astilladoras transportables y las móviles, porque están montadas sobre la estructura de un camión y aunque disponen de depósito propio de almacenamiento no pueden circular por zonas forestales de cierta pendiente o rugosidad del terreno. El posicionamiento delantero de la plataforma de alimentación permite reducir el tiempo del ciclo, dado que en los otros tipos de astilladoras la plataforma de alimentación suele estar en posición lateral.

Figura 5.11. Plataforma de alimentación mecánica de astilladora.

Figura 5.12. Astilladora con plataforma de alimentación delantera.

-   *Alimentación mediante sistema Pick up*. Este sistema consiste en dos ejes de alimentación: uno muy bajo prácticamente pegado al suelo que posee unos dedos alzadores que al girar introducen el material en una plataforma; un segundo eje *situado* en la parte superior que girando en sentido contrario complementa el empuje, evitando que los materiales salgan despedidos hacia lo alto (Figura 5.13).

También existen modelos de astilladoras fijas cuyo elemento de alimentación es una cinta mecánica en la parte delantera donde se descarga el material.

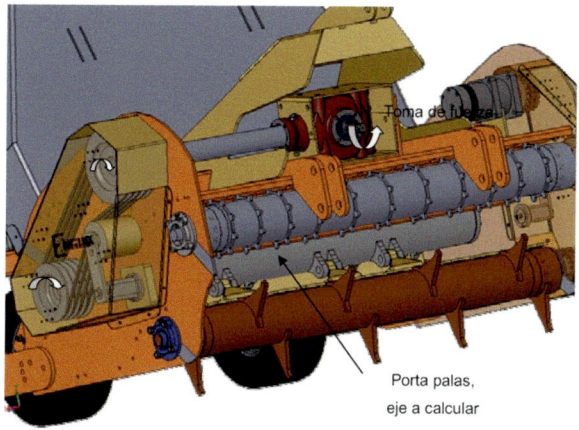

Toma de fuerza

Porta palas,
eje a calcular

Figura 5.13. Sistema
de alimentación *pick up*
de una astilladora.

Clasificación de las astilladoras según el mecanismo astillador

Existen cuatro tipos de mecanismos de astillado: mecanismo por tambor astillador, mecanismo por martillos de cuchillas, mecanismo por disco de cuchillas y mecanismo de cuchilla de hélice.

- *Mecanismo por tambor astillador*. Este sistema consiste en un cilindro macizo con 4 o 5 cuchillas. El material es impulsado por diferentes elementos de forma perpendicular al mismo. Las cuchillas dispuestas según la generatriz del cilindro al incidir sobre los materiales seccionan rebanadas que serán fragmentadas en pedazos menores en cortes sucesivos. Para reducir el tamaño de la astilla, este tipo de mecanismo precisa de la existencia de contracuchillas en la cara interna de la cámara de astillado, que hacen que los materiales queden sujetos mientras el cilindro los secciona nuevamente.

- *Mecanismo por martillos de cuchillas*. Consiste en martillos radiales en cuya punta se ha colocado una cuchilla. Los martillos giran accionados por un eje, incidiendo con el material a astillar proporcionándole un golpe seco. La sucesión de golpes sobre el material junto la acción de las contracuchillas dispuestas en la carcasa en posición fija provoca la fragmentación logrando pedazos pequeños. Las cuchillas de los martillos son fácilmente intercambiables dado que se ven sometidas a un desgaste rápido.

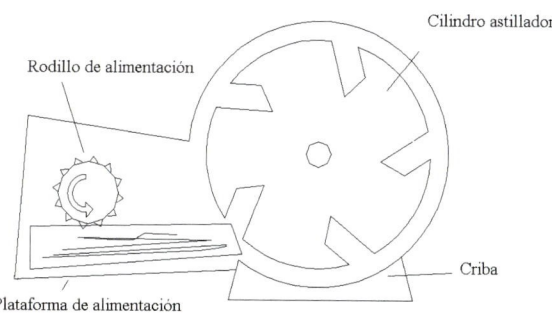

Cilindro astillador

Rodillo de alimentación

Criba

Plataforma de alimentación

Figura 5.14. Mecanismo por tambor astillador.

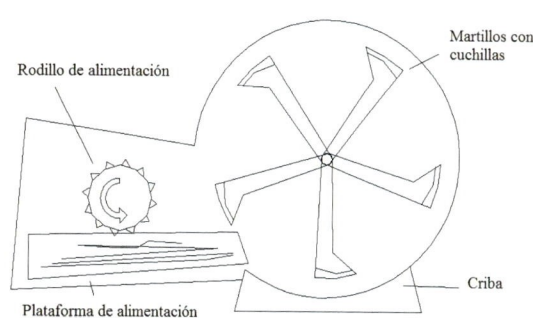

Martillos con cuchillas

Rodillo de alimentación

Criba

Plataforma de alimentación

Figura 5.15. Mecanismo por martillos de cuchillas.

Figura 5.16. Detalle del cabezal del martillo y la cuchilla.

- *Mecanismo por disco de cuchillas*. Este dispositivo consiste en varios discos al que van unidas mediante tornillos 4 o 5 cuchillas en cada uno. El residuo incide generalmente de forma perpendicular al plano que forma el disco, produciendo cortes trasversales a los mismos. Este mecanismo tiene la ventaja de ser más ligero y compacto que el resto de mecanismos requiriendo muy poco espacio en la máquina.

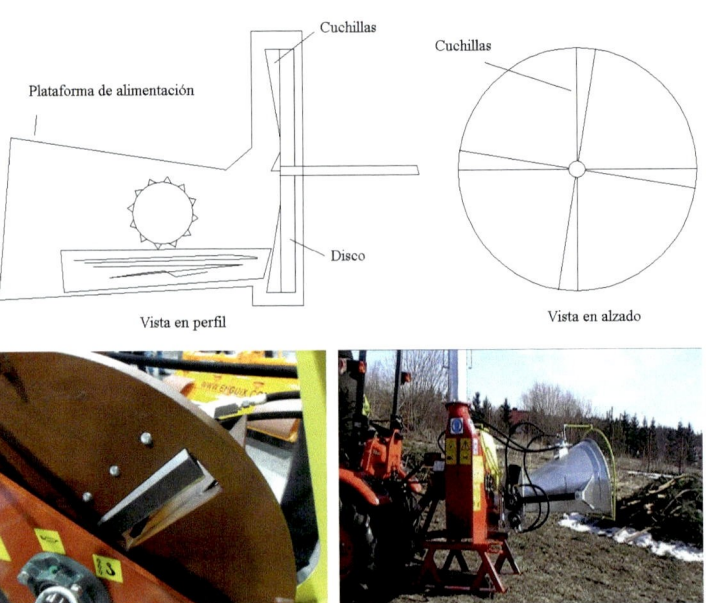

Figura 5.17. Mecanismo por disco de cuchillas.

- *Mecanismo de cuchilla de hélice*. Este mecanismo consta de una cuchilla con forma de hélice que gira a alta velocidad accionada por un eje. El residuo se introduce dentro de módulo de fragmentación de forma paralela al eje de la hélice. Al irse introduciendo los materiales van siendo cortados por cuchillas de tamaño mayor, consiguiendo trozos más pequeños.

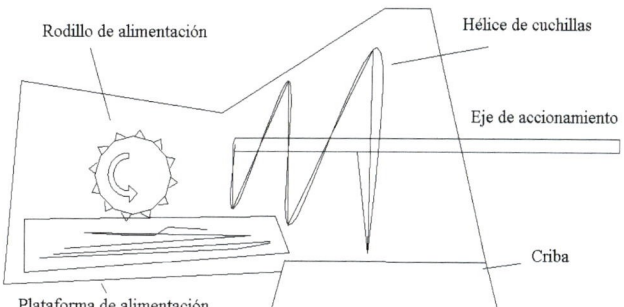

Figura 5.18. Mecanismo de cuchilla de hélice.

Después de cada sistema astillador existe un conjunto de cribas metálicas de diferentes tamaños generalmente de forma cuadrada. Los residuos que no pueden pasar las primeras cribas, vuelven a ser seccionados por las cuchillas hasta que tienen un tamaño lo suficientemente pequeño para poder ser evacuados de la zona de corte. La longitud máxima de la astilla viene dada por la diagonal de los orificios que forma dicha criba. El ancho de la astilla dependerá de la posición de las cuchillas o de la separación de los elementos de corte.

Clasificación de las astilladoras según la salida de la astilla

Después del astillado los materiales pueden ser extraídos de la máquina por gravedad o de forma neumática.

El sistema de salida de la astilla por gravedad es propio de las astilladoras utilizadas en las industrias en posición fija. En éstas, las astillas caen tras pasar por la criba sobre una cinta transportadora que lleva los materiales a cierta altura desde donde van cayendo formando un montón. Posteriormente una pala desplaza el material a otra zona donde se va realizando el secado, o es introducido directamente en la tolva de la caldera donde se producirá la combustión.

El sistema neumático de extracción de la astilla consiste en un ventilador que genera una corriente de aire que impulsa los materiales a través de un conducto de salida, y mediante unos deflectores móviles son conducidos en la dirección deseada.

En las astilladoras transportables la astilla se dirige a contenedores de transporte independientes. En las astilladoras móviles se dirigen al depósito propio que una vez lleno se vacía mediante un mecanismo de vuelco.

Figura 5.19. Vaciado del depósito de una astilladora móvil.

117

Figura 5.20. Canal de compresión de leñadora (a) y matriz de cuñas fija (b).

Figura 5.21. Empacado y transporte de leña.

Figura 5.22. Transporte de leña no empacada.

Naturalmente existen multitud de variantes posibles, pero las combinaciones más comúnmente utilizadas se describen a continuación.

Un número significativo de astilladoras suspendidas son de alimentación manual. Poseen una tolva donde un grupo de operarios van colocando los residuos a triturar mientras el tractor va avanzando a velocidades muy lentas. Estas astilladoras son utilizadas para materiales de pequeño tamaño como los procedentes de jardinería o restos de poda de árboles agrícolas, y suelen utilizar un tractor de una potencia mayor a 100 kW. Son las más usadas en el sur de Europa (España, Portugal e Italia). Este tipo de astilladoras suele ser accionado desde la toma de fuerza del tractor y tienen como sistema astillador un disco de cuchillas, debido a que el sistema de tambor es más pesado, lo que supone un inconveniente para las astilladoras móviles.

Las astilladoras transportables más usadas en Centroeuropa en explotaciones forestales son las astilladoras montadas sobre camión, astillando los materiales previamente concentrados con tractor autocargador. Son astilladoras de mayor potencia que las anteriores, poseen un motor diésel independiente y tienen alimentación mecánica con grúa cargadora.

Las astilladoras autopropulsadas poseen alimentación mecánica con grúa cargadora propia. Poseen además un depósito de almacenamiento propio donde las astillas caen por impulsión neumática.

La potencia y consumo de los diferentes modelos de astilladora es muy amplia. No obstante, el consumo medio de gasóleo en este tipo de máquinas puede ser calculado de forma aproximada según una relación de 0,13-0,15 litros de gasóleo por CV de potencia y hora de trabajo. Por ejemplo, una astilladora Jenz HEM 700 con 450 CV tiene un consumo entre 58 y 68 litros de gasóleo teniendo una producción aproximada de 150 m^3 de astilla por hora de trabajo efectivo.

Leñadoras

La leña la componen listones de madera con elevada sección, la cual debe ser reducida para almacenarse, facilitar su secado y posteriormente poder ser usada en caldera. Para reducir la sección de la leña ésta es partida longitudinalmente. Las máquinas que realizan esta operación se denominan *leñadoras*.

Existen dos tipos de leñadoras: leñadoras de cuña fija y de cuña móvil. Ambos tipos pueden ir suspendidos o arrastrados por tractores agrícolas y se accionan a través del propio sistema hidráulico del tractor.

a) *Leñadoras de cuña fija*. Este tipo de máquinas disponen de un canal de compresión donde se coloca el tronco de madera a seccionar. Un pistón de accionamiento oleohidráulico lo empuja a través de una matriz fija de cuñas partiendo el tronco en diferentes listones.

Posteriormente al seccionamiento de la leña estas máquinas pueden tener un dispositivo opcional de empacado para su transporte (Figura 5.21). Si no es así, los trozos quedan de forma desordenada en un contenedor (Figura 5.22).

b) *Leñadoras de cuña móvil*. En estas máquinas la leña se coloca en posición fija de forma vertical. Una cuña impulsada por un pistón hidráulico se desplaza sobre la pieza fragmentándola en dos listones de mitad de sección.

Empacadoras

Las empacadoras de materiales leñosos son máquinas que comprimen los residuos formando pacas de alta densidad. La conformación de los materiales en pacas permite mejorar las condiciones de almacenamiento y realizar el transporte utilizando equipamiento forestal convencional. Las empacadoras son máquinas autónomas que recogen los residuos forestales o agrícolas directamente del suelo a través de una pinza adaptada, depositándolos en un dispo-

Figura 5.23. Leñadoras de cuña móvil.

sitivo de compresión propio de la máquina. Este dispositivo está formado por un canal donde a través de accionamientos hidráulicos varios actuadores comprimen su interior, logrando el aumento de la densidad de los materiales. Estando éstos comprimidos, son ligados mediante una cuerda plástica formando pacas de forma variable. La estabilidad de las mismas se logra gracias a que cuando los actuadores compresivos dejan de ejercer fuerza sobre los materiales, éstos tienden a expandirse de nuevo quedando sujetos por las cuerdas. La diferencia principal entre los diferentes sistemas se encuentra básicamente en la geometría de la paca y en el sistema de atado. El empacado de los residuos facilita su transporte hasta planta, donde los materiales serán utilizados. Para la utilización de las pacas como biocombustible es necesario realizar un astillado previo. Éste es realizado en la planta industrial por astilladoras fijas.

Los equipos de compactación pueden ir montados sobre un camión de estructura rígida o ser construidas sobre la estructura de un tractor articulado, generalmente un tractor autocargador, donde se ha sustituido la caja de carga del semichasis trasero por el equipo empacador, situándose en el chasis delantero la cabina y el motor junto a la grúa con pinzas que alimenta el equipo. Las prensas de empacado utilizan para su funcionamiento la bomba hidráulica del tractor. Cada semichasis tiene un número variable de ruedas, dependiendo de la potencia y peso del equipo. En algunos modelos estos van montados sobre bogies.

El equipo de compactación suele ser cargado por la parte superior o disponer de una plataforma de alimentación similar al de las astilladoras. Es decir, el material se deja sobre un canal en el que el suelo está formado por una banda rugosa que desplaza el material hacia unos rodillos. Éstos empujan el material hacia la cámara de compresión. Una vez depositado el material sobre la cámara es arrastrado por la base y por otro conjunto de rodillos rugosos transversales, consiguiendo que los materiales queden aplastados contra las paredes. Cuando existe suficiente material y se detecta la presión establecida dentro de la cámara, se realiza un corte de los materiales eliminando las puntas salientes del volumen establecido. El sistema de corte puede ser por motosierra oscilante o un disco de cuchillas. Se produce entonces el atado mediante cuerda sintética o en algunos casos el recubrimiento de la paca con film de polietileno. Posteriormente la cámara de compresión se abre, retirándose la paca terminada por arrastre de la base hacia el exterior.

Figura 5.24. Equipo de empacado de TRABISA trabajando en pista forestal.

0Todo el conjunto puede estar dispuesto de forma fija longitudinalmente sobre el remolque del tractor (por ejemplo, en modelo Valmet Wood pac) o disponer de capacidad de giro para facilitar la carga y la expulsión de la paca (como en el modelo Timberjak 1490 D). La descarga se realiza por el extremo opuesto o por un lateral quedando la paca depositada en el suelo. Mediante la pluma la misma máquina puede ir amontonando las pacas en pilas a espera de un camión convencional de transporte.

Figura 5.25. Canal de compresión empacadora.

Figura 5.26. Máquina empacadora modelo Timberjak 1490 D.

Figura 5.27. Transporte de las pacas con camión forestal.

En el caso de pacas cilíndricas éstas suelen poseer un diámetro de 70 cm con longitud variable, según sea la de las ramas empacadas. El atado de las pacas se realiza con cuerda plástica a intervalos regulares, normalmente cada 50-60 cm. Los modelos que cubren la paca con film plástico forman pacas prismáticas o cilíndricas de diámetro igual a su altura, normalmente 1,2 m × 1,2 m.

5.3. Cosecha de residuos de poda de frutales

Denominamos cosecha de biomasa al conjunto de labores que es necesario realizar para la extracción de los materiales biomásicos de los campos de cultivo para transportarlos a una planta de tratamiento o transformación. Este proceso de extracción lo constituyen operaciones independientes para las cuales existirán distintas opciones tecnológicas. La combinación de cada opción en cada una de las etapas de cosecha nos dará una variante de la misma. Las etapas de las operaciones de cosecha las podemos sintetizar en las siguientes: poda, alineación y concentración de los residuos, astillado o empacado.

Fase 1: poda

No es una operación de cosecha de biomasa propiamente dicha, pues su finalidad no es la obtención de materiales biomásicos sino la mejora de la producción de frutos. No obstante, la forma de realizarse influirá directamente en los costes de la operación y la cantidad de biomasa obtenida. Tradicionalmente la poda se ha realizado manualmente, bien con utensilios comunes como tijeras, serrucho, etc. o bien con motosierra dependiendo del cultivo a podar. La poda manual de árboles de elevado porte, como los olivos, debe ser asistida mediante plataformas de elevación como se muestra en la Figura 5.28.

El elevado coste que supone la poda en las plantaciones de árboles frutales (15% de sobre los costes totales en algunos cultivos) y la necesidad de realizar ésta por razones fisiológicas del árbol y producción ha llevado a desarrollar técnicas de poda mecánica. Se define poda mecanizada como aquel sistema que utiliza una serie de cuchillas accionadas mecánicamente a través de un tractor para eliminar parte de las ramas de una planta con el objeto de mejorar la producción de frutos o darle determinada forma. Las máquinas podadoras más utilizadas en cultivos frutales consisten en una barra con discos más o menos espaciados que forman un plano de corte no selectivo (Figura 5.29).

Figura 5.28. Poda manual de olivo asistida mediante plataforma de elevación.

121

Figura 5.29. Imagen de la podadora de discos utilizada en los ensayos.

Figura 5.30. (a) Campo de cítricos con los residuos de la poda esparcidos en el centro de la calle. (b) Campo de cítricos tras el pase de la trituradora sobre los restos de poda. (c) Campo de caquis con los residuos de la poda esparcidos en el centro de la calle.

La no selectividad del corte mecanizado hace que esta operación sea menos indicada para obtener buenas producciones que la poda tradicional, donde se cortan exclusivamente las ramas agotadas, viejas, entrecruzadas con una formación preconcebida (dicotómica, tetratómica o libre). No obstante, las circunstancias económicas y de escasa mano de obra disponible hace que algunos sectores propongan la poda mecanizada, como operación previa a la poda manual, pudiéndose reducir los tiempos de trabajo de la poda tradicional, disminuyendo los costes globales de esta operación. En tal caso estamos ante una operación de prepoda (mecanizada) que complementa a una poda manual definitiva. A priori, no se plantea la sustitución total de la poda manual tradicional por la mecánica porque, de momento, los sistemas de corte mecánicos existentes obligan a realizar cortes de fuera hacia dentro de la planta, dándose la situación que en el caso de muchos árboles frutales las producciones se concentran en la cara externa de la copa, por lo que un corte sucesivo del exterior no produciría buenos resultados, al mantener chupones y ramas viejas en el interior del árbol poco iluminado. No obstante, existen tres tendencias:

1. Poda manual tradicional (la forma, modo y utensilios varían para cada cultivo).
2. Prepoda mecánica seguida de una poda manual de repaso.
3. Poda exclusivamente mecánica.

Fase 2: alineación o concentración de los residuos biomásicos obtenidos

Tras la poda o arranque de los árboles, los residuos leñosos quedan generalmente esparcidos sobre el suelo del campo. Su tratamiento obliga a una concentración de los mismos, de otro modo suponen un obstáculo para el resto de operaciones de cultivo y son fuente de parásitos y de podredumbres. El tratamiento tradicional de los mismos ha sido la quema o la trituración para que puedan descomponerse con rapidez e incorporarse al suelo como aporte orgánico.

Tanto si el destino de los residuos leñosos es su quema, o la trituración para dejarlos en el suelo o su retirada para uso comercial (energético o industrial), es necesaria una concentración de los mismos de un modo u otro. Por ejemplo, si su destino es la incineración éstos deberán amontonarse en un lugar específico de la explotación agrícola que permita realizar esta operación con seguridad; si el destino de los residuos es la trituración sólo será necesario alinearlos en la zona central de las calles entre los árboles para posteriormente pasar una trituradora acoplada al tractor (Figura 5.30).

La organización de la operación de alineación-concentración de residuos es susceptible de muchas variantes. Ciertos modos de concentración de residuos, por ejemplo la concentración manual, no requerirán alineación previa. Sin embargo otras, por ejemplo el empleo de tractores con palas, sarmentadoras o rastrillos, requerirán previamente esta operación. Si se realiza poda manual y los podadores tienen la capacidad y la precaución de ir depositando los restos de poda directamente en el centro de la calle, una operación de alineación específica tampoco será necesaria. No obstante, esta alineación simultánea a la poda no siempre es posible, por ejemplo, cuando se utilizan plataformas. Entonces, es necesaria una operación adicional de alineado de los residuos. Esta alineación puede realizarse de forma manual por un número variable de operarios, o mediante la utilización de una máquina barredora. Estas máquinas consisten en unos brazos articulados, acoplados al tractor, que poseen en sus extremos un motor eléctrico u oleohidráulico que accionan un conjunto de cepillos o dedos que giran arrastrando los residuos del suelo hacia el centro de la calle de cultivo. La articulación de las barras permite su colocación por debajo de las copas de los árboles.

Si se ha realizado alineación previa, la concentración de residuos es técnicamente sencilla mediante el empleo de palas, rastrillos empujados o arrastrados por el tractor, o mediante su recogida mecánica a través de *sistemas de grúa de pinzas* que dejan los materiales en un remolque, o *sistemas pick up*.

Atendiendo a las posibles combinaciones de alineación concentración definimos las siguientes:

1. *Ausencia de alineación*, lleva implícita la *concentración manual de los residuos*. En la Figura 5.31a y en la Figura 5.31b se observan dos ejemplos de esta opción, una en vid y la otra en olivos.

Figura 5.31. (a) Recolección manual de restos de poda en vid. (b). Recolección manual de restos de poda en olivar.

2. *Alineación manual.* Un conjunto de operarios recoge los residuos leñosos esparcidos en la superficie del suelo, depositándolos en medio de las líneas de cultivos.
3. *Alineación mecánica con barredora.* (Figura 5.32).

Figura 5.32. Alineación de residuos de poda con barredora.

En las opciones de alineación manual y alineación mecánica existen tres posibilidades de concentración:

a) *Concentración con pala, rastrillo o sarmentadora* empujadas o arrastradas por un tractor.

b) *Concentración con tractor autocargador*. Tractor provisto de grúa de pinzas y remolque donde va depositando los residuos para trasportarlos a un lugar de acopio.

c) *Concentración mediante máquina con pick up* que recoge los residuos almacenándolos en un remolque o depósito.

En la Tabla 5.1 se muestran todas las combinaciones posibles en las operaciones de alineación-concentración.

Tabla 5.1. Cuadro de posibilidades en las operaciones de alineación-concentración.

	Alineación	**Concentración**
Opción 1	-	Manual
Opción 2	Manual	Pala, rastrillo o sarmentadora
Opción 3	Manual	Tractor autocargador
Opción 4	Manual	*Pick up*
Opción 5	Mecánica con barredora	Pala, rastrillo o sarmentadora
Opción 6	Mecánica con barredora	Tractor autocargador
Opción 7	Mecánica con barredora	*Pick up*

Fase 3. Astillado / Empacado

Una vez se ha realizado la alineación o concentración de los residuos en la plantación, se procede a la recolección de la biomasa. Dicha recolección pasa por un acondicionado del material para facilitar el transporte a planta. Este acondicionado tiene como objetivo aumentar la densidad aparente del mismo. Atendiendo a la forma de acondicionado distinguimos entre astillado y empacado, cuyas variantes ya han sido expuestas.

En general, una eficiente extracción de la biomasa irá ligada a una organización de la maquinaria que debe hacer el trabajo, buscando las técnicas que resulten más económicas para obtener el máximo margen posible en su aprovechamiento. Una forma de representar la organización del trabajo consiste en realizar una tabla donde cada una de las filas corresponderá a las operaciones a realizar, y cada una de las columnas representa las zonas o áreas de trabajo. En las cuadrículas cruce se representa el tipo de tecnología a emplear. En las operaciones de extracción de la biomasa agrícola y forestal podemos diferenciar tres zonas de trabajo y cuatro tipos de operaciones principales. Las zonas de trabajo serán: la parcela, zona de acopio en el camino o pista de acceso a la parcela y la planta de transformación de la biomasa. Las operaciones principales serán la tala o poda, la extracción de los materiales y acopio, astillado o empacado y el transporte de los materiales de la zona de acopio a la planta.

En la Tabla 5.2 se muestra un ejemplo de organización de la recogida de residuos de poda en una plantación agrícola. La poda manual, mecánica, o mecánica con repaso manual se realiza en la parcela. Tras la poda es necesaria una alineación de los residuos para que una astilladora móvil los recoja y los almacene astillados en un depósito propio. Este depósito debe ser vaciado periódicamente en una de las esquinas de la parcela o en el camino rural, por eso es necesario disponer de uno o varios contenedores de transporte para el acopio. Este contenedor será trasladado a planta bien en camión o traccionado por un tractor.

En la Tabla 5.3 se muestra el sistema de recogida con concentración previa de los residuos y el empleo de una astilladora transportable. La concentración de residuos en las parcelas agrícolas puede realizarse manual o mediante un tractor autocargador. La concentración se realiza en una de las esquinas de la parcela o en el camino rural. Ahí son astillados mediante la astilladora transportable depositándose en el suelo o directamente sobre el contenedor de transporte. Ambos esquemas son aplicables tanto en el medio agrícola como en el medio forestal.

Tabla 5.2. Recogida de residuos de poda en una plantación agrícola con alineación y astilladora móvil.

	Parcela	**Camino rural**	**Planta**
Poda	Manual/mecánica/mixta		
Alineación	Manual/mecánica		
Recogida/ astillado	Astilladora móvil		
Descarga		Astilladora móvil/contenedor	
Transporte		Transporte	

Tabla 5.3. Recogida de residuos de poda en una plantación agrícola con concentración previa y astilladora transportable.

	Parcela	**Camino rural**	**Planta**
Poda	Manual/mecánica/mixta		
Concentración de materiales	Manual/mecánica		
Descarga		Astilladora transportable/ contenedor	
Transporte		Transporte	

125

5.4. Cosecha de biomasa forestal

La biomasa forestal es susceptible de ser aprovechada de forma energética e industrial. Parte de ella se utiliza como materia prima para su transformación industrial (madera, corcho, pasta de celulosa etc.), otra se utiliza como combustible. Generalmente la extracción de esta biomasa de los montes se denomina aprovechamiento forestal. El aprovechamiento incluye las siguientes operaciones:

Planificación del aprovechamiento

La planificación del aprovechamiento dará respuesta a las siguientes cuestiones:
- Por qué debe realizarse la extracción.
- Qué tipo de aprovechamiento debe realizarse:
  - Tipos de árboles a extraer.
  - Cuantos árboles se cortan y cuantos se dejan en el monte.
  - Sistema de corte.
  - Sistema de extracción.
  - Sistema de transporte.
- Dónde debe realizarse el aprovechamiento.
- Cuando se realizarán las cortas en cada una de las zonas establecidas.

Existen varios tipos de aprovechamiento: sistemas discontinuos y sistemas continuos.

Sistemas discontinuos de aprovechamiento

Son aquellos sistemas en los que se cortan todos los árboles al mismo tiempo al final del turno, es decir, después del número de años planificado que transcurre entre la formación o regeneración de la masa arbórea y el momento de su corta final. Se denominan habitualmente *cortas a hecho* (*clear cut*) cuando se cortan todos los árboles sin que quede masa arbórea alguna hasta la replantación o regeneración natural.

Este tipo de aprovechamiento se realiza por ejemplo en plantaciones energéticas, que son plantaciones de crecimiento rápido, con turnos cortos, en zonas marginales donde no es adecuado otro destino para la biomasa producida.

Sistemas continuos de aprovechamiento

Son sistemas de aprovechamiento en los que los árboles se talan en una sucesión de cortas debido a que los árboles de la masa poseen edades diferentes, con diámetros y alturas distintos. Por tanto, no todos los árboles de la masa se cortan en un ciclo determinado. La selección de los que se han de cortar se basa en criterios de calidad industrial y selvícolas:
- Verticalidad del árbol.
- Diámetro a 1,3 metros y 7 metros.
- Escasa ramosidad en el fuste.
- Densidad.

Este tipo de aprovechamiento se denomina *clara* si los fustes de los árboles talados tienen carácter maderable, es decir, se pueden aserrar para formar tablero. Se denominan *clareos* si los árboles talados no tienen el diámetro suficiente para la formación de listones y tableros, y deben ser destinados a pasta de celulosa, formación de tableros de partículas, aglomerados o la utilización como biocombustible.

Este tipo de sistemas se da generalmente en el aprovechamiento de selva nativa, o repoblaciones realizadas de forma discontinua en determinadas zonas. Consiste en suprimir parte de la vegetación de un monte o un conjunto de árboles seleccionados de una determinada superficie con el objetivo de mejorar la calidad del resto de los árboles para su posterior aprovechamiento. Por ejemplo, cuando se realiza una plantación de árboles de una determinada especie, el número de pies plantados por unidad de superficie es muy superior a la densidad conveniente para un adecuado crecimiento y su posterior aprovechamiento maderero. Por ejemplo, en la especie *Pinus sylvestris* la densidad de plantación es aproximadamente de 1000 o 2000 pies por hectárea. A los cinco años se realiza una reducción de la densidad dejando aproximadamente 200 árboles por hectárea.

Los criterios de selección están basados en calidad, vitalidad (existencia de una copa con suficiente follaje) y estabilidad. Los árboles que no cumplen con estos criterios se talan, utilizándose bien para pasta de celulosa, para tablero conglomerado o fuente energética previo astillado. De acuerdo con estos criterios se talan los árboles menos apropiados de forma que la distancia mínima entre árboles sea superior a 5 metros.

Operaciones de corta

Esta fase comprende las operaciones de apeo (derribo del árbol), desrame, despunte, descortezado y, en su caso, trozado de los árboles u otras partes aprovechables para su posterior transformación en productos industriales.

Existen tres tipos de máquinas para realizar esta operación: motosierra, taladora-apiladora y cosechadoras

- Motosierra: la motosierra en una máquina manual especialmente diseñada para el corte de madera, por tanto, es usada en el aprovechamiento forestal para la tala y poda de árboles. Está constituida por un motor de dos tiempos con una cilindrada que puede oscilar entre 30 y 120 cm^3. El motor acciona una cadena de gubias exteriores que se desliza por una barra plana que hace de guía. La barra puede poseer una longitud comprendida entre 35 y 60 cm, o incluso mayores. Al apoyar la barra sobre la madera, cada una de las gubias arranca una porción de pequeño tamaño siguiendo un plano de corte que es dirigido por el operario.

- Taladora-apiladora: éstas son máquinas autopropulsadas que poseen una pluma con un cabezal dotado de dos grapas que cogen fuertemente el árbol mientras por la parte inferior del mismo un dispositivo de corte lo tala. Una vez el árbol está cortado la pluma lo deja apilado en una zona próxima al apeo y vuelve a dirigirse a otro árbol para repetir el ciclo. El dispositivo de corte del que va dotado el cabezal puede ser una motosierra oscilante, un disco de corte o una cuchilla afilada que corta el tronco por cizalla.

Figura 5.33. Vista de una máquina taladora apiladora.

127

El brazo articulado y la pluma con el cabezal pueden apear árboles separados de la máquina hasta una distancia de 7-8 metros. El sistema de corte por cizalla sólo es adecuado para árboles de poco diámetro (20-25 cm), que son los diámetros con los que se suelen hacer los clareos, o árboles destinados a pasta de celulosa. Estas máquinas también son usadas en plantaciones energéticas donde no es necesario realizar el desrame del árbol siendo toda la biomasa extraída astillada para su posterior utilización como combustible.

- Procesadoras y cosechadoras forestales: las procesadoras o cosechadoras de árboles son máquinas que poseen una grúa con un cabezal que corta, desrama, troza y despunta los árboles, apilando posteriormente los elementos producidos. Éstas están constituidas por:

  • Grupo motriz: Es la parte de la máquina que permite su desplazamiento. Posee el tren de rodaje, motor, cabina de control. El tren de rodaje puede ser de cadenas o por neumáticos con un número variable de ruedas (4×4, 6×6 o 8×8). El bastidor puede ser rígido o articulado. Suelen tener un bastidor articulado con gran superficie proyectada para dotarle de gran estabilidad. Algunos modelos con bastidor rígido poseen sistema de araña, pudiendo trabajar en pendientes de hasta el 70%. El accionamiento de todos los elementos es oleohidráulico a alta presión dadas las condiciones y operaciones en las que trabajan. La cabina posee en muchos casos capacidad de rotación. Debe estar protegida frente a posibles impactos causados por movimientos accidentales de las trozas que procesa.

  • Grúa articulada: Posee tres elementos: pluma, brazo y cabezal. El brazo y la pluma poseen una capacidad de desplazamiento de 2 grados de libertad (ascenso-descenso vertical y giro sobre la plataforma), pero el cabezal posee 3 grados de libertad (ascenso y descenso vertical, inclinación horizontal y giro de hasta 360°). El sistema hidráulico permite el uso simultáneo del cabezal procesador de la cosechadora y de la pluma. Estos movimientos dotan al conjunto de gran versatilidad para manipular los árboles o trozas procesadas.

  • Cabezal de procesado: Es el elemento de trabajo de la máquina. Está constituido por dos brazos articulados que se sujetan al árbol durante el apeo. Para el apeo y trozado, el cabezal posee un dispositivo de corte mediante cadena de gubias basculante o cuchilla circular de dientes de sierra que se desplaza por la parte inferior del cabezal. Además de este dispositivo de corte principal, las grapas de sujeción están afiladas haciendo de cuchillas frontales que realizan el desramado a medida que se desplaza en tronco por el cabezal.

  Una vez cortado, dos rodillos de superficie rugosa se fijan a la corteza pudiendo empujar el tronco por el interior del cabezal en ambos sentidos, con la ayuda de un disco de dientes central. Los rodillos que sólo permiten el desplazamiento son de metálicos o de goma, con superficie rugosa para mejorar su sujeción al tronco, en ocasiones pueden ir revestidos de cadenas para facilitar el agarre.

  Normalmente van equipados con un microprocesador que controla los diferentes elementos de la máquina. Dicho procesador calcula el volumen de madera procesada en base a la separación de los rodillos fijados a la superficie del tronco y al desplazamiento que este realiza por el interior del cabezal. A través de un teclado se puede programar el cabezal para que realice trozas de longitudes prefijadas, de acuerdo a su diámetro, de forma que se acciona automáticamente la motosierra o elemento de corte para hacer los cortes a las longitudes establecidas.

Figura 5.34. Cabezal procesador.

Operaciones de saca

Es el proceso de transportar los troncos o trozas desde la zona de corta hasta un cargadero. En función de la longitud de los troncos a extraer, tipo de suelo y pendiente, existen principalmente tres tipos de medios:

- Empleo de un *skidder*: son tractores dotados de cabrestante para el arrastre de los troncos. Este elemento consiste en un rollo de cable de acero desplegable que permite enganchar los elementos talados para ser arrastrados desde la zona del apeo hasta el tractor. Una vez situados en la parte trasera del tractor se agrupan para ser arrastrados a la zona de acopio directamente a través de los cables, o pueden poseer una grúa de pinzas que facilita las operaciones de posicionamiento y enganche final de las piezas. Algunos modelos tienen una grapa trasera sobre el que se colocan los troncos con la grúa. El empleo del *skidder* para las operaciones de saca se realiza generalmente para árboles de elevado diámetro y longitud.

Figura 5.35. *Skidders* en operaciones de saca.

Figura 5.36. Tractor autocargador recogiendo residuos forestales.

Figura 5.37. Torre de cabeza de un tendido de cables aéreos para saca acoplada a un tractor agrícola.

- Empleo de un tractor autocargador (*forwarder*): son tractores articulados adaptados para su circulación por el interior de las parcelas forestales, que están dotados de un remolque para el transporte de materiales en la parte trasera y una grúa de pinzas para la carga. Este tipo de máquina se utiliza tanto para la extracción de madera de pequeñas dimensiones, generalmente troncos hasta 10 metros, como para el amontonamiento de los residuos del aprovechamiento (ramas de diámetro mayor de 10 cm y despuntes) en pilas a los lados de la pista forestal para que sean triturados con astilladora.

- Empleo de cables aéreos: estos sistemas se emplean en terrenos de elevada pendiente. Consisten en utilizar uno o más cables suspendidos, que hacen de carril, para transportar trozas desde la zona de corta hasta los puntos de acopio, enganchadas a un carro que se desliza por el tendido. Los cables de transporte se amarran bien a postes colocados *exprofeso* o a árboles, tendiendo la línea de saca. A través del carro deslizante, que a su vez posee un cabrestante, se despliega otro cable llamado de arrastre que permite el acercamiento de los materiales hasta la zona de carga. Dado que la longitud del cable de arrastre, que permite el acercamiento de los árboles talados al carro para ser enganchados a él es generalmente de 30 metros, debe realizarse el tendido cada 50 metros de forma perpendicular a la pista forestal.

Figura 5.38. Imagen de saca con cable aéreo.

En este sistema debe desbrozarse un corredor de unos 3 metros de anchura. Después de realizadas las operaciones principales de saca, el corredor debe ensancharse eliminando los árboles que han sido dañados en el desarrollo de los trabajos, por servir de defensa. Una vez extraídos los troncos mediante el cable a la pista forestal una grúa de pinzas los apila a la espera de su astillado.

Transporte hasta el parque de recepción de cualquier industria transformadora

Los troncos son trasportados en camiones desde la zona de acopio o cargadero hasta las industrias de primera trasformación.

Eliminación de residuos forestales

Las ramas y los despuntes separados del fuste en la fase de corta suponen una biomasa residual que puede ser utilizada bien como fuente de energía, bien para otros usos industriales, por ejemplo, para pasta de celulosa, para tableros conglomerados u otros. Si su destino es energético, generalmente estos residuos son astillados mediante astilladoras o extraídos del monte mediante empacado, terminando así las operaciones de aprovechamiento.

En las operaciones de extracción de la biomasa forestal residual podemos diferenciar cuatro zonas de trabajo y cuatro tipos de operaciones principales. Las zonas de trabajo serán:

a) *Parcela forestal*: es la zona donde se producirá la tala, desramado y trozado de los árboles en el caso de aprovechamientos forestales convencionales, o el desbroce en operaciones de limpieza de monte bajo.

b) *Vía de saca*: son las rutas de entrada y salida de la maquinaria en el interior de la parcela, que son planificadas en el aprovechamiento tanto para la maquinaria de tala, si ésta se produce con taladora o procesadora, como para la extracción realizada con *skidder*, autocargador o tracción animal. Las vías de saca aparte de ser desbrozadas, posteriormente a su utilización quedan sin regeneración rápida de vegetación debido a la compactación, arrastre y degradación general del suelo producida por la maquinaria.

c) *Pista forestal*: son los caminos forestales de acceso a las parcelas que forman parte de la red viaria forestal. Pueden estar asfaltados o no. Permiten la llegada de la maquinaria y de vehículos a la misma.

d) *Industria o planta energética*: es donde los residuos serán utilizados bien para la fabricación de subproductos o para la obtención de energía.

En la Tabla 5.4 se muestra la organización de la maquinaria en aprovechamientos con astillado de residuos con astilladora transportable. Esta opción es utilizada en cortas finales y claras en terrenos llanos, donde una parte de la biomasa va a ser utilizada para la industria maderera y los residuos (despuntes y ramas gruesas) tienen destino energético. La corta manual y saca por arrastre se realiza cuando los troncos a extraer de la masa forestal son de gran diámetro y longitud. Entonces el equipo de corta está formado generalmente por dos operarios. Uno realiza exclusivamente operaciones de apeo, desrame, despunte con motosierra y tareas complementarias, el otro es el responsable de manejar el tractor arrastrador. Cuando no existen troncos suficientes para la saca, el operario del tractor arrastrador asiste en el apeo, desrame y despunte.

Dado que los árboles a talar suelen tener una altura entre 20 y 30 metros (20 en claras y 30 en cortas finales) se abren vías de saca cada 40 metros perpendicularmente a la pista forestal. De esta manera, si se dirige adecuadamente el derribo de los árboles, los residuos quedan a pocos metros de las vías después de la tala. La recogida de los mismos se realiza con un tractor autocargador que accede a las parcelas por dichas vías. Su pluma cargadora suele tener un alcance de 10 metros, por tanto, alcanza los residuos sin necesidad de introducirse en la zona de corte. Una vez recogidos por el tractor autocargador éste hace montones en la pista forestal o cargadero, donde es astillado por una astilladora transportable que deposita las astillas en el contenedor de transporte por impulsión neumática.

Este tipo de extracción permite que sólo una parte concreta del suelo quede afectada por los efectos erosivos de la circulación de maquinaria, dado que estos efectos solo podrán ser graves en las vías de saca. Éstas se reducen a franjas de 5 a 8 metros de anchura cada 40 metros de parcela.

Tabla 5.4. Organización de la maquinaria en aprovechamiento con astillado de residuos con astilladora transportable.

	Parcela forestal	Vía de saca	Pista forestal o cargadero	Planta
Tala y procesado		Manual/taladora o cosechadora		
Extracción de madera industrial		*Skidder* o *Forwarder*		
Extracción de residuos a pista forestal		Tractor autocargador		
Astillado			Astilladora transportable	
Transporte			Camión de Transporte	

La Tabla 5.5 muestra el esquema de organización del aprovechamiento forestal con trituración de residuos con astilladora móvil. En cortas finales y claras también es posible el uso de una astilladora móvil autopropulsada para la recogida directa de los residuos. Las operaciones de derribo, procesado y extracción de la biomasa maderable son semejantes a la variante anterior, pero en este caso se prescinde de una concentración previa de los materiales con autocargador. Para la recogida la astilladora móvil se desplaza por el interior de la parcela por las vías de saca. Su grúa cargadora tiene un alcance similar a la del autocargador. De hecho, es exactamente la misma grúa, dado que este tipo de astilladoras son montadas sobre el mismo chasis que este tipo de tractores, y además, puede cargar con un momento contrario al vuelco mayor debido a que el peso del equipo astillador y del depósito de almacenamiento de la astilla le da al conjunto mayor estabilidad.

Una vez el depósito de la astilladora móvil está completo debe vaciarse en un contenedor de acopio situado en la pista forestal a los pies de la parcela. Por tanto, la astilladora tiene que interrumpir su trabajo y salir de la parcela. Una vez vacío el depósito reanuda el ciclo de astillado. Los contenedores de acopio son cargados y descargados por camiones de transporte, o son desplazados por remolques traccionados por tractores agrícolas.

Esta variante presenta la ventaja respecto a la anterior de usar una máquina menos, lo que reduce el coste, consumo de energía e impacto sobre el suelo. No obstante, la capacidad de trabajo puede verse afectada por dificultades de movilidad de la astilladora que se ve altamente influenciada por las condiciones del terreno, circulando a menor velocidad y reduciendo su rendimiento.

Tabla 5.5. Organización de la maquinaria en aprovechamiento.

	Parcela forestal	Vía de saca	Pista forestal o cargadero	Planta
Tala y procesado	Manual/taladora o cosechadora			
Extracción de madera industrial		*Skidder* o *Forwarder*		
Extracción de residuos a pista forestal			Astilladora móvil	
Transporte			Camión de Transporte	

En clareos en terrenos llanos la tala puede ser realizada de forma mecanizada. Los materiales talados van en un 100% para uso energético. Tanto las taladoras como las procesadoras utilizadas en el apeo dejan los materiales amontonados en la parcela en lugares próximos a las vías de saca. Esto obliga a estas máquinas a hacer una fase de ordenación de los materiales cada dos o tres ciclos continuados de trabajo, es decir, cada dos o tres árboles cortados. Los materiales amontonados son recogidos por un tractor autocargador que ve reducido su ciclo de trabajo respecto a cuando se realiza la tala con motosierra, mejorando su productividad. Con los materiales recogidos el tractor autocargador hace pilas de acopio de tamaño mayor en la pista forestal, donde son astillados con astilladora y posteriormente transportados en contenedores.

En terrenos con pendiente superior al 60% no es posible mecanizar el apeo con máquinas taladoras ni procesadoras. La tala debe hacerse manual. El *skidder* trabaja desde la pista forestal por la parte superior del talud extrayendo los troncos una vez cortados y sin procesar, arrastrándolos pendiente arriba con el cable del cabrestante. Una vez los troncos están próximos a la pista forestal, los atrapa con la grúa de pinzas propia del equipo, colocándolos a los lados. Esta colocación también se puede realizar con la grúa de un tractor autocargador o de la propia astilladora. El ciclo de trabajo supone que una vez el *skidder* se posiciona en la pista de forma fija, el operario debe bajar de la cabina, extender el cable del cabrestante pendiente abajo, atar el tronco al cable mediante el gancho deslizante, accionar el cabrestante por el control remoto y volver a subir la pendiente para desengancharlo.

Este sistema resulta eficaz dada la rapidez con la que la máquina puede desplazarse por la pista realizando sacas de varios árboles en cada posición. El inconveniente mayor es que el ciclo de trabajo supone un gran esfuerzo físico para el operario que debe bajar y subir continuamente la ladera. Al cabo de una hora el operario está tan cansado que el rendimiento baja a un 40% del inicial.

En los terrenos de mayor pendiente, se puede utilizar el mismo esquema de trabajo descrito, pero sustituyendo el cabrestante del *skidder* por una instalación de cables aérea. Este sistema se utilizará en zonas donde se desee evitar especialmente la erosión del suelo, en zonas recientemente revegetadas o por la existencia de especies vegetales o animales frágiles.

En las Tablas 5.6 y 5.7 se muestran dos formas de organización de un sistema de extracción de residuos mediante empacado. En sistemas de extracción por empacado los métodos de tala son similares a las variantes posibles con la extracción por astillado. Es decir, la tala puede ser realizada de forma mecanizada en clareos en terrenos llanos, o manual en terrenos de mucha pendiente, donde no es posible el acceso de la maquinaria, y en claras o cortas finales de árboles de elevado diámetro. En suelos con elevada consistencia, tras el apeo y procesado de los árboles la máquina empacadora puede recoger directamente los residuos de la parcela circulando por las vías de saca (Tabla 5.6). La grúa de la propia máquina alcanza los materiales depositándolos en el canal de compresión sin necesidad de realizar una concentración previa de los residuos. Las pacas realizadas se depositan en el suelo del monte generalmente de forma dispersa. Un tractor autocargador debe recogerlas y transportarlas a un lugar de acopio cerca de la pista forestal. Las pacas permanecerán en el lugar de acopio varios días en los cuales se va produciendo un secado al aire, hasta que un camión de transporte las traslada a plantas de transformación o directamente a la industria. Previamente a su utilización las pacas deben ser astilladas para poder introducidas en caldera.

Tabla 5.6. Organización de la maquinaria mediante empacado (primera opción).

	Parcela forestal	Vía de saca	Pista forestal o cargadero	Planta
Tala y procesado	Taladora, procesadora o manual			
Extracción de madera industrial		*Skidder* o *Forwarder*		
Empacado	Empacadora			
Extracción		Tractor autocargador		
Transporte			Camión de Transporte	
Astillado				Astilladora

Otra opción es que la recogida de los residuos se realice con tractor autocargador (Tabla 5.7). En este caso, el tractor autocargador debe amontonar previamente los residuos a pie de pista, donde el equipo de empacado tiene su área de trabajo. Gracias a la grúa de pinzas, después del empacado, la máquina ordena las pacas apilándolas en grupos a los lados de la pista forestal. Después serán recogidas por un camión de transporte para llevarlas a la planta industrial. Allí se astillarán para ser empleado el material como biocombustible.

En terrenos de mucha pendiente el tractor autocargador para la recogida del material es sustituido por el sistema de extracción por cables aéreos o por el cabrestante de un *skidder*, realizando la concentración de los residuos en la cima del talud. Allí se ejecutará el empacado amontonando las pacas a la espera del transporte a planta.

Tabla 5.7. Organización de la maquinaria mediante empacado (segunda opción).

	Parcela forestal	Vía de saca	Pista forestal o cargadero	Planta
Tala y procesado	Taladora, procesadora o manual			
Extracción de madera industrial		*Skidder* o *Forwarder*		
Extracción			Tractor autocargador	
Empacado			Empacadora	
Transporte			Camión de Transporte	
Astillado				Astilladora

5.5. Sistemas de desbroce, limpieza de monte bajo

Del mismo modo que en las operaciones de aprovechamiento convencional (cortas finales, claras y clareos), en sistemas de desbroce puede realizarse la recogida de los materiales directamente por los equipos de astillado o empacado (en terrenos llanos), o hacer una previa concentración de los mismos para mejorar la productividad de las máquinas astilladoras o empacadoras. La concentración puede efectuarse mediante autocargador en terrenos sin pendiente o por cables aéreos, o con *skidder* en terrenos inclinados.

La recogida directa se suele realizar con astilladoras de carga manual. Ésta va traccionada por un tractor a velocidad reducida y varios operarios recogen los materiales del suelo depositándolos en la tolva de alimentación. En el caso del resto de astilladoras o empacadoras la recogida de los residuos se realiza con pluma cargadora reduciéndose el número de operarios.

5.6. Sistemas de cosecha de residuos herbáceos agrícolas

Una fuente muy importante de biomasa son los tallos de los cereales. Éstos, denominados comúnmente como paja, se han utilizado tradicionalmente como pienso, o como cama animal, es decir, como material aislante y absorbente que se depositaba en el suelo de las estabulaciones para que los animales estuvieran más resguardados del frío del pavimento y que al mismo tiempo absorbiese los orines de los mismos, evitando humedades y la proliferación de enfermedades. A parte, del uso tradicional, la paja de los cereales, como material lignocelulósico, es susceptible de ser transformado en biocombustibles. Independientemente de su destino, el aprovechamiento de los mismos pasa por su recogida del campo. Esta recogida comprende las siguientes operaciones:

Siega

Es la separación de la parte aérea de la planta mediante un corte desde la base del tallo. Las máquinas que realizan esta operación se denominan *segadoras*, generalmente acopladas a la toma de fuerza de tractores agrícolas. Hay de dos tipos: segadoras alternativas y segadoras rotativas.

- Las segadoras alternativas están constituidas por un plano de parejas de filos de tijera: unos fijos, y otros con movimiento oscilante, de manera que al desplazarse cortan los tallos o la hierba.
- Las segadoras rotativas están formadas por un plano de discos de sierra que giran produciendo el corte en dicho plano muy próximo al suelo.

Acondicionado y secado

Los materiales herbáceos recién cortados suelen contener una humedad muy elevada, lo que les hace susceptibles de sufrir podredumbres y deterioro por la acción microbiológica. Para evitar esto son sometidos a una desecación, que puede realizarse sobre la superficie de la parcela en climas cálidos o mediante una desecación forzada.

Un problema importante en la desecación de la paja de cereal es que el tallo es bastante impermeable, así que mientras las hojas sufren una desecación rápida, los tallos pueden sufrir una desecación lenta y desigual. Para que la desecación de todos ellos sea uniforme se les realiza un corte ligero en la parte superficial para provocar vías de salida de agua. Las máquinas que realizan este tipo de cortes se denominan *acondicionadoras*. Según la forma de producir el corte las acondicionadoras se clasifican en:

- Acondicionadoras de rodillos: éstas están constituidas por dos rodillos alargados paralelos al suelo, transversales a la dirección de avance. Uno de ellos, colocado sobre la superficie del suelo es rugoso, y levanta el material haciéndolo pasar por la parte superior donde es aplastado por el rodillo superior liso.
- Acondicionadoras de mallales: están formadas por un eje con cuchillas transversales que golpean los tallos de paja propinándoles un corte.

Hilerado

Para que el secado sea uniforme tanto en los materiales colocados en la parte superior y los colocados en la parte inferior tocando el suelo, es necesario un volteo que a su vez es aprovechado para hilerarlos. Existen numerosos dispositivos *volteadores-hileradores*:
- Púas rotatorias.
- Rastrillos rotativos de eje vertical.
- Rastrillos de molinete cilíndricos (de discos).
- Rastrillos de cadenas.

En la actualidad existen aperos con todos los dispositivos anteriores, llamados aperos combinados, que realizan simultáneamente las operaciones de siega, acondicionado e hilerado.

Cosecha de materiales

Una vez el material está seco debe recogerse para lo cual existen varias tecnologías:
- Remolques autocargadores.
- Picadoras.
- Empacadoras.

Los remolques autocargadores son máquinas provistas de un sistema de recogida *pick up*, es decir, constituidos por dos ejes de púas, uno de ellos muy pegado al suelo de forma que las púas levantan los materiales, y el segundo eje colocado superiormente los introduce dentro de un remolque de almacenamiento.

Las picadoras tienen el mismo sistema de alimentación que los remolques autocargadores, sólo que poseen un sistema de cuchillas para el picado (astillado) de la paja antes de ser introducida al remolque

Las empacadoras son máquinas que una vez es introducido el material dentro de la máquina, a través también de un *pick up*, lo somete a un proceso de compresión. Existen dos grandes grupos de empacadoras agrícolas: empacadoras de pacas prismáticas y las empacadoras cilíndricas.

Las *empacadoras de pacas prismáticas* someten los materiales a compresión mediante el golpeteo de un pistón con movimiento alternativo. Los materiales que provienen del *pick up* son depositados en un canal prismático de sección convergente A medida que los materiales son golpeados desde un extremo empujan a los que llegaron previamente discurriendo longitudinalmente. Como cada vez la sección va disminuyendo, la presión de los mismos va aumentando paulatinamente. Cuando llegan al extremo opuesto sale una paca prismática que debe estabilizarse con hilo o flejes plásticos.

Las *empacadoras de pacas cilíndricas* introducen los materiales mediante el sistema *pick up* en una cámara cilíndrica donde unas bandas lo hacen rotar sobre sí mismo. El material va formando un paquete con esa forma geométrica hasta que su presión sobre las paredes supera un determinado valor. Entonces el exceso de presión es detectado por un sensor que hace que se abra la compuerta de la empacadora, dejando caer la paca rondando por gravedad. En este tipo de pacas el material está más comprimido en la periferia de la paca que en su parte central.

CAPÍTULO V. RECUERDA

- Los factores que más influyen en la evaluación de los sistemas organizativos de la cosecha de biomasa es la movilidad de las máquinas, su tipo de alimentación y mano de obra.

- Según su movilidad las máquinas se consideran fijas, transportables cuando no pueden entrar en la parcela, y móviles cuando sí pueden entrar en la parcela.

- Existen tres tipos de alimentación de las máquinas de recogida: alimentación manual, alimentación con grúa de pinzas y sistema *pick up*.

- Las astilladoras transportables requieren concentración previa, las astilladoras móviles agrícolas requieren alineación.

Capítulo VI
Evaluación de los sistemas de cosecha

6.1. Introducción

Un reto técnico será determinar cuál de las variantes de cosecha de biomasa se adapta mejor a las condiciones del medio particulares de cada zona. Los resultados de cada una de ellas dependerán del suelo, orografía, tipo de vegetación, especie, diámetro de los árboles, altura de los matorrales, estructuras viarias forestales, etc. Estas características varían de unas regiones a otras lo que obliga a un estudio particularizado para cada región.

El análisis de la cosecha de biomasa debe realizarse considerando cuatro criterios:

- **Criterio técnico:** análisis de tiempos, capacidades de trabajo, logística, necesidad de infraestructuras (caminos, vías, etc.), daños ambientales (principalmente al suelo y a las especies vegetales que permanezcan en el sistema).

- **Coste económico:** los costes más susceptibles de variación respecto a las predicciones económicas son los imputados la recogida y al transporte. Esto es debido a la gran influencia que tienen en los mismos el tipo de biomasa y la adaptación de la maquinaria a las condiciones de trabajo, también la abundancia y estado de las pistas rurales; tipo de camiones de transporte utilizados (potencia, consumo y capacidad de carga); parte de circulación realizada por pista y por carretera; distancia existente entre las parcelas de abastecimiento y la planta energética; tráfico; época del año; transporte de día o de noche y climatología. Por estas razones es conveniente desglosar los *costes totales* en los siguientes:

  - *Costes de extracción de biomasa*, que supone la operación de recogida y astillado o empacado a pie de parcela.

  - *Costes de transporte y tratamiento en planta.* Son costes que dependen de las citadas variables anteriores, en ocasiones, no controlables.

- **Balance energético:** la extracción de biomasa supone un consumo de energía en el uso de maquinaria (especialmente combustibles fósiles). Se debe evaluar el balance de energía obtenido por la extracción y combustión de cada tipo de residuo.

- **Balance de emisiones:** la cosecha y transporte de biomasa supone la combustión de carburantes en el uso de maquinaria (especialmente combustibles fósiles) con la consiguiente emisión de dióxido de carbono. Estas emisiones deben ser cuantificadas, definiéndose como huella de carbono.

La evaluación de una variante de cosecha y transporte debe realizarse de acuerdo con el análisis de cada máquina que interviene en la misma, y después, hacer una evaluación global del conjunto desde los cuatro criterios citados.

6.2. Evaluación técnica de una máquina

Para la evaluación de un sistema de cosecha, primeramente, habrá que evaluar cada máquina utilizada de forma independiente. Desde el punto de vista técnico, en cada máquina deben determinarse los siguientes parámetros:

Ciclo de trabajo
Se denomina ciclo de trabajo a la serie de elementos u operaciones elementales que se suceden para la realización de una tarea u operación completa.

Tiempo del ciclo (T_c)
Será el tiempo invertido en realizar toda una serie de operaciones elementales hasta completar el ciclo de trabajo, también este tiempo es denominado tiempo efectivo de trabajo. En él no se contemplan las interrupciones ni los descansos. Por ejemplo, en el caso particular de un tractor autocargador sería el tiempo empleado en cargar, maniobrar, transportar, descargar y volver al punto de carga. En el caso de un camión de transporte sería el tiempo que tarda en ser cargado, realizar el trayecto de transporte, tiempo en que realiza la descarga y volver al punto donde debe ser cargado de nuevo.

El tiempo del ciclo tiene una componente fija T_f y una componente variable T_v, tal que

$$T_c = T_f + T_v$$

El *tiempo fijo* se denomina también óptimo, ya que depende exclusivamente del tipo de trabajo que realiza la máquina. En el ejemplo del tractor autocargador se puede descomponer en:
a) Tiempo de carga.
b) Tiempo de descarga.
c) Tiempo mínimo de maniobras para volver a cargar.

El *tiempo fijo* puede estimarse midiendo los tiempos en una serie de ciclos en condiciones óptimas de trabajo y dividiendo este tiempo por el número de ciclos realizado.

El *tiempo variable* será el tiempo de demora debido a las condiciones de trabajo. Dependerá de las distancias recorridas, de las velocidades máximas alcanzables, estado de las vías, intensidad de tránsito, número de maniobras de dificultad para completar el ciclo, peso transportado, pendientes, climatología, de la habilidad y experiencia del operador, etc. El tiempo variable prolonga el ciclo, sin embargo, debe ser considerado tiempo efectivo de trabajo. En la planificación del trabajo este tiempo se estimará en función de experiencias previas o a referencias que en ocasiones proporcionan los catálogos de los fabricantes de maquinaria.

Tiempo real de trabajo
Incluye el tiempo del ciclo, los descansos y las interrupciones.

Capacidad de producción (C_p)
Es la medida del recurso obtenido al realizar un ciclo completo de trabajo.

Puede tener diferentes unidades de medida, por ejemplo:
- En un tractor autocargador se hablará de m^3 cargados y amontonados en un ciclo.
- En una astilladora de m^3 astillados en un ciclo.

Intervalo de producción (I_p)

Será el tiempo en producir una unidad de recurso.

$$I_p = \frac{T_c}{N_r}$$

N_r: Número de unidades de recurso producidas

Las unidades serán por ejemplo:

- En un tractor autocargador, minutos empleados en amontonar un m^3 de residuos en pista forestal.
- En una astilladora los minutos empleados en astillar un m^3 de material.

Frecuencia

Es el número de ciclos capaz de realizar una máquina por unidad de tiempo, por ejemplo: n° de ciclos/h

Producción horaria teórica (P_{ht})

Es la cantidad de recurso que produce por unidad de tiempo en condiciones óptimas. Se obtiene mediante el producto de la capacidad de producción de una máquina y la frecuencia. Es la inversa de I_p.

$$P_{ht} = C_p \times Frecuencia$$

Por ejemplo:

- En un tractor autocargador, astilladora o empacadora m^3/h.
- En una desbrozadora m^2/h.

Este valor teórico se considera como el óptimo. La producción real dependerá de las condiciones de trabajo, climatología, organización de la obra, la habilidad y experiencia del operador, etc. Por tanto, se denomina Producción real o efectiva (P_{hr}) a la producción teórica afectadas por los factores minorantes que se consideren en cada caso.

Por medio de la Ecuación 6.1 es posible calcular las horas empleadas por hectárea en máquinas que trabajan con un ancho definido, o entre líneas si la separación entre árboles es conocida.

$$\text{Tiempo ciclo real} \left(\frac{h}{ha} \right) = \left(\frac{10000}{1000 \cdot (1-p) \cdot A \cdot V} + \frac{10000}{(1-p) \cdot A \cdot L} \cdot \frac{G}{60} \right) \cdot N + I$$

$$\text{Tiempo ciclo real} \left(\frac{h}{ha} \right) = \left(\frac{1}{V} + \frac{100}{6} \cdot \frac{G}{L} \right) \cdot \frac{10 \cdot N}{(1-p) \cdot A} + I$$

(6.1)

Donde A y L son la anchura y longitud de las calles de la plantación en metros; p es el porcentaje de solape que la máquina hace en cada calle con la paralela, N es el número de veces que la máquina circula por cada calle; V es la velocidad de avance de la máquina durante la fase de trabajo en km/h y G el tiempo empleado en giros de la máquina para cambiar de calle en minutos. I es el tiempo empleado en interrupciones y contingencias por hectárea.

El factor $\frac{10000}{(1-p) \cdot A \cdot L}$ equivale al número de giros necesarios para cubrir el trabajo de una hectárea.

Producción tipo

Es la producción de una máquina durante 54 minutos ininterrumpidos de trabajo. Este parámetro estandarizado por diferentes normas se justifica por el hecho que de por cada hora de trabajo deben emplearse 6 min de descanso. No deben ser necesariamente seguidos a cada ciclo de trabajo, sino por ejemplo, que después de 5 h de trabajo, 30 min deben dedicarse al descanso.

Coste de producción

Es el coste por unidad de recurso producida por una máquina o conjunto de máquinas.

Factores de evaluación técnica

La evaluación técnica pasa por la obtención de tres factores: factor de disponibilidad de la máquina, factor de utilización y factor de aprovechamiento.

Si determinamos las variables:

t_u: tiempo que la máquina se está utilizando.

t_m: tiempo que la máquina está parada por mantenimiento para algún ajuste o para la reparación de alguna avería.

t_d: tiempo que la máquina está disponible para trabajar.

t_p: tiempo que la máquina está parada sin trabajar estando disponible.

Tenemos que: $t_d = t_u + t_p$

Definimos:

Factor de disponibilidad

Relación entre el tiempo en el que está disponible la máquina y el tiempo que se necesita (jornada laboral).

$$F_d = \frac{t_u + t_p}{t_u + t_p + t_m}$$

Un factor de disponibilidad bajo indica que la máquina está parada excesivo tiempo por mantenimiento y reparaciones. Lo que indica que es una máquina deteriorada de mala calidad, lo que supone una pérdida económica.

Factor de utilización, o saturación

Es la relación entre el tiempo de utilización de la máquina con el tiempo que está disponible.

$$F_u = \frac{t_u}{t_u + t_p}$$

Un factor de utilización bajo indica una mala organización del trabajo y supone una pérdida económica, ya que el tiempo en el que está disponible es uno de los factores que determina el coste fijo de la operación. Por ejemplo, se dará un factor de utilización bajo en la situación de tener una astilladora en el monte preparada para la trituración de los materiales sin que haya contenedores de transporte listos para el almacenamiento de la astilla producida.

Factor de aprovechamiento

Es la relación entre el tiempo que la máquina está utilizándose y el tiempo de una jornada laboral

$$F_a = \frac{t_u}{t_u + t_p + t_m}$$

$$F_a = F_u \cdot F_d$$

A medida que la edad de la máquina es mayor, el factor de aprovechamiento disminuye, debido a una mayor necesidad de mantenimiento.

Ejemplo 1

Un camión transporta 15 000 kg de material cada 45 minutos, tiempo que emplea en el recorrido de ida y vuelta, carga, descarga y maniobras. Suponiendo que trabaja 50 minutos cada hora que se encuentra en estado operativo, y que el coeficiente de disponibilidad es del 90%, se pide calcular:

a) La capacidad de producción en un ciclo.

b) Tiempo del ciclo.

c) Intervalo de producción.

d) Factor de utilización.

e) Factor de aprovechamiento.

f) Producción media por hora de utilización.

g) Producción media por hora laborable.

h) ¿Cuánto tiempo por término medio estará la máquina en taller, por mantenimiento y averías, por hora trabajada?.

Planteamiento

La capacidad de producción por ciclo está definida en el enunciado, $Cp = 15$ t/ciclo.

El tiempo del ciclo corresponde a $T_c = 45$ min.

El intervalo de producción: $I_p = \dfrac{45}{15} = 3$ min/t

Factor de utilización: $F_u = \dfrac{t_u}{t_u + t_p} = \dfrac{50}{60} = 0,83$

Para determinar cuánto tiempo está el camión en mantenimiento por hora disponible partimos del factor de disponibilidad,

$$F_d = \frac{t_u + t_p}{t_u + t_p + t_m} = \frac{60}{60 + t_m} = 0,9 \rightarrow t_m = 6,66 \text{ min/h disponible}$$

Factor de aprovechamiento: $F_a = F_d \cdot F_u = 0,83 \cdot 0,9 = 0,747$

Esto significa que por cada hora laboral la máquina está disponible 0,9 h, y 0,747 h está trabajando realmente.

Productividad por hora de utilización: $P_u = \dfrac{15 \text{ t}}{45 min} \cdot \dfrac{60 \text{ min}}{1 \text{ h}} = 20$ t/h de utilización

Productividad por hora laborable: $P_r = 20 \text{ t/h}_u \cdot \dfrac{6,747 \text{ h}_u}{1 \text{ h}_{lab}} = 14,94$ t/h laborable

Tiempo en mantenimiento por hora laboral será:

$$F_d = \frac{t_u + t_p}{t_u + t_p + t_m} = \frac{t_u + t_p}{1 \text{ h}} = 0,9$$

$t_m = 1 - 0,9 = 0,10$ h en mantenimiento/hora laborable

Fin.

Ejemplo 2

Una máquina astilladora tiene una producción tipo de 3,5 t/h. En 50 minutos en condiciones reales tiene una producción de 3 t. Del tiempo total de trabajo el 12% la máquina está parada por la organización del aprovechamiento, esperas de contenedores, etc. y el 10% por mantenimiento y reparación de averías de la misma. Sabiendo que el coste por hora laborable real de la máquina es de 40 €, se pide:

a) Factor de disponibilidad.

b) Factor de utilización.

c) Factor de aprovechamiento.

d) Producción horaria teórica y real.

e) Eficiencia del trabajo.

f) Coste real de producción.

Planteamiento

a) $F_d = \dfrac{t_u + t_p}{t_u + t_p + t_m} = 0,9$

b) Según el enunciado se sabe que

$$t_p = 0,12 \cdot \left(t_u + t_p + t_m \right)$$

$$t_m = 0,10 \cdot \left(t_u + t_p + t_m \right)$$

Por tanto: $t_u = 0,78 \cdot \left(t_u + t_p + t_m \right)$

$$F_u = \frac{t_u}{t_u + t_p} = \frac{0,78}{0,78 + 0,12} = 0,833$$

c) $F_a = \dfrac{t_u}{t_u + t_p + t_m} = 0,78 = 0,9 \cdot 0,833$

d) Producción horaria teórica y real

$$P_{ht} = \frac{3,5\ t}{54\ min} \cdot \frac{60\ min}{1\ h} = 3,88\ t/h$$

$$P_{hr} = \frac{3\ t}{50\ min} \cdot \frac{60\ min}{1\ h} = 3,6\ t/h$$

e) Eficiencia $e = \dfrac{3,6\ t/h}{3,88\ t/h} = 0,92$

f) Coste real de la producción

$$C_p = \frac{40\ €/h}{3,6\ t/h} = 11,11\ €/t$$

Fin

144

6.3. Definición del ciclo de trabajo y evaluación de las máquinas más usadas en el aprovechamiento de biomasa

A continuación se van a definir los ciclos de trabajo del tractor autocargador, de una astilladora móvil y de una máquina empacadora.

Ciclo de trabajo del tractor autocargador en la recogida de biomasa

El ciclo de trabajo se divide en varias fases:

-   Desplazamiento desde la zona de acopio de biomasa, donde posteriormente esperará su astillado o empacado y posterior transporte a planta, hasta la zona de trabajo. Este tramo lo realiza el tractor en vacío, sin carga en el remolque.
-   Fase de carga: una vez el tractor está estacionado en la vía de saca dentro de la parcela, extiende la grúa cogiendo con la pinza las trozas o ramas depositadas en el suelo tras la tala y procesado (desramado, despunte y trozado) dentro de su radio de acción.

    Después de varias cargas el tractor se ve obligado a realizar desplazamientos cortos en la zona de trabajo para situarse próximo a nuevos materiales a cargar para completar la capacidad del remolque. Estos desplazamientos son variables según las características del aprovechamiento: cortas a hecho, claras, clareos, etc. por ello en los análisis de evaluación de la adaptación de los distintos modelos es considerado el tipo de aprovechamiento.
-   Fase de trasporte: el vehículo se desplaza con el remolque lleno de la zona de trabajo hasta la zona de cargadero donde permanecerán los residuos a la espera de los camiones de transporte.
-   Descarga: una vez el tractor ha llegado a la zona de acopio o cargadero, mediante la grúa se realizan varios ciclos de descarga, amontonando los materiales en pilas a la espera de su astillado, empacado o transporte definitivo.

Para la evaluación de la actuación del autocargador dentro de la organización del aprovechamiento deberán medirse los tiempos empleados en cada una de las etapas que comprende el ciclo de trabajo.

T_d : Tiempo de desplazamiento a zona de trabajo.

T_c: Tiempo de carga.

T_{dt}: Tiempo de desplazamientos entre diferentes zonas de carga.

T_t: Tiempo de transporte hasta zona de acopio o cargadero.

T_{des}: Tiempo de descarga.

I : Interrupciones.

El tiempo del ciclo vendrá dado por:

$$T_{ciclo} = T_d + T_c + T_{dt} + T_t + T_{des}$$

El tiempo real vendrá dado por:

$$T_{real} = T_d + T_c + T_{dt} + T_t + T_{des} + I$$

Datos que describirán el trabajo dentro de cada tipo de aprovechamiento serán:

a) Número de cargas realizadas en cada posición.
b) Número de desplazamientos por unidad de carga.
c) Número de operaciones con la grúa para descarga (da una idea de la capacidad y adaptación de la pinza para cada tipo de residuo).
d) Metros cúbicos transportados por ciclo y unidad de tiempo.

En las operaciones de medición de tiempos conviene definir cuando empieza y termina cada periodo. Un ejemplo es mostrado en la Tabla 6.1.

En la Tabla 6.2 se muestra un cuadro para la evaluación del trabajo del tractor autocargador en operaciones de recogida de biomasa. En principio cada línea representa un ciclo de trabajo. Las causas de interrupción del trabajo son anotadas en el cuadro de comentarios. Datos de interés serán la hora del comienzo y finalización del registro en cada hoja de evaluación, dado que la capacidad de trabajo de los operarios de los diferentes equipos va variando a medida que discurre la jornada laboral, siendo más eficiente en las primeras horas de trabajo y menos eficientes en las últimas horas de trabajo. Con estos datos se pueden discriminar las producciones en diferentes franjas horarias. El apartado particularidades está reservado para la información referente a condiciones climáticas, pendiente, especie de árboles con los que se trabaja, etc.

Ejemplo 3

Supongamos como ejemplo que durante la evaluación se registran los valores de la Tabla 6.3 que corresponden a dos ciclos de trabajo. Inicialmente al tractor emplea 2 min en desplazarse desde la zona de acopio a la zona de carga. El tractor carga material durante 5 min y tras ese tiempo se ve obligado a desplazarse a otro lugar para seguir las operaciones de carga. El tiempo de desplazamiento es 1,5 min. Tras posicionarse en otro punto vuelve a cargar 6 min hasta que debe desplazarse de nuevo 0,5 min. Cuando comienza de nuevo la carga, tras 2 min se produce una avería que tarda en subsanarse 15 min. Entonces vuelve a seguir la secuencia de trabajo durante dos periodos, uno de 3 min y otro de 2 min. Cuando el remolque del tractor ya está lleno se desplaza a la zona de acopio empleando 3 min. Allí empieza la fase de descarga en la que emplea tres periodos de 7, 5 y 6 min. Entre cada periodo de descarga el tractor se ha visto obligado a parar 2 y 1,8 min. Tras el último periodo de 6 min el remolque del tractor ya está vacío y listo para volver a comenzar otro ciclo de trabajo.

Con los datos de la tabla pueden ser calculados el tiempo efectivo y tiempo real por ciclo; frecuencia de averías; incl-Con los datos de la tabla pueden ser calculados el tiempo efectivo y tiempo real por ciclo; frecuencia de averías; incluso a través de una codificación podría identificarse el tipo de averías más frecuente y en qué momento se producen; porcentaje de tiempo que se emplea en cada una de las fases, y el factor de utilización.

El tiempo efectivo medio de trabajo por ciclo es 45,75 min. El tiempo real medio de trabajo 55,75 min. El factor de utilización es calculado por la Ecuación 6.2.

$$T_c = \frac{5 + 38 + 3{,}5 + 7 + 38}{2} = 45,75 \text{ min}$$

$$T_r = \frac{5 + 38 + 3{,}5 + 7 + 38 + 20}{2} = 55,75 \text{ min}$$

$$F_a = \frac{t_u}{t_u + t_p + t_m} = \frac{45,75}{55,75} = 0,82 \tag{6.2}$$

Del tiempo de trabajo efectivo se está empleando un 5,46% en desplazamientos con el remolque vacío a la zona de acopio, un 41,53% del tiempo en la fase de carga y otro 41,53% en la fase de descarga, 3,83% del tiempo se emplea en desplazarse entre zonas de carga y un 7,65% en desplazarse con el remolque lleno desde la zona de carga hasta la zona de descarga.

Del tiempo de trabajo total se está empleando un 4,48% en desplazamientos con el remolque vacío a la zona de acopio, un 34,08% del tiempo en la fase de carga y otro 34,08% en la fase de descarga, 3,14% del tiempo se emplea en desplazarse entre zonas de carga, un 6,28% en desplazarse con el remolque lleno desde la zona de carga hasta la zona de descarga y un 17,94% en interrupciones.

Si suponemos que la capacidad del remolque permite el transporte de 10 t en cada ciclo, la productividad teórica vendría dada por la Ecuación 6.3 y la productividad real por la Ecuación 6.4. Evidentemente la que se dispone en los catálogos es la productividad teórica.

$$P_h = \frac{C}{T_c} = \frac{10\,\text{t} \cdot 60\,\text{min/h}}{45,75\,\text{min}} = 13,11\,\text{t/h} \tag{6.3}$$

$$P_r = \frac{C}{T_c} = \frac{10\,\text{t} \cdot 60\,\text{min/h}}{55,75\,\text{min}} = 10,76\,\text{t/h} \tag{6.4}$$

Fin.

Tabla 6.1. Definición de los periodos de trabajo un tractor autocargador en el aprovechamiento de biomasa.

	Operaciones de trabajo	Punto inicial	Punto final	Descripción
Tiempo de trabajo real	Tiempo de desplazamiento en vacío.	El vehículo se coloca en posición de avance y empieza su desplazamiento a la zona de trabajo.	El vehículo está estacionado y preparado para la carga.	El tractor se desplaza de la zona de acopio de materiales a la zona de trabajo.
	Fase de carga.	Comienza con el desplazamiento de la grúa cargadora, dirigiéndose a los materiales.	Termina con la colocación de la grúa cargadora en posición fija y segura para el desplazamiento.	El tractor realiza varias cargas en posición fija.
	Desplazamientos entre puntos de carga.	Colocación de la grúa cargadora en posición fija y segura para el desplazamiento.	El vehículo está estacionado y preparado para la carga.	El tractor se desplaza entre diferentes puntos de recogida de materiales.
	Transporte con remolque lleno hacia zona de acopio de materiales.	El vehículo se coloca en posición de avance y empieza su desplazamiento a la zona de acopio de materiales.	El vehículo se coloca en posición de avance y empieza su desplazamiento a la zona de trabajo.	Traslados en zona de trabajo.
	Fase de vaciado y amontonamiento del material.	El vehículo está preparado para vaciar.	El vehículo se coloca en posición de avance y empieza su desplazamiento a la zona de trabajo.	Vaciado del remolque, proceso de descarga.
	Varios			Maniobras, ordenación de la carga.
Tiempos muertos	Interrupciones diversas del ciclo.	Interrupción del ciclo de trabajo.	Comienzo de nuevo del ciclo de trabajo.	Interrupciones a causa de averías.
	Tiempo empleado en preparativos para el trabajo.			
	Tiempos de descanso.	Interrupción del ciclo de trabajo.	Comienzo de nuevo del ciclo de trabajo.	

Tabla 6.2. Cuadro de evaluación de un tractor autocargador.

Ciclo n°	Desplazamiento en vacío	Fase de carga	Despl. entre zonas de trabajo	Trasporte a zona de acopio	Vaciado de remolque	Interrupciones	Tiempos de descanso	Comentarios
Fecha:								
N° de hoja:								
Localidad								
Zona:								
Hora de inicio de registro:								
Hora de finalización del registro:								
Tiempo total trabajado								
% registrado								
Particularidades								

Tabla 6.3. Ejemplo de empleo de las tablas de evaluación de máquinas (tractor autocargador).

Nº Ciclo	Despl. Vacio	Fase de carga	Despl. entre zonas de trabajo	Transporte a zona de acopio	Fase descarga	Interrupciones	Comentarios
1	2 min	5 min	1,5 min.				
		6 min	0,5 min				
		2 min				15 min	Avería
		3 min	0,3 min				
		2 min		3 min	7 min	2 min	
					5 min	1,8 min	
					6 min		Fin ciclo 1
2	3 min	4 min	0,2 min				
		3 min	0,4 min				
		6 min	0,6 min				
		7 min		4 min	5 min	0,7 min	
					7 min	0,5 min	
					8 min		Fin ciclo 2
TOTAL	**5 min**	**38 min**	**3,5 min**	**7 min**	**38 min**	**20 min**	
	5,46%	41,53%	3,83%	7,65%	41,53%		**% respecto a tiempo efectivo de trabajo**
	4,48%	34,08%	3,14%	6,28%	34,08%	17,94%	**% respecto a tiempo total de trabajo**

Ciclo de trabajo de una astilladora móvil para la trituración de residuos

En el análisis de trabajo de las astilladoras debemos definir:

- *Tiempo del ciclo de trabajo.*
- *Producción teórica*: estará definido por el volumen de astillas que es capaz de realizar por unidad de tiempo de trabajo efectivo. Esta producción teórica es tomada en el tiempo del ciclo en el cual la máquina está astillando y por tanto descontando desplazamientos de la máquina, tiempo de carga etc... Dependerá exclusivamente de las características mecánicas del sistema de astillado y de las propiedades físicas del material a astillar (resistencia al corte, humedad del material, densidad, etc.).
- *Producción real*: está definida como el volumen de material astillado por unidad de tiempo de trabajo, considerando el ciclo completo.

La producción teórica es tomada como la producción máxima posible, estando todo el tiempo de trabajo la máquina astillando y es la que suele aparecer en los catálogos comerciales. La producción real vendrá dada por la producción teórica por un factor minorante, que dependerá de diversos factores:

- Organización del trabajo: distancias recorridas.
- Tipo de trabajo: cortas a hecho, clareos, obras de infraestructura (corta fuegos o vías forestales).

- Condiciones de la parcela: pendiente, densidad de la vegetación.
- Condiciones climáticas.
- Experiencia de los operarios.

Este factor minorante se denomina *Rendimiento* de la máquina.

$$\eta_a = \frac{\text{Producción real}}{\text{Producción teórica}}$$

El rendimiento nos permite comparar diferentes sistemas organizativos, aún empleando máquinas de astillado diferentes.

En el caso de una astilladora móvil, el tiempo del ciclo se divide en los siguientes periodos:

- Tiempo de desplazamiento en vacío (T_{des_vacio}): periodo durante el cual la astilladora se desplaza por la vía de saca desde el contenedor de acopio hasta la zona de trabajo. Este recorrido lo realiza al principio de ciclo y se realiza estando el depósito de la máquina vacío.
- Tiempo de trabajo: este periodo viene condicionado por la capacidad del depósito donde se almacena el material triturado. Se divide en dos partes:
  - Trabajo con carga: Tiempo en el que la plataforma de alimentación contiene material que está siendo astillado. Este periodo se identifica porque el sonido de la trituración es muy alto. (T_{tr_carga})
  - Trabajo en vacío: Tiempo de trabajo en el que la plataforma de alimentación no tiene material. En este periodo la máquina está trabajando y el gasto energético no se ha interrumpido pero la producción de astillas está siendo nula. Este periodo se identifica por una acústica de trabajo más silenciosa. (T_{tr_vacio}).
- Tiempo de desplazamiento entre las diferentes zonas de trabajo, es decir, entre los montones donde se concentran los residuos. (T_{des_tr})
- Una vez está lleno el depósito de almacenamiento de la astilladora, la máquina se desplaza de la zona de trabajo al área de acopio donde se sitúa el contenedor donde realizará el vaciado. La velocidad de desplazamiento es más lenta debido al peso que supone tener el depósito lleno (T_{des_lleno}).
- Tiempo empleado en las operaciones de vaciado ($T_{vaciado}$).
- Una vez lleno el contenedor de acopio, también hay que contabilizar el tiempo de espera para que llegue el camión de trasporte y la duración de las operaciones de posicionamiento y carga del contenedor ($T_{contenedor}$).

Por tanto, la duración del ciclo de trabajo de la astilladora vendrá dada por:

$$T_{astilladora} = T_{des\_vacio} + T_{tr\_carga} + T_{tr\_vacio} + T_{des\_tr} + T_{des\_lleno} + T_{vaciado} + T_{contenedor}$$

Otros tiempos que cabría considerar son:

- Esperas cuando no hay ningún contenedor vacío para poder reanudar el ciclo de la astilladora.
- Interrupciones diversas del ciclo.
- Tiempo empleado en preparativos para el trabajo.
- Tiempos de descanso.

Por otro lado, es conveniente un formulario a cada operario que permita discriminar en la capacidad de trabajo la influencia de la edad, experiencia de los mismos, etc.

Características del equipo serán:
- Producción teórica.
- Potencia del motor.
- Abertura de boca de alimentación.
- Capacidad del contenedor.
- Peso aproximado de la máquina.

Para evaluar el material proporcionado por la astilladora es necesario considerar: tamaño de la astilla, humedad del material, volumen estéreo, densidad aparente, densidad real. Del mismo modo que con el autocargador, en la Tabla 6.4 se muestra la definición de cuando empieza y termina cada periodo del ciclo. En la Tabla 6.5 se muestra un cuadro para la evaluación del trabajo de la máquina astilladora móvil en campo. En principio cada línea representa un ciclo de trabajo. Las causas de interrupción del trabajo son anotadas en el cuadro de comentarios.

Tabla 6.4. Definición de los periodos de trabajo de las astilladoras móviles en el aprovechamiento de biomasa.

	Operaciones de trabajo	Punto inicial	Punto final	Descripción
Tiempo de trabajo real	Tiempo de desplazamiento en vacío.	El vehículo se coloca en posición de avance y empieza su desplazamiento a la zona de trabajo	El vehículo estacionado y preparado para el astillado	La astilladora se desplaza de la zona de acopio de materiales a la zona de trabajo
	Trabajo con carga	Entrada de material en la boca de alimentación, empieza el astillado	Boca de alimentación vacía, el rotor gira sin material para triturar	Periodo de trabajo, astillado de materiales
	Trabajo en vacío	La astilladora funciona en vacío	Entrada de material en la boca de alimentación, empieza el astillado	
	Desplazamiento entre las diferentes zonas de trabajo	Final del trabajo astillado. Deja de existir el sonido del rotor triturando.	El vehículo está de nuevo preparado para astillar	Traslados
	Desplazamiento para vaciado de depósito	Final del trabajo de astillado. Deja de existir el sonido del rotor triturando.	Llegada al contenedor, posicionamiento. El vehículo está preparado para vaciar	La astilladora se desplaza con el depósito lleno al contenedor de acopio
	Vaciado en contenedor	El vehículo está preparado para vaciar		Proceso de descarga
	Espera de contenedor a camión de transporte			
	Varios			
Tiempos muertos	Esperas cuando no hay ningún contenedor vacío para poder reanudar el ciclo de la astilladora	Interrupción del ciclo de trabajo	Comienzo de nuevo del ciclo de trabajo	Tiempo de espera a un nuevo contenedor de trasporte, por tanto el trabajo es interrumpido
	Interrupciones diversas del ciclo			Interrupciones a causa de averías
	Tiempo empleado en preparativos para el trabajo			
	Tiempos de descanso	Interrupción del ciclo de trabajo	Comienzo de nuevo del ciclo de trabajo	

Tabla 6.5. Cuadro de evaluación de una astilladora móvil.

Ciclo n°	Desplazamiento en vacío	Trabajo con carga	Trabajo sin carga	Despl. entre zonas de trabajo	Despl. para vaciado de depósito	Vaciado de contenedor	Interrupciones	Tiempos de descanso	Comentarios
Fecha:									
N° de hoja:									
Localidad									
Zona:									
Hora de inicio de registro:									
Hora de finalización del registro:									
Tiempo total trabajado									
% registrado									
Particularidades									

Ciclo de trabajo de una máquina empacadora de biomasa leñosa

Las etapas del ciclo de trabajo de la empacadora vendrán dadas por:

- Tiempo de desplazamiento en vacío al área de trabajo. (T_{des_vacio})

- Tiempo de empacado: la grúa va recogiendo los materiales de los montones y va depositándolos en el canal de compresión. Este periodo se divide en dos partes:

  • Trabajo con carga: Tiempo en el que la plataforma de alimentación está con material que está siendo compactado. (T_{tr_carga})

  • Trabajo en vacío: Tiempo de trabajo en el que la plataforma de alimentación no tiene material. En este periodo la máquina está trabajando y el gasto energético no se ha interrumpido. (T_{tr_vacio})

- Tiempo de corte y atado. Es el periodo empleado en pasar la motosierra o disco de corte por los extremos del canal de compresión a la distancia convenida para que la longitud de las pacas resultantes sea similar en cada una de las unidades, y pasar los flejes alrededor el material comprimido. (T_{corte_atado})

- Tiempo de expulsión de la paca y apilado. Consiste en la abertura de la compuerta de expulsión, salida de la paca por gravedad y apilado de la misma mediante la grúa de pinzas. ($T_{expulsion\_apilado}$)

- Tiempo de desplazamiento entre las diferentes zonas de trabajo, es decir, entre los montones donde se concentran los residuos forestales. (T_{des_tr})

Por tanto, el trabajo efectivo de la máquina vendrá dado por:

$$T_{empacadora} = T_{des\_vacio} + T_{tr\_carga} + T_{corte\_atado} + T_{expulsion\_apilado} + T_{des\_tr}$$

Otros tiempos que cabría considerar son:

- Interrupciones diversas del ciclo.
- Tiempo empleado en preparativos para el trabajo.
- Ausencias del trabajador.
- Tiempos de descanso.

La producción de las empacadoras vendrá definida por los siguientes parámetros:

- Volumen de las pacas.
- Número de pacas realizada por unidad de tiempo efectivo de trabajo.
- Número de pacas realizada por unidad de tiempo real de trabajo.
- Densidad aparente de las pacas y densidad real de los materiales.

Del mismo modo que en los casos anteriores, en la Tabla 6.6 se muestra la definición de cuando empieza y termina cada periodo del ciclo. En la Tabla 6.7 se muestra un cuadro para la evaluación en campo del trabajo de la máquina empacadora.

Figura 6.1. Transporte biomasa sin astillar.

Figura 6.2. Trasporte biomasa astillado.

153

Tabla 6.6. Definición de los periodos de trabajo una máquina empacadora en el aprovechamiento de biomasa leñosa.

	Operaciones de trabajo	Punto inicial	Punto final	Descripción
Tiempo de trabajo real	Tiempo de desplazamiento inicial	El vehículo se coloca en posición de avance y empieza su desplazamiento a la zona de trabajo	El vehículo está estacionado y preparado para la carga del canal de compresión	La máquina se desplaza de la zona de acopio en la pista a la zona de trabajo
	Fase de empacado	Comienza con el desplazamiento de la grúa cargadora, dirigiéndose a los materiales	Termina el desplazamiento de las prensas de la cámara de compresión	Carga y formación de la paca
	Fase de corte	Termina el desplazamiento de las prensas de la cámara de compresión	Las prensas se separan del material	Atado y corte
	Desplazamientos entre puntos de empacado	Colocación de la grúa cargadora en posición fija y segura para el desplazamiento	El vehículo está estacionado y preparado para reanudar el empacado	El tractor se desplaza entre diferentes puntos de recogida de materiales
	Regreso de la hacia zona de acopio de materiales	El vehículo se coloca en posición de avance y empieza su desplazamiento a la zona de acopio de materiales	El vehículo está preparado en posición fija en la zona de acopio	
	Varios			Maniobras, ordenación de las pacas
Tiempos muertos	Interrupciones diversas del ciclo	Interrupción del ciclo de trabajo	Comienzo de nuevo del ciclo de trabajo	Interrupciones a causa de averías
	Tiempo empleado en preparativos para el trabajo			
	Tiempos de descanso	Interrupción del ciclo de trabajo	Comienzo de nuevo del ciclo de trabajo	

Tabla 6.7. Cuadro de evaluación de una máquina empacadora biomasa leñosa.

	Ciclo n°	Desplaz. inicial	Trabajo de compresión	Trabajo de corte	Despl. entre zonas de trabajo	Ordenación de las pacas	Despl. a zona de acopio	Interrupciones	Tiempos de descanso	Comentarios
Fecha:										
N° de hoja:										
Localidad										
Zona:										
Hora de inicio de registro:										
Hora de finalización del registro:										
Tiempo total trabajado										
% registrado										
Particularidades										

6.4. Parámetros en la organización de varias máquinas trabajando conjuntamente

La planificación del uso de la maquinaria puede constituir la parte más importante de la planificación general del aprovechamiento, ya que supone un elevado coste de utilización. Cuando existe un grupo de máquinas actuando conjuntamente para producir una unidad de recurso definiremos:

Tiempo de espera
Es el tiempo que una máquina invierte en esperar a otra a fin de realizar juntas una operación.

Tiempo de demora
Es el tiempo que la máquina no trabaja dentro de un ciclo de trabajo.

No hay que confundir el tiempo de demora con el tiempo de espera, dado que la demora se produce por interrupciones del ciclo por circunstancias externas, por ejemplo: la espera de un camión parado en un semáforo, tráfico, lluvia, etc.

Cuello de botella
Se denomina así a la máquina que limita la producción dentro de un equipo. Generalmente será la máquina con menor capacidad de producción.

Producción horaria de un equipo de máquinas trabajando en cadena
Es la producción horaria de la máquina con menor producción.

Desde el punto de vista teórico, para conseguir el mínimo tiempo de esperas dentro de una cadena de trabajo en el que un grupo de máquinas depende de los resultados de otro grupo, el número de máquinas empleado en ambos grupos debe cumplir la igualdad:

Frecuencia máquinas A = Frecuencia máquinas B.

$$N_A \frac{1}{T_a} = N_B \frac{1}{T_b}$$

Donde N_A y N_B son el número de máquinas en cada grupo, y T_a y T_b son el tiempo que dura el ciclo de trabajo de las máquinas A y B respectivamente. Las inversas de los periodos equivalen a las frecuencias de cada máquina.

Esto implica el número de ciclos de trabajo realizados por ambos grupos de máquinas es el mismo.

Por ejemplo, en la cadena de trabajo de una astilladora móvil y los contenedores donde son transportados los materiales, el número contenedores a emplear dependerá del tiempo del ciclo de trabajo de ambos. Si la astilladora emplea 10 minutos en llenar el depósito propio de 20 m³ que se debe vaciar en los contenedores de acopio de 40 m³, junto 5 min en el vaciado, la astilladora debe emplear 30 min en llenar un contenedor. Si el tiempo de transporte de los contenedores es de 60 min, para que la astilladora no tenga esperas deben emplearse 3 contenedores.

$$N_{contenedores} = N_{astilladora} \frac{T_{contenedores}}{T_{astilladora}} = 1 \frac{30 + 60}{30} = 3$$

Producción horaria de un equipo de "i" máquinas iguales trabajando en paralelo, será:

$$P = i \cdot F_d \cdot P_t$$

Siendo F_d el factor de disponibilidad y P_t la productividad de cada máquina.

La probabilidad de que i máquinas de n no estén disponibles tiene una distribución binomial.

Ejemplo 4

El tiempo que una astilladora tarda en llenar un camión es de 24 minutos, mientras que el ciclo del camión en condiciones óptimas es de 5,83 horas, tiempo que emplea en ser cargado, ir a la planta de tratamiento y volver vacío. Se pide:

a) ¿Cantos camiones serán necesarios para que la astilladora no espere por falta de camiones?.

b) Si en una obra disponemos de 25 camiones. ¿Cuántas astilladoras serían necesarias para que éstas no fuesen el cuello de botella? ¿Cuál es el porcentaje de saturación de las astilladoras?.

c) Si tenemos 2 astilladoras, ¿Cuantos camiones serían necesarios sin que estos esperen por falta de astilladoras? ¿Cuál sería en este caso la saturación de las astilladoras?.

d) ¿Cuántos camiones y astilladoras serían necesarios, desde el punto de vista teórico, para que ninguna máquina del conjunto tuviese esperas?.

Planteamiento

- Tiempo del ciclo de la astilladora $T_a = 24$ min
- Tiempo del ciclo del camión: $T_c = 5,83$ h $= 350$ min

$$N_{caminones}\frac{1}{T_c} = N_{astilladoras}\frac{1}{T_a}$$

a) $N_{caminones} = 1 \cdot \dfrac{350}{24} = 14,58$ caminones $\rightarrow$ 15 camiones

b) $N_{astilladora} = 25 \cdot \dfrac{24}{350} = 1,71$ astilladoras $\rightarrow$ 2 astilladoras

El porcentaje de saturación se define como la relación de la capacidad que tiene la máquina para trabajar y lo que realmente está trabajando. Si se poseen 2 astilladoras, pero el trabajo requerido es el equivalente a 1,71, el porcentaje de saturación es definido por la siguiente relación:

$$\%S_{astilladora} = \frac{1,71}{2} \cdot 100 = 85,7\%$$

c) $N_{caminones} = 2 \cdot \dfrac{350}{24} = 29,1$ caminones $\rightarrow$ 29 camiones

$$\%S_{astilladoras} = \frac{29}{29,1} \cdot 100 = 99,4\%$$

d) Para calcular el número teórico de camiones y astilladoras para que no existan esperas se toma la relación de tiempos de ciclo en número enteros. Para obtener los valores mínimos se descompone la relación en factores primos y se simplifica.

$$\frac{N_{caminones}}{N_{astilladoras}} = \frac{T_c}{T_a} = \frac{350}{24} = \frac{2 \cdot 5^2 \cdot 7}{2^3 \cdot 3} = \frac{175}{12}$$

Según la relación óptima que eliminaría los tiempos de espera viene dada por 175 camiones y 12 astilladoras.
Fin.

6.5. Evaluación económica de una máquina

La evaluación económica de una máquina pasa por conocer cuáles son los costes de utilización. Hay que diferenciar entre los costes fijos y los costes variables. Los costes fijos no dependen de la utilización de la máquina, simplemente su posesión va asociada a asumir los mismos. Los costes variables se producen cuando la máquina está trabajando.

Los costes fijos incluyen:

- *Amortización*: es el coste asociado a la recuperación del capital invertido en la adquisición del equipo. Durante la vida útil de la máquina se prevé un capital que irá destinado a su reposición en el momento de la obsolescencia. La vida útil (V_u) de las máquinas de cosecha de biomasa se estima entre 10 000 y 15 000 horas de trabajo lo que supone entre 10 y 15 años. La amortización se calcula con la Ecuación 6.5, donde V_r es el valor residual, valor de mercado del equipo en el momento de la obsolescencia, que suele ser un 10% del valor de adquisición (unidades: Euros/año o Euros/hora según se considere la V_u).

$$A = \frac{V_I - V_R}{V_u}$$

(6.5)

- *Intereses*: es la remuneración por el capital invertido que hay que pagar a un prestamista, o que se deja de ganar si el capital en lugar de haber adquirido la máquina fuera invertido en productos financieros. Se expresa como porcentaje $i(\%)$ de la media del valor invertido (Euros/año).

$$C_i = \frac{V_I \cdot i(\%)}{2 \cdot 100}$$

- Seguros e impuestos (Euros/año). Su valor depende del tipo de cobertura que se desee. Suelen estimarse entre el 0,5 y el 3% del valor de adquisición.

$$C_{Seg.} = V_I \cdot 0{,}02$$

- Reparaciones y mantenimiento. Suelen considerarse alrededor de un 10% del valor de adquisición (Euros/año).

$$C_{rep.} = V_I \cdot 0{,}1$$

- Almacenamiento suele considerarse entre el 0,5 y el 1% del valor de adquisición (Euros/año).

$$C_{alm.} = V_I \cdot 0{,}07$$

Los costes variables incluyen el combustible y la mano de obra. Los costes de combustible pueden ser estimados según la Ecuación 6.6.

$$C_{comb.} = \frac{0{,}5 \cdot N_{motor} \cdot 3600 \cdot P_{comb.}}{d_{comb} \cdot PC_{comb}}$$

(6.6)

Donde:

N_{motor} : Potencia del motor en W.

$d_{comb.}$: Densidad del combustible (gasoleo 0,85 kg/l).

$PC_{comb.}$: Poder calorífico del combustible (gasóleo 43,1 MJ/kg).

$P_{comb.}$: Precio del combustible (Euros/l).

De tal forma que la Ecuación 6.6 se convierte en 6.7.

$$C_{comb.} = \frac{0,5 \cdot N_{motor} \cdot 3600 \cdot P_{comb.}}{0,85 \cdot 43100000} \tag{6.7}$$

Como ejemplo, el análisis de dos máquinas, una astilladora de gran potencia (400 CV) eminentemente forestal, y una astilladora de mediana potencia (200 CV) utilizada en residuos de poda agrícola se muestra en las Tablas 6.8 y 6.9. La vida útil considerada en ambas máquinas ha sido de 15 000 horas que equivalen aproximadamente a 15 años, trabajando 6 horas al día, 18 días al mes durante 9 meses al año. El precio de adquisición de la astilladora forestal oscila los 180 000 Euros. El precio de adquisición de la astilladora agrícola está alrededor de los 15 000 Euros.

Aplicando las ecuaciones anteriormente definidas se calculan los costes anuales y los costes por hora de ambas máquinas. Considerando la productividad nominal, que corresponde a 15 t de astillas por hora en la astilladora de gran potencia y de 4 t de astilla por hora, al dividir los costes horarios por la productividad se puede calcular el coste de producción 5,32 Euros/t y 6,22 Euros/t respectivamente.

Considerando que la productividad de biomasa en una hectárea es como media 8 y 2,5 t/ha respectivamente, se obtiene el coste por unidad de superficie cosechada, 42,58 Euros/ha y 15,54 Euros/ha.

Como puede observarse los costes de la astilladora por tonelada oscila los 6 €/t a los que hay que añadir los costes de concentración o alineación previa del material y los costes del transporte del contenedor. Lo que suele incrementar el coste de recogida hasta los 20-25 €/t. El coste por hora total da una idea de lo que supone el precio horario de contratación del servicio. El coste anual total da una idea del volumen de negocio necesario para cubrir los costes de la máquina.

Tabla 6.8. Desglose de costes de una astilladora de gran potencia (forestal).

DATOS				
Vida útil	15 años	14 580 h de trabajo		
Equivalencia h de trabajo=años	6 h/d	18 d/mes	9 meses/año	972 h/año
Inversión	180 000 Euros			
Interés	2 %			
Capacidad de producción	15 t astillas/h			
Potencia	294 400 W	400 CV		
Precio del combustible	1,5 Euros/l			
Productividad parcela	8 t/ha			

(Continúa en la página siguiente)

(Continúa de la página anterior)

COSTES FIJOS

	Euros/año	Euros/h	Euros/t	Euros/ha
Amortización	10 800	11,11	0,74	5,93
Intereses	1800	1,85	0,12	0,99
Seguros e impuestos (I*0,02)	3600	3,70	0,25	1,98
Reparaciones (I*0,1)	18 000	18,52	1,23	9,88
Almacenamiento (I*0,07)	12 600	12,96	0,86	6,91

COSTES VARIABLES

	Euros/año	Euros/h	Euros/t	Euros/ha
Mano de obra	9720,00	10,00	0,67	5,33
Combustible	21 089,76	21,70	1,45	11,57
TOTAL	**77 609,76**	**79,85**	**5,32**	**42,58**
Superficie mínima de trabajo para rentabilizar la máquina			1822,54 ha/año	

Tabla 6.9. Desglose de costes de una astilladora de gran potencia (agrícola).

DATOS

Vida útil	15 años	14 580 h de trabajo		
Equivalencia h de trabajo=años	6 h/d	18 d/mes	9 meses/año	972 h/año
Inversión	15 000 Euros			
Interés	2 %			
Capacidad de producción	4 t astillas/h			
Potencia	147 200 W	200 CV		
Precio del combustible	1,5 Euros/l			
Productividad parcela	2,5 t/ha			

COSTES FIJOS

	Euros/año	Euros/h	Euros/t	Euros/ha
Amortización	900	0,93	0,23	0,58
Intereses	150	0,15	0,04	0,10
Seguros e impuestos (I*0,02)	300	0,31	0,08	0,19
Reparaciones (I*0,1)	1500	1,54	0,39	0,96
Almacenamiento (I*0,07)	1050	1,08	0,27	0,68

COSTES VARIABLES

	Euros/año	Euros/h	Euros/t	Euros/ha
Mano de obra	9720,00	10,00	2,50	6,25
Combustible	10 544,88	10,85	2,71	6,78
TOTAL	**24 164,88**	**24,86**	**6,22**	**15,54**
Superficie mínima de trabajo para rentabilizar la máquina			1555,01 ha/año	

En la Tabla 6.14 se muestra la cantidad media de residuos de poda producida en cada cultivo. En la Tabla 6.15 aparecen las cantidades disponibles de paja de los cereales. Estos datos permiten calcular la superficie mínima de trabajo para cubrir las necesidades de negocio mínimas para amortizar la máquina de cosecha. Para cubrir los 77 609,76 €/año necesarios para amortizar la astilladora de 400 CV de la Tabla 6.8, considerando una producción de 8 t/ha de residuos forestales se precisarán 1823,54 ha de recogida al año (Ecuación 6.8). Si consideramos la astilladora pequeña de la Tabla 6.9 para cubrir los 24 164,88 €/año (Ecuación 6.9) se precisará trabajar 1555,01 ha al año.

$$S = \frac{77609,76 \quad €/año}{5,32 \ €/t} \cdot \frac{1}{8 \ t/ha} = 1823,54 \quad ha/año \tag{6.8}$$

$$S = \frac{24164,88 \quad €/año}{6,22€/t} \cdot \frac{1}{2,5 \ t/ha} = 1555,01 \quad ha/año \tag{6.9}$$

El valor de 1822,54 ha a cosechar al año para amortizar la astilladora de 400 CV resulta un poco excesivo, pero eso ha sido debido a que la cantidad de biomasa considerada para cosechar ha sido muy baja. Hay que tener en consideración que estas astilladoras de gran potencia son empleadas en el medio forestal donde la cantidad de biomasa a extraer es mucho mayor. Considerando 15 t de biomasa por hectárea, la superficie a trabajar para mantener los costes de la máquina de sitúa alrededor de 1000 ha al año.

También hay que considerar que la astilladora de gran potencia puede astillar fustes de gran diámetro, mientras que las de 200 CV el diámetro de rama a astillar estará limitado a 7 o 8 cm.

6.6. Parámetros para evaluación de viabilidad de proyectos de aprovechamiento de biomasa

El objetivo del presente apartado es especificar los parámetros básicos para la evaluación de un proyecto de inversión para el aprovechamiento energético de la biomasa. Para ello se deben contemplar varios parámetros como los precios de la materia prima, condiciones de suministro, tecnología de recogida y alternativas en el aprovechamiento. Estos parámetros permitirán analizar modelos de optimización logística.

Precio de mercado de la biomasa

El primer paso para valoración de la inversión logística es conocer cuál es el precio de mercado del material biomásico puesto en la "*facilitie*", lugar donde se va a realizar su aprovechamiento. De esta manera podemos saber cuál es el límite factible de la inversión. En la Tabla 6.10 se exponen los precios en marzo de 2023 y características que exigen las distintas tecnologías de aprovechamiento de biomasa.

Tabla 6.10. Precio de mercado y condiciones de venta de las astillas.

	Precios en mayo de 2023	Condiciones
Astillas de pino	125 €/t	Menos de 30-40% de humedad
Astillas de chopo	120 €/t	Dimensiones menores a P50
Astillas de residuos agrícolas	60-70 €/t (depende de la humedad)	Menos de 0,4-0,5 % de Cl Sin sílice Menos del 5% de ceniza

El precio de la astilla es muy variable, los valores presentados en la Tabla 6.10 son muy conservadores. Cuanto mayor es el precio de venta existirán mayores posibilidades de inversión en un sistema de recogida y distribución de materia prima por lo que el incremento de precio ofrece una situación ventajosa para el distribuidor y productor, generalmente vinculados a la actividad agrícola o forestal. Sin embargo, supone un perjuicio para el consumidor final y puede poner en peligro la viabilidad de la instalación de aprovechamientos de biomasa por la posibilidad de instalar fuentes de energía convencionales.

Alternativas tecnológicas para el aprovechamiento energético de la biomasa

El segundo paso del análisis será determinar las alternativas tecnológicas de utilización de la biomasa puesta en el mercado:

Combustión directa en calderas

La combustión directa se realiza en calderas y el calor obtenido puede ser aprovechado en varias aplicaciones:
- Obtención de agua caliente (sanitaria o no).
- Calentamiento de aceite térmico (calefacción).
- Obtención de vapor (aplicado a turbina o vapor industrial).

Las calderas para los usos anteriores pueden ser alimentadas con astillas de madera o pélets. Las calderas de biomasa presentan el inconveniente de que tienen un coste de inversión 2 a 3 veces superior al coste de inversión de una caldera de gas. Por ejemplo, una caldera de biomasa media de 100 kW tiene un coste aproximado entre 16 000 y 20 000 €, una caldera de gas de la misma potencia posee un coste medio de 7500 €. No obstante, el precio de la materia prima de alimentación puede ser más barato en el caso de la caldera de biomasa que en la caldera de gas. Esto provoca un coste energético unitario muy ventajoso. El coste medio de la energía obtenida en caldera de gas es 0,10-0,12 €/kWh, el coste medio de la energía obtenida de una caldera de biomasa es 0,05-0,08 €/kWh. Por tanto, el tiempo de amortización de la caldera de biomasa puede ser mucho más reducido, por lo que esta tecnología puede ser competitiva frente a la instalación de calderas convencionales de propano. En la Tabla 6.11 se presenta una comparativa entre las condiciones económicas de las calderas de biomasa y de gas de 100 kW.

Todas las calderas, tanto de biomasa como de gas, son automáticas tanto en alimentación como en limpieza. No obstante, la caldera de biomasa requiere una puesta a punto de mantenimiento que suele costar entre 700 y 1000 €/año.

El rendimiento térmico de las calderas de biomasa tanto de uso industrial como de uso doméstico, tanto de pélets como de astillas suele ser del 0,9.

Tabla 6.11. Condiciones económicas de las calderas de biomasa y de gas de 100 kW.

	Inversión	**Coste energético**
Caldera de biomasa	16 000-20 000 €	0,05-0,08 €/kWh
Caldera de gas	7500 €	0,10-0,12 €/kWh

Atendiendo a los costes expuestos en la Tabla 6.11, en una caldera utilizada para calefacción en viviendas se puede deducir que la caldera de biomasa queda más ventajosa a partir de 262 500 kWh de utilización.

$$\frac{18000 - 7500 \ €}{0,12 - 0,07 \ €/kWh} = 262500 \ \ kWh$$

Suponiendo un tiempo de utilización de 6 h al día entre Octubre y Marzo, se obtiene un uso de 1080 h al año. Al ser la caldera considerada de 100 kW, cada año se obtiene un consumo anual de 108 000 kWh, lo que implica que la inversión es ventajosa a partir de 2,5 años.

Estas cifras son relativas, pues se puede utilizar el calor de la caldera para abastecer viviendas de agua caliente sanitaria o calentar una piscina pública, por lo que el tiempo umbral a partir del cual la caldera de biomasa resulta más ventajosa que la de gas puede ser más reducido, aunque depende de la potencia instalada. En el apartado 4 se definen las escalas aproximadas para distintos tipos de aplicaciones.

Las calderas de biomasa requieren silos de almacenamiento de astillas o pélets para una autonomía de 20-25 días. Es decir, que por ejemplo una caldera de astillas de 500 kW trabajando 10 h/día precisa un silo de 135 m^3. Esto es debido a que la densidad aparente de la astilla tamaño P50 es aproximadamente de 250 kg/m^3 con un poder calorífico aproximado de 15 MJ/kg a un 25% de humedad.

Peletización

La peletización, consiste en densificar el material biomásico finamente molido sometiendo a presión las virutas. Esto tiene la ventaja de que en menor volumen se tiene más materia y en consecuencia más calor en la combustión por unidad de volumen.

El precio de mercado de los pélets depende de si son pélets para aplicación industrial o para calderas de uso doméstico. En la Tabla 6.12 se indican los rangos de precios de venta de pélets en marzo de 2023.

Tabla 6.12. Precios de mercado de los pélets en mayo de 2013.

	Precio de mercado	**Poder calorífico**
Pélet para uso industrial	250-280 €/t (depende de la cantidad de venta)	19,2 MJ/kg
Pélet de uso doméstico	260-300 €/t	

La diferencia de los precios de la astilla presentados en la Tabla 6.10 y de los pélets de la Tabla 6.12 nos indica el margen del coste asumible en el proceso de peletizado, es decir, 260-125= 135 €/t de pélet doméstico, y 250-125 = 125 €/t para pélet industrial.

Actualmente las empresas peletizadoras de pélets para uso doméstico sólo están admitiendo madera de pino y la reciben sin astillar, es decir, compran el tronco de los árboles desprovisto de ramas y no admiten astillas de residuos agrícolas. Sin embargo, las peletizadoras para uso industrial sí que los admiten. El peor residuo agrícola para el peletizado es el sarmiento de la vid.

Gasificación

Esta alternativa supone la descomposición termal de la biomasa en ausencia de oxígeno, Entonces un porcentaje elevado pasa a fase gaseosa combustible. El proceso se realiza en un reactor llamado gasificador que debe ser alimentado con astillas con un porcentaje de humedad menor del 10%. La recepción de la astilla se realiza con una humedad del 30%, por lo que las plantas gasificadoras tienen un desecador para disminuirla.

El consumo de biomasa medio de la planta localizada en Xàtiva (Valencia) es de 30 t/día, lo que supone un consumo de una 10 000 t/año. Emplea principalmente residuos forestales la inversión de la instalación se situó entre 4 y 5 millones de euros y la amortización está planificada para 4 años. La potencia eléctrica instalada es 1650 kW.

Carbón vegetal

Consiste en la eliminación de una fracción volátil de la biomasa.

Definición de escala de instalaciones
Caldera de combustión directa

- Calefacción de viviendas: las necesidades térmicas son aproximadamente 80 W/m^2.
- Climatización de piscinas: la potencia de la caldera para mantener la temperatura el agua de una piscina entre 25 y 30 °C depende de las pérdidas de calor del vaso. A nivel orientativo se puede indicar que una piscina de dimensiones olímpicas cubierta precisa una caldera de entre 200 y 400 kW de potencia, mientras que una piscina de dimensiones olímpicas descubierta necesitará una caldera con una potencia alrededor de los 800 kW, en condiciones climáticas mediterráneas.
- Climatización de invernaderos: las necesidades térmicas de invernaderos multi-túnel de 4 m de altura de cumbrera, con paredes y cubierta de PE con doble film para conseguir un incremento de 10 °C respecto al exterior son aproximadamente de 100 W/m^2.
- Centrales con ciclos de vapor: el rango de potencias instalables es muy amplio oscila entre 5 kW y los 5MW.

Peletización

La escala de las industrias peletizadoras es muy diversa, existen plantas con una producción de 2000 t de pélets al año hasta 20 000-40 000 t/año.

Coste de recogida

En la recogida de biomasa existen varias posibilidades de acuerdo a la estructura de la parcela. En parcelas con amplios marcos de plantación, es posible circular con una astilladora móvil con un depósito propio de almacenamiento de astilla o colocada en un remolque en tándem. La alimentación puede ser manual por dos operarios o con alimentación mecánica pick up.

En parcelas con alta densidad de arbolado la recogida de restos de poda pasa por una concentración manual previa de los mismos en un punto linde al camino rural. En esta situación es recomendable el uso de una astilladora de alimentación mecánica con grúa de pinzas. La potencia aconsejada es de unos 200 CV, y el coste de la operación es aproximadamente entre 5 y 6 Euros/t. Estos precios están justificados en las Tablas 6.8 y 6.9, a los que habría que añadir los costes de alineación o concentración, ascendiendo hasta 20 €/t.

Factores clave en la elección de la astilladora para la recogida de restos de poda de árboles frutales son la abertura de la boca de entrada a la cámara de astillado y la alimentación mecánica con grúa de pinzas. Cuando los residuos de poda de árboles frutales son amontonados por los agricultores, las ramas se entrecuzan formando un entramado desordenado y voluminoso. Para que la carga de la cámara de astillado se realice sin dificultad debe haber un rodillo rugoso de empuje pero que deje el espacio suficiente para que pase el ovillo ramoso. Ese entramado rugoso también desaconseja la alimentación manual, pues el tiempo del ciclo de trabajo se prolonga excesivamente, siendo necesario al menos dos o tres operarios para que la astilladora no tenga alimentación discontinua. La reducción de mano de obra, esfuerzo físico y tiempo reducido de carga aconseja el uso de grúa de pinzas.

Modelo distancia límite de transporte

Para la determinación del umbral de la distancia de transporte se elabora el sencillo modelo denominado Modelo distancia límite.

El coste de recogida Cr se modeliza como una función lineal de la biomasa a recoger (Ecuación 6.10), B, donde el término de la pendiente a_1 es el coste unitario o costes variables de recogida, y el término independiente a_0 los costes fijos.

$$Cr = a_1 \cdot B + a_0 \tag{6.10}$$

Los costes de transporte Ct depende de la biomasa a transportar B y de la distancia de transporte D en km. Estos costes de transporte también se modelizan mediante una función lineal (Ecuación 6.11), donde b_0 son los costes fijos, b_1 es el coste unitario por km transportado, y b_2 es el coste unitario por tonelada de biomasa transportada.

$$Ct = b_2 \cdot D + b_1 \cdot B + b_0 \tag{6.11}$$

Si denominamos V_B el valor de mercado de la biomasa puesta en planta de transformación, para que la operación salga rentable desde el punto de vista económico, debe cumplirse la condición de la Inecuación 6.12.

$$B \cdot V_B > Ct + Cr \tag{6.12}$$

Por tanto, el umbral de distancia viene dado por la Ecuación 6.13.

$$D = \frac{B \cdot (V_B - a_1 - b_1) - (a_0 + b_0)}{b_2} \tag{6.13}$$

Ejemplo 5

Análisis económico del transporte

Suponiendo un valor de mercado de la astilla agrícola de 40 €/t (puesto en el puerto de Valencia para exportación), una capacidad del camión de transporte de 5 t, un coste de recogida de 25 €/t, unos costes unitarios de transporte de 5 €/t y 1 €/km, a_0 y b_0 son cero. La distancia límite de transporte es de 50 km (Ecuación 6.14):

$$D = \frac{5 \cdot (40 - 25 - 5)}{1} = 50 \text{ km} \tag{6.14}$$

El supuesto expuesto es muy conservador dado que los costes de transporte suelen ser más reducidos por lo que las distancias de transporte pueden ser mucho mayores.

Si suponemos un coste de recogida de 30 €/t, un precio de venta la astilla de 60 €/t, y una capacidad del camión de transporte de 5 t, con unos costes unitarios de transporte de 1 €/km, la distancia de transporte puede alargarse a 150 km (Ecuación 6.15), En este caso a_0, b_0 y b_1 son cero,

$$D = \frac{5 \cdot (60 - 30)}{1} = 150 \text{ km} \tag{6.15}$$

Fin.

Ejemplo 6

Calcúlese la distancia límite de transporte de la biomasa si suponemos un coste de recogida de 30 €/t, un precio de venta la astilla de 60 €/t, y se utilizan camiones trailer con piso móvil de 90 m^3 con capacidad de transporte 20 t, con unos costes unitarios de 12 € cada 100 km.

$$D = \frac{B \cdot (V_B - a_1 - b_1) - (a_0 + b_0)}{b_2}$$

$$D = \frac{20 \cdot (60 - 30)}{0,12} = 5000 \text{ km}$$

Fin.

Ejemplo 7

Análisis técnico del medio de transporte

Se desea transportar 1000 m^3 de astillas cuyo peso específico aparente es de 0,76 t/m^3. Si el transporte del material se realiza en camiones de 15 m^3, determinar:

a) Volumen transportado por cada camión si la tara del camión es de 2,7 t y el peso máximo autorizado 12,2 t.

b) Número de viajes necesarios para realizar todo el transporte.

c) El tiempo máximo para realizar esta actividad sin que se retrase en conjunto global del proyecto es de 10 días. ¿Cuántos camiones será necesario disponer como mínimo si el tiempo de transporte dura 4,5 h por viaje de ida y vuelta, y se trabajan 16 horas al día?

Planteamiento

a) Peso transportado por cada camión: 15 m^3/camión $\cdot$ 0,76 t/m^3 = 11,4 t/camión

Carga útil = 12,2-2,7 = 9,5 t

En principio el camión por su capacidad podría transportar 11,4 t de material en cada viaje, pero presenta la limitación de poseer una carga útil menor (9,5 t). Por tanto, no puede ocupar toda la capacidad de su caja de transporte, sólo puede ocupar 12,5 m^3.

$$\frac{9,5 \text{ t/camión}}{0,76 \text{ t/m}^3} = 12,5 \text{ m}^3$$

b) El número de viajes a realizar es importante puesto el coste de transporte está afectado por un coste fijo por viaje y un coste variable que dependerá de la distancia recorrida.

$$n^o \text{ de viajes} = \frac{1000 \text{ m}^3}{12,5 \text{ m}^3} = 80 \text{ viajes}$$

c) Como existe un tiempo limitado para realizar la operación (10 días), será necesario calcular cual es la capacidad de producción de un solo camión en ese tiempo, y de ahí obtener el número de camiones necesario.

$$\text{Capacidad de producción} = \frac{10 \text{ días} \cdot 16 \text{ h/día} \cdot 12,5 \text{ m}^3/\text{viaje}}{4,5 \text{ h/viaje}} = 444,44 \text{ m}^3/\text{camión}$$

$$N^o \text{ de camiones} = \frac{1000 \text{ m}^3}{444,44 \text{ m}^3/\text{camión}} = 2,25 \text{ camiones} \rightarrow 3 \text{ camiones}$$

Fin.

Características de la biomasa

Las características técnicas de los distintos tipos de biomasa están mostradas en la Tabla 6.13.

Tabla 6.13. Características de los residuos de poda como biocombustibles.

Tipo de residuo	% Humedad madera recién cortada	% Cenizas	% Humedad madera seca	% Volátiles	% Cl	% S	PCS (MJ/kg)	T^a de Ignición °C
Albaricoque	37,39	2,1	3,7	79,8	0,08	0,03	17,13	259
Almendro	23,05	0,8	3,6	81,4	0,05	0,01	17,28	258
Melocotón	25,03	7,9	9,3	77,1	0,06	0,05	17,54	251
Cítricos sin hojas	36,05	5,2	5,0	77,6	0,06	0,14	17,40	204
Cítricos con hojas	30,12	1,2	3,9	80,1	0,24	0,03	17,50	260
Olivo sin hojas	32,32	3,0	4,7	53,3	0,08	0,08	17,26	205
Olivo con hojas	29,33	1,2	4,0	81,0	0,08	0,03	17,26	260
Vid	40,30	5,0	8,9	70,7	0,16	0,14	17,70	246

Disponibilidad de residuos agrícolas

En la Tabla 6.14 se muestra la cantidad media de residuos de poda producida en cada cultivo. En la Tabla 6.15 aparecen las cantidades disponibles de paja de los cereales. A partir de estos datos es posible determinar la superficie a trabajar para lograr una productividad mínima de biomasa determinada. Esta productividad mínima necesaria dependerá de la escala de la planta de aprovechamiento (de combustión directa, peletizadora, planta de gasificación o de producción de carbón vegetal). También permite calcular la superficie mínima de trabajo para cubrir de las necesidades de negocio mínimas para amortizar la máquina de cosecha, tal como se muestra en las Tablas 6.8 y 6.9.

Tabla 6.14. Residuos medio de poda generados en las distintas especies.

	kg Biomasa seca/árbol		t biomasa seca/ha	
	Media	Desviación típica	Media	Desviación típica
Naranjos	8,54	3,36	3,27	3,17
Mandarinos	6,50	4,41	3,26	7,43
Olivos	15,13	7,61	1,61	8,02
Vid en vaso	1,25	0,30	2,03	0,25
Vid en espaldera	1,29	0,46	2,74	1,15
Uva en espaldera	1,40	0,26	3,18	0,33
Uva en parral Y	3,28	0,46	5,46	0,57
Uva en parral	7,05	0,97	7,83	1,18
Almendro	8,42	4,85	1,06	0,36
Árboles frutales	7,93	3,81	3,72	2,73

Tabla 6.15. Residuos medio de paja generados en las distintas especies.

Cultivo	Productividad (t semillas/ha)	Biomasa disponible (t paja/t semilla)	Biomasa disponible (t paja/ha)
Trigo (en secano)	2,65	1,17	2,83
Cebada (en secano)	2,89	1,05	2,55
Centeno (en secano)		0,99	
Maíz	6,18	1,34	7,27
Girasol		1,38	
Arroz	7,55	1,06	7,89
Rye		1,92	

Conclusiones

En este capítulo se exponen todos los parámetros necesarios para analizar un proyecto de recogida de residuos de poda. El precio de la venta medio oscila los 80-120 €/t, el precio de recogida y transporte oscila los 30-40 €/t. El beneficio medio por la comercialización de la astilla de residuos de poda puesta en el mercado puede ser de 50-90 €/t.

Existen varias posibilidades técnicas para recoger los residuos de poda. La elección dependerá de la anchura de las calles entre las líneas de cultivo. En parcelas pequeñas con alta densidad de arbolado se recomienda una concentración previa de los residuos y astilladoras de alimentación mecánica. Las astilladoras de alta potencia funcionan bien, pero requieren superficies de trabajo grandes.

6.7. Teoría de colas

La teoría de colas es una parte de la investigación operativa de enorme relevancia en la logística. Trata de optimizar los sistemas en los que un conjunto de estaciones presta servicio a una población de clientes que llegan aleatoriamente. Un caso particular se da en la recogida de biomasa con astillado de forma que la astilladora deposita la astilla en contenedores que llegan de acuerdo a una determinada distribución. En caso de que la astilladora esté ocupada se forma una cola de contenedores esperando hasta que la astilladora esté disponible.

De forma general los sistemas de colas quedan determinados cuando son conocidos los siguientes parámetros:

- Distribución de la Tasa de llegada de clientes (media, desviación típica, etc.): número de elementos que llegan por unidad de tiempo λ.
- Distribución de la Tasa de servicio: número de elementos atendidos por unidad de tiempo μ.
- Número de estaciones óptimo de acuerdo a los objetivos perseguidos S.
- Distribución del tiempo de espera en la cola (T_e).
- Distribución del tiempo de espera en las estaciones (T_{es}).
- Distribución del tiempo total en el sistema (T_s).
- Número de elementos de la cola (N_c).
- Número de elementos del sistema (N_s).

El sistema puede presentar varios planteamientos:

a) Según la población de clientes: ésta puede ser finita o infinita.
b) Según la distribución de llegadas: ésta puede ser estacionaria o no estacionaria.
c) Según la distribución de tiempos de servicio:

- Puede haber una o varias estaciones.
- Estaciones iguales o diferentes.
- Distintos tipos de distribución.
- Se puede aplicar un "coeficiente de presión" de tal forma que el tiempo de servicio en una estación se reduce de acuerdo al tamaño de la cola.

d) Funcionamiento de la cola.
- FIFO: primero que llega → primero en ser atendido.
- LIFO: primero que entra → último en ser servido.
- RANDOM: orden aleatorio.
- Longitud infinita / longitud finita.

Una cuestión importante en un sistema de colas de atención a clientes sería determinar cuál es el número de clientes en la cola a partir del cual el resto de clientes que llegan desisten y prefieren no ser atendidos y rehúsan a entrar en el sistema. Otra cuestión interesante sería delimitar el espacio necesario para alojar una cola de clientes adecuada a los objetivos.

Distribución uniforme

Este tipo de distribución supone una tasa de llegada (λ) y de servicio constante (μ).

De carácter general el tamaño de la cola crece indefinidamente si ocurre que $\lambda > \mu \cdot S$, es decir, si la tasa de llegada, número de clientes que llegan por unidad de tiempo, es mayor que la tasa de servicio, número de clientes que son atendidos por unidad de tiempo, la cola crece indefinidamente; de otro modo, cuando $\lambda < \mu \cdot S$ la cola decrecerá.

En la distribución uniforme se cumplen las igualdades:

$$T_s = T_e + \frac{1}{\mu}$$

Si $\lambda < \mu \cdot S$, las estaciones de servicio sufrirán un tiempo de espera constante, tal que

$$T_{es} = \frac{S}{\lambda} - \frac{1}{\mu}$$

Si $\lambda > \mu \cdot S$, los clientes sufrirán un tiempo de espera, tal que
Para S=1

$$T_e = (n-1) \cdot \left(\frac{1}{\mu} - \frac{1}{\lambda} \right) \tag{6.16}$$

Donde n es el orden con el que llega el cliente
Para $S = a \neq 1$

$$T_e = (k-1) \cdot \left(\frac{1}{\mu} - \frac{S}{\lambda} \right)$$

$$
\left.
\begin{array}{l}
n=1 \\
n=2 \\
\ldots \\
n=a
\end{array}
\right\} \quad k=1
$$

$$
\left.
\begin{array}{l}
n=a+1 \\
n=a+2 \\
\ldots \\
n=a+a
\end{array}
\right\} \quad k=2
$$

etc.

Por otra parte, si la longitud de la cola no está limitada, ésta viene dada por:

$$N_c(t) = \left(\lambda - \mu \cdot S\right) \cdot t$$

El número de elementos en el sistema en cualquier instante es la longitud de la cola más los elementos que hay en una estación de servicio.

$$N_s(t) = N_c + S$$

Si la cola está limitada a Q elementos, ¿Cuantos clientes se pierden?

$$N_c < Q \rightarrow N_c(t) = \lambda \cdot t - \mu \cdot S \cdot t < Q$$

Si la tasas λ y μ son constantes y $\lambda \cdot > \mu \cdot S$ después del tiempo $t < \dfrac{Q}{\lambda - S \cdot \mu}$ los clientes se pierden puesto que la cola crece uniformemente.

Si definimos $t_a = \dfrac{Q}{\lambda - S \cdot \mu}$, el número de clientes que se pierden viene dado por la limitación de la cola en un tiempo t viene dado por:

$$Perdida = \lambda \cdot (t - t_a) - \mu \cdot S \cdot (t - t_a)$$

Ejemplo 8

Se poseen astilladoras con una productividad horaria de 6 t/h, y se disponen de camiones con capacidad de transporte de 5 t. Cada 30 min. llega un camión de transporte para ser llenado. El orden de llenado se realiza según el orden de llegada. Optimice el sistema para que el tiempo de espera sea mínimo.

La tasa de llegada de clientes es $\lambda = \dfrac{1}{0,5} = 2$ camiones llegan por hora

La tasa de servicio es la inversa del tiempo de llenado de los camiones, relación entre la productividad de la astilladora y la capacidad del camión, $\mu = \dfrac{P\left(t/\text{hora}\right)}{C(t)} = \dfrac{6}{5} = 1,2$ camiones llenados por hora.

Desde el punto de vista teórico para que ni la astilladora ni los camiones sufran espera se debe cumplir:

$$\lambda = \mu \cdot S \rightarrow S = \frac{\lambda}{\mu} = \frac{2}{1,2} = 1,66 \text{ astilladoras}$$

Si se eligen 2 astilladoras, cuando el sistema esté en estado estacionario existirá una espera periódica constante de las astilladoras por falta de camiones:

Al haber 2 estaciones de servicio la tasa de llegada de clientes por cada estación se reduce a la mitad de tal manera que el tiempo de espera es:

$$T_e = \frac{S}{\lambda} - \frac{1}{\mu} = \frac{2}{2} - \frac{1}{1,2} = 0,166 \text{ h entre cada par de camiones}$$

Tabla 6.16. Cola formada por dos estaciones tal que S = 2, $\lambda = 2$ y $\mu = 1,2$.

Tiempo (h)	Llegada Camión	Astilladora1	Astilladora2	Tiempo espera (h)
0	1	Empieza 1		0
0,5	2		Empieza 2	0
0,833		Termina 1		
1	3	Empieza 3		0,167
1,333			Termina 2	
1,5	4		Empieza 4	0,167
1,833		Termina 3		
2	5	Empieza 5		0,167
2333			Termina 4	

Si se elige 1 astilladora la cola de camiones crecerá indefinidamente, creciendo también los tiempos de espera de los mismos, según la Ecuación 6.16.

No obstante, si consideramos el sistema de duración limitada, el tiempo total puede calcularse. Por ejemplo, imaginemos que se posee una de las astilladoras de las características descritas y debemos astillar 20 t de madera. Entonces el tiempo de trabajo será: 20 t/ 6t/h = 3,33 h. el número de camiones necesarios será 20/5=4 camiones. De tal modo que los tiempos de espera de cada camión será:

$$T_{e1} = 0$$

$$T_{e2} = \frac{1}{1,2} - \frac{1}{2} = 0,333 \text{ h}$$

$$T_{e3} = 2 \cdot \left(\frac{1}{1,2} - \frac{1}{2} \right) = 0,666 \text{ h}$$

$$T_{e4} = 3 \cdot \left(\frac{1}{1,2} - \frac{1}{2} \right) = 0,999 \text{ h}$$

Tabla 6.17. Cola formada por una estación tal que S=1, $\lambda = 2$ y $\mu = 1,2$.

Tiempo (h)	Llegada Camión	Astilladora1	Tiempo espera (h)
0	1	Empieza 1	0
0,5	2		
0,833		Termina1 - Empieza 2	0,333
1	3		0,167
1,5	4		
1,666		Termina 2 - Empieza 3	0,666
2	5		
2,499		Termina 3 - Empieza 4	0,167
3,332		Termina 4 - Empieza 5	1,333 (si se considerase)
4,165		Termina 5 - Empieza 6	

Fin.

Ejemplo 9

Considérese un sistema en el que dos astilladoras son utilizadas para llenar camiones que llegan cada 30 min. Cada astilladora tarda en llenar un camión 2 h. Estímese el tiempo de espera de de los siete primeros camiones.

$$\lambda = \frac{1}{0,5} = 2 \text{ camiones llegan/h}, \quad \mu = \frac{1}{2} = 0,5 \text{ camiones se llenan/h}$$

$S = 2$

$$n = 1 \leq 2 \rightarrow k = 1 \qquad T_{e1} = (k-1) \cdot \left(\frac{1}{\mu} - \frac{S}{\lambda} \right) = (1-1) \cdot \left(\frac{1}{0,5} - \frac{2}{2} \right) = 0$$

$$n = 2 \leq 2 \rightarrow k = 1 \qquad T_{e2} = (k-1) \cdot \left(\frac{1}{\mu} - \frac{S}{\lambda} \right) = (1-1) \cdot \left(\frac{1}{0,5} - \frac{2}{2} \right) = 0$$

$$n = 3 \leq 2+2 \rightarrow k = 2 \qquad T_{e3} = (k-1) \cdot \left(\frac{1}{\mu} - \frac{S}{\lambda} \right) = (2-1) \cdot \left(\frac{1}{0,5} - \frac{2}{2} \right) = 1$$

$$n = 4 \leq 2+2 \rightarrow k = 2 \qquad T_{e4} = (k-1) \cdot \left(\frac{1}{\mu} - \frac{S}{\lambda} \right) = (2-1) \cdot \left(\frac{1}{0,5} - \frac{2}{2} \right) = 1$$

$$n = 5 \leq 2+2+2 \rightarrow k = 3 \qquad T_{e5} = (k-1) \cdot \left(\frac{1}{\mu} - \frac{S}{\lambda} \right) = (3-1) \cdot \left(\frac{1}{0,5} - \frac{2}{2} \right) = 2$$

$$n = 6 \leq 2+2+2 \rightarrow k = 3 \qquad T_{e6} = (k-1) \cdot \left(\frac{1}{\mu} - \frac{S}{\lambda} \right) = (3-1) \cdot \left(\frac{1}{0,5} - \frac{2}{2} \right) = 2$$

$$n = 7 \leq 2+2+2+2 \rightarrow k = 4 \quad T_{e7} = (k-1) \cdot \left(\frac{1}{\mu} - \frac{S}{\lambda} \right) = (4-1) \cdot \left(\frac{1}{0,5} - \frac{2}{2} \right) = 3$$

Tabla 6.18. Cola formada por una estación tal que S=2, $\lambda = 2$ y $\mu = 0,5$.

Tiempo (h)	Llegada Camión	Astilladora1	Astilladora2	Tiempo espera (h)
0	1	Empieza 1		0
0,5	2		Empieza 2	0
1,0	3			
1,5	4			
2,0	5	Termina 1 - Empieza 3		1
2,5	6		Termina 2 - Empieza 4	1
3,0	7			
3,5				
4,0		Termina 3 - Empieza 5		2
4,5			Termina 4 - Empieza 6	2
5,0				
5,5				
6,0		Termina 5 - Empieza 7		3
6,5			Termina 6	

Fin.

De forma general la optimización de una cadena de producción formada por varias máquinas en serie se realiza a partir de la Ecuación 6.17, donde P_A y N_A son la productividad y el número de máquinas A necesarias poner en paralelo, donde P_B y N_B son la productividad y el número de máquinas B necesarias poner en paralelo, etc.

$$P_A \cdot N_A = P_B \cdot N_B = P_C \cdot N_C = \ldots\ldots \qquad (6.17)$$

Distribución no uniforme

En la mayoría de los sistemas de colas la tasa de llegada y la tasa de servicio sufren variaciones con el tiempo, lo que les convierte en variables aleatorias. Por tanto, los sistemas logísticos para ser optimizados deben adaptarse a estas variaciones.

Ejemplo 10

Considérese una tasa de llegadas y de servicio variables, realizándose el experimento de la Tabla 6.19, donde se han registrado los tiempos entre llegadas, los tiempos de servicio y el tiempo en la cola de 12 clientes consecutivos. Determínense los parámetros característicos del sistema de cola.

Tabla 6.19. Registro de los tiempos entre llegadas, tiempos de servicio y tiempo en la cola de 12 clientes consecutivos.

n	1	2	3	4	5	6	7	8	9	10	11	12
Tiempo entre llegadas		2	1	3	1	1	4	2	5	1	2	2
Tiempo de servicio	1	3	6	2	1	1	4	2	5	1	1	3
Tiempo en la cola	0	0	2	5	6	6	3	5	2	6	5	4

Para resolver el problema se tienen que conocer las siguientes relaciones:

$$T_{entrada\_sist\,(n)} = T_{entrada(n-1)} + T_{entre\_llegadas(n)}$$

$$T_{salida\_sist\,(n)} = T_{entrada\_sist(n)} + T_{cola(n)} + T_{servicio(n)}$$

$$T_{sist\,(n)} = T_{salida\_sist(n)} - T_{entrada\_sist\,(n)} = T_{cola(n)} + T_{servicio(n)}$$

$$T_{cola(n)} = T_{sist(n)} - T_{servicio(n)} = T_{salida\_sist(n-1)} - T_{entrada(n)}$$

$$< 0 \rightarrow T_{cola} = 0$$

$$> 0 \rightarrow T_{cola}$$

$$T_{entrada\_servicio\,(n)} = T_{salida\_sist(n)} - T_{cola(n)}$$

De estas relaciones se obtienen los resultados de la Tabla 6.20.

Tabla 6.20. Cálculo de los parámetros del sistema.

n	1	2	3	4	5	6	7	8	9	10	11	12	Promedio
Tiempo entre llegadas		2	1	3	1	1	4	2	5	1	2	2	2
Tiempo de servicio	1	3	6	2	1	1	4	2	5	1	1	3	2,50
Tiempo en la cola	0	0	2	5	6	6	3	5	2	6	5	4	3,67
Tiempo de entrada en el sistema	0	2	3	6	7	8	12	14	19	20	22	24	11,42
Tiempo de salida en el sistema	1	5	11	13	14	15	19	21	26	27	28	31	17,58
Tiempo en el sistema	1	3	8	7	7	7	7	7	7	7	6	7	6,17
Tiempo de entrada en el servicio	0	2	5	11	13	14	15	19	21	26	27	28	15,08
Tiempo de salida en el servicio	1	5	11	13	14	15	19	21	26	27	28	31	17,58
Número de elementos en cola	0	0	1	1	1	2	2	1	0	1	1	2	
Número de elementos en el sistema	1	1	2	2	2	3	3	2	1	2	2	3	

- Tasa de llegada: número de elementos que llegan por unidad de tiempo (λ)

$$\lambda = \frac{1}{E(T_{llegadas})} = \frac{12}{24} = 0,5$$

- Tasa de servicio: número de elementos atendidos por unidad de tiempo (μ)

$$\mu = \frac{1}{E(T_{sevicio})} = \frac{1}{2,50} = 0,4$$

Dado que $\lambda > \mu \cdot S$, el número de elementos de la cola y el tiempo que se permanece en ella tiende a crecer indefinidamente, lo mismo que el tiempo en el sistema. Sin embargo, en la tabla parece que el tiempo del sistema sea constante, pero no lo es, solo que crece lentamente y no es apreciable en los 12 primeros elementos (λ y μ están muy próximos).

$$E(T_e) = \frac{\sum T_{e(n)}}{n} = \frac{44}{12} = 3,67$$

$$E(T_s) = \frac{\sum T_{s(n)}}{n} = \frac{74}{12} = 6,17$$

- Número de elementos de la cola cuando llega el elemento n ($Nc_{(n)}$) se calcula contabilizando el número de elementos anteriores cuyo tiempo de entrada en el servicio sea mayor al tiempo de llegada de n al sistema.

$$Nc_{(n)} = N(T_{entrada\_servicio(i)} > T_{Llegada\,al\,sistema\,(n-1)} / n > i)$$

Número de elementos del sistema (Ns), se calcula como la suma de los elementos que están en la cola más el número de estaciones donde encada una hay un elemento.

$$Ns = Nc + S$$

Fin.

Distribuciones estadísticas

La tasa de llegada y la tasa de servicio pueden seguir diferentes distribuciones estadísticas. Las distribuciones más habituales son la distribución normal, exponencial, binomial y Poisson.

Si sigue una distribución exponencial, la probabilidad de que la tasa de servicio (o de llegada) sea superior a un determinado valor sigue la Ecuación 6.18. Esto significa que la probabilidad de que la tasa de servicio sea muy grande tiende a cero, mientras que el que sea mayor de cero es del 100%.

$$P(X > x) = e^{-\mu \cdot x} \tag{6.18}$$

Por tanto:

$$F(x) = P(X < x) = 1 - e^{-\mu \cdot x}$$

Y la función densidad será $f(x) = \dfrac{dF(x)}{dx} = \mu \cdot e^{-\mu \cdot x}$

$$P(a < X < b) = \int_a^b \mu \cdot e^{-\mu \cdot x} dx = \left[-e^{-\mu \cdot x}\right]_a^b = e^{-\mu \cdot a} - e^{-\mu \cdot b}$$

La media y varianza se calcula según la función generadora de momentos: $M(t) = \displaystyle\int_0^\infty e^{tx} \cdot \mu e^{-\mu x} dx$

$$M(t) = \int_0^\infty e^{tx} \cdot \mu e^{-\mu x} dx = \int_0^\infty \mu e^{-(\mu-t)x} dx = \left[\frac{-\mu}{\mu-t} e^{-(\mu-t)x}\right]_0^\infty = \frac{\mu}{\mu-t}$$

Tal que: $E(x) = \dfrac{dM(t)}{dt}$, $E(x^2) = \dfrac{d^2 M(t)}{dt^2}$, $E(x^n) = \dfrac{d^n M(t)}{dt^n}$

La media es $E(x) = \dfrac{dM(t)}{dt} = \dfrac{\mu}{(\mu-t)^2}\bigg|_{t=0} = \dfrac{1}{\mu}$, como se demuestra a continuación

$$m = E(x) = \int_0^\infty x \cdot f(x) \cdot dx \rightarrow m = E(x) = \int_0^\infty x\mu \cdot e^{-\mu \cdot x} dx$$

$$u = x \qquad dv = \mu e^{-\mu x} dx$$
$$du = dx \quad v = e^{-\mu x}$$

$$E(x) = \int_0^\infty x\mu \cdot e^{-\mu \cdot x} dx = \left[xe^{-\mu x}\right]_0^\infty - \int_0^\infty e^{-\mu x} dx$$

$$E(x) = \left[\frac{e^{-\mu x}}{\mu}\right]_0^\infty = \frac{1}{\mu}$$

175

Para cálculo de la desviación típica:

$$\sigma^2 = \int_0^\infty (x-m)^2 f(x)dx \rightarrow \sigma^2 = \int_0^\infty (x-m)^2 \mu \cdot e^{-\mu \cdot x} dx$$

$$E(x^2) = \frac{d^2 M(t)}{dt^2} = \frac{2(\mu-t)\mu}{(\mu-t)^4} = \frac{2\mu}{(\mu-t)^3}\bigg|_{t=0} = \frac{2}{\mu^2}$$

Varianza: $E(x^2) - E(x)^2 = \dfrac{2}{\mu^2} - \dfrac{1}{\mu^2} = \dfrac{1}{\mu^2}$

Para que el número de llegadas o tasa de servicio siga una distribución binomial la población de clientes debe ser finita con n elementos. Si se conoce la probabilidad de que llegue uno de ellos, la probabilidad de que el número de llegadas (clientes servidos) sea un determinado valor sigue la Ecuación 6.19.

$$P(\lambda t = x) = \binom{n}{x} \cdot p^x \cdot (1-p)^{n-x} \tag{6.19}$$

$$E(x) = n \cdot p$$

$$\sigma(x) = n \cdot p \cdot (1-p)$$

Si sigue una distribución de Poisson, la probabilidad de que el número de llegadas (clientes servidos) sea un determinado valor sigue la Ecuación 6.20.

$$P(\lambda t = x) = \lim_{\substack{n \to \infty \\ p \to 0 \\ np \to \lambda}} \binom{n}{x} \cdot p^x \cdot (1-p)^{n-x} = e^{-\lambda t} \frac{\lambda t}{x!} \tag{6.20}$$

$$E(x) = \lim_{np \to \lambda} n \cdot p = \lambda$$

$$\sigma(x) = \lim_{\substack{np \to \lambda \\ p \to 0}} n \cdot p \cdot (1-p) = \lambda$$

CAPÍTULO VI. RECUERDA

- El tiempo real de trabajo, productividad y costes totales de la cosecha y transporte de la biomasa están condicionadas a la buena adaptación del equipo a las condiciones de trabajo. La adecuada selección de la máquina, pericia del operario y adecuación de las parcelas influyen directamente en la rentabilidad de toda la cadena de aprovechamiento.

- La diversidad de condiciones de trabajo obliga a realizar experimentos previos en un sistema determinado, que nos darán información de los parámetros de evaluación que después se utilizarán en los estudios de viabilidad técnica, económica y ambiental.

- Estos estudios de viabilidad se basarán en un balance económico, un balance energético y un balance de emisiones.

Capítulo VII
Modelos logísticos para el abastecimiento de biomasa

7.1. Introducción

El manejo de biomasa en los territorios implica el desarriollo de los tres niveles logísticos tradicionales que engloban los aspectos estratégicos, aspectos tácticos y aspectos operativos.

Abordar los **aspectos estratégicos** implica responder preguntas tales como:

- ¿Qué tipo de biomasa se va a producir en un territorio? Ésta puede provenir de primera, segunda o tercera generación, es decir, de cultivos energéticos, residuos orgánicos (de agricultura, sistemas forestales, industria o sistemas urbanos) o de la producción de algas o microorganismos.
- ¿Cuánta cantidad de biomasa se va a procesar? ¿De qué zonas?
- ¿En qué tipo de biocombustible se va a transformar la biomasa disponible? ¿Biocombustibles sólidos (leñas, astillas, carbón vegetal, productos densificados? ¿Biocarburantes (bioetanol, biodiesel, biogás, gas de síntesis) ?
- ¿Dónde se va a producir? ¿en que zonas?
- ¿Para qué destinatarios?

Para la concreción de los aspectos estratégicos es necesario tener en consideración las necesidades de mantener por un lado la soberanía alñimentaria y la soberanía energética. La soberanía alimentaria implica que el mercado energético no interfiera en los precios de los alimentos de tal manera que el territorio pierda la capacidad de negociar su disposición de forma suficiente. Lo mismo ocurriría respecto a la soberanía energética.

Para garantizar estas soberanias en ámbitos territoriales que conciernen todo un país debe de aplicarse una ordenación del territorio optimizada atendiendo a todas las correspondientes restricciones de tipo físico, técnico, económico y administrativo.

Abordar los **aspectos tácticos** implica responder preguntas tales como:

- ¿Cuáles son las parcelas productoras? ¿Dónde se localizan las industrias de transformación? ¿Dónde se sitúan los puntos de acopio? ¿Cuáles son las rutas de recogida y abastecimiento?

Abordar los **aspectos operativos** implica responder preguntas tales como:

- ¿Qué tecnología se emplea en la cosecha?
- ¿Tipo de pretratamiento?
- ¿Rutas de transporte y recogida?
- ¿Tipo de transporte?

La evaluación del sistema establecido deberá realizarse de acuerdo al balance energético, económico, de emisiones y uso del agua.

El desarrollo de la investigación operativa ha proporcionado un conjunto valioso de herramientas que permiten modelizar sistemas logísticos, y resultan de enorme utilidad para la optimización del aprovechamiento de la biomasa. En la cadena de producción de biocombustibles una de las partes que más encarecen el producto es la obtención de la materia prima. Ésta está generalmente dispersa, por tanto, toda herramienta que optimice su recolección, concentración y transporte se ofrece como una posibilidad de mejorar la rentabilidad de su aprovechamiento. Entre las técnicas más importantes destacan la aplicación de la programación lineal y el análisis de redes. Ambas vamos a tratarlas en este capítulo.

Generalmente la información básica para el desarrollo de un modelo logístico supone la cuantificación del recurso disponible en el sistema a explotar (cuestión que se ha tratado en capítulos anteriores), definir sus diferentes localizaciones y el coste de obtención para que pueda ser transportado, almacenado (cosecha) y ser utilizado por la industria transformadora; deben ser conocidos los costes de transporte, y determinar cuales son las necesidades del recurso según la escala productiva de las plantas de transformación, que pueden estar localizadas en un punto o en varios puntos. Por otro lado, la logística también debe ser optimizada en cuanto a la distribución del producto valorizado hasta llegar al consumidor final.

Existe gran variedad de planteamientos. Diversos sistemas industriales precisan de materias primas de diferente naturaleza localizadas en distintos puntos geográficos, como por ejemplo la industria del biodiesel que precisa de aceite y alcohol para la reacción de transesterificación. Otros sistemas de producción precisan de etapas que se realizan en plantas distintas. La producción de biodiesel precisa la obtención del aceite de semillas oleaginosas, y su refino que se realiza generalmente en una o varias plantas con determinada escala de producción, y la reacción de transtesrificación y purificación del biodiesel que se realiza en otras plantas con diferente escala.

La variedad de posibilidades y alternativas propician la aparición de distintos tipos de problemas, como:

- Selección de fuentes de aprovisionamiento.
- Problema de la ruta más corta.
- Problema del viajero.
- Problemas de localización: de parcelas a aprovechar, puntos de acopio, lugar óptimo de las plantas de transformación.

Vamos a ver que para solucionar la mayoría de los problemas logísticos es necesario aplicar el análisis de redes en forma de grafos. Los grafos están formados por nodos (origen o destinos) que se unen a través de arcos que representan rutas. En este capítulo también vamos a desarrollar un algoritmo para la construcción de grafos a partir de mapas de Sistemas de Información Geográfica, a través del llamado *borvemar model* (Velázquez-Martí y Anevelink, 2009).

7.2. Selección de fuentes de aprovisionamiento. Modelos de programación lineal

La programación lineal es una herramienta enormemente utilizada en el planteamiento de modelos logísticos cuyo objetivo es la toma de las mejores decisiones desde el punto de vista económico, ambiental, organizativo, etc. La modelización pasa por optimizar (maximizar o minimizar) una o varias funciones sometidas a restricciones, en este caso lineales.

Para la resolución del sistema de ecuaciones, formado por la función a optimizar y las respectivas restricciones, se dispone un amplio número de algoritmos, como el algoritmo de Gomory (algoritmo del simplex) y múltiples softwares, como la extensión *Solver de Excel de Microsoft*.

El conjunto de fases para el planteamiento del problema de programación lineal será:
- Construcción del modelo matemático: pasa por definir las variables del problema, posteriormente la función a optimizar y por último las restricciones, que serán generalmente desigualdades.
- Resolución del problema mediante el software elegido.

Como ejemplo vamos a exponer determinados casos aplicados a la selección de fuentes de aprovisionamiento. El objetivo de este tipo de problema es determinar dentro de un conjunto de posibles fuentes de aprovisionamiento (parcelas forestales o agrícolas donde se recoge la biomasa) cuales son las que ofrecen mínimo coste o máximo beneficio para satisfacer las necesidades de las plantas de transformación.

Si existen varias parcelas donde es posible cosechar la biomasa y una sola planta de transformación, la solución del problema es trivial, puesto que se comenzará a cosechar la parcela que posea costes más bajos hasta que el recurso esté agotado, posteriormente se elegirá la siguiente de menor coste, y así hasta que las necesidades de la planta de transformación sean cubiertas. Por ejemplo, en la Figura 7.1 la planta se abastecería inicialmente de la parcela 4, seguidamente se abastecería de la parcela 1, y después de la parcela 2 y de la parcela 3.

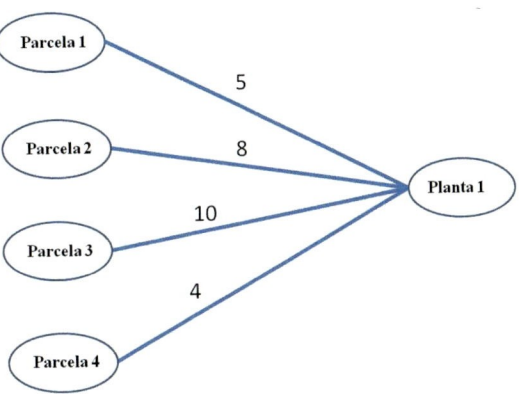

Figura 7.1. Ejemplo de una estructura de red de abastecimiento de una planta desde varias parcelas.

Si existen varias parcelas (fuentes de aprovechamiento) y varias plantas de transformación, es necesario desarrollar un problema de programación lineal con la función objetivo y determinadas restricciones.

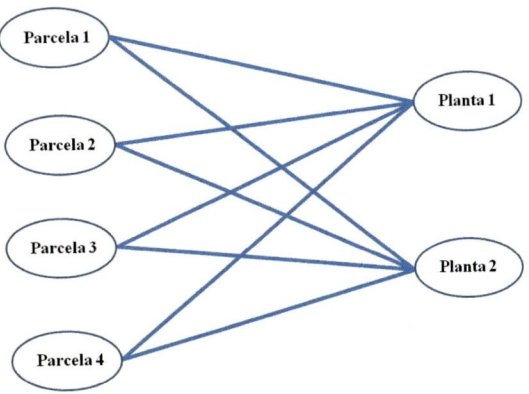

Figura 7.2. Ejemplo de una estructura de red de abastecimiento de dos plantas desde cuatro parcelas de abastecimiento.

Ejemplo 1

Se deben abastecer dos plantas de procesamiento de astilla con unas necesidades de 10 000 y 35 000 toneladas anuales. Se disponen de parcelas forestales de abastecimiento en cuatro municipios con una producción de 26 000, 22 000, 30 000 y 25 000 toneladas anuales respectivamente.

Los costes asociados a la cosecha y transporte de cada tonelada entre los municipios y las plantas de producción son los mostrados en la Tabla 7.1.

Tabla 7.1. Costes de cosecha y transporte entre plantas y municipios ejemplo 1 (€/t).

	Municipio A	Municipio B	Municipio C	Municipio D
Planta 1	30	40	45	25
Planta 2	32	28	35	41

Formule un modelo de programación lineal que permita satisfacer las necesidades de todas las plantas al mínimo coste.

Planteamiento

La definición de las variables siempre se realiza de acuerdo a lo que quiero averiguar.

A1 = t de astillas cosechadas del municipio A y transportadas a la planta 1.
A2 = t de astillas cosechadas del municipio A y transportadas a la planta 2.
B1 = t de astillas cosechadas del municipio B y transportadas a la planta 1.
B2 = t de astillas cosechadas del municipio B y transportadas a la planta 2.
C1 = t de astillas cosechadas del municipio C y transportadas a la planta 1.
C2 = t de astillas cosechadas del municipio C y transportadas a la planta 2.
D1 = t de astillas cosechadas del municipio D y transportadas a la planta 1.
D2 = t de astillas cosechadas del municipio D y transportadas a la planta 2.

El segundo paso corresponde a la formulación de la función objetivo.

$$\min Coste = 30 \cdot A1 + 32 \cdot A2 + 40 \cdot B1 + 28 \cdot B2 + 45 \cdot C1 + + 35 \cdot C2 + 25 \cdot D1 + 41 \cdot D2$$

Posteriormente deben establecerse las restricciones de oferta y demanda, cuya cantidad se encuentra determinada por el factor entre fuentes y destinos, en este caso 8 restricciones.

Restricciones de oferta

$A1+A2 < 26\,000$

$B1+B2 < 22\,000$

$C1+C2 < 30\,000$

$D1+D2 < 25\,000$

Restricciones de demanda

$A1+B1+C1+D1 > 10\,000$

$A2+B2+C2+D2 > 35\,000$

A1	A2	B1	B2	C1	C2	D1	D2
0	13 000	0	22 000	0	0	10 000	0

Coste mínimo: 1 282 000 €
Fin.

Ejemplo 2

Se deben abastecer cuatro plantas de producción de biodiesel con unas necesidades de 8000, 30 000, 45 000 y 60 000 toneladas de semillas oleaginosas anualmente. Se disponen de parcelas de cultivo en cuatro municipios con una producción de 70 000, 65 000, 40 000 y 35 000 toneladas anuales respectivamente.

Los costes asociados a la cosecha y transporte de cada tonelada entre los municipios y las plantas de producción son los mostrados en la Tabla 7.2.

Tabla 7.2. Costes y transporte entre plantas y municipios ejemplo 2 (€/t).

	Municipio A	Municipio B	Municipio C	Municipio D
Planta 1	15	12	17	13
Planta 2	13	16	16	11
Planta 3	16	10	12	14
Planta 4	14	13	16	16

Formule un modelo de programación lineal que permita satisfacer las necesidades de todas las plantas al mínimo coste.

Planteamiento

La definición de las variables siempre se realiza de acuerdo a lo que quiero averiguar.

A1 = t de semillas cosechadas del municipio A y transportadas a la planta 1.
A2 = t de semillas cosechadas del municipio A y transportadas a la planta 2.
A3 = t de semillas cosechadas del municipio A y transportadas a la planta 3.
A4 = t de semillas cosechadas del municipio A y transportadas a la planta 4.
B1 = t de semillas cosechadas del municipio B y transportadas a la planta 1.
B2 = t de semillas cosechadas del municipio B y transportadas a la planta 2.
B3 = t de semillas cosechadas del municipio B y transportadas a la planta 3.
B4 = t de semillas cosechadas del municipio B y transportadas a la planta 4.
C1 = t de semillas cosechadas del municipio C y transportadas a la planta 1.
C2 = t de semillas cosechadas del municipio C y transportadas a la planta 2.
C3 = t de semillas cosechadas del municipio C y transportadas a la planta 3.
C4 = t de semillas cosechadas del municipio C y transportadas a la planta 4.
D1 = t de semillas cosechadas del municipio D y transportadas a la planta 1.
D2 = t de semillas cosechadas del municipio D y transportadas a la planta 2.
D3 = t de semillas cosechadas del municipio D y transportadas a la planta 3.
D4 = t de semillas cosechadas del municipio D y transportadas a la planta 4.

El segundo paso corresponde a la formulación de la función objetivo

$$\min Coste = 15 \cdot A1 + 13 \cdot A2 + 14 \cdot A3 + 16 \cdot A4 + 12 \cdot B1 + 16 \cdot B2 + 10 \cdot B3 +$$
$$13 \cdot B4 + 17 \cdot C1 + 16 \cdot C2 + 12 \cdot C3 + 16 \cdot C4 + 13 \cdot D1 + 11 \cdot D2 + 14 \cdot D3 + 16 \cdot D4$$

Posteriormente deben establecerse las restricciones de oferta y demanda, cuya cantidad se encuentra determinada por el factor entre fuentes y destinos, en este caso 8 restricciones.

Restricciones de oferta

A1+A2+A3+A4 < 70 000

B1+B2+B3+B4 < 65 000

C1+C2+C3+C4 < 40 000

D1+D2+D3+D4 < 35 000

Restricciones de demanda

A1+B1+C1+D1 > 8000

A2+B2+C2+D2 > 30 000

A3+B3+C3+D3 > 45 000

A4+B4+C4+D4 > 60 000

Se puede plantear el modelo a través de la aplicación Solver de Excel para su solución.

A1	A2	A3	A4
0	0	0	60 000
B1	B2	B3	B4
8000	0	27 373	0
C1	C2	C3	C4
0	0	17 627	0
D1	D2	D3	D4
0	30 000	0	0

Coste mínimo: 1 751 254 €
Fin.

Ejemplo 3

Se disponen de dos parcelas forestales A y B. La parcela A produce 70 t de madera de primera calidad por hectárea, 80 t de primera calidad por hectárea y 90 t de baja calidad por hectárea. La parcela B posee una producción de 80 t de madera de primera calidad por hectárea, 75 t de calidad media por hectárea y 100 t de madera de baja calidad por hectárea. La parcela A tiene 2600 ha. La parcela B tiene 1500 ha. El coste de cosecha y transporte de una hectárea de la parcela A es de 400 €. El coste de cosecha y transporte de una hectárea de la parcela B es de 350 €. Si las necesidades de una empresa son 1200 t de madera de primera calidad, 2000 t de madera de calidad media y 3000 t de madera de calidad baja. ¿Cuántas hectáreas debe cosechar de la parcela A y de la parcela B para tener el mínimo coste?

Planteamieto

A= hectáreas cosechadas de la parcela A.
B= hectáreas cosechadas de la parcela B.
FO: min 400 A + 350 B.
Restricciones de necesidades de la planta

70 A + 80 B > 1200

80 A + 75 B > 2000

90 A+ 100 B > 3000

Restricciones de superficie

A < 2600

B < 1500

Fin.

Ejemplo 4

Una empresa de transportes tiene dos tipos de camiones: los de tipo A con 20 m^3 de espacio para material astillado y 40 m^3 de espacio para material no astillado; los de tipo B con 30 m^3 para material astillado y otros 30 m^3 para material no astillado. Le contratan para transportar 3000 m^3 de material astillado y 4000 m^3 que no astillado. El coste de transporte en el camión A es de 300 €/viaje, el coste de transporte en el camión B es de 400 €/viaje ¿Cuántos viajes con cada tipo de camión hay que realizar para que el coste sea mínimo?

Planteamiento

A= nº de viajes del camión A.

B= nº de viajes del camión B.

FO: min 300 A + 400 B.

A= Valor entero

B= Valor entero

   20 A + 30 B > 3000

   40 A + 30 B > 4000

Fin.

Evidentemente la disponibilidad de recursos (biomasa) puede ser estacional, sobre todo si se manejan distintos tipos de ellos. Ello plantea la posibilidad de necesitar centros de almacenamiento. Para tratar el problema de la estacionalidad puede abordarse repitiendo el sistema para cada tipo de estación, o integrarlo en un mismo problema como se expone en el ejemplo 5.

Ejemplo 5

Supongamos ahora una planta de peletización que utiliza residuos de poda para producir los pélets, que posteriormente venderán como biocombustibles sólidos para calderas. Es necesario abastecer la planta con 30 000 t de leña al año. Existe la posibilidad de abastecerse de restos de poda de cítricos, de vid, de olivo, y residuos forestales de tratamientos selvícolas. El problema viene en que estos residuos son estacionales, sólo están disponibles ciertas épocas del año. Los residuos de poda se vid están disponibles en invierno. Los residuos forestales están disponibles en invierno y primavera. Los residuos de poda de olivo están disponibles en verano. Los residuos de poda de cítricos están disponibles en invierno y primavera. Por esta estacionalidad la empresa tiene opción al almacenamiento de residuos hasta una capacidad de 8000 t. Los residuos almacenados que se utilizan para la producción en una estación son cosechados la estación anterior. El coste de extracción y transporte a planta de los residuos leñosos es de 25 €/t para restos de poda de cítricos, 20 €/t para restos de vid, 15 €/t para restos de olivo, y 35 €/ t para residuos forestales de tratamientos selvícolas. El coste de almacenamiento resulta de 30€/t. Se pretende determinar cuales son las cantidades residuos leñosos a cosechar de cada época del año, y el almacenamiento para abastecer a la planta durante todo el año con el mínimo coste.

Plantemiento
Variables

Necesidades de la planta en cada estación = 30 000/ 4 = 7500 t.

V_i = t de leña de vid cosechada en invierno para su inmediata utilización.

O_v = t de leña de olivo cosechada en verano para su inmediata utilización.

C_i = t de leña de cítricos cosechados en invierno para su inmediata utilización.

C_p = t de leña de cítricos cosechados en primavera para su inmediata utilización.

F_i = t de leña de residuos forestales cosechados en invierno para su inmediata utilización.

F_p = t de leña de residuos forestales cosechados en primavera para su inmediata utilización.

V_{pa} = t de leña de vid almacenada consumida en primavera (cosechada en invierno).

V_{va} = t de leña de vid almacenada consumida en verano (cosechada en primavera).

V_{oa} = t de leña de vid almacenada consumida en otoño (cosechada en verano).

V_{ia} = t de leña de vid almacenada consumida en invierno (cosechada en otoño).

O_{pa} = t de leña de olivo almacenada consumida en primavera (cosechada en invierno).

O_{va} = t de leña de olivo almacenada consumida en verano (cosechada en primavera).

O_{oa} = t de leña de olivo almacenada consumida en otoño (cosechada en verano).

O_{ia} = t de leña de olivo almacenada consumida en invierno (cosechada en otoño).

C_{pa} = t de leña de cítricos almacenada consumida en primavera (cosechada en invierno).

C_{va} = t de leña de cítricos almacenada consumida en verano (cosechada en primavera).

C_{oa} = t de leña de cítricos almacenada consumida en otoño (cosechada en verano).

C_{ia} = t de leña de cítricos almacenada consumida en invierno (cosechada en otoño).

F_{pa} = t de leña forestal almacenada consumida en primavera (cosechada en invierno).

F_{va} = t de leña forestal almacenada consumida en verano (cosechada en primavera).

F_{oa} = t de leña forestal almacenada consumida en otoño (cosechada en verano).

F_{ia} = t de leña forestal almacenada consumida en invierno (cosechada en otoño).

Función objetivo: min Coste

$$Coste = \left(V_i + V_{pa} + V_{va} + V_{oa} + V_{ia}\right) \cdot 20 + \left(O_v + O_{pa} + O_{va} + O_{oa} + O_{ia}\right) \cdot 15 +$$

$$+ \left(C_i + C_v + C_{pa} + C_{va} + C_{oa} + C_{ia}\right) \cdot 25 + \left(F_i + F_p + F_{pa} + F_{va} + F_{oa} + F_{ia}\right) \cdot 35 + 30 \cdot TA$$

Llamando TA al total de toneladas puestas en almacenamiento en un año

$$TA = O_{pa} + C_{pa} + V_{pa} + F_{pa} + O_{va} + C_{va} + V_{va} + F_{va} + O_{oa} + C_{oa} + V_{oa} + F_{oa} + O_{ia} + C_{ia} + V_{ia} + F_{ia}$$

Restricciones

Toneladas de residuos consumidas en primavera:

$$C_p + F_p + O_{pa} + C_{pa} + V_{pa} + F_{pa} > 7500$$

Toneladas de residuos consumidas en verano:

$$O_v + O_{va} + C_{va} + V_{va} + F_{va} > 7500$$

Toneladas de residuos consumidas en otoño:

$$O_{oa} + C_{oa} + V_{oa} + F_{oa} > 7500$$

Toneladas de residuos consumidas en invierno:

$$V_i + C_i + F_i + O_{ia} + C_{ia} + V_{ia} + F_{ia} > 7500$$

Limitaciones de almacenamiento

$$O_{pa} + C_{pa} + V_{pa} + F_{pa} < 8000$$

$$O_{va} + C_{va} + V_{va} + F_{va} < 8000$$

$$O_{oa} + C_{oa} + V_{oa} + F_{oa} < 8000$$

$$O_{ia} + C_{ia} + V_{ia} + F_{ia} < 8000$$

Como los residuos almacenados que se consumen en la planta deben ser recolectados la estación anterior tenemos

$$F_{oa} = 0; F_{ia} = 0$$

$$O_{va} = 0; O_{pa} = 0; O_{ia} = 0;$$

$$C_{oa} = 0; C_{ia} = 0$$

$$V_{va} = 0; V_{oa} = 0; V_{ia} = 0;$$

Los valores nulos anteriores vienen motivados porque en los meses anteriores no ha podido realizarse la recolección.

Habiendo resuelto el sistema de programación lineal planteado tenemos el total de biomasa a recolectar cada estación de cada materia prima disponible:

Total de residuos forestales a cosechar en primavera = $F_p + F_{va}$

Total de residuos forestales a cosechar en invierno = $F_i + F_{pa}$

Total de residuos de olivo a cosechar en verano = $O_v + O_{oa}$

Total de residuos de cítricos cosechar en invierno = $C_i + C_{pa}$

Total de residuos de cítricos cosechar en primavera = $C_p + C_{va}$

Total de residuos de vid cosechar en invierno = $V_i + V_{pa}$

Fin.

7.3. Análisis de redes de transporte (determinación de la ruta más corta)

Este problema trata de determinar el camino de "longitud mínima" entre un nodo origen y un nodo de destino por una sucesión de ramas que los unirán a través de una serie de nodos intermedios. Se entiende por longitud del camino a la suma de los valores asociados a las ramas que lo conforman; estos valores pueden representar no sólo distancias sino que según el caso, pueden también estar indicando costes de actividades o tiempos requeridos para la realización de esas actividades.

Algoritmo de Ford

Se utiliza para el cálculo de la ruta más corta en redes dirigidas acíclicas (sin ciclos). Para su aplicación, los vértices (nodos) de la red deben enumerarse en orden creciente de 1 a n, con 1 en el vértice origen y n en el vértice de destino: es decir, dado un vértice i cualquiera, los vértices de los extremos finales de todas las ramas que partan de i deben tener numeración posterior a i.

El algoritmo asigna sucesivamente etiquetas a cada nodo de la red. Estas etiquetas están formadas, considerando el nodo j, por un par de índices (L_j, i); L_j indica la longitud acumulada hasta el mismo ($L_j = L_i + d_{ij}$, siendo d_{ij} la "distancia" entre los nodos i y j), mientras i aludirá al vértice de procedencia, a partir del cual ha sido calculada la L_j.

El algoritmo comienza marcando el primer vértice con los índices $(0,0)$: las etiquetas de los nodos siguientes van orientándose mediante el correspondiente cálculo de cada (L_j, i).

Resulta evidente que sobre un vértice podremos tener parejas de índices distintos según el vértice de partida. Dado que estamos interesados en el camino más corto será seleccionado la etiqueta con L_j menor.

Llegados al último vértice, la observación de la etiqueta retenida en el mismo nos indicará la longitud mínima (L_n menor) así como el camino de llegada siguiendo hacia atrás los subíndices i de las etiquetas seleccionadas en cada nodo.

El procedimiento expuesto puede verse aplicado a la red de la Figura 7.3.

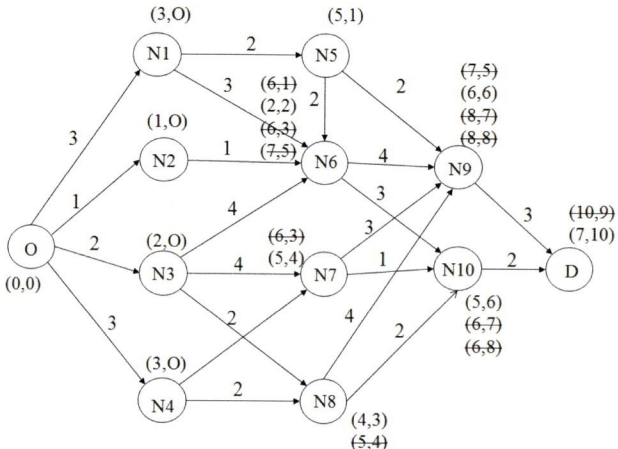

Figura 7.3. Red orientada.

Se puede observar que la etiqueta del nodo D es (7,10). Esto significa que la distancia mínima entre el nodo origen O y el destino D es 7 unidades; y que la ruta recorrida de forma inversa será O-2-6-10.

Algoritmo de Dijkstra

Se aplica para la determinación de la ruta más corta en redes no dirigidas, por tanto, cualquier rama puede tomarse en cualquiera de los dos sentidos. En este tipo de redes el algoritmo de Ford no es aplicable.

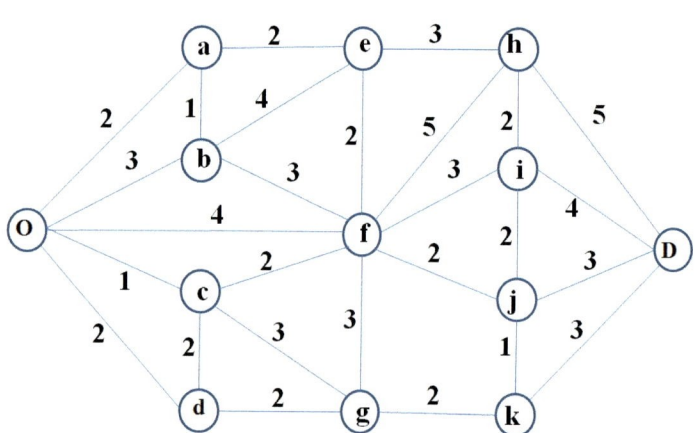

Figura 7.4. Red no orientada.

Se denominan nodos no resueltos aquellos que todavía no han sido incorporados a la red. Se parte del nodo origen identificando los nodos conectados a él por las ramas más cortas (puede haber más de uno en caso de empate). Los nodos con las ramas más cortas conectados al origen pasan a ser nodos resueltos. Se identifica entonces entre los nodos no resueltos, conectados a los sí resueltos, los que ofrecen longitudes acumuladas más cortas, conectándolos entonces a la red. Se repite la iteración hasta que se conecta el nodo destino.

Éste procedimiento es mostrado en la Figura 7.4 y Tabla 7.3.

Tabla 7.3. Tabla de iteraciones algoritmo de Dijkstra.

Iteración	Nodos resueltos	Nodos no resueltos más cercanos	Distancia acumulada	Nodo resuelto	Conexión
1	O	c	1	C	Oc
2	O	a	2	A	Oa
	c	d	2	d	Od
		d	1+2=3		
		f	1+2=3		
3	O	b	3	B	Ob
	a	b	2+1=3	b	ab
	c	f	1+2=3	f	cf
	d	g	2+2=4		
4	a	e	2+2=4	e	ae
	b	e	3+4=7	g	cg
	c	g	1+3=4	g	dg
	d	g	2+2=4		
	f	j	3+2=5		
5	e	h	4+3=7		
	f	j	3+2=4	j	fj
	g	k	4+2=6		
6	e	h	4+3=7		
	f	i	3+3=6	i	fi
	g	k	4+2=6	k	gk
	j	D	4+3=7		
7	e	h	4+3=7	h	eh
	i	D	6+4=10		
	j	D	7+3=10		
	k	D	6+3=9		
8	h	D	7+5=12		
	i	D	6+4=10	D	kD
	j	D	7+3=10		
	k	D	6+3=9		

La ruta más corta se obtiene recorriendo la última columna de la tabla; esta operación nos permite identificar que el camino más corto entre el origen O y el destino D sería O-c-g-k-D, ó O-d-g-k-D con una distancia total de 9.

7.4. Determinación de rutas cíclicas. Problema del viajero

Este problema es conocido por las siglas TSP por su título en inglés (Traveller Salesman Problem). Una vez seleccionadas las parcelas de abastecimiento este problema trata de determinar la ruta óptima para pasar por todos los puntos de recogida y regresar al punto de partida. El mismo algoritmo puede ser aplicado a la distribución de los productos valorizados de forma que el producto debe ser suministrado en todos los puntos de venta o consumo.

En la Figura 7.5 se muestran 4 parcelas todas conectadas entre sí. El objetivo determinar la ruta para pasar por todas ellas para la recogida de biomasa y regresar a la planta (A). La distancia entre cada una de las conexiones se muestra en la Tabla 7.4.

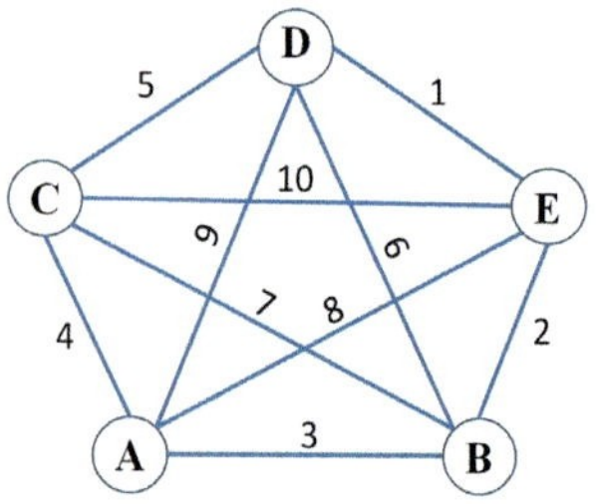

Figura 7.5. Problema del viajero, rutas de 5 nodos.

Tabla 7.4. Tabla distancias problema del viajero de 5 nodos.

	A (planta)	B	C	D	E
A (planta)		3	4	9	8
B			7	6	2
C				5	10
D					1
E					

Evidentemente la matriz de distancias es una matriz cuadrada simétrica

El problema sólo puede ser resuelto a fuerza bruta calculando la distancia recorrida de todas las posibles rutas. Si n es el número de nodos (considerando también el punto de partida), esto implica la comprobación de (n-1)! rutas, al tratarse de variaciones sin repetición de n-1 elementos. No obstante como cada una de ellas dispone de una simétrica, el número se reduce a la mitad; por ejemplo la ruta A-B-C-D-E-A sería similar a la A-E-D-C-B-A.

Por tanto de la red planteada con 5 nodos el número de rutas posibles es 12. Si resolvemos el problema a fuerza bruta comprobamos las distancias de cada una de estas:

ABCDEA = 3+7+5+1+8 = 24   ACBDEA = 4+5+6+1+8 = 24

ABCEDA = 3+7+10+1+9 = 30   ACBEDA = 4+5+6+2+9 = 26

ABDCEA = 3+6+5+10+8 = 32   ACDBEA = 4+5+7+2+8 = 26

ABDECA = 3+6+1+10+4 = 24   ACEBDA = 4+10+7+6+9 = 36

ABECDA = 3+2+10+5+9 = 29   ADBCEA = 9+6+7+10+1 = 23

ABEDCA = 3+2+1+5+4 = 15   ADCBEA = 9+5+7+2+8 = 31

Como se puede ver, la ruta ABEDCA es la óptima. Sin embargo, la obtención de todas las combinaciones puede resultar complicado y el número de comprobaciones sube factorialmente con el número de nodos.

Para reducir el número de operaciones y establecer una heurística se han desarrollado múltiples algoritmos entre los que destaca el *algoritmo de la selección del más próximo* o el *algoritmo de la selección del mejor más próximo*. Cabe resaltar que los algoritmos heurísticos no garantizan encontrar la solución óptima del problema, pero sí ofrecen una solución que si no es la óptima se acerca bastante a ella. La ventaja que presentan es reducir el número de operaciones e iteraciones.

Algoritmo del mejor más próximo

Para la aplicación de este algoritmo se realizan varias iteraciones.

Iteración 1

Comenzando desde el nodo de partida se selecciona al nodo más próximo (MP) es decir B (MP_A=B). Si se hiciera la ruta ABA la longitud recorrida sería L=3+3=6.

Iteración 2

Habiendo seleccionado el nodo B se elige el nodo más próximo a éste, es decir E (MP_B=E). La duda es si insertarlo en la ruta entre A-B o entre B-A. Para comprobar cuál es la mejor opción se evalúan los ciclos siguientes:

Si se inserta entre A-B, se realiza la siguiente valoración.

$$AB: AE + EB - BA = 8+2-3 = 7$$

Si se inserta en B-A

$$BA: BE + EA - AB = 2+8-3 = 7$$

Dado que la valoración de las dos opciones es similar, se puede elegir cualquiera de ellas, siendo la longitud recorrida L=6+7=13. Por tanto tenemos: ABEA o AEBA, que son simétricas.

Iteración 3

Si partimos del ciclo ABEA, siendo el último seleccionado E, se elige el nodo más cercano a éste, es decir D (MP_E=D). El nodo D puede ser insertado en tres posiciones: entre AB, entre BE, y entre EA. Entonces las valoramos:

$$AB: AD + DB - BA = 9+6-3 = 12$$

$$BE: BD + DE - BE = 6+1-2 = 5$$

$$EA: ED + DA - AE = 1+9-8 = 2$$

La opción óptima es insertar el nodo D entre E y A, teniendo una distancia L=13+2 =15. Por tanto se selecciona el ciclo ABEDA.

Iteración 4

Como el último nodo introducido ha sido el D, se selecciona el nodo más próximo a éste, es decir C (MP_D=C). El nodo C puede ser insertado en cuatro posiciones: entre A y B, entre B y E, entre E y D, o entre D y A.

Se evalúan cada una de las opciones:

$$AB: AC + CB - BA = 4+7-3 = 8$$

$$BE: BC + CE - EB = 7+10-2 = 15$$

$$ED: EC + CD - DE = 10+5-1 =14$$

$$DA: DC + CA - AD = 5+4-9 = 0$$

La mejor opción es insertar el nodo C entre D y A. Obteniendo el ciclo óptimo A-B-E-D-C-A cuya distancia es L = 15+0 = 15.

Si de la iteración 2 hubiéramos tomado la opción alternativa AEBA el resultado del algoritmo hubiere resultado el siguiente:

Iteración 4a

El nodo más cercano a E sigue siendo D (MP_E=D), que se puede insertar en tres posiciones:

$$AE: AD + DE - EA = 9+1-8 = 2$$

$$EB: ED + DB - BE = 1+6-2 = 5$$

$$BA: BD + DA - AB = 6+9-3 = 12$$

Resultando la mejor opción insertar el nodo D entre A y E, obteniendo el ciclo ADEBA, con distancia L = 13+2 =15.

Iteración 4b

Partiendo del ciclo ADEBA, se elige el nodo más cercano a D que ha sido el último nodo seleccionado. El nodo más cercano a D es C (MP_D=C) y puede ser insertado en cuatro posiciones: entre A y D, entre D y E, entre E y B, entre B y A.

Se evalúan las opciones

$$AD: AC + CD - DA = 4+5-9 = 0$$

$$DE: DC + CE - ED = 5+10-1 = 14$$

$$EB: EC + CB - BE = 10+7-2 = 15$$

$$BA: BC + CA - AB = 7+4-3 = 8$$

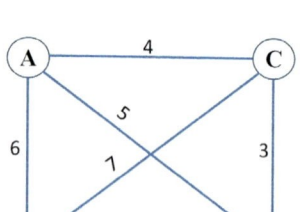

Figura 7.6. Problema del viajero, rutas de 4 nodos.

La mejor opción es insertar del nodo C entre A y D, resultando el ciclo ACDEBA que es simétrico a A-B-E-D-C-A y por tanto constituyen la misma solución con L=15. Esto demuestra que es indiferente tomar cualquiera de las posibilidades de la iteración 2.

Aunque en el ejemplo anterior resultara la solución similar a la elección del nodo más próximo, esta solución no siempre es la óptima. Para obtener la óptima hay que aplicar el algoritmo *mejor más próximo*.

Analicemos el siguiente ejemplo. La Figura 7.6 representa un sistema de 4 nodos conectados según la matriz de distancia presentada en la Tabla 7.5. Si aplicamos la heurística de selección del nodo más cercano la solución es ACDBA con longitud 25. Sin embargo cuando se aplica el algoritmo de *mejor más próximo* la mejor opción es ABCDA con longitud 21.

Tabla 7.5. Tabla distancias problema del viajero de 4 nodos.

	A (planta)	B	C	D
A (planta)		6	4	5
B			7	15
C				3
D				

Iteración 1

$$MP_A = C \rightarrow ACA$$
$$AC: L = 4+4 = 8$$

Iteración 2

$$MP_C = D \rightarrow ACDA$$
$$AC: AD+DC-CA = 5+3-4 = 4$$
$$CA: CD+DA-AC = 3+5-4 = 4$$
$$L = 8+4 = 12$$

Iteración 3

$$MP_D = B, ACDA$$
$$AC: AB+BC-CA = 6+7-4 = 9$$
$$CD: CB+BD-DC = 7+15-3 = 17$$
$$DA: DB+BA-AD = 15+6-5 = 16$$

La mejor opción es ABCDA con $L = 12+9 = 21$.

7.5. Técnicas de programación y control de proyectos

Un proyecto se descompone en una serie de tareas, o actividades elementales, interdependientes entre sí en cuanto a su orden de ejecución. Las técnicas de programación de proyectos van encaminadas a la determinación de la duración del proyecto con identificación de los intervalos en los que puede variar la ejecución de las distintas actividades sin que el plazo de finalización del proyecto final quede afectado. De tal modo quedan también determinados los cuellos de botella (caminos críticos), es decir, actividades cuyo retraso en ejecución supone un retraso en la ejecución del proyecto total. En este apartado desarrollaremos el método CPM "Critical Path Method" por ser de aplicación general y análisis PERT "Program Evaluation and Review Technique" que amplía el anterior.

Método CPM

Para el desarrollo de estos métodos de programación es necesario realizar una serie de operaciones previas:
1. Descomponer el proyecto en obras parciales (actividades).
2. Establecimiento de prerrelaciones entre actividades (por razones técnicas, económicas, jurídicas, etc.).
3. Representación gráfica del proyecto en forma de grafo (red).

Una forma de representación bastante habitual es el sistema AOA en el que en el grafo cada rama representa una actividad, y cada nodo un suceso, es decir, punto en el tiempo que indica el principio o fin de una o más actividades. Cada actividad poseerá un tiempo medio de ejecución que se representa en el grafo sobre la rama. Por ejemplo, en un proyecto ficticio podemos encontrarnos las siguientes actividades:

Actividades	Tiempos (días)	Precedentes
A	2	-
B	3	-
C	8	A
D	7	A
E	9	B, C
F	3	E
G	8	F
H	1	E
I	2	K, H
J	3	F
K	2	D, J
L	2	K, F
M	1	L

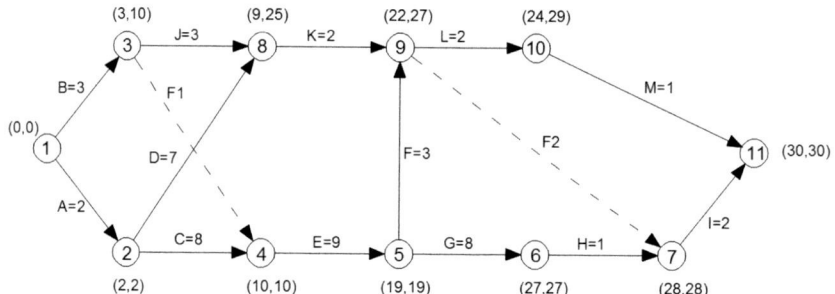

Figura 7.7. Grafo de las actividades y sucesos del proyecto ejemplo con el cálculo de los tiempos early y last.

Una vez construido el grafo se procederá al cálculo de los siguientes parámetros de cada suceso:

- *Tiempo early (t_j)*: es el tiempo que tarda en llegar el suceso si las actividades precedentes se inician tan pronto como es posible, es decir, lo más pronto en suceder. El procedimiento de cálculo es de izquierda a derecha de la red, comenzando por el suceso inicio del proyecto, al que se le asigna un *tiempo early* de cero:

$$t_j = max\left[t_j - t_{ij}\right]$$

t_{ij} es el tiempo que dura la realización de una actividad entre el suceso (nodo) i y j.

De este modo el tiempo early del suceso fin del proyecto indica el tiempo mínimo necesario para su finalización (duración del proyecto).

- *Tiempo last (t_i^*)*: es el tiempo más lejano que podemos llegar a un determinado suceso de manera que la duración del proyecto no se retrase en ninguna unidad de tiempo. Es decir, lo más tarde que podemos finalizar un suceso sin causar retraso en la obra.
El procedimiento iterativo de cálculo se realiza de derecha a izquierda de la red, comenzando por el suceso fin del proyecto, al que se le asigna como *tiempo last* su *tiempo early* previamente calculado.

$$t_i^* = min\left[t_j - t_{ij}\right]$$

- *Holgura de un suceso (H_i)*: es la diferencia entre los *tiempos last* y *early* del suceso. Indica el número de unidades de tiempo que puede retrasarse la realización de un suceso sin que la duración del proyecto experimente ningún retraso.

$$H_i = t_i^* - t_i$$

- *Holgura total de una actividad (H_{ij}^T)*: es la diferencia entre el *tiempo last* del suceso final y el *tiempo early* del suceso inicial y la duración de la actividad. Indica el número de unidades de tiempo en que puede retrasarse la realización de la actividad respecto al tiempo previsto, sin que la duración del proyecto experimente ningún retraso.

$$H_{ij}^T = t_j^* - t_i - t_{ij}$$

Si la holgura total de una actividad es cero, indica que esa actividad resulta crítica.

- *Holgura libre de una actividad (H_{ij}^L)*: diferencia entre el *tiempo early* del suceso final de una actividad, y *tiempo early* del suceso inicial y la duración de la actividad. Indica la cantidad de holgura disponible después de haber realizado la actividad, si todas las actividades del proyecto han comenzado en sus *tiempos early*. Representa la parte de holgura total que puede ser consumida sin perjudicar a las actividades siguientes (a sus holguras totales).

$$H_{ij}^L = t_j - t_i - t_{ij}$$

- *Holgura independiente de una actividad (H_{ij}^I)*: es la diferencia entre el *tiempo early* del suceso final de una actividad, y el *tiempo last* del suceso inicial y la duración de la actividad. Indica la cantidad de holgura disponible después de haber realizado la actividad, si todas las actividades del proyecto han comenzado en sus *tiempos last*. (puede ser negativa).

$$H_{ij}^I = t_j - t_i^* - t_{ij}$$

Según las definiciones: $H_{ij}^I < H_{ij}^L < H_{ij}^T$

- *Fecha más temprana de comienzo de una actividad (C_{ij})*: indica lo más pronto que puede comenzarse una actividad:

$$C_{ij} = t_i$$

- *Fecha más tardía de comienzo de una actividad (C_{ij}^*)*: indica lo más tarde que puede comenzarse una actividad, de modo que no se retrase la duración prevista del proyecto:

$$C_{ij}^* = t_i + H_{ij}^T$$

- *Fecha más temprana de finalización de una actividad (F_{ij})*: indica lo más pronto que puede finalizarse una actividad:

$$F_{ij} = t_i + t_{ij}$$

- *Fecha más tardía de finalización de una actividad (F_{ij}^*)*: indica lo más tarde que puede finalizarse una actividad, de modo que no se retrase la duración prevista del proyecto:

$$F_{ij}^* = t_j^*$$

En general: $C_{ij}^* - C_{ij} = F_{ij}^* - F_{ij} = H_{ij}^T$

Para una actividad crítica, $C_{ij}^* = C_{ij}$ y $F_{ij}^* = F_{ij}$

En el ejemplo:

Actividad (i-j)	Tiempo t_{ij}	t_i	t_i^*	t_j	t_j^*	H_i	H_j	H_{ij}^T	H_{ij}^L	H_{ij}^I	camino crítico	C_{ij}	C_{ij}^*	F_{ij}	F_{ij}^*
A (1-2)	2	0	0	2	2	0	0	0	0	0	CC	0	0	2	2
B (1-3)	3	0	0	2	10	0	8	7	-1	-1		0	7	3	10
C (2-4)	8	2	2	10	10	0	0	0	0	0	CC	2	2	10	10
D (2-8)	7	2	2	9	25	0	16	16	0	0		2	18	9	25
E (4-5)	9	10	10	19	19	0	0	0	0	0	CC	10	10	19	19
F (5-9)	3	19	19	22	27	0	5	5	0	0		19	24	22	27
G (5-6)	8	19	19	27	27	0	0	0	0	0	CC	19	19	27	27
H (8-9)	1	27	27	28	28	0	0	0	0	0	CC	27	27	28	28
I (7-11)	2	28	28	30	30	0	0	0	0	0	CC	28	28	30	30
J (3-8)	3	3	10	9	25	7	16	19	3	-4		3	22	6	25
K (8-9)	2	9	25	22	27	16	5	16	11	-5		9	25	11	27
L (9-10)	2	22	27	24	29	5	5	5	0	-5		21	27	23	29
M (10-11)	1	24	29	30	30	5	0	5	5	0		23	29	24	30

La duración mínima del proyecto es de 30 días. Dados los resultados se puede establecer un calendario para el proyecto. Por ejemplo si el proyecto empieza el 11 de enero, las fechas de ejecución de las diferentes actividades serán:

Actividad (*i-j*)	Fecha de comienzo	Fecha de finalización
A (1-2)	11 Enero	13 Enero
B (1-3)	11-18 Enero	14 – 21 Enero
C (2-4)	13 Enero	21 Enero
D (2-8)	13-29 Enero	20 Enero - 5 Febrero
E (4-5)	21 Enero	30 Enero
F (5-9)	30 Enero - 4 Febrero	2 -7 Febrero
G (5-6)	30 Enero	7 Febrero
H (8-9)	7 Febrero	8 Febrero
I (7-11)	8 Febrero	10 Febrero
J (3-8)	14 Enero – 2 Febrero	17 Enero - 5 Febrero
K (8-9)	20 Enero – 5 Febrero	20 Enero – 7 Febrero
L (9-10)	1 – 7 Febrero	3 – 9 Febrero
M (10-11)	3 – 9 Febrero	4 -10 Febrero

Análisis PERT

Dado que la duración de una actividad presenta cierta incertidumbre, es decir, tiene variabilidad, es necesario establecer un análisis probabilístico del modelo anteriormente presentado.

El análisis PERT considera que la duración de una actividad sigue una distribución beta (finita y asimétrica) con moda m (valor más frecuente), cota inferior a, cota superior b y desviación típica $\sigma = \frac{1}{6}(b-a)$.

Es decir que una actividad presenta una duración mínima a (opción optimista), una duración máxima b (opción pesimista) y un valor más probable m. Por otro lado las duraciones de las actividades se consideran variables aleatorias independientes.

El valor medio (tiempo PERT) vendrá dado por:

$$E(d) = \frac{a + 4m + b}{6}$$

En el ejemplo planteado se podría dar:

	Actividades												
	A	B	C	D	E	F	G	H	I	J	K	L	M
Duración optimista	1	1	5	4	1	1	5	1	1	1	1	1	1
Más probable	2	3	8	6	10	3	7	0,75	1	2	2	1	0,75
Duración pesimista	3	5	11	14	13	5	15	2	7	9	3	7	2
Tiempo Pert	2	3	8	7	9	3	8	1	2	3	2	2	1

En esta situación la solución es semejante a la obtenida mediante el método CPM utilizado.

Dado que la duración de cada actividad es considerada variable independiente respecto a las demás se puede realizar dos tipos de operaciones:

1. Determinar la probabilidad de poder finalizar el proyecto antes de Z unidades de tiempo (o dentro de un intervalo de tiempo).
2. Determinación del número de unidades de tiempo Z que son necesarias como mínimo para que exista una alta probabilidad de poder finalizar el proyecto.

Si d_i es la variable aleatoria "duración de una actividad i" tenemos como valor medio y varianza:

$$\bar{d}_i = E(d_i) = \frac{a + 4m + b}{6} \quad \sigma_i^2 = \left[\frac{1}{6}(b_i - a_i)\right]^2$$

La variable aleatoria "duración total del proyecto D" tiene una distribución normal con media y varianzas conocidas.

$$D = \sum_i d_i \approx N\left(\bar{D} = \sum \bar{d}_i, \sigma^2 = \sum \sigma_i^2\right)$$

Por ejemplo, en el ejercicio planteado disponemos cuatro actividades críticas de las cuales conocemos su media y su varianza.

Actividades críticas	a_i	m_i	b_i	d_i	σ_i^2
A (1-2)	1	2	3	2	0,11
C (2-4)	5	8	11	8	1,00
E (4-5)	1	10	13	9	4,00
G (5-6)	5	7	15	8	2,78
H (8-9)	1	0,75	2	1	0,03
I (7-11)	1	1	7	2	1,00

La duración media del proyecto será $\bar{D} = \sum d_i = 30$ y la varianza $\sigma^2 = 8,92$

Por ejemplo, la probabilidad de que la realización del proyecto dure menos de 34 días vendrá dado por:

$$P(D < 34) = P\left(N\left(30, \sqrt{8,92}\right) < 34\right) = P\left(N(0,1) < \frac{34 - 30}{\sqrt{8,92}}\right) = P(N(0,1) < 1,34) = 0,91$$

La probabilidad de que el proyecto dure menos de 32 días pero más de 25 vendrá dado por:

$$P(25 < D < 32) = P\left(25 < N\left(30, \sqrt{8,92}\right) < 34\right) = P\left(\frac{25 - 30}{\sqrt{8,92}} < N(0,1) < \frac{32 - 30}{\sqrt{8,92}}\right) =$$

$$P(-1,67 < N(0,1) < 0,67) = P(N(0,1) < 0,67) - P(N(0,1) < -1,67) = 0,7486 - 0,0475 = 0,701$$

El número de días Z que son necesarias como mínimo para que exista una probabilidad del 98% de finalizar el proyecto vendrá dado por:

$$P(D < Z) = P\left(N\left(30, \sqrt{8,92}\right) < Z\right) = 0,98$$

$$P\left(N(0,1) < \frac{Z - 30}{\sqrt{8,92}}\right) = 0,98 \rightarrow \frac{Z - 30}{\sqrt{8,92}} = 2,05 \rightarrow Z = 30 + 2,05\sqrt{8,92} = 36,12$$

7.6. Problemas de localización. Borvemar model

Como se ha visto, la modelización logística de las cadenas de abastecimiento de biomasa a plantas transformadoras productoras de biocombustibles permite determinar la mejor alternativa de selección de biosistemas productores de materias primas. Uno o varios objetivos específicos combinados pueden ser optimizados mediante programación lineal a través de modelos computacionales organizados en red. Por ejemplo: maximizar los beneficios, minimizar los costes, minimizar las emisiones de gases de efecto invernadero, maximizar el rendimiento de la energía, minimizar el uso de la energía, y maximizar los beneficios de la energía. Una estructura de red (grafo) está construida a partir de nodos conectados con arcos. Existen nodos origen que son fuentes de un determinado tipo de biomasa; nodos intermedios, que representan puntos de almacenamiento; y puntos finales o destino que representan plantas de consumo (central eléctrica, por ejemplo) donde se utiliza la biomasa. Los arcos representan el transporte entre los nodos.

Modelos de programación lineal pueden tener en cuenta las fluctuaciones estacionales de la oferta y la demanda, capacidad de transporte de las vías, todos los distintos tipos de coste (producción, cosecha, transporte, costes de tratamiento y de conversión de energía), junto con las limitaciones de capacidad, pérdidas en el transporte y almacenamiento.

Hasta ahora las técnicas estudiadas parten de una red donde la localización de los nodos origen y los nodos destino está completamente definida, sin embargo la localización optima de éstos supone un tipo específico de problema de especial relevancia logística. A fin de combinar los estudios de inventariación en SIG con modelos de redes de programación lineal, es necesario construir una red a partir de un mapa digital de distribución espacial. Un modelo aplicable para este objetivo es el *Borvemar model*. Este modelo se estructura en dos partes, la primera permite encontrar posibles lugares donde la biomasa puede ser concentrada. La selección de puntos de concentración de biomasa puede ser considerada como posibles nodos fuentes de biomasa en el modelo de red. La segunda parte permite seleccionar las localizaciones de las plantas de transformación de biomasa y producción de energía.

Localización de nodos origen. Modelo Borvemar

La primera parte del *modelo borvemar* fue publicada en la revista Transactions of ASABE en 2008 (Velázquez-Martí y Annevelink, 2009). El objetivo de esta parte del modelo es combinar cuadrículas en un mapa SIG, con el fin de definir un área en el cual se fijara un centro de concentración de biomasa, que actuarán como posibles puntos de origen fuente de la biomasa para la red. La base de datos para el *modelo borvemar* se compone de estudios espaciales de la biomasa forestal y agrícola en distintos polígonos, catastro parcelario, en los mapas GIS (*shapefiles*). Estos dan información sobre las especies y plantas por hectárea, biomasa total y biomasa residual disponible. Por ello, estudios de cuantificación e inventariación deben ser realizados con anterioridad aplicándose coeficientes de producción de biomasa residual de la poda y renovación de árboles frutales, la paja de las cosechas de cereales según la especie, variedad y sistema de cultivo utilizado. Otros datos necesarios son los límites de la zona de estudio, red de transporte, orografía, la hidrología, las zonas urbanas y límites administrativos

El primer paso para aplicar el modelo es superponer al mapa parcelario GIS una malla con cuadrículas de 1 km × 1 kilómetro en el área de estudio (Figura 7.8). Cada cuadrícula se designa con la denominación a_{ij} tal que $i \in \{1, \ldots, n\}$ y $j \in \{1, \ldots, m\}$, de forma que constituyen una matriz de n × m. El resultado es una rejilla en la que se conoce la biomasa total disponible en cada cuadrícula (m_{ij}), pudiendo ser de distintos tipos $\{a, b, \ldots, z\}$, debido a su elevada superficie. Fruto de la superposición se conocen las proporciones de cada tipo de biomasa en cada cuadrícula, de forma que cada uno de ellos tiene asociado un vector de los

ratios de cada tipo de biomasa $\vec{r}_{ij} = \left(r_{ija}, r_{ijb}, \ldots, r_{ijz} \right)$, tal que $\sum_{h=1}^{z} r_{ijh} = 1$.

El parámetro r_{ija} representa el ratio de biomasa del tipo a en la cuadrícula a_{ij}; el parámetro r_{ijb} es la relación entre el tipo de biomasa b y la biomasa total dentro de la cuadrícula a_{ij}, etc. Además, se define otro vector de costes de cosecha o recolección de cada tipo de biomasa $\vec{H} = (H_a, H_b, \ldots, H_z)$, donde H_a es el coste de cosecha de la biomasa de tipo a; H_b es el coste de la recolección de tipo b, etc. El coste de recolección de toda la biomasa en la cuadrícula a_{ij} vendrá dado por el producto escalar:

$$\vec{H} \cdot \vec{r}_{ij} = H_a \cdot r_{ija} + H_b r_{ijb} + \ldots + H_z r_{ijz}$$

La Figura 7.8 es un mapa digital obtenida para la cuantificación de la biomasa en la comarca de "La Hoya de Buñol", Valencia, España donde se representan en distintos polígonos las zonas de los distintos tipos de biomasa.

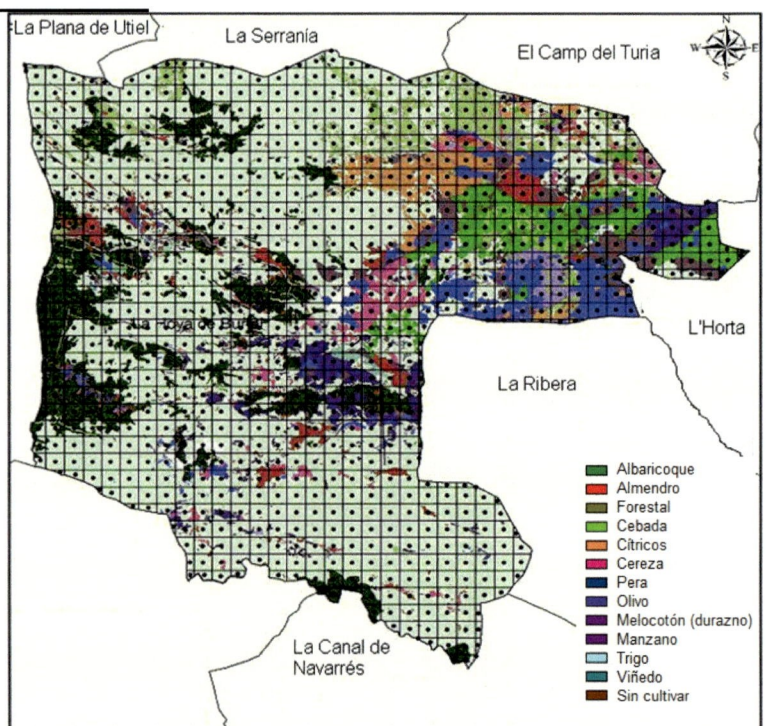

Figura 7.8. Rejillas con biomasa cuantificada en «Hoya de Buñol» condado (Valencia, España).

Todas las cuadrículas en el área de estudio deben estar conectadas por la red de comunicaciones (red de carreteras y caminos). Para ello, cada una de ellas debe estar asociada a un punto de la red. Esta conexión se lleva a cabo por medio de la herramienta Network Analyst. Entonces queda definido un parámetro distancia $D(a_{ij}, a_{nm})$ como la distancia entre la cuadrícula a_{ij} y a_{nm} por el camino que los conecta. Todas las distancias $D(a_{ij}, a_{nm})$ definen una matriz de n × n.

Otro método simplificado de la conexión de las redes es calcular la distancia euclídea entre cada centro de cuadrícula, y multiplicar este valor para un parámetro llamado CR «curvatura de la carretera», que puede variar entre 1,1 y 1,8.

$$D(a_{ij}, a_{nm}) = CR \cdot \sqrt{\left(X_{ij} - X_{nm}\right)^2 + (Y_{ij} - Y_{nm})^2} \tag{7.1}$$

En el algoritmo las distintas cuadrículas se agruparán en distintas subáreas de recogida con un punto de concentración en el centro. Criterios para la agrupación de fuentes de biomasa (subáreas) serán los siguientes: se requiere un mínimo de producción del tipo de biomasa disponible (parámetro Q_t); el coste de la cosecha y la recolección debe ser mínimo.

Para seleccionar las diferentes sub-áreas $\{A_1, A_2, \ldots A_n\}$ dentro de la matriz nxm es necesario seguir n iteraciones de tres pasos.

Iteración 1

- Paso 1. Se calcula la biomasa existente alrededor de cada cuadrícula a_{ij} dentro de un radio R (por ejemplo R = 60 km), seleccionando aquellos as cuya cantidad sea superior a Q_t

$$D(a_{ij}, a_{nm}) < R$$

$$\sum_{i,j}^{n,m} m(a_{ij}, a_{nm}) > Q_t \text{(del tipo de biomasa seleccionado)}$$

Donde $m(a_{ij}, a_{nm})$ es la biomasa del tipo seleccionado para ser transportada desde todos a_{nm} a $a_{ij} \mid D(a_{ij}, a_{nm}) < R$

- Paso 2. Para cada cuadrícula a_{ij} seleccionado, ese calcula el coste de la cosecha y concentración de toda la biomasa disponible desde todos los a_{nm} asociados al subárea con centro en $a_{ij} \mid D(a_{ij}, a_{nm}) < R$. El coste se obtiene por la Ecuación 7.2.

$$C_{ij} = \frac{\sum_{ij}^{nm}\left[m(a_{ij}, a_{nm}) \cdot \vec{H} \cdot \vec{r}_{nm}\right] + \sum_{ij}^{nm}\frac{m(a_{ij}, a_{nm})}{CT} \cdot CF_i + \sum_{ij}^{nm}\frac{D(a_{ij}, a_{nm}) \cdot m(a_{ij}, a_{nm})}{CT} \cdot CV}{\sum_{ij}^{nm} m(a_{ij}, a_{nm})} \tag{7.2}$$

Dónde CF_i son los costes fijos de transporte (€/viaje). Esto incluye los costes del operador durante el tiempo de carga (3-4 hora); CV son los costes variables de transporte (€/km) e incluyen el consumo de combustible y los costes de los operadores; La CT es la capacidad de transporte (por ejemplo, 5 t/viaje).

- Paso 3. Todas las cuadrículas seleccionadas a_{ij} se ordenan de acuerdo a sus costes. Se selecciona la cuadrícula a_{ij} con los costes más bajos. Por lo tanto, la primera subárea A1 se forma con todo a_{nm} | $D(a_{ij}, a_{nm}) < R$ y mínimo C_{ij}.

Iteración 2

- Paso 1. Tras eliminar toda la biomasa de la subárea A_1 en la matriz, se vuelve a calcular la biomasa existente alrededor de cada cuadrícula a_{ij} dentro de un radio R, seleccionando aquellas cuadrículas cuya cantidad sea superior a Q_t.
- Paso 2. Para cada cuadrícula a_{ij} seleccionada, se calcula de nuevo coste de la cosecha y concentración de toda la biomasa disponible desde todos los a_{nm} asociados a la subárea con centro en a_{ij} | $D(a_{ij}, a_{nm}) < R$. El coste se obtiene por la Ecuación 7.2.
- Paso 3. Todas las cuadrículas seleccionadas las a_{ij} se ordenan de acuerdo a sus costes. Se selecciona la cuadrícula a_{ij} con los costes más bajos. Por lo tanto, la primera subárea A2 se forma con todo a_{nm} | $D(a_{ij}, a_{nm}) < R$ y mínimo C_{ij} ...

Iteración 3

- Paso 1. Habiendo eliminado toda la biomasa de las subáreas seleccionadas anteriormente $\{A_1, A_2, \ldots\ldots A_{i-1}\}$ en la matriz, se vuelve a calcular la biomasa existente alrededor de cada cuadrícula a_{ij} dentro de un radio R, seleccionando aquellas cuadrículas cuya cantidad sea superior a Q_t.

Se siguen los pasos 2 y 3.

El proceso de cálculo finaliza cuando no existen cuadrículas que no cumplen los criterios de selección.

Ejemplo 6

La Figura 7.9 muestra un área hipotética (10 km × 10 km) representada por cuadrículas 1 km × 1 km donde se conoce la biomasa disponible en cada una de ellas. El número dentro de cada cuadrícula representa el número de toneladas de biomasa que se pueden recoger de ella en un año.

Para seleccionar las subáreas de recogida y concentración de biomasa se define una productividad mínima de 50 t/año de biomasa de tipo b, que debería estar disponible para proporcionar operaciones de recogida factibles. La distancia máxima de recogida se fija en 2 km (R=2 km).

5,1	4,0	5,2	3,7	5,1	4,0	5,3	3,5	6,0	7,2
3,9	3,5	4,0	5,3	3,9	2,6	6,0	4,5	5,5	6,0
5,2	4,3	3,9	6,5	5,2	4,3	5,9	4,1	5,3	5,9
4,2	3,8	0,5	4,6	4,2	3,8	5,3	3,2	5,8	6,7
4,2	2,2	5,1	6,3	4,2	3,5	4,5	3,4	4,3	3,5
5,6	4,7	3,5	6,5	5,2	3,5	3,5	5,4	1,6	6,2
4,3	2,6	4,0	3,2	6,4	4,5	3,2	4,3	7,2	6,0
2,5	3,5	4,2	4,2	4,4	3,4	5,4	2,9	5,5	6,2
3,5	4,1	4,3	3,2	4,5	4,2	3,2	6,5	6,1	7,3
3,8	4,0	5,2	3,7	5,1	4,0	7,2	5,7	5,0	7,3

Figura 7.9. Área de estudio ejemplo. En cada casilla 1 km × 1 km se representa la biomasa disponible del tipo b en toneladas.

Iteración 1

De acuerdo con la iteración 1, paso 1 del modelo de cálculo Borvemar, se evalúa cada cuadrícula a_{ij} para encontrar aquellas cuadrículas que tienen más de 50 toneladas de biomasa tipo b dentro de un radio de menos de 2 km. Las distancias se definen normalmente por una matriz generada a partir de la red de transporte por carretera, o utilizando distancias euclídeas. En la Figura 7.10 se representa el área analizada para una cuadrícula específica. Todas las cuadrículas cuyo centro está a una distancia menor de 2 km son sombreadas.

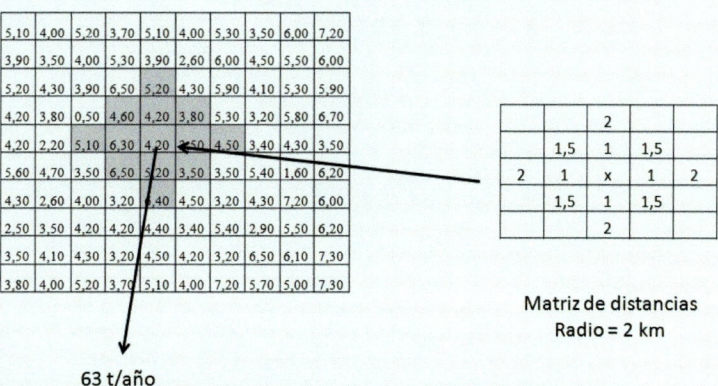

Matriz de distancias
Radio = 2 km

Figura 7.10. Área más cerca de 2 km a a_{ij}.

63 t/año

La Tabla 7.6 muestra toneladas de biomasa disponible para cada posible subzona, quedando sombreadas las que superan una cantidad de 50 t/año.

Tabla 7.6. Cantidad de biomasa disponible en un radio de 2 km en todos los a_{ij} en toneladas.

26,93	33,75	39,78	41,71	40,36	38,40	42,82	46,11	43,33	34,13
34,23	48,28	48,80	53,59	54,86	55,93	54,91	57,89	59,87	47,18
38,16	46,11	57,28	56,83	59,56	59,40	60,08	62,76	63,27	50,14
34,00	46,31	53,22	60,03	57,57	54,89	57,61	62,35	54,69	46,97
39,39	47,07	53,47	55,49	63,06	56,22	53,75	52,47	57,18	43,42
33,81	49,98	53,55	61,32	58,92	57,62	53,26	53,20	56,69	47,11
34,83	44,33	56,48	58,18	57,15	54,67	57,38	59,35	58,83	47,70
34,08	45,81	48,91	55,54	57,84	53,78	58,26	65,01	63,88	54,57
29,94	40,90	48,39	50,36	50,61	55,60	56,31	63,30	**62,90**	49,82
23,09	32,12	37,59	38,19	41,60	41,05	46,30	47,95	50,64	37,59

Los costes logísticos considerados fueron los siguientes:

- Costes de la cosecha de recolección, H = 2 € / t;

- Costes de transporte fijos, CF = 5 € / viaje;

- Costes de transporte variables, CV = 0,5 € / km;

- Capacidad de transporte, CT = 10 t / viaje.

A partir de estos costes, se forma una matriz en la que se muestran los costes de recogida y concentración de toda la biomasa de cada posible subárea en el centro de la misma cuadrícula a_{ij} correspondiente (Tabla 7.7).

Tabla 7.7. Coste Recogida por tonelada de biomasa en cada posible subárea en la iteración 1.

2,5633	2,5619	2,5666	2,5676	2,5682	2,5663	2,5677	2,5691	2,5614	2,5572
2,5624	2,5659	2,5639	2,5641	2,5678	2,5695	2,5652	2,5660	2,5639	2,5615
2,5652	2,5659	2,5723	2,5663	2,5684	2,5698	2,5679	2,5694	2,5667	2,5646
2,5633	2,5696	2,5736	2,5701	2,5682	2,5682	2,5690	2,5719	2,5637	2,5643
2,5687	2,5690	2,5696	2,5642	2,5708	2,5714	2,5696	2,5692	2,5705	2,5678
2,5604	2,5679	2,5679	2,5666	2,5663	2,5715	2,5704	2,5688	2,5692	2,5690
2,5664	2,5667	2,5727	2,5690	2,5660	2,5682	2,5724	2,5703	2,5642	2,5633
2,5712	2,5690	2,5684	2,5703	2,5698	2,5684	2,5715	2,5713	2,5645	2,5654
2,5648	2,5617	2,5659	2,5676	2,5669	2,5690	2,5665	2,5664	**2,5622**	2,5605
2,5629	2,5611	2,5652	2,5668	2,5687	2,5655	2,5646	2,5636	2,5644	2,5602

La subárea con una cantidad de biomasa disponible superior a 50 t/año con el coste más bajo se define por la cuadrícula a_{99}, que se muestra en la Figura 7.11 como A_1. La cantidad de biomasa disponible de tipo b en la subárea A1 es 62,90 t / año, y los costes de recolección son 2,5622 €/t.

Figura 7.11. Subárea de recogida A_1 obtenida de la iteración 1.

Iteración 2

Con el fin de llevar a cabo la iteración 2 las cuadrículas de la subárea A_1 se eliminan de la cuadrícula en la Figura 7.9, lo que conduce a la Figura 7.12.

5,1	4,0	5,2	3,7	5,1	4,0	5,3	3,5	6,0	7,2
3,9	3,5	4,0	5,3	3,9	2,6	6,0	4,5	5,5	6,0
5,2	4,3	3,9	6,5	5,2	4,3	5,9	4,1	5,3	5,9
4,2	3,8	0,5	4,6	4,2	3,8	5,3	3,2	5,8	6,7
4,2	2,2	5,1	6,3	4,2	3,5	4,5	3,4	4,3	3,5
5,6	4,7	3,5	6,5	5,2	3,5	3,5	5,4	1,6	6,2
4,3	2,6	4,0	3,2	6,4	4,5	3,2	4,3	-	6,0
2,5	3,5	4,2	4,2	4,4	3,4	5,4	-	-	-
3,5	4,1	4,3	3,2	4,5	4,2	-	-	-	-
3,8	4,0	5,2	3,7	5,1	4,0	7,2	-	-	-

Figura 7.12. Biomasa disponible en cada cuadrícula 1 kilómetro × 1 km para la iteración 2.

La Tabla 7.8 muestra las toneladas de biomasa disponible para cada nueva posible subárea resultado de la iteración 2. Dado que la biomasa de la subárea A_1 ya ha sido concentrada en la cuadrícula a_{99}, ésta ya no está disponible.

Tabla 7.8. Biomasa disponible dentro de 2 kilómetros alrededor de cada a_{ij} en la iteración 2.

26,93	33,75	39,78	41,71	40,36	38,40	42,82	46,11	43,33	34,13
34,23	48,28	48,80	53,59	54,86	55,93	54,91	57,89	59,87	47,18
38,16	46,11	57,28	56,83	59,56	59,40	60,08	62,76	63,27	50,14
34,00	46,31	53,22	60,03	57,57	54,89	57,61	62,35	**54,69**	46,97
39,39	47,07	53,47	55,49	63,06	56,22	53,75	52,47	49,99	43,42
33,81	49,98	53,55	61,32	58,92	57,62	53,26	43,11	44,00	33,71
34,83	44,33	56,48	58,18	57,15	54,67	44,09	37,24	30,96	21,53
34,08	45,81	48,91	55,54	57,84	47,68	40,14	21,69	17,21	12,13
29,94	40,90	48,39	50,36	47,41	45,88	31,88	21,10	0,00	5,95
23,09	32,12	37,59	38,19	41,60	32,11	25,84	11,22	7,24	0,00

El coste de recogida y transporte por tonelada de biomasa para cada posible nueva subárea se muestra en la Tabla 7.9. La subárea con una cantidad de biomasa disponible superior a 50 t/año con el coste más bajo se define por la cuadrícula a_{94}, que se muestra en la Figura 7.13.

Tabla 7.9. Costes de recogida en todas las posibles subáreas para la iteración 2.

2,5633	2,5619	2,5666	2,5676	2,5682	2,5663	2,5677	2,5691	2,5614	2,5572
2,5624	2,5659	2,5639	2,5641	2,5678	2,5695	2,5652	2,5660	2,5639	2,5615
2,5652	2,5659	2,5723	2,5663	2,5684	2,5698	2,5679	2,5694	2,5667	2,5646
2,5633	2,5696	2,5736	2,5701	2,5682	2,5682	2,5690	2,5719	**2,5637**	2,5643
2,5687	2,5690	2,5696	2,5642	2,5708	2,5714	2,5696	2,5692	2,5663	2,5678
2,5604	2,5679	2,5679	2,5666	2,5663	2,5715	2,5704	2,5656	2,5685	2,5621
2,5664	2,5667	2,5727	2,5690	2,5660	2,5682	2,5657	2,5698	2,5715	2,5561
2,5712	2,5690	2,5684	2,5703	2,5698	2,5661	2,5703	2,5740	2,5851	2,5755
2,5648	2,5617	2,5659	2,5676	2,5646	2,5659	2,5679	2,5851	-	2,6000
2,5629	2,5611	2,5652	2,5668	2,5687	2,5584	2,5602	2,5677	2,6000	-

La subárea de recogida y concentración A_2 se muestra en la Figura 7.13.

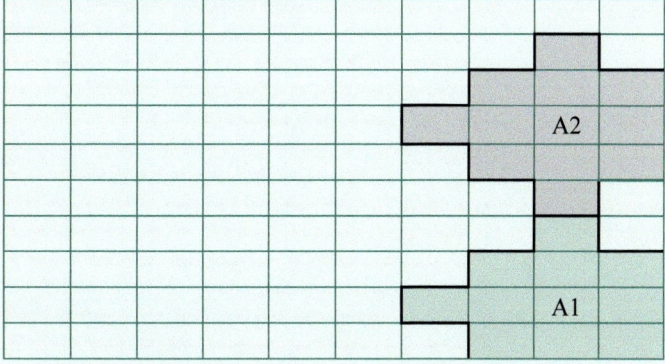

Figura 7.13. Subárea de recogida A_2 obtenida de la iteración 2.

Iteración 3

Para realizar la iteración 2 las cuadrículas de las subáreas A_1 y A_2 se eliminan de la cuadrícula en la Figura 7.9, lo que conduce a la Figura 7.14.

5,1	4,0	5,2	3,7	5,1	4,0	5,3	3,5	6,0	7,2
3,9	3,5	4,0	5,3	3,9	2,6	6,0	4,5	-	6,0
5,2	4,3	3,9	6,5	5,2	4,3	5,9	-	-	-
4,2	3,8	0,5	4,6	4,2	3,8	-	-	-	-
4,2	2,2	5,1	6,3	4,2	3,5	4,5	-	-	-
5,6	4,7	3,5	6,5	5,2	3,5	3,5	5,4	-	6,2
4,3	2,6	4,0	3,2	6,4	4,5	3,2	4,3	-	6,0
2,5	3,5	4,2	4,2	4,4	3,4	5,4	-	-	-
3,5	4,1	4,3	3,2	4,5	4,2	-	-	-	-
3,8	4,0	5,2	3,7	5,1	4,0	7,2	-	-	-

Figura 7.14. Biomasa disponible en cada cuadrícula 1 kilómetro × 1 km para la iteración 3.

La Tabla 7.10 muestra la cantidad de toneladas de biomasa disponible para las posibles subáreas resultado de la iteración 3. Dado que la biomasa de las subáreas A_1 y A_2 ya han sido concentradas en las cuadrículas a_{99} y a_{94} respectivamente, ésta ya no está disponible.

Tabla 7.10. Biomasa disponible dentro de 2 kilómetros alrededor de cada a_{ij} en la iteración 3.

26,93	33,75	39,78	41,71	40,36	38,40	42,82	36,50	32,52	22,72
34,23	48,28	48,80	**53,59**	54,86	55,93	40,00	39,79	33,23	23,72
38,16	46,11	57,28	56,83	59,56	50,00	42,18	24,21	22,38	13,24
34,00	46,31	53,22	60,03	52,27	46,39	35,78	24,17	0,00	12,18
39,39	47,07	53,47	55,49	63,06	47,52	37,55	21,23	16,11	12,13
33,81	49,98	53,55	61,32	58,92	57,62	42,96	30,61	25,36	17,56
34,83	44,33	56,48	58,18	57,15	54,67	44,09	32,24	25,06	16,43
34,08	45,81	48,91	55,54	57,84	47,68	40,14	21,69	15,61	12,13
29,94	40,90	48,39	50,36	47,41	45,88	31,88	21,10	0,00	5,95
23,09	32,12	37,59	38,19	41,60	32,11	25,84	11,22	7,24	0,00

El coste de recogida y concentración por tonelada de biomasa para cada posible nueva subárea se muestra en la Tabla 7.11. La subárea con una cantidad de biomasa disponible superior a 50 t/año con el coste más bajo se define por la cuadrícula a_{42}, que se muestra en la Figura 7.15.

Tabla 7.11. Costes de recogida y concentración por tonelada de biomasa en cada posible subárea en la iteración 3.

2,5633	2,5619	2,5666	2,5676	2,5682	2,5663	2,5677	2,5647	2,5570	2,5418
2,5624	2,5659	2,5639	**2,5641**	2,5678	2,5695	2,5548	2,5660	2,5671	2,5531
2,5652	2,5659	2,5723	2,5663	2,5684	2,5667	2,5673	2,5723	2,5883	2,5773
2,5633	2,5696	2,5736	2,5701	2,5650	2,5681	2,5746	2,5892	-	2,6000
2,5687	2,5690	2,5696	2,5642	2,5708	2,5690	2,5702	2,5725	2,5820	2,5745
2,5604	2,5679	2,5679	2,5666	2,5663	2,5715	2,5653	2,5632	2,5670	2,5479
2,5664	2,5667	2,5727	2,5690	2,5660	2,5682	2,5657	2,5664	2,5680	2,5450
2,5712	2,5690	2,5684	2,5703	2,5698	2,5661	2,5703	2,5740	2,5836	2,5755
2,5648	2,5617	2,5659	2,5676	2,5646	2,5659	2,5679	2,5851	-	2,6000
2,5629	2,5611	2,5652	2,5668	2,5687	2,5584	2,5602	2,5677	2,6000	-

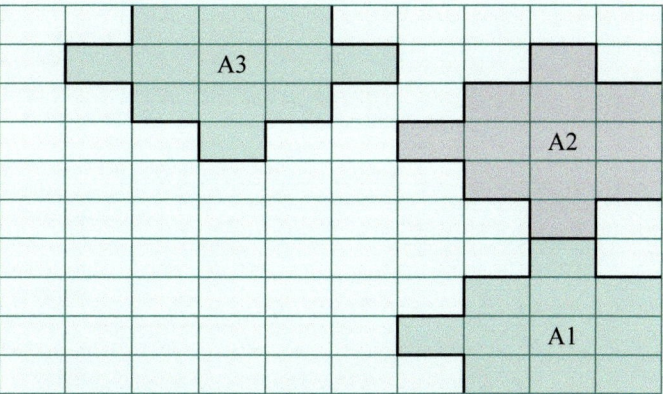

Figura 7.15. Subárea de recogida A3 obtenida de la iteración 3.

Iteración 4

Para realizar la iteración 2 las cuadrículas de las subáreas A_1, A_2 y A_3 se eliminan de la cuadrícula en la Figura 7.9, lo que conduce a la Figura 7.16.

5,1	4,0	-	-	-	4,0	5,3	3,5	6,0	7,2
3,9	-	-	-	-	-	6,0	4,5	-	6,0
5,2	4,3	-	-	-	4,3	5,9	-	-	-
4,2	3,8	0,5	-	4,2	3,8	-	-	-	-
4,2	2,2	5,1	6,3	4,2	3,5	4,5	-	-	-
5,6	4,7	3,5	6,5	5,2	3,5	3,5	5,4	-	6,2
4,3	2,6	4,0	3,2	6,4	4,5	3,2	4,3	-	6,0
2,5	3,5	4,2	4,2	4,4	3,4	5,4	-	-	-
3,5	4,1	4,3	3,2	4,5	4,2	-	-	-	-
3,8	4,0	5,2	3,7	5,1	4,0	7,2	-	-	-

Figura 7.16. Biomasa disponible en cada cuadrícula 1 kilómetro × 1 km para la iteración 4.

La Tabla 7.12 muestra la cantidad de toneladas de biomasa disponible para las posibles subáreas resultado de la iteración 4. Dado que la biomasa de las subáreas A_1, A_2 y A_3 ya han sido concentradas en las cuadrículas a_{99}, a_{94} y a_{42} respectivamente, ésta ya no está disponible.

Tabla 7.12. Biomasa disponible dentro de 2 kilómetros alrededor de cada a_{ij} en la iteración 4.

18,18	17,26	9,04	7,96	9,28	23,09	35,16	36,50	32,52	22,72
26,71	26,33	12,70	0,00	18,52	33,83	33,49	37,19	33,23	23,72
30,76	28,20	18,99	19,64	22,45	31,75	34,35	24,21	22,38	13,24
34,00	34,30	34,21	34,50	32,02	33,95	35,78	24,17	0,00	12,18
39,39	47,07	44,97	44,39	53,23	47,52	37,55	21,23	16,11	12,13
33,81	49,98	53,55	**56,72**	58,92	57,62	42,96	30,61	25,36	17,56
34,83	44,33	56,48	58,18	57,15	54,67	44,09	32,24	25,06	16,43
34,08	45,81	48,91	55,54	57,84	47,68	40,14	21,69	15,61	12,13
29,94	40,90	48,39	50,36	47,41	45,88	31,88	21,10	0,00	5,95
23,09	32,12	37,59	38,19	41,60	32,11	25,84	11,22	7,24	0,00

El coste de recogida y concentración por tonelada de biomasa para cada posible nueva subárea se muestra en la Tabla 7.13 La subárea con una cantidad de biomasa disponible superior a 50 t/año con el coste más bajo se define por la cuadrícula a_{46}, que se muestra en la Figura 7.17.

Tabla 7.13. Costes de recogida y concentración por tonelada de biomasa en cada posible subárea en la iteración 4.

2,5505	2,5566	2,5780	2,6000	2,5786	2,5648	2,5626	2,5647	2,5570	2,5418
2,5583	2,5671	2,5837	-	2,5888	2,5706	2,5498	2,5636	2,5671	2,5531
2,5596	2,5610	2,5823	2,5940	2,5767	2,5630	2,5617	2,5723	2,5883	2,5773
2,5633	2,5618	2,5761	2,5773	2,5633	2,5602	2,5746	2,5892	-	2,6000
2,5687	2,5690	2,5664	2,5605	2,5676	2,5690	2,5702	2,5725	2,5820	2,5745
2,5604	2,5679	2,5679	**2,5639**	2,5663	2,5715	2,5653	2,5632	2,5670	2,5479
2,5664	2,5667	2,5727	2,5690	2,5660	2,5682	2,5657	2,5664	2,5680	2,5450
2,5712	2,5690	2,5684	2,5703	2,5698	2,5661	2,5703	2,5740	2,5836	2,5755
2,5648	2,5617	2,5659	2,5676	2,5646	2,5659	2,5679	2,5851	-	2,6000
2,5629	2,5611	2,5652	2,5668	2,5687	2,5584	2,5602	2,5677	2,6000	-

Después de iteraciones 1, 2, 3 y 4 definidos por el método Borvemar conduce a las cuatro subáreas (puntos de recogida A1, A2, A3 y A4) que se muestra en la Figura 7.17.

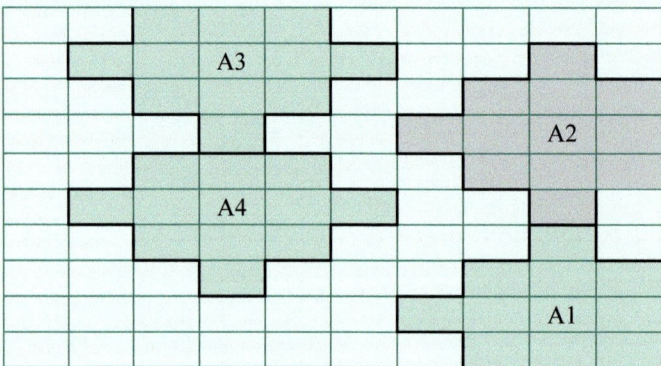

Figura 7.17. Subáreas A1, A2, A3 y A4 obtenidas de la iteración 1- 4 por el modelo Borvemar.

Iteración 5

Para poder llevar a cabo iteración 5, las subzonas A1, A2, A3 y A4 se eliminan de la malla en la Figura 7.9. En la Tabla 7.14 se muestra el número de toneladas de biomasa disponible para cada posible subzona en la iteración 5.

5,1	4,0	-	-	-	4,0	5,3	3,5	6,0	7,2
3,9	-	-	-	-	-	6,0	4,5	-	6,0
5,2	4,3	-	-	-	4,3	5,9	-	-	-
4,2	3,8	0,5	-	4,2	3,8	-	-	-	-
4,2	2,2	-	-	-	3,5	4,5	-	-	-
5,6	-	-	-	-	-	3,5	5,4	-	6,2
4,3	2,6	-	-	-	4,5	3,2	4,3	-	6,0
2,5	3,5	4,2	-	4,4	3,4	5,4	-	-	-
3,5	4,1	4,3	3,2	4,5	4,2	-	-	-	-
3,8	4,0	5,2	3,7	5,1	4,0	7,2	-	-	-

Figura 7.18. Biomasa disponible en cada cuadrícula 1 kilómetro × 1 km para la iteración 4.

Tabla 7.14. Biomasa disponible dentro de un radio de 2 km alrededor de cada a_{ij} en la iteración 5.

18,18	17,26	9,04	7,96	9,28	23,09	35,16	36,50	32,52	22,72
26,71	26,33	12,70	0,00	18,52	33,83	33,49	37,19	33,23	23,72
30,76	28,20	13,88	13,34	18,27	31,75	34,35	24,21	22,38	13,24
34,00	24,49	19,30	12,40	16,37	26,27	35,78	24,17	0,00	12,18
29,58	27,45	10,72	10,43	16,06	28,37	29,87	21,23	16,11	12,13
25,61	26,21	15,11	0,00	20,17	31,87	34,29	27,11	25,36	17,56
26,18	28,98	18,91	18,95	20,04	36,40	34,19	32,24	25,06	16,43
34,08	32,95	34,06	31,28	38,87	33,58	40,14	21,69	15,61	12,13
29,94	40,90	40,23	42,96	36,81	45,88	31,88	21,10	0,00	5,95
23,09	32,12	37,59	33,99	41,60	32,11	25,84	11,22	7,24	0,00

Tabla 7.14 muestra que no hay ninguna subárea con una cantidad de biomasa disponible superior a 50 toneladas/año. Por lo tanto, dentro de las limitaciones especificadas, se seleccionan sólo cuatro puntos de concentración de biomasa correspondientes a los centros de las subáreas que se utilizarán como unos nodos origen en los modelos de red para optimizar las operaciones logísticas. Cada sub-área tiene los siguientes valores:

- La subárea A1 tiene 62,90 t/año de biomasa disponible con unos costes de recolección de 2,5622 €/t.

- La subárea A2 tiene 54,69 t/año de biomasa disponible con unos costes de recolección de 2,5637 €/t.

- La subárea A3 tiene 53,59 t/año de biomasa disponible con unos costes de recolección de 2,5641 €/t.

- La subárea A4 tiene 56,72 t/año de biomasa disponible con unos costes de recolección de 2,5639 € /t.

La cantidad total de biomasa seleccionados de acuerdo con las restricciones especificadas por el algoritmo Borvemar es 227,9 t/año, y los costes promedio son 2,5572 €/t.
Fin.

Extensiones del método

La principal desventaja de la primera fase del *modelo borvemar* es que un gran número de cuadrículas podría ser excluido de la planificación para el abastecimiento, dado que posteriormente no estaría disponible para su selección en los nodos utilizados como origen en los algoritmos de análisis de redes. En el ejemplo, la biomasa del 53% de las cuadrículas no se aprovecha. Para superar este problema hay varias opciones disponibles:

- Opción 1. Repetir el proceso de cálculo varias veces con diferentes valores para la cantidad mínima de la biomasa y la distancia máxima de recogida. Por ejemplo Qb = 40 t / año y R = 2 kilómetros. Los resultados de los cálculos con estos parámetros se muestran en la Figura 19a. Se puede observar que el porcentaje de cuadrículas con la biomasa no movilizada ha disminuido significativamente a 21%. Por tanto, es posible modificar el algoritmo con el fin de encontrar un procedimiento que selecciona el valor óptimo para Q y R con el fin de maximizar el número de cuadrículas movilizadas. Sin embargo este aspecto todavía tiene que ser desarrollado.

- Opción 2. Después de la última iteración con un cierto valor de Q y R, es posible hacer cálculos adicionales para las cuadrículas que no están asignadas, dando un valor inferior para la cantidad mínima de la biomasa requerida y de la nueva distancia máxima de recogida. En este caso, algunas subáreas más pequeñas aparecen junto con las grandes inicialmente seleccionadas, llenando los huecos que quedaron por el primer proceso de cálculo. Por ejemplo, después del primer proceso de cálculo, subáreas con Qb = 20 t / año y R = 1,5 km se comprobaron. Los resultados (subáreas adicionales A5-A11) se muestran en la Figura 7.19b.

- Opción 3. Un *buffer* de extensión con un espesor seleccionado se puede aplicar a añadir más cuadrículas alrededor de las sub-áreas ya seleccionados. Las cuadrículas que se pueden agregar a las subáreas se asignan de acuerdo con el más bajo coste de transporte en relación con los puntos de concentración respectivos (Figura 7.19c y Figura 7.19d).

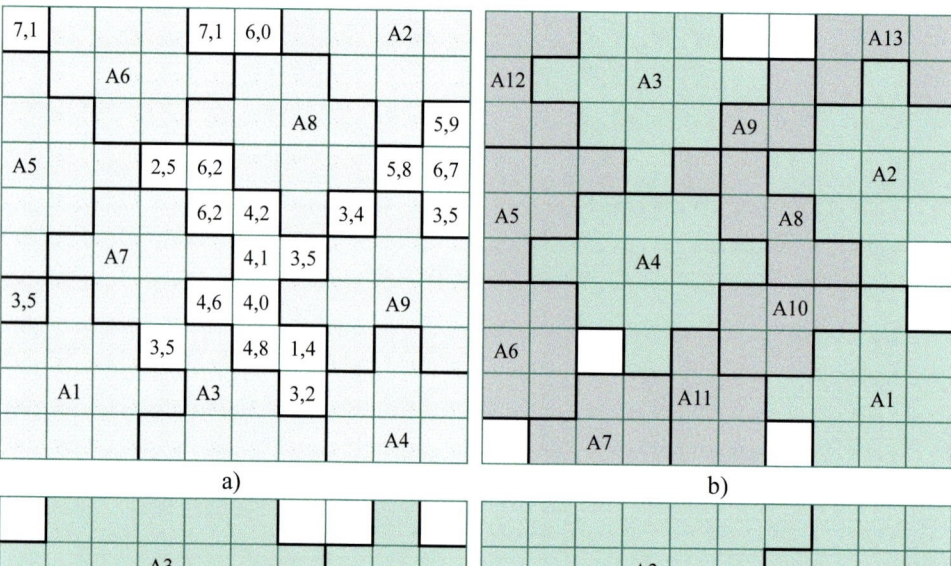

a)   b)

Figura 7.19. a) Subáreas obtenidas cuando Q= 40 t/año y R=2 km; b) Subáreas obtenidas en el primer cálculo con Q= 50 t/año y R=2 km, y subáreas obtenidas en el segundo cálculo con Q= 20 t/año y R=1,5 km; c) Buffer de 1 km llevado a cabo en las subáreas A1, A2, A3 y A4 obtenidas con Q= 50t/año y R=2 km; d) Buffer de 2 km llevados a cabo en subáreas A1, A2, A3 y A4 con Q= 50t/año y R=2 km.

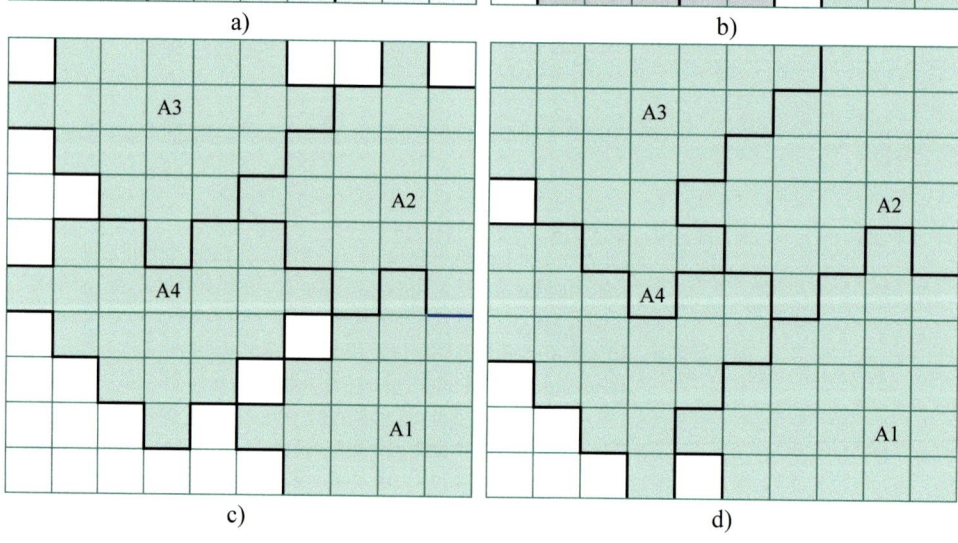

c)   d)

Localización de nodos destino, plantas de transformación de biomasa. Modelo borvemar

La segunda parte del *modelo borvemar*, la que se refiere a la localización de los posibles puntos destino para formar una red fue publicada en la revista Renewable Energy (ed. Elsevier) (Velázquez-Martí y Fernández-González, 2010). Una vez conformada la red con los nodos origen y destino se optimizaría mediante programación lineal.

Es necesario considerar que, para la localización de una instalación, hay que tener en cuenta tanto la infraestructura de apoyo como las limitaciones de agua, energía y transporte. Sin embargo, para simplificar el cálculo, los criterios utilizados en el algoritmo para localizar plantas de transformación de biomasa sólo eran los siguientes:
- Toda la energía producida por cada planta debe ser consumida.
- Toda la energía producida debe ser transportada a un coste mínimo.

Los datos de base para esta parte del modelo son los estudios espaciales sobre el consumo de energía para cada municipio de la zona de estudio o puntos concretos donde la energía vaya destinada (hospitales, escuelas, edificios, fábricas, etc.).

Cada ciudad se nombra por b_i. Por lo tanto, todas las ciudades están incluidas en el conjunto B = $\{b_1, b_2, ..., b_i, ..., b_j, ..., b_n\}$. Cada b_i es definida por las coordenadas (X_i, Y_i, E_i), donde (X_i, Y_i) son las coordenadas geográficas y E_i es la energía consumida por la ciudad (MJ/año). Se define el parámetro d_{ij} como la distancia entre la ciudad b_i y b_j, de acuerdo a la red de carreteras que los conectan. También puede ser calculado a partir de la distancia euclídea (Ecuación 7.3).

$$d_{ij} = D(a_{ij}, a_{nm}) = CR \cdot \sqrt{\left(X_i - X_j\right)^2 + (Y_i - Y_j)^2} \qquad (7.3)$$

Donde CR es la «curvatura de la carretera», que puede variar entre 1,1 y 1,8. Todos d_{ij} definen una matriz de n × n.

El objetivo de esta parte del método de cálculo es agrupar las ciudades en conjuntos, los cuales deben ser abastecidos en sus necesidades energéticas por una planta. Cada grupo lo nombraremos como $\{P1, P2, ...Pn\}$. P_i es el subconjunto de las ciudades a las que la planta i suministra bioenergía. La capacidad de cada planta para producir energía es determinada por la rentabilidad y la economía de escala. Este valor se llama P. Cada planta suministradora de energía a un subconjunto P_i de ciudades será ubicada en el centro de gravedad, determinado por las coordenadas y la energía necesaria asociada a cada ciudad del subconjunto.

Con el fin de agrupar las ciudades para ser suministrados por una determinada planta, varias iteraciones deben ser seguidas.

Iteración 1
- Paso 1. Las ciudades se ordenan de acuerdo al consumo de energía (parámetro E_i). La ciudad con mayor E_i se selecciona como b_1.
- Paso 2. Se sigue el diagrama de flujo de la Figura 7.20. Si la energía requerida por la ciudad b_1 (E_1) es mayor que la capacidad de producción de energía de la planta (P), ésta forma el primer subconjunto, y se pasa a la iteración 2. Si la energía requerida por la ciudad b_1 (E_1) es menor que la energía producida por la planta, es necesario buscar otras ciudades, con d_{ij} mínimo, agregando ciudades hasta que se obtenga un valor más alto. Cuando la energía requerida por todas las ciudades añadidas al subconjunto sea mayor que P, todas las ciudades seleccionadas forman el primer subconjunto $P1$; pero la última ciudad seleccionada se redefine con sólo la parte de su energía que es suministrada por la planta que se asocia. Si $P1$ está formada por el conjunto $\{b_1, b_2, ...b_a\}$, la energía requerida asociada a b_a se define por la Ecuación 7.4.

$$H_1 = P - E_1 - E_2 - ..... - E_{a-1} \qquad (7.4)$$

209

Una vez definido el primer subconjunto, la localización de la planta se calcula por el centro de gravedad. El centro de gravedad es proporcionada por la Ecuación 7.5.

$$X_{cdg} = \frac{\sum_{i=1}^{a-1} X_i \cdot E_i + X_a \cdot H_1}{\sum_{i=1}^{a-1} E_i + H_1}, \ Y_{cdg} = \frac{\sum_{i=1}^{a-1} Y_i \cdot E_i + Y_a \cdot H_1}{\sum_{i=1}^{a-1} E_i + H_1} \tag{7.5}$$

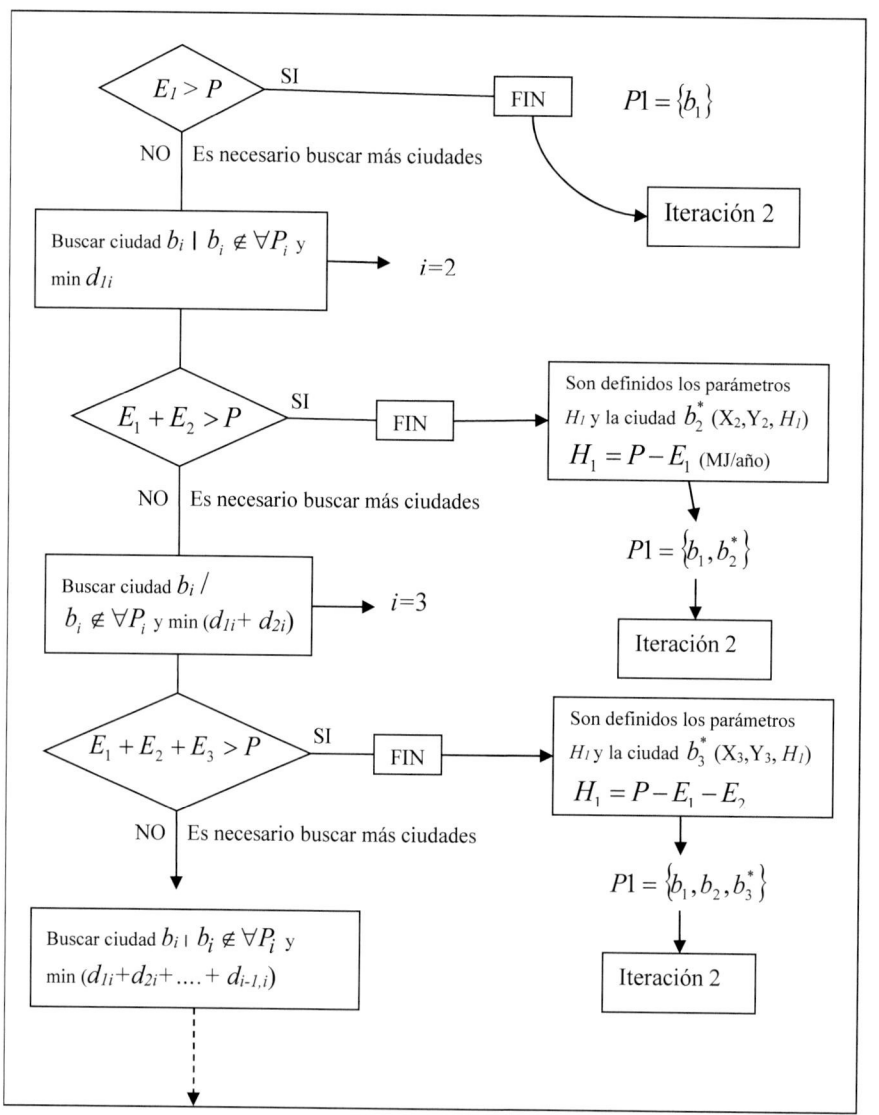

Figura 7.20. Diagrama de flujo para la Iteración 1.

En el caso $E_1 > P$, la planta de energía se encuentra en la ciudad b_1 y no es necesario para definir el parámetro H_1 porque la Ecuación 7.4 no es aplicable. Por lo tanto, el primer conjunto se define por $P1 = \{b_1\}$ en lugar de $P1 = \{b_1^*\}$.

210

$P1 = \{b_1\}$ significa que la planta de energía *P1* suministra energía la ciudad b_1, aunque no exista coincidencia perfecta entre E_1 y P. Los conjuntos de P_i se definen para calcular la ubicación de plantas, y saber dónde las plantas potencialmente suministrarán la energía.

Iteración 2
- Paso 1. La primera ciudad de subgrupo 2 es la última seleccionada en el subgrupo 1, pero su energía requerida asociada se redefine por la Ecuación 7.6:

$$M_1 = \sum_{i=1}^{a} E_i - P = B1 - P \qquad (7.6)$$

Donde $B1 = \sum_{i=1}^{a} E_i$, tal que $\{b_1, b_2, ... b_a\} \in P1$. $B1$ representa la energía requerida por las ciudades $b_1, b_2, ... b_a$. Se debe notar que $M_1 + H_1 = E_a$. Por lo tanto, la primera ciudad elegida en el conjunto $P2$ será b_a^{**}, que se encuentra en (X_a, Y_a) y requiere una energía M_1.

- Paso 2. Se sigue el diagrama de flujo mostrado en la Figura 7.21. Es necesario buscar otras ciudades, siendo con el mínimo $\sum d_{ij}$, hasta alcanzar 2P como energía total demandada. En otras palabras, toda la energía demandada por subgrupo 1 y 2 debe ser superior a 2P.

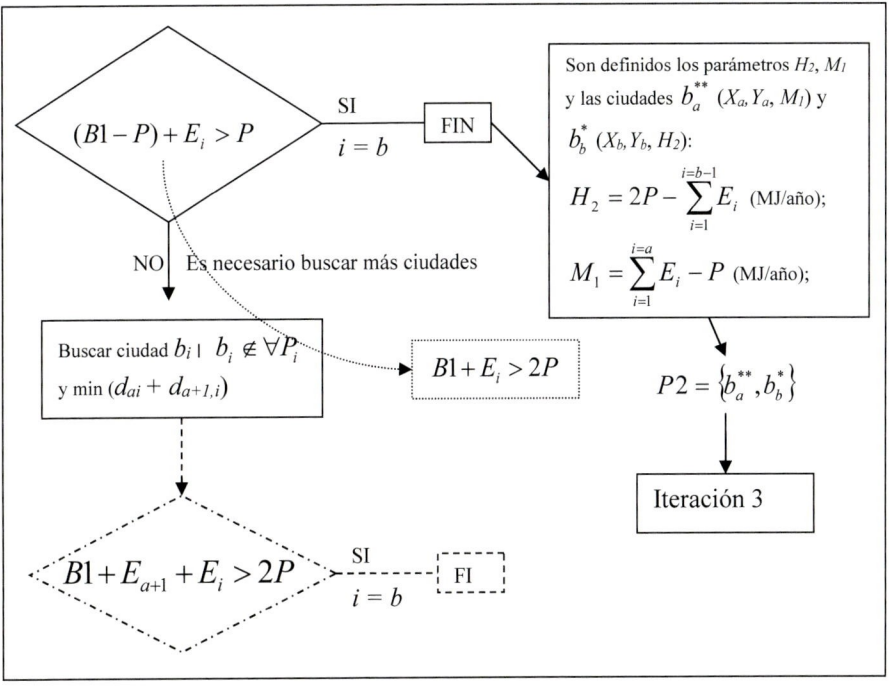

Figura 7.21. Diagrama de flujo para la Iteración 2.

Cuando se alcanza la capacidad de energía producida por dos plantas, las ciudades recién seleccionadas forman subconjunto dos, pero la última ciudad seleccionada debe ser redefinida con sólo la parte de su energía demandada que se suministra por la segunda planta asociada a este grupo. Si P2 está formado por el conjunto $\{b_a^{**}, b_{a+1}, ..., b_b^*\}$, la energía necesaria asociada a b_b se define por la Ecuación 7.7:

$$H_2 = 2P - \sum_{i=1}^{i=b-1} E_i \tag{7.7}$$

Una vez seleccionado el segundo subconjunto (P2), la localización de la planta se define por el centro de gravedad. El centro de gravedad es proporcionado por las Ecuaciones 7.8:

$$X_{cdg} = \frac{\sum_{i=a+1}^{b-1} X_i \cdot E_i + X_a \cdot M_1 + X_b \cdot H_2}{\sum_{i=a+1}^{b-1} E_i + H_2 + M_1} , \; Y_{cdg} = \frac{\sum_{i=a+1}^{b-1} Y_i \cdot E_i + Y_a \cdot M_1 + Y_b \cdot H_2}{\sum_{i=a+1}^{b-1} E_i + H_2 + M_1} \tag{7.8}$$

Iteración n

- Paso 1. La última ciudad seleccionada en el subconjunto anterior (P_{n-1}) es la primera ciudad del subconjunto P_n, pero su energía requerida asociada se redefine por la Ecuación 7.9:

$$M_{n-1} = \sum_{i=1}^{c} E_i - (n-1) \cdot P = B_{n-1} - P \tag{7.9}$$

Donde $B_{n-1} = \sum_{i=1}^{c} E_i \; / \{b_1, b_2, ..., b_c\} \in P1 \cup P2 \cup ..... \cup P_{n-1}$

- Paso 2. Es necesario buscar otras ciudades, tal que $\sum d_{ij}$ sea el mínimo, hasta alcanzar $n \cdot P$ como energía total requerida. En otras palabras, toda la energía requerida por todos los subconjuntos de ciudades debe ser superior a $n \cdot P$.

Para el cálculo se sigue el diagrama de flujo de la Figura 7.22. Si P_n está formado por el conjunto $\{b_b, b_{b+1}, ..., b_c\}$, la energía demandada asociada a b_c se define por la Ecuación 7.10 y la ubicación de la planta para el subconjunto P_n se define por el centro de gravedad. El centro de gravedad es proporcionada por la Ecuación 7.11.

$$H_n = n \cdot P - \sum_{i=1}^{c-1} E_i \tag{7.10}$$

$$X_{cdg} = \frac{\sum_{i=b+1}^{c-1} X_i \cdot E_i + X_b \cdot M_{n-1} + X_c \cdot H_n}{\sum_{i=b+1}^{c-1} E_i + H_n + M_{n-1}} , \; Y_{cdg} = \frac{\sum_{i=b+1}^{c-1} Y_i \cdot E_i + Y_b \cdot M_{n-1} + Y_c \cdot H_n}{\sum_{i=b+1}^{c-1} E_i + H_n + M_{n-1}} \tag{7.11}$$

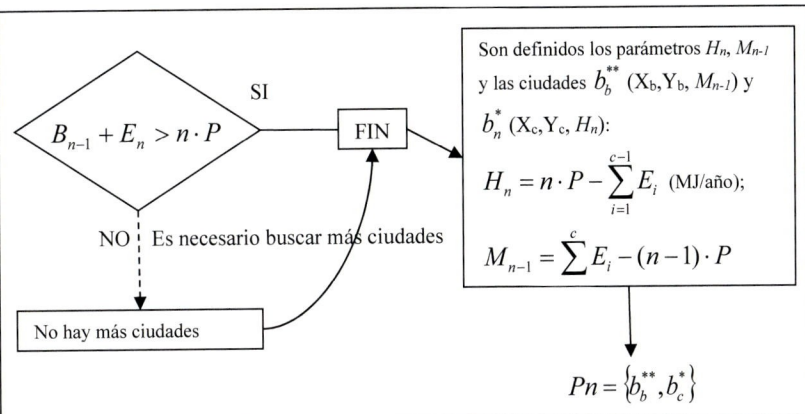

Figura 7.22. Diagrama de flujo para la iteración n.

Iteración n+1

Las iteraciones cesan cuando la energía demandada por las ciudades no selecciona-das es inferior a P. En otras palabras, cuando $B_n + E_i$ sea siempre inferior a $(n+1)\cdot P$,

$$\text{con } B_n = \sum_{i=1}^{d} E_i \cdot b_i \notin P1 \cup P2 \cup ..... \cup P_{n-1}.$$

Ejemplo 7

El algoritmo descrito se aplica a dos regiones rurales de la Comunidad Valenciana (España), mostradas en la Figura 7.23: La Hoya de Buñol y La Plana de Utiel. Este análisis se centra en la búsqueda de las ubicaciones óptimas para las fábricas de pé-lets para abastecer las necesidades térmicas de estas regiones. La Hoya de Buñol tiene 816,18 km², y La Plana de Utiel tiene 1725,84 km². Su biomasa disponible son principalmente residuos de madera procedentes de la poda de los olivos y viñedos. La cantidad de biomasa disponible en La Hoya de Buñol es 20 388 t/año, y en La Plana de Utiel 78 292 t/año.

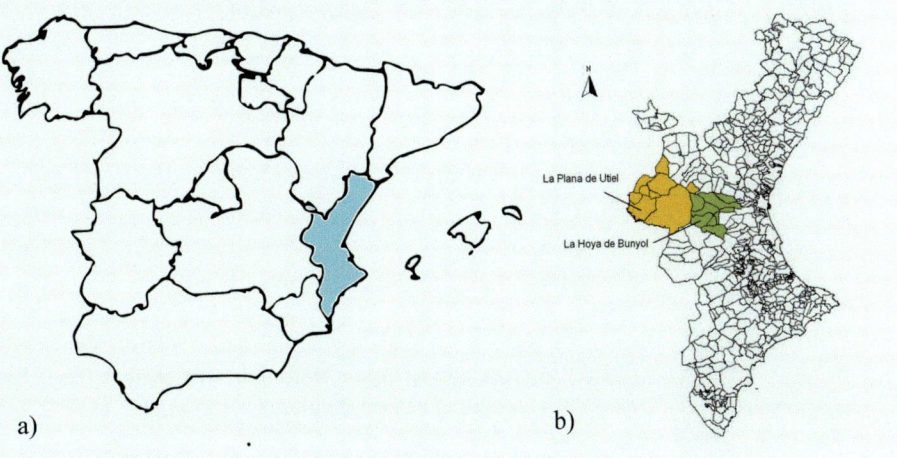

Figura 7.23. Localización del área de estudio: (a) Comunidad Valenciana (España), (b) la Hoya de Buñol y La Plana de Utiel.

a)

b)

213

Estas regiones tienen 19 ciudades en total. En primer lugar, se realiza un estudio de la demanda de pélets para las necesidades térmicas en estos pueblos. En este estudio la demanda de energía se clasifica en cuatro categorías: la energía térmica demandada por viviendas residenciales; energía térmica demandada por los edificios públicos (hospitales, escuelas, instalaciones deportivas, etc.); energía térmica demandada por el sector privado (hoteles, industrias, etc.). Los resultados de este análisis preliminar se especifican en la Tabla 7.15.

Tabla 7.15. Requisitos de energía térmica de las regiones estudiadas.

		La Hoya de Bunyol		La Plana de Utiel	
		Energía térmica demandada (kWh/año)	Porcentaje de energía abastecida con biomasa	Energía térmica demandada (kWh/año)	Porcentaje de energía abastecida con biomasa
Viviendas residenciales		2 619 268	4 %	5 288 441	2 %
Edificios públicos	Hospitales	524 031	2 %	5 288 441	1 %
	Escuelas	1 641 200	2 %	1 759 521	1 %
	Instalaciones deportivas	711 600	2 %	1 200 540	1 %
Edificios privados	Hoteles	484 785	2 %	1 323 300	2 %
	Industrias	177 983 521	50 %	476 280	15 %

Los datos de entrada para el algoritmo se muestran en las Tablas 7.16 y 7.17. En la Tabla 7.16 se muestra la ubicación de las ciudades y la bioenergía demandada. Las distancias entre las mismas se muestran en la Tabla 7.17.

Tabla 7.16. Datos de entrada al algoritmo.

Comarca	Municipios	X-UTM	Y-UTM	Bioenergía requerida (kWh/año)
La Plana de Utiel	Sinarcas	651 854	4 399 759	12 820,51
	Villagordo del Cabriel	634 127	4 377 651	7 187,26
	Camporrobles	637 363	4 390 042	14 687,47
	Fuenterobles	640 602	4 383 256	7618,92
	Caudete de las Fuentes	647 901	4 380 491	8849,18
	Utiel	654 284	4 381 593	124 104,30
	Venta del moro	641 358	4 372 099	16 360,18
	Chera	674 167	4 384 856	5 903,05
	Requena	663 245	4 372 840	206 498,76
	Siete Aguas	679 190	4 371 544	2 905 550,67
La Hoya de Bunyol	Yátova	688 864	4 361 931	5 029 234,68
	Buñol	690 304	4 366 020	23 455 999,61
	Macastre	690 748	4 361 764	2 742 984,33
	Alborache	691 878	4 362 939	2 410 110,41
	Dos Aguas	689 906	4 351 350	1 156 027,26
	Godelleta	699 261	4 366 558	6 102 688,57
	Cheste	699 153	4 374 501	18 068 086,83
	Chiva	696 436	4 371 803	27 293 081,18

De acuerdo con la rentabilidad y la economía de escala, el tipo de fábrica de pélets seleccionado se define en la Tabla 7.18. Esto demuestra que la energía producida por el tipo de planta seleccionado es 44 250 MWh/año. Este valor indica la capacidad de la planta P.

Modelos logísticos para el abastecimiento de biomasa

Tabla 7.17. Distancias (km) entre municipios de *La Hoya de Bunyol* y *La Plana de Utiel*.

	Sinarcas	V. del Cabriel	Camporrobles	Fuenterrobles	C. de las Fuentes	Utiel	V. del moro	Chera	Requena	Siete Aguas	Yátova	Buñol	Macastre	Alborache	Dos Aguas	Godelleta	Cheste	Chiva
Sinarcas	0,00	28,34	17,45	19,97	19,67	18,33	29,58	26,83	29,23	39,29	52,92	51,15	54,37	54,38	61,57	57,88	53,62	52,62
V. del Cabriel	28,34	0,00	12,81	8,56	14,06	20,54	9,12	40,68	29,51	45,47	56,95	57,37	58,81	59,60	61,67	66,07	65,10	62,58
Camporrobles	17,45	12,81	0,00	7,52	14,22	18,91	18,38	37,17	31,08	45,73	58,67	58,14	60,41	60,88	65,25	66,20	63,71	61,82
Fuenterrobles	19,97	8,56	7,52	0,00	7,81	13,78	11,18	33,60	24,92	40,33	52,76	52,61	54,56	55,15	58,73	60,99	59,20	57,00
Caudete de las Fuentes	19,67	14,06	14,22	7,81	0,00	6,48	10,64	26,63	17,15	32,54	44,97	44,80	46,76	47,35	51,12	53,22	51,60	49,31
Utiel	18,33	20,54	18,91	13,78	6,48	0,00	16,04	20,15	12,53	26,86	39,78	39,24	41,51	41,97	46,73	47,42	45,43	43,27
Venta del moro	29,58	9,12	18,38	11,18	10,64	16,04	0,00	35,20	21,90	37,84	48,58	49,32	50,46	51,34	52,80	58,17	57,84	55,08
Chera	26,83	40,68	37,17	33,6	26,63	20,15	35,20	0,00	16,24	14,23	27,23	24,80	28,43	28,18	37,02	31,06	27,05	25,81
Requena	29,23	29,51	31,08	24,92	17,15	12,53	21,90	16,24	0,00	16,00	27,84	27,91	29,65	30,30	34,24	36,56	35,95	33,21
Siete Aguas	39,29	45,47	45,73	40,33	32,54	26,86	37,84	14,23	16,00	0,00	13,64	12,41	15,14	15,33	22,86	20,68	20,18	17,25
Yátova	52,92	56,95	58,67	52,76	44,97	39,78	48,58	27,23	27,84	13,64	0,00	4,34	1,89	3,18	10,63	11,38	16,24	12,44
Buñol	51,15	57,37	58,14	52,61	44,80	39,24	49,32	24,80	27,91	12,41	4,34	0,00	4,28	3,46	14,68	8,97	12,26	8,43
Macastre	54,37	58,81	60,41	54,56	46,76	41,51	50,46	28,43	29,65	15,14	1,89	4,28	0,00	1,63	10,45	9,77	15,26	11,54
Alborache	54,38	59,60	60,88	55,15	47,35	41,97	51,34	28,18	30,30	15,33	3,18	3,46	1,63	0,00	11,76	8,22	13,66	9,97
Godelleta	57,88	66,07	66,2	60,99	53,22	47,42	58,17	31,06	36,56	20,68	11,38	8,97	9,77	8,22	17,85	0,00	7,94	5,96
Cheste	53,62	65,10	63,71	59,2	51,60	45,43	57,84	27,05	35,95	20,18	16,24	12,26	15,26	13,66	24,93	7,94	0,00	3,83
Chiva	52,62	62,58	61,82	57,00	49,31	43,27	55,08	25,81	33,21	17,25	12,44	8,43	11,54	9,97	21,47	5,96	3,83	0,00

Tabla 7.18. Características de una planta de pélets tipo.

Producción (t/año)	14 000-16 000
Tiempo de trabajo al año (h/año)	3500-4000
Producción (t/h)	4
Tiempo de trabajo al día (h/día)	16
Días de trabajo al año (día/año)	200-250
Trabajadores	6-9
Salario por trabajador (€/año trabajador)	25 000
Coste de instalación (€)	1 600 000
Coste mano de obra (€/h t)	400 000
Producción de bioenergía (kWh/kg)	2,95
Producción de bioenergía (kWh/year)	44 250 000

Iteración 1

En la Tabla 7.19 se ilustra la iteración 1 del cálculo. La ciudad con mayor energía requerida es Chiva (b_1) pero la energía requerida es inferior a la capacidad de la planta. Por lo tanto, el pueblo más cercano se busca en la columna de Chiva de la Tabla 7.17. La población más cercana a Chiva es Cheste y sus necesidades energéticas conjuntas 45 361 MWh totales/ año. Esto es más energía que la planta puede producir, por lo tanto, se define una nueva ciudad, Cheste* (b_2*), cuya demanda de energía está dada por la Ecuación 7.3.

Tabla 7.19. Iteración 1.

Numero de ciudad	Nombre	Bioenergía demandada acumulada (MWh/year)	Cantidad de energía	Ciudad más próxima	Distancia (km) (d_{1a}+d_{2a}+....+ $d_{a-1,a}$)
b1	Chiva	27 293	< P	Cheste	3,830
b2	Cheste	45 361	> P		

		Definición de parámetros		
Número de ciudad	Nombre	Energía demandada (MWh/year)	X-UTM	Y-UTM
b2*	Cheste*	16 957	699 153	4374 501
b2**	Cheste**	1111	69 9153	43 74501

El primer subconjunto está formado por $P1 = \{b_1, b_2^*\}$, y el centro de gravedad se obtiene aplicando la Ecuación 7.4: $X_1 = 697477,18$, $Y_1 = 4372836,0$. Estas coordenadas indican dónde se debe colocar la primera planta de pélets.

Iteración 2

La iteración 2 se muestra en la Tabla 7.20. La primera ciudad de subgrupo 2 es la última seleccionada en subgrupo 1, pero su demanda de energía asociada se redefine, según lo expresado por la Ecuación 7.3. La energía requerida es menor que la capacidad de la planta tipo; por lo tanto, se busca la ciudad más cercana que se encuentra en la columna para Cheste de la Tabla 7.17, resultando Godelleta. La bioenergía requerida conjunta de ambas ciudades es menor que la capacidad de la planta; por lo tanto, debe ser buscada otra población tal que sea la más cercana a Cheste y Godelleta. Con el fin de encontrar esta nueva ciudad para añadirla al conjunto se suman las columnas correspondientes a Cheste y Godelleta en la Tabla 7.17 y se elige el valor más bajo. Esta operación se expresa en la Tabla 7.21. El valor más bajo se obtiene para Bunyol, pero la energía requerida acumulada sigue siendo menor que la capacidad de la planta. Con el fin de encontrar la siguiente ciudad a añadir al conjunto es necesario sumar las columnas Cheste, Godelleta y Bunyol de la Tabla 7.19, y se elige la ciudad con el valor más bajo. Estas operaciones se continuaron hasta que la demanda del conjunto es mayor que la capacidad de la planta (P). El conjunto de ciudades resultante se muestra en la Tabla 7.20.

Tabla 7.20. Iteración 2.

Numero de ciudad	Nombre	Bioenergía demandada acumulada (MWh/year)	Cantidad de energía	Ciudad más próxima	Distancia (km) $(d_{1a}+d_{2a}+....+d_{a-1,a})$
b2**	Cheste**	1111.0	< P	Godelleta	7.94
b3	Godelleta	7213.7	< P	Bunyol	21.23
b4	Bunyol	30 669.7	< P	Alborache	25.34
b5	Alborache	33 079.8	<P	Macastre	30.94
b6	Macastre	35 822.8	<P	Yatova	37.03
b7	Yatova	40 852.0	<P	Dos Aguas	90.30
b8	Dos Aguas	42 008.0	<P	Siete Aguas	120.24
b9	Siete Aguas	44 913.6	>P		

		Definición de parámetros			
Número de ciudad	**Nombre**	**Energía demandada (MWh/year)**	**X-UTM**	**Y-UTM**	
b9*	Siete Aguas*	2242	679 190	4 371 544	
b9**	Siete Aguas**	664	679190	4 371 544	

El segundo subconjunto está formado por $P2 = \{b_2^{**}, b_3, b_4, b_5, b_6, b_7, b_8, b_9^*\}$ y el centro de gravedad se obtiene aplicando la Ecuación 7.7: $X_2 = 691137,56$; $Y_2 = 4365307,39$. La segunda planta de pélets debe estar ubicada en estas coordenadas.

Tabla 7.21. Cálculo de distancia para encontrar el municipio más cercano en Iteración 2.

$(d1a+d2a+\ldots+da-1,a)$ (km)

	Godelleta	Bunyol	Alborache	Macastre	Yátova	Dos aguas	Siete Aguas	Chera	Requena	Utiel	Caudete de las fuentes	Venta del Moro	Fuente-rrobles	Sinarcas	Villagordo	Campo-rrobles
Sinarcas	53,62	111,5	162,65	217,04	271,41	324,33	385,9	425,19	452,02	481,25	499,58	519,25	548,83	568,81	-	-
Villagordo del Cabriel	65,1	131,17	188,54	248,14	306,95	363,9	425,56	471,04	511,72	541,23	561,77	575,84	584,95	593,52	621,86	-
Camporrobles	63,71	129,92	188,05	248,93	309,35	368,02	433,27	479,01	516,17	547,25	566,16	580,39	598,77	606,29	623,74	636,54
Fuenterobles	59,2	120,19	172,8	227,95	282,51	335,27	394	434,33	467,93	492,85	506,64	514,44	525,62	-	-	-
Caudete de las Fuentes	51,6	104,82	149,62	196,97	243,73	288,7	339,83	372,37	399	416,14	422,62	-	-	-	-	-
Utiel	45,43	92,85	132,09	174,06	215,57	255,35	302,07	328,93	349,08	361,61	-	-	-	-	-	-
Venta del Moro	57,84	116,01	165,33	216,68	267,14	315,72	368,52	406,35	441,55	463,45	479,49	490,13	-	-	-	-
Chera	27,05	82,91	111,09	139,51	166,75	203,76	217,99	-	-	-	-	-	-	-	-	-
Requena	35,95	72,51	100,41	130,71	160,36	188,2	222,45	238,44	254,68	-	-	-	-	-	-	-
Siete Aguas	20,18	40,86	53,27	68,6	83,74	97,38	120,24	-	-	-	-	-	-	-	-	-
Yátova	16,24	27,62	31,96	35,14	37,03	-	-	-	-	-	-	-	-	-	-	-
Bunyol	12,26	21,23	-	-	-	-	-	-	-	-	-	-	-	-	-	-
Macastre	15,26	25,03	29,31	30,94	-	-	-	-	-	-	-	-	-	-	-	-
Alborache	13,66	21,88	25,34	-	-	-	-	-	-	-	-	-	-	-	-	-
Dos Aguas	24,93	42,78	57,46	69,22	79,66	90,3	-	-	-	-	-	-	-	-	-	-
Godelleta	7,94	-	-	-	-	-	-	-	-	-	-	-	-	-	-	-
Cheste	-	-	-	-	-	-	-	-	-	-	-	-	-	-	-	-
Chiva	-	-	-	-	-	-	-	-	-	-	-	-	-	-	-	-
Ciudad más cercana	Godelleta	Bunyol	Alborache	Macastre	Yátova	Dos aguas	Siete Aguas	Chera	Requena	Utiel	Caudete de las fuentes	Venta del Moro	Fuente-rrobles	Sinarcas	Villagordo	Campo-rrobles

Iteración 3

Iteración 3 no es posible porque la energía requerida por los pueblos que no han sido elegidos todavía es menor que la energía mínima calculada para construir una nueva fábrica de pélets. Los datos relevantes se muestran en la Tabla 7.22.

Tabla 7.22. Iteración 3.

Numero de ciudad	nombre	Bioenergía demandada acumulada (MWh/year)	Cantidad de energía	Ciudad más próxima
b9**	Siete Aguas**	663.9	<P	Chera
b10	Chera	669.9	<P	Requena
b11	Requena	876.4	<P	Utiel
b12	Utiel	1000.5	<P	Caudete
b13	Caudete	1009.4	<P	Venta del moro
b14	Venta del Moro	1025.7	<P	Fuenterrobles
b15	Fuenterrobles	1033.3	<P	Sinarcas
b16	Sinarcas	1046.2	<P	Villagordo
b17	Villagordo	1053.3	<P	Camporrobles
b18	Camporrobles	1068.0	<P	

Fin.

Comentarios sobre el método

Este modelo se puede simplificar. Después de cada iteración la ciudad con la mayor demanda de energía puede ser buscada, comenzando el cálculo.

El algoritmo se describe en este documento nos permite encontrar posibles puntos donde una planta de energía que transforma la biomasa en biocombustibles puede ser localizada con un coste logístico mínimo para abastecer a los consumidores, aunque también deben analizarse otros factores, por ejemplo: la infraestructura de apoyo, suministro de agua, energía y limitaciones de transporte. Por otra parte, a veces la ubicación calculada no es posible debido a restricciones legales o geográficas (montañas, lagos, etc.). La ubicación óptima debe ser buscada alrededor del punto calculado.

Tras la aplicación del modelo borvemar, todas las posibles ubicaciones de los nodos inicio (fuentes de materia prima) y de los nodos destino (plantas de transformación de biomasa), pueden ser analizados por modelos de red de programación lineal para definir las fuentes para suministrar estas plantas. Sin embargo, el modelo presentado tiene ciertas desventajas:

Las ubicaciones de las plantas se seleccionan dependiendo de las zonas de consumo, pero no las zonas de origen de biomasa. Sin embargo, el mismo algoritmo puede aplicarse utilizando como datos de entrada los puntos donde se produce la biomasa. En este caso, los puntos que producen biomasa forman el conjunto B = $\{b_1, b_2, \ldots, b_i, \ldots, b_j, \ldots, b_n\}$. Cada b_i es definido por las coordenadas (X_i, Y_i, E_i), donde (X_i, Y_i) son las coordenadas geográficas y E_i es la energía producida por el punto (MJ/año). Por otro lado los criterios a alcanzar son los siguientes: Toda la energía que necesita cada planta debe ser suministrada por el número mínimo de fuentes. Toda la energía suministrada debe ser transportada a un coste mínimo. Con estos datos de entrada, los puntos de origen se agrupan en conjuntos, que deben suministrar biomasa a una planta de energía.

Finalmente, también es posible localizar una planta de transformación en un punto óptimo atendiendo tanto a las fuentes de materia prima, como a las ciudades a las que se abastece la energía producida. Si las agrupaciones de las fuentes de materia prima se definen como B $=\{b_1,b_2,......,b_i,......,b_j,......,b_n\}$ con coordenadas (X_i, Y_i, B_i), donde B_i es la cantidad de biomasa disponible en ese conjunto i; si las ciudades se agrupan como C $= \{c_1,c_2,......,c_i,......,c_j,......,c_m\}$ con coordenadas (X_i, Y_i, E_i) donde E_i es la cantidad de energía a abastecer en ese conjunto E_i. Si los costes de cosecha y transporte de la biomasa (materia prima) es C_{bi} y los costes de transporte del biocombustible (producto final) es C_{ei} la localización óptima vendrá dada por la Ecuación 7.12 y 7.13:

$$X_{cdg} = \frac{\sum_{i=1}^{n} X_{bi} \cdot C_{bi} + \sum_{i=1}^{m} X_{ci} \cdot C_{ei}}{\sum_{i=1}^{n} C_{bi} + \sum_{i=1}^{m} C_{ei}} \qquad (7.12)$$

$$Y_{cdg} = \frac{\sum_{i=1}^{n} Y_{bi} \cdot C_{bi} + \sum_{i=1}^{m} Y_{ci} \cdot C_{ei}}{\sum_{i=1}^{n} C_{bi} + \sum_{i=1}^{m} C_{ei}} \qquad (7.13)$$

- El método explicado para la selección de ubicaciones de las plantas está diseñado para que toda la energía producida abastezca a las ciudades cercanas, pero no proporciona necesariamente todas las necesidades energéticas de estas ciudades.
- El método para la localización de fábricas de biomasa sólo permite el análisis de un tipo de planta. Una vez la localización óptima para un tipo de planta ha sido seleccionada, se puede comprobar con otros tipos de planta para atender el consumo de energía no abastecido.
- El modelo presentado no considera que la ubicación de los puntos de almacenamiento intermedio. Esta tarea debe ser sugerida a través de modelos de red con programación lineal.

Como ventaja, es posible modificar el consumo de energía de las ciudades (E_i) si ya hay operación de otras plantas allí.

7.7. Modelos logísticos para vinculación de parcelas proveedoras de biomasa a plantas de transformación

Este apartado presenta tres modelos para la vinculación de parcelas proveedoras de biomasa con plantas receptoras para su transformación en biocombustibles. Es decir, pretenden asignar a cada planta receptora de biomasa un conjunto de parcelas proveedoras. Cada modelo resuelve el problema en un escenario. El primer escenario analizado presupone un suministro directo de biomasa a una única planta que debe ser abastecida desde varias parcelas que pueden actuar como proveedoras, por lo tanto, no se considera almacenamiento o acopio previo. El segundo escenario también supone un abastecimiento directo a varias plantas receptoras desde varias parcelas proveedoras sin acopio o almacenamiento intermedio. Esto significa definir conjuntos de parcelas, cada conjunto actúa como proveedor de una determinada planta. El tercer escenario desarrolla un modelo para agrupar parcelas proveedoras de distintos puntos de acopio; ofrece un sistema de selección de la ubicación de los puntos de acopio; y agrupa los puntos de acopio a cada una de las plantas receptoras.

Planteamiento del problema

El objetivo general de este apartado es desarrollar un sistema de gestión para la movilización de la biomasa recolectada de parcelas agrícolas o forestales para distribuirla entre una o varias plantas de transformación en biocombustibles. Se proponen tres modelos para optimizar el sistema logístico, vinculando parcelas proveedoras y puntos destino. Se plantea el análisis progresivo de la optimización logística, partiendo de modelos heurísticos sencillos con restricciones simples, y posteriormente ir agregando sucesivamente restricciones, evaluando las modificaciones de los resultados obtenidos. La condición heurística explícita que no se garantiza que la solución obtenida sea la óptima, pero si supone una buena aproximación.

Existen unas parcelas donde se produce biomasa ya sea a partir de cultivos energéticos o biomasa residual que posteriormente abastecerán una o varias plantas. Las parcelas productoras de biomasa actuarán como parcelas origen; las plantas de transformación de biomasa en biocombustibles actuarán como puntos receptores o destino. La gestión óptima de este recurso conlleva evaluar distintos escenarios, mostrados en la Figura 7.24.

Si el abastecimiento es directo, la biomasa recolectada en las parcelas productoras origen se transporta para abastecer las plantas destino sin acopio o almacenamiento intermedio. Este tipo de problema consistirá en hacer vinculaciones unívocas entre parcelas origen y el destino. En este caso pueden darse dos situaciones: bien se desea obtener el conjunto de parcelas proveedoras de una planta destino específica; o bien, para un conjunto de plantas destino es necesario vincular cada una de ellas a conjuntos de parcelas proveedoras. Una vez realizada la vinculación entre parcelas proveedoras y plantas receptoras, el problema logístico se convierte en un problema de rutas. Evidentemente la transitabilidad de la ruta, de acuerdo a su anchura, condicionará el tipo de camiones utilizables para el transporte. Y la capacidad de carga de los camiones influirá en el número de viajes necesario.

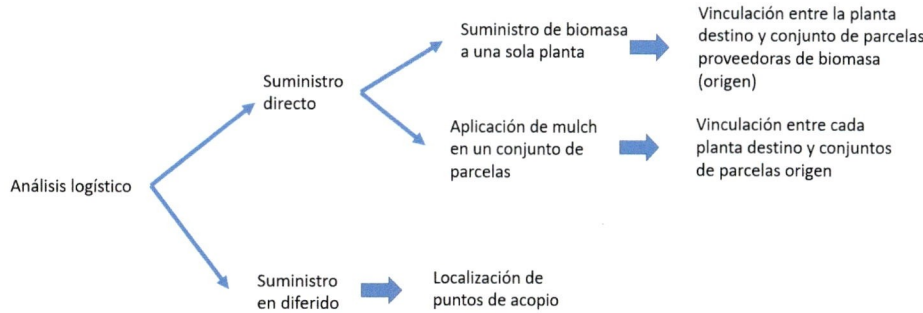

Figura 7.24. Distintos escenarios de análisis logístico.

Por otra parte, el abastecimiento de la biomasa puede realizarse en diferido. Es decir, se recoge la biomasa de las parcelas productoras y se almacena un periodo indeterminado hasta que sea el momento conveniente de proveer la biomasa a las industrias receptoras. Este caso supone un problema distinto al anterior. En este caso el problema inicial consiste en la localización óptima de las parcelas de acopio. Posteriormente debe realizarse una vinculación entre las parcelas proveedoras de biomasa y los puntos de acopio, y entre los puntos de acopio y las plantas destino. Tras la vinculación el análisis se convierte en un problema de rutas.

A continuación, se plantean los algoritmos de cálculo para los tres escenarios, no considerando los costes de cosecha y transporte, sólo exclusivamente las distancias entre las parcelas. Esta situación se daría cuando estos costes unitarios son comunes a todas las parcelas, por tanto, no influyen en la selección de una u otras para hacer las correspondientes agrupaciones. Con ello, se han desarrollado los pasos a seguir en el software de Sistemas de Información Geográfica QGIS. Tras el desarrollo de estos algoritmos se desarrollan las modificaciones correspondientes para considerar los costes de cosecha y el número de viajes correspondiente a cada caso.

Área de estudio

Los modelos propuestos se aplicaron en el municipio de Gandía donde existen áreas extensas citrícolas donde se pretende el uso de los residuos de poda para la fabricación de pélets, y astillas como biocombustibles sólidos. La cantidad de biomasa seca producida en la poda es de media de 4,3 t/ha don desviación típica de 1,2 t/ha [11]. Las plantas transformadoras se situarán en diversos polígonos industriales en este municipio. La información base es la cartografía catastral del mismo.

Todos los modelos analizados parten de la localización de las parcelas proveedoras de biomasa (puntos origen), la localización de las plantas de destino y las distancias entre los mismos. También se requiere su superficie, dado que la producción de biomasa en las parcelas origen son proporcionales al área de las mismas.

La obtención de la localización de cada parcela se realiza en base a las coordenadas UTM de su centroide. El centroide, el área y tipo de cultivo de cada parcela puede obtenerse de la cartografía catastral disponible de forma pública en formato shape en la sede del catastro (https://www.sedecatastro.gob.es/).

Inicialmente hemos obtenido la cartografía del objeto de estudio. De la cartografía catastral se ha obtenido el resumen que se presenta en la Tabla 7.23.

Tabla 7.23. Valoración global de recursos.

Municipio	Gandía
Número de pareclas cítricos	4279
Superficie total (hectáreas)	1248,77
Área media de parcela cítricos (m^2)	2918,37
Desviación típica	7915,41
Área máxima (m^2)	276633.0
Área mínima (m^2)	253,0

Se puede observar en la Tabla 7.23 que existe una división del terreno muy elevada, resultando superficies pequeñas

Modelos logísticos desarrollados

ESCENARIO 1. APLICACIÓN DIRECTA A UNA SOLA PLANTA

Es el modelo más sencillo. Realmente la complejidad de este modelo radica en el elevadísimo número de puntos de origen, junto a la determinación de las distancias entre los mismos y punto destino.

Conocida la localización de la planta receptora destino, consiste en determinar el conjunto de parcelas óptimas de abastecimiento que actúan como origen. Las variables de partida se muestran en la Tabla 7.24.

Tabla 7.24. Variables de partida.

Rendimiento de las parcelas productoras de biomasa (t/ha)	p_i
Requerimiento de biomasa de planta receptora (t)	R_j
Coordenadas planta receptora (destino) r_j	$\left(x_{rj}, y_{rj}\right)$
Coordenadas parcela productora (posible origen) p_i	$\left(x_{pi}, y_{pi}\right)$
Superficie posible parcela origen p_i	S_{pi}

El procedimiento de cálculo es iterativo:

Iteración 1

Si las coordenadas de la planta receptora-destino son $\left(x_{r1}, y_{r1}\right)$, se selecciona del conjunto posible de parcelas origen aquella con coordenadas $\left(x_{p1}, y_{p1}\right)$ que posea una distancia más corta (Ecuación 7.14).

$$mind_{p1r1} = min\sqrt{\left(x_{p1} - x_{r1}\right)^2 + \left(y_{p1} - y_{r1}\right)^2} \tag{7.14}$$

Evidentemente en lugar de utilizar la distancia euclídea, se puede utilizar la dada por las rutas de comunicación. Para ello debe utilizarse la aplicación Análisis de Redes del Sistema de Información Geografica QGIS.

Si se cumple $p_1 \cdot S_{p1} < R_1$ es necesario abastecerse de más parcelas, por lo que habrá que seleccionar otra de las posibles $\left(x_{p2}, y_{p2}\right)$, pasando a la iteración 2.

Iteración 2

Para la selección de la segunda parcela de abastecimiento p_2, se elige aquella que se encuentre más cercana a la parcela p_1 y r_1, tal que cumpla la Ecuación 7.15.

$$min\left(d_{p1p2}+d_{p2r1}\right)=min\left(\sqrt{\left(x_{p1}-x_{p2}\right)^2+\left(y_{p1}-y_{p2}\right)^2} + \sqrt{\left(x_{p2}-x_{r1}\right)^2+\left(y_{p2}-y_{r1}\right)^2}\right) \tag{7.15}$$

Si se cumple $p_1 \cdot S_{p1} + p_2 \cdot S_{p2} < R_1$ es necesario abastecerse de más parcelas, por lo que habrá que seleccionar otra de las posibles con la iteración 3.

Iteración 3

Se busca la tercera parcela para la agrupación, p_3, tal que la distancia a las parcelas p_1 y p_2 ya seleccionadas y r_1 sea mínima.

$$min \left(d_{p3p1} + d_{p3p2} + d_{p3r1} \right)$$

Si a es el número de parcelas que forman la primera agrupación, de forma general, debe comprobarse que si se cumple $\sum_1^a p_i \cdot S_{pi} < R_1$ es necesario abastecerse de más parcelas, por

lo que habrá que seleccionar otra de las posibles tal que cumpla la Ecuación 7.16

$$min \sum_{i=1}^{a-1} \left(d_{p_a p_i} + d_{p_a r_1} \right) \tag{7.16}$$

El algoritmo finaliza cuando $\sum_1^a p_i \cdot S_{pi} > R_1$.

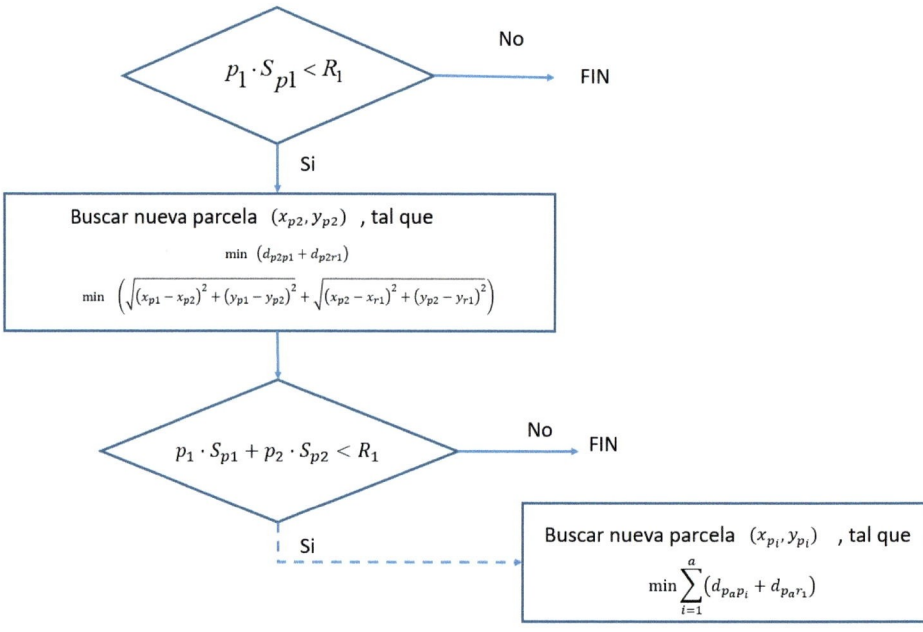

Figura 7.25. Esquema del proceso.

Este algoritmo se ha aplicado mediante el software de Sistemas de Información Geográfica QGIS con los siguientes pasos:

1. Descargarse el archivo shape del catastro parcelario de las parcelas de los municipios involucrados
2. Filtrar las parcelas proveedoras de biomasa, y aquella donde está localizada la planta de transformación.
3. Inicialmente se selecciona la parcela que actuarán como destino y se guarda en un archivo shape independiente.

4. Del mismo modo se seleccionan las posibles parcelas que actuarán como origen, es decir, fuente de biomasa. También éstas se guardarán en otro archivo shape.
5. En cada uno de los shapes (el de parcelas de origen y el de la parcela destino) se extraen los centroides de las parcelas con sus coordenadas
6. Se calculan las distancias de entre la parcela destino (con ambos archivos se calcula la matriz de distancias) y las posibles parcelas origen, seleccionando la parcela origen más cercana al destino

   Si existe biomasa suficiente para abastecer las necesidades de la planta destino, aquí finaliza el algoritmo. En caso contrario continúa con los siguientes pasos:
7. Se extrae el centroide de la parcela origen seleccionada y el centroide de la parcela destino, y se guardan en un archivo shape independiente.
8. Lo mismo se hace con el resto de centroides de las parcelas origen no seleccionadas. Es decir, se guardan en otro archivo shape independiente.
9. Con ambos archivos se calcula la matriz de distancias, y se elige el segundo centroide de las parcelas origen, tal que su distancia al primer centroide seleccionado y al destino sea mínima.

   Si existe biomasa suficiente para abastecer las necesidades de la planta destino, aquí finaliza el algoritmo. En caso contrario continúa con los siguientes pasos:
10. Se extraen los dos centroides de las parcelas origen seleccionadas y la de destino (el p_1, p_2 y r_1), y se guardan en un archivo shape independiente.
11. Lo mismo se hace con el resto de centroides de las parcelas origen no seleccionadas. Es decir, se guardan en otro archivo shape independiente.
12. Con ambos archivos se calcula la matriz de distancias, y se elige el segundo centroide de las parcelas origen, tal que su distancia a los centroides seleccionados y al destino se mínima.

Secuencia de la ruta de recogida

Una vez seleccionado el conjunto de las parcelas origen, se puede calcular una secuencia óptima para la recogida de la biomasa de las parcelas productoras. El objetivo es empezar la recogida en una de las parcelas origen, pasar por todas las que conforman la agrupación y posteriormente llevar la biomasa a la planta receptora-destino.

Si se dispone de camiones con capacidad de trasporte Q toneladas/viaje, el número de viajes a realizar viene dado por:

$$Viajes = \frac{\sum_1^a p_i \cdot S_{pi}}{Q}$$

Si el transporte se realizase con un sólo viaje, la secuencia de recogida podría ser obtenida resolviendo el conocido problema del viajero. Si la limitación de carga obliga a realizar varios viajes para el transporte, puede utilizarse el siguiente algoritmo:

Ruta de cada viaje

La organización de la ruta de cada viaje se realizaría con el siguiente algoritmo:

Iteración 1 algoritmo de rutas

Si las coordenadas de la parcela receptora-destino son (x_{r1}, y_{r1}), se selecciona del conjunto posible de parcelas origen aquella con coordenadas (x_{p1}, y_{p1}) que posea una distancia más corta (Ecuación 7.17).

$$mind_{p1r1} = min\sqrt{\left(x_{p1} - x_{r1}\right)^2 + \left(y_{p1} - y_{r1}\right)^2} \qquad (7.17)$$

Si se cumple $p_1 \cdot S_{p1} < Q$, se realizará un solo viaje. En caso contrario el número de viajes entre la primera parcela origen y la parcela destino $V_{p_1r_1}$ será el entero de la relación:

$$V_{p_1r_1}(\text{Viajes de } p_1 \text{ a } r_1) = \frac{p_1 \cdot S_{p1}}{Q}$$

Iteración 2 algoritmo de rutas

Cuando se haya terminado de recoger la biomasa de la parcela p_1, del conjunto de parcelas habrá que seleccionar otra de las posibles (x_{p2}, y_{p2}).

Para la selección de la segunda parcela de abastecimiento $P2$ se elige aquella que se encuentre más cercana a la parcela $P1$, y al destino r_1, tal que cumpla la ecuación:

$$mind_{p1p2} + d_{p2r1} = min\sqrt{\left(x_{p1} - x_{p2}\right)^2 + \left(y_{p1} - y_{p2}\right)^2} + \sqrt{\left(x_{p2} - x_{r1}\right)^2 + \left(y_{p2} - y_{r1}\right)^2}$$

Si la capacidad de los camiones de transporte es Q toneladas/viaje El número de viajes de $P2$ a r_1 vendrá dado por el número entero de la relación:

$$V_{p2r1} = \frac{p_1 \cdot S_{p1} - V_{r1p1} \cdot Q + p_2 \cdot S_{p2}}{Q}$$

Iteración 3 algoritmo de rutas

Para la selección de la tercera parcela de abastecimiento $P3$ se elige aquella que se encuentre más cercana a la parcela $P2$ y a la parcela destino, tal que cumpla la ecuación:

$$mind_{p2p3} + d_{p3r1} = min\sqrt{\left(x_{p2} - x_{p3}\right)^2 + \left(y_{p2} - y_{p3}\right)^2} + \sqrt{\left(x_{p3} - x_{r1}\right)^2 + \left(y_{p3} - y_{r1}\right)^2}$$

El número de viajes de $P3$ a r_1 vendrá dado por el número entero de la relación:

$$V_{p3r1} = \frac{p_1 \cdot S_{p1} - V_{r1p1} \cdot Q + p_2 \cdot S_{p2} - V_{r1p2} \cdot Q + p_3 \cdot S_{p3}}{Q}$$

Iteración i algoritmo de rutas

La iteración i se realizará tal que se buscará la parcela que hace mínima la ecuación:

$$mind_{p_{i-1}p_i} + d_{p_ir1} = min\sqrt{\left(x_{p_{i-1}} - x_{p_i}\right)^2 + \left(y_{p_{i-1}} - y_{p_i}\right)^2} + \sqrt{\left(x_{p_i} - x_{r1}\right)^2 + \left(y_{pi} - y_{r1}\right)^2}$$

El número de viajes de P_i a r_1 vendrá dado por el número entero de la relación:

$$V_{p_ir1} = \frac{\sum_1^i p_i \cdot S_{pi} - \sum_1^{i-1} V_{r1pi} \cdot Q}{Q}$$

ESCENARIO 2. APLICACIÓN DIRECTA A VARIAS PARCELAS

En este escenario existen varias plantas de transformación receptoras de biomasa, juntas o separadas, y deben abastecerse de varias posibles parcelas productoras. El objetivo es determinar los conjuntos disjuntos de parcelas que actúan como fuente de cada una de las plantas destino. Es decir, cada planta destino queda vinculada a un conjunto de parcelas origen.

Para realizar las vinculaciones se puede utilizar el software QGIS que es un programa de Sistemas de Información Geográfica libre. Las operaciones se estructuran en iteraciones.

Iteración 1. Abastecimiento de la parcela r_1

1. Inicialmente se seleccionan del catastro parcelario las parcelas que actuarán como destino y se guardan en un archivo shape.
2. Del mismo modo se seleccionan las parcelas que actuarán como origen fuentes de biomasa. También éstas se guardarán en otro archivo shape.
3. De ambos archivos se obtienen los centroides de las parcelas, guardados en archivos shape independientes.
4. Se calcula la matriz de distancias entre los centroides de las parcelas origen y las parcelas destino.
5. Se selecciona la pareja con menor distancia, de manera que se establece la primera vinculación. Estas parcelas constituyen la parcela productora p_1 y la planta receptora r_1.
6. Tras la primera vinculación se sigue el criterio de la Figura 7.25 para vincular más de una parcela origen a la planta destino seleccionada, hasta que los requerimientos de biomasa la planta r_1 de destino queden abastecidos.

Tras la selección de la última parcela productora vinculada a la planta r_1, puede que parte de su producción quede libre por haber excedido las necesidades de la parcela destino. Es decir, queda un sobrante. Por tanto, hay que redefinir una nueva parcela con las mismas coordenadas que la última seleccionada pero con un producción equivalente al exceso. Si la última parcela origen seleccionada es P_a, el exceso de producción de biomasa viene por la siguen la siguiente ecuación:

$$P_{Pa} = \frac{\sum_{i=1}^{a} p_i \cdot S_{pi} - R_1}{S_{pa}}$$

La nueva parcela poseerá unas coordenadas (x_{pa}, y_{pa}), pero en lugar de asociarle un rendimiento P_a, debe asociársele un rendimiento P_{pa} para aplicar la iteración 2.

Iteración 2. Abastecimiento de la parcela r_2

1. Cuando las necesidades de la parcela destino r_1 quedan cubiertas, del shape de los centroides de las parcelas destino se excluye el centroide de la parcela seleccionada en la iteración 1; y en el shape de los centroides de las posibles parcelas origen también se excluyen aquellos correspondientes a las seleccionadas en la iteración 1 $\{p_1, p_2, ..., p_a\}$.
2. Con los nuevos archivos shape de los centroides, tanto origen como destino, se calcula la matriz de distancia.
3. Se selecciona la pareja centroide origen-destino que posee una distancia menor.
4. Tras la vinculación se sigue el criterio de la Figura 7.25 para vincular más de una parcela origen a la planta destino seleccionada, hasta que los requerimientos de biomasa de la planta r_2 de destino quedan abastecidos.

Se realizarán tantas iteraciones como número de parcelas destino existan, siempre y cuando haya parcelas origen disponibles.

ESCENARIO 3. ABASTECIMIENTO DIFERIDO DE VARIAS PARCELAS

Cuando el abastecimiento debe realizarse en diferido, es decir que la biomasa recolectada ha de almacenarse para ser suministrada en otro momento, el nuevo escenario cambia radicalmente el tipo de problema. En este caso la solución para la gestión de la biomasa producida en varias parcelas pasa por encontrar la localización óptima de centros de acopio, definiendo también sus dimensiones.

Se parte de un conjunto de parcelas productoras de biomasa $P = \{p_1, p_2, \ldots, p_n\}$ y un conjunto de parcelas receptoras $R = \{r_1, r_2, \ldots, r_m\}$. Los puntos de acopio $A = \{a_1, a_2, \ldots, a_k\}$ consisten en parcelas donde se almacenan la biomasa en silos, en forma de astillas, leñas, o granos. La capacidad de almacenamiento viene definida por A.

De forma intuitiva se deduce que la opción óptima sería poseer un único punto de acopio. Sin embargo, la limitación de capacidad de los sistemas de almacenamiento disponibles obliga a idear varios puntos de acopio. Teniendo en cuenta que la capacidad media de almacenamiento es $\bar{A}$, si el objetivo es cubrir todas las necesidades de las plantas receptoras, el número de puntos de acopio vendría dado por la Ecuación 7.18:

$$N_A = \frac{\sum_1^m R_i}{\bar{A}} \tag{7.18}$$

Si el objetivo es almacenar toda la biomasa producida en las parcelas productoras, de tal manera que una parte de la biomasa se utilizaría para producir biocombustibles y otra para otros usos, el número de puntos de acopio vendría dado por la Ecuación 7.19:

$$N_p = \frac{\sum_1^n p_i \cdot S_{pi}}{\bar{A}} \tag{7.19}$$

Dado que cada punto de acopio se abastece de un conjunto de parcelas productoras, es necesario agruparlas. Cada agrupación de parcelas productoras irá vinculada a un punto de acopio. Para la agrupación se aplica el algoritmo de agrupación borvelog [12].

Algoritmo de agrupación borvelog

Este algoritmo se aplica de forma iterativa. El objetivo es definir conjuntos de parcelas origen de forma que cada conjunto abastecerán a un punto de acopio a_1.

Iteración 1. Agrupación de parcelas que abastecen a_1

1. Se selecciona la parcela de mayor producción: $\max p_i S_{p_i} \rightarrow p_1$
2. Si $p_1 \cdot S_{p1} < \bar{A}$ se busca la segunda parcela de la agrupación P_2 tal que

$$min\ d_{p1p2} = min\sqrt{\left(x_{p1} - x_{p2}\right)^2 + \left(y_{p1} - y_{p2}\right)^2}$$

3. Si $p_1 \cdot S_{p1} + p_2 \cdot S_{p2} < \bar{A}$ se busca la tercera parcela de la agrupación P_3 tal que

$$min\left(d_{p3p2} + d_{p3p1}\right) = min\left(\sqrt{\left(x_{p3} - x_{p2}\right)^2 + \left(y_{p3} - y_{p2}\right)^2} + \sqrt{\left(x_{p3} - x_{p1}\right)^2 + \left(y_{p3} - y_{p1}\right)^2}\right)$$

Se seguirán buscando parcelas mientras se cumpla $\sum_1^n p_i \cdot S_{pi} < \bar{A}$. En tal caso se seleccionará la parcela p_a, tal que sea mínima la ecuación 7.19.

$$min \sum_{i=1}^{a} d_{p_a p} \qquad (7.20)$$

La iteración finaliza cuando $\sum_{1}^{n} p_i \cdot S_{pi} > \bar{A}$.

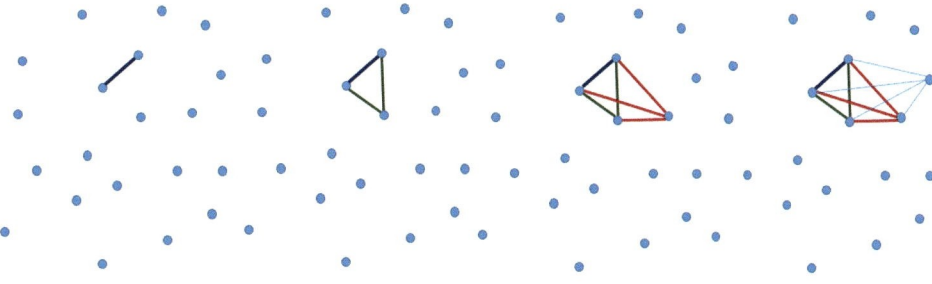

Conexión 2 parcelas   Conexión 3 parcelas   Conexión 4 parcelas   Conexión 5 parcelas

Figura 7.26. Algoritmo de agrupación borvelog.

Iteración 2. Agrupación de parcelas que abastecen a₂

1. Para la segunda iteración, se busca entre las parcelas que no están previamente agrupadas la que tenga una producción mayor según la ecuación, max $p_i S_{p_i} \rightarrow p_{b1}$
2. Si $p_{b1} \cdot S_{pb1} < \bar{A}$ se busca la segunda parcela de la agrupación P_{b2}, tal que
$$mind_{p_{b1}p_{b2}}$$

3. Si $p_{b1} \cdot S_{pb1} + p_{b2} \cdot S_{pb2} < \bar{A}$ se busca la tercera parcela de la agrupación P_{b3} tal que
$$min\left(d_{pb3pb2} + d_{pb3pb1}\right)$$

Se seguirán buscando parcelas mientras se cumpla $\sum_{1}^{b} p_{bi} \cdot S_{pbi} < \bar{A}$. En tal caso, se seleccionará la parcela P_{ba}, tal que se sea mínima la Ecuación 7.21.

$$min \sum_{i=1}^{b-1} d_{p_{bb}p_{bi}} \qquad (7.21)$$

La iteración finaliza cuando $\sum_{1}^{b} p_{bi} \cdot S_{pbi} > \bar{A}$.

El algoritmo finaliza cuando ya se han realizado un número k de agrupaciones.

Teniendo en cuenta exclusivamente la localización de las parcelas productoras, desde el punto de vista teórico la localización óptima del punto de acopio asociado a una determinada agrupación se determina por el centro de gravedad (Ecuación 7.22, donde a es el número de parcela que tiene esa agrupación).

229

$$x_{cdg} = \frac{\sum_{i=1}^{a} x_{pi} \cdot p_i \cdot S_{pi}}{\sum_{i=1}^{a} p_i \cdot S_{pi}} \qquad y_{cdg} = \frac{\sum_{i=1}^{a} y_{pi} \cdot p_i \cdot S_{pi}}{\sum_{i=1}^{a} p_i \cdot S_{pi}} \qquad (7.22)$$

Si se tienen en cuenta también la localización de las plantas receptoras el centro de gravedad se calcula por las Ecuación 7.23:

$$x_{cdg} = \frac{\sum_{i=1}^{a} x_{pi} \cdot p_i \cdot S_{pi} + \sum_{i=1}^{a} x_{ri} \cdot R_i}{\sum_{i=1}^{a} p_i \cdot S_{pi} + \sum_{i=1}^{a} R_i} \qquad y_{cdg} = \frac{\sum_{i=1}^{a} y_{pi} \cdot p_i \cdot S_{pi} + \sum_{i=1}^{a} y_{ri} \cdot R_i}{\sum_{i=1}^{a} p_i \cdot S_{pi} + \sum_{i=1}^{a} R_i} \qquad (7.23)$$

Las Ecuaciones 7.23 proporcionarían la localización óptima del punto de acopio para una agrupación desde el punto de vista teórico. Sin embargo, esta solución puede no ser realista debido a dos circunstancias: Primero su aplicación requiere tener preseleccionada una agrupación de plantas destino; segundo y más importante, no todas las localizaciones son aptas para el acopio. Puede ocurrir que la localización obtenida resulte de una parcela de alta productividad, o simplemente el propietario desee dar a esa parcela otro uso. Esta circunstancia también se produce si se aplican las Ecuaciones 7.23. Por tanto, una manera más práctica de proceder es seleccionar los posibles puntos de acopio. En tal caso se vuelve a plantear un problema de vinculación.

Partimos de tres clases de parcelas: posibles parcelas origen, posibles parcelas de acopio y parcelas destino. Las variables se definen en la Tabla 7.25.

El procedimiento a seguir se divide en dos pasos: En el primer paso se prescinde de la localización de las plantas receptoras, y nos centramos, por un lado, en los posibles puntos de acopio; y por otro, en las posibles fuentes de biomasa. Para vincular un punto de acopio con un conjunto de parcelas productoras (origen) puede aplicarse el algoritmo descrito en el escenario 2. Como segundo paso este algoritmo se volverá a aplicar para vincular las plantas receptoras con los puntos de acopio.

Tabla 7.25. Variables de partida para vinculación de parcelas productoras, receptoras y puntos de acopio.

Rendimiento de las parcelas productoras de biomasa (t/ha)	p_i
Requerimiento de año de las parcelas de frutales (t)	r_j
Capacidad de almacenamiento parcelas de acopio a_h (t)	A_h
Coordenadas parcela receptora (destino) r_j	(x_{rj}, y_{rj})
Coordenadas parcela productora (posible origen) p_i	(x_{pi}, y_{pi})
Coordenadas posible parcela acopio a_h	(x_{ah}, y_{ah})
Superficie posible parcela origen p_i	S_{pi}

- Paso 1. Vinculación de parcelas productoras con las posibles parcelas de acopio

Iteración 1. Abastecimiento del punto de acopio a_1

1. Inicialmente se seleccionan del catastro parcelario las parcelas que actuarán como posibles puntos de acopio a_h y se guardan en un archivo shape independiente.
2. Del mismo modo se seleccionan las parcelas que actuarán como origen p_i, fuente de biomasa. También éstas de guardarán en otro archivo shape.

3. De ambos archivos se obtienen los centroides de las parcelas, guardados en archivos shape independientes

4. Se calcula la matriz de distancias entre los centroides de las parcelas origen y las parcelas de acopio.

5. Se selecciona la pareja con menor distancia, de manera que se establece la primera vinculación.

6. Tras la primera vinculación se sigue el criterio de la Figura 7.25 para vincular más de una parcela origen al punto de acopio seleccionado a_1, hasta que su capacidad de almacenamiento de biomasa esté completada.

Tras la selección de la última parcela productora vinculada al punto de acopio a_1, puede que parte de su producción quede libre por haber excedido las capacidades de almacenamiento. Es decir, queda un sobrante. Por tanto, hay que redefinir una nueva parcela origen con las mismas coordenadas que la última seleccionada, pero con una producción equivalente al exceso. Si la última parcela seleccionada es p_a el exceso de producción de biomasa viene por la siguen la siguiente ecuación:

$$P_{Pa} = \sum_{i=1}^{a} p_i \cdot S_{pi} - A_1$$

La nueva parcela poseerá unas coordenadas (x_{pa}, y_{pa}), pero en lugar de asociarle un rendimiento p_a, debe asociársele un rendimiento P_{p_a} para aplicar la iteración 2.

Iteración 2. Abastecimiento del punto de acopio a_2

1. Cuando las capacidades de la parcela a_1 quedan cubiertas, del shape de los centroides de las parcelas acopio se excluye el centroide de la parcela seleccionada en la iteración 1; y en el shape de los centroides de las posibles parcelas origen también se excluyen aquellos correspondientes a las seleccionadas en la iteración 1.

2. Con los nuevos archivos shape de los centroides, tanto origen como acopio, se calcula la matriz de distancia.

3. Se selecciona la pareja de centroides origen-acopio que posee una distancia menor.

4. Tras la vinculación se sigue el criterio de la Figura 7.25 para vincular más de una parcela origen a el nuevo punto de acopio seleccionado a_2, hasta que la capacidad de biomasa la parcela A_2 de destino quedan abastecidos.

Se realizarán tantas iteraciones como número de parcelas de acopio existan, siempre y cuando haya parcelas origen disponibles.

- Paso 2. Para asociar los puntos de acopio a_h con las plantas destino r_j, receptoras de biomasa, se vuelve a aplicar el mismo algoritmo del paso 1 entre estos dos grupos.

Aplicación de los modelos

Los modelos expuestos se han aplicado en el municipio de Gandía, donde predominan las áreas de producción citrícola, de la cual se pretenden aprovechar los residuos de poda para biocombustibles sólidos. La cantidad de biomasa seca producida en la poda es de media de 4,3 t/ha don desviación típica de 1,2 t/ha (Velázquez-Martí *et al.*, 2013). En la Figura 7.27 se muestra el catastro parcelario donde se distinguen las áreas citrícolas donde producen residuos de poda.

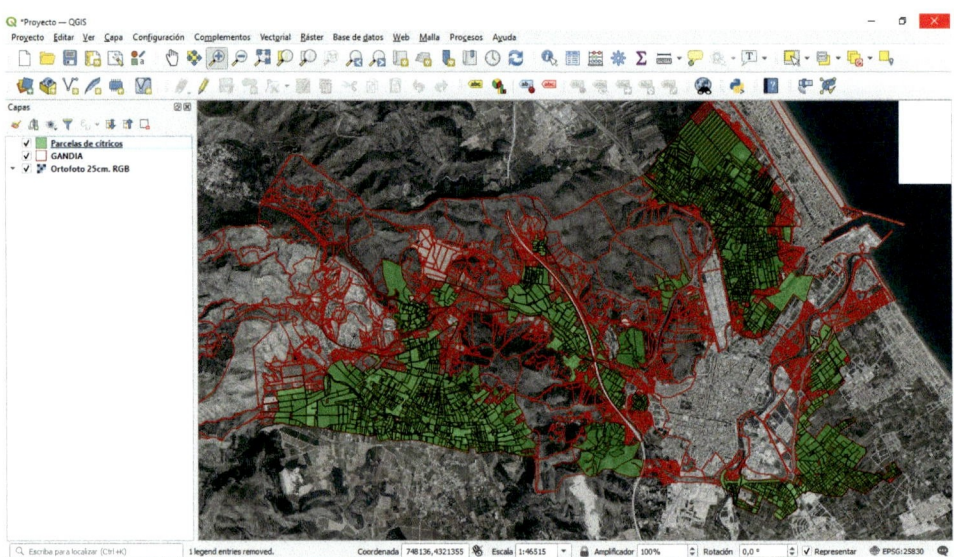

Figura 7.27. Catastro parcelario del municipio, mostrando las áreas citrícolas en verde.

Aplicación modelo escenario 1

A partir del archivo shape del catastro parcelario del municipio, para la aplicación del escenario 1 se selecciona la localización de la planta de transformación que actuará como destino, con coordenadas UTM × 743938, UTM Y 4 319 291.

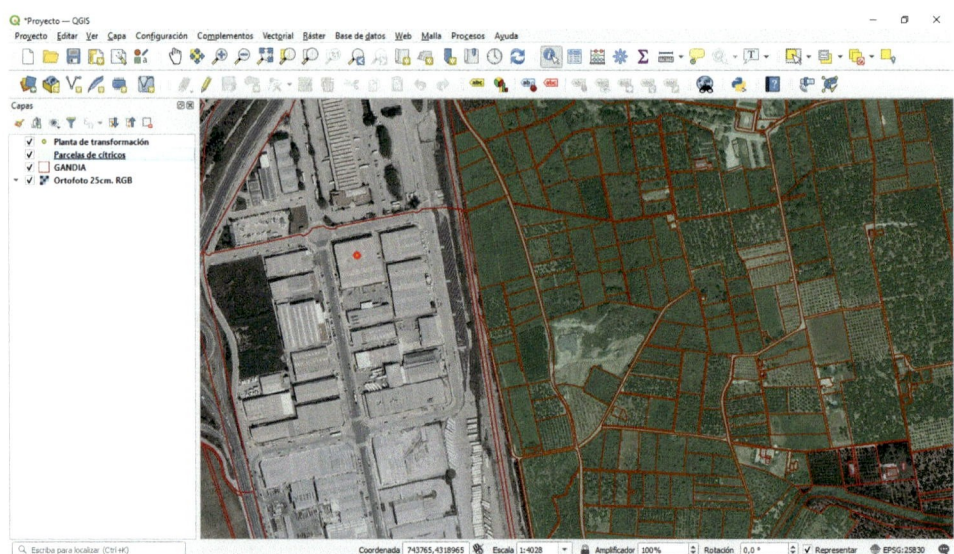

Figura 7.28. Vista de la selección de la planta destino en el municipio de Gandía.

Las posibles parcelas que actuarán como posibles fuentes de biomasa se muestran en la Figura 7.29. Las referencias catastrales se muestran en la Tabla 7.26. También se muestran las coordenadas de los centroides y el área en metros cuadrados.

Tabla 7.26. Seleccionadas como posibles orígenes fuentes de biomasa.

UTM-X	UTM-Y	Área (m^2)	Referencia catastral
744165,01	4319435,16	1789	46133A02700336
744565,15	4319397,85	2378	46133A02700356
744172,24	4319105,53	1499	46133A02200222
744293,56	4319378,43	2285	46133A02700254
744257,90	4318875,92	4695	46133A02200024
744248,40	4319224,40	2610	46133A02700323
744244,40	4319254,00	1310	46133A02700322
744697,99	4319382,04	15246	46133A02700165
744727,00	4319093,33	14571	46133A02700164
744153,80	4319302,32	8816	46133A02200012
744435,18	4319259,22	2143	46133A02700631
744440,27	4319373,84	1757	46133A02700362
744201,62	4319149,36	4230	46133A02200171
744165,01	4319435,16	1789	46133A02700336
744565,15	4319397,85	2378	46133A02700356

En cada uno de los shapes (el de parcelas de origen y el de la parcela destino) se extraen los centroides de las parcelas con sus coordenadas

En la Figura 7.29 se muestra el centroide obtenido en la parcela destino seleccionada junto los centroides de las posibles parcelas origen.

Figura 7.29. Vista de los centroides obtenidos de las parcelas origen.

Entonces se calculan las distancias entre la parcela destino y las posibles parcelas origen (Figura 7.30).

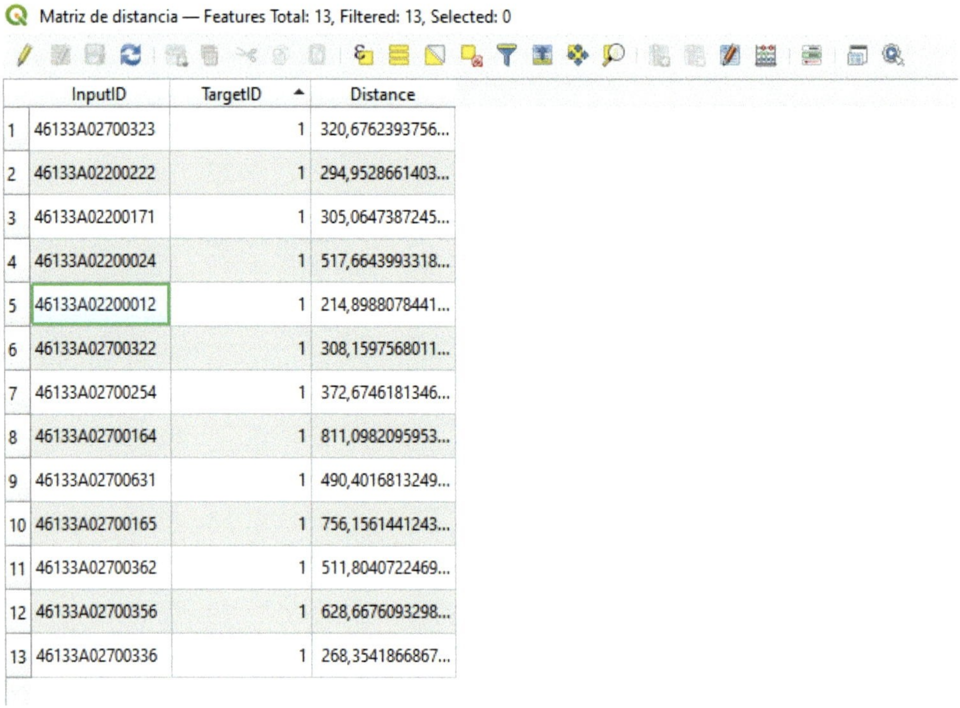

Matriz de distancia — Features Total: 13, Filtered: 13, Selected: 0

	InputID	TargetID	Distance
1	46133A02700323	1	320,6762393756...
2	46133A02200222	1	294,9528661403...
3	46133A02200171	1	305,0647387245...
4	46133A02200024	1	517,6643993318...
5	46133A02200012	1	214,8988078441...
6	46133A02700322	1	308,1597568011...
7	46133A02700254	1	372,6746181346...
8	46133A02700164	1	811,0982095953...
9	46133A02700631	1	490,4016813249...
10	46133A02700165	1	756,1561441243...
11	46133A02700362	1	511,8040722469...
12	46133A02700356	1	628,6676093298...
13	46133A02700336	1	268,3541866867...

Figura 7.30. Vista de la salida de la matriz de distancia.

Aplicación del algoritmo de la Figura 3.25 mediante hoja de cálculo Excel

Iteración 1

De la matriz de distancias se selecciona la pareja de centroides (origen-destino) que presentan una distancia menor. En este caso, la parcela más cercana resulta la de referencia catastral 46133A02200012 a una distancia de 214,90 m.

Entonces hay que comprobar si la biomasa disponible es menor a las necesidades de la planta, $p_1 \cdot S_{p1} < R_1$. En tal caso deben buscarse más parcelas para cubrir las necesidades de biomasa. Vamos a suponer que los requerimientos de biomasa en la planta de transformación se estiman en un momento dado de 5 t.

$$4{,}3\ t/ha \times \frac{8816}{10000}\ ha < 5\ t$$

Iteración 2

En la segunda iteración hay que encontrar la parcela más cercana a p_1 y r_1 Para ello se realizan las mismas operaciones que las descritas en la iteración 1.

1. Se seleccionan los centroides de la parcela p_1 y r_1 y se guardan en un archivo shape independiente.
2. Se selecciona el resto de centroides de las parcelas p_i candidatas de ser parcelas origen, y también se guardan en un archivo shape independiente.
3. A través de la matriz de distancias se selecciona aquel centroide más cercano a p_1 y r_1.

En la Figura 7.31 se muestra la matriz de distancias entre las parcelas no conectadas y la previamente seleccionada.

Matriz de distancia — Features Total: 12, Filtered: 12, Selected: 1

	ID ▲	r1	p1	Suma
1	46133A02200024	517,571131520779	435,4412643869...	953,012
2	46133A02200171	304,7847607946...	166,5229997634...	471,308
3	46133A02200222	294,7438501621...	195,2961109677...	490,040
4	46133A02700164	810,7302766625...	610,365989144147	1421,096
5	46133A02700165	755,7146925681...	542,087947394595	1297,803
6	46133A02700254	372,2043241390...	165,0413387649...	537,246
7	46133A02700322	307,7581877602...	106,046477580329	413,805
8	46133A02700323	320,3013747162...	129,7897456527...	450,091
9	46133A02700336	267,8737872797...	134,8765542212...	402,750
10	46133A02700356	628,2065914864...	415,8872325722...	1044,094
11	46133A02700362	511,3444655448...	298,9044022851...	810,249
12	46133A02700631	489,9861571824...	279,8312548157...	769,817

Figura 7.31. Matriz de distancias entre las parcelas no conectadas y la previamente seleccionada.

En este caso la parcela resultante es la de referencia catastral 46133A02200336, con coordenadas UTM-X: 744 165,01, UTM-Y: 4 319 435,16. El área de la parcela es 1789 m^2. Esta parcela constituye la parcela P_2 que se sitúa a una distancia de 402,75 m de r_1 y $p_{1.}$ Hay que comprobar, $p_1 \cdot S_{p1} + p_2 \cdot S_{p2} < R_1$.

$$4,3\frac{t}{ha} \times \left(\frac{8816 + 1739}{10000}\right) ha < 5\,t$$

Entonces hay que buscar una nueva parcela origen, mediante la iteración 3.

Iteración 3

En la tercera iteración hay que encontrar la parcela p_3, tal que sea la más cercana a p_1, p_2 y r_1. Para ello se realizan las mismas operaciones que las descritas en la iteración 2.

1. Se selecciona los centroides de la parcela p_1, p_2 y r_1 y se guardan en un archivo shape independiente.
2. Se selecciona el resto de centroides de las parcelas P_i candidatas de ser parcelas origen, y también se guardan en un archivo shape independiente.
3. A través de la matriz de distancias se selecciona aquel centroide cuya distancia a p_1, p_2 y r_1 es mínima.

Para hacer la operación de forma cómoda se selecciona que la salida de la matriz se realice de forma N × T. Se copian en Excel y se calcula la suma de cada fila seleccionando el mínimo. En la Figura 7.32 se muestra la salida.

Matriz de distancia — Features Total: 11, Filtered: 11, Selected: 1

	ID	p2	p1	r1	Suma
1	46133A02200024	565,5370986081...	436,4984588197...	517,7142833643...	1519,750
2	46133A02200171	295,2715783831...	167,4531191069...	305,1282474903...	767,853
3	46133A02200222	329,2484197895...	196,5160911530...	295,0121477041...	820,777
4	46133A02700164	659,8165443870...	609,9237727617...	811,1645647782...	2080,905
5	46133A02700165	544,2266828235...	541,0937202894...	756,2207973463...	1841,541
6	46133A02700254	153,6152585508...	163,6220408648...	372,7353709396...	689,973
7	46133A02700322	204,6549170561...	105,8899055396...	308,2260694829...	618,771
8	46133A02700323	235,8935598857...	129,9215587208...	320,7426558023...	686,558
9	46133A02700356	400,4950992536...	414,6911264172...	628,7301183759...	1443,916
10	46133A02700362	292,0172569650...	297,7063379686...	511,866790825835	1101,590
11	46133A02700631	323,0983400976...	279,1329114931...	490,4676735124...	1092,699

Figura 7.32. Matriz de distancias de cada una de las parcelas p_i (parcelas origen candidatas) a r_1 y las parcelas p_1, p_2 ya seleccionadas.

Como se puede comprobar la parcela con distancia mínima con r_1, p_1 y p_2 es la de referencia catastral 46133A02700322, con coordenadas UTM-X: 744 244,40, UTM-Y: 4 319 254,00. El área de la parcela es 1310 m^2. Esta parcela constituye la parcela p_3 que se sitúa a una distancia de p_1 y p_2 de 161,59 m.

Hay que comprobar, $\sum_{i=1}^{a} p_i \cdot S_{pi} < R_1$,.

Como:

$$4{,}3\frac{t}{ha} \times \left(\frac{8816 + 1739 + 1310}{10000}\right) ha > 5\ t$$

Finaliza el algoritmo

El conjunto de parcelas que suministran biomasa a la parcela r_1 son las parcelas p_1, p_2 y p_3 (Tabla 7.27).

Tabla 7.27. Conjunto de parcelas que suministran biomasa a la planta r_1.

Parcela fuentes productoras de biomasa (p_1, p_2 y p_3)	Planta destino receptora de biomasa (r_1)
46133A02200012 46133A02200336 46133A02200322	UTMX 743 938, UTMY 4 319 291.

Aplicación escenario 2. Aplicación directa a varias parcelas

En este caso se ilustra un ejemplo de la aplicación del algoritmo desarrollado para el segundo escenario posible, aquel en el que varias plantas receptoras r_j deben abastecerse de varias posibles parcelas productoras de biomasa p_i.

En la Figura 7.33 se muestran las posibles parcelas productoras de biomasa en azul tomadas para el ejemplo del municipio de Gandía y la localización de las plantas receptoras de biomasa en amarillo. Las coordenadas de las plantas receptoras son UTM $\times$ 743 938, UTM Y 4 319 291; y UTM $\times$ 743 993, UTM Y 4 318 983. Las coordenadas, referencias catastrales y áreas de las parcelas productoras se muestran en la Tabla 7.28.

Figura 7.33. Plantas receptoras de biomasa (amarillo), parcelas productoras de biomasa (azul).

Tabla 7.28. Datos de las parcelas productoras de biomasa.

REFCAT	COORX	COORY	AREA
46133A02700170	744 796,6	4 319 257,35	30097
46133A02700501	744 610,72	4 318 835,63	10751
46133A00300026	743 426,44	4 319 176,76	22793
46133A02200012	744 153,8	4 319 302,32	8816
46133A02900114	744 742,61	4 318 604,74	11967
46133A02700254	744 293,56	4 319 378,43	2285
46133A02200024	744 257,9	4 318 875,92	4695
46133A02700165	744 697,99	4 319 382,04	15246
46133A02700164	744 727,00	4 319 093,33	14571
46133A02900112	744 663,63	4 318 530,91	17850
46133A02700631	744 435,18	4 319 259,22	2143
46133A02200222	744 172,24	4 319 105,53	1499
46133A00300026	743 311,55	4 319 117,46	27087
46133A02700336	744 165,01	4 319 435,16	1789
46133A02700323	744 248,4	4 319 224,4	2610

Iteración 1

Para la aplicación de la primera iteración se ha de calcular la matriz de distancia entre los centroides origen y destino y elegir aquellos que poseen una distancia menor. En la Tabla 7.29 se muestra la matriz de distancias entre los centroides origen y destino, calculada a través de QGIS. La parcela situada a menor distancia de alguna de las plantas de transformación es la de referencia catastral 46133A02200012 con valor de 214,90 m, por tanto, estas serían la primera parcela vinculada constituyendo p_1 y r_1 respectivamente.

Tabla 7.29. Matriz de distancias entre los centroides origen y destino, calculada a través de QGIS.

	Plantas de transformación	
Parcelas productoras	**1**	**2**
46133A02700501	825,11	655,68
46133A02700362	511,80	594,34
46133A00300026	521,38	591,80
46133A02700170	861,84	853,20
46133A02900114	1051,76	841,43
46133A02900112	1056,35	822,91
46133A02200024	517,66	287,16
46133A02200012	214,90	360,13
46133A02700164	811,10	746,38
46133A02700631	490,40	515,73
46133A02700165	756,16	782,68
46133A02200171	305,06	273,33
46133A02700336	268,35	485,92
46133A02700356	628,67	699,42
46133A02200222	294,95	222,22
46133A00300026	668,37	710,46
46133A02700254	372,67	499,89
46133A02700323	320,68	353,50
46133A02700322	308,16	369,64

Hay que comprobar, $\sum_{i=1}^{a} p_i \cdot S_{pi} < R_1$.

Las vinculaciones de este ejemplo coincidirían con las ya calculadas en el caso de una sola planta de transformación.

Cuando finaliza la iteración 1, para iniciar la iteración 2 para vincular parcelas a la segunda planta hay que definir un nuevo centroide que poseerá las misas coordenadas que p_a pero con una producción de biomasa igual al exceso obtenido.

El procedimiento expuesto se continuaría en las siguientes iteraciones hasta completar las agrupaciones asociadas a todas las plantas receptoras, mientras existan parcelas productoras origen disponibles.

Los mismos procedimientos se aplicarían en caso de que en lugar de plantas de transformación se tuvieran que abastecer centros de acopio.

Consideración de los costes

En los algoritmos presentados se ha considerado que los costes de cosecha de biomasa y transporte no influyen en la elección de las agrupaciones de las parcelas en el modelo logístico. En este apartado vamos a tener en cuenta estos costes.

Podemos suponer que estos costes son distintos en cada parcela y estarán condicionados por diversos factores tales como la superficie y el tipo de suelo, dado que ellos influirán en la maquinaria empleada. La dificultad de esta mejora del algoritmo es que obliga a un estudio previo de las correspondientes variables en cada parcela y posteriormente implementarlos en campos adicionales a los proporcionados por el catastro. Con los nuevos campos creados hay que hacer las operaciones indicadas en el algoritmo y eso ralentiza el proceso de cálculo y aplicación.

ESCENARIO 1. APLICACIÓN DIRECTA A UNA SOLA PARCELA

Conocida una parcela receptora destino, consiste en determinar las parcelas de abastecimiento que actúan como origen. Las variables de partida se muestran en la Tabla 7.30.

Tabla 7.30. Variables de partida.

Rendimiento de las parcelas productoras de biomasa (t/ha)	p_i
Requerimiento de biomasa de las plantas transformadoras (t)	R_j
Coordenadas parcela productora (posible origen) p_i	(x_{pi}, y_{pi})
Coordenadas planta receptora (destino) r_j	(x_{rj}, y_{rj})
Superficie posible parcela origen p_i	S_{pi}
Coste de cosecha de la biomasa en la parcela productora p_i (€/ha)	C_{pi}
Coste de transformación de un determinado tipo de biomasa procedente de la parcela productora p_i(€/t)	C_{ti}
Coste de transporte entre las parcelas p_i y r_j (€/km)	Cv_{pirj}
Capacidad del camión de transporte	Q
Distancia entre nodos	d_{pirj}

El procedimiento de cálculo es iterativo:

Iteración 1

Si las coordenadas de la planta receptora-destino son (x_{r1}, y_{r1}), se selecciona del conjunto posible de parcelas origen aquella con coordenadas (x_{p1}, y_{p1}) que posea un coste total de cosecha, transporte y transformación mínimo.

$$min(C_{p1} \cdot S_{p1} + Cv_{p1r1} \cdot \frac{p_1 \cdot S_{p1}}{Q} \cdot d_{p1r1} + C_{t1} \cdot p_1 \cdot S_{p1}) \qquad (7.24)$$

Donde la distancia se calcula por la Ecuación 7.25

$$d_{p1r1} = \sqrt{\left(x_{p1} - x_{r1}\right)^2 + \left(y_{p1} - y_{r1}\right)^2} \qquad (7.25)$$

Evidentemente en lugar de utilizar la distancia euclídea, se puede utilizar la dada por las rutas de comunicación. Para ello debe utilizarse la aplicación Análisis de Redes del Sistema de información Geografica QGIS.

Si se cumple $p_1 \cdot S_{p1} < R_1$ para cubrir las necesidades de r_1 es necesario abastecerse de más parcelas, por lo que habrá que seleccionar otra de las posibles (x_{p2}, y_{p2}), pasando a la iteración 2.

Iteración 2

La selección de la segunda parcela que abastece a r_1 será p_2, y ésta se elige de forma que la Ecuación 7.26 sea mínima.

$$
\begin{aligned}
min\,(C_{p1} \cdot S_{p1} + C_{p2} \cdot S_{p2} + C\,v_{p1r1} \cdot \frac{p_1 \cdot S_{p1}}{Q} \cdot d_{p1r1} + C\,v_{p2r1} \cdot \frac{p_2 \cdot S_{p2}}{Q} \cdot d_{p2r1} \\
+ C\,v_{p1p2} \cdot d_{p1p2} + C_{t1} \cdot p_1 \cdot S_{p1} + C_{t2} \cdot p_2 \cdot S_{p2})
\end{aligned}
\tag{7.26}
$$

Hay que advertir que, después de encontrar la parcela p_1, cumplir el mínimo de la Ecuación 7.26 equivale a buscar p_2 de las parcelas productoras disponibles por la Ecuación 7.27, en la que se consideran exclusivamente los sumandos que se adicionan a la Ecuación 7.24. Es decir, la búsqueda por la Ecuación 7.26 puede simplificarse buscando el cumplimiento de la Ecuación 7.27.

$$
min\left(C_{p2} \cdot S_{p2} + C\,v_{p2r1} \cdot \frac{p_2 \cdot S_{p2}}{Q} \cdot d_{p2r1} + C\,v_{p1p2} \cdot d_{p1p2} + C_{t2} \cdot p_2 \cdot S_{p2} \right)
\tag{7.27}
$$

Por tanto, para buscar p_2, es necesario que la ecuación 7.26 sea mínima.

Una vez encontrado p_2 se verifica que $p_1 \cdot S_{p1} + p_2 \cdot S_{p2} < R_1$. Si la cantidad de biomasa disponible es menor al requerimiento de la planta receptora, es necesario abastecerse de más parcelas, por lo que habrá que seleccionar otra de las posibles con la iteración 3.

Iteración 3

Se busca la tercera parcela para la agrupación, p_3, tal que cumpla el criterio heurístico de la Ecuación 7.28. Este criterio proporciona una buena aproximación para encontrar la parcela que posee el coste de cosecha, trasporte y transformación mínimo, dado por la Ecuación 7.28.

$$
min(C_{p3} \cdot S_{p3} + C\,v_{p3r1} \cdot \frac{p_3 \cdot S_{p3}}{Q} \cdot d_{p3r1} + C\,v_{p3p2} \cdot d_{p3p2} + C\,v_{p3p1} \cdot d_{p3p1} + C_{t3} \cdot p_3 \cdot S_{r3})
\tag{7.28}
$$

Por tanto, para buscar p_3 se requiere que la Ecuación 7.28 sea mínima.

$$
\sum_{i=1}^{3} C_{pi} \cdot S_{pi} + \sum_{1}^{3} C\,v_{p1r1} \cdot \frac{p_i \cdot S_{pi}}{Q} \cdot d_{pir1} + \sum_{1}^{2} C\,v_{p3pi} \cdot d_{p3p_i} + \sum_{1}^{3} (C_{ti} \cdot p_i \cdot S_{ri})
\tag{7.29}
$$

De forma general, debe comprobarse que, si a es el número de parcelas seleccionadas, se cumple $\sum_{1}^{a} p_i \cdot S_{pi} < R_1$. En tal caso, es necesario abastecerse de más parcelas, por lo que habrá que seleccionar otra de las posibles tal que cumpla la Ecuación 7.30.

$$min\left(C_{pa} \cdot S_{pa} + Cv_{par1} \cdot \frac{p_a \cdot S_{pa}}{Q} \cdot \sum_{i=1}^{a-1} d_{pipa} + C_{ta} \cdot p_a \cdot S_{ra} \right) \qquad (7.30)$$

El coste soportado por la cosecha, transporte y transformación en la planta r_1 sería:

$$\sum_{i=1}^{a} C_{pi} \cdot S_{pi} + \sum_{1}^{a} Cv_{p1r1} \cdot \frac{p_i \cdot S_{pi}}{Q} \cdot d_{pir1} + \sum_{1}^{a-1} Cv_{papi} \cdot d_{pap_i} + \sum_{1}^{a} (C_{ti} \cdot p_i \cdot S_{ri})$$

El algoritmo finaliza cuando $\sum_{1}^{a} p_i \cdot S_{pi} > R_1$.

ESCENARIO 2. APLICACIÓN DIRECTA A VARIAS PLANTAS DE TRANSFORMACIÓN

Existen varias plantas receptoras de biomasa, juntas o separadas, y deben abastecerse de varias posibles parcelas productoras de biomasa. El objetivo es determinar qué parcelas actúan como fuente de cada una de las plantas destino. Es decir, cada planta transformadora destino queda vinculada a un conjunto de parcelas origen.

Para realizar las vinculaciones se puede utilizar el software QGIS que es un programa de Sistemas de Información Geográfica libre.

Iteración 1. Abastecimiento de la parcela r_1

1. Inicialmente se seleccionan del catastro parcelario las parcelas que actuarán como destino y se guardan en un archivo shape.
2. Del mismo modo se seleccionan las parcelas que actuarán como origen fuente de biomasa. También éstas de guardarán en otro archivo shape.
3. De ambos archivos se obtienen los centroides de las parcelas, guardados en archivos shape independientes
4. Se calcula la matriz de distancias entre los centroides de las parcelas origen y las parcelas destino.
5. Se selecciona la pareja con menor coste, de manera que se establece la primera vinculación. Estas parcelas constituyen la parcela productora p_1 y la parcela receptora r_1.

$$min(C_{p1} \cdot S_{p1} + Cv_{p1r1} \cdot \frac{p_1 \cdot S_{p1}}{Q} \cdot d_{p1r1} + C_{t1} \cdot p_1 \cdot S_{r1})$$

6. Tras la primera vinculación se sigue el criterio del escenario 1 para vincular más de una parcela origen a la planta destino seleccionada, hasta que los requerimientos de biomasa la planta r_1 de destino queden abastecidos.

Tras la selección de la última parcela productora vinculada a la planta r_1, puede que parte de su producción quede libre por haber excedido las necesidades de la parcela destino. Es decir, queda un sobrante. Por tanto, hay que redefinir una nueva parcela con las mismas coordenadas que la última seleccionada, pero con una producción equivalente al exceso. Si la última parcela seleccionada es p_a, el exceso de producción de biomasa viene por la siguiente ecuación:

$$P_{pa} = \sum_{i=1}^{a} p_i \cdot S_{pi} - R_1$$

La nueva parcela poseerá unas coordenadas (x_{p_a}, y_{p_a}), pero en lugar de asociarle un rendimiento p_a, debe asociársele un rendimiento P_{p_a} para aplicar la iteración 2.

Iteración 2. Abastecimiento de la planta r_2

1. Cuando las necesidades de la planta destino r_1 quedan cubiertas, del shape de los centroides de las plantas destino se excluye el centroide de la parcela seleccionada en la iteración 1; y en el shape de los centroides de las posibles parcelas origen también se excluyen aquellos correspondientes a las seleccionadas en la iteración 1 $\{p_1, p_2, \ldots, p_a\}$.

2. Con los nuevos archivos shape de los centroides, tanto origen como destino, se calcula la matriz de distancia.

3. Se selecciona la pareja de centroides origen-destino $p_{b1}r_2$ que posee la condición:

$$min(C_{p_{b1}} \cdot S_{p_{b1}} + Cv_{p_{b1}r2} \cdot \frac{p_{b1} \cdot S_{p_{b1}}}{Q} \cdot d_{p_{b1}r2} + C_{t2} \cdot p_{b1} \cdot S_{r2})$$

4. Tras la vinculación se sigue el criterio del escenario 1 para vincular todas las parcelas origen que cubran las necesidades de la planta transformadora de destino r_2 seleccionada, $\{p_{b1}, p_{b2}, \ldots, p_{ba}\}$.

Se realizarán tantas iteraciones como número de parcelas destino existan, siempre y cuando hayan parcelas origen disponibles.

ESCENARIO 3. ABASTECIMIENTO DIFERIDO DE VARIAS PLANTAS TRANSFORMADORAS

En este caso la solución para la gestión de la biomasa producida en varias parcelas pasa por encontrar la localización óptima de centros de acopio, definiendo también sus dimensiones.

Como se expuso en el análisis basado en distancias, los puntos de acopio consisten en parcelas donde se almacenan biomasa Teniendo en cuenta que la capacidad media de almacenamiento es $\bar{A}$, si el objetivo es cubrir todas las necesidades de las parcelas receptoras, el número de puntos de acopio vendría dado por la Ecuación 7.18. Si el objetivo es almacenar toda la biomasa producida en las parcelas productoras, de tal manera que una parte de la biomasa se utilizaría para biocombustibles y otra para otros usos, el número de puntos de acopio vendría dado por la Ecuación 7.19.

Dado que cada punto de acopio se abastece de un conjunto de parcelas productoras, es necesario agruparlas. Cada agrupación de parcelas productoras irá vinculada a un punto de acopio. Para la agrupación se ha utilizado el algoritmo denominado Algoritmo de agrupación borvelog2 (Velázquez-Martí y Torregrosa-Mira, 2020).

Algoritmo de agrupación borvelog2

Este algoritmo se aplica de forma iterativa. El procedimiento a seguir se divide en dos pasos: En el primer paso se prescinde de la localización de las plantas receptoras, y nos centramos, en los posibles puntos de acopio y en las posibles fuentes de biomasa. Como segundo paso este algoritmo se volverá a aplicar para vincular las parcelas receptoras con los puntos de acopio. Partimos de tres clases de parcelas: posibles parcelas origen, posibles parcelas de acopio y plantas de destino. Las variables se definen en la Tabla 7.31.

Debido a que no todos los puntos pueden ser puntos de acopio es necesario predefinir un conjunto de posibles puntos de acopio $A = \{a_1, a_2, \ldots, a_h\}$.

- Paso 1. Vinculación de parcelas productoras con las posibles parcelas de acopio.

Iteración 1. Abastecimiento de la parcela a_1

1. Inicialmente se seleccionan del catastro parcelario las parcelas que actuarán como destino y se guardan en un archivo shape.
2. Del mismo modo se seleccionan las parcelas que actuarán como origen fuente de biomasa. También éstas se guardarán en otro archivo shape.
3. De ambos archivos se obtienen los centroides de las parcelas, guardados en archivos shape independientes
4. Se calcula la matriz de distancias entre los centroides de las parcelas origen y las parcelas destino.
5. Se selecciona la pareja con menor coste, de manera que se establece la primera vinculación. Estas parcelas constituyen la parcela productora p_1 y la parcela receptora a_1.

$$min(C_{p1} \cdot S_{p1} + Cv_{p1a1} \cdot \frac{p_1 \cdot S_{p1}}{Q} \cdot d_{p1a1})$$

Si se cumple $p_1 \cdot S_{p1} < A_1$ para cubrir la capacidad de almacenamiento de a_1 es necesario abastecerse de más parcelas, por lo que habrá que seleccionar otra de las posibles (x_{p2}, y_{p2}), pasando a la iteración 2. Para ello se sigue el criterio del escenario 1 para vincular más de una parcela origen al punto de acopio destino seleccionado, hasta que su capacidad de almacenamiento A_1 quede abastecida.

Tras la selección de la última parcela productora vinculada al punto de acopio a_1, puede que parte de su producción quede libre por haber excedido las capacidades del primer punto de acopio. Es decir, queda un sobrante. Por tanto, hay que redefinir una nueva parcela con las mismas coordenadas que la última seleccionada pero con un producción equivalente al exceso. Si la última parcela seleccionada es p_a el exceso de producción de biomasa viene por la siguiente ecuación:

$$P_{Pa} = \sum_{i=1}^{a} p_i \cdot S_{pi} - A_1$$

La nueva parcela poseerá unas coordenadas (x_{pa}, y_{pa}), pero en lugar de asociarle un rendimiento p_a, debe asociársele un rendimiento P_{pa} para aplicar la iteración 2.

Tabla 7.31. Variables de partida para vinculación de parcelas productoras, receptoras y puntos de acopio.

Rendimiento de las parcelas productoras de biomasa (t/ha)	p_i
Requerimiento de biomasa de las plantas transformadoras (t)	R_j
Capacidad de almacenamiento punto de acopio (t)	A_h
Coordenadas planta receptora (destino) r_j	(x_{rj}, y_{rj})
Coordenadas parcela productora (posible origen) p_i	(x_{pi}, y_{pi})
Coordenadas posible parcela acopio ah	(x_{ah}, y_{ah})
Superficie posible parcela origen p_i	S_{pi}
Coste de cosecha de la biomasa en la parcela productora p_i (€/ha)	C_{pi}
Coste de transformación de la biomasa de la parcela receptora p_i (€/t)	C_{ti}
Coste de transporte entre las parcelas p_i y a_h (€/km)	$Cv_{p_ia_h}$
Coste de transporte entre las parcelas a_h y r_j (€/km)	$Cv_{a_hr_j}$
Capacidad del camión de transporte	Q

Iteración 2. Abastecimiento de la parcela a_2

1. Cuando la capacidad de almacenamiento de la parcela a_1 queda cubierta, del shape de los centroides de las posibles parcelas de acopio se excluye el centroide de la parcela seleccionada en la iteración 1; y en el shape de los centroides de las posibles parcelas origen también se excluyen aquellos correspondientes a las seleccionadas en la iteración 1 $\{p_1, p_2, \ldots, p_a\}$.

2. Con los nuevos archivos shape de los centroides, tanto origen como destino, se calcula la matriz de distancia.

3. Se selecciona la pareja de centroides origen-acopio $p_{b1}a_2$ que posee la condición:

$$\min(C_{p_{b1}} \cdot S_{p_{b1}} + C v_{p_{b1}a2} \cdot \frac{p_{b1} \cdot S_{p_{b1}}}{Q} \cdot d_{p_{b1}a2})$$

4. Tras la vinculación se sigue el criterio del escenario 1 para vincular todas las parcelas origen al punto de acopio destino a_2 seleccionado, hasta que su capacidad de almacenamiento con biomasa A_2 quedan abastecidos $\{p_{b1}, p_{b2}, \ldots, p_{ba}\}$.

Se realizarán tantas iteraciones como número de parcelas destino existan, siempre y cuando hayan parcelas origen disponibles. El coste de acopio de biomasa en un determinado punto de acopio a_h desde a parcelas productoras viene dado por la ecuación:

$$\sum_{i=1}^{a} C_{pi} \cdot S_{pi} + \sum_{1}^{a} C v_{p_i a_h} \cdot \frac{p_i \cdot S_{pi}}{Q} \cdot d_{p_i a_h}$$

- Paso 2. Para asociar los puntos de acopio a_h con las plantas destino r_j, receptoras de biomasa para la producción de biocombustibles, se vuelve a aplicar el mismo algoritmo del paso 1 entre estos dos grupos.

  El coste de abastecimiento de biomasa a una determinada planta r_j desde a parcelas de acopio viene dado por la ecuación.

$$\sum_{1}^{a} A_i \cdot C_{t_i} + \sum_{1}^{a} C v_{a_i r1} \cdot \frac{A_i}{Q} \cdot d_{a_i rj}$$

Conclusiones

Se han desarrollado tres modelos para vincular plantas que necesitan el abastecimiento de biomasa para producir biocombustibles con las parcelas productoras de materia prima que actúan como proveedoras. Cada modelo resuelve el problema en un escenario.

El primero considera el suministro directo de biomasa a una sola planta desde varias parcelas proveedoras. No se considera almacenamiento intermedio. En este caso se aplica un algoritmo iterativo para seleccionar de todas las parcelas posibles, aquellas que permiten un coste logístico mínimo.

El segundo escenario implica un abastecimiento directo a varias plantas receptoras abastecidas de varios proveedores también sin almacenamiento intermedio. El algoritmo aplicado permite el agrupamiento de las parcelas proveedoras en conjuntos. Cada uno de ellos abastece una planta transformadora con un coste logístico mínimo global.

El tercer escenario desarrolla un modelo que agrupa las parcelas de los proveedores con diferentes puntos de acopio y almacenamiento; ofrece un sistema que selecciona la ubicación de los puntos de almacenamiento y asocia cada punto de almacenamiento con un grupo de parcelas receptoras.

Se ha demostrado que los algoritmos expuestos pueden resolver el problema de asignar parcelas de proveedores de biomasa a plantas productoras de biocombustibles, considerando tanto la distancia como los costos. Los métodos desarrollados se pueden aplicar a través de programas de sistemas de información geográfica cuando los criterios de selección se basan únicamente en distancias. Sin embargo, la aplicación de criterios económicos requiere estudios previos de costos de cosecha, transporte y deposición.

Se puede plantear el problema de la asignación del destino de la biomasa desde parcelas productoras dentro de cualquiera de los tres escenarios que fueron analizados. Si los datos de entrada están disponibles, los algoritmos pueden automatizarse mediante aplicaciones específicas.

Estos algoritmos podrían aplicarse a cualquier materia prima distribuida superficialmente, especialmente las provenientes de los cultivos agrícolas, tales como cereales, legumbres, fruta; o del medio forestal.

CAPÍTULO VII. RECUERDA

- Los modelos presentados en este capítulo nos ayudan a predecir y planificar diversos sistemas logísticos. Está claro que la casuística posible es mucho más amplia con muchas restricciones que en los ejemplos desarrollados no están contemplados. No obstante toda modelización parte de una parametrización del problema y la consideración de ciertas simplificaciones.

- Un ejemplo es considerar el problema del viajero en un sistema de recogida donde un viajero debe recoger la biomasa en cada uno de los nodos teniendo una capacidad de carga limitada. En este caso diversos basados en algoritmos genéticos pueden ser aplicados (Gracia *et al.*, 2014).

REFERENCIAS

Gracia, C., Velázquez-Martí, B., Estornell, J. 2014. An application of the vehicle routing problem to biomass transportation. *Biosystems Engineering, 124*, 40-52. https://doi.org/10.1016/j.biosystemseng.2014.06.009

Velázquez-Martí, B., Annevelink, E. 2009. GIS application to define biomass collection points as sources for linear programming of delivery networks. *Transactions of ASABE, 52*(4), 1069-1078. https://doi.org/10.13031/2013.27776

Velázquez-Martí, B., Fernández-González, E. 2010. Mathematical algorithms to locate factories to transform biomass in bioenergy focused on logistic network construction. *Renewable Energy, 35*(9), 2136-2142. https://doi.org/10.1016/j.renene.2010.02.011

Velázquez-Martí, B., Fernández-González, E., López-Cortés, I., Callejón-Ferre, A.J. 2013. Prediction and evaluation of biomass obtained from citrus trees pruning Jounal Food, Agric. *Environment, 11* (3-4).

Velázquez-Martí, B., Torregrosa-Mira, A. 2020. Logistic models for distribution of straw in crops of fruit tree plots where mulch is applied. *Computer and Electronics. Agriculture* (175), p. 105604. https://doi.org/10.1016/j.compag.2020.105604.

Capítulo VIII
Secado de la biomasa

8.1. Introducción

Cuando se utiliza la biomasa como combustible, parámetros importantes son el poder calorífico, es decir, la cantidad de energía que se libera por unidad de masa (kJ/kg en el Sistema Internacional), la inflamabilidad y la densidad. Tanto la propia masa, como el poder calorífico y la inflamabilidad se ven afectados por la humedad. Por ello su disminución es un proceso clave en su tratamiento para producir biocombustibles sólidos. La biomasa constituye un material poroso que retiene agua tanto intracelular como extracelular. La humedad se define como la cantidad de agua que contiene la biomasa por unidad de masa, expresada en porcentaje. Se puede expresar en base húmeda (ω) o en base seca (ω_s). Siendo m_{agua} la masa de agua en los poros del sólido e interior de las células, m la masa húmeda y m_s la biomasa seca, la humedad en base húmeda y en base seca se calculan del siguiente modo:

- Humedad en base húmeda $\omega = \dfrac{m_{agua}}{m} 100$

- Humedad en base seca $\omega_s = \dfrac{m_{agua}}{m_s} 100$

Se define como humedad libre en la biomasa como a la diferencia entre la humedad en base seca y la humedad den base seca en equilibro en unas determinadas condiciones ambientales.

La presencia de agua en el material hace que en el momento de la combustión se consuma energía en el proceso de evaporación y, por tanto, aumente la energía de activación para la ignición y se libere menos calor neto en el proceso. El secado constituye una operación básica cuya finalidad es la eliminación del agua para mejorar las propiedades caloríficas en los biocombustibles sólidos.

8.2. Clasificación de los secadores

Primeramente, hemos de diferenciar la desecación natural y la desecación forzada. La desecación natural consiste en dejar la biomasa al ambiente. Por tanto, se seca por difusión, convección y radiación, que al ambiente son variables durante el proceso de secado y que dependerán de la hora del día y de las condiciones climáticas de la zona donde éste se produce. La desecación forzada consiste en someter a la biomasa a una energía adicional que aportará el calor latente necesario para la evaporación, de tal manera que los tiempos de desecación se acortan de forma significativa. La energía aportada a la biomasa suele ser convectiva, mediante el aporte de aire caliente, o mediante radiación, generalmente radiación de luz visible, microondas o infrarroja. También hay secadores que realizan la eliminación del agua mediante vacío.

De acuerdo a su régimen de alimentación, los secadores pueden clasificarse como continuos o discontinuos. En los secadores continuos un flujo de masa discurre por el secador y en el trayecto recorrido el material pierde su humedad. El flujo másico puede ser inducido por gravedad, corrientes de aire, por cintas de transporte o tornillo sinfín.

El secador discontinuo es el que funciona por lotes. La biomasa se deposita en un recinto de secado durante un tiempo definido; tras ese tiempo la biomasa se retira con una humedad inferior a la de entrada.

El proceso en continuo se suele aplicar a tamaños de partícula pequeños con gran superficie específica, donde el secado puede conseguirse con alta velocidad. Sin embargo, en materiales de tamaños de partículas grandes (con baja superficie específica), incluso en tableros o bloques de material, el secado suele realizarse de forma discontinua, por lotes, debido al elevado tiempo empleado.

8.3. Dimensionado de los secadores por aire caliente

En el dimensionado de los secadores por aire caliente por lotes, los parámetros de diseño a definir serán los siguientes:
- Carga de biomasa en el secador por lote.
- Volumen del secador.
- Flujo de aire introducido en el secador y sus condiciones de entrada (kg/s, temperatura, humedad relativa).
- Energía consumida en el calentamiento del aire.
- Masa de agua desecada por unidad de tiempo.
- Tiempo de secado de cada lote.

Carga de biomasa en el secador y su volumen

La cantidad de biomasa a desecar en cada lote queda determinada por las necesidades industriales de la misma. El ingeniero diseñador del secador debe cuantificar cuales son los requerimientos de biomasa seca por unidad de tiempo $\dot{m}_R$ (kg/h). La masa desecada en cada lote quedará definida por m_s (kg materia seca/lote), siendo t_s el tiempo de secado de cada lote (h), y ψ es un factor mayorante que permite compensar las pérdidas de material en su manipulación.

$$m_s = \psi \cdot \dot{m}_R \cdot t_s \tag{8.1}$$

Los sistemas de gestión de la biomasa seca pueden ser diversos. Un sistema común es tener un lote de biomasa seca almacenada, mientras otro lote anterior está en la fase de procesamiento industrial, y otro posterior está en fase de secado. De esta manera se amortiguan las contingencias inesperadas. Otro sistema consiste en tener en el secador distintos lotes cuyos procesos de secado están desfasados un determinado tiempo, de tal manera que a medida que un lote termina el proceso es sustituido por otro, haciendo que los periodos de extracción de material del secador sean más cortos.

El tiempo de desfase de cada lote será t_d, siendo N_L el número de lotes deseado. La masa de cada lote será m_L.

$$t_d = \frac{t_s}{N_L} \qquad\qquad m_L = \frac{m_s}{N_L}$$

Para el secado por corriente de aire caliente es deseable que este aire discurra de forma homogénea por toda la superficie de la biomasa. Esto resulta a veces difícil puesto que, si se trata de partículas astilladas, éstas se disponen habitualmente en montones o silos donde los huecos entre ellas son limitados. Si la biomasa se encuentra en tableros, se pueden realizar distintas configuraciones de apilado para dejar los huecos necesarios para la circulación. De cualquier manera, el volumen del secador estará influido por la masa a desecar y por la densidad aparente del material seco (ρ_s) de acuerdo con la Ecuación 8.2, donde k_s es un coeficiente mayorante que dependerá de la configuración de apilado y de las piezas. La densidad aparente se define como la masa del material dividido por el volumen de las piezas junto los huecos que existen entre ellas estando apiladas o amontonadas.

$$V_s = k_s \frac{m_s}{\rho_s} \tag{8.2}$$

En astillas dispuestas en silos éstas ocupan todo el volumen del secador. Si la masa a desecar en cada lote es dividida por la densidad aparente de las astillas, el coeficiente k_s es prácticamente 1. El aire caliente se insufla en el silo generalmente por la base inferior, dándole cierta presión. El aire atraviesa la pila de astillas absorbiendo humedad, saliendo el vapor por la parte superior. En el caso de que las astillas estén dispuestas en pilas o montones k_s puede tomar valores de entre 3 y 5. Si la biomasa está dispuesta en tableros k_s toma valores entre 6 y 8.

En estas sencillas ecuaciones se observa que el tiempo de secado de cada lote, t_s, influye de forma determinante en la masa a introducir en el secador y su volumen. Es por ello que es necesario estudiar la cinética del proceso de secado. El tiempo de secado dependerá la masa de agua eliminada del sólido por unidad de tiempo, $\dot{m}_w$, de acuerdo a la Ecuación 8.3, donde ω_{s1} y ω_{s2} son la humedad en base seca inicial y final del solido en el proceso de secado respectivamente; m_s es la biomasa seca procesada en cada lote; m es la biomasa húmeda a desecar en ese lote.

$$t_s = \frac{m_s \cdot (\omega_{s1} - \omega_{s2})}{\dot{m}_w} = \frac{m \cdot (\omega_1 - \omega_2)}{\dot{m}_w} \tag{8.3}$$

En la Figura 8.1 se muestran dos esquemas de configuración de la instalación de un secador de astillas. Podemos distinguir varios elementos.

El punto 1 representa un silo donde se almacena el material a desecar. Constituye el volumen de control donde se evalúa el balance de masas y energía.

El punto 2 representa el punto de carga, por donde entra la astilla al silo.

El punto 3 representa el punto por donde se descarga el silo una vez ha finalizado el proceso de secado.

El elemento 4 es un ventilador radial cuya salida de aire se produce tangencialmente a la carcasa.

El elemento 5 es una resistencia o intercambiador de calor cuya función es calentar el aire antes de entrar en el volumen de control. De esta manera se reduce también su humedad relativa.

El elemento 6 es un anemómetro que permite registrar la velocidad a la que circula el aire por la conducción. La velocidad multiplicada por la sección de la tubería proporciona el caudal volumétrico de aire que entra en el volumen de control. El producto del caudal volumétrico por la densidad del aire a esa presión y temperatura proporciona el flujo másico de aire introducido.

El elemento 7 está constituido por dos sensores: un termómetro y un higrómetro, para medir temperatura y humedad relativa respectivamente. Existen dos dispositivos representados, uno en la entrada de aire en el volumen de control y otro cerca de la salida del aire del volumen de control.

Los dispositivos 8 representan ventiladores de salida de aire.

El 9 es un dispositivo de control de la instalación, donde se regulan todos los parámetros.

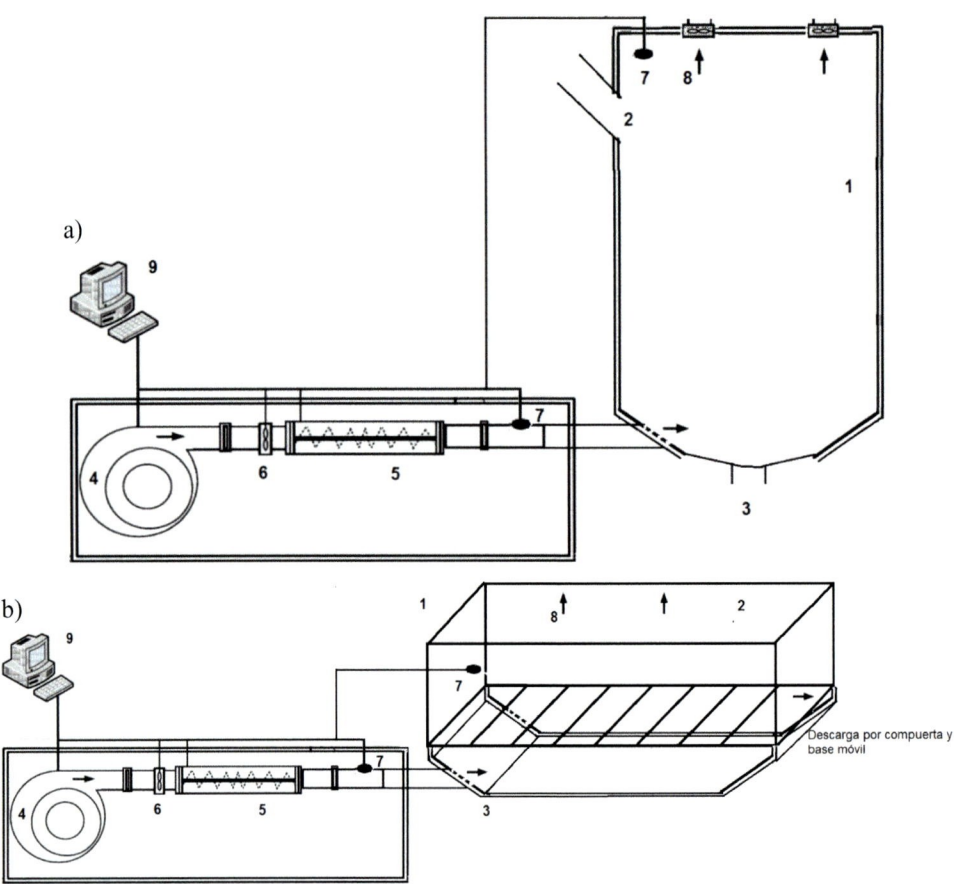

Figura 8.1. Configuración de secadores de astillas.

8.4. Cinética de los procesos de secado. Modelos de transferencia de masa

El proceso de secado de biomasa (ya sea para biocombustibles, para alimentos, o con destino industrial) constituye un caso particular de los procesos de transferencia de masa. Los procesos de transferencia de masa en partículas pueden desarrollarse en dos formas, por difusión de masa y por convección de masa.

Se conoce como difusión de masa al proceso de redistribución de partículas desde una región de alta concentración hacia otra de baja concentración hasta llegar a una homogeneización de concentraciones, condición que definiríamos como equilibrio.

Denominamos trasferencia de masa por convección al desplazamiento de partículas desde una superficie a un fluido que circula en contacto con la misma debido tanto a la difusión como al movimiento del fluido sobre esa superficie. El movimiento de las partículas en la interfase de la superficie viene acelerado por el arrastre por fuerzas impulsivas.

Desde el punto de vista cinético es evidente que el fenómeno de convección deseca con más velocidad que si sólo nos ceñimos a la difusión cuando el fluido está en reposo.

Procesos de difusión de masa

El proceso de difusión consiste en el movimiento de partículas, en este caso de agua, por diferencias de concentración en un determinado recinto. De tal manera que como la concentración de agua en el aire en contacto con la superficie de la biomasa a desecar es mayor que la del aire que la rodea, las partículas pasan del sólido al gas por difusión. Este proceso sigue la Ley de Fick (4) donde C_w es la concentración en masa del agua, es decir, kg de agua/m^3 de aire; A es el área de la superficie, generalmente expresada en m^2; D_w es la difusividad (m^2/s) del agua en la interfase sólido-aire que dependerá de la naturaleza del sólido, su humedad, de la temperatura y de la presión; x es la distancia en la dirección en la que se produce la variación de concentración de agua (gradiente de concentración). La Ley de Fick permite calcular la masa de agua que se desprende del sólido por difusión en la dirección del gradiente decreciente de concentración de agua, $\dot{m}_w$ (kg de agua desecada/s).

$$\dot{m}_w = D_w \cdot A \frac{dC_w}{dx} \tag{8.4}$$

La humedad absoluta del aire en un proceso de secado (ω_{aire}) se expresa como la relación entre masa de agua y la masa del aire seco (5). Para poder expresar la Ley de Fick en términos de humedad absoluta del aire (6), se multiplica y divide por la densidad del aire (ρ_{aire}).

$$\omega_{aire} = \frac{m_{agua}}{m_{aire}} \tag{8.5}$$

$$\dot{m}_w = D_A \cdot A \frac{dC_w}{dx} \frac{\rho_{aire}}{\rho_{aire}}$$

$$\dot{m}_w = D_A \cdot A \frac{\dfrac{\left(m_{agua2} - m_{agua1}\right)}{V}}{L} \frac{\rho_{aire}}{\dfrac{m_{aire}}{V}}$$

$$\dot{m}_w = D_A \cdot \rho_{aire} \cdot A \frac{\left(\omega_{a2} - \omega_{a1}\right)}{L} \tag{8.6}$$

La densidad del aire dependerá de la presión y de la temperatura, y se calcula a partir de la Ley Universal de los Gases Ideales. Siendo el peso molecular del aire $M_{aire} = 28{,}93$ g/mol, se tiene:

$$P \cdot V = n_{aire} \cdot R \cdot T$$

$$\frac{P}{R \cdot T} = \frac{n_{aire}}{V}$$

$$\frac{P}{R \cdot T} = \frac{\dfrac{m_{aire}}{M_{aire}}}{V}$$

$$\rho_{aire} = \frac{m_{aire}}{V} = \frac{P \cdot M_{aire}}{R \cdot T}$$

Su humedad absoluta de aire (ω_{aire}) se calcula de acuerdo con la Ecuación 8.7.

$$\omega_{aire} = \frac{m_{vapor}}{m_{aire}}$$

$$\omega_{aire} = \frac{P_{vapor} \cdot V \cdot \frac{M_{vapor}}{R} \cdot T}{P_{aire} \cdot V \cdot \frac{M_{aire}}{R} \cdot T} = \frac{M_{vapor}}{M_{aire}} \frac{P_{vapor}}{P_{aire}} \tag{8.7}$$

Dado que el peso molecular del agua es $M_{vapor} = 18$ g/mol, el del aire es $M_{aire} = 28,93$ g/mol y la presión parcial del aire más la del vapor será la presión total de la mezcla, $P = P_{vapor} + P_{aire}$, la Ecuación 8.7 se puede particularizar como la Ecuación 8.8. El aire en la superficie del sólido en el proceso de desecación por difusión se considera saturado, es decir, al 100% de humedad relativa. La Ecuación 8.9 corresponde al cálculo de la humedad absoluta en condiciones de saturación (ω_{a-sat}), donde $P_{vapor-sat}$ es la presión de vapor en condiciones de aire saturado (100% de humedad relativa). La cantidad de agua eliminada por la superficie mediante difusión podrá calcularse aplicando la Ecuación 8.10.

$$\omega_{aire} = 0,622 \frac{P_{vapor}}{P - P_{vapor}} \tag{8.8}$$

$$\omega_{a-sat} = 0,622 \frac{P_{vapor-sat}}{P - P_{vapor-sat}} \tag{8.9}$$

$$\dot{m}_w = D_A \cdot \rho_{aire} \cdot A \frac{\left(\omega_{a-sat} - \omega_{aire}\right)}{L} \tag{8.10}$$

Recordemos que la presión de saturación en una masa de vapor a una temperatura dada es la presión a partir de la cual la masa empieza a condensar. Ésta generalmente se recoge en tablas, o se puede calcular con la Ecuación 8.11, expresada en pascales, y la temperatura en grados centígrados.

$$P_{vapor-sat} = 10^{\left(\frac{10,2858 \cdot T + 661}{T + 237,3}\right)} \tag{8.11}$$

La presión de vapor en una mezcla de aire-vapor se obtiene a partir de la humedad relativa. Recordemos que la humedad relativa (Φ) es la relación entre la fracción molar del vapor de agua en el aire en un determinado instante (X_{vapor}) y la fracción molar del vapor de agua en condiciones de saturación ($X_{vapor-sat}$), expresada en porcentaje. Entonces:

$$X_{vapor} = \frac{n_{agua}}{n_{vapor} + n_{agua}}$$

$$P_{vapor} = X_{vapor} \cdot P$$

$$P_{vapor-sat} = X_{vapor-sat} \cdot P$$

$$\Phi = \frac{X_{vapor}}{X_{vapor-sat}} \cdot 100 = \frac{P_{vapor}}{P_{vapor-sat}} \cdot 100$$

Entonces, si la temperatura y humedad relativa del aire circundante del sólido a desecar se miden con los sensores adecuados, se puede calcular la humedad absoluta del ambiente y la humedad absoluta en la saturación, que es la que se considera que existe en la interfase del sólido y el aire. Esta humedad es la máxima que podría tener el aire en unas condiciones dadas de presión y temperatura, es decir, es la que se tendría cuando la humedad relativa fuese del 100% (Ecuación 8.9). De esta forma se calcula la masa de agua desecada por difusión con el tiempo, aplicando la ecuación de Fick.

En definitiva, para unas condiciones ambientales definidas por la temperatura y la humedad relativa se calcula la humedad absoluta del aire, la humedad del aire sobre la superficie de desecación se considera de saturación. Estando definida la difusividad se puede calcular el agua evaporada por unidad de tiempo (Ecuación 8.10).

En muchas ocasiones interesa conocer la velocidad de secado específica, es decir, cual es el agua desecada por segundo y por kg de masa ($\dot{m}'_w$). Para su determinación hay que sustituir en la Ecuación 8.6 el área de transferencia A (m^2) por el área de transferencia específica A' (m^2/kg).

$$\dot{m}'_w = D_w \cdot \rho_{aire} \cdot A' \cdot \frac{\left(\omega_{a-sat} - \omega_{aire} \right)}{L}$$

Ejercicio 1

Determinar la cantidad de agua evaporada por difusión en un tablero de madera de 10 m^2 entre sus dos caras y 3 cm de espesor, en un ambiente de 20 °C y 60% de humedad relativa, sabiendo que la difusividad tiene un valor de 2,43 $\cdot$ 10^{-5} m^2/s. La densidad del tablero es 250 kg/m^3, siendo su humedad inicial 30%.

Resolución

Para determinar el agua evaporada por unidad de tiempo se aplica la ecuación de Fick.

$$\dot{m}_w = D_w \cdot \rho_{aire} \cdot A \frac{\left(\omega_{a-sat} - \omega_{aire} \right)}{L}$$

Para 20 °C la presión de saturación es:

$$P_{vapor-sat} = 10^{\left(\frac{10,2858 \cdot T + 661}{T + 237,3} \right)} = 2336,15 \text{ Pa}.$$

Considerando que el proceso se produce a presión atmosférica P=101328 Pa, la humedad absoluta del aire saturado es:

$$\omega_{a-sat} = 0,622 \frac{P_{vapor-sat}}{P - P_{vapor-sat}} = 0,622 \frac{2336,15}{101325 - 2336,15} = 0.0147 \frac{\text{kg}_{agua}}{\text{kg}_{aire \, seco}}$$

La presión de vapor en el aire es:

$$P_{vapor} = P_{vapor-sat} \cdot \Phi = 2336,15 \cdot 0,6 = 1401,67 \text{ Pa}$$

La humedad absoluta en el aire ambiental es:

$$\omega_a = 0,622 \frac{P_{vapor}}{P - P_{vapor}} = 0,622 \frac{1401,67}{101325 - 1401,67} = 0,0087 \frac{\text{kg}_{agua}}{\text{kg}_{aire \, seco}}$$

La densidad del aire resulta:

$$\rho_{aire} = \frac{P \cdot M_{aire}}{R \cdot T} = \frac{\left(1 - \frac{1401{,}67}{101325}\right) \cdot 28{,}93}{0{,}082 \cdot 293} = 1{,}19 \frac{\text{kg}}{\text{m}^3}$$

Suponiendo que el gradiente de humedad se hace despreciable en un cm desde la superficie de desecación el agua evaporada vendrá dada por:

$$\dot{m}_w = D_{Aw} \cdot \rho_{aire} \cdot A \frac{(\omega_{sat} - \omega_{aire})}{L} = 2{,}43 \cdot 10^{-5} \cdot 1{,}19 \cdot 10 \frac{(0{,}0147 - 0{,}0087)}{0{,}01} = 0{,}00019 \frac{\text{kg}}{\text{s}}$$

Si la humedad inicial del tablero es del 30%, la masa de agua a desecar es:

$$m_{agua} = A \cdot e \cdot \rho_{tablero} \cdot \omega_{madera} = 5 \cdot 0.03 \cdot 250 \cdot 0.3 = 11{,}3 \text{ kg}$$

Por tanto, desde el punto de vista teórico el tiempo de desecación será:

$$t_s = \frac{m_{agua}}{\dot{m}_w} = \frac{11{,}3 \text{ kg}}{0{,}00019} = 59210{,}5 \; s \; = 16{,}44 \; h$$

Hay que advertir que la difusividad en la interfase sólido-aire no es constante, sino que depende de la humedad de la masa. Por tanto, su determinación es necesaria en la caracterización de la biomasa.

Cálculo de la difusividad de masa

Del ejemplo 1 se desprende que el valor de la difusividad juega un papel clave en la velocidad de desecación por difusión, es decir, cuando el aire que rodea el material desecado está en reposo.

La difusividad de masa debe determinarse de forma empírica y dependerá del material y de la humedad. Para ello puede utilizarse el experimento de Stefan. En este experimento se coloca una superficie de biomasa en el interior de un tubo del cual se mide periódicamente su peso. La superficie tiene área de transferencia conocida. El tubo tiene una longitud L. Por la parte superior del tubo se hace pasar una corriente de aire de humedad absoluta conocida. Dado que la concentración de vapor en la superficie de la biomasa es mayor que la que existe en la parte superior del tubo, existirá una difusión de partículas de agua en sentido del gradiente de concentración de agua decreciente, es decir, desde la superficie de la biomasa en la parte inferior hasta el aire en la parte superior. Si suponemos que los procesos de convección son despreciables, el flujo de partículas agua desecada vendrá dado por:

$$D_w = \frac{\dot{m}_w \cdot L}{\rho_{aire} \cdot A \cdot (\omega_{a-sat} - \omega_{aire})}$$

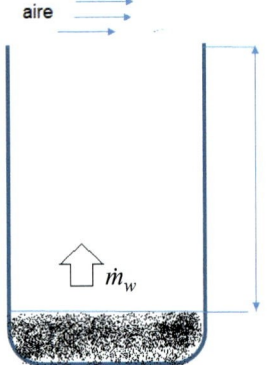

La masa de agua desecada por unidad de tiempo vendrá dada por la diferencia de peso en dos instantes, dividido por el tiempo transcurrido entre los dos instantes de medición.

Los resultados permiten correlacionar la difusividad para el agua en el aire en función de la temperatura y presión.

$$D_w = 1{,}87 \cdot 10^{-10} \frac{T^{2{,}072}}{P}$$

Figura 8.2. Experimento de Stefan.

Presión en atmósferas, temperatura en K y D_w en m²/s.

Ejercicio 2

Determinación de la difusividad con el experimento de Stefan

Se usa un tubo de Stefan de 0,5 m de diámetro y 1,5 m de altura para medir el coeficiente de difusión de vapor de agua a aire a 20 °C y una presión de 1 atm. El tubo está parcialmente lleno de astillas cuyas dimensiones medias son de 8 cm de longitud y cm y 2 cm de lado en la base. La densidad aparente de las astillas es de 150 kg/m³. La distancia de la superficie de las astillas hasta el extremo abierto del tubo es de 90 cm. Se sopla aire seco sobre el extremo abierto del tubo, de modo que el vapor de agua que se desplaza desde la parte inferior se elimina de inmediato. Por tanto, la concentración de vapor en el extremo superior puede considerarse 0. A las 2 h se mide la diferencia de peso del material depositado en el fondo, registrando que la pérdida de agua ha sido de 50 g. Determinemos el valor de la difusividad.

Resolución

La difusividad puede calcularse con:

$$D_w = \frac{\dot{m}_w \cdot L}{\rho_{aire} \cdot A \cdot \left(\omega_{a-sat} - \omega_{aire}\right)}$$

De acuerdo al registro de peso, al agua desecada por unidad de tiempo será:

$$\dot{m}_w = \frac{5 \cdot 10^{-2} \text{ kg}}{2 \cdot 3600 \text{ } s} = 6,94 \cdot 10^{-6} \text{ kg/s}$$

Para la determinación de la humedad en el aire de la superficie de las astillas, ω_{a-sat}, ha de calcularse la presión de vapor de saturación. La presión de vapor en la interfase es la de presión de vapor saturado a saturado a 20 °C que se consulta en tablas, o se aplica la siguiente ecuación:

$$P_{vapor-sat} = 10^{\left(\frac{10,2858 \cdot T + 661}{T + 237,3}\right)} = 2336,15 \text{ Pa}.$$

Considerando que el proceso se produce a presión atmosférica P=101328 Pa, la humedad absoluta del aire saturado es:

$$\omega_{a-sat} = 0,622 \frac{P_{vapor-sat}}{P - P_{vapor-sat}} = 0,622 \frac{2336,15}{101325 - 2336,15} = 0.0147 \frac{\text{kg}_{agua}}{\text{kg}_{aire\ seco}}$$

La densidad del aire resulta:

$$\rho_{aire} = \frac{P \cdot M_{aire}}{R \cdot T} = \frac{\left(1 - \frac{1401,67}{101325}\right) \cdot 28,93}{0,082 \cdot 293} = 1,19 \frac{\text{kg}}{\text{m}^3}$$

Para el cálculo del volumen de las astillas se va a considerar que éstas cumplen un modelo cilíndrico. Para considerar el espacio hueco entre astillas vamos a estimar que cada astilla ocupa 3/2 de su volumen.

$$V_{astilla} = \pi \frac{d_{astilla}^2}{4} L = \pi \frac{0,02^2}{4} \cdot 0,08 = 2,51 \cdot 10^{-5} \frac{\text{m}^3}{\text{astilla}}$$

$$V_{astilla+huecos} = 1,5 \cdot V_{astilla} = 3,77 \cdot 10^{-5} \frac{\text{m}^3}{\text{astilla}}$$

El volumen ocupado en el tanque por las astillas será:

$$V_{ocupado} = \pi \frac{D^2}{4} L = \pi \frac{0,5^2}{4} 0,6 = 0,118 \text{ m}^3$$

Por tanto, el área de transferencia viene dada por:

$$N_{astillas} = \frac{V_{ocupado}}{V_{astilla+huecos}} = \frac{0,118}{3,77 \cdot 10^{-5}} = 3125 \text{ astillas}$$

$$A_{astillas} = N_{astillas} \cdot \left(\pi \frac{d_{astilla}^2}{2} + \pi \cdot d_{astilla} \cdot L \right) = 3125 \cdot \left(\pi \frac{0,02^2}{2} + \pi \cdot 0,02 \cdot 0,08 \right) = 17,67 \text{ m}^2$$

El área de transferencia específica viene dada por:

$$A'_{astillas} = \frac{A_{astillas}}{V_{ocupado} \cdot \rho_a} = \frac{17,67}{0,118 \cdot 150} = 1 \text{ m}^2/\text{kg}$$

Por tanto:

$$D_w = \frac{6,94 \cdot 10^{-6} \cdot 0,9}{1,19 \cdot 17,67 \cdot (0.0147 - 0)} = 2 \cdot 10^{-5} \text{ m}^2/\text{s}$$

Si comparamos con el modelo de regresión, vemos que la difusividad obtenida es algo menor debido a que la ecuación del modelo es aplicada a láminas de agua, y nosotros hemos calculado la difusión desde agua contenida en poros de biomasa.

$$D_w = 1,87 \cdot 10^{-10} \frac{T^{2,072}}{P}$$

$$D_w = 1,87 \cdot 10^{-10} \frac{(20 + 273)^{2,072}}{1} = 2,43 \cdot 10^{-5} \text{ m}^2/\text{s}$$

Obsérvese que a media que aumenta la longitud del tubo la cantidad de agua evaporada sería menor, manteniéndose la difusividad constante.

Por otra parte, el resultado experimental fue menor al de la ecuación aproximada. Esto puede ser debido a que la ecuación aproximada fue obtenida para láminas de agua libre, no influenciada por los poros.

Cálculo de la transferencia de masa por convección

Si el fluido que envuelve la biomasa húmeda está en movimiento, se dice que la pérdida de partículas de agua en la superficie se realiza por convección. El proceso de secado es mucho más rápido que el de difusión porque una vez liberada la partícula, ésta es arrastrada, permaneciendo un gradiente de concentración más elevado en la interfase sólido-aire.

Por analogía con los procesos de transferencia de calor por convección se define la Ecuación 8.12. Es decir, el flujo másico de agua transferida al aire durante el proceso de secado es proporcional al área de transferencia A y a la diferencia de concentraciones de agua entre la superficie de la biomasa y el aire $\left(C_{sat} - C_a \right)$ expresada en kg/m³. La constante de proporcionalidad se denomina coeficiente de transferencia de masa por convección, h_m.

$$\dot{m}_w = h_m \cdot A \cdot \left(C_{sat} - C_a \right) \tag{8.12}$$

Para poder expresar la Ecuación 8.12 en términos de diferencia de humedad absoluta, es necesario multiplicar y dividir por la densidad del aire.

$$\dot{m}_w = h_m \cdot A \cdot \left(C_{sat} - C_a \right) \cdot \frac{\rho_{aire}}{\rho_{aire}}$$

$$\dot{m}_w = h_m \cdot A \cdot \left(\frac{m_{sat} - m_a}{V} \right) \cdot \frac{\rho_{aire}}{\frac{m_{aire}}{V}}$$

$$\dot{m}_w = h_m \cdot \rho_{aire} \cdot A \cdot \left(\omega_{sat} - \omega_a \right)$$

Es habitual referir la velocidad de secado por unidad de masa ($\dot{m}'_w$), para ello, en lugar de usar el área de transferencia A, hay que emplear el área de transferencia específica A' (m²/kg)

$$\dot{m}'_w = h_m \cdot \rho_{aire} \cdot A' \cdot \left(\omega_{sat} - \omega_a \right)$$

El coeficiente de transferencia de masa por convección h_m se puede calcular a partir del Número de Sherwood Sh, definido como la relación de masa movilizada por convección y por difusión.

$$Sh = \frac{h_m \cdot \rho_{aire} \cdot A \cdot \left(\omega_{sat} - \omega_a \right)}{D_w \cdot \rho_{aire} \cdot A \cdot \frac{(\omega_{sat} - \omega_a)}{L_c}} = \frac{h_m \cdot L_c}{D_w}$$

$$h_m = \frac{D_w \cdot Sh}{L_c}$$

L_c es la longitud característica. En una superficie plana horizontal L_c es la longitud de la pieza en la misma dirección en la que circula el flujo de aire. En un flujo perpendicular a una superficie cilíndrica o prismática o en un flujo interno L_c se considera 4 veces la superficie dividida el perímetro.

El Número de Sherwood se puede calcular en función del Número de Reynolds (Re) y el Número de Schmidt (Sc). La forma de la función depende de la geometría y del régimen de circulación del fluido (laminar o turbulento), tomando las mismas ecuaciones de correlación que las empleadas para el cálculo del número Nusselt (Nu) en el análisis del coeficiente de transferencia de calor por convección, sustituyendo el Número de Prandtl (Pr) por el número de Schmidt, y el número de Nusselt por el número de Sherwood. En la Tabla 8.1 se muestran las analogías entre la transferencia de calor y la transferencia de masa por convección en los aspectos más relevantes.

$$Sh = f(Re, Sc)$$

En número de Reynolds depende de la densidad del aire (ρ) y su viscosidad dinámica (μ). En número de Schmidt depende de la viscosidad dinámica del aire, densidad del aire y difusividad. Estos parámetros dependen de la temperatura y han de consultarse en tablas disponible en la bibliografía. La temperatura a la que se deben determinar los valores de estos parámetros es la temperatura media entre la entrada y salida del aire del desecador.

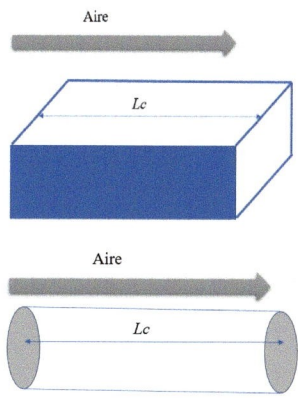

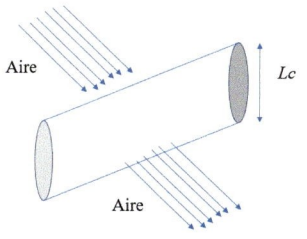

Figura 8.3. Longitud crítica en distintas configuraciones.

257

Tabla 8.1. Analogías entre los procesos de transferencia de calor y masa por convección.

Transferencia de calor por convección	Transferencia de masa por convección
$h_c = \dfrac{k \cdot Nu}{L_c}$	$h_m = \dfrac{D_w \cdot Sh}{L_c}$
$Nu = f(Re, Pr)$	$Sh = f(Re, Sc)$
$Re = \dfrac{v \cdot \rho \cdot L_c}{\mu} \qquad Pr = \dfrac{Cp \cdot \mu}{k}$	$Re = \dfrac{v \cdot \rho \cdot L_c}{\mu} \qquad Sc = \dfrac{\mu}{D_w \cdot \rho}$
Convección en superficie plana flujo laminar $(Re < 5 \cdot 10^5, \ Pr > 0{,}6)$ $Nu = 0{,}664 \cdot Re^{0,5} \cdot Pr^{\frac{1}{3}}$	$(Re < 5 \cdot 10^5, \ Sc > 0{,}5)$ $Sh = 0{,}664 \cdot Re^{0,5} \cdot Sc^{\frac{1}{3}}$
Convección en superficie plana flujo turbulento $(5 \cdot 10^5 < Re < 10^7, \ Pr > 0{,}6)$ $Nu = 0{,}037 \cdot Re^{0,8} \cdot Pr^{\frac{1}{3}}$	$(5 \cdot 10^5 < Re < 10^7, \ Sc > 0{,}5)$ $Sh = 0{,}037 \cdot Re^{0,8} \cdot Sc^{\frac{1}{3}}$
Convección en superficie cilíndrica flujo externo laminar $(50 < Re < 1000, Pr > 0{,}6)$ $Nu = 0{,}925 \cdot Re^{0,5} \cdot Pr^{0,36} \cdot \left(Pr/Pr_s\right)^{0,25}$	$(50 < Re < 1000, Sc > 0{,}5)$ $Sh = 0{,}925 \cdot Re^{0,5} \cdot Sc^{0,36} \cdot \left(\dfrac{Sc}{Sc_s}\right)^{0,25}$
Convección en superficie cilíndrica flujo externo turbulento $(1000 < Re < 2 \cdot 10^5, \ Pr > 0{,}6)$ $Nu = 0{,}35 \cdot Re^{0,6} \cdot Pr^{0,36} \cdot \left(Pr/Pr_s\right)^{0,25}$ $(2 \cdot 10^5 < Re < 2 \cdot 10^6, \ Pr > 0{,}6)$ $Nu = 0{,}031 \cdot Re^{0,8} \cdot Pr^{0,36} \cdot \left(Pr/Pr_s\right)^{0,25}$	$(1000 < Re < 2 \cdot 10^5, \ Sc > 0{,}5)$ $Sh = 0{,}35 \cdot Re^{0,6} \cdot Pr^{0,36} \cdot \left(\dfrac{Sc}{Sc_s}\right)^{0,25}$ $(2 \cdot 10^5 < Re < 2 \cdot 10^6, \ Sc > 0{,}6)$ $Sh = 0{,}031 \cdot Re^{0,8} \cdot Sc^{0,36} \cdot \left(\dfrac{Sc}{Sc_s}\right)^{0,25}$
Pr_s es el número de Prandl en la superficie de transferencia de calor	Sc_s es el número de Schmidt en la superficie de transferencia de masa

A partir de las ecuaciones de transferencia de masa por convección puede estimarse el flujo de agua desecado sin necesidad de experimentación, simplemente conociendo las condiciones del aire en el secador (presión, temperatura y velocidad). No obstante, hay que advertir que el modelo de transferencia de masa posee ciertas limitaciones, por lo que hay que considerar los valores de las variables obtenidos como una aproximación.

Limitaciones de los modelos de transferencia de masa en el secado de biomasa

Las ecuaciones de correlación para la obtención del Número de Sherwood y posterior cálculo del coeficiente de transferencia de masa por convección, así como la ecuación de Fick para determinar la velocidad de secado por difusión, funcionan muy bien en láminas de agua. Pero cuando las partículas de agua están en poros sometidas a fuerzas de capilaridad o de tipo electroestático, el cálculo del flujo de agua desecada puede tomar variaciones al predicho por los modelos de transferencia de masa.

Por otra parte, la humedad de la pieza en el proceso de secado puede que no se mantenga uniforme en toda la masa. Dependerá de las dimensiones de las piezas a desecar y la difusividad interna. Cuando el tamaño de partícula es excesivamente grande, o en el caso de bloques y tableros, sólo la superficie de la biomasa se deseca por convección, mientras que a medida que el espesor aumenta, el aire no llega a las partes más profundas de los poros. Entonces las partículas de los mismos sólo se desplazan por éstos por difusión. Por ello si se analiza la velocidad de secado en base seca ($d\omega_s/dt$) respecto a la humedad de la biomasa Figura 8.4, se detecta una variación de ésta en función de la humedad, $\dot{m}_w = m_s(d\omega_s/dt)$. Cuando la humedad de la biomasa es alta, la velocidad de desecación es constante, pero por debajo de un determinado valor, llamado crítico (punto B), la velocidad de secado disminuye

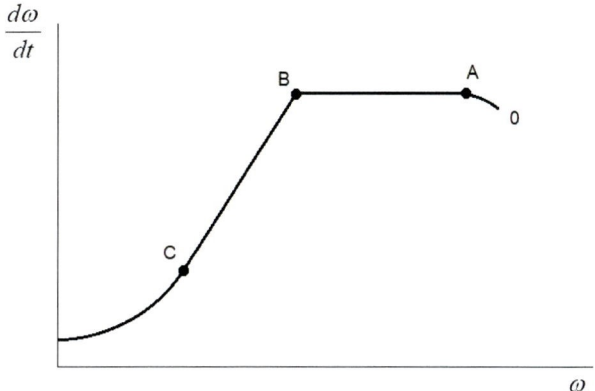

Figura 8.4. Curva de velocidad de secado.

Si la distribución de la humedad en la pieza durante el proceso de secado es uniforme se denomina al sistema cero-dimensional. En el análisis de procesos de secado de sistemas cero-dimensionales se supone una distribución uniforme de humedad en todo el cuerpo, el cual es el caso sólo cuando la resistencia a la movilidad de partículas de agua por difusión en éste sea cero. Un criterio bastante usado para verificar la hipótesis cero-dimensional es limitar un número análogo al número de Biot en transferencia de calor, que denominaremos *número de Biot en transferencia de masa* (Bi_m). El número de Biot en transferencia de masa es la relación entre la resistencia a la movilidad interna de partículas de agua de un cuerpo con respecto a la convección de masa en la superficie. Por lo tanto, un número pequeño de Biot representa poca resistencia a la difusión interna de la masa y, por lo tanto, gradientes pequeños de humedad dentro del cuerpo.

$$Bi_m = \frac{h_m \cdot L_b}{D_w}$$

La diferencia de este número con el número de Sherwood radica en el cálculo de la longitud característica L_b. La longitud característica para la aplicación del número de Bi_m se determina como la relación entre el volumen de la pieza y el área envolvente.

$$L_b = \frac{V}{A}$$

En ocasiones las piezas de biomasa (astillas o pélets) se pueden modelizar con figuras geométricas sencillas. La longitud característica L_b que se utiliza en el número de Biot para la transferencia de masa unidimensional en un prisma rectangular de longitud L, L_b=L; en un cilindro de diámetro d_o donde la transferencia de masa sea radial, la longitud característica es L_b= d_o/4; y en una esfera de diámetro d_o, se convierte en L_c= d_o/6.

En el análisis de procesos de secado de sistemas cero-dimensionales se supone una distribución uniforme de humedad en todo el cuerpo, el cual es el caso sólo cuando la resistencia a la movilidad de partículas de agua por difusión en éste sea cero. Por consiguiente, el análisis de procesos de secado en sistemas cero-dimensionales es exacto cuando Bi_m=0 y aproximado cuando Bi_m>0. Por supuesto, cuanto más pequeño sea el número Bi_m, más exacto es el análisis cero-dimensional. Entonces la pregunta a la que se debe responder es ¿cuánta exactitud es admisible para que el análisis de sistemas cero-dimensional resulte conveniente? Se debe mencionar que, en la mayor parte de los casos, un 15% de incertidumbre en el coeficiente de transferencia de masa se considera "normal" y "esperado". Suponer que h_m es constante y uniforme también es una aproximación de validez cuestionable, en especial para configuraciones geométricas irregulares. En general se acepta que el análisis de sistemas cero-dimensionales, es decir considerando que toda la masa de las piezas es uniforme, es aplicable si Bi_m< 0,5 (Nota: en transferencia de calor se considera cero dimensional cuando Bi<0,1)

Cuando no se satisface este criterio, la desecación se produce primero en una capa superficial de la masa siendo mucho más lenta en el interior de la misma. Por lo tanto, la humedad dentro del cuerpo no es uniforme. Cuando Bi_m< 0,5, la variación de la humedad dentro del cuerpo es ligera y, de manera razonable, se puede considerar como si fuera uniforme.

Consecuencia de lo anterior en muchas ocasiones la velocidad de secado en un material ($\dot{m}_w$) no es constante, sino que varía en función de la humedad. Este hecho no lo contempla el modelo de transferencia de masa que considera un flujo constante.

Por todo ello, el primer paso en la aplicación del análisis del secado es el cálculo del número de Biot de transferencia de masa y la valoración de la aplicabilidad de la hipótesis cero-dimensional. Es posible que se desee utilizar este tipo de análisis, incluso cuando no se satisface el criterio Bi_m<0,5, si una gran exactitud no es la preocupación principal. Note que el número de Biot es la razón entre la convección en la superficie con respecto a la difusividad dentro del cuerpo, y debe ser tan pequeño como sea posible para que la hipótesis del sistema cero-dimensional sea aplicable. Por lo tanto, los cuerpos pequeños con difusividad interna alta son buenos candidatos para este tipo de análisis.

En caso de que el sistema no pueda considerarse cero-dimensional, un procedimiento adecuado es determinar experimentalmente el punto crítico del proceso de secado, que es la humedad por debajo de la cual la velocidad de secado deja de ser constante. Este punto es característico para cada tipo de biomasa. Este punto marca la humedad a partir de la cual la pieza se ha desecado en una capa superficial, pero mantiene su humedad en el interior y el valor de la difusividad en la frontera sólido aire debe ser considerada distinta que para valores de difusividad donde la humedad de la superficie de la pieza está por encima del punto crítico.

Un aspecto de investigación para la caracterización del proceso de secado de la biomasa es establecer coeficientes correctores a los modelos de secado basados en fenómenos de transferencia de masa en función de la humedad de la masa, principalmente en condiciones de humedad por debajo de la humedad crítica.

Ejercicio 3

Determinación de la velocidad de secado con el modelo de transferencia de masa

Determina el flujo de evaporación y tiempo de secado de un tablero de $1,25$ m $\times$ 5 m $\times$ 0,03 m, con densidad de 500 kg/m^3, que parte de una humedad inicial en base seca del 40% y se desea reducir al 8% haciendo circular una corriente de aire a 5 m/s a 40 °C y humedad relativa del 30% si por ambas caras, siendo su difusividad $1,99 \cdot 10^{-5}$ m^2/s.

Resolución

Para la obtención del flujo de desecación se aplica la ecuación de transferencia de masa por convección.

$$\dot{m}_w = h_m \cdot \rho_{aire} \cdot A \cdot \left(\omega_{a-sat} - \omega_{aire}\right)$$

Para 40 °C la presión de saturación es:

$$P_{vapor-sat} = 10^{\left(\frac{10,2858 \cdot T + 661}{T + 237,3}\right)} = 7368,97 \text{ Pa}.$$

Considerando que el proceso se produce a presión atmosférica P=101325 Pa, la humedad absoluta del aire en saturación es

$$\omega_{a-sat} = 0,622 \frac{P_{vapor-sat}}{P - P_{vapor-sat}} = 0,622 \frac{7368,97}{101325 - 7368,97} = 0,049 \frac{\text{kg}_{agua}}{\text{kg}_{aire\,seco}}$$

La presión de vapor en el aire es

$$P_{vapor} = P_{vapor-sat} \cdot \Phi = 7368,97 \cdot 0,3 = 2210,69 \text{ Pa}$$

La humedad absoluta en el aire ambiental es

$$\omega_{aire} = 0,622 \frac{P_{vapor}}{P - P_{vapor}} = 0,622 \frac{2210,69}{101325 - 2210,69} = 0,0139 \frac{\text{kg}_{agua}}{\text{kg}_{aire\,seco}}$$

La densidad del aire resulta:

$$\rho_{aire} = \frac{P \cdot M_{aire}}{R \cdot T} = \frac{\left(1 - \frac{2210,69}{101325}\right) \cdot 28,93}{0,082 \cdot 293} = 1,10 \frac{\text{kg}}{\text{m}^3}$$

La determinación del coeficiente de transferencia de masa por convección se calcula a partir del número de Sherwood

$$h_m = \frac{D_w \cdot Sh}{L_c}$$

Donde $L_c = 5 \ m$ (longitud del tablero en la dirección del flujo de aire).

Las propiedades del aire a 40 °C son: densidad: 1,12 kg/m^3, Cp = 1007 J/kgK y μ = 1,85 10^{-5} kg/m s

$$Re = \frac{v \cdot \rho \cdot L_c}{\mu} = \frac{5 \cdot 1,12 \cdot 5}{1,85 \cdot 10^{-5}} = 1621621,62$$

$$Sc = \frac{\mu}{D_w \cdot \rho} = \frac{1,85 \cdot 10^{-5}}{1,99 \cdot 10^{-5} \cdot 1,12} = 0,83$$

$$Sh = 0,037 \cdot Re^{0,8} \cdot Sc^{\frac{1}{3}} = 3229,89$$

$$h_m = \frac{D_w \cdot Sh}{L_c} = \frac{1,99 \cdot 10^{-5} \cdot 3229,89}{5} = 0,013 \frac{\text{m}}{\text{s}}$$

$$\dot{m}_w = h_m \cdot \rho_{aire} \cdot A \cdot \left(\omega_a - \omega_{sat}\right) = 0,013 \cdot 1,12 \cdot 10 \cdot (0,049 - 0.0139) = 0,005 \frac{\text{kg}}{\text{s}}$$

El tiempo de secado será el dado por

$$t_s = \frac{m_s \cdot \left(\omega_{s1} - \omega_{s2}\right)}{\dot{m}_w}$$

$$t_s = \frac{500 \cdot 1,25 \cdot 5 \cdot 0,03 \,(0,4 - 0,08)}{0,005} = 6000 \; s = 1,66 \; h$$

Vamos a comprobar si el sistema puede ser considerado cero-dimensional.

$$Bi_m = \frac{h_m \cdot L_b}{D_w} = \frac{0,013 \cdot 0,035}{1,99 \cdot 10^{-5}} = 22,86$$

Debido a que el número de Biot de transferencia de masa resulta excesivamente alto, el sistema no puede ser considerado cero-dimensional. Esto significa que la velocidad desecación calculada sólo es válida hasta una determinada humedad llamada crítica a partir de la cual la velocidad de secado será más lenta para las condiciones del aire dadas. La determinación experimental de la humedad crítica debería detenerse con el experimento de Stefan.

En procesos donde el aire que envuelve la biomasa está estático hemos dicho que el principal proceso de transferencia de masa es por difusión, sin embargo, también se da siempre un movimiento asociado a la convección natural, pequeños movimientos de partículas sin los cuales no podría realizarse la transferencia de masa. En estos casos para contemplar tanto la difusión como la convección natural puede usarse la analogía con las ecuaciones aplicadas en la transferencia de calor, utilizando el número de Grashof (Gr, Ecuación 8.13) y el número Schmidt para calcular el número de Sherwood. Es decir, donde en las ecuaciones de transferencia de calor se utiliza el número de Nusselt se aplica el número de Sherwood, sustituyendo el número de Prandl por el número de Schmidt.

$$Sh = f(Gr, Sc)$$

$$Gr = \frac{g\rho(C_\infty - C_s) \cdot L_c^3}{\mu^2} \tag{8.13}$$

$$Sc = \frac{\mu}{D_w \cdot \rho}$$

Las propiedades del aire (densidad, viscosidad dinámica, y difusividad) deben tomarse a temperatura media entre la entrada y salida del secador.

Superficies planas horizontales	$Sh = C \cdot (Gr\,Sc)^m$
	$10^4 < Gr_L Sc < 10^7$ C= 0,54 m=1/4
	$10^7 < Gr_L Sc < 10^{11}$ C= 0,15 m=1/3
	L_c placa = Area/Perímetro
Superficies cilíndricas	$Sh = C \cdot (Gr\,Sc)^m$
	$10^4 < Gr_L Sc < 10^7$ C= 0,48 m=1/4
	$10^7 < Gr_L Sc < 10^{12}$ C= 0,125 m=1/3
	L_c =D

Ejercicio 4

Volvamos a resolver el Ejercicio 3 considerando el proceso como una transferencia de masa por convección natural. Determinar la cantidad de agua evaporada por difusión en un tablero de madera de 1,25 m × 5 m × 0,03 m, en un ambiente de 20 °C y 60% de humedad relativa, sabiendo que la difusividad tiene un valor de $2,43 \cdot 10^{-5}$ m^2/s.

Resolución

La transferencia de masa por convección por convección natural de masa se determina a partir del número de Sherwood, conociendo el número de Grashof y de Schmidt

$$Gr = \frac{g\rho(C_\infty - C_s) \cdot L_c^3}{\mu^2}$$

$$Sc = \frac{\mu}{D_w \cdot \rho}$$

$L_c = 2 \cdot 1,25 \cdot 5/2(1,25 + 5) = 1$ m

Para 20 °C la presión de saturación es:

$$P_{vapor-sat} = 10^{\left(\frac{10,2858 \cdot T + 661}{T + 237,3}\right)} = 2336,15 \text{ Pa}.$$

Considerando que el proceso se produce a presión atmosférica P=101328 Pa, la humedad absoluta del aire en saturación es:

$$\omega_{a-sat} = 0,622 \frac{P_{vapor-sat}}{P - P_{vapor-sat}} = 0,622 \frac{2336,15}{101325 - 2336,15} = 0,0147 \text{ kg}_{agua}/\text{kg}_{aire\ seco}$$

La presión de vapor en el aire es:

$$P_{vapor} = P_{vapor-sat} \cdot \Phi = 2336,15 \cdot 0,6 = 1401,67 \text{ Pa}$$

La humedad absoluta en el aire ambiental es:

$$\omega_a = 0,622 \frac{P_{vapor}}{P - P_{vapor}} = 0,622 \frac{1401,67}{101325 - 1401,67} = 0,0087 \text{ kg}_{agua}/\text{kg}_{aire\ seco}$$

La densidad del aire resulta:

$$\rho_{aire} = \frac{P \cdot M_{aire}}{R \cdot T} = \frac{(1 - \frac{1401,67}{101325}) \cdot 28,93}{0,082 \cdot 293} = 1,19 \text{ kg/m}^3$$

$$C_\infty = \omega_a \cdot \rho = 0,0087 \cdot 1,19 = 0,0104 \text{ kg}_{agua}/\text{m}^3$$

$$C_s = \omega_{a-sat} \cdot \rho = 0,0147 \cdot 1,19 = 0,0175 \text{ kg}_{agua}/\text{m}^3$$

Las propiedades del aire a 20 °C son: densidad = 1,19 kg/m³, Cp = 1007 J/kg K, y $\mu = 1,80\ 10^{-5}$ kg/m s

$$Gr = \frac{g\rho(C_\infty - C_s) \cdot L_c^3}{\mu^2} = \frac{9,8 \cdot 1,19 \cdot (0,0175 - 0,0104)}{(1,80 \cdot 10^{-5})^2} = 25,55 \cdot 10^7$$

$$Sc = \frac{\mu}{D_w \cdot \rho} = \frac{1,80 \cdot 10^{-5}}{1,99 \cdot 10^{-5} \cdot 1,19} = 0,76$$

$$Sh = 0,15 \cdot (Gr\,Sc)^{\frac{1}{3}} = 86,86$$

$$h_m = \frac{D_{Aw} \cdot Sh}{L_c}$$

$$h_m = \frac{2,43 \cdot 10^{-5} \cdot 86,86}{1} = 0,0021$$

$$\dot{m}_w = h_m \cdot \rho_{aire} \cdot A \cdot \left(\omega_a - \omega_{sat}\right)$$

$$\dot{m}_w = 0,0021 \cdot 1,19 \cdot 10 \cdot (0,0147 - 0,0087) = 0,00015 \; kg/s$$

Recordemos que considerando sólo la difusividad resultó $\dot{m}_w = 0,00019 \; kg/s$

8.5. Cinética de los procesos de secado. Modelos experimentales

Las limitaciones del modelo de transferencia de masa hacen que el flujo de evaporación no sea constante. El análisis de la cinética de los procesos de secado puede realizarse a partir de las curvas de secado. La curva de secado relaciona la humedad de la biomasa con el tiempo. Es una curva decreciente con pendiente variable que se obtiene de forma experimental. Suele tener forma sigmoidea invertida. Se pueden diferenciar tres fases en el secado. Estas fases se representan en las Figuras 8.4 y 8.5. En una primera etapa la velocidad de secado es baja, entre el punto 0 y el punto A, es decir, la pendiente de la curva es prácticamente horizontal, $\dot{m}_w = m_s \dfrac{d\omega_s}{dt} \approx 0$. Durante esta etapa el agua presente en la biomasa está aumentando su

temperatura hasta alcanzar la temperatura de evaporación y posteriormente absorbe el calor latente del aire para producir el cambio de fase. Esta etapa, suele ser de poca duración, en muchas ocasiones no es apreciable. Posteriormente, en una segunda etapa (la más significativa), el secado se realiza con velocidad prácticamente constante, entre el punto A y el punto B, $\dot{m}_w = m_s \dfrac{d\omega_s}{dt} \approx cte$. Esto es debido a que el movimiento del agua desde el interior del sólido

es suficiente para compensar la pérdida de agua en la superficie, que se realiza principalmente por convección. Y finalmente, en una tercera etapa la velocidad de secado va disminuyendo hasta volver a tener valor despreciable, humedad por debajo del punto B. La velocidad de secado decreciente es debido a que el sólido ya no cuenta con la capacidad de reponer el agua desecada en la superficie a un ritmo constante, formándose así una capa seca que avanza hacia el interior del sólido. Esta etapa se puede modelizar con la segunda ecuación de Fick.

$$\frac{d\omega}{dt} = D_{ab} \frac{d^2\omega}{dx}$$

Cuya solución sería:

$$\frac{\omega - \omega_e}{\omega_B - \omega_e} = \frac{8}{\pi^2} e^{-D_{ab}\left(\frac{\pi}{2x}\right)^2 \cdot t}$$

Esta ecuación nos proporciona la humedad en cualquier punto × en un tiempo t. De la cual linealizando se podría obtener el valor de la difusividad.

$$ln\frac{\omega}{\omega_B} = ln\frac{8}{\pi^2} - D_{ab}\left(\frac{\pi}{2x}\right)^2 \cdot t$$

Algunos autores la etapa de velocidad de secado decreciente la subdividen en otras dos sube-tapas. El tramo de humedad por debajo del punto C no cumple la segunda ley de Fick. Esta diferencia muchas veces no es apreciable gráficamente.

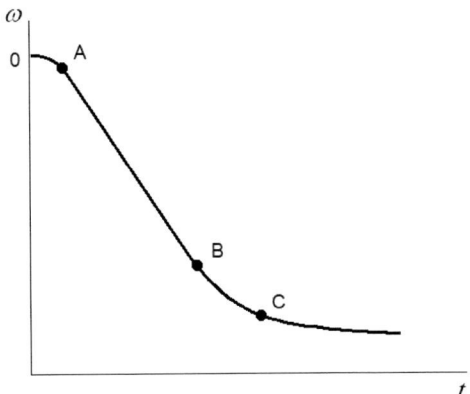

Figura 8.5. Curva de secado.

En general, no hay funciones que ajusten bien a la curva de secado. Pero el ajuste mejora considerablemente si se representa el parámetro *ratio de humedad MR* en función del tiem-po. Se define como ratio de humedad como la relación entre la diferencia de la humedad en un determinado instante (ω) menos la humedad en el equilibrio (ω_e) y la diferencia entre la humedad inicial (ω_o) y la humedad en el equilibrio (ω_e).

$$MR = \frac{\omega - \omega_e}{\omega_o - \omega_e}$$

Existen diversos modelos de funciones que permiten un ajuste de la variación del ratio de humedad con el tiempo. Los más importantes se muestran en la Tabla 8.2.

Tabla 8.2. Modelos de secado a partir de datos experimentales.

Modelo		Constantes de correlación
Newton (Lewis)	$MR = e^{-k \cdot t}$	k
Page	$MR = e^{-k \cdot t^n}$	n, k
Henderson y Pabis	$MR = a \cdot e^{-k \cdot t}$	a, k
Logarítmico	$MR = a \cdot e^{-k \cdot t} + b$	a, b, k
Midili	$MR = a \cdot e^{-k \cdot t} + b \cdot t$	a, b, k
Modelo Difusional	$MR = a \cdot e^{-k_1 \cdot t} + (1-a) \cdot e^{-k_2 \cdot t}$	a, k_1, k_2
Secado con doble cinética	$MR = a \cdot e^{-k_1 \cdot t} + b \cdot e^{-k_2 \cdot t}$	a, b, k_1, k_2
Sigmoidea	$MR = \dfrac{a}{1 + e^{-\frac{t-b}{c}}}$	a, b, c

A partir de estos ajustes podemos determinar el flujo de agua desecada:

$$\dot{m}_w = \dot{m}_s \frac{d\omega}{dt}$$

Por ejemplo, en el modelo de Lewis $\omega = \omega_e + \left(\omega_o - \omega_e\right) \cdot e^{-k \cdot t}$

$$\frac{d\omega}{dt} = -k \cdot \left(\omega_o - \omega_e\right) \cdot e^{-k \cdot t}$$

$$\dot{m}_w = -\dot{m}_s \cdot k \cdot \left(\omega_o - \omega_e\right) \cdot e^{-k \cdot t}$$

Para ilustrar el proceso de cálculo exponemos el ejercicio 5.

Ejercicio 5

Bajo unas condiciones de desecación con un caudal de aire de 8500 m³/h a 38 °C y 10% de humedad relativa se consigue la desecación de 401,4 kg de material del 60% al 10% en 3h. A partir de ese momento la humedad disminuye de forma muy lenta. Determínese el modelo de desecación según Lewis.

Resolución

Según Lewis la variación del ratio de humedad en el sólido es igual a una exponencial con exponente negativo.

$$\frac{\omega - \omega_e}{\omega_o - \omega_e} = e^{-kt}$$

Si conocemos la humedad inicial, humedad en un determinado instante y la humedad en el equilibrio podemos calcular la contante k del exponente. Para ello vamos a suponer que la humedad en el equilibrio es el 90% de la humedad más baja registrada a las 3 h, es decir:

$$\omega_e = 0{,}9 \cdot 10\%$$

Entonces sustituimos los valores que

$$k = \frac{-1}{t} ln\frac{\omega - \omega_e}{\omega_o - \omega_e} = \frac{-1}{3} ln\frac{0{,}1 \cdot 10}{60 - 9} = 1{,}31$$

La ecuación del modelo será $\omega = 51 \cdot e^{-1{,}31t} + 9$

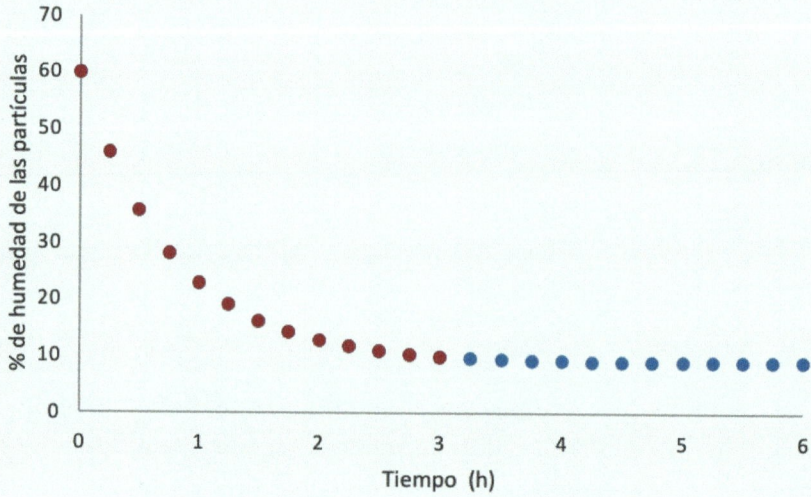

Figura 8.6. Modelo de secado según Lewis.

266

Como la humedad está expresada en porcentaje, la ecuación para el cálculo de flujo de masa hay que dividirla por 100.

$$\dot{m}_w = m_s \frac{d\omega}{dt} \frac{1}{100}$$

Hay que tener en cuenta que la variación de humedad no es constante sino variable. Por ello para determinar el flujo medio recurrimos a la definición de media de una función.

$$\bar{f}_{ab} = \frac{1}{b-a} \int_a^b f(x)\,dx \quad \rightarrow \quad \frac{d\bar{\omega}}{dt} = \frac{1}{t_2 - t_1} \int_{t_1}^{t_2} \frac{\partial \omega}{\partial t}\,dt = \frac{\omega_{t2} - \omega_{t1}}{t_2 - t_1}$$

$$\bar{\dot{m}}_w = \dot{m}_s \frac{\omega_{t2} - \omega_{t1}}{t_2 - t_1} \frac{1}{100}$$

Limitaciones de los modelos experimentales en el secado de biomasa

Las curvas de secado experimentales son particulares para cada material, tamaño de partícula, flujo y velocidad del aire utilizado, temperatura y humedad relativa del aire. También influye la geometría del secador, disposición del material y la buena distribución del aire. Cuando se cambia alguna de estas condiciones la curva se ve afectada. Esto obliga a poseer distintas curvas para distintas condiciones.

La imposibilidad de tener infinitas curvas experimentales ha popularizado los modelos cinéticos de secado basados en procesos de transferencia de masa.

Por otra parte, hay que advertir que la biomasa sometida a una humedad relativa alta es capaz de adsorber agua. Sin embargo, la curva de absorción es distinta a la curva de desorción (secado). A este fenómeno se le denomina *histéresis*.

8.6. Psicrometría del proceso de secado por aire caliente

Las características psicrométricas de la mezcla aire-vapor (temperatura en bulbo seco, temperatura en bulbo húmedo, humedad absoluta, humedad relativa, entalpía específica y volumen específico) se pueden representar en el diagrama psicrométrico (Figura 8.8).

La entalpía específica de la mezcla con unidades en el SI de kJ/kg de aire seco será

$$h_{aire\ húmedo} = \frac{\dot{m}_{vapor}}{\dot{m}_{aire}} \cdot h_{vapor} + \frac{\dot{m}_{aire}}{\dot{m}_{aire}} \cdot h_{aire} = \omega_{aire} \cdot h_{vapor} + h_{aire}$$

Si analizamos el balance de masas en un secador por aire caliente (Figura 8.7), el flujo de aire seco que entra en un secador es igual al de salida, es decir, permanece constante $(\dot{m}_{aire})$. Y el flujo de vapor a la salida será igual al de entrada más la cantidad de agua evaporada por unidad de tiempo $(\dot{m}_w)$, es decir:

$$\dot{m}_{aire} = cte$$

$$\dot{m}_w = \dot{m}_{vapor-salida} - \dot{m}_{vapor-entrada}$$

$$\dot{m}_w = \dot{m}_{aire} \cdot \left(\omega_{aire2} - \omega_{aire1}\right) \tag{8.14}$$

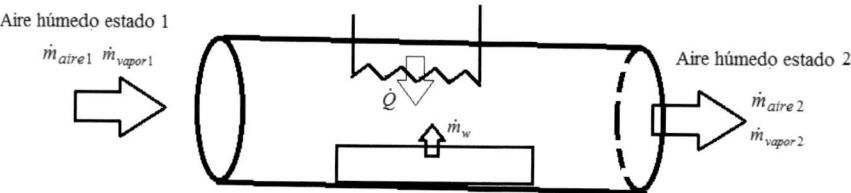

Figura 8.7. Flujos de masa en un secador.

Si analizamos el balance de energía dentro de un secador, se tiene que dentro del recinto entra un flujo de aire caliente mezclado con una cantidad de vapor en condiciones 1 (Figura 8.7).

Energía del flujo de entrada en el secador:

$$E_1 = \dot{m}_{vapor-entrada} \cdot h_{vapor-entada} + \dot{m}_{aire} \cdot h_{aire-entrada}$$

La energía del flujo de entrada se calcula como el flujo másico de cada componente por la correspondiente entalpia a la temperatura y presión de entrada. Esa energía de entrada se emplea en calentar la superficie húmeda aportando el calor latente necesario para la evaporación. Esta energía empleada en el secado se calcula mediante la multiplicación del flujo de agua evaporada por unidad de tiempo por la diferencia de las entalpías específicas de vapor y líquido saturado a temperatura y presión del proceso. El flujo de calor empleado en la evaporación es negativo porque lo pierde el flujo de entrada:

$$E_{secado} = -\dot{m}_w \cdot \left(h_{vapor-sat} - h_{liq-sat} \right)$$

Por otra parte, el vapor saturado obtenido en la evaporación se incorpora a la masa de aire incrementando su humedad. La energía que gana el aire húmedo en ese proceso es igual al producto del flujo de masa evaporada por la entalpía del vapor saturado a la temperatura y presión de trabajo, $E_w = \dot{m}_w \cdot h_{vapor-sat}$. Por último, la mezcla final de aire húmedo sale del recinto del secador con una energía igual al producto de la masa de aire por su nueva entalpía y el nuevo flujo de vapor por su entalpía (condiciones 2).

Energía del flujo de salida del en el secador:

$$E_2 = -\left(\dot{m}_{vapor-salida} \cdot h_{vapor-salida} + \dot{m}_{aire} \cdot h_{aire-salida} \right)$$

La suma de las energías de entrada y salida indicadas debe ser cero.

$$E_1 + E_w + E_{secado} + E_2 + Q = 0$$

Considerando $Q = 0$, se tiene:

$$\dot{m}_{vapor-entrada} \cdot h_{vapor-entada} + \dot{m}_{aire} \cdot h_{aire-entrada} + \dot{m}_w \cdot h_{vapor-sat} - \dot{m}_w$$
$$\cdot \left(h_{vapor-sat} - h_{liq-sat} \right) - \dot{m}_{vapor} \cdot h_{vapor-salida} - m_{aire} \cdot h_{aire-salida} = 0$$

Sustituyendo y agrupando términos se tiene:

$$\omega_{aire1} \cdot \dot{m}_{aire} \cdot h_{vapor-entada} + \dot{m}_{aire} \cdot h_{aire-entrada} - \omega_{aire2} \cdot \dot{m}_{aire} \cdot h_{vapor-salida}$$
$$- m_{aire} \cdot h_{aire-salida} + \dot{m}_w \cdot h_{vapor-sat} - \dot{m}_w \cdot \left(h_{vapor-sat} - h_{liq-sat} \right) = 0$$

$$\omega_{aire1} \cdot \dot{m}_{aire} \cdot h_{vapor-entada} + \dot{m}_{aire} \cdot h_{aire-entrada} - \omega_{aire2} \cdot \dot{m}_{aire} \cdot h_{vapor-salida}$$
$$- \dot{m}_{aire} \cdot h_{aire-salida} - \dot{m}_{aire} \cdot \left(\omega_{aire2} - \omega_{aire1}\right) \cdot h_{liq-sat} = 0$$

Nótense que $\dot{m}_w \cdot h_{vapor-sat}$ se cancela y $\dot{m}_{aire}$ se simplifica.

$$\left(\omega_{a1} \cdot h_{vapor-entada} + h_{aire-entrada}\right) - \left(\omega_{a2} \cdot h_{vapor-salida} + h_{aire-salida}\right)$$
$$+ \left(\omega_{a2} - \omega_{a1}\right) \cdot h_{liq-sat} = 0$$

Como el término $\left(\omega_{a2} - \omega_{a1}\right) \cdot h_{liq-sat}$ es extremadamente bajo, se puede considerar que la entalpía específica del flujo de entrada y salida del secador permanece constante, como se muestra en el diagrama (Figura 8.8). Sabiendo que la humedad máxima del flujo de salida viene definida por el punto 3, se puede determinar cuál es la velocidad máxima de desecación sin que se produzcan condensaciones conociendo las condiciones de entrada, punto 1, y el flujo de aire seco aplicado (Ecuación 8.15). Por esa razón interesa que el punto 1 esté lo más a la derecha posible, para poder captar la mayor cantidad de humedad posible.

$$\dot{m}_{w\,max} = \dot{m}_{aire} \cdot \left(\omega_{aire3} - \omega_{aire1}\right) \tag{8.15}$$

En la Figura 8.8 se muestra que inicialmente se capta aire del exterior del secador en unas condiciones definidas por el punto 0 (10 °C y 70% de humedad relativa). Para desplazar estas condiciones al punto 1, se calienta el aire mediante un intercambiador de calor. En el proceso de calentamiento del aire húmedo la humedad absoluta no se modifica. Por eso el proceso de calentamiento del aire supone un desplazamiento horizontal en el diagrama hasta llegar a un punto deseado 1 (45 °C y un 8% de humedad relativa).

Durante el proceso de calentamiento del aire húmedo el calor útil empleado en el intercambiador de calor es:

$$\dot{Q} = \dot{m}_{aire} \cdot \left(h_1 - h_0\right) = \dot{m}_{aire} \cdot \left(58 - 23\right) = \dot{m}_{aire} \cdot \left(35 \text{ kJ/kg de aire seco}\right)$$

Recuérdese que $h_{aire\ húmedo} = \omega_{aire} \cdot h_{vapor} + h_{aire}$.

Durante el secado la entalpia permanece constante, desplazándose por la línea isoentálpica inclinada hasta que se alcanza el punto 2, con humedad relativa del 90% en el diagrama. La humedad máxima a la salida queda definida por el punto 3.

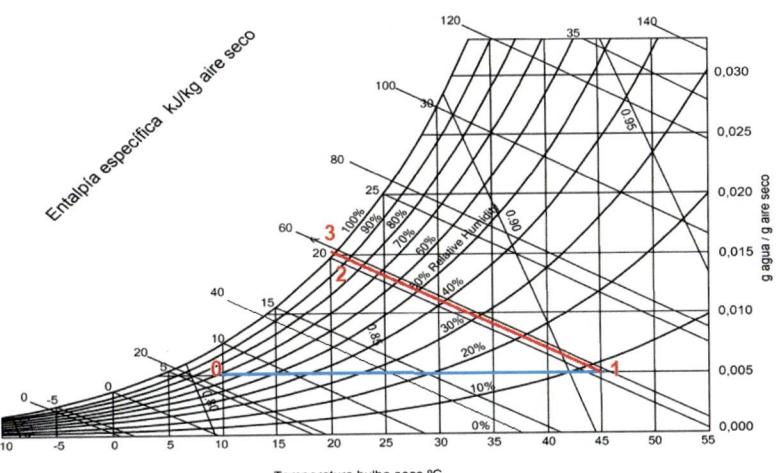

Figura 8.8. Representación de un proceso de secado en el Diagrama psicrométrico.

Además de su visualización en el diagrama, la entalpia del aire húmedo a presión atmosférica a partir de la temperatura en °C se puede calcular con la siguiente expresión:

$$h_{aire\ húmedo} = \omega_{aire} \cdot h_{vapor} + h_{aire}$$

$$h_{aire\ húmedo} = \omega_{aire} \cdot (2501 + 1{,}86 \cdot T) + 1{,}005 \cdot T$$

8.7. Ejemplo de dimensionado de secadores

Teniendo en cuenta todas las consideraciones anteriores, en este apartado se pretende desarrollar un ejemplo de dimensionado de un secador por aire caliente paso a paso.

Se desea dimensionar un secador con aire caliente para una industria que consume 2500 kg de astilla seca a la hora. La astilla llega del campo con una humedad media del 30% en base seca y se desea utilizar en la industria a una humedad del 8%. Las condiciones ambientales del aire quedan definidas por la localización del secador, tomando los datos más desfavorables.

Para aprovechar el diagrama de la Figura 8.8, supongamos que el aire ambiental está en las condiciones del punto 0 del diagrama, es decir 10 °C y 70% de humedad relativa. Para que el aire pueda absorber el agua de las astillas se va a reducir su humedad relativa calentándolo con un intercambiador de calor por el que circula vapor sobrecalentado procedente de una caldera. Al calentar el aire nos desplazamos al punto 1 del diagrama que representa las condiciones con las que el aire entra en el secador, es decir 45 °C y 8% de humedad relativa.

Las características de las astillas a secar son las mostradas en la Tabla 8.3:

Tabla 8.3. Propiedades de las astillas.

Diámetro, d	3 cm
Longitud, l	5 cm
Densidad básica de la madera, ρ_s	400 kg/m^3
Densidad aparente, ρ_a	150 kg/m^3

Paso 1. Cálculo del flujo másico mínimo de aire caliente para secado en unas condiciones de entrada dadas

De acuerdo al enunciado planteado se va a calcular la cantidad mínima de aire caliente que se necesitaría introducir en el secador en las condiciones 1 del diagrama. La humedad máxima que puede adquirir el aire viene dada por 3, pero para tener un margen de seguridad vamos a suponer que el aire sale en las condiciones del punto 2. Este punto nos permitirá calcular la cantidad mínima de aire necesaria para la desecación sin condensaciones.

$$\dot{m}_s \cdot \left(\omega_{s1} - \omega_{s2}\right) = \dot{m}_{aire} \cdot \left(\omega_{a2} - \omega_{a1}\right)$$

$$2500 \cdot (0{,}30 - 0{,}08) = \dot{m}_{aire} \cdot \left(0{,}014 - 0{,}005\right)$$

$$\dot{m}_{aire} = \frac{2500 \cdot (0{,}30 - 0{,}08)}{0{,}014 - 0{,}005} = 61111 \ \ kg/h = 17\ kg/s$$

La cantidad de agua desecada por unidad de tiempo equivaldría a

$$\dot{m}_w = \dot{m}_s \cdot \left(\omega_{s1} - \omega_{s2}\right) = \frac{2500}{3600} \cdot (0,30 - 0,08) = 0,153 \text{ kg agua/s}$$

Hay que advertir que este flujo de aire mínimo puede que no sea suficiente para el secado deseado, puesto que la cantidad de agua eliminada dependerá de la cinética del proceso. Es por ello que se ha de verificar si dicho valor mínimo es suficiente o no con los modelos basados en la transferencia de masa, o con los modelos experimentales. Si no fuera suficiente habría que utilizar un flujo de aire mayor.

Vamos a suponer que las curvas de secado experimentales para las condiciones descritas son desconocidas y es necesario aplicar los modelos basados en la transferencia de masa.

Paso 2. Cálculo de la velocidad de circulación de la masa de aire en el secado

Vamos a diseñar un secador cilíndrico donde la astilla ocupa el 90% del volumen. El aire se introducirá por la parte inferior en sentido ascendente. El volumen del secador se calculará con la Ecuación 8.2.

$$V_s = k_s \frac{m_s}{\rho_s} = \frac{1}{0,9} \frac{2500}{150} = 18,52 \; m^3$$

Seleccionamos un diseño en el que el diámetro del cilindro sea igual a la altura, $\frac{H}{D} = 1$.

$$V_s = \frac{\pi D^2}{4} H = \frac{\pi D^3}{4} = 18,52 \rightarrow D = \sqrt[3]{\frac{4 \cdot V_s}{\pi}} = 2,87 \; m$$

Dado que el aire entra a una atmósfera de presión y según el diagrama psicométrico con una temperatura de 45 °C, y sale a 21 °C, se tomarán las propiedades de aire a una temperatura media.

$$T_m = \frac{T_2 + T_1}{2} = \frac{21 + 45}{2} = 33°C = 306 \; K$$

$$\rho_{aire} = \frac{m_{aire}}{V} = \frac{P \cdot M_{aire}}{R \cdot T} = \frac{29}{0,082 \cdot 306} = 1,16 \; kg/m^3$$

Tabla 8.4. Propiedades de aire a 33 °C.

T (K)	ρ_{aire} (kg/m³)	C_p (J/kg K)	Viscosidad dinámica μ (SI)	Conductividad térmica k (W/m K)	Difusividad térmica	PRANDTL
300	1,16	1007	$1,85 \cdot 10^{-5}$	$2,63 \cdot 10^{-2}$	$2,25 \cdot 10^{-5}$	0,707

El flujo volumétrico de aire que circulará por el secador será el flujo másico dividido la densidad.

$$F_{aire} = \frac{\dot{m}_{aire}}{\rho_{aire}} = \frac{17}{1,16} = 14,66 \; m^3/s$$

La velocidad mínima de circulación del aire será el flujo volumétrico dividido el espacio que hay entre las partículas.

Para el cálculo del espacio existente entre partículas se calcula el área ocupada por una capa y se le resta a la sección total del secador.

$$S_{paso} = S_{secador} - N_{\frac{part\'iculas}{capa}} \cdot A_t$$

Área transversal de la partícula: $A_t = d \cdot l = 0,03 \cdot 0,05 = 0,0015 \ m^2$

Para la determinación del número de partículas por capa se determina el número de partículas por metro de altura a partir del volumen que ocupan éstas.

$$V_{part\'icula} = \pi \frac{d^2}{4} l = \pi \frac{0,03^2}{4} 0,05 = 3,53 \cdot 10^{-5} \ \text{m}^3/\text{partícula}$$

$$m_{particula} = V_{part\'icula} \cdot \rho = 3,53 \cdot 10^{-5} \cdot 400 = 0,014 \frac{kg}{\text{partícula}}$$

$$N_{\frac{particulas}{m^3}} = \frac{\rho_a}{m_{part\'icula}} = \frac{150}{0,014} = 10610,33 \ \frac{\text{partículas}}{\text{m}^3}$$

$$N_{\frac{particulas}{silo}} = N_{\frac{part\'iculas}{m^3}} \cdot V_s = 10610,33 \cdot 18,52 = 196487,6 \quad \text{partículas/silo}$$

$$N_{\frac{particulas}{capa}} = \frac{N_{\frac{part\'iculas}{silo}}}{H} \cdot d = \frac{196487,6}{2,87} \cdot 0,03 = 2055,7 \ \text{partículas/capa}$$

$$S_{paso} = S_{secador} - N_{\frac{part\'iculas}{capa}} \cdot A_t = \frac{\pi \cdot D^2}{4} - N_{\frac{part\'iculas}{capa}} \cdot A_t$$

$$= 6,46 - 2055,7 \cdot 0,0015 = 3,37 \ m^2$$

$$v_{aire} = \frac{F_{aire}}{S_{paso}} = \frac{14,66}{3,37} = 4,35 \ \text{m/s}$$

Con esta velocidad calculamos el Número de Reynolds y definimos el régimen de circulación.

Paso 3. Verificación el flujo de agua desecada y tiempo de secado

En el silo se producirá un secado por convección. Por tanto, el flujo de agua desecado se calculará con la ecuación.

$$\dot{m}_w = h_m \cdot \rho_{aire} \cdot A \cdot \left(\omega_a - \omega_{sat} \right)$$

La humedad relativa media viene dada por $\Phi_m = \dfrac{\Phi_2 + \Phi_1}{2} = \dfrac{90 + 8}{2} = 49\%$

La presión de saturación del aire a 306 K es 5049,45 Pa, por tanto, su presión de vapor es

$$P_{vapor} = 0,49 \cdot 5049,5 = 2474,23 \ \text{Pa}.$$

Calculamos la humedad absoluta con las Ecuaciones 8.8 y 8.9.

$$\omega_a = 0{,}622 \frac{P_{vapor}}{P - P_{vapor}} = 0{,}622 \cdot \frac{2474{,}23}{100000 - 2474{,}23} = 0{,}0158 \text{ kg} \frac{\text{vapor}}{\text{kg}}\text{aire}$$

$$\omega_{a-sat} = 0{,}622 \frac{P_{vapor-sat}}{P - P_{vapor-sat}} = 0{,}622 \cdot \frac{5049{,}45}{100000 - 5049{,}45} = 0{,}0331 \text{ kg} \frac{\text{vapor}}{\text{kg}}\text{aire}$$

El área de transferencia (A) se calcula a partir de las dimensiones de las partículas y el número de partículas en el secador. El área y volumen medios de cada astilla viene dado por:

$$A_{particula} = \pi \cdot d \cdot l + \pi \frac{d^2}{2} = \pi \cdot 0{,}03 \cdot 0{,}05 + \pi \frac{0{,}03^2}{2} = 0{,}0061 \frac{\text{m}^2}{\text{partícula}}$$

$$A = N_{\frac{partículas}{silo}} \cdot A_{partícula} = 196487{,}6 \cdot 0{,}0061 = 1203{,}7 \text{ m2}$$

El coeficiente de transferencia de masa por convección se calcula a partir de la siguiente ecuación:

$$h_m = \frac{D_w \cdot Sh}{L_c}$$

La difusividad de masa se calcula como:

$$D_w = 1{,}87 \cdot 10^{-10} \frac{T^{2,072}}{P} = 1{,}87 \cdot 10^{-10} \frac{306^{2,072}}{1} = 2{,}64 \cdot 10^{-5} \frac{m^2}{s}$$

El número de Sherwood depende del Número de Reynolds y del Número de Schmidt, Tomaremos L_c como 4 veces el área, dividido el perímetro.

$$L_c = 4 \cdot \frac{S_{secador} - N_{\frac{partículas}{capa}} \cdot A_t}{2 \cdot N_{\frac{partículas}{capa}} \cdot (d+l)} = 4 \cdot \frac{S_{paso}}{2 \cdot N_{\frac{partículas}{capa}} \cdot (d+l)} = 4 \cdot \frac{3{,}37}{2 \cdot 2055{,}7 \cdot (0{,}03 + 0{,}05)} = 0{,}041 \, m$$

Entonces:

$$Re = \frac{v \cdot \rho \cdot L_c}{\mu} = \frac{4{,}35 \cdot 1{,}16 \cdot 0{,}041}{1{,}85 \cdot 10^{-5}} = 11159{,}24$$

$$Sc = \frac{\mu}{\rho_{aire} \cdot D_w} = \frac{1{,}85 \cdot 10^{-5}}{1{,}16 \cdot 2{,}64 \cdot 10^{-5}} = 0{,}61$$

Para calcular el número de Schmidt en la superficie de transferencia se considera que ésta está a la temperatura de saturación (también llamada de bulbo húmedo). Esta temperatura se consulta en el diagrama psicométrico sobre la línea de 100% de humedad relativa, o se calcula mediante la Ecuación 8.16.

$$T_{sat} = \frac{18 \cdot P_{vapor}}{R \cdot \omega_{sat} \cdot \rho_{aire}} = \frac{18 \cdot \frac{5049{,}45}{101325}}{0{,}082 \cdot 0{,}0331 \cdot 1{,}16} = 290 \, K = 17 \, ^\circ C \qquad (8.16)$$

La viscosidad del aire a esa temperatura es $1,80 \cdot 10^{-5}$ y recalculamos la densidad $1,22$ kg/m³ y la difusividad $2,36 \cdot 10^{-5}$.

$$Sc_s = \frac{\mu}{\rho_{aire} \cdot D_w} = \frac{1,80 \cdot 10^{-5}}{1,22 \cdot 2,36 \cdot 10^{-5}} = 0,624$$

Por tanto, el número de Sherwood resulta:

$$Sh = 0,031 \cdot Re^{0,8} \cdot Sc^{0,36} \cdot \left(\frac{Sc}{Sc_s}\right)^{0,25} = 44,44$$

Por tanto, el coeficiente de transferencia de masa y el flujo desecado resultan:

$$h_m = \frac{D_{Aw} \cdot Sh}{L_c} = \frac{2,65 \cdot 10^{-5} \cdot 44,44}{0,041} = 0,028 \frac{m}{s}$$

$$\dot{m}_w = h_m \cdot \rho_{aire} \cdot A \cdot \left(\omega_a - \omega_{sat}\right) = 0,028 \cdot 1203,7 \cdot \left(0,0331 - 0,0158\right) = 0,596 \, kg \frac{agua}{s}$$

El valor obtenido es para 2500 kg de astillas, y es muy superior al que se había considerado como necesario.

$$\dot{m}_w = \dot{m}_s \cdot \left(\omega_{s1} - \omega_{s2}\right) = \frac{2500}{3600} \cdot (0,30 - 0,08) = 0,153 \text{ kg agua/s, por lo que el flujo de}$$

aire utilizado es suficiente.

$$m_s \cdot \left(\omega_{s1} - \omega_{s2}\right) = m_{aire} \cdot \left(\omega_1 - \omega_2\right)$$

$$\dot{m}_{aire} = \frac{2500 \cdot (0,30 - 0,08)}{0,014 - 0,005} = 61111 \ \ kg \ aire/h = 17 \ kg \ aire/s$$

Sin embargo, hay que tener en cuenta que estos modelos parten de la hipótesis de que el agua está de forma laminar sin influencia de la capilaridad. La influencia de la capilaridad y otros posibles efectos como el electroestático reduciría el flujo desecado. Por otro lado, éste no puede ser superior 0,153 kg agua/s porque el aire adquiriría condiciones de saturación, sin capacidad de absorber más agua.

En conclusión, la velocidad de secado será de 0,153 kg agua/s con un flujo de aire de 17 kg/s.

El calor empleado en el acondicionamiento del aire resulta:

$$\dot{Q} = \dot{m}_{aire} \cdot \left(h_1 - h_0\right) = 17 \cdot \left(58 - 23\right) = 594,17 \ kW$$

CAPITULO VIII. RECUERDA

- A partir de las ecuaciones de transferencia de masa por convección puede predecirse la velocidad de secado, simplemente conociendo las condiciones del aire en el secador (presión, temperatura y velocidad) y geometría de las piezas. Sin embargo, la velocidad de secado no es constante, depende de la humedad de la biomasa, la cual varía con el tiempo. Por tanto, la velocidad de desecación obtenida por estos modelos debe asumirse como velocidad media.

- Las curvas de secado experimentales son particulares para cada material, tamaño de partícula, flujo y velocidad del aire utilizado, temperatura y humedad relativa del aire. También influye la geometría del secador, disposición del material y la buena distribución del aire. Esto obliga a poseer distintas curvas para distintas condiciones.

REFERENCIAS

Brunauer S., Emmet P.H., Teller E. (1938). Adsortion of gases in multimolecular layers. *Journal of American Chemist Society, 60*, 309. https://doi.org/10.1021/ja01269a023

UNE ISO 9277:2009. *Determinación del área superficial específica de sólidos mediante la adsorción de gas utilizando el método BET.*

ANEXO 8.1. MEDICIÓN DE LA POROSIDAD DE LA BIOMASA

La relación entre el área superficial específica en sólidos porosos y la velocidad de secado puede ser significativa, especialmente en procesos de secado por evaporación. El área superficial específica se refiere a la cantidad de superficie por unidad de masa de un material, mientras que la velocidad de secado es la masa de agua eliminada por unidad de tiempo que se elimina de un material húmedo en un proceso de secado.

En los sólidos porosos con una mayor área superficial específica la humedad en el interior puede difundirse desde las regiones más internas hacia la superficie donde existen más sitios de evaporación para el agua presente en el material. Esto significa que hay más superficie disponible para que el agua se evapore, lo que podría acelerar la velocidad de secado. Los sólidos porosos con una alta área superficial específica tienen una red de poros más extensa, lo que proporciona una ruta de escape más eficiente para la humedad que se evapora desde el interior del material hacia la superficie.

Una mayor área superficial específica en sólidos porosos generalmente puede estar asociada con una mayor velocidad de secado debido a una mayor disponibilidad de sitios de evaporación y una mejor difusión de humedad hacia la superficie. Sin embargo, otros factores del proceso de secado también pueden influir en la velocidad de secado, por lo que la relación puede ser compleja y depender del contexto específico del material y del proceso de secado.

Los modelos que pretenden predecir la velocidad de secado deben tener en cuenta la porosidad y área superficial de la biomasa.

Determinación del área superficie

La determinación del área superficial específica en sólidos porosos se realiza a través del método desarrollado por Brunauer, Enmentt y Teller (1938) (BET) a partir de la medición de la cantidad de gas adsorbido a una temperatura dada en función de la presión P del gas en equilibrio con el sólido. Este método ha sido estandarizado a través de la norma UNE ISO 9277:2009 (ISO 9277:1995).

Se denomina adsorción a la retención de partículas gaseosas sobre la superficie de un sólido. Al gas se le denomina adsorbato y al sólido adsorbente. El área superficial específica en sólidos porosos se mide en m^2/g.

Los moles de gas adsorbidos por una superficie se pueden determinar introduciendo una cantidad de gas conocido en una cámara con la muestra. Almacenado previamente el gas que se utilizará como adsorbato en una cámara de determinado volumen y presión, la cantidad de gas a introducir se puede determinar a partir de la ecuación universal de los gases ideales.

$$n_g = \frac{V \cdot P}{R \cdot T}$$

En condiciones isotermas, se mantiene la muestra inicialmente en vacío y posteriormente se introduce el gas. Una vez introducido el gas en la cámara donde está la muestra donde existe un volumen libre (V_l), la diferencia entre la presión que cabría esperar para la cantidad de gas introducido (P_t) y la presión registrada en la cámara de la muestra (P_r) permiten calcular los moles de gas adsorbido.

Presión esperable:

$$P_t = \frac{n_g \cdot R \cdot T}{V_l}$$

Moles de gas adsorbido:

$$n_{ab} = \frac{V_l \cdot (P_t - P_r)}{R \cdot T}$$

Considerando que existe una presión a partir de la cual se produce condensación del gas, llamada presión de saturación (P_o), la presión registrada en la cámara con la muestra se puede expresar en términos relativos (P_r / P_o).

Repitiendo el experimento a distintas presiones se obtienen datos de la cantidad de gas adsorbido frente a la presión relativa en equilibrio a una temperatura dada. Tras varios experimentos, determinando varios puntos, la representación de la cantidad de gas adsorbido (eje Y) frente a la presión relativa en el equilibrio a una misma temperatura (eje X) se denomina *Isoterma de adsorción*. La cantidad de gas adsorbido se puede expresar en distintas unidades: moles adsorbidos/gramos de adsorbente (n/g); volumen de gas adsorbido/gramos de adsorbente (m^3/g).

Las isotermas de adsorción pueden tomar cinco formas características según el gas quede fijado en la superficie formando una sola capa (isoterma de tipo I), o pueda formar múltiples capas sobre la superficie del adsorbente (isotermas de tipo II y siguientes).

Para hacer el experimento, inicialmente la superficie del sólido debe encontrarse limpia, para lo que se calienta el sólido en alto vacío. El sólido se introduce entonces en un recipiente con una cantidad conocida de gas, es decir a una determinada presión, y se deja que se alcance el equilibrio (P_r).

El área superficial específica por unidad de la masa (a_s) no se calcula con el número de moléculas adsorbidas, que pueden estar en distintas capas, sino con el número de huecos disponibles para acoger moléculas sólo en la primera capa. Habrá que determinar el número de moles de gas adsorbidos en la primera capa (n_m), multiplicando por el área media ocupada por cada molécula en la monocapa y el número de Avogadro ($A= 6,022 \cdot 10^{23}$).

$$a_s = n_m \, a_m \cdot A$$

Normalmente se utiliza el nitrógeno a 77 K, donde a $a_m = 0,162$ nm^2, aunque también se puede usar argón a 77 K, donde $a_m = 0,166$ nm^2, o criptón donde $a_m = 0,202$ nm^2.

Entonces para el nitrógeno: $a_s = 9,76 \cdot 10^4 \, n_m$ (expresado en m^2/g)

Para el cálculo de los moles adsorbidos en la primera capa, se define el *grado de recubrimiento* (θ), el cual se puede determinar analíticamente.

$$\theta = \frac{n^o \text{ de moléculas adsorbidas}}{n^o \text{ de posiciones de adsorción}} = \frac{n_{ab}}{n_m}$$

Si n_m es el número de posiciones disponibles para la adsorción en la primera capa, el número de posiciones ocupadas viene dado por $n_{ab} = \theta \cdot n_m$; y el número de posiciones libre viene dado por $n_l = n_m - \theta \cdot n_m = n_m \cdot (1 - \theta)$.

Consideremos el equilibrio existente en el proceso adsorción-desorción, que sigue una cinética de primer orden:

$$Biomasa + gas \leftrightarrow Adsorbido$$

k_a: contante de velocidad para la adsorción
k_d: constante de velocidad para la desorción.
La velocidad de adsorción es proporcional a los huecos vacíos y la cantidad de moléculas disponibles, de modo que:

$$v_a = k_a \cdot P \cdot (1 - \theta) \cdot n_m$$

La velocidad de desorción será proporcional al número de moléculas previamente adsorbidas.

$$v_b = k_b \cdot \theta \cdot n_m$$

Si el proceso está en equilibrio, ambas velocidades serán iguales:

$$k_a \cdot P \cdot (1 - \theta) \cdot n_m = k_b \cdot \theta \cdot n_m$$

Entonces se puede despejar el grado de recubrimiento, θ:

$$\theta = \frac{k_a \cdot P}{k_b + k_a \cdot P}$$

Definiendo la constante de equilibrio como $k = \dfrac{k_a}{k_b}$, se obtiene la ***isoterma de tipo I***, llamada ***isoterma de Langmuir***, que es válida únicamente para adsorciones de una sola capa.

$$\theta = \frac{k \cdot P}{1 + k \cdot P}$$

También se puede expresar como

$$k = \frac{\theta}{(1 - \theta) \cdot P}$$

Y por tanto, también:

$$k = \frac{n_m \cdot \theta}{n_m \cdot (1 - \theta) \cdot P}$$

Cuando hay más de una capa de adsorción, la constante k de la primera capa es distinta a las de las siguientes, que pueden asumirse iguales (k^*).

La teoría de BET postula que en un sistema de adsorción multicapa, cada posición puede estar ocupada por más de una molécula. Así, habrán simultáneamente posiciones libres, posiciones con una molécula, posiciones con dos moléculas. Entonces, si se define el número de posiciones libres (sin ninguna molécula) como s_0, y el número de posiciones con una sola molécula como s_1, la relación entre ambos se puede expresar como:

$$\frac{s_1}{s_0} = \frac{n_m \cdot \theta}{n_m \cdot (1 - \theta)} = k \cdot P$$

La relación entre en número de posiciones con dos moléculas y una molécula se definiría como

$$\frac{s_2}{s_1} = \frac{s_3}{s_2} = \frac{s_4}{s_3} = \frac{s_5}{s_4} = \ldots = \frac{s_{i+1}}{s_i} = k* \cdot P$$

A partir de estas ecuaciones podemos relacionar el número de posiciones con cualquier número de moléculas i, denominado s_i, con el número de posiciones vacantes sin ninguna partícula, s_o:

$$s_i = k* \cdot P \cdot s_{i-1} = (k^* \cdot P)^2 \cdot s_{i-2} = \ldots = (k^* \cdot P)^{i-1} \cdot s_1 = (k^* \cdot P)^{i-1} \cdot k \cdot P \cdot s_0$$

$$s_i = (k^* \cdot P)^{i-1} \cdot k \cdot P \cdot s_0$$

Si se define la constante de BET como $c = \dfrac{k}{k*}$, se tiene

$$s_i = c \cdot \left(k* \cdot P\right)^i \cdot s_0$$

Entonces el número total de posibles posiciones en la superficie (n_m)vendrá dado por la suma de las posiciones libres (s_o), las posiciones con una partícula (s_1), las condiciones con dos partículas (s_2), y así hasta las posiciones con n partículas (s_n):

$$n_m = s_o + \sum_{i=1}^{n} s_i = s_o + \sum_{i=1}^{n} c \cdot \left(k* \cdot P\right)^i \cdot s_0$$

$$n_m = s_o + c \cdot s_o \sum_{i=1}^{n} \left(k* \cdot P\right)^i$$

Y el número total de moléculas adsorbidas vendrá dado por:

$$n_{ab} = \sum_{i=0}^{n} i \cdot s_i = c \cdot s_o \sum_{i=0}^{n} i \cdot \left(k* \cdot P\right)^i$$

Teniendo en cuenta que las series funcionales son convergentes,

$$\sum_{i=1}^{n} x^i = \frac{x}{1-x}$$

$$\sum_{i=0}^{n} i \cdot x^i = \frac{x}{(1-x)^2}$$

Entonces

$$n_m = s_o + c \cdot s_o \frac{k* \cdot P}{1 - k* \cdot P}$$

$$n_{ab} = c \cdot s_o \frac{k* \cdot P}{(1 - k* \cdot P)^2}$$

La relación entre moléculas adsorbidas y posiciones de adsorción será por lo tanto el grado de recubrimiento:

$$\theta = \frac{n_{ab}}{n_m} = \frac{c \cdot s_o \dfrac{k^* \cdot P}{(1 - k^* \cdot P)^2}}{s_o + c \cdot s_o \dfrac{k^* \cdot P}{1 - k^* \cdot P}}$$

$$\theta = \frac{n_{ab}}{n_m} = \frac{c \cdot k^* \cdot P}{\left(1 - k^* \cdot P\right)(1 - k^* \cdot P + c \cdot k^* \cdot P)}$$

$$\theta = \frac{n_{ab}}{n_m} = \frac{k \cdot P}{\left(1 - k^* \cdot P\right)(1 - k^* \cdot P + k \cdot P)}$$

El número total de moléculas adsorbidas (n_{ab}) es proporcional al volumen de gas adsorbido (V_{ab}) a una determinada temperatura; y el número de posiciones de adsorción (n_m) es proporcional al volumen de gas necesario para completar la primera monocapa (V_m). Por lo que esta función se puede expresar de la forma:

$$\theta = \frac{V_{ab}}{V_m} = \frac{k \cdot P}{\left(1 - k^* \cdot P\right)(1 - k^* \cdot P + k \cdot P)}$$

En una adsorción multicapa a medida que nos alejamos de la superficie del sólido el proceso de adsorción es totalmente asimilable a la condensación del gas. Es decir, para las capas muy alejadas de la superficie del sólido podemos considerar el equilibrio de adsorción como un equilibrio vapor-líquido, donde

$$k^* = \frac{1}{P_o}$$

Y por tanto:

$$\theta = \frac{n_{ab}}{n_m} = \frac{k \cdot P}{\left(1 - \dfrac{P}{P_o}\right)(1 - \dfrac{P}{P_o} + k \cdot P)}$$

$$\frac{n_{ab}}{n_m} = \frac{c \cdot \dfrac{P}{P_o}}{\left(1 - \dfrac{P}{P_o}\right)(1 - \dfrac{P}{P_o} + c \cdot \dfrac{P}{P_o})}$$

$$\frac{n_{ab}}{n_m} = \frac{c \cdot \dfrac{P}{P_o}}{\left(1 - \dfrac{P}{P_o}\right)\left(1 + (c - 1) \cdot \dfrac{P}{P_o}\right)}$$

$$\frac{n_{ab} \cdot \left(1 - \dfrac{P}{P_o}\right)}{\dfrac{P}{P_o}} = \frac{c \cdot n_m}{1 + (c - 1) \cdot \dfrac{P}{P_o}}$$

$$\frac{\dfrac{P}{P_o}}{n_{ab} \cdot \left(1 - \dfrac{P}{P_o}\right)} = \frac{1 + (c - 1) \cdot \dfrac{P}{P_o}}{c \cdot n_m}$$

$$\frac{\dfrac{P}{P_o}}{n_{ab} \cdot \left(1 - \dfrac{P}{P_o}\right)} = \frac{1}{c \cdot n_m} + \frac{c - 1}{c \cdot n_m} \cdot \frac{P}{P_o}$$

Esta última ecuación es la que propone la norma UNE ISO 9277:1995 para determinar el número de moles de posiciones disponibles en el adsorbente, y de ahí el cálculo de su superficie específica.

Con valores bajos de presión relativa $\frac{P}{P_o}$, entre 0,05 y 0,3, la isoterma de absorción se puede considerarse lineal. Si se representa $\dfrac{\frac{P}{P_o}}{n_{ab} \cdot \left(1 - \frac{P}{P_o}\right)}$ en función de $\frac{P}{P_o}$, se obtiene una recta.

$$y = a + b \cdot x$$

en la que:

$$y = \frac{\frac{P}{P_o}}{n_{ab} \cdot \left(1 - \frac{P}{P_o}\right)}$$

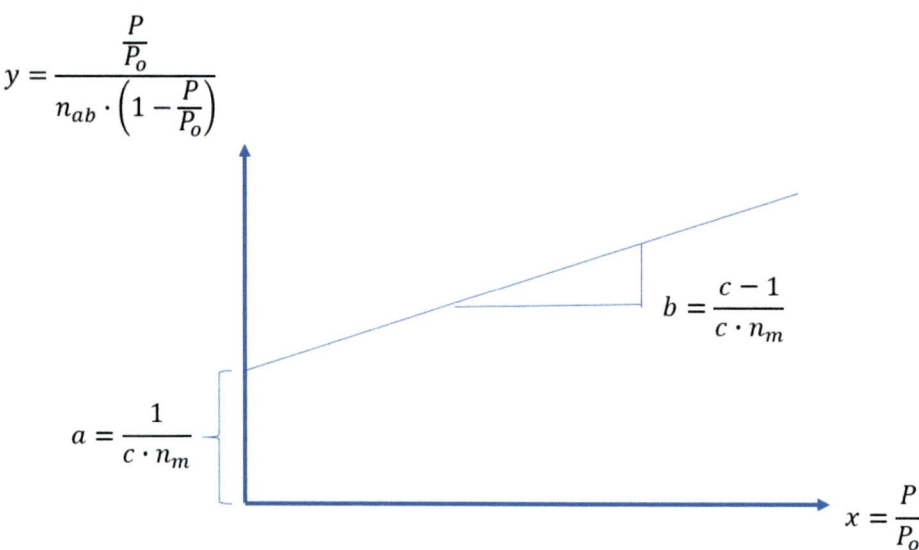

$$b = \frac{c - 1}{c \cdot n_m}$$

$$a = \frac{1}{c \cdot n_m}$$

$$x = \frac{P}{P_o}$$

Tras la representación gráfica a partir de las mediciones experimentales, se obtienen a y b, punto de corte con el eje Y, y pendiente de la recta respectivamente. Entonces podemos calcular n_m y c.

La capacidad de alojamiento en la monocapa es:

$$n_m = \frac{1}{a + b}$$

El parámetro BET

$$c = \frac{b}{a} + 1$$

A partir de n_m se obtiene la superficie específica de la muestra:

$$a_s = n_m \, a_m \cdot A$$

Para el nitrógeno: $a_s = 9,76 \cdot 10^4 \, n_m$ (expresado en m²/g)

Hay que advertir que el experimento no es válido si la representación gráfica de los puntos obtenidos ($x = \frac{P}{P_o}$, $y = \dfrac{\frac{P}{P_o}}{n_{ab} \cdot \left(1 - \frac{P}{P_o}\right)}$), no es una línea recta, o el valor de a es negativo.

Capítulo IX
Generación de potencia-ciclos de vapor

9.1. Introducción

La combustión de la biomasa en calderas puede ir orientada bien a aplicaciones térmicas como calefacción, secado, calentamiento de fluidos industriales; o bien estar orientada para la producción de energía eléctrica, para lo cual se suelen emplear ciclos termodinámicos con vapor, como el Ciclo de Rankine. Para abordar este tipo de ciclos resulta imprescindible desarrollar distintos aspectos esenciales:

- Balances de materia y energía. Primer y segundo principio de la termodinámica.
- Propiedades de las sustancias simples compresibles-Relación p-v-T.
- Ciclo ideal de Rankine.
- Sobrecalentamiento y recalentamiento.
- Ciclo regenerativo de potencia: calentador abierto y cerrado.
- Cogeneración.

Estos aspectos serán analizados en el presente capítulo.

9.2. Balances de materia y energía. Primer principio de la termodinámica

Definición de energía

Un sistema está definido por variables explicativas denominadas *variables de estado*. Unos valores determinados de las variables de estado establecen, por ejemplo, el estado 1. Un estado 2 quedará determinado por otros valores de esas variables. Generalmente las variables elegidas para caracterizar un sistema son: temperatura, presión, volumen, densidad, composición, velocidad o posición; aunque existen otras derivadas de las mismas. El valor de las variables de estado define el "estado del sistema". La variación del sistema de un estado 1 (estable) a un estado 2 supone un esfuerzo. Este esfuerzo se denomina *Energía*. Dicho con otras palabras, la energía es la capacidad que tiene un sistema para cambiar de forma espontánea entre dos estados. Si debo aportar energía para cambiar el sistema, es decir, si me cuesta un esfuerzo pasar del estado 1 al estado 2, la energía aportada, E, será mayor de 0. Si el sistema cambia de forma espontánea del estado 1 a un estado 2, el sistema cede energía, y la energía aportada, E, será menor de 0.

$E > 0$ se debe aportar energía.

$E < 0$ el sistema cambia y cede espontáneamente energía.

En los procesos de ingeniería el valor absoluto de la energía no es un parámetro que sea de interés especial, sino realmente el valor que interesa determinar con precisión es la variación de energía cedida o aportada en el proceso, ΔE, y entre los sucesivos estados, es decir:

$$\Delta E = E_1 - E_2 \tag{9.1}$$

Donde E_1 y E_2 es la energía del estado 1 y 2 respectivamente. Según sea la forma de transferirse la energía se denomina trabajo o calor. Las unidades de la energía se denominan joules (J).

Definición de trabajo

La energía cedida o empleada en la variación de movimiento se denomina *Trabajo*, W. Su valor diferencial viene determinado por la Ecuación 9.2, donde $\vec{F}$ es la resultante de fuerzas aplicadas al sistema y $d\vec{r}$ es el diferencial del vector de desplazamiento.

$$dW = \vec{F} \cdot d\vec{r} \tag{9.2}$$

Si no hay variación de posición, el trabajo es cero. En el sistema cilindro pistón de la figura el valor del trabajo se obtendrá desarrollando la Ecuación 9.2 del siguiente modo:

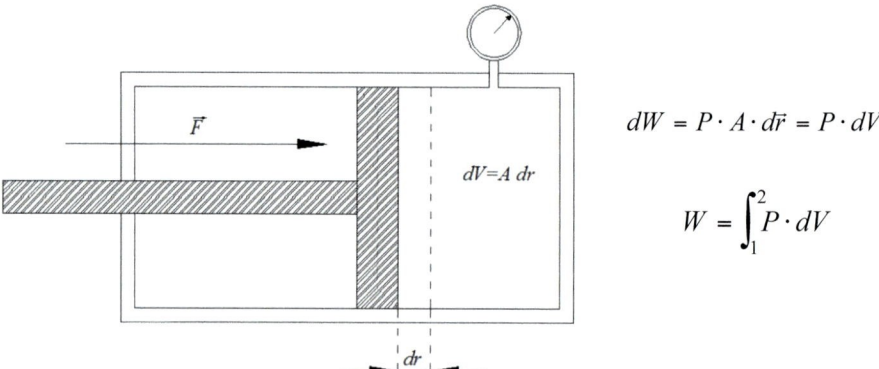

$$dW = P \cdot A \cdot d\vec{r} = P \cdot dV$$

$$W = \int_1^2 P \cdot dV$$

Figura 9.1. Sistema cilindro pistón, donde A es la superficie de la sección del cilindro.

En gases comprimidos las variables de estado *presión P* y *volumen V* se relacionan por la Ecuación 9.3, denominándose los procesos de compresión-expansión *procesos politrópicos.*

$$P \cdot V^n = cte \tag{9.3}$$

Por tanto,

$$P_1 \cdot V_1{}^n = P_2 \cdot V_2{}^n$$

Para n≠1

$$W = \int_{v1}^{v2} P \cdot dV = \int_{v1}^{v2} \frac{cte}{V^n} dV = cte \cdot \frac{1}{1-n}\left(V_2^{1-n} - V_1^{1-n}\right)$$

$$W = \frac{1}{1-n}\left(P_2 V_2^n \cdot V_2^{1-n} - P_1 V_1^n V_1^{1-n}\right) = \frac{1}{1-n}\left(P_2 V_2 - P_1 V_1\right)$$

Para n=1

$$W = \int_{v1}^{v2} P \cdot dV = \int_{v1}^{v2} \frac{cte}{V} dV = cte \cdot \left(\ln V_2 - \ln V_1\right) = P_1 V_1 \cdot \ln \frac{V_2}{V_1}$$

Calor

El calor o energía térmica es la energía asociada al nivel de excitación de las moléculas que constituyen un sistema. El nivel de excitación se manifiesta externamente por la variable temperatura. La transferencia de calor puede realizarse por tres formas: conducción, convección y radiación.

a) *Conducción*: es la transmisión de calor producida por dos masas estáticas en contacto a distinta temperatura, produciéndose la transferencia desde la masa más caliente a la más fría. La cantidad de calor transferida por unidad de tiempo viene dada por la Ecuación 9.4 donde m_1 es la masa *1* y m_2 es la masa 2, generalmente en kg; Cp_1 y Cp_2 son las capacidades caloríficas a presión constante de cada uno de los materiales (J kg^{-1} K^{-1}); dT es la diferencia de temperatura las masas en K.

$$\frac{dQ}{dt} = m_1 \cdot C_{p1} \cdot \frac{dT}{dt} = m_2 \cdot C_{p2} \cdot \frac{dT}{dt} \tag{9.4}$$

La cantidad de calor transfiriéndose por el interior en una masa por unidad de tiempo sigue la Ley de Fourier, que en la transferencia en una sola dirección determina la Ecuación 9.5 (Transferencia unidimensional).

$$\frac{dQ}{dt} = k \cdot A \cdot \frac{dT}{dx} \tag{9.5}$$

Donde k es la conductividad térmica característica de los materiales (J s^{-1} m^{-1} K^{-1}), A es la superficie de transmisión en m^2, generalmente dos isotermas, x distancia en metros y dT es la diferencia de temperatura entre las dos superficies isotermas de la masa en K

De las Ecuaciones (8.4) y (8.5) se deduce la Ecuación 9.6 que es denominada *ecuación del calor por conducción*, que constituye una ecuación diferencial de coeficientes constantes, cuya resolución por separación de variables proporciona la temperatura en cada punto en función del tiempo.

$$\frac{dT}{dt} \cdot p \cdot A \cdot dx \cdot C_p = k \cdot A \frac{dT}{dx},$$

$$\frac{dT}{dt} = \frac{k}{C_p \cdot p} \cdot \frac{d^2 T}{dx^2} \tag{9.6}$$

donde m, la masa del material, se ha desglosado como un volumen diferencial ($A \cdot dx$) por la densidad del material, p (kg m^{-3}).

b) *Convección*: es la transmisión de calor producida por el contacto entre un sólido y un fluido en movimiento a distinta temperatura. La cantidad de calor transferido por unidad de tiempo sigue la Ley de Newton Ecuación 9.7.

$$\frac{dQ}{dt} = h_p \cdot A \cdot \left(T_s - T_f\right) \tag{9.7}$$

Donde T_s es la temperatura de la superficie del sólido, T_f es la temperatura del fluido en movimiento, h_p es coeficiente de transmisión de calor por convección (coeficiente de película) y A área de la superficie en contacto.

El sistema de transferencia de calor por convección puede clasificarse en convección forzada y convección natural. La convección es forzada cuando existen fuerzas impulsivas que arrastran las partículas del fluido en contacto con la superficie del sólido y, por tanto, son reemplazadas por nuevas partículas manteniéndose la diferencia de temperatura entre la superficie y el fluido. Se dice que la convección es natural cuando el movimiento de las partículas se debe exclusivamente al movimiento provocado por la variación de densidad del fluido cuando se modifica su temperatura.

La determinación del coeficiente de película en un sistema de convección forzada está relacionada con tres valores adimensionales:

- Número de PRANDLT: $Pr = \dfrac{\mu \cdot Cp}{k}$

  donde
  - μ: viscosidad dinámica (kg s^{-1} m^{-1}).
  - Cp: calor específico a presión constante (J kg^{-1} °C^{-1}).
  - k: conductividad térmica del fluido (J s^{-1} m^{-1} °C^{-1}).

- Número de REYNOLDS:

  Para superficies planas $Re = \dfrac{c \cdot \rho \cdot L_c}{\mu}$

  Para tuberías cilíndricas $Re = \dfrac{c \cdot \rho \cdot D}{\mu}$

  Depósitos agitados estandarizados: $Re = \dfrac{\rho \cdot D_a^2 \cdot n/60}{\mu}$

  - L_c: longitud característica, en superficie plana en contacto con un flujo de aire será la longitud de la pieza en la dirección del flujo.
  - c: velocidad del fluido (m s^{-1}).
  - ρ: densidad del fluido (kg m^{-3}).
  - D: diámetro de la conducción (m).
  - μ: dinámica (kg s^{-1} m^{-1}).
  - D_a: diámetro de la turbina agitadora.
  - n: revoluciones por minuto de giro de la turbina agitadora.

- Número de NUSSELT $Nu = \alpha \cdot [Pr]^\beta \cdot [Re]^\gamma = D \cdot h_p \cdot k^{-1} = \dfrac{D \cdot h_p}{k}$

  donde α, β y γ se determinan experimentalmente y dependen de la geometría del sistema y el régimen.

Tabla 9.1. Correlaciones para el cálculo del número de Nusselt en convección forzada.

	Pared plana	Régimen laminar	$Nu = 0,664 \cdot \left[Re^{1/2} \cdot Pr^{1/3} \right]$
		Régimen turbulento	$Nu = 0,037 \cdot \left[Re^{0,8} \cdot Pr^{1/3} \right]$
Flujo externo perpendicular a la superficie	Tubo cilíndrico	Régimen laminar 40<Re<4000	$Nu = 0,683 \cdot \left[Re^{0,8} \cdot Pr^{1/3} \right]$
		Régimen turbulento 4000<Re<40000 40000<Re<400000	$Nu = 0,193 \cdot \left[Re^{0,8} \cdot Pr^{1/3} \right]$ $Nu = 0,027 \cdot \left[Re^{0,8} \cdot Pr^{1/3} \right]$
Flujo interior	Tubo cilíndrico	Régimen laminar	4,36
		Régimen turbulento 0,6<Pr<160; Re>10000, L/D>10	$Nu = 0,023 \cdot \left[Re^{0,8} \cdot Pr^{n} \right]$ (n=0,4 en calentamiento; n=0,3 en enfriamiento)

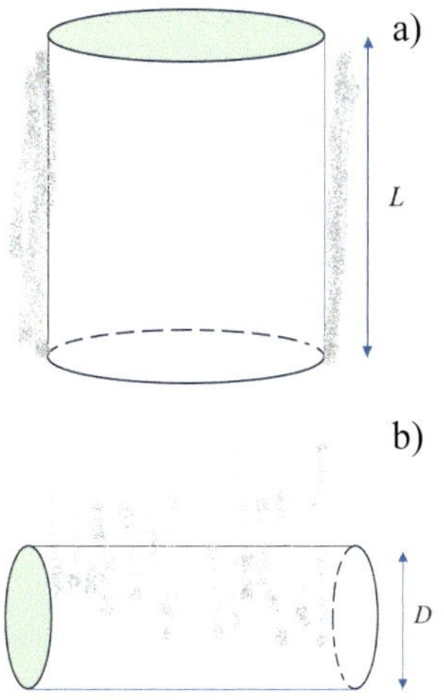

a)

La determinación del coeficiente de película en un sistema de convección natural el número de Reynolds se sustituye por el número de GRASHOF (Gr), donde $\beta = 1/T_\infty$ es el coeficiente de expansión volumétrica, que se calcula a partir de la temperatura ambiental (T_∞) en K.

b)

Tabla 9.2. Correlaciones para el cálculo del número de Nusselt en convección natural.

Pared o cilindro vertical	$Gr = \dfrac{\beta \cdot (T_s - T_\infty) \cdot L^3 \cdot g \cdot \rho^2}{\mu^2}$	$10^4 < Gr \cdot Pr < 10^9$	$Nu = 0,590 \cdot [Gr \cdot Pr]^{1/4}$
		$10^9 < Gr \cdot Pr < 10^{12}$	$Nu = 0,129 \cdot [Gr \cdot Pr]^{1/3}$
Cilindro horizontal	$Gr = \dfrac{\beta \cdot (T_s - T_\infty) \cdot D^3 \cdot g \cdot \rho^2}{\mu^2}$	$10^4 < Gr \cdot Pr < 10^7$	$Nu = 0,480 \cdot [Gr \cdot Pr]^{1/4}$
		$10^7 < Gr \cdot Pr < 10^{12}$	$Nu = 0,125 \cdot [Gr \cdot Pr]^{1/3}$

Figura 9.2. Convección natural en cilindro vertical(a) y cilindro horizontal (b).

Para superficies cilíndricas:

$$h_p = \frac{k}{D} Nu$$

Para superficies planas flujo externo:

$$h_p = \frac{k}{L_c} Nu$$

Por tanto, el coeficiente de película h_p en tubería depende de:
- μ: viscosidad dinámica (kg s⁻¹ m⁻¹).
- Cp: calor específico a presión constante (J kg⁻¹ °C⁻¹).
- k: conductividad térmica del fluido (J s⁻¹ m⁻¹ °C⁻¹).
- c: velocidad del fluido (m s⁻¹).
- ρ: densidad del fluido (kg m⁻³).
- D: diámetro de la conducción (m).

285

Coeficientes de película para el aire (a 0 °C):
- Viscosidad dinámica $\mu = 0,0171 \cdot 10^{-3}$ kg s^{-1} m^{-1}
- Calor específico a presión constante $Cp = 0,24$ kcal kg^{-1} °C^{-1} = 1004,16 J kg^{-1} °C^{-1}
- Conductividad térmica del fluido $k = 20,71 \cdot 10^{-3}$ kcal h^{-1} m^{-1} °C^{-1} = 86,65 J s^{-1} m^{-1} °C^{-1}
- Densidad del fluido $\rho = 1,25$ kg m^{-3}

Tabla 9.3. Coeficientes de película del aire en kcal h^{-1} m^{-2} °C^{-1}.

c (m/s)	D (m)					
	0,02	**0,05**	**0,10**	**0,30**	**0,50**	**1,00**
1	23,49	14,86	10,51	6,06	4,698	3,32
3	40,69	25,73	18,19	10,51	8,14	5,75
5	52,53	33,22	23,49	13,56	10,51	7,43
7,5	64,33	40,69	28,77	16,61	12,87	9,098

Coeficientes de película para el agua (a 30 °C):
- Viscosidad dinámica $\mu = 0,08305$ kg s^{-1} m^{-1}
- Calor específico a presión constante $Cp = 1$ kcal kg^{-1} °C^{-1} = 4180 J kg^{-1} °C^{-1}
- Conductividad térmica del fluido $k = 0,51342$ kcal h^{-1} m^{-1} °C^{-1} = 2146,4 J s^{-1} m^{-1} °C^{-1}
- Densidad del fluido $\rho = 1000$ kg m^{-3}

Tabla 9.4. Coeficientes de película del agua en kcal h^{-1} m^{-2} °C^{-1}.

c (m/s)	D (m)				
	0,02	**0,05**	**0,10**	**0,50**	**1,00**
0,10	698,52	441,78	312,39	197,57	98,78
0,25	1104,46	698,52	493,93	312,39	156,19
0,50	1561,94	981,86	698,52	441,78	220,89
0,75	1912,98	1209,87	855,51	541,07	270,53
1,00	2208,90	1397,04	987,86	624,77	312,39

c) *Radiación*: es la transferencia de calor a través de ondas electromagnéticas, cuantos o fotones. La cantidad de calor transferido por unidad de tiempo sigue la Ley de Stefan-Bolzman Ecuación 9.8.

$$\frac{dQ}{dt} = \varepsilon \cdot \sigma \cdot A \cdot (T_s^4 - T_e^4) \tag{9.8}$$

Donde T_s es la temperatura de la superficie, T_e es la temperatura de la superficie del entorno, ε la emisividad [0,1], σ constante de Stefan-Boltzman y A área superficial.

Primer principio de la termodinámica

Si analizamos el balance de energía en una máquina que transforma energía térmica (calor) en energía mecánica, como por ejemplo la máquina de vapor desarrollada a finales del siglo XVIII, tenemos que se introduce calor Q mediante la combustión de un material (madera, carbón, butano o cualquier otro combustible), y el resultado de la transformación es trabajo W, movimiento, desplazamiento. Si el calor no es igual al trabajo producido y se considera que no han existido pérdidas de energía, significa que parte de la energía introducida en el sistema se ha almacenado. Este almacenamiento se manifiesta en el aumento de la temperatura y presión dentro del sistema. A la energía existente dentro del sistema se denomina *Energía interna, U*. La variación de energía interna se obtiene la Ecuación 9.9, conocida como *primer principio de la termodinámica*.

$$U_2 - U_1 = Q - W$$

$$\Delta U = Q - W \tag{9.9}$$

Para dar valores absolutos de energía interna se fija un estado de referencia al que se le da energía interna igual a 0. El valor absoluto de la energía interna del sistema constituye una nueva variable de estado. A partir de la aplicación o sustracción de calor y trabajo se obtienen modificaciones de la energía interna, y por tanto del estado del sistema. La energía interna referida a la unidad de masa se denomina *energía interna específica* (J/kg).

El estado del sistema seleccionado como referencia en el que $U=0$ es el estado agua líquida saturado a 0,01 °C. No obstante en aplicaciones de ingeniería lo que interesa calcular es la variación de energía de un estado 1 a un estado 2, no el valor absoluto.

9.3. Análisis de la transferencia de energía en sistemas abiertos

Balance de materia

Consideramos un recinto llamado volumen de control (Figura 9.3) que inicialmente tiene contenida una masa $m_{vc}(t)$ y donde va a introducirse otra cantidad de masa m_e. Un instante posterior la masa total se ha redistribuido de tal manera que una parte está contenida en el volumen de control $m_{vc}(t + \Delta t)$ y otra parte ha salido por el extremo opuesto m_s. La masa total permanece constante por tanto deben cumplirse las Ecuaciones 9.10 y 9.11.

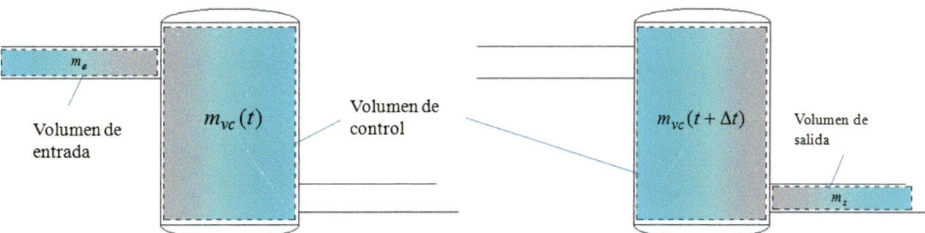

Figura 9.3. Balance de materia en un sistema abierto.

$$m_t = m_e + m_{vc}(t) \tag{9.10}$$

$$m_t = m_s + m_{vc}(t + \Delta t) \tag{9.11}$$

Por la ley de conservación de la masa.

$$m_e + m_{vc}(t) = m_s + m_{vc}(t + \Delta t)$$

Al dividir por el tiempo transcurrido entre el instante inicial y el instante final y redistribuyendo los términos resulta que la variación de masa en el volumen de control con el tiempo es igual a la diferencia de los flujos másicos de entrada y salida.

$$\frac{m_{vc}(t + \Delta t) - m_{vc}(t)}{\Delta t} = \frac{m_e - m_s}{\Delta t}$$

$$\lim_{\Delta t \to 0} \frac{m_{vc}(t + \Delta t) - m_{vc}(t)}{\Delta t} = \lim_{\Delta t \to 0} \frac{m_e - m_s}{\Delta t}$$

$$\frac{dm_{vc}}{dt} = \dot{m}_e - \dot{m}_s$$

En estado estacionario $\frac{dm_{vc}}{dt} = 0 \rightarrow \dot{m}_e = \dot{m}_s$.

La variación de masa en el volumen de control es cero en un sistema abierto en estado estacionario.

Balance de energía

También partiendo del modelo de la Figura 9.4 se cumple que la energía asociada a la masa del volumen de control $E_{vc}(t)$ y a la masa que se va a introducir en un instante posterior, también se distribuye entre la energía asociada a la masa que queda en el volumen de control $E_{vc}(t + \Delta t)$ y la que sale del mismo, Ecuaciones 9.12 y 9.13.

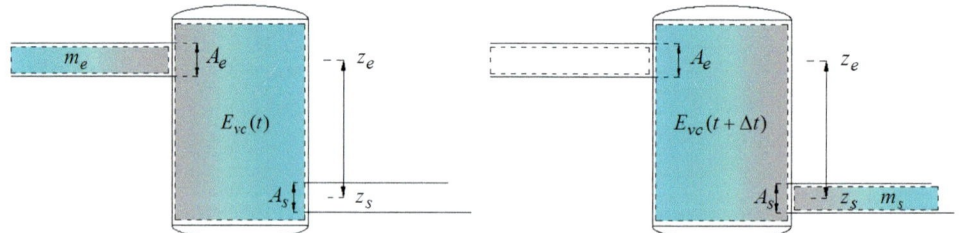

Figura 9.4. Balance de energía en un sistema abierto.

$$E(t) = E_{vc}(t) + m_e \left(u_e + \frac{c_e^2}{2} + gz_e \right) \tag{9.12}$$

$$E(t + \Delta t) = E_{vc}(t + \Delta t) + m_s \left(u_s + \frac{c_s^2}{2} + gz_s \right) \tag{9.13}$$

Donde E es la energía del sistema, u es la energía interna por unidad de masa, c es la velocidad del flujo y z es la altura.

Por la conservación de la energía: $E(t + \Delta t) - E(t) = Q - W$

Si dividimos por el tiempo transcurrido entre el instante inicial y el final, podemos calcular la variación de energía por unidad de tiempo, llamada *Potencia*, cuyas unidades en el sistema internacional son J/s, vatios.

$$\frac{E_{vc}(t+\Delta t)-E_{vc}(t)}{\Delta t}=\frac{Q}{\Delta t}-\frac{W}{\Delta t}+\dot{m}_e\left(u_e+\frac{c_e^2}{2}+gz_e\right)-\dot{m}_s\left(u_s+\frac{c_s^2}{2}+gz_s\right)$$

Tomando límites cuando $\Delta t \rightarrow 0$, resulta

$$\frac{dE_{vc}}{dt}=\dot{Q}-\dot{W}+\dot{m}_e\left(u_e+\frac{c_e^2}{2}+gz_e\right)-\dot{m}_s\left(u_s+\frac{c_s^2}{2}+gz_s\right) \qquad (9.14)$$

Para el análisis adecuado del sistema, el término trabajo debe ser desglosado en dos contribuciones: Por un lado, el trabajo asociado a la potencia del fluido cuya masa se introduce por las entradas y se evacúa por las salidas del sistema, y por otro lado, el trabajo asociado por la generación de movimientos de elementos distintos al fluido, W_{vc}: ventiladores, agitadores, ejes rotativos, turbinas, etc. A partir de estas consideraciones tenemos que:

$$\dot{W}=\dot{W}_{vc}+\dot{m}_s(P_s v_s)-\dot{m}_e(P_e v_e)$$

Donde P_e y P_s son la presión de entrada y salida del fluido respectivamente, y v_e y v_s son el volumen específico del fluido (m³/kg) en la entrada y salida respectivamente. Nótese que los términos $\dot{m}\cdot P\cdot v$ son el caudal (m³/s) por la presión en (N/m²) y es la potencia hidráulica del fluido. De este desglosamiento la Ecuación 9.14 del balance de energía queda del modo siguiente:

$$\frac{dE_{vc}}{dt}=\dot{Q}-\dot{W}_{vc}+\dot{m}_e\left(u_e+P_e v_e+\frac{c_e^2}{2}+gz_e\right)-\dot{m}_s\left(u_s+P_s v_s+\frac{c_s^2}{2}+gz_s\right) \qquad (9.15)$$

Se puede simplificar la expresión definiendo una nueva variable de estado, llamada Entalpía, H, cuyo valor corresponde a la suma de la energía interna y el producto de la presión y el volumen de un estado. La entalpía al ser el resultado de la combinación de variables de estado, también es una variable de estado.

Entalpía $H = U + PV$ (Julios)

Entalpía específica $h = u + Pv$ (Julios/kg)

Por tanto:

$$\frac{dE_{vc}}{dt}=\dot{Q}-\dot{W}_{vc}+\dot{m}_e\left(h_e+\frac{c_e^2}{2}+gz_e\right)-\dot{m}_s\left(h_s+\frac{c_s^2}{2}+gz_s\right) \qquad (9.16)$$

En estado estacionario $\dfrac{dE_{vc}}{dt}=0$

$$0=\dot{Q}-\dot{W}_{vc}+\dot{m}_e\left(h_e+\frac{c_e^2}{2}+gz_e\right)-\dot{m}_s\left(h_s+\frac{c_s^2}{2}+gz_s\right) \qquad (9.17)$$

Para la resolución de problemas de ingeniería, aplicando la ecuación de conservación de la energía (Ecuaciones 9.15, 9.16 o 9.17) los valores absolutos de las variables de estado u, h y s (entropía) han sido tabuladas en función de la temperatura, presión y volumen específico para distintos fluidos en estado de líquido saturado y vapor (Anexo 9.1). Ello permite el análisis de todos los elementos constituyentes de un circuito termodinámico: toberas y difusores, turbinas, compresores y bombas, intercambiadores de calor y dispositivos de estrangulación.

9.4. Análisis de elementos de circuitos termodinámicos

Mediante la Ecuación 9.17 se analizan los distintos elementos de un circuito termodinámico:

Toberas y difusores

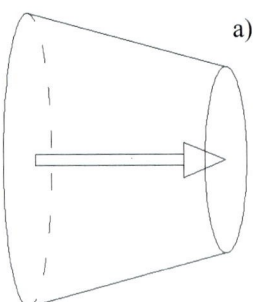

Una tobera es un conducto de sección variable en la que la velocidad de un fluido aumenta en la dirección del flujo. En un difusor la velocidad del fluido disminuye en la dirección del flujo.

Si el trabajo y calor generado o absorbido dentro de la tobera o difusor se considera nulo ($\dot{W}_{vc} = 0$, $\dot{Q} = 0$), y el flujo de masa que entra es igual al flujo de masa que sale ($\dot{m}_e = \dot{m}_s$), es decir, no hay acumulación de materia en el interior del recinto (volumen de control), cuando la diferencia de altura entre la entrada y salida son despreciables, la ecuación general de sistemas abiertos en estado estacionario se simplifica. La diferencia de entalpía entre la entrada y la salida del conducto de sección variable equivale a la variación de energía cinética. Para un flujo (caudal constante), la velocidad es proporcional a la sección dado que $F = c_e \cdot A_e = c_s \cdot A_s$

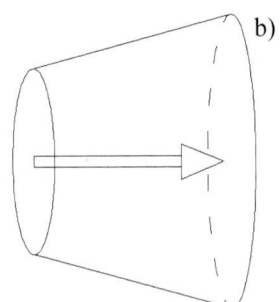

$$0 = \dot{Q} + \dot{W}_{vc} + \dot{m}_e \left(h_e + \frac{c_e^2}{2} + gz_e \right) - \dot{m}_s \left(h_s + \frac{c_s^2}{2} + gz_s \right)$$

$$h_s - h_e = \frac{c_e^2}{2} - \frac{c_s^2}{2}$$

El mismo efecto que las toberas tienen los elementos de estrangulación (válvulas), sólo que en estos dispositivos el tamaño de la sección es regulable, y por tanto, la energía cinética de salida.

Figura 9.5. Tobera (a) y difusor (b).

Turbina

Una turbina es un dispositivo en el que se produce trabajo como resultado del paso de un fluido a través de un sistema de álabes solidarios a un eje que puede girar libremente. Si el eje está acoplado a un alternador se generará energía eléctrica.

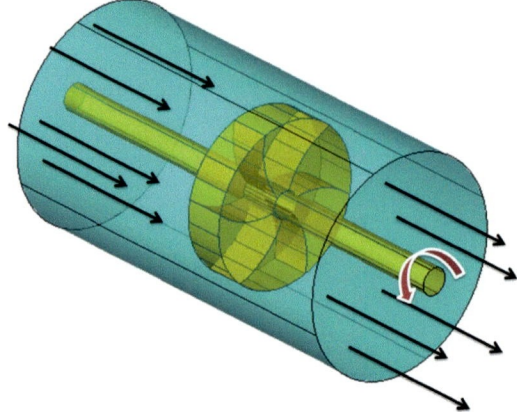

Figura 9.6. Turbina.

En la turbina el flujo de masa del fluido a la entrada y a la salida suele ser el mismo dado que no hay fugas ($\dot{m}_e = \dot{m}_s$). Además, la diferencia de altura y la diferencia de sección en la entrada y salida es despreciable ($z_e = z_a$, $A_e = A_s$), por tanto, también es despreciable la diferencia de energía cinética ($\frac{1}{2}\dot{m}_e \cdot c_e^2 = \frac{1}{2}\dot{m}_s \cdot c_s^2$) y energía potencial ($\dot{m}_e \cdot g \cdot z_e = \dot{m}_s \cdot g \cdot z_s$).

Si consideramos de forma ideal que no hay pérdidas de calor a través de los materiales (turbina adiabática) resulta que el trabajo extraído de la turbina, $\dot{W}_{vc} = \dot{W}_{turbina}$, es igual al flujo másico por la diferencia de entalpías entre la entrada y la salida de la misma.

$$0 = \dot{Q} + \dot{W}_{vc} + \dot{m}_e\left(h_e + \frac{c_e^2}{2} + gz_e\right) - \dot{m}_s\left(h_s + \frac{c_s^2}{2} + gz_s\right)$$

$$\dot{W}_{turbina} = \dot{m} \cdot \left(h_e - h_s\right)$$

Cuando se utiliza como fluido operante vapor saturado o sobrecalentado a presión para obtener trabajo en la turbina, sí existen ciertas pérdidas de energía por el calentamiento de los materiales a causa de la radiación y convección hacia el exterior, por tanto, el trabajo realmente extraíble es menor al calculado de forma ideal. La relación entre el trabajo que realmente se obtiene de la turbina y el obtenible en una concepción ideal donde se considera la turbina adiabática (sin pérdidas de calor) se denomina rendimiento de la turbina, definido por la Ecuación 9.18.

$$\eta_{turbina} = \frac{\dot{m} \cdot \left(h_e - h_s\right) - Q}{\dot{m}\left(h_e - h_s\right)} \tag{9.18}$$

Compresores y bombas

Son dispositivos en los que se realiza trabajo sobre un gas (compresor) o un líquido (bomba) que los atraviesa con el objeto de aumentar su presión.

En los compresores y bombas, del mismo modo que en la turbina, el flujo de masa del fluido a la entrada y a la salida suele ser el mismo dado que no hay fugas ($\dot{m}_e = \dot{m}_s$), y la diferencia de altura y la diferencia de sección en la entrada y salida es despreciable ($z_e = z_a$, $A_e = A_s$).

Si consideramos estas máquinas adiabáticas (sin pérdidas de calor), el trabajo que hay que aportar a las mismas, $\dot{W}_{vc} = \dot{W}_{bomba}$, para el incremento de la presión se deduce de la ecuación general de la energía en sistemas abiertos.

$$0 = \dot{Q} + \dot{W}_{vc} + \dot{m}_e\left(h_e + \frac{c_e^2}{2} + gz_e\right) - \dot{m}_s\left(h_s + \frac{c_s^2}{2} + gz_s\right)$$

$$\dot{W}_{bomba} = \dot{m} \cdot \left(h_e - h_s\right)$$

No obstante, el rozamiento de las partículas, reflujo de pequeños volúmenes de agua, y el rozamiento entre elementos mecánicos producen pérdidas de energía. La relación entre la energía útil proporcionada por la bomba y la energía consumida queda definida como *rendimiento energético de la bomba*.

Intercambiadores de calor

Son dispositivos en los que se intercambia energía térmica entre fluidos. Puede ser por convección en tuberías concéntricas, por circulación de los fluidos por los diferentes lados de placas con paredes paralelas, o por discurrir la tubería sumergida por un depósito con fluido refrigerante o calentador.

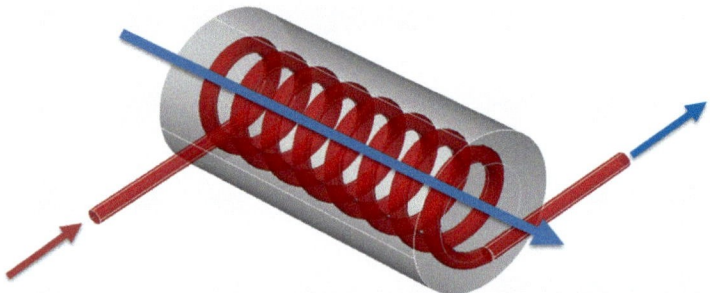

Figura 9.7. Intercambiadores de calor.

Si la pérdida de carga (presión) en el intercambiador se considera nula, es decir, no se extrae trabajo del volumen de control, y el flujo de masa del fluido a la entrada y a la salida es similar, siendo la influencia de la diferencia de altura y sección entre la entrada y salida despreciables en las pérdidas de energía, el calor transferido entre los fluidos sigue la Ecuación 9.19.

$$0 = \dot{Q} + \dot{W}_{vc} + \dot{m}_e \left(h_e + \frac{c_e^2}{2} + g z_e \right) - \dot{m}_s \left(h_s + \frac{c_s^2}{2} + g z_s \right)$$

$$\dot{Q}_{int\,ercambiador} = \dot{m} \cdot \left(h_e - h_s \right) \tag{9.19}$$

9.5. Propiedades de las sustancias simples compresibles-relación P-V-T

Para definir el sentido de las transferencias de energía se utiliza el concepto de entropía. La entropía de un sistema (simbolizada como S) hace referencia al desorden, y su valor constituye una variable de estado. Según el *segundo principio de la termodinámica* el sentido de las transferencias de energía de forma espontánea siempre se produce en sentido creciente de entropía, es decir $S_2 - S_1 > 0$, siendo S_1 la entropía en el estado 1 y S_2 la entropía en el estado 2. Según el *tercer principio de la termodinámica e*l cero de entropía se produce en el cero absoluto de temperatura a -273 °C = 0 K, temperatura en que se forman cristales perfectamente ordenados sin vibración de sus partículas, no pudiendo existir valores más bajos de temperatura. Cuando un sistema termodinámico pasa en un proceso reversible del estado 1 al estado 2, el cambio en su entropía es igual a la cantidad de calor intercambiado entre el sistema y el medio, dividido por su temperatura absoluta.

$$S_2 - S_1 = \int_1^2 \frac{dQ}{T} \tag{9.20}$$

Si se coloca un volumen de agua líquida a calentar a presión atmosférica (1,013 MPa), como puede ser por ejemplo en un cazo al fuego de una cocina, el agua se calentará experimentando un incremento de su temperatura hasta que empiece a formarse vapor (a Temperatura de ebullición). Mientras exista agua líquida en el proceso de ebullición la temperatura permanecerá constante. Si toda el agua líquida pasa a gas pero se sigue calentando, la temperatura volverá a sufrir un aumento. Al representar la variación de temperatura en este proceso en función de la entropía, definida según la Ecuación 9.20, se obtiene la representación de la Figura 9.8a. Si repetimos el proceso a distintas presiones, por ejemplo, a presión menor que la atmosférica (0,5 MPa) o a mayor presión que la atmosférica (2 MPa) las curvas toman trazados distintos modificándose el punto de ebullición, como se muestra en la Figura 9.8b. La curva obtenida a presión más baja presenta un punto de ebullición más bajo, la curva obtenida a presión más alta tendrá un punto de ebullición más alto. Si se unen los puntos de ebullición obtenidos a distintas presiones por un lado, y los puntos donde finaliza el proceso de evaporación se observa que el área del diagrama cartesiano que representa la temperatura (en el eje Y) y la entropía (en el eje X) del sistema queda dividido en tres zonas (Figura 9.9):

- Una zona de estado líquido.
- Una zona de transición de estado líquido a vapor.
- Una zona de vapor.

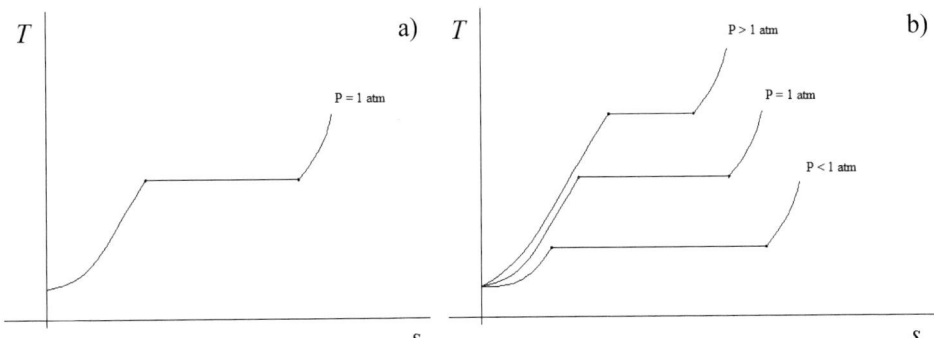

Figura 9.8. Variación de la temperatura versus entropía.

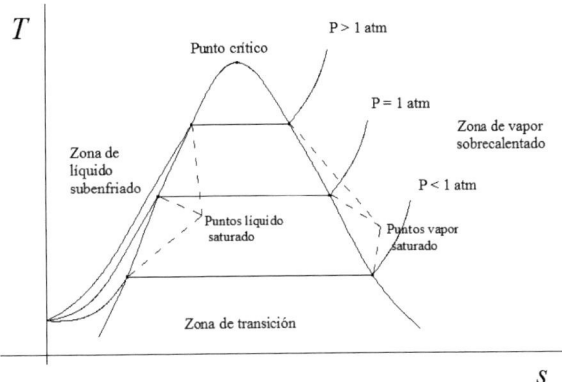

Figura 9.9. Variación de la temperatura versus entropía.

Nótese que las curvas representadas en las Figuras 9.8a y 9.8b son isobaras (líneas de presión constante). Las isobaras son crecientes con la entropía en la zona líquida, son constantes en la zona de transición, y vuelven a ser crecientes en la zona de vapor. Las isotermas (líneas de temperatura constante) son líneas paralelas al eje X, y en la zona de transición las isobaras y las isotermas coinciden.

A los puntos frontera entre la zona líquida y la zona de transición se denominan puntos de *líquido saturado*. A los puntos frontera entre la zona de transición y la zona de vapor se denominan puntos de *vapor saturado*. A los puntos de la zona líquida por debajo de la saturación se denominan puntos de *líquido subenfriado*. A la zona de vapor por encima de la saturación se denomina *vapor sobrecalentado*. Para cada presión la diferencia entre el calor aportado en el punto de líquido saturado y el calor aportado en el punto de vapor saturado representa el *calor latente*, calor aportado sin incremento de temperatura. Las diferencias de calor en la zona de líquido subenfriado y vapor sobrecalentado sí provocan variación de temperatura, denominándose *calor sensible*. Obsérvese que para presiones mayores el calor latente disminuye, hasta un punto a partir del cual es nulo. Este punto se denomina *punto crítico*, establecido por la temperatura y presión tal que el cambio de estado se realiza sin absorción de calor latente, es decir, sin zona de transición.

Las variables de estado volumen específico (v), energía interna específica (u), entalpía específica (h) y entropía específica (s) de los puntos de líquido y vapor saturado están tabuladas en función de la presión y la temperatura. Estas tablas se muestran en el Anexo 9.1. Así mismo también se encuentran tabuladas las propiedades del líquido subenfriado y vapor recalentado para distintas presiones y temperaturas. En la zona de transición todas las propiedades son proporcionales a la fracción de agua líquida y vapor saturados que se posee en un determinado punto. Se denomina *título* (x) a la fracción de vapor existente en la mezcla en un punto concreto de la transición tal que:

$$x = \frac{m_{vap}}{m} \ , \ \frac{m_{liq}}{m} = 1 - x$$

Donde m es la masa total de la mezcla líquido-vapor, m_{vap} es la masa de vapor en la mezcla y m_{liq} es la masa de líquido en la mezcla. Si denotamos las variables de estado del líquido saturado a una cierta presión como v_a, u_a, h_a, y s_a, y las variables del vapor saturado como v_b, u_b, h_b, y s_b, entonces tenemos que para el volumen específico de un punto de la zona de transición v_i se puede calcular con la Ecuación 9.21.

$$v = \frac{m_{liq}}{m} v_a + \frac{m_{vap}}{m} v_b$$

$$v_i = (1 - x)v_a + xv_b \qquad (9.21)$$

De igual modo:

Energía interna específica $u_i = (1 - x)u_a + xu_b$

Entalpía específica $h_i = (1 - x)h_a + xh_b$

Entropía específica $s_i = (1 - x)s_a + xs_b$

Donde u_i, h_i, y s_i son respectivamente la energía interna, la entalpía y la entropía de un punto de la zona de transición a determinada presión.

Aunque existen valores tabulados de las variables de estado del líquido subenfriado cabe destacar que los valores de energía interna y volumen específico varían poco con la presión a temperatura dada, porque se comporta como un líquido incompresible. Por ello en la zona de líquido subenfriado caben las simplificaciones $u_i(p,T) \approx u(T)$ y $v_i(p,T) \approx v(T)$, tal que se puede calcular la entalpía del líquido subenfriado sabiendo su temperatura y su entalpía de saturación a esa temperatura.

$$h_i \approx u_i(T) + p_i v_i(T)$$

$$h_{sat} \approx u_{sat}(T) + p_{sat} v_{sat}(T)$$

$$h_i - h_{sat} \approx u_i(T) - u_{sat}(T) + p_i v_i(T) - p_{sat} v_{sat}(T)$$

Como $u_i(T) = u_{sat}(T)$ y $v_i(T) = v_{sat}(T)$, se tiene que:

$$h_i = h_{sat} + v_{sat}(T) \cdot \left(p_i - p_{sat}(T) \right) \tag{9.22}$$

9.6. Instalaciones de potencia de vapor. Ciclo de Rankine

Las instalaciones que utilizan combustión de biomasa sólida para la generación de potencia (eléctrica) utilizan ciclos de vapor que tienen su fundamento básico en el *Ciclo de Rankine*. En la Figura 9.10 se representan los elementos de circuito termodinámico para generación de potencia. Este ciclo funciona del siguiente modo: con el calor obtenido de la combustión de biomasa en una caldera se genera vapor saturado o sobrecalentado a alta presión, haciéndose pasar por una turbina. Las condiciones de entrada del vapor en la turbina quedan definidas por las variables de estado: temperatura, presión, entalpía, entropía, volumen específico y título, identificadas por el punto 1 de la Figura 9.11. De la turbina se extrae trabajo que a través de un alternador se convertirá en energía eléctrica. Esta cesión de energía provoca una disminución de presión y consecuentemente de entalpía. Si se considera el Ciclo de Rankine ideal, sin pérdidas de energía, es decir, la turbina se considera adiabática, sin pérdidas de calor, en las condiciones de salida del fluido, identificadas con el punto 2 de la Figura 9.11, se posee la misma entropía que el punto 1. Si la variación de entalpía en el vapor al pasar por la turbina ha provocado una cierta condensación, las condiciones de salida de la misma (punto 2) se sitúan en la zona de transición; en caso contrario se situarán en la zona de vapor sobrecalentado. Una vez el fluido ha pasado por la turbina se dirige a un condensador para pasarlo a líquido saturado (punto 3) o subenfriado, para aumentar de nuevo la presión mediante una bomba antes de llegar a la caldera (punto 4), donde el líquido a alta presión vuelve a evaporarse para comenzar de nuevo el ciclo.

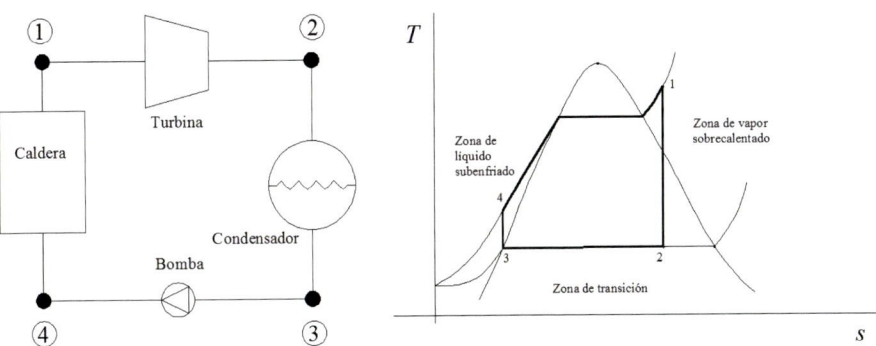

Figura 9.10. Esquema y gráfica del Ciclo de Rankine.

295

El vapor generado en la caldera en el estado 1, con presión y temperatura elevada se expande a través de la turbina para producir trabajo, de donde se descargará en el condensador con estado 2. Si consideramos despreciable el calor transferido al ambiente (turbina adiabática), y despreciamos también las variaciones de energía cinética y potencial a la entrada y salida del volumen de control de la turbina, el balance de energía en términos de potencia en la misma sigue la ecuación (9.23).

$$\dot{W}_t = \dot{m} \cdot \left(h_1 - h_2 \right)$$ (9.23)

En el condensador el calor disipado que se transfiere del vapor del circuito al agua de refrigeración que circula en un flujo separado vendrá definido por la ecuación (9.24)

$$\dot{Q}_s = \dot{m} \cdot \left(h_2 - h_3 \right)$$ (9.24)

El líquido procedente del condensador en estado 3 es bombeado desde la presión del condensador hasta la presión más alta de la caldera. La potencia a suministrar en la bomba si ésta se considera adiabática, y se desprecian las variaciones de energía cinética y potencial se calcularía según la ecuación (9.25)

$$\dot{W}_b = \dot{m} \cdot \left(h_4 - h_3 \right)$$ (9.25)

El ciclo se completa cuando el líquido procedente de la bomba en estado 4 se calienta y se evapora en la caldera hasta las condiciones de entrada de la turbina. La potencia calorífica a aportar en la caldera se calcula por la ecuación (9.26) donde se han despreciado las variaciones de energía cinética y potencial.

$$\dot{Q}_c = \dot{m} \cdot \left(h_1 - h_4 \right)$$ (9.26)

Parámetros de evaluación del funcionamiento

Rendimiento térmico

Es la relación entre la energía mecánica neta (trabajo) que se obtiene del ciclo y el calor aportado en la caldera.

$$\eta_t = \frac{\dot{W}_t - \dot{W}_b}{\dot{Q}_c} = \frac{(h_1 - h_2) - (h_4 - h_3)}{h_1 - h_4}$$

Nótese que el balance del ciclo ideal es nulo, es decir, la energía aportada en la caldera en forma de calor junto el trabajo aportado en la bomba es similar al calor disipado en el condensador junto el trabajo extraído de la turbina.

$$\dot{W}_t + \dot{Q}_s = \dot{W}_b + \dot{Q}_c$$

Relación de trabajos

Es la relación entre el trabajo consumido por la bomba y el trabajo desarrollado por la turbina.

$$rw = \frac{\dot{W}_b}{\dot{W}_t} = \frac{h_4 - h_3}{h_1 - h_2}$$

Consumo horario de combustible (Csh)

Es la cantidad de combustible consumido en el ciclo por hora de funcionamiento expresado en kg/h. Viene calculado según la ecuación (9.27), donde $\dot{Q}_c$ es la potencia de la caldera en kW, η_c es el rendimiento de la caldera, PC_{comb} es el poder calorífico del combustible expresado en kJ/kg.

$$Csh = \frac{\dot{Q}_c \cdot 3600}{\eta_c \cdot PC_{comb}} \tag{9.27}$$

A partir del consumo horario puede determinarse las dimensiones del silo de abastecimiento de la caldera de biomasa. Si se conoce la autonomía deseada en la instalación, d (días), las horas que funciona el ciclo al día h_s y la densidad aparente del biocombustible, ρ_a (kg/m^3), el volumen del silo (m^3) se calcula según la ecuación (9.28).

$$V_{silo} = \frac{Csh \cdot hs \cdot d}{\rho_a} \tag{9.28}$$

Consumo específico de combustible (Cs)

Es la cantidad de combustible que necesita el ciclo para producir una unidad de trabajo medido en kWh.

$$Cs = \frac{Csh}{\dot{W}_t - \dot{W}_b}$$

Ejemplo 1

Consideremos un ciclo de vapor ideal para obtener una potencia de 5 MW a partir de la combustión de astilla de madera. Las condiciones de entrada del vapor en la turbina son 125 bares a 450 °C, y se expande hasta 0,08 bares, donde se conduce el fluido al condensador de donde sale líquido saturado. Determínese:

a) Flujo másico de vapor en kg/h.

b) Flujo de calor absorbido en la caldera $\dot{Q}_c$.

c) Flujo de calor cedido en el condensador $\dot{Q}_s$.

d) Potencia de las bombas $\dot{W}_b$.

e) Rendimiento térmico y relación entre trabajos.

f) Flujo másico de agua de refrigeración en el condensador en kg/h, si entra en el condensador a 15 °C y sale a 35 °C.

g) Si se utiliza como combustible astillas con un poder calorífico de 19MJ/kg, determínese el consumo específico de combustible en una caldera del 90% de rendimiento.

h) Para una autonomía de 10 días, calcúlese el volumen del silo de almacenamiento si la densidad aparente de las astillas es de 250 kg/m^3.

Planteamiento

El proyecto de una instalación de potencia a partir de ciclos de vapor generalmente comienza con la determinación de las necesidades energéticas que debe suplir la planta. En el caso del ejemplo 1 se fijan en 5 MW. A través de catálogos se elige una turbina cuyo rango de servicio incluya la energía esperada. Una vez seleccionada la turbina el propio catálogo del fabricante debe especificar las condiciones del vapor a la entrada y a la salida de la misma. Según el enunciado la entrada de la turbina es vapor a 450 °C a 125 bares y la salida es vapor a 0,08 bares. Si se comprueban las tablas de los puntos de líquido y vapor saturados (proporcionados en el Anexo 9.1), el vapor saturado a 125 bares se produce a 327,32 °C. Como las condiciones de la entrada son a 450 °C>327,32 °C, se trata de vapor sobrecalentado. Para conocer las variables de estado de vapor sobrecalentado a 450 °C y 125 bares se deben consultar las tablas que corresponden a este estado (vapor sobrecalentado), obteniéndose el punto 1.

En la Tabla 9.5 se muestran los valores de los distintos puntos del ciclo. Los valores en recuadro resaltado son obtenidos del cálculo. El resto han sido obtenidos de las tablas.

Tabla 9.5. Valores de estado en los distintos puntos del Ciclo de Rankine.

Punto	T (°C)	P (bar)	x	h (kJ/kg)	s (kJ/kg °C)	v (m³/kg)
1	450	125	1	3201,5	6,2749	0,02302
2		0,08	**0,744**	**1961,8**	6,2749	
3	41,51	0,08	0	173,88	0,5926	**1,0084 10⁻³**
4		125	0	**185,68**	0,5926	

La entropía del punto 2 es similar a la del punto 1, puesto que se considera la turbina adiabática, es decir, sin pérdidas de calor. Para la determinación de la entalpía en el punto 2 es necesario calcular el título. Para ello nos servimos de las propiedades:

$$s_2 = (1 - x_2)s_{2a} + x \cdot s_{2b}$$

$$h_2 = (1 - x_2) \cdot h_{2a} + x \cdot h_{2b}$$

Donde h_{2a}, y s_{2a} son la entalpía y la entropía del líquido saturado a 0,08 bares, y h_b, y s_b, son la entalpía y la entropía del vapor saturado a esa misma presión, cuyos valores se muestran en la Tabla 9.6.

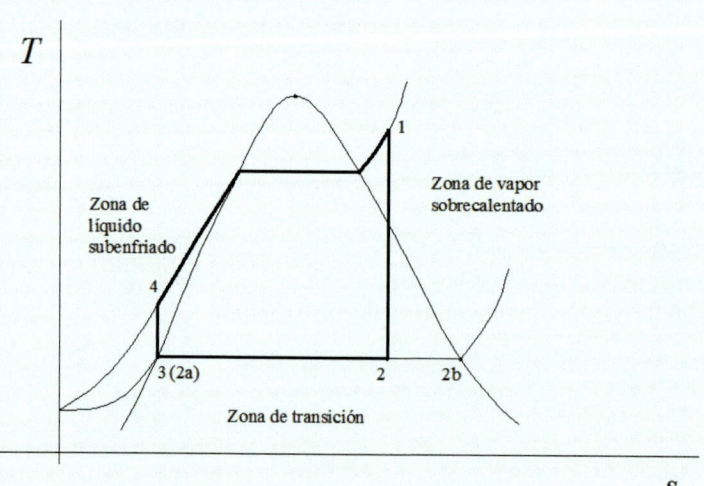

Figura 9.11. Diagrama del Ciclo de Rankine.

Tabla 9.6. Valores de estado del líquido saturado y vapor saturado a 0,08 bares.

Punto	T (°C)	P (bar)	x	h (kJ/kg)	s (kJ/kg °C)	v (m³/kg)
2a (3)	41,51	0,08	0	173,88	0,5926	1,0084 10-3
2b	41,51	0,08	1	2577	8,2287	18,103

$$x_2 = \frac{s_2 - s_{2a}}{s_{2b} - s_{2a}} = \frac{6,2749 - 0,5926}{8,2287 - 0,5926} = 0,744$$

$$h_2 = (1 - x_2) \cdot h_{2a} + x_2 \cdot h_{2b} = (1 - 0,744) \cdot 173,88 + 0,744 \cdot 2577 = 1961,8 \text{ kJ/kg}$$

Para obtener la entalpía del punto 4 se recurre a que la potencia de la bomba es igual a la diferencia de presión $(P_4 - P_3)$ por el caudal F y también es igual al flujo másico $\dot{m}$ por la diferencia de entalpías $(h_4 - h_3)$. Dado que el caudal es igual a flujo másico por el volumen específico, se puede obtener la entalpía h_4.

$$\dot{W}_b = F \cdot (P_4 - P_3) = \dot{m} \cdot (h_4 - h_3)$$

$$\dot{m} \cdot v_3 \cdot (P_4 - P_3) = \dot{m} \cdot (h_4 - h_3)$$

$$h_4 = h_3 + \cdot v_3 \cdot (P_4 - P_3)$$

Dado que el valor de la entalpía la expresamos en la tabla como kJ/kg, para obtener estas unidades es necesario expresar la presión en kPa, tal que:

$$h_4 = h_3 + \cdot v_3 \cdot (P_4 - P_3) = 173,88 + 1,0084 \cdot 10^{-3} \cdot (12500 - 800) = 185,68 \text{ kJ/kg}$$

a) Cálculo del flujo másico de vapor

La determinación de los valores de las variables de estado en los distintos puntos del ciclo nos permite calcular el flujo másico necesario para obtener la energía requerida del mismo.

$$\dot{W}_t - \dot{W}_b = \dot{m} \cdot (h_1 - h_2) - \dot{m} \cdot (h_4 - h_3)$$

$$\dot{m} = \frac{\dot{W}_t - \dot{W}_b}{h_1 - h_2 + h_3 - h_4}$$

$$\dot{m} = \frac{5000 \text{ kW}}{3201,5 - 1961,8 + 173,88 - 185,68} = 4,07 \text{ kg de vapor/s}$$

b) c) y d) Potencias de los dispositivos

A partir del flujo de vapor circulante en el ciclo se determinan las potencias de cada uno de los elementos:

- Potencia de la turbina: $\dot{W}_t = \dot{m} \cdot (h_1 - h_2) = 4,07 \cdot (3201,5 - 1961,8) = 5048,05 \text{ kW}$
- Potencia disipada en el condensador: $\dot{Q}_s = \dot{m} \cdot (h_2 - h_3) = 4,07 \cdot (1961,8 - 173,88) = 7280,40 \text{ kW}$
- Potencia consumida en las bombas: $\dot{W}_b = \dot{m} \cdot (h_4 - h_3) = 4,07 \cdot (185,68 - 173,88) = 48,04 \text{ kW}$
- Potencia requerida de la caldera: $\dot{Q}_c = \dot{m} \cdot (h_1 - h_4) = 4,07 \cdot (3201,5 - 185,68) = 12280,40 \text{ kW}$

e) El rendimiento térmico y la relación entre trabajos resultan:

$$\eta_t = \frac{\dot{W}_t - \dot{W}_b}{\dot{Q}_c} = \frac{(h_1 - h_2) - (h_4 - h_3)}{h_1 - h_4} = \frac{3201,5 - 1961,8 + 173,88 - 185,68}{3201,5 - 185,68} = 0,41$$

$$rw = \frac{\dot{W}_b}{\dot{W}_t} = \frac{h_4 - h_3}{h_1 - h_2} = \frac{185,68 - 173,88}{3201,5 - 1961,8} = 0,0095$$

f) Flujo másico de agua de refrigeración en el condensador

El calor disipado por el condensador es absorbido por el agua de condensación, que según el enunciado entra en el condensador a 15 °C y sale a 35 °C. Este agua se suele tomar de reservorios naturales como ríos, lagos o el mar, por ello la temperatura de evacuación de agua caliente debe estar limitada de tal modo que no se ponga en peligro las condiciones bióticas del mismo. Las bajas presiones y temperaturas de trabajo en el agua de refrigeración hace que se trate de agua subenfriada. La entalpía de los líquidos subenfriados a pesar de estar también tabuladas no se diferencia mucho de las de los líquidos saturados. A las temperaturas de 15 °C y 35 °C el líquido saturado tiene unas entalpías de $h_{15°}$= 62,99 kJ/kg y $h_{35°}$ = 146,66 kJ/kg.

$$\dot{Q}_s = \dot{m}_{refrigeración} \cdot (h_{35°} - h_{15°})$$

$$\dot{m}_{refrigeración} = \frac{\dot{Q}_s}{h_{35°} - h_{15°}} = \frac{7280,40}{146,66\text{-}62,99} = 87,01 \text{ kg/s}$$

g) Consumo específico de combustible considerando un rendimiento de la caldera del 90%

$$Csh = \frac{\dot{Q}_c \cdot 3600}{\eta_c \cdot PC_{comb}} = \frac{12280,40 \cdot 3600}{0,9 \cdot 19000} = 2585,35 \text{ kg/h}$$

$$Cs = \frac{Csh}{\dot{W}_t - \dot{W}_b} = \frac{2585,35}{5000} = 0,52 \text{ kg/kWh}$$

Si suponemos un precio de mercado de la astilla de 40 € la tonelada, el precio del kWh resulta de

$$C = 0,52 \cdot \frac{40}{1000} = 0,0207 \text{ €/kWh}$$

A este coste de la energía habría que añadirle los asociados a la amortización, mantenimiento, mano de obra, gestión, etc. Considerando que se trabaja 365 días al año durante las 24 h del día las necesidades de biomasa de la planta son de 22647,64 t/año. Tomando como producción media de biomasa con destino energético en sistemas forestales de 18 t/ha, es necesario abastecerse de tratamientos selvícolas de 1258,20 ha anuales.

h) Para una autonomía de 10 días el volumen del silo de almacenamiento será si la densidad aparente de las astillas es de 250 kg/m³

$$V_{silo} = \frac{Csh \cdot hs \cdot d}{\rho_a} = \frac{2585,35 \cdot 24 \cdot 10}{250} = 2481,93 \text{ m}^3$$

Fin.

Principales irreversibilidades y pérdidas

En condiciones reales la turbina y la bomba poseen pérdidas de energía. Estas pérdidas de energía suponen procesos irreversibles que modifican el Ciclo ideal de Rankine. En la Figura 9.12 se muestran los efectos de las mismas. Se puede observar que las condiciones reales de salida del fluido operante de la turbina y de la bomba (condiciones 2r y 4r respectivamente) se sitúan a la derecha del punto teórico obtenido del ciclo ideal (2t y 4t respectivamente). La relación entre la energía útil y la energía consumida se denomina rendimiento. El rendimiento de la turbina viene calculado por la Ecuación 9.29. Donde W_{ts} es el trabajo que realmente produce la turbina, y W_t es trabajo que produciría sin pérdidas.

$$\eta_{turbina} = \frac{\dot{W}_t}{\dot{W}_{ts}} = \frac{h_1 - h_{2r}}{h_1 - h_{2t}} \tag{9.29}$$

La diferencia de entalpía específica ($h_1 - h_{2r}$) es la energía realmente obtenida por kg de gas que atraviesa la turbina, y resulta más pequeña que la que teóricamente cabría esperar si no existiesen irreversibilidades ($h_1 - h_{2t}$). Por tanto, el rendimiento es menor que la unidad. El rendimiento de la bomba viene calculado por la Ecuación 9.30. Donde W_{bs} es el trabajo que realmente proporciona la bomba, y W_b es trabajo que proporcionaría la bomba sin pérdidas.

$$\eta_{bomba} = \frac{\dot{W}_{bs}}{\dot{W}_b} = \frac{h_{4t} - h_3}{h_{4r} - h_3} \tag{9.30}$$

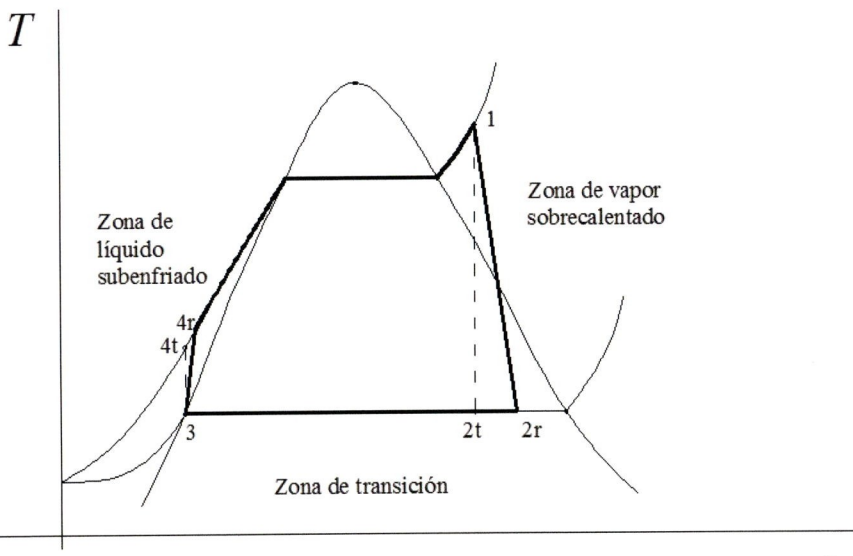

Figura 9.12. Variaciones del Ciclo de Rankine respecto al ideal.

301

Ejemplo 2

En el ejemplo anterior las condiciones de entrada del vapor en la turbina son 125 bares a 450 °C y se expande hasta 0,08 bar, para conseguir 5 MW de potencia, considérese unos rendimientos de bomba y turbina del 85%. Determínese:

a) Flujo másico de vapor en kg/h en el ciclo.

b) Flujo de calor absorbido en la caldera $\dot{Q}_c$.

c) Flujo de calor cedido en el condensador $\dot{Q}_s$.

d) Potencia de las bombas $\dot{W}_b$.

e) Rendimiento térmico y relación entre trabajos.

f) Flujo másico de agua de refrigeración en el condensador en kg/h, si entra en el condensador a 15 °C y sale a 35 °C.

g) Si se utiliza como combustible astillas con un poder calorífico de 19MJ/kg, determínese el consumo específico de combustible en una caldera del 90% de rendimiento.

h) Para una autonomía de 10 días calcúlese el volumen del silo de almacenamiento si la densidad aparente de las astillas es de 250 kg/m³.

Planteamiento

Partiendo de los puntos teóricos mostrados en la Tabla 9.5, al aplicar las ecuaciones del rendimiento de la turbina y de la bomba obtenemos los puntos reales.

$$\eta_{turbina} = \frac{\dot{W}_t}{\dot{W}_{ts}} = \frac{h_1 - h_{2r}}{h_1 - h_{2t}} \rightarrow h_{2r} = h_1 - \eta_{turbina} \cdot (h_1 - h_{2t}) = 2148,03 \text{ kJ/kg}$$

$$\eta_{bomba} = \frac{\dot{W}_{bs}}{\dot{W}_b} = \frac{h_{4t} - h_3}{h_{4r} - h_3} \rightarrow h_{4r} = h_3 + \frac{h_{4t} - h_3}{\eta_{bomba}} = 186,99 \text{ kJ/kg}$$

a) Cálculo del flujo másico de vapor

Con los valores reales de las variables de estado en los distintos puntos del ciclo calculamos el flujo másico necesario para obtener la energía requerida del mismo.

$$\dot{W}_t - \dot{W}_b = \dot{m} \cdot (h_1 - h_{2r}) - \dot{m} \cdot (h_{4r} - h_3)$$

$$m = \frac{\dot{W}_t - \dot{W}_b}{h_1 - h_{2r} + h_3 - h_{4r}}$$

$$\dot{m} = \frac{5000 \text{ kW}}{3201,5 - 2148,03 + 173,88 - 186,99} = 4,81 \text{ kg de vapor/s}$$

b) c) y d) Potencias de los equipos

A partir del flujo de vapor circulante en el ciclo se determinan las potencias de cada uno de los elementos:

- Potencia de la turbina: $\dot{W}_t = \dot{m} \cdot (h_1 - h_{2r}) = 4,81 \cdot (3201,5 - 2148,03) = 5071,34 \text{ kW}$

- Potencia disipada en el condensador: $\dot{Q}_s = \dot{m} \cdot (h_{2r} - h_3) = 4,81 \cdot (2148,03 - 173,88) = 9503,51 \text{ kW}$

- Potencia consumida en las bombas: $\dot{W}_b = \dot{m} \cdot (h_{4r} - h_3) = 4,81 \cdot (186,99 - 173,88) = 63,06 \text{ kW}$

- Potencia requerida de la caldera: $\dot{Q}_c = \dot{m} \cdot (h_1 - h_{4r}) = 4,81 \cdot (3201,5 - 186,99) = 14499,79 \text{ kW}$

e) El rendimiento térmico y la relación entre trabajos resultan:

$$\eta_t = \frac{\dot{W}_t - \dot{W}_b}{\dot{Q}_c} = \frac{(h_1 - h_{2r}) - (h_{4r} - h_3)}{h_1 - h_{4r}} = \frac{3201,5 - 2148,03 + 173,88 - 186,99}{3201,5 - 186,99} = 0,345$$

$$rw = \frac{\dot{W}_b}{\dot{W}_t} = \frac{h_{4r} - h_3}{h_1 - h_{2r}} = \frac{186,99 - 173,88}{3201,5 - 2148,03} = 0.0124$$

f) Flujo másico de agua de refrigeración en el condensador

A las temperaturas de 15° y 35° el líquido saturado tiene unas entalpías de $h_{15°} = 62,99$ kJ/kg y $h_{35°} = 146,66$ kJ/kg.

$$\dot{Q}_s = \dot{m}_{refrigeración} \cdot (h_{35°} - h_{15°})$$

$$\dot{m}_{refrigeración} = \frac{\dot{Q}_s}{h_{35°} - h_{15°}} = \frac{9503,51}{146,66 - 62,99} = 112,1 \text{ kg/s}$$

g) Consumo específico de combustible

$$Csh = \frac{\dot{Q}_c \cdot 3600}{\eta_c \cdot PC_{comb}} = \frac{14499,79 \cdot 3600}{0,90 \cdot 19000} = 3052,59 \text{ kg/h}$$

$$Cs = \frac{Csh}{\dot{W}_t - \dot{W}_b} = \frac{3052,59}{5000} = 0,61 \text{ kg/kWh}$$

Si suponemos un precio de mercado de la astilla de 40 € la tonelada, el precio del kWh resulta de

$$C = 0,61 \cdot \frac{40}{1000} = 0,0244 \text{ €/kWh}$$

Considerando que se trabaja 365 días al año durante las 24 h del día, las necesidades de biomasa de la planta son de 26740,67 t/año. Tomando como producción media de biomasa con destino energético en sistemas forestales de 18 t/ha, es necesario abastecerse de tratamientos selvícolas de 1486 ha anuales.

h) Para una autonomía de 10 días el volumen del silo de almacenamiento será si la densidad aparente de las astillas es de 250 kg/m^3

$$V_{silo} = \frac{Csh \cdot hs \cdot d}{\rho_a} = \frac{3052,59 \cdot 24 \cdot 10}{250} = 2930,48 \text{ m}^3$$

Fin.

9.7. Ciclo de Rankine con recalentamiento

El recalentamiento consiste en desviar el flujo de vapor que pasa por una primera fase de expansión por la turbina nuevamente a la caldera, haciendo que aumente su entalpía y entropía y posteriormente pasarlo por una segunda fase de expansión. Esto mejora el rendimiento térmico de la instalación. En la Figura 9.13 se muestran el esquema de la instalación y el diagrama del ciclo.

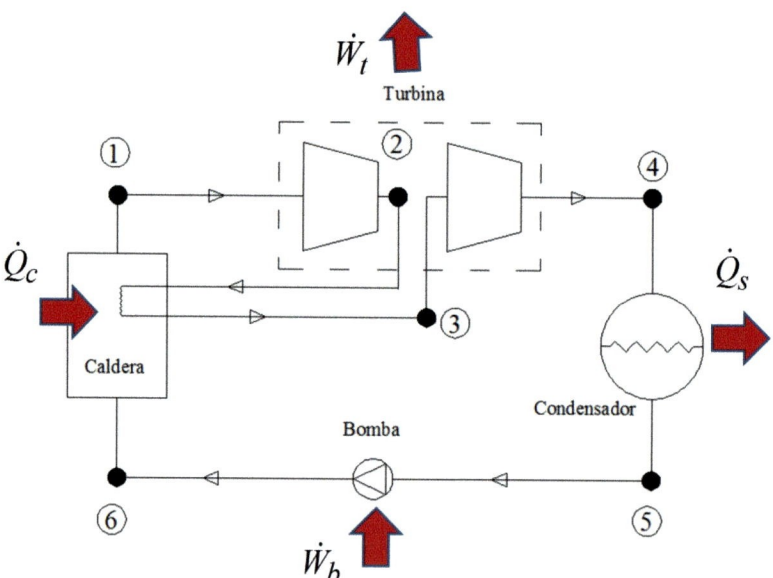

Figura 9.13. Esquema y gráfica del Ciclo de Rankine con recalentamiento o sobrecalentamiento.

A continuación se exponen dos ejemplos de este sistema: en el primero (ejemplo 3) la derivación se realiza a 60 bares y en el segundo (ejemplo 4) la derivación se realiza a 10 bares. Posteriormente se comentarán las diferencias.

Ejemplo 3

En un ciclo Rankine con sobrecalentamiento y recalentamiento utiliza vapor de agua como fluido de trabajo. El vapor entra en la primera etapa de la turbina a 125 bares a 450 °C y se expande a 60 bares. Éste se recalienta entonces hasta 450 °C antes de entrar en la segunda fase de la turbina, donde se expande hasta la presión de 0,08 bares con la que entra en el condensador. La potencia neta obtenida es de 5 MW. Determínese:

a) Flujo másico de vapor en kg/h en el ciclo.

b) Flujo de calor absorbido en la caldera $\dot{Q}_c$.

c) Flujo de calor cedido en el condensador $\dot{Q}_s$.

d) Potencia de las bombas $\dot{W}_b$.

e) Rendimiento térmico y relación entre trabajos.

f) Flujo másico de agua de refrigeración en el condensador en kg/h, si entra en el condensador a 15 °C y sale a 35 °C.

g) Si se utiliza como combustible astillas con un poder calorífico de 19MJ/kg, determínese el consumo específico de combustible en una caldera del 90% de rendimiento.

h) Para una autonomía de 10 días calcúlese el volumen del silo de almacenamiento si la densidad aparente de las astillas es de 250 kg/m³.

Planteamiento

A partir de la selección de la turbina adecuada para poder suministrar la potencia requerida en la instalación se conocen las condiciones de entrada y salida del vapor. Las condiciones de todos los puntos del circuito quedan registradas en la Tabla 9.7. Los valores resaltados provienen del cálculo. Los valores no resaltados son tomados de las tablas disponibles.

Tabla 9.7. Valores de estado en los distintos puntos del Ciclo de Rankine con recalentamiento.

Punto	T (°C)	P (bar)	x	h (kJ/kg)	s (kJ/kg °C)	v (m³/kg)
1	450	125	1	3201,5	6,2749	0,02302
2		60	1	**3008,91**	6,2749	
3	450	60	1	3301,45	6,7178	0,05122
4		0,08	**0,80**	**2101,5**	6,7178	
5	41,51	0,08	0	173,88	0,5926	1,0084 10⁻³
6		125	0	**185,68**	0,5926	

Tabla 9.8. Valores de las variables termodinámicas del líquido y vapor saturado a 60 bares.

Punto	T (°C)	P (bar)	x	h (kJ/kg)	s (kJ/kg °C)	v (m³/kg)
2a	275,6	60	0	1213,60	3,0271	1,3187 10⁻³
2b	275,6	60	1	2784,45	5,8897	0,03244

Si calculamos el título del punto 2 (condiciones de salida de la turbina tras la primera expansión) se comprueba que resulta mayor que la unidad, lo cual es imposible puesto que el porcentaje de vapor en el fluido operante no puede ser superior al 100%. Esto indica que el punto 2 se sitúa en la zona de vapor sobrecalentado, y por ello los valores de sus variables de estado deben buscarse en las tablas correspondientes.

$$x_2 = \frac{s_2 - s_{2a}}{s_{2b} - s_{2a}} = \frac{6,2749 - 3,0271}{5,8897 - 3,0271} = 1,135$$

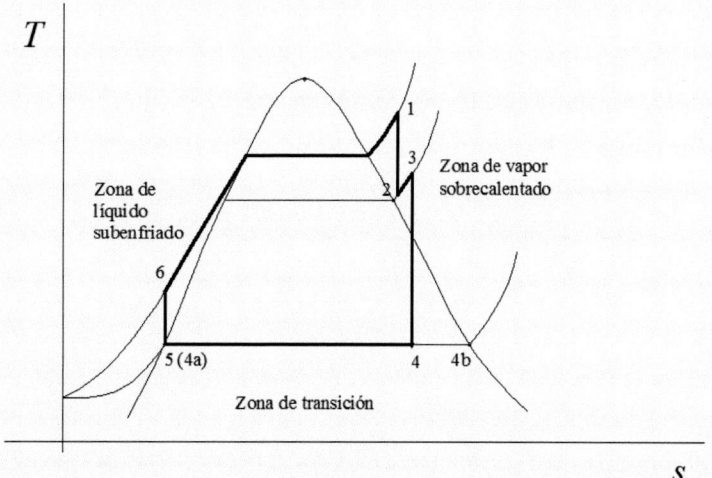

Figura 9.14. Diagrama Ciclo de Rankine con recalentamiento.

De las tablas de las propiedades termodinámicas del vapor sobrecalentado a 60 bares se observa que las condiciones en el punto 2 deben situarse entre las registradas a 300 °C y 350 °C, dado que s_2=6,2749 kJ/kg K, la misma que en el punto 1 de entrada por tratarse de una expansión considerada ideal (isoentrópica), y 6,0549 < s_2 < 6,3298. Eso obliga a interpolar los datos.

Tabla 9.9. Valores de las variables termodinámicas vapor sobrecalentado a 60 bares.

Punto	T (°C)	P (bar)	x	h (kJ/kg)	s (kJ/kg °C)	v (m³/kg)
300	60	1	2878,400	6,0549	0,03597	
T2	60	1	h2	6,2749	v2	
350	60	1	3041,475	6,3298	0,04217	

$$\frac{h_2 - h_{min}}{h_{max} - h_{min}} = \frac{s_2 - s_{min}}{s_{max} - s_{min}}$$

$$\frac{h_2 - 2878,400}{3041,475 - 2878,400} = \frac{6,2749 - 6,0549}{6,3298 - 6,0549} \rightarrow h_2 = 3008,9 \text{ kJ/kg}$$

Tras la expansión por la segunda fase de la turbina las condiciones de salida quedan definidas por el punto 4, que tiene la misma entropía que el punto 3.

Calculamos el título del punto 4, a partir de la Tabla 9.10.

Tabla 9.10. Valores de estado del líquido saturado y vapor saturado a 0,08 bares.

Punto	T (°C)	P (bar)	x	h (kJ/kg)	s (kJ/kg °C)	v (m³/kg)
4a (5)	41,51	0,08	0	173,88	0,5926	$1,0084 \cdot 10^{-3}$
4b	41,51	0,08	1	2577	8,2287	18,103

$$x_4 = \frac{s_4 - s_{4a}}{s_{4b} - s_{4a}} = \frac{6,7178 - 0,5926}{8,2287 - 0,5926} = 0,80$$

$$h_4 = (1 - x_4) \cdot h_{4a} + x_4 \cdot h_{4b} = (1 - 0,80) \cdot 173,88 + 0,80 \cdot 2577 = 2091,40 \text{ kJ/kg}$$

La entalpía del punto 5 coincide con el 4a puesto que se trata de líquido saturado a 0,08 bar.

Para obtener la entalpía del punto 6 se recurre a:

$$\dot{W}_b = F \cdot (P_6 - P_5) = \dot{m} \cdot (h_6 - h_5)$$

$$\dot{m} \cdot v_5 \cdot (P_6 - P_5) = \dot{m} \cdot (h_6 - h_5)$$

$$h_6 = h_5 + v_5 \cdot (P_6 - P_5)$$

Para obtener el valor de la entalpía como kJ/kg es necesario expresar la presión en kPa, tal que:

$$h_6 = h_5 + v_5 \cdot (P_6 - P_5) = 173,88 + 1,0084 \cdot 10^{-3} \cdot (12500 - 800) = 185,68 \text{ kJ/kg}$$

a) Cálculo del flujo másico de vapor

$$\dot{W}_{t1} + \dot{W}_{t2} - \dot{W}_b = \dot{m} \cdot (h_1 - h_2) + \dot{m} \cdot (h_3 - h_4) - \dot{m} \cdot (h_6 - h_5)$$

$$\dot{m} = \frac{\dot{W}_t - \dot{W}_b}{h_1 - h_2 + h_3 - h_4 + h_5 - h_6}$$

$$\dot{m} = \frac{5000 \text{ kW}}{3201,5 - 3008,91 + 3301,45 - 2091,40 + 173,88 - 185,68} = 3,59 \text{ kg de vapor/s}$$

b) c) y d) Potencias de los dispositivos

A partir del flujo de vapor circulante en el ciclo se determinan las potencias de cada uno de los elementos

- Potencia de la turbina: $\dot{W}_t = \dot{m} \cdot (h_1 - h_2) + \dot{m} \cdot (h_3 - h_4)$

$\dot{W}_t = 3,59 \cdot (3201,5 - 3008,91, + 3301,45 - 2091,40) = 5035,48 \text{ kW}$

- Potencia disipada en el condensador: $\dot{Q}_s = \dot{m} \cdot (h_4 - h_5)$

$\dot{Q}_s = 3,59 \cdot (2091,40 - 173,88) = 6883,90 \text{ kW}$

- Potencia consumida en las bombas: $\dot{W}_b = \dot{m} \cdot (h_6 - h_5)$

$\dot{W}_b = 3,59 \cdot \left(185,68 - 173,88\right) = 42,36 \text{ kW}$

- Potencia requerida de la caldera: $\dot{Q}_c = \dot{m} \cdot (h_1 - h_6) + \dot{m} \cdot (h_3 - h_2)$

$\dot{Q}_c = 3,59 \cdot \left(3201,5 - 185,68 + 3301,45 - 3008,91\right) = 11877,01 \text{ kW}$

e) El rendimiento térmico y la relación entre trabajos resultan:

$$\eta_t = \frac{\dot{W}_t - \dot{W}_b}{\dot{Q}_c} = \frac{(h_1 - h_2) + (h_4 - h_3) - (h_6 - h_5)}{h_1 - h_6} = \frac{5000}{11877,01} = 0,42$$

$$rw = \frac{\dot{W}_b}{\dot{W}_t} = \frac{h_6 - h_5}{(h_1 - h_2) + (h_3 - h_4)} = \frac{42,36}{5035,48} = 0,0084$$

f) Flujo másico de agua de refrigeración en el condensador

El calor disipado por el condensador es absorbido por el agua de refrigeración, que entra en el condensador a 15 °C y sale a 35 °C. A las temperaturas de 15 °C y 35 °C el líquido saturado tiene unas entalpías de $h_{15°}$= 62,99 kJ/kg y $h_{35°}$= 146,66 kJ/kg.

$$\dot{Q}_s = \dot{m}_{refrigeración} \cdot (h_{35°} - h_{15°})$$

$$\dot{m}_{refrigeración} = \frac{\dot{Q}_s}{h_{35°} - h_{15°}} = \frac{6940,07}{146,66 - 62,99} = 83,95 \text{ kg/s}$$

g) Consumo específico de combustible

$$Csh = \frac{\dot{Q}_c \cdot 3600}{\eta_c \cdot PC_{comb}} = \frac{11877,01 \cdot 3600}{0,90 \cdot 19000} = 2500,42 \text{ kg/h}$$

$$Cs = \frac{Csh}{\dot{W}_t - \dot{W}_b} = \frac{2500,42}{5000} = 0,50 \text{ kg/kWh}$$

Suponiendo un precio de mercado de la astilla de 40 € la tonelada, el precio del kWh resulta de:

$$C = 0,50 \cdot \frac{40}{1000} = 0.02 \text{ €/kWh}$$

Si consideramos que se trabaja 365 días al año durante las 24 h, del día las necesidades de biomasa de la planta son de 21903,70 t/año. Tomando como producción media de biomasa con destino energético en sistemas forestales de 18 t/ha, es necesario abastecerse de tratamientos selvícolas de 1216,87 ha anuales.

h) Para una autonomía de 10 días el volumen del silo de almacenamiento será si la densidad aparente de las astillas es de 250 kg/m^3

$$V_{silo} = \frac{Csh \cdot hs \cdot d}{\rho_a} = \frac{2500,42 \cdot 24 \cdot 10}{250} = 2400,40 \text{ m}^3$$

Fin.

Ejemplo 4

En un Ciclo Rankine con sobrecalentamiento y recalentamiento utiliza vapor de agua como fluido de trabajo. El vapor entra en la primera etapa de la turbina a 120 bares a 450 °C y se expande a 10 bares. Éste se recalienta entonces hasta 450 °C antes de entrar en la segunda fase de la turbina, donde se expande hasta la presión de 0,08 bares con la que entra en el condensador. La potencia neta obtenida es de 5 MW. Determínese:

a) Flujo másico de vapor en kg/h en el ciclo

b) Flujo de calor absorbido en la caldera $\dot{Q}_c$.

c) Flujo de calor cedido en el condensador $\dot{Q}_s$.

d) Potencia de las bombas $\dot{W}_b$.

e) Rendimiento térmico y relación entre trabajos.

f) Flujo másico de agua de refrigeración en el condensador en kg/h, si entra en el condensador a 15 °C y sale a 35 °C.

g) Si se utiliza como combustible astillas con un poder calorífico de 19MJ/kg, determínese el consumo específico de combustible.

h) Para una autonomía de 10 días calcúlese el volumen del silo de almacenamiento si la densidad aparente de las astillas es de 250 kg/m^3.

Planteamiento

A partir de la selección de la turbina adecuada para poder suministrar la potencia requerida a la instalación se conocen las condiciones de entrada y salida. Las condiciones de todos los puntos del circuito quedan registradas en la Tabla 9.11. Los valores resaltados provienen del cálculo. Los valores no resaltados son tomados de las tablas disponibles.

Tabla 9.11. Valores de estado en los distintos puntos del Ciclo de Rankine con recalentamiento.

Punto	T (°C)	P (bar)	x	h (kJ/kg)	s (kJ/kg °C)	v (m^3/kg)
1	450	125	1	3201,50	6,2749	0,02302
2		10	**0,930**	**2636,79**	6,2749	
3	450	10	1	3371,59	7,6160	0,3257
4		0,08	**0,920**	**2384,19**	7,6160	
5	41,51	0,08	0	173,88	0,5926	1,0084 10^{-3}
6		125	0	**185,68**	0,5926	

Tabla 9.12. Valores de las variables termodinámicas del líquido y vapor saturado a 10 bar.

Punto	T (°C)	P (bar)	x	h (kJ/kg)	s (kJ/kg °C)	v (m³/kg)
2ª	179,9	10	0	762,66	2,1384	$1{,}127\ 10^{-3}$
2b	179,9	10	1	2777,6	6,5857	0,1944

Si calculamos el título del punto 2 (condiciones de salida de la turbina tras la primera expansión) se comprueba que resulta mayor que la unidad, lo cual es imposible puesto que el porcentaje de vapor en el fluido operante no puede ser superior al 100%. Esto indica que el punto 2 se sitúa en la zona de vapor sobrecalentado, y por ello los valores de sus variables de estado deben buscarse en las tablas correspondientes.

$$x_2 = \frac{s_2 - s_{2a}}{s_{2b} - s_{2a}} = \frac{6{,}2749 - 2{,}1384}{6{,}5857 - 2{,}1384} = 0{,}930$$

$$h_2 = (1 - x_2) \cdot h_{2a} + x_2 \cdot h_{2b} = (1 - 0{,}93) \cdot 762{,}66 + 0{,}93 \cdot 2777{,}6 = 2636{,}79 \text{ kJ/kg}$$

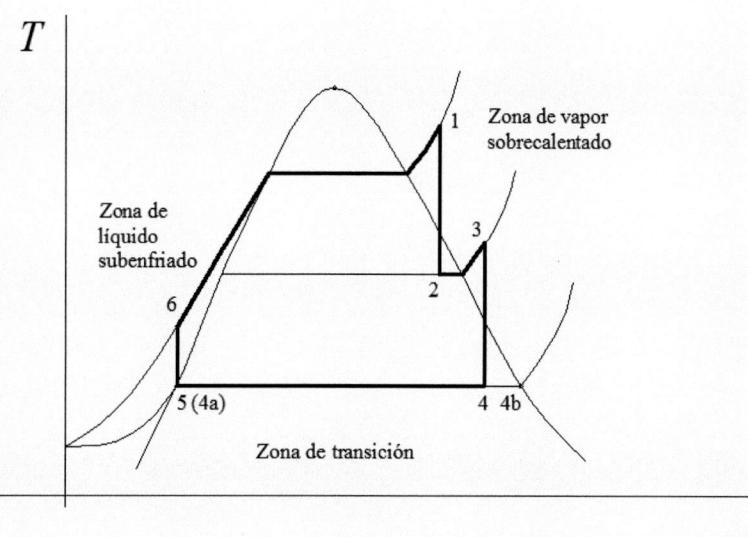

Figura 9.15. Ciclo de Rankine con recalentamiento.

Tras la expansión por la segunda fase de la turbina las condiciones de salida quedan definidas por el punto 4, que tiene la misma entropía que el punto 3.

Calculamos el título del punto 4, a partir de la Tabla 9.13.

Tabla 9.13. Valores de estado del líquido saturado y vapor saturado a 0,08 bares.

Punto	T (°C)	P (bar)	x	h (kJ/kg)	s (kJ/kg °C)	v (m³/kg)
4a (5)	41,51	0,08	0	173,88	0,5926	$1{,}0084\ 10^{-3}$
4b	41,51	0,08	1	2577	8,2287	18,103

$$x_4 = \frac{s_4 - s_{4a}}{s_{4b} - s_{4a}} = \frac{7,6160 - 0,5926}{8,2287 - 0,5926} = 0,92$$

$$h_4 = (1 - x_4) \cdot h_{4a} + x_4 \cdot h_{4b} = (1 - 0,92) \cdot 173,88 + 0,92 \cdot 2577 = 2384,19 \text{ kJ/kg}$$

La entalpía del punto 5 coincide con el 4a puesto que se trata de líquido saturado a 0,08 bar.

Para obtener la entalpía del punto 6 se recurre a:

$$\dot{W}_b = F \cdot (P_6 - P_5) = \dot{m} \cdot (h_6 - h_5)$$

$$\dot{m} \cdot v_5 \cdot (P_6 - P_5) = \dot{m} \cdot (h_6 - h_5)$$

$$h_6 = h_5 + v_5 \cdot (P_6 - P_5)$$

Para obtener el valor de la entalpía como kJ/kg es necesario expresar la presión en kPa, tal que:

$$h_6 = h_5 + \cdot v_5 \cdot (P_6 - P_5) = 173,88 + 1,0084 \cdot 10^{-3} \cdot (12500 - 800) = 185,68 \text{ kJ/kg}$$

a) Cálculo del flujo másico de vapor

$$\dot{W}_{t1} + \dot{W}_{t2} - {}_b = \dot{m} \cdot (h_1 - h_2) + \dot{m} \cdot (h_3 - h_4) - \dot{m} \cdot (h_6 - h_5)$$

$$\dot{m} = \frac{\dot{W}_t - \dot{W}_b}{h_1 - h_2 + h_3 - h_4 + h_5 - h_6}$$

$$\dot{m} = \frac{5000 \text{ kW}}{3201,5 - 2636,79 + 3371,56 - 2384,19 + 173,88 - 185,68} = 3,25 \text{ kg de vapor/s}$$

b) c) y d) Potencias de los dispositivos

A partir del flujo de vapor circulante en el ciclo se determinan las potencias de cada uno de los elementos:

- Potencia de la turbina: $\dot{W}_t = \dot{m} \cdot (h_1 - h_2) + \dot{m} \cdot (h_3 - h_4)$

  $$\dot{W}_t = 3,25 \cdot (3201,5 - 2636,79 + 3371,56 - 2384,16) = 5040,91 \text{ kW}$$

- Potencia disipada en el condensador: $\dot{Q}_s = \dot{m} \cdot (h_4 - h_5)$

  $$\dot{Q}_s = 3,25 \cdot (2384,19 - 173,88) = 7178,70 \text{ kW}$$

- Potencia consumida en las bombas: $\dot{W}_b = \dot{m} \cdot (h_6 - h_5)$

  $$\dot{W}_b = 3,25 \cdot (185,68 - 173,88) = 38,35 \text{ kW}$$

- Potencia requerida de la caldera: $\dot{Q}_c = \dot{m} \cdot (h_1 - h_6) + m \cdot (h_3 - h_2)$

  $$\dot{Q}_c = 3,25 \cdot (3201,5 - 185,68 + 3370,56 - 2636,79) = 12186,17 \text{ kW}$$

e) El rendimiento térmico y la relación entre trabajos resultan:

$$\eta_t = \frac{\dot{W}_t - \dot{W}_b}{\dot{Q}_c} = \frac{(h_1 - h_2) + (h_3 - h_4) - (h_6 - h_5)}{h_1 - h_6} = \frac{5000}{12186,17} = 0,41$$

$$r\,w = \frac{\dot{W}_b}{\dot{W}_t} = \frac{h_6 - h_5}{(h_1 - h_2) + (h_3 - h_4)} = \frac{38,35}{5040,91} = 0,0076$$

f) Flujo másico de agua de refrigeración en el condensador

El calor disipado por el condensador es absorbido por el agua de refrigeración, que entra en el condensador a 15 °C y sale a 35 °C. A las temperaturas de 15° y 35° el líquido saturado tiene unas entalpías de $h_{15°} = 62,99$ kJ/kg y $h_{35°} = 146,66$ kJ/kg.

$$\dot{Q}_s = \dot{m}_{refrigeración} \cdot (h_{35°} - h_{15°})$$

$$\dot{m}_{refrigeración} = \frac{\dot{Q}_s}{h_{35°} - h_{15°}} = \frac{7178,70}{146,66 - 62,99} = 85,80 \text{ kg/s}$$

g) Consumo específico de combustible

$$Csh = \frac{\dot{Q}_c \cdot 3600}{\eta_c \cdot PC_{comb}} = \frac{12186,17 \cdot 3600}{0,90 \cdot 19000} = 2565,50 \text{ kg/h}$$

$$Cs = \frac{Csh}{\dot{W}_t - \dot{W}_b} = \frac{2565,50}{5000} = 0,513 \text{ kg/kWh}$$

Suponiendo un precio de mercado de la astilla de 40 € la tonelada, el precio del kWh resulta de

$$C = 0,513 \cdot \frac{40}{1000} = 0,0205 \text{ €/kWh}$$

Si consideramos que se trabaja 365 días al año durante las 24 h del día las necesidades de biomasa de la planta son de 22460,1 t/año. Tomando como producción media de biomasa con destino energético en sistemas forestales de 18 t/ha, es necesario abastecerse de tratamientos selvícolas de 1247,78 ha anuales.

h) Para una autonomía de 10 días el volumen del silo de almacenamiento será si la densidad aparente de las astillas es de 250 kg/m³

$$V_{silo} = \frac{Csh \cdot hs \cdot d}{\rho_a} = \frac{2565,5 \cdot 24 \cdot 10}{250} = 2462,89 \text{ m}^3$$

Fin.

Se puede observar que tanto en el ejemplo 3 como en el ejemplo 4 el recalentamiento ha mejorado el rendimiento térmico del ciclo sin recalentamiento, es decir que la relación entre la potencia mecánica obtenida y el calor aportado es mayor. Nótese que en el primer ejemplo de recalentamiento la primera expansión ha sido corta, realizándose el recalentamiento a 60 bares, mientras que en el segundo ejemplo la primera expansión ha sido más larga, realizando el recalentamiento a 10 bares. Se comprueba que el rendimiento mejora menos en el segundo caso.

También se puede observar que las condiciones de salida de la primera expansión a 60 bares están en la zona de vapor sobrecalentado, sin embargo a más baja presión en el segundo ejemplo las condiciones de salida a 10 bares se encuentran en la zona de transición. Esto modifica ligeramente el algoritmo de cálculo pues cuando las condiciones de salida están en la zona de vapor sobrecalentado debe interpolarse los valores disponibles en la tabla para conseguir los valores termodinámicos exactos. Cuando las condiciones de salida están en la zona de transición debe realizarse una ponderación de las condiciones de líquido y de vapor saturado en la mezcla según sea el título.

9.8. Ciclo regenerativo de potencia: calentador abierto y cerrado

Con el objetivo de reducir el consumo de combustible en la caldera se pueden colocar calentadores del agua que proviene del condensador. Estos calentadores son alimentados con vapor procedente de una primera fase de expansión de la turbina.

Calentador abierto del agua de alimentación

Se denomina calentador abierto a aquel en que se producen mezclas de caudal a distintas condiciones.

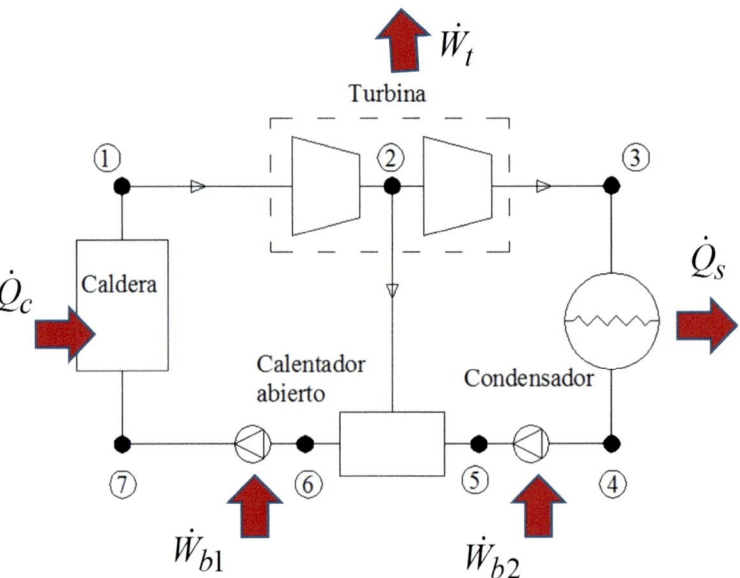

Figura 9.16. Ciclo de Rankine con calentador abierto para el agua de alimentación de la caldera.

El circuito de la Figura 9.16 trabaja a tres presiones distintas: en la rama del punto 7 y del punto 1 (entrada a la caldera y entrada a la turbina) el flujo circula a alta presión; en la rama de los puntos 2, 5 y 6 el flujo circula a media presión (entre las dos fases de la turbina y las dos bombas); y en el tramo desde la salida de la turbina hasta la primera bomba (rama del punto 3, condensador y punto 5) se circula a baja presión. La mezcla de caudales en el calentador abierto debe realizarse a la misma presión. Eso obliga a la utilización de una bomba entre el condensador y el calentador con el objetivo de pasar el flujo de esa rama de baja a media presión. Posteriormente otra bomba pasará la presión del flujo de salida del calentador de media a alta presión (la de entrada de la caldera).

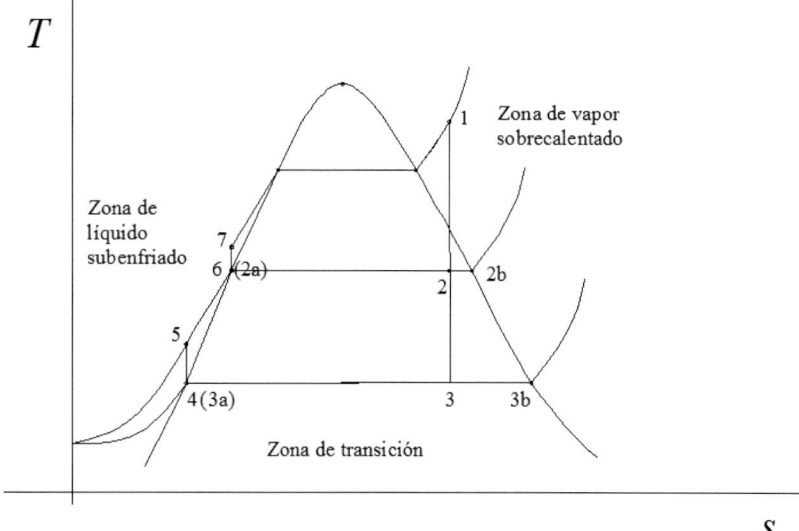

Figura 9.17. Diagrama del ciclo de Rankine con calentador abierto para el agua de alimentación de la caldera.

Si se denomina $\dot{m}_1$ al flujo másico que sale de la caldera pasando por el punto 1 del circuito (Figura 9.18) y por la primera fase de expansión en la turbina, $\dot{m}_2$ al flujo que se deriva hacia el calentador en el punto 2, y $\dot{m}_3$ el flujo que realiza la segunda fase de expansión y que pasa por el condensador, por balance de masas se cumple:

$$\dot{m}_2 + \dot{m}_3 = \dot{m}_1$$

Si se definen:

$$y = \frac{\dot{m}_2}{\dot{m}_1} \quad \frac{\dot{m}_3}{\dot{m}_1} = 1 - y$$

La variable y representa la fracción de vapor que se deriva hacia el calentador abierto. Entonces tenemos que $1-y$ representa la fracción de vapor que pasa por la segunda expansión y que después del condensador pasará por el calentador abierto.

La fracción y se puede determinar aplicando los principios de conservación de masa y energía al volumen de control formado por el calentador abierto.

$$0 = y \cdot h_2 + (1 - y) \cdot h_5 - h_6$$

$$y = \frac{h_6 - h_5}{h_2 - h_5}$$

Suponiendo que no hay pérdidas de calor en la turbina tendremos:

$$\dot{W}_t = \dot{m} \cdot \left[(h_1 - h_2) + (1 - y)(h_2 - h_3) \right]$$

El trabajo total suministrado por las bombas será:

$$\dot{W}_b = \dot{m} \cdot \left[(h_7 - h_6) + (1 - y)(h_5 - h_4) \right]$$

313

El calor proporcionado por la caldera será:

$$\dot{Q}_c = \dot{m} \cdot (h_1 - h_7)$$

El calor cedido al exterior por el condensador será:

$$\dot{Q}_s = (1 - y) \cdot \dot{m} \cdot (h_3 - h_4)$$

Ejemplo 5

Consideremos un ciclo de potencia en el que el vapor de agua entra a la turbina a 125 bares y 450 °C. Se expande hasta 10 bares donde parte de este vapor es extraído y enviado un calentador abierto del agua de alimentación de la caldera que opera a 10 bares. El resto de vapor se expande en la segunda etapa de la turbina hasta la presión del condensador de 0,08 bares. La salida del calentador es líquido saturado a 10 bares. Se considera que turbina y bombas operan sin pérdidas de energía. Si la potencia neta es de 5 MW, determínese:

a) Flujos de vapor en cada una de las ramas del circuito en kg/h

b) Flujo de calor absorbido en la caldera $\dot{Q}_c$.

c) Flujo de calor cedido en el condensador $\dot{Q}_s$.

d) Potencia de las bombas $\dot{W}_b$.

e) Rendimiento térmico y relación entre trabajos

Planteamiento
Se parte de la obtención de los valores de las variables de estado en dodos los puntos del circuito.

Tabla 9.14. Valores de estado en los distintos puntos del ciclo de Rankine con recalentamiento.

Punto	T (°C)	P (bar)	x	h (kJ/kg)	s (kJ/kg °C)	v (m³/kg)
1	450	125	1	3201,5	6,2749	0,02302
2		10	**0,930**	**2636,8**	6,2749	
3		0,08	**0,74**	**1962,1**	6,2749	
4	41,51	0,08	0	173,88	0,5926	0,0010084
5		10	0	174,08	0,5926	
6		10	0	762,66	2,1384	0,0011273
7		125	0	**775,62**	3,0267	

Tabla 9.15. Valores de las variables termodinámicas del líquido y vapor saturado a 10 bares.

Punto	T (°C)	P (bar)	x	h (kJ/kg)	s (kJ/kg °C)	v (m³/kg)
2a	179,90	10	0	762,66	2,1384	$1,1273 \cdot 10^{-3}$
2b	179,90	10	1	2777,6	6,5857	0,03244

Para calcular condiciones de salida de la turbina tras la primera expansión se comprueba si están dentro de la zona de transición o en la zona de vapor sobrecalentado a través del título.

Al resultar menor de la unidad se verifica que el punto 2 está en la zona de transición:

$$x_2 = \frac{s_2 - s_{2a}}{s_{2b} - s_{2a}} = \frac{6,2749 - 2,1384}{6,5857 - 2,1284} = 0,930$$

$$h_2 = (1 - x_2) \cdot h_{2a} + x_2 \cdot h_{2b} = (1 - 0,93) \cdot 762,66 + 0,93 \cdot 2777,6 = 2636,8 \text{ kJ/kg}$$

Del mismo modo se procede en la segunda expansión.

Tabla 9.16. Valores de estado del líquido saturado y vapor saturado a 0,08 bares.

Punto	T (°C)	P (bar)	x	h (kJ/kg)	s (kJ/kg °C)	v (m³/kg)
3a (4)	41,51	0,08	0	173,88	0,5926	$1,0084 \cdot 10^{-3}$
3b	41,51	0,08	1	2577	8,2287	18,103

$$x_3 = \frac{s_3 - s_{3a}}{s_{3b} - s_{3a}} = \frac{6,2749 - 0,5926}{8,2287 - 0,5926} = 0,74$$

$$h_3 = (1 - x_3) \cdot h_{3a} + x_3 \cdot h_{3b} = (1 - 0,74) \cdot 173,88 + 0,74 \cdot 2577 = 1962,1 \text{ kJ/kg}$$

La salida del condensador constituye líquido saturado. Por tanto, los valores de estado se obtienen de las tablas correspondientes. Tras la bomba el líquido aumenta su presión hasta 10 bares, estando las condiciones en la zona de líquido subenfriado. El cálculo de la entalpía se obtiene del siguiente modo:

$$h_5 = h_4 + \cdot v_4 \cdot (P_5 - P_4) = 173,88 + 1,0084 \cdot 10^{-3} \cdot (1000 - 800) = 174,08 \text{ kJ/kg}$$

Las condiciones de salida del calentador abierto son fijadas como líquido su saturado a 10 bares. A través de la segunda bomba se eleva la presión hasta la presión de funcionamiento de la caldera (125 bares del punto 7). La entalpía se calcula del mismo modo:

$$h_7 = h_6 + \cdot v_6 \cdot (P_7 - P_6) = 762,81 + 1,1273 \cdot 10^{-3} \cdot (12500 - 1000) = 775,62 \text{ kJ/kg}$$

El balance de energía en el intercambiador abierto nos permite calcular cual es la fracción del flujo que hay que derivar hacia el mismo.

$$y = \frac{h_6 - h_5}{h_2 - h_5} = \frac{762,66 - 174,08}{2636,80 - 174,08} = 0,239$$

Dado que lo que se pretende es que $W_t - W_b = 5000$ kW, de esta igualdad se calcula el flujo de vapor.

$$\dot{m} = \frac{5000}{\left[(h_1 - h_2) + (1 - y)(h_2 - h_3)\right] - \left[(h_7 - h_6) + (1 - y)(h_5 - h_4)\right]} = 4,697 \text{ kg/s}$$

Y de esto se obtiene la potencia de cada uno de los elementos del circuito:

El trabajo total aportado por la turbina será:

$$\dot{W}_t = \dot{m} \cdot \left[(h_1 - h_2) + (1 - y)(h_2 - h_3)\right] = 5064,46 \text{ kW}$$

El trabajo total suministrado por las bombas será:

$$\dot{W}_b = \dot{m} \cdot \left[(h_7 - h_6) + (1 - y)(h_5 - h_4)\right] = 64,46 \text{ kW}$$

El calor proporcionado por la caldera será

$$\dot{Q}_c = \dot{m} \cdot (h_1 - h_7) = 11393,68 \text{ kW}$$

El calor cedido al exterior por el condensador será

$$\dot{Q}_s = (1 - y) \cdot \dot{m} \cdot (h_3 - h_4) = 6393,68 \text{ kW}$$

El rendimiento térmico y la relación entre trabajos resultan:

$$\eta_t = \frac{\dot{W}_t - \dot{W}_b}{\dot{Q}_c} = \frac{5000}{11393,68} = 0,44$$

$$rw = \frac{\dot{W}_b}{\dot{W}_t} = \frac{64,46}{5064,46} = 0,013$$

Fin.

Calentador cerrado del agua de alimentación

Se denomina calentador cerrado a aquel donde no se produce mezcla de caudales, sino que actúa como un intercambiador donde un fluido (vapor) de mayor temperatura cede calor a otro (agua del condensador) de menor temperatura (Figura 9.18).

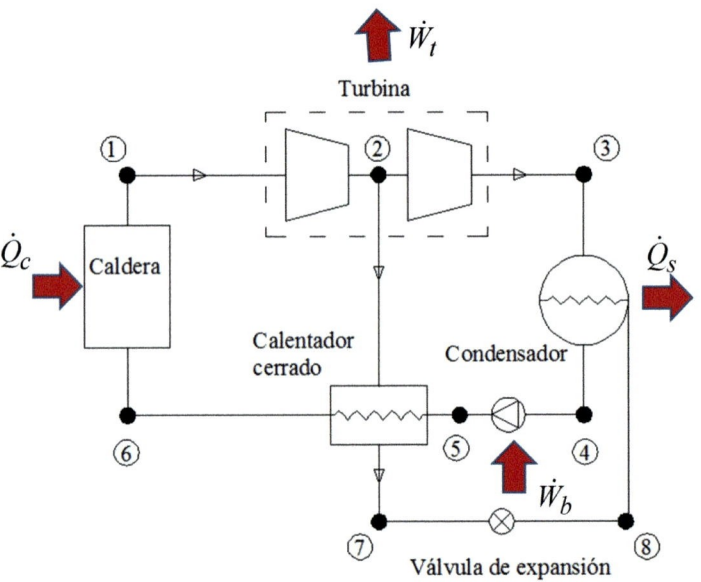

Figura 9.18. Ciclo de Rankine con calentador cerrado para el agua de alimentación de la caldera.

Según del esquema de la Figura 9.18, el vapor introducido al calentador cerrado desde el punto 2 funciona a media presión. El agua que proviene del condensador y entra en el calentador puede estar a baja presión (anulando la bomba 2) o a media presión.

$$0 = y \cdot (h_2 - h_7) + (h_5 - h_6)$$

$$y = \frac{h_6 - h_5}{h_2 - h_7}$$

Ejemplo 6

Consideremos un ciclo de potencia en el que el vapor de agua entra a la turbina a 125 bares y 450 °C. Se expande hasta 10 bares donde parte de este vapor es extraído y enviado a un calentador cerrado del agua de alimentación de la caldera que opera a 10 bares. El resto de vapor se expande en la segunda etapa de la turbina hasta la presión del condensador de 0,08 bares. La salida del calentador cerrado hacia la caldera es líquido subenfriado a 125 bares y 210 °C. La salida del calentador cerrado hacia el condensador es líquido saturado a 10 bares. Si la potencia neta es de 5 MW, determínese:

- Flujo másico de vapor en kg/h en el ciclo

- Flujo de calor absorbido en la caldera $\dot{Q}_c$.

- Flujo de calor cedido en el condensador $\dot{Q}_s$.

- Potencia de las bombas $\dot{W}_b$.

- Rendimiento térmico y relación entre trabajos

Planteamiento

Las condiciones de los puntos 1 al 4 son exactamente iguales que en ejemplo 5. La variante estriba en el cálculo de la fracción de flujo másico que se deriva de la turbina en el punto 2.

Tabla 9.17. Valores de estado en los distintos puntos del Ciclo de Rankine con recalentamiento.

Punto	T (°C)	P (bar)	x	h (kJ/kg)	s (kJ/kg °C)	v (m³/kg)
1	450	125	1	3201,5	6,2749	0,02302
2		10	**0,930**	**2636,8**	6,2749	
3		0,08	**0,74**	**1962,1**	6,2749	
4	41,51	0,08	0	173,88	0,5926	0,0010084
5		125	0	**185,68**		
6	210	125	0	**909,60**		
7	179,9	10	0	762,66	2,1384	0,0011273
8		0,08		762,66		

Para el cálculo de las condiciones del punto 5 se usa la siguiente expresión:

$$h_5 = h_4 + v_4 \cdot (P_5 - P_4) = 173,88 + 1,0084 \cdot 10^{-3} \cdot (12500 - 800) = 185,68 \text{ kJ/kg}$$

Las condiciones del punto 6 son de líquido subenfriado a 125 bares y 210 °C, el cálculo de la entalpía se basa en la Ecuación 9.22 donde $h_{sat}(120)$, $v_{sat}(210)$ y $p_{sat}(210)$ es la entalpía específica, el volumen específico y presión (expresada en kPa) del líquido saturado a 210 °C.

$$h_6 = h_{sat}(T) + v_{sat}(T) \cdot \left(p_6 - p_{sat}(T)\right) = h_{sat}(210) + v_{sat}(210) \cdot \left(12500 - p_{sat}(210)\right) =$$
$$897,69 + 1,1728 \cdot 10^{-3} \cdot (12\,500 - 1907) = 910,11 \text{ kJ/kg}$$

Las condiciones del punto 7 son conocidas al tratarse de líquido saturado a 10 bares. La variación de presión en la válvula de expansión se realiza a entalpía constante. Por tanto, $h_8 = 762,66$ kJ/kg.

Una vez obtenidos las condiciones en todos los puntos del circuito es posible determinar cuál es la fracción de flujo que se deriva hacia el calentador cerrado.

$$y = \frac{h_6 - h_5}{h_2 - h_7} = \frac{910,11 - 185,68}{2636,80 - 762,66} = 0,386$$

Dado que lo que se pretende es que $W_t - W_b = 5000$ kW, de esta igualdad se calcula el flujo de vapor.

$$\dot{m} = \frac{5000}{\left[(h_1 - h_2) + (1 - y)(h_2 - h_3)\right] - (h_5 - h_4)} = 5,17 \text{ kg/s}$$

Y de esto se obtiene la potencia de cada uno de los elementos del circuito:

El trabajo total aportado por la turbina será

$$\dot{W}_t = \dot{m} \cdot \left[(h_1 - h_2) + (1 - y)(h_2 - h_3)\right] = 5065,18 \text{ kW}$$

El trabajo total suministrado por las bombas será

$$\dot{W}_b = \dot{m} \cdot (h_5 - h_4) = 61 \text{ kW}$$

El calor proporcionado por la caldera será

$$\dot{Q}_c = \dot{m} \cdot (h_1 - h_6) = 11856,79 \text{ kW}$$

El calor cedido al exterior por el condensador será

$$\dot{Q}_S = (1 - y) \cdot \dot{m} \cdot h_3 + y \cdot \dot{m} \cdot h_8 - \dot{m} \cdot h_4 = 6856,79 \text{ kW}$$

El rendimiento térmico y la relación entre trabajos resultan:

$$\eta_t = \frac{\dot{W}_t - \dot{W}_b}{\dot{Q}_c} = \frac{5000}{11856,79} = 0,426$$

$$rw = \frac{\dot{W}_b}{\dot{W}_t} = \frac{61}{5065,18} = 0,012$$

Fin.

En la Figura 9.19 se muestra la situación de calentadores múltiples en agua de alimentación de caldera.

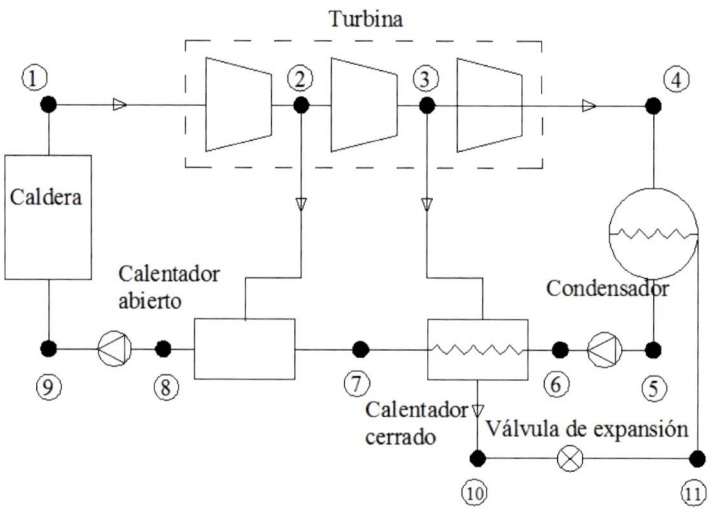

Figura 9.19. Ciclo de Rankine con calentadores múltiples para el agua de alimentación de la caldera.

Ejemplo 7

Considérese un ciclo de potencia con calentadores múltiples para el agua de alimentación. Existen dos calentadores de agua uno cerrado y otro abierto y una turbina con tres fases de expansión. El vapor entra en la turbina a 200 bares y 450 °C y se expande en la primera fase hasta 100 bares, donde parte del fluido es derivado al calentador abierto que trabaja a esta presión y el resto pasa por una segunda expansión hasta 7 bares. Tras la segunda expansión parte del fluido es derivado al calentador cerrado, el resto sufre una tercera expansión hasta 0,08 bares, presión con la que entra en el condensador. El fluido procedente de la segunda expansión tras pasar por el calentador cerrado es líquido saturado a 7 bares, y se conduce su condensador donde se mezcla con el fluido de la tercera expansión. Para ello se reduce la presión a 0,08 bares. La salida del calentador cerrado hacia el calentador abierto es líquido subenfriado a 100 bares y 180 °C. La salida del calentador abierto es líquido saturado a 200 bares dirigiéndose a la entrada de la caldera. Si la potencia requerida del circuito es 5 MW, determínese:

a) Flujos de vapor en cada una de las ramas del circuito en kg/h

b) Flujo de calor absorbido en la caldera $\dot{Q}_c$.

c) Flujo de calor cedido en el condensador $\dot{Q}_s$.

d) Potencia de las bombas $\dot{W}_b$.

e) Rendimiento térmico y relación entre trabajos

Planteamiento

Como se ha comentado anteriormente el dimensionado y análisis de este tipo de instalaciones comienzan por la selección de la turbina de acuerdo con la potencia útil deseada, en este caso 5 MW. El fabricante de la turbina proporciona en los catálogos las condiciones del fluido a la entrada y salida a la misma para su correcto funcionamiento.

Basándonos en la Figura 9.19 las propiedades del fluido en cada uno de los puntos de la instalación se muestran en la Tabla 9.18.

Tabla 9.18. Propiedades termodinámicas del fluido de la instalación ejemplo 7.

Punto	T (°C)	P (bar)	x	h (kJ/kg)	s (kJ/kg °C)	v (m³/kg)
1	450	200	1	3061,7	5,9043	0,01272
2	346,6	100	**1**	**2900,1**	5,9043	
3	165	7	**0,83**	**2411,2**	5,9043	
4	41,51	0,08	**0,696**	**1845,5**	5,9043	
5	41,51	0,08	0	173,88	0,5926	0,0010084
6	68	100	0	**183,15**	0,5926	
7	180	100	0	767,84	2,1275	1,1199
8	311,66	100	0	1407,6	3,3596	0,0014524
9		200	0	**1422,12**	3,3596	
10	165	7	0	697,22	1,9922	1,1080 10⁻³
11		0,08		**697,22**		

Según el enunciado las condiciones del fluido a la entrada de la turbina, condiciones del punto 1 son de vapor sobrecalentado a 200 bares y 450 °C y los valores de las variables de estado se pueden buscar en tablas.

El punto 2 a 100 bares, tras la primera expansión, posee la misma entropía que 1, y para determinar si se trata de vapor sobrecalentado o si sus condiciones caen en la zona de transición se determina el título. Para ello se parte de las condiciones de líquido saturado y vapor saturado a 100 bares.

Tabla 9.19. Valores de las variables termodinámicas del líquido y vapor saturado a 100 bares.

Punto	T (°C)	P (bar)	x	h (kJ/kg)	s (kJ/kg °C)	v (m³/kg)
2a	311,1	100	0	1407,6	3,3596	$1,4552\ 10^{-3}$
2b	311,1	100	1	2724,7	5,6141	0,0180

$$x_2 = \frac{s_2 - s_{2a}}{s_{2b} - s_{2a}} = \frac{5,9043 - 3,3596}{5,6141 - 3,3596} = 1,13$$

Al ser el título mayor que la unidad se trata de vapor sobrecalentado y es necesario determinar la entalpía del punto a partir de las tablas correspondientes a esta zona. De las tablas de las propiedades termodinámicas del vapor sobrecalentado a 100 bares se observa que las condiciones en el punto 2 deben situarse entre las registradas en condiciones de 311,1 °C y la registradas a 350 °C, puesto que 5,6141 kJ/kg < s_2 < 5,9321 kJ/kg, s_2 = 5,9043 kJ/kg K, la misma que en el punto 1, de entrada por tratarse de una expansión considerada ideal (isoentrópica). Eso obliga a interpolar los valores de entalpía para obtener h_2.

Tabla 9.20. Valores de las variables termodinámicas vapor sobrecalentado a 100 bares.

T (°C)	P (bar)	x	h (kJ/kg)	s (kJ/kg °C)
311,1	100	1	2724,7	5,6141
T2	100	1	h2	5,9043
350	100	1	2916,9	5,9321

$$\frac{h_2 - h_{min}}{h_{max} - h_{min}} = \frac{s_2 - s_{min}}{s_{max} - s_{min}}$$

$$\frac{h_2 - 2724,7}{2916,9 - 2724,7} = \frac{5,9043 - 5,6141}{5,9321 - 5,6141} \rightarrow h_2 = 2900,1\ kJ/kg$$

De igual modo los puntos 3 y 4 que corresponden respectivamente a las condiciones termodinámicas del fluido después de la segunda y tercera expansión en la turbina, tienen la misma entropía que el punto 1, si se consideran esas expansiones igualmente adiabáticas (isoentrópicas). Se calculan los títulos de los puntos 3 y 4 a partir de las condiciones de líquido saturado y vapor saturado a 7 bares y 0,08 bares respectivamente.

Tabla 9.21. Valores de las variables termodinámicas del líquido y vapor saturado a 7 bares.

Punto	T (°C)	P (bar)	x	h (kJ/kg)	s (kJ/kg °C)	v (m³/kg)
3a	164,98	7	0	697,11	1,992	$1,1080\ 10^{-3}$
3b	164,98	7	1	2763,15	6,7076	0,2728

$$x_3 = \frac{s_3 - s_{3a}}{s_{3b} - s_{3a}} = \frac{5,9043 - 1,9922}{6,7076 - 1,9922} = 0,83$$

$$h_3 = (1 - x_3) \cdot h_{3a} + x_3 \cdot h_{3b} = (1 - 0,83) \cdot 697,11 + 0,83 \cdot 2763,15 = 2411,2 \text{ kJ/kg}$$

Tabla 9.22. Valores de estado del líquido saturado y vapor saturado a 0,08 bares.

Punto	T (°C)	P (bar)	x	h (kJ/kg)	s (kJ/kg °C)	v (m³/kg)
4a	41,51	0,08	0	173,88	0,5926	$1,0084 \cdot 10^{-3}$
4b	41,51	0,08	1	2577	8,2287	18,103

$$x_4 = \frac{s_4 - s_{4a}}{s_{4b} - s_{4a}} = \frac{5,9043 - 0,5926}{8,2287 - 0,5926} = 0,696$$

$$h_4 = (1 - x_4) \cdot h_{4a} + x_4 \cdot h_{4b} = (1 - 0,696) \cdot 173,88 + 0,696 \cdot 2577 = 1845,5 \text{ kJ/kg}$$

Las condiciones del punto 5 a la salida del condensador son conocidas puesto que se trata de líquido saturado a 0,08 bares.

Para el cálculo de las condiciones del punto 6 se usa la siguiente expresión:

$$h_6 = h_5 + v_5 \cdot (P_6 - P_5) = 173,88 + 1,0084 \cdot 10^{-3} \cdot (10000 - 800) = 183,15 \text{ kJ/kg}$$

El fluido a la salida del calentador, punto 7, cerrado es líquido a 180 °C y 100 bares. Dado que la temperatura es menor a la de saturación 311,1 se trata de líquido subenfriado, cuyas propiedades termodinámicas pueden obtenerse a partir de las Tablas correspondientes a este estado o a partir de la ecuación (9.22):

$$h_i = h_{sat} + v_{sat}(T) \cdot \left(p_i - p_{sat}(T) \right) \tag{9.22}$$

En la Ecuación (9.22) $h_{sat}(180)$, $v_{sat}(180)$ y $p_{sat}(180)$ es la entalpía específica, el volumen específico y presión (expresada en kPa) del líquido saturado a 180 °C

$$h_7 = h_{sat}(T) + v_{sat}(T) \cdot \left(p_7 - p_{sat}(T) \right) = h_{sat}(180) + v_{sat}(180) \cdot \left(10000 - p_{sat}(180) \right) =$$
$$763,14 + 1,1272 \cdot 10^{-3} \cdot (10000 - 1002) = 773,3 \text{ kJ/kg } (773,19 \text{ kJ/kg según tablas de propiedades termodinámicas})$$

Las condiciones en el punto 8 son conocidas pues según el enunciado se fijan en líquido saturado a 100 bares.

La entalpía del fluido en el punto 9 se calcula por la diferencia de presiones en kPa:

$$h_9 = h_8 + v_8 \cdot (P_9 - P_8) = 1407,6 + 1,4524 \cdot 10^{-3} \cdot (20000 - 10000) = 1422,12 \text{ kJ/kg}$$

Las condiciones del punto 10 son conocidas al tratarse de líquido saturado a 7 bares. La variación de presión en la válvula de expansión se realiza a entalpía constante. Por tanto, $h_{11} = 697,22$ kJ/kg.

Una vez obtenidos las condiciones en todos los puntos del circuito es posible determinar cuál es la fracción de flujo que se deriva hacia el calentador abierto (y_1) y al cerrado (y_2).

A partir del balance de energía del calentador abierto se obtiene:

$$0 = y_1 \cdot h_2 + (1 - y_1) \cdot h_7 - h_8$$

$$y_1 = \frac{h_8 - h_7}{h_2 - h_7} = \frac{1407,6 - 767,84}{2901,1 - 767,84} = 0,30$$

A partir del balance de energía del calentador cerrado se obtiene:

$$y_2 \cdot (h_3 - h_{10}) = h_7 - h_6$$

$$y_2 = \frac{h_7 - h_6}{h_3 - h_{10}} \frac{767,84 - 183,96}{2411,2 - 697,22} = 0,34$$

La potencia generada en la turbina vendrá dada por la Ecuación 9.31.

$$\dot{W}_t = \dot{m} \cdot (h_1 - h_2) + \dot{m} \cdot (1 - y_1) \cdot (h_2 - h_3) + \dot{m} \cdot (1 - y_1) \cdot (1 - y_2) \cdot (h_3 - h_4) \qquad (9.31)$$

La potencia que se debe suministrar a las bombas viene dada por la Ecuación 9.32.

$$\dot{W}_b = \dot{m} \cdot (1 - y_1) \cdot (h_6 - h_5) + \dot{m} \cdot (h_9 - h_8) \qquad (9.32)$$

Dado que lo que se pretende es que $W_t - W_b = 5000$ kW, de esta igualdad se calcula el flujo de vapor.

$$\dot{m} = \frac{5000}{(h_1 - h_2) + (1 - y_1) \cdot (h_2 - h_3) + (1 - y_1) \cdot (1 - y_2) \cdot (h_3 - h_4) - (1 - y_1) \cdot (h_6 - h_5) - (h_9 - h_8)} = 6,73 \text{ kg/s}$$

Y de esto se obtiene la potencia de cada uno de los elementos del circuito.

El trabajo total aportado por la turbina será:

$$\dot{W}_t = \dot{m} \cdot (h_1 - h_2) + \dot{m} \cdot (1 - y_1) \cdot (h_2 - h_3) + \dot{m} \cdot (1 - y_1) \cdot (1 - y_2) \cdot (h_3 - h_4) = 5145,14 \text{ kW}$$

El trabajo total suministrado por las bombas será

$$\dot{W}_b = \dot{m} \cdot (1 - y_1) \cdot (h_6 - h_5) + \dot{m} \cdot (h_9 - h_8) = 145,14 \text{ kW}$$

El calor proporcionado por la caldera será

$$\dot{Q}_c = \dot{m} \cdot (h_1 - h_9) = 11028,84 \text{ kW}$$

El calor cedido al exterior por el condensador será

$$\dot{Q}_s = (1 - y_1) \cdot (1 - y_2) \cdot \dot{m} \cdot h_4 + (1 - y_1) \cdot y_2 \cdot \dot{m} \cdot h_{11} + \dot{m} \cdot (1 - y_1) \cdot h_5 = 6028,84 \text{ kW}$$

El rendimiento térmico y la relación entre trabajos resultan:

$$\eta_t = \frac{\dot{W}_t - \dot{W}_b}{\dot{Q}_c} = \frac{5000}{10872,40} = 0,453$$

$$rw = \frac{\dot{W}_b}{\dot{W}_t} = \frac{145,14}{5145,14} = 0,0282$$

Como se puede observar el rendimiento térmico de la instalación ha aumentado respecto a los ejemplos anteriores, sin embargo hay que tener en cuenta que también ha aumentado la inversión.
Fin.

9.9. Ciclo binario y cogeneración

Ciclo binario

Un ciclo binario consiste en una instalación donde existen dos ciclos de vapor paralelos empleando elementos comunes; como la caldera o el condensador de uno de ellos que puede ser usado como calentador del agua de alimentación del segundo.

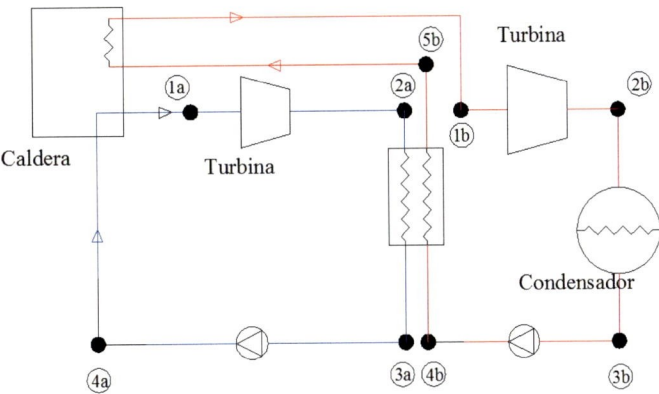

Figura 9.20. Ciclo de Rankine con calentador ciclo combinado.

Cogeneración

Es el sistema en el cual tras una primera fase de circulación del vapor por la caldera es extraída una fracción del flujo para utilizarlo en otros procesos industriales como el secado o la calefacción.

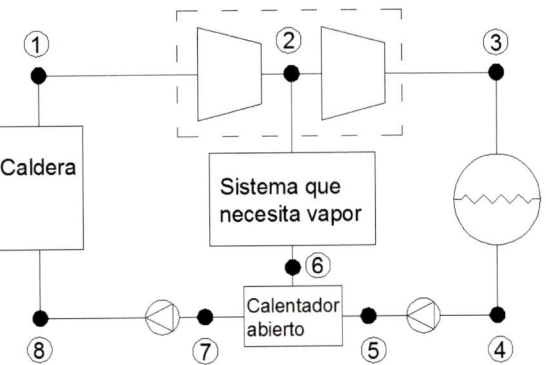

Figura 9.21. Ciclo de Rankine con calentador cogeneración.

Ejemplo 8

Establecer las condiciones y dimensionado de una instalación de una planta de cogeneración de 5 $MW_{eléctricos}$ para una industria de pélets, de manera que se obtenga energía calorífica para el secador de la astilla recepcionada para la producción, y la energía eléctrica necesaria para el funcionamiento de la planta. El excedente de energía eléctrica se venderá a la red pública. La planta de fabricación de pélets tiene una producción anual de 22.000 toneladas de pélets al año con un funcionamiento de 24h en tres turnos, durante 345 días al año. Determinar el diseño termodinámico de la instalación.

Planteamiento

a) Funcionamiento de la instalación

La planta de cogeneración funcionará mediante un Ciclo de Rankine compuesto por una caldera para la producción de vapor, que será enviado a una turbina de dos etapas acoplada a un alternador, el vapor residual pasará a un condensador. Se instalará un secador de astilla, un calentador abierto para el agua de alimentación de la caldera, y dos bombas.

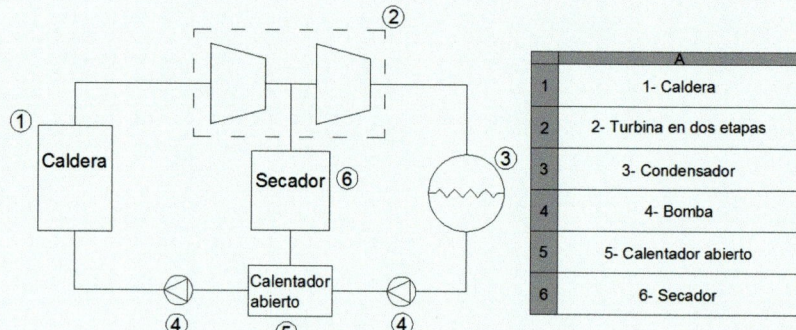

Figura 9.22. Esquema de la instalación del Ciclo de Rankine con cogeneración.

El vapor generado por la caldera pasará a la turbina en una primera etapa a alta presión. Tras la primera etapa de expansión en la turbina el vapor bajará su presión a nivel medio. Entonces se extraerá una fracción para calentar el aire empleado en el secador de astilla, y la otra parte seguirá a una segunda fase de expansión tras la cual saldrá a baja presión. El vapor a baja presión se conducirá al condensador. El calor residual de la fracción de vapor extraída a media presión y que pasa por el secador es utilizado para precalentar el agua de alimentación de la caldera en el calentador abierto, mezclándose con el agua que viene del condensador. Para pasar el agua líquida tras el condensador de baja a media presión se utiliza una primera bomba. Tras el calentador abierto se utiliza una segunda bomba para pasar el agua líquida de media a alta presión.

b) Estudio de las necesidades energéticas de la planta.

Las necesidades energéticas de la planta quedan reflejadas en la Tabla 9.23.

Tabla 9.23. Cómputo de necesidades de energía eléctrica y térmica de la planta de pélets.

	Anual	**Diaria**
Producción (t de pélets)	24 000	69,6
Días de funcionamiento	345	1
Horas de funcionamiento	8280	24
Potencia eléctrica demandada	347kWe	
Potencia térmica demandada	5,44kWt	

La materia prima utilizada puede ser básicamente madera de *Pinus halepensis* astillada en campo, con unas dimensiones de P45, con las propiedades especificadas por la norma UNE-EN14961 (Parte 4). En la Tabla 9.24 se muestran los requerimientos de cada una de las máquinas instaladas en la industria.

Tabla 9.24. Especificaciones de la maquinaria de peletización.

Molino	Potencia eléctrica:	55-75 kW
	Capacidad:	2-3 t/h
	Dimensiones:	2100×1000×1100 mm
	Peso	1,9 t
Peletizadora	Potencia eléctrica:	220 kW
	Capacidad	2,5-3 t/h
	Dimensiones	3490×1350×3050 mm
	Diámetro orificios:	8 mm
	Diámetro de la matriz:	700 mm
	Ancho de la matriz:	225 mm
	Número de trituraciones:	3
	Diámetro trituradores:	318 mm
	Peso:	9 t
Enfriadora tamizadora	Potencia eléctrica:	0,37 kW
	Potencia ventilador:	11kW
	Capacidad:	5 t/h
	Dimensiones:	2100*1966*2870 mm
	Peso:	1,79 t
Ensacadora	Potencia eléctrica:	3 kW
(sacos/granel)	Dimensiones:	1800×1500×3800 mm
	Peso máquina:	1t
	Capacidad:	420 sacos/h
	Capacidad saco:	5-50 kg
Cintas transportadoras	Potencia eléctrica:	1-1,4 kW
(4 de 8000×600)	Largo:	6000-8000 mm
(2 de 6000×600)	Ancho:	600 mm
Alumbrado + otros		30 kW
Total:	Potencia eléctrica:	346,56 kW

c) Energía requerida en el secador industrial.

La producción anual de la planta es de 24 000 toneladas de pélets. Esto se produce en una jornada laboral de tres turnos funcionando la planta 24 h al día durante 345 días al año. Por lo que debe producir 69,6 toneladas diarias.

La humedad con la que se introducen las astillas en el secador para preparar la materia prima que utiliza la peletizadora se supone de un 40% en base húmeda (humedad bh), y se extraerá del secador al 10% en bh. En consecuencia, la masa de astilla a tratar (al 40% de humedad bh) para producir la cantidad de pélets requerida se obtiene según las Ecuaciones 9.33 y 9.34, donde $\dot{m}_{seca}$ son las necesidades de biomasa seca por unidad de tiempo, $\dot{m}_{\omega}$ son las necesidades de biomasa a humedad ω, expresada en porcentaje de humedad bh.

$$\dot{m}_{seca} = \frac{100 - \omega}{100} \cdot \dot{m}_{\omega} = \frac{100 - 10}{100} \cdot 69,6 = 62,64 \text{ t/día} \tag{9.33}$$

$$\dot{m}_{\omega} = \frac{100}{100 - \omega} \cdot \dot{m}_{seca} \Rightarrow \dot{m}_{40} = \frac{100}{100 - 40} \cdot 62,64 = 104,4 \text{ t/día} = 4,35 \text{ t/h} \tag{9.34}$$

Por tanto consideramos que los requerimientos de astilla para la peletizadora son de 4,4 t/h en condiciones húmedas del 40%. A estas 4,4 toneladas de astilla por hora habrán que añadirles las utilizadas para la alimentación de la caldera de la planta de cogeneración. La potencia eléctrica de diseño de la planta de cogeneración es 5 MW (de los cuales 0,347 MW son demandados por la planta de pélets). Suponiendo un rendimiento térmico de la planta de cogeneración de 0,37 y que el poder calorífico inferior de las astillas es de 19 MJ/kg, la masa de astillas (al 10% de humedad bh) necesarias para la planta de cogeneración vendrá calculada según la Ecuación 9.35, donde se ha considerado un rendimiento de la caldera del 85%.

$$\eta_{cogeneración} = \frac{\text{Potencia eléctrica}}{\text{Potencia calorífica en caldera}} \tag{9.35}$$

$$\text{Consumo de astilla en caldera} = \frac{5 \text{ MW}}{0,37 \cdot 19 \text{ MJ/kg} \cdot 0,85} = 0,84 \text{ kg/s} = 3,024 \text{ t/h}$$

$$\dot{m}_{seca} = \frac{100 - \omega}{100} \cdot \dot{m}_{\omega} = \frac{100 - 10}{100} \cdot 3,024 = 2,72 \text{ t/h}$$

$$\dot{m}_{\omega} = \frac{100}{100 - \omega} \cdot \dot{m}_{seca} \Rightarrow \dot{m}_{40} = \frac{100}{100 - 40} \cdot 2,72 = 4,53 \text{ t/h}$$

Por tanto, las necesidades totales de la planta resulta de 4,4 t/h + 4,53 t/h = 8,93 t/h en condiciones de humedad del 40%.

Para no tener problemas de abastecimiento se dimensiona el secador para una provisión de la planta de 9 t/h. Por tanto el material a secar será de 74520 t/año.

Para el desarrollo de las ecuaciones de cálculo del secador lo consideraremos como un espacio cerrado con ventilación forzada, en cuya parte central se dispone un tambor giratorio perforado para permitir el paso de aire. El giro de la astilla dentro del tambor y su desplazamiento por una serie de paletas radiales permiten una aireación homogénea en el material. El secador funciona en discontinuo, es decir, por lotes. El secador se llena con una cantidad de material sometido al proceso de desecación durante un tiempo fijado, siendo después vaciado para volver a secar otro lote.

La masa de madera m, colocada dentro del tambor, poseerá una humedad inicial conocida ω_1 (40%) será uniformemente aireada a temperatura de bulbo seco constante. La humedad final deseada en la masa de madera ω_2 (10%) también se considera como dato para el planteamiento del diseño. Según esto, se puede calcular el total de agua a eliminar a través de la Ecuación 9.36.

$$m_{agua} = m \cdot (\omega_1 - \omega_2) \tag{9.36}$$

Para determinar el tiempo de desecación necesario para unas condiciones de aireación dadas debe recurrirse a modelos cinéticos empíricos. Los más importantes se relacionan en la Tabla 9.25. Estos modelos cinéticos relacionan la *ratio humedad* (*RM*) con el tiempo en unas condiciones de aire fijas de temperatura 40 °C y un flujo de 1,30 kg de aire/s m^3 de desecador de partículas G50 (5 cm en cualquiera de sus dimensiones). El ratio de humedad se define por la Ecuación 9.37, donde ω_t es la humedad del material en un instante determinado, ω_1 es la humedad inicial del material y ω_e es la humedad en el equilibrio.

$$MR = \frac{\omega_t - \omega_e}{\omega_1 - \omega_e}$$

(9.37)

Considerando $\omega_t = \omega_2$ y $\omega_e = 0$ si aplicamos, por ejemplo, el modelo de Henderson y Pabis resulta que el tiempo de secado será el definido por (Ecuación 9.38).

$$t = -\frac{1}{k} \ln \frac{MR}{a}$$

(9.38)

$$MR = \frac{10}{40} = 0,25$$

$$t = -\frac{1}{0,787493} \ln \frac{0,25}{1,1836603} = 1,98 \text{ horas}$$

Bajo las condiciones de aireación expuestas el tiempo de desecación requerido para pasar de una humedad del 40% al 10% en una astilla de madera G50 es de 2 h. Puesto que la masa requerida para abastecer la planta es de 9 t de astilla por hora, la masa a desecar por el desecador debe ser de 18 t por lote (con 2 horas de desecación), y es necesario instalar un depósito regulador a la salida del secador de manera que se almacenaran 18 t de astilla cada dos horas, de las cuales 9 se utilizarán cada hora en la planta. Para que el depósito de regulación nunca esté vacío completamente se instalará uno con capacidad de almacenamiento de 20 t. Suponiendo una densidad a granel de la astilla de 250 kg/m^3, el depósito de regulación de 80 m^3.

Tabla 9.25. Modelos cinéticos de desecación de astillas.

Nombre del modelo	Ecuación del modelo	Parámetros del modelo	Estadísticos
Newton (Lewis)	$MR = e^{-k \cdot t}$	$k = 0,668106$	$R^2 = 0,882$
			$RMS = 0,034$
Page	$MR = e^{-k \cdot t^n}$	$k = 0,053571$	$R^2 = 0,990$
		$n = 2,209299$	$RMS = 0,011$
Henderson y Pabis	$MR = a \cdot e^{-k \cdot t}$	$k = 0,787493$	$R^2 = 0,899$
		$a = 1,1836603$	$RMS = 0,029$
Logaritmic	$MR = a \cdot e^{-k \cdot t^n} + b$	$k = 0,139102$	$R^2 = 0,969$
		$a = 3,5517524$	$RMS = 0,017$
		$b = -2,466948$	
Midili	$MR = a \cdot e^{-k \cdot t^n} + b \cdot t$	$k = 0,0562631$	$R^2 = 0,989$
		$n = 2,1081264$	$RMS = 0,009$
		$a = 0,9869401$	
		$b = -0,0048453$	
Diffusional Model	$MR = a \cdot e^{-k_1 \cdot t} + (1 - a) \cdot e^{-k_2 \cdot t}$	$k_1 = 0,001496$	$R^2 = 0,980$
		$k_2 = -0,001806$	$RMS = 0,014$
		$a = 116,06207$	
Dos términos exponenciales	$MR = a \cdot e^{-k_1 \cdot t} + b \cdot e^{-k_2 \cdot t}$	$k_1 = 0,012636$	$R^2 = 0,975$
		$k_2 = 0,0095651$	$RMS = 0,014$
		$a = 3,8567575$	
		$b = -2,770803$	

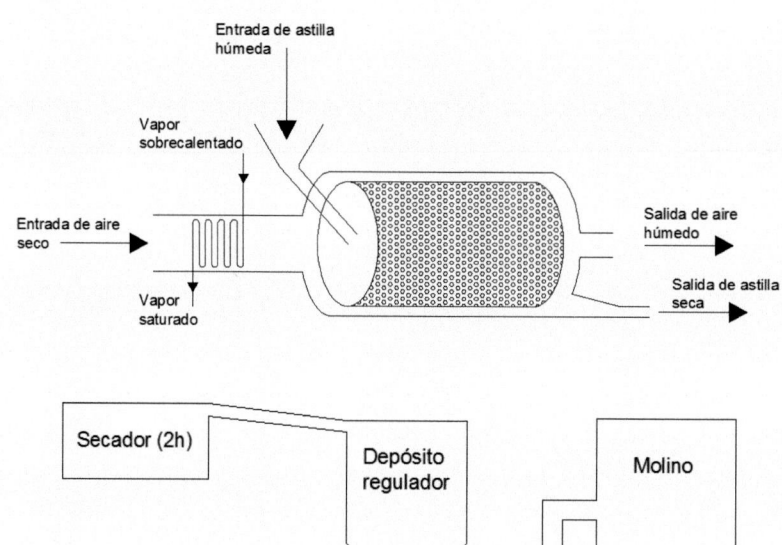

Figura 9.23. Esquema del secador.

Figura 9.24. Esquema del sistema de regulación a la salida del secador.

De acuerdo al modelo empírico utilizado, el flujo de agua que se es capaz de eliminar por unidad de tiempo en el material $\dot{m}_{agua}$ viene dado por la Ecuación 9.39 que representa el balance de masa en el proceso de desecación. El agua eliminada de la masa lignocelulósica es absorbida por el aire que entra en el desecador con una humedad absoluta ω_{aire1}, y tras el paso por el desecador el aire sale con una humedad ω_{aire2}.

$$\dot{m}_{agua} = \frac{m \cdot (\omega_1 - \omega_2)}{t} = \dot{m}_{aire} \cdot (\omega_{aire2} - \omega_{aire1}) \tag{9.39}$$

Dado que la humedad relativa del aire nunca podría superar el 100%, las condiciones de salida deben fijarse verificándose esta condición en el diagrama psicrométrico. En el diagrama de la Figura 9.25 se muestra que el aire exterior que entra en el secador se encuentra en condiciones 0 (10 °C en bulbo seco y 50% de humedad relativa). Éste se calienta a humedad absoluta constante haciéndose pasar por un intercambiador de calor. Este intercambiador se alimentaría con el vapor del sistema de cogeneración. Una vez calentado, el aire entra en la cámara de secado en condiciones 1 (50 °C y humedad absoluta 0,004 kg de agua/kg de aire seco aproximadamente). El secado se produce a temperatura de bulbo húmedo constante (entalpía constante, línea 1-3). El cálculo de la humedad del aire de salida se fija en el punto 2 con 0,014 kg de agua/kg de aire seco, por lo que la temperatura del aire de salida es 25 °C. La humedad máxima admisible vendría dada por el punto 3 que equivale a 0,017 kg de agua/kg de aire seco. De la Ecuación 9.39 se calcula el flujo de aire $\dot{m}_{aire}$.

$$\dot{m}_{aire} = \frac{m}{t} \cdot \frac{\omega_1 - \omega_2}{\omega_{aire2} - \omega_{aire1}} = \frac{18}{2} \cdot \frac{0,4 - 0,1}{0,014 - 0,004} = 270 \text{ t aire/h} = 75 \text{ kg aire/s}$$

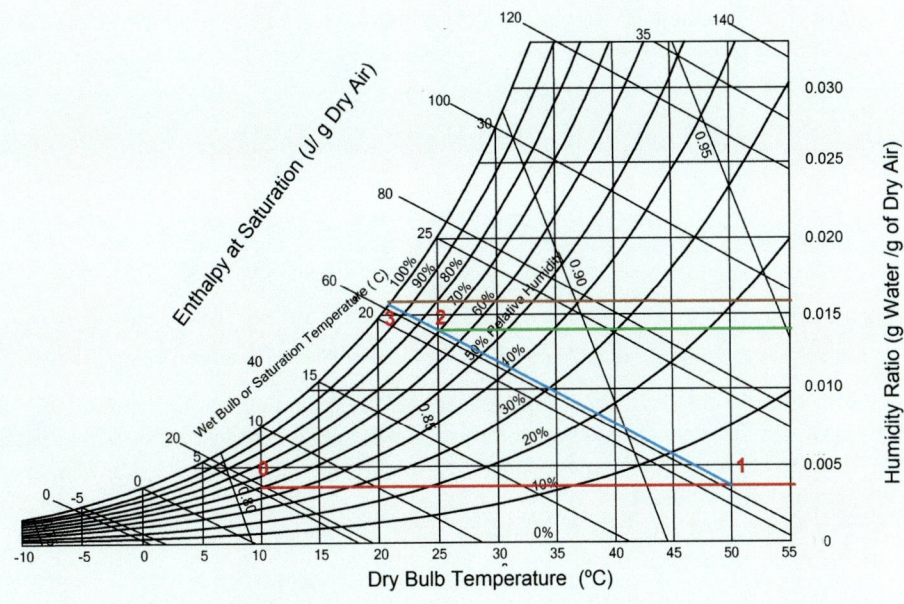

Figura 9.25. Diagrama sicrométrico.

Considerando una densidad a granel de la astilla de 250 kg/m³ el volumen que ocupa la astilla dentro del secador se calcula por la Ecuación 9.40.

$$V_{astilla-\text{secador}} = \frac{18000}{250} = 72 \text{ m}^3 \text{ de astilla}$$ (9.40)

Haciendo un análisis de los secadores de astillas ofertados en el mercado, se ha determinado que la relación entre el volumen de astilla secada por lote y su capacidad total del secador se relacionan mediante el factor K=1,6 con el que se consigue una desecación uniforme y homogénea. Por tanto, el volumen que ocupa el secador será de 72 x 1,6 = 115,2 m³. Considerando que las condiciones en las que se habían obtenido los modelos cinéticos empíricos, donde estaba fijado un flujo de 1,30 kg de aire/s m³ de desecador de partículas G50, es necesario realizar una corrección de la masa de aire a introducir dentro del desecador dado por la Ecuación 9.41.

$$\dot{m}_{aire} = 115,2 \cdot 1,3 = 149,76 \text{ kg aire/s} \approx 150 \text{ kg aire/s}$$ (9.41)

Por tanto, se introducirá un flujo de 150 kg aire/s, en lugar de los 75 inicialmente calculados.
El aire externo que alimenta el secador se considera a 10 °C con una humedad relativa del 50% (punto 0 de diagrama). Para alcanzar la temperatura del punto 1 (50 °C) es necesario calentar el aire el cual mantiene la humedad absoluta constante (línea 0-1). El calor a aportar para calentar el aire entre el punto 0 y 1 vendrá dado por el producto del flujo másico del aire por la diferencia de entalpía del aire entre el punto 1 y 0 Ecuación 9.42.

$$\dot{Q}_{aire} = \dot{m}_{aire} \cdot \left(h_{aire1} - h_{aire0} \right)$$ (9.42)

La entalpía del aire húmedo se obtiene del diagrama psicrométrico o bien puede calcularse mediante (Ecuación 9.43), siendo el calor específico del aire seco $C_p = 1,005$ kJ/kg K y h_q la entalpía del agua a la temperatura considerada.

$$h_{\text{aire humedo}} = h_{\text{aire seco}} + \omega_{aire} \cdot h_q \qquad (9.43)$$

$$h_{\text{aire humedo}} = C_p \cdot T + \omega_{aire} \cdot h_q$$

Siendo: $h_{aire1} = 61,3$ kJ/kg y $h_{aire0} = 19$ kJ/kg

$$\dot{Q}_{aire} = \dot{m}_{aire} \cdot (h_{aire1} - h_{aire0}) = 150 \cdot (61,3 - 19) = 6345 \text{ kW}_{\text{térmicos}}$$

El calor utilizado para calentar el aire del secador provendrá del vapor extraído del Ciclo de Rankine después de pasar por la primera fase de expansión en la turbina. Este vapor a media presión se hará pasar por un intercambiador para que trasfiera este calor al aire. Suponiendo un rendimiento del intercambiador del 70%, el calor a derivar del circuito de Rankine será 6345/0,7= 9064 kW.

Considerado una densidad de 250 kg/m^3 podemos obtener el volumen de astilla en el secador, y por tanto, conocido el volumen del secador.

$$\frac{18000 kg}{250 \text{kg/m}^3} = 72 \text{ m}^3$$

Generalmente se toma la razón de un diámetro de 1,2 veces la longitud.

$$L = 1,2D$$

$$V \cdot K = \frac{\pi \cdot D^2}{4} \cdot L = \frac{\pi \cdot 1,2 \cdot D^3}{4} \rightarrow$$

$$\rightarrow D^3 = \frac{72 \cdot 1,6 \cdot 4}{\pi \cdot 1,2} = 122,24 \rightarrow D = \sqrt[3]{122,24} = 4,96 \approx 5 \rightarrow L = 1,2D = 6 \text{ m}$$

d) Diseño termodinámico de la instalación de cogeneración

En la Figura 9.26 se representa el ciclo termodinámico diseñado. Para calcular la potencia de cada uno de los elementos debemos determinar las variables de estado del fluido operante cada uno de los puntos de la instalación, es decir, la presión, temperatura, título, entalpía específica, entropía específica y volumen específico.
Definidos por las siguientes ecuaciones:

$$\dot{W}_t = \dot{m}_7 \cdot (h_1 - h_2) + \dot{m}_5 \cdot (h_2 - h_3) = \dot{m}_7 \cdot (h_1 - h_2) + \dot{m}_7 \cdot (1 - y)(h_2 - h_3)$$

$$\dot{Q}_{Caldera} = \dot{m}_1 (h_1 - h_8)$$

$$\dot{Q}_s = (1 - y) \cdot \dot{m}_1 (h_3 - h_4)$$

$$\dot{W}_{bomba1} = \dot{m}_7 \cdot (1 - y) \cdot (h_5 - h_4)$$

$$W_{bomba2} = \dot{m}_7 \cdot (h_8 - h_7)$$

$$\dot{Q}_{\text{secador}} = \dot{m}_6 \cdot (h_2 - h_6) = \dot{m}_1 \cdot y \cdot (h_2 - h_6)$$

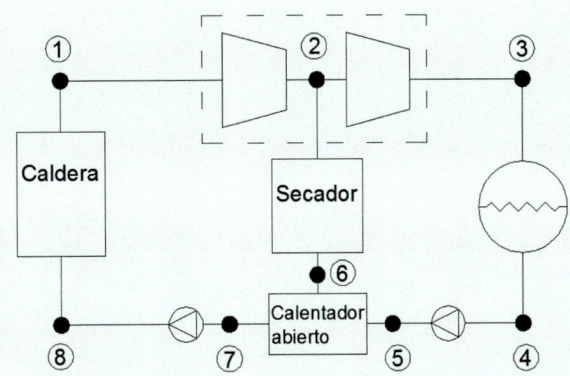

Figura 9.26. Esquema circuito termodinámico de cogeneración.

Partiendo de unas necesidades eléctricas de 5 MW se selecciona la turbina, como por ejemplo la mostrada en la Tabla 9.26 tomada del catálogo de la empresa Siemens.

Tabla 9.26. Características de la turbina seleccionada.

Modelo	SST-060
Potencia	hasta 6MW
Presión del vapor vivo	hasta 131 bar
Temperatura del vapor vivo	Vapor saturado seco hasta 530°C
Velocidad	según la máquina accionada
Presión del vapor de salida	contrapresión a 29 bar o condensación
Dimensiones	1500×2500×2500 mm

Una vez seleccionada, disponemos los requerimientos termodinámicos del vapor a la entrada de la misma y las condiciones de salida. Consideramos inicialmente un ciclo termodinámico ideal. Las condiciones del vapor de entrada de la turbina se fijan en vapor sobrecalentado a 450 °C y 125 bares. La presión del vapor después de una primera etapa de expansión en la turbina es 60 bares. Tras la segunda expansión la presión cae a 0,08 bares. Las propiedades termodinámicas de los puntos singulares de la instalación se muestran en la Tabla 9.27.

Tabla 9.27. Propiedades termodinámicas de los puntos de la instalación considerando un ciclo ideal.

	T (°C)	P (bares)	x	h (kJ/kg)	s (kJ/kg)	v (m³/kg)
1	450	125	1	3201,50	6,2749	0,02302
2	360-400	60	1	3095,37	6,2749	
3		0,08	0,7625	2006,25	6,2749	
4		0,08	0	173,88	0,5926	$1,0084 \cdot 10^{-3}$
5		60	0	179,92		
6		60				
7	275,6	60	0	1213,40	3,2067	$1,3187 \cdot 10^{-3}$
8		125	0	1221,97		

El diagrama del ciclo se representa en la Figura 9.27.

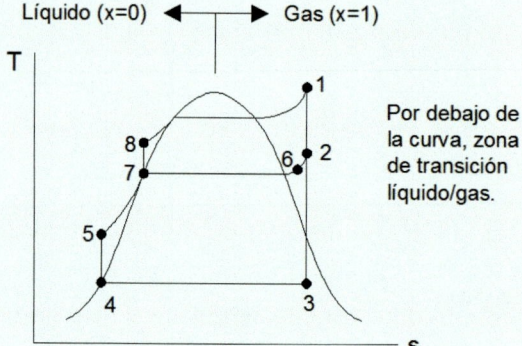

Figura 9.27. Diagrama Temperatura-Entropía del Ciclo de Rankine de la instalación.

El vapor entra en la turbina en condiciones 1 (vapor sobrecalentado), las diferentes expansiones en la turbina en un ciclo ideal se consideran isoentrópicas, puesto que no hay cesión de calor. Para conocer si el punto 2 (condiciones de salida después de la primera expansión) y el punto 3 (condiciones de salida después de la segunda expansión) están en la zona de vapor sobrecalentado o en la zona de transición líquido-vapor se calculan los correspondientes títulos.

Para el cálculo de los títulos se parte de las condiciones termodinámicas del líquido saturado y vapor saturado a las correspondientes presiones.

Tabla 9.28. Condiciones termodinámicas del líquido y vapor saturado a las presiones dadas.

	Punto	P (bares)	x	h (kJ/kg)	s (kJ/kg)
Líquido saturado	2a	60	0		3,0271
Vapor saturado	2b	60	1		5,8897
Líquido saturado	3a	0,08	0	173,88	0,5926
Vapor saturado	3b	0,08	1	2577,00	8,2287

$$x_2 = \frac{s_2 - s_{2a}}{s_{2b} - s_{2a}} = \frac{6,2749 - 3,0271}{5,8897 - 3,0271} = 1,134$$

Puesto que el título no puede ser mayor que uno, el fluido operante en el punto 2 se encuentra en estado vapor. Para obtener el valor de la entalpía en 2, interpolamos en la Tabla 9.29 de líquido sobrecalentado conocida la entropía en 2 ya que es la misma que en el punto 1, quedando:

Tabla 9.29. Vapor sobrecalentado a 60 bares.

Punto	P (bares)	x	h (kJ/kg)	s (kJ/kg)
a	300	60	2878,40	6,0549
		60	h2	6,2749
b	350	60	3041,47	6,3298

$$\frac{h_2 - h_a}{h_b - h_a} = \frac{s_2 - s_a}{s_b - s_a} \rightarrow h_2 = h_a + (h_b - h_a)\frac{s_2 - s_a}{s_b - s_a}$$

$$h_2 = 2878,40 + (3041,47 - 2878,40) \cdot \frac{6,2749 - 6,0549}{6,3298 - 6,0549} = 3008,90 \text{ kJ/kg}$$

Conocidas las condiciones en el punto 2, se obtienen las condiciones en el punto 3, para ello calculamos el nuevo título mediante el mismo procedimiento que el utilizado anteriormente:

$$x_3 = \frac{s_3 - s_{3a}}{s_{3b} - s_{3a}} = \frac{6,2749 - 0,5926}{8,2287 - 0,5926} = 0,744$$

Calculado el título y tomando como datos las entalpías de líquido y vapor saturado para la presión de 0,08 bares hayamos h_3.

$$h_3 = (1 - x) \cdot h_{3a} + x \cdot h_{3b} = (1 - 0,744) \cdot 173,88 + 0,744 \cdot 2577 = 1962,13 \text{ kJ/kg}$$

Para calcular las entalpías a las salidas de las bombas se parte de condiciones a la entrada de estas.

$$\dot{W}_{bomba1} = \dot{m} \cdot (h_5 - h_4) = K \cdot \Delta P = \dot{m} \cdot v_4 \cdot (P_5 - P_4)$$

$$(h_5 - h_4) = v_4 \cdot (P_5 - P_6)$$

$$h_8 = h_7 + v_7 \cdot (P_8 - P_7) = 1213,4 + 1,3187 \cdot 10^{-3} \cdot (12500 - 6000) = 1221,97 \text{ kJ/kg}$$

Para la bomba 2 repetimos procedimiento:

$$h_8 = h_7 + v_7 \cdot (P_8 - P_7) = 1213,4 + 1,3187 \cdot 10^{-3} \cdot (12500 - 6000) = 1221,97 \text{ kJ/kg}$$

Para considerar las pérdidas de energía en la turbina y en las bombas cuyos rendimientos son del 85%, volvemos a calcular las condiciones del fluido operante en cada uno de los puntos del ciclo. Dichas propiedades se muestran en la Tabla 9.30.

Tabla 9.30. Propiedades del fluido operante en los puntos de la instalación considerando ciclo termodinámico real.

	T (°C)	P (bares)	x	h (kJ/kg)	s (kJ/kg)	v (m³/kg)
1	450	125	1	3201,50	6,2749	0,02302
2r	360-400	60	1	3125,51	6,3228	
3r		0,08	0,7686	2186,60		
4		0,08	0	173,88	0,5926	$1,0084 \cdot 10^{-3}$
5r		60	0	179,86		
6		60	1			
7	275,60	60	0	1213,40	3,0267	$1,3187 \cdot 10^{-3}$
8r		125	0	1222,71		

Para el cálculo de la entalpía en 2 en condiciones reales (2r), partimos de la entalpía calculada en el caso ideal, aplicando la ecuación del rendimiento de la turbina.

$$\dot{\eta}_{turbina} = \frac{h_1 - h_{2r}}{h_1 - h_2} \rightarrow -h_{2r} = 0,85 \cdot (h_1 - h_{2s}) - h_1 \rightarrow h_{2r} = h_1 - 0,85 \cdot (h_1 - h_2) \rightarrow$$

$$\rightarrow h_{2r} = 3201,5 - 0,85 \cdot (3201,5 - 3008,9) = 3037,79 \text{ kJ/kg}$$

Para obtener el valor de la entropía en 2, interpolamos en la tabla de líquido sobrecalentado conocida la entalpía en 2 calculada anteriormente, quedando:

$$\frac{h_b - h_a}{s_b - s_a} = \frac{h_x - h_a}{s_x - s_a} \rightarrow s_x = s_a + \frac{(h_x - h_a)(s_b - s_a)}{h_b - h_a}$$

$P = 6 \text{ MPa} \quad T_a = 300\,°C \quad h_a = 2878,4 \text{ kJ/kg} \quad s_a = 6,0549 \text{ kJ/kg}$

$h_{2r} = 3037,79 \text{ kJ/kg} \quad T_b = 350\,°C \quad h_b = 3041,47 \text{ kJ/kg} \quad s_b = 6,3298 \text{ kJ/kg}$

$$s_{2r} = 6,0549 + \frac{(3037,79 - 2878,4) \cdot (6,3298 - 6,0549)}{3041,47 - 2878,40} = 6,3236 \text{ kJ/kg}$$

Las condiciones en el punto 3 las calculamos a partir del nuevo título mediante el mismo procedimiento que el utilizado en los casos anteriores, ya que aquí ha cambiado respecto al apartado anterior.

$$x_3 = \frac{s_3 - s_{3a}}{s_{3b} - s_{3a}} = \frac{6,3228 - 0,5926}{8,2287 - 0,5926} = 0,7504$$

$h_{3a}(0,008MPa) = 173,88 \text{ kJ/kg}$

$h_{3b}(0,008MPa) = 2577,0 \text{ kJ/kg}$

$h_{3s} = (1 - x)h_{3a} + x \cdot h_{3b} = (1 - 0,7504) \cdot 173,88 + 0,7504 \cdot 2577 = 1977,20 \text{ kJ/kg}$

Ahora utilizamos de nuevo la fórmula del rendimiento de la turbina para considerar la pérdida de calor producida al pasar el vapor por ella en su segunda fase.

$$\dot{\eta}_{turbina} = \frac{h_2 - h_{3r}}{h_2 - h_{3s}} \rightarrow h_{3r} = h_2 - 0,85 \cdot (h_2 - h_{3s}) \rightarrow$$

$$\rightarrow h_{3r} = 3037,79 - 0,85 \cdot (3037,79 - 1977,20) = 2136,29 \text{ kJ/kg}$$

Para calcular las entalpías a las salidas de las bombas se aplican el rendimiento para considerar la pérdida de calor producida en el fluido al pasar por ellas.

$h_5 = 179,12 \text{ kJ/kg}$

$h_8 = 1221,31 \text{ kJ/kg}$

$$\dot{\eta}_{bomba2} = \frac{h_8 - h_7}{h_{8r} - h_7} \rightarrow h_{8r} = \frac{h_8 - h_7}{0,85} + h_7 = \frac{1221,31 - 1213,4}{0,85} + 1213,4 = 1222,71 \text{ kJ/kg}$$

Para obtener las condiciones del punto 6 a la salida del secador de astilla planteamos el siguiente sistema de ecuaciones basadas en los balances de energía en el secador y el calentador abierto. Si denominamos y a la fracción de vapor que se deriva de la turbina después de la primera expansión hacia el intercambiador del secador se tiene;

$$y = \frac{\dot{m}_6}{\dot{m}_1}$$

$\dot{m}_1 = \dot{m}_7$

Balance de energía en el secador: $\dot{Q}_{secador} = \dot{m}_6 \cdot (h_2 - h_6) = \dot{m}_1 \cdot y \cdot (h_2 - h_6)$

Balance de energía del calentador abierto según Figura 9.28: $(1 - y) \cdot h_5 + y \cdot h_6 = h_7$

Balance de energía eléctrica en el ciclo: $\dot{W}_t - \dot{W}_b = 5000 \text{ kW}$

La variable y se define como la fracción de vapor que se extrae tras la primera expansión para dirigirse al secador y que posteriormente ingresa en el calentador abierto. La variable $(1\text{-}y)$ se define como la fracción de fluido que pasa por el condensador.

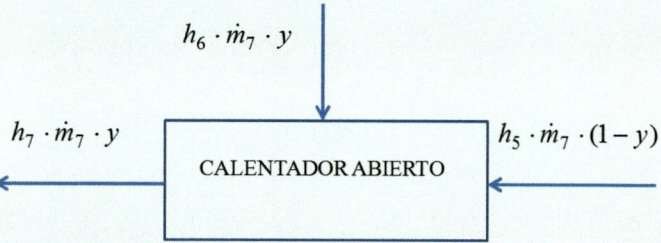

Figura 9.28. Entradas y salidas en el calentador abierto.

Del desarrollo de la tercera ecuación se obtiene lo siguiente:

$$\dot{W}_t = \dot{m}_7 \cdot (h_1 - h_{2r}) + \dot{m}_5 \cdot (h_{2r} - h_{3r}) = \dot{m}_7 \cdot (h_1 - h_{2r}) + \dot{m}_7 \cdot (1-y)(h_{2r} - h_{3r})$$

$$\dot{W}_t = \dot{m}_7 \cdot (3201,5 - 3037,8) + \dot{m}_7 \cdot (1-y) \cdot (3037,8 - 2136,3) = 163,7 \cdot \dot{m}_7 + 901,5 \cdot \dot{m}_7 \cdot (1-y)$$

$$\dot{W}_b = \dot{m}_7 \cdot (1-y) \cdot (h_{5r} - h_4) + \dot{m}_7 \cdot (h_{8r} - h_7)$$

$$\dot{W}_b = 7,11 \cdot \dot{m}_7 \cdot (1-y) + 9,31 \cdot \dot{m}_7$$

$$\dot{W}_t - \dot{W}_b = 5000 \text{ kW}$$

$$163,7 \cdot \dot{m}_7 = 901,5 \cdot \dot{m}_7 \cdot (1-y) - 7,11 \cdot \dot{m}_7 (1-y) - 9,31 \cdot \dot{m}_7 =$$

$$= 154,39 \cdot \dot{m}_7 + 894,39 \cdot \dot{m}_7 \cdot (1-y) = \dot{m}_7 \cdot (154,39 + 894,39 - 894,39y) =$$

$$\dot{m}_7 \cdot (1048,78 - 894,39y) = 5000 \text{ kW}$$

$$\dot{m}_7 = \frac{5000}{1048,78 - 894,39 \cdot y}$$

A partir del balance de energía del calentador abierto se tiene:

$$(1-y) \cdot h_{5r} + y \cdot h_6 = h_7 \rightarrow 179,86 \cdot (1-y) + y \cdot h_6 = 1213,4$$

$$h_6 = \frac{1213,4 - 179,86 \cdot (1-y)}{y}$$

Por el método de sustitución, sustituimos h_6 y $\dot{m}_7$ en la ecuación del balance del secador, dando lugar a una ecuación de una incógnita en la que despejando obtenemos y.

$$\dot{Q}_{\text{secador}} = \dot{m}_6 \cdot (h_{2r} - h_6) = \dot{m}_7 \cdot y \cdot (h_{2r} - h_6) = \dot{m}_7 \cdot y \cdot (3037,8 - h_6) = 9064$$

$$\frac{5000}{1048,78 - 894,39 \cdot y} \cdot y \cdot \left(3037,8 - \frac{1213,4 - (1-y) \cdot 179,86}{y} \right) = 9064$$

Simplificamos la parte contenida en el paréntesis de la ecuación:

$$\frac{3037,8 \cdot y}{y} - \frac{1213,4 - (1-y) \cdot 180,99}{y} = \frac{3037,8 \cdot y}{y} - \frac{1032,41 + 179,86 \cdot y}{y}$$

$$= \frac{2856,81 \cdot y - 1032,41}{y}$$

Lo sustituimos de nuevo en la ecuación y despejamos y:

$$\frac{5000 \cdot y}{1048,78 - 894,39 \cdot y} \cdot \left(\frac{2856,81 \cdot y - 1032,41}{y} \right) = 9064 \rightarrow \frac{5000 \cdot (2856,81 \cdot y - 1032,41)}{1048,78 - 894,39 \cdot y} = 9064$$

$$\rightarrow (2856,81 \cdot y - 1032,41) = \frac{9064}{5000}(1048,78 - 894,39 \cdot y) \rightarrow (2856,81 \cdot y - 1032,41) = 1,8128 \cdot (1048,78 - 894,39 \cdot y) \rightarrow$$

$$2856,81 \cdot y - 1032,41 = 1901,23 - 1621,35 \cdot y \rightarrow y = \frac{2933,64}{4478,16} = 0,655$$

Conocido y, volvemos a las ecuaciones iniciales y obtenemos las otras dos variables (el flujo en 7 y entalpía en 6).

$$h_6 = \frac{1213,4 - 179,86 \cdot (1 - y)}{y} = \frac{1213,4 - 179,86 \cdot (1 - 0,655)}{0,655} = 1771,31 \text{ kJ/kg}$$

$$\dot{m}_7 = \frac{5000}{1048,78 - 894,39 \cdot y} = \frac{5000}{1048,78 - 894,39 \cdot 0,655} = 10,802 \text{ kg/s}$$

Conocidas ya las condiciones termodinámicas en cada uno de los puntos de la instalación, se procede a calcular la potencia de la caldera (Q_c), de la turbina (W_t) y bombas (W_b), así como el calor disipado en el condensador (Q_s), cuando la instalación trabaja a máxima potencia (5MW).

Potencia de la caldera a potencia máxima:

$$\dot{Q}_{Caldera} = \dot{m}_1 (h_1 - h_{8r})$$

$$\dot{Q}_{Caldera} = 10,802 \cdot (3201,5 - 1222,71) = 21375,53 \text{ kW}$$

Para dar versatilidad a la instalación se colocan cuatro calderas de potencia útil 5581 kW cada una. Eso permite trabajar a tres potencias: a) Potencia máxima 5 MW, funcionando con las cuatro calderas; b) Potencia de 2 MW, funcionando con dos calderas; c) Potencia mínima, funcionando con una caldera.

Potencia de la turbina a máxima potencia (5 MW).

$$\dot{W}_t = \dot{m}_7 \cdot (h_1 - h_{2r}) + \dot{m}_7 \cdot (1 - y) \cdot (h_{2r} - h_{3r})$$

$$\dot{W}_t = 163,71 \cdot \dot{m}_7 + 938,91 \cdot \dot{m}_7 (1 - y)$$

$$\dot{W}_t = 163,71 \cdot 10,802 + 901,50 \cdot 10,802 \cdot (1 - 0,655) = 5126,6 \text{ kW}$$

Potencia de las bombas a máxima potencia (5 MW).

$$\dot{W}_b = \dot{m}_7 (1 - y) \cdot (h_{5r} - h_4) + \dot{m}_7 \cdot (h_{8r} - h_7)$$

$$\dot{W}_b = 10,57 \cdot (1 - 0,655) \cdot (179,86 - 173,88) + 10,802 \cdot (1222,71 - 1213,40) = 122,27 \text{ kW}$$

$$\dot{W}_{b1} = 10,802 \cdot (1 - 0,655) \cdot (180,98 - 173,88) = 26,45 \text{ kW}$$

$$\dot{W}_{b2} = 10,802 \cdot (1222,7 - 1213,4) = 100,46 \text{ kW}$$

Calor disipado por el condensador a máxima potencia (5 MW).

$$\dot{Q}_s = (1 - y) \cdot \dot{m}_1 (h_{3r} - h_4)$$

$$\dot{Q}_s = (1 - 0,655) \cdot 10,802 \cdot (2136,3 - 173,88) = 7312,18 \text{ kW}$$

Se puede detectar que si se realiza la diferencia de la energía aportada en la caldera y la bomba respecto a la extraída en el secador, la turbina y el condensador, el resultado no es exactamente cero, sino 0,93 kW. Esto es debido al truncamiento y redondeo de los números decimales en los cálculos del ejercicio.

Para el funcionamiento a 2 MW y 1 MW debe recalcularse el flujo másico y la entalpía en el punto 6.

Fin.

CAPÍTULO VIII. RECUERDA

- La energía que se introduce en un ciclo es igual a la energía que se extrae de tal manera que el sumatorio es cero.
- En un Ciclo de Rankine el calor que se introduce en el ciclo por la caldera menos el trabajo extraído en la turbina menos el calor disipado en el condensador más el trabajo aportado en la bomba debe ser cero.

$$\dot{Q}_c - \dot{W}_t - \dot{Q}_s + \dot{W}_b = 0$$

REFERENCIAS

Çengel, Y.A., Boles, M.A. 2011. *Termodinámica* 7ª Edición, Ed. Mc Graw-Hill.
Moran, M.J., Shapiro, H.N. 2004. *Fundamentos de termodinámica técnica*. 2ª Edición. Ed. Reverté.

ANEXO 9.1. Tablas propiedades termodinámicas del agua

Tabla A9.1. Valores de las propiedades del agua saturada. Entrada presiones.

Presión		Temperatura de saturación		Energía interna (u)		Volumen específico (v)		Entalpia específica (h)		Entropía específica (s)	
				liq. sat	vap.sat	liq. sat	vap.sat	liq. sat	vap.sat	liq. sat	vap.sat
MPa	bares	°C	K	kJ/kg	kJ/kg	m³/kg	m³/kg	kJ/kg	kJ/kg	kJ/kg	kJ/kg
0,008	0,08	41,51	314,51	173,87	2432,20	0,001008	18,103	173,880	2577,00	0,5926	8,2287
0,01	0,10	45,81	318,81	191,81	2437,55	0,001010	14,672	191,820	2584,30	0,6493	8,1495
0,02	0,20	60,06	333,06	251,39	2456,35	0,001017	7,6486	251,410	2609,30	0,8320	7,9079
0,03	0,30	69,10	342,10	289,22	2468,05	0,001022	5,2289	289,250	2624,95	0,9440	7,7681
0,04	0,40	75,87	348,87	317,56	2476,65	0,001026	3,9932	317,600	2636,45	1,0260	7,6696
0,05	0,50	81,33	354,33	340,47	2483,55	0,001030	3,2402	340,515	2645,55	1,0911	7,5935
0,06	0,60	85,94	358,94	359,79	2489,60	0,001033	2,7320	359,860	2653,50	1,1453	7,5320
0,07	0,70	89,95	362,95	376,63	2494,50	0,001036	2,3650	376,700	2660,00	1,1919	7,4797
0,08	0,80	93,50	366,50	391,58	2498,80	0,001038	2,0870	391,660	2665,80	1,2329	7,4346
0,09	0,90	96,71	369,71	405,06	2502,60	0,001041	1,8690	405,150	2670,90	1,2695	7,3949
0,10	1,00	99,62	372,62	417,38	2505,85	0,001043	1,6941	417,485	2675,25	1,3027	7,3592
0,15	1,50	111,38	384,38	466,96	2519,45	0,001053	1,1592	467,120	2693,35	1,4337	7,2232
0,20	2,00	120,20	393,20	504,49	2529,50	0,001061	0,8857	504,700	2706,70	1,5301	7,1271

(Continúa en la página siguiente)

(Continúa de la página anterior)

Presión		Temperatura de saturación		Energía interna (u)		Volumen específico (v)		Entalpia específica (h)		Entropía específica (s)	
				liq. sat	vap.sat	liq. sat	vap.sat	liq. sat	vap.sat	liq. sat	vap.sat
MPa	bares	°C	K	kJ/kg	kJ/kg	m^3/kg	m^3/kg	kJ/kg	kJ/kg	kJ/kg	kJ/kg
0,25	2,50	127,41	400,41	535,09	2537,00	0,001067	0,7187	535,360	2716,70	1,6072	7,0526
0,30	3,00	133,56	406,56	561,13	2543,40	0,001073	0,6058	561,450	2725,10	1,6718	6,9918
0,35	3,50	138,90	411,90	583,95	2546,90	0,001079	0,2624	584,330	2732,40	1,7275	6,9405
0,40	4,00	143,61	416,61	604,27	2553,35	0,001084	0,4625	604,700	2738,35	1,7766	6,8957
0,45	4,50	147,90	420,90	622,45	2557,35	0,001088	0,4140	623,195	2743,65	1,8206	6,8563
0,50	5	151,87	424,87	639,61	2560,95	0,001093	0,3749	640,160	2748,40	1,8606	6,8210
0,60	6	158,87	431,87	669,81	2567,10	0,001101	0,3157	670,470	2756,50	1,9310	6,7597
0,70	7	164,98	437,98	696,34	2572,15	0,001108	0,2728	697,220	2763,15	1,9922	6,7076
0,80	8	170,41	443,41	720,10	2576,40	0,001115	0,2404	720,990	2768,70	2,0460	6,6622
0,90	9	175,38	448,38	741,69	2580,05	0,001121	0,2149	742,695	2773,45	2,0944	6,6220
1,00	10	179,89	452,89	761,54	2583,20	0,001127	0,1944	762,660	2777,60	2,1384	6,5857
1,50	15	198,30	471,30	842,99	2593,95	0,001154	0,1318	844,695	2791,60	2,3147	6,4439
2,00	20	212,39	485,39	906,28	2599,70	0,001177	0,0996	908,63	2798,90	2,4471	6,3400
2,50	25	223,98	496,98	958,99	2602,60	0,001197	0,0800	961,99	2802,50	2,5545	6,2567
3,00	30	233,88	506,88	1004,70	2603,65	0,001217	0,0667	1008,35	2803,70	2,6456	6,1863
3,50	35	242,58	515,58	1045,40	2603,35	0,001235	0,0571	1049,75	2803,05	2,7253	6,1249
4,00	40	250,38	523,38	1082,35	2602,00	0,001252	0,0498	1087,35	2801,10	2,7965	6,0699
4,50	45	257,50	530,50	1116,20	2600,10	0,001269	0,0221	1121,90	2798,30	2,8610	6,0199
5,00	50	263,97	536,97	1147,95	2597,05	0,001286	0,0394	1154,35	2794,25	2,9205	5,9736
6,00	60	275,60	548,60	1205,60	2589,80	0,001319	0,0324	1213,60	2784,45	3,0271	5,8897
7,00	70	285,87	558,87	1257,80	2580,75	0,001352	0,0274	1267,25	2772,35	3,1216	5,8141
8,00	80	295,06	568,06	1305,80	2570,15	0,001384	0,0235	1316,85	2758,35	3,2073	5,7441
9,00	90	303,38	576,38	1350,70	2558,15	0,001418	0,0205	1363,50	2742,50	3,2862	5,6782
10,00	100	311,05	584,05	1393,15	2544,80	0,001452	0,0180	1407,60	2724,70	3,3596	5,6141
11,00	110	318,14	591,14	1433,80	2530,10	0,001488	0,0160	1450,15	2705,95	3,4297	5,5536
12,00	120	324,74	597,74	1473,00	2514,00	0,001526	0,0143	1491,30	2685,15	3,4963	5,4932
13,00	130	330,88	603,88	1511,05	2496,35	0,001567	0,0128	1531,45	2662,45	3,5606	5,4330
14,00	140	336,74	609,74	1548,50	2476,95	0,001610	0,0115	1571,05	2637,75	3,6232	5,3723
15,00	150	342,18	615,18	1585,55	2455,60	0,001658	0,0103	1610,40	2610,65	3,6848	5,3103
16,00	160	347,38	620,38	1622,65	2431,85	0,001710	0,0093	1650,00	2580,80	3,7461	5,2461
17,00	170	352,35	625,35	1660,20	2405,20	0,001770	0,0084	1690,30	2547,45	3,8081	5,1784
18,00	180	357,05	630,05	1699,00	2374,65	0,001840	0,0075	1732,10	2509,55	3,8718	5,1054
19,00	190	361,49	634,49	1740,10	2338,65	0,001925	0,0067	1776,65	2465,25	3,9392	5,0242
20,00	200	365,78	638,78	1785,70	2293,90	0,002037	0,0058	1826,45	2410,90	4,0143	4,9290
21,00	210	369,86	642,86	1841,85	2232,05	0,002207	0,0050	1888,20	2336,50	4,1073	4,8043
22,00	220	373,76	646,76	1956,40	2089,75	0,002723	0,0036	2016,65	2169,10	4,3026	4,5385
22,075	220,750	374,05	647,05	2022,65	2022,65	0,003131	0,0031	2091,80	2091,80	4,4184	4,4184

Tabla A9.2. Valores de las propiedades del agua saturada. Entrada temperaturas.

Temperatura de saturación		Presión		Energía interna (u)		Volumen específico (v)		Entalpía específica (h)		Entropía específica (s)	
				liq. sat	vap.sat	liq. sat	vap.sat	liq. sat	vap.sat	liq. sat	vap.sat
°C	K	MPa	bares	kJ/kg	kJ/kg	m^3/kg	m^3/kg	kJ/kg	kJ/kg	kJ/kg	kJ/kg
0,01	273,01	0,000611	0,00611	0,00	2375,10	0,0010001	206,07	0,01	2501,15	0,0000	9,1559
4	277	0,000813	0,00813	16,77	2380,90	0,0010001	157,23	16,78	2508,70	0,0610	9,0514
5	278	0,000872	0,00872	20,99	2382,05	0,0010001	147,08	21,00	2510,35	0,0762	9,0253
6	279	0,000935	0,00935	25,19	2383,60	0,0010001	137,73	25,20	2512,40	0,0912	9,0003
8	281	0,001072	0,01072	33,59	2386,40	0,0010002	120,92	33,60	2516,10	0,1212	8,9501
10	283	0,001228	0,01228	42,01	2388,95	0,0010002	106,35	42,02	2519,50	0,1511	8,9004
11	284	0,001312	0,01312	46,20	2390,50	0,0010004	99,86	46,20	2521,60	0,1658	8,8765
12	285	0,001402	0,01402	50,41	2391,90	0,0010005	93,78	50,41	2523,40	0,1806	8,8524
13	286	0,001497	0,01497	54,60	2393,30	0,0010007	88,12	54,60	2525,30	0,1953	8,8285
14	287	0,001598	0,01598	58,79	2394,70	0,0010008	82,85	58,80	2527,10	0,2099	8,8048
15	288	0,001705	0,01705	62,99	2395,80	0,0010010	77,91	62,99	2528,60	0,2245	8,7809
16	289	0,001818	0,01818	67,18	2397,40	0,0010011	73,33	67,19	2530,80	0,2390	8,7582
17	290	0,001938	0,01938	71,38	2398,80	0,0010012	69,04	71,38	2532,60	0,2535	8,7351
18	291	0,002064	0,02064	75,57	2400,20	0,0010014	65,04	75,58	2534,40	0,2679	8,7123
19	292	0,002198	0,02198	79,76	2401,60	0,0010016	61,29	79,77	2536,20	0,2823	8,6897
20	293	0,002339	0,02339	83,93	2402,60	0,0010019	57,78	83,94	2537,75	0,2966	8,6667
21	294	0,002487	0,02487	88,14	2404,30	0,0010020	54,51	88,14	2539,90	0,3109	8,6450
22	295	0,002645	0,02645	92,32	2405,70	0,0010022	51,45	92,33	2541,70	0,3251	8,6229
23	296	0,002810	0,02810	96,51	2407,00	0,0010024	48,57	96,52	2543,50	0,3393	8,6011
24	297	0,002985	0,02985	100,70	2408,40	0,0010027	45,88	100,70	2545,40	0,3534	8,5794
25	298	0,003169	0,03169	104,86	2409,45	0,0010030	43,35	104,86	2546,85	0,3673	8,5574
26	299	0,003363	0,03363	109,06	2411,00	0,0010032	40,99	109,07	2549,00	0,3814	8,5367
27	300	0,003567	0,03567	113,25	2412,50	0,0010035	38,77	113,25	2550,80	0,3954	8,5156
28	301	0,003782	0,03782	117,42	2413,90	0,0010037	36,69	117,43	2552,60	0,4093	8,4946
29	302	0,004008	0,04008	121,60	2415,20	0,0010040	34,73	121,61	2554,50	0,4231	8,4739
30	303	0,004246	0,04246	125,76	2416,25	0,0010042	32,89	125,77	2555,95	0,4369	8,4527
31	304	0,004496	0,04496	129,96	2418,00	0,0010046	31,17	129,97	2558,10	0,4507	8,4329
32	305	0,004759	0,04759	134,14	2419,30	0,0010050	29,54	134,15	2559,90	0,4644	8,4127
33	306	0,005034	0,05034	138,32	2420,70	0,0010053	28,01	138,33	2561,70	0,4781	8,3927
34	307	0,005324	0,05324	142,50	2422,00	0,0010056	26,57	142,50	2563,50	0,4917	8,3728
35	308	0,005629	0,05629	146,65	2423,05	0,0010060	25,21	146,66	2564,95	0,5052	8,3524
40	313	0,007385	0,07385	167,55	2429,75	0,0010079	19,52	167,55	2573,90	0,5725	8,2563
45	318	0,009594	0,09594	188,44	2436,45	0,0010100	15,25	188,45	2582,80	0,6387	8,1641
50	323	0,006793	0,06793	209,33	2443,10	0,0010121	12,03	209,34	2591,70	0,7038	8,0756
55	328	0,008668	0,08668	230,23	2449,70	0,0010148	9,57	230,25	2600,50	0,7680	7,9906
60	333	0,010967	0,10967	251,14	2456,25	0,0010171	7,67	251,16	2609,20	0,8313	7,9089

(Continúa en la página siguiente)

(Continúa de la página anterior)

Temperatura de saturación		Presión		Energía interna (u)		Volumen específico (v)		Entalpía específica (h)		Entropía específica (s)	
				liq. sat	vap.sat	liq. sat	vap.sat	liq. sat	vap.sat	liq. sat	vap.sat
°C	K	MPa	bares	kJ/kg	kJ/kg	m^3/kg	m^3/kg	kJ/kg	kJ/kg	kJ/kg	kJ/kg
65	338	0,013767	0,13767	272,06	2462,75	0,0010200	6,20	272,09	2617,90	0,8936	7,8303
70	343	0,017155	0,17155	293,00	2469,25	0,0010229	5,04	293,03	2626,45	0,9550	7,7547
75	348	0,021220	0,21220	313,95	2475,60	0,0010260	4,13	313,98	2634,95	1,0157	7,6818
80	353	0,026066	0,26066	334,92	2481,90	0,0010291	3,41	334,97	2643,35	1,0755	7,6117
85	358	0,031808	0,31808	355,90	2488,10	0,0010323	2,83	355,96	2651,65	1,1345	7,5440
90	363	0,038579	0,38579	376,91	2494,25	0,0010360	2,36	376,98	2659,85	1,1927	7,4787
95	368	0,046505	0,46505	397,94	2500,35	0,0010399	1,98	398,03	2667,85	1,2502	3,7903
100	373	0,101410	1,01410	419,00	2506,25	0,0010433	1,67	419,11	2675,85	1,3071	7,3546
110	383	0,143340	1,43340	461,21	2517,90	0,0010518	1,21	461,36	2691,30	1,4187	7,2385
120	393	0,198585	1,98585	503,55	2529,10	0,0010602	0,89	503,76	2706,15	1,5278	7,1294
130	403	0,270190	2,70190	546,06	2539,70	0,0010699	0,67	546,35	2720,30	1,6345	7,0267
140	413	0,361415	3,61415	588,76	2549,80	0,0010799	0,51	589,15	2733,70	1,7392	6,9297
150	423	0,475980	4,75980	631,67	2559,30	0,0010908	0,39	632,19	2746,20	1,8418	6,8375
160	433	0,618015	6,18015	674,83	2568,10	0,0011020	0,31	675,51	2757,80	1,9427	6,7497
170	443	0,79194	7,91940	718,27	2576,10	0,0011142	0,24	719,15	2768,30	2,0418	6,6657
180	453	1,002	10,0240	762,01	2583,25	0,0011272	0,19	763,14	2777,70	2,1394	6,5849
190	463	1,255	12,5460	806,10	2589,50	0,0011412	0,16	807,53	2785,85	2,2357	6,5069
200	473	1,554	15,5445	850,56	2594,75	0,0011568	0,13	1723,33	2366,50	1,3051	5,2660
210	483	1,907	19,0685	895,46	2598,90	0,0011728	0,10	897,69	2797,90	2,4247	6,3574
220	493	2,319	23,1880	940,83	2601,85	0,0011900	0,09	943,59	2801,55	2,5177	6,2851
230	503	2,796	27,9605	986,75	2603,40	0,0012089	0,07	990,13	2803,45	2,6100	6,2137
240	513	3,346	33,4550	1033,30	2603,55	0,0012291	0,06	1037,40	2803,40	2,7017	6,1431
250	523	3,975	39,7460	1080,55	2602,10	0,0012516	0,05	1085,55	2801,25	2,7930	6,0726
260	533	4,690	46,9015	1128,60	2598,85	0,0012758	0,04	1134,60	2796,60	2,8843	6,0018
270	543	5,501	55,0100	1177,65	2593,70	0,0013027	0,04	1184,80	2789,70	2,9757	5,9303
280	553	6,414	64,1430	1227,85	2586,25	0,0013326	0,03	1236,35	2779,75	3,0675	5,8575
290	563	7,439	74,3890	1279,30	2576,25	0,0013658	0,03	1289,45	2766,45	3,1601	5,7828
300	573	8,584	85,8445	1332,35	2563,30	0,0014038	0,02	1344,40	2749,30	3,2541	5,7052
310	583	9,865	98,6500	1387,70	2547,10	0,0014470	0,02	1402,00	2727,90	3,3506	5,6243
320	593	11,277	112,77	1444,85	1803,20	0,0014989	0,02	1461,75	2700,35	3,4486	5,5367
330	603	12,858	128,58	1505,70	2499,20	0,0015600	0,01	1525,80	2666,00	3,5516	5,4422
340	613	14,596	145,96	1570,50	2464,55	0,0016380	0,01	1594,40	2622,00	3,6598	5,3358
350	623	16,529	165,29	1642,40	2418,30	0,0017410	0,01	1671,20	2563,90	3,7788	5,2114
360	633	18,658	186,58	1725,70	2351,70	0,0018938	0,01	1761,00	2481,30	3,9156	5,0532
370	643	21,044	210,44	1844,50	2230,10	0,0022170	0,00	1891,20	2334,30	4,1119	4,8009
373,95	647,05	22,077	220,77	2022,65	2022,65	0,0031305	0,00	2091,80	2091,80	4,4184	4,4184

Tabla A9.3. Valores de las propiedades del vapor de agua sobrecalentado.

Temperatura		Volumen específico	Energía interna	Entalpía específica	Entropía específica	Volumen específico	Energía interna	Entalpía específica	Entropía específica
°C	K	m³/kg	kJ/kg	kJ/kg	kJ/kg	m³/kg	kJ/kg	kJ/kg	kJ/kg
		P = 0,2 bares = 0,02 MPa Tsat =60,06 °C				P = 0,8 bares = 0,08 MPa Tsat =93,50 °C			
sat		7,9481	2456,012	2608,912	7,9073	2,0870	2498,812	2665,823	7,4346
100	373	8,9650	2534,904	2713,502	8,3049	2,1880	2508,700	2678,733	7,4765
150	423	10,1730	2607,862	2809,926	8,5412	2,4944	2583,875	2777,800	7,7240
200	473	11,3788	2681,929	2907,461	8,7531	2,7960	2658,767	2876,233	7,9456
250	523	12,5831	2757,206	3006,308	8,9463	3,0956	2734,275	2975,058	8,1440
300	573	13,7874	2833,993	3106,468	9,1244	3,3947	2810,917	3074,900	8,3271
350	623	14,9910	2913,099	3209,101	9,2850	3,6928	2888,808	3175,992	8,4946
400	673	16,1945	2992,204	3311,735	9,4456	3,9903	2968,100	3278,467	8,6536
450	723	17,3980	3074,635	3417,599	9,5883	4,2875	3049,289	3382,783	8,8020
500	773	18,6015	3157,066	3523,463	9,7310	4,5850	3131,733	3488,367	8,9441
550	823	19,8048	3242,924	3632,811	9,8604	5,0435	3444,907	3837,203	9,839
600	873	21,0080	3328,781	3742,159	9,9898	5,5020	3758,080	4186,040	10,733
650	923	22,2110	3418,215	3855,041	10,1090	5,9605	4071,253	4534,877	11,627
700	973	23,4140	3507,650	3967,922	10,2282	6,4190	4384,427	4883,713	12,522
		P = 1 bar = 0,1 MPa Tsat =99,62 °C				P = 2,5 bares = 0,25 MPa Tsat =127,41 °C			
sat		1,6941	2505,621	2675,250	7,3589	0,71873	2536,810	2716,502	7,0525
100	373	1,6960	2506,450	2676,000	7,3613	0,7680	2574,720	2766,068	7,1731
150	423	1,9365	2582,788	2776,450	7,6131	0,8658	2653,490	2869,253	7,4035
200	473	2,1722	2658,150	2875,400	7,8350	0,9615	2730,860	2970,536	7,6066
250	523	2,4060	2733,838	2974,463	8,0335	1,0560	2808,631	3071,870	7,7913
300	573	2,6390	2810,625	3074,450	8,2160	1,1498	2888,001	3174,604	7,9563
350	623	2,8708	2889,013	3176,063	8,3828	1,2436	2967,372	3277,338	8,1213
400	673	3,1029	2968,100	3278,400	8,5444	1,3369	3049,593	3382,823	8,2671
450	723	3,3341	3049,675	3383,083	8,6914	1,4302	3131,815	3488,308	8,4130
500	773	3,5653	3131,900	3488,400	8,8352	1,5233	3217,287	3596,969	8,5450
550	823	3,7966	3217,356	3597,011	8,9676	1,6163	3302,759	3705,630	8,6770
600	873	4,0279	3302,812	3705,621	9,0999	1,7510	3577,989	4014,433	9,4001
650	923	4,2590	3391,607	3817,511	9,2212	1,8969	3876,155	4348,969	10,1834
700	973	4,4900	3480,402	3929,401	9,3424	0,71873	2536,810	2716,502	7,0525
		P = 5 bares = 0,5 MPa Tsat =151,87 °C				P = 7,5 bares = 0,75 MPa Tsat =167,4 °C			
sat		0,37487	2560,950	2748,400	6,8210	0,2566	2574,250	2765,900	6,6848
200	473	0,42497	2643,100	2855,600	7,0601	0,2804	2632,950	2842,300	6,8521
250	523	0,47437	2723,650	2960,825	7,2711	0,3147	2716,988	2951,913	7,0721
300	573	0,52256	2803,125	3064,425	7,4600	0,3477	2798,300	3057,950	7,2655

(Continúa en la página siguiente)

341

(Continúa de la página anterior)

Temperatura		Volumen específico	Energía interna	Entalpía específica	Entropía específica	Volumen específico	Energía interna	Entalpía específica	Entropía específica
°C	K	m³/kg	kJ/kg	kJ/kg	kJ/kg	m³/kg	kJ/kg	kJ/kg	kJ/kg
350	623	0,57013	2882,850	3167,900	7,6334	0,3801	2879,138	3162,975	7,4414
400	673	0,61731	2963,450	3272,150	7,7947	0,4120	2960,550	3268,200	7,6043
450	723	0,66414	3045,792	3377,883	7,9432	0,4436	3043,350	3374,600	7,7536
500	773	0,71093	3128,700	3484,200	8,0883	0,4752	3126,700	3481,500	7,8996
550	823	0,75751	3214,350	3593,150	8,2208	0,4772	3126,600	3481,425	7,8994
600	873	0,80410	3300,000	3702,100	8,3533	0,5378	3298,600	3700,150	8,1655
650	923	0,85051	3389,025	3814,275	8,4749	0,5690	3387,750	3812,600	8,2874
700	973	0,89693	3478,050	3926,450	8,5965	0,6002	3476,900	3925,050	8,4093
750	1023	0,94330	3570,825	4042,425	8,7103	0,6092	3569,700	4041,025	8,5077
800	1073	0,98966	3663,600	4158,400	8,8240	0,6182	3662,500	4157,000	8,6061
		P = 10 bares = 1 MPa **Tsat =179,89 °C**				**P = 15 bares = 1,5 MPa** **Tsat =198,30 °C**			
sat		0,19438	2583,000	2777,350	6,58538	0,1318	2594,500	2792,200	6,4448
200	473	0,20602	2622,200	2828,200	6,69520	0,1325	2598,100	2796,800	6,4546
250	523	0,23272	2710,231	2942,913	6,92560	0,1519	2694,825	2922,650	6,7066
300	573	0,25797	2793,563	3051,463	7,12379	0,1696	2782,850	3037,300	6,9160
350	623	0,28248	2875,581	3158,063	7,30223	0,1866	2867,575	3147,375	7,1007
400	673	0,30661	2957,750	3264,350	7,46653	0,2030	2951,300	3255,800	7,2690
450	723	0,33038	3041,188	3371,558	7,61602	0,2192	3035,467	3364,267	7,4233
500	773	0,35411	3124,850	3478,950	7,76370	0,2352	3120,300	3473,100	7,5698
550	823	0,37761	3210,929	3588,550	7,89778	0,2510	3206,567	3583,083	7,7068
600	873	0,40111	3297,325	3698,425	8,03058	0,2668	3293,900	3694,000	7,8385
650	923	0,42447	3386,563	3811,017	8,15333	0,2831	3383,925	3807,550	7,9628
700	973	0,44783	3476,300	3924,100	8,27550	0,2995	3473,950	3921,100	8,0871
750	1023	0,11778	892,250	1010,025	2,09724	0,3151	3566,925	4037,475	8,2008
800	1073	0,49438	3661,700	4156,100	8,50240	0,3308	3659,900	4153,850	8,3146
		P = 20 bares = 2 MPa **Tsat =212,39 °C**				**P = 30 bares = 3 MPa** **Tsat =233,88 °C**			
Sat		0,09960	2600,300	2799,500	6,3409	0,06668	2604,1	2804,2	6,1869
250	523	0,11138	2678,800	2901,475	6,5421	0,07043	2642,250	2853,550	6,2814
300	573	0,12540	2772,150	3022,950	6,7640	0,08105	2749,150	2992,350	6,5354
350	623	0,13853	2859,725	3136,850	6,9551	0,09048	2843,375	3114,875	6,7412
400	673	0,15120	2945,200	3247,600	7,1271	0,09940	2932,800	3230,900	6,9212
450	723	0,16353	3030,533	3357,517	7,2836	0,10787	3020,417	3344,000	7,0823
500	773	0,17570	3116,200	3467,600	7,4317	0,11620	3108,000	3456,500	7,2338
550	823	0,18768	3203,150	3578,433	7,5699	0,12432	3196,167	3569,217	7,3743
600	873	0,19960	3290,900	3690,100	7,7024	0,13240	3285,000	3682,300	7,5085

(Continúa en la página siguiente)

342

(Continúa de la página anterior)

Temperatura		Volumen específico	Energía interna	Entalpía específica	Entropía específica	Volumen específico	Energía interna	Entalpía específica	Entropía específica
°C	K	m³/kg	kJ/kg	kJ/kg	kJ/kg	m³/kg	kJ/kg	kJ/kg	kJ/kg
650	923	0,21145	3380,317	3803,233	7,8277	0,14040	3375,250	3796,533	7,6350
700	973	0,22320	3470,900	3917,400	7,9487	0,14840	3466,500	3911,700	7,7571
750	1023	0,23497	3564,450	4034,450	8,0639	0,15630	3560,400	4029,300	7,8728
800	1073	0,24674	3658,000	4151,500	8,1791	0,16420	3654,300	4146,900	7,9885
850	1123	0,25843	3754,450	4271,300	8,2858	0,17204	3751,100	4267,200	8,0957
		P = 40 bares = 4 MPa Tsat =250,38 °C				**P = 50 bares = 5 MPa** Tsat =264,97 °C			
Sat		0,04978	2602,300	2801,400	6,0701	0,03944	2597,121	2794,308	5,9734
300	573	0,05873	2723,700	2958,600	6,3561	0,04535	2699,000	2925,778	6,2111
350	623	0,06641	2826,125	3091,750	6,5800	0,05197	2809,500	3069,321	6,4516
400	673	0,07341	2919,900	3213,600	6,7690	0,05784	2907,500	3196,725	6,6483
450	723	0,08001	3010,083	3330,133	6,9351	0,06332	3000,600	3317,203	6,8210
500	773	0,08643	3099,500	3445,300	7,0901	0,06858	3091,800	3434,702	6,9781
550	823	0,09268	3189,100	3559,817	7,2328	0,07364	3182,550	3550,812	7,1193
600	873	0,09885	3279,100	3674,400	7,3688	0,07870	3273,300	3666,978	7,2605
650	923	0,10492	3370,183	3789,817	7,4966	0,08361	3365,500	3783,632	7,3871
700	973	0,11100	3462,100	3905,900	7,6198	0,08852	3457,700	3900,352	7,5136
750	1023	0,11690	3555,600	4023,383	7,7371	0,09334	3552,300	4019,021	7,6297
800	1073	0,12292	3650,600	4142,300	7,8523	0,09816	3646,900	4137,732	7,7458
850	1123	0,12884	3747,700	4263,100	7,9599	0,10293	3744,350	4258,952	7,8539
900	1173	0,13480	3844,800	4383,900	8,0675	0,10769	3841,800	4380,212	7,9619
		P = 60 bares = 6 MPa Tsat =275,60 °C				**P = 70 bares = 7 MPa** Tsat =285,87 °C			
Sat		0,03244	2589,700	2784,300	5,8892	0,02738	2581,000	2772,600	5,8148
300	573	0,03597	2662,600	2878,400	6,0549	0,02949	2633,500	2839,900	5,9337
350	623	0,04217	2788,400	3041,475	6,3298	0,03526	2770,100	3016,900	6,2305
400	673	0,04739	2892,900	3177,200	6,5408	0,03996	2879,500	3159,200	6,4502
450	723	0,05213	2988,700	3301,450	6,7178	0,04419	2979,000	3288,300	6,6353
500	773	0,05665	3082,200	3422,200	6,8803	0,04816	3074,300	3411,400	6,8000
550	823	0,06100	3174,567	3540,567	7,0279	0,05197	3167,900	3531,600	6,9507
600	873	0,06525	3266,900	3658,400	7,1677	0,05567	3261,000	3650,600	7,0910
650	923	0,06941	3359,683	3776,183	7,2982	0,05926	3354,650	3769,450	7,2199
700	973	0,07352	3453,100	3894,100	7,4234	0,06285	3448,300	3888,300	7,3487
750	1023	0,07758	3547,450	4013,183	7,5422	0,06635	3543,900	4008,400	7,4662
800	1073	0,08165	3643,200	4133,100	7,6582	0,06986	3639,500	4128,500	7,5836
850	1123	0,08565	3741,000	4254,850	7,7667	0,07330	3737,600	4250,750	7,6925
900	1173	0,08964	3838,800	4376,600	7,8751	0,07675	3835,700	4373,000	7,8014

(Continúa en la página siguiente)

(Continúa de la página anterior)

Temperatura		Volumen específico	Energía interna	Entalpía específica	Entropía específica	Volumen específico	Energía interna	Entalpía específica	Entropía específica
°C	K	m³/kg	kJ/kg	kJ/kg	kJ/kg	m³/kg	kJ/kg	kJ/kg	kJ/kg
		P = 80 bares = 8 MPa Tsat =295,06 °C				P = 90 bares = 9 MPa Tsat =303,38 °C			
Sat		0,02352	2569,800	2758,000	5,7432	0,02048	2557,801	2742,121	5,6772
300	573	0,02428	2592,300	2786,500	5,7937	0,025816	2725,000	2957,380	6,0380
350	623	0,02987	2745,200	2984,150	6,1237	0,029960	2849,200	3118,802	6,2876
400	673	0,03432	2863,800	3138,300	6,3634	0,033524	2956,300	3258,054	6,4872
450	723	0,03815	2966,450	3271,675	6,5539	0,036793	3056,300	3387,403	6,6603
500	773	0,04174	3064,200	3398,050	6,7229	0,039885	3153,000	3512,012	6,8164
550	823	0,04515	3159,700	3520,900	6,8772	0,042861	3248,400	3634,100	6,9605
600	873	0,04845	3254,400	3642,000	7,0206	0,045755	3343,400	3755,226	7,0954
650	923	0,05165	3349,067	3762,317	7,1538	0,048589	3438,800	3876,103	7,2229
700	973	0,05481	3443,900	3882,400	7,2812	0,051361	3535,400	3997,650	7,3417
750	1023	0,05791	3539,617	4002,883	7,4016	0,054132	3632,000	4119,202	7,4606
800	1073	0,06101	3635,700	4123,800	7,5185	0,056847	3730,800	4242,450	7,5704
850	1123	0,06405	3734,200	4246,550	7,6279	0,059562	3829,600	4365,721	7,6802
900	1173	0,06708	3832,700	4369,300	7,7372	0,025816	2725,000	2957,301	6,0380
		P =100 bares = 10 MPa Tsat =311,05 °C				P = 125 bares = 12,5 MPa Tsat =327,81 °C			
Sat		0,01803	2544,4	2724,7	5,6141	0,013496	2505,6	2674,3	5,4638
350	623	0,02229	2694,025	2916,900	5,9321	0,01614	2624,900	2826,600	5,7130
400	673	0,02641	2832,400	3096,500	6,2120	0,02003	2789,600	3040,000	6,0433
450	723	0,02973	2942,925	3240,250	6,4174	0,02302	2913,700	3201,500	6,2749
500	773	0,03277	3045,500	3373,250	6,5952	0,02563	3023,200	3343,600	6,4651
550	823	0,03562	3144,475	3500,775	6,7554	0,02803	3126,100	3476,500	6,6317
600	873	0,03837	3241,700	3625,300	6,9029	0,03031	3225,800	3604,600	6,7828
650	923	0,04048	3318,900	3723,700	7,0131	0,03249	3324,100	3730,200	6,9227
700	973	0,04358	3434,700	3870,500	7,1687	0,03461	3422,000	3854,600	7,0540
750	1023	0,04610	3531,450	3992,500	7,2906	0,03667	3520,400	3978,700	7,1754
800	1073	0,04863	3628,200	4114,500	7,4085	0,03872	3618,800	4102,800	7,2967
850	1123	0,05109	3727,350	4238,250	7,5188	0,04072	3718,850	4227,850	7,4081
		P = 150 bares = 15 MPa Tsat =342,18 °C				P = 175 bares = 17,5 MPa Tsat =354,67 °C			
Sat		0,01034	2455,5	2610,5	5,3098	0,007932	2390,724	2529,525	5,1435
350	623	0,01148	2520,900	2693,100	5,4438				
400	673	0,01567	2740,600	2975,700	5,8819	0,01246	2684,300	2902,400	5,7211
450	723	0,01848	2880,800	3157,900	6,1434	0,01520	2845,400	3111,400	6,0212
500	773	0,02083	2998,400	3310,800	6,3480	0,01739	2972,400	3276,700	6,2424

(Continúa en la página siguiente)

(Continúa de la página anterior)

Temperatura		Volumen específico	Energía interna	Entalpía específica	Entropía específica	Volumen específico	Energía interna	Entalpía específica	Entropía específica
°C	K	m³/kg	kJ/kg	kJ/kg	kJ/kg	m³/kg	kJ/kg	kJ/kg	kJ/kg
550	823	0,02295	3106,200	3450,400	6,5230	0,01931	3085,800	3423,600	6,4266
600	873	0,02492	3209,300	3583,100	6,6796	0,02107	3192,500	3561,300	6,5890
650	923	0,02680	3310,100	3712,100	6,8233	0,02274	3295,800	3693,800	6,7366
700	973	0,02862	3409,800	3839,100	6,9573	0,02434	3397,500	3823,500	6,8735
750	1023	0,03037	3509,550	3965,100	7,0805	0,02587	3498,600	3951,400	6,9986
800	1073	0,03212	3609,300	4091,100	7,2037	0,02741	3599,700	4079,300	7,1237
850	1123	0,03381	3710,250	4217,400	7,3163	0,02888	3701,600	4206,950	7,2374
900	1173	0,03550	3811,200	4343,700	7,4288	0,03035	3803,500	4334,600	7,3511
950	1223	0,03716	3914,150	4471,450	7,5333	0,03178	3907,100	4463,300	7,4564
		P = 200 bares = 20 MPa **Tsat =365,78 °C**				**P = 250 bares = 25 MPa**			
Sat		0,00583	2293,012	2409,732	4,9269				
400	673	0,00995	2617,901	2816,900	5,5526	0,00601	2428,500	2578,700	5,1400
450	723	0,01272	2807,320	3061,700	5,9043	0,00918	2721,200	2950,600	5,6759
500	773	0,01479	2945,303	3241,200	6,1446	0,01114	2887,300	3165,900	5,9643
550	823	0,01657	3064,704	3396,200	6,3390	0,01274	3020,800	3339,200	6,1816
600	873	0,01819	3175,350	3539,000	6,5075	0,01414	3140,000	3493,500	6,3637
650	923	0,01970	3281,402	3675,300	6,6593	0,01543	3251,900	3637,700	6,5243
700	973	0,02113	3385,110	3807,800	6,7991	0,01664	3359,900	3776,000	6,6702
750	1023	0,02250	3487,602	3937,650	6,9261	0,01778	3465,300	3909,900	6,8012
800	1073	0,02387	3590,101	4067,500	7,0531	0,01892	3570,700	4043,800	6,9322
850	1123	0,02518	3692,902	4196,450	7,1680	0,02000	3675,450	4175,450	7,0495
900	1173	0,02648	3795,701	4325,400	7,2829	0,02108	3780,200	4307,100	7,1668
950	1223	0,02775	3900,004	4455,050	7,3890	0,02211	3885,850	4438,650	7,2745
1000	1273	0,02902	4004,308	4584,700	7,4950	0,02315	3991,500	4570,200	7,3821
		P =300 bares = 30 MPa				**P = 350 bares = 35 MPa**			
Sat									
400	673	0,00280	2068,900	2152,800	4,4758	0,00211	1914,900	1988,600	4,2144
450	723	0,00674	2618,900	2821,000	5,4422	0,00496	2497,500	2671,000	5,1946
500	773	0,00869	2824,000	3084,800	5,7956	0,00693	2755,300	2997,900	5,6331
550	823	0,01018	2974,500	3279,700	6,0403	0,00835	2925,800	3218,000	5,9093
600	873	0,01145	3103,400	3446,800	6,2373	0,00952	3065,600	3399,000	6,1229
650	923	0,01259	3221,700	3599,400	6,4074	0,01057	3190,900	3560,700	6,3030
700	973	0,01365	3334,300	3743,900	6,5599	0,01152	3308,300	3711,600	6,4623
750	1023	0,01464	3442,750	3881,950	6,6950	0,01240	3419,950	3853,950	6,6016
800	1073	0,01563	3551,200	4020,000	6,8301	0,01328	3531,600	3996,300	6,7409
850	1123	0,01655	3657,900	4154,400	6,9498	0,01409	3640,300	4133,450	6,8631

Temperatura		Volumen específico	Energía interna	Entalpía específica	Entropía específica	Volumen específico	Energía interna	Entalpía específica	Entropía específica
°C	K	m³/kg	kJ/kg	kJ/kg	kJ/kg	m³/kg	kJ/kg	kJ/kg	kJ/kg
900	1173	0,01747	3764,600	4288,800	7,0695	0,01490	3749,000	4270,600	6,9853
950	1223	0,01836	3871,600	4422,300	7,1788	0,01568	3857,400	4406,050	7,0961
1000	1273	0,01924	3978,600	4555,800	7,2880	0,01645	3965,800	4541,500	7,2069

Tabla A9.4. Propiedades del agua subenfriada.

Temperatura		Volumen específico	Energía interna	Entalpía específica	Entropía específica	Volumen específico	Energía interna	Entalpía específica	Entropía específica
°C	K	m³/kg 10³	kJ/kg	kJ/kg	kJ/kg	m³/kg 10³	kJ/kg	kJ/kg	kJ/kg
		P = 25 bares = 2,5 MPa **Tsat =233,99 °C**				**P = 50 bares = 5 MPa** **Tsat =263,99 °C**			
sat		1,1973	959,100	962,100	2,5546	1,2859	1147,800	1154,200	2,92020
0	273								
25	298	1,0021	104,663	107,168	0,3650	1,0010	104,475	109,480	0,36433
50	323	1,0120	209,010	211,543	0,6971	1,0109	208,642	213,690	0,69587
75	348	1,0253	313,410	315,974	1,0109	1,0242	312,874	317,990	1,00931
100	373	1,0423	418,240	420,850	1,3050	1,0410	417,520	422,720	1,30300
125	398	1,0649	524,228	526,894	1,5749	1,0634	523,295	528,614	1,57256
150	423	1,0903	631,155	633,883	1,8371	1,0886	629,978	635,425	1,83425
175	448	1,1201	739,493	742,289	2,0874	1,1181	738,021	743,613	2,08413
200	473	1,1555	849,900	852,800	2,3294	1,1530	848,100	853,900	2,32550
		P = 100 bares = 10 MPa **Tsat =311,06 °C**				**P = 150 bares = 15 MPa** **Tsat =342,16 °C**			
sat		1,4524	1393,000	1407,600	3,3596	2,0360	1785,600	1826,300	4,0139
0	273	0,9952	0,120	10,070	0,0003	0,9928	0,1800	16,070	0,2932
25	298	0,9989	103,325	123,217	0,360	0,9944	103,370	123,255	0,3604
50	323	1,0121	165,170	185,160	0,565	1,0044	206,478	226,570	0,6891
75	348	1,0200	206,460	226,540	0,693	1,0173	309,746	330,095	1,0002
100	373	1,0385	416,120	426,500	1,2992	1,0337	413,390	434,060	1,2917
125	398	1,0605	521,470	532,075	1,5680	1,0550	517,953	539,048	1,5590
150	423	1,0853	627,673	638,525	1,8288	1,0789	623,255	644,830	1,8182
175	448	1,1141	735,154	746,288	2,0777	1,1065	729,668	751,805	2,0653
200	473	1,1502	845,375	856,870	2,3157	1,1407	838,425	861,250	2,3009
225	498	1,1910	957,475	969,375	2,5497	1,1789	948,738	972,325	2,5319
250	523	1,2435	1074,350	1086,750	2,7784	1,2270	1062,925	1087,450	2,7562
275	548					1,2887	1182,663	1208,425	2,9814
300	573					1,3596	1306,100	1333,300	3,2071

(Continúa en la página siguiente)

346

(Continúa de la página anterior)

Temperatura		Volumen específico	Energía interna	Entalpía específica	Entropía específica	Volumen específico	Energía interna	Entalpía específica	Entropía específica
°C	K	$m^3/kg\ 10^3$	kJ/kg	kJ/kg	kJ/kg	$m^3/kg\ 10^3$	kJ/kg	kJ/kg	kJ/kg
		P =200 bares = 20 MPa Tsat =365,78 °C				P = 300 bares = 30 MPa			
Sat		2,0378	1785,8	1826,6	4,0146				
25	298	0,9921	103,325	123,217	0,3600	0,9902	102,638	132,353	0,3576
50	323	1,0011	206,460	226,540	0,6930	1,0008	205,163	235,185	0,6813
75	348	1,0212	309,813	330,155	1,0020	1,0149	307,972	338,422	0,9829
100	373	1,0318	413,500	434,170	1,2920	1,0290	410,780	441,660	1,2844
125	398	1,0584	517,815	538,898	1,5627	1,0543	515,935	547,570	1,5356
150	423	1,0861	622,995	644,560	1,8199	1,0796	621,090	653,480	1,7869
175	448	1,1114	729,405	751,528	2,0658	1,1132	729,235	762,628	2,0281
200	473	1,1482	837,490	860,270	2,3027	1,1302	831,400	865,300	2,2893
225	498	1,1831	948,353	971,920	2,5319	1,1803	945,525	980,925	2,5105
250	523	1,2341	1062,550	1087,100	2,7573	1,2303	1059,650	1096,550	2,7317
275	548	1,2911	1181,450	1207,125	2,9816	1,2804	1173,775	1212,175	2,9529
300	573	1,3601	1307,200	1334,400	3,2091	1,3304	1287,9	1327,8	3,1741

*Los valores de las Tablas A9.1, A9.2, A9.3 y A9.4 fueron tomados como media y/o ponderaciones de los proporcionados por Çengel y Boles (2011) y Moran y Shapiro (2004).

Capítulo X
Instalaciones térmicas

10.1. Definición de caldera

Se define caldera como el dispositivo que permite calentar o evaporar líquidos. El líquido calentado se denomina caloportador dado que su finalidad es transportar el calor al elemento receptor que lo va a emplear para alguna utilidad. El fluido caloportador suele ser agua o aceite. Hay que distinguir el término caldera de estufa, horno o incineradora. La estufa es un aparato que está destinado a calefactar un recinto por convección y radiación sin necesidad de que haya un fluido intermedio. Se denomina horno al dispositivo que se utiliza para calentar materiales con el objeto de modificarlos a través de un tratamiento térmico. Se denomina incineradora al dispositivo cuyo objeto es la eliminación de un residuo mediante combustión. La fuente de calor de la estufa, horno o incineradora puede ser una resistencia eléctrica o una combustión de materiales fósiles u orgánicos (biomasa).

10.2. Funcionamiento de la caldera de combustibles sólidos

En la caldera de combustibles sólidos el combustible se oxida sobre una estructura metálica o cerámica denominada *parrilla*. La parrilla tiene unos huecos o perforaciones de tamaño menor al que inicialmente tienen las partículas del combustible por lo que éste queda ahí retenido. La ignición se produce mediante la aplicación de una energía de activación procedente de una resistencia, chispa o llama. Durante la combustión el combustible sólido pierde masa por volatilización de los gases volátiles, oxidación del carbono fijo y también se fracciona por el efecto térmico. Esto hace que a medida que se forman las cenizas el tamaño de partícula se vaya reduciendo hasta que caen por los huecos de la parrilla a un recipiente de almacenamiento de cenizas llamado *cenicero*. El estudio de la variación de tamaño de las partículas durante la combustión permite diseñar los orificios de tal modo que cuando caigan las partículas al cenicero se haya producido prácticamente el 100% de la oxidación de la fracción orgánica. El cenicero debe limpiarse periódicamente de acuerdo a la cantidad de ceniza producida en la combustión y al tamaño del mismo. Por ello conocer el porcentaje de ceniza de los distintos biocombustibles se hace necesario. La limpieza del cenicero puede ser manual o automática.

Para que se produzca la combustión es necesario aportar aire como comburente, es decir, portador del oxígeno responsable de la oxidación. Las entradas de aire en las calderas de combustibles sólidos son generalmente dos: por un lado, el aire primario que entra por la parte superior de la parrilla y es el responsable de aportar oxígeno a los gases volatilizados; por otro lado, el aire secundario, que entra por debajo de la parrilla en sentido ascendente aportando el oxígeno a la fracción sólida del combustible (carbono fijo).

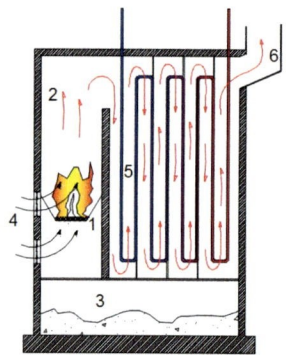

1. Parrilla
2. Camara de combustión
3. Cenicero
4. Entrada de aire
5. Intercambiador de calor
6. Salida de humos

Figura 10.1. Esquema de una caldera de combustibles sólidos.

Los humos generados en la combustión, junto el exceso de aire, son calentados por el calor desprendido en la reacción. Los gases calientes se hacen pasar por un intercambiador de calor, donde los humos se enfrían cediendo energía calorífica al caloportador que, como se ha dicho, puede ser agua o aceite. El diseño del circuito de los gases calientes a través del intercambiador de calor suele ser laberíntico para que los cambios de dirección provoquen la caída de la ceniza que pueda ser arrastrada por la corriente. A cada uno de los tramos rectos se denomina paso. Tras la cesión de energía de los gases al caloportador, los humos enfriados se eliminan por la chimenea de la caldera. Para evitar la emisión de partículas carbonosas a la atmósfera, responsables de humos negros, antes de la emisión de humos pueden colocarse ciclones o sistemas de filtración o absorción de partículas.

La alimentación de biocombustibles en calderas de sólidos automáticas se realiza por gravedad desde un receptáculo protegido por dos compuertas cortafuegos, una anterior y otra posterior. Estas compuertas evitan la propagación de la llama desde el hogar (recinto donde está colocada la parrilla) y el almacén de combustible. Cuando la compuerta en contacto con el hogar está abierta la compuerta en contacto con el sistema de suministro de combustible está cerrada, de forma que sólo una fracción de material, la existente en el interior del receptáculo, cae sobre la parrilla. Para llenar de nuevo el receptáculo, se cierra la compuerta de contacto con el hogar y se abre la que está en contacto con el sistema de suministro, generalmente un tornillo sinfín. La alimentación se realiza por consiguiente de forma discontinua. Previamente a la compuerta anterior al receptáculo debe existir un sistema de seguridad, de forma que si por accidente la llama alcanzase el sistema de suministro, un volumen de agua o cualquier otro ignífugo inundaría los conductos de alimentación evitando una propagación al silo de almacenamiento, lo que provocaría un grave peligro en el edificio donde la caldera estuviere instalada.

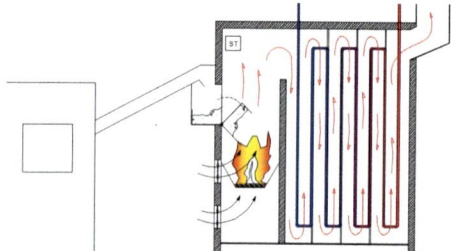

Figura 10.2. Detalle del sistema de alimentación de la caldera de sólidos.

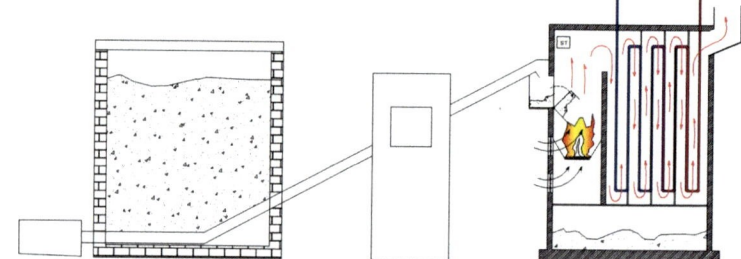

Figura 10.3. Silo y sistema de seguridad del sistema de alimentación de la caldera.

La alimentación está regulada por uno o varios sensores de temperatura existentes en el hogar. Cuando sobre la parrilla existen materiales en proceso de combustión, la temperatura de los gases ascendientes es elevada, fruto de las reacciones exotérmicas de oxidación. A medida que la fracción orgánica combustible se va consumiendo, procediendo a la formación de cenizas, la temperatura en el hogar va disminuyendo. Cuando la temperatura en el hogar desciende por debajo de un determinado umbral, se conecta el sistema de alimentación para aportar más combustible sobre la parrilla. Además de los sensores de temperatura que regulan la alimentación, existen otros sensores de seguridad. La temperatura en el hogar no puede superar un determinado límite que ponga en compromiso las propiedades mecánicas de los materiales. Por otra parte, una temperatura elevada en los humos indicaría problemas de transmisión de calor en el intercambiador hacia el caloportador. Por ello existen otros sensores a la salida de humos.

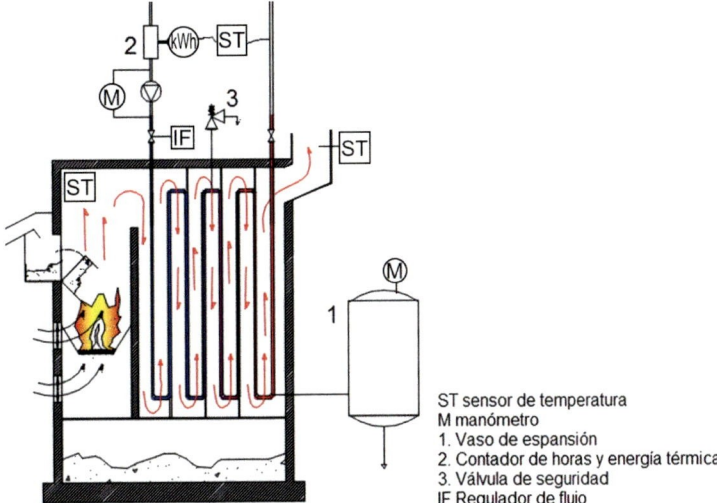

ST sensor de temperatura
M manómetro
1. Vaso de espansión
2. Contador de horas y energía térmica
3. Válvula de seguridad
IF Regulador de flujo

Figura 10.4. Dispositivos de una caldera.

Según el tipo de combustible las calderas de biocombustibles sólidos pueden clasificarse en calderas de leña, astillas, pélets, carbón vegetal, u otros. Según el tipo de transmisión de calor las calderas se pueden clasificar como pirotubulares y acuotubulares. En las calderas acuotubulares el agua caloportadora se desplaza por tuberías en el interior de un recinto por donde pasan los gases de la combustión a elevada temperatura. En las calderas pirotubulares el gas caliente se desplaza por tuberías sumergidas en agua o aceite que se calienta para hacer de caloportador. Según el tipo de parrilla las calderas pueden ser: hogares de parrilla fija horizontal, hogares de parrilla fija inclinada, hogares de parrilla móvil, hogares de parrilla vibratoria, calderas de lecho fluido.

De especial relevancia son las calderas de lecho fluido. En este tipo de calderas el circuito tubular del intercambiador está rodeado de un material inerte llamado lecho. El lecho está formado por partículas minerales que se mantienen incandescentes por la combustión de partículas de biomasa finamente molida y pulverizada que recorre el lecho poroso como si fueran un fluido. Las partículas minerales inertes actúan simultáneamente cediendo la energía para la ignición de las de biomasa y absorbiendo el calor liberado por su combustión, manteniendo la temperatura. La temperatura de los humos residuales de la combustión es relativamente baja dado que el calor es absorbido por el lecho.

10.3. Elementos de la instalación de la caldera

Los elementos que completan la instalación de una caldera son los siguientes:

Llaves de corte y vaciado

La caldera posee un circuito interno por donde circula el caloportador (generalmente agua), que debe tener una llave de corte a la entrada y otra a la salida con el objeto de que pueda aislarse hidráulicamente sin necesidad de vaciar previamente toda la instalación. Esto permitirá desconectar y separar la caldera para reparación o sustitución. Por otra parte, cada caldera debe disponer de un sistema de vaciado con una tubería de sección mínima de 20 mm. La conexión entre la llave de vaciado y el desagüe se hará de forma que el paso de agua resulte visible.

Vaso de expansión

La caldera debe estar conectada directamente a un vaso de expansión sin llaves de corte intermedias (UNE 100.155:2004). Un *vaso de expansión* o *depósito de expansión* es un elemento destinado a absorber el aumento de volumen que se produce al expandirse el fluido caloportador cuando se calienta, y devolverlo cuando éste se enfría. Existen dos tipos de vaso de expansión: *vaso de expansión abierto* y *vaso de expansión cerrado*. En el vaso de expansión abierto el fluido está en contacto con el aire, cosa que no es muy recomendable por la posible oxigenación del fluido, lo que aumenta la corrosión. El vaso de expansión cerrado está formado por un recipiente metálico cuyo interior está dividido en dos zonas separadas por una membrana elástica: el interior de la membrana está en contacto con el circuito primario de calefacción de agua o aceite, la parte externa de la membrana está en contacto con una zona llena de aire o nitrógeno. Cuando el caloportador se expande, aumentando su volumen, el interior de la membrana se llena con el exceso de volumen estirándose comprimiendo la zona gaseosa. Cuando el caloportador se enfría y se retrae, la sobrepresión del vaso hace que compense la reducción de volumen del fluido caloportador. Se recomienda un vaso de expansión independiente para cada caldera.

Válvula de seguridad

La caldera debe poseer una válvula de seguridad, cuyo objetivo es evitar que en la caldera se produzcan sobrepresiones que puedan deteriorarla, independientemente de que existan otros elementos de control y seguridad como termostatos.

Termostatos

Existen de tres funciones
  a) Termostatos de funcionamiento: dispondrá de un termostato para cada marcha de alimentación.
  b) Termostatos de seguridad: deben estar tarados a la temperatura límite de funcionamiento.
  c) Termostatos de humos: detectarán si los humos salen a temperaturas excesivas.

La misión de los termostatos de funcionamiento es ajustar la alimentación cuando se alcancen las temperaturas de consigna, de modo que la producción de calor se adecue a las necesidades instantáneas. Son necesarios tantos termostatos como marchas tenga la alimentación para poder aprovechar correctamente los escalones de potencia.

El termostato de seguridad debe actuar si fallan los de funcionamiento, en cuyo caso la alimentación no se detendría cuando se alcanzan las temperaturas de consigna y continúa aportando material incrementándose el calor a la caldera, pudiéndose alcanzar temperaturas peligrosas para la instalación.

El termostato de humos controla que no exista una pérdida de calor excesiva por la chimenea, lo que indicaría que no se está transfiriendo calor al caloportador en el intercambiador. Evidentemente una temperatura excesiva de humos indica una reducción de rendimiento. Si se supera el umbral de temperatura admitida en humos se corta la alimentación.

Termómetros

La misión de los mismos es proporcionar datos sobre el estado de funcionamiento de la instalación. Cada caldera dispondrá como mínimo un termómetro en la impulsión de agua, otro en el retorno de agua, y otro en el conducto de humos.

Contadores de horas y energía térmica

Es obligatorio que las calderas de potencia superior a 100 kW dispongan un contador para controlar las horas de funcionamiento (ITE 02.12). Asimismo, para centrales de potencia superior a 1000 kW, es preciso disponer de medición de energía térmica (ITE 02.12).

Medidores de caudal y presión

Durante el funcionamiento se produce gran cantidad de calor en el interior de la caldera, que debe ser absorbido inicialmente por los gases de la combustión (aire y humos) para después transferirlos en el intercambiador al caloportador. En cierto modo estos elementos funcionan como refrigeradores del sistema. La correcta absorción del calor por parte del caloportador depende de que por las tuberías del intercambiador circule con un caudal y presión mínimos. Ello requiere un control de ambos parámetros. Por debajo de un determinado límite de caudal y presión la instalación se sobrecalienta en exceso y se debe detener la combustión. Los saltos térmicos excesivamente pronunciados pueden provocar tensiones mecánicas en los materiales y poner en peligro todo el equipo. El control se basa en la instalación de un medidor de flujo y un presostato que provocan la interrupción de la alimentación de combustible si se detecta que la circulación del caloportador no es adecuada. Este dispositivo es obligatorio si la caldera se sitúa en la cubierta del edificio (ITE 02.11.4).

El caudal y presión mínimos de funcionamientos deben ser indicados por el fabricante de la caldera. El movimiento del fluido caloportador se realiza a través de una bomba a la entrada de la misma. En un funcionamiento habitual las temperaturas en la zona del hogar pueden alcanzar los 1200 °C, y en la salida de humos los 200 °C

Sensor de temperatura del fluido de retorno

El consumo energético de la caldera depende de la diferencia de temperatura que tiene el caloportador entre la entrada y salida del intercambiador. El logro de ciertas condiciones del fluido a la salida dependerá también de su temperatura de entrada. Por ello es conveniente el control de este parámetro. Por otra parte, la circulación de los gases calientes y del caloportador suele ser en contra sentido, es decir, los gases que salen del hogar recién formados entran en el intercambiador por la zona donde está la salida de la tubería del caloportador, mientras que la salida de gases se produce por la zona de entrada del caloportador al intercambiador. Esto provoca que si la temperatura de retorno del caloportador a caldera es demasiado baja se pueden producir en la zona final del recorrido de humos condensaciones del agua evaporada en la combustión. Estas condensaciones pueden deteriorar la caldera, por ello hay que tomar las medidas precisas para evitarlas. La temperatura mínima de retorno debe ser indicada por el fabricante de la caldera.

10.4. Funcionamiento de calderas de combustibles líquidos y gaseosos

La principal diferencia de las calderas de combustibles líquidos y gaseosos con respecto a las de combustibles sólidos es la sustitución de la parrilla por un quemador. El líquido o gas combustible es suministrado a la caldera por una tubería a cierta presión. Éste puede venir de un tanque reservorio o de una red de distribución. El quemador está constituido por la tubería que comunica el reservorio de combustible a presión superior que la atmosférica con el exterior a través de uno o varios orificios, por donde al salir el combustible, gas o líquido pulverizado, se enciende formando la llama. Para que el quemador funcione con líquido, éste hay que pulverizarlo finamente a la salida del quemador. En el interior de la tubería del quemador no hay aire, y por tanto, tampoco oxígeno, así que el combustible no puede arder en su interior. Sólo cuando el combustible sale por los orificios del quemador, entra en contacto con el aire y existe una energía de activación el combustible se enciende. Por otra parte, al estar la tubería a presión superior que la atmosférica el gas sale a una velocidad superior a la de propagación de la llama. Si durante el funcionamiento de la caldera el suministro de combustible se agotase, es decir, existiera una caída de presión, la propagación de la llama hacia el tanque o por la tubería de distribución se evita a través de una válvula antirretorno.

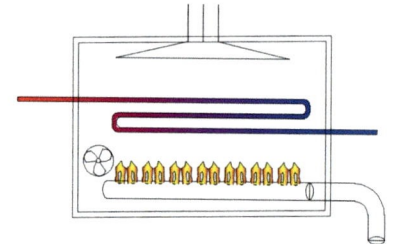

Figura 10.5. Esquema de una caldera de gas o líquidos.

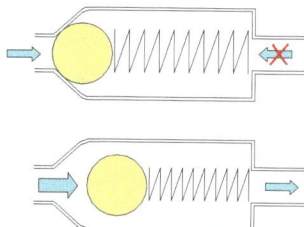

Figura 10.6. Válvula antirretorno.

Si la presión del gas o líquido combustible es superior a un determinado valor, la bola de la válvula antirretorno comprime el resorte y deja pasar el combustible. Si la presión es baja, la bola cierra la salida del combustible y evita también la entrada de aire comburente hacia el sistema de suministro. Sin oxígeno en el sistema de suministro no existen combustiones indeseadas previas al quemador.

Además de la válvula antirretorno, las calderas de combustibles líquidos o gaseosos poseen un sensor de llama en la parte superior del quemador en comunicación con una válvula de solenoide que se cierra evitando el paso de combustible a la caldera en caso de no detectar llama.

Las calderas de este tipo de combustibles suele tener varias filas de quemadores. La regulación de la temperatura de salida del caloportador se realiza a través de tres acciones. Por un lado, modificando la cantidad de combustible suministrado a través de una válvula de estrangulamiento; por otro lado, modificando la velocidad y caudal del caloportador que circula por el intercambiador; y por último, activando uno o varios quemadores, aumentando el calor generado.

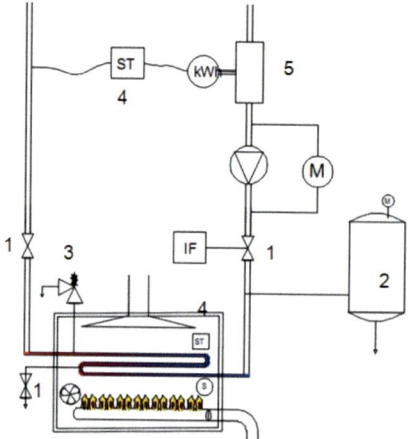

1. Llaves de corte y vaciado (sección mínima de 20 mm)
2. Vaso de expansión
3. Válvula de seguridad
4. Termostatos
5. Termómetros
6. Contadores de horas y energía térmica

Figura 10.7. Dispositivos de la caldera de gas o líquidos.

Los combustibles líquidos deben ser vaporizados al salir por los orificios del quemador. Las calderas de combustibles líquidos de baja potencia realizan la vaporización en una sola etapa. En calderas de alta potencia la vaporización se realiza en dos etapas: atomización o separación de líquido en finas partículas, y vaporización mediante calentamiento de las partículas. La pulverización de los combustibles líquidos a la salida del quemador puede ser mediante la creación de una turbulencia por elementos mecánicos que obstaculizan el paso libre por la tobera de salida, o a través de centrífugas accionadas por un pequeño motor.

Las calderas de combustibles líquidos o a gas pueden ser de tres tipos según la forma de suministrar el aire comburente:

Calderas o generadores de cámara abierta o atmosféricos de tiro natural

Este tipo de caldera toma el aire comburente del mismo recinto donde está instalada, no existiendo ningún tipo de impulsión. El quemador está en un espacio donde existen rendijas o ranuras por donde entra el aire al interior de la caldera.

Calderas o generadores de cámara estanca de tiro forzado

Este tipo de caldera toma el aire del exterior del recinto donde está instalada a través de un ventilador de velocidad variable. La entrada de aire generalmente se realiza por un tubo concéntrico a la salida de humos de forma que existe un precalentamiento del aire que mejora el rendimiento.

Calderas o generadores de cámara estanca de tiro forzado con recuperación

Al igual que en el caso anterior, en este tipo de calderas se toma el aire del exterior. La diferencia fundamental es que los humos de salida se someten a un enfriamiento para condensar el agua liberada en la combustión del hidrocarburo, recuperando el calor invertido en la evaporación. Por ello estas calderas también se llaman *calderas por condensación*. El rendimiento, que puede ser mayor del 100%, dado que se calcula sobre el PCI y el calor obtenido se acerca al PCS.

Las calderas o generadores de vapor industriales de combustibles gaseosos suelen poseer la cámara de humos con el intercambiador en disposición horizontal con tres o más pasos de gases (tramos de recorrido recto). El cuerpo de la caldera está construido por una envolvente cilíndrica de material aislante, cerrada en sus bases por dos placas soldadas. Interiormente, posee un hogar cilíndrico en posición central por donde se inyecta el gas o líquido pulverizado arrastrado por una corriente de aire a alta velocidad desde el quemador colocado en una de sus bases, formándose una llama de grandes dimensiones que actuará sobre una superficie de radiación de la caldera. Tras el hogar, los gases residuales pasan a una cámara lateral de donde parten los tubos del intercambiador en contacto con el agua. El intercambiador esta subdividido en tramos rectos que se denominan pasos. Tras cada paso del intercambiador los gases pasan por otra cámara dispuesta en el extremo opuesto, donde cambian de sentido para entrar en el segundo paso formado por un haz de tubos de acero soldados a las placas tubulares correspondientes. Tras el recorrido por la cámara intermedia, los gases vuelven a cambiar de sentido para entrar en el siguiente paso, constituido por otro haz de tubos, unido a las placas tubulares en las bases del cilindro por idéntico sistema, situándose a la salida de este hacia la cámara que se conecta con la chimenea de evacuación de gases.

En la Figura 10.8 se puede observar un esquema de la caldera proyectada con los siguientes elementos:

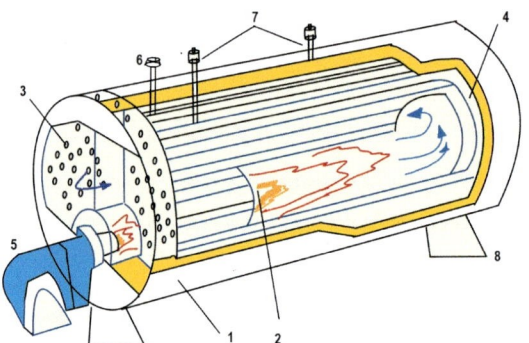

1 Cuerpo Caldera
2 Tubo hogar
3 Haz tubular 2° paso
4 Cámara trasera
5 Quemador
6 Válvula salida del vapor
7 Válvulas de seguridad
8 Bancada

Figura 10.8. Esquema de la caldera cilíndrica horizontal

La caldera debe instalarse con una robusta bancada de perfiles laminados, de tal forma que puedan ser realizadas las conexiones de vapor, agua, combustible, electricidad, etc.

10.5. Especificaciones técnicas de las calderas y datos en el proyecto

Se denominan especificaciones técnicas de un equipo a los parámetros que nos permiten seleccionarlos para cubrir unas necesidades determinadas. Las especificaciones de las calderas deben cumplir las normativas Directiva 2014/68/UE (directiva de equipos a presión) y Directiva 2014/30/UE (directiva de compatibilidad electromagnética), para instalaciones de calefacción con bombas de circuito. Las especificaciones técnicas de la caldera a poner en el proyecto de instalación son las siguientes:

Características generales
- Carga térmica nominal: Potencia y rendimiento requerido por el Real Decreto 275/1995, de 24 de febrero, por el que se dicta las disposiciones de aplicación de la Directiva del Consejo de las Comunidades Europeas 92/42/CEE. Pérdida de calor por servicio (q) (entre el 0,5-0,2 %).
- Condiciones de utilización de la caldera, instrucciones de instalación, limpieza y mantenimiento.
- Condiciones y elementos de seguridad: termostatos, presostatos, detectores de flujo, etc.
- Dimensiones exteriores máximas de la caldera y cotas de situación de los elementos que se han de unir a otras partes de la instalación (salida de humos, salida y entrada del fluido portador, etc.).
- Dimensiones de la bancada.
- Pesos en transporte y en funcionamiento.
- Volumen de la cámara de combustión, capacidad máxima de combustibles en el hogar.
- Volumen del vaso de expansión.

Combustible
- Dimensiones del combustible (pélets, briquetas, astillas, leñas).
- Régimen de alimentación de combustible (kg/h) en cada una de las marchas. El consumo se puede calcular por la Ecuación 10.1, donde $\dot{Q}_{caldera}$ es la potencia útil de la caldera (kW), *PCI* es el poder calorífico inferior del combustible (kJ/kg), y η es el rendimiento de la caldera (%).

$$consumo = \frac{\dot{Q}_{caldera}}{PCI \cdot \eta} \cdot 100 \left(\frac{\text{kg}}{\text{s}} \right) \qquad (10.1)$$

Fluido caloportador

- Condiciones de utilización de la caldera y condiciones nominales de entrada y salida del fluido portador.
- Contenido de caloportador en la caldera (m^3).
- Presión nominal.
- Pérdida de carga.
- Caudal de alimentación (kg/h).
- Temperatura de servicio.

Conexiones de alimentación de caloportador
- Diámetro entrada de caloportador.
- Diámetro salida de caloportador.
- Diámetro tubería de vaciado.
- Diámetro tubería de seguridad.

Toma de salida de humos

Curvas de potencia-tiro necesario en la caja de humos para las condiciones citadas en el Real Decreto 275/1995, por el que se dictan medidas de aplicación de la Directiva del Consejo 92/42/CEE. Se denomina tiro a la presión que debe haber en el inicio de una chimenea para que los humos puedan llegar a la cumbre. Se denomina tiro artificial o forzado de una chimenea cuando se dispone de un sistema mecánico que ayuda la expulsión del humo a través de una conducción de entrada de aire, lo que hace que el humo ascienda por el tubo y llegue al exterior.

10.6. Determinación de la potencia de las calderas en edificios

Las calderas instaladas en edificios van destinadas al suministro de agua caliente sanitaria (ACS) y al calentamiento de un fluido caloportador para el sistema de calefacción. Para ello, el fluido caloportador de la caldera se dirige a circuitos independientes. El sistema de calefacción puede estar alimentado con agua o aceite caliente que cede calor en radiadores colocados en los distintos espacios del edificio, para retornar después a la caldera a una temperatura templada. En el sistema de ACS el agua calentada por la caldera se almacena en un recipiente adiabático denominado acumulador. La temperatura del agua almacenada en el acumulador se denomina temperatura de preparación y es una temperatura mayor a la de suministro. El agua del acumulador se mezcla con agua fría procedente de la red, saliendo a una temperatura intermedia. Normalmente, la temperatura de almacenamiento está alrededor de 60 °C, distribuyéndose a una temperatura de salida de 50 °C.

Potencia consumida en el sistema de calefacción en edificios

La potencia de una caldera viene definida por las necesidades de calefacción del edificio, es decir, por sus pérdidas térmicas. Dichas pérdidas son de distintos tipos: pérdidas de calor por transmisión de los cerramientos, pérdidas de calor por ventilación, pérdidas de calor por infiltración. La suma de todas las pérdidas de calor del edificio se denomina *Carga Térmica del Edificio*.

Pérdidas de calor por transmisión de los cerramientos

Si la temperatura interior del edificio es mayor a la temperatura exterior existirá una transferencia de calor hacia el exterior a través de los distintos cerramientos que hay que compensar por el sistema de calefacción para evitar el descenso de la temperatura interior.

La transferencia de calor que existe entre la cara exterior y el aire que rodea el edificio, así como entre el paramento y el aire interior, se realiza por convección. La transmisión de calor por *convección* se produce cuando entran en contacto un sólido y un fluido en movimiento a distinta temperatura. Sigue la ecuación de calentamiento-enfriamiento de Newton (10.2) donde dQ/dt es la pérdida o ganancia de calor por unidad de tiempo, h_p es el coeficiente de transferencia de calor por convección, también llamado de película, de dimensiones J s^{-1}m^{-2} °C^{-1}, A es la superficie del cerramiento y dT es la variación de temperatura.

$$\frac{dQ}{dt} = h_p \cdot A \cdot dT$$

(10.2)

La transmisión de calor por el interior de las distintas capas del cerramiento es por conducción. En la *conducción* el calor se transmite entre un foco que está en reposo a cierta temperatura y un material en contacto directo con él, también en reposo a temperatura distinta. En estas condiciones, el calor propagado por conducción seguirá el modelo teórico dado por la ley de Fourier, Ecuación 10.3, donde dQ/dt es la pérdida o ganancia de calor por unidad de tiempo, k es la conductividad del material de dimensiones J s^{-1} m^{-1} °C^{-1}, A es la superficie de transmisión, dT es la variación de temperatura.

$$\frac{dQ}{dt} = h_p \cdot A \cdot dT$$

(10.3)

Si consideramos una pared de varias capas de espesor e_i en la que circulan dos fluidos A y B por cada una de sus caras a temperatura distinta, tal como se muestra en la Figura 10.9, el calor que pasa del fluido A a la cara 1 es por convección y tiene un valor dado por:

$$\frac{dQ}{dt} = h_{pe} \cdot A \cdot (T_{ext} - T_1) \rightarrow T_{ext} - T_1 = \frac{1}{h_{pe} \cdot A} \frac{dQ}{dt}$$

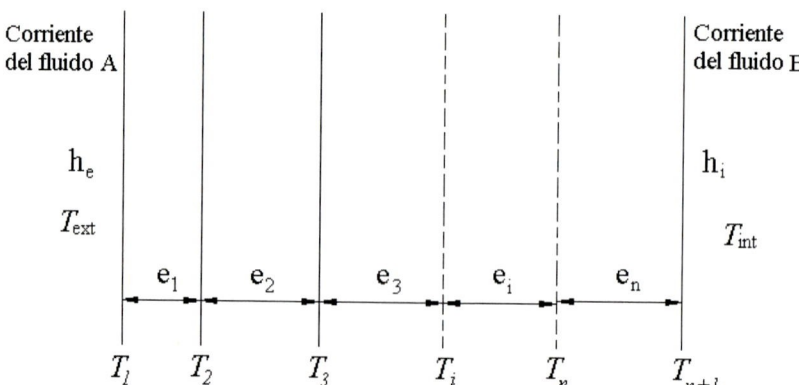

Figura 10.9. Transmisión de calor unidireccional por paredes planas.

El calor que pasa de la cara 1 a cada una de las capas por conducción seguirá las siguientes ecuaciones:

$$\frac{dQ}{dt} = \frac{k_1}{e_1} A \cdot (T_1 - T_2) \qquad \rightarrow \qquad T_1 - T_2 = \frac{1}{\frac{k}{e_1} A} \frac{dQ}{dt}$$

$$\frac{dQ}{dt} = \frac{k_2}{e_2} A \cdot (T_2 - T_3) \qquad \rightarrow \qquad T_2 - T_3 = \frac{1}{\frac{k_2}{e_2} A} \frac{dQ}{dt}$$

$$\frac{dQ}{dt} = \frac{k_3}{e_3} A \cdot (T_3 - T_i) \qquad \rightarrow \qquad T_3 - T_i = \frac{1}{\frac{k_3}{e_3} A} \frac{dQ}{dt}$$

$$\frac{dQ}{dt} = \frac{k_n}{e_n} A \cdot (T_{n-1} - T_n) \qquad \rightarrow \qquad T_{n-1} - T_n = \frac{1}{\frac{k_n}{e_n} A} \frac{dQ}{dt}$$

y finalmente el calor pasará por la cara n al fluido B por convección

$$\frac{dQ}{dt} = h_i \cdot A \cdot (T_n - T_{\text{int}}) \qquad \rightarrow \qquad T_n - T_{\text{int}} = \frac{1}{h_{pi} \cdot A} \frac{dQ}{dt}$$

Al sumar los incrementos de temperatura entre las distintas capas obtenemos

$$T_{ext} - T_{\text{int}} = \left(\frac{1}{h_e} + \frac{e_1}{k_1} + \frac{e_2}{k_2} + \frac{e_3}{k_3} + \ldots\ldots + \frac{e_n}{k_n} + \frac{1}{h_i} \right) \frac{1}{A} \frac{dQ}{dt}$$

Por lo que el calor perdido por el cerramiento viene dado por la Ecuación 10.4

$$\frac{dQ}{dt} = \frac{1}{\frac{1}{h_{pe}} + \frac{e_1}{k_1} + \frac{e_2}{k_2} + \frac{e_3}{k_3} + \ldots\ldots + \frac{e_n}{k_n} + \frac{1}{h_{pi}}} \cdot A \cdot (T_{\text{int}} - T_{ext}) \qquad (10.4)$$

A los términos $\frac{1}{k_i}$ se les denomina resistencia térmica del material. Al término K_g se le denomina coeficiente global de transmisión de calor.

$$K_g = \frac{1}{\frac{1}{h_{pe}} + \frac{e_1}{k_1} + \frac{e_2}{k_2} + \frac{e_3}{k_3} + \ldots\ldots + \frac{e_n}{k_n} + \frac{1}{h_{pi}}}$$

Ejemplo 1

Determine el calor transferido en una fachada de 100 m² con las siguientes capas descritas en la Tabla 10.1, y los coeficientes de conductividad y de película indicados en las Tablas 10.2 y 10.3 si la temperatura exterior es de 5 °C y la interior 25 °C.

Tabla 10.1. Materiales que componen la fachada.

Ladrillo caravista macizo de ½ pie LP métrico	0,120 m
Cámara de aire ligeramente ventilada vertical	0,030 m
Tabique LH sencillo 40 mm<espesor<60 mm	0,050 m
Enlucido de yeso 1000<d<1300	0,020 m

Tabla 10.2. Resistencia térmica.

Material	Densidad aparente	Conductividad térmica (k)
Yeso	800 kg/m³	0,28 W/m °C
Mortero de cemento	2000 kg/m³	1,40 W/m °C
Vidrio	2400 kg/m³	0,95 W/m °C
Madera blanda	600 kg/m³	0,15 W/m °C
Madera dura	700 kg/m³	0,20 W/m °C
Ladrillo hueco	1200 kg/m³	0,50 W/m °C
Ladrillo macizo	1800 kg/m³	0,85 W/m °C
Lana de Roca	200 kg/m³	0,04 W/m °C
Bloque de hormigón	1400 kg/m³	0,56 W/m °C
Poliuretano	35 kg/m³	0,026 W/m °C
Poliestireno	25 kg/m³	0,034 W/m °C
Hormigón armado	2300 kg/m³	1,63 W/m °C
Cámara de aire	1,29 kg/m³	0,025 W/m °C

Tabla 10.3. Inversa de los coeficientes de película a utilizar según Documento de Apoyo al Documento Básico, DB-HE Ahorro de energía. Código Técnico de la Edificación.

	Desde el exterior		Desde local o cámara de aire	
Posición del cerramiento y sentido del flujo	$1/h_{pi}$ (m²K/W)	$1/h_{pe}$ (m²K/W)	$1/h_{pi}$ (m²K/W)	$1/h_{pe}$ (m²K/W)
Cerramiento vertical y flujo horizontal	0,13	0,04	0,13	0,13
Cerramiento horizontal y flujo ascendente	0,10	0,04	0,10	0,10
Cerramiento horizontal y flujo ascendente	0,17	0,04	0,17	0,17

Planteamiento

La pérdida de calor vendrá dada por la ecuación:

$$\frac{dQ}{dt} = \frac{1}{\frac{1}{h_{pe}} + \frac{e_1}{k_1} + \frac{e_2}{k_2} + \frac{e_3}{k_3} + \ldots\ldots + \frac{e_n}{k_n} + \frac{1}{h_{pi}}} \cdot A \cdot (T_{int} - T_{ext})$$

$$\frac{dQ}{dt} = \frac{1}{0,04 + \frac{0,12}{0,85} + \frac{0,03}{0,025} + \frac{0,05}{0,5} + \frac{0,02}{0,28} + 0,13} \cdot 100 \cdot (25 - 5) = 1188,63 \text{ W}$$

Las pérdidas de calor hay que calcularlas tanto en los paramentos como en los huecos como ventanas y puertas donde los materiales aislantes cambian (generalmente vidrios con cámara o sin cámara, con marcos de metal, madera o polietileno en caso de ventanas, o madera o metal en caso de puertas).

Pérdidas de calor por ventilación

El Código Técnico de la Edificación (CTE) establece la obligatoriedad de renovar el aire de los locales cerrados para mantener la calidad del aire interior adecuada al uso del local. Esta aportación de aire exterior genera pérdidas de calor ya que estamos introduciendo aire a una temperatura y humedad diferentes a la de la zona climatizada. El caudal de aire de renovación depende del uso del local y está indicado en la Tabla 10.4. Las pérdidas de calor las determinaremos mediante la siguiente fórmula:

$$\frac{dQ}{dt} = F_v \cdot C_a \cdot (T_i - T_e) \tag{10.5}$$

Donde

dQ/dt: Pérdidas de calor por ventilación (kJ/h).

F_v: Caudal de ventilación (m^3/h).

C_a: Calor especifico volumétrico de aire (1246,6 J/m^3 °C=0,349 Wh/m^3 °C).

T_i: Temperatura interior de proyecto (°C).

T_e: Temperatura exterior (°C).

Ejemplo 2

Determínese las pérdidas de calor por ventilación de una vivienda de 90 m^2 compuesta por 3 dormitorios individuales, uno doble, una cocina de 10 m^2, 2 baños y 1 comedor, considerando que la temperatura exterior es de 5 °C y la interior a 25 °C.

Tabla 10.4. Exigencias de ventilación en viviendas según Documento Básico HS Salubridad HS3 Calidad del aire interior. Código Técnico de la Edificación.

Local	Caudal de aire l/s		
	Por ocupante	Por m^2	Otros parámetros
Dormitorios	5		
Salas de estar y comedores	3		
Aseos y cuartos de baño			15 por local
Cocinas		2	50 por local
Trasteros y sus zonas comunes		0,4	
Aparcamientos y garajes			120 por plaza
Almacenes de residuos		10	

Planteamiento

Cálculo del flujo de ventilación:

$F_{dormitorios} = 5 \cdot 5 = 25$ l/s
$F_{cocina} = 10 \cdot 2 + 50 = 70$ l/s
$F_{baños} = 15 \cdot 2 = 30$ l/s
$F_{salón} = 5 \cdot 3 = 15$ l/s
$F_{global} = 25 + 70 + 30 + 15 = 140$ l/s $= 504$ m^3/h

Cálculo de las pérdidas de calor.

$$\frac{dQ}{dt} = F_v \cdot C_a \cdot (T_i - T_e) = 3517,92 \text{ W} = 3,52 \text{kW}$$

Pérdidas de calor por infiltración

A través de los cerramientos permeables, rendijas de ventanas, puertas o chimeneas existen infiltraciones de aire que se introduce en el local a calefactar. Este aire supone una pérdida de calor que se calcula con la misma fórmula 10.5 utilizada para el cálculo de pérdidas por ventilación, sólo que en lugar de utilizar el volumen de aire F_v (volumen de ventilación en m^3/h) se utiliza el volumen infiltrado F_i. Este volumen de infiltración es generalmente considerado de acuerdo a las estimaciones tabuladas en las distintas normas técnicas, a partir de la velocidad del viento externo y longitud de las fisuras según el tipo de puerta o ventana.

Ejemplo 3

Determínese la Carga Térmica Específica de un edificio de dos plantas (planta baja y primer piso) de 138 m^2 cada una, si la temperatura exterior es de 5 °C y la interior 25 °C, con las siguientes características técnicas. Supóngase una ventilación de 350 m^3 por hora de aire por planta.

Tabla 10.5. Dimensiones de la fachada.

Fachada	Longitud (m)	Altura (m)	Superficie (m^2)	Porcentaje de huecos de ventana
Norte	12	6	72	20%
Sur	13	6	78	30%
Este	14	6	84	60%
Oeste	13	6	78	15%

Tabla 10.6. Coeficientes globales de transmisión.

Elemento	Capas	Espesor	Esquema
Materiales de fachada	Ladrillo de ½ pie LP métrico	0,120 m	
	Cámara de aire ligeramente ventilada vertical	0,030 m	
	Tabique LH sencillo 40 mm<espesor<60 mm	0,050 m	
	Enlucido de yeso 1000<d<1300	0,020 m	
	Coef. Global de transmisión K_g=0,594 W/m^{2}K		
Materiales Cubierta	Plaqueta o baldosa cerámica	0,020 m	
	Mortero de cemento o cal para albañilería d>2000	0,020 m	
	Tabique de HL sencillo 40mm<E<60mm	0,050 m	
	Cámara de aire ligeramente ventilada horizontal	0,020 m	
	Hormigón armado d>2500	0,150 m	
	Enlucido de yeso 1000<d<1300	0,020 m	
	Coef. Global de transmisión K_g=1,68 W/m^{2}K		
Materiales suelo	Piedra artificial	0,030 m	
	Mortero de cemento o cal para albañilería d>2000	0,040 m	
	Entrevigado de hormigón canto 250 mm	0,250 m	
	Coef. Global de transmisión K_g=1,90 W/m^{2}K		
Ventanas	Doble vidrio con cámara intermedia de 0,03 m Coeficiente global de transmisión 1,60 W/m^{2}K		
	Marco de PVC, conductividad 1,60 W/m^{2}K		
	Permeabilidad 6 m^3/h m^2 a 100 Pa		

Planteamiento

a) Pérdida de calor fachada norte

Pérdida por la pared: $\dfrac{dQ}{dt} = K_g \cdot A \cdot (T_{int} - T_{ext}) = 0,594 \cdot 72 \cdot 0,80 \cdot (25 - 5) = 684,3$ W

Pérdida por conducción en ventanas: $\dfrac{dQ}{dt} = K_g \cdot A \cdot (T_{int} - T_{ext}) = 1,6 \cdot 72 \cdot 0,20 \cdot (25 - 5) = 460,8$ W

Pérdida por infiltración en ventanas: $\dfrac{dQ}{dt} = F_i \cdot C_a \cdot (T_i - T_e) = 603,1$ W

b) Pérdida de calor fachada sur

Pérdida por la pared: $\dfrac{dQ}{dt} = K_g \cdot A \cdot (T_{int} - T_{ext}) = 0,594 \cdot 78 \cdot 0,70 \cdot (25 - 5) = 648,6$ W

Pérdida por conducción en ventanas: $\dfrac{dQ}{dt} = K_g \cdot A \cdot (T_{int} - T_{ext}) = 1,6 \cdot 78 \cdot 0,30 \cdot (25 - 5) = 748,8$ W

Pérdida por infiltración en ventanas: $\dfrac{dQ}{dt} = F_i \cdot C_a \cdot (T_i - T_e) = 6 \cdot 78 \cdot 0,30 \cdot 0,349 \cdot (25 - 5) = 980,0$ W

c) Pérdida de calor fachada este

Pérdida por la pared: $\dfrac{dQ}{dt} = K_g \cdot A \cdot (T_{int} - T_{ext}) = 0,594 \cdot 84 \cdot 0,40 \cdot (25 - 5) = 399,2$ W

Pérdida por conducción en ventanas: $\dfrac{dQ}{dt} = K_g \cdot A \cdot (T_{int} - T_{ext}) = 1,6 \cdot 84 \cdot 0,60 \cdot (25 - 5) = 1612,8$ W

Pérdida por infiltración en ventanas: $\dfrac{dQ}{dt} = F_i \cdot C_a \cdot (T_i - T_e) = 2110,8$ W

d) Pérdida de calor fachada oeste

Pérdida por la pared: $\dfrac{dQ}{dt} = K_g \cdot A \cdot (T_{int} - T_{ext}) = 0,594 \cdot 78 \cdot 0,85 \cdot (25 - 5) = 787,6$ W

Pérdida por conducción en ventanas: $\dfrac{dQ}{dt} = K_g \cdot A \cdot (T_{int} - T_{ext}) = 1,6 \cdot 78 \cdot 0,15 \cdot (25 - 5) = 374,4$ W

Pérdida por infiltración en ventanas: $\dfrac{dQ}{dt} = F_i \cdot C_a \cdot (T_i - T_e) = 6 \cdot 78 \cdot 0,15 \cdot 0,349 \cdot (25 - 5) = 490,0$ W

e) Pérdida de calor por cubierta $\dfrac{dQ}{dt} = K_g \cdot A \cdot (T_{int} - T_{ext}) = 1,68 \cdot 138 \cdot (25 - 5) = 4636,8$ W

f) Pérdida de calor por suelo $\dfrac{dQ}{dt} = K_g \cdot A \cdot (T_{int} - T_{ext}) = 1,90 \cdot 138 \cdot (25 - 5) = 5244,0$ W

g) Pérdida de calor por ventilación $\dfrac{dQ}{dt} = F_v \cdot C_a \cdot (T_i - T_e) = 4886$ W

Carga Térmica del edificio = 24667,2 W

Nótese que la carga térmica del edificio se sitúa normalmente entre 80-90 W/m^2.

$$\frac{24667,2}{2 \cdot 138} = 89,37 \text{ W/m}^2$$

Potencia consumida en el sistema de ACS

El Documento Básico HS Salubridad HS4 Suministro de agua del Código Técnico de la Edificación establece las necesidades de abastecimiento de agua caliente sanitaria (ACS) según el número de aparatos de equipamiento higiénico que exista de cada tipo en una edificación (lavabos, duchas, bañera, bidé, etc.). Al cálculo del caudal total hay que aplicarle un coeficiente de simultaneidad que oscilará entre 0,2 y 1. Según sea la demanda, las instalaciones se clasifican en tres grupos:

    a) Cuando la demanda es pequeña o bastante regular, se opta por *Generación de ACS instantánea.* En este tipo de instalación el agua fría pasa a través de un intercambiador por la caldera, y tras su calentamiento se suministra directamente a la red.

La potencia proporcionada por la caldera ($\dot{Q}_c$)) viene dada por la Ecuación 10.6, donde $\dot{m}_c$ es el flujo de agua que atraviesa la caldera, y h_e y h_s las entalpías de entrada y salida del agua. Si el agua permanece en estado líquido la entalpía se calcularía como e producto del calor específico a presión constante 4,18 kJ/kg °C por la temperatura.

$$\dot{Q}_c = \dot{m}_c \cdot (h_s - h_e) \tag{10.6}$$

    b) Cuando la demanda es moderada o bastante regular, se opta por un *calentador abierto* en que el agua caliente de la caldera se mezcla con agua fría y se suministra a la red.

    c) Cuando la demanda es elevada o es irregular, se tiende a instalar un depósito acumulador de agua (también llamado depósito de inercia) que suple el déficit de agua en los picos de demanda.

Calentador abierto

Si el acumulador funciona como calentador abierto en estado estacionario, el sistema se puede modelizar de la siguiente manera. Al calentador llega un flujo de entrada de agua a baja temperatura $\dot{m}_e$, y un flujo procedente de la caldera a alta temperatura $\dot{m}_c$, y sale un flujo de suministro a temperatura intermedia que debe cumplir la Ecuación 10.7 que modeliza el balance de masas. $\dot{m}_e$, $\dot{m}_c$ y $\dot{m}_s$ representan tanto los kg de agua que entran y salen respectivamente del calentador por unidad de tiempo (kg/s), como los litros de agua que entran y salen por unidad de tiempo (l/s), dado que la densidad del agua es 1 kg/l.

$$\dot{m}_s = \dot{m}_c + \dot{m}_e \tag{10.7}$$

La potencia consumida por la caldera viene dada por la Ecuación 10.8

$$\dot{Q}_s = \dot{m}_c \cdot \left(h_c - h_e \right) \tag{10.8}$$

La fracción de agua caliente procedente de la caldera se simboliza con la letra y, por tanto, se cumplen las Ecuaciones 10.9 y 10.10.

$$y = \frac{\dot{m}_c}{\dot{m}_s} \tag{10.9}$$

$$1 - y = \frac{\dot{m}_e}{\dot{m}_s} \tag{10.10}$$

La Ecuación 10.11 representa el balance de energía en el calentador, donde h_c representa la entalpía específica (kJ/kg) del agua que se mezcla en el calentador procedente de la caldera, h_e representa la entalpía específica del agua fría procedente del exterior, y h_s representa la entalpía específica del agua de suministro a la red de ACS. Si desarrollamos la Ecuación 10.11con las expresiones 10.9 y 10.10, obtenemos lo siguiente:

$$\dot{m}_s \cdot h_s = \dot{m}_c \cdot h_c + \dot{m}_e \cdot h_e \tag{10.11}$$

$$h_s = \frac{\dot{m}_c}{\dot{m}_s} \cdot h_c + \frac{\dot{m}_e}{\dot{m}_s} \cdot h_e$$

$$h_s = y \cdot h_c + (1 - y) \cdot h_e$$

$$\dot{m}_s \cdot h_s = \dot{m}_c \cdot h_c + \dot{m}_e \cdot h_e \tag{10.12}$$

Las necesidades de agua caliente sanitaria en un edificio son fijadas de acuerdo a las recomendaciones de las diferentes normas técnicas, denominándolas $\dot{m}_s$. La fracción del flujo de agua caliente proveniente de la caldera se obtiene de la Ecuación 10.9, que nos permite calcular $\dot{m}_c = y \cdot \dot{m}_s$.

Ejemplo 4

Supongamos que la demanda de ACS en un edificio de 10 viviendas es 2500 l/día. Si la temperatura del agua de suministro es de 60 °C, la temperatura del agua de entrada al sistema ACS es de 10 °C, y el agua procedente de la caldera posee una temperatura de 70 °C, determínese la potencia de la caldera y el flujo de agua caliente que tiene que suministrar la misma.

Planteamiento

Las entalpías de líquido saturado a 10 °C, 60 °C y 70 °C se consultan en tablas donde están registradas las propiedades termodinámicas del agua, y respectivamente son

$h_e(10\ °C) = 42{,}01\ kJ/kg\ h_s(60\ °C) = 251{,}14\ kJ/kg$

$h_c(70\ °C) = 293{,}00\ kJ/kg$

Si consideramos un funcionamiento continuo de la caldera, la potencia se obtiene de la Ecuación 10.8.

$$\dot{Q}_c = \dot{m}_c \cdot \left(h_c - h_e \right)$$

El flujo de alimentación de la caldera vendrá dado por la Ecuación 10.12.

$$y = \frac{h_s - h_e}{h_c - h_e} = \frac{251{,}14 - 42{,}01}{293{,}00 - 42{,}01} = 0{,}833$$

$$\dot{m}_c = y \cdot \dot{m}_s = 0{,}833 \cdot \frac{2500}{3600 \cdot 24} = 0{,}024\ kg/s$$

$$\dot{Q}_c = \dot{m}_c \cdot \left(h_c - h_e \right) = 0{,}833 \cdot \frac{2500}{3600 \cdot 24} \left(293{,}0 - 42{,}01 \right) = 6{,}05\ kW$$

Instalación con acumulador

En el sistema de calentador abierto el cálculo de la caldera en lo que se refiere a la potencia y su flujo de agua presenta el inconveniente de que se presupone un sistema estacionario; sin embargo, en muchas ocasiones el sistema sufre variaciones de demanda durante el día, donde se identifican periodos de gran demanda (horas pico) y otros periodos de baja demanda (horas valle). Durante las horas valle existe un superávit de energía respecto a la demanda. Es decir, la potencia instalada es superior a las necesidades de agua caliente. Este superávit de energía E_S se determina con la Ecuación 10.13, donde t_v representa el periodo de horas valle en segundos; $\dot{Q}_C$ potencia de la caldera en kW; $\dot{m}_v$ es el flujo de agua para suministro expresado bien en kg/s o l/s; $(T_s - T_e)$ es la diferencia de temperaturas entre el agua que entra en el sistema y sale del sistema; 4,18 es el valor de la capacidad calorífica del agua en kJ/kg °C.

$$E_S = \dot{Q}_C \cdot t_v - 4{,}18 \cdot \dot{m}_v \cdot \left(T_s - T_e \right) \cdot t_v \tag{10.13}$$

Durante las horas pico existe un déficit de energía. Es decir, que el agua caliente demandada es mayor a la capacidad de la instalación. El déficit de energía E_D se calcula por la Ecuación 10.14, donde t_p es el periodo de horas pico en segundos y $\dot{m}_p$ es el flujo de agua para suministro expresado bien en kg/s o l/s.

$$E_D = 4{,}18 \cdot \dot{m}_p \cdot (T_s - T_e) \cdot t_p - \dot{Q}_C \cdot t_p \tag{10.14}$$

Se entiende que el flujo de suministro $\dot{m}_s$ de la Ecuación 10.7 en horas valle es $\dot{m}_v$ y en horas pico es $\dot{m}_p$, y que $\dot{m}_p > \dot{m}_v$.

Para la optimización de la instalación y conseguir el mayor ahorro de energía posible, se deben cumplir dos condiciones: a) el superávit de energía durante las horas valle debe ser almacenado en un acumulador; b) el exceso de energía demandada respecto a la capacidad de la caldera en las horas pico debe ser suplida por la energía previamente almacenada en el acumulador. De estas dos condiciones se deduce que

$$E_S = E_D$$

$$\dot{Q}_C \cdot t_v - 4{,}18 \cdot \dot{m}_v \cdot (T_s - T_e) \cdot t_v = 4{,}18 \cdot \dot{m}_p \cdot (T_s - T_e) \cdot t_p - \dot{Q}_C \cdot t_p$$

de donde se determina la potencia a instalar en la caldera.

$$\dot{Q}_C = 4{,}18 \cdot \frac{T_s - T_e}{t_v + t_p} \cdot \left(\dot{m}_p \cdot t_p + \dot{m}_v \cdot t_v \right)$$

Esta fórmula indica que el caudal de régimen de la caldera viene dada por la Ecuación 10.15, que es la media de agua caliente sanitaria demandada:

$$\dot{m}_C = \frac{\dot{m}_p \cdot t_p + \dot{m}_v \cdot t_v}{t_v + t_p} \tag{10.15}$$

El funcionamiento de la instalación se representa en las Figuras 10.10 y 10.11. Durante las horas pico el exceso de ACS demandada se complementará con el agua del acumulador con un flujo $\dot{m}_A$, de tal manera que $\dot{m}_p = \dot{m}_C + \dot{m}_A$. Por tanto, el volumen mínimo del acumulador debe ser $V_A = \dot{m}_A \cdot t_p$, que puede estar constituido por uno o más tanques. En las Figuras 10.10 y 10.11 se representa la instalación con dos tanques.

Durante las horas valle el exceso de caudal calentado por la caldera $\dot{m}_B$ se almacena en el acumulador de tal manera que $\dot{m}_v = \dot{m}_C - \dot{m}_B$.

Junto con el balance de masa se comprueba que también se cumple el balance de energía.

$$\dot{m}_A \cdot t_p \cdot 4{,}18 \cdot (T_s - T_e) = \dot{m}_p \cdot t_p \cdot 4{,}18 \cdot (T_s - T_e) \cdot t_p - \dot{m}_C \cdot t_p \cdot 4{,}18 \cdot (T_s - T_e)$$

En las Figuras 10.10 y 10.11 el depósito A siempre estará a más temperatura que el B. Cuando el sistema trabaja en horas pico las válvulas 3, 5, 8 y 10 están cerradas, y el resto abiertas. Cuando el sistema trabaja en horas valle las válvulas 3, 4, 5 y 9 están cerradas y el resto abiertas. Las válvulas 3 y 5 permiten trabajar con sólo uno de los depósitos. Si se desea trabajar sólo con A, las válvulas 1, 2 y 5 deben cerrarse y 3 abrirse. Si se desea trabajar sólo con el depósito B, las válvulas 3, 4, 6 y 8 deben cerrarse, y abrirse 5.

Figura 10.10.

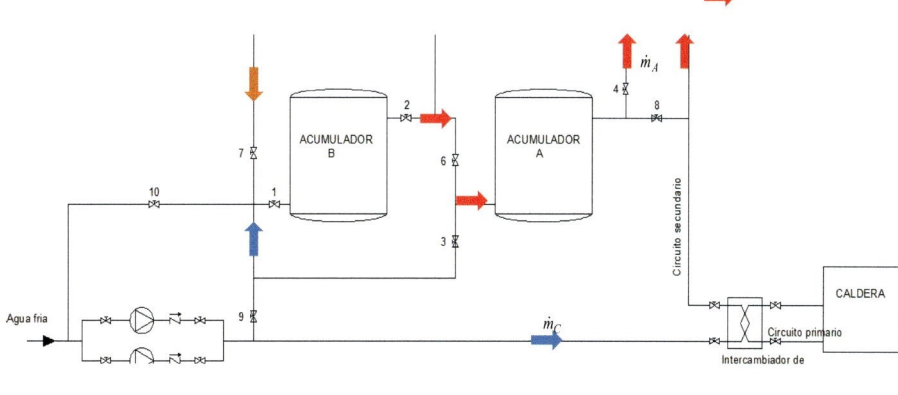

Figura 10.11.

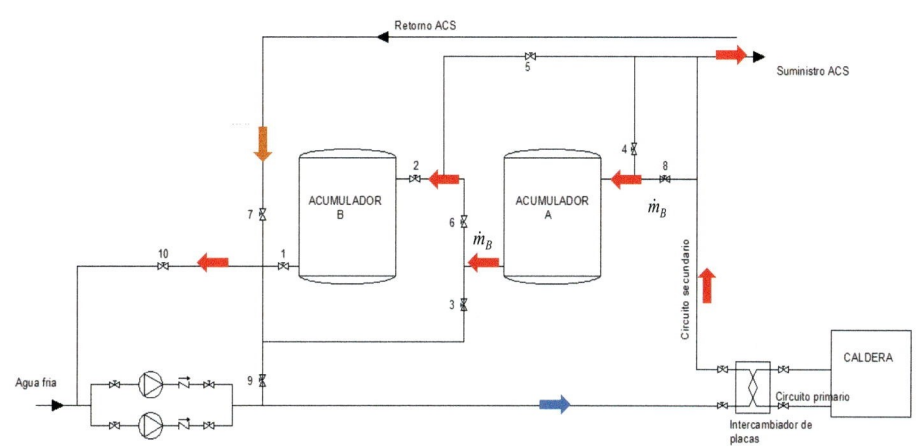

A las necesidades totales al día se le denomina   número de horas pico y horas

$$\dot{m}_v = \frac{G - \dot{m}_p \cdot H_p}{H - H_p}$$

parte inferior. El agua es introducida en el depósito por la parte de arriba y va descendiendo.

cuando la temperatura de la sonda superior baje de la temperatura de consigna recirculará

Ejemplo 5

Supongamos que la demanda de ACS en un edificio de 10 viviendas es 2500 l/día. El número de horas valle totales durante el día es de 18 y el número de horas pico totales 6. Las horas valle se distribuyen en periodos de 6 horas y las horas pico en periodos de 2 horas (Figura 10.12). Si la temperatura del agua de suministro es de 60 °C, la temperatura del agua de entrada al sistema ACS es de 5 °C, sabiendo que el flujo demandado de ACS en una hora punta es el 10 % del gasto diario (250 l/h), determínese:

a) La potencia de la caldera.

b) El flujo de agua caliente que tiene que suministrar la misma.

c) El volumen del acumulador de agua.

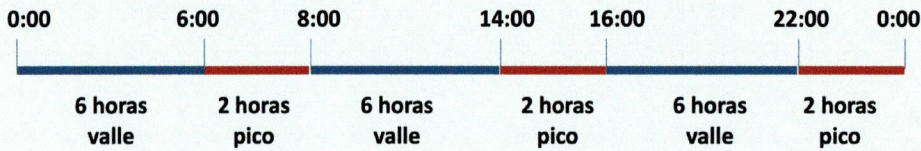

Figura 10.12. Distribución de demanda de agua caliente.

Planteamiento

Primeramente han de calcularse los flujos demandados en las horas pico y en las horas valle.

$G = 2500$ l/día; $H = 24$ h; $H_p = 6$ h; $H_v = 18$ h; $t_v = 21600$ s; $t_p = 7200$ s

$$\dot{m}_p = 250 \text{ l/h} = 0,0694 \text{ kg/s}$$

$$\dot{m}_v = \frac{G - \dot{m}_p \cdot H_p}{H - H_p} = \frac{2500 - 250 \cdot 6}{18} = 55,55\frac{\text{l}}{\text{h}} = 0,0154\frac{\text{kg}}{\text{s}}$$

$$\dot{Q}_C = 4,18 \cdot \frac{T_s - T_e}{t_v + t_p} \cdot \left(\dot{m}_p \cdot t_p + \dot{m}_v \cdot t_v\right) =$$

$$\dot{Q}_c = 4,18 \cdot \frac{60 - 5}{21600 + 7200}\left(0,0694 \cdot 7200 + 0,0154 \cdot 21600\right) = 6,64 \text{ kW}$$

$$\dot{m}_C = \frac{\dot{m}_p \cdot t_p + \dot{m}_v \cdot t_v}{t_v + t_p} = \frac{0,0694 \cdot 7200 + 0,0154 \cdot 21600}{21600 + 7200} = 0,0289 \text{ kg/s}$$

$$\dot{m}_B = \dot{m}_C - \dot{m}_v = 0,0289 - 0,0154 = 0,0135 \text{ kg/s}$$

$$\dot{m}_A = \dot{m}_p - \dot{m}_C = 0,0694 - 0,0289 = 0,0405 \text{ kg/s}$$

$$V_A = \dot{m}_A \cdot t_p = 0,0405 \cdot 7200 = 291,6 \text{ l}$$

Fin.

10.7. Necesidades de aire en la caldera

Desde el punto de vista teórico la cantidad de oxígeno necesario para conseguir una combustión completa se puede calcular a partir de la estequiometría de la reacción de combustión.

$$CH_wO_xN_yS_z + nO_2 \rightarrow CO_2 + \frac{w}{2}H_2O + zSO_2 + \frac{y}{2}N_2$$

Moles de oxígeno: $n = 1 + \dfrac{w}{4} + z - \dfrac{x}{2}$

Si las masas de carbono, hidrógeno, azufre, y oxígeno contenidas en el combustible que introducimos en la caldera por unidad de tiempo las representamos por $\dot{m}_C$, $\dot{m}_H$, $\dot{m}_S$ y $\dot{m}_O$ respectivamente (en g/s) la cantidad de aire necesario desde el punto de vista estequiométrico en condiciones normales (1 atm, y 0 °C) viene definido por la Ecuación 10.16.

$$Aire_N \text{ (litros/s)} = \frac{22{,}39}{0{,}21} \cdot \left(\frac{\dot{m}_C}{12} + \frac{1}{4} \cdot \frac{\dot{m}_H}{1} + \frac{\dot{m}_S}{32} - \frac{\dot{m}_O}{32} \right) \qquad (10.16)$$

El volumen de aire en cualquier otra condición puede calcularse como:

$$\dot{n}_{o2} = \frac{Aire_N}{0{,}082 \cdot 273} = \frac{Aire_N}{22{,}4} \text{ (moles/s)}$$

$$Aire = \frac{\dot{n}_{o2} \cdot R \cdot T}{P} \text{ (l/s)}$$

Sin embargo, la cantidad de aire obtenida por la Ecuación 10.16 resulta insuficiente porque cuando las partículas caen sobre la parrilla unas quedan amontonadas sobre otras, y para que el oxígeno llegue a todas ellas de forma homogénea es necesario aumentar la cantidad suministrada. A la relación entre el aire requerido realmente para una combustión completa y el necesario desde el punto de vista estequiométrico se denomina *exceso de aire, λ*.

$$\lambda = \frac{\text{Aire requerido}}{\text{Aire estequiométrico}}$$

Un exceso de aire muy bajo producirá carencia de oxígeno y en consecuencia procesos de pirólisis y gasificación, produciendo inquemados, lo que reducirá el rendimiento de la caldera. Si por el contrario, el exceso de aire es muy grande, disminuirá también el rendimiento de la combustión, ya que una parte del calor liberado se destinará a calentar ese exceso de aire introducido y la temperatura de los gases liberados no será la adecuada para lograr las condiciones deseadas en el caloportador a la salida de la caldera. Valores habituales de exceso de aire en la caldera se sitúan entre 1,4 y 1,8. Indudablemente, el exceso de aire para el que se obtiene el rendimiento óptimo depende del tipo de biomasa, del quemador y de su modo de operación, así como del diseño de la caldera o equipo de recuperación de la energía de los gases de combustión.

Para comprobar si la relación aire/combustible es la correcta, el método usual consiste en analizar la composición de los gases de escape en la chimenea y medir su temperatura. Para ello se utilizan analizadores de gases de combustión que miden la concentración de O_2, CO y CO_2, así como la temperatura. La aparición de CO en los humos de la chimenea indica que hay escasez de oxigeno produciéndose inquemados, dado que el carbono no es capaz de oxidarse completamente. La presencia de O_2 es indicador de un exceso de aire elevado. El exceso de aire óptimo se obtiene cuando las concentraciones de CO y O_2 en los gases de escape son mínimos y de CO_2 es máxima.

En las grandes instalaciones se suele efectuar una monitorización continua de la concentración de O_2, CO y CO_2 en los gases, para que el sistema de control efectúe correcciones automáticamente sobre el suministro del aire, con el fin de mantener en todo momento la relación aire/combustible óptima.

10.8. Rendimiento y control de la combustión

Se denomina rendimiento de una caldera a la relación existente entre el calor capaz de liberar el combustible introducido en la misma y el calor absorbido por el caloportador. Dicha relación se representa en la Ecuación 10.17.

$$\eta_{caldera} = \frac{Q_{sal}}{Q_{ent}} \cdot 100 \qquad (10.17)$$

Donde $\eta_{caldera}$ es el rendimiento de la caldera en %; Q_{Sal} es calor útil absorbido por el caloportador; Q_{ent} es el calor disponible en el combustible

El rendimiento energético de una caldera puede obtenerse por dos métodos: el método directo y el indirecto. El método directo es el de mayor exactitud cuando es posible medir la energía de entrada y salida del caloportador en la caldera. Siendo

$$\dot{Q}_{sal} = \dot{m}_{caloportador} \cdot C_p \cdot (T_{sal} - T_{ent}) = \dot{m}_{caloportador} \cdot (h_{sal} - h_{ent})$$

$$\dot{Q}_{ent} = F_{comb} \cdot (PCI)$$

Entonces

$$\eta_{directo} = \frac{\dot{m}_{caloportador} \cdot (h_{sal} - h_{ent})}{F_{comb} \cdot (PCI)} \cdot 100$$

Donde

$\dot{m}_{caloportador}$ = Flujo másico del caloportador (kg/h).

$C_{p\ =}$ Calor específico del caloportador. (kJ/kg K).

$T_{sal\ =}$ Temperatura del caloportador a la salida de la caldera (°C).

$T_{ent\ =}$ Temperatura del caloportador a la entrada de la caldera (°C).

$h_{sal\ =}$ Entalpía del caloportador a la salida de la caldera (kJ/kg).

$h_{ent\ =}$ Entalpía del caloportador a la entrada de la caldera (kJ/kg).

$F_{comb\ =}$ Flujo másico de combustible introducido en la caldera (kg/h).

$PCI =$ Poder calorífico inferior del combustible (kJ/kg).

En el método indirecto se calculan todas las pérdidas en términos porcentuales. Estas pérdidas son restadas a 100 para obtener así valor del rendimiento.

$$\eta = 100 - \Sigma Pérdidas \qquad \%$$

$$\Sigma P\acute{e}rdidas = \left(P_g + P_{CO} + P_i + P_r + P_p \right) \quad \%$$

$$\eta_{indirecto} = 100 - \left(P_g + P_{CO} + P_i + P_r + P_p \right) \quad \%$$

Donde:

P_g = Pérdidas de calor por los gases o humos, %
P_{co} = Pérdidas de calor por inquemados gaseosos, %
P_i = Pérdidas de calor por inquemados sólidos, %
P_r = Pérdidas calor por radiación, %
P_p = Pérdidas calor por purgas (En caso de que la caldera sea purgada), %

Si sólo se tienen en cuenta las pérdidas debidas al proceso de combustión, y no las pérdidas causadas por transferencia de calor al exterior de la caldera, sólo debemos de fijarnos en las pérdidas por inquemados. Estas pérdidas dependerán básicamente de la cantidad de aire introducido para que se produzca la oxidación completa del material combustible. Es por ello que es de gran utilidad determinar cuál es el óptimo para conseguir el mayor rendimiento independientemente de la caldera utilizada. Así definimos como rendimiento del proceso de combustión por la Ecuación 10.18.

$$\eta_{indirecto} = 100 - \left(P_g + P_{CO} + P_i \right) \quad \% \tag{10.18}$$

η_{Comb} = Eficiencia de la combustión, %.
P_g = Pérdidas de calor por los gases o humos, %.
P_{CO} = Pérdidas de calor por inquemados gaseosos %.
P_i = Pérdidas de calor por inquemados sólidos %.

A continuación, se expone la metodología de cálculo para cada una de las pérdidas mencionadas.

Pérdidas por inquemados (*PI*)

Las pérdidas de calor por inquemados, se agrupan en dos grandes grupos: inquemados gaseosos (P_{CO}) y los residuos sólidos sin quemar o inquemados sólidos (P_i).

La pérdida P_{CO}, debido a la combustión incompleta de los volátiles emitidos durante el calentamiento de la biomasa se puede determinar con suficiente exactitud aplicando la ecuación de la norma DIN 1942 (Pruebas de Aceptación de Calderas), Ecuación 10.19.

$$P_{CO} = 60 \cdot \frac{CO}{CO + CO_2} \, \% \tag{10.19}$$

Donde

CO = % de CO en los gases de escape.
CO_2 = % de CO_2 en los gases de escape.

Una ecuación más exacta es la mostrada en la Ecuación 10.20.

$$P_{CO} = \frac{3220 \cdot C_t}{PCI} \cdot \frac{CO}{0,536 \cdot \left(CO_2 + CO \right)} \, \% \tag{10.20}$$

373

Donde

$C_t =$ Contenido de carbono en la composición del combustible, %.

$PCI =$ Poder calorífico inferior, kcal/kg.

$CO =$ % de CO en los gases de escape.

$CO_2 =$ % de CO_2 en los gases de escape.

Inquemados sólidos, (P_i) son los residuos sólidos sin quemar, los cuales se pueden depositar dentro de la caldera o escapar como ceniza volante. Éstos se pueden calcular por la Ecuación 10.21.

$$P_i = \frac{R \cdot n_K \cdot 7950}{F_{comb} \cdot PCI} \cdot 100 \; \% \tag{10.21}$$

Donde

$R =$ Cantidad de residuos sólidos, (kg/h).

$n_k =$ Proporción de coque (C) en los residuos R, (fracción unidad).

$F_{comb} =$ Flujo másico de combustible introducido en la caldera (kg/h).

$PCI =$ Poder calorífico inferior de combustible (kJ/h).

$F_{comb} \cdot PCI =$ es el calor introducido en el horno (kJ/h).

Las pérdidas por inquemados sólidos pueden ser calculadas mediante el índice de Bacharach. Este índice se basa en el ennegrecimiento de un papel de filtro al paso a su través de una corriente de gases de combustión, extraída mediante una bomba manual, y en la comparación del color de ese filtro con una escala de intensidades de color que varía desde el 0 que es blanco hasta el 9 que es negro. Fundamentalmente, se utiliza desde el punto de vista de la contaminación atmosférica.

Pérdida por calor sensible en gases de salida o por humos (P_g)

Estas pérdidas se calculan en términos porcentuales mediante la fórmula de Sieggert (10.22).

$$P_g = k \cdot \frac{t_g - t_a}{CO_2 + CO} \; \% \tag{10.22}$$

Donde

$P_g =$ Pérdida por calor sensible, en % del PCI.

$t_g =$ Temperatura de gases °C.

$t_a =$ Temperatura del aire ambiente (a la entrada) °C.

$CO_2 =$ % de CO_2 en los gases.

$CO =$ % de CO en los gases.

$k =$ Constante denominado coeficiente de Hassenstein, depende del tipo de combustible, en la Tabla 10.7 se muestra el valor de k para algunos combustibles.

Tabla 10.7. Valores de k para algunos combustibles.

Combustible	Coeficiente de Hassenstein k
Gasóleo	$0,495 + (0,0063 \cdot CO_2)$
Fuel oil	$0,516 + (0,0067 \cdot CO_2)$
Gas natural, Propano, Butano	$0,379 + (0,0057 \cdot CO_2)$
Hulla, Antracita	0,68
Coque	0,57
Gas Licuado	0,5
Pélets	0,78
Pélets con el 8% de aceite	0,75

La fórmula de Sieggert, es una fórmula aproximada, pero con exactitud suficiente para fines técnicos. Otra fórmula utilizada para determinar las pérdidas por calor sensible en gases es la siguiente.

$$P_g = \frac{\left[V_D + (\lambda - 1) \cdot L_0\right] \cdot C_g \cdot \left(t_g - t_a\right)}{PCI} \cdot 100 \quad \%$$

Donde

$C_g =$ Calor específico de los gases o humos, kcal/°C Nm³.
$t_g =$ Temperatura de los humos, salida de la caldera, °C.
$t_a =$ Temperatura del aire atmosférico, °C.
$V_D =$ Volumen de gases para $\lambda=1$, esto es para la combustión estequiométrica, Nm³/kg.
$L_0 =$ Volumen estequiométrico de aire, Nm³/kg.
$\lambda =$ Coeficiente de exceso de aire.
$(\lambda-1) \cdot L_0$ Exceso de aire, contenido en los productos de la combustión.
$PCI =$ Poder calorífico inferior, kcal/kg.

$$V_D = \frac{1,25 \cdot PCI - 3092}{808} = 1,55 \cdot 10^{-3} \cdot PCI - 3,83 \ \text{N} \frac{m3}{kg}$$

10.9. Aplicación para transmisión de calor por convección por paredes cilíndricas

El análisis de la transmisión de calor en paredes cilíndricas es útil para importantes aplicaciones prácticas, como cálculo de las pérdidas de calor por las tuberías de transporte del caloportador desde la caldera a los radiadores; análisis de la transmisión de calor por los radiadores; dimensionado del intercambiador para la absorción de calor en la caldera entre otras.

Consideremos una tubería por la que circula un fluido por su interior y otro por su exterior A y B a temperatura distinta. Consideremos también que la tubería tiene varias capas de materiales distintos de diferente espesor d_i - d_{i-1} y que cada una de ellas tiene una conductividad térmica.

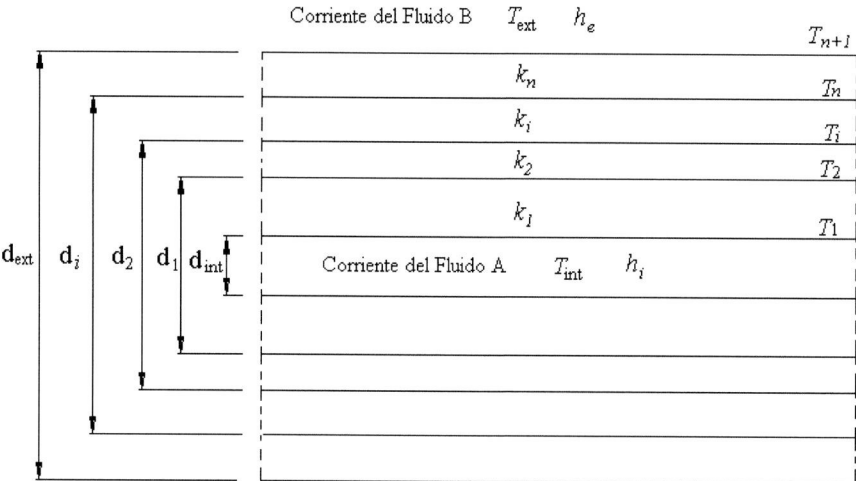

Figura 10.13. Transmisión de calor radial por tuberías cilíndricas.

Si $T_{int} > T_{ext}$, el calor que pasa del fluido A a la cara 1 es por convección y tiene un valor dado por:

$$\frac{dQ}{dt} = h_{pi} \cdot d_{int} \cdot \pi \cdot L \cdot (T_{int} - T_1) \rightarrow T_{int} - T_1 = \frac{1}{h_{pi} \cdot d_{int}} \frac{1}{\pi \cdot L} \frac{dQ}{dt}$$

El calor que pasará de la cara 1 a la cara n por cada una de las capas que posee la tubería será por conducción:

$$\frac{dQ}{dt} = k_1 \frac{2 \cdot \pi \cdot L}{\ln \frac{d_1}{d_{int}}} (T_1 - T_2) \quad \rightarrow \quad T_1 - T_2 = \frac{1}{2k_1} \frac{1}{\pi \cdot L} \frac{dQ}{dt} \ln \frac{d_1}{d_{int}}$$

$$\frac{dQ}{dt} = k_2 \frac{2 \cdot \pi \cdot L}{\ln \frac{d_2}{d_1}} (T_2 - T_3) \quad \rightarrow \quad T_2 - T_3 = \frac{1}{2k_2} \frac{1}{\pi \cdot L} \frac{dQ}{dt} \ln \frac{d_2}{d_1}$$

....

$$\frac{dQ}{dt} = k_i \frac{2 \cdot \pi \cdot L}{\ln \frac{d_i}{d_{i-1}}} (T_i - T_{i+1}) \quad \rightarrow \quad T_i - T_{i+1} = \frac{1}{2k_i} \frac{1}{\pi \cdot L} \frac{dQ}{dt} \ln \frac{d_i}{d_{i-1}}$$

....

$$\frac{dQ}{dt} = k_n \frac{2 \cdot \pi \cdot L}{\ln \frac{d_{ext}}{d_{n-1}}} (T_{n+1} - T_n) \quad \rightarrow \quad T_{n+1} - T_n = \frac{1}{2k_{n-1}} \frac{1}{\pi \cdot L} \frac{dQ}{dt} \ln \frac{d_{ext}}{d_{n-1}}$$

y finalmente el calor pasará por la cara n al fluido B por convección

$$\frac{dQ}{dt} = h_{pe} \cdot d_{ext} \cdot \pi \cdot L \cdot (T_{n+1} - T_{ext}) \quad \rightarrow \quad T_{n+1} - T_{ext} = \frac{1}{h_{pe} \cdot d_{ext}} \frac{1}{\pi \cdot L} \frac{dQ}{dt}$$

Al sumar los incrementos de temperatura entre las distintas capas obtenemos:

$$T_{int} - T_{ext} =$$

$$\left(\frac{1}{h_{pi} d_{int}} + \frac{1}{2k_1} \ln \frac{d_1}{d_{int}} + ... + \frac{1}{2k_i} \ln \frac{d_i}{d_{i-1}} ... + \frac{1}{2k_n} \ln \frac{d_{ext}}{d_{n-1}} + \frac{1}{h_{pe} d_{ext}} \right) \frac{1}{\pi \cdot L} \frac{dQ}{dt}$$

Por lo que:

$$\frac{dQ}{dt} = \frac{\pi \cdot L}{\dfrac{1}{h_{pi} d_{int}} + \dfrac{1}{2k_1} \ln \dfrac{d_1}{d_{int}} + ... + \dfrac{1}{2k_i} \ln \dfrac{d_i}{d_{i-1}} ... + \dfrac{1}{2k_n} \ln \dfrac{d_{ext}}{d_{n-1}} + \dfrac{1}{h_{pe} d_{ext}}} \left(T_{int} - T_{ext} \right)$$

Se puede definir como K_g la Ecuación 10.23, siendo el *coeficiente global de transmisión*. Si multiplicamos y dividimos por un diámetro de referencia D_r, obtenemos K_g', que se denomina *coeficiente global de transmisión para un diámetro de referencia*, que representa la cantidad de calor que se puede transmitir por unidad de superficie y grado centígrado de diferencia térmica entre el interior y el exterior de la tubería.

$$K_g = \frac{1}{\dfrac{1}{h_{pi} d_{int}} + \dfrac{1}{2k_1} \ln \dfrac{d_1}{d_{int}} + ... + \dfrac{1}{2k_i} \ln \dfrac{d_i}{d_{i-1}} ... + \dfrac{1}{2k_n} \ln \dfrac{d_{ext}}{d_{n-1}} + \dfrac{1}{h_{pe} d_{ext}}} \qquad (10.23)$$

$$\frac{dQ}{dt} = \pi \cdot K_g \cdot L \cdot \left(T_{int} - T_{ext} \right)$$

$$K_g' = \frac{1}{D_r \cdot \left(\dfrac{1}{h_{pi} d_{int}} + \dfrac{1}{2k_1} \ln \dfrac{d_1}{d_{int}} + ... + \dfrac{1}{2k_i} \ln \dfrac{d_i}{d_{i-1}} ... + \dfrac{1}{2k_n} \ln \dfrac{d_{ext}}{d_{n-1}} + \dfrac{1}{h_{pe} d_{ext}} \right)}$$

$$\frac{dQ}{dt} = \pi \cdot D_r \cdot K_g' \cdot L \cdot \left(T_{int} - T_{ext} \right)$$

$$\frac{dQ}{dt} = K_g' \cdot A \cdot \left(T_{int} - T_{ext} \right)$$

10.10. Instalaciones térmicas industriales

El aprovechamiento del calor de combustión de los biocombustibles sólidos pasa por la utilización de instalaciones térmicas especializadas constituidas por los elementos del esquema de la Figura 10.14:

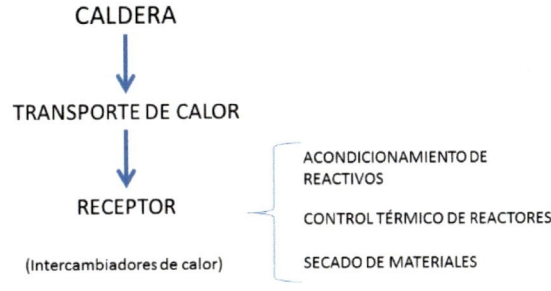

Figura 10.14. Esquema del sistema de aprovechamiento térmico de la biomasa.

377

La caldera es el dispositivo donde se realiza la combustión y se obtiene el calor liberado a través del incremento de la temperatura de los humos residuales. La caldera posee un intercambiador por donde circula un caloportador, que suele ser agua o aceite, que absorbe el calor de los humos antes de ser liberados a la atmósfera. Éste lo transporta hasta el receptor, constituido por otro intercambiador a través del cual el calor es liberado para la aplicación industrial, que suele ser de tres tipos:

Acondicionamiento de reactivos

La velocidad de las reacciones aumenta con la temperatura. En una reacción del tipo $aA + bB \rightarrow cC + dD$, donde A y B son los reactivos, y C y D son los productos, la velocidad de formación de cualquiera de los productos sigue una ley cinética como la mostrada en la Ecuación 10.24 donde k es una constante que depende de la temperatura según la ley de Arrhenius (Ecuación 10.25). Se puede observar que a mayor temperatura mayor k, y por ende mayor velocidad. Es por lo que el acondicionamiento de los reactivos aumentando su temperatura es una de las operaciones más usadas en las industrias.

$$\frac{dC_{formado}}{dt} = k[A]^n[B]^m \tag{10.24}$$

$$k = k_{max} \cdot e^{-\frac{Ea}{RT}} \tag{10.25}$$

Control térmico de las reacciones

Las reacciones liberan o absorben calor, llamándose reacciones exotérmicas o endotérmicas respectivamente. Si se absorbe energía, la temperatura del reactor tiende a descender por lo que es necesario compensar esa absorción con aporte de calor. Si se libera energía, la temperatura del reactor tiende a aumentar lo que implica tener que refrigerarlo, si se desea que la temperatura del mismo permanezca constante.

La entalpía de reacción se obtiene comparando la energía de formación de reactivos y productos. Si los reactivos tienen más energía que los productos, eso significa que en la reacción se libera energía, y por tanto se trata de una reacción exotérmica. Si la energía contenida en los reactivos es menor a la de los productos, la reacción absorbe energía, y por tanto se trata de una reacción endotérmica.

Si denotamos el calor de reacción como $Q_{reacción}$, medido en según el SI en kJ/mol de producto C, la potencia a aportar o liberar se puede obtener de la ley cinética correspondiente.

$$\dot{Q}_{reacción} = \frac{dQ_{reacción}}{dt} = \frac{dC_{formado}}{dt} \cdot Q_{reacción} = k[A]^n[B]^m \cdot Q_{reacción} \tag{10.26}$$

Instalaciones de secado

Múltiples procesos industriales requieren acondicionamiento de la humedad tanto de las materias primas como de los productos. Por ejemplo secado de grano, madera, frutas (para confitarlas), ladrillos, pieles, etc.

El calor proveniente de la combustión de biomasa y transportado por el caloportador de la caldera permite acondicionar el aire de secado, disminuyendo su humedad relativa, para ser usado en un secador.

El balance de energía del proceso de secado se puede mostrar en las Ecuaciones 10.27 y 10.28, donde w es la humedad y h es la entalpía del aire.

$$\dot{Q}_{secado} = \dot{m}_{aire} \cdot \left(h_{salida} - h_{entrada} \right) \tag{10.27}$$

$$\dot{m}_{aire} \cdot \left(w_{airesalida} - w_{aireentrada} \right) = \dot{m}_{materia}\left(w_{materiainicial} - w_{materiafinal} \right) \tag{10.28}$$

Procedimiento de dimensionado de los intercambiadores de calor

El procedimiento de cálculo de los intercambiadores comprende 3 pasos:

Paso 1: cálculo del calor a portar por unidad de tiempo (potencia).

Paso 2: determinación del coeficiente de transmisión de calor de la instalación.

Paso 3: definir dimensiones y salto térmico entre los fluidos que intercambian calor.

Paso 1. Cálculo del calor a aportar

El calor a aportar se calcula a partir de la Ecuación 10.29, donde C_e es el calor específico del material que se pretende calentar. Éste es constante en sólidos y líquidos, pero variable en gases, por lo que en gases se emplea la Ecuación 10.30.

$$\frac{dQ_{aportar}}{dt} = \dot{m} \cdot C_e \cdot (T_{final} - T_{inicial}) \tag{10.29}$$

$$\frac{dQ_{aportar}}{dt} = \dot{m} \cdot \left(h_{final} - h_{inicial} \right) \tag{10.30}$$

El cálculo del calor a aportar en la instalación permite definir la potencia de la caldera, afectándolo por el rendimiento de la misma y del sistema de transporte del calor (Ecuación 10.31). El rendimiento contabiliza el calor que no se pierde por transferencia al medio externo de la instalación

$$\dot{Q}_{caldera} = \frac{dQ_{aportar}}{dt} \frac{1}{\eta_{caldera}} \frac{1}{\eta_{transporte}} \tag{10.31}$$

Paso 2. Determinación del coeficiente de transmisión de calor de la instalación

La transmisión de calor en los intercambiadores combina procesos de convección y conducción. En un sistema de paredes cilíndricas se siguen las Ecuaciones 10.32 y 10.33; y en uno de paredes planas, las Ecuaciones 10.34 y 10.35, donde K_g' y K_g son el coeficiente de transmisión de calor en cada uno de los sistemas cilíndrico y plano respectivamente. Este coeficiente de transmisión de calor representa la capacidad del sistema en transmitir energía térmica, en función del salto de temperatura entre el caloportador y al fluido a calentar; y la superficie de transmisión.

$$\frac{dQ}{dt} = \pi \cdot D_r \cdot K_g' \cdot L \cdot (T_{int} - T_{ext}) \tag{10.32}$$

$$K_g' = \frac{1}{D_r \cdot \left(\dfrac{1}{h_{pi} d_{\text{int}}} + \dfrac{1}{2k} \ln \dfrac{d_{ext}}{d_{\text{int}}} + \dfrac{1}{h_{pe} d_{ext}} \right)} \tag{10.33}$$

$$\frac{dQ}{dt} = K_g \cdot S \cdot (T_{ext} - T_{\text{int}}) \tag{10.34}$$

$$K_g = \frac{1}{\dfrac{1}{h_{pe}} + \dfrac{e_1}{k_1} + \dfrac{e_2}{k_2} + \dfrac{e_3}{k_3} + \ldots\ldots + \dfrac{e_n}{k_n} + \dfrac{1}{h_{pi}}} \tag{10.35}$$

Como se puede observar en las ecuaciones de 10.33 a 10.35 los coeficientes globales de transmisión de calor (K_g y K_g') dependen de la conductividad de los materiales que separan el caloportador y el medio, de las dimensiones de las paredes y de los coeficientes de transferencia por convección.

El cálculo de los coeficientes de transferencia por convección (coeficientes de película) (h_p) se realiza a través de su relación con el número de Nussetl. Éste a su vez depende del número Prandtl y de Reynolds, en convección forzada; de Prandtl y Grashoff en convección natural, cuyos valores se calculan por las ecuaciones mostradas en la Tabla 10.8, donde:

Cp: calor específico a presión constante (kJ kg^{-1} °C^{-1}).

k: conductividad térmica del fluido (kJ s^{-1} m^{-1} °C^{-1}).

ρ: densidad del fluido (kg m^{-3}).

μ: viscosidad dinámica (kg s^{-1} m^{-1}).

L_c: longitud característica, calculada como 4 veces el área de la sección transversal, dividido el perímetro.

Se denomina convección forzada a la transferencia de calor entre una superficie de un sólido y un fluido en movimiento provocado por fuerzas de impulsión. La convección natural es un mecanismo de transferencia de calor, o tipo de transporte de calor por convección, en que el movimiento del fluido no es generado por fuerzas de impulsión sino exclusivamente por diferencias de densidad en el fluido debido a gradientes de temperatura.

Tabla 10.8. Ecuaciones para calcular el coeficiente de película en una transmisión por convección.

Coeficiente de película	$h_p = \dfrac{k \cdot Nu}{L_c}$
Número de Nusselt	$Nu = f(Re,\, Pr,\, Gr)$
Número de Prandtl	$Pr = \dfrac{\mu \cdot Cp}{k}$
Número de Reynodls	$Re = \dfrac{c \cdot \rho \cdot L_c}{\mu}$
Número de Grashoff	$Gr = \dfrac{g \cdot \beta \cdot L_c^3 \cdot \rho^2 \cdot (T_s - T_{amb})}{\mu^2}$

La relación del Nusselt con Re, Pr o Gr dependen de la geometría del a superficie de transferencia y del régimen hidráulico de los fluidos que intercambian calor. En la Tabla 10.9 se muestran relaciones empíricas generalmente utilizadas.

Tabla 10.9. Ecuaciones para calcular el coeficiente de película en una transmisión por convecció.

Régimen de circulación

	Laminar	**Transición**	**Turbulento**
Flujo interno	$Re < 2300$	$2300 < Re < 4000$	$Re > 4000$
Flujo externo	$Re < 5 \cdot 10^5$	$Re \approx 5 \cdot 10^5$	$Re > 5 \cdot 10^5$

CONVECCIÓN FORZADA

Flujo interno	Sección circular	Laminar Re<4000	Calor uniforme	4,36	
		Turbulento Re>4000	$Nu = 0,023 \cdot Re^{0,8} \cdot Pr^{n}$		
	Sobre superficie plana	Laminar Re<$5 \cdot 10^5$ (gases) Re<4000 (líquidos)	$Nu = 0,664 \cdot Re^{0,5} \cdot Pr^{1/3}$		
		Turbulento	$Nu = 0,037 \cdot Re^{0,8} \cdot Pr^{1/3}$		
Flujo externo	Transversal a sección circular	$Nu = C \cdot Re^{m} \cdot Pr^{1/3}$	Re 0,4-4 4-40 40-4000 $4000 - 4\cdot10^4$ $4\cdot10^4 - 4\cdot10^5$	C 0,989 0,911 0,683 0,193 0,027	m 0,330 0,385 0,466 0,618 0,805
	A través de haces de tubos	$Nu = C_1 \cdot C_2 \cdot Re^{m} \cdot Pr^{1/3} \cdot \left(\dfrac{Pr}{Pr_{sup}}\right)^{1/4}$	$C_1 = f(Re)$ $C_2 = g(n^o lineas)$		

CONVECCIÓN NATURAL

Pared o cilindro vertical	$10^4 < Gr \cdot Pr < 10^9$		$Nu = 0,590 \cdot (Gr \cdot Pr)^{1/4}$
	$10^9 < Gr \cdot Pr < 10^{12}$		$Nu = 0,129 \cdot (Gr \cdot Pr)^{1/3}$
Cilindro horizontal	$10^4 < Gr \cdot Pr < 10^7$		$Nu = 0,480 \cdot (Gr \cdot Pr)^{1/4}$
	$10^7 < Gr \cdot Pr < 10^9$		$Nu = 0,125 \cdot (Gr \cdot Pr)^{1/3}$
Pared horizontal	Superficie caliente hacia arriba	Laminar	$Nu = 0,540 \cdot (Gr \cdot Pr)^{1/4}$ $10^4 < Gr \cdot Pr < 10^7$
	Superficie caliente hacia abajo	Laminar	$Nu = 0,270 \cdot (Gr \cdot Pr)^{1/4}$ $10^5 < Gr \cdot Pr < 10^{10}$
	$10^7 < Gr \cdot Pr < 10^{11}$	Turbulento	$Nu = 0,150 \cdot (Gr \cdot Pr)^{1/3}$

Paso 3. Dimensiones y salto térmico del intercambiador

Una vez conocido el coeficiente global de transmisión de calor en el sistema, las Ecuaciones 10.32 y 10.34 aún están indeterminadas, puesto que existen dos incógnitas. Se conoce el calor a transferir, el coeficiente K_g' o K_g, y el diámetro o dimensiones de las paredes planas, pero se desconoce la longitud del intercambiador y el salto térmico. Para que el sistema quede completamente determinado es necesario fijar alguno de estos parámetros. Fijando cualquiera de estas dos variables queda determinada la otra.

Las Ecuaciones 10.32 y 10.34 son válidas donde el salto térmico $T_{ext} - T_{int}$ puede considerarse constante. En sistemas donde los fluidos que intercambian calor (contracorriente o equicorriente) modificándose en ambos la temperatura, se sustituye por la diferencia de temperatura media logarítmica DTML, donde ΔT_0 y ΔT_L es el salto térmico de los fluidos en cada extremo del intercambiador respectivamente

$$DTML = \frac{\Delta T_L - \Delta T_0}{\ln\frac{\Delta T_L}{\Delta T_0}}$$

$$\frac{dQ}{dt} = \pi \cdot D_r \cdot K_g' \cdot L \cdot DMTL \quad \text{(sección circular)}$$

$$\frac{dQ}{dt} = K_g \cdot A \cdot DMTL \quad \text{(paredes planas)}$$

Si el salto térmico entre fluidos está condicionado por restricciones técnicas, se calcula la longitud mínima que debe tener el intercambiador para que sea capaz de trasmitir la cantidad de calor deseada. Si la longitud del intercambiador está limitada por alguna razón, para conseguir la transferencia de calor deseada, la diferencia de temperatura requerida queda en función de esa longitud.

Ejemplo 6

En un proceso de desgomado de aceite crudo se necesita calentar 0,1 kg/s de aceite de 20 °C a 80 °C, circulando a velocidad de 0,25 m/s a través de un intercambiador de placas alimentado con vapor que circula a 5 bar, temperatura media de 200 °C y 15 m/s. Sabiendo que la capacidad calorífica del aceite es 2 kJ/kg °C, y su densidad 950 kg/m³. Dimensionar el intercambiador con material de chapa de acero de 1 mm de espesor, con conductividad 50,2 W/m K.

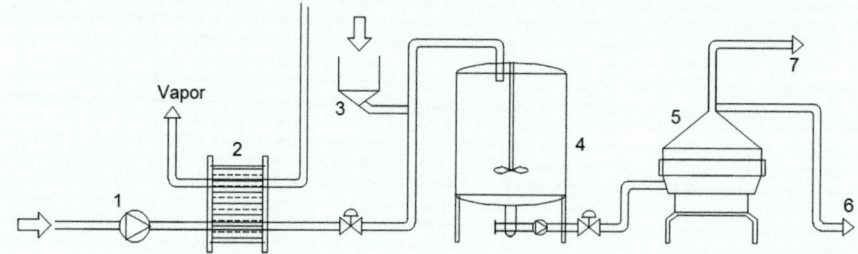

1. Bomba de impulsión aceite crudo
2. Calentador de placas alimentado con
3. Dispensador ácido fosfórico
4. Homogeneizador de ácido fosfórico y aceite
5. Separador centrífugo de aceite y gomas
6. Salida aceite desgomado
7. Salida de gomas y mucílagos

Figura 10.15. Esquema de la instalación de desgomado de una línea de refinado de aceite.

Planteamiento

El desgomado es un proceso de eliminación de gomas y mucílagos de aceites crudos obtenidos por la compresión de semillas oleaginosas. Las gomas y mucílagos son sustancias espesantes que es necesario eliminar para que a bajas temperaturas el aceite no aumente su viscosidad de forma indeseada si se va a utilizar como materia prima para producir biodiésel. Además, estas sustancias producen sabores rancios si el aceite se va a utilizar para alimentación.

El intercambiador de placas es un intercambiador de superficies planas, sección de la tubería rectangular. Por un lado de la placa circula el caloportador caliente, por el otro lado circula el fluido frío. Las placas se alternan, aumentando la longitud de transferencia todo lo que se desee.

Para el diseño del mismo se calcula inicialmente el calor a aportar:

$$\frac{dQ}{dt} = \dot{m}_{aceite} \cdot C_e \cdot \left(T_{int} - T_{ext}\right) = 0{,}1 \cdot 2 \cdot (80 - 20) = 12 \text{ kW}$$

Si fijamos la velocidad del aceite a lo largo del intercambiador se puede calcular la sección necesaria para el paso del flujo:

$$F = \frac{\dot{m}_{aceite}}{\rho} = \frac{0{,}1}{950} = 0{,}000105 \text{ m}^3/\text{s}$$

Si c es la velocidad de circulación y se fija en 0,25 m/s; y a y b son las dimensiones de la sección rectangular por donde pasa el aceite, se tiene $F = A \cdot c = a \cdot b \cdot c = 0{,}000105$ m³/s. Si la anchura de las placas es de $b =20$ cm, su separación entre las mismas a es de 0,0021 m, es decir 2,1 mm.

La Tabla 10.10 muestra las propiedades térmicas de los fluidos que intervienen en el intercambiador. Denotar que para fijar la densidad del vapor debe fijarse la presión de circulación, por ejemplo 5 bar

$$\rho = \frac{18 \cdot P_{vapor}}{RT} = \frac{18 \cdot 5}{0{,}082 \cdot (200 + 273)} = 2{,}32 \text{ g/l} = 2{,}32 \text{ kg/m}^3$$

Tabla 10.10. Propiedades térmicas de los fluidos que intervienen en el intercambiador a temperatura media de cada fluido.

	Fluido (Aceite)	Caloportador (Vapor)
Cp: calor específico a presión constante (kJ kg^{-1}°C^{-1})	2	1,84
k: conductividad térmica del fluido (kJ s^{-1} m^{-1} °C^{-1})	0,00014	0,00002
ρ: densidad del fluido (kg m^{-3})	950	2,32
μ: viscosidad dinámica (kg s^{-1} m^{-1})	0,0266	0,000012
Velocidad del fluido c (m/s)	0,25	15
Número de Prandtl	380,00	1,10
Número de Reynodls	37	12086
Número de Nusselt	4,36	43,69
Coeficiente de película (kJ m^{-2} s^{-1} °C^{-1})	0,15	0,21

El número de Nusselt en una sección rectangular a régimen laminar es 4,36.

Para el cálculo del número de Nusselt en régimen turbulento se emplea la ecuación

$$Nu = 0{,}023 \cdot [Pr]^n \cdot [Re]^{0,8}$$

Donde n = 0,3 en el vapor porque se está enfriando,

$$Re = \frac{c \cdot \rho \cdot L_c}{\mu}, \quad Pr = \frac{\mu \cdot Cp}{k}, \quad L_c = \frac{4 \cdot A}{p} = \frac{4 \cdot a \cdot b}{2(a+b)} = 0{,}0042 \text{ m}$$

$$h_p = \frac{k \cdot Nu}{L_c}$$

A partir de los coeficientes de películas se obtiene el coeficiente global de transmisión.

$$K_g = \frac{1}{\frac{1}{h_{pi}} + \frac{e_1}{k} + \frac{1}{h_{pe}}} = \frac{1}{\frac{1}{0{,}15} + \frac{0{,}001}{0{,}0502} + \frac{1}{0{,}21}} = 0{,}086 \text{ kJ/s m}^2\text{°C}$$

Para calcular el salto térmico hay que considerar que el vapor a la entrada del intercambiador está sobrecalentado, siendo su entalpía 2855,4 kJ/kg °C. La entalpía del vapor a la salida de intercambiador es

$$\dot{m}_{vapor} = 15 \text{ m/s} \cdot 0{,}20 \text{ m} \cdot 0{,}0021 \text{ m} \cdot 2{,}32 \text{ kg/m}^3 = 0{,}0146 \text{ kg/s}$$

$$12 \text{ kW} = \dot{m}_{vapor} \cdot (h_{ent} - h_{sal}) \rightarrow h_{sal} = 2855{,}4 - \frac{12}{0{,}0146} = 2036{,}58 \text{ kJ/kg °C}$$

Se puede comprobar que el vapor a 5 bares a la entalpía de 2036,58 kJ/kg °C se trata de agua en estado de transición y, por tanto, tiene 151,9 °C.

La diferencia media térmica logarítmica entre el aceite y el vapor es:

$$DMTL = \frac{\Delta T_e - \Delta T_s}{\ln\left(\frac{\Delta T_e}{\Delta T_s}\right)} = \frac{(200-20) - (151{,}9 - 80)}{\ln\left(\frac{200-20}{151{,}2-80}\right)} = 117{,}80\text{°C}$$

por tanto, la longitud del recorrido del vapor por el intercambiador a través del conjunto de placas será:

$$\frac{dQ}{dt} = K_g \cdot A \cdot DMTL$$

$$A = \frac{12}{117{,}80 \cdot 0{,}085} = 1{,}2 \text{ m}^2 \rightarrow A = b \cdot L \rightarrow L = \frac{A}{b} = \frac{1{,}2}{0{,}20} = 5{,}94 \text{ m}$$

Esto significa que la longitud del recorrido por las placas debe ser de 5,94 m. Es decir, si las placas son cuadradas un número de placas = 5,94/0,20= 29,68 placas de 1 mm de espesor, separadas 2,1 mm cada una. lo que supone una anchura total de dispositivo:

30 placas · (0,0021 + 0,001) + 0,001 = 0,0693 m = 9,32 cm

Fin.

Ejemplo 7

Se necesita calentar 0,05 kg/s de aceite de 20 °C a 80 °C que circula a 0,25 m/s a través de un intercambiador cilíndrico alimentado con vapor sobrecalentado que circula a 200 °C y 5 bar, con un caudal de 300 kg/h a 15 m/s. Sabiendo que la capacidad calorífica del aceite es 2 kJ/kg °C, y densidad 871 kg/m³. Dimensionar el intercambiador, con tubería de acero de 1 mm de espesor, con conductividad 50,2 W/m K. El aceite circula por la tubería central y el vapor por la corona concéntrica.

Planteamiento

La Tabla 10.11 muestra las propiedades térmicas de los fluidos que intervienen en el intercambiador. Se calcula la densidad del vapor a partir de la presión de circulación y la temperatura.

$$\rho_{vapor} = \frac{18 \cdot P_{vapor}}{RT} = \frac{18 \cdot 5}{0,082 \cdot (200+273)} = 2,32 \text{ g/l} = 2,32 \text{ kg/m}^3$$

Tabla 10.11. Propiedades de los fluidos que intercambian calor (Ejemplo 7).

	Fluido (Aceite)	Caloportador (vapor de agua)
Cp: calor específico a presión constante (kJ kg^{-1} °C^{-1})	2	1,84
k: conductividad térmica del fluido (kJ s^{-1} m^{-1} °C^{-1})	0,00014	0,000033
ρ: densidad del fluido (kg m^{-3})	871	2,32
μ: viscosidad dinámica (N s^{-1} m^{-1})	0,0266	0,000016

Como primer paso se calcula el calor que hay que aportar al aceite.

$$\frac{dQ}{dt} = \dot{m} \cdot C_e \cdot (T_{salida} - T_{entrada}) = 0,05 \cdot 2 \cdot (80 - 20) = 6 \text{ kW}$$

Como segundo paso se calculan los diámetros de las tuberías concéntricas

$$F_{aceite} = \frac{\dot{m}}{\rho_{aceite}} = \frac{0,05}{871} = 5,7 \cdot 10^{-5} \text{ m}^3/\text{s} \rightarrow d_{int2} = d_{int1} + 2 \text{ mm}$$

$$F = A \cdot c = \frac{\pi \cdot d^2_{int}}{4} \rightarrow d_{int1} = \sqrt{\frac{4F}{c \cdot \pi}} = \sqrt{\frac{4 \cdot 5,7 \cdot 10^{-5}}{0,25 \cdot \pi}} = 0,017 \text{ m} = 1,7 \text{ cm}$$

$$d_{int2} = d_{int1} + 2 \text{ mm} = 0,019 \text{ mm}$$

$$F_{vapor} = \frac{\dot{m}}{\rho_{vapor}} = \frac{\frac{300}{3600}}{2,32} = 0,036 \text{ m}^3/\text{s} \rightarrow d_{vapor} = \sqrt{\frac{4F}{c \cdot \pi} + d^2_{int2}} = 0,0584 \text{ m} = 5,84 \text{ cm}$$

Como tercer paso se determina el coeficiente global de transmisión de calor. Para ello hay que calcular los coeficientes de película.

$$K_g' = \frac{1}{D_r \cdot \left(\frac{1}{h_{pe}d_{int2}} + \frac{1}{2k}ln\frac{d_{int2}}{d_{int1}} + \frac{1}{h_{pi}d_{int1}} \right)}$$

$$Nu_{interior} = \frac{d_{int1} \cdot h_{pi}}{k_{aceite}}, \quad Nu_{exterior} = \frac{(d_{vapor} - d_{int2}) \cdot h_{pe}}{k_{vapor}}$$

$$Re_{aceite} = \frac{c_{aceite} \cdot \rho \cdot d_{int}}{\mu} = \frac{0,25 \cdot 950 \cdot 0,017}{0,0266} = 140$$

$$Re_{vapor} = \frac{c_{vapor} \cdot \rho \cdot \left(d_{vapor} - d_{int2}\right)}{\mu} = \frac{10 \cdot 2,32 \cdot \left(0,0584 - 0,019\right)}{0,000016} = 85544$$

$$Pr_{aceite} = \frac{\mu_{aceite} \cdot Ce_{aceite}}{k_{aceite}} = \frac{0,0266 \cdot 2}{0,00014} = 380$$

$$Pr_{vapor} = \frac{\mu_{vapor} \cdot Ce_{vapor}}{k_{vapor}} = \frac{0,000016 \cdot 1,84}{0,000033} = 0,89$$

El aceite está en flujo laminar por lo que el número de Nusselt es 4,36.

Para el vapor, que está en régimen turbulento, se emplea la siguiente ecuación para la obtención del número de Nusselt:

$$Nu = 0,023 \cdot [Pr]^{0,3} \cdot [Re]^{0,8}$$

$$h_{pi} = \frac{k \cdot Nu}{d_{int}}, \quad h_{pe} = \frac{k \cdot Nu}{d_{vapor} - d_{int2}}$$

Tabla 10.12. Valores obtenidos para el cálculo de los coeficientes de película (Ejemplo 7).

	Fluido (Aceite)	Caloportador (vapor de agua)
Número de Prandtl	380,00	0,89
Número de Reynolds	140	85544
Número de Nussetl	4,36	196,16
Coeficiente de película (kJ m^{-2} s^{-1} °C^{-1})	0,04	0,16

Tomando como diámetro de referencia $D_r = d_{int1} = 0,017$ m, y considerando que $d_{int2} = d_{int1} + 2$ mm

$$K_g' = \frac{1}{D_r \cdot \left(\frac{1}{h_{pe} d_{int2}} + \frac{1}{2k} ln \frac{d_{int2}}{d_{int1}} + \frac{1}{h_{pi} d_{int1}}\right)} = 0,03 \text{ kW/m}^2 {}^{\circ}\text{C}$$

Como cuarto paso determinamos la longitud necesaria en el intercambiador.

Para calcular el salto térmico hay que considerar que el vapor a la entrada del intercambiador está sobrecalentado, siendo su entalpía 2855,4 kJ/kg °C. La entalpía del vapor a la salida de intercambiador es.

$$\dot{m}_{vapor} = \frac{300 \text{ kg/h}}{3600} = 0,083 \text{ kg/s}$$

$$6 \text{ kW} = \dot{m}_{vapor} \cdot \left(h_{ent} - h_{sal}\right) \rightarrow h_{sal} = 2855,4 - \frac{6}{0,083} = 2783,4 \frac{\text{kJ}}{\text{kg}} {}^{\circ}\text{C}$$

Se puede comprobar que el vapor a 5 bares a la entalpía de 2783,4 kJ/kg °C se trata de todavía de vapor sobrecalentado y su temperatura es 174,19 °C.

La diferencia media térmica logarítmica entre el aceite y el vapor en contracorriente es:

$$DMTL = \frac{\Delta T_L - \Delta T_o}{ln\left(\frac{\Delta T_L}{\Delta T_o}\right)} = \frac{(200-20)-(174,19-80)}{ln\left(\frac{200-20}{174,19-80}\right)} = 132,5°C$$

por tanto, la longitud del recorrido del vapor por el intercambiador a través del conjunto de placas será:

$$\frac{dQ}{dt} = \pi \cdot D_r \cdot K_g' \cdot L \cdot DMTL$$

$$L = \frac{dQ}{dt}\frac{1}{K_g' \cdot \pi \cdot D_r \cdot DMTL} = \frac{6}{0,03 \cdot \pi \cdot 0,017 \cdot 132,5} = 28,48 \text{ m}$$

Se puede comprobar que la longitud puede resultar larga, por esa razón se suelen usar intercambiadores de tubos en el interior de una carcasa.

Fin.

Ejemplo 8

A través de una caldera se desea calentar 0,15 kg/s de agua de 20° a 80 °C a través de un intercambiador cilíndrico por donde pasan los gases calientes de la combustión. Estos gases entran en el intercambiador a una temperatura de 500 °C y 1,5 bar, con un caudal de 500 kg/h. Sabiendo que la capacidad calorífica del agua es 4,18 kJ/kg °C, y densidad 1000 kg/m³, dimensionar el intercambiador, con tubería de acero de 1 mm de espesor, con conductividad 50,2 W/m K. La velocidad de circulación del agua se fija de acuerdo al Código Técnico de la Edificación en 1,5 m/s, y la velocidad del aire de la cámara de combustión en 30 m/s.

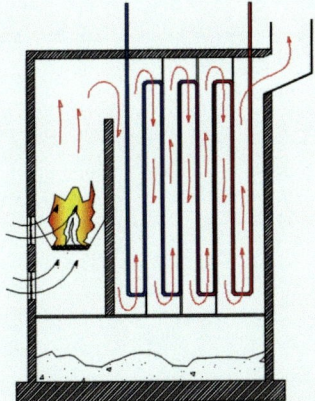

Figura 10.16. Esquema de la caldera.

Planteamiento

En primer lugar, deben conocerse las propiedades termodinámicas de los dos fluidos que intercambian calor, presentados en la Tabla 10.13.

Tabla 10.13. Propiedades térmicas de los fluidos que intervienen en el intercambiador.

	Fluido (agua)	Fluido (Aire) (500°C = 773K)
Cp: calor específico a presión constante (kJ kg^{-1} °C^{-1})	4,18	1,090
k: conductividad térmica del fluido (kJ s^{-1} m^{-1} °C^{-1})	0,000632	0,000055
ρ: densidad del fluido (kg m^{-3})	1000,00	0,68
μ: viscosidad dinámica (kg s^{-1} m^{-1})	0,00059	0,000035

Hay que considerar que la densidad de los gases depende de la presión y de la temperatura. La densidad puede determinarse a partir de la ecuación universal de los gases.

$$P_{aire} \cdot V = \frac{m_{aire}}{pm_{agua}} RT \rightarrow \rho = \frac{(32 \cdot 0{,}21 + 28 \cdot 0{,}79) \cdot P_{aire}}{RT}$$

Dado que la presión del aire se ha tomado 10 bares y tiene una temperatura media de 500 °C =773 K.

$$\rho = \frac{(32 \cdot 0{,}21 + 28 \cdot 0{,}79) \cdot 1{,}5}{0{,}082 \cdot 773} = 0{,}68 \text{ g/l} = 0{,}68 \text{ kg/m}^3$$

La temperatura media del agua es de 50 °C, por tanto, sus propiedades se toman a esa temperatura.

$$T_{media} = \frac{20 + 80}{2} = 50° C$$

Paso 1. Potencia calorífica.

El primer paso del diseño del intercambiador es determinar el calor a aportar por unidad de tiempo. Dado que el flujo másico del agua a calentar es de 0,15 kg/s y ha de pasar de 20 °C a 80 °C, se tiene que el calor cedido por la caldera debe ser:

$$\frac{dQ}{dt} = \dot{m} \cdot C_e \cdot \left(T_{salida} - T_{entrada}\right) = 0{,}15 \cdot 4{,}18 \cdot (80 - 20) = 37{,}62 \text{ kW}$$

Paso 2. Definición de diámetros.

El segundo paso será la determinación del diámetro de la tubería del agua. Conociendo el flujo másico y la densidad, se obtiene el flujo volumétrico, es decir, el caudal. El caudal es igual a la velocidad de circulación por el área de la sección de paso, que al ser un círculo permite obtener el diámetro.

$$F_{agua} = \frac{\dot{m}_{agua}}{\rho_{agua}} = \frac{0{,}15}{1000} = 1{,}5 \cdot 10^{-4} \text{ m}^3/\text{s}$$

$$F_{agua} = A \cdot c = \frac{\pi \cdot d_{int1}{}^2}{4} \cdot c \rightarrow d_{int1} = \sqrt{\frac{4F}{c \cdot \pi}} = \sqrt{\frac{4 \cdot 1{,}5 \cdot 10^{-4}}{1{,}5 \cdot \pi}} = 0{,}0113 \text{ m} = 1{,}13 \text{ cm}$$

$$d_{int2} = d_{int1} + 2 \text{ mm} = 0{,}0133 \text{ m} = 1{,}33 \text{ cm}$$

Del mismo modo, habiendo fijado el flujo de aire (500 kg/h) y su velocidad (30 m/s), determinamos el diámetro de una tubería concéntrica a la anterior por donde pasará el aire caliente procedente de la cámara de combustión.

$$F_{aire} = \frac{\dot{m}_{aire}}{\rho_{aire}} = \frac{500/3600}{0{,}68} = \frac{0{,}14}{0{,}68} = 0{,}204 \text{ m}^3/\text{s}$$

$$F = A \cdot c = \left(\frac{\pi \cdot d_{aire}{}^2}{4} - \frac{\pi \cdot d_{int2}{}^2}{4}\right) \cdot c_{aire} \rightarrow d_{aire} = \sqrt{\frac{4F}{c \cdot \pi} + d_{int2}^2} = 0{,}0939 \text{ m} = 9{,}39 \text{ cm}$$

Paso 3. Coeficiente de transmisión global.

El tercer paso sería calcular el coeficiente global de transmisión de calor K_g, que nos indica el calor que es capaz de transferir el sistema por unidad de superficie y diferencia de °C. Para el cálculo de K_g es necesario determinar los coeficientes de película en la convección, que a su vez dependen del número de Nusselt, que se calcula a partir del número de Prandtl y número de Reynolds.

$$K_g' = \cfrac{1}{D_r \cdot \left(\cfrac{1}{h_{pe}d_{int2}} + \cfrac{1}{2k}ln\cfrac{d_{int2}}{d_{int1}} + \cfrac{1}{h_{pi}d_{int1}} \right)}$$

$$Nu_{aire} = \frac{(d_{aire} - d_{int2}) \cdot h_{pe}}{k_{fluido\ exterior}}$$

$$Nu_{interior} = \frac{d_{int1} \cdot h_{pint}}{k_{fluido\ interior}}$$

$$[Nu] = \alpha \cdot [Pr]^\beta \cdot [Re]^\gamma$$

$$Re_{agua} = \frac{c_{agua} \cdot \rho \cdot d_{int1}}{\mu} = \frac{1,5 \cdot 1000 \cdot 0,0113}{0,00059} = 28688$$

$$Re_{aire} = \frac{c_{aire} \cdot \rho \cdot (d_{aire} - d_{int2})}{\mu} = \frac{30 \cdot 0,68 \cdot (0,0939 - 0,0133)}{0,000035} = 47148$$

$$Pr_{agua} = \frac{\mu_{agua} \cdot Ce_{agua}}{k_{agua}} = \frac{0,00059 \cdot 4,18}{0,000632} = 3,90$$

$$Pr_{aire} = \frac{\mu_{aire} \cdot Ce_{aire}}{k_{aire}} = \frac{0,000035 \cdot 1,09}{0,000055} = 0,69$$

Dado que la geometría de las tuberías es cilíndrica, y el régimen de circulación de los fluidos es turbulento, la ecuación $[Nu] = \alpha \cdot [Pr]^\beta \cdot [Re]^\gamma$ se particulariza como $Nu_{agua} = 0,023 \cdot [Pr]^n \cdot [Re]^{0.8}$, donde n=0,4 en calentamiento y n=0,3 en enfriamiento.

$$Nu_{agua} = 0,023 \cdot [Pr]^{0,4} \cdot [Re]^{0.8} = 146,02$$

$$Nu_{aire} = 0,023 \cdot [Pr]^{0,3} \cdot [Re]^{0.8} = 112,94$$

$$Nu_{aire} = \frac{(d_{aire} - d_{int2}) \cdot h_{pe}}{k_{fluido\ exterior}} \rightarrow h_{pe} = 0,08 \text{ kW/m}^2\text{°C}$$

$$Nu_{agua} = \frac{d_{int1} \cdot h_{pi}}{k_{fluido\ interior}} \rightarrow h_{pi} = 8,18 \text{ kW/m}^2\text{°C}$$

Tomando como referencia el diámetro interno de la tubería del caloportador (agua), el coeficiente global de transmisión de calor resulta:

$$K_g' = \cfrac{1}{D_r \cdot \left(\cfrac{1}{h_{pe}d_{int2}} + \cfrac{1}{2k}ln\cfrac{d_{int2}}{d_{int1}} + \cfrac{1}{h_{pi}d_{int1}} \right)} =$$

$$\frac{1}{0,0206 \cdot \left(\frac{1}{0,08 \cdot 0.0133} + \frac{\ln(\frac{0,0133}{0,0113})}{2 \cdot 0.05} + \frac{1}{8,18 \cdot 0,0113} \right)} = 0,09 \text{ kW/m}^2\text{°C}$$

Paso 4. Temperatura de entrada y salida de humos.

Considerando que la temperatura de entrada de los humos debe ser de 500 °C, tal como se ha fijado en el diseño, se puede calcular la temperatura a la que salen los humos del intercambiador.

$$\dot{Q}_{agua} = \dot{m}_{aire} \cdot C_{e_{aire}} \cdot (T_{entrada} - T_{salida})$$

$$T_{salida} = T_{entrada} - \frac{\dot{Q}_{agua}}{\dot{m}_{aire} \cdot Ce_{aire}} = T_{salida} = 500 - \frac{37,62}{0,14 \cdot 1,09} = 251,50 \text{ °C}$$

Paso 5. Longitud del intercambiador.

La diferencia media térmica logarítmica entre el aire y el agua, considerando que circulan de forma equicorriente, es:

$$DMTL = \frac{\Delta T_L - \Delta T_0}{\ln\left(\frac{\Delta T_L}{\Delta T_0}\right)} = \frac{(500 - 20) - (251,50 - 80)}{\ln\left(\frac{500 - 20}{251,50 - 80}\right)} = 299,75 \text{ °C}$$

Por último, se determina la longitud que debe tener el intercambiador. Puesto que el calor a transferir al agua es

$$\frac{dQ}{dt} = \pi \cdot D_r \cdot K_g' \cdot L \cdot DMTL = 37,63 \text{ kW}$$

$$L = \frac{dQ}{dt} \frac{1}{K_g' \cdot \pi \cdot D_r \cdot DMTL} = 37,63 \frac{1}{0,09 \cdot \pi \cdot 0,0113 \cdot 299,75} = 39,45 \text{ m}$$

Esta longitud mínima de intercambiador dentro de la caldera se podría conseguir mediante giros de tubería de tramos de 2,5 m, colocando 3 tramos con 6 tubos, dispuestos en una matriz de 3x6.

Paso 6. Rendimiento de la caldera.

Si el aire del exterior de la caldera está a 20 °C, y el flujo de aire comburente es de 0,14 kg/s, el calor que hay que invertir para calentar el aire resulta:

$$\dot{Q}_{aire} = \dot{m} \cdot C_e \cdot (T_{salida} - T_{entrada}) = 0,14 \cdot 1,09 \cdot (500 - 20) = 72,66 \text{ kW}$$

De ahí el rendimiento de la caldera es

$$\eta = \frac{\dot{Q}_{agua}}{\dot{Q}_{aire}} = \frac{37,62}{72,66} = 0,52$$

El rendimiento menor de la unidad se debe a que existe una pérdida de energía por los humos evacuados por la chimenea, ya que aún salen más calientes de cómo fue introducido el aire en la caldera. Para el mejoramiento del rendimiento debe precalentarse el aire de alimentación con los gases residuales de la chimenea.

Paso 7. Consumo horario de combustible en la caldera.

A partir de la potencia invertida en el calentamiento del aire se calcula el consumo de combustible. Si consideramos que la caldera se alimenta con astillas de madera con un poder calorífico de 21 MJ/kg, se tiene:

$$\dot{m}_{combustible} = \frac{\dot{Q}}{PC \cdot \eta} = \frac{37,62 \text{ kW}}{21000 \text{ kJ/kg} \cdot 0,52} = 0,0035 \text{ kg/s} = 12,46 \text{ kg/h}$$

Paso 8. Parámetro exceso de aire.

Para la determinación del exceso de aire que se introduce en la caldera, se requiere determinar la cantidad de aire que se precisa desde el punto de vista estequiométrico, según la ecuación;

$$CH_wO_xN_yS_z + nO_2 \rightarrow CO_2 + \frac{w}{2}H_2O + zSO_2 + \frac{y}{2}N_2$$

$$n = 1 + \frac{w}{4} + z - \frac{x}{2}$$

De tal manera que n es el número de moles de oxígeno necesarios para la combustión. Si suponemos una composición del material como la presentada en la Tabla 10.14 y la cantidad de combustible consumida es conocida (0,0035 kg/s) Calculamos el volumen que ocupa cada mol, y la densidad de aire, en las condiciones de entrada, 20 °C y 1 atm de presión.

$$V = R \cdot T = 0,082 \cdot 293 = 24,02 \text{ l/mol}$$

$$\rho = \frac{(32 \cdot 0,21 + 28 \cdot 0,79) \cdot P_{aire}}{R \cdot T} = \frac{28,84 \cdot 1}{0,082 \cdot 293} = 1,20 \text{ g/l} = 1,20 \text{ kg/m}^3$$

Tabla 10.14. Análisis elemental.

	Composición	Flujo de cada elemento	Flujo de cada elemento
	%	kg/s	moles/s
C	40	0,00138	0,12
H	5	0,00017	0,17
N	0,1	$3,5 \cdot 10^{-6}$	$25 \cdot 10^{-5}$
S	0,2	$6,9 \cdot 10^{-6}$	$22 \cdot 10^{-5}$
O	54,7	0,00189	0,12

Considerando que el aire tiene un 21% de partículas de oxígeno molecular.

$$\text{Aire}\left(\frac{\text{m}^3\text{N}}{\text{s}}\right) = \frac{24,02 \cdot 10^{-3}}{0,21} \cdot \left(\frac{\dot{m}_C}{12} + \frac{1}{4}\frac{\dot{m}_H}{1} + \frac{\dot{m}_S}{32} - \frac{1}{2}\frac{\dot{m}_O}{16}\right)$$

$$A_{estequimétrico}(\text{kg/s}) = \left(\frac{24,02 \cdot 10^{-3}}{0,21} \cdot 1,20\right) \cdot \left(\frac{\dot{m}_C}{12} + \frac{1}{4}\frac{\dot{m}_H}{1} + \frac{\dot{m}_S}{32} - \frac{1}{2}\frac{\dot{m}_O}{16}\right) = 0,065 \text{ (kg aire/s)}$$

El exceso de aire resulta.

$$\lambda = \frac{A_{introducido}}{A_{estequiométrico}} = \frac{0,14}{0,065} = 2,13$$

Como se puede comprobar la cantidad de aire que se introduce en la caldera es significativamente superior al necesario desde el punto de vista estequiométrico. Esto es debido a que el aire debe penetrar en todo el montón de partículas que se colocan en la parrilla, introduciéndose a presión para que no tenga dificultades en el paso.

Fin.

Ejemplo 9

Se desea conocer el número de radiadores que se deben colocar en el edificio del ejemplo 3, para tener una temperatura constante de 25 °C, si se supone que tiene unas pérdidas de calor al exterior de 25 kW. Cada radiador está formado por una tubería de acero de 1,5 mm de espesor, de 2,5 cm de diámetro, 3 m de longitud, por donde circula agua a 60 °C con velocidad de 0,5 m/s.

Planteamiento

El radiador para la transferencia de calor es un intercambiador. Dado que conocemos el calor que hay que transferir, la longitud y el diámetro de la tubería, el primer paso a realizar será el cálculo del coeficiente global de transmisión. Dado que el aire interno del edificio se mueve a muy poca velocidad se presupone que se produce convección natural en el exterior de los tubos, mientras que en el interior es forzada.

	Fluido (agua)	Caloportador (aire)
Cp: calor específico a presión constante (kJ kg-1 °C-1)	4,18	1,005
k: conductividad térmica del fluido (kJ s-1 m-1 °C-1)	0,000632	0,000026
ρ: densidad del fluido (kg m-3)	1000	1,18
μ: viscosidad dinámica (kg s-1 m-1)	0,00059	0,000019

Convección natural:

$$Gr = \frac{g \cdot \beta \cdot L_c^3 \cdot \rho^2 \cdot (T_s - T_{amb})}{\mu^2}$$

$$\frac{dQ}{dt} = h_p . A \cdot \left(T_{agua} - T_{tuberia}\right)$$

Para ello necesitamos el cálculo de los coeficientes de película.

$$[Nu] = \alpha \cdot [\text{Pr}]^\beta \cdot [\text{Re}]^\gamma$$

$$\text{Re}_{agua} = \frac{c_{agua} \cdot \rho \cdot d_{int}}{\mu} = \frac{0,5 \cdot 1000 \cdot 0,025}{0,00059} = 21186$$

$$\text{Pr}_{agua} = \frac{\mu_{agua} \cdot Ce_{agua}}{k_{agua}} = \frac{0,00059 \cdot 4,18}{0,000632} = 3,90$$

$$Nu = 0,023 \cdot [Pr]^{0,3} \cdot [Re]^{0,8} = 100$$

$$Nu_{interior} = \frac{d_{int} \cdot h_{pi}}{k_{\text{fluido interior}}} = \frac{0,025 \cdot h_{pi}}{0,000632} \rightarrow h_{pi} = 2,53 \text{ kW/m}^2 \text{ °C}$$

Determinamos la longitud necesaria en el intercambiador.

$$\frac{dQ}{dt} = \pi \cdot D_r \cdot K_g{}' \cdot L \cdot (T_{ext} - T_{int})$$

$$L = \frac{dQ}{dt} \frac{1}{h_{pi} \cdot \pi \cdot D_r \cdot (T_{ext} - T_{int})}$$

Considerando que el salto térmico entre el caloportador y el aire es 5 °C, porque la temperatura media del agua es 30 °C y la del interior del edificio 25 °C, se tiene la necesidad de una longitud de tubería de 25,18 m.

$$L = 25\frac{1}{2,53 \cdot \pi \cdot 0,025 \cdot 5} = 25,18 \text{ m}$$

$$\text{N° tubos radiadores de 1,5 m} = \frac{25,18}{1,5} = 16,78 \rightarrow 17 \text{ tubos radiadores}$$

Fin.

Ejemplo 10

Se desea calefactar una estancia de 20 m^2 con un radiador por donde circula agua cuya temperatura media es de 60 °C. El radiador está formado por un conjunto de tuberías de 5 cm de diámetro. La temperatura ambiental T_∞ es de 25 °C y las necesidades térmicas son de 80 W/m^2. Determinar la longitud del radiador necesaria. Considera el espesor de la tubería despreciable.

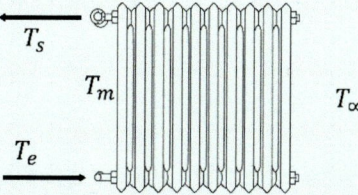

Planteamiento

La forma de transferirse el calor es por radiación y convección natural.

$$\dot{Q} = \varepsilon \cdot \sigma \cdot A \cdot \left(T_m^4 - T_s^4\right) + h_p \cdot A \cdot (T_m - T_\infty)$$

$$\dot{Q} = \varepsilon \cdot \sigma \cdot A \cdot \left(T_m^4 - T_s^4\right) + h_p \cdot A \cdot (T_m - T_\infty)$$

De esta ecuación se ha de obtener L, donde:

ε es la emisividad del metal, que puede considerarse 0,8.

σ la constante de Stefan-Boltzman, que es igual a $5,67 \cdot 10^{-8}$ W m^{-2} °C^{-4}.

A es el área de radiación.

T_m es la temperatura media del radiador.

T_S es la temperatura de las superficies internas de las paredes.

T_∞ es la temperatura ambiental del interior de la habitación.

h_p es el coeficiente transferencia por convección entre las paredes del radiador y el ambiente.

d es el diámetro del radiador.

Para calcular la temperatura de la superficie interna de las paredes, se toma la resistencia térmica por convección que indica el Código Técnico de la Edificación en parámetros verticales en el interior: $1/h_s = 0,13$ m^2 °C/W. La superficie de los paramentos A_p suele ser 6 veces la superficie en planta.

$$\frac{\dot{Q}}{A_p} = h_s \cdot (T_\infty - T_s) \rightarrow T_s = T_\infty - \frac{\dot{Q}}{A_p} \cdot \frac{1}{h_s} = 25 - \frac{80 \cdot 20}{6 \cdot 20} \cdot 0,13 = 23,26°C$$

Paso 1. Determinamos las propiedades del aire a temperatura media.

$$\frac{T_m + T_\infty}{2} = \frac{60 + 30}{2} = 42,5°C = 315,5 °C$$

	T (°C)	Cp (kJ/kg °C)	μ (N s/m^2)	ρ (kg/m^3)	k (W/m °C)
Aire	315	1,005	2·10-5	1,17	0,0262

Paso 2. Determinación del calor a transferir por unidad de tiempo.

$Q = 20 \cdot 80 = 1600$ W

Paso 3. Determinación del coeficiente de película por convección natural.

$$Gr = \frac{g \cdot \beta \cdot L^3 \cdot \rho^2 \cdot (T_s - T_\infty)}{\mu^2} = \frac{9,8 \cdot \frac{1}{315,5} \cdot L^3 \cdot 1,17^2 \cdot (60 - 25)}{0,00002^2}$$

$$Pr = \frac{\mu \cdot C_p}{k} = \frac{0,00002 \cdot 1,005}{0,0262} = 0,76$$

Atendiendo a las correlaciones disponibles.

$$Nu = C \cdot (Gr \cdot Pr)^m = 0,129 \cdot (Gr \cdot Pr)^{1/3}$$

$$h_p = k \cdot \frac{Nu}{L} = \frac{0,0262}{L} \cdot 0,129 \cdot (Gr \cdot Pr)^{\frac{1}{3}}$$

$$h_p = k \cdot \frac{Nu}{L} = \frac{0,0262}{L} \cdot 0,129 \cdot \left(\frac{9,8 \cdot \frac{1}{315,5} \cdot L^3 \cdot 1,17^2 \cdot (60 - 25)}{0,00002^2} \cdot 0,76 \right)^{1/3}$$

$$h_p = 0,0262 \cdot 0,129 \cdot \left(\frac{9,8 \cdot \frac{1}{315,5} \cdot 1,17^2 \cdot (60 - 25)}{0,00002^2} \cdot 0,76 \right)^{1/3} = 4,80 \, W/m^2 \, °C$$

Paso 4. Determinación de la longitud del radiador.

$$\dot{Q} = \varepsilon \cdot \sigma \cdot \pi \cdot d \cdot L \cdot \left(T_m^4 - T_s^4 \right) + h_p \cdot \pi \cdot d \cdot L \cdot (T_m - T_\infty)$$

$$L = \frac{\dot{Q}}{\varepsilon \cdot \sigma \cdot \pi \cdot d \cdot \left(T_m^4 - T_s^4 \right) + h_p \cdot \pi \cdot d \cdot (T_m - T_\infty)} = 27,18 \, m$$

Esto supone 18 tubos de 1,6 m.
Fin.

10.11. Sistemas no estacionarios

El balance de energía en sistemas abiertos se muestra en la Ecuación 10.36 donde:

E: es la energía en el volumen de control.

t: tiempo.

Q: calor transferido en el volumen de control (kJ).

W: trabajo transferido en el volumen de control (kJ).

$\dot{m}_e$: flujo másico de entrada al volumen de control (kg s^{-1}).

$\dot{m}_s$: flujo másico de salida al volumen de control (kg s^{-1}).

h_e: entalpía específica del fluido a la entrada del volumen de control (kJ kg^{-1}).

h_s: entalpía específica del fluido a la salida del volumen de control (kJ kg^{-1}).

c_s: velocidad del fluido a la entrada del volumen de control (m s^{-1}).

c_i: velocidad del fluido a la salida del volumen de control (m s^{-1}).

z_e: altura del flujo de entrada al volumen de control (m).

z_s: altura del flujo de salida al volumen de control (m).

$$\frac{dE_{vc}}{dt} = \dot{Q} - \dot{W}_{vc} + \dot{m}_e\left(h_e + \frac{c_e^2}{2} + gz_e\right) - \dot{m}_s\left(h_s + \frac{c_s^2}{2} + gz_s\right) \qquad (10.36)$$

Se dice que el sistema es no es estacionario cuando la variación de energía en el volumen de control no es cero, es decir:

En estado estacionario $\dfrac{dE_{vc}}{dt} = 0$

En estado no estacionario $\dfrac{dE_{vc}}{dt} \neq 0$

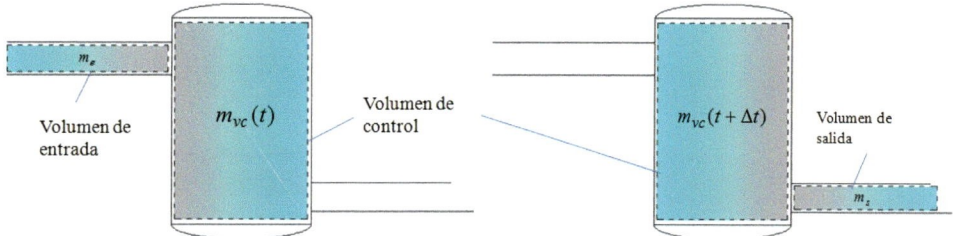

Figura 10.17. Balance de materia en un sistema abierto.

La variación de masa en el volumen de control en sistemas abiertos no estacionarios queda definida por la Ecuación 10.36, donde m es la masa que hay en el volumen de control en cada instante.

$$\frac{dm}{dt} = \dot{m}_e - \dot{m}_s \qquad (10.37)$$

Acumulador sin aporte de calor

Estados no estacionarios se producen, por ejemplo, en acumuladores. Se denomina acumulador a un depósito donde se almacena un fluido a temperatura constante, para utilizarlo para producir mezclas con fluidos más fríos y conseguir un caudal con temperatura más atemperado.

Imaginemos un depósito que contiene un fluido inicialmente a temperatura constante T_i, y en un momento dado comienza a recibir un flujo de entrada de un fluido a temperatura menor T_e, y al mismo tiempo se evacúa el mismo flujo a la temperatura del depósito T, que por la mezcla va cambiando con el tiempo.

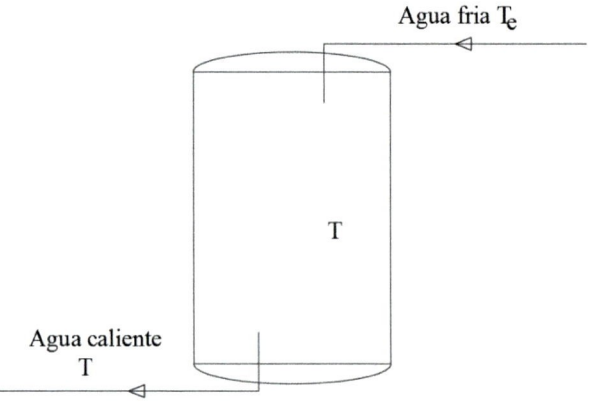

Figura 10.18. Acumulador de agua caliente.

Consideramos que la velocidad de circulación a la entrada y salida del depósito son similares, por tanto, no hay variación de energía cinética entre el flujo de entrada y salida del depósito. También se considera que la variación de energía potencial es despreciable. Si no existe transferencia de energía mecánica, $W=0$, ni calor, $Q=0$, la Ecuación 10.36 se simplifica en la Ecuación 10.38.

$$\frac{dE}{dt} = \dot{m} \cdot \left(h_e - h_s \right)$$

(10.38)

Si se desea determinar cómo varía la temperatura del flujo de salida del depósito en función del tiempo, se tiene que la temperatura de salida es la misma que tiene el volumen de control en ese instante. Si el fluido es líquido, las entalpias adquieren el valor según la Ecuación 10.39.

$$h = C_p \cdot T$$

(10.39)

La variación de energía en el volumen de control también viene dada por la Ecuación 10.40, donde m es la masa en el volumen de control.

$$\frac{dE}{dt} = m \cdot C_p \cdot \frac{dT}{dt}$$

(10.40)

Unificando las Ecuaciones 10.38, 10.39 y 10.40, se tiene

$$m \cdot C_p \cdot \frac{dT}{dt} = \dot{m} \cdot C_p \cdot (T_e - T)$$

$$\frac{dT}{T_e - T} = \frac{\dot{m}}{m} \cdot dt$$

Integrando ambos términos de la ecuación se obtiene la función de la temperatura en función del tiempo.

$$\int_{T_i}^{T} \frac{dT}{T_e - T} = \int_{0}^{t} \frac{\dot{m}}{m} \cdot dt$$

$$\ln \frac{T_e - T}{T_e - T_i} = -\frac{\dot{m}}{m} \cdot t$$

$$T_e - T = (T_e - T_i) \cdot e^{-\frac{\dot{m}}{m} \cdot t}$$

$$T = T_e - (T_e - T_i) \cdot e^{-\frac{\dot{m}}{m} \cdot t}$$

De esta ecuación se comprueba que si la temperatura de entrada es menor a la temperatura inicial del líquido almacenado en el depósito ($T_e < T_i$), cuando empieza a salir flujo del depósito éste sale a la temperatura inicial, y la temperatura cuando el tiempo tiene a infinito es igual a la temperatura del flujo de entrada.

$$t = 0 \quad \Rightarrow \quad T = T_i$$

$$t \to \infty \quad \Rightarrow \quad T \to T_e$$

Ejemplo 11

Disponemos un depósito 80 l de agua a 80 °C, y se introduce un caudal 0,2 l/s a 10 °C, saliendo el mismo caudal a temperatura de la mezcla. Determínese el tiempo que transcurrirá hasta que la temperatura del flujo de salida sea 40 °C.

Planteamiento

De la ecuación $T = T_e - (T_e - T_i) \cdot e^{-\frac{\dot{m}}{m} \cdot t} \Rightarrow \ln \frac{T_e - T}{T_e - T_i} = -\frac{\dot{m}}{m} \cdot t$

$$t = \frac{m}{\dot{m}} \ln \frac{T_i - T_e}{T - T_e} = \frac{80}{0,20} \ln \frac{80 - 10}{40 - 10} = 338,9 \text{ s} = 5,65 \text{ min}$$

Fin.

Acumulador con aporte de calor

Consideremos un acumulador con aporte de calor, por ejemplo, a través de una resistencia. Entonces la Ecuación 10.36, que determina la variación de energía en el volumen de control en función del tiempo se reduce a la Ecuación 10.41.

$$\frac{dE}{dt} = \dot{Q} + \dot{m} \cdot \left(h_e - h_s \right) \tag{10.41}$$

Si el fluido es líquido, las entalpías adquieren el valor según la Ecuación 10.41. La variación de energía en el volumen de control también viene dada por la Ecuación 10.42, donde m es la masa en el volumen de control.

$$\frac{dE}{dt} = m \cdot C_p \cdot \frac{dT}{dt} \tag{10.42}$$

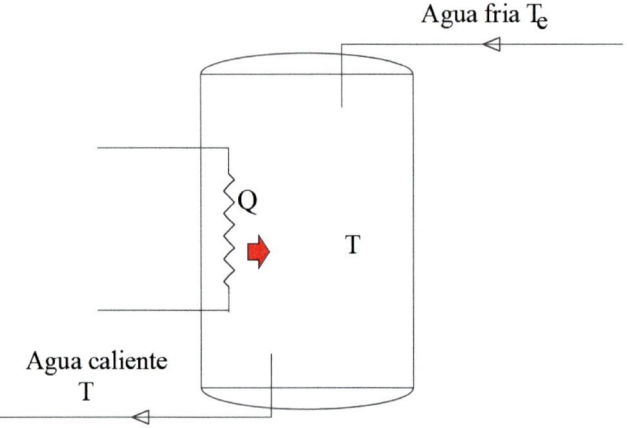

Figura 10.19. Sistema abierto con aporte de calor a través de una resistencia.

Unificando las Ecuaciones 10.39, 10.41 y 10.42, se tiene.

$$m \cdot C_p \cdot \frac{dT}{dt} = \dot{Q} + \dot{m} \cdot C_p \cdot \left(T_e - T \right)$$

Para la determinación de la temperatura en función del tiempo hay que resolver la Ecuación 10.43, que es una ecuación diferencial lineal de primer orden.

$$\frac{dT}{dt} = \frac{\dot{Q}}{m \cdot C_p} + \frac{\dot{m}}{m} \cdot \left(T_e - T \right)$$

$$\frac{dT}{dt} + \frac{\dot{m}}{m} T = \frac{\dot{Q}}{m \cdot C_p} + \frac{\dot{m}}{m} \cdot T_e \tag{10.43}$$

La forma general de las ecuaciones diferenciales de primer orden es (10.44).

$$y' + a(x) \cdot y = b(x) \tag{10.44}$$

Cuya solución se obtiene de

$$y = e^{-\int a(x)dx} \cdot \int b\ (x) \cdot e^{\int a(x)dx} dx + C \cdot e^{-\int a(x)dx}$$

donde C es la constante de integración cuyo valor depende de las condiciones de contorno.

Si el flujo de entrada $\dot{m}$ y la transferencia de calor $\dot{Q}$ son constantes, la Ecuación 10.44 se convierte en una ecuación diferencial lineal de primer orden de coeficientes constantes. Es decir,

$$y' + a \cdot y = b$$

$$y = e^{-ax} \cdot \int b \cdot e^{ax} dx + C \cdot e^{-ax}$$

$$y = e^{-ax} \frac{b}{a} \cdot e^{ax} + C \cdot e^{-ax}$$

$$y = \frac{b}{a} + C \cdot e^{-ax}$$

Por tanto,

$$y = T$$

$$y' = \frac{dT}{dt}$$

$$a(x) = \frac{\dot{m}}{m}$$

$$b(x) = \frac{\dot{Q}}{m \cdot C_p} + \frac{\dot{m}}{m} \cdot T_e$$

Si el flujo de entrada $\dot{m}$ y la transferencia de calor $\dot{Q}$ son constantes,

$$T = \frac{\dot{Q}}{\dot{m} \cdot C_p} + T_e + C \cdot e^{-\frac{\dot{m}}{m}t}$$

Para calcular C nos fijamos en las condiciones iniciales.

$$t = 0 \quad \Rightarrow \quad T = T_i$$

$$T_i = \frac{\dot{Q}}{\dot{m} \cdot C_p} + T_e + C$$

$$C = (T_i - T_e) - \frac{\dot{Q}}{\dot{m} \cdot C_p}$$

$$T = \frac{\dot{Q}}{\dot{m} \cdot C_p} + T_e + \left((T_i - T_e) - \frac{\dot{Q}}{\dot{m} \cdot C_p} \right) \cdot e^{-\frac{\dot{m}}{m}t}$$

$$T = \frac{\dot{Q}}{\dot{m} \cdot C_p} \cdot \left(1 - e^{-\frac{\dot{m}}{m}t} \right) + T_e \cdot \left(1 - e^{-\frac{\dot{m}}{m}t} \right) + T_i \cdot e^{-\frac{\dot{m}}{m}t}$$

De esta ecuación se tiene que cuando el tiempo tiende a infinito la temperatura de salida del depósito viene dada por la Ecuación 10.45.

$$t \to \infty \quad \Rightarrow \quad T = T_e + \frac{\dot{Q}}{\dot{m} \cdot C_p} \tag{10.45}$$

Ejemplo 12

Este es el caso de un termo eléctrico doméstico que posee 8 l de agua a 80 °C, con una resistencia de 1200W. Cuando se abre la llave del agua caliente de la bañera simultáneamente entra y sale del depósito un caudal de 0,2 l/min. El agua que entra al depósito está a 10 °C. Determínese la temperatura de salida del agua cuando han pasado 120 s. (Para el agua $C_p = 4{,}18$ kJ kg^{-1} °C^{-1}).

Planteamiento

$$T = \frac{\dot{Q}}{\dot{m} \cdot C_p} \cdot \left(1 - e^{-\frac{\dot{m}}{m}t} \right) + T_e \cdot \left(1 - e^{-\frac{\dot{m}}{m}t} \right) + T_i \cdot e^{-\frac{\dot{m}}{m}t}$$

De la ecuación

$$T = \frac{1{,}2}{0{,}2 \cdot 4{,}18} \cdot \left(1 - e^{-\frac{0{,}2}{80}120} \right) + 10 \cdot \left(1 - e^{-\frac{0{,}2}{80}120} \right) + 80 \cdot e^{-\frac{0{,}2}{80}120} = 62{,}23 \text{ °C}$$

Fin.

CAPÍTULO X. RECUERDA

- Para mantener un local a temperatura constante, el aporte de calor proporcionado por el sistema de calefacción debe ser igual a las pérdidas de calor sufridas por el mismo. En el ámbito agroforestal este principio podría aplicarse a cámaras de secado de materiales (madera, fruta etc.), invernaderos, o naves industriales.

- En cámaras frigoríficas el sistema se invierte. La extracción de calor debe ser igual a las entradas de calor tanto por los cerramientos por convección-conducción-convección, como por la ventilación a través de las puertas de la cámara, y como por las infiltraciones.

- El rendimiento de la combustión tiene un punto óptimo, que corresponde a un determinado exceso de aire. Si se reduce dicho exceso de aire, el rendimiento de la combustión será menor, al no quemarse completamente todo el combustible, apareciendo así los inquemados con los consiguientes problemas medioambientales.

REFERENCIAS

Directiva 92/42/CEE del Consejo de 21 de mayo de 1992, relativa a los requisitos de rendimiento para calderas nuevas de agua caliente alimentadas con combustibles líquidos o gaseosos

Directiva 97/23/CE del Parlamento Europeo y del Consejo de 29 de mayo de 1997 relativa a la aproximación de las legislaciones de los Estados miembros sobre equipos a presión

Documento de Apoyo al Documento Básico, DB-HE Ahorro de energía. Código Técnico de la Edificación. Ministerio de Fomento. Secretaría de Estado de Infraestructuras, Transporte y Vivienda. Dirección General de Arquitectura, Vivienda y Suelo. Gobierno de España. Octubre 2013.

Documento Básico HS Salubridad. Código Técnico de la Edificación. Ministerio de Fomento. Secretaría de Estado de Infraestructuras, Transporte y Vivienda. Dirección General de Arquitectura, Vivienda y Suelo. Gobierno de España. Octubre 2013.

Real Decreto 275/1995, de 24 de febrero, por el que se dicta las disposiciones de aplicación de la Directiva del Consejo de las Comunidades Europeas 92/42/CEE, relativa a los requisitos de rendimiento para las calderas nuevas de agua caliente alimentadas con combustibles líquidos o gaseosos, modificada por la Directiva 93/68/CEE del Consejo.

Real Decreto 1027/2007, de 20 de julio, por el que se aprueba el Reglamento de Instalaciones Térmicas en los Edificios.

Real Decreto 178/2021, de 23 de marzo, por el que se modifica el Real Decreto 1027/2007, de 20 de julio, por el que se aprueba el Reglamento de Instalaciones Térmicas en los Edificios.

Capítulo XI
Pirólisis, gasificación y carbonización

11.1. Fundamentos del proceso

El proceso de pirólisis consiste en el desdoblamiento termal de la materia orgánica por la acción del calor en ausencia de oxígeno, de tal manera que la parte volátil pasa de un estado sólido o líquido a gas (*syngas*) que es combustible; y la parte no volátil se queda como material sólido (carbón), también combustible. Al realizarse en ausencia de oxígeno en la pirólisis no existe oxidación, y por tanto no hay combustión. Por tanto, la gasificación y la carbonización son aspectos de un mismo proceso de pirólisis que se puede aplicar a la materia orgánica para obtener dos tipos de biocombustibles, uno gaseoso llamado *syngas* y uno sólido llamado carbón vegetal o coque. Según sea la priorización del biocombustible obtenido se denomina gasificación o carbonización respectivamente.

Las condiciones de pirólisis en ausencia de oxígeno son fácilmente obtenibles en laboratorio, en donde el aire en el reactor puede desplazarse con gas nitrógeno o helio. Sin embargo, en situaciones prácticas es muy difícil evitar la absoluta ausencia de oxígeno, puesto que éste entra en el reactor cuando se introduce la biomasa, y el desplazamiento con estos gases resulta económicamente caro. Por tanto, generalmente en instalaciones industriales la pirólisis se realiza en una atmósfera pobre en oxígeno. La cantidad de oxígeno que existe en el reactor se regula a través del parámetro denominado "*exceso de aire*", que se representa con la letra λ. El exceso de aire se define como la relación entre el aire que existe en el reactor y el necesario a aportar desde el punto de vista estequiométrico a una cantidad de biomasa, para obtener una combustión completa.

$$\lambda = \frac{m_{aire\ disponible}}{m_{aire\ teorico}} \tag{11.1}$$

Para determinar el aire necesario para una combustión completa se parte del análisis elemental de la biomasa. Si como resultado del análisis elemental se determina la composición de la biomasa y resulta la fórmula empírica $CH_xO_yN_zS_w$, la reacción química que refleja la combustión teórica sigue la Ecuación 11.2, donde x es el número de moles de hidrógeno contenido en la materia orgánica por cada mol de carbono, y es el número de moles de oxígeno contenido en la materia orgánica por cada mol de carbono, z es el número de moles de nitrógeno contenido en la materia orgánica por cada mol de carbono, w el número de moles de azufre contenido en la materia orgánica por cada mol de carbono:

$$CH_x O_y N_z S_w + n_e O_2 \rightarrow CO_2 + \frac{x}{2}H_2O + wSO_2 + (\frac{z}{2} + n_e\frac{79}{21})N_2 \qquad (11.2)$$

n_e representa el número de moles de O_2 necesario para la combustión completa y es igual a:

$$n_e = 1 + \frac{x}{4} + w - \frac{y}{2} \qquad (11.3)$$

$n_e\frac{79}{21}$ son los moles de nitrogeno que se descompensan de aire, dado que el 79% es nitrógeno

y e 21% es oxígeno.

La cantidad de aire desde el punto de vista teórico para una combustión completa vendrá dado por la Ecuación 11.4, donde m_C es la masa de carbono en la materia orgánica en el reactor, m_H es la masa de hidrógeno, m_S es la masa de azufre y m_O es la masa de oxígeno. Un mol de gas ideal ocupa 22,4 litros en condiciones normales, que en el aire el 21% del volumen será oxígeno. 1,29 kg/m^3 es la densidad del aire en condiciones normales.

$$m_{aire\ teorico} = \frac{1,29 \cdot 0,0224}{0,21} \cdot \left(\frac{m_C}{12} + \frac{m_H}{4} + \frac{m_S}{32} - \frac{1}{2}\frac{m_O}{16} \right) \qquad (11.4)$$

El exceso de aire se define por la Ecuación 11.1. Si $\lambda>1$ se producirá combustión completa, si $\lambda<1$ se producirá combustión parcial, y el calor desprendido en la combustión parcial producirá pirólisis de la materia orgánica, es decir, se separan volátiles (gases combustibles) y sólidos no volátiles, que pueden ser aprovechados energéticamente.

La gasificación es un proceso de pirólisis orientado al aprovechamiento del *syngas*. Se realiza a unos 600-1100 °C. Es una tecnología en pleno desarrollo, porque presenta ciertas versatilidades. Las materias primas utilizadas habitualmente con esta técnica son los subproductos agrícolas y forestales y los residuos sólidos urbanos. El gas obtenido suele ser utilizado en dos tipos de aprovechamiento:

a) Su utilización como biocarburante en motores de combustión acoplados a un alternador, de los cuales se obtiene por una parte energía eléctrica, y por otra, calor, procedente del sistema de refrigeración y de los humos de escape, lo que constituye un sistema de cogeneración.

b) Puede ser utilizado como combustible en turbinas de gas, para obtener también energía eléctrica.

A parte de los aprovechamientos anteriores, el *syngas* permite su distribución por tubería y ser mezclado con otro tipo de gases, como gas natural, butano o propano, y ser utilizado en calderas de gas, hornos o cocinas para la obtención de calor.

La carbonización es un proceso de pirólisis en el que el objetivo principal es la obtención de carbón vegetal. El carbón vegetal es un combustible sólido que presenta ciertas ventajas frente a la utilización de madera:

- Es un material poco alterable por la acción de los microorganismos y condiciones ambientales.
- Es más inflamable y posee un poder calorífico más elevado que la madera.

- Su combustión no produce llama ni grandes cantidades de humos.
- Mediante adherentes puede ser utilizado para la producción de biocombustibles densificados.

El carbón vegetal se utiliza como combustible en calderas o estufas, o también para cocinar a la brasa.

11.2. Proceso de descomposición

Aunque la descomposición térmica de la materia orgánica es muy compleja, se pueden distinguir a lo largo del proceso varias etapas:

Hasta los 120 °C se produce la deshidratación de la materia orgánica por evaporación del agua, fruto de la rotura de los puentes de hidrógeno existente entre éstos y partes moleculares de polaridad negativa. Junto con el agua también se desprenden otros volátiles unidos por polaridad.

- A partir de los 275 °C ocurre una desoxigenación y desulfuración. El oxígeno molecular oxida átomos susceptibles de oxidación, como el hidrógeno, el carbono y el azufre, liberando H_2O, CO, CO_2 y SO_3. En caso de no existir oxígeno disponible el azufre forma sulfuro de hidrógeno.
- Alrededor de los 350 °C empieza la rotura de enlaces en compuestos de las cadenas de carbono C-C, por lo que se da la liberación de metano y otros compuestos alifáticos ligeros.
- A los 380 °C comienza la etapa de carbonización (concentración de carbón en los residuos).
- A los 400 °C se efectúa la rotura de los enlaces C-N y C-O.
- Entre los 400 y 600 °C se lleva a cabo la descomposición de los materiales bituminosos; generándose aceites y alquitranes como productos secundarios de la pirólisis.
- A partir de los 600 °C se efectúa el craking del material bituminoso, generándose hidrocarburos gaseosos de cadena corta e hidrocarburos aromáticos.
- Por arriba de los 800 °C los alquitranes y compuestos aromáticos reducen su proporción puesto que se descomponen formando CH_4 y CO_2.

La naturaleza y composición de los productos finales dependen de las propiedades de la biomasa tratada, tamaño de partícula, temperatura y presión alcanzados, velocidad con la que se aumenta la temperatura en el reactor, exceso de aire ($\lambda<1$) y de los tiempos de retención. No se han desarrollado modelos matemáticos fiables para predecir con exactitud la composición final del gas volátil obtenido en función de estas variables. Esto propicia que se trabaje industrialmente con cierto empirismo, es decir, se realizan distintos tipos de pruebas en cada instalación, analizando los resultados hasta que se obtiene una receta válida para el material a gasificar.

Para obtener una aproximación del gas obtenible se recurre al análisis proximal y al análisis termogravimétrico de la biomasa (Capítulo III). Por el análisis proximal se determina la cantidad de gas volátil y carbón, que a su vez está compuesto por carbono fijo y cenizas. El análisis termogravimétrico consiste en un calentamiento de la biomasa en una atmósfera controlada en cuanto a porcentaje de oxígeno (control de λ), midiéndose la variación de peso en función de la temperatura. Haciendo pasar el gas obtenido de la pirólisis por un cromatógrafo de gases para separar los mismos al pasar por la columna, y analizando éstos en un espectrómetro de masas, se puede definir la composición del gas resultante.

El principio de análisis del espectrómetro de masas consiste en bombardear las moléculas del gas resultante con un haz de electrones, rompiéndolas formando iones con masa y carga definida. La relación entre la masa y la carga de los iones es específica para cada sustancia y se determina por su desplazamiento en un campo magnético controlado.

La curva de variación de peso de la muestra durante la pirólisis en balanza termogravimétrica presenta generalmente zonas de peso constante con el incremento de la temperatura, dándole una forma más o menos escalonada. Esas zonas de peso constante representan puntos donde las moléculas de la materia orgánica están sufriendo una translocación, movimientos estéricos con absorción de energía sin variación de peso en la muestra.

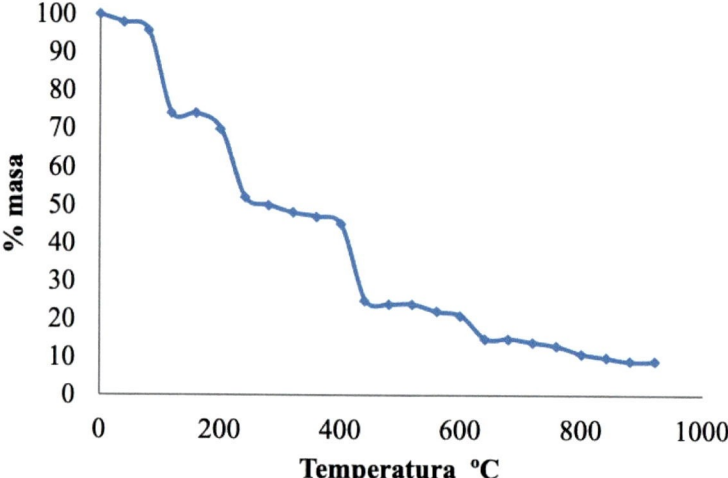

Figura 11.1. Curva gravimétrica.

Como se ha especificado, a partir de los 350 °C se rompen los enlaces covalentes C-C apareciendo radicales susceptibles de oxidación. En caso que el carbono encuentre suficiente oxígeno sufrirá una oxidación completa formando dióxido de carbono; en caso de no existir suficiente oxígeno, se producirá una serie de reacciones que tienden a satisfacer la reactividad del mismo. En ausencia de oxígeno el carbono se puede combinar con dióxido de carbono, hidrógeno o agua, produciendo respectivamente monóxido de carbono, metano, o una combinación de monóxido e hidrógeno. Si el monóxido de carbono es abundante puede reaccionar con el agua o el hidrógeno, produciendo mezclas de dióxido y hidrógeno o metano y agua respectivamente.

Combustión (reacciones exotérmicas)

$$\text{Completa: } C + O_2 \rightarrow CO_2 \ H = -406 \text{ MJ/kmol}$$

$$\text{Parcial: } C + \tfrac{1}{2} O_2 \rightarrow CO \ H = -268 \text{ MJ/kmol}$$

Gasificación

$$C + CO_2 \rightarrow CO \ H = 78,3 \text{ MJ/kmol}$$

$$C + 2 H_2 \rightarrow CH_4 \ H = -87,4 \text{ MJ/kmol}$$

$$C + H_2O \rightarrow CO + H_2 \ H = 118,9 \text{ MJ/kmol}$$

Shift (exotérmica)

$$CO + H_2O \rightarrow CO_2 + H_2 \quad H = -42 \text{ MJ/kmol}$$

Metanización (exotérmica)

$$CO + 3 H_2 \rightarrow CH_4 + H_2O \quad H = -206,3 \text{ MJ/kmol}$$

El gas finalmente obtenido contiene una mezcla de monóxido de carbono (CO), dióxido de carbono (CO_2), hidrógeno (H_2), metano (CH_4), agua (H_2O), pequeñas cantidades de otros hidrocarburos más pesados (propano, metano, ciclos), y diversos contaminantes como pequeñas partículas carbonosas, cenizas, alquitranes y aceites. La presencia de estos contaminantes obliga a purificar el gas antes de su utilización, ya sea en una combustión en caldera, motor o turbina. El CH_4, el CO, el H_2, y los hidrocarburos volátiles son los que confieren poder calorífico al gas, que se suele situar entre 8 y 15 MJ/m^3 (el poder calorífico del gas natural es de 34,8 MJ/m^3), ya que pueden reaccionar con oxígeno.

Los residuos de la gasificación son:
- Productos sólidos, un carbón vegetal llamado coque o char que se aglomera posteriormente. Está constituido por carbones y alquitranes, así como cenizas, con un poder calorífico de 25-30 MJ/kg. El carbón vegetal resultante tiene gran estabilidad frente agentes ambientales, y posee un bajo contenido de azufre, lo que lo hace muy apreciado desde el punto de vista ambiental. Un parámetro muy importante a tener en cuenta en la gestión de los productos sólidos en la gasificación es no superar la temperatura de fusión de las cenizas. A partir de esta temperatura las cenizas se conglomeran pudiendo taponar la salida del reactor con los consiguientes problemas técnicos. La temperatura de fusión de las cenizas se mide según la norma CEN/TS 15370-1.
- Líquidos procedentes de la condensación de vapores. Están formados por hidrocarburos aromáticos, alcoholes (metanol, etanol, fenol), cetonas (acetona), aldehídos (acetaldehído, metilfurfural), ácido fórmico y aceites ligeros. Su poder calorífico es del orden de 25 MJ/kg. La desventaja es que no son miscibles con carburantes convencionales y son fácilmente alterables por agentes ambientales (humedad, radiación, oxidación y microorganismos).

11.3. Diseño del sistema de gasificación

El elemento básico de una instalación de gasificación es un reactor llamado gasificador, donde la biomasa se calienta en condiciones de atmósfera pobre en oxígeno. El calor utilizado para calentar la materia orgánica puede provenir de distintas fuentes, y de acuerdo a la organización de la planta se clasifican dos sistemas:

Sistemas alotérmicos

El calor utilizado para la gasificación viene de una fuente externa, ya sea la combustión de una parte de la materia prima, parte de los gases producidos o bien del propio coque. El sistema se representa en la Figura 11.2 donde las líneas punteadas representan posibilidades de alimentación.

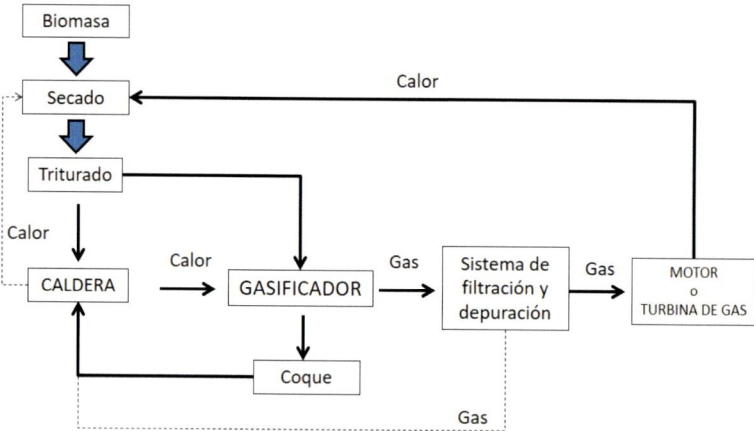

Figura 11.2. Esquema de una planta de gasificación con sistema alotérmico.

En el sistema alotérmico la alimentación del gasificador puede ser en continuo o discontinuo. Durante la carga entra cierta cantidad de oxígeno en el reactor. Para conseguir una atmósfera reductora éste se mezcla con los gases residuales de la caldera lo que, además de aprovechar el calor, disminuye el porcentaje de oxígeno. El gas caliente inyectado con la carga se denomina agente gasificante. Existen varios tipos de gasificaciones:

- *Humos de la combustión.* Produce un gran contenido en nitrógeno.
- *Vapor de agua.* La presencia de vapor de agua favorece la producción de hidrógeno, por tanto su presencia es deseable. No obstante un exceso de humedad disminuye el rendimiento energético del proceso.
- *Hidrógeno.* Produce un gas de gran poder calorífico y contenido en metano, pudiéndose utilizar como sustitutivo del gas natural.

Sistemas autotérmicos

La energía la proporciona la combustión de parte de la carga en el interior del gasificador. El dióxido de carbono liberado junto con la elevada temperatura conseguida permite la generación de una atmósfera reductora que propicia la pirólisis del material no combustionado. El gas procedente de la combustión también se denomina agente gasificante.

En general los requerimientos de temperatura obligan a optimizar cuidadosamente el sistema de recuperación de calor a fin de mantener un buen rendimiento térmico global.

11.4. Tipos de gasificadores

El gasificador es un reactor, es decir, un recipiente donde se producen reacciones químicas. Éste debe ser aislado térmicamente para aumentar su temperatura interior sin pérdidas excesivas de energía. Los gasificadores son generalmente reactores de tipo flujo-pistón, en los que la materia reaccionante (sólidos y gases) se desplazan longitudinalmente durante el tiempo de retención. Generalmente, consisten en un reactor cilíndrico vertical donde los reactivos se introducen por un extremo y son evacuados por el otro extremo. Las reacciones se producen durante el recorrido, de forma que la composición de los materiales dentro del reactor está estratificada; longitudinalmente cada sección del reactor tiene una composición distinta, fruto de las reacciones sufridas durante el desplazamiento por el mismo. La alimentación de biomasa en los gasificadores se suele realizar por la parte superior, llenando todo el volumen.

La evacuación de los materiales sólidos ya reaccionados se realiza por la parte inferior. El desplazamiento de la masa se consigue por la gravedad. Pueden utilizarse catalizadores sólidos inertes, partículas minerales (arena, gravas, etc.) que alcanzan la incandescencia y que permiten una distribución de temperaturas más homogénea.

Existen tres tipos principales de gasificadores: los gasificadores de lecho fijo, los de lecho fluidizado y los rotatorios. Dentro de los gasificadores de lecho fijo, si el agente gasificante y la biomasa de alimentación en el reactor entran en paralelo, el sistema se denomina *downdraft;* si el agente gasificante y la biomasa de alimentación en el reactor entran en contracorriente, se denomina *updraft*.

Gasificadores de lecho fijo updraft

El gasificador *updaft* se presenta esquemáticamente en la Figura 11.3. En estos gasificadores la biomasa es introducida por la parte superior, llenando todo el volumen del reactor, y desciende lentamente en contracorriente con el gas generado y el agente gasificante, que se introducen por la parte inferior. En caso de ser un sistema alotérmico, el reactor se calienta a través de una doble camisa por un caloportador (aceite) proveniente de una caldera, además de inyectarse los humos residuales de la combustión por la parte inferior para reducir el porcentaje de oxígeno. En caso de un sistema autotérmico la combustión se realiza en el fondo del reactor sobre una parrilla por donde se inyecta aire en cantidades inferiores a las necesarias para una combustión de toda la biomasa ($\lambda \approx 0{,}3$). Según desciende, la biomasa es calentada por la corriente ascendente del gas pobre en oxígeno, produciéndose la eliminación de los volátiles (reacciones de reducción). Cuando la biomasa llega a la parte inferior la fracción no volatilizada sufre la combustión sobre la parrilla. Tras la combustión, el coque más fino atraviesa la parrilla hasta el cenicero. Según se haya conseguido la eliminación total del carbono fijo en el coque sobre la parrilla, quedando sólo la ceniza, estos residuos podrán ser utilizados como combustible o no.

El inconveniente que presenta esta tecnología es que se obtiene un gas bastante contaminado de alquitranes, y por tanto es necesaria su remoción antes de su utilización.

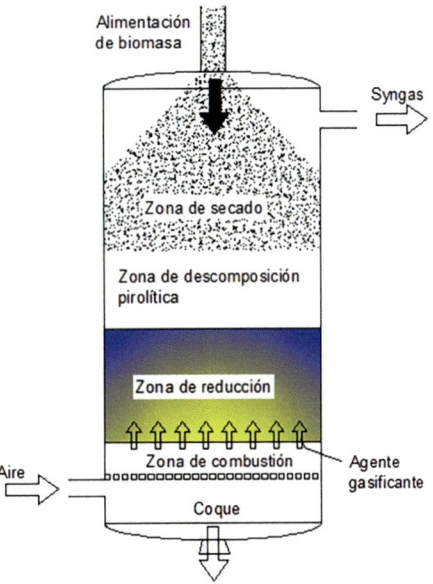

Figura 11.3. Gasificador upgraft.

Gasificadores downdraft

El sistema de funcionamiento de los gasificadores *downdraft* se muestra esquemáticamente en la Figura 11.4. Tanto la biomasa como el agente gasificante son introducidos por la parte superior. En los sistemas autotérmicos en la parte superior se producen procesos de secado y pirólisis; debido al movimiento descendiente de la biomasa la combustión se produce en una zona intermedia del reactor, donde se alcanza la máxima temperatura. El *syngas* y los humos de la combustión, sometidos a presión, son obligados a salir por la parte inferior del reactor.

El sistema *downdraft* presenta como inconvenientes que el gas obtenido es de una calidad energética más baja que el *updraft*, que es necesario secar la biomasa como acondicionamiento previo al proceso hasta alcanzar una humedad de menos del 10% y que el tamaño de las partículas deber ser uniforme (4-10 cm). Como ventaja, produce el gas con menor contenido de alquitranes y otros condensables.

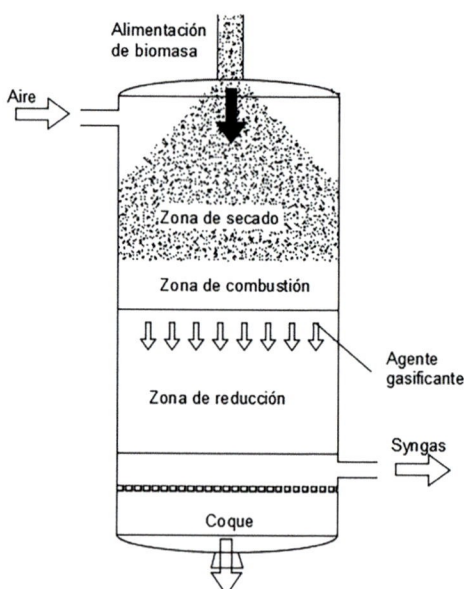

Figura 11.4. Gasificador dawndraft.

Gasificadores de lecho fluidizado

En los gasificadores de lecho fluidizado las partículas sólidas con granulometría fina, introducidas por la parte superior, quedan en suspensión por la acción del agente gasificante que asciende a alta presión desde la parte inferior, de tal manera que las partículas se comportan como un fluido. En el lecho fluidizado los gases pobres en oxígeno y alta temperatura circulan a baja velocidad, filtrándose a través de partículas minerales inertes incandescentes, y las finas partículas de biomasa que quedan flotando durante su descenso mientras absorben calor. Existe una velocidad mínima del agente gasificante para conseguir la fluidificación, siendo aquella en que la acción ascendente de la partículas se equilibra con su peso. Con el aumento de la velocidad del agente gasificante provoca la aparición de unas burbujas y un régimen turbulento que agita las partículas. El tamaño de las burbujas es proporcional a la velocidad del gas ascendente. Para burbujas grandes las partículas de material discurrirán lateralmente a la burbuja, denominándose *lecho fluidizado burbujeante.*

El *syngas* junto con el agente gasificante es extraído a presión por la parte superior, pudiendo arrastrar partículas de cenizas o inquemados. Es por ello que suelen llevar incorporado un ciclón que filtra las partículas sólidas del gas evacuado por fuerza centrífuga. En gasificadores de diseño más avanzado suelen recogerse los sólidos y recircularse al lecho. La temperatura de operación suele situarse entre 800 y 1000 °C. Las cenizas se extraen por la parte inferior.

La obtención del carbono volátil en la biomasa suele ser completa si se recirculan los sólidos inquemados. El volumen de gas producido por unidad de volumen del reactor es superior al de los gasificadores de lecho fijo. La composición del gas es muy uniforme, variando muy poco con las condiciones de operación. Sin embargo, el gasificador de lecho fluidizado presenta el inconveniente de que el contenido de alquitrán del gas producido es bastante alto (hasta 500 mg/m³ de gas), así como presentar una respuesta lenta a los cambios de carga.

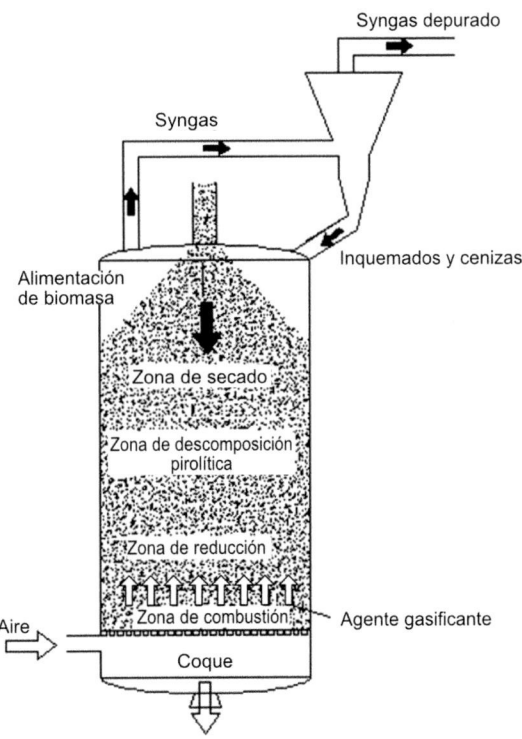

Figura 11.5. Gasificador de lecho fluidizado.

Gasificadores rotatorios

En este tipo de gasificaciones, el sólido troceado es alimentado en un reactor giratorio por un extremo, mientras el agente gasificante se introduce por el extremo contrario, de tal manera que reaccionan contracorriente. El giro hace que el contacto del agente gasificante con las partículas, junto la distribución de temperatura sea más homogénea, sobre todo en los reactores alotérmicos. Las cenizas se descargarán por el extremo contrario al de carga del sólido. Debido a la baja temperatura de salida de gases, el rendimiento térmico es bueno, pero se producen alquitranes y aceites por destilación del sólido.

11.5. Condiciones de operación

Desde el punto de vista operativo, los procesos de pirólisis pueden encuadrarse en dos grandes bloques:

- *Convencional,* el rango de temperatura que alcanza es de 400 a 800 °C, con una velocidad de calentamiento de 2 °C/s. El tiempo de residencia en el tanque, oscila entre 5 y 30 minutos dependiendo de la naturaleza física del residuo. La presión que se le aplica es de 1 bar.
- *Rápida*, con temperatura superior a los 800 °C, consigue una velocidad de calentamiento de casi 200 °C/s, lo que permite que el tiempo de residencia pueda ser inferior a los 5 minutos (según la temperatura). Este tipo de pirólisis es la más adecuada para el sistema de lecho fluidizado.

El tamaño de partícula en los gasificadores de lecho fijo puede estar entre 8 y 0,5 cm, siendo los rangos más habituales entre 5 y 3 cm, mientras que en el lecho fluidizado entre 0,1 y 2 cm

11.6. Depuración del *syngas*

Uno de los problemas técnicos de la gasificación es el arrastre de partículas sólidas como ceniza, productos ácidos y alquitrán, junto la formación de moléculas indeseables como sulfuro de hidrógeno (H_2S) y moléculas de nitrógeno como (NH_3, HCN). Estas sustancias hay que eliminarlas para el aprovechamiento del *syngas* como biocombustible. Los productos ácidos R-COOH, formados por la reacción de radicales con agua, provocan la corrosión de las partes metálicas de las instalaciones (tuberías, motores, válvulas, etc.), además de producir olores indeseables cuando el gas finalmente se quema. Los alquitranes son sustancias de composición compleja formadas principalmente por policiclos aromáticos y alcanos de cadena larga (entre 20 y 40 carbonos), muy adherentes con un punto de fusión alto, de forma que condensan con facilidad sobre las paredes de los distintos elementos. Las partículas sólidas que se puedan arrastrar con el gas actuarían como abrasivos, además de taponar inyectores, perjudicar la abertura y cierre de válvulas. Las moléculas con azufre (H_2S o COS) y moléculas de nitrógeno como (NH_3, HCN) pueden generar condensados corrosivos y contaminantes. Incluso en el proceso de gasificación de residuos urbanos podría producir NO_x y dioxinas.

Para la eliminación de partículas sólidas se suelen utilizar ciclones, donde éstas son removidas mediante su arrastre por la fuerza centrífuga al hacer girar el gas a alta velocidad.

La formación de ácidos y alquitranes queda disminuida en cuanto aumenta la temperatura y el tiempo de retención. Es por ello que se tiende a trabajar a elevadas temperaturas cercanas a los 1000 °C, para conseguir la descomposición más o menos completa y permanente de los mismos en hidrógeno, dióxido de carbono, monóxido de carbono y metano, por el consiguiente ahorro en los sistemas de depuración. No obstante, a pesar de trabajar a altas temperaturas, siempre es necesario dotar la instalación de un sistema de remoción de los mismos. La eliminación de los alquitranes a alta temperatura se basa en su separación física mediante filtros cerámicos o de fibra, o mediante el uso de precipitadores electrostáticos, que aprovechan la ionización de las partículas producida a alta presión y temperatura, atrayéndolas por una carga electrostática.

También existe la posibilidad de su fragmentación química mediante craqueo por vía térmica o catalítica. El craqueo consiste en la rotura de las cadenas alifáticas formando cadenas más cortas en estado gaseoso. El craqueo térmico se realiza a temperaturas de entre 900 y1200 °C. Hay que tener en cuenta que para alcanzar las temperaturas de craqueo térmico, el gas proporcionado por el gasificador ha sufrido un pequeño enfriamiento y se encuentra entre los 500 y 800 °C, lo que obliga a un aporte de calor, lo que reduce la eficiencia energética. El craqueo catalítico es menos exigente que el térmico desde el punto de vista energético. Existen varios tipos de catalizadores: los basados en metales (Ni, Co, Fe …), cloruros alcalinos (NaCl, KCl, …), óxidos de alcalinotérreos (MgO, CaO, …), zeolitas o carbones activos entre otros.

El H_2S, COS y CO_2 son llamados gases ácidos, porque forman una solución ácida corrosiva al disolverse en agua. Los gases ácidos suelen separarse por absorción (Figura 11.6). Los procesos de separación de gases por absorción física o química son muy comunes en la industria química. Se basan en hacer burbujear el gas de síntesis por el fondo de un reactor con un solvente líquido que circula a contracorriente. Los componentes del gas no se disuelven todos por igual en el líquido sino selectivamente. En la absorción física la capacidad de absorción sigue la ley de Henry, la cual establece que la fracción molar disuelta de un determinado componente gaseoso en un líquido es proporcional a su presión parcial (Ecuación 11.5). La constante de proporcionalidad se denomina *Constante de Henry* (K_h) que varía con la temperatura (el incremento de la temperatura disminuye la constante, menor temperatura aumenta la constante). Es por ello que la inyección del gas dentro del reactor con el solvente se realiza a alta presión y baja temperatura.

$$P_i = K_h \cdot X_i \tag{11.5}$$

Durante la remoción de los componentes de los gases tienen pocas diferencias de presión, sin embargo, poseen constantes de Henry muy distintas, lo que facilita la absorción selectiva. Tras la absorción, el solvente cargado con las moléculas a remover, es recirculado a otro reactor donde a baja presión y alta temperatura se liberan los gases absorbidos. La velocidad de absorción dC_i/dt depende del coeficiente de transferencia volumétrica *Kla*, según la ecuación (11.6), donde C_i es la concentración del componente en la disolución, y C_{imaz} es la concentración máxima que puede haber en la disolución según la ley de Henry.

$$\frac{dC_i}{dt} = K_{la} \cdot (C_{i\max} - C_i) \tag{11.6}$$

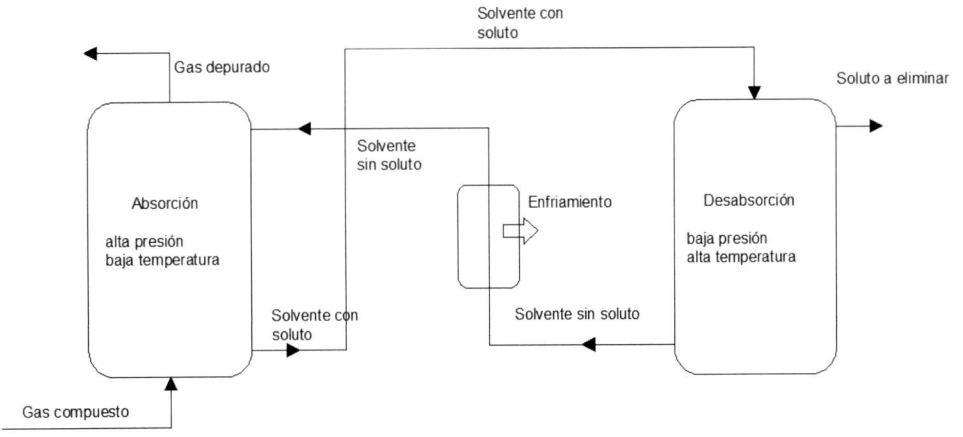

Figura 11.6. Proceso de depuración por absorción.

La principal diferencia entre el proceso de absorción físico y el químico radica en que en este último los componentes absorbidos reaccionan reversiblemente con el absorbente. Un ejemplo de absorción química se puede observar en la Figura 11.7, donde se aplica para la eliminación de moléculas NO_x. El proceso físico está basado exclusivamente en la disolución de los componentes del gas en el líquido sin involucrar ningún tipo de reacción química.

Los absorbentes más usados a bajas temperaturas para la eliminación de los gases ácidos H_2S, COS y CO_2 del *syngas* son soluciones de amina como MEA (mono etanol amina), metanol, dimetiléter, óxidos de metales (Mn, Fe, Cu, Co, Ce, Zn tales como CuO, ZnO, Al_2O_3, Fe_2O_3-Cr_2O_3) o adsorción utilizando adsorbentes porosos como zeolitas y carbón activado.

Técnicas para la disminución y remoción de NOx

Los óxidos de nitrógeno sólo son generados cuando se trabaja a altas temperaturas. Para disminuir su contenido pueden aplicarse diversas técnicas basadas en el control del proceso de combustión, como:

- Disminución de la temperatura de combustión.
- Disminución de tiempo de retención.
- Disminución del exceso de aire (al bajar O_2 se reduce la formación de NO).
- Utilización de materias primas con menor contenido en N.
- Combustión catalítica (reduce mucho la temperatura de combustión y el tiempo de residencia, disminución de NO térmico).

Existen varias técnicas de depuración. Las principales son:

a) Absorción con H_2SO_4: El gas se hace burbujear en una solución de ácido sulfúrico a baja temperatura. Los óxidos de nitrógeno forman sales de sulfato de acuerdo a las siguientes reacciones.

Fase gas

$$NO + NO_2 \rightarrow N_2O_3$$

$$NO + NO_2 + H_2O \rightarrow 2NO_2H$$

Fase líquida

$$N_2O_3 + 2H_2SO_4 \rightarrow 2HSO_4NO + H_2O$$

$$2NO_2H + 2H_2SO_4 \rightarrow 2HSO_4NO + 2H_2O$$

Posteriormente el nitrógeno es separado del sulfato mediante vapor a alta temperatura, de forma que pasa a forma gaseosa. El ácido sulfúrico puede ser licuado de nuevo para su reutilización. Los óxidos de nitrógeno y el vapor son enfriados reaccionando entre ellos formando ácido nítrico líquido (del mismo modo que se produce la lluvia ácida) (Figura 11.7).

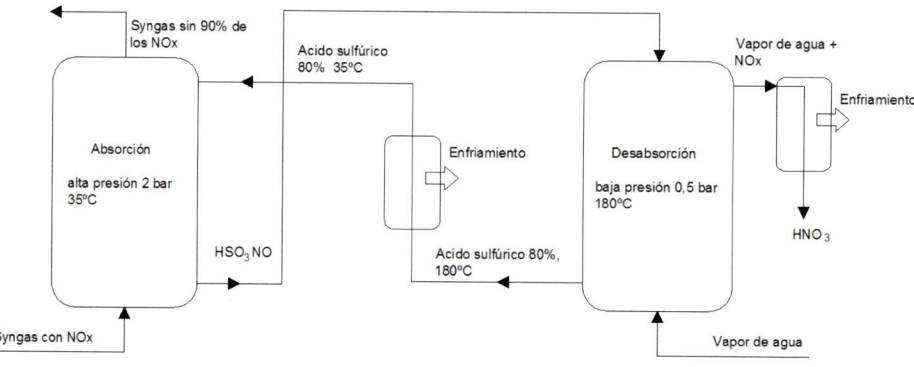

Figura 11.7. Proceso de eliminación de los NOx del syngas por absorción con H_2SO_4.

b) Depuración por reducción catalítica: los óxidos de nitrógeno se hacen reaccionar con hidrógeno (400 °C), amoniaco (200-400 °C), metano o monóxido de carbono (800 °C), produciendo nitrógeno molecular. Este tipo de reacción se puede realizar de forma selectiva (SCR) o no selectiva (NSCR). Los catalizadores más usados son Pd, Pt o Rh. Este tipo de reacción que es muy usado en instalaciones de combustión a altas temperaturas, no es muy conveniente en la depuración del *syngas* porque se reduce su poder calorífico.

Reacciones con metano

$$4NO_2 + CH_4 \rightarrow 4NO + CO_2 + 2H_2O$$

$$4NO + CH_4 \rightarrow 2N_2 + CO_2 + 2H_2O$$

Reacciones con amoniaco

$$6NO_2 + 8NH_3 \rightarrow 7N_2 + 12H_2O$$

$$4NO + 4NH_3 + O_2 \rightarrow 4N_2 + 6H_2O$$

Reacciones con hidrógeno

$$2NO_2 + 4H_2 \rightarrow N_2 + 4H_2O$$

$$2NO + 2H_2 \rightarrow N_2 + 2H_2O$$

Eliminación de dioxinas y furanos

Se denominan dioxinas a compuestos tricíclicos formados en la combustión a elevadas temperaturas en presencia de halógenos, principalmente cloro. Las dioxinas son compuestos químicos tóxicos y contaminantes ambientales muy persistentes. Pueden interferir con hormonas y enzimas provocando problemas de reproducción y desarrollo de los distintos organismos, tanto micro como macroscópicos; afectar el sistema inmunitario, y causar cáncer.

Las principales dioxinas son los policlorodibenzofuranos (PCDF) y las policlorodibenzodioxinas (PCDD).

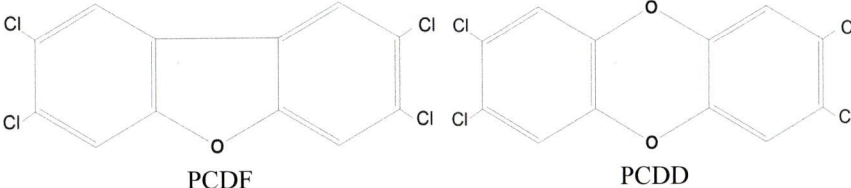

Figura 11.8. Dioxinas policlorodibenzofurano (PCDF) y las policlorodibenzodioxina (PCDD).

PCDF   PCDD

La eliminación y degradación de las dioxinas es muy dificultosa. Existen varias tendencias:

a) Remoción a través de un lecho absorbente de carbón activo, lignito o coque.

b) Tratamiento con óxido de calcio que se inyecta en forma de polvo o lechada en la corriente gaseosa. Las partes ácidas son atrapadas en la cal, y posteriormente las partículas son separadas mediante un filtro.

c) Las dioxinas pueden ser destruidas por oxidación catalítica (óxidos de vanadio o wolframio), como sigue: *Dioxina* + $O_2 \rightarrow CO_2 + H_2O + HCl$.

d) Decloración en disolventes orgánicos como etanol, n-nonano y tolueno, con rayos γ de un isótopo de Co.

e) Atrapamiento en mezclador seco con polipropileno.

f) Tratamiento con microorganismos degradadores.

11.7. Motores y turbinas de gas

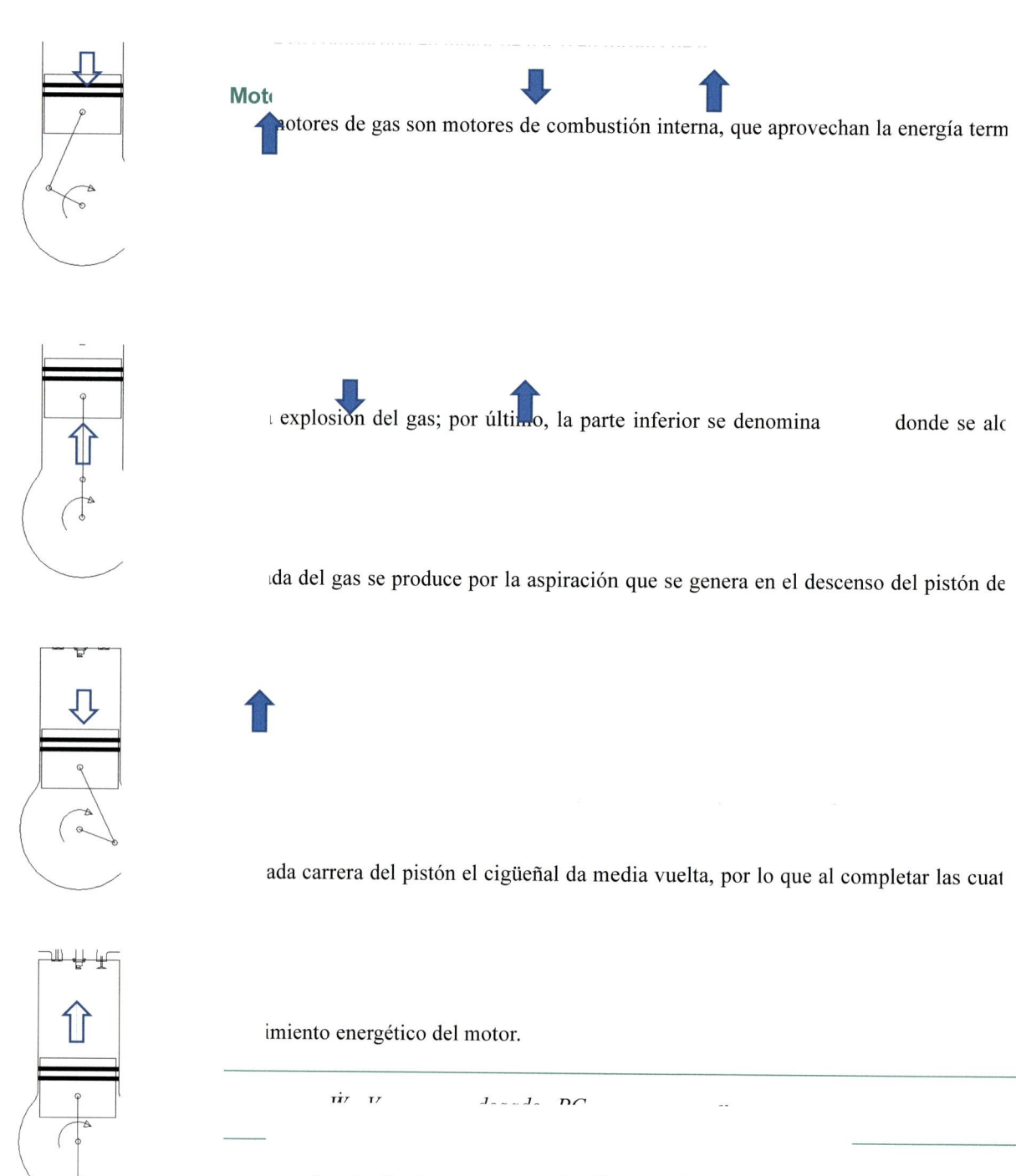

Mot

otores de gas son motores de combustión interna, que aprovechan la energía term

explosión del gas; por último, la parte inferior se denomina   donde se alc

da del gas se produce por la aspiración que se genera en el descenso del pistón de

ada carrera del pistón el cigüeñal da media vuelta, por lo que al completar las cual

imiento energético del motor.

que el motor funcione son necesarios diversos sistemas complemen

Figura 11.9.

son turboalimentados. El sistema turbo consiste en comprimir el gas a través de un compresor accionado por una turbina que aprovecha la energía mecánica de los gases de escape.
- Sistema de admisión de aire.
- Sistema de refrigeración, consiste en una serie de conductos, generalmente con agua o aceite que enfría los cilindros para evitar dilataciones. El calor absorbido en la refrigeración es susceptible de aprovecharse térmicamente.
- Lubricación.

La energía mecánica obtenida en el cigüeñal se sitúa alrededor del 35% de la energía térmica asociada al combustible. El 65% se distribuye en forma de calor: El 40-42% por el agua del sistema de refrigeración, un 15-20% por los gases de escape, un 5-8% se pierde por radiación. Los gasificadores conectados a motores fijos, ofrecen la posibilidad de utilizar la biomasa para producir energía mecánica o eléctrica, con un campo de aplicación desde unos pocos kW hasta algunos MW.

Turbinas de gas

Las turbinas de gas son dispositivos que permiten la obtención de energía mecánica de la explosión de un gas en una *cámara de combustión* haciendo pasar los gases residuales a través de una turbina, que acoplada a un alternador permite la obtención de energía eléctrica. Para mejorar el rendimiento, los gases de alimentación son inicialmente comprimidos por un compresor solidario a la turbina. De esta manera se aumenta la masa de gas que se introduce en la cámara de combustión. En la Figura 11.10 se representa el esquema de una turbina de gas de ciclo abierto.

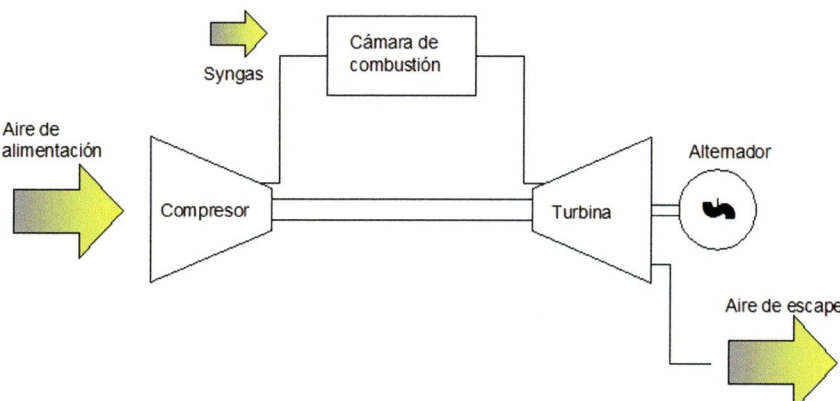

Figura 11.10. Esquema de una turbina de gas de ciclo abierto.

En un sistema de ciclo cerrado, los gases residuales después de la turbina son enfriados para volver al compresor y repetir el ciclo. En este caso, el gas del ciclo puede ser uno no oxidante, como el nitrógeno, utilizando un sistema secundario para el aumento de la entalpía entre el compresor y la turbina. En este circuito secundario el calor generado en la cámara de combustión se aporta al gas del ciclo mediante un intercambiador de calor (Figura 11.11).

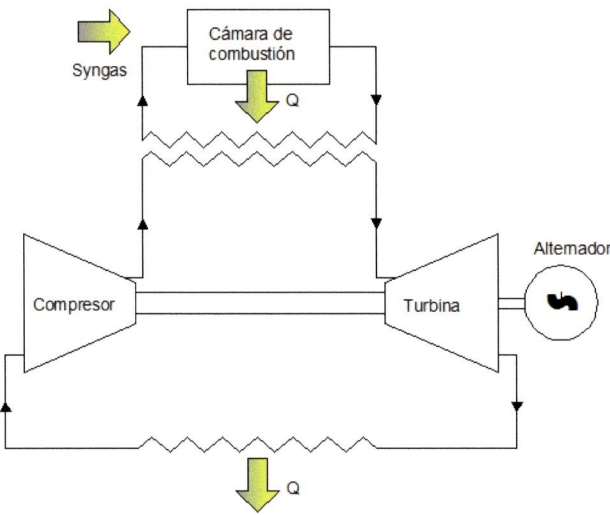

Figura 11.11. Esquema de una turbina de gas de ciclo cerrado.

Las turbinas de gas siguen el *ciclo de Brayton* (Figura 11.12). Este ciclo se desarrolla en gases sobrecalentados a temperaturas que no permiten condensación. En la Figura 11.12se muestran dos isobaras, una de baja presión y otra de alta presión. Inicialmente el gas se encuentra a baja presión (punto 1). Tras pasar por el compresor pasa a alta presión (punto 2). Si se considera el ciclo en condiciones ideales, la compresión es isoentrópica (sin pérdidas de calor en la acción del compresor) alcanzando alta presión con la que entra en la cámara de combustión (punto 2). En la cámara de combustión se provoca la expansión del gas, con lo que aumenta su entalpía a presión constante (punto 3). Los gases residuales de la combustión se hacen pasar por la turbina, donde disminuye la entalpía cediendo energía en forma de trabajo sin pérdidas de calor (punto 4). En el ciclo abierto la atmósfera representa el recipiente entre el punto 1 y 4.

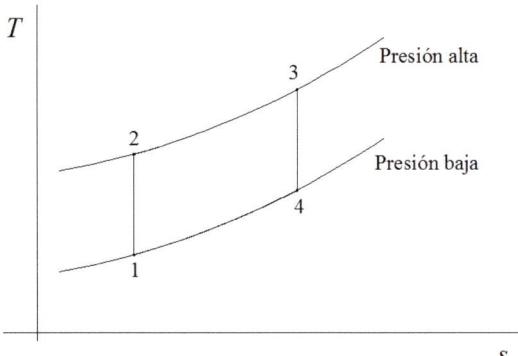

Figura 11.12. Diagrama del ciclo de Brayton.

El trabajo neto obtenido es la diferencia entre la energía mecánica producida por la turbina y la consumida por el compresor.

$$\dot{W}_{compresor} = \dot{m} \cdot \left(h_2 - h_1 \right) \tag{11.8}$$

$$\dot{W}_{turbina} = \dot{m} \cdot \left(h_3 - h_4\right) \tag{11.9}$$

$$\dot{W}_{neto} = \dot{m} \cdot \left(h_2 - h_1 - h_3 + h_4\right) \tag{11.10}$$

El calor consumido en el aumento de la entalpía del gas en la cámara de combustión se calcula según la Ecuación 11.11.

$$\dot{Q}_{cc} = \dot{m} \cdot \left(h_3 - h_2\right) \tag{11.11}$$

Se denomina rendimiento del ciclo ideal a la relación entre el trabajo neto y el calor consumido en la cámara de combustión (Ecuación 11.12). Dado que la variación de entalpía entre los puntos 2 y 3, y entre el 4 y el 1 es a presión constante, la diferencia de entalpía es igual a la diferencia de temperatura por la capacidad calorífica, $dh = C_p \cdot dT$.

$$\eta_{brayton} = \frac{\dot{W}_{neto}}{\dot{Q}_{cc}} = \frac{h_2 - h_1 - h_3 + h_4}{h_3 - h_2} = 1 - \frac{h_1 - h_4}{h_3 - h_2} = 1 - \frac{C_p \cdot \left(T_1 - T_4\right)}{C_p \cdot \left(T_3 - T_2\right)} = 1 - \frac{T_1 - T_4}{T_3 - T_2} \tag{11.12}$$

Cuando son consideradas las pérdidas de calor en el compresor y en la turbina deben ser aplicados a los trabajos teóricos del gas ideal los rendimientos energéticos, Ecuaciones 11.13 y 11.14, donde h_{3r} y h_{4r} son las entalpías de los puntos reales 3 y 4 respectivamente (Figura 11.12). La Ecuación 11.13 representa la relación entre la energía que se debe aportar al gas para aumentar su presión y la que realmente se aporta (que es mayor a la anterior porque hay pérdidas energéticas). La Ecuación 11.14 representa la relación entre la energía que realmente proporciona la turbina pasando el gas del punto 3 al 4, y la que debería aportar si el proceso fuera isoentrópico.

$$\eta_{compresor} = \frac{h_2 - h_1}{h_{2r} - h_1} \tag{11.13}$$

$$\eta_{turbina} = \frac{h_{4r} - h_3}{h_4 - h_3} \tag{11.14}$$

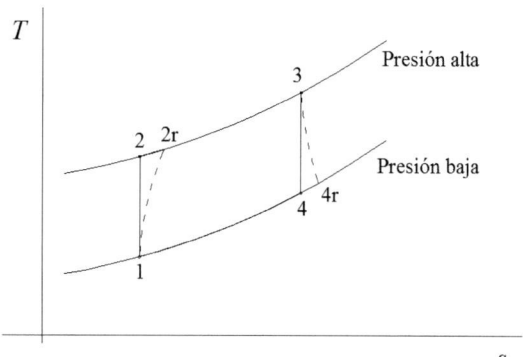

Figura 11.13. Diagrama de ciclo de Brayton no ideal.

419

En un ciclo abierto si el calor residual de los gases de escape de la turbina se aprovecha para precalentar los gases antes de su entrada en la cámara de combustión, se denomina *ciclo regenerativo* (Figura 11.14). Si el calor de los gases de escape tras la turbina se utilizan para precalentar agua de alimentación de una caldera de un ciclo de Rankine, se denomina *Ciclo combinado de turbina de gas y turbina de vapor* (Figura 11.15).

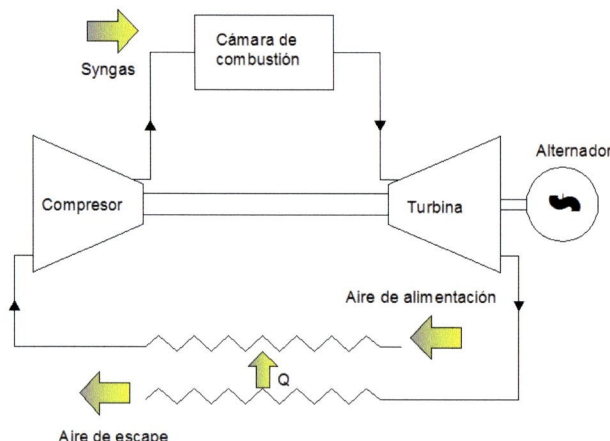

Figura 11.14. Esquema de turbina de gas con ciclo regenerativo.

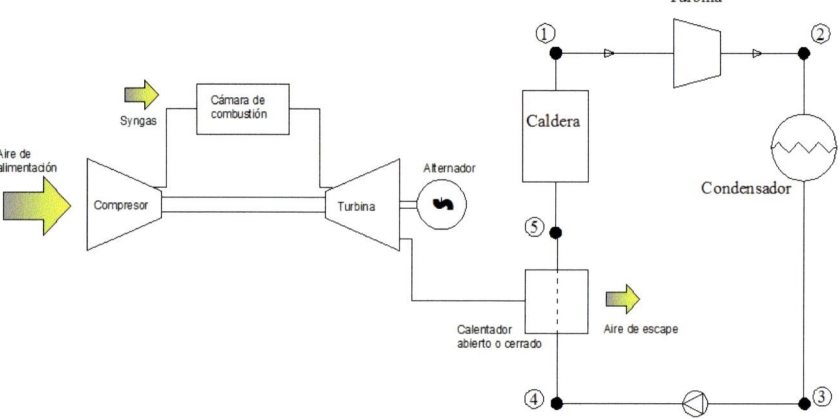

Figura 11.15. Esquema ciclo combinado de turbina de gas y turbina de vapor.

11.8. Dimensionado de la instalación

El dimensionado de la instalación de una planta de gasificación comienza por seleccionar cual es la potencia eléctrica a instalar E. Esto dependerá del análisis de rentabilidad, es decir, de las economías de escala que se manejen. Si se utilizan motores de combustión acoplados a alternadores como sistema de generación de electricidad, para la selección del gasificador hay que tener en cuenta el rendimiento del motor (35% aproximadamente) y del alternador (80%). De tal manera que si, por ejemplo, la potencia a instalar E son 5 MW, la potencia entre todos los motores será:

$$\dot{W}_{motor} = \frac{E}{\eta_{alternador}} = \frac{5000}{0,8} = 6250 \text{ kW}$$

Pongamos como ejemplo que se utiliza como materia prima astillas de madera donde el contenido de volátiles es del 70% del peso, el contenido de agua del gas volátil obtenido es del 10% en peso, y el poder calorífico del *syngas* resultante una vez depurado y deshidratado es de 15000 kJ/m³. Estos datos se obtienen del análisis termogravimétrico acoplado a espectrómetro de masas. A partir del análisis de los componentes del gas se estima el poder calorífico del mismo.

Una vez seleccionados los tipos de motores y determinadas sus características, el gasto de *syngas* necesario en el sistema se puede estimar de acuerdo a la Ecuación 11.15.

$$G_{syngas} = V_c \cdot \frac{n_w}{2} \cdot n_c = \frac{\dot{W}_{motor}}{\rho_{aire} \cdot dosado \cdot PC_{syngas} \cdot \eta_{motor}} \tag{11.15}$$

Para un dosado de 1 g combustible/17 g de aire se tiene:

$$G_{syngas} = \frac{6250}{1,29 \cdot (1/17) \cdot 15000 \cdot 0,35} = 15,68 \text{ m}^3/\text{s}$$

La densidad del *syngas* (ρ_{syngas}) suele oscilar alrededor de 1,25 kg/m³ en condiciones normales, lo que significa que la cantidad de biomasa a procesar en el gasificador es:

$$\dot{m}_{astillas} = \frac{\rho_{syngas} \cdot G_{syngas}}{Volatiles} = \frac{1,25 \cdot 15,68}{0,70} = 28,02 \text{ kg astillas/s}$$

Si el tiempo de retención del material en el gasificador (*TR*) es de 15 min (600 s), la masa que debe almacenar el gasificador en un determinado instante viene dado por:

$$m_{gasificador} = \dot{m}_{astillas} \cdot TR = 28,02 \cdot 600 = 16809,05 \text{ kg astillas en gasificador}$$

El volumen que debe ocupar el gasificador es alrededor de un 25% más que el ocupado por el material. Si la densidad de las astillas de madera (ρ_a) es de 350 kg/m³, se obtiene un volumen de gasificador de:

$$V_{gasificador} = 1,25 \cdot \frac{m_{gasificador}}{\rho_a} = \frac{16809,05}{350} = 60 \text{ m}^3$$

Normalmente las dimensiones de diámetro y altura del gasificador poseen una relación fija, siendo la altura 3 veces el diámetro del mismo (*H=3D*), por tanto:

$$V_{gasificador} = \pi \cdot \frac{D^2}{4} \cdot H = \pi \cdot 3 \cdot \frac{D^3}{4} \rightarrow D = \sqrt[3]{\frac{4}{3} \cdot \frac{V_{gasificador}}{\pi}} = \sqrt[3]{\frac{4}{3} \cdot \frac{60}{\pi}} = 2,94 \approx 3 \text{ m}$$
$$H = 9 \text{ m}$$

Supongamos que se utiliza un gasificador de *lecho fijo updraft*, con una temperatura de operación de 800 °C a 15 bar. El consumo de energía en el reactor viene dado por la Ecuación 11.16, donde $C_{e\text{-}astillas}$ es el calor específico conjunto del material heterogéneo formado por los volátiles y partículas de madera en descomposición a 15 bares, que se sitúa alrededor de 950 J/kg °C; $\left(h_s - h_e\right)$ es la diferencia de entalpía específica del material a la entrada y salida del gasificador; $\left(T_s - T_e\right)$ es la diferencia entre la temperatura de entrada y la de salida del material del gasificador.

$$\dot{Q}_{gasificador} = \dot{m}_{astillas} \cdot \left(h_s - h_e\right) = \dot{m}_{astillas} \cdot C_{e\,astillas} \cdot (T_s - T_e) \tag{11.16}$$

Si se parte de una temperatura inicial en la astilla de 25 °C y se debe alcanzar los 800 °C, la rampa de temperatura es para el tiempo de retención fijado es de 1,29 °C/s. El calor a aportar en el gasificador es:

$$\dot{Q}_{gasificador} = 28,02 \cdot 950 \cdot 10^{-6} \cdot (800 - 25) = 20,61 \text{ MW}$$

El rendimiento térmico expresado como la relación entre la energía suministrada a los motores y la energía térmica aportada en la instalación.

$$\eta_{gasificador} = \frac{\dot{W}_{motores}}{\dot{Q}_{gasificador}} = \frac{6,25}{20,61} = 0,303$$

$$\eta_{instalación} = \frac{\dot{W}_{eléctico}}{\dot{Q}_{gasificador}} = \frac{5}{20,61} = 0,243$$

$$\dot{Q}_{condensador} = G_{syngas} \cdot \rho_{syngas} \cdot C_e \text{ syngas} \cdot \left(T_i - T_f\right) + $$
$$G_{syngas} \cdot \rho_{syngas} \cdot \omega_{syngas} \cdot Q_{latente} = \dot{m}_{agua\,refrig.}\left(h_s - h_e\right) \tag{11.17}$$

Donde G_{syngas} es el flujo volumétrico de gas obtenido (m³/s); ρ_{syngas} es la densidad del gas; ω_{syngas} es la humedad del gas; $C_{e\,syngas}$ es el calor específico del gas que se sitúa alrededor de los 1012,30 J/kg °C; $Q_{latente}$ es el calor consumido en el cambio de estado del agua contenida en el *syngas* a la presión de trabajo; T_i es la temperatura inicial del gas a la entrada de condensador; T_f es la temperatura final del gas y del agua a la salida del condensador; $\dot{m}_{agua\,refrig.}$ es el flujo másico del agua de refrigeración del condensador; $(h_s - h_e)$ es la diferencia de entalpía del agua de refrigeración entre su entrada y su salida del condensador.

Si el syngas entra en el condensador a 15 bares con una humedad del 10%, la temperatura de condensación del agua es T_{cond} =198,3 °C y el calor latente para el cambio de estado es $Q_{latente}$ =1947,3 kJ/kg. Estos valores se pueden consultar en las tablas de las propiedades termodinámicas del agua. La temperatura con la que el gas entrará al motor será la temperatura de condensación, entonces:

$$\dot{Q}_{condensador} = $$

$$15,68 \cdot 1,25 \cdot 1012,3 \cdot \left(540,2 - 198,3\right) + 15,68 \cdot 1,25 \cdot 0,10 \cdot 1947,3 \cdot 10^3 = 10600,4 \cdot 10^3 \text{ W} = 10,60 \text{ MW}$$

$$= \dot{m}_{agua\,refrig.}\left(h_e - h_s\right)$$

Si el agua de refrigeración del condensador entra a una temperatura de 15 °C y sale a 35 °C, las entalpías de entrada y salida se pueden consultar en las tablas de las propiedades de líquido saturado: $h_{15°}$ = 62,984 kJ/kg y $h_{35°}$ = 146,645 kJ/kg.

$$\dot{m}_{refrigeración} = \frac{\dot{Q}_{condensador}}{h_{35°} - h_{15°}} = \frac{10600,4}{146,645\text{-}62,984} = 126,71 \text{ kg/s}$$

Si se emplea el calor del agua de refrigeración y humos de escape para la condensación del agua del *syngas*, de esta fuente se dispone alrededor del 55% de la potencia de los motores.
En la Figura 11.16. se representa el balance de energía.

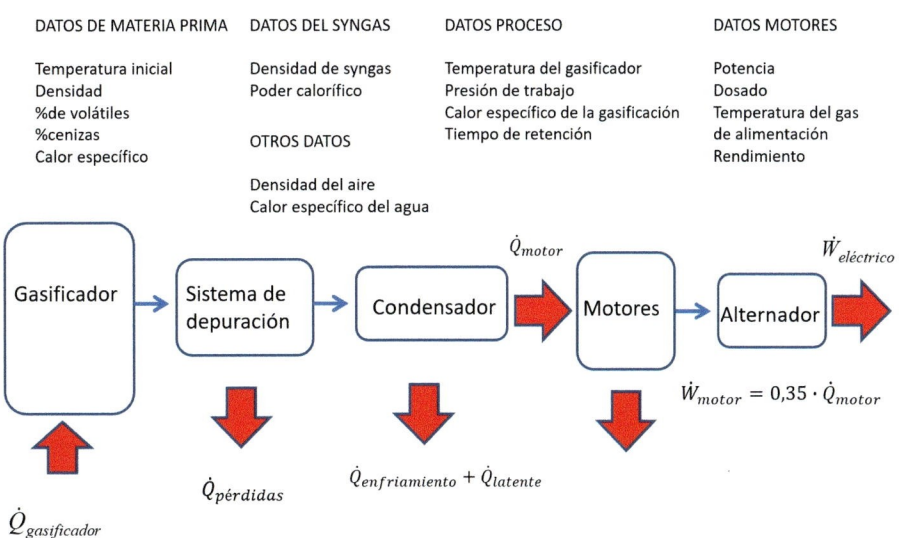

Figura 11.16. Balance energético del proceso.

11.9. Proceso Fisher-Tropsch

El proceso Fischer-Tropsch consiste en un mecanismo de polimerización a partir del monóxido de carbono (CO) y el hidrógeno (H_2) contenido en el gas de síntesis para la producción de hidrocarburos de cadena larga como combustibles líquidos con características muy similares a los carburantes minerales como la gasolina, el keroseno, gasoil y algunos lubricantes. La combinación del CO y el H_2 puede seguir diferentes caminos:

$$\text{n CO} + 2\text{n } H_2 \rightarrow C_nH_{2n} + \text{n } H_2O \text{ formación de alcanos (n-olefinas)} \tag{1}$$

$$\text{n CO} + (2\text{n}+1) H_2 \rightarrow C_nH_{2n+2} + \text{n } H_2O \text{ formación de alquenos (n-parafinas)} \tag{2}$$

$$\text{n CO} + 2\text{n } H_2 \rightarrow C_nH_{2n+2}O + (\text{n-1}) H_2O \text{ formación de alcoholes y éteres} \tag{3}$$

$$\text{n CO} + (2\text{n-1}) H_2 \rightarrow C_nH_{2n}O + (\text{n-1}) H_2O \text{ formación de aldehídos y cetonas} \tag{4}$$

$$\text{n CO} + (2\text{n-2}) H_2 \rightarrow C_nH_{2n}O_2 + (\text{n-2}) H_2O \text{ formación de ácidos carboxílicos} \tag{5}$$

El proceso de formación de los hidrocarburos requiere los siguientes pasos:
- Pre-tratamiento de la biomasa, (trituración y secado)
- Gasificación
- Depuración del gas
- Procesamiento del gas para la reformación de hidrocarburos

La gasificación se lleva a cabo en una temperatura que oscila entre 750 y 1100°C, con vapor de agua como gasificante produciéndose las siguientes reacciones:

$$C(s) + H_2O \Leftrightarrow CO + H_2$$

$$CO + H_2O \Leftrightarrow CO_2 + H_2$$

$$CO + 3H_2 \Leftrightarrow CH_4 + H_2O$$

Por tanto, el producto de la gasificación es una mezcla de CO_2, CH_4, CO, H_2 y H_2O. La relación entre H_2/CO en el gas obtenido suele situarse entre 0,6 y 0,7, cuando el óptimo de acuerdo a las reacciones (1) y (2) es de valores superiores a 2. Sin embargo si se inyecta un exceso de vapor, éste desplaza los dos primeros equilibrios a la derecha y el último equilibrio a la izquierda, por lo que se favorece la formación de CO, CO_2 y H_2. Por ello es necesario, tratar el gas para obtener los valores H_2/CO requeridos. Por otro lado, también es necesario remover las moléculas derivadas del azufre, principalmente H_2S y COS, junto los constitu-yentes de las cenizas. El H_2S, COS y CO_2 son denominados gases ácidos, porque forman una solución ácida corrosiva al disolverse en agua. Los gases ácidos suelen separarse por absorción (Figura 11.6). Los absorbentes más usados a bajas temperaturas son soluciones de amina como MEA (mono etanol amina), metanol, dimetiléteres, óxidos de metales (Mn, Fe, Cu, Co, Ce, Zn tales como CuO, ZnO, Al_2O_3, Fe_2O_3-Cr_2O_3) o adsorción utilizando adsorben-tes porosos como zeolitas y carbón activado.

Una vez se ha depurado el CO y el H_2, el proceso de polimerización tiene tres etapas: iniciación, propagación y terminación. Para que el proceso inicie es necesario que aparezcan especies activas reaccionantes. Si para que las moléculas se activen es necesaria alguna mo-lécula distinta a los monómeros (M), a esta molécula inicial se le denomina iniciador (I*). En la fase de iniciación el iniciador se combina con el monómero de tal manera que lo activa, y le hace susceptible a enlazarse con otros monómeros.

$$I^* + M \rightarrow IM^*$$

Esta fase es cinéticamente más lenta que la propagación y terminación por lo que es la que limita el tiempo de reacción. En la fase de propagación el monómero activado reacciona con otros monómeros que pasan a alargar la cadena.

$$IM^* + M \rightarrow IMM^*$$

$$IMM^* + M \rightarrow IMM^*$$

$$IMM^* + M \rightarrow IMMM^*$$

$$IM_{n-1}^* + M \rightarrow IM_n^*$$

La terminación se puede producir por dos mecanismos: bien por la captación de un hidróge-no que provoca la desactivación del radical (a), o bien por el choque de dos cadenas activas formando una más larga (b).

$$IM_n^* + H^* \rightarrow IM_nH \qquad (a)$$

$$IM_n^* + IM_i^* \rightarrow IM_nM_iI \quad (b)$$

Los iniciadores catalizadores del proceso Fischer-Tropsch son metales como el Ni, Co y Fe sobre sílice, trabajando con temperaturas entre 250 y 450 °C (dependiendo del catalizador utilizado), y presiones de 15 a 40 bar. Alrededor de un 90% de los polímeros formados tienen entre 10 y 20 carbonos, pasando a líquido. Entonces éste es sometido a un hidrocraqueo, tratamiento con hidrógeno que consiste en una rotura de las moléculas más largas para conseguir cadenas entre 5 y 10 carbonos, semejantes a las de la gasolina. Durante estos procesos, se generan gran cantidad de subproductos que pueden ser destilados y comercializados separadamente con distintos aprovechamientos: energético, lubricantes, industriales, etc.

_ 11.10. Carbonización

La carbonización consiste en una pirólisis cuyo objetivo principal es la obtención de carbón vegetal. Generalmente en la carbonización los volátiles eliminados de la materia orgánica durante un calentamiento en ambiente pobre de oxígeno se liberan a la atmósfera. Puesto que estos gases no son utilizados, la presencia de alquitranes, polvo o sustancias inquemadas no es relevante, lo que propicia que el proceso tienda a realizarse a menor temperatura que la gasificación. La temperatura máxima que se alcanza en una carbonización convencional se sitúa entre 400 y 500 °C.

La carbonización es una técnica ancestral, realizada en zonas rurales en hornos excavados en el suelo o en la roca, también en hornos de arcilla rudimentarios. El calentamiento de la materia orgánica se conseguía mediante la combustión de una parte de la carga, de tal manera que el calor y el dióxido de carbono desplaza el resto de aire, logrando la atmósfera pobre de oxígeno. Es conveniente que el horno esté aislado térmicamente para favorecer el incremento de la temperatura. Actualmente, la carbonización se realiza en equipos industriales con el mismo principio de funcionamiento. Una pequeña porción de oxígeno se introduce en el horno de forma controlada para mantener una parte de la carga en combustión y con ello controlar la temperatura y optimizar el proceso.

Las fases de calentamiento en la carbonización serán las siguientes:
- La temperatura va aumentando hasta los 100 °C, donde se produce la evaporación del agua contenida en la materia orgánica.
- Cuando la madera está seca y calentada a alrededor de 280°C, comienza espontáneamente a fraccionarse, liberando gases como ácido acético y compuestos químicos más complejos, fundamentalmente en la forma de alquitranes y gases no condensables, que consisten principalmente en hidrógeno, monóxido y dióxido de carbono.
- A partir de los 380 °C se intensifica la carbonización (concentración de carbón en los residuos).
- A los 400°-450 °C, el contenido de carbono fijo en el carbón vegetal se sitúa alrededor del 67-70% y el contenido de cenizas es sobre el 30% en peso.
- Un ulterior calentamiento disminuye el contenido de carbono fijo, eliminando y descomponiendo aún más los alquitranes.

Métodos utilizados

Fosas de tierra

Usadas a nivel rural. La técnica consiste en excavar una fosa, que se rellena de la madera a carbonizar, alternando capas de ramas colocadas de forma longitudinal y capas de ramas transversales. Posteriormente se tapa con láminas metálicas que actúan como soporte, y encima con la tierra excavada. La tierra resulta impermeable a los gases, de forma que no entra oxígeno, y actúa como aislante térmico. Se puede construir la fosa con planta rectangular, pero experiencias indican que resulta más difícil la marcha homogénea del proceso. Eso hace que muchas de las fosas se construyan de forma cuadrangular o circular con una profundidad menor de 2 m. En uno de los lados se deja una entrada de aire, que es también por donde se realizará el encendido, y en el lado opuesto debe colocarse una chimenea para la salida de humo. Fosas de 6 m³ requieren como 10 t de madera con una duración del proceso entre 7 y 10 días de reacción. Aproximadamente 1/3 de la madera se convertirá en carbón.

La comercialización del carbón vegetal requerirá limpieza de ceniza, generalmente mediante corrientes forzadas de aire.

Parvas

Consiste en formar un montículo o pila de madera sobre el suelo, cubierto con tierra. La tierra viene a formar la barrera aislante contra una pérdida excesiva de calor e impermeable a los gases. Se deja un hueco central que actuará de chimenea y por donde también se puede realizar el encendido. El diámetro del montón puede ser de unos 3 o 4 m.

Se prefiere la parva de tierra a la fosa donde el suelo es rocoso, duro o delgado, o donde la capa freática está cerca de la superficie. En contraposición, la fosa es ideal donde el suelo es bien drenado, profundo y franco.

Hornos de ladrillo refractario

Éstos pueden estar o no enguarnecidos exteriormente con cementos plásticos para aguantar las tensiones mecánicas y térmicas. Suelen tener forma circular, con techo en cúpula o domo. Existen con paredes verticales o ser semiesféricos desde el suelo. Puede tener una o varias chimeneas, alrededor del horno. Suponen un tipo de horno industrial en los que la entrada de aire es controlada mediante escotillas de sección variable a presión natural o ligeramente forzada, distribuidas por la pared para homogenizar la cantidad de oxígeno en todo el volumen. Poseen control de temperatura mediante sonda, a partir de la cual se regula la aireación. Con ello, una mayor variedad de materias primas pueden ser carbonizadas con el máximo control del proceso (cáscaras de almendra, huesos de aceituna, corteza de coco, etc.). Durante la fase de enfriamiento el horno queda sellado, sin que entre nada de oxígeno. La alimentación y vaciado se realiza a través de una compuerta de elevadas dimensiones por donde se realiza el encendido a través de una antorcha. Posteriormente la entrada se cierra o se cubre de barro. La alimentación puede ser manual o automatizada con tornillo sinfín.

El rendimiento del horno suele situarse alrededor de 1 t de carbón vegetal por cada 6 m³ de horno. Así una capacidad del horno para producir 5 toneladas de carbón vegetal por ciclo de quema resulta de 30 m³ de leña. El ciclo de quema oscila entre 9 y 15 días, lo que proporciona un margen de tiempo suficiente para completar el proceso de carbonización de manera eficiente.

Hornos metálicos

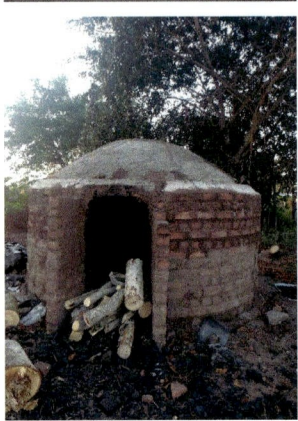

Son recipientes estancos, revestidos con material aislante. Poseen las mismas prestaciones que los hornos de ladrillo: control de la entrada de aire, llenado y vaciado manual o automatizado. La materia prima generalmente son astillas. Presentan como ventaja que son transportables. El proceso en estos hornos es de 5 a 6 días (calentamiento + enfriamiento).

Durante el proceso de carbonización, se pueden observar diferentes tonalidades de color del humo, cada una indicando una etapa específica del proceso. Inicialmente, el humo es de color blanco, lo que señala la pérdida de humedad de la madera. Luego, el humo adquiere un tono gris oscuro, lo que representa la eliminación del material volátil contenido en la madera. Posteriormente, se observa una tonalidad azul en el humo, lo que indica que la madera ha sido transformada en carbón vegetal. En este punto, se procede a tapar la alimentación del aire y salida del horno para permitir que la lumbre descienda y provocar el enfriamiento lento del horno.

Figura 11.17. Hornos de ladrillo refractario (Fotos cedidas por Juan de Dios García-Quezada, México).

Carbón activo

Hay que reconocer que la contribución del uso de carbón vegetal en el conjunto de la demanda de biomasa para la obtención de energía es pequeña. Se utiliza sobre todo en el sector doméstico para cocinar, calentar agua y en la calefacción ambiental; a nivel industrial en fraguas pequeñas o en el secado de cultivos.

A parte del uso energético, el carbón vegetal constituye la materia prima para el carbón activo, suponiendo una importante cuota de su comercialización. El carbón activo es un material con microporos que es usado como filtrante en múltiples procesos industriales, como depuración de aguas, aceites, carburantes, etc.

El carbón vegetal sin tratar no posee alta capacidad filtrante si no es sometido a tratamiento, puesto que su fina estructura está bloqueada por residuos alquitranados. La fabricación del carbón activo consiste en eliminar los residuos de alquitrán y dejar libre la estructura porosa, para ello el carbón vegetal bruto se calienta con vapor sobrecalentado a presión, junto ácido sulfúrico. Los vapores evacuados remueven los alquitranes. Posteriormente se deja enfriar.

CAPÍTULO XI. RECUERDA

- En un sistema de gasificación los elevados requerimientos de temperatura obligan a optimizar cuidadosamente el sistema de recuperación de calor a fin de mantener un buen rendimiento térmico global.

- Las cadenas alifáticas involucradas en los diferentes procesos en función del número de carbonos son los siguientes: alquitranes (C_{40} a C_{20}), olefinas y parafinas (C_{20} a C_{10}), gasolina (de C_{10} a C_5).

Capítulo XII
Diseño de biorreactores

Un gran número de tratamientos químicos de los distintos tipos de biomasa para producir biocombustibles líquidos y gaseosos, tales como etanol, biodiesel y biogás, están basados en procesos microbianos de degradación de la materia orgánica. El dominio del proceso, su control y diseño pasa por tener conocimientos de biorreactores. En este capítulo se abordan todos los aspectos técnicos de las instalaciones orientados al proyecto de ingeniería y control del proceso industrial, tales como:

- CÁLCULO DE FLUJOS Y TIEMPOS DE RETENCIÓN
  - Análisis de la cinética de procesos químicos y microbiológicos
  - Dimensionado de bombas y conexiones
  - Sistema de inoculación
- DISEÑO SISTEMA DE AIREACIÓN EN PROCESOS AEROBIOS
  - Control de la aireación
  - Dimensionado del compresor
  - Filtros y Sparger
- DIMENSIONADO SISTEMAS DE AGITACIÓN
  - Dimensionado de turbinas y potencia de agitación
  - Diseño del sello mecánico
- CÁLCULO MECÁNICO DEL RECIPIENTE
  - Determinación de la resistencia de los materiales para soportar los esfuerzos y cargas en el biorreactor
  - Condiciones de unión de piezas y sus propiedades
  - Acabado superficial de los materiales
- DISEÑO DEL SISTEMA DE CONTROL TÉRMICO DEL REACTOR
  - Sistemas de calentamiento
  - Sistemas de refrigeración
- DISEÑO DEL SISTEMA DE CONTROL DE pH
- DISEÑO DEL SISTEMA DE LIMPIEZA Y ESTERILIZACIÓN
  - Esterilización química
  - Cleaning In Place Technology (CIP)
  - Control del sistema
  - Instalaciones para desinfección de tanque con calor

Estos aspectos no sólo son útiles y aplicables para la producción de biocombustibles, sino que se pueden aplicar también a la industria alimentaria, a la industria farmacéutica, a la industria cosmética, depuración de aguas y lodos residuales, y biorrefinerías industriales.

12.1. Fundamento del funcionamiento del biorreactor

Se define como reactor al recipiente donde ocurre un cambio en la composición de las sustancias de alimentación a través de una reacción química. Las sustancias iniciales se denominan reactivos y a las finales productos. Dentro de los reactores debemos distinguir los **reactores biológicos o biorreactores** como el recipiente donde las reacciones que se producen están vinculadas al metabolismo de seres vivos, generalmente el crecimiento de células.

Durante su crecimiento las células secretan sustancias que pueden ser útiles para el ser humano, como alcoholes combustibles, antibióticos, o sustancias químicas de aplicación agrícola o industrial. Para obtener esas sustancias se hacen crecer las células deseadas en un biorreactor, para ello se le deben proporcionar las condiciones óptimas en cuanto a alimento, eliminación de inhibidores, eliminación de competencia (a través de desinfección previa), condiciones determinadas de temperatura y pH. Tras la producción de la sustancia deseada, ésta queda diluida en el caldo del biorreactor, por tanto su extracción pasa por un proceso de destilación, o purificación del fluyente.

En microbiología a la cantidad o concentración de microorganismos en el biorreactor se denomina biomasa. En este contexto no hay que confundir el término biomasa (microorganismos) con el tipo de materia prima que se desea procesar, que en el ámbito de la bioenergía también se denomina biomasa pero que en el ámbito de la microbiología se denomina sustrato.

En cuanto a la alimentación, los microorganismos precisan tres tipos de sustancias principales: una fuente de carbono, una fuente de nitrógeno y, en su caso, oxígeno (en reacciones aerobias). Para determinar cuanta cantidad de alimento es necesario y cuanto producto se puede obtener en un determinado proceso, se puede partir de la reacción estequiométrica del mismo. Los microorganismos pueden ser analizados en cuanto a su composición elemental de carbono C, hidrógeno H, oxígeno O y nitrógeno N, obteniendo su fórmula empírica $CH_xO_yN_z$. Existen ya numerosas referencias en cuanto a la composición elemental de los microorganismos más comunes, como se muestra en la Tabla 12.1. También debe ser conocida la fórmula del sustrato y del producto secretado durante su crecimiento. De acuerdo a las composiciones del microorganismo, sustrato, y productos se puede escribir la ecuación estequiométrica general como se muestra en (12.1), donde no se incluyen todos los elementos del medio de reacción, sólo aquellos que se consideran limitantes, que suelen ser la fuente de C, el O_2 y la fuente de N, aunque pueden haber otros.

Tabla 12.1. Fórmula elemental de microorganismos fermentadores.

Microorganismos	Fórmula empírica
Aerobacter aerogenes	$CH_{1.78}O_{0.33}N_{0.24}$
Klebsiella aerogenes	$CH_{1.74}O_{0.43}N_{0.22}$
Candida utilis	$CH_{1.84}O_{0.55}N_{0.2}$
Saccharomyces cerevisiae	$CH_{1.70}O_{0.46}N_{0.17}$

$$CH_mO_n + a\,O_2 + b\,NH_3 \rightarrow c\,CH_xO_yN_z + d\,CO_2 + e\,H_2O + f\,C_sH_rO_w \qquad (12.1)$$

Por ejemplo, si consideramos un proceso de fermentación alcohólica con levaduras *Saccharomyces cerevisiae* con glucosa $C_6H_{12}O_6$ como la fuente de carbono, y amoniaco NH_3 como la fuente de nitrógeno, para producir etanol la reacción se modeliza según la Ecuación 12.2.

$$C_6H_{12}O_6 + a\,O_2 + b\,NH_3 \rightarrow c\,CH_{1.703}O_{0.459}N_{0.171} + d\,CO_2 + e\,H_2O + f\,C_2H_6O \qquad (12.2)$$

Para la determinación de los coeficientes estequiométricos se resuelve el sistema de ecuaciones del balance de cada uno de los elementos. El coeficiente a indica los moles de oxígeno consumidos en la reacción por mol de sustrato (glucosa). El coeficiente b indica los moles de amoniaco consumidos en la reacción por mol de sustrato. El coeficiente c indica los moles de microorganismos (biomasa) que se obtienen por mol de glucosa consumido. Los valores c, e y f son los moles de dióxido de carbono, agua y etanol producidos por mol de glucosa respectivamente.

Como se puede observar el número de ecuaciones obtenidas en los balances de cada elemento es inferior al número de incógnitas, lo que hace que el sistema de ecuaciones lineales resultante sea indeterminado. Esto nos obliga para resolver el sistema realizar determinaciones empíricas complementarias como la obtención de la relación biomasa/oxígeno (c/a) y biomasa/dióxido de carbono (c/d) a través generalmente de experimentos específicos. La relación biomasa/oxígeno es el número de células que se obtiene por mol de oxígeno consumido. Es justamente la inversa de la demanda biológica de oxígeno (DBO). Es decir, la DBO se define como el oxígeno consumido por mol de células reproducido. La biomasa/oxígeno (c/a) y biomasa/dióxido de carbono (c/d) se obtienen mediante un sencillo experimento en el que una concentración de células conocida se hace crecer en un medio de cultivo en el cual se ha colocado una sonda que mide de forma instantánea la concentración de O_2 o CO_2 según el caso. En cuanto se modifica la concentración de estos gases se mide la variación del número de células. Así se obtiene el sistema de ecuaciones siguiente para la reacción indicada:

C: $\quad 6 = c+d+2f$

H: $\quad 12+3\cdot b=1{,}703\cdot c+2\cdot e+6\cdot f$

O: $\quad 6+2\cdot a=0{,}459\cdot c+2\cdot d+e+f$

N: $\quad b=0{,}171\cdot c$

c/a= 2,913

c/d= 0,700

La resolución del sistema de ecuaciones se muestra en la reacción (12.3)

$$C_6H_{12}O_6 +0{,}46O_2 + 0{,}23\ NH_3 \rightarrow$$
$$1{,}34\ CH_{1{,}703}O_{0{,}459}N_{0{,}171} + 1{,}92CO_2 +1{,}10\ H_2O + 1{,}37\ C_2H_6O \qquad (12.3)$$

Especial importancia tienen la relación molar biomasa/sustrato (c=1,34), biomasa/oxígeno (c/a = 2,91) y biomasa/producto (c/f = 0,98) en el diseño de los flujos de alimentación del biorreactor. La relación biomasa/sustrato se simboliza generalmente como $Y_{x/s}$ de acuerdo a la Ecuación 12.4 y se puede expresar tanto como relación de masas como relación de moles, es decir, como la masa de microorganismos producida en relación a la masa de sustrato consumida; o los moles de microorganismos producidos en relación a los moles de sustrato consumidos. Las relaciones biomasa/oxígeno y biomasa/producto se calculan según las Ecuaciones 12.5 y 12.6 respectivamente, y del mismo modo se pueden expresar en relación de masa o de moles.

$$Y_{x/s} = \frac{X_1 - X_0}{S_0 - S_1} \qquad (12.4)$$

$$Y_{x/o} = \frac{X_1 - X_0}{O_0 - O_1} \qquad (12.5)$$

$$Y_{x/p} = \frac{X_1 - X_0}{P_1 - P_0} \tag{12.6}$$

X_0 es la masa (o moles) de células inicial, X_1 es la masa (o moles) de células final. S_0 es la masa (o moles) de sustrato inicial, S_1 es la masa (o moles) de sustrato final. O_0 es la masa (o moles) de oxígeno inicial, O_1 es la masa (o moles) de oxígeno final. P_0 es la masa (o moles) de producto inicial, P_1 es la masa (o moles) de producto final, en una prueba específica.

12.2. Tipos de biorreactores

De acuerdo a la configuración del biorreactor se tienen dos tipos: biorreactor de tanque agitado o biorreactor flujo-pistón.

Biorreactor de tanque agitado

El biorreactor de tanque agitado es un recipiente donde las condiciones de crecimiento son homogéneas y cada uno de sus componentes tiene la misma concentración en todos los puntos de su volumen, es decir, no existen gradientes de concentración en cualquier elemento, ni de temperatura, ni de pH. Esto se consigue por la acción de una turbina que mantiene el caldo de cultivo en continuo movimiento, produciendo la mezcla. Según el régimen de alimentación los biorreactores de tanque agitado se clasifican en tres grupos:

- *Biorreactor de tanque agitado en discontinuo*, también llamado *biorreactor Batch*. Este tipo de biorreactor trabaja por lotes, es decir, se llena con caldo de cultivo y se deja reaccionar un periodo de tiempo, tras el cual se vacía. El tiempo que un determinado elemento está dentro del reactor se denomina *Tiempo de retención,* es decir en este tipo de biorreactores comprende el periodo entre el llenado y el vaciado. Durante el tiempo de retención no entra ni sale material del reactor, es decir, los flujos son cero. La concentración de los componentes en el interior del reactor es variable. La concentración de células va aumentando hasta un límite, la concentración de sustrato va disminuyendo y la concentración de producto va aumentando.
- *Biorreactor de tanque agitado en continuo*, también llamado *Quimiostato*. En él se alimenta de forma continua a las células con sustrato y se extrae también de forma continua caldo con producto. Los flujos de entrada y salida son iguales, y la concentración de todos los componentes en el interior del reactor es constante. El tiempo de retención *TR* de los componentes se calcula por la Ecuación 12.7 donde *V* es el volumen del reactor y *F* el flujo de entrada y salida.

$$TR = \frac{V}{F} \tag{12.7}$$

- *Biorreactor de tanque agitado en semicontinuo*. Es el biorreactor agitado en que la reacción se produce durante el proceso de llenado del mismo. Cuando termina el llenado se da por concluida la reacción comenzando el vaciado. El tiempo de llenado es el tiempo de retención. La concentración de los distintos componentes durante el tiempo de retención es constante.

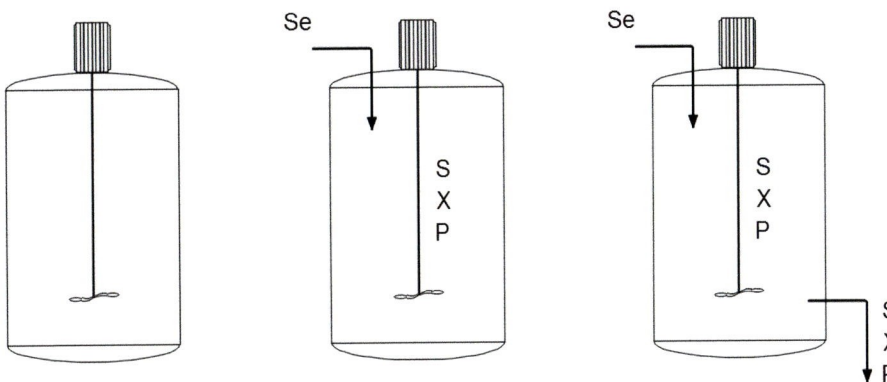

Figura 12.1. Tipos de biorreactor de tanque agitado (a) discontinuo, (b) semicontinuo, (c) continuo.

Biorreactor flujo-pistón

El biorreactor tipo flujo-pistón es un recipiente estratificado,en el que la alimentación se produce de forma continua por un extremo, y circula en flujo laminar lentamente a través del mismo mientras se va produciendo la reacción. Cuando el fluido llega al extremo opuesto del reactor la reacción ha concluido, y se realiza el vaciado también de forma continua. Este tipo de reactor es muy conveniente cuando diferentes tipos de microorganismos trabajan encadenadamente formando un mecanismo de tal modo que el producto del primer tipo de microorganismos es el sustrato del siguiente tipo de microorganismos. En cada estrato predominará un tipo y una composición. A medida que se forma el producto del primer microorganismo, la inhibición hace que éste deje de realizar su actividad cediendo el paso al siguiente. Al desplazarse durante la transformación, en cada punto del camino seguido el sustrato forma un estrato con composición concreta. En la Figura 12.2 se muestran diferentes configuraciones de biorreactores flujo-pistón. La banda de color degradada representa la variación de composición.

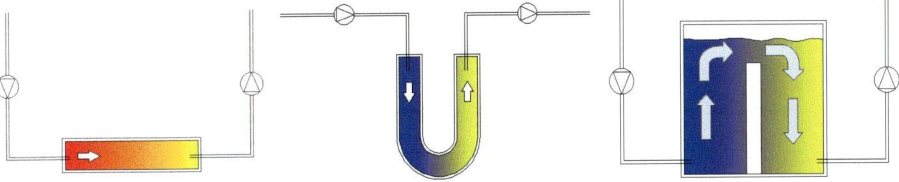

Figura 12.2. Distintas configuraciones de biorreactor flujo-pistón.

Este tipo de biorreactor se ha utilizado tradicionalmente en la fermentación metánica para la producción de biogás, donde existe una etapa inicial realizada por microorganismos hidrolíticos que producen ácidos de cadena corta a partir de la degradación de la materia orgánica, seguidos de una etapa de producción de ácido acético a partir de los ácidos anteriores, ejecutada por microorganismos llamados acetogénicos, y una última etapa de producción de metano a partir de ácido acético realizada por los microorganismos metanogénicos. El tiempo que un determinado elemento está dentro del reactor se denomina *Tiempo de retención.*

12.3. Cálculo de flujos y tiempos de retención

El cálculo de los flujos de alimentación y evacuación de producto, y de los tiempos de retención están basados en los balances de materia y energía en el biorreactor, que a su vez dependen de la cinética del proceso de crecimiento celular. El balance de materia de cualquier componente sigue la siguiente igualdad

Velocidad de Acumulación	=	Velocidad de Entrada	−	Velocidad de Salida	+	Velocidad de Formación	−	Velocidad de Consumo

Esta igualdad se expresa de forma matemática según la Ecuación 12.8

$$\frac{d(VC_i)}{dt} = F_e \cdot C_e - F_s \cdot C_s + V \cdot r_i^f - V \cdot r_i^c \qquad (12.8)$$

Donde

V = volumen del reactor (l)

F_e = caudal de alimentación (l/s)

F_s = caudal de salida (l/s)

C_e = concentración del componente i en la alimentación (moles/l)

C_s = concentración del componente i en la salida (moles/l)

r_i^f = velocidad de formación del componente i (moles/l s)

r_i^c = velocidad de consumo del componente i (moles/l s).

En la reproducción celular existen procesos que pueden resultar globalmente exotérmicos o endotérmicos. Los procesos exotérmicos liberarán calor al medio y ello provocará un calentamiento del reactor. En esa circunstancia para mantener la temperatura fija, según los requerimientos de la cepa a reproducir, es necesario refrigerar el reactor. En los procesos endotérmicos, la reproducción de la cepa absorberá calor, de modo que la temperatura del reactor tenderá a disminuir, lo que obliga al calentamiento del medio. Para mantener la temperatura fija, el calor aportado o extraído del reactor debe ser igual al absorbido o liberado en el proceso. Ello obliga al diseño de un sistema de control de temperatura en el reactor basado en un sistema de calentamiento y un sistema de refrigeración para hacer el mismo versátil, que a su vez se empleará en los procesos de desinfección previa, para evitar competencias de especies de microorganismos no deseados.

Biorreactor Batch

El biorreactor Batch trabaja de forma discontinua por lotes. En él los flujos de entrada y salida son cero. El caldo de cultivo inoculado con la cepa deseada se introduce en el reactor y se deja un tiempo hasta que se considera que la reacción ha concluido, momento en que se vacía. La evolución de la población microbiana dentro del biorreactor se divide en cuatro etapas representadas en la Figura 12.3. Inicialmente en el caldo de sustrato recién inoculado la concentración de microorganismos es baja y su crecimiento muy lento. Esta etapa se denomina *Fase de letargo*. El crecimiento de la concentración es lento porque las células necesitan un tiempo de maduración. Éstas antes de la inoculación se conservan en frío, por ello deben adaptarse a las nuevas condiciones. Cuando se ha superado la fase de letargo el crecimiento celular se realiza de forma exponencial. Las células, con abundancia de alimento se reproducen a la mayor velocidad posible, específica para esas condiciones de pH y temperatura. Esta fase de denomina *Fase de crecimiento exponencial*. Cuando el alimento empieza a escasear, la velocidad de reproducción va disminuyendo porque aumenta el número de muertes celulares, de forma que acaban por igualarse a las reproducciones, momento en que la concentración de células vivas permanece constante. A esta fase se le denomina *Fase estacionaria*. Si la deficiencia de alimento persiste y finalmente aumenta, el número de defunciones en la población celular podrá ser superior al de reproducciones de forma que la concentración de células vivas comienza a decrecer de forma exponencial. Esta fase de denomina de *Muerte celular*.

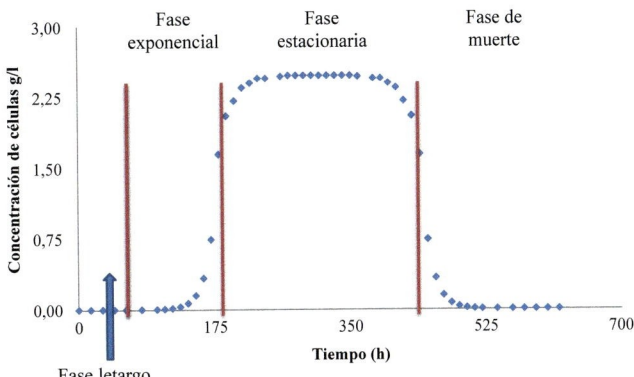

Figura 12.3. Evolución de la concentración de células vivas en un biorreactor Batch.

La mayor cantidad de producto se forma en la fase de crecimiento exponencial, es por ello que se busca que el reactor Batch trabaje siempre en esta fase. Para conseguir esto se limita el tiempo de retención a la duración de esta etapa. Si representamos la concentración de producto en el reactor en función del tiempo (Figura 12.4) se puede observar que en la fase de letargo no hay formación de producto. En la fase de crecimiento celular exponencial la variación de concentración de producto es muy alta con alta productividad, y que en la fase estacionaria la variación de concentración es más pequeña y tiene productividad menor, es decir: $(\Delta P_{exp}/t_{exp}) >> (\Delta P_{est}/t_{est})$

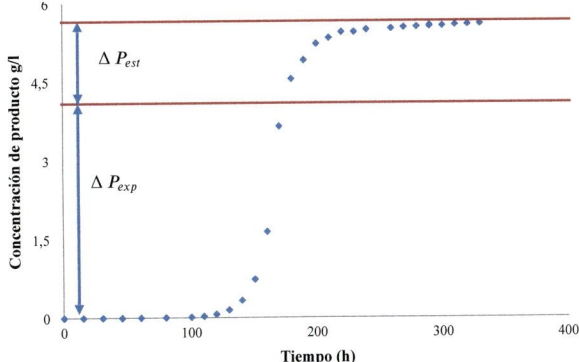

Figura 12.4. Variación de la concentración de producto en un biorreactor discontinuo. (Se ha considerado un valor $Y_{x/p}$= 0,45 respecto a la Figura 12.3).

Para evitar un número excesivo de inoculaciones y el consecuente gasto económico en cepas, en cada lote el reactor no se vacía completamente, sino que se deja aproximadamente un tercio del volumen con caldo en el interior, reponiendo los dos tercios restantes con sustrato nuevo previamente desinfectado. La agitación del caldo a través de la turbina en el interior del reactor facilita la mezcla, de forma que las células que no han llegado a la fase estacionaria y están en pleno auge reproductivo se aprovechan para la inoculación del siguiente lote, reduciendo al máximo el tiempo de letargo, y obteniendo la máxima productividad de producto.

Para modelizar el balance celular se particulariza la Ecuación general 12.8 de forma que la concentración de células vivas dentro del reactor se simboliza con la letra X, el volumen de caldo permanece constante y los flujos de entrada y salida son cero, $F_e = F_s = 0$. Dado que se trabaja en la fase de crecimiento celular exponencial, la tasa de defunciones es despreciable respecto a la de reproducciones, de tal modo que la Ecuación 12.8 se transforma del modo siguiente:

$$\frac{d(VX)}{dt} = F_e \cdot X_e - F_s \cdot X_s + V \cdot r_x^f - V \cdot r_x^c$$

$$V = cte, \, F_e = F_s = 0, \, r_x^c = 0$$

$$\frac{dX}{dt} = r_i^f$$

La velocidad de crecimiento celular es proporcional al número de células existentes. La constante de proporcionalidad se denomina *tasa de crecimiento celular* y se simboliza por la letra μ. A partir de la Ecuación 12.9 se demuestra el crecimiento exponencial de la población.

$$\frac{dX}{dt} = \mu X \rightarrow \frac{dX}{X} = \mu \cdot dt \tag{12.9}$$

$$\int_{X_o}^{x} \frac{dX}{X} = \int_{tlag}^{t} \mu \cdot dt$$

$$\ln\frac{X}{X_o} = \mu \cdot \left(t - t_{lag}\right) \tag{12.10}$$

$$X = X_o \cdot e^{\mu \cdot \left(t - t_{lag}\right)}$$

X_o representa la concentración celular inicial en el reactor, que es muy baja; X representa la concentración celular en un tiempo t, t_{lag} es el tiempo de letargo.

La tasa de crecimiento μ se modeliza generalmente con la ecuación de Monod (12.11). Su aplicación requiere el conocimiento de la tasa máxima de crecimiento μ_{max} y la constante de saturación K_s, denominadas *parámetros cinéticos de la cepa*, que dependen de la temperatura y del pH, y se obtienen de forma experimental. Conocidas μ_{max} y K_s, la tasa de crecimiento microbiano μ sólo depende de la concentración de sustrato S. Cuando la concentración de sustrato es muy grande, el término K_s es despreciable frente a S, por tanto, la tasa de crecimiento microbiano se aproxima mucho a la máxima. Ahora bien, cuando la concentración de sustrato es baja, K_s ya no es despreciable y la tasa de crecimiento es menor a la máxima.

$$\mu = \frac{\mu_{max} S}{K_s + S} \tag{12.11}$$

Si existe más de un tipo de alimento limitante, por ejemplo G (fuente de carbono), N (fuente de nitrógeno) o O (oxígeno), de acuerdo a la ecuación de Monod la tasa máxima de crecimiento queda minorizada de la siguiente forma, existiendo una constante de saturación para cada alimento.

$$\mu = \mu_{max}\left(\frac{G}{K_G + G}\right) \cdot \left(\frac{N}{K_N + N}\right) \cdot \left(\frac{O}{K_o + O}\right)$$

(12.12)

El modelo de Monod queda modificado en presencia de inhibidores. En caso de inhibición competitiva la constante de saturación aumenta, multiplicándose por un factor a (Ecuación 12.13). En caso de inhibición no competitiva la tasa máxima de crecimiento se reduce tal como indica la Ecuación 12.14. El factor a depende de la concentración del inhibidor I y de una constante de afinidad K_I.

$$\text{Inhibición competitiva } \mu = \mu_{max}\frac{S}{K_s \cdot a + S}$$

(12.13)

$$\text{Inhibición no competitiva } \mu = \frac{\mu_{max}}{a}\frac{S}{K_s + S}$$

(12.14)

$$a = 1 + \frac{I}{K_I}$$

Hay que indicar que la modelización de Monod para la tasa de crecimiento celular en función del sustrato no es la única. Existen diferentes modelos tal como se muestra en la Tabla 12.2, pero el modelo de Monod es el más utilizado.

Tabla 12.2. Modelos de cálculo de la tasa de crecimiento celular.

Tipo de modelo	Autor	Modelo
Modelos cinéticos sin inhibición	Tessier	$\mu = \mu_{max} \cdot \left(1 - e^{-S/K_s}\right)$
	Moser	$\mu = \mu_{max}\dfrac{S^n}{K_s \cdot a + S^n}$
	Contois	$\mu = \mu_{max}\dfrac{S}{BX + S}$
Modelos cinéticos con inhibición	Andrews y Noak	$\mu = \mu_{max}\dfrac{1}{K_s + S + \dfrac{S^2}{K_{is}}}$
	Webb	$\mu = \mu_{max}\dfrac{S \cdot \left(1 + \dfrac{\beta \cdot S}{K_{is}}\right)}{K_s + S + \dfrac{S^2}{K_{is}}}$
	Aiba et al.	$\mu = \mu_{max}\dfrac{S}{K_s + S}e^{-S/K_{si}}$

(Continúa en la página siguiente)

437

(Continúa de la página anterior)

Tipo de modelo	Autor	Modelo
Modelos cinéticos con inhibición	Teissier	$\mu = \mu_{max}\left[e^{-S/K_{si}} - e^{-S/K_s}\right]$
	Tseng y Wymann	$\mu = \mu_{max} \dfrac{S}{K_s + S} - K_{si}\left(S - S_c\right)$

De la ecuación de Monod se deduce que a medida que se va terminando el sustrato la tasa de crecimiento celular disminuye. Para la determinación del tiempo de retención TR se debe fijar un límite al descenso de la tasa de crecimiento. Por ejemplo, para trabajar en la fase exponencial del ciclo no se debe permitir que la tasa de crecimiento baje más de un 85% de la tasa de crecimiento máxima, es decir $\mu > 0,85\mu_{max}$. De ahí se deduce a partir de la ecuación de Monod la concentración límite de sustrato en el reactor.

$$0,85 \cdot \mu_{max} = \frac{\mu_{max} S_1}{K_s + S_1} \rightarrow S_1 = 5,66 \cdot K_s$$

Conocida la concentración inicial de sustrato S_o, a partir de la relación biomasa/sustrato del proceso $Y_{x/s}$, definida por la Ecuación 12.14, se obtiene la variación de masa celular durante el proceso. La concentración inicial de células en el reactor también es conocida X_o y, por tanto, también la biomasa final X_1. A partir de la Ecuación 12.10 se obtiene el tiempo de retención.

$$Y_{x/s} = \frac{X_1 - X_0}{S_0 - S_1} \rightarrow X_1 = X_0 + Y_{x/s} \cdot \left(S_0 - S_1\right)$$

$$\ln \frac{X_1}{X_o} = \mu_{max} \cdot \left(TR - t_{lag}\right) \rightarrow TR = t_{lag} + \frac{1}{\mu_{max}} \ln \frac{X_1}{X_o}$$

La variación de la concentración de sustrato en el reactor en función del tiempo se puede obtener de la Ecuación 12.15.

$$\frac{d(VS)}{dt} = F_e \cdot S_e - F_s \cdot S_s + V \cdot r_s^f - V \cdot r_s^c \tag{12.15}$$

$$V = cte , \ F_e = F_s = 0 , \ r_s^f = 0 , \ r_s^c = \frac{1}{Y_{x/s}} \mu X$$

$$\frac{dS}{dt} = -\frac{1}{Y_{x/s}} \mu X \rightarrow \frac{dS}{dt} = -\frac{1}{Y_{x/s}} \mu \cdot X_o \cdot e^{\mu \cdot (t - t_{lag})}$$

$$P = \int_{tlag}^{t} \frac{1}{Y_{x/p}} \mu \cdot X_o \cdot e^{\mu \cdot (t - t_{lag})} dt \rightarrow P = \frac{1}{Y_{x/p}} \cdot \mu^2 \cdot X_o \cdot \left(e^{\mu \cdot (t - t_{lag})} - 1\right)$$

Del mismo modo la variación de la concentración de producto en el reactor en función del tiempo se puede obtener de la Ecuación 12.16.

$$\frac{d(VP)}{dt} = F_e \cdot P_e - F_s \cdot P_s + V \cdot r_p^f - V \cdot r_p^c \tag{12.16}$$

$$V = cte, \ F_e = F_s = 0, \ r_p^c = 0, \ r_p^f = \frac{1}{Y_{x/p}}\mu X$$

$$\frac{dP}{dt} = \frac{1}{Y_{x/p}}\mu X \ \rightarrow \ \frac{dP}{dt} = \frac{1}{Y_{x/p}}\mu \cdot X_o \cdot e^{\mu \cdot (t - t_{lag})}$$

$$P = \int_{tlag}^{t} \frac{1}{Y_{x/p}}\mu \cdot X_o \cdot e^{\mu \cdot (t - t_{lag})} dt \ \rightarrow \ P = \frac{1}{Y_{x/p}} \cdot \mu^2 \cdot X_o \cdot \left(e^{\mu \cdot (t - t_{lag})} - 1\right)$$

Ejemplo 1

Determínese el tiempo de retención recomendable en un biorreactor discontinuo de 3 m³ para fermentación alcohólica con la levadura *Sacharomyces cerevisae* para producción de etanol, si la concentración inicial es de 0,002 g/l de células y 50 g/l de glucosa. Se supone que el microorganismo sigue una cinética de Monod con $\mu_{max} = 0,37$ h⁻¹, $t_{lag} = 6$ h y $K_s = 1,35$ g/l, un rendimiento másico biomasa/sustrato de 0,175, y un rendimiento biomasa/producto 0,50. Calcúlese la productividad del sistema.

Planteamiento

Si consideramos una limitación de reducción de la tasa de crecimiento celular a un 75% de la máxima, se tiene

$$0,75 \cdot \mu_{max} = \frac{\mu_{max} S_1}{K_s + S_1} \ \rightarrow \ S_1 = 3 \cdot K_s = 3 \cdot 1,35 = 4,05 \text{ g/l}$$

$$Y_{x/s} = \frac{X_1 - X_0}{S_0 - S_1} \ \rightarrow \ X_1 = X_0 + Y_{x/s} \cdot (S_0 - S_1) = 0,002 + 0,175 \cdot (50 - 4,05) = 8,04 \text{ g/l}$$

$$\ln\frac{X_1}{X_o} = \mu_{max} \cdot (TR - t_{lag}) \ \rightarrow \ TR = t_{lag} + \frac{1}{\mu_{max}}\ln\frac{X_1}{X_o} = 6 + \frac{1}{0,37}\ln\frac{8,04}{0,002} = 35,9 \text{ h}$$

$$Y_{x/p} = \frac{X_1 - X_0}{P_1 - P_0} \ \rightarrow \ P_1 = P_0 + \frac{1}{Y_{x/p}} \cdot (X_1 - X_0) = 0 + \frac{1}{3,41} \cdot (8,04 - 0,002) = 16,08 \text{ g/l}$$

La cantidad total obtenida de etanol en cada lote será: 3000 l · 16,08 g/l = 48.247,5 g de etanol. La productividad será: 48 247,5 g/35,9 h = 1343,65 g/h

Fin.

Si tras un primer lote, se renueva 2/3 del volumen del reactor con sustrato nuevo con concentración S_o, se diluye la concentración celular con la ventaja de que esta población ya está adaptada y no requiere tiempo de latencia, tal que las condiciones son las siguientes:

X_o Concentración inicial de células en la inoculación, inicio primera etapa de reacción
X_1 Concentración de células tras la primera etapa
X_{o2} Concentración inicial de células tras la segunda etapa
X_2 Concentración de células tras la segunda etapa
S_o Concentración inicial de sustrato en la inoculación, inicio primera etapa de reacción
S_1 Concentración de sustrato tras la primera etapa
S_{o2} Concentración inicial de sustrato tras la segunda etapa
S_2 Concentración de sustrato tras la segunda etapa

La concentración celular se convierte en X_{o2}, tal que por un lado

$$X_{o2} = \frac{(1/3) \cdot V \cdot X_1}{V} = \frac{1}{3} X_1$$

$$X_1 = X_o + Y_{x/s} \cdot (S_o - S_1)$$

$$X_{o2} = \frac{1}{3}[X_o + Y_{x/s} \cdot (S_o - S_1)]$$

Por otro

$$S_{o2} = \frac{(1/3) \cdot V \cdot S_1 + (2/3) \cdot V \cdot S_o}{V} = \frac{1}{3}(S_1 + 2S_o)$$

Donde fijamos

$$0,75 \cdot \mu_{max} = \frac{\mu_{max} S_2}{K_s + S_2} \rightarrow S_1 = S_2 = 3 \cdot K_s$$

Se comprueba que en la segunda etapa la concentración inicial de células y sustrato es diferente a la primera etapa. Y dado que $S_1 < S_o$, también la concentración de sustrato inicial en la segunda etapa disminuye respecto a la primera, $S_{o2} < S_o$. Por tanto, tras el tiempo de retención de la segunda etapa la concentración de células obtenida también es menor a la obtenida en la primera etapa $X_2 < X_1$.

$$X_2 = X_{o2} + Y_{x/s} \cdot (S_{o2} - S_2) = \frac{1}{3} X_o + Y_{x/s} \cdot \left(\frac{1}{3} S_o - \frac{1}{3} S_1\right) + Y_{x/s} \cdot \left(\frac{1}{3} S_1 + \frac{2}{3} S_0 - S_1\right) =$$

$$X_2 = \frac{1}{3} X_0 + Y_{x/s} \cdot (S_0 - S_1) < X_1$$

El tiempo de retención de la segunda etapa debe ser

$$TR_2 = \frac{1}{\mu_{max}} \ln \frac{X_2}{X_{o2}} = \frac{1}{\mu_{max}} \ln \frac{\frac{1}{3} X_o + Y_{x/s} \cdot (S_o - S_1)}{\frac{1}{3}[X_o + Y_{x/s} \cdot (S_o - S_1)]}$$

$$P_2 = \frac{1}{3} P_1 + \frac{1}{Y_{x/p}} \cdot (X_2 - X_{o2})$$

$$P_2 = \frac{1}{3}\left(P_o + \frac{1}{Y_{x/p}}(X_1 - X_o)\right) + \frac{1}{Y_{x/p}}\cdot\left(\frac{1}{3}X_o + Y_{x/s}\cdot(S_0 - S_1) - \frac{1}{3}[X_o + Y_{x/s}\cdot(S_o - S_1)]\right)$$

Como $P_0 = 0$

$$P_2 = \frac{1}{3}\left(\frac{1}{Y_{x/p}}(Y_{x/s}\cdot(S_o - S_1))\right) + \frac{1}{Y_{x/p}}\cdot\left(\frac{2}{3}[Y_{x/s}\cdot(S_o - S_1)]\right) = \frac{Y_{x/s}}{Y_{x/p}}(S_o - S_1)$$

Al alimentar en una tercera etapa otra vez con 2/3 del volumen a concentración S_o, y la concentración al final de la etapa segunda ser $S_3 = S_2 = S_1$, la concentración inicial de sustrato en la etapa 3 vuelve a ser la misma que en la 2

$$S_{o3} = S_{o2} = \frac{(1/3)\cdot V\cdot S_1 + (2/3)\cdot V\cdot S_o}{V} = \frac{1}{3}(S_1 + 2S_o)$$

La concentración celular al inicio y al final de la etapa 3 vendrá dado por

$$X_{o3} = \frac{(1/3)\cdot V\cdot X_2}{V} = \frac{1}{3}X_2 = = \frac{1}{3}\left[\frac{1}{3}X_0 + Y_{x/s}\cdot(S_0 - S_1)\right]$$

$$X_3 = X_{o3} + Y_{x/s}\cdot(S_{o3} - S_3)$$

$$X_3 = \frac{1}{3}\left[\frac{1}{3}X_0 + Y_{x/s}\cdot(S_0 - S_1)\right] + Y_{x/s}\cdot\left[\frac{1}{3}(S_1 + 2S_o) - S_1\right]$$

$$X_3 = \frac{1}{3^2}X_0 + Y_{x/s}\cdot\left[\frac{1}{3}S_o - \frac{1}{3}S_1 + \frac{1}{3}S_1 + \frac{2}{3}S_o - S_1\right]$$

$$X_3 = \frac{1}{3^2}X_0 + Y_{x/s}\cdot[S_o - S_1] < X_2$$

Siendo el tiempo de retención 3

$$TR_3 = \frac{1}{\mu_{max}}\ln\frac{X_3}{X_{o3}} = \frac{1}{\mu_{max}}\ln\frac{\frac{1}{3^2}X_0 + Y_{x/s}\cdot(S_o - S_1)}{\frac{1}{3}\left[\frac{1}{3}X_0 + Y_{x/s}\cdot(S_o - S_1)\right]}$$

$$P_3 = \frac{1}{3}P_2 + \frac{1}{Y_{x/p}}\cdot(X_3 - X_{o3})$$

$$P_3 = \frac{1}{3}\frac{Y_{x/s}}{Y_{x/p}}(S_o - S_1) + \frac{1}{Y_{x/p}}\cdot\left(\frac{1}{3^2}X_o + Y_{x/s}\cdot(S_0 - S_1) - \frac{1}{3}\left[\frac{1}{3}X_o + Y_{x/s}\cdot(S_o - S_1)\right]\right)$$

$$P_3 = \frac{1}{3}\frac{Y_{x/s}}{Y_{x/p}}(S_o - S_1) + \frac{1}{Y_{x/p}}\cdot\left(Y_{x/s}\cdot(S_0 - S_1) - \frac{1}{3}[Y_{x/s}\cdot(S_o - S_1)]\right)$$

$$P_3 = \frac{1}{3}\frac{Y_{x/s}}{Y_{x/p}}(S_o - S_1) + \frac{1}{Y_{x/p}}\cdot\left(\frac{2}{3}Y_{x/s}\cdot(S_0 - S_1)\right) = \frac{Y_{x/s}}{Y_{x/p}}(S_o - S_1)$$

Repitiendo el proceso i veces, se tiene que $S_i = S_1$

$$S_{oi} = \frac{1}{3}\left(S_1 + 2S_o\right) \quad \text{(Excepto en la primera etapa que es } S_o\text{)}$$

$$X_i = \frac{1}{3^{i-1}} X_o + Y_{x/s} \cdot \left(S_o - S_1\right)$$

$$X_{oi} = \frac{1}{3}\left[\frac{1}{3^{i-2}} X_o + Y_{x/s} \cdot \left(S_o - S_1\right)\right]$$

$$P_i = P_{i-1} = \frac{Y_{x/s}}{Y_{x/p}}\left(S_o - S_1\right)$$

$$TR_i = \frac{1}{\mu_{max}} \ln\frac{X_i}{X_{oi}} = \frac{1}{\mu_{max}} \ln\frac{\dfrac{1}{3^{i-1}} X_o + Y_{x/s} \cdot \left(S_o - S_1\right)}{\dfrac{1}{3}\left[\dfrac{1}{3^{i-2}} X_o + Y_{x/s} \cdot \left(S_o - S_1\right)\right]}$$

Aunque la concentración inicial de células X_o disminuye en las primeras etapas, llega un momento que se estabiliza, siendo sostenible el sistema.

Ejemplo 2

Se dispone de un biorreactor discontinuo de 3 m³ para fermentación alcohólica con la levadura *Sacharomyces cerevisae* para producción de etanol. La concentración inicial es de 0,002 g/l de células y 50 g/l de glucosa. Se supone que el microorganismo sigue una cinética de Monod con μ_{max}= 0,37 h⁻¹, t_{lag}= 6 h y K_s= 1,35 g/l, un rendimiento másico biomasa/sustrato de 0,175, y un rendimiento biomasa/producto 0,50. Tras cada ciclo de reacción, se vacía 1/3 del volumen reponiéndose 2/3 del volumen con sustrato a la misma concentración que la inicial. Determínese las concentraciones de células y sustrato al inicio y al final de las 15 primeras etapas, junto el tiempo de retención recomendable si éste siempre trabaja por encima del 75% de la tasa máxima de crecimiento.

Aplicando las ecuaciones expuestas se obtiene:

i	X_{oi} (g/l)	X_i (g/l)	S_{oi} (g/l)	S_1 (g/l)	P_i (g/l)	TR_i (h)
1	0,002	8,04325	50,00	4,05	16,08	35,91
2	2,681	8,04192	34,68	4,05	16,08	3,96
3	2,681	8,04147	34,68	4,05	16,08	3,96
4	2,680	8,04132	34,68	4,05	16,08	3,96
5	2,680	8,04127	34,68	4,05	16,08	3,96
6	2,680	8,04126	34,68	4,05	16,08	3,96
7	2,680	8,04125	34,68	4,05	16,08	3,96
8	2,680	8,04125	34,68	4,05	16,08	3,96
9	2,680	8,04125	34,68	4,05	16,08	3,96
10	2,680	8,04125	34,68	4,05	16,08	3,96
11	2,680	8,04125	34,68	4,05	16,08	3,96
12	2,680	8,04125	34,68	4,05	16,08	3,96
13	2,680	8,04125	34,68	4,05	16,08	3,96
14	2,680	8,04125	34,68	4,05	16,08	3,96
15	2,680	8,04125	34,68	4,05	16,08	3,96

Obsérvese que el tiempo de retención se reduce de 35,1 h a 2,23 h después de la primera etapa. Siendo la productividad 3000 · 16,08/3,96 = 12.186,90 g de etanol por hora.
Fin.

Biorreactor continuo, quimiostato

Un biorreactor continuo en equilibrio en estado estacionario, *quimioestato*, está siendo continuamente alimentado con sustrato y se está extrayendo fluyente, de forma que el flujo de entrada y el flujo de salida son iguales. Por otra parte, el volumen de caldo en su interior V, junto la concentración de cada uno de los componentes, tanto concentración celular X, concentración del sustrato S, como concentración de producto P son constantes. En condiciones de funcionamiento se busca que el biorreactor trabaje en la zona de crecimiento celular exponencial, de forma que la tasa de defunción es despreciable $r_x^c \approx 0$. El flujo de entrada está compuesto exclusivamente por sustrato a una concentración S_e, no existen células ni producto, es decir, X_e y P_e son cero. El flujo de salida está compuesto por sustrato, producto y células a la concentración de equilibrio del interior del reactor, es decir X, S y P respectivamente. De manera que el balance de biomasa general, dado por la Ecuación 12.8, se particulariza de la siguiente forma:

$$\frac{d(VX)}{dt} = F_e \cdot X_e - F_s \cdot X + V \cdot r_x^f - V \cdot r_x^c$$

$$\frac{dX}{dt} = 0 \ , \ F_e = F_s = F \ , \ X_e = 0, \ r_x^c \approx 0$$

$$0 = -\frac{F}{V} \cdot X + r_x^f$$

Dado que se trabaja en la zona exponencial se tiene que $r_x^f = \mu \cdot X$. Por tanto, se debe cumplir la igualdad 12.17 para que se cumpla el quimiostato, de lo contrario el sistema evolucionará.

$$0 = \left(\mu - \frac{F}{V} \right) \cdot X \ \rightarrow \ \mu = \frac{F}{V} \tag{12.17}$$

Si analizamos el balance de materia referido al sustrato, la Ecuación general 12.8 se particulariza de modo que la formación de sustrato en el interior del reactor es nula $r_s^f = 0$; sólo existe consumo de sustrato, que está relacionado con la producción de biomasa por el rendimiento biomasa/sustrato $Y_{x/s}$.

$$\frac{d(VS)}{dt} = F_e \cdot S_e - F_s \cdot S + V \cdot r_s^f - V \cdot r_s^c$$

$$\frac{dS}{dt} = 0 \ , \ F_e = F_s = F \ , \ r_s^f = 0 \ , \ r_s^c = \frac{1}{Y_{x/s}} \mu X$$

$$\frac{F}{V} \cdot (S_e - S) - \frac{1}{Y_{x/s}} \mu X = 0$$

$$(S_e - S) - \frac{1}{Y_{x/s}} X = 0 \tag{12.18}$$

Si analizamos el balance de materia referido al producto, el consumo de producto en el interior del reactor es nulo $r_p^c = 0$; la producción está relacionada con la reproducción celular por la ecuación del rendimiento biomasa/producto $Y_{x/p}$, de manera que la Ecuación genere al 12.8 se particulariza del siguiente modo:

$$\frac{d(VP)}{dt} = F_e \cdot P_e - F_s \cdot P + V \cdot r_p^f - V \cdot r_p^c$$

$$P_e = 0 \,,\; \frac{dP}{dt} = 0 \,,\; F_e = F_s = F \,,\; r_p^c = 0 \,,\; r_p^f = \frac{1}{Y_{x/p}} \mu X$$

$$\frac{F}{V} \cdot P - \frac{1}{Y_{x/p}} \mu X = 0$$

$$P - \frac{1}{Y_{x/p}} X = 0 \tag{12.19}$$

Para el cálculo de las condiciones de trabajo en un biorreactor continuo (flujos y concentraciones de X, S y P) es necesario seleccionar la tasa de crecimiento celular en la que se desea trabajar y su relación respecto a la tasa máxima, por ejemplo, el 75% de la tasa máxima, es decir, $\mu > 0,75\mu_{max}$. A partir de la Ecuación 12.17 se obtiene el valor del flujo, y a partir de la ecuación de Monod se calcula la concentración de sustrato conseguida en el equilibrio S. Dado que la concentración de sustrato en el equilibrio no puede ser mayor que la concentración de sustrato en el flujo de alimentación se debe comprobar que $S_e > S$, en caso contrario debe elegirse otra tasa de crecimiento para que el sistema funcione. Conocida S a partir de la Ecuación 12.18 se calcula la concentración de células en el reactor. A partir de la Ecuación 12.19 se calcula la concentración de producto en el reactor que es la que se extrae del fluyente de salida. La productividad (moles de producto/h) se obtiene de la multiplicación de P por el flujo.

$$\mu = \frac{F}{V} \rightarrow F = \mu \cdot V$$

$$\mu = \frac{\mu_{max} S}{K_s + S} \rightarrow S = \frac{\mu \cdot Ks}{\mu_{max} - \mu}$$

COMPROBACIÓN

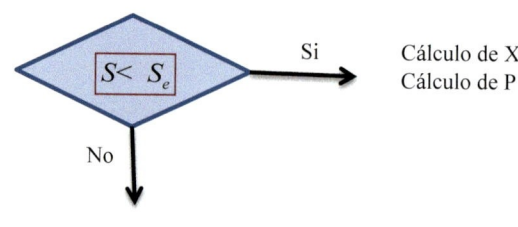

$$\frac{F}{V} \cdot (S_e - S) - \frac{1}{Y_{x/s}} \mu X = 0 \;\rightarrow\; X = Y_{x/s} \cdot (S_e - S)$$

$$P - \frac{1}{Y_{x/p}} X = 0 \;\rightarrow\; P = \frac{1}{Y_{x/p}} X$$

$$\text{Productividad (moles/h)} = F \cdot P$$

Ejemplo 3

Se plantea el diseño de un reactor continuo de 3 m³ para fermentación alcohólica con la levadura *Sacharomyces cerevisae*. Se desea conocer la concentración de células, sustrato y producto en el equilibrio, junto los flujos de alimentación y productividad si se alimenta con glucosa a una concentración de 50 g/l, para obtener etanol. Se supone que el microorganismo sigue una cinética de Monod con $\mu_{max} = 0,37$ h^{-1} y $Ks = 1,35$ g/l, un rendimiento másico biomasa/sustrato de 0,175, y un rendimiento biomasa/producto 0,5.

Planteamiento

Si consideramos una limitación de reducción de la tasa de crecimiento celular a un 75% de la máxima, se tiene

$$\mu = \frac{F}{V} \;\rightarrow\; F = \mu \cdot V = 0,75 \cdot 0,37 \cdot 3000 = 832,5 \text{ l/h}$$

$$\mu = \frac{\mu_{max} S}{K_s + S} \;\rightarrow\; S = \frac{\mu \cdot Ks}{\mu_{max} - \mu} = \frac{0,75 \cdot 1,35}{1 - 0,75} = 4,05 \text{ g/l}$$

$$\frac{F}{V} \cdot (S_e - S) - \frac{1}{Y_{x/s}} \mu X = 0 \;\rightarrow\; X = Y_{x/s}(S_e - S) = 0,175 \cdot \left(50 - 4,05\right) = 8,04 \text{ g/l}$$

$$P - \frac{1}{Y_{x/p}} X = 0 \;\rightarrow\; P = \frac{1}{Y_{x/p}} X = \frac{1}{0,5} \cdot 8,04 = 16,08 \text{ g/l}$$

Productividad (moles/h) = $F \cdot P$ = 832,51 · 16,08 = 13 386,06 g/h

Se puede comprobar que la productividad es sustancialmente mayor en el biorreactor continuo que en el discontinuo.

Fin.

Ejemplo 4

Se desea determinar cuál es la tasa óptima de crecimiento a utilizar en un reactor continuo de 3 m³ para fermentación alcohólica con la levadura *Sacharomyces cerevisae* si se alimenta con glucosa a una concentración de 50 g/l, para obtener etanol. Se supone que el microorganismo sigue una cinética de Monod con $\mu_{max}= 0,37$ h^{-1} y $Ks= 1,35$ g/l, un rendimiento másico biomasa/sustrato de 0,175, y un rendimiento biomasa/producto 0,5.

Planteamiento

La tasa de crecimiento óptima será la que proporcione mayor productividad $F \cdot P$. Para determinar ésta se labora la Tabla 12.3.

Tabla 12.3. Condiciones estacionario para distintas tasas de crecimiento celular en el biorreactor del Ejemplo 4.

%μ	μ	F (l/h)	S (g/l)	X (g/l)	P (g/l)	FP (g/h)
1	0,004	11,1	0,01	8,75	17,50	194,20
10	0,037	111	0,15	8,72	17,45	1936,67
20	0,074	222	0,34	8,69	17,38	3858,78
30	0,111	333	0,58	8,65	17,30	5760,07
40	0,148	444	0,90	8,59	17,19	7630,14
50	0,185	555	1,35	8,51	17,03	9450,26
60	0,222	666	2,03	8,40	16,79	11182,97
70	0,259	777	3,15	8,20	16,40	12740,86
80	0,296	888	5,40	7,81	15,61	13861,68
90	0,333	999	12,15	6,62	13,25	13234,25
95	0,352	1054,5	25,65	4,26	8,52	8986,98

Si se observa la representación de cada una de las variables, se detecta que existe una tasa de crecimiento celular para la cual la productividad es máxima. Para los datos considerados éste se sitúa alrededor del 80% de la tasa máxima. Este valor cambia cuando se incrementa la concentración del sustrato de alimentación.

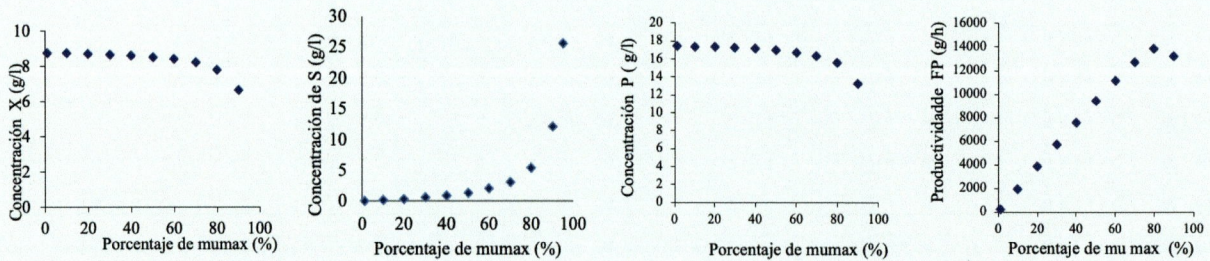

Figura 12.5. Variación de la concentración de los componentes del biorreactor continuo del Ejemplo 4.

Fin

Ejemplo 5

Determínese las condiciones de crecimiento celular en un reactor de 3000 l de volumen con levadura *Sacharomyces cerevisae* que es alimentado con una solución de glucosa de 50 g/l de concentración si se desea una productividad de 14000 g de alcohol por hora. Se supone que el microorganismo sigue una cinética de Monod con $\mu_{max}= 0,37$ h^{-1} y $Ks= 1,35$ g/l, un rendimiento másico biomasa/sustrato de 0,175, y un rendimiento biomasa/producto 0,50.

Planteamiento

Productividad $= F \cdot P = 14000$ g/h

$$\frac{F}{V} \cdot P - \frac{1}{Y_{x/p}} \mu X = 0 \ \rightarrow \ \mu X = \frac{14000}{3000} \cdot 0,50 = 2,33 \text{ g/l h}$$

$$\frac{F}{V} \cdot (S_e - S) - \frac{1}{Y_{x/s}} \mu X = 0$$

como $\quad \mu = \dfrac{F}{V} = \dfrac{\mu_{max} S}{K_s + S} \ \rightarrow \ \dfrac{\mu_{max} S}{K_s + S} \cdot (S_e - S) - \dfrac{1}{Y_{x/s}} \mu X = 0$

$$\mu_{max} S \cdot (S_e - S) - \frac{1}{Y_{x/s}} \mu X \cdot (K_s + S) = 0$$

$$\mu_{max} S^2 + (\frac{1}{Y_{x/s}} \mu X - \mu_{max} S_e) \cdot S + \frac{1}{Y_{x/s}} \mu X \cdot K_s = 0$$

$$\mu_{max} S^2 + (\frac{1}{Y_{x/s}} \mu X - S_e \cdot \mu_{max}) \cdot S + \frac{1}{Y_{x/s}} \mu X \cdot K_s = 0$$

$$0,37 \cdot S^2 + (\frac{1}{0,175} 0,50 - 50 \cdot 0,37) \cdot S + \frac{1}{0,175} 2,33 \cdot 1,35 = 0$$

$$0,37 \cdot S^2 - 5,16 \cdot S + 18 = 0$$

$$S = \frac{5,16 \pm \sqrt{5,16^2 - 4 \cdot 0,37 \cdot 18}}{2 \cdot 0,37} = 7,30 \text{ g/l}$$

$$X = Y_{x/s}(S_e - S) = 0,454 \cdot (50 - 7,30) = 7,47 \text{ g/l}$$

$$P - \frac{1}{Y_{x/p}} X = 0 \ \rightarrow \ P = \frac{1}{Y_{x/p}} X = \frac{1}{0,50} 7,47 = 14,95 \text{ g/l}$$

$$\mu = \frac{X\mu}{X} = \frac{2,33}{7,47} = 0,31 \ \rightarrow \ \mu = 0,844 \cdot \mu_{max}$$

$$F = \mu \cdot V = 0,31 \cdot 3000 = 936,70 \text{ l/h}$$

Fin.

Biorreactor semicontinuo

En un reactor semicontinuo la reacción ocurre durante el periodo de llenado que corresponde al tiempo de retención. Esto es así para todas las partículas puesto que las primeras en entrar son las primeras en salir tras el llenado, y las últimas en entrar son las últimas en salir. Durante la reacción solo hay flujo de entrada o de salida, pero nunca ambos simultáneamente. Durante la reacción (periodo de llenado) la concentración de todos los componentes, tanto células, sustrato como producto es constante. El volumen del reactor es variable (se está llenando el tanque o se está vaciando).

Para el análisis del balance de materia en el reactor se considera trabajando en la fase exponencial, por tanto la tasa de defunción celular se considera cero, tampoco hay células en el flujo de entrada, por tanto $X_e = 0$.

$$\frac{d(VX)}{dt} = F_e \cdot X_e - F_s \cdot X + V \cdot r_x^f - V \cdot r_x^c$$

$$F_s = 0 \,, X_e = 0, \ r_x^c = 0$$

$$\frac{d(VX)}{dt} = V \cdot r_x^f \tag{12.20}$$

Dado que el volumen es variable la Ecuación 12.20 se desarrolla y $\frac{dX}{dt} = 0$, $\frac{dV}{dt} = F_e$.

$$\frac{dX}{dt} V + \frac{dV}{dt} X = V \cdot r_x^f$$

$$0 = r_x^f - \frac{F}{V} X$$

$$0 = \mu X - \frac{F}{V} X$$

$$0 = \left(\mu - \frac{F}{V} \right) \cdot X \ \rightarrow \ \mu = \frac{F}{V}$$

En el análisis del balance de sustrato en el reactor se considera

$$\frac{d(VS)}{dt} = F_e \cdot S_e - F_s \cdot S + V \cdot r_s^f - V \cdot r_s^c$$

$$F_s = 0 \,, r_s^f = 0 \,, \frac{dS}{dt} = 0 \,, r_s^c = \frac{1}{Y_{x/s}} \mu X$$

$$\frac{dS}{dt} V + \frac{dV}{dt} S = F_e \cdot S_e - V \cdot r_s^c$$

$$\frac{F_e}{V} \cdot \left(S_e - S \right) - \frac{1}{Y_{x/s}} \mu X = 0$$

En el análisis del balance de producto se tiene lo siguiente

$$\frac{d(VP)}{dt} = F_e \cdot P_e - F_s \cdot P + V \cdot r_p^f - V \cdot r_p^c$$

$$\frac{dP}{dt} = 0 \ , \ F_s = 0 \ , \ r_p^c = 0 \ , \ r_p^f = \frac{1}{Y_{x/p}} \mu X$$

$$\frac{dP}{dt} V + \frac{dV}{dt} P = V \cdot r_p^f$$

$$\frac{F}{V} \cdot P - \frac{1}{Y_{x/p}} \mu X = 0$$

$$P - \frac{1}{Y_{x/p}} X = 0$$

Como se puede comprobar las ecuaciones resultantes de los balances de materia en células, sustrato y productos son similares a las obtenidas en el biorreactor continuo, por tanto, el procedimiento de resolución se realiza de la misma manera, a partir de la selección de la tasa de crecimiento celular en la que de desea trabajar.

12.4. Reactores en serie

Muchos procesos industriales requieren varias etapas encadenadas en las que se hace una transformación química distinta en cada una de ellas, y en la que es responsable un microorganismo específico diferente. Esto se denomina *mecanismo de reacción*. Un ejemplo de mecanismo de reacción se tiene en la producción de metano en fermentaciones anaerobias. Inicialmente la materia orgánica se degrada mediante microorganismos hidrolíticos formando ácidos carboxílicos de cadena corta (ac. pentanoico, butanoico, propanoico). En una segunda etapa estos ácidos carboxílicos son transformados a ácido acético por microorganismos acetogénicos. En la tercera etapa el ácido acético se transforma en metano, dióxido de carbono y agua. Otro ejemplo de mecanismo es proceso de producción de bioetanol a partir almidón. Inicialmente el almidón formado por cadenas largas de glucosa con enlaces α(1-4) debe ser hidrolizado por hongos que posean las enzimas α-amilasa, β-amilasa y pululanasa. Estos hongos suelen ser del género *Aspergillus* sp. o *Rhizopus Niveus.* En una segunda etapa la glucosa resultante de la hidrólisis debe ser fermentada en alcohol por microorganismos específicos como las levaduras *Saccharomyces cerevisiae, Pichia stipitis, Pachysolen tannophilus, Candida shehate, Kluyveromyces marximus,* o bacterias *Zymomonas mobilis, Clostridium acetobutylicum, Klebsiella oxytoca,* y *Escherichia coli.* Otro mecanismo es necesario en el procesamiento de los materiales lignocelulósicos para obtener bioetanol. Estos materiales están formados por tres estructuras básicas: celulosa, hemicelulosa y lignina. La celulosa y la hemicelulosa están formadas por cadenas de azúcares que pueden ser transformados a bioetanol por fermentación si previamente estos materiales son hidrolizados. El proceso de hidrolización de las fibras de celulosa y hemicelulosa está dificultado por la lignina, producto propilfenólico que las envuelve. El mecanismo del proceso consiste primero en la degradación de la lignina. Esto puede hacerse mediante acción microbiana, por ejemplo con hongos *Phanerochaete chysosporium.* Tras la degradación de la lignina se puede proceder a la hidrólisis de la celulosa y hemicelulosa con microorganismos con las enzimas endo-β-glucanasas, exo-β-glucanasas y β-glucosidasa, presentes por ejemplo en hongos de los géneros

Trichoderma, Phanerochaete y *Fusaruim.* Por último, una vez liberados los azúcares monosacáridos o disacáridos se procede a la fermentación con los mismos microorganismos ya mencionados en el procesamiento del almidón (levaduras y bacterias fermentativas).

En estos casos se tiene la opción de hacer crecer dos o más especies de microorganismos en un mismo reactor, de forma que el producto formado por alguno de ellos es sustrato de otro, o utilizar distintos biorreactores en serie haciendo crecer una especie en cada uno de ellos. El uso de un solo reactor tiene el inconveniente de que generalmente cada organismo requiere unas condiciones óptimas de crecimiento distintas, lo que obliga a trabajar en condiciones intermedias. El uso de varios reactores en serie permite trabajar en cada fase del proceso en condiciones óptimas.

Análisis de dos biorreactores en serie con procesos distintos

Si suponemos dos biorreactores en serie continuos en estado estacionario, el primer biorreactor realizará la primera fase del proceso deseado y poseerá una especie celular concreta, el segundo biorreactor realizará la segunda fase del proceso y tendrá en su interior otra especie celular distinta a la anterior. El primer tanque estará alimentado con un flujo F_1 con un sustrato inicial a una concentración S_o. Al estar en equilibrio la concentración de células, la concentración de sustrato y la concentración de producto en el caldo serán constantes (X_1, S_1 y P_1 respectivamente). El flujo de salida será igual al de entrada y poseerá la misma composición que el caldo interior. El flujo de salida del primer reactor sirve de alimentación del segundo. La diferencia es que así como la alimentación del primer biorreactor se hacía sólo con sustrato, el segundo biorreactor se alimenta con células, sustrato y producto proveniente del primero. Se supone que el producto del primer tanque es el sustrato del segundo. En ocasiones puede ser alimentado con dos flujos, es decir, uno proveniente del primer reactor, más otro adicional F_f con concentración S_f. Los volúmenes de los reactores no tienen porqué ser iguales. El objetivo del análisis es determinar la concentración celular, sustrato y producto en cada biorreactor junto la productividad del conjunto.

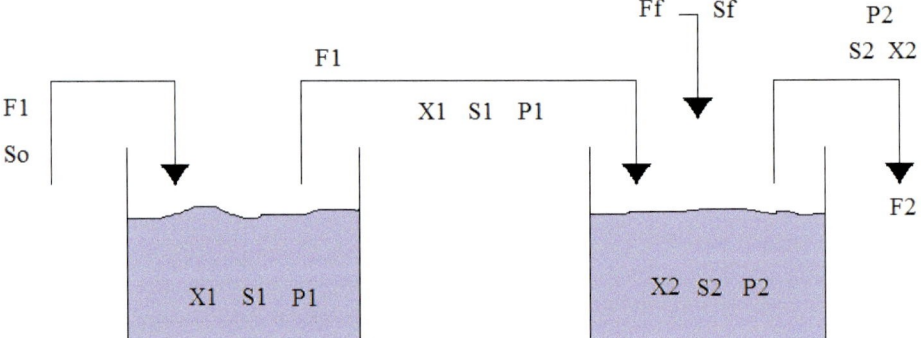

Figura 12.6. Esquema de funcionamiento de dos reactores continuos en serie.

a) Tanque 1

Los parámetros del tanque 1 quedan definidos con las mismas ecuaciones que un reactor continuo simple. Limitando el descenso de la tasa de crecimiento para que siempre esté trabajando en la fase exponencial, por ejemplo $\mu > 0,8 \cdot \mu_{max}$, se tiene:

$$\mu_1 > 0,85 \cdot \mu_{1max}$$

$$\mu_1 = \frac{F_1}{V_1} \rightarrow F_1 = \mu_1 \cdot V_1$$

$$\mu_1 = \frac{\mu_{1max} S_1}{K_{s1} + S_1} \rightarrow S_1 = \frac{\mu_1 \cdot Ks_1}{\mu_{1max} - \mu_1}$$

$$(S_0 - S_1) - \frac{1}{Y_{1x/s}} X_1 = 0 \rightarrow X_1 = \frac{Y_{1x/s}}{\mu_1} \frac{F_1}{V_1} \cdot (S_0 - S_1)$$

$$P_1 - \frac{1}{Y_{1x/p}} X_1 = 0 \rightarrow P_1 = \frac{1}{Y_{1x/p}} X_1$$

Productividad tanque 1 (moles/h) $= F_1 \cdot P_1$

b) Tanque 2

El balance de biomasa en el biorreactor 2 quedaría según la Ecuación 12.21 de la cual se obtiene el valor de F_f necesario.

$$\mu_2 > 0{,}85 \cdot \mu_{2max} , \quad F_2 = F_1 + F_f$$

$$0 = -(F_1 + F_f) \cdot X_2 + V_2 \cdot \mu_2 \cdot X_2 \tag{12.21}$$

$$\mu_2 = \frac{F_1 + F_f}{V_2} \rightarrow F_2 = F_1 + F_f = \mu_2 \cdot V_2$$

De la ecuación de Monod se obtiene la concentración de sustrato 2 (Producto 1) que hay en este tanque. Del balance de sustrato se obtiene la concentración celular 2.

$$\mu_2 = \frac{\mu_{2max} S_2}{K_{s_2} + S_2} \rightarrow S_2 = \frac{\mu_2 \cdot Ks_2}{\mu_{2max} - \mu_2}$$

$$0 = \frac{F_1}{V_2} \cdot P_1 + \frac{F_f}{V_2} \cdot S_f - \frac{F_1 + F_f}{V_2} \cdot S_2 - \frac{1}{Y_{2x/s}} \cdot \mu_2 \cdot X_2 \rightarrow X_2$$

Y finalmente del balance de producto se obtiene la productividad

$$0 = -\frac{F_1 + F_f}{V_2} \cdot P_2 - \frac{1}{Y_{2x/p}} \cdot \mu_2 \cdot X_2 \rightarrow P_2$$

Productividad (moles/h) $= F_2 \cdot P_2$

451

Análisis de dos biorreactores en serie con el mismo proceso

Supongamos ahora que por razones de espacio deseamos realizar una reacción microbiana en dos tanques en serie. En ambos biorreactores se realiza el mismo proceso, es decir el mismo microorganismo, mismo tipo de sustrato y producto. Podemos decidir que trabajen los dos con la misma μ en la fase exponencial, por ejemplo $\mu > 0{,}85 \cdot \mu_{max}$. Los parámetros del tanque 1 quedan definidos con las mismas ecuaciones que en el caso anterior. En el tanque 2 los balances se modifican del siguiente modo:

Balance de biomasa reactor 2

$$0 = F_1 \cdot X_1 - (F_1 + F_f) \cdot X_2 + V_2 \cdot \mu \cdot X_2 \qquad (12.22)$$

En este balance se tienen dos incógnitas F_f y X_2. Si la limitación del descenso de la tasa de crecimiento celular es la misma en ambos reactores, 1 y 2, de la ecuación de Monod se deduce que la concentración de sustrato en el caldo de los reactores será la misma.

$$\mu = \frac{\mu_{max} S_1}{K_s + S_1} = \frac{\mu_{max} S_2}{K_s + S_2} \rightarrow S_1 = S_2 = \frac{\mu \cdot Ks}{\mu_{max} - \mu}$$

La condición anterior hace que un flujo adicional de alimentación F_f con concentración $S_f > S_1$ sea absolutamente necesario en el tanque 2, por tanto, el balance de sustrato queda definido por la siguiente ecuación, que junto la (12.22) nos permite resolver el sistema obteniendo las dos incógnitas.

$$0 = F_1 \cdot S_1 + F_f \cdot S_f - (F_1 + F_f) \cdot S_1 - \frac{1}{Y_{x/s}} V_2 \cdot \mu \cdot X_2$$

$$0 = (S_f - S_1) \cdot F_f - \frac{1}{Y_{x/s}} V_2 \cdot \mu \cdot X_2 \rightarrow X_2 \text{ y } F_f$$

Balance de producto reactor 2

$$0 = \frac{F_1}{V_2} \cdot P_1 - \frac{F_1 + F_f}{V_2} \cdot P_2 - \frac{1}{Y_{x/p}} \cdot \mu \cdot X_2 \rightarrow P_2$$

$$\text{Productividad (moles/h)} = F_2 \cdot P_2$$

Si se decide que los dos reactores trabajen a distinta velocidad de crecimiento celular, tenemos en el tanque 2 lo siguiente:

Balance de biomasa reactor 2

$$0 = F_1 \cdot X_1 - (F_1 + F_f) \cdot X_2 + V_2 \cdot \mu_2 \cdot X_2$$

$$\mu_2 = \frac{\mu_{max} S_2}{K_s + S_2} \rightarrow S_2 = \frac{\mu_2 \cdot Ks}{\mu_{max} - \mu_2}$$

Balance de sustrato reactor 2

$$0 = F_1 \cdot S_1 + F_f \cdot S_f - (F_1 + F_f) \cdot S_2 - \frac{1}{Y_{x/s}} V_2 \cdot \mu_2 \cdot X_2$$

El balance de células y de sustrato forma un sistema que nos permite calcular X_2 y F_f.
Si F_f es cero, se obliga a que $S_1 > S_2$, lo que implica que

$$0 = (S_1 - S_2) \cdot F_1 - \frac{1}{Y_{x/s}} V_2 \cdot \mu_2 \cdot X_2 \rightarrow X_2$$

Balance de producto reactor 2

$$0 = \frac{F_1}{V_2} \cdot P_1 - \frac{F_1 + F_f}{V_2} \cdot P_2 - \frac{1}{Y_{x/p}} \cdot \mu_2 \cdot X_2 \rightarrow P_2$$

$$\text{Productividad (moles/h)} = F_2 \cdot P_2$$

Reactor continuo con recirculación y purga

Se trata de un biorreactor continuo al que se ha acoplado un sistema de separación de biomasa (células) por decantación, filtración o centrifugación, que permite recircular parte de las células que salen por la corriente de salida y aumentar la concentración del reactor. Este tipo de sistemas se caracteriza por dos parámetros:

a) Relación de recirculación, R: es la relación entre el flujo de recirculación F_R y el flujo de entrada F_e, de manera que

$$R = \frac{F_R}{F_e} \text{ tal que } F = F_e + F_R \rightarrow F = (1 + R)F_e$$

b) El factor de concentración del sedimentador respecto al torrente de salida del fermentador, C: es la relación entre la concentración de células que es recirculada X_R y la concentración de células antes del sedimentador X.

$$C = \frac{X_R}{X}$$

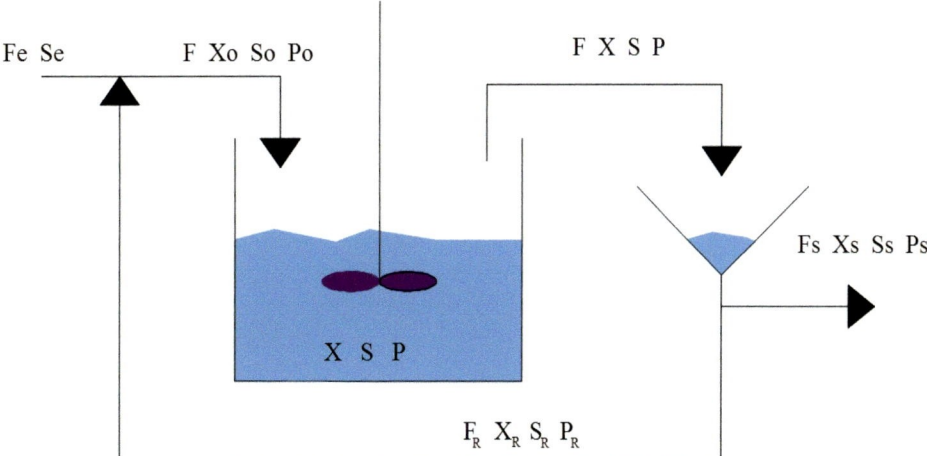

Figura 12.7. Esquema de funcionamiento de un reactor continuo con recirculación y purga.

La definición del sistema es complicada puesto que requiere determinar 17 variables, mostradas en la Tabla 12.4.

Tabla 12.4. Variables a definir en el diseño de un reactor continuo con recirculación y purga.

	Flujo (l/h)	Biomasa (g células/l)	Sustrato (g sustrato/l)	Producto (g producto/l)
Entrada	F_e	-	S_e	-
Salida	F_s	X_s	S_s	P_s
Recirculación	F_R	X_R	S_R	P_R
Alimentación	F	X_o	S_o	P_o
Reactor	-	X	S	P

Para resolver el diseño se deben fijar algunas variables tomadas como datos. Estos serán:
- Concentración de sustrato de alimentación S_e
- Limitación de la tasa de crecimiento celular, μ tal que se tiene S por la ecuación de Monod
- Productividad deseada, es decir, gramos de producto obtenidos por unidad de tiempo: $F_s \cdot P_s$

La determinación del resto de variables se realiza a partir de las siguientes relaciones

Equilibrio de flujos

Dado que es sistema estacionario se tiene que $F_e = F_s$.

$$F_R = R \cdot F_e$$

$$F = F_e + F_R \rightarrow F_e = \frac{1}{1+R} F$$

Equilibrio de concentraciones de productos

La productividad es dato, gramos o moles de producto extraídos del sistema por unidad de tiempo

$$\text{Productividad} = P_s \cdot F_s$$

Se parte de dos balances: antes del reactor se realiza una dilución del producto en recirculación pasando de concentración P_R a P_o, de la cual sale la Ecuación 12.23; después, en el sedimentador que produce una división de caudal, parte del flujo sale del sistema y otra parte retorna al reactor. Esta división de caudal permite escribir la Ecuación 12.24. La división de caudal no produce dilución por lo que $P = P_s = P_R$

$$F \cdot P_o = F_R \cdot P_R \tag{12.23}$$

$$F \cdot P = F_R \cdot P_R + F_s \cdot P_s \tag{12.24}$$

Se demuestra que si $P = P_s$ tenemos de (12.23) lo siguiente $F \cdot P = F_R \cdot P_R + F_s \cdot P_s \rightarrow$

$(1+R)F_e \cdot P = R \cdot F_e \cdot P_R + F_e \cdot P$, $(1+R)P = R \cdot P_R + P \rightarrow P = P_s = P_R$.

De (12.22) se obtiene $F \cdot P_o = F_R \cdot P_R \;\rightarrow\; P_o = \dfrac{R}{1+R} \cdot P_s$

Del balance de producto se obtiene la concentración de células en el biorreactor

$$\frac{dP}{dt} = \frac{F}{V} \cdot (P_0 - P) + \frac{1}{Y_{x/p}} \mu X = 0$$

$$\frac{dP}{dt} = \frac{F_s \cdot P}{V}(1+R) \cdot (\frac{R}{1+R} - 1) + \frac{1}{Y_{x/p}} \mu X = 0 \;\rightarrow\; X = \frac{Y_{x/p}}{\mu} \frac{F_s P}{V}$$

Equilibrio de concentraciones de sustrato

S_e es dato. De la limitación de la tasa de crecimiento celular, μ se tiene S, concentración de sustrato en el interior de reactor, por la ecuación de Monod

$$\mu = \frac{\mu_{max} S}{K_s + S} \;\rightarrow\; S = \frac{\mu \cdot Ks}{\mu_{max} - \mu}$$

Antes del reactor se realiza una mezcla de caudales con sustrato de la cual sale la Ecuación 12.25; después, en el sedimentador se produce una división de caudal, parte del flujo sale del sistema y otra parte retorna al reactor. Esta división de caudal permite escribir la Ecuación 12.26.

$$F_e \cdot S_e + F_R \cdot S_R = F \cdot S_0 \;\rightarrow\; S_R = \frac{F \cdot S_o - F_e \cdot S_e}{F_R} = \frac{(1+R) \cdot S_o - S_e}{R} \qquad (12.25)$$

$$F_s \cdot S_s + F_R \cdot S_R = F \cdot S \;\rightarrow$$
$$S_s = \frac{F \cdot S - F_R \cdot S_R}{F_s} = \frac{(1+R) \cdot F_e \cdot S - R \cdot F_e \cdot S_R}{F_e} = (1+R) \cdot S - R \cdot S_R \qquad (12.26)$$

La división de caudal no produce dilución por lo que $S=S_s=S_R$, es decir que la partición de caudal no influye en las concentraciones de los flujos resultantes. Por lo que

$$S_o = \frac{S_e - R \cdot S}{R + 1}$$

Del balance de sustrato dentro del biorreactor se obtiene F, caudal que se extrae del interior del reactor.

$$\frac{dS}{dt} = \frac{F}{V} \cdot (S_0 - S) - \frac{1}{Y_{x/s}} \mu X = 0 \;\rightarrow\; F = \frac{1}{Y_{x/s}} V\mu \frac{X}{S_0 - S}$$

Determinación de concentraciones celulares

Del balance de sustrato dentro del biorreactor se obtiene X, y por otra parte $X_R = C \cdot X$

Las células provenientes del retorno (recirculación) son diluidas antes del biorreactor obteniendo la Ecuación 12.27.

$$X_0 \cdot F = X_R \cdot F_R \rightarrow X_0 \cdot (1 + R) \cdot F_e = C \cdot X \cdot R \cdot F_e \rightarrow X_0 = \frac{C \cdot R \cdot}{1 + R} X \qquad (12.27)$$

Tras el biorreactor, en el sedimentador sí existe una concentración de células en el retorno, por tanto, se obtiene el balance de la Ecuación 12.28.

$$X \cdot F = X_s \cdot F_s + X_R \cdot F_R \qquad (12.28)$$

$$X_s = \frac{X \cdot F - X_R \cdot F_R}{F_s} = \frac{X \cdot (1 + R) \cdot F_e - X \cdot C \cdot R \cdot F_e}{F_e}$$

$$X_s = (1 + R - C \cdot R) \cdot X$$

Ejemplo 6

Se desea poner a punto un biorreactor de tanque agitado continuo con recirculación para fermentación alcohólica con una productividad de 500 g de alcohol por hora. El volumen del tanque es de 1000 l. El sistema trabaja bajo glucosa como sustrato limitante, el rendimiento másico biomasa vs sustrato es de 0,5 y el rendimiento másico biomasa vs producto es de 2,23 La concentración de glucosa en el alimento $S_e = 10$ g/l. Las constantes cinéticas del microorganismo son m $\mu = 0,2$ h^{-1} y $Ks = 1,3$ g/l. El factor de concentración del sedimentador respecto al torrente de salida del fermentador es de C=1,5 y la relación de recirculación es de 0,7.

Considerando el sistema al estado estacionario, determínese.

a) Cálculo de concentraciones celulares

b) Determinación de concentraciones de sustrato

c) Flujos de alimentación del reactor y recirculación

d) La concentración de producto en el torrente de recirculación

Planteamiento

a) Cálculo de concentraciones celulares

Si se desea una productividad $P_s \cdot F_s = P \cdot F_s = 500$ g de alcohol/h

$$X = \frac{Y_{x/p}}{\mu} \frac{F_s P}{V} = \frac{2,23}{0,26} \frac{500}{1000} = 4,305 \text{ g/l}$$

$$X_R = C \cdot X = 1,5 \cdot 4,305 = 6,458 \text{ g/l}$$

$$X_0 = \frac{C \cdot R \cdot}{1 + R} X = \frac{1,5 \cdot 0,7}{1 + 0,7} \cdot 4,305 = 2,659 \text{ g/l}$$

$$X_s = (1 + R - C \cdot R) \cdot X = (1 + 0,7 - 1.5 \cdot 0,7) \cdot 4,305 = 2,798 \text{ g/ml}$$

b) Determinación de concentraciones de sustrato

$S_e = 10$ g/l

Si limitamos la tasa de crecimiento celular tal que $\mu > 0,70 \cdot \mu_{max}$ se tiene S por la ecuación de Monod

$$S = S_R = S_s = \frac{\mu \cdot Ks}{\mu_{max} - \mu} = \frac{0,70}{1 - 0,70} \cdot 1,3 = 0,454 \text{ g/ml}$$

$$S_o = \frac{S_e - R \cdot S}{R + 1} = 9,81 \text{ g/ml}$$

c) Determinación de flujos

Del balance de sustrato dentro del biorreactor se obtiene F.

$$F = \frac{1}{Y_{x/s}} V \mu \frac{X}{S_0 - S} = \frac{1}{0,5} 1000 \cdot 0.26 \frac{4,305}{9,91 - 0,454} = 238,28 \text{ l/h}$$

$$F = F_e + F_R \rightarrow F_e = \frac{1}{1 + 0,7} 238,28 = 140,17 \text{ l/h}$$

$$F_R = R \cdot F_e = 0,7 \cdot 140,17 = 98,12 \text{ l/h}, \ F_e = F_s$$

d) Determinación de concentraciones de productos

$$P = P_R = P_s = \frac{\text{Productividad}}{F_s} = \frac{500}{140,168} = 3,56 \text{ g/l}$$

$$P_o = \frac{R}{1 + R} \cdot P_s = \frac{0,7}{1 + 0,7} \cdot 3,56 = 1,47 \text{ g/l}$$

Fin.

12.5. Determinación de los parámetros cinéticos de una cepa

Como se ha mostrado en el apartado anterior, la determinación de los flujos y la concentración de los distintos componentes en el reactor requieren el conocimiento de los parámetros cinéticos y rendimientos, μ_{max}, K_s, $Y_{x/s}$. $Y_{x/p}$. Estos parámetros pueden ser encontrados en la literatura para numerosas especies celulares, no obstante, hay variaciones entre cepas y generalmente la determinación de estos parámetros debe hacerse de forma experimental en laboratorio. Existen básicamente dos tipos de experimentos: reacción en discontinuo (tipo Batch) y reacción en continuo.

Experimento de discontinuo

Consiste en hacer crecer una cepa en una concentración conocida de sustrato, y analizar la variación de concentración celular, sustrato y producto en intervalos de tiempo determinados.

La determinación de la concentración celular en la disolución se puede hacer por varias técnicas:

Recuento directo: consiste en la observación al microscopio de volúmenes muy pequeños de suspensiones de células. Se usan unos portaobjetos especiales denominados **cámaras de**

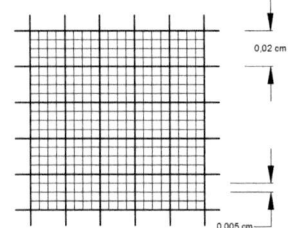

Figura 12.8. Diagrama de las celdas del portaobjetos Petroff-Hausser

Petroff-Hausser. Estos portaobjetos poseen unas cuadrículas que encierran un volumen conocido. Mediante conteo se determina el número de células por unidad de volumen. Al dividir el número de células por el número de Avogadro, y expresando el volumen en litros, se obtienen los moles de células por litro, es decir, la concentración molar de células.

Tabla 12.5. Área y volumen de las celdas de los portaobjetos Petroff-Hausser.

Tipo de cuadro	Area [cm^2]	Volumen [ml]	Factor [1/Vol.]
Cuadrado total	$1,00 \times 10^{-2}$	$2,00 \times 10^{-5}$	$5,00 \times 10^{4}$
Cuadrado grande	$4,00 \times 10^{-4}$	$8,00 \times 10^{-7}$	$1,25 \times 10^{6}$
Cuadrado pequeño	$2,50 \times 10^{-5}$	$5,00 \times 10^{-8}$	$2,00 \times 10^{7}$

Medida de células por dispersión de la luz: las células en suspensión dispersan la luz causando la turbidez del cultivo. La turbidez depende de la masa en suspensión y, por tanto, midiendo ésta se puede estimar aquella. La medida debe realizarse sobre una recta de calibración, que establece la relación entre la dispersión y la cantidad de células presente. Ésta se realiza utilizando patrones.

Medida usando contadores electrónicos de partículas. Se basan en el análisis de imagen que se realiza sobre una disolución de volumen conocido en un portaobjetos. Estos sistemas no nos indican si las partículas corresponden a células vivas o muertas; pero nos pueden dar una idea del tamaño de las partículas.

Medida de parámetros bioquímicos tales como la cantidad de ADN, ARN, proteínas, peptidoglicano, etc. por unidad de volumen. La cantidad de estas moléculas en las células es proporcional. La proporcionalidad se experimenta previamente a través de una recta de calibración.

Medida de actividad metabólica de los microorganismos. Por ejemplo, a partir de la variación del potencial redox del medio, a causa del consumo de oxígeno en la respiración, se relaciona con el número de células existente por medio de la utilización de colorantes sensibles a oxidación-reducción tales como el azul de metileno.

Si el sustrato es glucosa su concentración se puede medir haciéndola reaccionar con ácido 3,5-dinitrosalicílico (DNS), el cual se oxida a ácido 3-amino-5-dinitrosalicílico pasando de un color amarillo a un color rojizo, la concentración de glucosa se mide a través de la lectura de la absorbancia en un espectrofotómetro a 575 nm, habiendo realizado una calibración previa.

Para el cálculo de los parámetros cinéticos se toman logaritmos en la ecuación de la concentración de células en función del tiempo (Ecuación 12.9). Si se representa el ln X/X_o en función del tiempo, la curva es una recta en la que la pendiente es la tasa de crecimiento y el término independiente el producto $\mu \cdot t_{lag}$ del cual se obtiene el tiempo de letargo.

$$\frac{dX}{dt} = \mu X \ \rightarrow \ \frac{dX}{X} = \mu \cdot dt \qquad (12.9)$$

$$\int_{X_o}^{x} \frac{dX}{X} = \int_{tlag}^{t} \mu \cdot dt$$

$$\ln\frac{X}{X_o} = \mu \cdot \left(t - t_{lag}\right) \qquad (12.10)$$

$$X = X_o \cdot e^{\mu \cdot \left(t - t_{lag}\right)}$$

Donde X_o representa la concentración celular inicial en el reactor, que es muy baja; X representa la concentración celular en un tiempo t, t_{lag} es el tiempo de letargo.

Ejemplo 7

Los datos siguientes corresponden al crecimiento de *Rhodospirillum rubrum* sobre ácido acético. Calcúlese la duración del periodo de latencia en este cultivo y el tiempo de duplicación.

	Tiempo (h)	X (g/L)
Fase de	0	0,0002
letargo	15	0,0002
	30	0,0002
	45	0,0002
	60	0,0002
	80	0,0012
	100	0,0027
	110	0,0061
Fase de	120	0,0135
crecimiento	130	0,0301
exponencial	140	0,0670
	150	0,1492
	160	0,3320
	170	0,7398
Fase	180	1,6445
estacionaria	190	2,0500
	200	2,2100
	210	2,3500
	220	2,4000
	230	2,4500
	240	2,4500
	260	2,4700
	270	2,4800
	280	2,4800

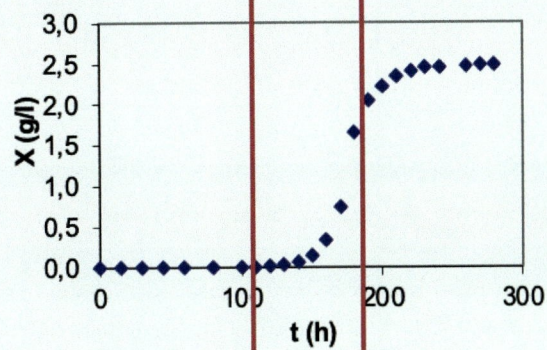

Figura 12.9. Variación de la concentración de células del biorreactor del Ejemplo 7.

Planteamiento

Para el cálculo se determina el logaritmo neperiano de la relación que existe entre la concentración celular y la concentración inicial. A partir de este valor se representa una recta en función del tiempo cuya pendiente es la tasa de crecimiento celular.

Tiempo (h)	X (g/L)	LN (X/Xo)
100	0,003	2,603
110	0,006	3,418
120	0,014	4,212
130	0,030	5,014
140	0,067	5,814
150	0,149	6,615
160	0,332	7,415
170	0,740	8,216

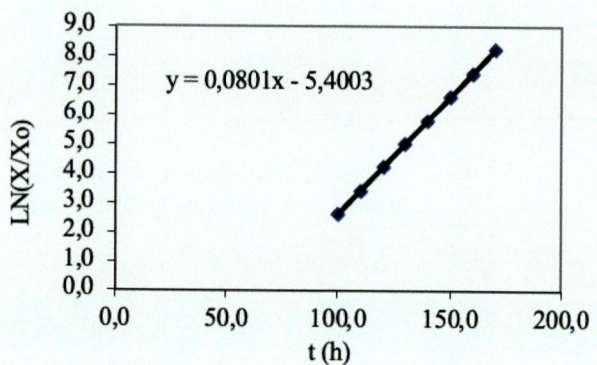

Figura 12.10. Liberalización de la variación de células.

$$-\mu \cdot t_{lag} = -5,4003 \,, \quad \mu = 0,0801 \text{ h}^{-1}, \quad t_{lag} = 67,4 \text{ h} \,, \quad t_d = \frac{\ln 2}{\mu} = 8,65 \text{ h} \,.$$

Fin.

Ejemplo 8

Se ha llevado a cabo una fermentación aerobia en discontinuo del microorganismo con *Candida Rugosauna* concentración inicial de ácido oleico de 4 g/l. En el transcurso de la fermentación se ha realizado el seguimiento de la biomasa. Los resultados se recogen en la siguiente tabla

A partir de estos datos calcular:

1) La velocidad específica de crecimiento
2) El rendimiento biomasa / sustrato

t (h)	Biomasa (g/l)	Sustrato (g/l)
0	0,48	8
5	0,6	7,94
10	1	7,60
12	1,5	7,18
14,5	3,1	5,81
16	5,8	3,50
17,25	8,9	0,85
20	9,6	0,25
23	9,5	0,34

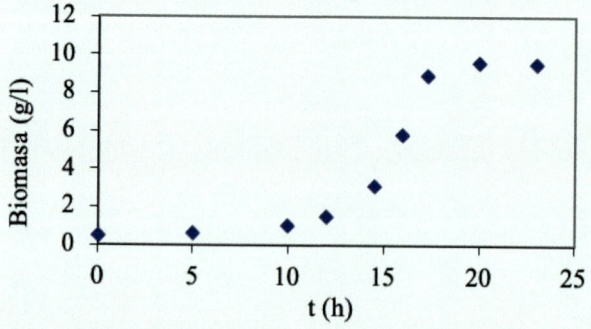

Figura 12.11. Variación de la concentración de células del biorreactor del ejemplo 8.

$$Y_{x/s} = \frac{X_1 - X_0}{S_0 - S_1} \rightarrow Y_{x/s} = \frac{9,5 - 0,48}{8 - 0,34} = 1,17 \text{ g biomasa/g sustrato}$$

t (h)	Biomasa (g/l)	Sustrato (g/l)
0	0,48	
5	0,6	
10	1	0,73
12	1,5	1,14
14,5	3,1	1,87
16	5,8	2,49
17,25	8,9	2,92
20	9,6	
23	9,5	

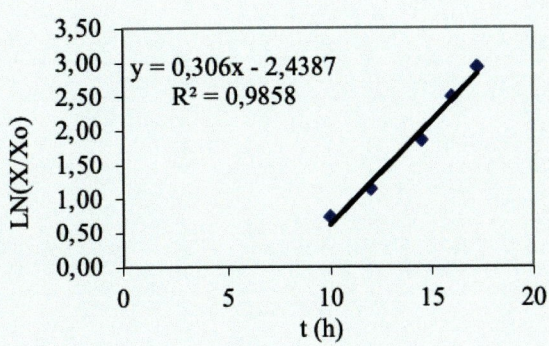

Figura 12.12. Linealización de la variación de concentración de células.

$$\mu = 0,306 \text{ h}^{-1}, \quad -\mu \cdot t_{lag} = -2,4387, \quad t_{lag} = 7,97\text{h}$$

Fin.

Experimento en continuo

Como se ha mostrado en los Ejemplos 7 y 8 no es posible calcular la constante de saturación *Ks* de un experimento donde no se determine la velocidad de crecimiento celular. En un reactor experimental trabajando en discontinuo la tasa de crecimiento celular se puede estimar midiendo la variación de concentración en periodos muy cortos de tiempo mediante la Ecuación 12.29. Pero esta estimación solo sirve si el intervalo t_1-t_2 es pequeño,

$$\mu = \frac{X_1 - X_0}{X_0 \cdot (t_1 - t_0)} \tag{12.29}$$

Otra opción es realizar el experimento en un reactor continuo en laboratorio a través de una pequeña bomba peristáltica de alimentación y evacuación de caldo. Determinando las condiciones de trabajo para distintas tasas de crecimiento celular se representa las inversas de la tasa de crecimiento frente a la inversa de la concentración de sustrato. A partir de la ecuación de Monod se puede comprobar que esta relación es un línea recta cuya pendiente es Ks/ μ_{max} y el término independiente es la $1/\mu_{max}$. Las diferentes tasas de crecimiento se consiguen modificando el caudal de alimentación puesto que μ=F/V.

$$\mu = \frac{\mu_{max} S}{K_s + S} \rightarrow \frac{1}{\mu} = \frac{1}{\mu_{max}} + \frac{K_S}{\mu_{max}} \frac{1}{S}$$

Ejemplo 9

En la tabla siguiente se indican las concentraciones de sustrato y biomasa en un biorreactor continuo de tanque agitado operando en estado estacionario a varias velocidades de dilución. Si la concentración de sustrato en la alimentación es de 70 g/l calcular los valores de las constantes de Monod K_S y μ_{max} y los rendimientos.

A la tasa de crecimiento también se le llama dilución. En la tabla se muestran las inversas de la tasa de crecimiento y la inversa de la concentración de sustrato cuya relación lineal se representa en la gráfica.

μ (h⁻¹)	Sustrato (g/l)	Biomasa (mg/l)	$1/\mu$	$1/S$	Yx/s
0,30	4,5	3,26	3,33	0,22	0,0000498
0,25	4,1	3,36	4,00	0,24	0,0000510
0,20	1,6	3,96	5,00	0,63	0,0000579
0,12	0,8	4,06	8,33	1,25	0,0000587
0,08	0,4	4,16	12,50	2,50	0,0000598

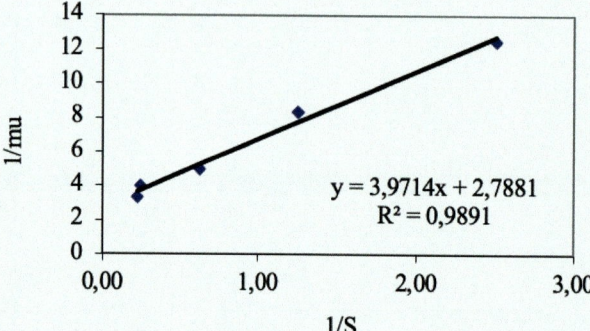

Figura 12.13. Relación entre la inversa de la tasa de crecimiento y la inversa de la concentración de sustrato.

$$\frac{1}{\mu} = \frac{1}{\mu_{max}} + \frac{K_S}{\mu_{max}}\frac{1}{S}$$

$$\frac{K_S}{\mu_{max}} = 3,9714, \quad \frac{1}{\mu_{max}} = 2,7881, \quad K_S = 1,424\,\text{g/l}, \quad \mu_{max} = 0,3586\,\text{h}^{-1}$$

Fin.

A través de este tipo de ensayo se puede determinar el tipo de inhibición que producen distintas sustancias. Una sustancia con inhibición competitiva provoca que la recta que relaciona $1/\mu$ y $1/S$ tenga un cambio de pendiente respecto a la recta obtenida sin inhibición tomada como control, pero tendrá el mimo término independiente (punto de corte con las abscisas). En una inhibición no competitiva se modificaran ambos en la recta, la pendiente y el término independiente, respecto a la del control.

$$\text{Sin inhibición} \quad \mu = \frac{\mu_{max}S}{K_s + S} \rightarrow \frac{1}{\mu} = \frac{1}{\mu_{max}} + \frac{K_S}{\mu_{max}}\frac{1}{S}$$

$$\text{Inhibición competitiva} \quad \mu = \mu_{max} \frac{S}{K_s \cdot a + S} \rightarrow \frac{1}{\mu} = \frac{1}{\mu_{max}} + \frac{K_S \cdot a}{\mu_{max}} \frac{1}{S}$$

$$\text{Inhibición no competitiva} \quad \mu = \frac{\mu_{max}}{a} \frac{S}{K_s + S} \rightarrow \frac{1}{\mu} = \frac{a}{\mu_{max}} + \frac{K_S \cdot a}{\mu_{max}} \frac{1}{S}$$

Ejemplo 10

Se obtienen los siguientes datos de velocidad de reacción primero con ausencia de sustancias inhibidoras (control) y después bajo la presencia de L y M, en la concentración que se indica en la tabla, que son inhibidores de esta enzima. La tasa de crecimiento se expresan min^{-1}. Determínese gráficamente qué tipo de inhibición causan L y M y determina las constantes aparentes a y K_i.

S (mM)	μ(control) (min-1)	μ con L (6µM)	μ con M (30 µM)
0,20	16,67	5,75	5,56
0,25	20,00	7,69	6,67
0,33	24,70	10,00	8,33
0,50	30,00	14,29	12,11
1,00	50,50	25,00	16,67
2,00	66,67	40,00	22,22
2,50	70,00	45,45	23,81
3,33	71,50	52,63	25,64
4,00	80,00	57,14	26,67
5,00	81,00	62,50	27,77

A partir de los datos de la tabla del enunciado se calculan las inversas de la tasa de crecimiento y de la concentración de sustrato en cada uno de los experimentos. A partir de éstas se representan las rectas correspondientes.

1/ μ	1/s	1/ μ L	1/ μ M
0,06	5,00	0,17	0,18
0,05	4,00	0,13	0,15
0,04	3,00	0,10	0,12
0,03	2,00	0,07	0,08
0,02	1,00	0,04	0,06
0,01	0,50	0,03	0,05
0,01	0,40	0,02	0,04
0,01	0,30	0,02	0,04
0,01	0,25	0,02	0,04
0,01	0,20	0,02	0,04

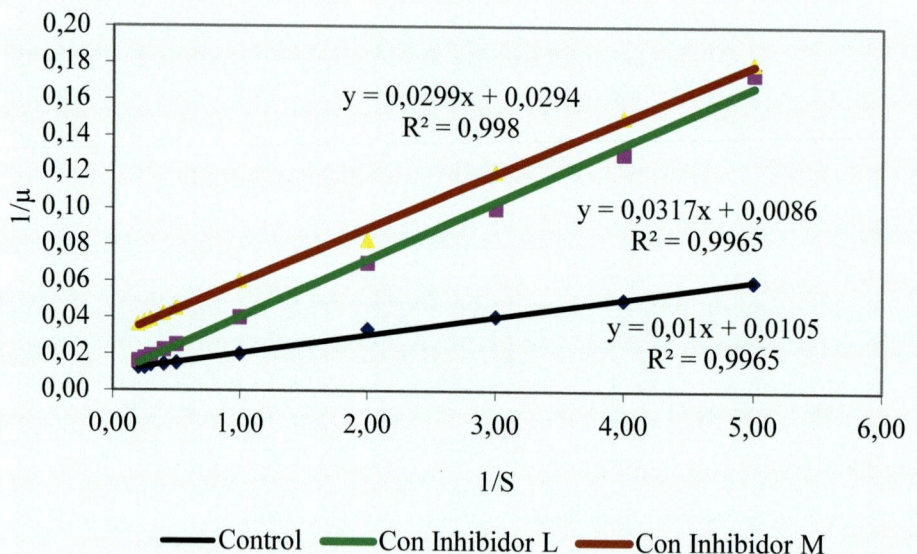

$y = 0,0299x + 0,0294$
$R^2 = 0,998$

$y = 0,0317x + 0,0086$
$R^2 = 0,9965$

$y = 0,01x + 0,0105$
$R^2 = 0,9965$

—Control —Con Inhibidor L —Con Inhibidor M

Control

$$\frac{K_S}{\mu_{max}} = 0,010 \, , \quad \frac{1}{\mu_{max}} = 0,011 \, min, \quad K_S = 0,952 \, mM \, , \quad \mu_{max} = 95,238 \, min^{-1}$$

Con inhibidor L

$$\frac{K_{S \cdot a}}{\mu_{max}} = 0,032 \, , \quad \frac{1}{\mu_{max}} = 0,009 \, min, \quad K_S \cdot a = 3,686 \, , \quad \mu_{max} = 116,279 min^{-1}$$

$$K_S = 0,952 \, mM \, , \quad a = 3,870 \, , \quad K_i = 0,0021 mM$$
Inhibición competitiva

Con inhibidor M

$$\frac{K_{S \cdot a}}{\mu_{max}} = 0,0299 \, , \quad \frac{a}{\mu_{max}} = 0,0294 \, min, \quad K_S \cdot a = 3,686, \quad K_S = 1,017 \, mM, \quad a = 2,8, \quad K_i = 0,0017 \, mM$$

Inhibición no competitiva

Fin.

12.6. Bombas y conexiones

Una vez calculados los flujos de entrada y salida del biorreactor se pueden dimensionar las bombas. La bomba convierte energía mecánica, procedente de un motor eléctrico (o endotérmico), en energía hidráulica. La potencia hidráulica (N_h) se manifiesta en hacer circular un caudal de un fluido (F) a determinada diferencia de presión (ΔP).

$$N_h = F \cdot P$$

El caudal de un circuito indica la cantidad de fluido que circula en un conducto por unidad de tiempo. Resulta, por tanto, del producto de la velocidad de circulación del fluido (c) por la sección de la tubería (A).

$$F = c \cdot A$$

Generalmente los biorreactores requieren presiones pequeñas, aunque la alimentación y evacuación de caldo se suelen hacer por la parte inferior para evitar la entrada accidental de aire, que podría contaminar el proceso. La presión necesaria en la bomba se calcula de acuerdo a la ecuación de Bernouilli.

$$\frac{P_{bomba}}{\gamma} + z_o + \frac{P_o}{\gamma} + \frac{c_o^2}{2g} = z_1 + \frac{P_1}{\gamma} + \frac{c_1^2}{2g} + \frac{P_{pérdidas}}{\gamma}$$

$$\frac{P_{bomba}}{\gamma} = (z_1 - z_o) + \left(\frac{P_1}{\gamma} - \frac{P_o}{\gamma}\right) + \left(\frac{c_1^2}{2g} - \frac{c_o^2}{2g}\right) + \frac{P_{pérdidas}}{\gamma}$$

Donde z_o, P_o y c_o son la altura, presión y velocidad de circulación antes de la bomba y z_1, P_1 y V_1 después de la bomba.

$\left(\dfrac{c_1^2}{2g} - \dfrac{c_o^2}{2g}\right)$ y P_o suelen ser cero y z_1 es la altura del medio de cultivo dentro del reactor.

Se entiende por desplazamiento o cilindrada de la bomba, el volumen de fluido activado por revolución. La posibilidad de regulación de la velocidad de giro permite una variación continua de caudal suministrado por las bombas, principalmente en las máquinas de paletas y pistones. No obstante, no todo el volumen de fluido movilizado por la bomba se integra en el caudal útil proporcionado, pues existe una recirculación en su interior debido a las pequeñas holguras de los elementos impulsores. Además de estas recirculaciones pueden existir fugas al exterior originadas por la imperfección de la estanqueidad. A la relación entre el caudal útil que proporciona la bomba y el caudal total que pone en movimiento se le denomina *rendimiento volumétrico*.

$$\eta_v = \frac{F}{F + q_i + q_e}$$

donde F es el caudal útil proporcionado por la bomba, q_i caudal que recircula en el interior y q_e es el caudal que se pierde por fugas al exterior.

De la presión generada en el interior de la bomba, también existe una parte que se pierde por las turbulencias existentes en el fluido o por el rozamiento de las partículas con las superficies internas del propio dispositivo. Por tanto, también será necesario definir un *rendimiento hidráulico*, que será la relación entre la presión real disponible a la salida de la bomba y la presión generada en su interior.

$$\eta_h = \frac{P}{P + P_i}$$

siendo P la presión a la salida de la bomba y P_i pérdidas de presión en el interior.

Además, en el acoplamiento bomba-motor existen rozamientos entre las piezas que componen los diferentes elementos. Esto dará lugar a unas pérdidas de energía mecánica. La relación entre la energía mecánica utilizada para su transformación en energía hidráulica y la consumida se denomina *rendimiento mecánico* η_m.

Finalmente, la potencia hidráulica obtenida será $N_h = F \cdot \Delta P$, y la potencia demanda al motor vendrá dada por

$$N_{demand} = \frac{F \cdot \Delta P}{\eta_v \cdot \eta_h \cdot \eta_m}$$

Las bombas quedan definidas a partir de sus curvas características. Las curvas características de una bomba relacionan el caudal y la presión proporcionados, indicando el rendimiento total obtenido.

Las bombas las podemos clasificar en rotativas o de movimiento alternativo. Las bombas rotativas para su funcionamiento requieren que estén cebadas, es decir, llenas de fluido. Éstas pueden ser centrífugas, de engranajes, de paletas, o peristálticas. Las bombas de movimiento alternativo pueden ser de membrana o de pistones.

Bombas rotativas de engranajes o lóbulos

Estas máquinas son de construcción sencilla, utilizan ruedas dentadas o lóbulos, entre cuyos intersticios queda retenido el fluido. Suelen ser de tamaño reducido, fácil acoplamiento y de mayor tolerancia a la suciedad. De forma general, las máquinas de engranajes y lóbulos pueden trabajar con presiones máximas de 140 bares, aunque existen modelos de hasta 250 bares; los caudales pueden oscilar de 1 a 600 1/min, y la velocidad de giro se sitúa sobre un valor máximo de 2400 rev/min.

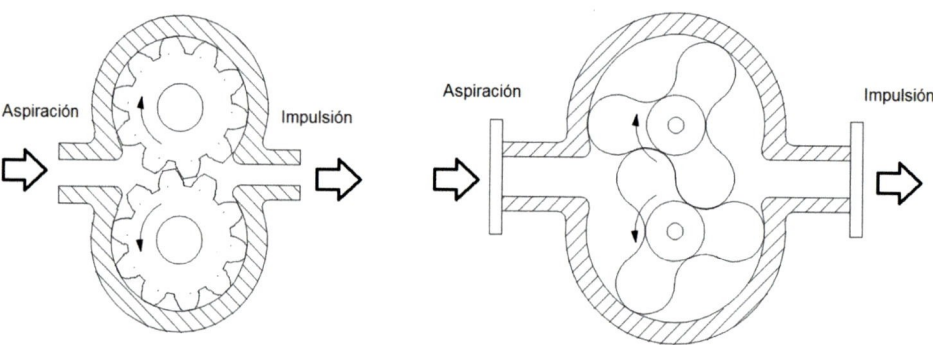

Figura 12.14. Bombas rotativas de engranajes y lóbulos.

Bombas de paletas

Estas bombas están constituidas por una cámara fija llamada *estátor*, de diseño circular o elíptico, y un *rotor* en el que unas paletas sueltas van alojadas en unas ranuras que permiten su desplazamiento por su interior. En estas máquinas el rotor se encuentra descentrado respecto al estátor. El desplazamiento de las paletas hacia el exterior, chocando contra el estátor, es debido a la fuerza centrífuga del movimiento giratorio. Al sobresalir empuja al fluido haciéndolo discurrir por un volumen variable lo que le confiere la presión. La cilindrada se puede regular variando la excentricidad.

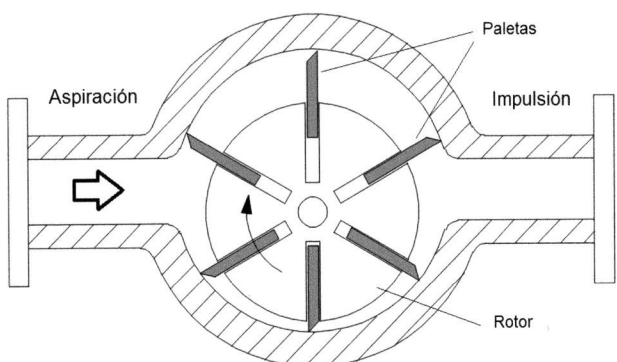

Figura 12.15. Bomba rotativa de paletas.

Las máquinas de paletas equilibradas se han diseñado para trabajar con presiones de un orden similar a las de engranajes. En las desequilibradas no sobrepasan los 70 bar; los caudales y velocidades de giro son de mayor valor (de 2 - 950 litros/min y 4000 rev/min como máximo), y mejoran los rendimientos totales.

Bombas peristálticas

Las bombas peristálticas constan de una tubería de goma flexible y un rotor con varias levas. Al girar las levas van presionando la goma empujando el fluido que queda ocluido en la tubería. Este proceso es llamado peristalsis por similitud a los sistemas biológicos de transporte como en el aparato digestivo. Este tipo de bombas es el más usado cuando se desean condiciones elevadas de asepsia, para evitar contaminaciones del cultivo, dado que permite una desinfección sencilla pasando un fluido desinfectante limpiador por la tubería.

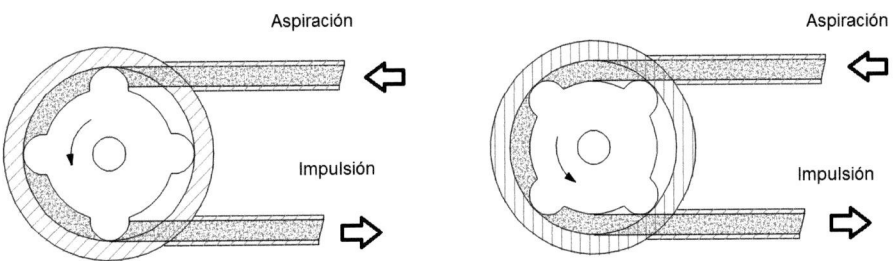

Figura 12.16. Bomba peristáltica.

Bombas centrifugas

Estas bombas están constituidas por un rodete con álabes en el interior de una carcasa. El fluido entra a la carcasa por la parte central coaxial al rodete. Al girar los álabes empujan a las partículas dándoles un movimiento giratorio. La fuerza centrífuga hace que tiendan a desplazarse radialmente ejerciendo una presión sobre las paredes de la carcasa, en la cual se inserta tangencialmente la tubería de impulsión. Estas bombas son las que proporcionan mayor presión y caudal.

Bombas de membrana o de pistones

En este tipo de máquinas el desplazamiento del fluido se realiza por mediación de una variación del volumen por el movimiento alternativo del elemento impulsor. Éste puede ser un pistón alojado en un cilindro, o la deformación de una membrana a través de la acción de una leva. Las máquinas de pistones son las de mayor rendimiento, con presión máxima de 350 bar, caudal de 2 a 1700 1/min y velocidad máxima de 6000 rev/min.

Conexiones

Uno de los aspectos más importantes en el diseño de la instalación es evitar puntos ciegos que queden fuera del alcance de los fluidos de desinfección, en donde puedan acumularse células indeseadas contaminantes o inhibidores. Para evitar esto, todas las conexiones de los biorreactores son de tipo *clamp*. Este tipo de conexiones consisten en la unión de dos superficies planas muy pulidas unidas con una abrazadera externa. Entre las superficies se coloca una junta que suele ser de EPDM.

EPDM (Etileno Propileno Dieno tipo M ASTM) es un termopolímero elastómero que tiene buena resistencia a la abrasión y al desgaste. La composición de este material contiene entre un 45% y un 75% de etileno, siendo en general más resistente cuanto mayor sea este porcentaje. Tiene una resistencia muy buena a los agentes atmosféricos, ácidos y álcalis, y a los productos químicos en general. La temperatura de trabajo oscila entre los -40 y los 140 °C. Esto es muy importante dado que la desinfección se suele hacer con la circulación de un ácido fuerte, seguido de un álcali y agua o vapor a alta temperatura. Los tipos de piezas a unir serán tuberías, codos, piezas en T, válvulas, bomba, etc.

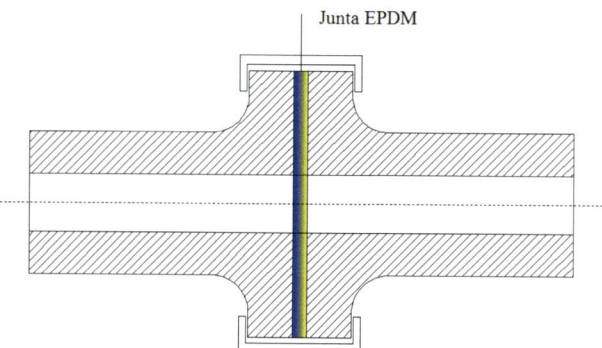

Junta EPDM

Figura 12.17. Junta tipo clamp.

12.7. Diseño sistema de aireación

En procesos aerobios el mantenimiento de la colonia de células en reproducción requiere suministrar, junto con sustrato, oxígeno para la respiración. Cuestiones claves en el diseño de la instalación de aporte de aire son la determinación del caudal a aportar, selección del compresor, el acondicionamiento del aire para dejarlo sin células contaminantes o inhibidores, como pueden ser residuos de aceite con distintos hidrocarburos.

Cálculo del flujo de aire para respiración

Las necesidades de oxígeno por mol de microorganismos reproducidos pueden ser obtenidos de la reacción estequiométrica del proceso, cuya forma general se muestra en la Ecuación 12.1, dado por a/c. Este valor también puede ser obtenido por ensayos específicos de respirometría. No obstante, para conocer el consumo de oxígeno por unidad de tiempo es necesario tener en cuenta la cinética del crecimiento microbiano según la Ecuación 12.30 donde $Y_{x/o}$ es el rendimiento biomasa/oxígeno.

$$r_{o2}^c = \frac{1}{Y_{x/o}} \frac{dX}{dt} = \frac{1}{Y_{x/o}} \mu X \quad \left(\frac{\text{moles de O}_2}{s \cdot l} \right) \tag{12.30}$$

Si se denomina F_{aire} al flujo de aire que se introduce en el reactor, éste puede ser calculado por la ecuación universal de los gases. El aire contiene aproximadamente un 21% de oxígeno.

$$F_{aire} \cdot P_{aire} = \frac{n_{aire}}{t} RT \ , \ \chi_{o2} = \frac{n_{o2}}{n_{aire}} = 0,21$$

$$F_{aire} \cdot 0,21 \cdot P_{aire} = \frac{n_{o2}}{t} RT$$

$$F_{aire} \cdot 0,21 \cdot P_{aire} = V \frac{1}{Y_{x/o}} \mu X \cdot RT \ \rightarrow F_{aire} \text{ (necesidades teóricas)}$$

El problema técnico que surge cuando se burbujea aire en el caldo de cultivo es que gran parte del oxígeno no se disuelve en el líquido sino sale por la superficie acumulándose en forma gaseosa en la parte superior del reactor, donde la presión del gas aumenta hasta un determinado valor definido por el valor límite de una válvula de alivio colocada en la tapa superior. La cantidad de oxígeno disuelta en el líquido viene definida por la Ley de Henry: *"La solubilidad de los gases en los líquidos es proporcional a la presión parcial del gas"*. La constante proporcionalidad se denomina constante de Henry K_h, de tal forma que

$$K_h = \frac{\text{Presión parcial del gas}}{\text{Fracción molar en la solución}}$$

Hay que advertir que para el oxígeno la solubilidad disminuye con la temperatura. Este es el origen de las primeras burbujas que se producen al calentar el agua. La constante de Henry para el oxígeno en agua a 20 °C es 2,95 10^7 mm Hg, para 30 °C es 3,52 10^7 mm Hg.

Tabla 12.6. *Kh* (mmHg) para 298K.

Gas	Líquido	
	Agua	**Benceno**
CH_4	$3,14 \cdot 10^5$	$4,27 \cdot 10^5$
CO_2	$1,25 \cdot 10^6$	$8,57 \cdot 10^4$
H_2	$5,34 \cdot 10^7$	$2,75 \cdot 10^6$
N_2	$6,51 \cdot 10^7$	$1,79 \cdot 10^6$
O_2	$3,30 \cdot 10^7$	

La Ley de Henry implica:

- Existe una concentración máxima de gas en el disolvente en función de la presión parcial del gas soluto. Esta concentración la denominamos: C_{o2}^*
- Si existe un consumo de oxígeno en el seno del disolvente esta concentración disminuirá, apareciendo un gradiente.

Ejemplo 11

Si se hace burbujear O_2 en agua a 30 °C con una presión de 742,5 mm Hg ¿Cuál sería la concentración de oxígeno disuelto en el equilibrio? ¿Cuántos ml de oxígeno se disolverán en el agua por litro?

Planteamiento

$$K_h = \frac{P_{O2}}{X_{O2}} = 3,52 \cdot 10^7 \, mmHg$$

$$X_{o2} = \frac{n_{o2}}{n_{o2} + n_{H2O}} = \frac{n_{o2}}{n_{H2O}} = \frac{P_{o2}}{K_h} = \frac{742,5 \, mmHg}{3,52 \cdot 10^7 \, mmHg}$$

$$n_{H2O} = \frac{1000 \, g/l}{18 \, g/mol} = 55,55 \text{ moles de } H_2O/l$$

$$C_{o2}^* = n_{o2} = \frac{742,5}{3,52 \cdot 10^7} \cdot 55,55 = 1,17 \cdot 10^{-3} \text{ moles de } O_2/l$$

$$V_{o2} = \frac{n_{o2}}{P_{o2}} RT = \frac{1,17 \cdot 10^{-3}}{742,5 / 760} 0,082 \cdot 303 = 0,0297 \text{ litros}$$

Fin.

La cuestión que se plantea es la velocidad a la cual el oxígeno se disolverá en la dirección del gradiente, es decir: ¿cuál será la velocidad de transferencia del oxígeno de la fase gaseosa a la fase líquida, secuestrado como soluto?

La velocidad de transferencia de O_2 (rO_2) desde el seno de la fase gaseosa (burbujas) hasta la fase líquida (medio líquido) está determinada por la siguiente Ecuación 12.31.

$$\frac{dC_{o2}}{dt} = K_L a \cdot \left(C_{o2}^* - C_{o2}\right) \text{(moles/l s)} \tag{12.31}$$

donde

$K_L a$ (s^{-1}) es el coeficiente volumétrico de transferencia de oxígeno

C_{o2}: la concentración de O_2 disuelto en el seno del líquido (moles/l)

C_{o2}^*: la concentración de O_2 disuelto en equilibrio con la presión parcial de oxígeno de la fase gaseosa.

El $K_L a$, y por lo tanto el grado de transferencia de oxígeno desde las burbujas hasta el seno del líquido, donde están las células o microorganismos en cultivo, dependen de las condiciones de operación del sistema de cultivo: caudal de aire, volumen del líquido, régimen de agitación, área de transferencia y viscosidad del cultivo. En general, la viscosidad y el volumen del líquido disminuyen la $K_L a$; el área de transferencia, la agitación aumentan la $K_L a$. Esto implica que la determinación de $K_L a$ debe realizarse de forma experimental mediante sensor de oxígeno disuelto.

Para considerar la velocidad de transferencia de oxígeno en la alimentación celular debe analizarse el balance de la Ecuación 12.32, donde $\left(\mu/Y_{x/o}\right) X$ representa el consumo de oxígeno de las células por unidad de tiempo. La Ecuación 12.31 representa la velocidad de transferencia de oxígeno entre las burbujas y el líquido, pero su concentración estará influenciada por el consumo.

$$\frac{dC_{o2}}{dt} = K_L a \cdot \left(C_{o2}^* - C_{o2}\right) - \frac{\mu}{Y_{x/o}} X \tag{12.32}$$

En el diseño de un biorreactor la alimentación de aire debe conseguir que la concentración de oxígeno en el líquido sea constante, es decir $\left(dC_{o2}/dt\right) = 0$, por tanto, la ecuación de balance de oxígeno se expresa como:

$$Kla \cdot \left(C_{o2}^* - C_{o2}\right) = \frac{\mu}{Y_{x/o}} X$$

Para el cálculo del flujo de aire necesario que retomemos la ecuación universal de los gases, donde V es volumen del reactor.

$$F_{aire} \cdot 0{,}21 \cdot P_{aire} = V \frac{1}{Y_{x/o}} \mu X \cdot RT$$

Sustituyendo tenemos

$$F_{aire} \cdot 0{,}21 \cdot P_{aire} = V \cdot K_L a (C_{o2}^* - C_{o2}) \cdot RT$$

Para relacionar el flujo con las presiones tenemos que

$$C_{o2}^* = \frac{n_{o2}}{V}, \; X_{o2} = \frac{n_{o2}}{n_{o2} + n_{H_2O}} \approx \frac{n_{o2}}{n_{H_2O}}, \; n_{o2} = X_{o2} \frac{1000}{18},$$

$$F_{aire} \cdot 0{,}21 \cdot P_{aire} = V \cdot K_L a (\frac{1000}{18} X_{o2} - C_{o2}) \cdot RT$$

Como $P_{o2} = X_{o2} \cdot K_h = 0,21 \cdot P_{aire}$

$$F_{aire} \cdot 0,21 \cdot P_{aire} = V \cdot K_L a \cdot (\frac{1000}{18} \frac{0,21}{K_h} P_{aire} - C_{o2}) \cdot RT$$

$$F_{aire} = \frac{1}{0,21 \cdot P_{aire}} \cdot V \cdot K_L a \cdot (\frac{1000}{18} \frac{0,21}{K_h} P_{aire} - C_{o2}) \cdot RT$$

La presión del gas en la parte superior del reactor P_{aire} se mide con un manómetro colocado en la tapa, la concentración de oxígeno en el líquido se mide con una sonda. A mayor presión parcial de oxígeno mayor es la concentración del mismo en el caldo.

Para mantener el sistema en estado estacionario el flujo de aire a aportar debe ser F_{aire}, la pregunta que se suscita ahora es: ¿cuál será la presión adecuada para el mantenimiento de las células?

Si el biorreactor continuo, X es constante, y por tanto se cumple

$$K_L a \cdot (C_{o2}^* - C_{o2}) = \frac{\mu}{Y_{x/o}} X$$

$$K_L a \cdot (\frac{1000}{18} \frac{0,21}{K_h} P_{aire} - C_{o2}) = \frac{\mu}{Y_{x/o}} X$$

Si el reactor en discontinuo

$$K_L a \cdot (\frac{1000}{18} \frac{0,21}{K_h} P_{aire} - C_{o2}) = \frac{\mu}{Y_{x/o}} X_o \cdot e^{\mu t}$$

De donde se obtiene P_{aire}. En caso de que el medio de cultivo tenga densidad distinta a la del agua la ecuación anterior se convierte en

$$K_L a \cdot (\frac{dmc}{pm} \frac{0,21}{K_h} P_{aire} - C_{o2}) = \frac{\mu}{Y_{x/o}} X_o \cdot e^{\mu t}$$

Donde *dmc* es la densidad del medio de cultivo y *pm* su peso molecular.

Cálculo de $K_L a$

Los tres métodos experimentales más usados se basan en la formulación de un balance de oxígeno y se evalúa el valor de $K_L a$.

En un primer método se deja una población celular crecer hasta que no existe oxígeno y, por tanto, se produce la muerte celular; posteriormente se inyecta el oxígeno en condiciones de trabajo (presión y agitación) durante un tiempo t. La variación de concentración de oxígeno se expresa según la Ecuación 12.31. En la ecuación no consta el término de consumo ya que no tenemos población microbiana. También el oxígeno puede ser desplazado con nitrógeno, y después proceder a la inyección para la reaireación. La concentración puntual de oxígeno en el biorreactor se evalúa con una sonda. La presión de gas en la parte superior se determina con el manómetro de la tapa y es fija por la acción de la válvula de alivio regulable. De ese modo queda perfectamente determinado el valor C_{o2}^*.

$$C_{o2}^* = \frac{1000}{18} \frac{0,21}{K_h} P_{aire}$$

$$\frac{dC_{o2}}{dt} = K_L a \cdot \left(C_{o2}^* - C_{o2} \right) \qquad (12.31)$$

$$\int_0^{C(t)} \frac{dC_{o2}}{C_{o2}^* - C_{o2}} = \int_0^t K_L a \cdot dt \cdot$$

Al reinyectar oxígeno, su concentración aumentará con el tiempo. Al resolver la integral de la ecuación diferencial (12.31) la variación de oxígeno nos permitirá construir una recta cuya pendiente es la constante $-K_L a$.

$$\ln\left(1 - \frac{C(t)}{C_{o2}^*} \right) = -K_L a \cdot t \qquad (12.33)$$

Ejemplo 12

Un proceso de obtención de antibióticos se realiza en un fermentador de lecho fluidizado. Para la determinación del coeficiente de transferencia de oxígeno se utiliza la técnica de eliminación de gases con N_2 y, posteriormente, se reairea con aire en las condiciones de cultivo. Calcúlese el valor del K_{La} a partir de los datos obtenidos en la fase de reaireación que se presentan en el cuadro siguiente. La concentración de saturación de O_2 en las condiciones de operación es de 8,1 mg/kg.

t (min)	C_{o2} (mg/kg)
1,0	0,02
2,0	0,02
3,0	0,03
4,0	0,37
5,0	1,03
6,0	3,06
6,5	4,09
7,0	4,96
7,5	5,46
8,0	6,01
8,5	6,33
9,0	6,79
9,5	7,04
10,0	7,25
10,5	7,47
11,0	7,53
11,5	7,57
12,0	7,67
12,5	7,73
13,0	7,86
13,5	7,89
14	7,97
15	7,99

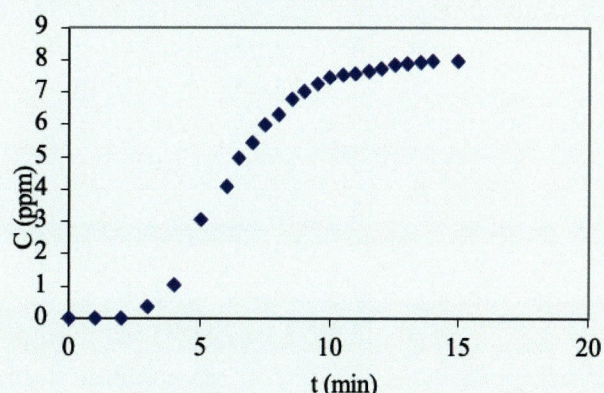

Figura 12.18. Evolución concentración O_2 disuelto.

Según esta Ecuación 12.33 se calcula el ln y representaremos gráficamente:

t (min)	C_{o2} (mg/kg)	Ln (1-(C/C*))
0	0,02	-0,0025
1,0	0,02	-0,0025
2,0	0,02	-0,0025
3,0	0,03	-0,0037
4,0	0,37	-0,0468
5,0	1,03	-0,1360
6,0	3,06	-0,4745
6,5	4,09	-0,7031
7,0	4,96	-0,9476
7,5	5,46	-1,1211
8,0	6,01	-1,3547
8,5	6,33	-1,5209
9,0	6,79	-1,8218
9,5	7,04	-2,0336
10,0	7,25	-2,2544
10,5	7,47	-2,5539
11,0	7,53	-2,6540
11,5	7,57	-2,7267
12,0	7,67	-2,9358
12,5	7,73	-3,0861
13,0	7,86	-3,5190
13,5	7,89	-3,6525
14	7,97	-4,1321
15	7,99	-4,2991

Si cogemos el tramo lineal comprendido entre los tiempos 5 y 14, el valor del $K_L a$ es de 0,219 min^{-1}

Fin.

Ejemplo 13

Se utiliza el método indirecto para medir el $K_L a$ en un fermentador que opera en 30 °C. Los datos de concentración de oxígeno disuelto en función del tiempo durante la etapa de reoxigenación son las siguientes. La concentración de saturación de oxígeno en el caldo es de 7,9 · 10^{-3} kg m^{-3}. Calcula $K_L a$.

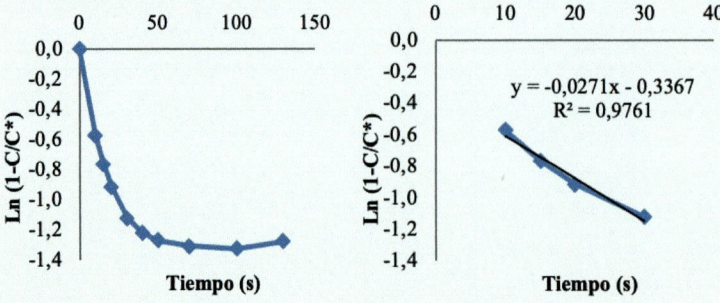

Tiempo (s)	C_{O2} (% de saturación de aire)	Ln(1-C/C*)
10	43,5	-0,571
15	53,5	-0,766
20	60,0	-0,916
30	67,5	-1,124
40	70,5	-1,221
50	72,0	-1,273
70	73,0	-1,309
100	73,5	-1,328
130	73,5	-1,328

$$\ln\left(1 - \frac{C(t)}{C^*}\right) = -K_L a \cdot t \quad K_L a = 0,0271\, s^{-1}$$

Fin.

Una segunda alternativa para el cálculo de la constante $K_L a$ es medir la concentración de oxígeno a la entrada y salida de gases del biorreactor. El balance de oxígeno sigue la Ecuación 12.34, donde C_{eo2} es la concentración de oxígeno a la entrada del flujo de aire y C_{so2} es la concentración de oxígeno en el flujo de salida de gases.

$$V\frac{dC_{o2}}{dt} = F_{aire} \cdot \left(C_{eo2} - C_{so2}\right) - V\frac{1}{Y_{x/o}}\mu X \tag{12.34}$$

En estado estacionario el término acumulación desaparece: $\dfrac{dC_{o2}}{dt} = 0$

$$F_{aire} \cdot \left(C_{eo2} - C_{so2}\right) = V\frac{1}{Y_{x/o}}\mu X$$

Si combinamos la ecuación con la de velocidad de transferencia obtenemos:

$$F_{aire} \cdot \left(C_{eo2} - C_{so2}\right) = V \cdot K_L a \cdot \left(C_{o2}^* - C_o\right)$$

Podemos calcular el coeficiente si disponemos la medida de la concentración de oxígeno en el caudal del gas a la entrada, a la salida y en el medio (tres sondas).

$$K_L a = \frac{F_{aire} \cdot \left(C_{eo2} - C_{so2}\right)}{V \cdot \left(C_{o2}^* - C_{o2}\right)}$$

Una tercera opción para el cálculo de la constante $K_L a$ es la llamada técnica dinámica. Este método consiste en introducir una perturbación en el sistema cuando se encuentra en estado estacionario y analizar la respuesta. En un momento determinado se interrumpe el suministro de oxígeno del sistema, visualizando un descenso lineal de la concentración de O_2 disuelto. Este descenso se debe al consumo por parte de las células. Antes de llegar a la concentración crítica de oxígeno se restablece la entrada de aire. En la Figura 12.19 se observan tres fases

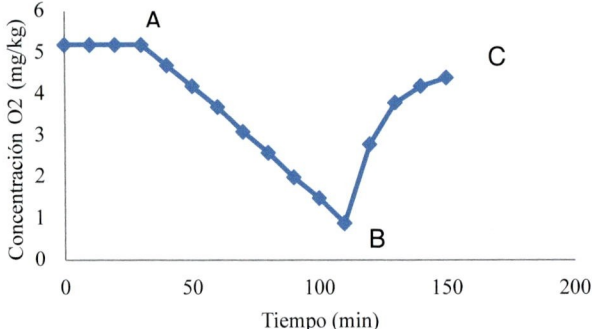

Figura 12.19. Variación de concentración de oxígeno tras interrupción de suministro en biorreactor continuo.

Hasta el punto A el biorreactor está en estado estacionario, y por tanto la concentración de cualquier compuesto, incluido el oxígeno, es constante.

$$\frac{dC_{o2}}{dt} = K_L a \cdot (C_{o2}^* - C_{o2}) - \frac{\mu}{Y_{x/o}} X = 0$$

$$K_L a \cdot (C_{o2}^* - C_{o2}) = \frac{\mu}{Y_{x/o}} X$$

Entre el punto A y B se experimenta un descenso lineal de la concentración de oxígeno. La transferencia de oxígeno desde el aire al fluido es despreciable.

$$\frac{dC_{o2}}{dt} = -\frac{\mu}{Y_{x/o}} X$$

Desde el punto B hasta el C se produce un aumento de la concentración de oxígeno a causa de la reaireación del reactor, a través de burbujeo.

$$C_{o2} = -\frac{1}{K_L a} (\frac{dC_{o2}}{dt} + \frac{\mu}{Y_{x/o}} X) + C_{o2}^*$$

Desde donde se obtiene $K_L a$.

Ejemplo 14

Empleando un electrodo de oxígeno disuelto en un fermentador con levaduras, se obtuvieron los siguientes resultados con el método directo. A los 30 segundos se corta la aireación, volviendo a suministrar aire después de 110 segundos.

Encuentre los valores de $\frac{\mu}{Y_{x/o}} X$, $K_L a$ y C_{o2}^*

Tiempo (s)	O_2 disuelto (mg/kg)
0	5,2
10	5,2
20	5,2
30	5,2
40	4,7
50	4,2
60	3,7
70	3,1
80	2,6
90	2,0
100	1,5
110	0,9
120	2,8
130	3,8
140	4,2
150	4,4

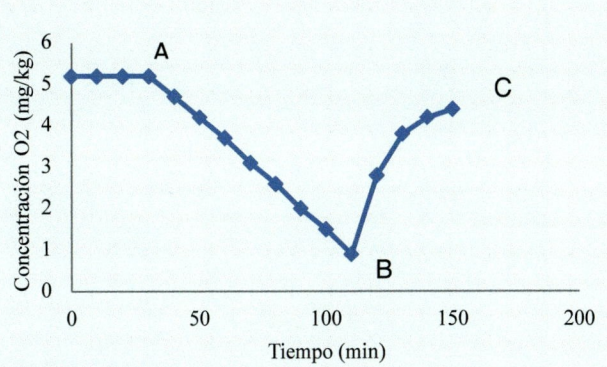

Los primeros 30 segundos $K_L a \cdot (C_{o2}^* - C_{o2}) = \dfrac{\mu}{Y_{x/o}} X$
Entre 30 s y 110 s

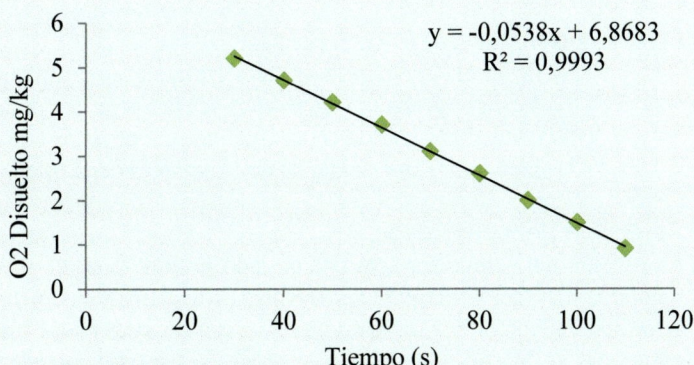

$$\frac{dC_{o2}}{dt} = -\frac{\mu}{Y_{x/o}} X$$

$$C_{o2} = -\frac{\mu}{Y_{x/o}} X \cdot t + C_{io2}$$

$\dfrac{\mu}{Y_{x/o}} X = 0{,}0538$ mg de oxígeno por kg y segundo

477

Después de 110 s, linealizado este balance en el tramo B-C obtenemos una recta de pendiente 1/ KLa

t	C_{o2}	$\dfrac{dC_{o2}}{dt}$	$\dfrac{dC_{o2}}{dt} + \dfrac{\mu}{Y_{x/o}} X$
110	0,9	0,19	0,243
120	2,8	0,100	0,153
130	3,8	0,040	0,093
140	4,2	0,020	0,073
150	4,4	0,029	0,082

Gráfico: Concentración de O2 (mg/kg) vs dC/dt+muX/Yo/x

$$y = -19,27x + 5,6325$$
$$R^2 = 0,9972$$

$$C_{o2} = -\frac{1}{K_L a}\left(\frac{dC_{o2}}{dt} + \frac{\mu}{Y_{x/o}} X\right) + C_{o2}^*$$

$$C_{o2}^* = 5,63 \text{ mg/kg}$$

$$\frac{1}{K_L a} = 19,27, \; K_L a = 0,052 \text{ s}^{-1}$$

Fin.

Con este método hay que tener en cuenta:
- No llevar el cultivo hasta el valor crítico de concentración de oxígeno.
- Si el cultivo presenta valores muy elevados de demanda de oxígeno el tramo A-B será muy corto pues la concentración será próxima a la crítica.
- Técnica difícil si la demanda de oxígeno es cercana a la capacidad de suministro.

Selección del compresor

La función del compresor será por un lado proporcionar el aire de oxigenación, por otro regular la abertura y cierre de las válvulas de accionamiento neumático. Los parámetros de selección del compresor serán *kg aire/h, presión y potencia.* El rango habitual de presiones requeridas en biorreactores oscila entre 8 y 15 bar, con caudales entre 1 y 1100 m³/h, con potencia entre 4 y 15 kW, dependiendo del volumen.

Existen tres tipos de compresores: compresores de pistones, compresores rotativos y turbocompresores. Los compresores rotativos pueden ser de paletas o de tornillo. Los turbocompresores pueden ser de flujo axial o de flujo radial. El compresor almacena el aire a presión en un calderín. Éste está formado por una estructura metálica en cuyo interior existe una membrana elástica. Al llenarse el calderín la membrana se estira, como lo hace un globo hinchado. Cuando el aire es requerido se abre la válvula de salida expulsando el aire almacenado a cierta presión. La caída de presión en el interior del calderín se detecta con un manómetro. En ese momento se acciona el compresor para que introduzca más aire.

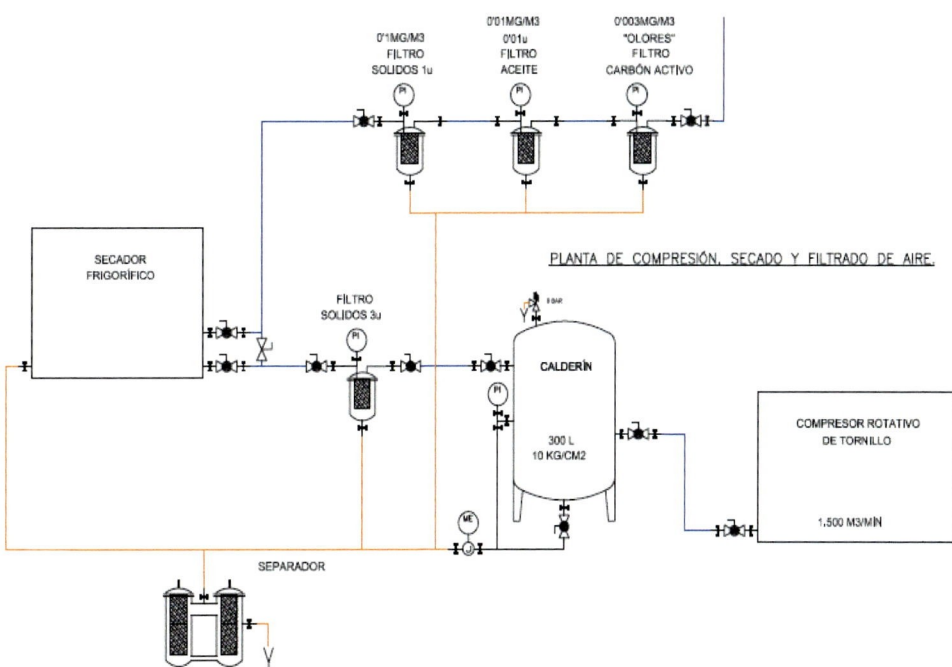

Figura 12.20. Instalación del sistema de alimentación de aire en un biorreactor.

Ejemplo 15

El equipo de producción de aire comprimido en un reactor de 500 l está compuesto por un compresor de tornillo de las siguientes características:

- Caudal de aire a 10 bar: 1450 l/min
- Caudal de aire a 6 bar: 300 l/min
- Potencia consumida: 11kW
- Tensión: 400V (3 fases)
- Nivel sonoro: 64 dB(A)
- Dimensiones: 700x600x970
- Peso: 200 kg

Fin.

Válvulas de alivio

Las válvulas de alivio de presión, también llamadas válvulas de seguridad, están diseñadas para liberar fluido cuando la presión interna supera el umbral establecido. Su misión es evitar una explosión, el fallo del equipo en caso un exceso de presión. Existen también las válvulas de alivio que liberan el fluido cuando la temperatura supera un límite establecido.

Estas válvulas son llamadas válvulas de alivio de presión y temperatura. Los dispositivos pueden ser

- Mecánicos
- Eléctricos
- Electrónicos

12.8. Dimensionado mecánico del biorreactor

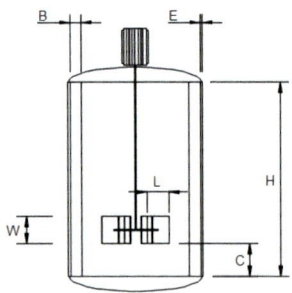

Aunque los biorreactores pueden tener formas diversas (cilindros verticales, cilindros horizontales, esféricos, prismáticos), la mayoría se construyen como cilindros verticales. En el caso de tanques agitados, la experiencia ha demostrado que las dimensiones del cilindro y de los agitadores requeridas para una adecuada mezcla de los componentes y evitar la aparición de gradientes están relacionadas de forma como se indica en la Tabla 12.7. En la Figura 12.21 se observa un esquema de las dimensiones del biorreactor con turbina de agitación vertical. La turbina puede ser accionada tanto desde la parte superior como por la parte inferior. Cerca de la superficie interna del cilindro se colocan unas láminas verticales denominadas *Bafflers* cuya finalidad es crear puntos de turbulencia.

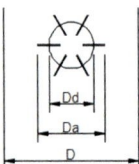

Figura 12.21. Esquema del biorreactor.

Tabla 12.7. Relaciones entre las dimensiones de los distintos elementos de un biorreactor.

		Turbina de disco	**Turbina de palas planas**	**Turbina de hélice**	**Turbina de ancla**	**Turbina Helicoidal**
Dimensiones depósito	D					
	H	1-1.5D	1-1.5D	1-1.5D	1-1.5D	1-1.5D
Dimensiones ejes	C	D/3	D/3	D/3	D/3	D/3
	S (H=7D/5)	16D/15	16D/15	16D/15	16D/15	16D/15
Dimensiones Turbina	n	6	6	3	2	-
	Dd	D/3	-	D/3	0.95D	0.95D
	W	D/5	D/5	D/5	D/5	D/5
	L	D/6	D/3	-	-	-
	Da	D/2	D/2	-	-	-
Bafflers	B	D/12	D/12	D/12	-	-
	E	D/60	D/60	D/60	-	-
	nb	4	4	4	-	-
Viscosidad (kg s^{-1} m^{-1})	μ	<10^{-2}	<20	<20	<20	<50
Reynols	Re	<10^5	<10^5	<10^5	<10^3	<10^3

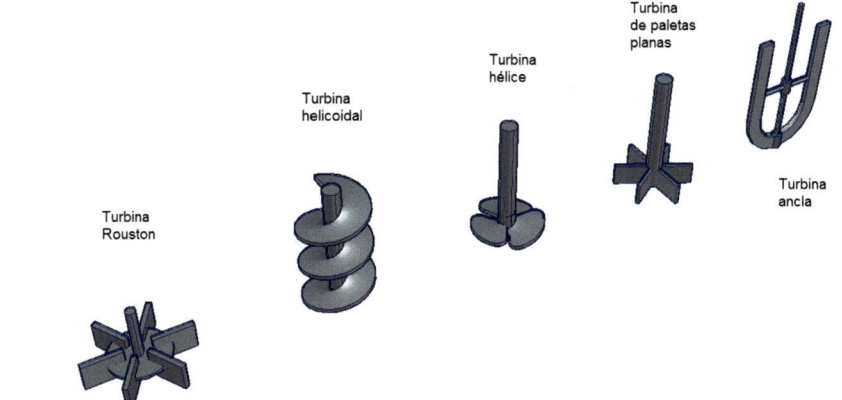

Turbina
Rouston

Turbina
helicoidal

Turbina
hélice

Turbina
de paletas
planas

Turbina
ancla

Figura 12.22. Tipos de turbinas.

Ejemplo 16

Se pretende determinar las dimensiones de un biorreactor de 3 m^3 con agitación con turbina de disco Rouston.

Planteamiento

Considerando las relaciones de la Tabla 12.7 aplicamos la ecuación del volumen del cilindro.

$$V = \pi \frac{D^2}{4} H \,,\; 1,4D = H \,,\; V = \pi \frac{D^3}{4} 1,4$$

$$D = \sqrt[3]{\frac{4 \cdot V}{1,4\pi}} = \sqrt[3]{\frac{4 \cdot 3}{1,4\pi}} = 1,4 \,\text{m}$$

$$H = 1,4D = 1,96 \,\text{m}$$

Anchura de los bafflers $\quad B = \dfrac{D}{12} = \dfrac{1,4}{12} = 0116 \,\text{m}$

Separación de los bafflers de la pared $\quad E = \dfrac{D}{60} = \dfrac{1,4}{60} = 0,023 \,\text{m}$

Longitud del eje de la turbina $\quad L_e = H - C = \dfrac{2}{3} \cdot 1,4 = 0,93 \,\text{m}$

Diámetro del disco $\quad D_d = \dfrac{D}{3} = \dfrac{1,4}{3} = 0,47 \,\text{m}$

Longitud de las paletas de la turbina $\quad L = \dfrac{D}{6} = \dfrac{1,4}{6} = 0,23 \,\text{m}$

Alto de las paletas de la turbina $\quad W = \dfrac{D}{5} = \dfrac{1,4}{5} = 0,28 \,\text{m}$

Fin.

Resistencia de los materiales

Los biorreactores suelen ser fabricados con materiales fácilmente maleables y que además presenten superficies poco rugosas para evitar que puedan incrustarse sustancias o microorganismos contaminantes para el crecimiento celular deseado. Los materiales más comunes son el acero, aluminio, cobre, latón, o plomo. El cálculo mecánico del reactor consiste tanto en la determinación de las resistencias de los materiales para soportar los esfuerzos y cargas a los que se ven sometidos, junto la definición del acabado superficial de los materiales. El cálculo de espesores de paredes y tapas de los biorreactores debe seguir las siguientes disposiciones:

- Directiva 87/404/CEE del Consejo de 25 de junio de 1987 relativa a la aproximación de las legislaciones de los Estados Miembros en materia de recipientes a presión simples
- Directiva 97/23/CE del Parlamento Europeo y del Consejo de 29 de mayo de 1997 relativa a la aproximación de las legislaciones de los Estados miembros sobre equipos a presión
- Directiva de Seguridad de Máquinas 98/37/CE.
- Directiva sobre Material Eléctrico 73/23/CEE.
- Directiva de Compatibilidad Electromagnética 89/336/CEE

Por otra parte, la American Society of Mechanical Engineers (ASME) establece un código de cálculo y construcción de los recipientes a presión (Código ASME VIII).

Cuando el biorreactor está sometido a presión interior se generan esfuerzos que tienden a modificar la estructura reticular del material. El criterio para el diseño mecánico del equipo es aquel que mantiene los esfuerzos inducidos en el biorreactor dentro de la región elástica del material de construcción con el fin de evitar la deformación plástica como resultado de exceder el punto de cedencia. Estos esfuerzos en cada sección del material se cuantifican por unidad de superficie denominándose *Tensiones*. La tensión en los materiales depende del tipo de carga. Las cargas puntuales F, perpendiculares a una sección provocan esfuerzos axiales; las cargas puntuales C paralelas tangentes a una superficie provocan esfuerzos cortantes; los momentos que provocan flexión de la pieza, M, producen esfuerzos flectores, los momentos que provocan torsión de la pieza, T, producen esfuerzos torsores. Los esfuerzos axiales y flectores producen tensiones normales, σ, los cortantes y torsores producen tensiones tangenciales en el material τ, de acuerdo a las siguientes ecuaciones, donde I es el momento de inercia, J es el momento de inercia polar y y es el canto de la pieza:

$$\text{Esfuerzo axial } \sigma = \frac{F}{A}$$

$$\text{Esfuerzo flector } \sigma = \frac{M}{I} y$$

$$\text{Esfuerzo torsor } \tau = \frac{T}{J} y$$

$$\text{Esfuerzo cortante } \tau = \frac{3}{2} \cdot \frac{C}{A} \text{ (en secciones rectangulares)}$$

El valor máximo de la resistencia a tracción de los recipientes de acero 360-L sometidos a presión es de 580 N/mm^2 con un grosor mínimo de 3 mm si el alargamiento supera el 20%

Las variables dimensionales del cilindro de pared delgada sometido a presión interior P, son: D =diámetro, r = radio, H = altura e = espesor. Se considera *pared delgada* cuando el espesor es igual o menor la décima parte del radio ($t < r/10$). En esas condiciones, el esfuerzo radial es mucho menor que el tangencial y está uniformemente distribuido en todo el espesor de la pared. La paredes del reactor se construyen de chapa curvada. La chapa es un producto siderúrgico plano obtenido por laminación (Curvado de virolas).

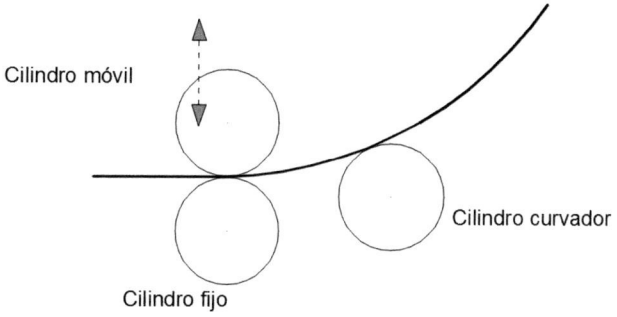

a) *Cálculo de la envolvente vertical*

Se considera la presión P de cálculo constante en todas las paredes del recipiente. La P_s presión máxima de servicio es la presión relativa máxima que puede ejercerse en condiciones normales de utilización, y P es la presión de cálculo que es superior a la de servicio. Para controlar la presión en el recipiente nos ayuda la válvula de alivio.

Las paredes de la envolvente estarán sometidas a una tensión longitudinal σ_l, una tensión circunferencial σ_t y esfuerzo cortante τ.

El esfuerzo longitudinal σ_l, fruto de la fuerza que se ejerce sobre las tapas, se obtiene multiplicando la presión P por el área superficial de la tapa:

En caso de una tapadera plana $S_{tapa\_plana.} = \pi \cdot \dfrac{D^2}{4}$,

En caso de una tapa toriesférica (casquete esférico de h de altura) $S_{tapa\_esf.} = \pi \cdot D \cdot h$,

En caso de una semielipsoide, $S_{semielipsoide} = \pi \cdot \left(\dfrac{D^2}{4} + \dfrac{a^2}{2ex} \ln\left(\dfrac{1-ex}{1+ex} \right) \right)$, siendo e la excentricidad $ex = \sqrt{1 - 4 \cdot (a^2/D^2)}$, a es el semieje situado en el eje de coordenadas z, tal que $a < D$.

Tensión longitudinal con tapas planas $\sigma_l = \dfrac{P \cdot \pi D^2}{4 \cdot \pi D \cdot e} = \dfrac{P \cdot D}{4 \cdot e}$

Tensión longitudinal con tapas toriesféricas $\sigma_l = \dfrac{P \cdot \pi D \cdot h}{\pi D \cdot e} = \dfrac{P \cdot h}{e}$

Tensión longitudinal con tapas semielipsoidales

$$\sigma_l = \frac{P \cdot \pi \cdot \left(\dfrac{D^2}{4} + \dfrac{a^2}{ex} \ln\left(\dfrac{1-ex}{1+ex} \right) \right)}{4 \cdot \pi D \cdot e}$$

La tensión circunferencial es la ejercida en la virola envolvente en el corte vertical. Si consideramos la sección de la envolvente mostrada en la figura, la tensión transversal estará determinada por la resultante de la fuerza en el eje Y, y el esfuerzo cortante por la resultante en el eje X.

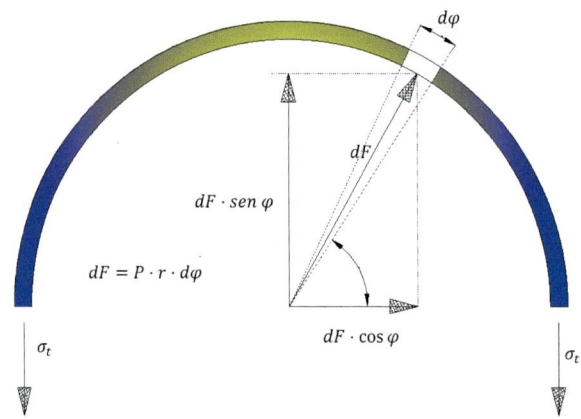

Resultante en eje x

$$F_x = \int_0^\pi P \cdot \cos\varphi \cdot H \cdot r\, d\varphi = P \cdot H \cdot r \cdot \left[sen\,\pi - sen\,0 \right] = 0$$

Resultante en eje y

$$F_y = \int_0^\pi P \cdot sen\varphi \cdot H \cdot r\, d\varphi = P \cdot r \cdot \left[-cos\,\pi - cos\,0 \right] = 2 \cdot H \cdot P \cdot r$$

Por tanto, la tensión circunferencial vendrá dada por

$$\sigma_t = \frac{F_y}{S} = \frac{2 \cdot H \cdot P \cdot r}{2 \cdot H \cdot e} = \frac{P \cdot r}{e}$$

Dado que la resultante F_x es cero, no existe cortante. Y del círculo de Mohr se deduce que la tensión longitudinal se anula en el cálculo de las tensiones principales.

$$\tau = \frac{3}{2}\frac{F_x}{S} = \frac{3}{2} \cdot \frac{F_x}{H \cdot e} = 0$$

$$\sigma_1, \sigma_2 = \frac{\sigma_t + \sigma_l}{2} \pm \sqrt{\left(\frac{\sigma_t - \sigma_l}{2} \right)^2 + \tau^2} = \sigma_t$$

El criterio de seguridad de tensión normal máxima vendría dado por la Ecuación 12.35 donde n es un coeficiente de seguridad

$$\sigma_1, \sigma_2 = \frac{\sigma_t + \sigma_l}{2} \pm \sqrt{\left(\frac{\sigma_t - \sigma_l}{2} \right)^2 + \tau^2} < \frac{\sigma_{adm} \cdot \psi}{n} \tag{12.35}$$

Según la teoría de la tensión tangencial máxima:

$$\tau_{max} = \pm\sqrt{\left(\frac{\sigma_t - \sigma_l}{2} \right)^2 + \tau^2} < \frac{\psi \cdot \sigma_{adm}}{2 \cdot n}$$

Esta teoría sólo es aplicable en materiales dúctiles. En ellos la tensión tangencial máxima es aproximadamente la mitad que la tensión normal admisible.

El valor de ψ depende de la eficiencia de la soldadura (Tabla 12.8). Se denomina soldadura a la unión de dos piezas metálicas que se derriten en el punto de soldadura por la acción de un arco eléctrico entre un electrodo y el material base; a veces es usado material de relleno. La diferencia de potencial entre el material y el electrodo provoca una elevada transferencia de electrones (intensidad de corriente) que produce elevadas temperaturas (efecto Joule). Para evitar la oxidación en muchas ocasiones la región de la soldadura es protegida por un gas inerte o seminerte, conocido como gas de protección. Existen dos tipos de soldadura: *Soldadura manual con electrodo consumible revestido* (SMAW, Shielded Metal Arc Welding) y soldadura de arco metálico con gas (GMAW).

Las soldaduras en acero inoxidable son ejecutadas generalmente con un electrodo de tungsteno, no consumible (TIG), utilizando como gas protector gas Argón del 99,99% de pureza (GTAW). El electrodo, el arco y el área que rodea al baño de fusión, están protegidos de la atmósfera por un gas inerte. Si es necesario aportar material de relleno, debe de hacerse desde un lado de fusión.

Tabla 12.8. Factores de soldadura.

ψ	Tipo de soldadura
0,70	Soldadura H, V y X no radiografiada
0,85	Soldadura H y V radiografiada
1,00	Soldadura X radiografiada
0,65	Soldadura Y, Z y chapa dorsal no radiografiada
0,80	Soldadura Z y Chapa dorsal radiografiada
0,90	Soldadura Y radiografiada

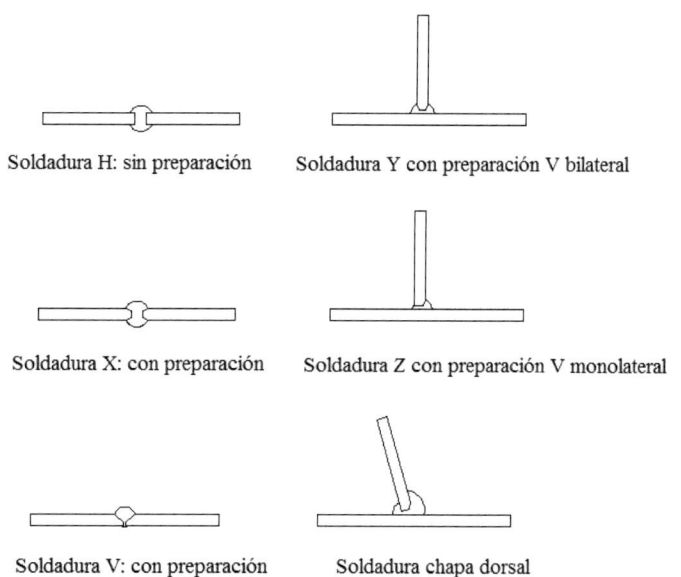

Figura 12.23. Tipos de soldadura.

485

b) *Cálculo de tapas*

La estructura cilíndrica de los biorreactores se cierra con dos tapas, una superior y otra inferior. Las tapas planas no sirven para altas presiones, por lo que las formas más utilizadas son semielípticas y toriesfericas. El proceso de fabricación de estas tapas es el troquelado. Una plancha se curva en caliente por presión sobre un molde con forma definida.

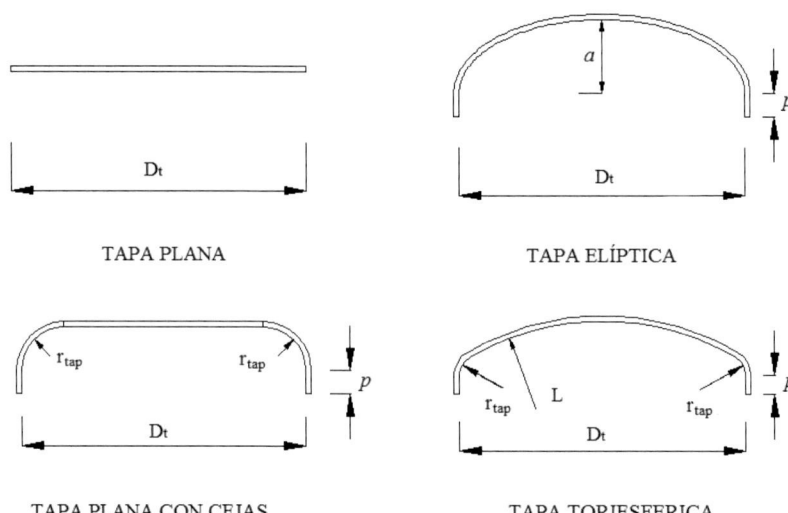

TAPA PLANA   TAPA ELÍPTICA

TAPA PLANA CON CEJAS   TAPA TORIESFERICA

Figura 12.24. Tipos de tapas.

La tapa plana circular se apoya directamente sobre la envolvente. Para mejorar su resistencia se pueden doblar unos alargamientos verticales llamados pestañas. La tapa semielíptica queda definida por el diámetro del reactor (eje mayor de la elipse) y por el abombamiento vertical (semieje menor) a la cual se le añade también pestañas. La tapa toriesférica debe definirse por el radio de curvatura L (generalmente se toma igual a D), radio de acordonamiento r_{tap}, y longitud de pestaña p.

El espesor de la tapa es mayor que el de la envolvente siempre. Cada uno de los tipos de tapa presenta variaciones del cálculo del espesor mínimo. El espesor mínimo requerido para tapas planas según el código ASME sec. VIII Div. 1 se calcula por la Ecuación 12.36 o la Ecuación 12.37 cuando la unión se realiza con pernos.

$$e_{tap} = D \cdot \sqrt{\frac{C \cdot P}{\sigma_{adm} \cdot \psi}} \qquad (12.36)$$

$$e_{tap} = D \cdot \sqrt{\frac{C \cdot P}{\sigma_{adm} \cdot \psi} + \frac{1{,}9 \cdot W \cdot h_g}{\sigma_{amd} \cdot \psi \cdot D^3}} \qquad (12.37)$$

Donde

e_{tap} = Espesor de la tapa
P = Presión de cálculo
C = Constante adimensional (0,2-0,3)

W = Fuerza admisible en los tornillos = Ab x Sa (área x tensión admisible)

h_g = Brazo de momento, distancia radial de la línea de centros de barrenos a la línea de reacción del empaque

D = Diámetro interno de la tapa

ψ = Eficiencia de la soldadura

σ_{adm} = Tensión admisible de la chapa de acero

El espesor mínimo requerido para tapas toriesféricas se calcula con la Ecuación 12.38 según el código ASME VIII.

$$e_{tap} = \frac{P \cdot L \cdot M}{2 \cdot \sigma_{adm} \cdot \psi - 0{,}2P} \tag{12.38}$$

Donde

P = presión

M = factor que depende de la relación L/r_{tap}

L = Radio de curvatura de la tapa

r_{tap} = radio de la ceja o acordonamiento

$$M = 0{,}25 \cdot \left(3 + \sqrt{\frac{L}{r_{tap}}} \right)$$

El espesor mínimo requerido para tapas semielíptica con pestañas se calcula por la Ecuación 12.39 si a semieje menor de la elipse es menor a D/4

$$e_{tap} = \frac{P \cdot D_t \cdot K}{2 \cdot \sigma_{adm} \cdot \psi - 0{,}2P} \tag{12.39}$$

$$K = \frac{1}{6} \cdot \left(2 + \left(\frac{D_t}{2a} \right)^2 \right)$$

La longitud mínima de la pestaña viene definida por

$$p > 0{,}3 \cdot \sqrt{D_t \cdot e_c}$$

Ejemplo 17

Se desea calcular el espesor de la envolvente cilíndrica y de la tapa toriesférica de un recipiente de 1,4 m de diametro, 2 m de altura, a 30 kg/cm² de presión, construido con acero inoxidable AISI 316L, siendo la temperatura máxima de 200 °C. La soldadura será simple cordón, parcialmente radiografiada. El producto almacenado es corrosivo.

Planteamiento

Se considera

Curvatura de la tapa L = D_t /3= 466,66 mm

Radio acordamiento r = 0,06 x L = 2,8 cm

Altura del casquete esférico h = D_t/4 = 350 mm

Pestaña 5 cm

Chapa acero inoxidable AISI 316L = 500 N/mm² Por tanto

Si se considera r = 0,06 x $L \rightarrow M$ = 1,77

Tomando la eficiencia de la soldadura = 0,6 y n =1

Presión = 30 kg/cm² =3 N/mm²

Espesor de la virola cilíndrica

Considerando esfuerzos circunferenciales

$$e = \frac{n \cdot P \cdot D_t/2}{\sigma_{adm} \cdot \psi} = \frac{1 \cdot 3 \cdot 700}{500 \cdot 0.6} = 7 \, mm$$

Considerando esfuerzos longitudinales

$$e = \frac{n \cdot P \cdot h}{\sigma_{adm} \cdot \psi} = \frac{1 \cdot 3 \cdot 350}{500 \cdot 0.6} = 3,5 \, mm$$

Si se aplica la fórmula indicada por el código ASME VIII se comprueba que da un resultado muy similar
Considerando esfuerzos circunferenciales

$$e = \frac{P \cdot R}{\sigma_{adm} \cdot \psi - 0,6 \cdot P} = \frac{3 \cdot 700}{500 \cdot 0,60 - 0,6 \cdot 3} = 7 \, mm$$

Considerando esfuerzos longitudinales

$$e = \frac{P \cdot R}{2 \cdot \sigma_{adm} \cdot \psi + 0,4 \cdot P} = \frac{3 \cdot 700}{2 \cdot 500 \cdot 0,60 + 0,4 \cdot 3} = 3,49 \, mm$$

Espesor de la tapa

$$e_{tap} = \frac{P \cdot L \cdot M}{2 \cdot \sigma_{adm} \cdot \psi - 0,2P} = \frac{3 \cdot 466,66 \cdot 1,77}{2 \cdot 500 \cdot 0,6 - 0,2 \cdot 3} = 4,13 \, mm$$

Fin.

Tras la construcción del reactor se debe probar el dispositivo a una presión de prueba definida por la ecuación

$$P_p = 1,5 \cdot P \frac{Sta}{Std} \qquad (12.40)$$

Donde

Sta = Límite elástico del material a temperatura ambiente
Std = Límite elástico del material a temperatura de diseño

Rugosidad de la superficie

Toda superficie metálica presenta una rugosidad superficial microscópica que puede retener células indeseables o sustancias contaminantes para el proceso que se lleva a cabo en el biorreactor. Por ello la rugosidad debe ser limitada a unos valores mínimos. Se denomina rugosidad al conjunto de las irregularidades superficiales de paso relativamente pequeño, correspondiente a las huellas dejadas por el proceso de laminación del material u otros tratamientos posteriores. Esta irregularidad se inspecciona observando el perfil transversal de la lámina, intersección de una superficie con el plano normal perpendicular a la dirección de las irregularidades. Hoy en día esa inspección puede realizarse con láser escáner que detecta tanto valles como crestas en la superficie del material.

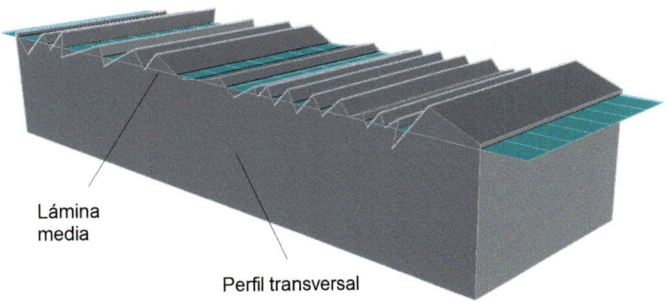

Lámina media

Perfil transversal

Figura 12.25. Perfil transversal a la superficie laminar del reactor.

Para la evaluación de la irregularidad se define la línea media, que servirá de referencia. La línea media es aquella que hace mínima la suma de los cuadrados de las desviaciones (diferencias entre la línea y las crestas de las irregularidades).

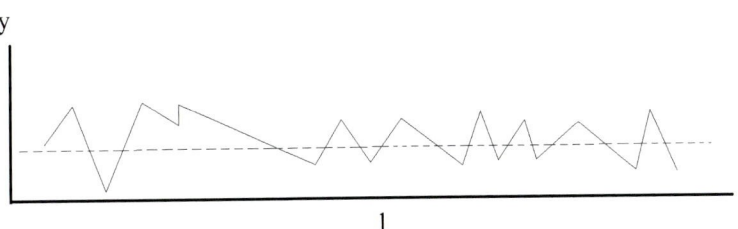

Figura 12.26. Perfil rugoso y lámina media.

A partir de la línea media de la superficie se calculan:
- *Altura máxima del perfil*, R_y: Distancia entre el pico de cresta más alto y el fondo del valle más profundo dentro de la longitud básica.
- *Altura de las irregularidades en diez puntos, Rz*: Media de los valores absolutos de las alturas de las cinco crestas y_p más altas y los cinco valles más profundos y_v dentro de la longitud básica.

$$R_z = \frac{\sum_{i=1}^{5}\left|y_{pi}\right| + \sum_{i=1}^{5}\left|y_{vi}\right|}{5}$$

- *Valor de rugosidad Ra media aritmética del perfil:* Media aritmética de los valores absolutos de las desviaciones del perfil, en los límites de la longitud básica l.

489

$$R_a = \frac{1}{l} \int_0^l |y(x)| \cdot dx$$

El *Ra* requerido normalmente en aplicaciones alimentarias es 1,6 μm, y para aplicaciones en biotecnología ente 0,5 y 0,8 μm. Los valores de rugosidad *Ra* pueden indicarse bien por su valor normalizado o por su número de clase indicados en la Tabla 12.9.

Tabla 12.9. Clases de rugosidad.

Valor de rugosidad Ra (μm)	Clase de rugosidad
50	N12
25	N11
12,5	N10
6,3	N9
3,2	N8
1,6	N7
0,8	N6
0,4	N5
0,2	N4
0,1	N3
0,5	N2
0,025	N1

- *Desviación media cuadrática del perfil R_q:* Valor medio cuadrático de las desviaciones del perfil, en los límites de la longitud básica, (valor utilizado con preferencia en normas americanas RMS).

$$R_q = \frac{1}{\sqrt{l}} \int_0^l y(x)^2 \cdot dx$$

Las especificaciones de las superficies de las distintas piezas se indican según los símbolos de la Tabla 12.10.

Tabla 12.10. **Símbolos de especificación de superficies en planos.**

N8 / 3.2 o	Superficie mecanizada con arranque de viruta con carácter facultativo (recomendado por el ingeniero), con un valor máximo de rugosidad indicado por una nota (en el dibujo Ra máximo 3,2 micras)
N8 / 3.2 o	Superficie mecanizada con arranque de viruta con carácter obligatorio, con un valor exacto de rugosidad indicado por una nota (en el dibujo Ra 3,2 micras)
N8 / 3.2 o	Superficie mecanizada con arranque de viruta con carácter prohibido, es decir, con valor máximo de rugosidad indicado por una nota (en el dibujo Ra máximo 3,2 micras)

Ejemplo 18

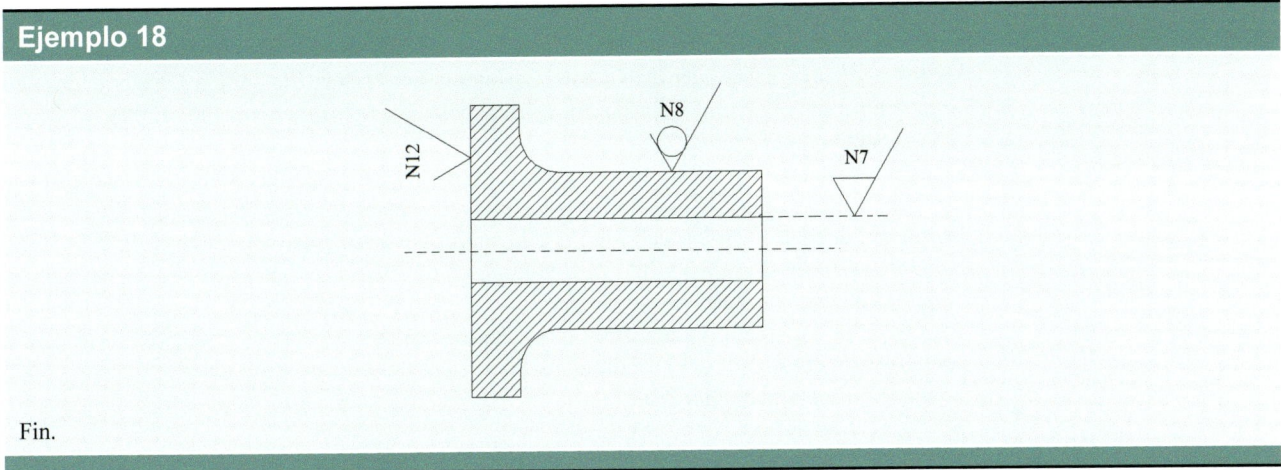

Fin.

12.9. Control térmico en el biorreactor

Como es sabido, existe un rango de temperaturas en las que los microorganismos crecen de forma idónea, alcanzando la velocidad de crecimiento máxima para unas condiciones de pH fijas. Si la temperatura es mayor o menor del rango óptimo, la velocidad de crecimiento disminuye. Los valores límite para el crecimiento óptimo dependerán de la especie. Durante la reproducción celular el balance neto de energía en los procesos metabólicos puede ser positivo, cuando se libera calor (proceso exotérmico) o negativo, cuando se absorbe calor (proceso endotérmico). Si en el crecimiento celular se libera calor, el caldo de cultivo tiende a aumentar su temperatura. Si se absorbe calor, el caldo de cultivo tiende a disminuir su temperatura. El sistema de control térmico tiene las funciones de eliminar o aportar el calor necesario para mantener la temperatura constante. Por tanto necesitaremos un subsistema de calentamiento y un subsistema de refrigeración.

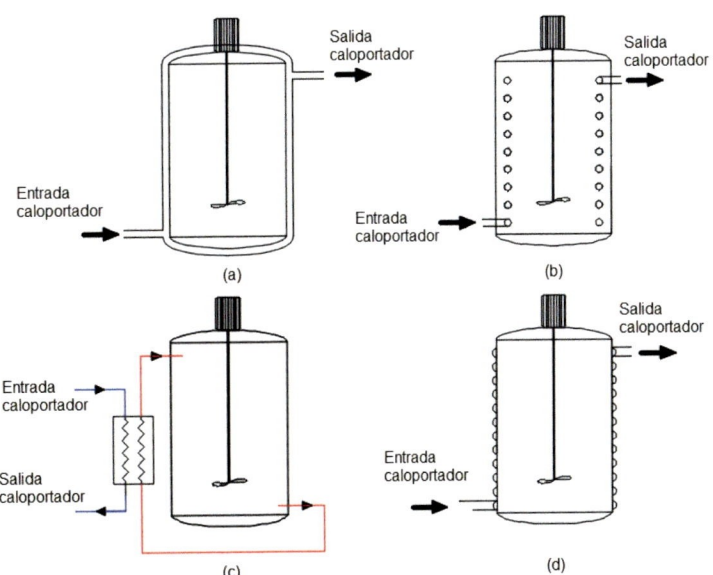

Figura 12.27. Formas de control de temperatura en reactores: enchaquetado (a), serpentín interno (b), serpentín externo (c) intercambiador de calor externo a media caña(e).

Serpentín

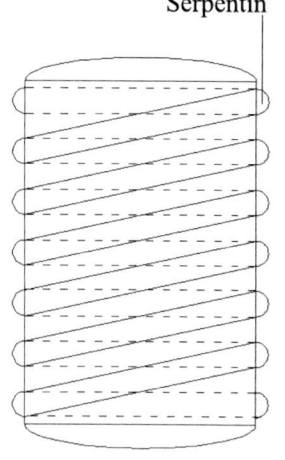

Figura 12.28. Serpentín externo para control térmico en un biorreactor.

Generalmente el control térmico en el reactor se realiza a partir de la transferencia de calor entre el caldo cultivo y unas tuberías por las que se hace pasar agua caliente, vapor saturado o vapor sobrecalentado para el calentamiento, o agua fría para la refrigeración, funcionando como intercambiador de calor. La disposición de la tubería puede ser diversa, según se muestra en la Figura 12.27.

El sistema más utilizado consiste en un serpentín, en el que las tuberías se sueldan con sección semicircular a la cara externa metálica. La distancia entre los centros suele ser del doble del diámetro elegido de modo que la superficie de intercambio de calor es el 50% del total de la virola (Figura 12.28). Para volúmenes de biorreactor de 1000 l se suelen colocar tuberías de diámetros de 70 mm.

El calor a disipar o transmitir al biorreactor se calcula a partir de análisis calorímetricos del proceso, definiéndose el rendimiento energético del mismo como el calor disipado o absorbido por unidad de biomasa.

$$Y_\Delta = \frac{\text{g de biomasa}}{\text{Calor absorbido o emitido}}$$

A partir de una reacción del tipo (12.1), el calor absorbido o desprendido se puede estimar mediante diferencia de los calores de combustión de los productos y los reactivos:

$$CH_mO_n + a\,O_2 + b\,NH_3 \rightarrow c\,CH_xO_yN_z + d\,CO_2 + e\,H_2O + f\,C_sH_rO_w \tag{12.1}$$

En un reactor continuo la potencia calorífica total absorbida (proceso endotérmico) o la potencia calorífica generada (proceso exotérmico) se definirá como

$$\frac{dQ}{dt} = \dot{Q} = V \cdot \frac{1}{Y_\Delta}\mu X$$

Si el proceso es exotérmico el balance térmico viene definido por la Ecuación 12.41 en caso de un proceso endotérmico el balance se define por la Ecuación 12.42.

$$\dot{Q}_{disipar} = \dot{Q}_{generado} - \dot{Q}_{pérdidas} \tag{12.41}$$

$$\dot{Q}_{aportar} = \dot{Q}_{absorbido} + \dot{Q}_{pérdidas} \tag{12.42}$$

El sistema de intercambio de calor es por convección, tal que el calor a aportar o disipar se calcula con las Ecuaciones 12.41 y 12.42, de la cual se puede calcular la temperatura a la que debe de circular el fluido caloportador por su interior, por la Ecuación 12.43.

$$\frac{dQ}{dt} = \pi \cdot D_r \cdot K_g' \cdot L \cdot (T_{int} - T_{ext}) \tag{12.43}$$

donde

$$K_g' = \cfrac{1}{D_r\left(\cfrac{1}{h_{pi}d_{int}} + \cfrac{1}{2k_1}\ln\cfrac{d_2}{d_{int}} + \dots + \cfrac{1}{2k_i}\ln\cfrac{d_{i+1}}{d_i} + \dots + \cfrac{1}{2k_{n-1}}\ln\cfrac{d_n}{d_{n-1}} + \cfrac{1}{2k_n}\ln\cfrac{d_{ext}}{d_n} + \cfrac{1}{h_{pe}d_{ext}}\right)}$$

La misma se utiliza para determinar las pérdidas.

Si el control térmico se realiza a través de un serpentín, el proceso de dimensionado sigue los mismos pasos que el diseño de un intercambiador de calor:

a) Calcular la cantidad de calor a aportar o disipar.

b) Se definen las condiciones geométricas: superficie de intercambio A. (En caso de un cilindro completo $A = \pi \cdot D_r \cdot L$), relación de diámetros.

c) Determinar la capacidad de transferencia K_g' del sistema, es decir determinar los coeficientes de película y conductividad. Esto obliga a definir previamente las condiciones de agitación del caldo de cultivo y la velocidad de circulación de caloportador, tal que:

$$h_p = \frac{k}{D}[Nu] = \frac{k}{D} \cdot 0.023 \cdot [\mathrm{Pr}]^{0,4} \cdot [\mathrm{Re}]^{0,8}$$

Donde Nu es el número de Nusselt, Pr es el número de Prandlt, y Re es el número de Reynols.

El número de Reynols se calcula en una tubería como $\mathrm{Re} = (c \cdot \rho \cdot D) / \mu$; en un fluido agitado en un tanque con dimensiones estandarizadas como

$$\mathrm{Re} = \frac{\rho \cdot D_a^2 \cdot n / 60}{\mu}$$

El número de Prandlt se calcula como $\mathrm{Pr} = \dfrac{\mu \cdot Cp}{k}$

donde

Cp: calor específico a presión constante (J kg^{-1} °C^{-1})

k: conductividad térmica del fluido (J s^{-1} m^{-1} °C^{-1})

c: velocidad del fluido (m s^{-1})

ρ: densidad del fluido (kg m^{-3})

D: diámetro de la conducción (m)

μ: viscosidad dinámica (kg s^{-1} m^{-1})

n: velocidad de rotación del agitador (rev/min)

Da: diámetro del rodete (m)

Se fija la diferencia térmica entre el caldo de cultivo y el caloportador.

Ejemplo 19

Tomemos como referencia el reactor descrito en el ejemplo 3 y 16. Es decir, se plantea el diseño de un reactor continuo de 3 m^3 para fermentación alcohólica con la levadura *Sacharomyces cerevisae*, que se alimenta con glucosa a una concentración de 50 g/l, para obtener etanol. Se supone que el microorganismo sigue una cinética de Monod con $\mu_{max} = 0,37$ h^{-1} y $Ks = 1,35$ g/l, un rendimiento en masa biomasa/sustrato de 0,175, y un rendimiento biomasa/producto 0,5. Si consideramos una limitación de reducción de la tasa de crecimiento celular a un 75% de la máxima, en el ejemplo 2 se calculan la concentración de células, sustrato y producto en el equilibrio, junto los flujos de alimentación y productividad, obteniéndose:

Parámetro	Valor
Flujo de alimentación (F)	832,5 l/h
Concentración de sustrato en el equilibrio (S)	4,05 g/l
Concentración de células en el equilibrio (X)	8,04 g/l
Concentración de producto en el equilibrio (P)	16,04 g/l
Productividad (F x P)	13 386,06 g/h

El dimensionado geométrico se calculó en el ejemplo 16:

Parámetro	Valor
Volumen (V)	3000 l
Diámetro del tanque (D)	1,4 m
Altura del tanque (H)	2 m
Material del tanque	Acero
Espesor de la virola	3,5 mm
Anchura de los bafflers (B)	0,12 m
Separación de los bafflers de la pared (E)	0,023 m
Turbina	Rouston
Distancia de la turbina al fondo (L_e)	0,93 m
Diámetro del disco (D_a)	0,47 m
Longitud de las paletas de la turbina (L)	0,23 m
Alto de las paletas de la turbina (W)	0,28 m

Consideremos un sistema de control térmico basado en un serpentín con tubería a media caña, (partida por el diámetro), que está pegada por la superficie externa del reactor, tal como muestra la Figura 12.29, donde la superficie de transmisión ocupa el 100% del área de la virola.

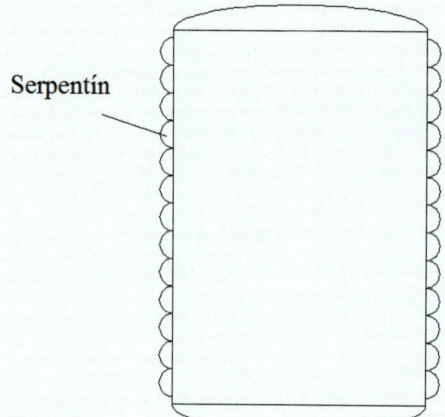

Serpentín

Figura 12.29. Serpentín externo para control térmico en un biorreactor ocupando toda la superficie de la virola.

Planteamiento

a) Para estimar el balance térmico se analiza la ecuación (12.3):

$$C_6H_{12}O_6 + 0,46O_2 + 0,23 \ NH_3 \rightarrow 1,34 \ CH_{1.703}O_{0.459}N_{0.171} + 1,92CO_2 + 1,10 \ H_2O + 1,37 \ C_2H_6O \qquad (12.3)$$

A partir de los calores de enlace se obtiene la relación el calor disipado o absorbido por unidad de biomasa.

		Coef. Estequiométrico	Nº enlaces	Energía de enlace	Total kJ/mol
Reactivos	C-C	1	5	347	1735
	C-O	1	7	358	2506
	C-H	1	7	413	2891,0
	O-H	1	5	467	2335
	O=O	0,464	1	495	229,68
	N-H	0,23	3	391	269,79
					9966,47

		Coef. Estequiométrico	Nº enlaces	Energía de enlace	Total kJ/mol
Productos	C-C	1,345	1	347	466,7
	C-O	1,345	0,459	358	221,0
	O-H	1,345	1,703	467	1069,7
	N-H	1,345	0,171	391	89,9
	C=O	1,922	2	799	3071,4
	O-H	1,1	2	467	1027,4
	C-C	1,366	1	347	474,0
	C-O	1,366	1	358	489,0
	O-H	1,366	1	467	637,9
	C-H	1,366	5	413	2820,8
					10367,8

Calor de reacción = 10367,8 − 9966,47 = 401,4 kJ/mol de glucosa
El peso molecular de la levadura se estima en

$$PM_{levadura} = 12 + 1,703 + 16 \cdot 0,459 + 14 \cdot 0,171 = 23,441\,\text{g/mol}$$

$$q_{reac} = \frac{401,4}{1,34} \cdot \frac{1}{23,441} = 12,78\,\text{kJ/g de levadura}$$

El balance energético aproximado resulta 0,40 MJ/mol, es decir es necesario disipar un calor de 12,78 kJ por g de células reproducidas para mantener la temperatura del reactor constante.
El calor a aportar por unidad de tiempo viene dado por:

$$\dot{Q} = q_{reac} \cdot \frac{dX}{dt} \cdot V = q_{reac} \cdot \mu X \cdot V = 12,78 \cdot 0,28 \cdot 8,04 \cdot 3000 = 85207,98\,\text{kJ/h} = 23,76\,\text{kW}$$

b) Se determina el coeficiente de transmisión de calor

Considerando una agitación con rodete Rouston de n = 50 rev/min

Tabla 12.11. Parámetros físicos del agua y fluido caloportador a 30 °C.

	Caldo de cultivo	Caloportador (agua)
Cp: calor específico a presión constante (kJ kg^{-1} °C^{-1})	4,40	4,18
k: conductividad térmica del fluido (kJ s^{-1} m^{-1} °C^{-1})	0,6 10^{-3}	0,596 10^{-3}
ρ: densidad del fluido (kg m^{-3})	810	1000
μ: viscosidad dinámica (kg s^{-1} m^{-1})	0,001	0,00083
Diámetro tubería (m)	-	0,1
Velocidad del fluido caloportador w (m/s)	-	1,5
Número de Prandlt: $\mathrm{Pr} = \dfrac{\mu \cdot Cp}{k}$	73,33	5,82
Número de Reynols	$\mathrm{Re} = \dfrac{\rho \cdot D_a^2 \cdot n/60}{\mu}$ 13,23 10^5	$\mathrm{Re} = \dfrac{c \cdot \rho \cdot D}{\mu}$ 1,807 10^5
Coeficiente de película: $h_p = \dfrac{k}{D} \cdot 0.023 \cdot [\mathrm{Pr}]^{0,4} \cdot [\mathrm{Re}]^{0,8}$ (kJ m^{-2} s^{-1} °C^{-1})	0,43	3,73

El flujo del caloportador en el serpentín será $F = A \cdot c = \dfrac{\pi \cdot D^2}{4} \cdot c = \dfrac{\pi \cdot 0,1^2}{4 \cdot 2} \cdot 1,5 = 0,0059 \ \mathrm{m^3/s} = 21,2 \ \mathrm{m^3/h}$

La conductividad del acero 52 10^{-3} kJ/kg °C

Se determina el coeficiente global de transmisión de calor

$$K_g' = \cfrac{1}{D_r \cdot \left(\cfrac{1}{h_{pi} d_{\mathrm{int}}} + \cfrac{1}{2k} \ln \cfrac{d_{ext}}{d_{\mathrm{int}}} + \cfrac{1}{h_{pe} d_{ext}} \right)}$$

Dado que el espesor de la virola es muy bajo resulta que $d_{\mathrm{int}} \approx d_{ext} \rightarrow \ln \dfrac{d_{ext}}{d_{\mathrm{int}}} \approx 0$,

$D_r = 1,4\mathrm{m}$ (Diámetro del tanque)

$$K_g' = \cfrac{1}{1,4 \cdot \left(\cfrac{1}{0,43 \cdot 1,40} + 0 + \cfrac{1}{3,73 \cdot 1,4035} \right)} = 0,389 \ \mathrm{kJ \ m^{-2} \ s^{-1} \ °C^{-1}}$$

Y finalmente la diferencia de temperatura que debe existir entre el caloportador y el caldo de cultivo

$$\frac{dQ}{dt} = \pi \cdot D_r \cdot K_g' \cdot H \cdot (T_{\mathrm{int}} - T_{ext})$$

$$T_{\mathrm{int}} - T_{ext} = \frac{\dfrac{dQ}{dt}}{\pi \cdot D_r \cdot K_g' \cdot H} = \frac{23,76}{\pi \cdot 1,4 \cdot 0,389 \cdot 2} = 7 \ °C$$

Como se puede comprobar la diferencia debe ser de 7 °C. No obstante, hay que advertir que en sentido riguroso deberían contabilizarse las pérdidas de calor por las tapas y desde el serpentín al exterior del reactor. Pero si existe un aislante térmico, material con conductividad térmica muy baja, estas pérdidas pueden considerarse despreciables.

Para hacer estas pérdidas despreciables tanto en la parte exterior de las tapas del reactor como en la cara externa del serpentín se coloca un aislante.

Fin.

En caso de tener que calentar se puede usar una resistencia eléctrica para el calentamiento del caldo, el calor aportado se regula a través de la intensidad de corriente y el valor de la resistencia.

$$\frac{dQ}{dt} = R \cdot I^2$$

El enfriamiento de agua para una refrigeración puede realizarse con un sistema chiller, que se explicará más adelante.

Por otra parte, el sistema de control térmico puede ser aprovechado para otras funciones. Además de ser diseñado para regular la temperatura durante el proceso, el subsistema de calentamiento puede utilizarse para la producción de agua hirviendo, vapor saturado o vapor sobrecalentado para la desinfección/esterilización de las tuberías, reactor y sustrato. Una vez aplicado el agua o vapor para no tener que esperar un tiempo excesivo en el enfriamiento, se procede a la refrigeración.

12.10. Sistemas de esterilización del reactor

Los procesos desarrollados en los biorreactores son muy sensibles a la contaminación. La mayoría de los microorganismos utilizados en la industria alimentaria, farmacéutica, cosmética o de biocombustibles crecen de forma óptima bajo sustrato de glucosa y a temperaturas entre 20-30 °C en microorganismos mesófilos, y 35-65 °C en microorganismos termófilos. En estas condiciones cualquier célula que se introduzca en el interior del reactor crecerá con las células deseadas provocando una enorme competencia, e incluso producir sustancias químicas inhibidoras del proceso objetivo. Las células contaminantes pueden crecer a velocidad mayor que las no contaminantes. Esto nos obliga a tener especial cuidado en el diseño para conseguir condiciones de asepsia, e introducir un sistema de desinfección o esterilización en el biorreactor.

Se denomina *desinfección* o *sanitización* a la reducción significativa del número de células mediante una limpieza cuidadosa, que lleve la población microbiana a niveles no perjudiciales para el proceso. Se denomina *esterilización* a la eliminación o destrucción completa de todos los microorganismos presentes, capaces de competir con el organismo deseado en las condiciones de cultivo.

Antes de la carga del biorreactor con el sustrato es necesario esterilizar el interior de los equipos y de las conducciones. Posteriormente, se debe esterilizar el propio sustrato bien en un esterilizador aparte, o bien en el interior del propio reactor. Sólo en esas circunstancias se puede proceder a la inoculación de la cepa objetivo.

Existen cinco sistemas que se pueden utilizar en la esterilización de un biorreactor. Éstos son los siguientes:
- Esterilización química
- Esterilización por filtración
- Esterilización por radiación
- Esterilización por calor
- Esterilización por calor húmedo

Esterilización química

Existen multitud de sustancias químicas nocivas para las células que nos permiten esterilizar las conducciones y los equipos, como bombas, sensores, interior del reactor, etc. Tras la aplicación del agente químico es necesario un enjuague profundo para el arrastre de los contaminantes, generalmente con agua esterilizada caliente. Las sustancias químicas no son aplicables para la esterilización del sustrato. Los compuestos químicos más usados son los siguientes:
- Alcoholes, el grupo OH en solución acuosa libera protones que penetran las membranas celulares provocando la acidificación del citoplasma y disrupción de membranas. Generalmente se utilizan soluciones acuosas al 70% de etanol.
- Ácidos orgánicos como ácido sórbico, ácido benzoico o propinato cálcico. Actúan de forma muy semejante a los alcoholes, provocan disrupción de membranas y desactivación de proteínas. Son comunes en la preservación de alimentos.
- Compuestos fenólicos: actúan del mismo modo, provocando disrupción de membranas y desactivación de proteínas.
- Compuestos con amonios cuaternarios. Son agentes catiónicos. Deben trabajar a concentraciones elevadas y no son totalmenmte eficaces contra endosporas, *Mycobacterium tuberculosis* y *Pseudomonas* spp.
- Agentes oxidantes: ozono, hipoclorito, peróxido de hidrógeno.
- Aldehídos: matan por inactivación de proteínas; formaldehído, gluteraldehído. Esterilizan después de horas de contacto.
- Halógenos: son agentes oxidantes y desnaturalizantes de proteínas.
- Óxido de Etileno: gas utilizado para esterilizar plásticos.
- Sales de metales pesados con poder antimicrobiano, como por ejemplo nitrato de plata.

La instalación requiere un depósito de almacenamiento del compuesto químico con dispensador basado en un venturi o con una bomba específica. Para poder pasar el fluido esterilizador por todas las tuberías se requieren válvulas de tres vías, también llamadas de asiento doble (bloqueo y purgado). Por una de las vías entra el esterilizador en la conducción permaneciendo la otra vía de entrada de sustrato cerrada. Después del enjuague se cierra el circuito de esterilización abriéndose la vía de alimentación de sustrato. Para la esterilización del interior del reactor el fluido desinfectante se emite a través de unos emisores, generalmente esféricos con finas perforaciones, de modo que inyectando el líquido a presión se pulveriza el chorro mojando completamente las paredes internas. El efecto es similar al de una ducha. La disposición de los emisores esféricos debe ser tal que no quede ninguna superficie sin tratar. La presencia del eje de la turbina de agitación en ocasiones puede generar un obstáculo. Para una adecuada distribución del chorro se suelen colocar dos emisores en la parte superior, simétricos respecto al eje de agitación, y otros dos en la parte inferior. Una vez se ha desinfectado la instalación, el líquido residual se elimina a través de una válvula de vaciado colocada en la parte más baja del biorreactor.

Un sistema particular de desinfección o esterilización química son los llamados *Cleaning In Place Technology* (CIP) y *Sterilizer In Place* (SIP). Éstos son sistemas diseñados para la limpieza y esterilización automáticos con capacidad de aislar una parte de la instalación permitiendo que el resto continúe su producción. Los sistemas *CIP* se basan en una serie cuatro fases de desinfección: primero un pase de una solución cáustica que permite solubilizar grasas, aceites y otros compuestos orgánicos; segundo un pase de solución ácida para neutralizar restos del lavado alcalino y extraer depósitos de minerales como la cal del agua; tercero el pase de un detergente y por último agua esterilizada.

Las soluciones de limpieza se preparan y mantienen listas para su uso en tanques separados donde se monitoriza el nivel, la temperatura y la concentración. Las condiciones de operación quedan definidas por el caudal emitido, la presión, la temperatura y el tiempo efectivo de cada tratamiento.

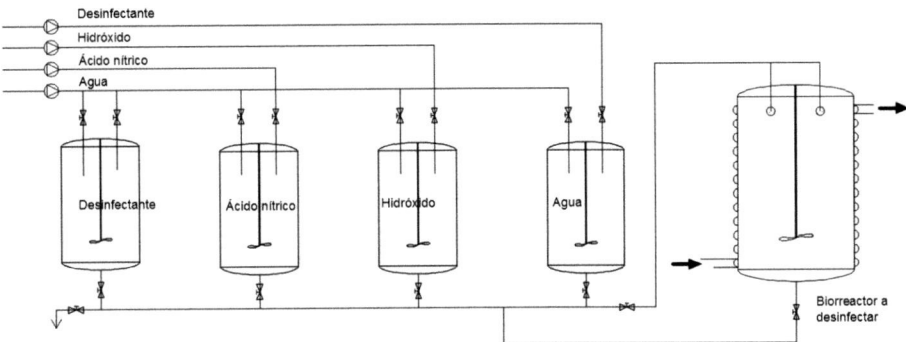

Figura 12.30. Esquema de funcionamiento de un CIP.

Una bomba, generalmente centrífuga, se encarga de impulsar las soluciones desde los tanques depósito hasta los emisores del biorreactor a desinfectar en donde está instalado el dispositivo de aspersión interna. En la tubería de vaciado existe otra bomba para el retorno de las mismas a la planta CIP. El control de las líneas se hace con válvulas con accionamiento neumático. La velocidad mínima del flujo de un sistema CIP a través de los sistemas de aspersión debe ser mayor o igual a 1,5 m/s normalmente hasta de 3 m/s para facilitar el arrastre. El caudal y presión llegan por lo general hasta 140 m³/h y 10 bar, respectivamente. El número de tanques depende de los volúmenes de detergentes y de desinfectantes requerido, raras veces excede 8 tanques por sistema. El volumen de los tanques depende del volumen fluido requerido para limpiar los tubos, reactores, etc.

La superficie de contacto con el producto debe ser lisa, libre de grietas o agujeros, no porosa, no absorbente y no tóxica. Las soldaduras también deben cumplir estas condiciones. Los materiales más comunes con estas características son el acero inoxidable tipo 304 y 316, algunos cristales y algunos elastómeros. Las líneas deben ser horizontales y acabar en puntos de drenaje. La base del tanque debe permitir el vaciado total. El sistema precisa sensores de monitorización y tener capacidad de regulación de caudal, presión y concentración de la solución.

Esterilización por filtración

Este sistema es generalmente usado para esterilización de fluidos, ya sea sustrato, agua o aire. Consiste en un lecho poroso a través del cual se hace circular el fluido a desinfectar o esterilizar. Si las células contaminantes son de mayor tamaño que el poro quedan retenidas y no pueden pasar. En líquidos se utilizan membranas con poros de 2 μm, en gases se suelen utilizar membranas con poros 0,02 μm, llamados *High Efficiency Particulate Air Filters* (HEPA).

Se utiliza especialmente cuando los líquidos llevan sustancias que se degradan con calor, como compuestos orgánicos nutricionales, sustratos, etc.; para la esterilización del aire de entrada y salida del fermentador; o para mantener el aire libre de contaminantes en la sala de fermentación.

Esterilización por radiación

La radiación ionizante que produce radicales libres en el agua que alteran las membranas celulares y las proteínas. La eficiencia depende de la penetración de la onda.

La radiación UV es muy eficaz para la esterilización de instrumentación porque permite la esterilización de superficies, pero en líquidos es poco penetrante. Los rayos Gamma sí son capaces de penetrar en los materiales, por lo que se utilizan para esterilizar alimentos

Esterilización por calor seco

Consiste en la aplicación de calor mediante resistencias eléctricas en las paredes del reactor o la circulación de aire caliente. Destruye los microorganismos por oxidación (quema). Necesita más temperatura que el calor húmedo (170°C durante 2 horas). Adecuado para objetos con elevada resistencia a la temperatura.

Esterilización por calor húmedo

Consiste en la aplicación de agua hirviendo, vapor saturado o vapor sobrecalentado para provocar desnaturalización de proteínas metabólicas y con ello la muerte del microorganismo contaminante. Este principio es el que se utiliza en los autoclaves. Es el método más usado. Elimina casi todo: excepto microorganismos termófilos extremos, endoesporas y algunos virus. La eficacia depende de la presión y el tiempo de aplicación. Generalmente se utiliza vapor a 121°C, durante 30 min, y 10 bares de presión.

La instalación requiere una caldera, el vapor se hace pasar por el interior de las tuberías y del reactor del mismo modo que se hace en las instalaciones de esterilización con productos químicos.

12.11. Diseño del sistema de desinfección con vapor del medio de cultivo

Para la desinfección del sustrato antes de la inoculación, se introduce éste en un reactor que dispone un serpentín o camisa externa a través de la cual circula vapor saturado o sobrecalentado, que transfiere calor al mismo para alcanzar los 121 °C durante 30-40 minutos. El proceso de desinfección del medio de cultivo lleva tres etapas:

a) Fase de calentamiento del medio de cultivo de temperatura ambiente a 121 °C.

b) Mantenimiento de la temperatura de 121 °C durante 30-40 min.

c) Fase de enfriamiento. Una vez se ha alcanzado en el sustrato 121 °C, si se deja enfriar de forma libre, el tiempo empleado para alcanzar la temperatura de inoculación y operación sería excesivo. Por ello requiere la instalación de un sistema de refrigeración complementario.

Fase 1. Calentamiento hasta 121 °C

Esta fase comprende tres pasos:

- Primero, determinar el calor a aportar: $Q_{aportar} = m \cdot C_p \cdot (T_2 - T_1)$
- Segundo, cálculo del coeficiente de transferencia de calor,

$$K_g' = \frac{1}{D_r \cdot \left(\dfrac{1}{h_{pi} d_{int}} + \dfrac{1}{2k} \ln \dfrac{d_{ext}}{d_{int}} + \dfrac{1}{h_{pe} d_{ext}} \right)}$$

Tal que

$$\frac{dQ}{dt} = A \cdot K_g' (T_{int} - T_{ext})$$

Donde el coeficiente de película es

$$h_p = \frac{k}{D} [Nu] = \frac{k}{D} \cdot 0{,}023 \cdot [\mathrm{Pr}]^{0,4} \cdot [\mathrm{Re}]^{0,8}$$

- Tercero, determinación de la diferencia de temperatura entre el vapor que discurre por la camisa y el sustrato.

Para la fase de calentamiento supondremos como hipótesis que el incremento de la temperatura del sustrato es lineal con el tiempo. Es decir,

$$T = a \cdot t + b$$

Conociendo las condiciones iniciales y finales podemos determinar los coeficientes a y b, fijando un tiempo máximo de calentamiento tenemos:

Si para $t=0 \rightarrow T= Tr1$, tenemos $b = Tr1$

Si para $t=t_1 \rightarrow T=Tr2$, tenemos $a = \dfrac{Tr2 - Tr1}{t_1}$

Dado que

$$\frac{dQ_{aportar}}{dt} = K_g' \cdot A \cdot (T_{vapor} - T_{reactor})$$

tenemos

$$Q_{aportar} = \int_0^{t1} K_g' \cdot A \cdot (T_{vapor} - a \cdot t - b) \cdot dt$$

$$Q_{aportar} = K_g' \cdot A \cdot \left(T_{vapor} \cdot t_1 - \frac{a \cdot t_1^2}{2} - b \cdot t_1 \right)$$

$$T_{vapor} = \frac{Q_{aportar}}{A \cdot K_g' \cdot t_1} + \frac{a \cdot t_1}{2} + b$$

También se pueden emplear otros modelos de aumento de la temperatura, como el exponencial.

Una vez determinada la temperatura del fluido a circular por el serpentín o camisa, se tienen tres opciones: trabajar con líquido a esa temperatura (lo que obliga altas presiones), trabajar con vapor saturado, o con vapor sobrecalentado.

Ejemplo 20

Se desea calcular la caldera para la desinfección de un reactor de 3000 l que utiliza melaza de azúcar como medio de cultivo. La temperatura inicial del medio es 20 °C, la temperatura de desinfección es 125 °C. Los datos termodinámicos de la melaza son mostrados en el ejemplo 19. Para la desinfección, el caloportador utilizado es vapor a 200 °C que circula a 5 bar, con velocidad de 25 m/s.

Planteamiento

Se fija como tiempo de incremento de la temperatura 2 h = 7200 s; periodo de mantenimiento de temperatura a 125 °C, 30 min = 1800 s; periodo de enfriamiento 2 h.
Considerando una agitación en la desinfección con rodete Rouston de n =500 rev/min.

Tabla 12.12. Propiedades termodinámicas de los fluidos.

	Caldo de cultivo (melaza de azúcar)	Caloportador (vapor de agua)
Cp: calor específico a presión constante (kJ kg^{-1} °C^{-1})	4,40	2
k: conductividad térmica del fluido (kJ s^{-1} m^{-1} °C^{-1})	0,00006	0,000032
ρ: densidad del fluido (kg m^{-3})	810	2,32
μ: viscosidad dinámica (kg s^{-1} m^{-1})	0,001	0,000016
Diámetro tubería (m)	-	0,1
Velocidad del fluido caloportador c (m/s)	-	25,0
Número de Prandlt: $Pr = \dfrac{\mu \cdot Cp}{k}$	73,33	0,99
Número de Reynols	$Re = \dfrac{\rho \cdot D_a^2 \cdot n/60}{\mu}$ $1,5 \ 10^5$	$Re = \dfrac{c \cdot \rho \cdot D}{\mu}$ $3,62 \ 10^5$
Coeficiente de película: $h_p = \dfrac{k}{D} \cdot 0.023 \cdot [\mathrm{Pr}]^{0,4} \cdot [\mathrm{Re}]^{0,8}$ (kJ m^{-2} s^{-1} °C^{-1})	0,4772	0,2062

El vapor entra a 200 °C y 5 bar $\rightarrow P_{vapor} \cdot V = \dfrac{m_{vapor}}{pm_{agua}} RT \ \rightarrow \ \rho = \dfrac{18 \cdot P_{vapor}}{RT} = 2,32 \ \text{kg/m}^3$

El caudal de vapor vendrá dado por $F = A \cdot c = \dfrac{\pi \cdot D^2}{4} \cdot c = \dfrac{\pi \cdot 0,1^2}{4 \cdot 2} \cdot 25 = 0,0982 \ \text{m}^3\text{/s} = 820,11 \ \text{l/h}$

El coeficiente de transmisión global de calor es $K_g' = \dfrac{1}{1,4 \cdot \left(\dfrac{1}{0,4772 \cdot 1,40} + 0 + \dfrac{1}{0,2062 \cdot 1,4035} \right)} = 0,144 \text{ kJ m}^{-2} \text{ s}^{-1} \text{ °C}^{-1}$

$D_r = 1,4 \text{m}$ (Diámetro del tanque)

El calor a aportar en la fase de calentamiento se calcula del modo siguiente

$$Q_{aportar} = m \cdot C_p \cdot (T_2 - T_1) = 810 \cdot 3 \cdot 4,4 \cdot (125 - 20) = 1122660 \text{ kJ}$$

Considerando un rendimiento energético de la caldera del 80%, la potencia misma será

$$\dot{Q}_c = \frac{Q_{aportar}}{\eta \cdot t} = \frac{810 \cdot 3 \cdot 4,4 \cdot (125 - 20)}{0,8 \cdot 7200} = 194,91 \text{ kW}$$

Considerando un incremento lineal de la temperatura se calcula la temperatura que debe estar el vapor que circula por el serpentín para alcanzar un incremento de temperatura de 20 a 125 °C en 5 h, tal que:

Si para $t = 0 \rightarrow$ T= 20 °C, tenemos $b = 20$.

Si para $t_1 = 7200$ s $\rightarrow$ T=125 °C, tenemos $a = \dfrac{125 - 20}{7200} = 0,0146$

$$T_{vapor} = \frac{Q_{aportar}}{A \cdot K_o' \cdot t_1} + \frac{a \cdot t_1}{2} + b$$

$$T_{vapor} = \frac{1122660}{\pi \cdot 1,4 \cdot 2 \cdot 0,144 \cdot 7200} + \frac{0,0146 \cdot 7200}{2} + 20 = 195,38 \,°C$$

Hay que observar que la temperatura obtenida es menor a la considerada inicialmente 200 °C, esto significa que la desinfección podría requerir menos de 2 h.

Fin.

Fase 2. Mantenimiento 121 °C 30 min

Durante la fase de mantenimiento la temperatura del vapor debe ser reducida a la temperatura de desinfección (121 °C). No es necesario subir más este valor puesto que las pérdidas de calor por las tapas se consideran despreciables.

Fase 3. Enfriamiento de 121 °C a 30 °C

Tras la desinfección a 121 °C, para que el enfriamiento del caldo de cultivo hasta alcanzar la temperatura de operación se realice en un tiempo asumible, el reactor debe ser refrigerado con agua fría que circula por el serpentín. Este agua procederá de un *chiller* que consiste en un depósito donde el agua del serpentín se mezcla con agua que es enfriada constantemente por un evaporador. Es decir, funciona como enfriador abierto.

En las Figura 12.31 y Figura 12.32 se muestra un sistema de refrigeración por compresión, en el que el agua al pasar por el evaporador es enfriada por un refrigerante. Los refrigerantes tienen la cualidad de cambiar de estado con la transferencia de poca energía. El refrigerante al absorber calor del agua en el evaporador cambia su estado de líquido a gas. Entonces se comprime isoentrópicamente, aumentando su presión y temperatura. Tras la compresión, al tener una temperatura mayor que el aire ambiental, se hace pasar por un condensador en el cual se vuelve a enfriar retornando a estado líquido. Posteriormente, se despresuriza mediante una válvula de expansión, retornando al evaporador. Como se puede observar el ciclo del refrigerante es un ciclo cerrado.

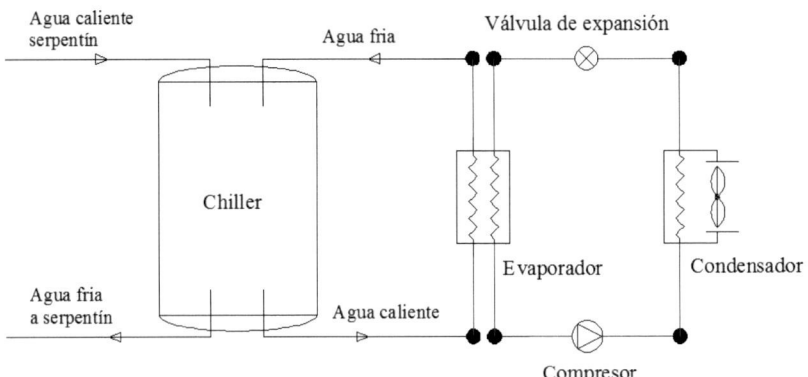

Figura 12.31. Esquema de instalación del chiller.

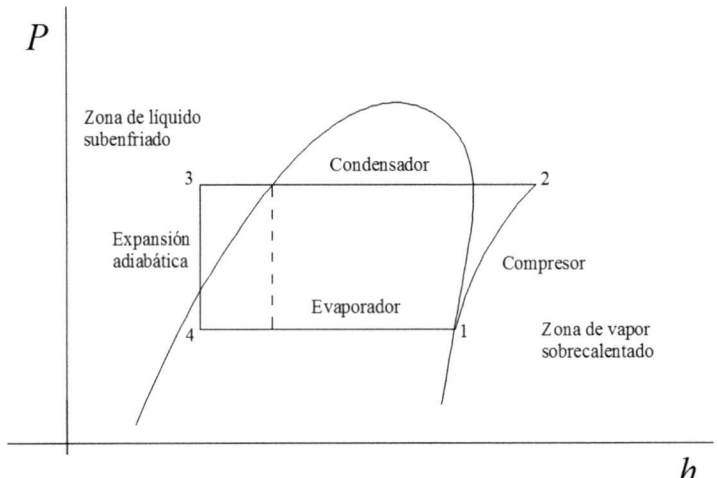

Figura 12.32. Ciclo del fluido refrigerante.

En un reactor continuo deben disponerse de varios tanques de alimentación dispuestos en paralelo. El sustrato es desinfectado en estos tanques antes de su circulación por el reactor. Es decir, no se desinfecta en el reactor sino previamente a la alimentación. Durante la desinfección del sustrato en un primer tanque, el reactor debe ser alimentado desde otro de los tanques. Por tanto, el flujo y el tiempo de desinfección (calentamiento + mantenimiento + enfriamiento) determinan el volumen de los mismos. Normalmente se disponen de tres, de tal manera que un depósito intermedio permite amortiguar cualquier desfase.

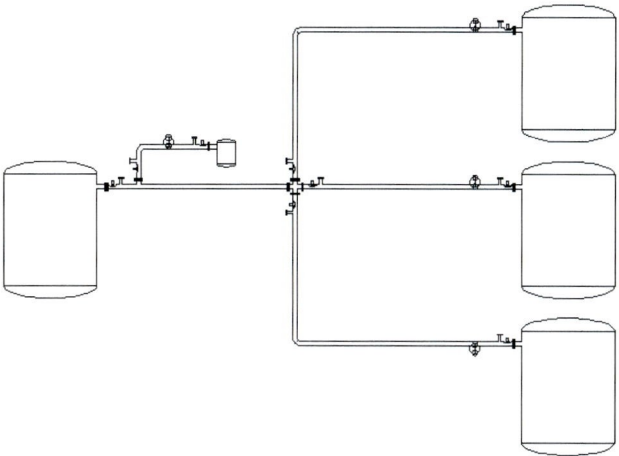

Figura 12.33. Disposición
de tanques de alimentación
en paralelo.

_ 12.12. Desinfección del aire de alimentación

El aire que se introduce en el biorreactor para el aporte de oxígeno en los procesos aerobios es un vector de partículas y microorganismos contaminantes del caldo de cultivo. Cualquier microorganismo que se introduzca en el biorreactor puede encontrar un medio propicio para su reproducción y competir con las células deseables para el proceso principal en el biorreactor. Ello obliga a un tratamiento de limpieza y depuración antes de su inyección. El nivel normal de contaminación atmosférica es cerca de 140 millones de partículas por metro cúbico. Casi el 80% de estas partículas tienen dimensiones inferiores de 2 micras, por ello atraviesan el filtro de entrada de aire del compresor alcanzado el circuito de aire comprimido. A presión de 7 bar el número de partículas contenidas en el aire comprimido alcanza 1120 millones/m^3. A las partículas anteriores se añaden otras del propio sistema, como vapor de agua, que se condensa en el interior del circuito de aire comprimido, vapor, gotas de aceite, contaminantes sólidos producidos en la red de la distribución. Las distintas calidades del aire están especificadas en la norma ISO 5873-1.

Los efectos de las partículas en el aire comprimido son los siguientes:
- Desgaste de instrumentos por corrosión: electroválvulas, sensores y tuberías
- Inhibición del crecimiento microbiano
- Aparición de cepas competitivas por el sustrato
- Contaminación del producto del reactor
- Aumento de costes de mantenimiento
- Interrupciones durante el proceso de producción

Los filtros biológicos generalmente están constituidos por una carcasa desenroscable porta cartuchos en cuyo interior está el elemento filtrante, dispuestos en serie en la conducción de alimentación. El aire entra por la parte central del cartucho y es obligado a pasar hacia el exterior por donde se evacúa (Figura 12.34).

Esta constitución permite su limpieza o sustitución cuando éste está taponado. El taponamiento del filtro impide el paso del aire y se incrementa la caída de presión. Hay que tener en cuenta que el filtro no puede abrirse mientras este bajo presión. El medio filtrante suele ser un tejido de microfibra de vidrio, una parte hilvanado y otra parte no hilvanado, que protege el medio filtrante de variaciones de presión. La fibra puede ser de polipropileno, poliestersulfona, PTFE, celulosa o nylon. Son diseñados para permitir caudales excepcionalmente altos

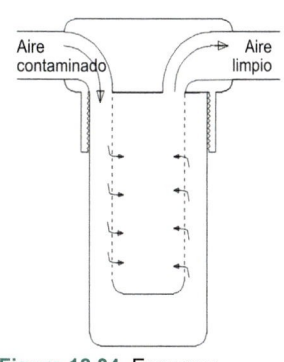

Aire contaminado — Aire limpio

Figura 12.34. Esquema del filtro biológico.

505

con bajas pérdidas de carga. Se debe evitar que se humecten por la presencia de agua en el aire, dado que puede provocar la obstrucción de los poros impidiendo el paso, ocasionando en última instancia el fallo del filtro. Los materiales de las membranas deben haber estado sometidos a ensayo de eficacia mediante exposición a bacterias en líquido para comprobar su capacidad de retención. Y ser probada su exposición a los aerosoles generados en la desinfección con vapor.

En la Figura 12.20 se muestra que tras el calderín del compresor se debe instalar un filtro de partículas sólidas de 3 micras. Posteriormente se instala un secador-deshidratador para la eliminación del agua por condensación. Tanto en el filtro como en el secador existe una tubería de evacuación de condensado (línea roja). Tras el desecador-deshidratador se colocan cuatro filtros en serie: Eliminación de partículas sólidas 1 μm; filtro de eliminación de aceite 0,1 micras; filtro de carbón activo (Desoleador Absoluto – Eficacia de filtración 99'9%), elimina olores.

Los filtros utilizados para filtrar el aire, venteo o fermentación deben esterilizarse frecuentemente. Los filtros de aire empleados en los procesos de fermentación tienen una vida útil de hasta dos años por lo que, si se esterilizan semanalmente, estarán sometidos a más de 100 ciclos de vapor.

Las aplicaciones de los filtros biológicos son diversas
- Venteo estéril de tanques de proceso
- Filtración estéril de aire de proceso
- Venteo estéril de liofilizadoras
- Venteo estéril de autoclaves
- Filtración estéril de aire en máquinas de soplado, llenado y sellado de bebidas
- Filtración estéril de aire de entrada y salida de fermentadores
- Filtración estéril de líquidos agresivos

12.13. Control de pH y espuma

Toda célula o microorganismo posee un rango de acidez (pH) dentro del cual es posible su crecimiento con normalidad. Dentro de ese rango existe un pH óptimo muy bien definido en el cual el crecimiento es máximo. El pH en el medio de cultivo puede verse alterado por la naturaleza básica o ácida de los productos de desecho del propio metabolismo del cultivo celular. El sistema de control de pH tiene como objetivo mantener el pH constante en el medio de cultivo. El sistema de control de acidez consta de los siguientes elementos:
- Dispensador de ácido (HCl).
- Dispensador aséptico de álcali (NaOH).
- Filtro microporo en línea.
- Manguera flexible resistente al ácido.
- Bomba peristáltica.
- Sensor de pH: sonda o probeta electroquímica que mide la acidez y "dice" al controlador de pH, la situación del medio.
- Autómata controlador de pH: ordena y regula la acción accionando el motor de la bomba.

En la Figura 12.36 se muestra el esquema de instalación de los diferentes dispensadores.
Los rangos de pH considerados óptimos más habituales son los siguientes:
- para levaduras entre 3,5 y 5,5
- para bacterias entre 6,0 y 7,5
- para mohos, según la cepa, se extiende entre 3 y 7
- para células en cultivo entre 6,0 y 7,5

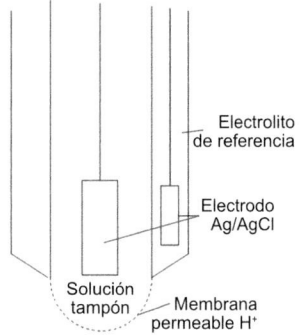

Electrolito de referencia

Electrodo Ag/AgCl

Solución tampón

Membrana permeable H$^+$

Figura 12.35. Electrodo de pH.

La medición del pH en el biorreactor se realiza generalmente a través de sensores potenciométricos que miden la diferencia de voltaje entre dos electrodos separados por una membrana. Los electrodos están formados bien por cloruro de plata y plata atómica AgCl/Ag, ó bien mercurio Hg/Hg$_2$Cl$_2$ (Calomel). Uno de los electrodos está encapsulado en una disolución salina que actúa como puente. Éste se denomina electrodo de referencia, sumergido en una solución normalmente de KCl 3M. El otro está en contacto con el líquido a analizar, protegido por una carcasa de vidrio que permite el paso selectivo de protones. La cápsula del electrodo de referencia evita el contacto directo líquido-electrolito. En presencia de protones H$^+$ se produce una reacción de oxidación-reducción en los dos electrodos.

La diferencia de potencial se calcula según la ecuación de Nernst. Una mayor concentración de protones H$^+$ producirán un mayor potencial eléctrico que a través de un transistor se amplifica para indicar el pH. La variación de la concentración de Cl$^-$ obliga a calibración previa.

$$2H^+ + 2e^- \rightarrow H_2$$

$$2Ag + 2Cl^- \rightarrow 2AgCl + 2e^-$$

$$E = 0{,}222 + \frac{0{,}059}{2} \log Cl^- \cdot H^+$$

$$2H^+ + 2e^- \rightarrow H_2$$

$$2Hg + 2Cl^- \rightarrow H_{g_2}Cl_2 + 2e^-$$

$$E = 0{,}244 + \frac{0{,}059}{2} \log Cl^- \cdot H^+$$

El diafragma del electrodo protegido por una carcasa con permeabilidad selectiva presenta distintas capas de materiales para conseguir que sólo pueda atravesarlo los protones; generalmente, una placa cerámica porosa que permite pequeño flujo de electrolitos hacia dentro y un anillo poroso de PTFE (politetrafloruro de etileno) donde entra en contacto muestra y electrolito.

El electrolito de KCl debe ser rellenado en caso de desecación. Existen modelos de pH-metros llamados de bajo mantenimiento, que sustituyen el KCl por un gel de glicerina o un sólido polímero conductor. Estos materiales evitan el mantenimiento que supone el rellenado.

Estos sensores pueden experimentar algunos problemas: por ejemplo, la obturación del diafragma; contaminación del sistema de referencia; suciedad en membrana; envejecimiento o erosión de membrana; burbujas de aire en la membrana o la solución interna; concentración pobre del compuesto de referencia; presencia de fuerzas electrostáticas elevadas cerca del lugar de medida.

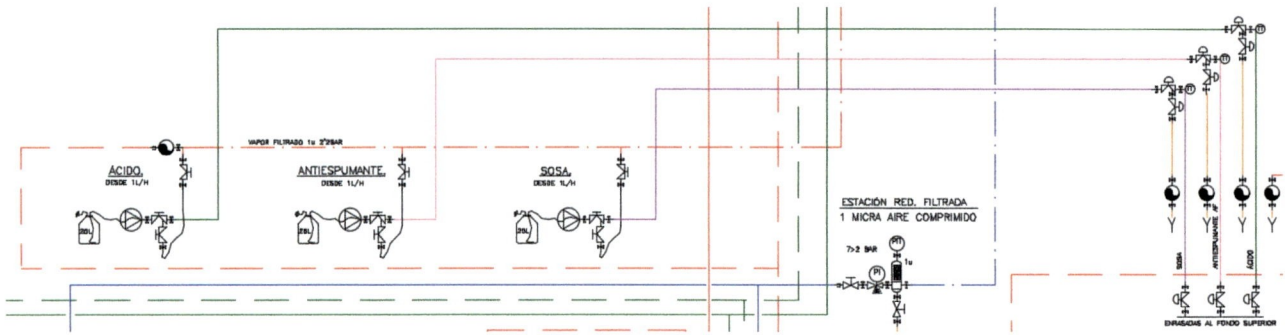

Figura 12.36. Esquema de instalación de los distintos dispensadores.

12.14. Sensores asociados al biorreactor

De denominan sensores a resistencias cuya resistividad se modifica en función de la variación de una magnitud física (desplazamiento, temperatura, presión, luminosidad, etc.).

$$R = \rho \frac{l}{S}$$

R es la resistencia en Ohmios, ρ es la resistividad en Ohmios/m, l es la longitud en m y S es la sección en m².

El control de los procesos que se desarrollan en el biorreactor requiere el conocimiento de los distintos parámetros de operación a través de distintos tipos de sensores. Los más importantes son los siguientes:

- Carga del biorreactor
- Temperatura
- Presión
- pH
- Concentración de células, sustrato y producto
- Medidores de DBO
- Medidores de Concentración de O_2
- Potencia y velocidad de agitación
- Caudales de líquidos y gases
- Detección de espumas
- Detección del contenido del biorreactor (volumétrico o másico)

La variación de resistividad de la resistencia provoca una ligera corriente que se hace pasar por un transistor que al abrirse provoca una corriente de mayor intensidad en el circuito principal (Figura 12.37).

Control de carga

La carga del biorreactor se detecta por la diferencia de peso a través de células de carga colocadas en las bases del reactor. Estas células poseen un resorte que se desplaza según sea comprimido modificando la resistencia del circuito secundario de control.

En la Figura 12.37, se muestra un circuito en el que el desplazamiento de un interruptor I1 conecta el circuito secundario cuya resistencia provoca que la intensidad de corriente sea pequeña, pero suficiente para conectar el circuito principal, donde la intensidad es mucho mayor e indica la carga.

$$V = I \cdot R \rightarrow I_2 = \frac{V}{R} = \frac{12}{2200} = 0,0054 \text{ A}$$

$$I_1 = \frac{V}{R} = \frac{12}{10} = 1,2 \text{ A}$$

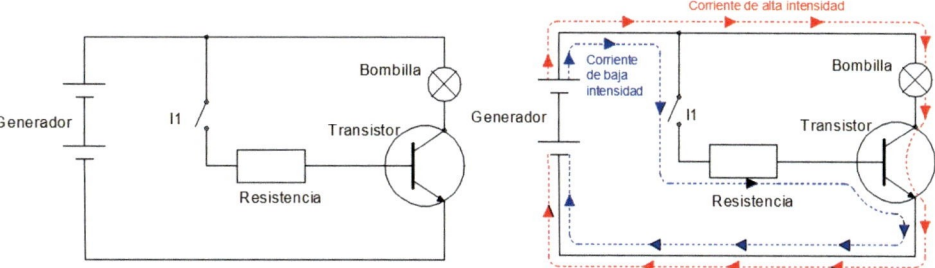

Figura 12.37. Esquema del circuito de control a través de transistores.

Sensores de concentración celular

En la Figura 12.38 se muestra el principio de medición de un sensor de concentración celular. En una celda se coloca una resistencia LDR a la que se le hace llegar un haz de luz de determinada frecuencia. La resistencia modifica su resistividad en función de la intensidad luminosa. Cuando la concentración celular crece aumenta la dispersión de la luz. La menor intensidad luminosa en el receptor provoca que la resistencia aumente lo que provoca que se cierre el transistor. Y viceversa, si disminuye la concentración celular aumenta también disminuye la resistencia y el transistor se abre.

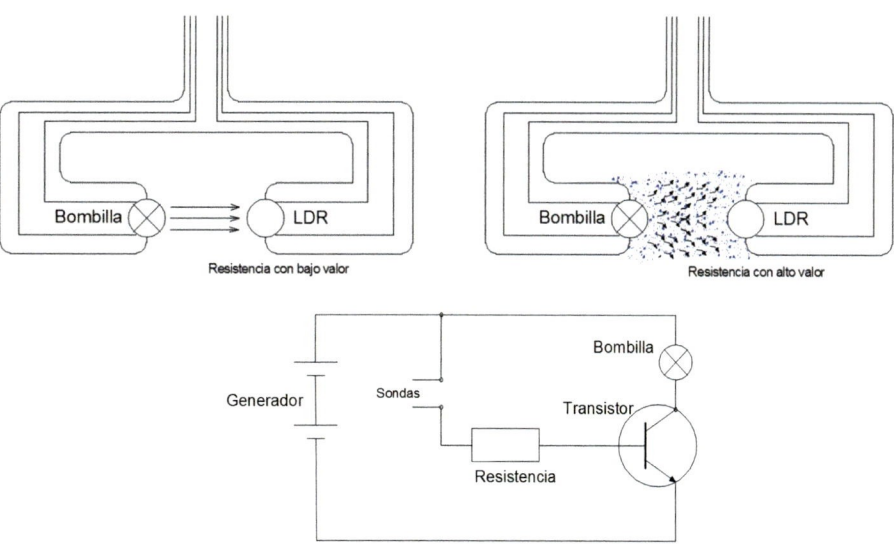

Figura 12.38. Principio de funcionamiento del sensor de concentración celular o de espuma.

509

Sensores de O_2

Existes dos sistemas: el polarimétrico y el galvánico. En el polarimétrico se induce un voltaje entre dos electrodos. En el galvánico el voltaje se induce en la propia celda.

Sistema polarimétrico

El sensor de O_2 está formado por dos electrodos. Uno de ellos está sumergido en electrolito (normalmente de KCl) separada del medio a analizar por una membrana de teflón permeable al O_2. Uno de los electrodos suele ser de plata (ánodo) y el otro de platino (cátodo). Sobre el cátodo se reduce el oxígeno produciendo grupos hidróxilos. Entre los electrodos se genera un voltaje constante de 0,8 V, y la intensidad depende de la resistencia que a su vez es proporcional a la presión parcial del oxígeno en la muestra.

$$4Ag + 4Cl^- \rightarrow 4\ AgCl + 4e\text{- (oxidación-ánodo)}$$

$$O_2 \quad + \quad 2H_2O + 4e^- \rightarrow 4OH^- \text{(reducción)}$$

Sistema galvánico

Generalmente está formado por un cátodo de Au y ánodo de Pb (o Zn o Cd autopolarizados). Igual que en el caso anterior sobre el cátodo, en este caso de oro, se produce la reducción del oxígeno.

$$2\ Pb \rightarrow 2\ Pb2^+ + 4e\text{- (oxidación-anodo)}$$

$$O_2 + 2\ H_2O + 4\ e\text{-} \rightarrow 4OH^-$$

La temperatura influye en la presión parcial del oxígeno disuelto y por tanto en la solubilidad de éste.

$$E = E^o - \frac{RT}{nF} \log[OH^-] \cdot [Pb^{2+}]$$

$$E = E^o - \frac{0.059}{n} \log[OH^-] \cdot [Pb^{2+}]$$

Concentración de CO_2

El CO_2 es uno de los productos finales de la oxidación completa de algunos sustratos por parte de los microorganismos. Puede afectar en concentraciones altas el metabolismo celular. Se mide basándose en el pH ya que la concentración de CO_2 disuelto es proporcional a la de protones, debido al siguiente equilibrio

$$CO_2 + H_2O \leftrightarrow HCO_3^- + H^+$$

$$Ka = \frac{[HCO_3^-][H^+]}{[CO_2]}$$

$$\log Ka = \log[\mathrm{HCO_3^-}] + \log[\mathrm{H^+}] - \log[\mathrm{CO_2}]$$

$$\log[\mathrm{CO_2}] = \log[\mathrm{HCO_3^-}] + \log[\mathrm{H^+}] - \log Ka$$

$$\log[\mathrm{CO_2}] = \log \frac{[\mathrm{HCO_3^-}]}{Ka} - pH$$

12.15. Control de espuma

La espuma es una capa de glóbulos de gas formados por líquido de elevada tensión superficial. Es un subproducto no deseado formado en la fabricación de múltiples sustancias bioquímicas debido a que aumenta la dificultad de la transferencia de gases entre la fase líquida y la atmósfera el reactor. Ello influye en el equilibrio de los gases disueltos, como el CO_2 que puede actuar como contaminante. En los biorreactores es común la formación de espuma por la utilización de sustratos más o menos espesos y la aplicación de agitación y aireación.

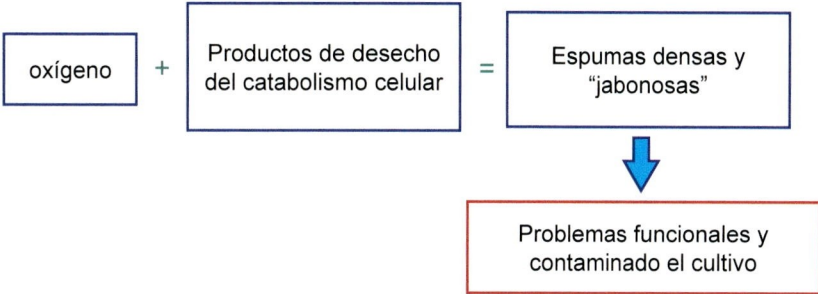

Los métodos de eliminación de la espuma (o prevención) se basan bien en productos químicos antiespumantes, como los aceites minerales, siliconas, ésteres del ácido fosfórico, alcoholes grasos, tributilfosfatos, derivados de flúor o polialcoholes, que disminuyen la tensión superficial, o medios mecánicos, como discos u otras configuraciones que rompen la espuma. Hay que tener en cuenta que los métodos químicos de control de la espuma pueden dar problemas de contaminación, especialmente en las industrias alimentaria y farmacéutica, donde la calidad del producto es de gran importancia.

El sistema de control de espuma consta de tres elementos
- *Controlador de antiespuma:* comanda la bomba peristáltica que dispensa el antiespumante y recibe la señal de medición del sensor de espuma.
- *Detector de espuma*: es el sensor que mide el nivel de espuma en el medio de cultivo. Generalmente está basado en la dispersión de la luz. El detector hace un barrido vertical de forma que detecta la variación de la intensidad luminosa modificando la conductividad o capacitancia de la resistencia.
- *Dispensador de antiespumante*: debe contar con su propio sistema de filtración y presurización.

Cuando la luz se envía a través de la muestra, es dispersada por las burbujas. La intensidad de la retrodispersión es directamente proporcional a la fracción de tamaño y volumen de la fase dispersa. Entonces se activa el sistema antiespumante que puede ser químico. Generalmente existen 2 sensores uno detecta otro lo comprueba.

511

12.16. Automatización

La automatización de todos los sistemas pasa por definir las válvulas que están abiertas y qué válvulas están cerradas en cada una de las distintas fases de funcionamiento, incluidas situaciones de emergencia.

La transición de una frase a otra puede quedar definida en el sistema informático de control por tiempo, o por sobrepasar un umbral la señal de cualquiera de los sensores de la instalación en cada una de sus diferentes secciones.

Por ejemplo las fases de funcionamiento de un reactor Batch pueden quedar definidas del modo siguiente:

Fase 1. Desinfectar el reactor y conducciones

Fase 2. Carga de medio de cultivo

Fase 3. Desinfección de medio de cultivo

Fase 4. Refrigeración del reactor

Fase 5. Inoculación de cepa en reactor

Fase 6. Crecimiento microbiano. Control de temperatura y pH.

Fase 7. Vaciado del reactor

Fase 8. Desinfección del reactor

Fase 9. Refrigeración del reactor

Si supervisamos el circuito de alimentación, observamos 8 válvulas definidas en la Figura 12.39.

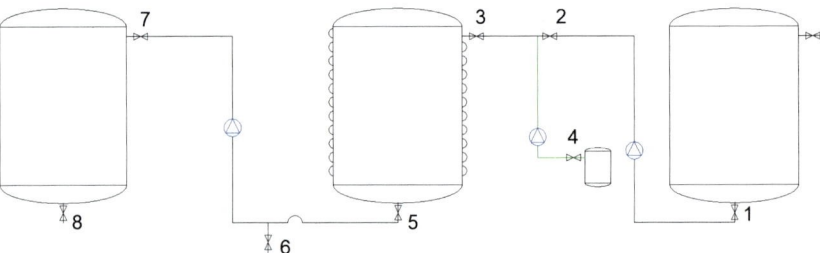

Figura 12.39. Sistema de alimentación de un biorreactor Batch.

La apertura o cierre de las válvulas de la 1 a la 8 en cada fase de funcionamiento queda definida en la Tabla 12.13.

Tabla 12.13. Posición de las válvulas 1 a 8 en cada una de las fases de funcionamiento del sistema de la Figura 12.39.

	Fase 1	Fase 2	Fase 3	Fase 4	Fase 5	Fase 6	Fase 7	Fase 8	Fase 9	Fase 10	Desagüe
V1	C	C	A	C	C	C	C	C	C	C	C
V2	C	C	A	C	C	C	C	C	C	C	C
V3	C	C	A	C	C	A	C	C	C	C	C
V4	C	C	C	C	C	A	C	C	C	C	C
V5	C	C	C	C	C	C	C	A	C	C	A
V6	C	C	C	C	C	C	C	A	C	C	C
V7	C	C	C	C	C	C	C	A	C	C	A
V8	C	C	C	C	C	C	C	C	C	C	C

Si se añade el sistema de calentamiento (Figura 12.40), éste queda regulado por las válvulas de la 9 a la 14, cuya posición en cada una de las fases de funcionamiento queda definida en la Tabla 12.14.

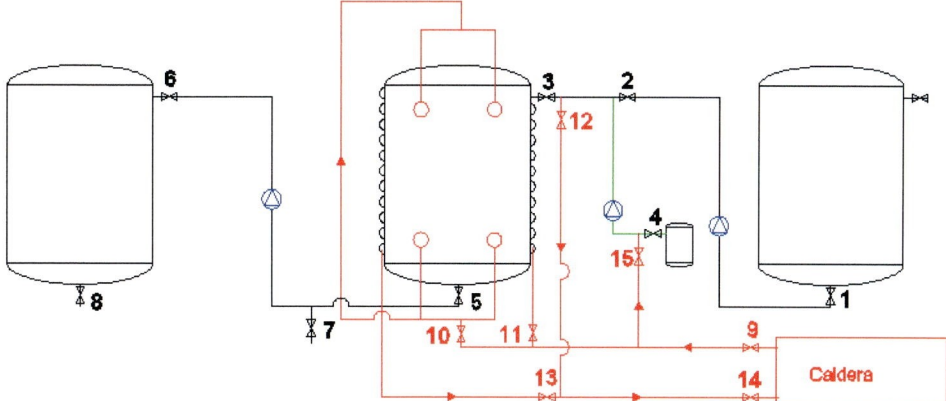

Figura 12.40. Sistema de calentamiento de un biorreactor Batch.

Tabla 12.14. Posición de las válvulas 9 a 14 en cada una de las fases de funcionamiento del sistema de la Figura 12.40.

	Fase 1	Fase 2	Fase 3	Fase 4	Fase 5	Fase 6	Fase 7	Fase 8	Fase 9	Fase 10	Desagüe
V9	A	A	C	A	C	C	A	C	A	C	C
V10	A	C	C	C	C	C	C	C	A	C	C
V11	C	C	C	A	A	C	A	C	A	C	C
V12	A	C	C	C	C	C	C	C	C	C	C
V13	C	C	C	A	C	C	A	C	A	C	C
V14	A	A	C	A	C	C	A	C	A	C	C
V15	A	C	C	C	C	C	C	C	C	C	C

En la Figura 12.41 se muestran los sistemas de enfriamiento e inyección de aire. En la Tabla 12.15 se muestra la posición en cada una de las válvulas en las distintas fases de funcionamiento del biorreactor.

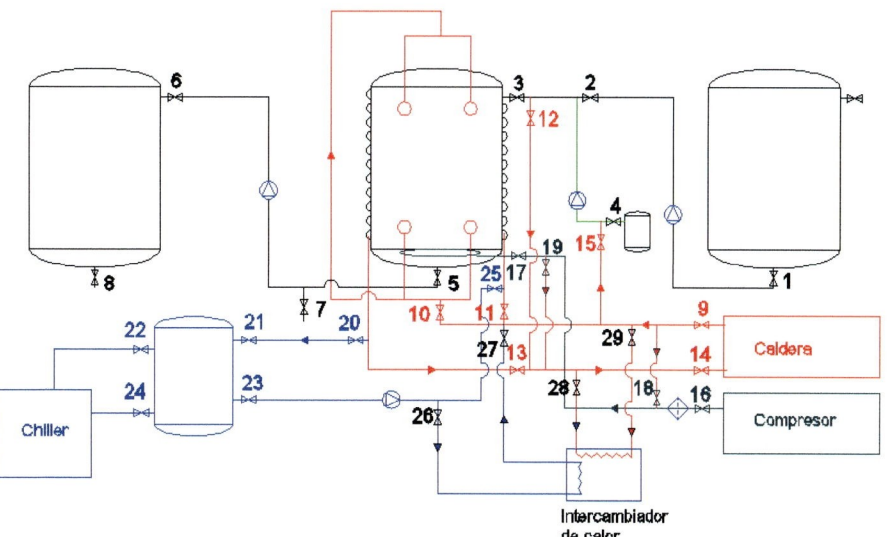

Figura 12.41. Sistemas de alimentación, calentamiento, enfriamiento, control térmico e inyección de aire en un reactor Bacht.

Tabla 12.15. Posición de abertura (A) o cierre (C) de cada una de las válvulas en las distintas fases de funcionamiento del biorreactor Batch de la Figura 12.41.

	Fase 1	Fase 2	Fase 3	Fase 4	Fase 5	Fase 6	Fase 7	Fase 8	Fase 9	Fase 10	Desagüe
V1	C	C	A	C	C	C	C	C	C	C	C
V2	C	C	A	C	C	C	C	C	C	C	C
V3	C	C	A	C	C	A	C	C	C	C	C
V4	C	C	C	C	C	A	C	C	C	C	C
V5	C	C	C	C	C	C	C	A	C	C	A
V6	C	C	C	C	C	C	C	A	C	C	C
V7	C	C	C	C	C	C	C	A	C	C	A
V8	C	C	C	C	C	C	C	C	C	C	C
V9	A	A	C	C	C	A	A	C	A	C	C
V10	A	C	C	C	C	C	C	C	A	C	C
V11	C	C	C	C	A	A	A	C	A	C	C
V12	A	C	C	C	C	C	C	C	C	C	C
V13	C	C	C	C	C	A	A	C	A	C	C
V14	A	A	C	C	C	A	A	C	C	C	C
V15	A	C	C	C	C	C	C	C	C	C	C
V16	C	C	C	C	C	A	A	C	C	C	C
V17	C	C	C	C	C	A	A	C	C	C	C
V18	C	A	C	C	C	C	C	C	C	C	C
V19	C	A	C	C	C	C	C	C	C	C	C
V20	C	C	C	C	A	C	C	C	C	A	C
V21	A	A	A	A	A	C	C	C	A	A	C
V22	C	C	C	C	A	A	A	C	C	A	C
V23	A	A	A	A	A	C	C	C	A	A	C
V24	C	C	C	C	A	A	A	C	C	A	C
V25	C	C	C	C	A	C	C	C	C	A	C
V26	C	C	C	C	C	A	A	C	C	C	C
V27	C	C	C	C	C	A	A	C	C	C	C
V28	C	C	C	C	C	A	A	C	C	C	C
V29	C	C	C	C	C	A	A	C	C	C	C

CAPÍTULO XI. RECUERDA

- En un biorreactor, que por definición tiene células en reproducción para la obtención de sustancias químicas concretas, la aparición de otras células supone una competencia indeseable que puede frenar el proceso principal. El proceso de asepsia debe ser contemplado en el diseño de todos los elementos, convirtiéndose en un factor clave del proyecto.

ANEXO 12.1. BALANCE DE MASAS Y ENERGÍA EN REACTORES QUÍMICOS

En este anexo se analiza el balance de masas y energía en los reactores químicos. A partir del balance de masas se pueden calcular los flujos de alimentación y vaciado en reactores continuos o flujo-pistón, así como el tiempo de retención en reactores tipo batch que funcionan con lotes. Estos parámetros están íntimamente ligados a la cinética de la reacción. Si la cinética de la reacción es de primer orden, entonces, la velocidad de formación de productos, o consumo de los reactivos, es proporcional a la concentración de uno de los reactivos. La constante cinética de proporcionalidad puede obtenerse para una determinada temperatura de reacción por experimentación. Si se obtiene la constante cinética para varias temperaturas, a través de la ecuación de Arhenius puede obtenerse para cualquier temperatura.

A12.1. Introducción

Los reactores son recipientes donde se introducen unas sustancias llamadas reactivos, cuyos átomos se recombinan resultando otras sustancias denominadas productos. Es decir, son recipientes donde se producen reacciones químicas. El control de procesos químicos en la industria requiere dominar el balance de masas y el balance de energía en los reactores. Los reactores se pueden clasificar como reactor es de tanque agitado y reactor es fujo-pistón. En los reactores de tanque agitado en su diseño se pretende que no haya gradientes de concentración, ni gradientes de temperatura en su interior, de tal manera que tenga propiedades homogéneas en cualquiera de sus puntos. En los reactores de flujo-pistón los reactivos discurren mediante un desplazamiento durante el cual se van produciendo las diversas transformaciones, de tal manera que a lo largo del reactor se presentan distintas capas con concentraciones diferentes de los distintos componentes. En las capas iniciales a la entrada del reactor predominarán los reactivos, en las capas finales, a la salida del reactor, predominarán los productos.

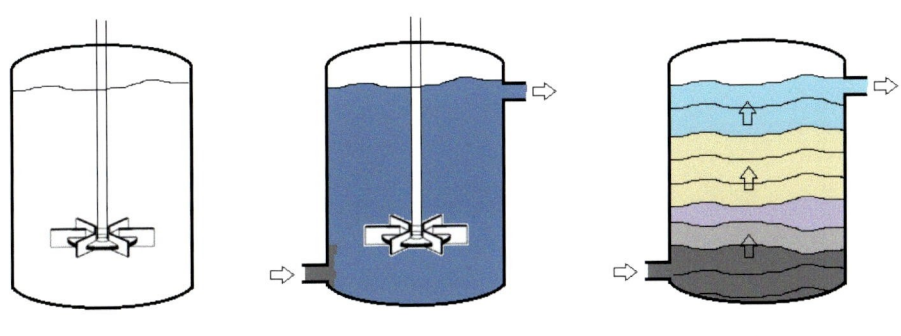

Reactor tipo batch   Reactor continuo   Reactor flujo-pistón

Figura A12.1. Tipos de reactores.

Los reactores de tanque agitado se pueden clasificar como reactores que continuos o reactores discontinuos (tipo batch). En los reactores continuos los reactivos y productos entran y salen permanentemente del reactor. En los reactores tipo batch los reactivos se introducen en el reactor y se dejan un determinado tiempo para que reaccionen. Tras ese tiempo se extraen los productos, volviendo a repetir el proceso. Por esta razón se dice que estos reactores funcionan por lotes. El tiempo transcurrido entre la alimentación de los reactivos y la extracción de los productos se denomina tiempo de retención.

El balance de masas permite conocer cuál es el flujo con el que hay que alimentar un reactor de tanque agitado en continuo o un reactor flujo-pistón. Por otro lado, permite determinar cuál es el tiempo de retención en tanques tipo batch.

La medición de la concentración de cada una de las sustancias se puede realizar mediante sensores.

Las reacciones químicas pueden ser endotérmicas o exotérmicas. Esto significa que en la recombinación de los átomos para formar unas moléculas a partir de otras absorben calor o lo liberan. La cantidad de calor absorbido o liberado dependerá de la cantidad y naturaleza de las sustancias consumidas y formadas y, por tanto, del balance de masas.

En este anexo desarrollaremos:
- El cálculo del tiempo de retención de los reactivos y productividad en un reactor químico tipo batch.
- El cálculo del flujo de entrada y flujo de salida de reactivos y productos en un reactor químico continuo en estado estacionario.
- Determinación de la productividad de un reactor químico continuo en estado estacionario.
- Análisis el balance de energía en un reactor químico.

A12.2. Balance de masas

La variación de la cantidad de cualquier sustancia dentro del reactor con el tiempo será igual a la cantidad que entra, menos la cantidad que sale, más la cantidad que se genera, menos la cantidad que se consume. Esto se expresa matemáticamente mediante la ecuación (A12.1).

$$\frac{dC_i \cdot V}{dt} = C_{ie} \cdot F_e - C_{is} \cdot F_s + V \cdot g_{ci} - V \cdot c_{ci} \qquad \text{(A12.1)}$$

Donde:

C_i representa la concentración de la sustancia i expresada en g/l o moles/l.
V es el volumen del reactor en litros
C_{ie} es la concentración de la sustancia i en el flujo de entrada en g/l o moles/l.
C_{is} es la concentración de la sustancia i en el flujo de salida en g/l o moles/l.
F_e es el flujo de entrada en l/s
F_s es el flujo de salida en l/s
g_{ci} es la formación de sustancia por unidad de volumen y tiempo dentro del reactor, expresado en g/l s o moles/l s
c_{ci} es el consumo de sustancia por unidad de volumen y tiempo dentro del reactor, expresado en g/l s o moles/l s

Ejercicio 1

Se propone al alumno comprobar la homogeneidad de dimensiones de los dos términos de la ecuación A12.1.

REACTOR BATCH

Dada la reacción A12.2, donde A y B son los reactivos y C y D son los productos, en un reactor por lotes la concentración del reactivo A disminuirá con el tiempo.

$$aA + bB \rightarrow cC + dD \qquad \text{(A12.2)}$$

La ecuación l se particulariza de modo que $F_e = F_s = 0$, y no habrá generación de la sustancia A, sino exclusivamente consumo ($g_A = 0$).

$$\frac{d[A]}{dt} = -c_A$$

Si la cinética del proceso es de primer orden, el consumo de sustancia A sigue la ecuación A12.3. Es decir, el consumo de reactivo es proporcional a la concentración del mismo. Esta ecuación se sigue cuando el reactivo B es muy abundante, es decir, existe en exceso. Por tanto, la cinética sólo depende de la concentración de A.

$$c_A = k \cdot [A] \qquad\qquad (A12.3)$$

La constante de proporcionalidad k se denomina constante cinética del proceso, y se puede obtener experimentalmente a una temperatura dada, colocando una concentración del reactivo B en exceso, midiendo mediante un sensor la concentración de A en cada instante. Entonces debe cumplirse:

$$\frac{d[A]}{dt} = -k \cdot [A]$$

Resolviendo la ecuación diferencial y linealizando, al representar el logaritmo de la concentración de A en función del tiempo, la pendiente de la recta es k y el término independiente es el logaritmo neperiano de la concentración inicial $\ln[A]_o$

$$\frac{d[A]}{[A]} = -k \cdot dt$$

$$\ln[A] - \ln[A]_o = -k \cdot t$$

$$[A] = [A]_o e^{-k \cdot t}$$

Ejemplo 1:

En el estudio de la descomposición del metilisonitrilo (CH_3CN) se obtuvieron los siguientes resultados en un reactor tipo batch a 250 °C.

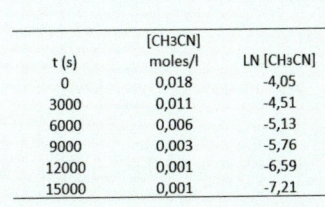

t (s)	[CH3CN] moles/l	LN [CH3CN]
0	0,018	-4,05
3000	0,011	-4,51
6000	0,006	-5,13
9000	0,003	-5,76
12000	0,001	-6,59
15000	0,001	-7,21

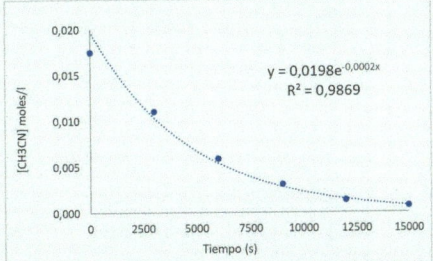

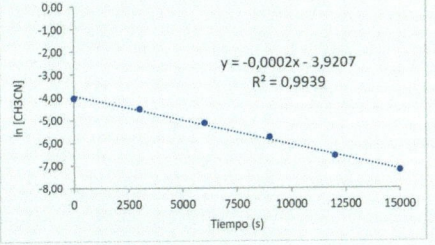

Se puede observar que el descenso de la concentración es exponencial. Eso significa que la reacción sigue una cinética de primer orden, y de acuerdo al exponente y a la pendiente de la recta de la representación del logaritmo neperiano la constante cinética es $k = 0{,}0002 \ s^{-1}$

Fin.

Cuando se tiene k para varias temperaturas se puede estimar para cualquier temperatura por la ecuación Arrhenius.

$$k = k_o \cdot e^{-\frac{Ea}{RT}}$$

k_o es el factor preexponencial (Factor de frecuencia), indica la frecuencia de las colisiones. Ea es la energía de activación (J/mol). R es la constante universal de los gases: 8,3143 J/mol K. T es la temperatura en K.

Para el cálculo de k_o y Ea se realiza una linealización de la ecuación, construyendo una recta graficando $\ln k$ con $\frac{1}{T}$, obteniéndose la pendiente $\frac{Ea}{R}$ y el término independiente de la recta $\ln k_o$.

$$\ln k = \ln k_o - \frac{Ea}{RT} \cdot \frac{1}{T}$$

Ejemplo 2

En el estudio de la descomposición del metilisonitrilo (CH3CN) se obtuvieron las siguientes constantes cinéticas para distintas temperaturas.

T (ºC)	T (K)	1/T	k	LN k
100	373	0,0027	0,0001	-9,210
150	423	0,0024	0,00014	-8,874
200	473	0,0021	0,00018	-8,623
250	523	0,0019	0,0002	-8,517
300	573	0,0017	0,00025	-8,294

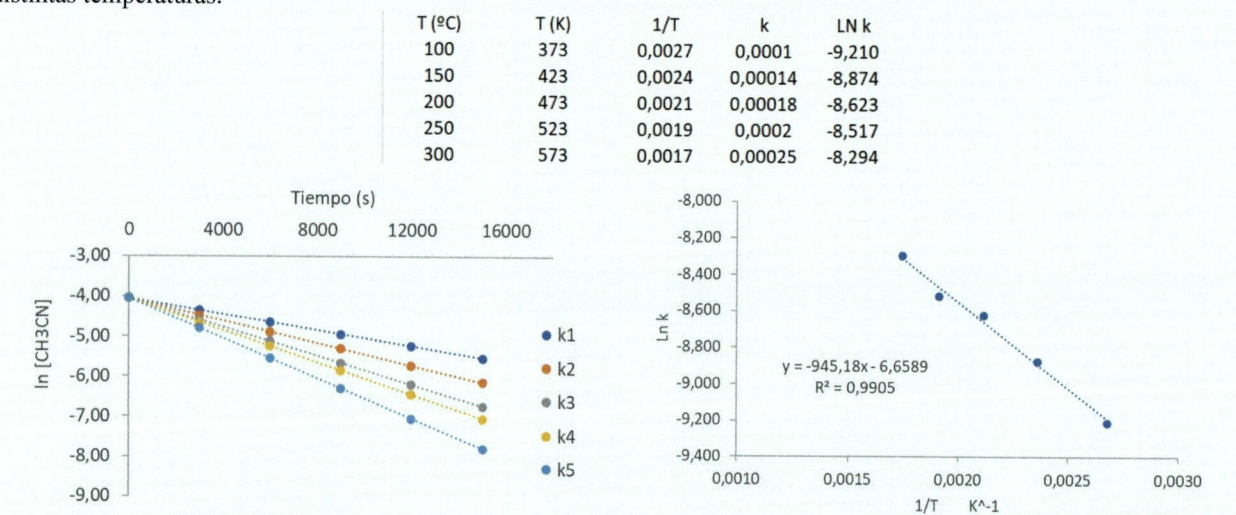

Se puede observar que cuando se representa el logaritmo de la concentración de CH_3CN con el tiempo las rectas presentan distintas pendientes. De la representación del $\ln k$ en función de la inversa de la temperatura en K se obtiene la energía de activación y la frecuencia de colisiones.

$$\frac{Ea}{RT} = 945,18 \rightarrow Ea = 945,18 \cdot 8,3143 = 7858,5 \frac{J}{mol}$$

$$k_o = e^{-6,6589} = 0,00128 \ s^{-1}$$

Fin.

Dado que la disminución de la concentración de A es exponencial, al principio disminuye muy rápidamente, y posteriormente tiende lentamente a 0. La formación del producto C depende estequiométricamente del consumo de A

La productividad del reactor se deine como la masa de producto que se obtiene por unidad de tiempo. Siendo pmC el peso molecular de la sustancia C, la productividad del reactivo C es P_c (g de C/s).

$$P_c = \frac{c}{a} \cdot \frac{\left([A]_o - [A]\right) \cdot pm_C \cdot V}{t}$$

Fijando un límite de concentración a partir de la cual se considera que la velocidad de formación de C no es rentable se calcula el tiempo de retención del reactor tipo batch.

$$t = \frac{\ln[A]_o - \ln[A]}{k}$$

Ejemplo 3:

Si se considera que de acuerdo a las gráficas del ejemplo l, la descomposición del metilisonitrilo (CH_3CN) es poco rentable a concentraciones menos de 0,0025 moles/l, determinar el tiempo de retención y productividad en un reactor de 3000 l que trabaja a 2500C en el que se parte de una concentración de 0,02 moles/l.

$$t = \frac{\ln[A]_o - \ln[A]}{k} = \frac{\ln 0,02 - \ln 0,0025}{0,0025} = 11512,93 \text{ s} = 3,2 \text{ h}$$

La productividad se medirá en términos de cantidad de CH_3CN descompuesto por unidad de tiempo.

$$P_{CH_3CN} = \frac{(0,02 - 0,0025) \cdot 41 \cdot 3}{3,2} = 88,56 \quad \text{g/h}$$

Obsérvese que si la concentración inicial en el reactor es mayor se incrementa la productividad.

Fin.

La ley general cinética en reacciones puede ser de diferente orden, respondiendo a la ecuación:

$$c_A = k \cdot [A]^n \cdot [B]^m$$

Si n = m = 1, si la concentración de B también es limitada, la cinética es de segundo orden.

$$c_A = k \cdot [A] \cdot [B]$$

En un reactivo tipo batch la ecuación l se particulariza resultando la siguiente ecuación diferencial:

$$\frac{dA}{dt} = -k \cdot [A] \cdot [B]$$

La cual se resuelve del siguiente modo:

$$\frac{dA}{dt} = -k \cdot [A] \cdot \left([B]_0 - \frac{b}{a} \cdot \left([A]_o - [A] \right) \right)$$

$$\frac{dA}{dt} = -k \cdot \left[\left([B]_0 - \frac{b}{a} \cdot [A]_o \right) [A] - \frac{a}{b} \cdot [A]^2 \right]$$

$$\frac{dA}{\left([B]_0 - \frac{b}{a} \cdot [A]_o \right) [A] - \frac{a}{b} \cdot [A]^2} = -k \cdot dt$$

$$\int_{[A]_o}^{[A]} \frac{dA}{\left([B]_0 - \frac{b}{a} \cdot [A]_o \right) [A] - \frac{a}{b} \cdot [A]^2} = \int_0^t -k \cdot dt$$

Véase resolución integral

$$\left[\frac{1}{[B]_0 - \frac{b}{a} \cdot [A]_o} \cdot \ln \frac{[A]}{\frac{b}{a} \cdot [A] + [B]_0 - \frac{b}{a} \cdot [A]_o} \right]_{[A]_o}^{[A]} = -k \cdot t$$

$$\frac{1}{[B]_0 - \frac{b}{a} \cdot [A]_o} \cdot \ln \left(\frac{\dfrac{[A]}{\frac{b}{a} \cdot [A] + [B]_0 - \frac{b}{a} \cdot [A]_o}}{\dfrac{[A]_o}{\frac{b}{a} \cdot [A]_o + [B]_0 - \frac{b}{a} \cdot [A]_o}} \right) = -k \cdot t$$

$$\ln \left(\frac{\dfrac{[A]}{\frac{b}{a} \cdot [A] + [B]_0 - \frac{b}{a} \cdot [A]_o}}{\dfrac{[A]_o}{[B]_0}} \right) = -k \cdot t \cdot \left([B]_0 - \frac{b}{a} \cdot [A]_o \right)$$

$$\frac{[A]}{\frac{b}{a} \cdot \left([A] - [A]_o \right) + [B]_0} = \frac{[A]_o}{[B]_0} e^{-k \cdot t \cdot \left([B]_0 - \frac{b}{a} \cdot [A]_o \right)}$$

$$\frac{[A]}{[B]_o - \frac{b}{a} \cdot \left([A]_o - [A] \right)} = \frac{[A]_o}{[B]_0} e^{-k \cdot t \cdot \left([B]_0 - \frac{b}{a} \cdot [A]_o \right)}$$

$$\frac{[A]}{[B]} = \frac{[A]_o}{[B]_o} e^{-k \cdot t \cdot \left([B]_0 - \frac{b}{a} \cdot [A]_o \right)}$$

REACTOR CONTINUO EN ESTADO ESTACIONARIO

Dada la reacción A12.2, donde A y B son los reactivos y C y D son los productos, en estado estacionario la concentración de todos los reactivos y productos es constante dentro del reactor. Por tanto:

$$\frac{d[A]}{dt} = \frac{d[B]}{dt} = \frac{d[C]}{dt} = \frac{d[D]}{dt} = 0$$

Si analizamos el balance del reactivo A, la Ecuación l queda particularizada de forma que

$$0 = F \cdot ([A]_e - [A]) - V \cdot c_A$$

Donde:

$[A]_e$ es la concentración del compuesto A en el flujo de alimentación.

$[A]$ es la concentración del compuesto A dentro del reactor, que permanece constante en condiciones estacionarias, y coincide con la concentración de de esta sustancia en el flujo de salida.

F es el flujo de alimentación (l/s) que es exactamente igual al flujo de salida. De esta manera el volumen V (l) ocupado por los compuestos que hay en el interior del reactor permanece constante.

c_A es el consumo de sustancia por unidad de volumen y tiempo dentro del reactor (g/l s o moles/l s)

Si la cinética de la reacción es de primer orden, de la ecuación 3 se deduce que para conseguir el estado estacionario del reactor, el flujo de alimentación debe cumplir que:

$$F = V \cdot \frac{-c_a}{[A]_o - [A]} = V \cdot \frac{-k \cdot [A]}{[A]_o - [A]}$$

Si expresamos las concentraciones en moles/l, la productividad del reactor continuo para producir C se calcula por la ecuación A12.4, donde pm_c es el peso molecular de la sustancia C.

$$P_c = F \cdot [C] \cdot pm_c \qquad \text{(A12.4)}$$

$$P_c = F \cdot \frac{c}{a} \left([A]_o - [A] \right) \cdot pm_c \cdot V$$

Balance de energía

En una reacción, si los enlaces de los reactivos almacenan más energía que los enlaces de los productos, se libera calor, entonces la reacción es exotérmica; si los enlaces de los reactivos almacenan menos energía que en los productos, la reacción absorbe calor, siendo endotérmica.

Si la reacción es exotérmica, la temperatura del reactor tenderá a aumentar; si es endotérmica tenderá a disminuir. Si se desea que la reacción se produzca a temperatura constante, la generación de calor o la absorción de calor en el reactor deben ser contrarrestadas con un sistema de refrigeración o un sistema de calefacción respectivamente.

En la reacción estequimétrica el calor liberado o absorbido queda expresado por mol de sustancia consumida. Atendiendo a esto, en un reactor batch el calor liberado queda expresado por la ecuación A12.5. En este tipo de reactores la energía liberada por unidad de tiempo, es decir la potencia, no será constante. Varía con el tiempo. En un reactor continuo el calor liberado queda expresado por la ecuación 6, siendo la potencia constate.

$$a A + b B \rightarrow c C + d D \qquad q_A \left(\frac{J}{mol\,A} \right)$$

$$Q = q_A \cdot \left([A]_o - [A] \right) \cdot V \qquad \text{(A12.5)}$$

La potencia instantánea en un reactor batch será:

$$Q = -q_A \cdot c_A \cdot V = q_A \cdot k \cdot [A] \cdot V = q_A \cdot [A]_o \cdot e^{-kt} \cdot V$$

La potencia media:

$$\bar{\bar{Q}} = \frac{q_A \cdot \left([A]_o - [A]\right) \cdot V}{t}$$

La potencia instantánea en un reactor continuo es igual a la media porque es constante.

$$\dot{Q} = q_A \cdot k \cdot [A] \cdot V \tag{A12.6}$$

Anexo 12. Recuerda

- Como se ha podido comprobar, en un reactor tipo batch en el que uno de los reactivos hay en exceso y trabaja con una cinética de primer orden, fijando un límite a la concentración mínima que se desea del reactor se puede calcular el tiempo de retención.

- Del mismo modo, en un reactor continuo, fijando la concentración de un reactivo limitante a un determinado valor, siempre que la concentración alimentación sea mayor, la condición para que trabaje en estado estacionario es que el flujo esté fijado en un determinado valor.

- El calor liberado o absorbido en el reactor puede ser calculado, siendo este dato esencial para el dimensionado de los sistemas de refrigeración o de calefacción.

En la Figura A12.2 se muestran las ecuaciones a utilizar.

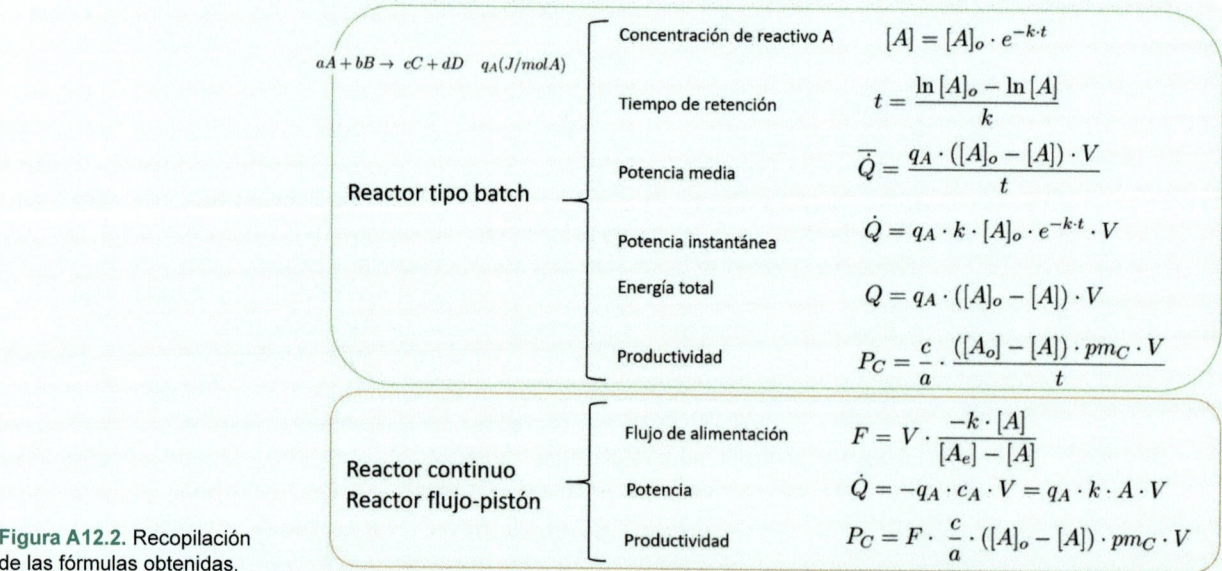

Figura A12.2. Recopilación de las fórmulas obtenidas.

Ejercicios propuestos

Ejercicio 2
Dada la reacción $C_2H_5I + NaOH \rightarrow C_2H_5OH + NaI$, se obtienen las constante cinéticas a 15 °C ($k_1 = 5,23 \cdot 10^{-2}$ s^{-1}) y a 6 °C ($k_2 = 0,67$ s^{-1}), determinar la energía de activación de la reacción y la constante cinética a 100 °C.

Ejercicio 3
Suponiendo que la reacción $C_2H_5I + NaOH \rightarrow C_2H_5OH + NaI$ sigue una cinética de primer orden, determinar el tiempo de retención de un reactor tipo batch de 3000 l que trabaja a 60 °C ($k2 = 0,67$ s^{-1}), para que la concentración inicial se reduzca al 50%.

Capítulo XIII
Tecnología del bioetanol

13.1. Introducción

Los primeros motores de explosión (ciclo Otto) en el siglo XIX fueron desarrollados para funcionar con alcoholes como combustible, dado que era un compuesto conocido y de fácil adquisición. Posteriormente la gran eficiencia de los carburantes derivados del petróleo desplazó a los alcoholes, principalmente por el gasóleo y la gasolina, hasta la actualidad. Sin embargo, la dependencia del petróleo ha llevado a diversos problemas: primero resulta un recurso limitado, y por tanto agotable, porque su formación ha durado millones de años; segundo, supone la pérdida de un sumidero de carbono, dado que éste quedó mineralizado y ahora la combustión lo libera a la atmósfera en forma de dióxido de carbono, que influye en el aumento del efecto invernadero con un incremento de la temperatura del planeta, lo que provoca un cambio climático. En el escenario de sustituir los carburantes procedentes del petróleo por otros con ciclo del carbono más corto, el etanol posee unas características físicas muy similares a la gasolina, de tal manera que podría sustituirla en los motores con pocas variaciones mecánicas. El etanol, junto otros alcoholes, puede ser obtenido a partir de la fermentación de azúcares provenientes de materia orgánica vegetal, por lo que su ciclo de carbono comprendido desde su liberación a la atmósfera en la combustión hasta su fijación completa de nuevo en la planta mediante fotosíntesis tiene un periodo muy corto, pocos meses en especies herbáceas o pocos años en especies leñosas, lo que le da el calificativo de *bioetanol*. Además, su producción impulsa la actividad agrícola e industrial y se aumenta el grado de autosuficiencia energética de un país.

La fabricación de etanol por fermentación requiere materias primas con gran cantidad de hidratos de carbono, ya sea en forma de monómeros o dímeros, como en cultivos de remolacha dulce o caña de azúcar; ya sea en forma de almidón, como en los cereales (maíz, trigo, cebada, centeno, sorgo); ya sea en forma de hemicelulosa y celulosa, como en los materiales lignocelulósicos; o una mezcla de los anteriores como puede ocurrir en los residuos de procesos industriales, agrícolas o forestales.

La materia prima utilizada para la producción de etanol supone en la actualidad un coste entre el 60% y 70% del total, por tanto, la búsqueda de alternativas de bajo coste resulta un aspecto muy importante para la viabilidad económica del proceso. Una primera opción es el cultivo de especies cuyo aprovechamiento (caña de azúcar, cereales, frutos o lignocelulosa) es destinado específicamente a su procesamiento para la obtención de etanol. A éstos se les denomina *cultivos energéticos*.

Los cultivos energéticos podrían ser una alternativa a las tierras sin cultivo, o a la agricultura tradicional alimentaria en aquellos lugares donde no es rentable. En ese caso, ante la diversidad de cultivos susceptibles de este aprovechamiento, es importante analizar cuáles son los más adecuados, de tal manera que minimicen los requerimientos de tierra, agua y fertilizantes, entre otros aspectos, de forma que garanticen la viabilidad económica.

Una segunda opción es el aprovechamiento de coproductos y subproductos de la industria alimentaria o forestal. Lo que le daría flexibilidad a estos sectores por la posibilidad de diversificar sus ingresos.

Por otra parte, aunque la obtención de bioetanol a partir de materiales lignocelulósicos presenta dificultades técnicas más elevadas respecto a otras posibles materias primas para poder romper la rígida celulosa, posteriormente fermentarla y destilarla, actualmente se están desarrollando procesos diseñados para degradar éstos y producir el etanol, consiguiendo costes de producción aceptables. Se está estudiando la posibilidad de cultivar árboles de crecimiento rápido con esta finalidad, como pueden ser el chopo o el sauce.

Además de las cosechas dedicadas a fines energéticos, otra fuente de materias primas puede ser el uso de residuos de procesos agrícolas, forestales o industriales, como pueden ser la paja de cereal, aserrín, césped, hojas de árboles, viruta de madera, residuos de las limpias forestales, residuos sólidos urbanos (RSU) o las cáscaras de cereal como de arroz. Los residuos tienen la ventaja de su bajo coste, ya que son la parte no necesaria de otros productos o procesos, salvo cuando son utilizados en la alimentación del ganado. Los RSU tienen un alto contenido en materia orgánica, como papel o madera, que los hace una potencial fuente de materia prima, aunque debido a su diversa procedencia pueden contener otros materiales cuyo preproceso de separación incremente mucho el precio de la obtención del bioalcohol.

Actualmente los mayores productores de etanol son Brasil, que produce principalmente a partir de caña de azúcar, y EE.UU., que lo produce a partir del almidón del maíz, pero también se utiliza remolacha, cereal o residuos forestales.

13.2. Características generales del bioetanol

El etanol está formado por una cadena alifática saturada de dos carbonos con un grupo hidroxilo (OH), es decir, tiene por fórmula química $CH_3\text{-}CH_2\text{-}OH$. A temperatura ambiente está en estado líquido; es incoloro e inflamable. Este alcohol es miscible (mezclable) con agua y con la mayor parte de los disolventes orgánicos. Sus características físicas más importantes son las siguientes:

- Punto Ebullición: 78 °C
- Punto de fusión.: -144 °C
- Densidad: 0,810 g/cm^3
- T° inflamable.: 13 °C
- Masa: 46,07 u
- Temperatura crítica: 240° C
- Acidez (pKa): 15,9

Si el etanol es elaborado a partir de fuentes biológicas, y por tanto renovables, se denomina *bioetanol*. Su producción se realiza mediante la fermentación de los azúcares contenidos en la materia orgánica, que es un proceso de degradación de los monómeros o dímeros de hidratos de carbono llevado a cabo por microorganismos, obteniendo un alcohol hidratado con un contenido aproximado del 5% de agua, que tras ser deshidratado (0,7% de agua) se puede utilizar como combustible.

El bioetanol, además de poder utilizarse como biocombustible, se usa ampliamente en la industria alimentaria de las bebidas alcohólicas, en el sector farmacéutico como *principio activo o excipiente* de algunos medicamentos (es el caso del alcohol antiséptico 70°), en la industria cosmética en la elaboración de ambientadores, perfumes y lacas. Industrialmente se usa también en la fabricación de celuloides y explosivos, como disolvente y anticongelante (en radiadores de automóviles). También se utiliza en la obtención de derivados químicos: la oxidación del etanol produce etanal que a su vez se oxida a ácido etanóico. Al deshidratarse, el etanol forma dietiléter. Otros productos derivados del etanol son el butadieno, utilizado en la fabricación de caucho sintético, y el cloroetano, un anestésico local.

Como *biocombustible* actualmente el uso más importante del bioetanol se realiza en la industria automovilística *mezclado con gasolina* en concentraciones del 5 ó el 10%, E5 y E10 respectivamente, que no requieren modificaciones en los motores actuales. Estas mezclas tienen como objetivo bajar la necesidad de los derivados de petróleo. Mezclas más elevadas de bioetanol y gasolina aumentan la volatilidad del carburante. Por ello, la legislación europea sobre la volatilidad de las gasolinas fija la proporción de mezclas a un máximo de un 5% (E5), aunque hay países como Suecia y EEUU que autorizan proporciones más elevadas. No obstante, ya existen motores capaces de funcionar exclusivamente con etanol, o mezclados en cualquier proporción. Otra alternativa para su uso es en forma de *aditivo de la gasolina* como etil-terbutil éter (ETBE).

Aunque el alcohol más usado en la actualidad como carburante para sustituir a la gasolina sea el bioetanol, existen otros con posibilidades técnicas de adaptarse a las necesidades de los motores, como son el biopropanol y el biobutanol, en los que se está invirtiendo significativamente tanto en investigación como en su desarrollo.

13.3. Procesos de obtención de bioetanol

En la Figura 13.1 se puede apreciar, de forma esquemática, el proceso de obtención del alcohol, a partir de las principales materias primas que se utilizan para su producción.

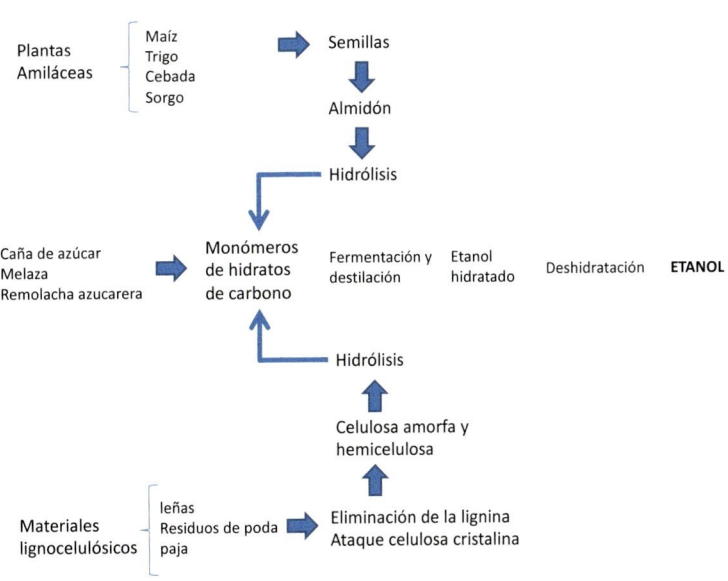

Figura 13.1. Proceso de producción de bioetanol.

El esquema general de fabricación del bioetanol (Figura 13.1), que será abordado en detalle más adelante, muestra las siguientes fases en el proceso:

1. Preparación de la materia prima. Consiste en la adecuación de la materia prima para poderla descomponer mediante hidrólisis en azúcares, que son el sustrato fermentable para obtener etanol. Esta adecuación consistirá en el caso de materias primas que poseen el azúcar en forma de monómero o dímeros (glucosa, fructosa o sacarosa) simplemente una trituración y dilución para ajustar la cantidad de azúcar en la mezcla que debe introducirse en el biorreactor hidrolítico. En caso de materiales que poseen los azúcares en forma de almidón se depurará éste separándolo de las proteínas, grasas y fibras, mediante licuefacción. En los materiales lignocelulósicos, tras la trituración, será necesaria la eliminación de la lignina, con pretratamientos basados en explosión con vapor, CO_2 o amoniaco, o el empleo de ozono.

2. Hidrólisis. Consiste en la rotura de polímeros en moléculas más simples, en este caso monosacáridos o disacáridos. Para producir la fermentación es necesario previamente descomponer el almidón/celulosa. Existen diversos procesos en función de la materia prima. Éstos procesos se basan en una hidrólisis ácida, química o microbiológica en biorreactores.

3. Fermentación. Es un proceso de degradación de origen microbiológico que en función del producto obtenido se denomina fermentación alcohólica, láctica o metánica. El producto obtenido depende del tipo de sustrato y microorganismo que intervienen. La fermentación alcohólica es un proceso anaeróbico realizado por las microorganismos como levaduras, bacterias zymomonas u hongos como los del género clostridium.

4. Destilación. La destilación es la operación de separar, mediante calor, los diferentes componentes líquidos de una mezcla (en este caso etanol y agua).

A continuación, se describen los pasos implicados en los procesos más relevantes de cada una de estas alternativas para la elaboración de alcohol.

13.4. Procesos de obtención de almidón a partir de cereales

Los cereales son la principal fuente para la producción de bioetanol, destacando el uso del maíz en EE. UU y la cebada y el trigo en las plantas instaladas en Europa. Las dos tecnologías principales que se usan para producir etanol a partir de los granos de cereales son:

- Molienda húmeda (*Wet milling*)
- Molienda seca (*Dry milling*)

Wet milling process

En la Figura 13.2 se puede ver la secuencia sintetizada del proceso. Comenzando con el grano seco recién cosechado, se hace pasar éste por diferentes cribas y corrientes de aire para limpiarlo de piedras, trozos de caña o paja y cualquier otra impureza. En la actualidad la inspección final se realiza de forma automática. En el proceso *Wet millng* (molienda húmeda) el grano es escaldado en agua caliente para ablandarlo antes de su molienda. Para el escaldado, el grano se remoja en grandes tanques en una solución que contiene pequeñas cantidades de dióxido de azufre y ácido láctico a una temperatura de unos 50°C. Esto ayuda a ablandar los granos, en un proceso que puede durar entre uno y dos días. Durante ese tiempo el grano se hincha, se ablanda y, debido a las condiciones ligeramente ácidas de la disolución, se separan el almidón y el germen. El germen contiene aceite y flota en la parte superior de la mezcla. La eliminación del germen se hace por decantación (Figura 13.3). El escaldado ayuda a descomponer las proteínas y liberar la fécula (almidón sin proteínas ni fibra). Tras el escaldado, el grano es molido dejando una pasta de almidón que se separa de la fibra y la proteína disuelta en agua por centrifugación.

Una vez obtenido el almidón se hidroliza en un biorreactor independiente mediante hongos con amilasas. El producto de la hidrólisis del almidón son monómeros de glucosa. Estos monómeros son conducidos a un segundo biorreactor para fermentación alcohólica.

La tecnología del proceso de molido en húmedo se aplica normalmente en plantas con grandes producciones de alcohol y es utilizada aproximadamente por dos tercios de los productores en EE.UU. Este sistema es elegido cuando se quieren obtener otros subproductos, tales como el sirope, fructosa, dextrosa, etc.

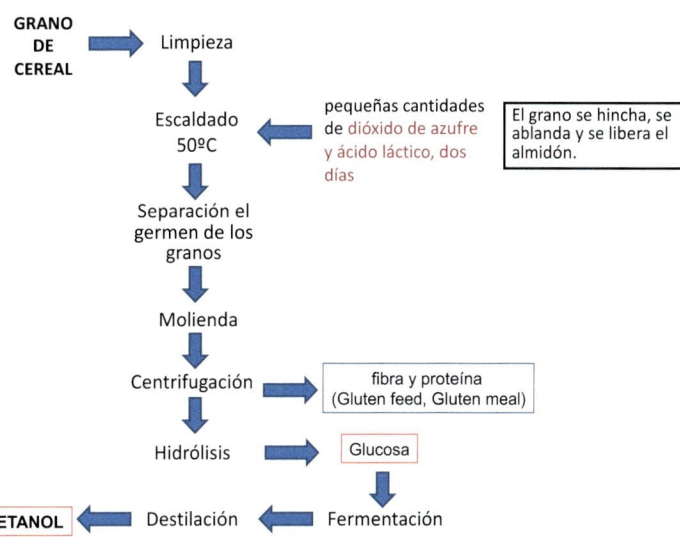

Figura 13.2. Proceso de Wet milling.

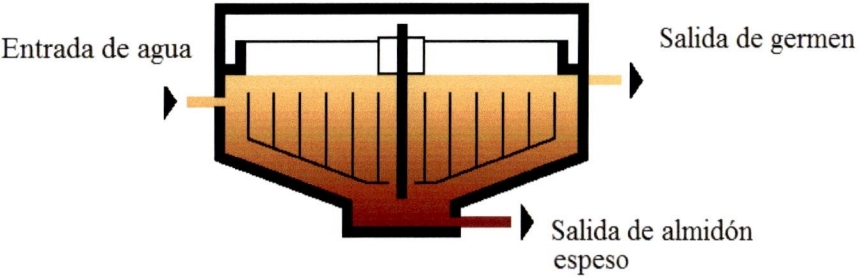

Figura 13.3. Eliminación del germen.

La molienda húmeda incluye varios coproductos con aprovechamiento alimenticio: la fracción proteica, gluten feed (CGF), el gluten meal (CGM), la harina de gérmen, y el extracto de maíz condensado y fermentado (CFCE). Por ejemplo, los coproductos obtenidos de la molienda húmeda del maíz constituyen aproximadamente el 30% del grano de maíz original (por lo general el 24% es convertido en CGF mientras que un 6% termina como CGM); cerca del 66% del grano de maíz es en realidad convertido a almidón; y un 4% termina como aceite de maíz (Johnson y May 2003). Estos co-productos, sin embargo, son bien diferentes de los obtenidos del procesamiento seco del grano.

Dry milling process

Debido a su menor inversión y requerimientos operativos, y a los avances en la tecnología de la fermentación, el proceso de molienda seca se ha convertido en un método bastante generalizado para la producción de etanol. De igual modo que en el proceso wet milling, el grano inicialmente es cernido y limpiado de impurezas sólidas. El proceso *Dry milling* comienza con la molienda del grano entero sin reblandecer en agua. El molino utilizado generalmente es de martillos. Con ello se obtiene una harina de tamaño de partícula de media a gruesa. La harina resultante se combina con agua para formar una pasta, la que es sometida a licuefacción con disolución de ácido sulfúrico al 3%, temperatura de 150-200 °C, presión entre 3-15 atm, durante un tiempo de 30 min. La elevada temperatura ayuda a matar microorganismos presentes no deseables.

Una vez enfriada, se pueden agregar los hongos con enzimas amilasas para la hidrólisis del almidón a glucosa, sin que sea eliminada ni separada la fracción proteica, la fibra o aceites vegetales. Posteriormente, el jarabe de glucosa resultante es tamizado para remover las impurezas, y sin ningún tipo de purificación se introduce la glucosa en el biorreactor fermentativo donde se convierte la glucosa a etanol y dióxido de carbono. De ahí, se realiza una destilación en la que se separan el etanol y el agua remanente con sólidos disueltos denominados "stillage".

El stillage por lo general se centrifuga para separar los sólidos más groseros del líquido, denominados torta húmeda o *granos húmedos de destilería* (WDG). Al líquido se le llama *soluble de destilería* o "stillage fino", que a menudo se le hace más concentrado pasándolo por un evaporador, denominándose *solubles condensados de destilería* (CDS), a los que también se les llama jarabe o sirope. Los WDG y los CDS se pueden combinar de diferentes formas para la producción de complementos alimenticios llamados *granos húmedos de destilería con solubles* (WDGS) que se pueden secar para formar los *Dried Distiller Grains of Solubles*, DDGS. En la Figura 13.4 se puede ver este proceso esquematizado.

Como regla general, un tercio del peso de maíz se convierte en etanol, otro tercio se libera en forma de CO_2 y otro tercio se convierte en stillage. Numerosas compañías están desarrollando modificaciones e innovaciones a este proceso de molienda seca, encaminados a la obtención de nuevos coproductos que pueden usarse en diferentes aplicaciones alimentarias.

Figura 13.4. Proceso de Dry milling.

En resumen, este proceso consiste en limpiar y moler los granos de cereal hasta reducirlos a finas partículas por un sistema mecánico. Se produce una harina con el germen, la fibra y la fécula. La harina de almidón es hidrolizada para producir una solución "azucarada" usando enzimas o una disolución ácida. Después el jarabe de glucosa pasa por un proceso de filtrado. La mezcla es enfriada y se le añaden los microorganismos para que comience a fermentar. Tras la fermentación se realiza una destilación para la separación del alcohol y el resto de componentes. De la masa resultante, se obtiene un subproducto denominado DDGS (Dried Distiller Grains of Solubles), que se distribuye en forma de pélets, y que se puede utilizar como alimentación para ganado. Esta tecnología se usa en plantas de pequeño y mediano tamaño.

Obtención de amilasas para degradación del almidón

El almidón es un polisacárido, formado por dos estructuras lineales enlazadas: la amilosa y la amilopectina. Ambos están formados por unidades de glucosa, en el caso de la amilosa unidas entre ellas por enlaces α 1-4 lo que da lugar a una cadena lineal. En el caso de la amilopectina, aparecen ramificaciones debidas a enlaces α 1-6

La amilosa posee como unidad repetitiva la α-maltosa, disacárido formado por dos glucosas unidas por un enlace glucosídico producido entre el oxígeno del primer carbono de una glucosa y el oxígeno perteneciente al cuarto carbono de la otra. Tiene la facilidad de adquirir una conformación tridimensional helicoidal, en la que cada vuelta de hélice consta de seis moléculas de glucosa. El interior de la hélice contiene sólo átomos de hidrógeno, y es por tanto lipofílico, mientras que los grupos hidróxilos están situados en el exterior de la hélice. La amilopectina es un polisacárido que se diferencia de la amilosa en que contiene ramificaciones a una cadena central (semejante a la amilosa) con enlaces α-D-(1,6), localizadas cada 25-30 unidades lineales de glucosa. La amilopectina constituye alrededor del 75% de los almidones más comunes. Algunos almidones están constituidos exclusivamente por amilopectina y son conocidos como céreos.

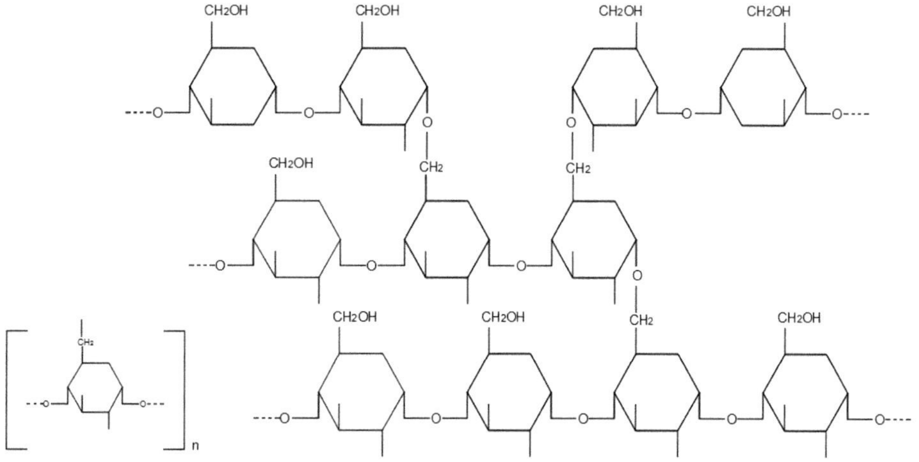

Figura 13.5. Estructura de la amilopectina.

Las amilasas son enzimas que hidrolizan las cadenas de almidón dando oligosacáridos de la misma estructura (dextrinas), disacáridos de glucosa (maltosa) y monosacáridos (glucosa). Esta familia de enzimas hidrolíticas la componen la α-amilasa, la β-amilasa; la glucoamilasa e isoamilasa (pululanasa). Éstas se encuentran ampliamente distribuidas en tejidos vegetales, donde juegan un rol muy importante principalmente en la germinación de las semillas; en el sistema digestivo de diversos animales; y en diversas especies de microorganismos como hongos y bacterias.

La α-amilasa se caracteriza por atacar los enlaces 1,4-α-glucosídicos en el centro de la cadena de los polisacáridos, por lo que se la conoce como endoamilasa, produciendo glucosa, maltosa y dextrinas. Sin embargo, esta enzima sólo es capaz de degradar parcialmente la amilopectina y el glucógeno debido a que no es capaz de desdoblar los enlaces glucosídicos 1-6 encontrados en los puntos de ramificación de la cadena del polisacárido.

La β-amilasa, presente en plantas y bacterias, también cumple la función de degradar los enlaces 1,4-α-glucosídicos pero comienza su acción por el extremo libre no reductor del almidón, liberando maltosa al igual que la enzima α-amilasa. La hidrólisis se detiene en los puntos de ramificación de la amilopectina y el residuo se conoce como dextrina límite.

La glucoamilasa y la isoamilasa (pululanasa) hidrolizan los enlaces 1,6-α-glucosídicos quitando las ramas de la amilopectina o las dextrinas.

Las amilasas pueden obtenerse de origen microbiano o de origen vegetal.

Obtención de origen microbiano

Una fuente de amilasa muy utilizada proviene de hongos del genero *Aspergillus sp.* o *Rhizopus Niveus*. El microorganismo, completamente aislado, se hace crecer en medio de cultivo YPD (extracto de levadura, peptona, glucosa y agar) a 28 °C durante al menos 18 días a pH 5 (mediante solución tamponada con NaCL 0,15 M, CH_3COOH 0,1M). La verificación de su capacidad hidrolítica se puede hacer con lugol. Luego las esporas se hacen crecer en un salvado de trigo a 28 °C. La extracción del complejo enzimático se realiza con solución 1% de NaCl, en una relación 50 ml/100 g de salvado, mediante agitación centrifuga durante 30 min y posterior filtración.

El lugol es una disolución de yodo molecular I2 y yoduro potásico KI en agua destilada que se utiliza como identificador de distintos polisacáridos entre ellos el almidón. El lugol se intercala dentro de la molécula produciendo distintos colores según las ramificaciones que presente. Para el caso del almidón se produce una coloración violeta en la mezcla. El lugol no reacciona con azúcares simples como la glucosa o la fructosa, por ello si una fracción de la población fúngica se hace crecer en un extracto pequeño de almidón, tras un tiempo determinado se puede comprobar si el almidón se ha hidrolizado añadiendo lugol. El color violeta denota que no se produjo la hidrólisis, el color trasparente que sí se produjo.

El grado de degradación del almidón se puede determinar mediante el método del ácido 3,5-dinitrosalicilico (DNS), el cual se basa en la reducción del DNS (de color amarillo) al ácido 3- amino-5-dinitrosalicilico (de color rojo) por la glucosa como reductor previo calentamiento durante 10 minutos a 100 °C. La presencia de glucosa en el extracto se detecta por la lectura de la absorbancia en un espectrofotómetro a 575 nm a través de una calibración previa con soluciones de glucosa patrón a diferentes concentraciones (por ejemplo en un rango de 0 hasta 40mM) y así determinar con esta curva los miliequivalentes de glucosa formados.

Germinación de semillas

En los procesos de fermentación alcohólica industrial, las enzimas son α y β amilasas y la glucoamilasa pueden agregarse en forma de malta (cebada germinada). Recientemente se han añadido enzimas bacterianas para suplementar las enzimas endógenas asociadas con el almidón de las semillas.

Cuando la mezcla se enfría se añade α-amilasa y la glucoamilasa bacteriana para continuar la hidrólisis. Después se inoculan en la mezcla levaduras, de forma que continúe la sacarificación simultáneamente a la fermentación hasta el agotamiento de la dextrosa y se destila el alcohol.

13.5. Procesos de obtención de etanol a partir de biomasa lignocelulósica

La biomasa lignocelulósica presenta una estructura compleja, compuesta de varias fracciones que deben ser procesadas por separado para asegurar una conversión eficiente de estos materiales a etanol. Los principales componentes de los materiales lignocelulósicos son la celulosa, la hemicelulosa y la lignina. La celulosa y la hemicelulosa son polisacáridos potencialmente convertibles a etanol mediante hidrólisis y posterior fermentación, pero la lignina ofrece un obstáculo ralentizador y por ello es necesario separar antes de llevar a cabo este proceso.

La fracción mayoritaria de la biomasa lignocelulósica es la celulosa, compuesta por largas cadenas de glucosa unidas por enlaces β (1-4) que, a su vez, se agrupan en estructuras superiores de gran cristalinidad. Junto con la presencia de lignina esta estructura cristalina también dificulta la hidrólisis de la celulosa para la obtención de azúcares fermentables. La celulosa tiene una estructura lineal o fibrosa, en la que se establecen múltiples puentes de hidrógeno entre los grupos hidroxilo de distintas cadenas yuxtapuestas de glucosa, haciéndolas impenetrables al agua, lo que hace que sea insoluble, originando fibras compactas que constituyen la pared celular de las células vegetales. La hidrólisis de la celulosa puede realizarse mediante procesos ácidos o enzimáticos. No obstante, como se ha dicho, estos métodos para la hidrólisis de la celulosa no son eficaces por su excesiva lentitud en presencia de lignina. Ello obliga a pretratamientos previos para su separación, antes de proceder a la hidrólisis.

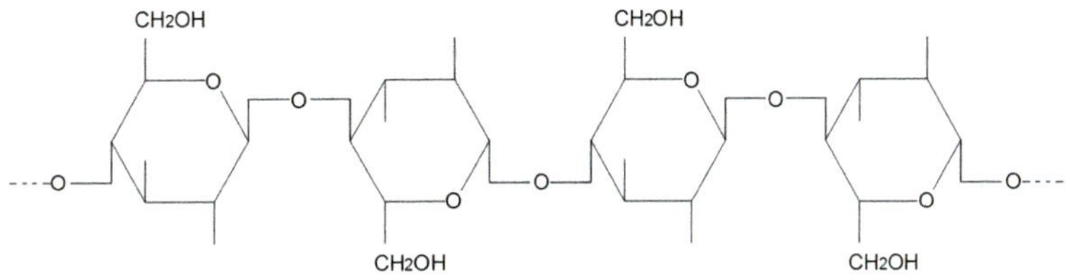

Figura 13.6. Estructura de la Estructura de la celulosa.

Las hemicelulosas son heteropolisacáridos (polisacárido compuesto por más de un tipo de monómero), formados por enlaces β (1-4) fundamentalmente de glucosa, galactosa, fructosa, xilosa, arabinosa, manosa, y ácido glucurónico, patosa, orozcayosa, que forman una cadena lineal ramificada. Entre estos monosacáridos destacan más: la glucosa, la galactosa o la fructosa. La hemicelulosa forma junto la celulosa las paredes celulares de las diferentes células que constituyen los tejidos de los vegetales, también recubriendo la superficie de las fibras de celulosa y permitiendo el enlace de pectina.

La lignina es el constituyente intercelular incrustante o cementante de las células fibrosas de los vegetales. Se concentra en la lámela media y funciona prácticamente como relleno para impartir rigidez al tallo de la planta. Es el segundo elemento en importancia de la composición. La lignina representa el 30 % de los componentes del vegetal. La molécula de lignina presenta un elevado peso molecular, que resulta de la unión de varios ácidos y alcoholes fenilpropílicos.

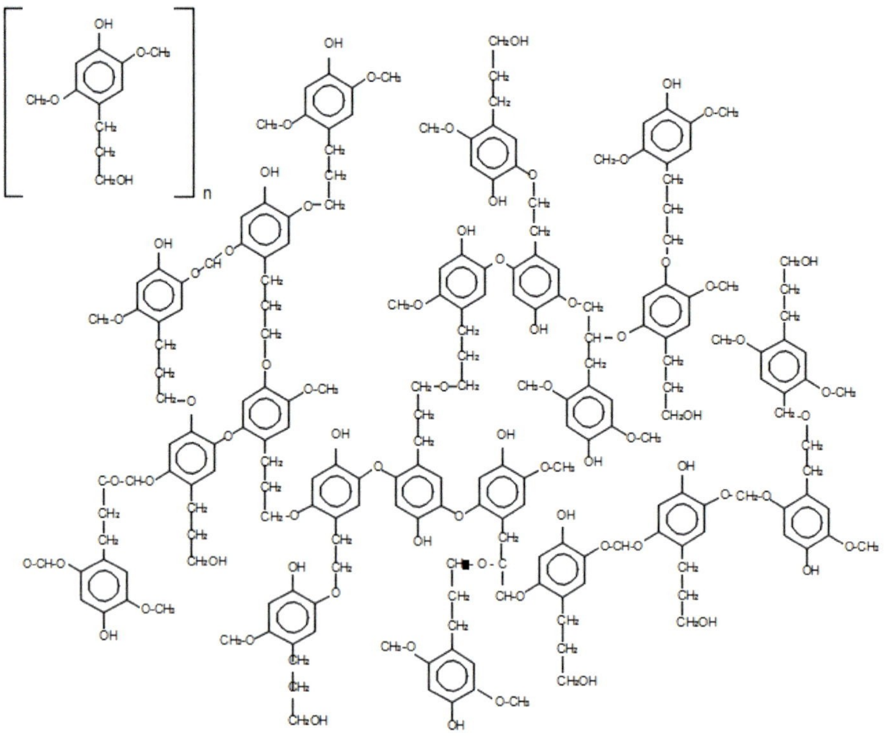

Figura 13.7. Estructura de la lignina, ramificaciones de ácidos y alcoholes fenilpropílicos.

Pretratamiento de la biomasa lignocelulósica

Si se añaden celulasas al material lignocelulósico, la hidrólisis de la celulosa y hemicelulosa es demasiado lenta debido, por un lado, a su asociación con la lignina, por otro, a la escasa porosidad debida a la critalinidad y el grado de polimerización, que dificultan la accesibilidad y penetración de las celulasas que encuentran una barrera física, reduciendo la eficiencia de la hidrólisis. Estos factores hacen necesario la aplicación de un pretratamiento, antes de proceder a la hidrólisis de la celulosa, que altere la estructura del material lignocelulósico facilitando la acción de los enzimas.

Los objetivos fundamentales del pretratamiento van encaminados a:
- Reducir la cristalinidad de la celulosa,
- Disociar el complejo celulosa-lignina,
- Aumentar el área superficial del material
- Disminuir la presencia de aquellas sustancias que dificulten la hidrólisis.

Además, un pretratamiento eficaz debe reunir otras características como: bajo consumo energético, bajos costes de inversión, utilización de reactivos baratos y fácilmente recuperables, y debe ser aplicable a diversos substratos. Por su naturaleza, los pretratamientos se pueden dividir en cuatro grupos:
- Físicos
- Físico-químicos
- Químicos
- Biológicos

Pretratamientos físicos

Molienda mecánica

Consiste en la reducción de tamaño de partícula del material. El distinto grado de fragmentación permite diferenciar tres tipos de procesos: *astillado*, en el que el material lignocelulósico, generalmente leñoso, se deja con dimensiones de pocos centímetros; *trituración*, en el que el material es fragmentado en partículas de menos de cuatro centímetros hasta 3 mm; *molienda,* fragmentación del material en partículas de menos de 3 mm.

La reducción de tamaño de partícula requiere en ocasiones la combinación de astillado y molienda, o trituración y molienda, dependiendo de las dimensiones iniciales de los materiales a tratar. La molienda final reduce la cristalinidad de la celulosa, aumenta la superficie específica y la densidad aparente, facilitando la hidrólisis posterior. Existen diferentes tipos de molinos: molino de bolas, molino de martillos, molino de cuchillas, molino de rodillos. Este tipo de pretratamiento tiene el inconveniente de su alto consumo energético que depende, tanto del tamaño final de partícula al que se muela el material, como del tipo de material a pretratar.

Pretratamientos físico-químicos

Explosión por vapor

La explosión con vapor requiere un tamaño de partícula menor a 3 cm. Después de una trituración previa, el material lignocelulósico es sometido a una inyección de vapor saturado a presión con elevadas temperaturas (entre 150-250 °C), durante un intervalo de tiempo entre 1 y 10 minutos. Tras este tiempo se realiza una despresurización rápida. El efecto de este pretratamiento sobre la biomasa es una combinación de alteraciones físicas y químicas. Por un lado, desagregación y ruptura de las fibras; por otro, despolimerización y rotura de enlaces. El efecto mecánico está causado por la rápida despresurización y la elevada temperatura que provoca una evaporación y expansión del agua interna, generándose fuerzas que producen la separación de las fibras, principalmente de las regiones más débiles (celulosa amorfa). El efecto químico se debe a un proceso llamado *autohidrólisis de la hemicelulosa* (debido a que no es producida por celulasas añadidas). En la autohidrólisis, catalizada a elevada temperatura, se produce la descomposición de los grupos acetilos de la hemicelulosa en ácido acético. Durante el tratamiento se destruyen parcialmente los enlaces lignina-celulosa, lignina-hemicelulosa. Como resultado, se obtiene un producto fibroso cuya celulosa es más accesible a la hidrólisis enzimática. La hemicelulosa se despolimeriza en mayor o menor medida dependiendo de las condiciones del tratamiento, siendo fácilmente recuperada por lavado. La lignina, prácticamente sin alterar puede ser extraída y utilizada con diferentes fines.

Las variables más importantes en el pretratamiento de explosión por vapor son la temperatura, presión, el tiempo de residencia y el tamaño de partícula. El pretratamiento de la explosión con vapor es menos efectivo con las maderas blandas (de coníferas) que en maderas duras (de crecimiento lento), debido a que poseer una estructura mucho más rígida y un mayor contenido en lignina. Además, el contenido de grupos acetilados es mucho menor en las maderas blandas que en las duras, lo que hace que el proceso de autohidrólisis no ocurra en la misma medida. En el caso de las maderas blandas es recomendable añadir un catalizador ácido. Éste puede ser ácido sulfúrico ó SO_2. El SO_2 tiene la ventaja de no ser tan corrosivo como el sulfúrico, y es fácil y rápido de introducir en el material. Su principal desventaja es su alta toxicidad. Una diferencia muy importante que se produce al utilizar en el pretratamiento uno u otro catalizador es la aparición de inhibidores para la posterior hidrólisis y fermentación. El ácido sulfúrico produce muchos más tóxicos para los microorganismos fermentativos que el SO_2. Los inhibidores más importantes son los productos de degradación derivados del furfural (HMF), los ácidos alifáticos y compuestos fenólicos.

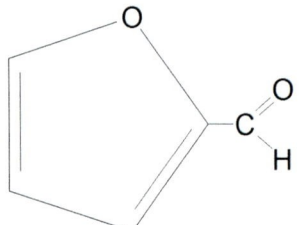

Figura 13.8. Estructura del Furfural.

Los inconvenientes más importantes del pretratamiento por explosión de vapor, es la incompleta rotura de la matriz lignina-carbohidratos y la generación de compuestos que pueden resultar tóxicos inhibidores para los microorganismos empleados en el proceso de fermentación tras la hidrólisis enzimática. Para su eliminación tras el tratamiento el material debe ser lavado con agua.

Para maximizar la recuperación de azúcares celulósicos y hemicelulósicos en el pretratamiento de explosión por vapor éste puede ser realizado en dos etapas: primero empleando sulfúrico en condiciones suaves; después, realizar una inyección de SO_2 bajo unas condiciones más severas. De esta forma es posible conseguir un incremento de un 10% en el rendimiento global de azúcares después de la hidrólisis enzimática comparándolo con los procesos en una etapa. La explosión por vapor en dos etapas tiene una serie de ventajas como son, mayor rendimiento en etanol, mejor aprovechamiento de la materia prima y menor consumo de enzimas en la fase de hidrólisis. Sin embargo, es necesaria una evaluación económica para determinar si estas ventajas lo justifican.

Explosión con NH_3

Es un proceso similar a la explosión por vapor en el que el material es impregnado con amoniaco líquido (1-2 kg amoniaco/kg biomasa seca) a una temperatura en torno a los 90 °C, y un tiempo aproximado de 30 minutos. Transcurrido este tiempo el material es sometido a una rápida descompresión.

La diferencia con la explosión por vapor y otros tipos de pretratamiento ácidos, es que en este proceso no se solubiliza la hemicelulosa. Utilizando materiales con bajo contenido en lignina (hasta un 15%), se han obtenido rendimientos de hidrólisis de la celulosa y hemicelulosa del 90%, después del pretratamiento. Sin embargo, este proceso no es tan efectivo con biomasas con un mayor contenido en lignina. En estos casos los rendimientos de hidrólisis posteriores han sido inferiores al 50%.

Como ventajas del proceso pueden citarse que no se producen inhibidores que puedan afectar a las posteriores etapas del proceso de producción de etanol y no requiere pequeños tamaños de partícula para aumentar su eficiencia. Con objeto de reducir costes y como medida protectora del medioambiente, el amoniaco debe ser reciclado después del pretratamiento.

Explosión con CO_2

Es un proceso similar a la explosión por vapor o con amoniaco. La explosión con dióxido de carbono se basa en el hecho que el CO_2 forma ácido carbónico, lo que aumenta la tasa de hidrólisis. Aunque los rendimientos obtenidos son relativamente bajos comparados con la explosión por vapor y con amoniaco, los estudios realizados con bagazo de caña y papel reciclado demostraron que este proceso es más barato y no origina los compuestos inhibitorios.

Pretratamientos químicos

Los pretratamientos químicos de los materiales lignocelulósicos son los más usados. Su objetivo es solubilizar la fracción de lignina y modificar la estructura de la celulosa facilitando la acción de las enzimas. Entre los pretratamientos químicos se encuentran los tratamientos con agua caliente líquida, oxidación húmeda, aplicación de ozono, aplicación de bases, aplicación de ácidos, utilización de solventes orgánicos y agentes oxidantes.

Tratamiento con agua caliente líquida

Consiste en someter a la biomasa a la acción de agua caliente en torno a una temperatura de 220 °C a una presión de 25 bares durante un tiempo determinado. La elevada presión hace que el agua se mantenga en estado líquido. Con este tratamiento se obtiene un hidrolizado que no muestra inhibición en el posterior proceso de fermentación.

Oxidación húmeda

El material lignocelulósico, se somete a la acción de agua con inyección de oxígeno o aire a elevadas temperaturas. Este tratamiento tampoco genera excesivos inhibidores.

Tratamientos con ozono

El material triturado se coloca en un tanque donde es inyectado ozono que degrada la lignina. Este tratamiento no origina productos tóxicos que afecten a los procesos posteriores y la reacción se produce a una temperatura ambiente y presión atmosférica. Sin embargo, la gran cantidad de ozono empleado hace de este proceso un método caro.

Hidrólisis con álcalis

El tratamiento con bases fuertes diluidas, como NaOH, produce una la saponificación de los enlaces ésteres intramoleculares que hace que las fibras de celulosa, hemicelulosa y lignina se separen, junto un descenso de la cristalinidad, mejorando su vulnerabilidad a las enzimas hidrolíticas. La estructura de la lignina queda ligeramente modificada. La efectividad de este pretratamiento depende del contenido de lignina del material a tratar. Presenta buenos resultados en materiales con un contenido de lignina hasta de un 20%.

Tratamiento con solventes orgánicos

Otra forma de tratamiento para romper los enlaces internos entre la lignina y la hemicelulosa es emplear una mezcla de solventes orgánicos junto con un catalizador ácido generalmente ácido clorhídrico o sulfúrico. Entre los solventes orgánicos empleados en el proceso se encuentran: metanol, etanol, acetona y etilenglicol. También pueden emplearse ácidos orgánicos como el ácido oxálico, acetilsalicílico y salicílico. Con objeto de reducir costes y de evitar problemas en la posterior etapa de fermentación se deben reciclar los solventes.

Pretratamientos biológicos

Este tratamiento se basa en someter al material lignocelulósico a la acción de determinados microorganismos, como los hongos de la podredumbre blanca, marrón o blanda para degradar la lignina y separarla de la hemicelulosa. Destaca el hongo *Phanerochaete chysosporium*, que produce las enzimas ligninaperoxidasa y peroxidasa que degradan la lignina. Las ventajas del pretratamiento biológico son: el bajo requerimiento energético y las suaves condiciones ambientales en la que se produce el proceso dentro de un bioreactor. Como inconveniente debe citarse que la hidrólisis posterior es más lenta que con otros pretratamientos.

Hidrólisis de la celulosa

La hidrólisis de la celulosa puede realizarse por dos vías: hidrólisis ácida o hidrólisis enzimática.

Hidrólisis ácida

La hidrólisis ácida consiste en un proceso químico que, mediante el empleo de catalizadores ácidos, se rompen las cadenas de polisacáridos de la biomasa (hemicelulosa y celulosa) en sus monómeros elementales. Este tipo de hidrólisis puede realizarse empleando diferentes clases de ácidos como el ácido sulfuroso, clorhídrico, sulfúrico, fosfórico, nítrico y fórmico. Los procesos industriales de hidrólisis ácida pueden agruparse en dos tipos: los que emplean ácidos concentrados y los que utilizan ácidos diluidos.

Los procesos en los que se emplean ácidos concentrados son a baja temperatura, pudiendo obtenerse altos rendimientos de hidrólisis (superiores al 90% de la glucosa potencial). Se tritura la madera y se mezcla con H_2SO_4 al 10-30%, en una relación 1:1,6 sólido-líquido.

Los procesos que emplean ácidos diluidos, como H_2SO_4, HCl, o HNO_3 al 1-5%, requieren altas temperaturas (150-250 °C) para alcanzar rendimientos aceptables de conversión de celulosa a glucosa, alrededor del 60%, y el 90% de la hemicelulosa.

A pesar del alto rendimiento de la hidrólisis con ácidos, la gran cantidad de ácido necesario, sus efectos corrosivos, junto la dificultad de su recuperación, hace que este sistema requiera altas inversiones en equipamiento. Además, tiene el problema asociado de que es necesaria una costosa etapa de neutralización antes de la fermentación. Sin embargo, los procesos que utilizan ácidos han tenido bastante difusión en la industria del etanol.

El aumento de la temperatura aumenta la tasa de hidrolización de la celulosa, sin embargo provoca una mayor corrosión de los equipos empleados junto una degradación de los monómeros procedentes de la hemicelulosa que pueden producir sustancias que afectan a la posterior etapa de fermentación. Con objeto de disminuir esta degradación de los azúcares monosacáridos originados en la hidrólisis, se puede utilizar un proceso en dos etapas. En la primera etapa se produce la hidrólisis de la hemicelulosa bajo temperaturas moderadas (120 °C), que por su estructura resulta más fácilmente hidrolizable. En una segunda etapa se realiza la hidrólisis de la celulosa bajo unas condiciones más severas (200-230 °C), evitándose la degradación de los azúcares hemicelulósicos producidos en la primera etapa.

Hidrólisis enzimática

La hidrólisis enzimática es un proceso catalizado por un grupo de enzimas denominadas genéricamente celulasas, cuya acción conjunta produce la desacomposición de la celulosa en monosacáridos. Estas enzimas se encuentran en las plantas superiores, en los sistemas digestivos de los herbívoros tanto de vertebrados como invertebrados, y un gran número de microorganismos (hongos y bacterias). Las celulasas más utilizadas a nivel industrial son las de origen microbiano, dado que pueden ser fácilmente producidas en grandes cantidades en biorreactores con diversos medios de cultivo. Los más comunes son de hongos de los géneros *Trichoderma, Phanerochaete* y *Fusaruim*. Las condiciones óptimas de operación se sitúa en un pH 4-5 y temperatura entre 50 y 65 °C. También resultan interesante las celulasas provenientes de bacterias termófilas y mesófilas como cultivos de *Clostridium thermocellum* que se utilizan en cultivos mixtos con levaduras con pH optimo 5 y 6, y temperatura alrededor de los 65 °C

El complejo enzimático tiene tres tipos diferentes de actividad que definen la clasificación de cada componente:

Endo-β-glucanasas

β-(1,4)-glucanglucanohidrolasa (EC 3.2.1.4.)

La endoglucanasa actúa sobre la celulosa amorfa, al azar en el interior del polímero, hidrolizando enlaces β-(1,4) y generando nuevos finales de cadena no reductores. Sin embargo, no actúa ni sobre celulosa cristalina ni sobre celobiosa. La celobiosa está compuesta dos glucosas unidas por los grupos hidróxilo del carbono 1 en posición beta de una glucosa y del carbono 4 de la otra glucosa. La endoglucanasa supone, aproximadamente un 20% del total de proteínas del complejo.

Exo-β-glucanasas
a) β-(1,4)-glucancelobiohidrolasas (EC 3.2.1.91.)
    Celobiohidrolasa (CBH)
b) β-(1,4)-glucanglucanohidrolasas (EC 3.2.1.74.)
    Glucohidrolasa (GGH)

La celobiohidrolasa actúa sobre los extremos no reductores de la cadena generados por la endoglucanasa, liberando moléculas de celobiosa. Este enzima tiene actividad sobre celulosa cristalina y amorfa, y sobre celodextrinas, pero no actúa sobre derivados sustituidos ni sobre celobiosa. Este enzima constituye del 50-80% del complejo celulolítico.

La glucohidrolasa se encuentra en pequeña proporción y actúa sobre los extremos no reductores liberando unidades de glucosa. Tiene actividad sobre celulosa amorfa y oligosacáridos.

β-glucosidasa (EC 3.2.1.21.).
La β-glucosidasa hidroliza celobiosa y oligosacáridos de pequeño tamaño, y es absolutamente necesaria para evitar la fuerte inhibición que sobre las endo y exoglucanasas produciría la celobiosa si se acumulara en el medio de reacción.

Los procesos de conversión de celulosa en etanol con hidrólisis enzimática puede realizarse en dos etapas ó en una etapa.

a) Procesos en dos etapas

En los procesos en dos etapas la hidrólisis enzimática y fermentación se realizan en biorreactores separados. En el primero se inoculan los microorganismos celulolíticos en donde la celulosa ya pretratada se descompone hasta glucosa. La glucosa obtenida en este reactor pasa a otro, donde se realiza la fermentación alcohólica mediante la acción de los microorganismos fermentativos. La ventaja de este proceso es que, al estar separadas la etapa de hidrólisis y de fermentación, ambas pueden realizarse en sus condiciones óptimas. La etapa de hidrólisis se realiza a la temperatura óptima del enzima (en torno a los 50 °C), mientras que la de fermentación se realiza a la temperatura óptima del microorganismo productor de etanol en torno a los 35 °C. El proceso en dos etapas puede realizarse en biorreactores batch o en biorreactores continuos. La principal desventaja de los biorreactores batch es que la glucosa y celobiosa liberadas durante la etapa de hidrólisis enzimática inhiben las enzimas implicadas en el proceso, obteniéndose menores rendimientos.

b) Procesos en una etapa

En los procesos en una etapa la hidrólisis y fermentación se realizan en el mismo biorreactor. La principal ventaja de estos procesos es que se reduce la inhibición por producto final que se produce en la operación en dos etapas, ya que la presencia de microorganismos fermentadores junto con los enzimas celulolíticos reducen la acumulación de azúcar en el fermentador. Por ello se consiguen mayores tasas de hidrólisis que en el proceso de hidrólisis y fermentación por separado, necesitándose una menor cantidad de enzimas y un aumento de los rendimientos de etanol. Otra ventaja es que se reducen los costes de inversión. La principal desventaja de este proceso es que las diferentes condiciones óptimas de pH y temperatura de la etapa de hidrólisis y fermentación obligan a realizar el proceso en unas condiciones que sean compatibles con ambas etapas. Puesto que la temperatura óptima de hidrólisis está próxima a los 50 °C y que las levaduras productoras de etanol convencionales trabajan en torno a los 35 °C, es aconsejable la utilización de microorganismos termotolerantes.

Los procesos en una etapa se pueden dividir en dos grupos: procesos en los que el mismo microorganismo hidroliza y fermenta los azúcares a etanol, gene-

539

ralmente bacterias del género *Clostridium*, proceso conocido como *conversión directa por el microorganismo* (CDM); y procesos en los que se emplean, por un lado, celulasas provenientes de un microorganismo celulolítico, normalmente una bacteria (*Clostridium thermocellum)* o *un hongo (Trichoderma reesei*), y por otro, un microorganismo productor de etanol, generalmente una levadura, como *Kluyveromyces marxianus*. Este tipo de procesos se denomina *sacarificación y fermentación simultánea* (SFS).

Tabla 13.1. Opciones tecnológicas para obtención de etanol a partir de materiales lignocelulósicos.

		Petratamiento		**Hidrólisis**	**Fermentación**
Procesos físico-químicos	Trituración	Molienda		- Concentrados	
		Explosión	- Vapor	- Ac. Diluidos	
			- Vapor y amoniaco	· En una etapa	—
				· En dos etapas	
			- CO$_2$		
			- Agua caliente (220 °C)	- Ac. Concentrados	
	Trituración		- Tratamientos con órganos solventes	- Ac. Diluidos	
		Agentes químicos		· En una etapa	
			- Ozono	· En dos etapas	—
			- Tratamientos con alaclis (NaOH)		
Procesos microbiológicos en biorreactores	Trituración	*Panerochaete cyposporum*		Conversión directa: Hidrólisis-Fermentación mismo microorganismo (*Clostridium*) y mismo reactor	
				Hidrólisis y Fermentación simultánea: Un sólo reactor	
				Hongo *Trichoderma reesei* + Levaduras *Sacaromyces cerebisae*	
				Vía en dos etapas: Dos reactores	
				Hongo *Trichoderma reesei*	Levaduras *Sacaromyces cerebisae*

*Los procesos físico-químicos de pretratamiento pueden ir seguidos de hidrólisis microbiológica sin problemas siempre que se eliminen los inhibidores generados.

13.6. Fermentación del azúcar

La fermentación alcohólica es un proceso anaeróbio en el que la glucosa, liberada a partir de la celulosa o almidón, así como la de los azúcares procedentes de la hemicelulosa obtenidos en los tratamientos anteriores, se transforman en etanol. En este proceso no interviene la cadena respiratoria que se produce normalmente en la mitocondria. Es propio de los microorganismos, como las levaduras y algunas bacterias con las enzimas **invertasa** y **zimasa**. Sin estas enzimas en condiciones anaerobias se produciría la fermentación láctica. La invertasa actúa como catalizador ayudando a convertir la sacarosa en glucosa y fructosa ($C_6H_{12}O_6$).

$$C_{12}H_{22}O_{11} + H_2O \rightarrow C_6H_{12}O_6 + C_6H_{12}O_6$$

Sacarosa   Agua   Fructosa   Glucosa

La **zimasa** es un conjunto de enzimas que convierten la fructosa y la glucosa en etanol y dióxido de carbono.

$$C_6H_{12}O_6 \rightarrow 2C_2H_5OH + 2CO_2$$

Fructosa/glucosa   Etanol   Dióxido de carbono

Las levaduras más utilizadas son la *Saccharomyces cerevisiae, Pichia stipitis, Pachysolen tannophilus y Candida shehate.* Las bacterias utilizadas en la fermentación alcohólica son las *Zymomonas mobilis, Clostridium acetobutylicum, Klebsiella oxytoca,* y *Escherichia coli.*

El proceso de fermentación es una alteración del proceso de la glucolisis en el que la glucosa se oxidaría con NAD^+ para formar 2ATP y ácido pirúvico que entra en el ciclo de Krebs. En el proceso normal el NAD^+ reducido a NADH, es recuperado reaccionando con oxígeno.

En condiciones anaerobias no existe oxígeno para pasar el NADH a NAD^+, el piruvato evoluciona a cetaldehído catalizado por la enzima piruvato descarboxilasa, y el acetaldehído oxida el NADH formándose etanol catalizado por la enzima alcoholdeshidrogenasa.

Proceso normal de la glucólisis

$$\text{Glucosa} + 2NAD^+ + ADP + 2P \rightarrow 2NADH + 2 \cdot \text{Piruvato} + 2ATP + 4H^+$$

$$NADH + O_2 \rightarrow NAD^+ + H_2O$$

Proceso de la fermentación alcohólica

$$\text{Glucosa} + 2NAD^+ + ADP + 2P \rightarrow 2NADH + 2 \cdot \text{Piruvato} + 2ATP + 4H^+$$

$$\text{Ácido pirúvico} \rightarrow \text{Acetaldehído}$$

$$\text{Acetaldehído} + NADH \rightarrow \text{Etanol} + NAD^+ + H_2O$$

Desde el punto de vista energético, las fermentaciones son muy poco rentables si se comparan con la respiración aerobia, ya que a partir de una molécula de glucosa sólo se obtienen 2 moléculas de ATP, mientras que en la respiración se producen 36 a través del ciclo de Krebs.

La producción de etanol es un proceso exotérmico. Esto provoca un aumento de la temperatura del biorreactor durante el proceso, lo que hace necesario un sistema de refrigeración si se desea una temperatura de proceso constante. El empleo de levaduras termotolerantes, permite evitar problemas de producción en situaciones de sobrecalentamiento que a menudo se producen en zonas donde la temperatura ambiente es alta, o el enfriamiento de los fermentadores es deficiente.

Las altas temperaturas en el proceso, por encima de los 40 °C, reducen los riesgos de contaminación y un menor consumo energético en la destilación del producto. Además de las ventajas mencionadas, la utilización de levaduras termotolerantes son aconsejables en un proceso de *sacarificación y fermentación simultánea* (SFS) para la producción de etanol ya permite trabajar cerca de la temperatura óptima de la enzima hidrólítica.

13.7. Destilación del etanol

El alcohol producido en la fermentación está disuelto en agua junto un gran número de otras sustancias residuales del proceso. Su utilización tanto a nivel industrial como biocombustible requiera una depuración. Para ello se utiliza un proceso de destilación. La destilación es la operación de separar mediante calor, los diferentes componentes líquidos de una mezcla, aprovechando las diferentes temperaturas de ebullición de cada uno de ellos. Dado que el etanol tiene un punto de ebullición menor (78,3°C) que el agua, la mezcla se calienta a unos 90 °C hasta unos que el alcohol se evapora. La fase gaseosa posee pequeñas cantidades de dióxido de azufre (SO_2), lo que obliga a un proceso de desulfuración por absorción a alta temperatura, usando óxidos de aluminio o cobre. Tras la desulfuración el alcohol se recupera por condensación en una torre de enfriamiento.

Tras la condensación, el alcohol resultante es una mezcla de etanol y metanol, y además aún contiene un 10% de agua. Para la deshidratación se realiza un tamizado con zeolitas, sustancias que captan las moléculas de agua, obteniéndose purezas en alcohol de hasta 99,99%.

La presencia de metanol en la mezcla alcohólica condensada provoca procesos corrosivos en los vehículos. Ello hace necesaria su separación. La cercanía de los puntos de ebullición (64 °C para el etanol y 78,3 °C para el etanol) obliga a una destilación fraccionada. En una primera torre se calienta la mezcla a 65 °C en donde se obtendrá el metanol. Posteriormente se baja la temperatura, volviendo a subir hasta los 79 °C donde obtendrá el destilado de etanol. Lo no evaporado (cola de destilación) se desecha. La pureza o la relación de la mezcla se determinan mediante cromatografía de gases.

La separación del metanol permite que éste sea comercializado independientemente como producto químico o combustible.

13.8. Compuestos tóxicos para la fermentación generados en los pretratamientos e hidrólisis

Durante el pretratamiento e hidrólisis del material lignocelulósico no sólo se obtienen los azúcares provenientes de la descomposición de los polisacáridos celulosa y hemicelulosa sino que, debido a las altas temperaturas y condiciones ácidas en las que se desarrollan estos procesos, se originan una serie de compuestos que pueden actuar como inhibidores potenciales de la fermentación. La naturaleza y concentración de estos compuestos depende del tipo de materia prima (maderas duras, blandas o herbáceas), del pretratamiento utilizado, temperatura y tiempo del proceso y de la utilización o no de catalizadores ácidos. Los productos de degradación que son potenciales inhibidores de la fermentación pueden dividirse en cuatro grupos: derivados del furano, ácidos alifáticos de bajo peso molecular, derivados fenólicos y extractivos.

Derivados del furano

Como consecuencia de las altas temperaturas empleadas en los pretratamientos, los azúcares originados en la hidrólisis, principalmente de la hemicelulosa, se degradan originando dos compuestos derivados del furano: la degradación de las pentosas (xilosa y arabinosa) forma furfural, y la degradación de las hexosas (glucosa, manosa y galactosa) forma el 5-hidroximetilfurfural (HMF). A su vez, estos dos compuestos se pueden degradar a otros productos. El furfural puede degradarse a ácido fórmico, o bien polimerizarse. El HMF origina ácidos fórmico y levulínico. Además de estos dos ácidos alifáticos (fórmico y levulínico), se origina ácido acético procedente de la hidrólisis de los restos acetilos de la hemicelulosa.

Los efectos tóxicos producidos por el furfural y el HMF sobre los microorganismos son la reducción de la tasa específica de crecimiento y disminución de la productividad volumétrica de etanol. Esto es debido a que los aldehídos son compuestos químicamente reactivos que pueden formar compuestos con determinadas moléculas con actividad biológica como lípidos, proteínas enzimáticas y ácidos nucleicos, o bien producir daños sobre la membrana plasmática. Una de las enzimas más afectadas es alcoholdeshidrogenasa que cataliza la transformación del cetaldehído, proveniente del ácido pirúvico de la glucolisis, en etanol.

Ácidos alifáticos

Los ácidos alifáticos débiles producen un efecto tóxico en los microorganismos fermentadores provocando un descenso de la tasa de crecimiento celular y del rendimiento en la producción de etanol. Su mecanismo inhibitorio consiste en que en un medio ligeramente ácido externo a la célula se mantienen en su forma no disociada R-COOH, esto les permite penetrar la membrana citoplámatica de los microorganismos por simple difusión. Una vez en el interior del citoplasma, el pH más elevado provoca su disociación liberando protones. La acidificación del citoplasma hace que por un lado la enzima ATPasa de membrana que bombee protones al exterior, a costa de la hidrólisis de ATP. La menor cantidad de ATP disponible para la reproducción celular, explicaría la disminución del crecimiento observada; por otro lado se produce una captación de aniones. Si la concentración de ácidos es muy alta, se supera la capacidad de bombeo de protones, lo que origina la acidificación del citoplasma y la posterior muerte celular. También, la inserción de los ácidos en la membrana puede alterar su estructura e hidrofobicidad, produciendo un aumento de la permeabilidad de la misma y afectar a su función de barrera selectiva.

Compuestos fenólicos

Durante el pretratamiento, una parte de la lignina también se degrada originado una gran variedad de compuestos fenólicos que resultan inhibitorios para la fermentación. Se trata de un grupo de compuestos muy heterogéneo que se pueden encontrar en forma de monómeros, dímeros y polímeros con una gran variedad de sustituyentes. Los fenoles originados en el pretratamiento varían según el tipo de biomasa, ya que existe una gran diferenciación de la lignina atendiendo al grupo taxonómico al que pertenezca la especie vegetal. Entre ellos, se encuentran ácidos, aldehídos y alcoholes aromáticos. Los más comunes son el ácido 4-hidroxibenzoico y el 4-hidroxibenzaldehído, el ácido siríngico y siringaldehído, y los ácidos gentísico, salicílico y protocatéquico, la vainillina y el ácido vainíllico, guayacol, hidroquinona, aldehído coniferílico y ácido homovainíllico.

El efecto inhibitorio mostrado por los ácidos aromáticos puede basarse en mecanismos semejantes al de los ácidos alifáticos descritos anteriormente. El efecto tóxico de los aldehídos y alcoholes aromáticos puede deberse a una interacción con componentes funcionales de la membrana plasmática de tal manera que modifica el metabolismo, o a una interacción con elementos estructurales perdiendo hidrofobicidad y capacidad de actuar como una barrera selectiva.

Extractivos

Los extractivos son un tipo de compuestos que a pesar de su baja concentración, también pueden actuar como inhibidores de los microorganismos empleados en la fermentación de los hidrolizados procedentes de materiales lignocelulósicos. Entre ellos se encuentran diferentes tipos de resinas (ácidos grasos, terpenoides, esteroles y ceras) y compuestos fenólicos (flavonoides, taninos, etc.).

13.9. Métodos para el aumento de la fermentabilidad de los hidrolizados pretratados

Con objeto de aumentar la fermentabilidad de los hidrolizados obtenidos es necesario reducir la concentración de los compuestos inhibidores generados tras el pretratamiento, o eliminarlos totalmente del medio. El objetivo es conseguir aumentos significativos en la productividad volumétrica y el rendimiento en etanol. Dependiendo de los mecanismos empleados para la eliminación de los inhibidores, los métodos se pueden agrupar en: biológicos, químicos y físicos. La selección apropiada dependerá de la tolerancia del microorganismo utilizado en la fermentación y el coste del proceso. Una buena opción es realizar una eliminación selectiva de los inhibidores. Deben realizarse análisis económicos para evaluar el coste adicional que, sobre el proceso global de producción de etanol, supone el método de destoxificación seleccionado.

Métodos biológicos

Consiste en utilizar microorganismos capaces de metabolizar algunos de los compuestos tóxicos presentes en los hidrolizados. Un ejemplo de tratamiento biológico es la utilización del hongo *Trichoderma reesei*. Este microorganismo es capaz de metabolizar moléculas como el ácido acético, el furfural y el ácido benzoico. También metaboliza las pentosas y oligómeros presentes.

El hongo *Trametes versicolor* permite la eliminación completa y selectiva de los monómeros fenólicos presentes en hidrolizados a través de las enzimas lacasa y peroxidasa, que producen una polimerización oxidativa de los compuestos fenólicos de bajo peso molecular convirtiéndolos en compuestos de mayor peso molecular menos tóxicos.

Métodos físicos

Evaporación

Este tratamiento persigue la eliminación de compuestos volátiles como el furfural, ácido acético y ácido fórmico. Sin embargo compuestos como el ácido levulínico, el hidroximetilfurfural y los compuestos fenólicos no son eliminados. El tratamiento debe realizarse a un pH bajo ya que compuestos como el ácido acético y fórmico sólo son volátiles en la forma protonada.

El limitado aumento de la fermentabilidad de los hidrolizados con este tratamiento puede deberse a la menor toxicidad de los compuestos volátiles eliminados en este método comparado con los compuestos fenólicos que no son eliminados.

Carbón activo y carbón vegetal tratado a 600 °C

Consiste en la filtración del hidrolizado, de forma que la glucosa no queda retenida mientras que el furfural, el HMF, compuestos fenólicos y ácidos alifáticos son eliminados

Resinas de intercambio iónico

Pueden ser resinas de intercambio catiónico o resinas de intercambio aniónico a un pH de 10. Las resinas aniónicas tienen capacidad de eliminar compuestos fenólicos (cargados positivamente), las resinas catiónicas reducen la concentración de los furanos (debida en este caso a interacciones hidrofóbicas) y de los ácidos alifáticos. A pesar de los buenos resultados en la eliminación de productos inhibidores retienen parte de los azúcares fermentables.

Lignina residual

La lignina que se elimina en el pretratamiento puede ser utilizada como absorbente en una retención de los elementos inhibidores con partes hidrofóbicas. Es una solución bastante económica.

Utilización de zeolitas

El término zeolita engloba a un gran número de minerales, tanto naturales como sintéticos, compuestos de un esqueleto cristalino formado por la combinación tridimensional de tetraedros TO4 (T= Si, Al, B, Ga,) unidos entre sí a través de átomos de oxígeno comunes. Esta estructura confiere a las zeolitas una notable superficie específica con capacidad de intercambio iónico, filtración y la existencia de lugares activos que permiten una importante actividad catalítica (por ejemplo en la hidrólisis de polisacáridos).

Métodos químicos

Los métodos químicos han sido los métodos más empleados para la eliminación de los compuestos inhibidores de la fermentación generados en el pretratamiento de los materiales lignocelulósicos.

Tratamientos con álcalis

Consiste en la utilización de hidróxidos de los alcalinotérreos (cálcico o magnésico) para alcanzar un pH muy alto en el medio consiguiendo un precipitado formado por sales de calcio o magnesio de muy baja solubilidad. La precipitación arrastra algunos de los compuestos tóxicos presentes en el hidrolizado como el furfural, el HMF y el ácido acético. Este precipitado debe ser eliminado antes de la fermentación por filtración. El tratamiento puede ser combinado con la adición de sulfito.

Procesos de oxidación avanzada

Los procesos de oxidación avanzada se basan en la generación de radicales hidroxilo (-OH) que actúan como especies oxidantes. Una opción es usar la combinación de peróxido de hidrógeno y sales de hierro (II)

$$Fe_{2+} + H_2O_2 \rightarrow Fe_{3+} + OH^- + OH^\bullet$$

En esta reacción los iones Fe_{+3} se van acumulando en el sistema a medida que los iones Fe_{+2} se consumen hasta que la reacción se detiene.

13.10. Perspectivas de futuro para la comercialización del etanol a partir de lignocelulosa

Aunque la fermentación alcohólica es un proceso milenario, conseguir rendimientos y costes competitivos requiere todavía de investigación y perfeccionamiento en cada una de las etapas que componen el proceso (pretratamiento, hidrólisis ácida o enzimática, fermentación, recuperación del producto y tratamiento de los efluentes del proceso). Todavía existen oportunidades para conseguir progresos significativos que conduzcan a aumentar el rendimiento y la productividad. Las áreas que necesitan un esfuerzo especial son el desarrollo de tecnologías más eficientes de pretratamiento e hidrólisis, y la selección y mejora de los microorganismos que realizan la etapa de fermentación. Es necesario, aumentar la tolerancia de los microorganismos a los inhibidores producidos en el pretratamiento y a las diferentes temperaturas, y reducir el número de etapas.

Por otra parte, las plantas de etanol de materiales lignocelulósicos ofrecen la oportunidad de generar un gran número de coproductos estableciéndose el concepto de biorrefinería, cuya diversificación permite garantizar la rentabilidad económica. Por ejemplo, el furfural, es la base de múltiples resinas y disolventes industriales. Monosacáridos no fermentables con la glucosa tienen salida como edulcorantes en la industria alimentaria. Ácido acético y butanol con diferentes aplicaciones industriales como la fabricación de diferentes aditivos de la gasolina.

13.11. Bioetanol como combustible

El etanol como combustible presenta varios inconvenientes.

Afinidad con el agua

El etanol se disuelve en agua, y en condiciones de humedad se mezclan de forma natural. Esto supone un gran efecto muy negativo sobre su calidad como carburante, puesto que incluso bajas cantidades de agua reducen significativamente el rendimiento del motor. Esto dificulta las condiciones de transporte y almacenamiento, sobretodo en zonas de climatología lluviosa, donde el agua puede condensarse y acumularse en tuberías, depósitos, codos, etc. Este problema no se produce únicamente cuando el etanol es usado aisladamente, sino también en las mezclas etanol-gasolina, donde el etanol puede actuar como vector captador de agua.

Volatilización

Se denomina presión de vapor, la presión a partir de la cual un gas condensa a una temperatura dada. Se conoce como puntos de gas saturado. En los carburantes convencionales se exige una baja presión de vapor para evitar su volatilización de hidrocarburos de cadena corta como los derivados del butano y pentano cuando las temperaturas ambientales son altas.

El etanol, al tener sólo dos carbonos, volatiliza con facilidad lo que hace que se pierda combustible en condiciones calurosas. Sin embargo por otra parte, su uso con temperaturas inferiores a 15°C puede dar lugar a problemas de encendido, para que esto no ocurra, el método más común de solucionarlo es añadirle una pequeña cantidad de gasolina.

Modificaciones del motor

El etanol en motores convencionales provoca una reducción de la potencia y el par motor, pudiendo llegar hasta un 30% menos. Produce un aumento del consumo (4% para mezclas del 15%) y un aumento de la corrosión de las partes metálicas y componentes de caucho. El etanol tiene un octanaje mucho mayor que la gasolina, hasta de 110, lo que hace que no se queme de forma tan eficiente en los motores convencionales.

Los problemas indicados hacen que se deban realizar modificaciones en los vehículos con motores de explosión para que puedan funcionar con etanol exclusivamente (E100). Algunos de ellos son:

- Aumentar la relación de compresión.
- Adaptación del dosado: relación combustible/aire que entra en los cilindros.
- Reducción de las pérdidas de calor. En los motores adiabáticos se consigue una mayor combustión del etanol, reduciendo emisiones.
- Bujías resistentes a mayores temperaturas y presiones.
- Conductos resistentes al ataque de alcoholes.
- Se debe agregar un mecanismo que facilite el arranque en frío.

En los últimos años se han desarrollado vehículos capaces de funcionar tanto con gasolina como con etanol o una mezcla de ambos. Se denominan Flexible Fuel Vehicles (FFV). Estos disponen de un sensor que detecta la relación etanol/gasolina y en función de la mezcla ajustan la carburación del motor. La utilización del etanol modifica la mezcla de aire y combustible tratando de mantener la potencia y el consumo del automóvil en un valor óptimo.

Balance de emisiones de CO_2

En el balance de emisiones de CO_2 el bioetanol no puede considerarse completamente neutro, dado que en su análisis debe considerarse toda la fase de producción. En ésta han de considerarse las emisiones realizadas tanto en la utilización de recursos naturales (como tierra y agua), maquinaria de cultivo, materias fertilizantes para la producción de materias primas, como las que se emplearon para obtener estos medios de producción. También hay que tener en cuenta las emisiones realizadas en la fabricación de cada uno de los reactivos utilizados para el procesamiento de las materias primas, y el equipamiento utilizado en su producción, así como la energía empleada.

A pesar del balance negativo en cuanto al CO_2 y energía, el etanol resulta un recurso inagotable y renovable; podría revitalizar economías rurales deprimidas y generar empleo; podría reducir los excedentes agrícolas y mejorar la autonomía energética al no tener que importar fuentes de energía tradicionales.

Competencia con el sector alimentario e industrial

Para la fabricación de bioetanol, se emplean recursos inicialmente destinados a la producción de alimentos, por ejemplo cultivos como el maíz, destinados a la alimentación humana o animal. Esto ha provocado el encarecimiento de algunas materias primas que comprometen la rentabilidad de sectores ganaderos o de algunos alimentos.

Los problemas descritos son la justificación de que en muchos países sólo sean autorizadas mezclas de etanol y gasolina.

- E5: significa una mezcla del 5% de bioetanol y el 95% de gasolina normal. Esta es la mezcla máxima autorizada en la actualidad por la Unión Europea, sin embargo, es previsible una modificación para aumentar este límite al 10% (E10).
- E10: significa una mezcla del 10% de bioetanol y el 90% de gasolina normal. Esta mezcla es la más utilizada en EEUU, ya que hasta esta proporción de mezcla los motores de los vehículos no requieren ninguna modificación e incluso produce la elevación de un octano en la gasolina, mejorando su resultado y obteniendo una notable reducción en la emisión de gases contaminantes.
- E85 y E100: son mezclas hasta el 85% y 100% de bioetanol respectivamente, y son utilizadas en algunos países como Brasil y Argentina con motores especiales.

13.12. Etanol como aditivo en las gasolinas

Un mercado demandante de etanol muy significativo es la industria de los aditivos de la gasolina. La introducción de las gasolinas sin plomo vio afectado el número de octanos en las mismas, lo que podría producir una detonación incontrolada del carburante en el cilindro durante la compresión. Esto es debido a que las sales de plomo actuaban de ralentizador de la combustión. Una forma de aumentar el octanaje y garantizar el encendido provocado, es añadir aditivos oxigenantes para conseguir la combustión completa al tiempo que se reducen las emisiones contaminantes. Dos aditivos muy utilizados inicialmente fueron el metanol y etanol. Sin embargo actualmente éstos han sido sustituidos por el tercbutil-alcohol (TBA), el metil-tercbutil éter (MTBE) o el etil-tercbutil éter (ETBE) que derivan de éstos mismos.

La producción de éteres terc-butílicos sigue el proceso Hüls que se divide en tres etapas principales: reacción, purificación del éter mediante destilación, recuperación y recirculación del alcohol que no reaccionó.

Inicialmente el metanol o etanol deshidratados y el isobutileno se calientan y se mezclan con exceso de alcohol en un reactor adiabático. Las reacciones que se produce para la síntesis del MTBE y ETBE son las siguiente:

$$(CH_3)_2C=CH_2 + CH_3OH \rightarrow (CH_3)_3COCH_3 \qquad (MTBE)$$

$$(CH_3)_2C=CH_2 + CH_3CH_2OH \rightarrow (CH_3)_3COCH_2CH_3 \qquad (ETBE)$$

Tras la reacción se envía el producto a dos torres de destilación que servirán para la separación de los reactivos no consumidos. En la primera torre de destilación se obtiene ETBE como producto de fondo, mientras que como destilado se obtiene el etanol y los isobutilenos que pasan a la segunda torre donde se realiza una adecuación a las condiciones requeridas para la reacción del proceso, volviendo a ser recirculados al principio.

El ETBE es mucho más aconsejable que el TBA, el MTBE y los alcoholes para ser mezclado con las gasolinas por ser menos soluble en agua, lo que disminuye la posibilidad de contaminación y el descenso de la potencia; menor presión de vapor, lo que reduce su volatilidad; menor poder corrosivo; mayor rendimiento de fabricación que el MTBE, a partir de isobuteno.

13.13. Etanol como aditivo en el gasóleo

Además de su mezcla con las gasolinas, el bioetanol ofrece la posibilidad de ser mezclado con el gasóleo, mejorando su combustión. Debido a que aporta oxígeno provoca una combustión prácticamente completa y consecuentemente se reduce la contaminación. Por otra parte, mejora las características del arranque en frío.

La mezcla etanol-diesel se denomina "E-Diesel", y contiene hasta un 15% de etanol.

Los principales perjuicios técnicos del "E-Diesel" en su comercialización son que el etanol disminuye el punto de inflamación del carburante, aumenta la volatilidad, afinidad al agua y degradabilidad, de forma que las propiedades pueden verse alteradas con el tiempo si no se mantiene en condiciones de almacenamiento y transporte adecuadas.

CAPÍTULO XIII. RECUERDA

- La selección de la vía seca o la vía húmeda para la obtención de bioetanol a partir de cereales está determinada por los coproductos deseados con el proceso, junto la inversión requerida. En la actualidad la rentabilidad de las plantas de bioetanol está condicionada a la comercialización de estos coproductos. Un análisis económico es necesario para determinar la mejor opción.

- En el proceso húmedo, las diferentes fracciones del grano de cereal son separadas, haciendo posible la recuperación de diversos productos, como proteínas, nutrientes, gas carbónico, almidón y aceite de maíz. El almidón (y por consiguiente, el bioetanol) se produce en mayor volumen, con rendimientos en torno a los 440 litros de bioetanol por tonelada de maíz. En la vía seca, el único coproducto del bioetanol es un suplemento proteico para alimentación animal y la producción de bioetanol puede ser un poco menor.

- Los polisacáridos (de cadena larga) sometidos a hidrólisis proporcionan oligosacáridos (de cadena corta) de la misma estructura llamados dextrinas. El disacárido derivado del almidón, unión de dos moléculas de glucosa con enlaces $\alpha(1-4)$, se denomina manosa. El disacárido derivado de la celulosa, unión de dos moléculas de glucosa con enlaces $\beta(1-4)$ se denomina celobiosa.

- La glucosa obtenida de la hidrólisis en condiciones aerobias seguiría un proceso de glucolisis del que resultaría ácido pirúvico que sufriría una descarboxilación convirtiéndose en acetil-CoA que comienza el cilo de Krebs. En condiciones anaerobias las enzimas zimasa permiten la derivación del ácido pirúvico a acetaldhído, y éste a etanol oxidando en NADH. Sin el complejo enzimático zimasa, en condiciones anaeróbias se produce ácido láctico.

Fermentación anaerobia - biogás

14.1. Introducción

El biogás, es una mezcla gaseosa combustible que se obtiene de la descomposición de la materia orgánica en condiciones anaeróbicas por la acción de diferentes tipos de microorganismos, principalmente bacterias. La capacidad de proporcionar calor o explosionar convierte el biogás en un producto utilizable como fuente de energía. Dado que el proceso de degradación forma parte del ciclo del carbono, esta fuente es una energía renovable, sin embargo, su eficiencia depende de la capacidad del control sobre el proceso degradativo.

Los polímeros orgánicos (almidón, celulosa, lignina, proteínas, lípidos, etc.) son degradados de forma natural a través de procesos enzimáticos hasta moléculas sencillas (CO_2, H_2O, NH_3, etc.) aptas para reiniciar los diferentes ciclos biológicos. Tales procesos de degradación se pueden realizar por dos vías: bien en presencia de oxígeno, produciéndose procesos aerobios llamados *compostaje*; o bien en ausencia de oxígeno, produciéndose fermentaciones anaerobias llamadas *digestión*. Los procesos aerobios o compostaje van acompañados de liberación de CO_2, NH_3, pequeñas cantidades de otros gases, así como el desprendimiento de grandes cantidades de calor. Por el contrario, la fermentación anaerobia origina metano, hidrógeno, dióxido de carbono y trazas de otros gases (pero no amoniaco) y transcurre con menor desprendimiento calorífico, circunstancias que determinan, en este caso, un mayor contenido energético de los productos gaseosos resultantes. Por otra parte, se forma una suspensión acuosa de materiales sólidos (lodos, llamados digerido) en la que se encuentran los componentes difíciles de degradar, la mayor parte del nitrógeno y del fósforo y la totalidad de los elementos minerales (K, Ca, Mg, etc.). Es decir, la fermentación anaerobia permite el desdoblamiento de la materia orgánica en unos componentes gaseosos energéticos (CH_4, H_2, SH_2) llamados conjuntamente biogás, y un digerido de fertilizantes (N, P, K), de forma espontánea, hecho que la sitúa en una posición especialmente ventajosa frente a otras técnicas que requieren altos costes de energía para conseguir separaciones por regla general menos efectivas.

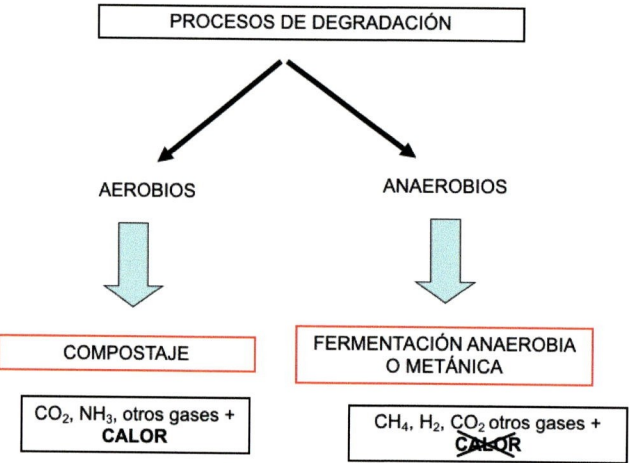

Figura 14.1. Vías de degradación de la materia orgánica.

La composición habitual del biogás está formada con un 50 - 80% de metano, entre un 20 y 45% de dióxido de carbono, y en menor proporción otros gases como el nitrógeno (0-3%), hidrógeno (0-1%), oxígeno (0-1%), sulfuro de hidrógeno (0-2%), monóxido de carbono (0-1,5%), y compuestos orgánicos volátiles. El poder calorífico del biogás se encuentra entre 4500 y 6500 kcal/m^3, dependiendo de la presión y la temperatura. Aunque el valor calorífico neto, dependerá de la eficiencia de su aplicación. La riqueza en metano del biogás va a depender de la naturaleza del residuo degradado y del propio proceso de degradación.

Tabla 14.1. Composición típica del biogás procedente de la digestión anaerobia.

Componente	Porcentaje
Metano	60-80
Gas carbónico	30-40
Nitrógeno	1-2
Monóxido de carbono	0-1,5
Oxígeno	0,1
Ácido Sulfhídrico	0-1
Características del Metano	**Valores**
Densidad	1,09 kg/m^3
Solubilidad en agua	baja
Presión crítica	4,2 MPa
Temperatura crítica	82,5° C
Poder calorífico	5500 kcal/m^3

El valor calorífico medio del biogás es de unos 6 kWh/m^3.

Los materiales con mayor susceptibilidad para ser fermentados son aquellos que poseen mayor contenido de humedad y carga microbiana, tales como los excrementos de origen animal, lodos de depuradora, residuos orgánicos urbanos, residuos de la industria alimentaria (pulpas, cortezas o pieles). Aunque los materiales lignocelulósicos pueden ser fermentados presentan más dificultad puesto que requieren enzimas hidrolíticas específicas y no poseen una carga microbiana abundante. Es por ello que suelen ser mezclados con materiales de carga microbiana más elevada, que actúan como inoculadores. Se denomina *codigestión* a la fermentación conjunta de varios tipos de materiales de procedencias o características diferenciadas, cuando la digestión de cada uno de ellos por separado resulta más dificultosa o con menor rendimiento. En la codigestión se pretende mejorar la carga microbiana, la biodegradabilidad, el balance de nutrientes (relación C/N o microelementos minerales), conseguir efectos sinérgicos de los microorganismos, para obtener mejores rendimientos de biogás. La codigestión es más efectiva cuando las características de los tipos de materiales mezclados son complementarias, aliviando los problemas asociados con la acumulación de intermediarios volátiles y altas concentraciones de amoniacos.

Las tecnologías anaeróbicas empleadas en la biodegradación de residuos se clasifican en dos grandes grupos: de baja concentración de sólidos y de alta concentración. Los primeros se denominan procesos húmedos y los segundos procesos secos, aunque ambos se llevan a cabo en un medio con gran cantidad de agua.

En los procesos anaeróbicos de baja concentración (húmedos) la concentración de sólidos suele estar en el intervalo alrededor del 5 al 20% de sólidos totales con dilución en agua. Es un proceso muy empleado para tratar la fracción orgánica de los residuos urbanos, residuos animales y agrícolas. Esta alternativa es interesante cuando se dispone de fangos de depuración de aguas residuales que se quieran estabilizar. Los sistemas en húmedo y una sola fase han estado en uso durante décadas para la estabilización anaeróbica de los biosólidos producidos en las plantas de tratamiento.

En los procesos anaeróbicos de alta concentración (secos), la concentración de sólidos suele estar en el intervalo de 20-50%. Las investigaciones de los años ochenta demostraron que el rendimiento de la producción de biogás era al menos similar a la de los sistemas donde los materiales eran mantenidos en su estado sólido original, sin diluirlos en agua. Es decir, la cantidad de metano conseguido por kilogramo de material biodegradable es igual o mayor, sin embargo, la producción de gas por unidad de volumen de reactor aumenta.

Las formas de aprovechamiento del biogás puede ser la obtención de energía eléctrica, energía térmica, o ambas conjuntamente en instalaciones de cogeneración, aumentando el rendimiento del aprovechamiento. El biogás se emplea también con frecuencia para la iluminación (mediante lámparas especiales), para la obtención de agua caliente sanitaria (ACS), trabajo mecánico por medio de motores estáticos, y para la calefacción (por quemadores y estufas adaptadas). Por otra parte, el uso del biogás para vehículos es posible, pero se encuentra muy limitado por una serie de problemas técnicos, logísticos y de seguridad.

Las formas de aprovechamiento del biogás se resumen en los puntos siguientes:

a) Combustión directa: el biogás en contacto con aire puede ser quemado en un amplio espectro de equipos, proporcionando principalmente en CO_2 y H_2O: cocinas, lámparas de gas, motores de gas, quemadores industriales y hornos. En la Tabla 14.2 se muestran los rendimientos medios de cada uno de los equipos.

Tabla 14.2. Rendimientos del biogás, según el tipo de aprovechamiento.

Tipo de Uso	Rendimiento (%)
Quemador de cocina	50-60
Lámpara a gas (60w)	30-50
Motor a gas	25-30
Calderas de gas	75-85
Quemador de 10 kw	80-90
Motor cogenerador	Hasta 90

b) Combustión en caldera para aplicaciones térmicas. El calor emitido en la caldera es aprovechado para calentar agua o aceite que alimentan un sistema de distribución de calor para calefacción.

c) Generación de electricidad en motores de gas en un sistema de cogeneración. La tecnología más utilizada es el uso del biogás en un motor de combustión interna estático (no en automoción) acoplado a un generador eléctrico. Este sistema, además de generar energía eléctrica, permite recuperar el calor residual de los motores para la producción de agua caliente que se puede usar en la planta para calentar el digestor, con lo que se mejora el rendimiento de energía total del sistema. Además, los gases de escape de combustión calientes pueden usarse para secar los efluentes de la digestión anaeróbica.

Es decir, la potencia mecánica provista por el eje del motor es aprovechada para generar electricidad a través de un generador eléctrico. Simultáneamente, y por medio de una serie de intercambiadores de calor ubicados en los sistemas de refrigeración (agua y aceite) del motor y en la salida de los gases de escape, se recupera la energía térmica liberada en la combustión interna. De este modo se logra un mejor aprovechamiento de la energía.

d) Combustión en caldera en sistemas de producción de potencia con ciclo de Rankine, con la consecuente producción de energía eléctrica y térmica, siguiendo un ciclo de cogeneración. El calor se emplea en el propio sistema para el calentamiento de los digestores o en otros procesos que requieran calor.

e) Integración en la red de gas natural. El biogás puede introducirse, una vez limpio y refinado, en la red de gas natural, ya que, al igual que el gas natural, está constituido principalmente por metano. De tal modo, cualquier aparato o equipo que funcione con gas natural puede ser accionado con biogás en general, sin necesidad de hacer grandes modificaciones.

El biogás requiere ser previamente depurado para que alcance los requerimientos de calidad del gas natural. La purificación del biogás consiste en la eliminación de CO_2, SH_2, NH_3, agua y partículas sólidas.

f) Utilización como combustible de vehículos. El biogás puede ser usado como combustible de automoción en motores de explosión y pilas de combustible. Los obstáculos para el uso generalizado de estos vehículos son: la ausencia de una infraestructura de transporte y almacenamiento del gas natural/biogás, el coste de producción, la pérdida de espacio de carga, el mayor tiempo de llenado de combustible y la menor autonomía de conducción. En este sentido, se han desarrollado dos tipos de tecnología para el refinado y limpieza del biogás para su uso como combustible para automoción:

- La absorción en agua (absorción física). Su principio básico consiste en lavar el biogás con agua a determinada presión. Con este procedimiento se garantiza elevar la concentración en CH_4 hasta valores similares al gas natural. Dentro de esta tecnología existen dos formas de operación: con recirculación o sin recirculación del agua usada.

- La absorción en alcanoamina (absorción química). Su principio básico consiste en lavar el biogás con una alcanoamina disuelta en agua. Como resultado de la reacción que tiene lugar, se eliminan componentes indeseables y se eleva la concentración en CH_4 hasta valores similares al gas natural.

La elección de una u otra tecnología depende de la composición del biogás, la capacidad del tratamiento y la aplicación posterior del biogás (automoción, inyección en la red de gas natural, etc.).

A continuación se muestra la equivalencia del biogás con un 60% de CH_4 y un 20% de CO_2, con otros combustiblews.

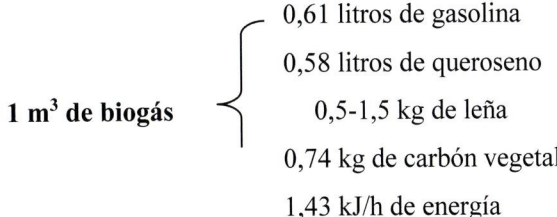

1 m³ de biogás
- 0,61 litros de gasolina
- 0,58 litros de queroseno
- 0,5-1,5 kg de leña
- 0,74 kg de carbón vegetal
- 1,43 kJ/h de energía

14.2. Proceso de producción de biogás

La degradación anaeróbica de la materia orgánica es un proceso complejo en el que intervienen diferentes grupos microbianos de manera coordinada y secuencial, para descomponer la materia orgánica en ausencia de oxígeno. La fermentación anaerobia comprende tres etapas sucesivas. Inicialmente los *microorganismos hidrolíticos* realizan una hidrólisis de partículas y moléculas complejas produciendo oligosacáridos o alcoholes, aminoácidos y ácidos grasos de cadena media. Seguidamente estas moléculas son metabolizadas por los *microorganismos acidogénicos* que producen, principalmente, ácidos grasos de cadena corta, alcoholes, dióxido de carbono e hidrógeno. En una segunda etapa estas moléculas son transformadas en ácido acético, mediante la acción de los *microorganismos acetogénicos*. Finalmente, en la tercera etapa las *bacterias metanogénicas* transforman el ácido acético en metano.

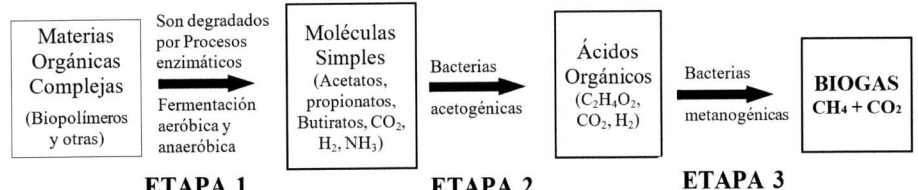

Figura 14.2. Proceso de producción de biogás.

Etapa hidrolítica

La materia orgánica compuesta por polímeros no puede ser utilizada directamente por los microorganismos metanogénicos, a menos que se hidrolicen en compuestos solubles más simples que puedan atravesar la membrana celular. La primera fase de la digestión anaeróbica consiste en una hidrólisis de substratos orgánicos complejos llevada a cabo por enzimas extracelulares secretadas por las bacterias fermentativas. Esta etapa puede ser lenta dependiendo de la naturaleza del material y el tipo de los microorganismos actuantes, de forma que suele ser la limitante en la velocidad del proceso global, sobre todo en residuos con alto contenido en sólidos. La velocidad de producción de biogás es proporcional a la velocidad con la que se producen elementos solubles susceptibles de degradación. Cualquier substrato se compone de tres tipos básicos de macromoléculas: hidratos de carbono, proteínas y lípidos. La hidrólisis de cada tipo de compuesto se realiza por acción de diferentes grupos enzimáticos:

a) Las proteínas son degradadas por *enzimas proteolíticas* extracelulares, cuya actividad es lenta y a menudo incompleta quedando pequeñas cadenas de aminoácidos que no quedan afectados; formándose una mezcla racémica.

b) Los hidratos de carbono siguen el proceso de la glucolisis en el que la glucosa se oxida con NAD^+ para formar 2ATP y ácido pirúvico que entra en el ciclo de Krebs. Sin embargo en lugar de seguir el proceso normal, en el que el NAD^+ es reducido a NADH con oxígeno, al no existir oxígeno disponible para pasar el NADH a NAD^+ el piruvato evoluciona a acetaldehído catalizado por la enzima piruvato descarboxilasa, y el acetaldehído oxida el NADH formándose etanol catalizado por la enzima alcoholdeshidrogenasa.

Proceso normal de la glucólisis.

$$\text{Glucosa} + 2NAD^+ + ADP + 2P \rightarrow 2NADH + 2 \cdot \text{Piruvato} + 2ATP + 4H^+$$

$$NADH + O_2 \rightarrow NAD^+ + H_2O$$

Proceso de la fermentación alcohólica.

$$\text{Glucosa} + 2NAD^+ + ADP + 2P \rightarrow 2NADH + 2 \cdot \text{Piruvato} + 2ATP + 4H^+$$

$$\text{Ácido pirúvico} \rightarrow \text{Acetaldehído}$$

$$\text{Acetaldehído} + NADH \rightarrow \text{Etanol} + NAD^+ + H_2O$$

c) Las grasas son metabolizadas a través de la β-oxidación, que es un proceso en el cual se realiza una remoción de un par de átomos de carbono de la cadena alifática en cada ciclo del proceso constituyendo ácidos con dos carbonos menos, junto acetil-CoA, NADH y $FADH_2$. El acetil-CoA se incorpora al ciclo de Krebs y el NADH y $FADH_2$ reaccionan con el acetaldehído proveniente de la glicólisis en condiciones anaerobias, formando etanol.

d) Los aminoácidos producidos son degradados a ácidos grasos volátiles, dióxido de carbono, hidrógeno, amonio y sulfuro reducido.

La producción de ácidos y alcoholes provoca que exista una tendencia a disminuir el pH en esta etapa. Este hecho puede producir la inhibición de proceso hidrolítico lo que obliga a retirar eficientemente los productos obtenidos del biorreactor, renovando simultáneamente el sustrato de entrada. Esto se consigue haciendo trabajar los microorganismos hidrolíticos en simbiosis con los acetogénicos y metanogénicos, o bien realizando un diseño adecuado de los biorreactores trabajando en serie.

Etapa acetogénica

Esta etapa produce ácido acético y H_2 a partir de los ácidos de cadena corta. Los organismos metanogénicos sólo pueden transformar eficientemente compuestos de hasta dos carbonos, principalmente ácido acético. Otros con cadena más larga como los propinatos (a), butiratos (b), y algunos aminoácidos necesitan ser transformados en productos más sencillos, acetato e hidrógeno, a través de las bacterias acetogénicas, que son anaerobias estrictas.

La Ecuación 14.1 muestra la reacción de transformación de propinato a acetato en la cual produce hidrógeno gas y bicarbonato. El hidrógeno gaseoso mejora las propiedades combustibles de biogás resultante. Los protones formados en la reacción son compensados por el bicarbonato por lo que esta reacción no influye en la modificación del pH. La reacción (Ecuación 14.2) muestra la transformación del butirato a acetato, en la que se desprenden protones e hidrógeno gas. El hidrógeno gas mejora la calidad combustible del biogás, pero los protones no compensados generados contribuyen a disminuir aún más el pH. Por otra parte, al tratarse ambas reacciones de equilibrios, esta conversión sólo es posible si la presión parcial de hidrógeno se mantiene en valores bajos.

$$CH_3 - CH_2 - COO^- + 3H_2O \Leftrightarrow CH_3 - COO^- + HCO_3^- + H^+ + 3H_2$$
$$\Delta G_o = 18,2 \text{ kcal/mol}$$
(14.1)

$$CH_3 - CH_2 - CH_2 - COO^- + 2H_2O \Leftrightarrow 2CH_3 - COO^- + H^+ + 2H_2$$
$$\Delta G_o = 11,5 \text{ kcal/mol}$$
(14.2)

Del mismo modo que en el proceso anterior, esta etapa contribuye a la disminución del pH, lo que obliga a trabajar en estrecha colaboración con las bacterias metanogénicas o diseñar una evacuación del producto con una renovación del sustrato en reactores continuos. También hay que considerar que existe un aumento de energía libre lo que hace necesario el aporte de calor.

Etapa metanogénicas

En esta etapa se produce metano siguiendo dos rutas principales: ruta acetoclástica, consistente en la formación de metano y bicarbonato mediante la hidrólisis del ácido acético (Ecuación 14.3); ruta hidrogenotrófica (por utilizar hidrógeno) en las que el bicarbonato e hidrógeno se combinan para producir metano y agua (Ecuación 14.4). La ruta acetoclástica produce alrededor del 70% del metano total y la ruta hidrogenotrófica el otro 30%. Sin embargo, esta segunda ruta tiene elevada importancia en el proceso puesto que permite reducir la presión parcial del hidrógeno que generalmente no debe superar 0,0001 bar.

$$CH_3 - COO^- + 2H_2O \Leftrightarrow CH_4 + HCO_3^- \quad \Delta G_o = -7,4 \text{ kcal/mol}$$
(14.3)

$$HCO_3^- + 4H_2 + H^+ \Leftrightarrow CH_4 + 3H_2O \quad \Delta G_o = -32,4 \text{ kcal/mol}$$
(14.4)

Es de destacar que estas últimas reacciones, contrariamente a lo que sucede con la degradación acetogénica de los ácidos de tres o más carbonos, transcurre con una fuerte disminución de energía libre, lo que resulta energéticamente favorable (con desprendimiento de calor). Como puede verse en las Ecuaciones 14.5 y 14.6, la asociación de las reacciones acetogénicas y metanogénicas es conveniente desde el punto de vista energético.

(1+3)

$$4CH_3 - CH_2 - COO^- + 3H_2O \Leftrightarrow 4CH_3 - COO^- + HCO_3^- + H^+ + CH_4$$
$$\Delta G_o = -24,4 \text{ kcal/mol}$$
(14.5)

(2+3)

$$2CH_3 - CH_2 - CH_2 - COO^- + HCO_3^- + H_2O \Leftrightarrow 4CH_3 - COO^- + H^+ + CH_3$$
$$\Delta G_o = -9,4 \text{ kcal/mol}$$
(14.6)

De acuerdo con esta idea, la generación de CH_4 se produciría por procesos de asociación de las bacterias productoras de hidrógeno demandantes de calor en la etapa acetogénica con las consumidoras de hidrógeno de la metanogénica productoras de calor.

Los productos finales de la fermentación o digestión metánica son una mezcla gaseosa de metano y dióxido de carbono con pequeñas porciones de hidrógeno, nitrógeno y SH_2 (biogás), y los lodos de digestión (digestato), constituidos por sólidos de distintas fases de degradación suspendidos o disueltos en agua. Conociendo la composición elemental de los materiales biodegradables (carbohidratos, las grasas y las proteínas) puede ajustarse la reacción estequiométrica del proceso (Ecuación 14.7), lo que permite determinar el potencial de la composición del biogás. Se define como rendimiento del proceso la relación entre el metano conseguido realmente y el metano obtenible mediante una biodegradación completa. El rendimiento nos permite comparar dos procesos de digestión en condiciones distintas.

$$C_nH_aO_b + \left(n - \frac{a}{4} - \frac{b}{2}\right)H_2O \Leftrightarrow \left(n - \frac{a}{8} + \frac{b}{4}\right)CO_2 + \left(\frac{n}{2} + \frac{a}{8} - \frac{b}{4}\right)CH_4 \qquad (14.7)$$

En el caso de los carbohidratos y las grasas conduce a composiciones de biogás con 50 y 70% de metano respectivamente, y en el de las proteínas entre el 60 y 84% de metano. Dada la gran variabilidad, en cuanto a composición, de los sustratos susceptibles de ser fermentados anaeróbicamente, en la práctica la composición del biogás es muy variable.

En la Tabla 14.3 se muestran algunos de los grupos bacterianos que intervienen en cada etapa.

Tabla 14.3. Principales bacterias formadoras de metano y sustratos sobre los que actúan.

	Genero	**Especie**
Hidrolíticas	*Butyvibrio,* *Clostridium*	
Acetogénicas	*Ruminococus,* *Lactobacillus,* *Streptococus,* *Acetobacterium* *Acetogenium*	
Metanogénicas	*Metanobacillus omelionki*	
	Syntrophobacter wolini	
	Methanobacterium	*M. formicum*
		M. rumiantium St. M.I.
		M. sp. strain M.O.H.
		M. arbophilicum
	Methanosarcinas	*M. barkeri*
		M. barkeri st 227
		M. barkeri st. W
	Methanococus	*M. vannielii*
		M. sp. strain P.S.
	Methanospirillum	*M. hungatei*

14.3. Parámetros operativos de control

Del conjunto bacteriano que intervienen en la fermentación anaerobia, las bacterias metanogénicas son las más sensibles a las condiciones del medio y su variación. Desde el punto de vista operativo la fermentación metánica se realiza con éxito cuando se alcanza y se mantiene un equilibrio entre la velocidad de los procesos productores de ácidos y de los que generan metano a partir de tales ácidos. Hay diferentes configuraciones de los procesos de digestión; el primer tipo de configuración consiste en que todas las etapas de la digestión tengan lugar dentro del mismo biorreactor. Otra posibilidad es que los procesos de digestión se realicen en dos fases o en doble etapa con separación de las mismas en dos digestores, la fase ácida se realiza en un primer digestor y la metánica en el siguiente. De esta manera se evita la influencia de las variaciones de pH en los microorganismos metanogénicos, consiguiendo un mayor control del proceso. La tercera posibilidad es disponer de un biorreactor para cada una de las etapas, es decir tres digestores en serie. Una última opción es realizar el proceso en un reactor flujo-pistón. En el digestor flujo-pistón el sustrato discurre linealmente de forma continua estratificado en flujo laminar, es decir, sin mezclarse con el material que entró anteriormente o posteriormente. Durante su desplazamiento la flora bacteriana va cambiando, pasando por las sucesivas etapas degradativas.

La adaptabilidad de los diferentes grupos bacterianos a las variaciones de las condiciones del medio es variable, siendo las bacterias metanogénicas mucho más sensibles frente a cualquier modificación. Cada grupo bacteriano tiene una serie de condiciones limitantes del medio, tanto físicas como químicas, tales como la presión, la temperatura, el pH o concentraciones de determinados compuestos químicos, resultando efectos adversos no deseados cada vez que se superan estos límites. En la práctica el equilibrio se manifiesta en la estabilidad del pH en condiciones de constancia de caudal y temperatura. La producción con tres biorreactores permite amortiguar las posibles distorsiones sobre los parámetros de control del sistema, que provocan una acumulación de productos intermedios (ácidos grasos volátiles, ácidos grasos de cadena larga y H_2), que provocan la acidificación del medio y, en consecuencia se produce la paralización del proceso.

A continuación se describe la influencia de los parámetros temperatura, pH y nutrientes con los problemas de inhibición.

Temperatura

De acuerdo a los niveles de temperatura en los que trabajan de forma óptima los distintos grupos bacterianos responsables de la fermentación se clasifican como *mesófilo* o *termófilo*. El rango óptimo corresponde a las temperaturas de máximo crecimiento de las floras microbianas, punto que coincide con el de mayor producción de biogás. En general, puede afirmarse que dentro del intervalo en que es estable un determinado tipo de flora, la velocidad de producción de gas aumenta con la temperatura a igualdad de las restantes condiciones.

El proceso mesófilo tiene el intervalo óptimo de trabajo entre 35 y 40 °C, aunque varía bastante con el tipo de sustrato, y puede situarse algunas veces por debajo de 35 °C. Para el intervalo termófilico este óptimo se encuentra por encima de los 60 °C. Dichos óptimos absolutos (máxima producción de biogás por kg de sólidos volátiles) pueden no corresponder con los máximos de energía neta obtenida, debido a que a menudo la energía requerida para mantener el digestor a una determinada temperatura supera el incremento conseguido en la producción de gas, como consecuencia de operar a la citada temperatura. En ocasiones los óptimos de energía neta producida en el intervalo mesófilo corresponden no a 35 °C sino a 25 °C, e incluso a 20 °C.

pH

Cuando las tres etapas de la fermentación se realizan en un solo biorreactor agitado, el sistema puede trabajar por lotes (biorreactor de tipo Batch) o en forma continua. Tras la carga, el pH del sistema inicialmente experimenta un descenso hasta un valor mínimo comprendido entre 4 y 5, según el tipo de materia prima utilizada, debido al inicio de la fase hidrolítica y acetogénica. A continuación se inicia un aumento paulatino hasta un valor de régimen próximo a la neutralidad (pH 6,5-7,5). En el proceso de alimentación continua en ese momento comienza la alimentación del digestor consiguiendo un pH neutro permanente. Un régimen de alimentación excesivo provoca un descenso del pH y una disminución de la producción de metano dado que afecta a las bacterias metanogénicas; una alimentación pobre disminuye también la producción metano por falta de formación acetato, dado que la hidrólisis es la reacción limitante desde el punto de vista cinético. En el proceso discontinuo, la neutralidad debe mantenerse incluso una vez se paraliza la formación de metano por el agotamiento del sustrato degradable.

El valor de pH no solo influye en la producción total de biogás, sino, lo que es más importante, su composición en metano, ya que por debajo de 6 la acidez existente en el reactor inhibe fuertemente la actividad de las bacterias metanogénicas, y por debajo de pH 4,5-5,0, la inhibición afecta también a las bacterias degradativas. Efectos similares se detectan a valores de pH por encima de 8,0-8,5. En consonancia, las incidencias sufridas sobre el pH son críticas en el proceso.

La variación del pH puede ser provocada como efecto secundario de otras alteraciones como la variación de la temperatura o la presencia de tóxicos inhibidores de la acción bacteriana. Si la temperatura cambia bruscamente en el reactor, el grupo bacteriano adaptado deja de trabajar eficientemente. Si las bacterias metanogénicas no metabolizan los ácidos se provoca la acidificación del medio. El efecto de tóxicos sería similar. De esta forma el pH actúa como un indicador del proceso.

Las posibles formas de corregir las variaciones de pH en un digestor se muestran en la Tabla 14.4.

Tabla 14.4. Formas de corregir las variaciones accidentales de pH en el digestor.

Alteración de condiciones	Causas de variación	Corrección
Demasiado ácido (pH: 6 o menos)	1. Velocidad de alimentación demasiado rápida	Ralentización de la alimentación Añadir amoniaco
	2. Fluctuación de la temperatura	Estabilizar temperatura
	3. Formación de espuma	Eliminar espuma
	4. Presencia de sustancias tóxicas	Eliminar tóxicos, vaciar el reactor y realizar una nueva carga
Demasiado básico (pH: 9 o más)	1. Material demasiado alcalino Reducir velocidad de alimentación	Esperar (no acidificar el digestor)

Relación C/N y nutrientes

Cuando existen microorganismos en un medio de cultivo apropiado, comienzan a reproducirse empleando los nutrientes que le aporta el medio de cultivo. Este proceso continúa hasta que algún nutriente del medio de cultivo se agota (sustrato limitante), momento en el crecimiento se detiene. También puede detenerse el crecimiento por acumulación de alguna substancia inhibidora formada por los mismos microorganismos.

Un adecuado crecimiento microbiano necesita principalmente una fuente de carbono y una fuente de nitrógeno, junto a otros microelementos minerales. Los sustratos susceptibles de ser fermentados se caracterizan por la relación C/N en su composición. Los valores de C/N recomendados para una producción de metano adecuada deben estar comprendidos entre 20 a 30 partes de C por una de N.

Si la relación C/N es alta, el N será consumido rápidamente por las bacterias metanogénicas para formar proteínas, al agotarse el N dejaran de realizar su función y el C de exceso no reaccionará, por tanto, el rendimiento del proceso será bajo. Si la relación C/N es muy baja (menor a 16), es decir, si el nitrógeno es abundante, este será liberado y acumulado en forma de amoniaco, el cual incrementará el pH de la carga en el digestor. Un pH > 8,5 comenzará a mostrar efectos tóxicos en la población de bacterias metanogénicas.

Los materiales con una relación C/N alta pueden mezclarse con aquellos de baja relación C/N para dar la relación promedio deseada a la carga.

La flora microbiana requiere para su desarrollo el suministro de una serie de nutrientes minerales, además de una fuente de carbono, nitrógeno y energía. Entre los nutrientes minerales del sistema anaeróbico destacan el azufre, fósforo, hierro, cobalto, niquel, molibdeno, selenio, riboflavina y vitamina B12. Estos nutrientes deben estar de forma directamente asimilable por los microorganismos. No obstante, el proceso anaeróbico se caracteriza por tener menores requerimientos de nutrientes que el aeróbico.

Las carencias nutricionales se pueden corregir mediante la fermentación de mezclas de materiales, en procesos de codigestión.

Características del sustrato y del inóculo

El rendimiento de la fermentación de un determinado sustrato depende de ciertas propiedades que pueden modificarse mediante acciones previas a su introducción en el digestor. Aunque existe conocimiento de la tendencia en cada una de ellas para conseguir los mejores resultados, la cantidad de producto obtenido conlleva un cierto empirismo. Es decir, un mismo sustrato puede proporcionar diferentes rendimientos de metano de acuerdo a propiedades tales como:

1. Granulometría: una granulometría fina mejora la accesibilidad de los microorganismos, y con ello el tiempo de retención y la productividad. Por otra parte, mejora las posibilidades de bombeo.

2. Concentración de sustrato en la corriente de entrada al digestor: la dilución del sustrato permitirá ajustar el contenido de sólidos y nutrientes óptimos en el alimento para el funcionamiento del proceso. Comúnmente la concentración se mide como el contenido total de sólidos, normalmente expresado en porcentaje, que indica la fracción del peso total de sólidos orgánicos totales. Ésta se determina mediante pesada tras someter una muestra representativa del sustrato a 105° C llegando a peso constante, es decir, hasta que el sustrato se quede sin el agua, que es evaporada. Experiencias realizadas utilizando mezclas de estiércoles animales en agua han determinado en digestores continuos y en fase húmeda, el porcentaje de sólidos óptimo oscila entre el 8% y el 12%.

3. Estructura y composición química: el conocimiento de la composición química permite adecuar el balance de nutrientes a las necesidades del proceso. La mezcla de materiales produciendo una codigestión permite dicha corrección de la alimentación.

Factores importantes son la solubilidad y la biodegradabilidad. Si el sustrato es poco biodegradable precisará mayores tiempos de residencia para su degradación, lo que repercutirá en los costes de operación.

En cuanto al inóculo, es necesario emplear materiales que contengan un amplio espectro de microorganismos. Si no se dispone de suficiente carga microbiana es necesario inocular el material mediante mezcla de sustancias, actuando una de ellas como inóculo para poner en óptimo funcionamiento el proceso de arranque del reactor.

Agitación

En los digestores donde se realizan las distintas etapas de la fermentación (excepto en el sistema flujo-pistón) la agitación favorece el desarrollo del proceso. La agitación mezcla el sustrato fresco con la masa bacteriana, y ayuda a eliminar los metabolitos producidos en la metanogénesis, favoreciendo la salida de los gases. Impide la formación de zonas muertas sin actividad biológica, que reducirían el volumen efectivo del reactor y la formación de costra dentro del digestor. Además la agitación evita la estratificación térmica, manteniendo una temperatura uniforme en todo el digestor y previene la formación de espumas, así como la sedimentación en el reactor.

La velocidad de agitación es un factor que puede influir en el desarrollo del proceso, sin embargo, su valor óptimo debe ser estudiado empíricamente, depende de la viscosidad, densidad y porcentaje de sólidos. Normalmente se relaciona el número de Reynolds conseguido en el fluido con el rendimiento y la productividad obtenidos.

La agitación puede conseguirse hidráulicamente con el flujo de entrada o bien estar basados en hélices sumergibles.

Tóxicos e inhibidores

Muchas sustancias pueden alterar el metabolismo celular, y por tanto inhiben el crecimiento de los microorganismos anaerobios. Los inhibidores más importantes son el O_2, H_2, NH_3 y el NH_4; ácidos grasos volátiles y ácidos grasos de cadena larga; los compuestos de azufre, como el sulfhídrico, los cationes, aniones y sales disueltas, metales pesados, y finalmente los desinfectantes y antibióticos que pueden entrar junto con los residuos a tratar.

La capacidad inhibitoria depende de la concentración del tóxico. También pueden darse fenómenos de antagonismo y sinergismo. Antagonismo es una reducción de la inhibición producida por un toxico por la presencia de otro; y sinergismo es el aumento del efecto tóxico de una sustancia causada por la presencia de otra.

Por otra parte, la magnitud del efecto tóxico de una sustancia puede reducirse significativamente por aclimatación de la población microbiana al tóxico. La aclimatación surge de una reorganización de los recursos para vencer los obstáculos metabólicos producidos por el substrato tóxico, más que mutación o selección de las poblaciones.

Otros factores pueden afectar también la toxicidad de un determinado compuesto y la diferente resistencia de los grupos bacterianos. También la temperatura juega un importante papel en el efecto tóxico de determinados compuestos como amonio, sulfuro, ácidos grasos volátiles, etc.

14.4. Cinética del proceso fermentativo

Hay dos aspectos que caracterizan el crecimiento microbiano: uno estequiométrico, por el cual la concentración final de microorganismos obtenidos dependerá de la concentración y composición del medio de cultivo, y el otro cinético, el que dirá con qué velocidad se lleva a cabo el proceso. El proceso de fermentación anaerobia implica a un amplio espectro de microorganismos, por lo que su control cinético difícilmente se puede realizar mediante el seguimiento de la masa microbiana, como ocurre en los reactores donde se propicia el crecimiento de un solo tipo (por ejemplo en los distintos tipos reacciones que se realizan para producir bioetanol). En este caso se realiza mediante la medición del producto obtenido, es decir, metano.

Considerando un digestor funcionando como un biorreactor de tipo Batch o discontinuo, el material a fermentar se introduce en el biorreactor y se deja fermentar durante un tiempo, hasta considerar que el proceso ha concluido. En ese momento el reactor es vaciado para reponer sustrato. El tiempo que permanece el sustrato dentro del biorreactor se denomina *Tiempo de retención* (TR). Inicialmente, la producción de biogás es baja, y su crecimiento muy lento. Esto es provocado porque el crecimiento de la concentración de células también es lento porque necesitan un tiempo de adaptación. Una vez superada esta *fase de adaptación*, el crecimiento celular se produce de forma exponencial, ya que las células disponen de una gran cantidad de alimento, y la producción de metano sigue la misma tendencia. Cuando el alimento empieza a escasear, la velocidad de reproducción disminuye y aumenta el número de células muertas, llegando a equilibrarse el número de muertes con el de nacimiento de nuevas células. A esta fase se le denomina *Fase estacionaria*. Momento en que la producción de metano vuelve a ser lento y lineal. Finalmente la muerte celular por falta de alimento hace que la producción de metano sea nula.

A efectos prácticos, para obtener la máxima productividad, el tiempo de retención se fija según la duración de la fase exponencial, sin llegar a que el biorreactor alcance la fase estacionaria. En ese momento en los reactores tipo Batch agitados se vacían 2/3 de su volumen, reponiendo esta cantidad con sustrato nuevo, con el fin de que la flora microbiana ya adaptada siga reproduciéndose a máxima velocidad. Si se vacía el reactor completamente, la carga microbiana propia del sustrato sufrirá un nuevo periodo de adaptación que reduce la productividad general. Un tiempo de retención normal en el rango mesofílico para residuos ganaderos es de 15-20 días. Con lodos de depuradora se suele utilizar un TR de 20-25 días.

El tiempo de retención dependerá de la velocidad de crecimiento de los microorganismos responsables de las distintas etapas de la fermentación. Es por ello que conviene recordar algunos conceptos clave sobre esta cinética.

En la Figura 14.3 se muestra la producción acumulada de biogás con el tiempo en la fermentación de la mezcla de 25% paja de trigo y 75% excrementos de ganado bovino a temperatura ambiente, es decir, sin calentamiento del digestor.

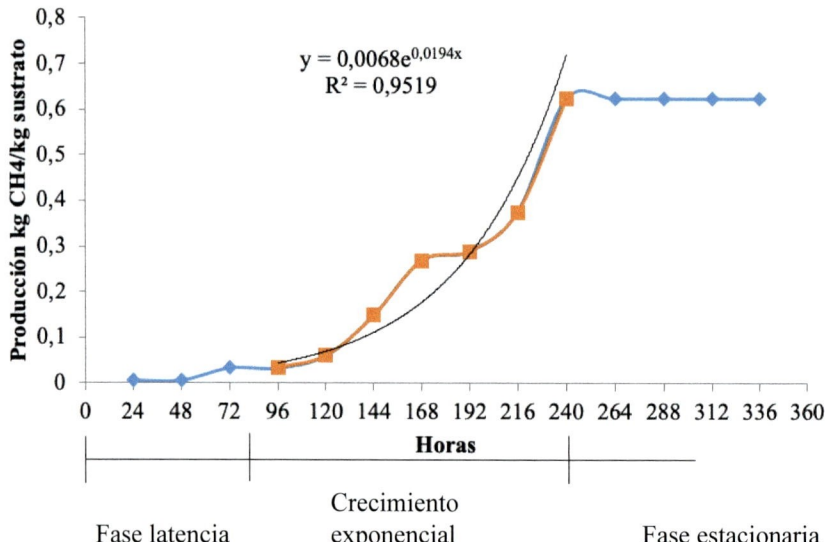

$$y = 0,0068e^{0,0194x}$$
$$R^2 = 0,9519$$

Figura 14.3. Evolución de la producción de biogás en la fermentación de la mezcla de 25% paja de trigo y 75% excrementos de ganado bovino.

La cantidad de metano generado por unidad de volumen y tiempo es proporcional a la variación de concentración celular (X). La constante de proporcionalidad $Y_{p/x}$ se denomina *rendimiento producto-biomasa*.

$$\frac{d[CH_4]}{dt} = Y_{p/x} \cdot \frac{dX}{dt}$$

Dado que a su vez la variación de concentración celular es proporcional a la concentración de células en un instante dado, se tiene que:

$$\frac{d[CH_4]}{dt} = Y_{p/s} \cdot \mu X$$

La constante μ se denomina tasa de crecimiento celular. Desarrollando la variación de concentración celular con el tiempo, se demuestra que la cantidad de producto obtenido (metano) sigue un crecimiento exponencial durante la fase de crecimiento exponencial de los microorganismos. Es por ello que en los biorreactores tipo Batch se busca siempre trabajar en esta fase. Para ello, se debe de ajustar el tiempo de retención a la duración de esta etapa.

$$\frac{dX}{dt} = \mu X \rightarrow \frac{dX}{X} = \mu \cdot dt$$

$$\int_{X_0}^{X} \frac{dX}{X} = \int_{tlag}^{t} \mu \cdot dt$$

$$\ln\frac{X}{X_0} = \mu \cdot \left(t - t_{lag}\right)$$

$$X = X_0 \cdot e^{\mu\left(t - tlag\right)}$$

X_0 representa la concentración celular inicial en el reactor; X representa la concentración celular en un tiempo t, tlag es el tiempo de letargo.

$$\frac{d[CH_4]}{dt} = Y_{p/s} \cdot \mu X_0 \cdot e^{\mu(t-tlag)}$$

$$[CH_4] = Y_{p/s} \cdot X_0 \cdot \left(e^{\mu(t-tlag)} - 1\right)$$

Considerando que el valor de $Y_{p/s} \cdot X_0$ es despreciable frente al de la exponencial, es decir $Y_{p/s} \cdot X_0 <<< Y_{p/s} \cdot X_0 \cdot e^{\mu(t-tlag)}$, se puede representar gráficamente el volumen acumulado obtenido en cada experiencia con el modelo de la Ecuación 14.8, calculando la tasa de crecimiento celular, la productividad del sustrato, el tiempo de retención óptimo para un mayor aprovechamiento de la energía.

$$[CH_4] = Y_{p/s} \cdot X_0 \cdot e^{\mu(t-tlag)} \tag{14.8}$$

Bajo la hipótesis de que la producción de metano es proporcional sólo a la concentración de células, se obtienen ecuaciones de la misma forma exponencial.

$$\frac{d[CH_4]}{dt} = Y_{p/s} \cdot X$$

$$[CH_4] = \frac{Y_{p/s} \cdot X_0}{\mu} \cdot \left(e^{\mu(t-tlag)} - 1\right)$$

$$[CH_4] = \frac{Y_{p/s} \cdot X_0}{\mu} \cdot e^{\mu(t-tlag)}$$

14.5. Digestores

Los recipientes donde se realizan las reacciones de degradación de la materia orgánica se denominan *digestores*. Según la configuración de la instalación todas las reacciones pueden realizarse en un solo digestor o en varios de ellos. Según el sistema de funcionamiento, los digestores pueden clasificarse en tanques homogeneizados por agitación, conocidos comúnmente como CSTD (*Conventional Stirred Digestor*), o en biorreactores flujo-pistón. En los tanques homogeneizados todas las sustancias intervinientes se encuentran uniformemente distribuidas. Se considera que en el caldo no existen gradientes de concentración de ninguno de los componentes (sustrato, masa microbiana y productos) ni de la temperatura. En éstos

la carga se puede realizar de forma continua o discontinua. En los biorreactores flujo pistón el sustrato y la flora microbiana están estratificados, desplazándose en flujo laminar, por tanto son de carga continua. El tiempo de retención en estos equipos es bastante más largo pero resultan significativamente más económicos.

El diseño de los digestores está sujeto a limitaciones como inversión, rendimiento de la energía neta y rendimiento de las operaciones. Las tecnologías disponibles varían desde sistemas muy rudimentarios hasta los más sofisticados tanto a escala doméstica como a escala industrial. Los biorreactores más sofisticados poseen un sistema de control de temperatura, sondas de medición de pH, detector de presencia de espuma, presión en el domo y medición de la concentración de metano. Los sistemas de control de temperatura pueden estar basados en resistencias eléctricas o en tuberías junto a las paredes por donde pasa un caloportador (agua o aceite caliente). También pueden tener un sistema de limpieza basado en unos emisores de agua por la parte superior que se evacúa por la parte inferior. Los digestores más rudimentarios no disponen de estos dispositivos, siendo una opción enterrarlos para un mayor aislamiento térmico.

La mayoría de los biorreactores son de crecimiento suspendido, donde el propio medio fluido contiene los microorganismos y la materia orgánica en suspensión. No obstante, también existe la fermentación sobre lecho soportado, donde hay unas formaciones o elementos de alta superficie específica que sirven de soporte a los microorganismos. Los soportes pueden ser permeables al fluido, pero tienen retenidos los microorganismos degradadores.

El diseño de los digestores puede ser muy diverso, pero indistintamente del sistema a utilizar, el digestor debe cumplir unos requisitos mínimos, como ser impermeable al agua y al gas, térmicamente aislado, tener una mínima relación superficie/volumen y estabilidad estructural.

Digestores de domo fijo

Son digestores de volumen constante, en los que el biogás se acumula en la parte superior aumentando la presión a medida que se va produciendo.

Los digestores de volumen pequeño-medio (de 1 hasta 1000 m³) pueden ser construidos de acero inoxidable, polietileno o fibra de vidrio. Éstos suelen tener forma cilíndrica, dispuestos verticalmente, con tapas toriesféricas o de casquete esférico en la base superior e inferior. La relación altura/diámetro de la base suele ser 1,4-1,5. La alimentación debe realizarse por la parte inferior, dado que esta configuración evita la entrada de oxígeno al medio en fermentación. El cilindro se sostiene por un bastidor, lo que permite realizar la evacuación del digerido por el punto más bajo de la base inferior por gravedad.

Los digestores de volúmenes medios (500 - 5000 m³) o volúmenes grandes (mayores de 5000 m³) pueden ser construidos de ladrillos, piedra u hormigón. La superficie interior es sellada por varias capas delgadas de mortero o un geotextil para hacerlo impermeable. El domo y la base suelen construirse hemisféricos. La tubería de alimentación conduce el material a fermentar al fondo por donde se va llenando el biorreactor. La evacuación del digerido debe realizarse mediante bomba bien desde la parte inferior (tanques homogeneizados) o desde la zona de finalización del recorrido del sustrato (tanques flujo pistón).

Los tanques homogeneizados poseen un solo cuerpo y requieren sistema de agitación, bien mecánica o hidráulica. Los biorreactores flujo pistón pueden estar compartimentados. En cada uno de los compartimentos se realiza una fase de la fermentación.

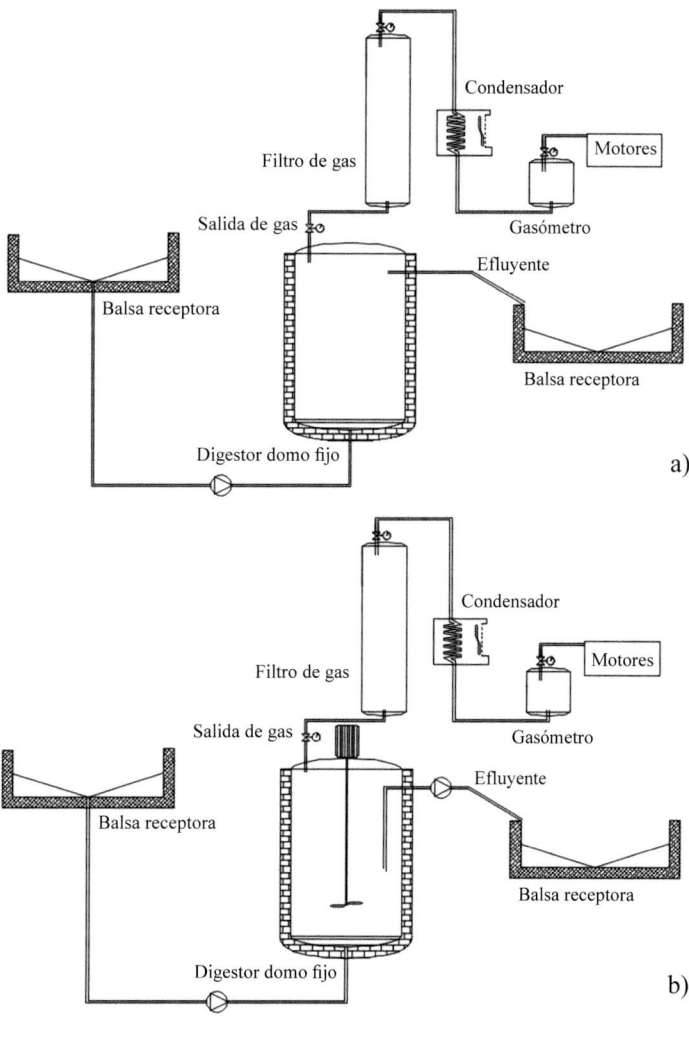

Figura 14.4. Biodigestor de domo fijo (a) tanque homogeneizado con agitador, (b) biorreactor flujo-pistón no homogeneizado.

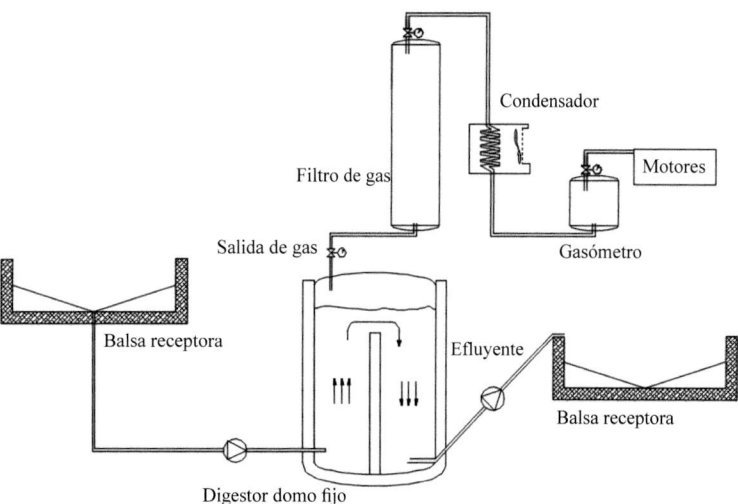

Figura 14.5. Biodigestor de domo fijo flujo-pistón compartimentado.

Todos los digestores de domo fijo poseen una trampilla superior para la inspección que también facilita el limpiado.

Digestores de domo flotante

Los digestores de domo flotante son aquellos que modifican su volumen a medida que se va produciendo el biogás. De esta manera, por encima de una determinada cantidad de gas, éste sale siempre del reactor a presión constante.

Digestor de domo flotante de estructura rígida.

El digestor de estructura rígida puede estar construido con ladrillo u hormigón. El domo flotante consiste en una tapa móvil de acero, fibra de vidrio o polietileno. A medida que el gas va siendo producido bajo, la tapa flotante sube. La presión del gas disponible depende del peso del domo, normalmente varía entre 4 a 8 cm de presión de agua. El reactor puede alimentarse tanto de forma continua como discontinua desde la base través de una tubería. Así puede funcionar tanto con agitación o de modo flujo pistón.

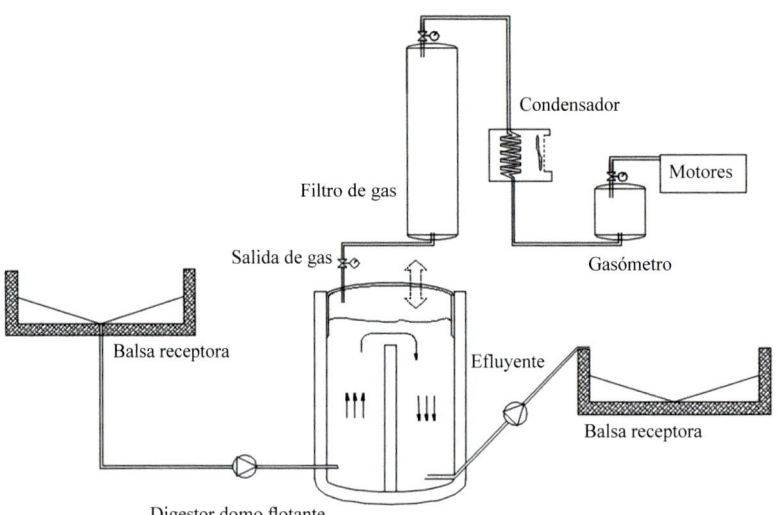

Figura 14.6. Digestor de domo flotante de estructura rígida.

Digestor de domo flotante de estructura flexible

Son digestores de geomembrana tipo horizontal, se disponen semienterrados en 2/3 de su volumen y tienen varias cámaras en su interior para facilitar el proceso anaeróbico. Su construcción es más rápida, más económica y más apropiada para instalaciones pequeñas. La geomembrana está fabricada de laminados flexibles de PVC o polietileno, reforzadas con fibras de poliéster. La cara interior lleva aditivos que proporcionan una mayor resistencia al ataque de bacterias, y una cara exterior también tiene aditivos que le aportan mayor resistencia a los rayos U.V.

Este biodigestor se compone de reactor y gasómetro. En términos de volumen, el reactor ocupa un 70% y el gasómetro el 30% restantes. Permiten el control de la temperatura por tuberías internas por donde circula el caloportador. La vida útil se estima en unos 15 años.

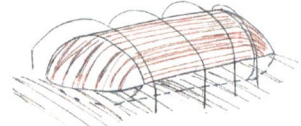

Figura 14.7. Biodigestor tubular de estructura flexible semienterrado.

14.6. Adecuación del biogás

El biogás obtenido precisa una adecuación a para permitir su uso en instalaciones de combustión, tanto en caldera como en motores. Los tratamientos más importantes son la eliminación de agua y la eliminación de ácido sulfhídrico.

Desulfuración del biogás

El contenido de ácido sulfhídrico (H_2S) en el biogás supone un problema debido a su alto poder corrosivo que deteriora las instalaciones. El ácido sulfhídrico puede reaccionar con agua convirtiéndose en ácido sulfúrico por lo que es necesario eliminarlo antes de su introducción en cualquier tanque reservorio. Existen dos vías de eliminación:

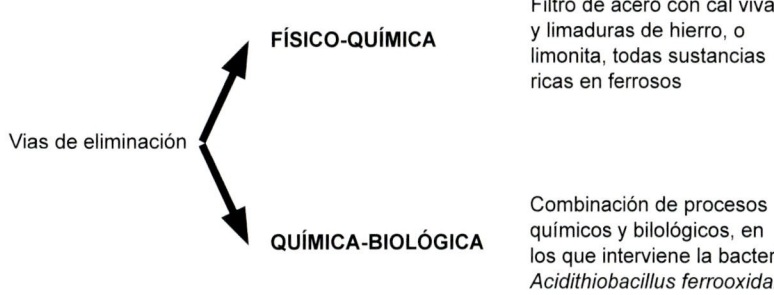

FÍSICO-QUÍMICA — Filtro de acero con cal viva y limaduras de hierro, o limonita, todas sustancias ricas en ferrosos

Vias de eliminación

QUÍMICA-BIOLÓGICA — Combinación de procesos químicos y bilológicos, en los que interviene la bacteria *Acidithiobacillus ferrooxidans*

Figura 14.8. Vías de desulfuración.

El filtro de limaduras de hierro es la tecnología más empleada para la eliminación de pequeñas cantidades de ácido sulfhídrico. La humedad del biogás ayuda a la formación de óxido e hidróxido de hierro, liberando hidrógeno gas que mejora sus propiedades caloríficas. Tanto el óxido como el hidróxido reaccionan con el ácido sulfhídrico formando sulfuro de hierro. Dado que el gas se desulfura en su recorrido por el filtro, éstos tienen una cilíndrica alargada con sección de reducido diámetro. El contenido de hierro determina la duración del filtro. Tras su conversión a sulfuro en el filtro, la carga filtrante debe ser sustituida. Se requiere, evidentemente, revisar y renovar la viruta de hierro cuando se agote en el depósito, por lo que se recomiendan soluciones de diseño que permitan un acceso fácil al interior.

$$Fe + H_2O \rightarrow FeO + H_2$$

$$FeO + H_2O \rightarrow Fe(OH)_2$$

$$SH_2 + FeO \rightarrow FeS + H_2O$$

$$SH_2 + Fe(OH)_2 \rightarrow FeS + 2H_2O$$

La vía química biológica se basa en la utilización de microorganismos específicos como la bacteria *Acidithiobacillus ferrooxidans*. Inicialmente el biogás con H_2S se hace pasar por una torre de absorción con una disolución de sulfato férrico. El sulfhídrico se oxida a azufre elemental que precipita:

$$H_2S \ (g) + Fe_2(SO_4)_3 \ (aq) \rightarrow S \ (s) + H_2SO_4 \ (aq) + 2FeSO_4 \ (aq)$$

El azufre elemental se retira del medio mediante una operación de separación y, la disolución resultante, se pasa a través de un biorreactor aerobio donde la bacteria *Acidithiobacillus ferroxidans* cataliza la reacción que transforma en Fe (II) en Fe(III):

$$2FeSO_4\,(aq) + H_2SO_4\,(aq) + \tfrac{1}{2}\,O_2\,(g) \rightarrow Fe_2(SO4)_3\,(aq) + H_2O$$

Con lo que el proceso global puede esquematizarse como:

$$H_2S\,(g) + \tfrac{1}{2}\,O_2\,(g) \rightarrow H_2O\,(l) + S\,(s)$$

Lo que implica la eliminación del ácido sulfhídrico y su transformación en azufre sólido que precipita.

Deshidratación

La eliminación de agua del biogás se hace necesaria porque influye negativamente reduciendo su poder calorífico. La deshidratación se realiza por condensación en intercambiadores de calor, eliminando el agua en forma líquida.

14.7. Gestión de residuos

La fermentación anaerobia supone una de las alternativas más importantes para la gestión de los residuos ganaderos, residuos urbanos y lodos de depuradora, donde la carga microbiana es elevada.

La utilización directa de estos materiales como enmienda orgánica en los suelos en principio no es viable, debido a que la elevada carga microbiana provoca una *demanda biológica de oxígeno* (DBO) excesiva, y esto provoca toxicidad. Los efectos producidos son los siguientes: cuando este tipo de residuos se depositan sobre el suelo, o se mezclan con el mismo en la parte superior, la elevada DBO agota el oxígeno existente en los poros, provocando anaerobiosis, lo que inicia un proceso de fermentación. Entonces la producción de ácidos en la hidrólisis y acetogénesis anaerobia provoca la disminución del pH. La disminución del pH altera la estructura del suelo al deshacer los agregados por la alteración del complejo arcillo-húmico. Las partículas finas procedentes del desmoronamiento de los agregados taponan los poros lo que incrementa aún más las condiciones anaerobias. Esto produce malos olores procedentes del H_2S, NH_3 y otros gases. Por otra parte el taponamiento de la capa superficial del suelo afecta a la capacidad de infiltración de agua lo que favorece el encharcamiento. Lo más habitual de un suelo afectado por una carga microbiana elevada es que se convierta en fango anegado, y forme una costra superficial impermeable tras su desecación. Las condiciones de anaerobiosis y bajo pH imposibilitan el crecimiento de las plantas, dado que no permiten la respiración de las raíces y se dañan los tejidos. La imposibilidad de una adecuada absorción de agua y minerales del suelo por las plantas provoca que estas sufran una clorosis, decaimiento y muerte. Por otra parte, tanto los excrementos de ganado, como residuos orgánicos urbanos y lodos de depuradora poseen generalmente huevos de gusanos y moscas, y diversos fitopatógenos como hongos, virus y bacterias que afectan a los tejidos vasculares de las plantas.

Tabla 14.5. Efectos de la aplicación de residuos orgánicos no estabilizados en los suelos.

Disminución del pH (acidificación)
Deterioro de la estructura
Reducción de capacidad de intercambio cxatiónico
Taponamiento y formación de costra
Reducción de infiltración y encharcamiento
Malos olores
Presencia de patógenos, huevos de gusano, moscas
Infertilidad de los suelos

Para poder aplicar estos residuos a los suelos es necesario reducir la carga microbiana. Su procesamiento puede ser llevado a cabo por fermentación anaerobia o mediante compostaje (degradación aerobia). En ambos casos la flora microbiana consume nutrientes hasta que estos empiezan a escasear, de manera que se produce una muerte progresiva de los microorganismos hasta la estabilización.

La gestión de residuos en múltiples ocasiones supone un elemento clave en la rentabilidad de las instalaciones.

Gestión de residuos ganaderos

La recogida de los excrementos animales puede ser diseñada de diversas maneras:

Instalaciones sin fosa

En las estabulaciones sin fosa, para extraer los excrementos animales de forma periódica se sacan los animales, se eliminan las barreras móviles y a través de un tractor con rastrillo o pala delantera se recoge el estiércol por empuje de forma más o menos eficiente. El material suele estar mezclado con paja que actúa como cama animal. La paja se coloca sobre el suelo en las estabulaciones sin fosa para que se absorban los orines, y como aislante térmico. En definitiva mejora las condiciones sanitarias y da confort a los animales. Tras un determinado tiempo (desde una vez por semana hasta cada 15 días) los excrementos deben ser retirados y la cama repuesta. El suelo se limpia con agua que se emite con mangueras, frotando el suelo con cepillos. La mezcla de excrementos, paja y agua se amontona en pilas o se tira a una balsa impermeable. Si la instalación de fermentación anaerobia o compostaje está en la propia explotación los materiales se conducen al digestor con bomba de aguas residuales o por empuje. En caso de tener que ser transportados a instalaciones más o menos alejadas, se utilizan camiones de caja abierta o cisterna dependiendo de la fluidez del material.

Instalaciones con fosas de recolección

Las estabulaciones pueden ser diseñadas de forma que bajo el suelo se coloca una fosa impermeabilizada donde caen los excrementos disueltos en líquido al filtrarse por unas hendiduras en las baldosas del suelo. Las fosas de recepción suelen ser de entre 1 y 2,50 m de profundidad, con base inclinada, donde se almacenan los excrementos, el orín, el agua vertida y el alimento desperdiciado. Éstas suelen ser vaciadas cada 2 o 3 días mediante una bomba, conduciendo los residuos a tanques externos más grandes o a digestores.

El inconveniente mayor de las instalaciones con fosa debajo del suelo son los olores que emiten. Por otra parte, durante el tiempo que el material pertenece en la fosa ya empieza a ser fermentado parcialmente, lo que reduce el rendimiento de la digestión.

Instalaciones con drenaje por gravedad

Consiste en una evacuación de residuos filtrados a través de las rendijas de las baldosas del suelo por medio de desagües con sección en U o V, que se drenan por gravedad hacia una instalación exterior de almacenaje. Este almacenamiento se vacía cuando se llena, cada 3 días o una vez por semana.

Los tanques de almacenamiento de purín tienen capacidad para residuos de 3 a 12 meses. Pueden estar situados por debajo del nivel del suelo, sellados con geotextiles para impedir filtraciones al agua subterránea, o ser tanques prefabricados. Pueden estar tapados o abiertos para acumular agua de lluvia según su diseño. El estiércol se carga por arriba o por tuberías que trabajan por gravedad y entran cerca del fondo. Para evitar la precipitación de los elementos sólidos (guano) en el momento de su descarga deben colocarse sistemas de agitación ya sea hidráulica o mecánica.

En la Figura 14.9 se representa la configuración de una instalación ganadera de escala pequeña. Los purines generados en la granja son almacenados en un tanque de recepción. A partir del tanque receptor es alimentado el digestor. Sólo existe un digestor que funciona de forma discontinua (por lotes). En el digestor se produce el biogás que pasa por un filtro de depuración antes de ser utilizado en unos motores que producen energía eléctrica. Una parte de la energía eléctrica se consumirá en los equipos de la propia instalación y en la granja, el resto se suministrada a la red. El digestato, pasa a una balsa en la que los sólidos precipitan. El líquido es aprovechado como fertilizante emitido mediante cubas o a través de la red de riego. El sólido (guano) es usado como fertilizante orgánico.

El calor liberado en los gases de escape de los motores se utiliza tanto en el calentamiento del digestor como en la granja.

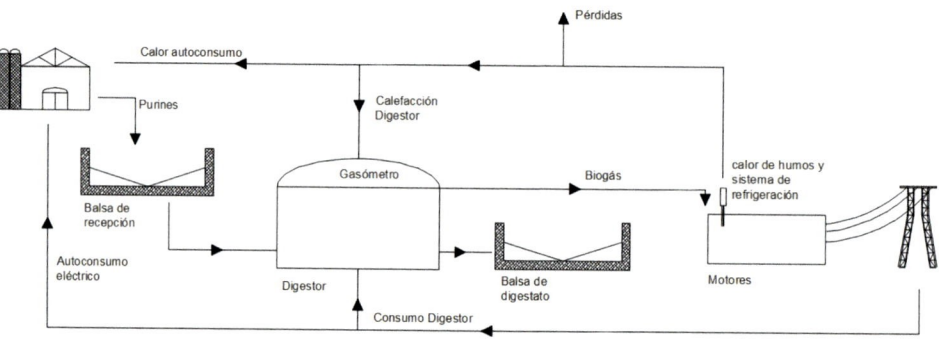

Figura 14.9. Instalación ganadera de escala pequeña.

En la Figura 14.10 se representa la instalación ganadera de escala media-grande. Costa de dos digestores. En el primero se realizan la hidrólisis y la acetogénesis, en el segundo se produce la metanogénesis. Los purines de la granja se almacenan en un tanque receptor que alimenta los digestores. El biogás obtenido se aprovecha del mismo modo que en el ejemplo anterior, mediante motores que producen electricidad y calor.

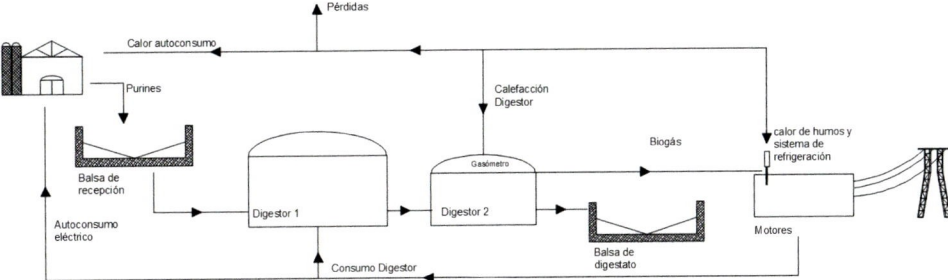

Figura 14.10. Instalación ganadera de escala media-grande.

Plantas industrializadas de biogás

Estas instalaciones cuentan con grandes depósitos o fosos receptores de residuos. Dependiendo del tipo de residuo, es posible que sea necesaria la separación de la fracción orgánica de la fracción no orgánica, como ocurre con los residuos sólidos urbanos (RSU) no separados en origen. Posteriormente se suele añadir agua hasta la concentración deseada, homogeneizando el material mediante trituración y agitación. Esto es especialmente importante cuando existen residuos procedentes de varias fuentes o localizaciones. Se pueden mezclar varios tipos de materiales (RSU con lodos, por ejemplo) para codigestión. Tras la homogeneización los materiales a fermentar pasan a los digestores que normalmente trabajan en continuo, donde se lleva a cabo el proceso microbiológico de la generación del biogás. Los digestores generalmente son de grandes dimensiones, desde unos pocos cientos de metros cúbicos hasta los 5000 m^3. Tras el digestor el biogás pasa por el depurador, consistente en filtro de H$_2$S y condensador. Posteriormente se almacena para quemarlo en motores de explosión, generando electricidad para uso en la planta o vender a la red, a la vez que se aprovecha el calor de los humos de escape y de refrigeración del motor para su uso en el mismo proceso, para vender a las industrias cercanas o para la calefacción de hogares.

Del digestato es separada la fracción líquida de la sólida, por filtración. En este tipo de plantas se produce un gran volumen de materia orgánica biofertilizante, tanto líquida como sólida. Para ello se diseñan con grandes estanques de recolección y almacenamiento construidos de ladrillo impermeabilizado u hormigón.

14.8. Dimensionado de las instalaciones

El dimensionado de la instalación comienza por la definición de su escala. La escala puede definirse según dos criterios: a) por la cantidad de material a tratar al año; b) por la potencia eléctrica o calorífica deseada en la instalación. Si se sigue el primer criterio, uno de los resultados del dimensionado es la energía útil obtenible. Si se sigue el segundo criterio, quedará calculada la cantidad de materia prima necesaria para que la instalación cumpla con la potencia requerida.

Ejemplo 1

Calcúlese las dimensiones de una instalación de fermentación anaerobia para un criadero agroindustrial de 100 vacas, suponiendo 6200 kcal/m^3 de poder calorífico del biogás.

Planteamiento

En este caso, lo primero que es necesario calcular es cuanto material hay que fermentar. Para ello hay que recurrir a estudios de cuantificación de los excrementos producidos por cada tipo de animal, como el mostrado en la Tabla 14.6.

Se estima que el ganado vacuno produce 27,52 kg de estiércol por vaca y día. Éste tiene una densidad de 1200 kg/m³. Con estos datos podemos calcular la cantidad de material a procesar.

Tabla 14.6. Cantidad de estiércol producido por diferentes tipos de ganado y cantidad de biogás obtenida.

	kg estiércol húmedo/día y animal	m^3 de biogás (en condiciones normales)/kg estiercol fresco
Ganado vacuno	$27,52 \pm 8,56$	$0,37 \pm 0,008$
Ganado porcino	$4,55 \pm 0,51$	$0,45 \pm 0,020$
Gallinas	$0,10 \pm 0,04$	$0,003 \pm 0,001$
Patos	$0,14 \pm 0,03$	$0,002 \pm 0,001$
Gansos	$0,25 \pm 0,05$	$0,002 \pm 0,001$
Hierbas		$0,590 \pm 0,018$
Hojas de remolacha		$0,508 \pm 0,021$
Tallos de maíz		$0,520 \pm 0,009$

Masa materia prima= 100 vacas x 27,52 kg de estiércol/vaca y día = 2752 kg/día.

Volumen materia prima = 2752/1200= 2,29 m³/día.

Si trabajamos con digestores discontinuos y definimos un tiempo de retención de, por ejemplo, 20 días, esto significa que al año corresponden 18 lotes. Podemos calcular el volumen de los biorreactores. Para dejar cámara gaseosa en la parte superior del digestor se incrementa este volumen aproximadamente un 15%, por tanto resulta un volumen de reactor de:

Volumen de cada reactor = 2,29 · 1,15 = 52,67 m³

$$\text{Carga de cada lote} = \frac{2752 \cdot 20}{1000} = 55,04 \text{ t de estiércol}$$

Basándonos en estudios previos de productividad como el mostrado en la Tabla 14.6 se estima la cantidad de biogás producido.

Gas producido por lote:

0,37 m³/kg de MO · 55040 kg de estiércol/lote = 20364,8 m³ de biogás

Dado que el volumen indicado está medido en condiciones normales (1 atm de presión y 0 °C), cada mol de gas ocupa 22,4 litros.

Moles partículas = 20,3648 litros/22,4 = 0,909 moles

Basándonos en las condiciones de almacenamiento se calcula el volumen del gasómetro. Si el gas se almacena a 5 bares a temperatura de 25 °C el volumen del gasómetro es:

$P \cdot V = n \cdot R \cdot T$

Volumen gasómetro: $V = \dfrac{0,909 \cdot 0,082 \cdot (25 + 273)}{5} = 4,44 \text{ litros}$

Los motores que producen energía eléctrica pueden estar funcionando de forma permanente o a intervalos adecuados a las horas pico de máxima demanda. Por otra parte, pueden colocarse varios motores, y de acuerdo a la cantidad de biogás producido o a la demanda energética en cada momento, puede trabajar uno solo o varios de ellos. Es decir, tener más de un motor da versatilidad y capacidad de adaptación a las variaciones puntuales en los requerimientos y prestaciones de la instalación.

Suponiendo que los motores trabajan 8 horas, la potencia de los mismos se calcula de acuerdo a la Ecuación 14.9.

$$\frac{20364,8\,m^3 \cdot 6200\,kcal/m^3 \cdot 4,18\,kJ/kcal}{20\,días \cdot 8\,h/día \cdot 3600\,s/h} = 916,27 \quad kW \tag{14.9}$$

Se colocarían tres motores de 305,42, kW, es decir 415 CV, suponiendo que no existieran pérdidas de energía.

Fin.

Ejemplo 2

Determínese las dimensiones de una instalación de fermentación anaerobia para un criadero agroindustrial de 1000 cerdos, suponiendo 6200 kcal/m^3 de poder calorífico del biogás.

Planteamiento

Cada cerdo produce 4,55 kg de estiércol por día con una densidad de 1350 kg/m^3. Con estos datos podemos calcular la cantidad de material a procesar

Masa materia prima = 1000 cerdos x 4,55 kg de estiércol/cerdo y día = 4550 kg/día

Volumen materia prima = 4550/1350 = 3,37 m^3/día

Si trabajamos con digestores discontinuos y un tiempo de retención de 30 días corresponden 12 lotes al año y el volumen de los biorreactores será:

Volumen de cada reactor = 3,37 · 30 · 1,15 = 116,28 m^3

Carga de cada lote = $\dfrac{4550 \cdot 30}{1000}$ = 136,5 t de estiércol

Basándonos en estudios previos de productividad como el mostrado en la Tabla 14.6 se estima la cantidad de biogás producido.

Gas producido por lote:

0,45 m^3/kg de MO · 136500 kg de estiércol/lote = 61425 m^3 de biogás/lote

Dado que el volumen indicado está medido en condiciones normales (1 atm de presión y 0 °C), cada mol de gas ocupa 22,4 litros.

Moles partículas = 61,425 litros/22,4 = 2,74 moles

Basándonos en las condiciones de almacenamiento se calcula el volumen del gasómetro. Si el gas se almacena a 5 bares a temperatura de 25 °C el volumen del gasómetro es:

$P \cdot V = n \cdot R \cdot T$

Volumen gasómetro: $V = \dfrac{2,74 \cdot 0,082 \cdot (25 + 273)}{5} = 13,4$ litros

Si deseamos que la instalación pueda trabajar 24 h, la potencia de los motores

$$\frac{61425\,m^3 \cdot 6200\,kcal/m^3 \cdot 4,18\,kJ/kcal}{30\,días \cdot 24\,h/día \cdot 3600\,s/h} = 614,16\,kW$$

Se colocarían tres motores de 204,71 kW que equivale a 278,12 CV cada uno suponiendo que no existieran pérdidas de energía.

Fin.

CAPÍTULO XIV. RECUERDA

- El proceso de fermentación a aerobia permite tener dos productos uno gaseoso energético y otro que puede ser utilizado como fertilizante o enmienda orgánica.

- El aumento de la temperatura incrementa la producción de gas, pero el gasto energético puede no compensar el incremento de producción. Por tanto, es necesario estudiar el balance energético de todo el proceso para asegurar la viabilidad.

REFERENCIAS

Aboudi, K., Álvarez-Gallego, C.J., Romero-García, L.I. 2015. Semi-continuous anaerobic co-digestion of sugar beet byproduct and pig manure: Effect of the organic loading rate (OLR) on process performance. *Bioresource Technology, 194*, 283–290. https://doi.org/10.1016/j.biortech.2015.07.031

Aboudi, K., Álvarez-Gallego, C.J., Romero-García, L.I. 2016. Evaluation of methane generation and process stability from anaerobic co-digestion of sugar beet by-product and cow manure. *Journal of Bioscience and Bioengineering, 121*(5), 566–572. https://doi.org/10.1016/j.jbiosc.2015.10.005

Agyeman, F.O., Tao, W. 2014. Anaerobic co-digestion of food waste and dairy manure: Effects of food waste particle size and organic loading rate. *Journal of Environmental Management, 133*, 268–274. https://doi.org/10.1016/j.jenvman.2013.12.016

Angelidaki, I., Alves, M., Bolzonella, D., Borzacconi, L., Campos, J. L., Guwy, A. J., Kalyuzhnyi S., Jenicek P., Van Lier, J. B. 2009. Defining the biomethane potential (BMP) of solid organic wastes and energy crops: a proposed protocol for batch assays. *Water science and technology, 59*(5), 927-934.

Bayrakdar, A., Sürmeli, R.Ö., Çalli, B. 2018. Anaerobic digestion of chicken manure by a leach-bed process coupled with side-stream membrane ammonia separation. *Bioresource Technology, 258*, 41–47. https://doi.org/10.1016/j.biortech.2018.02.117

Belle, A.J., Lansing, S., Mulbry, W., Weil, R.R. 2015. Anaerobic co-digestion of forage radish and dairy manure in complete mix digesters. *Bioresource Technology, 178*, 230-237. https://doi.org/10.1016/j.biortech.2014.09.036

Brulé, M., Oechsner, H., Jungbluth, T. 2014. Exponential model describing methane production kinetics in batch anaerobic digestion: a tool for evaluation of biochemical methane potential assays. *Bioprocess and Biosystems Engineering, 37*(9), 1759–1770. https://doi.org/10.1007/s00449-014-1150-4

Capson-Tojo, G., Rouez, M., Crest, M., Trably, E., Steyer, J.-P., Bernet, N., ... Escudié, R. 2017. Kinetic study of dry anaerobic co-digestion of food waste and cardboard for methane production. *Waste Management, 69*, 470–479. https://doi.org/10.1016/j.wasman.2017.09.002

Cestonaro, T., Costa, M.S.S. de M., Costa, L.A. de M., Rozatti, M.A.T., Pereira, D.C., Lorin, H.E.F., Carneiro, L.J. 2015. The anaerobic co-digestion of sheep bedding and ≥50% cattle manure increases biogas production and improves biofertilizer quality. Waste Management, 46, 612–618. https://doi.org/10.1016/j.wasman.2015.08.040

Dennehy, C., Lawlor, P.G., Croize, T., Jiang, Y., Morrison, L., Gardiner, G.E., Zhan, X. 2016. Synergism and effect of high initial volatile fatty acid concentrations during food waste and pig manure anaerobic co-digestion. Waste Management, 56, 173–180. https://doi.org/10.1016/j.wasman.2016.06.032

Díaz, I., Donoso-Bravo, A., Fdz-Polanco, M. 2011. Effect of microaerobic conditions on the degradation kinetics of cellulose. *Bioresource Technology, 102*(21), 10139–10142. https://doi.org/10.1016/j.biortech.2011.07.096

Di Maria, F., Sordi, A., Cirulli, G., Micale, C. 2015. Amount of energy recoverable from an existing sludge digester with the co-digestion with fruit and vegetable waste at reduced retention time. *Applied Energy, 150*, 9–14. https://doi.org/10.1016/j.apenergy.2015.01.146

El-Mashad, H.M. 2013. Kinetics of methane production from the codigestion of switchgrass and Spirulina platensis algae. *Bioresource Technology*, 132, 305–312. https://doi.org/10.1016/j.biortech.2012.12.183

Franco, R.T., Buffière, P., Bayard, R. 2018. Co-ensiling of cattle manure before biogas production: Effects of fermentation stimulants and inhibitors on biomass and methane preservation. *Renewable Energy*, *121*, 315–323. https://doi.org/10.1016/j.renene.2018.01.035

Fu, S.-F., Wang, F., Yuan, X.-Z., Yang, Z.-M., Luo, S.-J., Wang, C.-S., Guo, R.-B. 2015a. The thermophilic (55°C) microaerobic pretreatment of corn straw for anaerobic digestion. *Bioresource Technology*, *175*, 203–208. https://doi.org/10.1016/j.biortech.2014.10.072

Fu, S.-F., Shi, X.-S., Xu, X.-H., Wang, C.-S., Wang, L., Dai, M., Guo, R.-B. 2015b. Secondary thermophilic microaerobic treatment in the anaerobic digestion of corn straw. *Bioresource Technology*, *186*, 321–324. https://doi.org/10.1016/j.biortech.2015.03.053

Glanpracha, N., Annachhatre, A.P. 2016. Anaerobic co-digestion of cyanide containing cassava pulp with pig manure. *Bioresource Technology, 214*, 112-121. https://doi.org/10.1016/j.biortech.2016.04.079

Gompertz, B. 1825. On the nature of the function expressive of the law of human mortality, and on a new mode on determining the value of live contingencies. Philosophical transactions of the royal society of London 115: 513-585. https://doi.org/10.1098/rstl.1825.0026

Guo, J., Cui, X., Sun, H., Zhao, Q., Wen, X., Pang, C., Dong, R. 2018. Effect of glucose and cellulase addition on wet-storage of excessively wilted maize stover and biogas production. *Bioresource Technology*, *259*, 198–206. https://doi.org/10.1016/j.biortech.2018.03.041

Kusch, S., Oechsner, H., Jungbluth, T. 2008. Biogas production with horse dung in solid-phase digestion systems. Bioresource *Technology* 99:1280–1292. https://doi.org/10.1016/j.biortech.2007.02.008

Lay, J.-J., Li, Y.-Y., Noike, T. 1996. Effect of moisture content and chemical nature on methane fermentation characteristics of municipal solid wastes. *Doboku Gakkai Ronbunshu*, *1996*(552), 101–108. https://doi.org/10.2208/jscej.1996.552_101

Li, K., Liu, R., Sun, C. 2015. Comparison of anaerobic digestion characteristics and kinetics of four livestock manures with different substrate concentrations. Bioresource *Technology* 198, 133–140. https://doi.org/10.1016/j.biortech.2015.08.151

Li, W., Siddhu, M.A.H., Amin, F. R., He, Y., Zhang, R., Liu, G., Chen, C. 2018. Methane production through anaerobic co-digestion of sheep dung and waste paper. *Energy Conversion and* Management, *156*, 279–287. https://doi.org/10.1016/j.enconman.2017.08.002

Luna del Risco, M., Normak, A., Orupold, K. 2011. Biochemical methane potential of different organic wastes and energy crops from Estonia. Agronom Res 9:331–342

Mancini, G., Papirio, S., Lens, P.N.L., Esposito, G. 2018. Increased biogas production from wheat straw by chemical pretreatments. *Renewable Energy*, *119*, 608–614. https://doi.org/10.1016/j.renene.2017.12.045

Marin Batista, J., Salazar, L., Castro, L., Escalante-Hernández, H. 2016. Co-digestión anaerobia de vinaza y gallinaza de jaula: alternativa para el manejo de residuos agrícolas colombianos. *Revista Colombiana de Biotecnología, 18*(2), 6-12. Recuperado de: https://dialnet.unirioja.es/descarga/articulo/5798936.pdf

Martín Juárez, J., Riol Pastor, E., Fernández Sevilla, J.M., Muñoz Torre, R., García-Encina, P.A., Bolado Rodríguez, S. 2018. Effect of pretreatments on biogas production from microalgae biomass grown in pig manure treatment plants. *Bioresource Technology*, *257*, 30–38. https://doi.org/10.1016/j.biortech.2018.02.063

Mustafa, A.M., Li, H., Radwan, A.A., Sheng, K., Chen, X. 2018. Effect of hydrothermal and Ca(OH)2 pretreatments on anaerobic digestion of sugarcane bagasse for biogas production. Bioresource *Technology*, *259*, 54–60. https://doi.org/10.1016/j.biortech.2018.03.028

Pitt, R.E., Cross, T.L., Pell, A.N., Schofield, P., Doane, P.H. 1999. Use of *in vitro* gas production models in ruminal kinetics. *Mathematical biosciences, 159*(2), 145-163.

Redzwan, G., Banks, C. 2004. The use of a specific function to estimate maximum methane production in a batch-fed anaerobic reactor. *Journal of Chemical Technology & Biotechnology: International Research in Process, Environmental & Clean Technology, 79*(10), 1174-1178.

Shin H-S, Song Y-C. 1995. A model for evaluation of anaerobic degradation characteristics of organic waste: focusing on kinetics, rate-limiting step. Environ Technol 16:775–784 https://doi.org/10.1080/09593331608616316

Vazifehkhoran, A.H., Shin, S.G., Triolo, J.M. 2018. Use of tannery wastewater as an alternative substrate and a pre-treatment medium for biogas production. *Bioresource Technology*, *258*, 64–69. https://doi.org/10.1016/j.biortech.2018.02.116

Winsor, C.P. 1932. The Gompertz curve as a growth curve. Proceedings of the national academy of sciences 1932; 18: 1-8. https://doi.org/10.1073/pnas.18.1.1

Xu, W., Fu, S., Yang, Z., Lu, J., Guo, R. 2018. Improved methane production from corn straw by microaerobic pretreatment with a pure bacteria system. *Bioresource Technology*, *259*, 18–23. https://doi.org/10.1016/j.biortech.2018.02.046

Zahan, Z., Othman, M.Z., Muster, T.H. 2018. Anaerobic digestion/co-digestion kinetic potentials of different agro-industrial wastes: A comparative batch study for C/N optimisation. *Waste Management*, *71*, 663–674. https://doi.org/10.1016/j.wasman.2017.08.014

Zhang, H., Luo, L., Li, W., Wang, X., Sun, Y., Sun, Y., Gong, W. 2018. Optimization of mixing ratio of ammoniated rice straw and food waste co-digestion and impact of trace element supplementation on biogas production. *Journal of Material Cycles and Waste Management*, *20*(2), 745–753. https://doi.org/10.1007/s10163-017-0634-0

Zwietering, M.H., Jongenburger, I., Rombouts, F.M., van't Riet, K. 1990. Modeling of the Bacterial Growth Curve. *Applied and Environmental Microbiology*, *56*(6), 1875-1881. http://aem.asm.org/content/56/6/1875.abstract. https://doi.org/10.1128/aem.56.6.1875-1881.1990

ANEXO 14. REVISIÓN DE LOS MODELOS CINÉTICOS EXISTENTES EN LA FERMENTACIÓN

La digestión anaerobia es un proceso biológico en el cual los microorganismos degradan la materia orgánica en ausencia de oxígeno, produciendo compuestos más simples. A través de diversas reacciones bioquímicas primero se forman ácidos grasos y ácidos orgánicos, que posteriormente se transforman en un conjunto de productos gaseosos (principalmente metano, hidrógeno, dióxido de carbono y ácido sulfhídrico), llamado biogás. El residuo no gaseoso de la digestión en rico en sustancias minerales tales como N, P, K, Mg, etc., que lo hacen propicio para ser utilizado como fertilizante. El biogás es combustible y es una fuente de energía renovable tanto calorífica como eléctrica. La digestión anaerobia es una vía para el tratamiento de residuos como el estiércol de ganado y los lodos. No solo ayuda a reducir su impacto ambiental, sino que también ofrece una fuente de biocombustible para las necesidades energéticas locales.

Aunque este proceso es conocido desde siglos, sigue siendo objeto de investigación debido a la amplia variedad de condiciones en las que puede ocurrir, la diversidad de materias primas potenciales y los numerosos factores que influyen en él. Las líneas de investigación actuales se centran en el estudio de la viabilidad de la fermentación de nuevas materias primas ricas en carbono, tales como materiales lignocelulósicos procedentes de la agricultura, o residuos como papel y cartón, en codigestión con componentes inoculadores con alta carga microbiana y equilibrio nutricional, por ejemplo, rumen, lodos o purines, con la finalidad de mejorar la producción de metano.

Asimismo, son objeto de estudio la realización de pretratamientos que mejoren la degradabilidad. También se estudia la aplicación de secuencias térmicas en los procesos, alternando etapas termofílicas y mesofílicas, evaluando la productividad, cinética y balance neto de energía. Por otra parte, la identificación microbiológica en la fermentación se está volviendo cada vez más relevante, especialmente en relación con el sustrato utilizado y el proceso térmico aplicado. Comprender qué microorganismos están presentes y cómo cambia su composición en respuesta a diferentes sustratos y condiciones térmicas es fundamental para optimizar los procesos de digestión anaerobia. Esta información puede ayudar a diseñar estrategias específicas para promover el crecimiento de microorganismos deseables y mejorar la eficiencia y la calidad de los productos finales, tanto del biogás como del digestato. Además, la identificación microbiológica permite monitorear la evolución y estabilidad del proceso, identificar posibles desequilibrios y tomar medidas correctivas cuando sea necesario. En conjunto, este enfoque contribuye significativamente al avance y la aplicación efectiva de la digestión anaerobia en diversos contextos industriales y ambientales. En la Tabla A14.1 se muestran algunas productividades obtenidas en distintas experiencias.

Tabla A14.1. Valores obtenidos del potencial de metano en diversos procesos de codigestion.

Autor	Material	Pretratamiento	Potencial de metano m^3 kg^{-1}SV
Bayrakdar *et al.* (2018)	Estiércol de pollo		0,272
Franco *et al.* (2018)	Paja de trigo + inóculo		0,229
Franco *et al.* (2018)	Paja de trigo + glucosa + ac. Fórmico + inóculo*		0,276
Guo *et al.* (2018)	Paja de maíz excesivamente marchitos + glucosa		0,282
Li *et al.* (2018)	Papel/cartón + estiércol de oveja		0,152
Mancini *et al.* (2018)	Lignocelulosa en general	N-óxido de N-metilmorfolina	0,304
Martín Juárez *et al.* (2018)	Microalgas + estiércol de cerdo	pretatamiento alcalino con NAOH	0,377
Mustafa *et al.* (2018)	Bagazo de caña de azúcar + inóculo*	pretratamiento hidrotérmico	0,318
Vazifehkhoran *et al.* (2018).	Paja de trigo + aguas residuales		0,314
Xu *et al.* (2018)	Paja de maíz+ Bacillus Subtilis	microaeróbico mesolítico	0,270
Zahan *et al.* (2018)	Gallinaza (serrín, virutas de madera y cascarilla de arroz o paja) con suero de yogur		0,670
Aboudi *et al.* (2016)	Sedimento seco de colas de remolacha azucarera + estiércol de cerdo		0,260
Dennehy *et al.* (2016)	Desperdicios de comida y el estiércol de cerdo		0,521
Glanpracha y Annachhatre (2016)	Pulpa de yuca con estiércol de cerdo		0,380
Marin Batista *et al.* (2016)	Vinaza y gallinaza de jaula (estiércol de pollo)		0,650
Aboudi *et al.* (2015)	Gránulos secos de cosetas de remolacha azucarera + estiércol de vaca		0,280
Belle *et al.* (2015)	Rábano forrajero con estiércol de vaca		0,200
Cestonaro *et al.* (2015)	Lecho de oveja (mezcla de en cáscara de arroz con heces y orina) + estiércol del ganado bovino		0,171
Di Maria *et al.* (2015)	Lodos de aguas residuales con residuos de frutas y verduras		0,216
Fu *et al.* (2015a)	Paja de maíz + inóculo*	microaerobio termófilo	0,326
Fu *et al.* (2015b)	Paja de maíz + inóculo*	microaerobio termófilo secundario	0,381
Agyeman y Tao (2014)	Residuos alimenticios + el estiércol de ganado		0,467

*Inóculo es material obtenido del efluente de una planta de biogás previa que fermenta forma mesófila materias primas, tales como estiércoles de cerdos, vacas, ovejas, pollos y otros animales.

La modelización matemática es un aspecto ampliamente discutido en el campo de la digestión anaerobia. Su objetivo principal es establecer parámetros permitan predecir la evolución del sistema a lo largo del tiempo, abordar la cinética de degradación de los sustratos, la producción de biogás, la dinámica de los microorganismos y la influencia de los factores ambientales, como la temperatura y el pH, en las condiciones del proceso. En este anexo se revisan los modelos más importantes desarrollados.

La importancia de la modelización radica en su capacidad para proporcionar una herramienta predictiva que puede ser utilizada para optimizar los procesos de digestión anaerobia, diseñar sistemas más eficientes y realizar análisis de sensibilidad para entender mejor cómo diferentes variables afectan al rendimiento del sistema.

La digestión anaerobia comprende un mecanismo de descomposición de la materia orgánica basado en tres etapas: primero una fase hidrolítica, en la que se rompen polímeros de largas cadenas de carbonos obteniendo cadenas más cortas de carácter ácido; posteriormente, una fase acetogénica, en la que los ácidos de cadena corta obtenidos en la fase anterior se transforman en ácido acético; y, por último, una fase metanogénica, en la que el ácido acético se transforma en metano. Cada una de estas etapas está propiciada por un grupo microbiológico diferenciado. Cada grupo toma como sustrato el producto generado en la fase anterior. Cuando se analiza la evolución de un grupo microbiano con el tiempo en un reactor tipo batch, es decir por lotes, la variación de concentración de células varía como se muestra en la Figura A14.1.

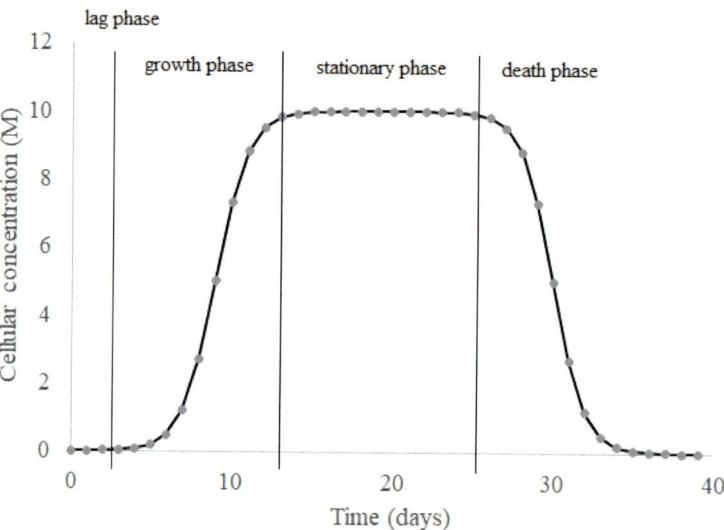

Figura A14.1. Instalación ganadera de escala pequeña.

Inicialmente, la concentración de microorganismos responsables de esa etapa de la digestión es pequeña, y evoluciona muy lentamente porque necesita un tiempo de adaptación. Esta fase se denomina fase de latencia o letargo. Posteriormente se produce un aumento muy rápido de la concentración celular, que se denomina fase de crecimiento. La fase de crecimiento termina cuando aparece alta competencia entre las células, y la escasez de sustrato provoca que el número de reproducciones celulares se iguale a las defunciones, por esto el número de células vivas se estabiliza. Esta fase donde la concentración de células es estable se denomina fase estacionaria. La fase estacionaria termina cuando la elevada competencia y la escasez de sustrato provocan que las defunciones sean superiores a las reproducciones, por lo que la concentración celular cae bruscamente. Esta fase se denomina fase de muerte celular.

Desde el punto de vista práctico sólo interesa analizar el periodo comprendido entre el inicio de la fermentación hasta la fase estacionaria apareciendo una curva parecida a la sigmoidea. Sin embargo, la ecuación sigmoidea no ajusta correctamente a los resultados experimentales obtenidos.

A14.1 Modelo exponencial

Un modelo muy utilizado para describir la variación de la concentración celular en la fase de crecimiento ha sido el modelo exponencial. Este modelo parte de la hipótesis de que la velocidad de crecimiento en un instante es proporcional a la concentración de células existente en ese momento. Esto se expresa matemáticamente por la Ecuación A14.1, donde X es la concentración de células, y μ es la constante de proporcionalidad llamada tasa de crecimiento celular.

$$\frac{dX}{dt} = \mu \cdot X \qquad \text{(A14.1)}$$

El desarrollo de la Ecuación A14.1 demuestra que en la fase de crecimiento la variación de células sigue una curva exponencial.

$$\frac{dX}{X} = \mu \cdot dt$$

$$\int_{X_1}^{X_2} \frac{dX}{X} = \int_{t_{lag}}^{t} \mu \cdot dt$$

$$ln\frac{X_2}{X_1} = \mu \cdot (t - t_{lag})$$

$$X_2 = X_1 e^{\mu \cdot (t - t_{lag})}$$

t_{lag} es el tiempo de latencia. La tasa de crecimiento celular tiene como unidad la inversa del tiempo (h^{-1}) y experimentalmente se puede calcular con la Ecuación A14.2.

$$\mu = \frac{X_2 - X_1}{X_1 \cdot (t - t_{lag})} \qquad \text{(A14.2)}$$

Este modelo no es completamente satisfactorio porque se comprueba que μ no es constante. Varía con el tiempo. A medida que aumenta la competencia por el sustrato, la curva de la Figura A14.1 se aleja de la exponencial. Para conseguir un mejor ajuste, Monod propuso un modelo para el cálculo de la tasa de crecimiento celular en función de la concentración de sustrato según la Ecuación A14.3, donde S es la concentración de sustrato en un instante dado, μ_{max} es la tasa máxima de crecimiento celular, K_s es una constante llamada de saturación.

$$\mu = \frac{\mu_{max}}{K_s + S} \qquad \text{(A14.3)}$$

El modelo de Monod propone la existencia de una tasa máxima de crecimiento celular y una constante de saturación que son características de las especies microbianas creciendo en unas condiciones definidas. La tasa máxima de crecimiento es la que se produce inicialmente en la fase de crecimiento de forma exponencial. Cuando el sustrato empieza a escasear la tasa disminuye respecto a la máxima.

Junto el modelo de Monod existe otros con el mismo estilo que se pueden observar en la Tabla A14.2 En todos ellos se puede observar que el valor máximo considerado en la fase exponencial queda minorizado cuando la concentración de sustrato es baja.

Tabla A14.2. Modelos de variación de la tasa de crecimiento celular.

Tipo de modelo	Autor	Modelo
Modelos cinéticos sin inhibición	Tessier	$\mu = \mu_{max} \cdot \left(1 - e^{-S/K_s} \right)$
	Moser	$\mu = \mu_{max} \cdot \dfrac{S^n}{K_s \cdot a + S^n}$
	Contois	$\mu = \mu_{max} \cdot \dfrac{S}{BX + S}$
Modelos cinéticos con inhibición	Andrews y Noak	$\mu = \mu_{max} \cdot \dfrac{1}{K_s + S + \dfrac{S^2}{K_{is}}}$
	Webb	$\mu = \mu_{max} \cdot \dfrac{S \cdot \left(1 + \dfrac{\beta \cdot S}{K_{is}} \right)}{K_s + S + \dfrac{S^2}{K_{is}}}$
	Aiba *et al.*	$\mu = \mu_{max} \cdot \dfrac{S}{K_s + S} e^{-S/K_{si}}$
	Teissier	$\mu = \mu_{max} \cdot \left[e^{-S/K_{si}} - e^{-S/K_s} \right]$
	Tseng y Wymann	$\mu = \mu_{max} \cdot \dfrac{S}{K_s + S_{si}} - K_{si} \cdot \left(s - s_c \right)$

La relación entre la variación de concentración de células es siempre proporcional al consumo de sustrato. La constante de proporcionalidad se le denomina rendimiento biomasa/sustrato $Y_{x/s}$, y viene definida por la Ecuación A14.4, donde S_0 y S_1 son la concentración de sustrato inicial y final; y X_0 y X_1 son la concentración de células inicial y final.

$$Y_{x/s} = \frac{X_1 - X_0}{S_0 - S_1} \tag{A14.4}$$

Si es conocida la concentración inicial de sustrato So, a partir de la relación biomasa/sustrato del proceso $Y_{x/s}$, se obtiene la variación de masa celular durante el proceso. El limitar la disminución de la tasa de crecimiento a un porcentaje determinado de su valor máximo permite calcular el tiempo de retención (*TR*) en un biorreactor tipo batch.

$$z \cdot \mu_{max} = \frac{\mu 1_{max}}{K_s + S_1} \qquad (0 < z < 1) \quad \rightarrow \quad S_1 = \frac{z}{1 - z} \cdot K_s$$

$$Y_{x/s} = \frac{X_1 - X_0}{S_0 - S_1} \quad \rightarrow \quad X_1 = X_0 + Y_{x/s} \cdot (S_0 - S_1)$$

$$\ln\frac{X_1}{X_o} = \mu \left(TR - t_{lag} \right)_{max} \quad \rightarrow \quad TR = t_{lag} + \frac{1}{\mu_{max}\ln\frac{X_1}{X_o}}$$

La cantidad de producto generado por unidad de volumen y tiempo (P), metano en nuestro caso (M), es proporcional a la variación de concentración celular ($_x$). La constante de proporcionalidad $Y_{p/x}$ se denomina rendimiento producto-biomasa.

$$Y_{p/x} = \frac{P_1 - P_0}{X_1 - X_0}$$

$$\frac{dM}{dt} = Y_{p/x} \cdot \frac{dX}{dt}$$

Dado que a su vez la variación de concentración celular es proporcional a la concentración de células en un instante dado, se tiene que:

$$\frac{dM}{dt} = Y_{p/s} \cdot \mu X$$

Desarrollando la variación de concentración celular con el tiempo, se demuestra que la cantidad de producto obtenido (metano) sigue un crecimiento exponencial durante el crecimiento exponencial de los microorganismos. Es por ello que en los biorreactores tipo batch se busca siempre trabajar en esta fase dado que es la de mayor rendimiento. Para ello, se debe de ajustar el tiempo de retención a la duración de esta etapa.

X_0 representa la concentración celular inicial en el reactor; X representa la concentración celular en un tiempo t, t_{lag} es el tiempo de letargo o adaptación celular.

$$\frac{dM}{dt} = Y_{p/s} \cdot \mu X_0 \cdot e^{\mu(t - tlag)}$$

$$M = Y_{p/s} \cdot X_0 \cdot \left(e^{\mu(t - tlag)} - 1 \right)$$

Considerando que el valor de $Y_{p/s} \cdot X_0$ es despreciable frente al de la exponencial, es decir $Y_{p/s} \cdot X_0 << < Y_{p/s} \cdot X_0 \cdot e^{\mu(t - tlag)}$, se puede representar gráficamente el volumen acumulado obtenido en cada experiencia con el modelo de la Ecuación A14.1, calculando la tasa de crecimiento celular, la productividad del sustrato, el tiempo de retención óptimo para un mayor aprovechamiento de la energía.

$$M = Y_{p/s} \cdot X_0 \cdot e^{\mu(t - tlag)}$$

Modelo de Gomperzt

A pesar de la practicidad del modelo exponencial cuando es complementado con la ecuación de Monod, éste no resulta completamente satisfactorio porque no describe bien la variación de la concentración celular a medida que se consume el sustrato y se acerca la fase estacionaria. Conocer cómo se comporta el crecimiento celular en esta zona tiene mucha relevancia si se desean utilizar tiempos de retención altos.

Para encontrar, una función de ajuste adecuada para todas las fases del proceso, Winsor (1932) propone usar una ecuación desarrollada por Gompertz (1825) en la demografía humana. Este propone un modelo que considera la tasa de crecimiento celular variable, tal como se muestra en la Ecuaciones A14.5 y A14.6 donde a y c son constantes.

$$\frac{dX}{dt} = c \cdot \ln(a/X) \cdot X \tag{A14.5}$$

$$\mu = c \cdot \ln(a/X) \tag{A14.6}$$

Según la Ecuación A14.6, Gompezt se aleja radicalmente del planteamiento de Monod, puesto que la tasa de crecimiento celular no tiene máximo. Si existiera máximo la derivada de la Ecuación A14.6 se anularía en algún punto, cosa que no sucede.

$$\lim_{X \to 0} \mu = \lim_{X \to 0} c \cdot \ln(a/X) = \infty$$

$$\lim_{X \to \infty} \mu = \lim_{X \to \infty} c \cdot \ln(a/X) = -\infty$$

$$\frac{d\mu}{dt} = c \frac{X}{a} \cdot \left(\frac{-a}{X^2} \right) = \frac{-c}{X}$$

Para obtener la función de la concentración celular con el tiempo según Gompezt, hay que resolver la Ecuación A14.5, que es una ecuación diferencial de variables separables.

$$\frac{dX}{X \cdot \ln(a/X)} = c \cdot dt$$

$$\int_{X0}^{X} \frac{dX}{X \cdot \ln\left(\frac{a}{X}\right)} = \int_{0}^{t} c \cdot dt$$

$$-\int_{X0}^{X} \frac{-dX}{X \cdot \ln(a/X)} = \int_{0}^{t} c \cdot dt$$

$$-\left[\ln\left(\ln\frac{a}{X} \right) - \ln\left(\ln\frac{a}{X_0} \right) \right] = ct$$

584

$$\ln\left(\frac{\ln\frac{a}{X_0}}{\ln\frac{a}{X}}\right) = c\,t$$

$$\frac{\ln\frac{a}{X_0}}{e^{ct}} = \ln\frac{a}{X}$$

Dado que a y X_0 son contantes, se puede hacer la siguiente consideración:

$$ln\frac{a}{X_0} = B = e^b$$

$$e^{e^{-ct+b}} = \frac{a}{X}$$

Por tanto, se obtiene la Ecuación A14.7 que es la que describe la concentración celular en el reactor para cada instante. Esta ecuación es el verdadero aporte del Gompertz.

$$X = a \cdot e^{\left[-e^{-ct+b}\right]} \tag{A14.7}$$

Al analizar los límites en cero y en el infinito, observamos que se cumple que la concentración inicial de células es X_0, y que a representa una asíntota que equivale al potencial máximo de células, que se daría en el estado estacionario.

$$\lim_{t\to 0} X = a \cdot e^{-B} = a \cdot e^{ln\frac{X_0}{a}} = X_0$$

$$\lim_{t\to\infty} X = a$$

Consideraciones al modelo de Gompertz

Si aceptamos el modelo de Gompertz, Zwietering *et al.* (1990) propone modificaciones proporcionando significado físico a las variables. La velocidad de crecimiento se puede redefinir como la Ecuación A14.8:

$$\frac{dX}{dt} = a \cdot e^{\left[-e^{-ct+b}\right]} \cdot \left(-e^{-ct+b}\right) \cdot -c = a \cdot c \cdot e^{\left[-e^{-ct+b}\right]} \cdot e^{-ct+b}$$

$$\frac{dX}{dt} = a \cdot c \cdot e^{\left[-e^{-ct+b}\right]} \cdot e^{-ct+b} \tag{A14.8}$$

El instante en el que se produce la máxima velocidad de crecimiento t_m se calcularía a partir de la primera derivada de la velocidad igual a cero, que es lo mismo que la segunda derivada de la ecuación de Gompertz (A14.7). Esto implica que en ese punto, donde la velocidad de crecimiento es máxima, la función de Gompertz posee un punto de inflexión.

$$\frac{d^2X}{dt^2} = a \cdot c^2 \cdot e^{\left[-e^{-ct+b}\right]} \cdot \left(e^{-ct+b}\right)^2 - a \cdot c^2 \cdot e^{\left[-e^{-ct+b}\right]} \cdot \left(e^{-ct+b}\right)$$

$$\frac{d^2X}{dt^2} = a \cdot c^2 \cdot e^{\left[-e^{-ct+b}\right]} \cdot \left(e^{-ct+b}\right) \cdot \left[\left(e^{-ct+b}\right) - 1\right]$$

$$\frac{d^2X}{dt^2} = a \cdot c^2 \cdot e^{\left[-e^{-ct_m+b}\right]} \cdot \left(e^{-ct_m+b}\right) \cdot \left[\left(e^{-ct_m+b}\right) - 1\right] = 0$$

$$-ct_m + b = 0$$

$$t_m = \frac{b}{c}$$

La concentración de células donde se produce la máxima velocidad de reproducción se calcula introduciendo el valor de t_m en la Ecuación A14.7, y se demuestra que la tasa de crecimiento donde la velocidad de reproducción es máxima es igual a c.

$$X_{tm} = a \cdot e^{\left[-e^{-ct_m+b}\right]} = a \cdot e^{\left[-e^{-c\frac{b}{c}+b}\right]} = \frac{a}{e}$$

$$\mu_m = c \cdot \ln(a/(a/e)) = c$$

El valor de la velocidad máxima de reproducción se obtiene sustituyendo t_m en la Ecuación A14.8:

$$v_{max} = \frac{dX}{dt}\bigg|_{tm} = e^{\left[-e^{-ct_m+b}\right]} \cdot e^{(-ct_m+b)} = a \cdot c \cdot e^{\left[-e^{-c\frac{b}{c}+b}\right]} \cdot e^{(-c\frac{b}{c}+b)} = \frac{a \cdot c}{e}$$

De acuerdo con lo anterior, la tangente de la curva X en el punto de inflexión t_m tiene la forma.

$$X = \frac{a \cdot c}{e}t + k$$

Dado que $t = t_m = \frac{b}{c}$ y $X_{tm} = \frac{a}{e}$, entonces:

$$\frac{a}{e} = \frac{a \cdot c}{e} \cdot \frac{b}{c} + k \quad \rightarrow \quad k = \frac{a}{e} - \frac{a \cdot b}{e} = \frac{a}{e}(1 - b)$$

$$X = \frac{a \cdot c}{e}t + \frac{a}{e}(1 - b) = \frac{a}{e} \cdot \left(ct + (1 - b)\right)$$

Si definimos el tiempo de latencia, t_{lag}, como el tiempo en el que la recta tangente en el punto de inflexión de la curva X (punto que coincide con velocidad máxima) corta el eje de las abscisas, tenemos que el tiempo de latencia es en $X = 0$:

$$0 = ct_{lag} + (1 - b)$$

$$t_{lag} = \frac{(b - 1)}{c}$$

De esta ecuación tenemos que b se puede expresar también como:

$$b = c \cdot t_{lag} + 1$$

Y como $v_{max} = \dfrac{a \cdot c}{e}$, tenemos que:

$$b = \frac{v_{max} \cdot e}{a} t_{lag} + 1$$

Obteniendo la ecuación de Gomperzt como la Ecuación A14.9. Esta ecuación se ha popularizado como la ecuación de Gomperzt modificada.

$$X = a \cdot e^{\left[-e^{-ct+b}\right]}$$

$$X = a \cdot e^{\left[-e^{-\frac{v_{max} \cdot e}{a}(t-t_{lag})+1}\right]} \tag{A14.9}$$

Esta ecuación ha sido utilizada en investigaciones actuales, tales como Bah *et al* (2014) Capson-Tojo *et al.* (2017), Bayrakdar *et al.* (2018), Mancini *et al.* (2018), Martín Juárez *et al.* (2018), Li *et al.* (2018).

Para obtener experimentalmente la velocidad máxima de reproducción y el tiempo de latencia, midiendo X y el tiempo en un reactor, y definiendo el valor de a como la concentración máxima de celular obtenible, se puede linealizar la Ecuación A14.9.

$$\ln\left(\ln\frac{X}{a}\right) = -\frac{v_{\max} \cdot e}{a} t + \left(1 + \frac{v_{\max} \cdot e}{a} t_{lag}\right)$$

El tiempo de latencia y la velocidad máxima de reproducción celular serán características del grupo microbiano en unas determinadas condiciones.

Curva acumulativa de producción de metano aplicando Gompertz

Si consideramos el rendimiento producto/biomasa se tiene:

$$Y_{p/x} = \frac{P_1 - P_0}{X_1 - X_0} = \frac{dM}{dX}$$

$$\frac{dM}{dt} = Y_{p/x} \frac{dX}{dt} \tag{A14.10}$$

$$\frac{dM}{dt} = Y_{p/x} \cdot a \cdot c \cdot e^{\left[-e^{-ct+b}\right]} \cdot e^{-ct+b}$$

$$\frac{dM}{dt} = Y_{p/x} \cdot a \cdot c \cdot e^{\left[-e^{-\frac{v_{\max} \cdot e}{a}t + \frac{v_{\max} \cdot e}{a} \cdot t_{lag} + 1}\right]} \cdot e^{-\frac{v_{\max} \cdot e}{a}t + \frac{v_{\max} \cdot e}{a} \cdot t_{lag} + 1}$$

$$\frac{dM}{dt} = Y_{p/x} \cdot a \cdot c \cdot e^{\left[-e^{-\frac{v_{max} \cdot e}{a}\left(t - t_{lag}\right)+1}\right]} \cdot e^{-\frac{v_{max} \cdot e}{a}(t - t_{lag})+1}$$

$$M = \int_0^t Y_{p/x} \cdot a \cdot c \cdot e^{\left[-e^{\frac{v_{max} \cdot e}{a}\left(t_{lag} - t\right)+1}\right]} \cdot e^{\frac{v_{max} \cdot e}{a}\left(t_{lag} - t\right)+1} dt$$

De la Ecuación A14.10 se obtiene la ecuación de producción de metano acumulado (A14.11).

$$M = Y_{p/x} \cdot a \cdot c \cdot e^{\left[-e^{-\frac{v_{max} \cdot e}{a}(t - t_{lag})+1}\right]} \qquad \text{(A14.11)}$$

Tomando límite cuando el tiempo tiende a infinito, se demuestra que el potencial de metano producido es $Y_{p/x} \cdot a$.

$$\lim_{t \to 0} M = Y_{p/x} \cdot a \cdot e^{-B} = Y_{p/x} \cdot a \cdot e^{-\ln\frac{X_1}{a}} = Y_{p/x} \cdot X_0$$

$$\lim_{t \to \infty} M = Y_{p/x} \cdot a$$

Si calculamos la segunda derivada de la curva de producción de metano e igualamos a cero se obtiene el punto donde la velocidad de producción de metano es máxima.

$$\frac{d^2 M}{dt^2} = 0$$

$$Y_{p/x} \cdot a \cdot c \cdot e^{-e^{-\frac{v_{max} \cdot e}{a}\left(t - t_{lag}\right)+1}} \cdot \left(-\frac{v_{max} \cdot e}{a}\right) \cdot e^{-\frac{v_{max} \cdot e}{a}\left(t - t_{lag}\right)+1} \cdot \left(\left(e^{-\frac{v_{max} \cdot e}{a}\left(t - t_{lag}\right)+1}\right)+1\right) = 0$$

$$\frac{v_{max} \cdot e}{a}\left(t_{lag} - t\right)+1 = 0$$

$$t = \frac{a}{v_{max} \cdot e} + t_{lag} = \frac{b}{c}$$

La velocidad de producción de metano máxima es $v_{CH4_{max}}$

$$v_{M\,max} = Y_{p/x} \frac{a \cdot c}{e}$$

Lay *et al.* (1996) propuso modificar la ecuación de Gomperzt (A14.9) aplicando el potencial de metano producible $M_e = Y_{p/x} \cdot a$, expresándose como la Ecuación A14.12.

$$M = M_e \cdot e^{\left[-e^{\frac{v_{Mmax} \cdot e}{M_e}\left(t_{lag} - t\right)+1}\right]} \quad \text{(A14.12)}$$

En la Tabla A14.1 se muestran los valores obtenidos del potencial de metano en diversos estudios de codigestión. Todos ellos fueron realizados en condiciones mesófilas, entre 30 y 37 °C. Se puede observar que la producción de metano en la mayoría de los casos oscila entre 0,15 y 0,65 m^3 kg^{-1}SV. En base a esto podríamos clasificar lo procesos de digestión en tres grupos: a) procesos de producción baja, cuando la cantidad de metano producido está entre 0,15 y 0,30 m^3 kg^{-1} SV; b) procesos de producción media, cuando la cantidad de metano producido está entre 0,30 y 0,45 m^3 kg^{-1} SV; c) procesos de producción alta, cuando la cantidad de metano producido es superior a 0,45 m^3 kg^{-1} SV.

Estas producciones y su equivalencia energética hacen que los procesos de digestión anaerobia sean considerados más como un proceso de gestión y tratamiento de residuos con un producto energético complementario, que como una fuente de energía alternativa a los problemas derivados de la limitación de los combustibles fósiles.

Conclusiones del modelo de Gomperzt

El modelo de Gompertz proporciona una ecuación que describe la concentración celular en el tiempo en un proceso de fermentación.

Para definir esta ecuación es necesario obtener el valor de tres constantes: a es la concentración celular máxima; b es una constante que depende de la concentración inicial de células y de a; y c es el valor de la tasa de crecimiento celular donde la velocidad de crecimiento es máxima, es decir, en el punto de inflexión de la curva.

El modelo de Gomperzt implica que no hay tasa de crecimiento celular máximo.

A14.2 Modelos cinéticos

La complejidad del modelo de Gomperzt y los problemas existentes cuando son aplicados los derivados de la ecuación de Monod y Contois han llevado a ciertos investigadores a proponer modelos que no se centran en la tasa de crecimiento, sino en la cinética de degradación del sustrato o formación del producto. Brulé *et al.* (2014) clasifica los modelos cinéticos en cuatro grupos:

    a)   Reacción en un solo paso con cinética de primer orden
    b)   Reacción de dos pasos con cinética de primer orden
    c)   Reacción en dos velocidades de un solo paso con cinética de primer orden
    d)   Reacción en dos velocidades de dos pasos con cinética de primer orden

Reacción en un solo paso con cinética de primer orden

Este modelo asume que la velocidad de reacción es proporcional a la cantidad de reactivo, en este caso sustrato. Por tanto:

$$\frac{dS}{dt} = -k \cdot S \rightarrow S = S_0 \cdot e^{-k \cdot t}$$

Donde S es la cantidad de sustrato en un tiempo t, S_0 es la cantidad de sustrato inicial, y k es la constante cinética.

Como la masa en la reacción se conserva la masa de producto M (metano) se calcula como:

589

$$M = S_0 \cdot (1 - e^{-k \cdot t})$$

Angelidaki *et al.* (2009) utilizó este tipo cinética, relacionando la concentración de metano que se genera en un reactor con el potencial máximo a través de la siguiente ecuación:

$$ln\left(\frac{M_e - M}{M_e}\right) = -k \cdot t$$

$$M = M_e \cdot (1 - e^{-k \cdot t})$$

Donde M es el metano producido en un momento dado t, Me es el valor de la producción final de metano y k es la constante de la velocidad de hidrolisis.

Díaz *et al.* (2011) evaluaron la digestión de celulosa con estiércol comparando la ecuación de primer orden, incluyendo en la ecuación el tiempo de latencia (A14.13), y la ecuación de Gompertz modificada. Concluyeron que ambos modelos no ofrecían diferencias significativas en el coeficiente de determinación obtenido en los modelos (r^2); tampoco en el potencial de metano predicho Me. ni entre la constate cinética k y $v_{M_{max}}$. Sin embargo, demuestra que el modelo cinético de primer orden proporciona un tiempo de latencia mayor. El potencial máximo de metano (Me) resultó entre 0,30 y 0,33 m^3/kg SV.

$$M = M_e \cdot \left(1 - e^{-k \cdot (t - t_{lag})}\right) \tag{A14.13}$$

Zang *et al.* (2018) tambien comparó la ecuación de Gompertz modificada y el modelo cinético de primer orden según la Ecuación A14.13. Zang confirma que el modelo cinético de primer orden proporciona tiempos de latencia y potenciales de metano superiores a los de Gopmpertz. Sin embargo proporciona coeficientes de determinación ligeramente más bajos.

Reacción de dos pasos con cinética de primer orden

Shin y Song (1995) propusieron considerar la digestión anaerobia como un proceso de dos pasos que pueden trabajar a velocidades distintas. Aunque ésta comprende un proceso complejo hidrolítico, acetogénico y metanogénico, un modelo cinético más adecuado que el anterior consistiría en considerar primeramente la formación de ácidos grasos volátiles (VFA) a partir del sustrato (S_o); y posteriormente la conversión de estos ácidos en metano (M).

La formación de ácidos grasos volátiles depende de la concentración sustrato, siguiendo una cinética de primer orden; donde k_1 es la constante cinética de transformación del sustrato a VFA, S es la concentración de sustrato y S_{VFA} la concentración de ácidos grasos.

$$\frac{dS_{VFA}}{dt} = k_1 \cdot S$$

Dado que $S = S_0 \cdot e^{-k_1 \cdot t}$ se tiene la ecuación:

$$\frac{dS_{VFA}}{dt} = k_1 \cdot S_0 \cdot e^{-k_1 \cdot t}$$

Por otra parte. la eliminación de los ácidos grasos dependerá de la concentración de los mismos, siguiendo también una cinética de primer orden, siendo k_2 la constante cinética de transformación de los VFA a M.

De acuerdo al balance de masas en la formación de los VFA, se obtiene una ecuación diferencial de coeficientes constantes de primer orden Ecuación A14.14:

$$\frac{dS_{VFA}}{dt} = k_1 \cdot S_0 \cdot e^{-k_1 \cdot t} - k_2 \cdot S_{VFA}$$

$$\frac{dS_{VFA}}{dt} + k_2 \cdot S_{VFA} = k_1 \cdot S_0 \cdot e^{-k_1 \cdot t} \tag{A14.14}$$

Tal como:

$$y' + a(x) \cdot y = b(x)$$

$$y = e^{-\int a(x)dx} \cdot \int b(x) \cdot e^{\int a(x)dx} dx + C \cdot e^{-\int a(x)dx}$$

La solución de la Ecuación A14.14 resulta:

$$S_{VFA} = k_1 \cdot S_0 \cdot \frac{e^{-k_2 \cdot t} - e^{-k_1 \cdot t}}{k_2 - k_1}$$

A partir de esta ecuación se obtiene la producción acumulada de metano como:

$$\frac{dM}{dt} = k_2 \cdot S_{VFA}$$

$$\frac{dM}{dt} = k_2 \cdot k_1 \cdot S_0 \cdot \frac{e^{-k_2 \cdot t} - e^{-k_1 \cdot t}}{k_2 - k_1}$$

$$M = S_0 \cdot \left(1 - \frac{k_1 e^{-k_2 \cdot t} - k_2 e^{-k_1 \cdot t}}{k_1 - k_2} \right)$$

Reacción en dos velocidades de un solo paso con cinética de primer orden

La composición química de los sustratos es generalmente heterogénea y pueden estar constituidos por varias fracciones con distinta velocidad de hidrólisis. Esto implica que podemos considerar el proceso como dos mecanismos paralelos pero independientes que ocurren simultáneamente. Si definimos como α la relación entre la cantidad de sustrato rápidamente degradable y el total; k_F como la constante de cinética de primer orden para la degradación de sustrato rápidamente degradable; y k_L como la constante de cinética de primer orden para la degradación de sustrato lentamente degradable; la cantidad de metano producido se puede definir con el modelo usaron Kusch *et al* (2008) o Luna del Risco *et al.* (2011).

$$M = S_e \cdot (1 - \alpha \cdot e^{-k_F \cdot t} - (1 - \alpha) \cdot e^{-k_L \cdot t})$$

Dennehy *et al* (2016) compararon tres modelos cinéticos diferentes para determinar el más adecuado para describir la cinética de la codigestión discontinua de los de desperdicios de comida y el estiércol de cerdo a 37 °C; (1) primer orden, (2) Gompertz, y (3) reacción en dos velocidades de un solo paso con cinética de primer orden. Demostraron que los tres modelos proporcionan coeficientes de determinación similares, sin embargo, el RMSE (Raiz de la media de los cuadrados de los errores) se reduce significativamente cuando es considerada la digestión a dos velocidades. El RMSE peor resultó para el modelo de Gomperzt. El modelo cinético de primer orden reducía el RMSE un 39%, y el modelo cinético de primer orden, pero con dos velocidades reducía el RMSE un 80%. El rendimiento más alto de metano que obtuvieron fue de $0,521 \pm 0,29$ m^3 CH$_4$ kg^{-1} SV

Reacción en dos velocidades de dos pasos con cinética de primer orden

Si consideramos dos pasos en cada una de las fracciones de las que se compone el sustrato, tanto para la fracción de sustrato rápidamente degradable como para la fracción de sustrato lentamente degradable, podemos obtener la siguiente ecuación:

$$M = S_e \cdot \left[\alpha \cdot \left(1 - \frac{k_{HF}e^{-kMF \cdot t} - k_{MF}e^{-kHF \cdot t}}{k_{HF} - k_{MF}} \right) + (1-\alpha) \cdot \left(1 - \frac{k_{HL}e^{-kML \cdot t} - k_{ML}e^{-kHL \cdot t}}{k_{HL} - k_{ML}} \right) \right]$$

Brulé *et al.* (2014) evaluó los cuatro modelos cinéticos descritos concluyendo que los modelos que consideran una sola velocidad tanto en un paso como en dos pasos arrojan una estimación razonable. En contraste, el modelo que considera dos velocidades con un solo paso produce sobreestimaciones. Por tanto, se considera inadecuado. Esta sobreestimación se corrige al aplicar el modelo de dos pasos a dos velocidades, pero complica su aplicación.

Modelo basado en la función de transferencia

Varios estudios, tales como Redzwan, y Banks, (2004), Li *et al.* (2015) o Zahan *et al.* (2018) han utilizado una función derivada del modelo cinético de primer orden pero que sustituye la constante cinética por la relación entre la velocidad máxima y el porencial de metano.

$$M = M_e \cdot \left(1 - e^{-k \cdot (t - t_{lag})} \right)$$

$$M = M_e \cdot \left(1 - e^{-\frac{v_{maxM}}{M_e} \cdot (t - t_{lag})} \right)$$

Modelo de cono

Por otra parte, investigadores tales como Pitt *et al.* (1999), El-Mashad (2013), Li et al. (2015) y Zahan *et al.* (2018), analizaron el modelo de cono. Este modelo describe el proceso de la fermentación según la Ecuación A14.15.

$$M = \frac{M_e}{1 + (k \cdot t)^{-n}} \tag{A14.15}$$

Modelo logístico

Este modelo supone que la tasa de generación de metano es proporcional a la cantidad de metano producido.

$$M = \frac{M_e}{1 + e^{\left(\frac{4 \cdot v_{max} \cdot (\lambda - t)}{M_e} + 2\right)}}$$

(A14.16)

Comparación de los modelos

Para la evaluación de los modelos la mayoría de los investigadores suelen utilizar dos estadísticos; a) coeficiente de determinación del ajuste (r^2), y b) Raiz de la media de los cuadrados de los errores (RMSE) calculado por la Ecuación A14.17, donde Mmodel es el valor de metano predicho por el modelo en un instante t, el Mob es el valor del metano observado experimentalmente, y n el número de valores comparados.

$$RMSE = \sqrt{\frac{\sum \left(M_{model} - M_{ob}\right)^2}{n}}$$

(A14.17)

Pitt et al. (1999), Redzwan, y Banks, (2004), El-Mashad (2013), Li *et al.* (2015) y Zahan *et al.* (2018) compararon el modelo de Gompertz modificada, el modelo cinético de primer orden, el modelo de función de transferencia y el modelo de cono, para distintos tipos de sustratos y combinmaciones en codigestión.

Comparando los valores de r2, RMSE y tiempo de latencia proporcionados mediante análisis de varianza se obtuvieron los resultados mostrados en las Figuras A14.2 y A14.3.

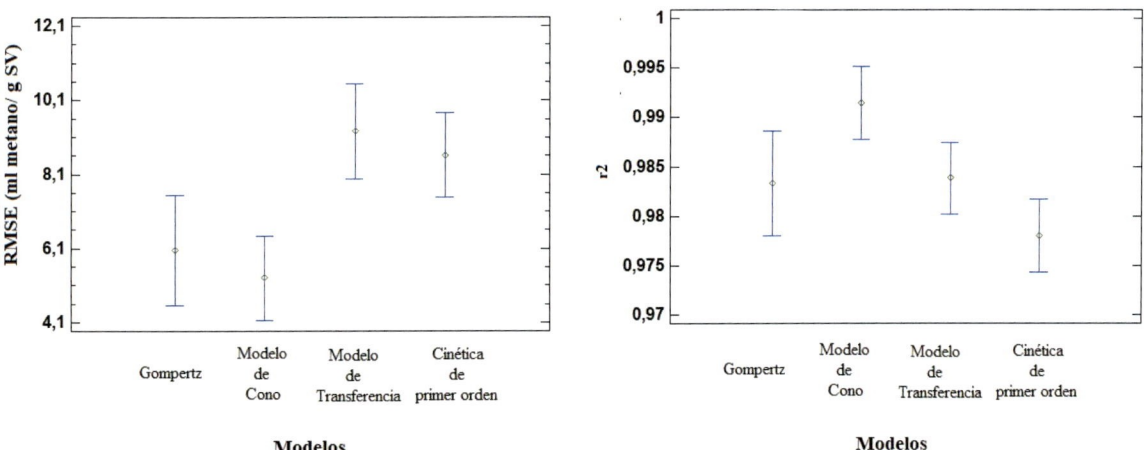

Figura A14.2. Intervalos LSD del análisis de varianza al 95% de nivel de confianza para la comparación del RMSE, el r² de los distintos modelos aplicados a la fermentación de diferentes sustancias y combinaciones en codigestión.

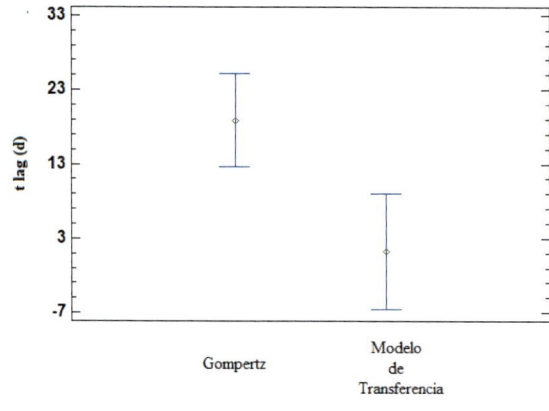

Figura A14.3. Intervalos LSD del análisis de varianza al 95% de nivel de confianza para la comparación del tiempo de latencia de los distintos modelos aplicados a la fermentación de diferentes sustancias y combinaciones en codigestión.

Como se puede observar todos los modelos proporcionan coeficientes de determinación altos y existen pocas diferencias entre ellos. El modelo de transferencia y el modelo cinético de primer orden produce generalmente RMSE mayores, por lo que el modelo de Gomperzt modificado y el modelo de cono realizan estimaciones más precisas. Sin embargo, el modelo de Gomperzt estima periodos de latencia mayores.

CONCLUSIONES

En este trabajo se han desarrollado los modelos cinéticos más importantes utilizados para describir la fermentación anaerobia. La comparación entre ellos es un tema actualmente estudiado como se demuestra en las publicaciones recientes. Todos ellos proporcionan coeficientes de determinación altos, sin embargo, presentan diferencias significativas en el RMSE.

La producción de metano en la mayoría de los casos oscila entre 0,15 y 0,65 m^3 $kg^{-1}SV$, en condiciones mesófilas (30-37 °C). No obstante, los procesos de digestión se pueden clasificar en tres grupos de acuerdo con el potencial de producción de metano:

- Procesos de producción baja, cuando la cantidad de metano producido está entre 0,15 y 0,30 m^3 $kg^{-1}SV$;

- Procesos de producción media, cuando la cantidad de metano producido está entre 0,30 y 0,45 m^3 $kg^{-1}SV$;

- Procesos de producción alta, cuando la cantidad de metano producido es superior a 0,45 m^3 $kg^{-1}SV$.

El tiempo de latencia medio es de 14 días. La media de la constante cinética de primer orden es de 0,11 d^{-1}.

Capítulo XV
Tecnología del biodiésel

15.1. Introducción

En los últimos años el uso de biomasa para la obtención biocarburantes a partir de cultivos energéticos es un tema de interés general, debido a que es una fuente de energía renovable, y al hecho de que el petróleo es un recurso finito, previéndose próximo su agotamiento. En este contexto cabe pensar que el desarrollo de la agricultura con fines energéticos adquiera notable relevancia para la producción de biocarburantes. La demanda de biocarburantes desarrolla un mercado que puede aprovecharse para fortalecer el sector primario, la fijación de población en el ámbito rural, el desarrollo industrial y de actividades agrícolas. La Directiva 2003/30/CE define como biocarburante, en inglés "biofuel", a todo combustible líquido o gaseoso producido a partir de biomasa que es posible utilizarlo en motores de combustión interna empleables en vehículos de transporte. Esta definición engloba con el término biofuel al bioetanol, biometanol, biodiesel (metiléster, dimetiléster), bioETBE (etil ter-butil éter), bioMTBE (metil ter-butil éter), biogás, gas y aceites obtenidos por pirólisis, e hidrógeno procedente de la hidrólisis con biomasa.

Los aceites vegetales siempre se han contemplado como buenos combustibles. De hecho los primeros motores de combustión interna, desarrollados a mediados del siglo XIX usaban éstos como carburante, sólo que a partir del desarrollo de la industria del petróleo fueron sustituidos por el gasóleo y la gasolina. Actualmente la utilización directa de los aceites vegetales en motores con las prestaciones convencionales plantea una serie de inconvenientes debido fundamentalmente a los problemas de viscosidad y presencia de residuos carbonosos tras la combustión que provocan obturaciones y desgaste de piezas. Por otra parte, la presencia de insaturaciones hacen que los aceites sean susceptibles de sufrir oxidaciones y degradación. Otros problemas asociados a los aceites vegetales son:

- Elevada reactividad con distintos elastómeros de juntas. Las insaturaciones de los ácidos grasos hacen que sean muy susceptibles a la polimerización y formación de gomas.
- Produce depósitos carbonosos al no quemarse completamente algunos componentes.
- Aumenta mucho la viscosidad a temperaturas bajas. Ello dificulta el bombeo y la pulverización en la inyección.
- Los inyectores pueden obturarse y se reducen las prestaciones del motor.
- Posee un bajo número de cetano, que hace que la combustión sea más deficiente en motores rápidos.

Estos problemas pueden ser paliados a través ciertas modificaciones del motor diésel:
- Realizar un precalentamiento del combustible.

- Utilizar inyectores autolimpiantes, realizando la inyección en una precámara que mejore la mezcla aceite aire.
- Reducir la pérdidas energéticas en los motores, haciéndolos más adiabáticos con menor refrigeración, lo que significa que los materiales deben estar preparados para contrastes térmicos más fuertes.
- Sistema de arranque con gasóleo.

Una opción para mitigar estos inconvenientes es el uso de mezclas de los aceites vegetales con gasóleo en motores diésel, (hasta 1:2 aceite:gasóleo, en el caso del aceite de soja). Esto reduciría el consumo de gasóleo actual, en cualquier caso, estas mezclas de aceite vegetal y diésel siguen presentando parte de los problemas descritos. Otra alternativa, es emplear mezclas de aceites vegetales crudos (80%) con gasolinas (15%) y alcohol (5%), que se puede utilizar como carburante de los motores diésel de manera directa.

No obstante, existen motores especiales con adaptaciones para el uso directo de los aceites, llamados motores Elsbett. Se trata de unos motores desarrollados por la empresa alemana Elsbett Konstruktion con ciertas adaptaciones que posibilitan que funcionen directamente con aceites vegetales sin refinar y sin esterificar (en crudo). Una de las adaptaciones más importantes en este tipo de motores es la reducción de las pérdidas de calor haciéndolos más adiabáticos, es decir, que intercambia muy poco calor con el medio. El sistema de refrigeración no utiliza agua y esto le permite trabajar a una temperatura más alta y, por tanto, con un rendimiento termodinámico más alto. Las pérdidas de energía en el sistema de refrigeración se reducen entre el 25 y el 50%. La mayor temperatura le permite quemar la totalidad del combustible. Libera menos dióxido de azufre y sustancias residuales no carbonizadas. Esto hace que tengan una eficiencia térmica superior al 40% cuando en un motor de gasolina convencional o diésel no supera el 30%. Esto quiere decir que este rendimiento más grande le permite proporcionar más energía mecánica útil.

Algunos de los cambios mecánicos del motor Elsbett respecto a los motores diésel convencionales son:

- Utilización de una cámara de combustión de forma esferoidal aislada térmica y acústicamente en la parte superior del cilindro.
- Utiliza un pistón articulado que comprime más eficientemente la mezcla aire/aceite pulverizada.
- El aceite vegetal se inyecta tangencialmente en la cámara de combustión. Esto permite una nebulización en gotas muy finas, lo que evita que se produzcan depósitos carbonosos. Por otra parte, la combustión se hace con menos cantidad de aire y, por tanto, se reduce la emisión de óxidos de nitrógeno.
- Los inyectores deben ser autolimpiables, Se utilizan uno o dos inyectores por cilindro.
- La tapa de los cilindros dispone de una pequeña cámara anular por la cual circula el aceite lubricante que se emplea como refrigerante. Ya que el sistema de refrigeración no es con agua, la tapa del cilindro no lleva junta. Un pequeño radiador de aceite permite cerrar el circuito del aceite lubricante-refrigerante. El hecho de que no necesite agua para la refrigeración ahorra piezas, peso y volumen al motor.

Con estas modificaciones la temperatura del motor se estratifica de tal forma que el núcleo de la combustión puede llegar a los 1300 °C, en cambio, la zona del contacto del pistón no supera los 650 °C normales de cualquier motor. La temperatura final de los gases de escape solamente es un poco superior a la de los motores diésel convencionales. Las modificaciones del motor Elsbett permiten a los vehículos diésel funcionar tanto con gasóleo como con aceite vegetal con un buen rendimiento termodinámico y sin que se den problemas que afecten al buen funcionamiento del motor.

A pesar de las posibilidades indicadas, para evitar introducir las modificaciones en motores, se requiere que los aceites vegetales sean transformados en sus derivados ésteres metílicos o etílicos, cosa que mejora sus características como carburantes. De esta manera se consigue que sus triples cadenas de carbonos que presentan los triglicéridos, que confieren al aceite elevada viscosidad, se conviertan en moléculas lineales de menor viscosidad, y características físico-químicas y energéticas más similares al gasóleo obtenido del petróleo. Esta es la opción más usada.

El biodiésel (Metiléster y Dimetiléster), es un líquido obtenido de la transesterificación de triglicéridos con metanol o etanol, catalizada generalmente con hidróxidos de sodio o potasio, obteniendo el éster correspondiente junto con glicerina.

$$
\begin{array}{ccccccc}
CH_2\text{-}OOCR & & & & & & CH_2\text{-}OH \\
| & & & & & & | \\
CH\text{-}OOCR & + & 3CH_3OH & \rightarrow & 3CH_3OOCR & + & CH\text{-}OH \\
| & & & & & & | \\
CH_2\text{-}OOCR & & & & & & CH_2\text{-}OH \\
\end{array}
$$

$$\text{Aceite} \quad + \quad \text{Metanol} \quad \rightarrow \quad \text{Metilester} \quad + \quad \text{Glicerina}$$

Figura 15.1. Obtención del Metiléster.

Estos ésteres poseen unas cualidades en viscosidad, octanaje y poder calorífico muy semejante al gasóleo utilizado en los motores, por tanto, se pueden emplear como tales de forma directa, o mezclándose con gasóleo en un determinado porcentaje, denominándose de forma genérica biodiésel. Para este proceso se puede utilizar cualquier aceite de origen vegetal. Existen más de 300 especies capaces de producir aceites aptos en cantidades industriales, aunque los más utilizados son los provenientes de la colza, el girasol y la soja, apareciendo como fuertes competidores la palma aceitera y la jatrofa entre otros. También se pueden utilizar aceites vegetales residuales de freiduría, o de procesos industriales presentando la ventaja de estar más saturados.

Los aceites procedentes de las semillas oleaginosas generalmente poseen una fracción saponificable, que supone un 98-99% del peso del aceite, y una fracción de componentes no saponificables, que supone entre el 1 y 2%. Aunque la fracción no saponificable en relación a la masa representa un porcentaje pequeño, su efecto en la calidad del biodiésel resultante es muy significativo. La fracción saponificable del aceite está compuesta por ácidos grasos libres, monoglicéridos, diglicéridos, triglicéridos y fosfolípidos. La fracción no saponificable está formada por gomas y mucílagos, esteroles, tocoferoles, aldehídos, cetonas, terpenos, carotenos, éteres, xantofilas.

La presencia de todas aquellas sustancias distintas a los triglicéridos dificulta la adaptación de los aceites en la reacción de transesterificación. Por lo que antes de desarrollar esta reacción es necesario un proceso de depuración de los triglicéridos llamado *refino del aceite*.

Atendiendo a esto, la cadena de producción del biodiésel comprende de forma resumida 5 fases:
  a) Producción de materias primas a través de cultivos energéticos oleaginosos.
  b) Transformación de grano a aceite.
  c) Refino del aceite.
  d) Reacción de transesterificación.
  e) Separación de la glicerina y depuración del biodiésel.

En este capítulo se desarrollan los aspectos tecnológicos desde la transformación del grano hasta la depuración del biodiésel. La producción de materias primas, producción de granos oleaginosos, se reserva para un capítulo específico, donde se tratarán todos los aspectos agrícolas.

15.2. Análisis de la transformación de grano a aceite

Tecnologías de prensado

Las tecnologías de prensado de semillas oleaginosas para la obtención de aceite se pueden clasificar en dos grupos: la más empleada en Centroeuropa para producciones medianas (hasta 25000 t/año de aceite) es *el doble prensado en frío*. Para instalaciones grandes (de más de 30000 t/año de aceite) se emplean plantas de *prensado en caliente* con molienda previa. En este sistema se precisa el proceso de desgomado. Ambos sistemas utilizan varios conjuntos de prensas, la diferencia fundamental es el proceso de calentamiento de las semillas molidas. Puesto que el incremento de la temperatura fluidifica el aceite, su extracción es mucho más eficiente en caliente que en frío, sin embargo tiene asociado un aporte energético mucho mayor lo que a veces limita este balance. En la siguiente tabla se observan las principales características de los dos tipos de prensado.

Tabla 15.1. Tipos de prensado de semilla oleaginosas

Tipo de prensado	EN FRÍO	EN CALIENTE
Rendimiento de aceite	30-35%	40-45%
Resto aceite en torta	10-12%	5-8%
Temperatura de la torta en proceso	45°	120°

En general, la humedad de la semilla para el proceso de prensado no debe sobrepasar el 7%. Es conveniente dejar secar la semilla en campo, ya que la eliminación del agua del aceite posteriormente por destilación resulta más costosa. El prensado con humedades mayores del 7%, produce un mayor contenido en agua en la torta, que dificulta su conservación, y también en el aceite, lo que provoca un trabajo extra para el equipo de filtrado.

Una planta de prensado de semillas de oleaginosas para la extracción de aceite vegetal crudo, consta habitualmente de las secciones mostradas en la Figura 15.2

Recepción y almacenamiento de la semilla (PS1)

Las semillas se recepcionan generalmente en una tolva o piquera de hormigón enterrada, donde descargarán los camiones. La tolva lleva incorporado un sistema de cribas cilíndricas rotativas, formadas por un conjunto de rejillas que evitan la entrada de tallos u hojas que pueden venir con la partida de semillas. De ahí, a través de un sistema de cangilones o tornillo sinfín la semilla se eleva hasta un pequeño alimentador que llena la tolva del distribuidor por tornillo sinfín a través del cual se llenan de los silos de almacenamiento por la parte superior. El número de silos y su volumen deben poder permitir el funcionamiento continuo de la planta. Por tanto, para cubrir estas necesidades precisaremos un volumen de almacenamiento capaz de proporcionar semillas durante varios días con el fin de mantener las prensas en proceso continuo.

El vaciado de los silos se realiza por la parte inferior, también a través de tornillo sinfín. Generalmente, entre los silos de almacenamiento y las prensas se coloca un depósito de regulación de flujo.

El volumen de almacenamiento de la materia prima se puede calcular por la expresión Ecuación 15.1, donde P_{planta} es la productividad de la planta (t de semillas/día), t_r es el tiempo que transcurre entre recepciones de suministros (días) y $\rho_{semilla}$ es la densidad aparente de las semillas a procesar.

$$V = \frac{P_{planta} \cdot t_r}{\rho_{semilla}} \qquad (15.1)$$

Prensado de las semillas (PS2)

Desde este silo intermedio la semilla pasa a través de dos separadores: un separador mecánico de impurezas y un separador magnético de partículas metálicas. De los separadores la semilla se conduce hasta un molino triturador. A continuación del molino comienza la etapa de prensado. Esta etapa se compone de un conjunto de prensas en frío o en caliente.

La carga de las semillas hasta estas prensas se realiza mediante transportadores sinfín hasta una pequeña tolva de recepción que posee cada prensa.

Para la evacuación de aceite se dispone de un sistema de bombeo y tuberías de conducción hasta la siguiente etapa.

Separación y Filtrado (PS3)

El aceite a la salida de las prensas tiene todavía una gran cantidad de impurezas. La separación de estas se realiza en un filtro después de reunir todo el aceite en un tanque de homogeneización.

Almacenamiento de la torta (PS4)

El residuo del prensado de la semilla para la obtención de aceite se denomina *torta*. Lo constituye toda la materia sólida desmenuzada, que aún posee un 10% de su peso en aceite. La extracción de ese aceite podría realizarse mediante solventes, aunque esta práctica no es habitual por el coste que no se compensa en los precios del aceite de mercado existentes.

Todo el residuo sólido de la semilla se conducirá mediante un conjunto de transportadores sinfín a la zona de la nave que se designa para su almacenamiento. La torta se deja caer desde el emisor localizado en un punto elevado y se forman montones. La manipulación posterior de este producto en el almacén se realizará mediante una pala cargadora.

Almacenamiento del aceite (PS5)

El aceite procedente del filtro posterior a las prensas se lleva a unos tanques de almacenamiento a través de un sistema de bombeo. El aceite quedará allí hasta su expedición, bien mediante tuberías si la planta de refino es cercana, o mediante camiones cisterna si está lejos.

El aceite recién obtenido tras el prensado, se denomina, aceite crudo. Sus componentes químicos no lo hacen apto para una transesterificación, tampoco para uso alimentario aunque venga de semillas de girasol o aceitunas. Es necesario realizar un proceso de refino, que en el caso de la producción de biodiésel pretende que su composición sea básicamente triglicéridos; en el caso de aceite alimentario, se busca estabilidad, color, sabor y aroma.

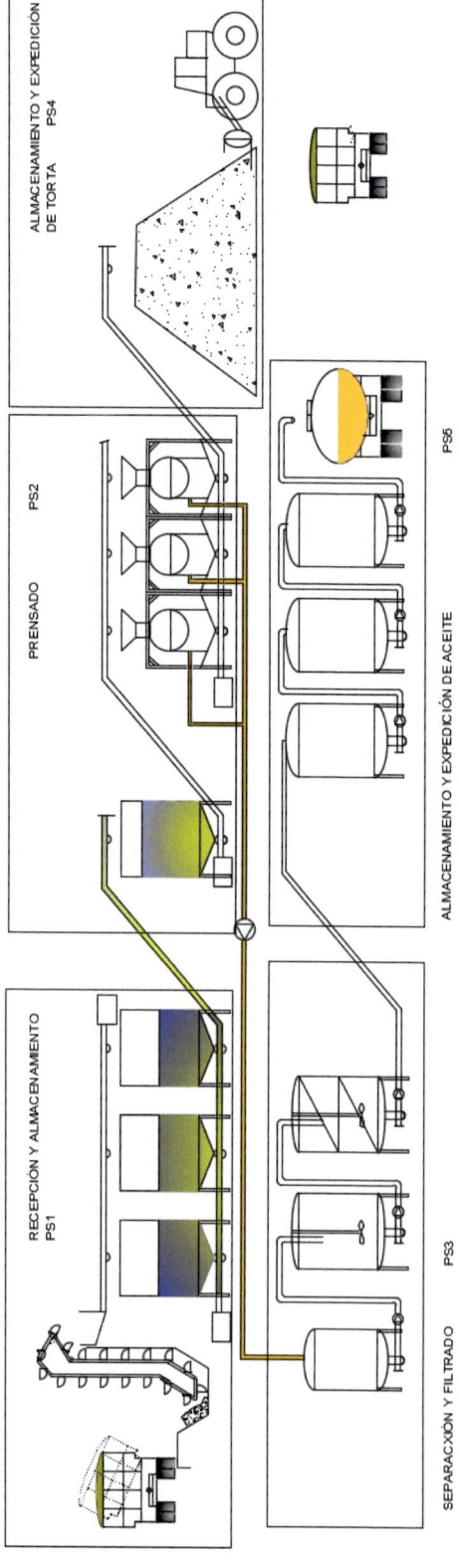

Figura 15.2. Secciones de una planta de prensado de semillas de oleaginosas para la extracción de aceite vegetal crudo.

Ejemplo 1

A continuación se detalla la estructura de una planta de producción de aceite vegetal de 20 000 t/año de aceite (60 000 toneladas de semilla/año) a partir de semillas de colza o girasol.

Planteamiento

La relación entre el peso de la semilla y la cantidad de aceite extraíble mediante prensado suele ser de 1/3. Por tanto, las condiciones de suministro de 60 000 t de semillas al año para producir 20 000 t de aceite al año, son totalmente habituales. La densidad aparente de este tipo de semillas es de media de 0,75 t/m³

PS1 Recepción y almacenamiento de semilla

Junto la tolva de alimentación inicial, se colocará una limpiadora de criba cilíndrica rotativa. Ésta está formada por un conjunto de rejillas que evitan la entrada de tallos u hojas que pueden venir con la partida de semillas. Estas impurezas que no pasan por la criba se eliminan a través de una corriente se aspiración. A modo de orientación, cuatro cribas de diámetro 1260 mm poseen un ventilador de aspiración de 12 000 m³/h.

Para llenar los depósitos de almacenamiento desde la tolva de alimentación situada a nivel del suelo, se puede utilizar para la productividad requerida un elevador de cangilones con un caudal de 50 t/h, accionado por motor y reductor de árbol hueco con una potencia de 4 CV. Debe incorporar variador electrónico de velocidad de giro. La altura habitual de los depósitos de recepción es de unos 14-15 metros.

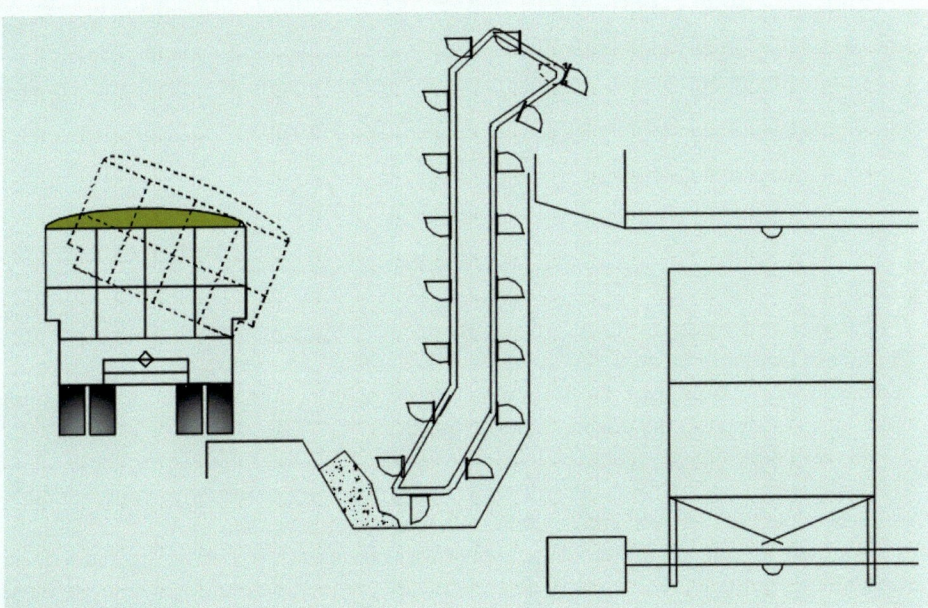

Figura 15.3. Elevadores de cangilones.

Tras ser descargadas las semillas en la tolva del sistema de distribución horizontal a una altura de 14 metros, la movilidad de este tipo de semillas se consigue eficientemente con tornillos sinfín de 200 mm de diámetro con un caudal de 50 t/h accionado también con motor de 4CV.

El transportador de tornillo sinfín para el llenado de los silos puede tener una longitud aproximada de 25 m, suele ser construido en chapa galvanizada atornillada a la cubierta. Las compuertas intermedias del sinfín a los silos poseerán mando neumático.

La tubería de conexión a depósito intermedio de unos 7 metros de longitud, tras los silos de almacenamiento tendrá las mismas características.

El girasol se recolecta entre septiembre y octubre, la colza se recolecta en mayo-junio. Si se desea un funcionamiento continuo de la planta el periodo más largo sin suministro es de 6 meses, llevando una política como la que se muestra en la Tabla 15.2. Desde mayo a octubre (6 meses) se consume la colza recolectada y almacenada en mayo-junio. El girasol recolectado en septiembre-octubre se almacena y se consume desde noviembre a abril (6 meses). Para procesar 60 000 t de semillas al año se necesita un volumen de almacenamiento definido por la Ecuación 15.1.

Tabla 15.2. Funcionamiento de la planta de prensado de aceite de girasol y colza.

	E	F	M	A	M	J	J	A	S	O	N	D
Recolección y almacenamiento					colza	colza			girasol	girasol		
Consumo	girasol	girasol	girasol	girasol	colza	colza	colza	colza	colza	colza	girasol	girasol

$$V = \frac{(60000 / 365) \cdot 6 \cdot 30}{0,75} = 39452 \text{ m}^3$$

Pueden colocarse 20 depósitos de 2000 m^3

Si H=D

$$V = \frac{\pi \cdot D^2}{4} H = \frac{\pi \cdot D^3}{4} \rightarrow H = D = \sqrt[3]{\frac{4 \cdot V}{\pi}} = 13,65 \text{ m}$$

Los silos deben tener fondo cónico con chapa de acero galvanizado con una escalera de acceso al techo con protección, una compuerta de inspección, una pasarela de techo con barandillas y dos detectores de nivel.

Tabla 15.3. Inversión inicial para los equipos de recepción y almacenamiento de semillas (PS1).

1	Maquinaria del proceso	23 1242 €
2	Transporte y montaje	58 278 €
	TOTAL EUROS	**289 520 €**

PS2 Prensado de la semilla

El proceso comienza en un depósito intermedio de regulación del proceso, situado entre los silos de almacenamiento de materia prima y las prensas. La función de este depósito es alimentar de forma continua el volumen de semillas que se precisan en las prensas durante las horas de trabajo.

Entre el depósito de regulación y los mecanismos de limpieza puede instalarse un molino. El molino no es necesario si la semilla no tiene cáscara como en el caso de la colza, sin embargo es imprescindible en el girasol. A la prensa se introduce todo, la cáscara y el endospermo triturados conjuntamente.

Antes de introducir el material en las prensas, se hace pasar por un un separador de impurezas mecánicas gruesas y un separador de partículas metálicas, y posteriormente por medio de sinfines se dirige hacia las tolvas individuales de cada prensa con regulación automática.

El mecanismo de compresión en las prensas es por extrusión, es decir, consiste en hacer pasar la semilla por un canal convergente, de sección cada vez más pequeña, de tal manera que la presión de las semillas contra las paredes aumenta. El canal en su longitud presenta orificios por los cuales sale el aceite. La materia sólida sale por el extremo final de la tubería. Una vez se ha realizado el prensado, el aceite resultante se recoge en un recipiente colector situado bajo las prensas desde las cuales se bombea a la PS3 (Unidad de filtrado de aceite).

Normalmente se realiza un doble prensado, es decir que primero se pasa el material por una prensa a presión más baja y el residuo extruido de ésta se pasa por otra prensa a presión más alta. Para la optimización del espacio cada pareja de prensas se monta una sobre otra. Para el acceso a cada uno de los equipos se monta una estructura de dos niveles con plataforma a la que se sube mediante una pequeña escalera.

El residuo de la semilla se traslada por una cinta transportadora hasta los elementos de transporte que forman la PS4 (zona de almacenamiento de la torta).

Para una productividad de 60 000 t/año, trabajando 335 días al año, durante 24 h, se precisarían 9 conjuntos con una productividad de procesado mínimo de 7,46 t/h.

Las unidades de producción deben estar provistas de los elementos eléctricos y controles correspondientes, también de los enclavamientos eléctricos necesarios para evitar situaciones de emergencia, de tal manera que el manejo sea semiautomático, con una intervención regular por parte de un operario en el proceso de producción e inspecciones.

Las semillas deben cumplir los requisitos estándar europeos:

- Humedad: 5-7 %

- Impurezas: máximo 2%

- Impurezas máximas admitidas: máximo 2%

- Temperatura de las semillas: mínimo 15 °C

La temperatura interna de la PS2 y la PS3 es de mínimo 15° C

La siguiente tabla facilita los parámetros básicos de capacidad y calidad además de las demandas útiles, zona y espacio útil. Los datos proporcionados son solo orientativos.

Tabla 15.4. Requerimientos para los equipos de recepción y almacenamiento de semillas 60 000 t/año (PS1).

PARÁMETROS PRENSAS			Unidad	Doble Prensado
- Capacidad anual	- en aceite		t/año	20 500
	- en semilla		t/año	60 000
- Capacidad/hora	- en aceite		kg/hora	2500
	- en semilla		kg/hora	7500
			%	$10 - 12\%$
Grasas en la masa prensada				
NECESIDADES				
- Espacio necesario				
PS2 sección de prensado (9 unidades dobles)			m^2	360
PS3 unidad de filtrado			m^2	60
PS4 zona de manipulación			m^2	380
PS5 tanques de almacenado de aceite			m^2	120
Espacio libre para manipulación			m	7
- Potencia eléctrica instalada (coeficiente de utilización 0,8)			kW	771
- Personal por turno			empl.	3
Capacidad almacenamiento	- semilla		m^3	40 000
	- torta de prensado		m^3	600
	- aceite		m^3	200

Tabla 15.5. Inversión inicial para los equipos de prensado de semillas (PS2).

1	Maquinaria del proceso		2 026 882 €
2	Transporte y montaje		56 804 €
		TOTAL EUROS	**2 083 686 €**

PS3 Separación y filtrado

Posteriormente al prensado, el aceite obtenido debe ser filtrado y refinado. A la salida de las prensas de debe colocar un equipo para la filtración a través de un separador de partículas finas, un tanque de homogeneización y filtro de hojas. Todo este proceso se controla automáticamente. Posteriormente el aceite filtrado es impulsado a la unidad de producción PS5 (almacenamiento del aceite).

Tabla 15.6. Requerimientos para los equipos de separación y filtrados de semillas 60 000 t/año (PS3).

Elementos requeridos	
Separador	1 unidad
Filtrado	
- Tanque con agitador	1 unidad
- Bomba 1 unidad	
- Filtro automático con accesorios	1 conjunto
Fuente de aire comprimido	
- Recibidor principal y secundario	1 conjunto
- Compresor	1 unidad
Cañerías y accesorios	
Cuadro eléctrico	

Tabla 15.7. Inversión inicial para los equipos de separación y filtrado (PS3).

1	Maquinaria del proceso	346 434 €
2	Transporte y montaje	11 561 €
	TOTAL EUROS	**357 995 €**

PS4 Almacenamiento de la Torta

Desde la cinta transportadora de recolección, el residuo del prensado se transportará hasta el habitáculo de almacenamiento por medio de una rosca elevadora hasta la cumbrera de la nave.

Tabla 15.8. Requerimientos para los equipos de almacenamiento de la torta (PS4).

Elementos requeridos

- Una tubería de conexión de cinta a rosca elevadora.
- Un sinfín transportador de medio punto de diámetro 250 mm montado bajo la cumbrera de la nave para reparto de la torta por la longitud de la misma.
- Accionamiento por motorreductor de 5,5 kW. Para un caudal de 50 m^3 /hora.
- Un conjunto de soportes al pórtico de la nave.

Tabla 15.9. Inversión inicial para los equipos de almacenamiento de la torta (PS4).

1	Maquinaria del proceso	30 547 €
2	Transporte y montaje	9262 €
	TOTAL EUROS	**39 809 €**

PS5 Almacenamiento del aceite

Se calcula la capacidad de almacenamiento para contener la producción de aproximadamente 10 días en cuatro depósitos verticales de almacenamiento de las siguientes características:

- Material de construcción   AISI 304 2B
- Capacidad unitaria   185 000 litros
- Diámetro   4000 mm
- Altura de cilindro   14 750 mm
- Altura total   15 500 mm.
- Fondo superior   cónico 15°
- Fondo inferior   plano inclinado al 5%
- Apoyo de la base   bancada de hormigón
- Unidades   4
- Capacidad total   740 000 litros (740 m^3)
- Accesorios por depósito:
    - Boca circular de 500 mm de diámetro sobre chimenea centrada.
    - Válvula de desaire de doble efecto.
    - Boca ovalada de 330 x 450mm.
    - Nivel completo con regleta.
    - Tomamuestras.
    - Tubuladuras para descarga total y parcial en válvula mariposa DN 65 con tapón ciego y cadena. Cazoleta de apurado total.
    - Grifo de nivel completo con regleta y tubo de metacrilato
- Un conjunto de pasarelas de servicio con escaleras de acceso a parte superior de los tanques construidas íntegramente con perfiles de acero galvanizado y con barandillas de protección en las zonas que sean apropiadas de las siguientes características:
    - Guía y soportes de la pasarela   tubo 80 x 40 y tubo 40 x 40
    - Barandilla   tubo inox diámetro 40 y 30
    - Superficie de pisado, lamas abocardadas en acero galvanizado.
- Estación de bombeo para llenado de tanques de dos bombas en paralelo del tipo helicoidal de 5m^3 por hora de caudal. Instalación de tubería inox. DN65, para colectores de llenado y vaciado de depósitos, incluyendo racores, piezas especiales en T y codos así como válvulas mariposa DN65.
- Estación de bombeo, para vaciado de los depósitos y llenado de camiones, de dos bombas autoaspirantes en paralelo, para un caudal de 40m^3 por hora.

Tabla 15.10. Inversión inicial para los equipos de almacenamiento del aceite (PS5).

1	Maquinaria del proceso	201 135 €
2	Transporte y montaje	10 329 €
	TOTAL EUROS	**211 464 €**

Tabla 15.11. Presupuesto total de la instalación de prensado en frío.

PS-1	Recepción y almacenamiento de semilla	289 520 €
PS-2	Sección prensado	2 083 686 €
PS-3	Separación y filtrado	357 995 €
PS-4	Almacenamiento de la torta	39 809 €
PS-5	Almacenamiento del aceite	211 464 €
	TOTAL EUROS	**2 982 474 €**

Tabla 15.12. Análisis global de costes prensado en frío.

Parámetros principales			
Horas de funcionamiento anuales	8000 h/año		
Capacidad anual de producción de aceite	20500 t/año		
Capacidad anual de producción de semilla colza	60557 t/año		
Costes Variables			
CONSUMO DE ENERGÍA	kWh	Precio Eur/kWh	Coste Eur/t de aceite
Energía eléctrica	616	0,066	15,87 €
TOTAL COSTES VARIABLES PLANTA			15,87 €
Costes fijos			
COSTES DE MANTENIMIENTO DE PLANTA		Coste anual Euros	Coste Eur/t de aceite
Coste medios estimados de mantenimiento de la planta		99 359,- €	4,85 €
COSTES DE PERSONAL	Coste hora operario	Coste anual Euros	Coste Eur/t de aceite
Operarios de planta: 2 operario día / 2 operarios noche	12,10 €	193 600	9,44 €
COSTES GESTIÓN Y ADMINISTRACIÓN		Coste anual Euros	Coste Eur/t de aceite
Costes de administración y gestión de planta		26 000	1,27 €
Varios (control de gestión)		6010	0,29 €
Primas de seguros de la planta		5000	0,24 €
	TOTAL	37 010	1,81 €
TOTAL COSTES FIJOS DE LA PLANTA			
COSTES TOTALES DE LA PLANTA	**Euros/ t de semilla**	**Euros/ t de aceite**	
	10,82 €	**31,96 €**	

Tabla 15.13. Costes de mantenimiento de la planta.

Estudio de costes de mantenimiento para una planta de prensado en frío de 9 conjuntos de máquinas FS1000/FL200							
CONTROLES PERIÓDICOS TRIMESTRALES	Revisiones generales de las máquinas con controles de funcionamiento.						
SUSTITUCIÓN PIEZAS DESGASTE	Trabajos de sustitución de piezas de desgaste y asesoramiento al personal de la planta para el control de los desgastes.						
PIEZAS DESGASTE	Las piezas que normalmente se tendrían que sustituir y que dependen del uso al que se sometan dependiendo de los tipos de semilla con los que se trabaje.						
RECAMBIO PREVENTIVO	Los elementos que se deben tener en la instalación para poder solventar una avería siendo algunos de ellos componentes a utilizar como repuestos de piezas que sufren desgaste.						
CONCEPTOS	AÑO 1	AÑO 2	AÑO 3	AÑO 4	AÑO 5	AÑO 6	Total
CONTROLES PERIÓDICOS TRIMESTRALES	4350 €	4543 €	4744 €	4955 €	5175 €	5404 €	29 171 €
SUSTITUCIÓN PIEZAS DESGASTE	0 €	4650 €	9672 €	10 149 €	7072 €	7421 €	38 963 €
PIEZAS DESGASTE	3000 €	35 500 €	86 600 €	103 920 €	64 800 €	64 800 €	358 620 €
RECAMBIO PREVENTIVO	36 300 €	24 200 €	24 200 €	36 300 €	24 200 €	24 200 €	169 400 €
TOTAL ANUALES	**43 650€**	**68 893 €**	**125 216 €**	**155 324 €**	**101 247 €**	**101 825 €**	**596 154 €**
MEDIA ANUAL PARA 6 AÑOS					**99 359 €**		

Este estudio económico incluye:

- Montaje completo de estos elementos por nuestro personal.

- Gastos de grúa y sistemas de elevación para el montaje de estos elementos.

- Puesta en marcha de la instalación e instrucción de operarios.

- Transporte del material.

- Planos y datos técnicos para la confección de proyectos por parte de las ingenierías y/o para ayuda a electricistas o constructores.

No se ha incluido en el estudio:

- I.V.A. 21%
- Placas de anclaje y obra civil.
- Descarga de los materiales, almacenamiento y custodia de los mismos.
- Permisos, proyectos, estudios y autorizaciones necesarias.
- Estudio de impacto ambiental, ni posibles correcciones si fuera preciso.
- Corriente eléctrica para el montaje.
- Cualquier otro material no especificado en esta oferta.
- Acometida eléctrica a nuestros cuadros.
- Instalación eléctrica desde nuestros cuadros a los motores y sensores de la maquinaria.

Fin.

Destino de la torta

En valores medios por cada 100 kg de grano oleaginoso se obtienen 33 kg de aceite (33% de rendimiento en masa) y 66 kg de torta (66 % de rendimiento en masa). Esta torta se caracteriza por ser un material espeso con un contenido de humedad entre el 3 y 5% y un contenido de aceite de un 10%. Su poder calorífico ronda las 21 MJ/kg. Atendiendo a estas características se plantean tres alternativas de comercialización de la torta residual.

Quema directa en caldera

Su calor puede ser aprovechado en algún proceso de la propia industria (como el secado de semillas con alto contenido de humedad), o por industrias cercanas a la planta.

No obstante, esta solución presenta el problema que los humos de la torta desprenden un olor ácido, y es necesario un sistema de filtrado de cierta potencia. Por esta razón en muchos países, como por ejemplo Italia, su quema está prohibida. Para disminuir este olor en cierta medida la torta se puede mezclar con paja.

Peletización

Permite la comercialización de la torta como combustible a grandes distancias. Presenta el mismo problema que el caso anterior, por lo que la utilización de pélets de torta se reduce a aplicaciones industriales y no a calderas domésticas, lo que reduce su mercado.

Por otra parte, la peletización requiere que el residuo tenga un contenido en aceite del 1%, lo que obliga a una extracción del aceite más fina mediante solventes.

Comercialización como materia prima de piensos animales

El alto contenido en grasa de este material lo hacen muy apto para ser mezclado con otros componentes para producir materiales de alimentación animal.

15.3. Fase de pretratamiento. Refinado del aceite

Se denomina *refino o refinado* a una serie de operaciones que tienen como objetivo mejorar la calidad del aceite, eliminando determinados componentes que afectan significativamente a sus características. Este grupo de tratamientos en los aceites vegetales fueron desarrollados inicialmente en la industria alimentaria. Aunque la mayoría de los aceites vegetales pueden ser consumidos directamente después de una filtración tras el prensado, las operaciones de refino se desarrollaron para mejorar su calidad en cuanto a sabor, olor, coloración, turbidez, y estabilidad. Si el destino de estos aceites es su transesterificación para la producción de biodiésel las operaciones de refino resultan imprescindibles, y buscan eliminar todas las sustancias que dificultan tal reacción y suponen un perjuicio en su combustión en los motores. Es decir, los métodos de refinamiento de aceites vegetales crudos implican operaciones que conducen a la obtención de un producto apto para su aplicación industrial. Esto es conseguir que esté compuesto esencialmente de triglicéridos. Las principales etapas del refino de los aceites destinados para biocombustibles son similares a las usadas en aceites alimentarios, y en ocasiones heredan su nombre. Estas etapas son las siguientes:

a) Desfangado
b) Desgomado o Desmucilaginación
c) Desacidificación o neutralización
d) Deshidratación
e) Decoloración
f) Desodorización
g) Winterización
h) Descerado

Desfangado

Consiste en la eliminación de impurezas sólidas. Tras el prensado, los aceites obtenidos suelen contener materias en suspensión. Estos elementos suponen un obstáculo para la conducción del biodiésel en los conductos del sistema de alimentación del motor, acelera el deterioro de los filtros y pueden provocar la formación de carbones y la abrasión en distintos elementos. Los métodos para eliminarlos dependen del tipo de aceite y proceso de prensado realizado pudiendo basarse en una decantación, un tamizado o filtrado, quedando el aceite clarificado. También pueden utilizarse centrifugas de descarga intermitente de sólidos.

Desgomado y desmucilación

Los *mucílagos* y las *gomas* son sustancias naturales resinosas que los vegetales liberan como mecanismo de defensa al sufrir una lesión o seccionamiento de vasos. Éstos actúan como elemento cicatrizante e inhibidor de hongos, bacterias y virus que podrían causarles alguna enfermedad. Tienen un alto peso molecular, y son estructuralmente muy complejas. Los mucílagos y gomas no se encuentran sintetizadas previamente en el vegetal, sino que se producen en el momento que se secretan. Se cree que se producen a partir de la pared celular y del almidón. Aparecen en el aceite en el momento de la compresión de las semillas. Tienen un carácter ácido y se emulsionan y coagulan al mezclarse con agua o alcohol. Su presencia aumenta la viscosidad a temperatura bajas, los coloides se hinchan formando disoluciones gelatinosas, lo que supone un perjuicio cuando se utiliza el aceite o sus derivados como combustible. Industrialmente estas sustancias son utilizadas para diluir productos insolubles, y para aumentar la viscosidad.

La eliminación de mucílagos, gomas y resinas se realiza consiguiendo su insolubilización por hidratación y hidrogenación mediante la adición de una pequeña cantidad de agua y ácidos minerales. La presencia de hidrógeno disuelto emulsiona estas sustancias produciendo coloides que se pueden eliminar por centrifugación. Junto a mucílagos y gomas, este proceso también consigue eliminar fosfolípidos, además se reducen los niveles de proteínas, ceras y peróxidos. Aunque estos componentes tienen estructura química bastante distinta, este proceso de eliminación no hace distinción entre estos grupos, produciéndose generalmente una centrifugación y separación de todos ellos, obteniendo por tanto un producto más fluido y depurado, que permite someterle a posteriores tratamientos de purificación y acabado.

La presencia de fosfolípidos produce aceites de color oscuro y dificulta la posterior eliminación de los ácidos grasos.

Existen dos formas de conseguir la emulsión de las gomas y mucílagos tratando el aceite crudo con NaCl y agua, o mediante inyección de vapor y de ácido fosfórico (H_3PO_4) o cítrico. La reacción se realiza a 80 °C por lo que se realiza un precalentamiento del aceite en un intercambiador.

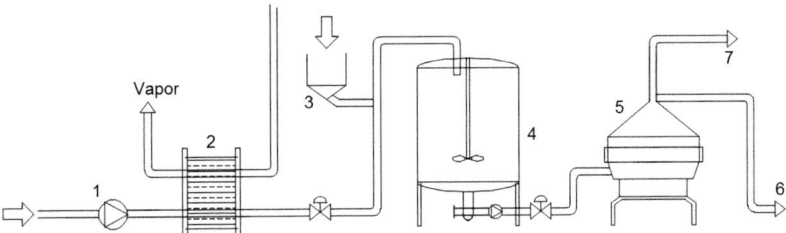

1. Bomba de impulsión aceite crudo
2. Calentador de placas alimentado con
3. Dispensador ácido fosfórico
4. Homogeneizador de ácido fosfórico y aceite
5. Separador centrífugo de aceite y gomas
6. Salida aceite desgomado
7. Salida de gomas y mucílagos

Figura 15.4. Instalación de desgomado de aceites y grasas.

Desacidificación o neutralización

Tanto la adición de NaCl como de H_3PO_4 en la desmucilación provoca un incremento de los ácidos grasos libres en el aceite. La neutralización o desacidificación es el proceso mediante el cual se eliminan los ácidos grasos libres y el resto de fosfolípidos. Para llevarla a cabo existen una gran cantidad de métodos que son:

a) Neutralización con solución alcalina, donde se retiran los ácidos en forma de jabones.
b) Esterificación con glicerina, donde se busca regenerar el triglicérido.
c) Destilación de ácidos grasos.
d) Extracción por solventes, donde se emplea principalmente etanol en proporciones de 1,3 veces la cantidad de aceite.
e) Remoción de ácidos grasos con resinas de intercambio iónico.

Neutralización química con disolución alcalina

La neutralización con hidróxido de sodio o con carbonato sódico es el proceso más utilizado por tener un mayor rendimiento. Además, la neutralización mediante álcalis presenta la ventaja de que la eliminación de jabones suele arrastrar los fosfolípidos, que no se habían eliminado en el desgomado por lo que el aceite sufre una decoloración además de ganar fluidez.

En un proceso discontinuo la mezcla debe ser agitada a una temperatura elevada durante un tiempo de 30 min, aunque también puede realizarse en continuo. Para ello pueden ser utilizadas dos tipos de concentraciones:

- Neutralización con álcali diluido con concentraciones de 0,75 a 2 N; se lleva a cabo en caliente, a 70-80 °C.
- Neutralización con álcali concentrado, donde las concentraciones de sosa cáustica oscilan entre 2 y 5 N; se realiza a temperatura de 50-60 °C

En el caso de refinado discontinuo, la mayor parte de la emulsión acuosa de jabones formados se deposita en el fondo del tanque, por donde se extraen. El resto de jabones no decantados deben ser eliminados por centrifugación. En el caso del refinado continuo, la mezcla se separa directamente por centrifugación. Para una mayor eficiencia, este proceso se repite varias veces en serie.

Posteriormente puede realizarse una destilación a vacío con vapor, a altas temperaturas (220-250 °C). Además de los ácidos grasos libres se eliminan también otras sustancias volátiles del residuo insaponificable.

Esterificación con glicerina, donde se busca regenerar el triglicérido.

En la Figura 15.6 se observa una instalación conjunta de desgomado y neutralización por esterificación con glicerina. En un primer tanque se introduce una mezcla caliente de aceite crudo y ácido fosfórico. Posteriormente se introduce una solución de lejía para facilitar la separación de mucílagos y gomas por centrifugación. Posteriormente se introduce alcohol, sosa y glicerina para formar triglicéridos y eliminar los ácidos libres.

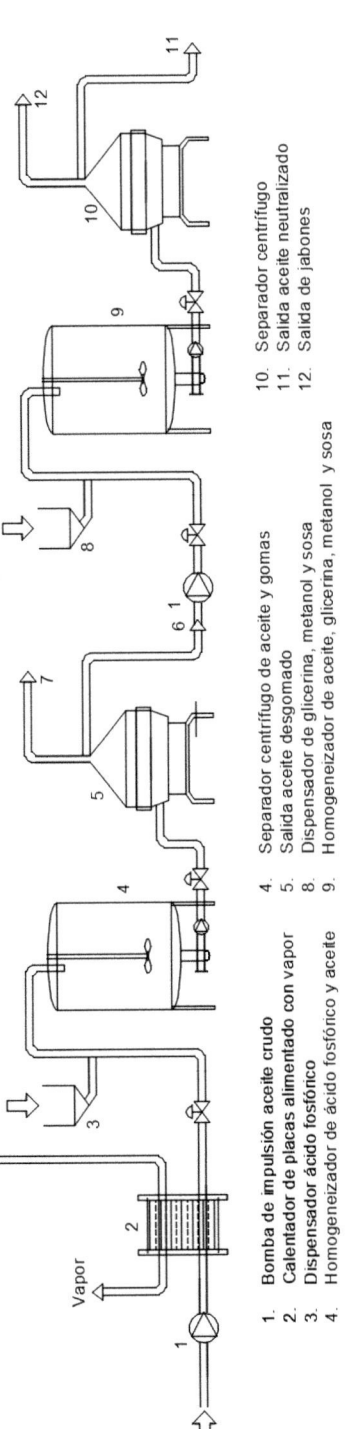

Figura 15.5. Instalación de desgomado y neutralización mediante esterificación.

1. Bomba de impulsión aceite crudo
2. Calentador de placas alimentado con vapor
3. Dispensador ácido fosfórico
4. Homogeneizador de ácido fosfórico y aceite
5. Separador centrífugo de aceite y gomas
6. Salida aceite desgomado
7. Dispensador de glicerina, metanol y sosa
8. Homogeneizador de aceite, glicerina, metanol y sosa
9.
10. Separador centrífugo
11. Salida aceite neutralizado
12. Salida de jabones

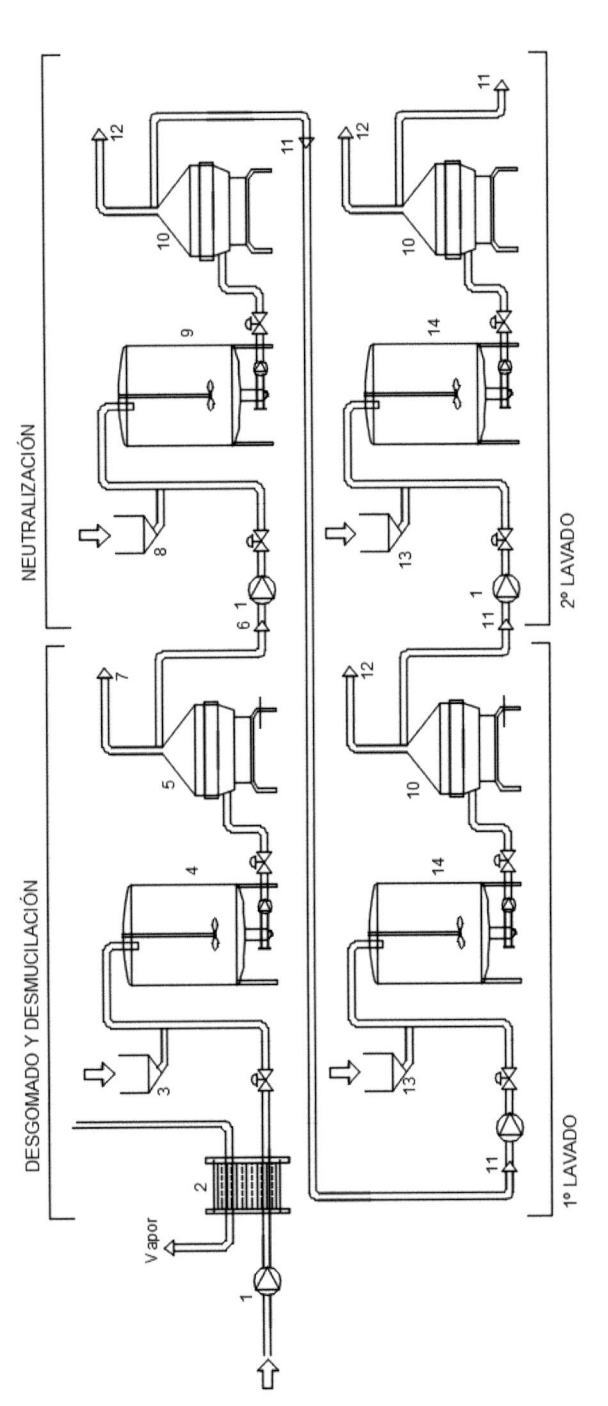

Figura 15.6. Instalación de desgomado, neutralización y lavado de aceites desgomados.

1. Bomba de impulsión aceite crudo
2. Calentador de placas alimentado con vapor
3. Dispensador ácido fosfórico
4. Homogeneizador de ácido fosfórico y aceite
5. Separador centrífugo de aceite y gomas
6. Salida aceite desgomado
7. Salida de gomas y mucílagos
8. Dispensador de hidróxido de sodio
9. Homogeneizador de hidróxido sódico y aceite
10. Separador centrífugo aceite y jabones
11. Aceite neutralizado
12. Salida de jabones
13. Sistemas de adición de agua de lavado
14. Homogeneizador de lavado

Destilación de ácidos grasos.

Este tratamiento de desacidificación/neutralización por destilación de los ácidos grasos es posible en aceites que no posean gomas, fosfolípidos, hierro ni péptidos; por ello debe ser realizada tras el tratamiento de desgomado y decoloración del aceite. Se basa en la mayor volatilidad de los ácidos grasos libres en comparación con los triglicéridos. La destilación se hace con vapor a alta temperatura y a baja presión.

Las condiciones en que se realiza la desacidificación suelen ser a 400-700 Pa de presión y a 220-270 °C de temperatura, dependiendo del tipo de aceite. El aceite debe estar en el destilador durante un tiempo de 30-60 minutos. De esta forma también se eliminan sustancias insaponificables y otros volátiles formados por oxidación de lípidos, responsables de olores indeseables, por lo que este tratamiento constituye un proceso conjunto de desacidificación y desodorización.

Como se ha citado, este método es muy efectivo siempre que se parta de aceites sin la presencia de gomas ni fosfolípidos, por lo que en esta alternativa hay que prestar gran atención al desgomado y decoloración del aceite. Por ello conviene realizar estos tratamientos varias veces en grupos montados en serie.

Este tratamiento de neutralización por destilación de ácidos grasos no presenta diferencias significativas con la neutralización con álcalis en cuanto a calidad del aceite obtenido, estabilidad frente a oxidación, contenido final de ácidos grasos, características sensoriales, y composición química.

Deshidratación, secado al vacío

El agua dispersa en el aceite por los tratamientos anteriores debe ser eliminada. La deshidratación se realiza en torres a vacío en las que se atomiza el aceite a presión a 70-80 °C mediante el uso de boquillas. El agua se evapora eliminándose por vacío por la parte superior y el aceite cae por la parte inferior.

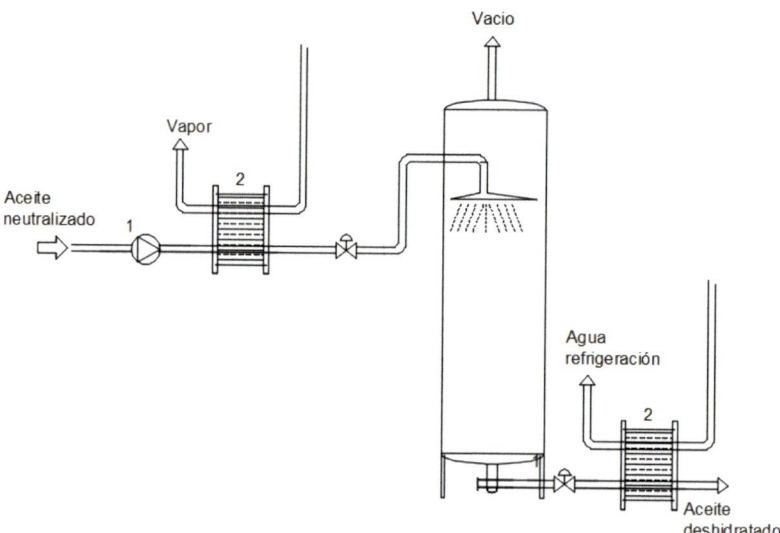

Figura 15.7. Deshidratador de aceites.

Decoloración

En la producción de biodiésel, el objetivo de la fase decoloración no es adecuar el color del aceite como ocurriría en el refino de los aceites alimentarios, sino que el objetivo es eliminar componentes como los carotenos, derivados de clorofila, xantofila, gosipol y derivados de oxidaciones del tocoferol. Éstos en general entorpecen la reacción de transesterificación y además provocan que el biodiésel resultante sea más susceptible de degradación y agresivo con distintos materiales del motor. El nombre de este tratamiento viene asociado que estos compuestos forman pigmentos relacionados con el color, y a su uso anterior para mejorar la calidad del aceite alimentario.

Este tratamiento consiste en hacer pasar la corriente de aceite por un lecho de materiales adsorbentes como arcillas o carbón activo, es decir mezclas de arcillas y carbón vegetal, activadas por tratamiento con H_2SO_4. Por su capacidad de retener compuestos colorantes estas materiales se denominan agentes blanqueantes.

Se emplean entre 1 y 2 kg de adsorbente por 100 kg de aceite. El aceite debe ser calentado a temperaturas superiores a las de ebullición del agua, con el fin de elevar el área superficial de adsorción por evaporación del líquido retenido en los intersticios del agente de decoloración. Este proceso elimina también algunos antioxidantes lo que aumenta tendencia a la rancidez.

Desodorización

El objetivo de este tratamiento es eliminar distintos compuestos responsables de olores desagradables no deseados en la combustión. Estos compuestos son principalmente aldehídos, cetonas, carotenoides, tocoferoles, ácidos grasos libres de cadena corta (como el butírico, isovaleriánico o caproico), esteroles, y algunos compuestos azufrados.

El proceso de desodorización se realiza mediante una destilación al vacío en los que el aceite caliente a 200-230 °C va pasando a través de una columna en contracorriente con el paso de vapor durante 30 min.

Si se añade un 0,01 % de ácido cítrico a los aceites desodorizados, se inactivan metales traza como compuestos de hierro o cobre solubles que podrían provocar la oxidación y desarrollo de rancidez.

Si la neutralización de los ácidos grasos se ha realizado por destilación, el proceso de desodoración se puede realizar conjuntamente a éste. En la Tabla 15.14 se muestra una comparación del tratamiento de desodoración tras neutralización con álcalis y el sistema conjuntos desadificación/desodoración por destilación.

Tabla 15.14. Condiciones de la destilación con vapor a alta temperatura y a baja presión para girasol.

Desodorización con neutralización con álcalis	Refinación física: Desacidificación / Desodorización
Presión: 1-6 mm Hg	Presión: 3-7 mm Hg
Temperatura: 180-230 °C	Temperatura: 220-270 °C
Tiempo a temp. elevada:	Recomendado menos de 240 °C
Discontinuo: 3-8 horas	Tiempo a temp. elevada:
Continuo: 15-120 minutos	Continuo: 30-60 minutos

Winterización

La winterización se emplea para evitar la presencia de turbios por la suspensión de un precipitado fino durante el almacenamiento. Consiste en separar del aceite las sustancias con punto de fusión elevado (esteroles, glicéridos muy saturados, algunas ceras y estearinas) que provocarían turbidez y precipitaciones en el aceite cuando se encuentra a baja temperatura.

Generalmente se realiza por enfriamiento rápido del aceite hasta 5 °C, y se mantiene durante 24 horas, con lo que se consigue la cristalización de los compuestos que queremos eliminar. Estos sólidos formados se separan por filtración o centrifugación. Este proceso confiere al aceite de mayor nitidez.

Descerado

Presenta el mismo objetivo que la winterización, es decir, eliminar el resto de las ceras que a bajas temperaturas coagulan formando sólidos por tener un punto de fusión alto. En este tratamiento el enfriamiento se realiza de una forma más lenta y por fases, bajo condiciones controladas. Las etapas del proceso son:
- Enfriamiento gradual del aceite/miscela hasta sobresaturación y formación de núcleos.
- Crecimiento de los cristales, maduración.
- Separación de los cristales de ceras por filtración.

Se emplea por ejemplo, con aceites de girasol y de salvado de arroz.

15.4. Reacciones de transesterificación de triglicéridos

Los triglicéridos dominantes en el aceite vegetal refinado están formados por la unión de la glicerina con tres ácidos grasos que suelen tener un número de carbonos comprendido entre 15 y 23. En la reacción de transesterificación las moléculas de triglicéridos reaccionan con alcoholes de bajo peso molecular (metanol, etanol, propanol, butanol) para producir ésteres y glicerina.

$$\textit{Aceite + Metanol} \rightarrow \textit{Metiléster + Glicerina}$$

La transesterificación se realiza en caliente, pudiendo utilizar diferentes catalizadores:
- Catálisis ácida (a más de 100 °C)
- Catálisis básica (normalmente a 60 °C de temperatura)
- Catálisis enzimática (50 °C)

Catálisis ácida

Se usan cuando los aceites poseen grados de acidez muy altos (mayor al 10%), circunstancias en los que los ácidos grasos libres forman jabones cuando se utilizan catalizadores alcalinos, reduciendo su eficacia. Los catalizadores ácidos son efectivos pero requieren un intervalo de tiempo extremadamente largo y temperaturas superiores a 100 °C para su reacción. Se emplean ácido sulfúrico, clorhídrico y ácidos sulfónicos. Recientemente en los procesos con aceites crudos de acidez muy alta, se están empleando resinas ácidas que permiten altas conversiones de los ácidos libres y ayudan a la transesterificación de los triglicéridos.

Catálisis básica

Los catalizadores más usados en el proceso de transesterificación a nivel industrial son los de tipo básico, principalmente el KOH, NaOH. Éstos son económicos y muy efectivos cuando el contenido de agua en la reacción es bajo y la acidez de los aceites es menor al 1%; contenidos superiores tienden a formar jabones y geles que inhiben la capacidad catalítica de las bases, y evitan la separación del glicerol de la mezcla resultante. También son usados los carbonatos de sodio y potasio, así como alcóxidos metálicos (metilato, etilato, propilato ó butirato de sodio o potasio).

Los catalizadores como el KOH y el NaOH se emplean en proporciones que oscilan entre 0,5 y 1,5% en peso del aceite según sea su grado de acidez. Para el metilato de sodio se recomiendan valores entre 0,3 y 0,5%. Este catalizador es muy efectivo aunque más costoso que los hidróxidos, y más sensible a la presencia de otros compuestos distintos a los triglicéridos, reduciéndose entonces el rendimiento de la reacción y la calidad del biodiésel por generarse cierta diversidad de subproductos.

Catálisis enzimática

La catálisis enzimática debe realizarse en un medio apolar con microorganismos que poseen las enzimas lipasas. Los microorganismos más utilizados son la *Candida antártica* o la *Pseudomonas cepacea*. En el biorreactor se introduce el aceite refinado, el alcohol, el microorganismo y un solvente orgánico poco polar, como el hexano, que solubiliza las fases.

Este tipo de catálisis tiene la ventaja de permitir el uso de aceites con altos contenidos de agua (mayor a 3%), elevados grados de acidez (25%) y bajas temperaturas (50 °C), y la posibilidad de recuperar el catalizador si se encuentra inmovilizado sobre un soporte. Sin embargo, el coste asociado al uso de biorreactores es mucho más caro que el empleo de bases, lo que dificulta el desarrollo de la catálisis enzimática a nivel empresarial.

En el proceso industrial de producción de biodiésel, para mejorar la eficiencia de la reacción de transformación de triglicéridos a ésteres se suelen utilizar varios reactores consecutivos en serie. Parte de la glicerina ya se elimina por la parte inferior de los reactores por decantación, dado que una vez separada de los ácidos grasos no es miscible con ellos. Posteriormente se suceden las fases de separación, purificación y estabilización de los productos obtenidos. Para ello, se realiza un lavado para eliminación de jabones mediante pulverización en cámara de vacío a alta temperatura. Éstos tienen una parte hidrófila y otra hidrófoba, por tanto son arrastrados con las moléculas de agua que se produjeron en la reacción. Por último, se realiza una de clarificación mediante centrífugas que limpian el biodiesel de las pequeñas impurezas todavía restantes, obteniendo un biodiésel limpio y de alta calidad.

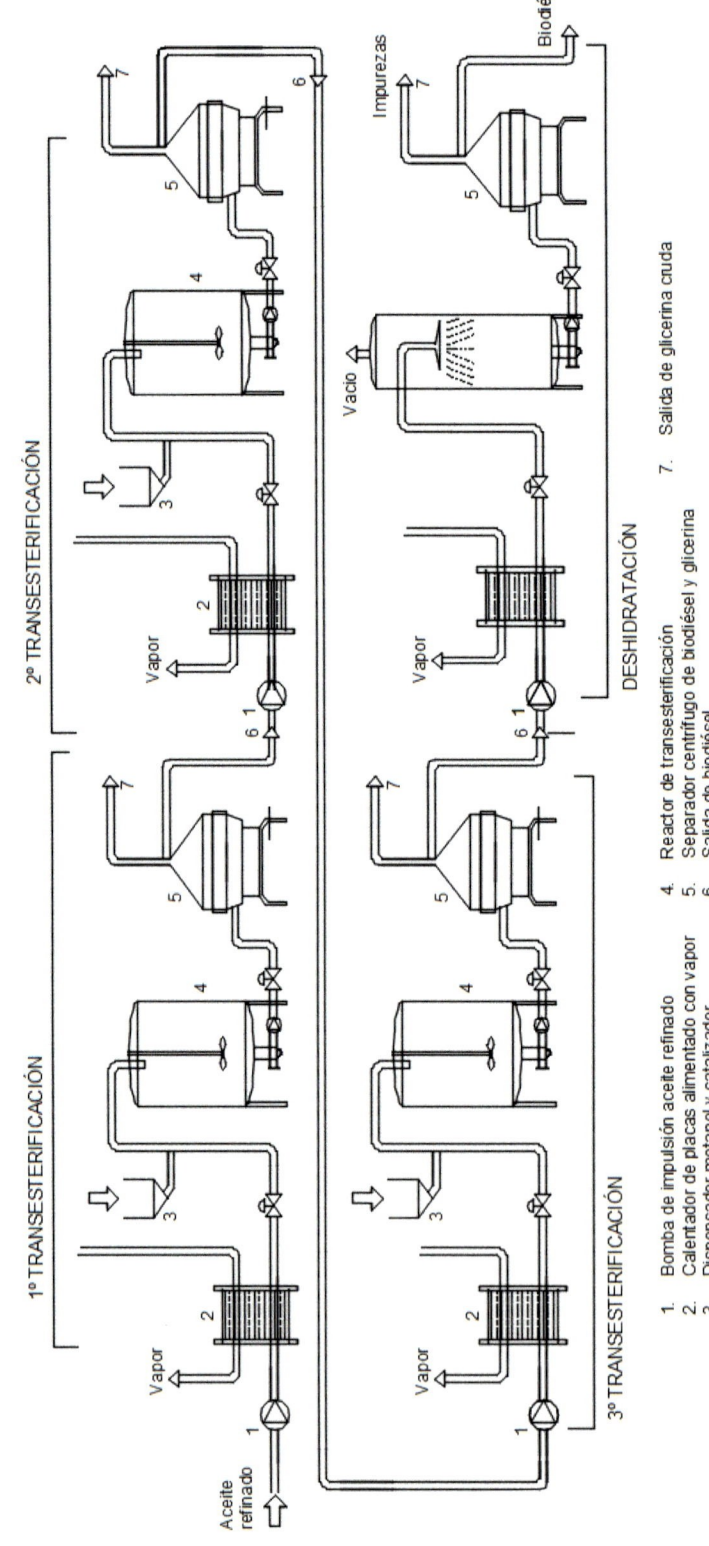

Figura 15.8. Etapa de reacción de la transesterificación.

Variables que afectan a la reacción de transesterificación

Entre las variables más importantes que afectan a la reacción de transesterificación se cuentan las siguientes:

Acidez y contenida de agua en el aceite

Se denomina acidez a la relación porcentual de ácidos grasos libres presentes en el aceite. Los contenidos de ácidos grasos y agua son los parámetros determinantes en la eficiencia del proceso de transesterificación del aceite vegetal. Para que se realice la reacción completa se necesita un valor de ácidos grasos libres menores al 3%. Cuanto más alta es la acidez del aceite, menor es la conversión, puesto que tanto un exceso como defecto de catalizador pueden producir la formación de jabón.

Del mismo modo, la presencia de agua disminuye el rendimiento de la reacción, pues el agua reacciona con los catalizadores modificando el pH afectando a la reactividad de los ácidos grasos que deben enlazarse con las moléculas de alcohol.

Tipo de catalizador y concentración

Actualmente, el alcohol más utilizado para la formación del biodiésel a partir de aceites vegetales es el metanol con catalizadores alcalinos. Una concentración de un 1% de catalizador alcalino (tanto hidróxido sódico o potásico) ha tenido muy buenos resultados tanto en aceites refinados como crudos.

Si el contenido de ácidos grasos libres en el aceite usado para la reacción es alto, o posee elevado contenido de agua, los catalizadores ácidos son los más adecuados porque no forman jabones. En estos casos es necesario hacer la esterificación en dos etapas: inicialmente debe realizarse un pretratamiento para convertir los ácidos grasos libres en ésteres metílicos con un catalizador ácido, y en un segundo paso se realiza la transesterificación con un catalizador alcalino, para completar la reacción.

Los catalizadores enzimáticos pueden obtener resultados relevantes, pero el uso de estos catalizadores tiene un coste superior a los alcalinos.

Relación molar de alcohol / aceite y tipo de alcohol

La transesterificación es una reacción de equilibrio que necesita un exceso de alcohol para conducir la reacción al lado derecho (producción de ésteres). La relación estequiométrica requiere para un mol de triglicérido, tres moles de alcohol para producir tres moles de ésteres y un mol de glicerol. Para una conversión máxima se debe utilizar una relación molar de 6:1. No obstante, hay que tener en cuenta que una relación molar de alcohol muy alta afecta al pH, y por tanto, a la separación de glicerina debido al incremento de solubilidad.

La formación de éster etílico comparativamente es más difícil que la de éster metílico, debido especialmente a la formación de una emulsión estable durante la etanólosis, lo que complica mucho la separación y purificación de los ésteres etílicos.

Efecto del tiempo de reacción y temperatura

La conversión de la reacción de transesterificación aumenta con el tiempo de reacción y se puede producir a diferentes temperaturas, dependiendo del tipo de aceite utilizado. El aumento de la temperatura favorece la cinética de la reacción.

15.5. Fase de purificación de la glicerina

Después del proceso de mezcla y agitación de los triglicéridos y el alcohol, los productos obtenidos se mantienen en reposo durante un cierto tiempo, de manera que el biodiésel y el glicerol se separan por decantación natural. Posteriormente, la glicerina es tratada para obtener una pureza del 99,9%. Esto se consigue con un sistema de etapas paralelas posteriores a la transesterificación, en las cuales el principal objetivo es recuperar la máxima cantidad de glicerina, metanol y otros productos químicos usados en el proceso, que tras la separación volverán a ser reutilizados. Para ello pasará por:

- Una fase de separación de glicerina y ácidos grasos libres por decantación.
- Una fase de evaporación de agua.
- Y una última fase de destilación para depurar su color y eliminar restos de pigmentos.

Para la separación de la glicerina de los ácidos grasos se aprovecha la diferente densidad de ambos. Se introduce ácido clorhídrico para evitar la formación de triglicéridos. Posteriormente se introduce la mezcla en un decantador en el que por la parte inferior se elimina la glicerina mezclada en parte con agua y metanol. Por la parte superior se eliminan los ácidos grasos también mezclados en parte con metanol (Figura 15.9).

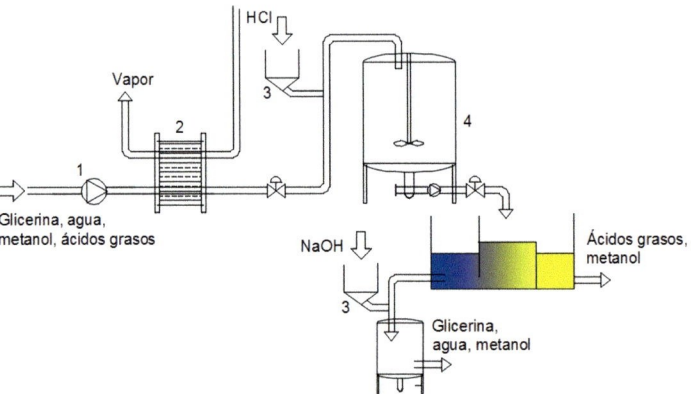

Figura 15.9. Proceso de separación ácidos grasos y glicerina.

Los ácidos grasos y el metanol se purifican por destilación aprovechando el distinto poder de evaporación (Figura 15.10).

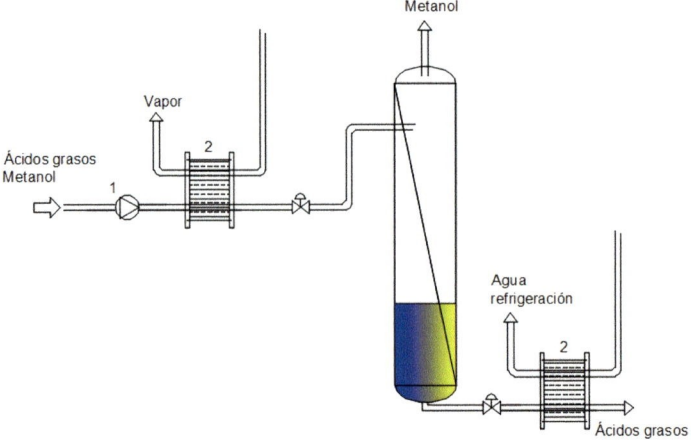

Figura 15.10. Separación del metanol y de los ácidos grasos.

618

Del mismo modo la glicerina mezclada con metanol y agua también se separa por el mismo principio en columnas paralelas, pero sin embargo la cercanía de los puntos de evaporación hace que esta separación sea más complicada, necesitando un sistema de recuperación las salidas del destilador (Figura 15.11). Por el lado donde sale el metanol de la columna se coloca un enfriador para pasarlo a estado líquido. Por el lado de salida de la glicerina se realiza un calentamiento adicional para eliminar aún parte del metanol que no se ha separado.

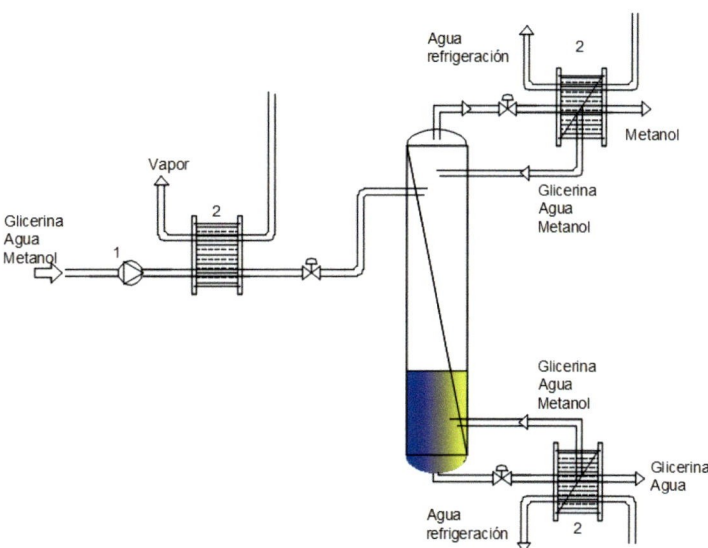

Figura 15.11. Separación del metanol y la glicerina.

Finalmente se separa el agua y la glicerina. Esta separación aún es más complicada necesitándose varias columnas de destilación en serie con recuperadores a la salida.

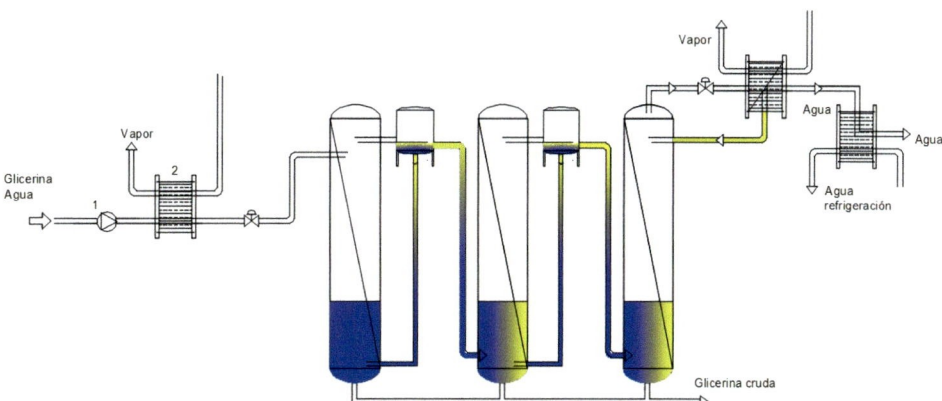

Figura 15.12. Destilación del agua de la glicerina.

619

15.6. Especificaciones de calidad del biodiésel

Los requerimientos específicos y los métodos de análisis de cada uno de los parámetros de calidad exigidos para la comercialización y distribución de ésteres metílicos de ácidos grasos –FAME- para su utilización en motores diésel se encuentran en la norma EN 14214 transcrita a la legislación española en el RD 398/1996 y el RD 1728/1999 en concordancia con la Directiva Europea 98/70/CE. Los parámetros más relevantes son los siguientes:

a) *Densidad*: interesa que sea lo más parecida posible a la del gasóleo para permitir mezclas, entre 860 y 900 kg/m^3.

b) *Índice de cetano:* determina la velocidad de reacción en la autodetonación del combustible, lo cual determina la condiciones de la explosión en los motores diésel. Debe ser superior a 51.

c) *Índice de yodo:* mide el número de insaturaciones en las cadenas alifáticas de los ésteres, que dependerán del tipo de aceite utilizado en el proceso de fabricación. Es decir, mide la cantidad de dobles y triples enlaces presentes. Una mayor proporción de insaturaciones supone una mayor tendencia a la oxidación, por tanto degradación.

Respecto al índice de yodo máximo fijado en la normativa europea se estableció un cierto debate. Algunos países defendían la limitación del índice de yodo a 120, pero esto podría excluir a los ésteres procedentes del aceite de girasol, algo más insaturados que los obtenidos del aceite de colza, y por tanto con el índice de yodo más alto. Pero las reivindicaciones de España lograron que se fijara en 140, con lo que sí que entrarían este tipo de materias primas como aptas para la producción de biodiésel.

Los ácidos grasos de los aceites vegetales varían en su longitud y en el número de dobles enlaces contenidos en la cadena (reflejado por el índice de yodo). Los ácidos grasos poliinsaturados tienen una elevada reactividad que los hace susceptibles a la polimerización y formación de gomas, que se forman por oxidación durante el almacenamiento o por una deficiente polimerización térmica y oxidativa. Por otra parte, cuanto mayor es el grado de insaturación de un aceite, mejor es su funcionamiento como combustible en condiciones de baja temperatura, lo cual es fundamental para un combustible diésel.

Contenido de triglicéridos, diglicéridos, monoglicéridos y glicerina libres. La presencia de estas sustancias aumenta la viscosidad a temperaturas bajas. Surgen de una reacción de transesterificación y depuración ineficiente El contenido mínimo de éster debe ser superior al 96,5%.

La presencia de ceniza provoca obturaciones en los inyectores, por lo que su contenido debe ser menor al 0,02%.

Tabla 15.15. Limitaciones y especificaciones según la norma EN 14214.

| Propiedad | Unidades | Límites | | Método |
		Mínimo	Máximo	
Contenido en éster	%	96,5	-	EN14103
Densidad 15 °C	kg/m^3	860	900	EN ISO 3675
Viscosidad 40 °C	mm^2/s	3,5	5,0	EN ISO 3104
Flash Point	°C	120	-	EN ISO 3679
Azufre	mg/kg	-	10,0	EN ISO 20846
Residuo carbonoso	% (m/m)	-	0,30	EN ISO 10370
Número de Cetano		51,0	-	EN ISO 10370
Cenizas sulfatadas	% (m/m)	-	0,02	ISO 3987
Agua	mg/kg	-	500	EN ISO 12937
Contaminación total	mg/kg	-	24	
Corrosión Cu (3 h/50 °C)		Clase I		EN ISO 2160
Estabilidad a la oxidación 110 °C	h	6,0	-	EN 14112
Acidez	mg KO/kg	-	0,5	EN 14104
Índice de Yodo	g I/100 g	-	140	EN 14111
Metiléster con ácido linolénico	% (m/m)	-	12	EN 14103
Ésteres metílicos polinsaturados (>4 dobles enlaces)	% (m/m)	-	1	EN ISO 12662
Metanol	% (m/m)	-	0,20	EN 14110
Monoglicéridos	% (m/m)	-	0,80	EN 14105
Diglicéridos	% (m/m)	-	0,20	EN 14105
Triglicéridos	% (m/m)	-	0,20	EN 14105
Glicerina libre	% (m/m)	-	0,02	EN 14105
Glicerina total	% (m/m)	-	0,25	EN 14105
Metales grupo I	mg/kg	-	5,0	EN 14108
Metales grupo II	mg/kg	-	5,0	EN 14538
Fósforo	mg/kg	-	10,0	EN 14107

15.7. Dimensionado de las instalaciones

En el presente apartado se ha considerado la descripción de una planta de gran capacidad de transformación de biodiésel con una producción alrededor de 50 000 t/año. Las materias primas necesarias y los productos obtenidos se muestran en la Tabla 15.14.

Tabla 15.16. Materias primas y productos consumidos en el proceso.

		t/día
Materia prima	Aceite vegetal	110
	Metanol	10
	Metóxido Sódico	2,5
	Sosa 50%	2
	Ácido clorhídrico 30%	1
	Ácido fosfórico 80%	0,5
	Ácido cítrico 50%	0,2
	Aditivos	0,2
Productos	Biodiésel	105
	Glicerina farmacéutica	9,4
	Glicerina 90%	0,5

Los elementos de la instalación serán los siguientes:

El proceso de refino de aceites tiene lugar en una nave de estructura metálica, de dimensiones 30x20 m^2 y 10 metros de altura. Los aceites vegetales llegan a la planta en camiones-cisterna, y son descargados y dirigidos por tuberías hasta los depósitos de almacenamiento. También podrán llegar por tubería si la planta de prensado está cerca.

Depósitos de almacenamiento de materias primas y productos

Para producir 50 000 t de biodiésel al año de forma continua, la capacidad requerida en los depósitos de recepción de materias primas y de los productos finales se muestra en la Tabla 15.17. Dependiendo del producto a almacenar los depósitos deben estar provistos del sistema de esterilización. Se estima que el volumen requerido se divide en 9 tanques de aceite, 8 de biodiésel, 6 de glicerina y el resto de los demás elementos integrantes del proceso.

Tabla 15.17. Depósitos de almacenamiento de materias primas y productos.

	Depósitos	**Capacidad**
Almacenamiento de materias primas	Aceites	6000 m^3
	Metanol,	200 m^3
	Metóxido	40 m^3
	Reactivos químicos	70 m^3
Almacenamiento de productos	Biodiésel	4500 m^3
	Glicerina	300 m^3
	Pastas jabonosas y residuos grasos	250 m^3
	Aditivos	40 m^3

En la Tabla 15.18 se muestran las condiciones técnicas que se deben cumplir los reactores del proceso de transesterificación.

Tabla 15.18. Características de los reactores para la transesterificación.

Dimensiones	20′contenedor ISO
Peso	11,350 kg
Conexiones (Las conexiones entre máquinas se realizan con mangueras flexibles)	Metanol entrada ½" (0,5-1 bar de presión de entrada) Aceite de entrada 1" (0,5-5 bar de presión de entrada) Agua de entrada ½" (>0,5 bar de presión de entrada) G-Fase 1,2 salida ½" (>1 bar presión) G-Fase 3 salida ½" (>1 bar presión) Éster metílico ½" (>2 bar presión) Conducto de ventilación 2" (conteniendo MeOH) Conducto de ventilación 2" (libre de MeOH) Conducto de ventilación ½" (para agua de bomba de vacío)
Aire comprimido	Máximo 120 mm^3 E/h (7 bar presión de trabajo)
Electricidad	3x400 voltios
Energía instalada	120 kW, Instalado, appr. 70 kW consumo
Usuario de Inter-face	Panel táctil

Instalaciones necesarias

Los procesos descritos requieren el suministro de vapor, para el proceso de calentamiento de los reactivos en las distintas etapas así como en los distintos procesos de destilación. También se requerirá un centro de transformación de media tensión y distribución eléctrica de baja tensión.

Torres de refrigeración

Los procesos de enfriamiento de los productos tras el proceso requerirán torres de refrigeración por agua con las siguientes características:
- Calor a disipar: 1 800 000 kcal/h.
- Caudal de agua de refrigeración: 300 m^3/h.
- Temperatura de agua caliente: 36 °C.
- Temperatura de agua fría: 20 °C.

Tratamiento de aguas residuales

Las aguas residuales de la planta deben ser tratadas, sometiéndolas a un tratamiento físico-químico y tratamiento biológico posterior. Los vertidos de la planta son efluentes obtenidos de la fabricación de la depuración del biodiésel, purgas de caldera de vapor y del circuito de torres de refrigeración, purga de fangos del decantador, agua de lavado del filtro de arena, etc.

El pretratamiento del agua comienza con la homogeneización y posterior decantación de efluentes. Posteriormente se desarrolla un tratamiento físico-químico del agua homogeneizada mediante coagulación, floculación y flotación a través de oxigenación por inyección de aire DAF. Puede también realizarse un tratamiento biológico complementario, si cumple las condiciones de salinidad exigidas. Finalmente se procede al almacenamiento de agua tratada y vertido final, así como la eliminación de los fangos generados.

Los costes estimados de una planta con una producción de 50 000 t/año se muestran en la Tabla 15.19, donde han sido considerados costes de amortización, mantenimiento, gestión, funcionamiento, etc.

Tabla 15.19. Relación de costes de funcionamiento de la una planta de biodiésel de 50000 t/año.

Total costes fijos	4 433 297,2 €/año
Total costes variables	37 630 968,5 €/año
TOTAL COSTES	42 064 265,7 €/año

Total costes: 841,29 €/t.
Densidad gasóleo: 850 kg/m^3
Coste obtención biodiésel: 0,715 €/l

15.8. Aplicaciones del biodiésel

El uso de biodiésel como carburante obtenido a partir de cultivos oleaginosos o de otras materias orgánicas, como aceites residuales, contribuye a reducir el crecimiento de la concentración de dióxido de carbono (CO_2) en la atmósfera. No obstante, hay que tener en cuenta que la reducción de emisiones de CO_2 al usar biocarburantes no es del 100%, puesto que hay energía consumida en el proceso de producción de los mismos, debido a lo cual el balance no es nulo, se emite CO_2. De cualquier modo, se trata de un combustible renovable con un balance de emisión de CO_2 bajo. Por otra parte, puede contribuir a reducir la dependencia que el sector del transporte tiene del petróleo (actualmente del 98%), y a diversificar y mejorar la seguridad en el suministro de carburante. Asimismo, estos carburantes pueden ser fuentes alternativas de ingresos para las áreas rurales.

A pesar de las especificaciones de calidad del biodiésel dictadas por la norma EN 14214, el uso de biodiésel como carburante obtenido a partir de cultivos oleaginosos en los motores de los automóviles genera diversos problemas:

- El poder calorífico inferior (PCI) del biodiésel es más bajo que la del gasóleo, por tanto la potencia del motor disminuye y el consumo de combustible aumenta.
- Aunque en menor medida que los aceites vegetales, el biodiésel puro también disuelve la goma y el caucho, pudiendo llegar a degradar las juntas y conductos del sistema de alimentación de los vehículos, con la pérdida de combustible.
- Las mayores temperaturas y presiones que se alcanzan en la cámara de combustión, consecuencia de un mayor tiempo de la misma, aumentan las emisiones de óxidos de nitrógeno.
- Cuando se utiliza 100% de biodiésel, la menor viscosidad del éster en comparación con la del aceite de lubricación, favorece que estos aceites de lubricación se contaminen.
- Algunos materiales habitualmente usados en los motores se deterioran con el biodiésel puro, tales como: pinturas, plásticos, gomas, etc.
- El biodiésel tiene un punto de congelación relativamente alto, entre 0 °C y -5 °C, por lo que su uso al 100% podría acarrear problemas en zonas con bajas temperaturas. En cualquier caso, existen actualmente aditivos que rebajan el punto de congelación hasta -20 °C y cuya aplicación, por lo tanto, elimina dichos riesgos.
- Su mayor poder disolvente, hace que el cambio de filtros se realice antes de lo normal, dependiendo del nivel de suciedad en el ambiente donde trabaje el motor.

Los problemas asociados al biodiésel en los motores convencionales obligan a que sea comercializado mezclado en distintas proporciones junto con el gasóleo de automoción.

- B10 (10% biodiésel + 90% gasóleo). Este tipo de mezcla es el autorizado en Europa, con la que cualquier vehículo lo puede utilizar sin ningún tipo de problema.
- B20 (20% biodiésel + 80% gasóleo). El B20 es la mezcla más utilizada en EEUU.

En cuanto a sus propiedades como combustible de automoción, las características de los ésteres son más parecidas a las del gasóleo que las del aceite vegetal sin modificar cuya viscosidad entre 10 y 20 veces superior. Así, la viscosidad del éster es ligeramente mayor que la del gasóleo.

El uso de biodiésel en automoción está totalmente extendido en Europa y Estados Unidos desde los últimos 10-15 años. En España hay más de 5000 gasolineras que ofertan biodiésel (mezclas entre el 2% y el 30% de biodiésel y el resto de gasóleo).

Como ventajas medioambientales del biodiésel frente al gasóleo hay que añadir que reduce las emisiones de monóxido de carbono, hidrocarburos, óxidos de azufre, es biodegradable y no es tóxico. Como ventajas técnicas frente al gasóleo cabe citar que presenta un mayor poder lubricante, con lo que se disminuye la necesidad de incluir aditivos en el combustible para mejorar esta propiedad.

15.9. Aplicaciones de la glicerina y su problemática

La producción de biodiésel conlleva la producción ingente de glicerina. Su comercialización, bien como glicerina farmacéutica o como industrial puede condicionar de forma significativa la rentabilidad de la planta. La glicerina se puede emplear en multitud de productos como cosméticos, fármacos, resinas, celofán, explosivos (nitroglicerina), tabaco, espumas de poliuretano, alimentos y bebidas, etc. Se utiliza como medio de conservación de sustancias biológicas, procesos de ablandamiento y humectación.

No obstante, a pesar de que la glicerina tiene un valor económico alto, su creciente oferta está provocando ya una disminución de sus precios de venta con la consiguiente problemática de merma de rentabilidad que ello supone para el sector del biodiésel. Al nivel actual de producción, la glicerina tiene suficientes salidas comerciales, pero la globalización de la producción de biodiésel podría generar problemas en la saturación del mercado de glicerina en el futuro, por lo que es especialmente relevante asegurar los canales de comercialización de este producto.

Como conclusión, la búsqueda de aplicaciones de la glicerina es un reto para la investigación ante la previsible producción masiva de biodiésel en los próximos años. Del mismo modo deben desarrollarse sistemas de aprovechamiento de todos los subproductos, que suponen una amplia gama de componentes existentes en el aceite. Esto supone desarrollar la oleoquímica, como en su día ocurrió con la petroquímica. Los subproductos principales que se obtienen en la reacción de transesterificación son los siguientes:

- Glicerina (1,1, kg de glicerina por cada 10,5 kg de biodiésel), puede ser purificada y ser destina al mercado farmacéutico o de la cosmética, ser esterificada y empleada en la fabricación de detergentes y jabones, o ser polimerizada y dar lugar a aislantes, pinturas o plásticos biodegradables.
- Ácidos grasos libres, pueden ser destinados a la fabricación de detergentes, champús o cosméticos.
- Sales de sulfato o fosfato (procedentes del catalizador de la reacción), pueden ser empleados como fertilizante.

CAPITULO XIV. RECUERDA

- La producción de biodiesel conlleva la compresión de semillas oleaginosas, produciendo un subproducto llamado torta. En muchas ocasiones la rentabilidad del proceso está condicionada a la comercialización de la torta.

Capítulo XVI
Cultivos energéticos oleaginosos

16.1. Introducción

El análisis de la cadena de producción de biocombustibles debe comprender tanto el balance económico, como el balance energético y de emisiones de CO_2. Ello obliga a considerar el sistema de producción de materias primas, dado que en estos sistemas se consume energía y se emite dióxido de carbono. El origen de las materias primas para producir biocombustibles puede ser muy diverso. No obstante, pueden clasificarse dos grandes grupos, los materiales provenientes de los cultivos energéticos y los materiales procedentes de restos o residuos que se generan en otras actividades económicas. Se consideran cultivos energéticos plantaciones expresamente cultivadas para obtener materias primas que se transformarán en biocombustibles.

En la actualidad la materia prima más importante para producir biodiesel son los aceites vegetales obtenidos de cultivos energéticos oleaginosos. Existen más de 300 especies capaces de producir aceites aptos en cantidades industriales, aunque los más utilizados son la colza, el girasol, la soja, la palma aceitera y la jatrofa. En este capítulo se realiza un análisis del proceso productivo de esos 5 cultivos.

16.2. Estudio del girasol (*Helianthus annus*)

El girasol es una planta oleaginosa que forma semillas con un 33% de aceite. Este aceite ha sido comercializado tradicionalmente en el mercado alimentario y también se ha usado como planta forrajera.

Según el riego, el girasol puede cultivarse en secano o regadío. Según el manejo del suelo el girasol puede cultivarse de forma convencional (con labranza), siembra directa (sin labranza, con siembra sobre rastrojo) o por agricultura de conservación (laboreo mínimo, alternancia de años con labranza y otros sin labranza, además de mantener una cubierta vegetal en el periodo sin cultivo).

Aunque la labranza del suelo proporciona beneficios muy importantes en el cultivo (facilita la penetrabilidad de las raíces, aumenta la capacidad de retención de agua en el suelo, elimina malas hierbas), provoca también efectos negativos. Por un lado, el laboreo consume energía de tracción y mano de obra, con el consiguiente coste económico; por otro lado, oxigena el suelo y se favorece la rápida oxidación de la materia orgánica, y con ello la reducción de la capacidad de intercambio catiónico, deterioro de la estructura, y en definitiva, una disminución de la fertilidad, que se agrava por el calentamiento del suelo por los rayos solares cuando se expone desnudo sin cultivo. Todo ello ha llevado a que aparezcan tendencias encaminadas a reducir la labranza, como la siembra directa y el laboreo de conservación, aunque tienen asociados detrimentos de la productividad.

Descripción botánica

El girasol pertenece a la familia de las compuestas y su nombre científico es el de *Helianthus annus*. Es una planta anual de raíz principal pivotante que puede profundizar hasta los 4 m. Eso resulta muy positivo pues puede alcanzar el agua almacenada en los poros del suelo en profundidad, y por ello permite su cultivo en secano. La labranza antes de las lluvias, además de reducir la resistencia a la penetrabilidad de las raíces, aumenta la porosidad del suelo, y por tanto su capacidad de almacenar agua. Con la lluvia el agua se almacena en profundidad puesto que la desecación posterior por los rayos solares se produce mayoritariamente en los primeros 20-25 cm de la superficie.

A parte de la raíz principal pivotante, desde la zona superior surge un importante sistema radicular lateral que en principio crece paralelamente a la superficie del suelo, y posteriormente también se desarrolla en profundidad.

El tallo del girasol es cilíndrico, estriado en su longitud, áspero al tacto y de altura variable según la variedad. Existen variedades enanas cuyo porte no sobrepasa los 60 cm y variedades que pueden alcanzar hasta 4 m. La mayor parte de los modernos cultivares actuales, poseen un porte comprendido entre 1,5 y 2,2m. Aunque la mayor parte de las variedades poseen un tallo único (fundamentalmente en las variedades oleaginosas) existen selecciones con los tallos ramificados (principalmente en variedades forrajeras).

Las hojas de forma cordada, son opuestas o alternas, en número variable entre 12 y 40, poseen limbos grandes y peciolo bastante largo, con el ápice del limbo afilado. Los bordes son dentados o aserrados, presentando pubescencias en ambos lados de la hoja, lo que les confiere un tacto áspero.

Las flores se agrupan en inflorescencias en capítulos, con disco recubierto de brácteas, normalmente plano y de un diámetro variable entre 8 y 40 cm, aunque en la mayoría de los actuales cultivares oleaginosos suele variar entre 12 y 20 cm. Los capítulos en crecimiento poseen un heliotropismo, realizando diariamente un cierto recorrido rotatorio, de forma que la superficie del disco adquiere un ángulo recto con la dirección de los rayos solares. Durante la noche, el disco queda durante un cierto tiempo en posición horizontal. El heliotropismo de los capítulos cesa a partir del momento en que se desarrollan las flores, de modo que todos ellos finalmente quedan orientados en la dirección por la que sale el sol.

El capítulo está constituido por dos tipos de flores: las exteriores liguladas y las interiores tubulosas. Pese a que todas las flores son bisexuadas, al presentar un problema de protandria así como de autoincompatibilidad, la fecundación es alegama, y entomófila. Las flores liguladas suelen abortar la fecundación. A veces las flores tubulíferas del centro del capítulo son estériles.

El fruto del girasol es un aquenio de forma ovoidal aplastada, con 4 aristas más o menos marcadas, compuesto por una cáscara o pericarpio, que encierra la semilla. El porcentaje de cáscara respecto al peso total del fruto puede variar entre el 20 y el 42%, aunque normalmente las actuales variedades oleaginosas suelen tener el 21-24%.

Exigencias del cultivo del girasol

En base a las exigencias del cultivo aquí analizadas se realiza en el apartado siguiente una planificación de la explotación para el cálculo de los costes de producción. Las exigencias estudiadas determinarán también qué tipo de explotaciones, ubicación y suelo son aceptables para la producción.

Fases fisiológicas y exigencias climáticas

El desarrollo del cultivo presenta 5 fases:

1. Desde la siembra hasta la emergencia: Dura 10-30 días en función de la temperatura. La temperatura mínima para germinar es de 5 °C, siendo la óptima 10 °C. Esto se alcanza en Andalucía en febrero, en zonas más frías en marzo-abril. El estado con máxima resistencia a heladas o bajas temperaturas es el estado de cotiledón (el girasol tiene emergencia epígea), de tal modo que nada más emerge la planta puede aguantar temperaturas de -4, -5 °C. Por ello en algunas zonas la siembra puede adelantarse a finales de diciembre. A medida que la planta se desarrolla la resistencia al frío va disminuyendo.

2. Desde emergencia hasta planta con 4-5 pares de hojas: dura 15-25 días en función de la temperatura. Tiene lugar el desarrollo de la raíz, que condicionará luego el vigor de la planta y buen desarrollo de la misma.

3. Desde planta 4-5 pares de hojas hasta inicio de la floración: dura 40-50 días. En esta etapa el ritmo de acumulación de materia seca es muy elevado. Se produce la máxima absorción de nutrientes. Termina cuando el capítulo tiene 3-4 cm de diámetro y es cuando empieza el periodo de máxima sensibilidad al estrés hídrico. Puede aguantar altas temperaturas a pesar de mermar la producción. Temperatura óptima 24-25 °C.

4. Floración, desde que el capítulo tiene 3-4 cm de diámetro hasta que todas las flores del capítulo están fecundadas (final de la fecundación). Dura 10-12 días. El final, cuando todas las flores del capítulo están fecundadas se nota muy bien porque las flores de los anillos exteriores se empiezan a marchitar.

5. Maduración del grano: va desde la fecundación hasta la madurez fisiológica. El capítulo que hasta entonces estaba en posición más o menos vertical, dobla la parte final del tallo, mirando hacia abajo. Dura entre 10 y 25 días. Hay redistribución de materia seca de la planta desde las hojas hasta los frutos en desarrollo. Tiene lugar la síntesis y acumulación de ácidos grasos. La madurez fisiológica se observa bien porque el dorso del capítulo pasa de verde a amarillento. Al final de la fase, los frutos de girasol tienen una humedad alrededor del 30% y únicamente queda esperar que pierdan su humedad hasta un 8-9%, que es cuando debe realizarse la recolección. No obstante, a partir de la madurez fisiológica las semilla tiene ya toda la materia seca y podría recolectarse si posteriormente se realiza secado artificial.

Figura 16.1. Cultivo del girasol.

El tiempo total del ciclo productivo desde la siembra hasta la recolección se estima en 100-120 días.

Por problemas patológicos el cultivo no puede realizarse de forma continuada, siendo obligatoria la rotación de cultivos. La rotación más comúnmente realizada es: trigo o cebada – girasol – barbecho.

Suelo

La textura óptima del suelo para el cultivo del girasol es la franco-arcillosa. No obstante, puede ser cultivado en gran variedad de suelos, siempre que no sean salinos o excesivamente alcalinos o ácidos. Es necesario que la capa arable sea profunda, para permitir el desarrollo de la raíz y conseguir también que tenga gran capacidad de almacenamiento de agua.

El objetivo de las labores en el suelo es incrementar la capacidad de infiltración para almacenar la mayor cantidad de agua posible durante las lluvias otoñales e invernales, y aprovechar esta agua en la fase de desarrollo de la semilla sembrada a finales del invierno. También pretende romper capas compactas que imposibilitan el desarrollo de las raíces en profundidad y asegurar una buena nascencia. Estas labores se dividen en:
- Fresado para trituración de restos de cosecha del cultivo anterior.
- Pase de subsolador, con la finalidad de ahuecar el suelo en profundidad.
- Labor de refino, nivelación y compactación, mediante apero combinado, que permite un acabado superficial.

En el Anexo 16.1 se expone el análisis económico de cada máquina empleada. En la siguiente tabla se muestran los diferentes costes en cada una de las labores. Estos costes se establecen según consumo de combustible, lubricantes, seguros, alojamientos, amortizaciones y reparaciones.

La tiempos de trabajo por hectárea de cada máquina va asociada a la velocidad y ancho de trabajo del apero, determinándose con la Ecuación 16.1, donde c es la velocidad del tractor en m/h, A es la anchura de trabajo del apero en metros, L es la longitud de la parcela, G es el tiempo de giro, I las interrupciones tenidas por hectárea. El cálculo de la tiempos de trabajo por hectárea de cada una de las máquinas empleadas también está descrito en el Anexo 16.1.

$$\text{Tiempos de trabajo (h/ha)} = \frac{10000\,(\text{m}^2/\text{ha})}{c\,(\text{m/h})\cdot A\,(\text{m})} + \frac{10000(\text{m}^2/\text{ha})}{A\,(\text{m})\cdot L\,(\text{m})}\cdot G\,(\text{h}) + \text{I(h/ha)} \tag{16.1}$$

Tabla 16.1. Costes de las labores por hectárea para la preparación del suelo para el cultivo del girasol.

	Unidad	medición	Precio €/h	Total €/ha
Fresadora	h/ha	1,40	33,51	46,92
Subsolador	h/ha	2,33	31,67	73,89
Labor de refino	h/ha	0,66	31,67	20,78
			Total	141,59

Para la labor de refino, nivelación y compactación, en la actualidad se tiende a simplificar las labores para ahorro de pases y energía, utilizando trenes de aperos (grada, rastra y rulo) que realizan las diferentes operaciones con un mismo pase.

Nutrientes

El girasol es un cultivo con necesidades nutritivas altas. Su absorción de nutrientes es superior a las del maíz o el trigo. Los requerimientos nutricionales medios por cada 1000 kg de producción de semilla se muestran a continuación:

Tabla 16.2. Necesidades nutricionales por cada 1000 kg de producción de girasol.

Nitrógeno (N)	50 kg
Fósforo (P_2O_5)	20 kg
Potasio (K_2O)	100 kg
De los cuales corresponde a la semilla:	
Nitrógeno (N)	30 kg
Fósforo (P_2O_5)	10 kg
Potasio (K_2O)	5 kg

Es un cultivo muy sensible a la deficiencia nutricional, afectando mucho a la producción, sin embargo, el consumo de agua no se reduce.

Nitrógeno

Las necesidades de nitrógeno máximas se presentan en la fase inicial de desarrollo, desde que la planta tiene 3 o 4 hojas hasta plena floración. En esta fase el girasol absorbe alrededor del 80 % de sus necesidades totales, acumulándose en las hojas y tallos. Posteriormente el nitrógeno pasará a las semillas llegando a acumular el 60 % del total asimilado.

La carencia de nitrógeno se manifiesta por un escaso desarrollo del cultivo. Las hojas se convierten de color verde pálido y las inferiores se secan rápidamente. Si la insuficiencia es severa, los capítulos florales se quedan pequeños, y no llegan a cuajar los frutos quedándose vacíos sin semillas. Esto se traduce en una disminución muy importante del rendimiento y del contenido de aceite de las semillas. Un exceso de nitrógeno también afecta negativamente al contenido de aceite, sobre todo cuando el exceso se produce durante el de crecimiento del cultivo, es decir, cuando se aplica el abonado en cobertera (después de la siembra). Por esta razón, se suele fraccionar el abonado nitrogenado en dos periodos: primero se aplica 1/2 del total como abonado de fondo (antes de la siembra) y el resto en cobertera.

Fósforo

Adquiere notable importancia en el metabolismo a través del ciclo de Krebs, degradación de los lípidos y glúcidos a través de la beta oxidación y glicólisis respectivamente. La insuficiencia de fósforo afecta a la formación y cuajado de las semillas. Se manifiesta formándose hojas pequeñas de color verde oscuro, tallos rígidos y cortos, retardos en la maduración y disminución del rendimiento y del contenido de aceite. En suelos ácidos o calizos puede convertirse en el nutriente limitante para obtener buenos rendimientos. Unos niveles adecuados fósforo mejoran la resistencia a la sequía de las plantas y aumenta el contenido de aceite en las semillas.

Potasio

Al igual que el fósforo, buenos niveles nutricionales de potasio mejoran significativamente la resistencia del cultivo al déficit hídrico al disminuir su transpiración, y con ello aumentar la capacidad de retención de agua y la turgencia de las células. Por otra parte, tiene un papel muy relevante en la formación y transporte de los hidratos de carbono en las plantas. Las mayores tasas de absorción se producen entre la nascencia y la floración donde se extrae el 70 % de sus necesidades, acumulándose sólo el 7 % de las absorciones totales en las semillas y el resto en hojas y tallos. Por ello, es conveniente enterrar los rastrojos en lugar de quemarlos como forma de reponer parte del potasio al suelo. La carencia de potasio provoca necrosis en los bordes de las hojas y una reducción del diámetro de los tallos, afectando negativamente a la producción, pero no al contenido de grasa en las semillas.

El boro y el magnesio tienen especial importancia en la nutrición del girasol

La deficiencia de boro provoca quemazones de los ápices y márgenes de las hojas superiores, quedando deformadas, pequeñas y quebradizas. Se produce necrosis en pedúnculo de los capítulos florales, que acaban cayéndose al suelo. Suele manifestarse en suelos ácidos o en situaciones de estrés hídrico. La deficiencia de magnesio se muestra por decoloraciones internerviales y necrosis posteriores; afecta al rendimiento del cultivo al disminuir el peso específico de los granos. La deficiencia de magnesio suele presentarse en suelos ácidos y los arenosos muy lavados con poca capacidad de retención de cationes.

Como se comentó anteriormente, las necesidades de nutrientes por cada 1000 kg de producción son 50 kg de nitrógeno, 20 kg de fósforo (P_2O_5) y 100 kg de Potasio (K_2O). Para un rendimiento medio del cultivo de girasol en España de 2,5 t/ha, deben aplicarse:

125 kg de nitrógeno por ha

50 kg de fósforo por ha

250 kg de potasio por ha

Ejemplo 1

Cálculo de las cantidades de abono

Si se disponen de cuatro fertilizantes como los mostrados en la Tabla 16.3, el cálculo de las cantidades a aplicar de cada uno de ellos se realiza mediante un sistema de programación lineal, cuya función objetivo sería cubrir las necesidades nutricionales del cultivo al mínimo coste.

Tabla 16.3. Ejemplo de fertilizantes que podrían utilizarse.

Abonos utilizados	% de los distintos elementos			coste €/kg	Cantidades a aplicar por ha
	N	P	K		
Nitrato amónico (33 %)	33			0,40	A
Superfosfato (18 %)		18		0,35	B
Complejo 15-15-15	15	15	15	0,40	C
Complejo 6-10-30	6	10	30	0,45	D

Planteamiento

$$0,33 \cdot A + 0,15 \cdot C + 0,06 \cdot D \geq 125$$

$$0,18 \cdot B + 0,15 \cdot C + 0,1 \cdot D \geq 50$$

$$0,15 \cdot C + 0,30 \cdot D \geq 250$$

Función objetivo: $\min(0,40 \cdot A + 0,35 \cdot B + 0,40 \cdot C + 0,45 \cdot D)$

Cuya solución resulta: A=227 kg/ha, B=0, C=0 y D=833,33 kg/ha; coste = 465,91 €/ha

Se puede comprobar que, con la aplicación de estas cantidades de estos fertilizantes, los aportes de nitrógeno y potasio cumplen con las exigencias nutricionales del cultivo sin sobrepasarse. Sin embargo, las aportaciones de fósforo son en exceso, cuestión que en principio no supondría ningún problema técnico.

N: 125,00 > 125

P: 83,33 > 50

K: 250,00 > 250

Fin.

El abonado de fondo se realiza previo a la siembra, mientras que el de cobertera se realiza después. La maquinaria a utilizar en ambos casos, se trata de una abonadora centrífuga con capacidad 1000 l, para distribución de abonos sólidos (productos granulados), suspendida, accionada por la toma de fuerza. En el precio por hora de la misma se incluyen amortización, intereses, reparaciones y alojamiento.

El coste de la aplicación se muestra en la Tabla 16.4.

Tabla 16.4. Coste de aplicación de abonado por hectárea de girasol.

	Abonado de fondo	**Unidad**	**Medición**	**Precio Euros/ud**	**Precio total Euros/ha**
	Abonadora centrífuga	h/ha	0,26	32,41	8,51
(1/2)	Nitrato amónico (33 %)	kg abono/ha	113,64	0,40	45,45
(1/2)	Superfosfato (18 %)	kg abono/ha	0,00	0,35	0,00
(1/2)	Complejo 15-15-15	kg abono/ha	0,00	0,40	0,00
(1/2)	Complejo 6-10-30	kg abono/ha	416,67	0,45	187,50
				Total	241,46
	Abonado de cobertera	**Unidad**	**Medición**	**Precio Euros/ud**	**Precio total Euros/ha**
	Abonadora centrífuga	h/ha	0,26	32,41	8,51
(1/2)	Nitrato amónico (33 %)	kg abono/ha	113,64	0,40	45,45
(1/2)	Superfosfato (18 %)	kg abono/ha	0,00	0,35	0,00
(1/2)	Complejo 15-15-15	kg abono/ha	0,00	0,40	0,00
(1/2)	Complejo 6-10-30	kg abono/ha	416,67	0,45	187,50
				Total	241,46

Siembra

La siembra se realiza después de las lluvias, cuando la temperatura sea superior a los 5-10 °C y haya desaparecido el riesgo de heladas. En Andalucía en febrero, aunque en las zonas más cálidas puede hacerse en diciembre o principios de enero, dado que la fase de cotiledón es la que aguanta mejor el frío si no hay heladas grandes. En zonas frías (Castilla la Mancha, Castilla León o Aragón) se realiza en marzo o abril aunque puede retrasarse hasta principios de julio.

La siembra se realiza en líneas separadas 60-70 cm con densidades de 4-8 plantas por m^2. Esto equivale a 7-9 kg de semilla por ha. Para ello se utilizan sembradoras de precisión.

Realizando un marco de plantación de 0,4 m x 0,4 m, se obtiene una siembra de 62500 planta/ha. Tal que:

62500   nº de plantas por ha

6,25   nº de plantas por m^2

0,128   g/semilla

8,01   kg semillas/ha

El coste de siembra se muestra en la Tabla 16.5.

Tabla 16.5. Costes de la siembra para el cultivo del girasol.

	Unidad	Medición	Precio Euros/ud	Precio total Euros/ha
Semilla	kg/ha	8,01	4,16	33,05
Sembradora de precisión	h/ha	0,74	34,62	25,75
			Total	59,10

La maquinaria utilizada en la siembra se trata de una sembradora de precisión generalmente entre 4 y 6 cuerpos. En el precio por hora se han incluido amortización, intereses, reparaciones y alojamiento.

Una alternativa a la siembra tradicional es realizar siembra directa sobre rastrojo del cultivo anterior, sin hacer labores preparatorias del suelo, utilizando maquinaria específica. En esta técnica se suele realizar una labor profunda cada dos o tres años para mantener capacidad de infiltración. Por tanto los costes de siembra suelen ser un 15 % mayores que el tradicional. En este caso, los gastos de las labores preparatorias se distribuyen en tres años. La sembradora de siembra directa es para semilla gruesa (maíz, algodón, girasol, leguminosas...). Es de distribución a golpes, de rastra oscilante, ancho de trabajo 2,5 m. En el precio por hora se han incluido la amortización, intereses, reparaciones y alojamiento.

Agua

Las necesidades de agua del girasol se sitúan entre 500 y 600 mm anuales, aunque se adapta bien a su déficit debido a que posee un sistema radicular potente capaz de explorar las capas más profundas para aprovechar la humedad, y por otra parte, tiene la capacidad de reducir la transpiración sensiblemente en condiciones de estrés hídrico. En un desarrollo normal, el consumo de agua se distribuye a lo largo del ciclo del cultivo, aproximadamente, 20 % desde nacencia a formación floral; 60 % desde formación capítulo a floración; 20 % en el período de formación y engrosamiento del grano.

Cuando se cultiva en secano, la siembra se realiza después de las lluvias, siempre que haya desaparecido el riesgo de heladas, para aprovecharse al máximo la humedad del suelo, y evitar coincidir las fases de floración-maduración con los periodos de baja humedad en el suelo y altas temperaturas en verano.

Cuando se cultiva en regadío, en la siembra se sigue el mismo principio anterior, el primer riego se realiza después de la nascencia cuando la planta tiene varios pares de hojas. El segundo riego se realiza momentos antes de la floración, y el último después del cuajado de los frutos, tratando de mantener la humedad del suelo por encima del 75 % de la capacidad de campo durante este periodo. El sistema de riego puede ser por aspersores, pívots o cañones móviles.

Si se realiza el riego por aspersión estos suelen separarse en filas y columnas de 20 m x 20 m, por lo que es necesario aproximadamente 25 aspersores por hectárea. Un sistema de riego por aspersión requiere una inversión aproximada 3025 Euros/ha (Tabla 16.6).

Tabla 16.6. Inversión en instalación de riego por aspersión con aspersores separados 20 × 20 m.

	Unidad	medición	€/ud	Total
Aspersores	ud	25	65	1625 €/ha
Bomba, automatismos y contadores	ud	1		50 €/ha
Red de distribución	m	60	7,5	450 €/ha
Tubería terciaria	m	100	4,5	450 €/ha
Laterales	m	500	4,5	2250 €/ha
			Total	4825 €/ha

Suponiendo unas necesidades de riego de 400 mm, que equivalen a 4000 m^3 por ha, que se distribuirían en tres riegos:

23% desde nacencia a formación floral (a los 50-60 días desde la siembra) = 1150 m^3

60% desde formación capítulo a floración (a los 60 días desde el riego anterior) = 3000 m^3

17% en el período de granazón (a los 60 días desde el riego anterior) = 850 m^3

Las dosis de riego y los intervalos entre los mismos se aplicarán dependiendo de la capacidad de retención del suelo e infiltración, para evitar encharcamientos. Suponiendo un coste del agua de riego 0,015 €/m^3 considerando todos los gastos que soporta el agricultor: agua, guarda, administración, mantenimiento, reparaciones, amortizaciones, etc., el coste del riego se muestra es de 60 €/ha.

Tratamientos fitosanitarios

Generalmente se realiza un tratamiento herbicida preemergencia o en postemergencia temprana con un herbicida de amplio espectro, por ejemplo el Diflufenican4% + Glifosato16% p/v que sirve tanto para monocotiledóneas y dicotiledóneas, como: *Lamium amplexicaule* (ortiga), *Malva sylvestris*, Urtica sp*., Capsella bursa-pastoris, Fumaria officinalis*, Galium aparine, Lolium sp., Raphanus raphanistrum, Scorpiurus muricatus, Calendula arvensis*,* Sherardia arvensis, Senecio vulgaris, *Sinapis arvensis* (mostaza), Sonchus sp., *Stellaria media,,* Veronica sp., etc.

La aplicación se realiza con un pulverizador hidráulico con boquillas difusoras sobre barra con una dosis entre 1,5 y 4 l/ha

Tabla 16.7. Tratamiento herbicida presiembra o preemergencia.

	Unidad	Medición	Precio Euros/ud	Precio total Euros/ha
Pulverizador hidráulico	h/ha	0,26	32,77	8,60
Diflufenican4%+Glifosato16% p/v	l/ha	2,50	11,25	28,13
			Total	36,73

Como tratamientos contra plagas se suelen usar insecticidas como el Deltametrin 2,5% p/v EC o el Clorpirifos 5% GR, que resultan efectivos para dípteros como moscas blancas, psyllas, trips; lepidópteros como gusanos grises, orugas defoliadoras, orugas minadoras, polillas, procesionaria, zeuzera, hoplocampas y otras orugas; hemípteros como el chinche verde; coleópteros como tenebrionido del girasol o escarabajo negro; himenópteros como hormigas, abejorros, abejas y avispas; numerosos pulgones y otros homópteros que producen daños en semillas y plántulas.

La aplicación de los fitosanitarios líquidos se realiza con un pulverizador hidráulico con boquillas difusoras sobre barra. El volumen de agua aplicado usualmente en los tratamientos fitosanitarios con estos equipos oscila entre 200 y 300 l por hectárea. En este volumen de agua hay que diluir la materia activa según indique el prospecto del producto a utilizar. En el caso del Deltametrin 2,5% p/v EC, la disolución recomendada es de 30-50 cm^3/hl efectuando hasta 3 aplicaciones con un intervalo mínimo de 14 días sin sobrepasar los 0,5 l/ha. Si consideramos diluciones de 40 cm^3/hl en aplicaciones de 300l de caldo por hectárea, realizando 3 aplicaciones en el ciclo de cultivo resulta un total de 0,36 l de producto por hectárea.

En el caso del Clorpirifos 5% GR es un insecticida granulado que se aplica al suelo cuya dosis de aplicación recomendada es de 8-10 kg/ha.

Junto los tratamientos sobre insectos siempre suelen resultar necesarios tratamientos fúngicos. Los problemas más comunes son oídio, royas y rincosporiosis. Uno de los productos recomendables para el girasol es el Fenpropimorf 75% p/v EC con una dosis del 1 l/ha emitiendo un caldo de 200 l/ha, es decir la dilución debe ser de 0,5 l cada 100 l de caldo.

En la Tabla 16.8 se muestra un análisis de los costes de aplicación de los tratamientos fitosanitarios. Los costes asociados a la utilización de la maquinaria se presentan en el Anexo 16.1.

Tabla 16.8. Análisis de costes de aplicación de tratamientos fitosanitarios en el girasol.

		Unidad	Medición	Precio Euros/ud	Precio total Euros/ha
Insecticida	Deltametrin 2,5% p/v EC	l/ha	0,36	26,40	9,50
	Pulverizador hidráulico	h/ha	0,26	32,77	8,60
Insecticida	Clorpirifos 5% GR	kg/ha	9	2,51	22,59
	Abonadora centrífuga	h/ha	0,26	32,41	8,51
Fungicida	Fenpropimorf 75% p/v EC	l/ha	1	49,12	49,12
	Pulverizador hidráulico	h/ha	0,26	32,77	8,60
				Total	106,93

Recolección y transporte

El ciclo de cultivo del girasol suele durar de 100 a 120 días desde la germinación hasta la cosecha. La recolección debe iniciarse en la época seca, cuando la parte inferior del capítulo comience a tornarse de color amarillento-anaranjado y se hayan secado la mayoría de las hojas. La humedad de las semillas debe estar entre 10 y 12 %.

La cosecha del girasol se realiza con máquinas cosechadoras de maíz con algunas adaptaciones, como la adecuación del cabezal a los capítulos del girasol, y la regulación de las revoluciones del cóncavo en el sistema de trilla.

En la Tabla 16.9 se muestran los costes cosecha de acuerdo a los análisis mostrados en el Anexo 16.1.

Tabla 16.9. Costes de cosecha de girasol.

	Unidad	Medición	Precio Euros/ud	Precio total Euros/ha
cosechadora+ tractorista	h/ha	0,328	63,80	20,93
			Total	20,93

Rendimientos y análisis económico de producción de girasol

Para el cultivo del girasol en un sistema de regadío tradicional se obtiene una media de 2,5 t/ha, no obstante para los sistemas de siembra directa y secano se obtienen producciones menores siendo 1,5 y 1 t/ha respectivamente.

El resumen de los costes se muestra en la Tabla 16.10. Los cultivos en siembra directa y laboreo de conservación requieren riego. La siembra directa no tiene costes de preparación del suelo sin embargo los costes de siembra son un 15% mayores. En el laboreo de conservación la realización de labores es cada un número de años. Esto puede variar desde nada de laboreo hasta laboreo cada dos o tres años.

Tabla 16.10. Resumen de los costes de producción del girasol.

	Sistema convencional secano Euros/ha	Sistema convencional regadío Euros/ha	Siembra directa Euros/ha	Laboreo de conservación Euros/ha
1. Semillas	33,35	33,35	33,35	33,35
2. Preparación del terreno	141,59	141,59	0,00	47,20
3. Abonado	482,92	482,92	482,92	482,92
4. Siembra	25,75	25,75	29,61	29,61
5. Riego	0,00	60,00	60,00	60,00
6. Tratamientos fitosanitarios	143,66	143,66	143,66	143,66
7. Recolección y transporte	20,93	20,93	20,93	20,93
Total	848,20	908,20	770,48	817,67

Como puede observarse el precio más influyente en la rentabilidad del cultivo es el de los fertilizantes, seguido de los productos fitosanitarios.

En la Tabla 16.11 se muestran las tasas de trasformación de las semillas.

Tabla 16.11. Tasas de trasformación de las semillas.

Tasa transformación frutos en semillas	(t semillas/t de fruto)	1,00
Tasa transformación de aceite	(t aceite/t de semilla)	0,30
Tasa transformación de torta	(t torta/t de semilla)	0,70
Tasa transformación de torta	(t torta/t aceite)	2,33
Tasa restos	(t restos/t semilla)	0,00

Con los costes expuestos para que la rentabilidad del cultivo en regadío sea aceptable el precio de la producción debe situarse alrededor de 700 €/t. Con este precio, con los costes considerados, el cultivo en secano y su bajo rendimiento (1,5 t/ha) resulta el menos rentable. El balance económico se muestra en la Tabla 16.12.

Tabla 16.12. Balance económico de la producción del girasol.

		Secano	Regadío	S. directa	L. Conservación
Producción de frutos de girasol	(t/ha)	1,5	3	2	2,3
Producción anual de semillas	(t semillas/ha)	1,5	3	2	2,3
Producción anual de aceite por hectárea	(t aceite/ha)	0,45	0,9	0,6	0,69
Costes medios producción cultivo	(€/ha)	848,20	908,20	770,48	817,67
Ingresos	(€/ha)	1050	2100	1400	1610
Flujo de caja explotación	(€/ha)	201,80	1191,80	629,52	792,33

Estos costes pueden presentar variaciones de unas zonas a otras y por otra parte dependen en muchas ocasiones de la maquinaria que se tenga disponible.

Esta diferencia entre siembra directa y laboreo tradicional dependerá de la reducción de costes y de la merma de rendimiento. En este sentido existe diversidad de opiniones sobre cuál es el método adecuado y cómo influye en la producción.

En la Tabla 16.13 se muestran los indicadores del Valor Actual Neto (VAN) y Tasa Interna de Rendimiento (TIR). El VAN es el valor de los flujos de caja esperados referidos al momento en el que se realiza la inversión. Su valor representa el beneficio neto obtenido. El TIR representa aquél interés que se establecería en caso de que el beneficio fuese nulo, en decir que los valores actualizados de los flujos de caja fueran iguales a la inversión.

$$VAN = -I + \sum_{i}^{n} \frac{F_i}{(1+r)^i}$$

$$VAN = -I + \sum_{i}^{n} \frac{F_i}{(1+TIR)^i} = 0 \rightarrow TIR$$

r es el interés ofrecido por los bancos, n es el número años para los que se prevé la inversión, I es la inversión.

La inversión en las explotaciones de regadío es la suma de la instalación de riego y la maquinaria. El coste de la tierra no se considera inversión puesto que al final del cultivo este recurso se mantiene. Los costes de inversión asociados a la maquinaria se muestran en el Anexo 16.3 (Tabla A16.13).

Tabla 16.13. Cálculo del VAN y la TIR (girasol regadío € por hectárea).

	Inversión	AÑOS									
		1	2	3	4	5	6	7	8	9	10
Flujo de caja anual	-7208,33	1192	1192	1192	1192	1192	1192	1192	1192	1192	1192
Tasa de descuento	3,00%										
V.A.N a diez años	2958 €	Valor positivo, inversión (en principio) factible									
T.I.R a diez años	10,37%	Valor superior a la tasa, inversión (en principio) factible									

Si consideramos un precio del aceite y la torta de 950 €/t y 450 €/t respectivamente, el cálculo de los flujos de caja se muestra en la Tabla 16.14. El coste de la obtención de la tonelada de aceite a partir de las semillas se estima en 32 €/t aceite. Las tasas de transformación se muestran en la Tabla 16.11.

Se puede observar que si la torta, resultado de la compresión de las semillas, no se comercializa, la obtención de aceite no resulta rentable.

Tabla 16.14. Balance económico de aceite de girasol.

		Secano	Regadío	S. directa	L. Conservación
Costes medios producción cultivo	(€/ha)	848,20	908,20	770,48	817,67
Costes transformación aceite	(€/ha)	14,4	28,8	19,2	22,08
Costes logísticos	(€/ha)	2,25	4,50	3,00	3,45
Ingresos aceite	(€/ha)	427,50	855,00	570,00	655,50
Ingresos torta	(€/ha)	472,50	945,00	630,00	724,50
Flujos de caja	(€/ha)	35,15	858,50	407,32	536,80

El análisis económico de producción de semilla de girasol y de la obtención de aceite por tonelada de aceite se muestra en la Tabla 16.16.

Tabla 16.15. Análisis económico de producción de semilla y aceite por tonelada de aceite de girasol.

		Secano	Regadío	S. directa	L. Conservación
Costes medios producción cultivo	(€/t aceite)	1884,90	1009,11	1284,13	1185,03
Ingresos	(€/t aceite)	2333,33	2333,33	2333,33	2333,33
Flujo de caja explotación	(€/t aceite)	448,44	1324,22	1049,21	1148,30
Costes transformación aceite	(€/t aceite)	32	32	32	32
Costes logísticos	(€/t aceite)	5	5	5	5
Ingresos aceite	(€/t aceite)	950	950	950	950
Ingresos torta	(€/t aceite)	1050	1050	1050	1050
Flujos de caja agricultor y productor de aceite	(€/t aceite)	78,10	953,89	678,87	777,97

16.3. Estudio de la colza (*Brassica napus oleifera*)

La colza es una planta oleaginosa procedente de la canola canadiense, adaptada a climas más fríos que el girasol. Esta condición, junto a su buena aptitud para producir biodiésel, ha hecho que se convierta en el cultivo energético oleaginoso dominante en muchos países europeos como Alemania, Francia, Suecia, Checoslovaquia e Inglaterra. No obstante, los mayores productores a nivel mundial son India, China y Canadá.

Las civilizaciones antiguas de Asia y Europa ya la utilizaban como combustible. A pesar de que se cultivaba en Europa durante el siglo XIII, su uso nunca fue muy extenso hasta la Revolución Industrial cuando se descubrió que el aceite de colza podía servir como lubricante. El aceite de colza para uso alimentario no se generalizó en occidente hasta la segunda mitad del siglo XX.

Descripción botánica y aprovechamientos

La colza es una planta anual que pertenece a la familia de las crucíferas, género *Brassica*, especie *napus* y variedad *oleifera*. La colza presenta una altura entre 90 cm y 200 cm, según la variedad y condiciones en las que se desarrolle. Es un cultivo que requiere climas frescos, por ello está muy bien adaptado a los países de Centroeuropa.

Posee raíz pivotante, que tiende a profundizar de forma natural, con buena aptitud a ramificarse en raíces secundarias sobre todo si encuentra una capa dura que le impida profundizar, pudiendo llegar hasta 150 cm de diámetro. Esto favorece la capacidad de infiltración del suelo y su drenaje, sustituyendo, en cierta medida, el subsolador. Por ello se reducen las labores en el cultivo siguiente en la rotación.

La inflorescencia, amarillenta como es típico en las crucíferas, se estructura en racimos. Los frutos son silicuas con 20-25 semillas esféricas, alcanzando 5-8 cm de longitud. En la maduración varía entre el rojizo y el negro. Las semillas se localizan en la silicua en una fina lámina intermedia de separación con dos suturas.

Entre los aprovechamientos del cultivo destacamos: la extracción de aceite alimentario y la elaboración de la "torta" como residuo de la extracción; la producción de biocombustibles; y la utilización de ciertas variedades para la producción de forrajes verdes. El aprovechamiento de los frutos se distribuye aproximadamente:

- Aceite crudo 39%
- Torta 55%
- Residuos 2%

Exigencias del cultivo de la colza

Su desarrollo es menos exigente que el girasol excepto en que presenta mayor consumo de nitrógeno, mayor sensibilidad a las plagas y peor adaptación a los sistemas de cultivo con bajos *inputs*.

Fases fisiológicas y exigencias climáticas

1. Entre la siembra y la emergencia: la siembra se realiza en otoño antes de las lluvias, de forma que posteriormente a la siembra el suelo se encuentre con suficiente humedad con temperaturas suaves. Esta fase dura entre 10 y 20 días. En este periodo la colza no soporta temperaturas inferiores de -2 °C aunque a medida que va creciendo aumenta su resistencia al frío.

2. Desde la emergencia al periodo de roseta (6 a 8 hojas): en este periodo no existe tallo y las hojas nacen en el mismo punto del cuello. En esta fase es cuando más

Figura 16.2. Flor y semillas de colza.

se desarrolla la raíz por tanto es la época más adecuada para aplicar el abono de cobertera, también presenta la máxima resistencia al frío, con temperaturas inferiores a -10 °C.

3. Periodo de entallado: comienza a los 3 o 4 meses de la siembra, momento que coincide con el aumento de las temperaturas, desarrollándose el tallo a gran velocidad. Dura entre 15 y 20 días. En el tallo pueden percibirse hasta 9 entrenudos, y es más ramificado cuanto menos es la densidad de plantas. Los brotes florales se sitúan al final de los tallos.

4. Floración: se inicia aproximadamente a los 20 días de la formación del tallo y concluye cuando los pétalos caen, aproximadamente a los 30-40 días. Es escalonada de abajo arriba, es decir, florecen primero las yemas a altura menor del suelo y posteriormente van madurando las más altas. También se requiere temperaturas frescas durante la floración para que la granazón se lleve a cabo en condiciones óptimas.

5. Fructificación: existen variedades de ciclo productivo largo (o de invierno) con duración de 9-10 meses, con parada por letargo invernal, y variedades de ciclo corto (o de primavera) con duración de 5-6 meses. En Andalucía occidental y Badajoz resultan mejor las variedades de primavera (de ciclo corto), en cambio en zonas más frías es recomendable variedades de invierno (de ciclo largo).

En zonas frías conviene hacer la siembra antes de que lleguen las temperaturas bajas, generalmente en septiembre. Al aparecer la roseta, ya puede resistir el periodo frío, prolongándose el desarrollo vegetativo lo que sea necesario, siempre y cuando las temperaturas sean mayores a -10 °C, cosa que es poco frecuente en las áreas de cultivo. El desarrollo en frío es lo que justifica la larga duración del desarrollo del cultivo.

Suelo

Son convenientes suelos profundos con textura franca, que permitan buena aireación y drenaje, puesto que es muy sensible a los encharcamientos. No se adapta bien a suelos arenosos y los arcillosos, pueden entorpecer la nascencia. Es bastante resistente a la salinidad, ya que tolera hasta 8 dS/m. Se adapta bien a una amplia gama de pH, aunque el idóneo es entre 6,5 y 7,5.

Debido al escaso tamaño de la semilla, la aparición de costra en suelos arcillosos, producida tras un periodo de lluvia y posterior secado por los rayos del sol, dificulta enormemente la emergencia de las plántulas. Por la misma razón se debe sembrar en terrenos bien desmenuzados superficialmente. Las labores preparatorias requeridas son las consideradas estándar:

- Fresado, para desmenuzar la capa superficial, eliminar por corte las malas hierbas, y trituración de los restos de cosecha del cultivo anterior.
- Pase de subsolador, para eliminar capas endurecidas en una profundidad mínima de 75 cm.
- Labor de refino, con grada de discos, nivelación y rodillo de compactación con suelo seco.

En terrenos profundos con buena estructura el pase de fresadora y subsolador pueden sustituirse por un pase de arado de vertedera, que voltea la capa superficial del suelo enterrando el rastrojo y ahuecando el terreno. Esto abarata los costes de laboreo.

Las labores deben realizarse muy pronto, en verano (agosto-septiembre) para sembrar y favorecer la nascencia antes de que las temperaturas sean excesivamente bajas.

En el Anexo 16.1 se expone el análisis económico que cada máquina empleada. En la siguiente tabla se muestra el coste en cada una de las labores considerando el consumo de combustible, lubricantes, seguros, alojamientos, amortizaciones y reparaciones.

Tabla 16.16. Costes de las labores por hectárea para la preparación del suelo para el cultivo de la colza.

	Unidad	medición	Precio €/h	Total €/ha
Arado de vertedera	h/ha	1,98	33,51	66,47
Labor de refino	h/ha	0,66	31,67	20,78
			Total	87,25

Nutrientes

La colza es una planta exigente en nutrientes, aunque buena parte de ellos son recuperables por el cultivo siguiente. A continuación se muestran las necesidades de nutrientes por cada 1000 kg de producción, según varios autores.

Tabla 16.17. Necesidades nutricionales de la colza.

Por cada 1000 kg. de producción	
Nitrógeno (N)	45 kg
Fósforo (P_2O_5)	25 kg
Potasio (K_2O)	30 kg
Dosis recomendada	
Nitrógeno (N)	100-150 kg/ha
Fósforo (P_2O_5)	65-90 kg/ha
Potasio (K_2O)	220 kg/ha
Magnesio (MgO)	45 kg/ha

Nitrógeno

Influye directamente en el crecimiento y desarrollo y, por tanto, en la producción. Su deficiencia se detecta por el amarillamiento de las hojas más viejas y el menor tamaño de las estructuras más jóvenes, afectando a la capacidad fotosintética. En el abonado de fondo (antes de la siembra) se deben aplicar 40-50 kg/ha. En cobertera (después de la siembra) se abonará entre la formación de la roseta y el comienzo del entallado, con una dosis de 90-100 kg/ha en una o dos aplicaciones. En total para un rendimiento de entre 2,5 a 3,5 t de semillas/ha se precisarán entre 100 y 150 kg de N/ha.

Fósforo

Su déficit provoca plantas con escaso desarrollo y retrasa la floración. Su aplicación se realiza en el abonado de fondo, con dosis que dependerán del contenido de este elemento en el suelo. En suelos equilibrados se suelen aplicar dosis entre 50 y 75 kg/ha y en suelos con bajo contenido entre 100 y 120 kg/ha.

Potasio

Su deficiencia provoca un amarillamiento internervial y manchas oscuras en los bordes de las hojas viejas. El abonado dependerá del contenido en el suelo pero, con carácter general se suelen aplicar entre 75 y 150 kg/ha en el abonado de fondo.

Azufre y Magnesio

Son de gran importancia en este cultivo ya que favorecen y estimulan la absorción del nitrógeno en la floración y en la formación de los granos. También participa en la síntesis de los glucosilonatos, compuestos formados casi exclusivamente en las crucíferas. Debe realizarse una adición de entre 25 y 60 kg/ha de magnesio, y entre 40 y 80 kg/ha de azufre en el abonado de fondo.

Ejemplo 2

Cálculo de las cantidades de abono en colza

Si se disponen de cuatro fertilizantes como los mostrados en la Tabla 16.18, el cálculo de las cantidades a aplicar de cada uno de ellos se realiza mediante un sistema de programación lineal, cuya función objetivo sería cubrir las necesidades nutricionales del cultivo al mínimo coste.

Tabla 16.18. Ejemplo de fertilizantes que podrían utilizarse.

Abonos utilizados	% de los distintos elementos				coste €/kg	Cantidades a aplicar por ha
	N	P	K	S		
Nitrato amónico (33%)	33				0,40	A
Superfosfato (18%)		18			0,35	B
Complejo 15-15-15	15	15	15		0,40	C
Complejo 6-10-30	6	10	30	60	0,45	D
Sulfato amónico	21				0,29	E

Planteamiento

Si se deseara limitar las aportaciones de nitrógeno a un máximo de 200 kg/ha, la ecuación referente a las aportaciones de nitrógeno queda con una doble desigualdad.

$$175 \leq 0,33 \cdot A + 0,15 \cdot C + 0,06 \cdot D + 0,21 \cdot E \leq 175$$

$$0,18 \cdot B + 0,15 \cdot C + 0,1 \cdot D \geq 70$$

$$0,15 \cdot C + 0,30 \cdot D \geq 350$$

$$0,60 \cdot E \geq 65$$

Función objetivo: $\min(0,40 \cdot A + 0,35 \cdot B + 0,40 \cdot C + 0,45 \cdot D + 0,29 \cdot E)$

La solución resulta: A=229 kg/ha; B=0; C=0; D=1166,67 kg/ha; E=108,33 kg/ha coste = 656,16 €/ha

Se puede comprobar que, con la aplicación de estas cantidades de estos fertilizantes. los aportes de nitrógeno, potasio y azufre cumplen con las exigencias nutricionales del cultivo sin sobrepasarse. Sin embargo, las aportaciones de fósforo son en exceso, cuestión que en principio no supondría ningún problema técnico.

N: 175,00 = 175

P: 116,67 > 70

K: 350 = 350

S: 65 = 65

Fin.

Tabla 16.19. Coste de aplicación de abonado por hectárea de colza.

Abonado de fondo		Unidad	Medición	Precio Euros/ud	Precio total Euros/ha
	Abonadora centrífuga	h/ha	0,26	32,41	8,51
(1/2)	Sulfato amónico	kg abono/ha	124,62	0,29	36,19
(1/2)	Nitrato amónico (33%)	kg abono/ha	124,62	0,40	49,85
(1/2)	Superfosfato (18%)	kg abono/ha	0,00	0,35	0,00
(1/2)	Complejo 15-15-15	kg abono/ha	0,00	0,40	0,00
(1/2)	Complejo 6-10-30	kg abono/ha	583,33	0,45	262,50
				Total	320,85

Abonado de cobertera		Unidad	Medición	Precio Euros/ud	Precio total Euros/ha
	Abonadora centrífuga	h/ha	0,26	32,41	8,51
(1/2)	Sulfato amónico	kg abono/ha	124,62	0,29	36,19
(1/2)	Nitrato amónico (33%)	kg abono/ha	124,62	0,40	49,85
(1/2)	Superfosfato (18%)	kg abono/ha	0,00	0,35	0,00
(1/2)	Complejo 15-15-15	kg abono/ha	0,00	0,40	0,00
(1/2)	Complejo 6-10-30	kg abono/ha	583,33	0,45	262,50
				Total	320,85

Siembra

La siembra se realiza mediante sembradoras de chorrillo muy cerca de la superficie, sin superar los 3 cm de profundidad para facilitar la emergencia. Las filas deben estar separadas unos 30 cm. Posteriormente es conveniente humedecer el suelo con un riego, si no se producen lluvias, para evitar que no se produzcan desuniformidades en el crecimiento.

La fecha de siembra está condicionada a que la planta haya alcanzado el estado de roseta (6-8 hojas) antes de que se produzcan las fuertes heladas del invierno; también considerando que la germinación no se realice con temperaturas demasiado bajas (por encima de -2 °C). En Navarra y Castilla León la siembra se realiza en septiembre. En Castilla la Mancha, Extremadura y Andalucía en octubre.

Para evitar infecciones y patologías se suele cultivar en rotación de 4 años: colza – trigo - cebada - guisante.

La densidad de siembra recomendada es un mínimo de 30 plantas/m^2 a la salida del invierno. No existe mucha diferencia de tamaño entre las semillas de las distintas variedades, por tanto, las dosis de semilla (en kg/ha) no varía significativamente entre ellas. 1000 semillas de colza pesan entre 4,5 y 5,5 gramos, y su diámetro oscila entre 1,5 y 2,5 mm. Las variedades híbridas pueden sembrarse con dosis un poco inferiores a las variedades clásicas dado que poseen una mayor capacidad de ramificación.

La siembra se realiza en hileras, utilizándose una sembradora de cereales a chorrillo adaptada, formando hileras separadas entre 24 y 40 cm. La dosis de siembra para variedades no híbridas es de 70-100 semillas/m^2, que equivalen a 4 kg/ha. En variedades híbridas la dosis de siembra es 40-60 semillas/m^2.

Tabla 16.20. Costes de la siembra para el cultivo de colza.

	Unidad	Medición	Precio Euros/ud	Precio total Euros/ha
Semilla	kg/ha	4,17	12,00	50,00
Sembradora en líneas	h/ha	0,99	34,62	34,33
			Total	84,33

Agua

Las necesidades totales de agua de la colza están entre 450 y 500 mm; un tercio entre la siembra y la floración y dos tercios desde la floración a la formación del grano. En zonas lluviosas, es posible realizar el cultivo en secano, es decir, sin riegos adicionales al de la lluvia. En zonas con periodos secos suele cultivarse con instalación de riego.

Si se realiza el riego por aspersión estos suelen separase en filas y columnas de $20\,m \times 20\,m$, por lo que es necesario aproximadamente 25 aspersores por hectárea. Un sistema de riego por aspersión requiere una inversión aproximada 4825 Euros/ha (Tabla 16.6).

La dosis de riego se debe hacer a intervalos dependiendo de la capacidad de retención del suelo, infiltración para evitar encharcamientos. Se realizan tres riegos, distribuidos dependiendo de las lluvias otoñales, generalmente un tercio entre la siembra y la floración y dos tercios desde la floración a la formación del grano.

Suponiendo un coste del agua de riego $0,015\ €/m^3$ considerando todos los gastos que soporta el agricultor: agua, administración, mantenimiento, reparaciones, amortizaciones, etc., el coste del riego se resulta de 75 €/ha.

Tratamientos fitosanitarios

Es necesario un control de malas hierbas de forma temprana mediante herbicidas para evitar la competencia con el cultivo debido a que hasta que se alcanza el estado de roseta es muy sensible a la competencia. Por otra, la inexistencia de hierbas indeseadas facilitará la recolección mecanizada.

En caso de tener presencia de plantas indeseadas dicotiledóneas, el tratamiento herbicida contra éstas debe realizarse en el periodo de barbecho, o con los cultivos anteriores. Los herbicidas que más se emplean son en presiembra: napronamida (Devrinol), trifluralina (Treflán) o napronamida + trifluralina (Devrinol Super); en peremergencia: trialato (Abades), incorporado al terreno mediante labores.

En el cultivo de la colza sólo es conveniente un tratamiento herbicida contra gramíneas postemergencia de muy bajo efecto sobre las dicotiledóneas. Un herbicida de este tipo es el Cletodim ((*E,E*)-2-[1-[((3-cloro-2-propenil)oxi)imino]propil]-5-[2-(etiltio)propil]-3-hidroxi-2-ciclohexan-1-ona) del cual pueden realizarse una o dos aplicaciones separadas tres semanas.

Las malas hierbas más comunes son *Avena fatua, A. sativa,* el *Bromus* spp., *Cynodon dactylon* (grama), *Dactilis glomerata, Digitaria sanguinalis* (pata de gallina), *Echinochloa* spp. (panissolas, patas de gallo), *Eleusine indica, Eriochloa gracilis, Eriochloa villosa, Elymus repens* (grama del norte), *Festuca erundinacea, Hordeum Oryza sativa, Lolium sp., Panicum capillare, Panicum dichotomiflorum, Panicum miliaceum, Panicum texanum, Poa annua, Rottboellia exalata, Secale cereale, Setaria faberi, Setaria lutescens, Setaria verticillata, Setaria viridis, Sorghum bicolor, Panicum máximum, Paspalum notatum, Sorghum halepense* (cañota), *Triticum aestivum, vulgare* (cebada), y *Zea mays.*

La aplicación de herbicidas se realiza con un pulverizador hidráulico con boquillas difusoras sobre barra, al Decrinol Super con una dosis entre 2-3 l/ha, Cletodim dos pases con una dosis entre 0,8 l/ha, ambos diluidos en agua en 300-400 l/ha.

Tabla 16.21. Tratamientos herbicidas.

		Unidad	Medición	Precio Euros/ud	Precio total Euros/ha
Preemergencia	Pulverizador hidráulico	h/ha	0,26	32,77	8,60
	Devrinol Super	l/ha	2,50	11,25	28,13
Postemergencia	Pulverizador hidráulico	h/ha	0,53	32,77	17,21
(2 pases)	Cletodim	l/ha	1,60	49,50	79,20
				Total	133,13

Para los tratamientos contra plagas se suelen usar los mismos insecticidas que el girasol como el Deltametrin 2,5% p/v EC. La disolución recomendada también es de 30-50 cm^3/hl efectuando hasta 3 aplicaciones con un intervalo mínimo de 14 días sin sobrepasar los 0,5 l/ha. Si consideramos diluciones de 40 cm^3/hl en aplicaciones de 300 l de caldo por hectárea, realizando 3 aplicaciones en el ciclo de cultivo resulta un total de 0,36 l de producto por hectárea.

Junto con los tratamientos sobre insectos pueden resultar necesarios tratamientos fúngicos. Los problemas más comunes en la colza son la *Alternaria* sp. (Mancha negra de la colza) *Botrytis cinérea* (Podredumbre gris), *Plasmodiophora brassicae* (Hernia de la col), *Sclerotinia sclerotiorum*. Uno de los productos recomendables para estas enfermedades es el Fenhexamida 50% WG, que se trata de un granulado que se disuelve en agua aplicándolo mediante pulverización en diferentes tratamientos de dosis de 1 kg/ha.

En la Tabla 16.22 se muestra un análisis de los costes de aplicación de los tratamientos fitosanitarios en la colza. Los costes asociados a la utilización de la maquinaria se presentan en el Anexo 16.1.

Tabla 16.22. Análisis de costes de aplicación de tratamientos fitosanitarios en la colza.

		Unidad	Medición	Precio Euros/ud	Precio total Euros/ha
Insecticida	Deltametrin 2,5% p/v EC	Litros/ha	0,36	26,40	9,50
	Pulverizador hidráulico	h/ha	0,26	32,77	8,60
Fungicida	Fenhexamida 50% WG	kg/ha	3,00	99,00	297
	Pulverizador hidráulico	h/ha	0,26	32,77	8,60
				Total	323,71

Recolección y transporte

Las silicuas deben cosecharse cuando tienen una humedad entre 9 y 14%. Esto se detecta a través de los granos de las silicuas de la parte central de la planta, que cambian su color a negro azulado. La recolección no debe retrasarse debido a que la dehiscencia puede reducir considerablemente los rendimientos. Es decir, la silicuasícula (pericarpio del fruto) se abre de forma natural para dar salida a la semilla que generalmente cae al suelo. Por otra parte, tampoco es bueno precipitarse, porque conlleva problemas en el desgranado de las silicuas en la trilla.

Como la humedad varía durante el día, si se sobrepasa la fecha óptima de maduración, es conveniente no cosechar en las horas centrales del día, cuando la planta está más seca, para evitar la dehiscencia y la caída de los granos al suelo.

La recolección se realiza con cosechadora de cereales con ciertas modificaciones, como la reducción de velocidad del molinete de forma que permita el abatimiento suave de la planta para que no desgranen las silicuas. La separación entre el cilindro y el cóncavo en el sistema de trilla debe situarse entre 1 y 1,5 mm. De esta manera no pasan silicuas sin desgranarse. También debe reducirse el aire del sistema de limpia, que arrastre las vainas pero no las semillas. El ancho de corte de la cosechadora suele estar entre 5 y 6 m.

En la Tabla 16.23 se muestran los costes cosecha de acuerdo a los análisis mostrados en el Anexo 16.1. En el coste por hora se ha incluido la amortización, reparaciones, alojamiento, consumo de gasóleo, lubricantes y el jornal del tractorista.

Tabla 16.23. Costes de cosecha de colza.

	Unidad	Medición	Precio Euros/ud	Precio total Euros/ha
cosechadora+ tractorista	h/ha	0,438	63,80	27,91
			Total	27,91

Rendimientos y análisis económico de producción de colza

Los rendimientos obtenidos del cultivo de la colza oscilan entre 2,5 y 4,5 t/ha, aunque hay variedades que pueden superar las 5 t/ha. El resumen de los costes se muestra en la Tabla 16.24.

Tabla 16.24. Resumen de los costes de producción de la colza.

	Sistema convencional secano Euros/ha	Sistema convencional regadío Euros/ha
1. Semillas	50,00	50,00
2. Preparación del terreno	58,00	87,25
3. Abonado	641,71	641,71
4. Siembra	34,33	34,33
5. Riego	0,00	75,00
6. Tratamientos fitosanitarios	442,30	456,85
7. Recolección y transporte	27,91	27,91
Total	1298,05	1373,05

Como puede observarse el precio más influyente en la rentabilidad del cultivo es el de los fertilizantes, seguido de los productos fitosanitarios.

Las tasas de trasformación de las semillas de colza en aceite son similares a las del girasol, mostradas en la Tabla 16.11.

Con los costes expuestos, para que la rentabilidad del cultivo en regadío sea aceptable el precio de la producción debe situarse alrededor de 700 €/t. El balance económico se muestra en la Tabla 16.25. Los costes pueden presentar variaciones de unas zonas a otras y por otra parte dependen en muchas ocasiones de los tratamientos necesarios y el precio de las materias primas.

Tabla 16.25. Balance económico de la producción de la colza.

		Secano	Regadío
Producción anual de semillas	(t semillas/ha)	3,5	4
Producción anual de aceite por hectárea	(t aceite/ha)	1,05	1,2
Costes medios producción cultivo	(€/ha)	1298,05	1373,05
Ingresos	(€/ha)	2450	2800
Flujo de caja explotación	(€/ha)	1151,95	1426,95

En la Tabla 16.26 se muestran los indicadores del Valor Actual Neto (VAN) y Tasa Interna de Rendimiento (TIR).

La inversión en las explotaciones de regadío es la suma de la instalación de riego y la maquinaria. El coste de la tierra no se considera inversión puesto que al final del cultivo este recurso se mantiene. Los costes de inversión asociados a la maquinaria se muestran en el Anexo 16.3.

Tabla 16.26. Cálculo del VAN y la TIR (colza regadío € por hectárea).

	Inversión	AÑOS									
		1	2	3	4	5	6	7	8	9	10
Flujo de caja anual	-7183,3	1427	1427	1427	1427	1427	1427	1427	1427	1427	1427
Tasa de descuento	3,00%										
V.A.N a diez años	4989	Valor positivo, inversión (en principio) factible									
T.I.R a diez años	14,92%	Valor superior a la tasa, inversión (en principio) factible									

Tabla 16.27. Cálculo del VAN y la TIR (colza secano € por hectárea).

	Inversión	AÑOS									
		1	2	3	4	5	6	7	8	9	10
Flujo de caja anual	-2358,33	1152	1152	1152	1152	1152	1152	1152	1152	1152	1152
Tasa de descuento	3,00%										
V.A.N a diez años	7468	Valor positivo, inversión (en principio) factible									
T.I.R a diez años	47,87%	Valor superior a la tasa, inversión (en principio) factible									

Si consideramos un precio del aceite y la torta de 950 €/t y 450 €/t respectivamente, el cálculo de los flujos de caja se muestra en la Tabla 16.28. El coste de la obtención de la tonelada de aceite a partir de la semilla se estima en 32 €/t aceite.

Se puede observar que si la torta, resultado de la compresión de las semillas, no se comercializa, la obtención de aceite no resulta rentable.

Tabla 16.28. Balance económico de la producción de aceite de la colza.

		Secano	Regadío
Costes medios producción cultivo	(€/ha)	1298,05	1373,05
Costes transformación aceite	(€/ha)	33,6	38,4
Costes logísticos	(€/ha)	5,25	6,00
Ingresos aceite	(€/ha)	997,50	1140,00
Ingresos torta	(€/ha)	1102,50	1260,00
Flujos de caja	(€/ha)	763,10	982,55

El análisis económico de producción de semilla de colza y de la obtención de aceite por tonelada de aceite se muestra en la Tabla 16.29.

Tabla 16.29. Análisis económico de producción de semilla y aceite por tonelada de aceite de colza.

		Secano	Regadío
Costes medios producción cultivo	(€/t aceite)	1236,24	1144,21
Ingresos	(€/t aceite)	2333,33	2333,33
Flujo de caja explotación	(€/t aceite)	1097,10	1189,13
Costes transformación aceite	(€/t aceite)	32	32
Costes logísticos	(€/t aceite)	5	5
Ingresos aceite	(€/t aceite)	950	950
Ingresos torta	(€/t aceite)	1050,00	1050,00
Flujos de caja	(€/t aceite)	726,76	818,79

16.4. Estudio de la soja (*Glycine max* L.)

La soja es una planta originaria de China, donde se cultiva desde hace unos 5000 años. A partir de mediados del siglo xx, se inició su cultivo en los Estados Unidos y Europa. Actualmente, los mayores productores de este cultivo son Estados Unidos, India, Argentina, Brasil, Canadá, China, Indonesia, Bolivia, Nigeria y Paraguay, con un total de aproximadamente 90 millones de hectáreas.

El cultivo de la soja en España no es significativo en relación con el resto de países productores, debido a que es un cultivo que precisa de regadío si no existen lluvias regulares, competencia con cultivos de mayor rentabilidad, etc.

No obstante, la demanda de soja ha sido creciente en las últimas décadas, por una parte por su utilización en alimentación tanto humana como para la elaboración de piensos compuestos, y ahora, debido a la buena aptitud de su aceite para producir biodiésel.

Descripción botánica

La soja es una planta herbácea anual cuyo ciclo vegetativo oscila de tres a siete meses. Como características fisonómicas podemos destacar las siguientes:

- Tallo: rígido y erecto. Según variedades y condiciones de cultivo, la altura de la planta puede alcanzar entre 0,4 y 1,5 metros. El tallo suele estar ramificado. En variedades con mayor altura existe tendencia a volcarse por la acción del viento al final del desarrollo (encamado), aunque existen variedades mas resistentes al mismo.
- Sistema radicular: está constituido por una raíz principal que puede alcanzar hasta un metro de profundidad, aunque lo normal es que se sitúe entre los 40 y 50 cm. Una de las características más relevantes de la raíz de la soja es que puede formar nódulos, protuberancias fruto de la simbiosis con bacterias Rhizobium, siendo capaces de fijar nitrógeno atmosférico con el consiguiente efecto beneficioso en la fertilización del suelo.
- Hojas: son alternas, compuestas trifoliadas, con los foliolos oval-lanceolados, excepto las basales, que son simples. Inicialmente son de color verde característico, pero en la madurez se torna amarillo, y finalmente caen, quedando las plantas sin hojas.
- Flores: son de color blanquecino o púrpura, se agrupan formando inflorescencias axilares formando racimos en número variable de flores más o menos amariposadas.
- Fruto: es una vaina dehiscente por ambas suturas. La longitud de la vaina es de 2 a 7 cm. Cada fruto contiene 3 o 4 semillas.
- Semilla: la semilla es amarillenta, generalmente esférica con una marca negra que corresponde al hilo de la semilla en la vaina. Existen diferencias de tamaño en distintas variedades (100 semillas pueden pesar entre 5 y 40 gramos, aunque en las variedades comerciales oscila de 10 a 20 gramos). La semilla es rica en proteínas y en aceites, existiendo una correlación negativa entre ellos, es decir, variedades con alto contenido en proteínas poseen baja cantidad de aceite y viceversa. La selección genética ha dividido las variedades en dos grupos: las ricas en proteínas orientadas a la alimentación, y las variedades ricas en aceite orientadas a su producción.

Figura 16.3. Semillas de soja.

Exigencias del cultivo de la soja

Fases fisiológicas y exigencias climáticas

1. El periodo entre la siembra y la emergencia tiene una duración entre 20 y 40 días dependiendo de la variedad, humedad del suelo y temperatura. Termina con el desarrollo de la primera hoja trifoliada.

2. Desarrollo y crecimiento vegetativo. La duración del periodo vegetativo está influida por las características del ciclo de cada variedad, por su dependencia del fotoperiodo, por la temperatura y por la disponibilidad hídrica. Como valor medio podemos cifrar la misma entre 30 y 40 días.

3. La floración resulta muy escalonada, existiendo superposición entre el periodo de crecimiento vegetativo y el de desarrollo reproductivo. La duración de la floración en condiciones mediterráneas, desde que aparecen las primeras flores basales hasta las últimas apicales, puede variar desde 20-25 días en variedades precoces, hasta 40-45 días en las más tardías.

4. Fructificación: es el periodo en el que se produce la formación y desarrollo de las vainas. Las primeras vainas aparecen a los 7-15 días del comienzo de la floración, y su proceso de formación se completa aproximadamente 20 días después, es decir 35 días desde el comienzo de la floración.

5. Maduración: durante este periodo se produce el llenado de las semillas, comenzando a perder humedad, pasando de un 80 al 15%, humedad óptima para la recolección. Termina con la perdida de color verde de las vainas tornándose amarillas. Esta fase comprenderá entre 10 y 20 días dependiendo del clima de la zona.

Sumando la duración de cada uno de los periodos, el ciclo de cultivo se prolonga aproximadamente 135 días (4,5 meses).

La soja puede considerarse un cultivo de clima cálido. Esto hace que sea un cultivo muy apropiado para el territorio español. La temperatura óptima para la germinación se sitúa entre los 15 y los 20 °C. El desarrollo vegetativo idóneo se produce con temperaturas comprendidas entre los 20 y 30 °C. El crecimiento vegetativo de la soja se reduce significativamente con temperaturas inferiores a 10 °C, quedando anulado por debajo de los 4 °C. Sin embargo, es capaz de resistir heladas de -2 a -4° C sin morir.

La floración de la soja puede comenzar con temperaturas próximas a los 15 °C, situándose el óptimo en los 25 °C. Las diferencias de fechas de floración entre años, que se puede presentar en una determinada variedad sembrada en la misma época, son debidas a variaciones de temperatura. La floración se ve gravemente perjudicada con temperaturas superiores a los 40 °C, lo que disminuye la capacidad de formación de frutos.

Todas estas exigencias térmicas condicionan la época de siembra. Ésta se realiza en el mes de marzo-abril en Andalucía, para evitar que la floración llegue antes de julio. Al norte de la meseta de la Península Ibérica la siembra puede retrasarse a finales de abril-principios de mayo situándose la recolección a mediados de septiembre.

Fotoperiodo

Además de las exigencias térmicas, la soja es una planta sensible a las horas de luz. Considerándose una planta de día corto, por lo que se adecúa bien a zonas intertropicales.

Suelo

La soja no requiere suelos excesivamente fértiles con mucha capacidad de almacenamiento de nutrientes, por lo que a menudo es un cultivo que se emplea como alternativa para aquellos terrenos poco aptos para otros cultivos.

Su desarrollo es óptimo en suelos neutros, aunque tolera suelos ligeramente ácidos con un pH de 6 hasta la neutralidad. Resiste cierta salinidad.

Es especialmente sensible a los encharcamientos del terreno, por lo que no es recomendable la textura arcillosa para su cultivo. Es conveniente una nivelación en suelos llanos para evitar que el agua se estanque, formando rodales.

Por otra parte, el desarrollo de la raíz queda muy condicionado a la resistencia del suelo para ser penetrado. Por tanto, las labores de preparación del suelo previas a la siembra deben tener una profundidad suficiente para romper capas endurecidas para propiciar un buen desarrollo del sistema radicular y favorecer la infiltración de agua. Debe darse primero una labor profunda (para favorecer después un buen desarrollo radicular). Dependiendo del estado del suelo con el cultivo anterior, se puede realizar una labor estándar, (pase de fresadora, subsolador, seguida de una grada). Si el terreno está muy endurecido, conviene dos pases de subsolador cruzados y después pases de grada o de fresado que dejen mullida y desmenuzada la tierra. En suelos con suficiente profundidad puede recurrirse al arado de vertedera.

Ha de procurarse una buena nivelación del terreno para favorecer el riego, sin que se produzcan encharcamientos, que son muy perjudiciales para esta planta.

A continuación, se muestran los costes de un sistema de laboreo con volteo de la capa superficial con vertedera.

Tabla 16.30. Costes de las labores por hectárea para la preparación del suelo para el cultivo de la soja.

	Unidad	medición	Precio €/h	Total €/ha
Arado de vertedera	h/ha	1,98	33,51	66,47
Labor de refino	h/ha	0,66	31,67	20,78
			Total	87,25

Nutrientes

Las necesidades nutricionales del cultivo de la soja por cada 1000 kg de producción, se muestran en la Tabla 16.31. Como el rendimiento medio resulta de 4 t/ha, también se muestran en esta tabla las dosis recomendadas. Los síntomas por las deficiencias nutricionales en la soja son muy similares a los ya descritos en la colza.

Tabla 16.31. Necesidades nutricionales de la soja.

Por cada 1000 kg. de producción	
Nitrógeno (N)	80 kg
Fósforo (P_2O_5)	8 kg
Potasio (K_2O)	33 kg
Magnesio y azufre	9 kg
Dosis recomendada	
Nitrógeno (N)	300-340 kg/ha
Fósforo (P_2O_5)	30-35 kg/ha
Potasio (K_2O)	130-135 kg/ha
Magnesio (MgO)	35-40 kg/ha

Ejemplo 3

Cálculo de las cantidades de abono en soja

Si se disponen de cinco fertilizantes como los mostrados en la Tabla 16.32, el cálculo de las cantidades a aplicar de cada uno de ellos se realiza mediante un sistema de programación lineal, cuya función objetivo sería cubrir las necesidades nutricionales del cultivo al mínimo coste.

Tabla 16.32. Ejemplo de fertilizantes que podrían utilizarse.

Abonos utilizados	% de los distintos elementos				coste €/kg	Cantidades a aplicar por ha
	N	P	K	S		
Nitrato amónico (33%)	33				0,40	A
Superfosfato (18%)		18			0,35	B
Complejo 15-15-15	15	15	15		0,40	C
Complejo 6-10-30	6	10	30		0,45	D
Sulfato amónico	21			60		E

Planteamiento

Si se deseara limitar las aportaciones de azufre a un máximo de 50 kg/ha, la ecuación referente a las aportaciones de azufre queda con una doble desigualdad.

$$1,33 \cdot A + 0,15 \cdot C + 0,06 \cdot D + 0,21 \cdot E \leq 320$$

$$0,18 \cdot B + 0,15 \cdot C + 0,1 \cdot D \geq 32$$

$$0,15 \cdot C + 0,30 \cdot D \geq 132$$

$$36 \leq 0,60 \cdot E \leq 50$$

Función objetivo: $\min(0,40 \cdot A + 0,35 \cdot B + 0,40 \cdot C + 0,45 \cdot D + 0,29 \cdot E)$

La solución resulta: A=852 kg/ha; B=0; C=0; D=440 kg/ha; E=60 kg/ha coste = 556,06 €/ha.

Se puede comprobar que con la aplicación de estas cantidades de estos fertilizantes los aportes de nitrógeno, potasio y azufre cumplen con las exigencias nutricionales del cultivo sin sobrepasarse. Sin embargo, las aportaciones de fósforo son en exceso, cuestión que en principio no supondría ningún problema técnico.

N: $320 = 320$

P: $44 > 32$

K: $132 = 132$

S: $36 = 36$

Fin.

Tabla 16.33. Coste de aplicación de abonado por hectárea de soja.

Abonado de fondo		Unidad	Medición	Precio Euros/ud	Precio total Euros/ha
	Abonadora centrífuga	h/ha	0,26	32,41	8,51
(1/2)	Sulfato amónico	kg abono/ha	30,00	0,29	8,71
(1/2)	Nitrato amónico (33%)	kg abono/ha	425,76	0,40	170,30
(1/2)	Superfosfato (18%)	kg abono/ha	0,00	0,35	0,00
(1/2)	Complejo 15-15-15	kg abono/ha	0,00	0,40	0,00
(1/2)	Complejo 6-10-30	kg abono/ha	220,00	0,45	99,00
				Total	286,52

Abonado de cobertera		Unidad	Medición	Precio Euros/ud	Precio total Euros/ha
	Abonadora centrífuga	h/ha	0,26	32,41	8,51
(1/2)	Sulfato amónico	kg abono/ha	30,00	0,29	8,71
(1/2)	Nitrato amónico (33%)	kg abono/ha	425,76	0,40	170,30
(1/2)	Superfosfato (18%)	kg abono/ha	0,00	0,35	0,00
(1/2)	Complejo 15-15-15	kg abono/ha	0,00	0,40	0,00
(1/2)	Complejo 6-10-30	kg abono/ha	220,00	0,45	99,00
				Total	286,52

Siembra

Generalmente se efectúa con sembradoras de precisión. La época de siembra dependerá de la variedad a cultivar, realizándose entre los meses de marzo y mayo dependiendo de las condiciones térmicas de cada emplazamiento.

La profundidad de siembra óptima variará según sea la consistencia del terreno. Normalmente debe sembrase a una profundidad de 2 a 4 cm, aunque puede llegarse a los 7 cm en terrenos muy sueltos, donde exista el peligro de una desecación del germen antes de la nascencia.

La siembra se realiza en líneas separadas 50-60 cm, la densidad suele oscilar entre las 45-50 plantas por metro cuadrado. Una mayor densidad facilitará el encamado de las plantas. Normalmente se emplea entre 80 y 100 kg de simiente por hectárea.

La densidad variará según el tipo de suelo, la variedad a emplear, si el cultivo es en secano o en regadío, etc. En suelos poco fértiles o en suelos ligeros se pondrá una dosis menor que en suelos ricos o de textura fuerte. Cuando la variedad sea de ciclo largo se reducirá la dosis de semilla respecto a variedades tempranas que alcanzarán menos desarrollo.

El coste de siembra se muestra en la Tabla 16.34.

Tabla 16.34. Costes de la siembra para el cultivo de la soja.

	Unidad	Medición	Precio Euros/ud	Precio total Euros/ha
Semilla	kg/ha	90,00	0,79	71,82
Sembradora	h/ha	0,74	34,62	25,75
			Total	97,57

Agua

Las necesidades de agua de la soja se sitúan al menos en 500-700 mm de agua. Esto permite que en zonas de pluviometría regular no se precise instalación de riego. No obstante, si existen periodos prolongados sin lluvia, éste resulta necesario. La soja tiene dos periodos críticos respecto a los requerimientos de agua: entre la siembra y la emergencia, y durante la fructificación. Un déficit de humedad durante el periodo de llenado de las vainas es más perjudicial para la producción que dicho déficit durante la floración. Esto es debido a que si el déficit se produce durante la floración esta puede retrasarse sin que la producción merme, pero si el déficit es posterior, no existen mecanismos de regulación de las necesidades hídricas.

Los costes de instalación de riego son semejantes a los casos del girasol y la colza. Si se realiza el riego por aspersión estos suelen separase en filas y columnas de 20 m × 20 m, por lo que es necesario aproximada mente 25 aspersores por hectárea. Un sistema de riego por aspersión requiere una inversión aproximada 4825 Euros/ha (Tabla 16.6).

Suponiendo unas necesidades de riego de 600 mm, que equivalen a 6000 m^3 por ha, y un coste del agua de riego 0,015 €/m^3, considerando todos los gastos que soporta el agricultor: agua, guarda, administración, mantenimiento, reparaciones, amortizaciones, etc., el coste del riego se muestra es de 90 €/ha.

Los riegos se concentrarán en los siguientes periodos.
- Entre siembra y durante la emergencia: 500 m^3
- Fase de desarrollo vegetativo hasta la floración: 1750 m^3
- Fase de floración: 2000 m^3
- Fase de fructificación: 1750 m^3

No es necesario aplicar toda la dosis de riego en una sola sesión sino que se debe hacer a intervalos dependiendo de la capacidad de retención del suelo, infiltración, etc. Hay que evitar totalmente encharcamientos.

Tratamientos fitosanitarios

Las principales malas hierbas que afectan a la soja son: *Galium aparini* (Amor del hortelano) *Portulaca oleracea* (Verdolaga), *Urtica* spp.(ortigas), *Amaranthus* spp.(bledos), *Sinapsis arvensis* (mostaza), etc. Los herbicidas que más se emplean son la bentazona, oxadiazon, cicloxidim entre otros.

En este estudio consideraremos un tratamiento de bentazona 40%+MCPA6%. Este producto es un concentrado soluble para aplicar mediante pulverización a baja presión. Se disuelven entre 1,5 y 3,5 l en aplicaciones de 400 l/ha. Es conveniente tratar entre la primera y tercera hoja trifoliada.

Tabla 16.35. Tratamientos herbicidas en la soja.

	Unidad	Medición	Precio Euros/ud	Precio total Euros/ha
Pulverizador hidráulico	h/ha	0,26	32,77	8,60
Bentazona	l/ha	2,50	45,40	113,50
			Total	122,10

Las principales plagas de la soja son: los pulgones (*Aphis* sp.), la araña roja (*Tetranychus bimaculatus*), y lepidópteros como *Gardama* (*Laphygma exigua*), *Heliothis armigera* y *Rosquilla negra* (*Spodoptera littoralis*).

La araña deposita sus huevos en las hojas, dejándoles un color pálido característico. Si no se combate a tiempo, puede llegar a defoliar toda la plantación. Las orugas de los lepidópteros producen daños en hojas tiernas, botones florales y vainas jóvenes, sobretodo en el verano.

La araña se puede controlar con tratamientos repetidos de tetradifón+dicofol. A los lepidópteros y pulgones pueden aplicárseles tratamientos con insecticidas como el Deltametrin 2,5% p/v EC o el Clorpirifos 5% GR,

Los costes de los productos considerados y la evaluación económica de la maquinaria se muestran en el Anexo 16.1 y 16.2.

En la Tabla 16.36 se muestran los costes de los tratamientos.

Tabla 16.36. Análisis de costes de aplicación de tratamientos fitosanitarios en la soja.

		Unidad	Medición	Precio Euros/ud	Precio total Euros/ha
Insecticida	Deltametrin 2,5% p/v EC	Litros/ha	0,36	26,40	9,50
	Pulverizador hidráulico	h/ha	0,26	32,77	8,60
Acaricida	tetradifón+dicofol.	kg/ha	6	4,00	24
	Pulverizador hidráulico	h/ha	0,26	32,77	8,60
Fungicida	Fenhexamida 50% WG	kg/ha	3	99,00	297
	Pulverizador hidráulico	h/ha	0,26	32,77	8,60
				Total	356,31

Recolección

El momento óptimo de recolección es cuando las plantas han llegado a su maduración completa. La maduración comienza con el amarillamiento de las hojas, que posteriormente se desprenden de la planta, quedando únicamente las vainas. A continuación se produce el cambio de color de las vainas, que pasan de verde a un color pardo más o menos oscuro, decreciendo su humedad del 60 a un 15% en un periodo de 7 a 15 días.

El proceso de maduración y desecación no se realiza simultáneamente en todos los frutos, sino que comienza desde las vainas inferiores y paulatinamente va pasando a las más altas, con unos pocos días de diferencia.

El proceso se considera finalizado cuando los tallos dejan de estar verdes y el grano tiene una humedad entre el 12 y el 14%, es decir, cuando el 95% de las vainas adquieren un color marrón. Si se retrasa la recolección se corre el riesgo de que las vainas se abran y se desgranen espontáneamente.

La soja puede recogerse con una cosechadora de cereales bien regulada, con unas pérdidas inferiores al 10%.

En la Tabla 16.37 se muestran los costes de cosecha de acuerdo a los análisis mostrados en el Anexo 16.1. En el coste por hora se ha incluido la amortización, reparaciones, alojamiento, consumo de gasóleo, lubricantes y el jornal del tractorista.

Tabla 16.37. Costes de cosecha de soja.

	Unidad	Medición	Precio Euros/ud	Precio total Euros/ha
cosechadora+ tractorista	h/ha	0,328	63,80	20,93
			Total	20,93

Rendimientos y análisis económico de producción de soja

Las plantaciones de soja normalmente consiguen producciones medias de unos 3,5 t por hectárea, aunque hay variedades que pueden superar las 4,5 t/ha. Los rendimientos dependerán de la variedad, el clima, el terreno, las atenciones de cultivo, etc. Factores como la mala preparación del suelo, la siembra en época no adecuada, el uso de variedades no adaptadas, la presencia de malas hierbas, el retraso en la fecha de recolección, la elevada humedad de los granos o la incorrecta regulación del equipo de cosecha, pueden afectar negativamente los rendimientos finales de producción. El resumen de los costes se muestra en la Tabla 16.38.

Tabla 16.38. Resumen de los costes de producción de la soja.

	Sistema convencional secano Euros/ha	Sistema convencional regadío Euros/ha
1. Semillas	71,82	71,82
2. Preparación del terreno	87,25	87,25
3. Abonado	573,04	573,04
4. Siembra	25,75	25,75
5. Riego	0,00	90,00
6. Tratamientos fitosanitarios	478,42	478,42
7. Recolección y transporte	20,93	20,93
Total	1257,21	1347,21

Como puede observarse el precio más influyente en la rentabilidad del cultivo es el de los fertilizantes, seguido de los productos fitosanitarios.

Las tasas de trasformación de las semillas de soja en aceite son similares a las del girasol y la colza, mostradas en la Tabla 16.11.

Con los costes expuestos para que la rentabilidad del cultivo en regadío sea aceptable el precio de la producción debe situarse alrededor de 700 €/t. El balance económico se muestra en la Tabla 16.39. Los costes pueden presentar variaciones de unas zonas a otras y por otra parte dependen en muchas ocasiones de los tratamientos necesarios y el precio de las materias primas.

Tabla 16.39. Balance económico de la producción de la soja.

		Secano	Regadío
Producción anual de semillas	(t semillas/ha)	3,5	4,5
Producción anual de aceite por hectárea	(t aceite/ha)	1,05	1,35
Costes medios producción cultivo	(€/ha)	1257,21	1347,21
Ingresos	(€/ha)	2450	3150
Flujo de caja explotación	(€/ha)	1192,79	1802,79

En la Tabla 16.40 se muestran los indicadores del Valor Actual Neto (VAN) y Tasa Interna de Rendimiento (TIR).

La inversión en las explotaciones de regadío es la suma de la instalación de riego y la maquinaria. El coste de la tierra no se considera inversión puesto que al final del cultivo este recurso se mantiene. Los costes de inversión asociados a la maquinaria se muestran en el Anexo 16.1.

Tabla 16.40. Cálculo del VAN y la TIR (soja regadío € por hectárea).

		AÑOS									
	Inversión	1	2	3	4	5	6	7	8	9	10
Flujo de caja anual	-9541,66	1803	1803	1803	1803	1803	1803	1803	1803	1803	1803
Tasa de descuento	3,00%										
V.A.N a diez años	5836	Valor positivo, inversión (en principio) factible									
T.I.R a diez años	13,63%	Valor superior a la tasa, inversión (en principio) factible									

Tabla 16.41. Cálculo del VAN y la TIR (soja secano € por hectárea).

		AÑOS									
	Inversión	1	2	3	4	5	6	7	8	9	10
Flujo de caja anual	-4716,67	1193	1193	1193	1193	1193	1193	1193	1193	1193	1193
Tasa de descuento	3,00%										
V.A.N a diez años	5458	Valor positivo, inversión (en principio) factible									
T.I.R a diez años	21,76%	Valor superior a la tasa, inversión (en principio) factible									

Si consideramos un precio del aceite y la torta de 950 €/t y 450 €/t respectivamente, el cálculo de los flujos de caja se muestra en la Tabla 16.42. El coste de la obtención de la tonelada de aceite a partir de la semilla se estima en 32 €/t aceite.

Se puede observar que si la torta, resultado de la compresión de las semillas, no se comercializa, la obtención de aceite no resulta rentable.

Tabla 16.42. Balance económico de la producción de aceite de la soja.

		Secano	Regadío
Costes medios producción cultivo	(€/ha)	1257,21	1347,21
Costes transformación aceite	(€/ha)	33,6	43,2
Costes logísticos	(€/ha)	5,25	6,75
Ingresos aceite	(€/ha)	997,50	1282,50
Ingresos torta	(€/ha)	1102,50	1417,50
Flujos de caja agricultor y productor aceite	(€/ha)	803,94	1302,84

El análisis económico de producción de semilla de soja y de la obtención de aceite por tonelada de aceite se muestra en la Tabla 16.43.

Tabla 16.43. Análisis económico de producción de semilla y aceite por tonelada de aceite de soja.

		Secano	Regadío
Costes medios producción cultivo	(€/t aceite)	1197,34	997,93
Ingresos	(€/t aceite)	2333,33	2333,33
Flujo de caja explotación	(€/t aceite)	1135,99	1335,40
Costes transformación aceite	(€/t aceite)	32	32
Costes logísticos	(€/t aceite)	5	5
Ingresos aceite	(€/t aceite)	950	950
Ingresos torta	(€/t aceite)	1050	1050
Flujos de caja	(€/t aceite)	765,66	965,07

16.5. Estudio de la Palma africana *(Elaeis guineensis Jacq)*

El origen de la palma aceitera se ubica en las costas del Golfo de Guinea en África occidental. En las colonizaciones del siglo XVI se introdujo en América y en el siglo XIX en el sur de Asia, zona que actualmente es la mayor productora a nivel mundial. Primero fue una planta ornamental, pero la aplicación del aceite de su semilla a la industria generalizó su cultivo. La alta productividad y la aptitud del aceite para producir biodiésel, han convertido este cultivo en una de las primeras fuentes de materia prima para este fin.

Descripción botánica

La palma aceitera es una planta monocotiledónea, del orden Palmales, familia Palmáceas género *Elaeis*. Es monoica, es decir, que en una misma planta se producen las inflorescencias masculinas y femeninas. La apariencia es la de un árbol esbelto, cuyo tallo llega a los 25 m de altura y está coronado por hojas largas y arqueadas.

El sistema radicular

Como es común en las monocotiledóneas, el sistema radicular es de forma fasciculada. Un conjunto de raíces primarias se desarrollan desde el bulbo de la base del tallo en forma radial, formando múltiples haces filamentosos con un ángulo aproximadamente de 45° respecto a

Figura 16.4. Palma aceitera.

la vertical. Las raíces primarias casi no tienen capacidad de absorción, pero desarrollan ramificaciones con diámetro más pequeño y con capacidad de absorción creciente. Las raíces terciarias (10 cm de longitud) y cuaternarias (menos de 5 cm de longitud) conforman una cabellera capaz de absorber nutrientes y agua para la planta. Poseen una disposición hacia la superficie del suelo, de donde la planta obtiene más fácilmente los nutrientes.

El sistema radicular puede alcanzar 0,5 m de profundidad y un diámetro desde 1 hasta más de 15 m, proporcional a la altura de la planta. Este gran diámetro permite el buen anclaje de la planta, evitando el vuelco.

El tallo

El tallo de la palma aceitera es un tronco completamente cilíndrico sin ramificaciones. Crece primero diametralmente hasta desarrollar la mayor parte del sistema radicular durante los tres o cuatro primeros años.

En el ápice, la yema apical o meristemo, que es el punto de crecimiento, está protegido por un conjunto de hojas jóvenes envolventes, que a medida que se desarrollan van abriéndose. Con la maduración las hojas exteriores más viejas éstas se van secando hasta que caen, quedando las bases de inserción de los pecíolos vivos por largo tiempo, los cuales forman unas escamas gruesas protectoras.

Con el tiempo los peciolos también mueren y caen, dejando al tallo desnudo con un color oscuro y liso.

Las hojas

La palma aceitera posee una hoja pinnada, formada por dos partes, el pecíolo y el raquis. Los foliolos están dispuestos a cada lado del raquis de forma irregular a modo de pluma. Cada hoja posee entre 5 y 8 m de longitud (1/3 de peciolo, 2/3 de raquis con 100 a 160 foliolos), llegando a tener un peso de 5 a 8 kg. La disposición irregular de los foliolos es una característica distintiva de la especie *Elaeis guineensis.*

Las hojas de una planta adulta coronan la parte superior del tallo formando un penacho. El pecíolo está provisto de espinas en los bordes que se transforman en foliolos rudimentarios en la medida en que se alejan del tallo. Presenta una sección transversal con forma de U que se va adelgazando, manteniendo la nervadura central.

Las inflorescencias masculina y femenina

En la axila de la hoja se desarrollan las inflorescencias, que pueden ser masculinas o femeninas (planta monoica), que aún estando en una misma planta, se localizan separadas espacialmente.

La inflorescencia masculina está formada por un raquis o eje central del que salen ramillas o espigas con 500 a 1500 flores estaminadas dispuestas en espiral, (con estambres, por ser masculinas).

La inflorescencia femenina tiene una apariencia más robusta que la masculina. Forma un racimo globoso, sostenido por un pedúnculo grueso y fibroso. Desde el raquis central se insertan numerosas ramillas o espigas con 6 a 12 flores cada una. La flor femenina presenta un ovario esférico tricarpelar (o sea con tres cavidades), conteniendo un óvulo cada una, dicho ovario está coronado por un estigma cuyas caras vueltas hacia fuera están cubiertas por papilas receptoras del polen.

La maduración de las flores se realiza en tiempos diferentes de forma que el polen se forma cuando el estigma no está todavía apto para recibirlo, lo que provoca que la fecundación se realice con gametos de individuos diferentes. No obstante, suelen producirse anormalidades florales que provocan casos de hemafroditismo.

El fruto y los racimos

Solo uno de los tres óvulos es fecundado, los otros tienden a desaparecer. El fruto desarrolla tres partes: un exocarpio o cáscara, un mesocarpio o pulpa (que es de donde se obtiene el aceite), e interiormente de un endocarpio, que constituye la semilla o almendra. El fruto cuando está desarrollado toma varias formas según su posición en el racimo, y su coloración exterior puede variar de rojo a negro. Un racimo bien constituido contiene gran cantidad de frutos de buena conformación y puede superar los 25 kg.

Figura 16.5. Fruto de la palma aceitera.

Exigencias del cultivo

Temperatura

La temperatura media óptima de desarrollo de la palma aceitera se ubica entre 25° y 30°, siempre que las medias mínimas mensuales sean superiores a 20 °C. Las temperaturas inferiores a 20 °C por varios días provocan una disminución del desarrollo de la planta. Por otra parte, es conveniente que la humedad relativa en promedio mensual sea superior al 75%.

Se puede afirmar que la palma aceitera tiene una gran capacidad para adaptarse a diferentes tipos de climas y de suelos dentro de márgenes amplios, pero solo cuando se establece en un medio de condiciones óptimas esta especie desarrolla todo su potencial productivo.

Fotoperiodo

La palma aceitera es una especie heliófila con altos requerimientos de luz, siendo también muy importante su distribución a lo largo del día, dado que afecta al desarrollo de las inflorescencias y la fotosíntesis, y por tanto en la maduración de los racimos y el contenido de aceite en el mesocarpio del fruto.

Para lograr altas producciones es necesario alrededor de 3000 horas-luz/año, con una media de 8 h de elevada insolación al día, del cual habría que desestimar las primeras horas de la mañana y las últimas de la noche.

Agua

Los requerimientos de agua para el desarrollo óptimo de la palma se sitúan entre 1500 y 2300 mm anuales, siendo conveniente que las precipitaciones estén bien distribuidas durante todo el año. Si no es así, es decir, si las precipitaciones están concentradas en unos pocos meses y existen épocas largas de sequía, deben realizarse riegos complementarios en la época seca, aunque las precipitaciones sean superiores a los 2300 mm, junto con la construcción de drenajes adecuados para evacuar la precipitación excesiva de los meses húmedos.

La palma es un cultivo muy sensible al encharcamiento, por ello es necesario asegurar antes de la plantación un sistema de drenaje que permita la evacuación del exceso de agua de lluvia que se puede estancar en las depresiones del terreno. Para ello será necesario disponer de drenajes o canales interlíneas en terrenos de ligera pendiente, que desembocan en colectores de evacuación.

En caso de precisar instalación de riego, se realiza generalmente por sistema de goteo, con dosis de 150 mm mensuales.

Suelos

La palma aceitera tiene gran capacidad de adaptación a gran cantidad de suelos, siempre que se den las condiciones adecuadas de temperatura y humedad, y sean suelos profundos con buen drenaje.

Son recomendables textura franco-arcillosa con capacidad de intercambio catiónico alto, que permite almacenar nutrientes. Esto está relacionado con el contenido de materia orgánica. No se desarrollan bien en pendientes fuertes; son convenientes suelos con topografía de plana a ligeramente ondulada.

Los suelos de textura franco-arenosa o arenosa, presentan problemas de lixiviación y lavado de nutrientes. Proporcionan mayor desarrollo del sistema radicular para que sea suficientemente consistente para el soporte de la planta y tenga mayor área de absorción de agua. Los suelos de textura arcillosa compactados no son convenientes por la dificultad para drenarlos.

La palma aceitera tolera suelos moderadamente ácidos, siempre y cuando no tengan deficiencias de algunos elementos nutritivos como B y Mg, que obligan a un adecuado manejo de la fertilización y la aplicación de enmiendas en su caso. Si hay una acidez elevada en el subsuelo, se reduce la profundidad de las raíces y disminuye la resistencia de las plantas a períodos prolongados de déficit hídrico.

Planificación y costes de cultivo

Diseño de plantación

Debido a que la palma aceitera es un cultivo permanente, antes de su plantación se hace necesario realizar estudios detallados sobre el medio en el cual va a desarrollar, para identificar aspectos que pudieran producir impactos sobre los costes de producción. La permanencia del cultivo en el campo será aproximadamente por espacio de 25 años.

A causa del gran desarrollo radicular en horizontal, el tipo de suelo y pluviometría condicionan el marco de plantación. En suelos arenosos y climas con baja pluviometría se tiende a distanciamientos amplios entre plantas, como 10×10 m. En suelos más arcillosos el marco puede reducirse a 8×8 m, incluso realizarse plantaciones en tresbolillo (cinco de oros). Las amplias distancias entre plantas permiten, además el uso más eficiente del agua, el paso de vehículos para los tratamientos necesarios durante el cultivo y la carga de la cosecha.

No obstante, debe hacerse una delimitación del área donde se van a realizar las plantaciones dejando un camino principal de acceso; así como definir los sistemas de drenaje tanto si son superficiales como si son enterrados, de acuerdo a las depresiones y otras características fisiográficas del terreno.

Se debe establecer un sistema de caminos que permita un adecuado mantenimiento y cosecha. La cosecha se realiza mediante el corte de racimos que se depositan en remolques para posteriormente ser transportados hasta la planta extractora de aceite. Las plantaciones deben tener definidas las rutas para la circulación de los tractores, que deben formar parte del diseño de plantación.

Preparación del terreno

La preparación del terreno antes de la plantación presenta dos operaciones principales:
- Limpieza de las zonas de plantación
- Poceo

Limpieza de las zonas de plantación

En áreas donde se van a iniciar nuevas plantaciones de palma se debe proceder primero a la eliminación del material vegetal anterior mediante desbroce de la capa arbustiva natural del terreno, y en su caso, apeo y destoconado de los árboles preexistentes.

En zonas donde la mano de obra es barata, el desbroce se ejecuta de forma manual, utilizando machetes. En plantaciones más tecnificadas puede recurrirse a desbrozadoras mecánicas acopladas al tractor y accionadas por la toma de fuerza. Al término de esta fase se procede al apeo, que consiste en talar todos los árboles grandes que han quedado después del desbroce. En esta labor se emplean motosierras, o maquinaria con implementos adecuados para el apeo mecanizado (taladoras o procesadoras forestales).

Los árboles derribados se desraman y trocean en las dimensiones que convenga para su posterior utilización. Pueden ser extraídos de la parcela por arrastre con tractores, o mediante tractor con remolque con grúa de pinzas (tractor autocargador). Posteriormente son apilados hasta que se proceda al astillado, o ser transportados a industrias de aserradero.

Si el desbroce ha sido manual, el material arbustivo suele eliminarse por quema. Si se ha realizado desbroce mecánico, el material arbustivo se tritura sobre el terreno para favorecer la composición de humus en el suelo.

Tabla 16.44. Costes de las labores de preparación del terreno.

Componente	Unidad de medida	Cantidad	Precio unitario	Coste total
Desbroce				
Mano de obra desbroce manual	jornal	20 jornales/ha	80 €/jornal	1600 €/ha
Costes de las labores de apilado de árboles				
Mano de obra manual	jornal	2 jornales/ha	80 €/jornal	160,00 €/ha
Tractor	h/ha	8 h/ha	30,56 €/ha	244,47 €/ha
			Total	2004,47 €/ha

Tabla 16.45. Coste de habilitación de drenajes, caminos y cunetas.

Unidad	Medición	Precio €/ud	Precio total €/ha
h/ha Buldócer para nivelación	8	30,56	244,5
h/ha Excavadora para abertura de zanjas	8	30,56	244,5
m Tubos y colectores de drenaje	600	4,5	2700,0
jornales/ha	2	80,00	160,0
h tractor/ha	8	30,56	244,5
		Total	3593,41

Poceo

Primero se realizan las operaciones de alineado y estaqueo. Esto consiste en marcar con estacas los puntos donde se trasplantarán las palmas procedentes de vivero. Realizando un distanciamiento en tresbolillo de 9 × 9 m dará una densidad de 149 plantas por hectárea.

El poceo consiste en la abertura de los agujeros en el suelo para la plantación. Se puede realizar de forma manual mediante herramientas adecuadas (palas o azadas), aunque existen equipos mecánicos como retroexcavadoras o ahoyadores acoplados a tractores agrícolas. Los hoyos deben ser de 40 cm de lado por 40 cm de profundidad. Es preferible que los hoyos sean efectuados el mismo día de la plantación, para evitar que se llenen con el agua de las lluvias.

Plantación

Antes del trasplante se puede añadir en el fondo del hueco donde se va a ubicar la planta 250 g de abono fosfórico. Esto favorecerá la absorción de agua y la fotosíntesis inicial.

Para el trasplante se retira totalmente la bolsa que envuelve las raíces de la planta procedente de vivero y se introducen en el hoyo. Posteriormente se tapan, rellenando los huecos con la tierra que se eliminó cuando se realizó el hoyo, efectuando una compactación con el pie para evitar que queden huecos que con la lluvia formen depósitos de agua, asfixiando a las raíces tornándose las plantas amarillas.

Se debe terminar el trabajo de plantación realizando el espolvoreado de un insecticida alrededor del tallo para proteger a la planta de los roedores y sobre todo evitar el ataque de *sagalassa*.

Las palmas plantadas en campo deben ser observadas periódicamente y aquellas que presentan algún desarrollo anormal o simplemente mueran, deben ser reemplazadas para optimizar la explotación. Se estima que para esta fase; un valor normal de reemplazo es el 5% del material plantado.

Tabla 16.46. Costes de las labores de plantación.

	Unidad	Medición	Precio	Precio total
			€/ud	€/ha
Alineado y estaqueo	jornales/ha	1	80,00	80
Poceo manual	jornales/ha	2	80,00	160
	plantones/ha	226	1,94	437,84
Plantación de la palma	jornales/ha	0,5	80,00	40,00
triple fosfato	kg/ha	35,75	6,00	214,50
Siembra de cobertura	kg semilla/ha	5	1,94	9,70
Replantación	plantones/ha	11	1,5	16,93
			Total	958,97

Siembra de cobertura

Los elevados distanciamientos entre las filas de cultivo propician que se recurra al cultivo entre líneas, es decir, cultivo *intercropping*. Esto mejora la rentabilidad de la explotación los primeros años, en los que la palma no es productiva. Además, permite evitar la erosión cuando el sistema radicular de las palmas no está suficientemente desarrollado para fijar el suelo. De cualquier modo, por la escasa cobertura que tienen las copas de los árboles de palma sobre el suelo, y también por la elevada pluviometría de las zonas donde se realiza su cultivo, como medida de protección ante la erosión es conveniente aplicar técnicas de protección del suelo como siembra de especies herbáceas o la utilización de mulches (mantillo).

El intercropping en los primeros años, requiere mullido del suelo con cultivadores y fresadora. Los cultivos más empleados son las leguminosas para la fijación de nitrógeno, tales como *P. phaseoloides* y el Desmodium.

Mantenimiento

Durante los primeros años debe realizarse una limpieza periódica de los círculos que rodean la planta. Esta labor acelera significativamente el crecimiento vegetativo de las palmeras jóvenes, que son muy susceptibles a la competencia cuando tienen el sistema radicular en desarrollo. No se debe permitir la invasión de la planta de cobertura bajo la corona de hojas. El mantenimiento de círculos debe realizarse de forma manual los dos primeros años, pues en este tiempo es muy sensible a los daños por herbicidas. A partir del tercer o cuarto año puede usarse Glifosato al 0,75% en una dosis de 250 a 270 cm^3 de solución por planta.

Del mismo modo, el control de malas hierbas también debe ser realizado en los cultivos interlíneas. Éste se realizará manualmente con azadas para evitar que los herbicidas afecten a los árboles de palma.

Tabla 16.47. Costes de las labores de limpieza de círculos de plantación manual.

Modalidad	Mano de obra	Cantidad al año	Edad de la plantación	Frecuencia	Precio unitario	Coste total €/ha
Manual	1 jornal/ha	6	1 año	Cada 30 días	80 €/jornal	480 €/ha
Manual	1,5 jornales/ha	4	2 años	Cada 45 días	80 €/jornal	320 €/ha
Manual	1,5 jornales/ha	3	3 años	Cada 60 días	80 €/jornal	240 €/ha
Manual	1,5 jornales/ha	2	4 años	Cada 90 días	80 €/jornal	160 €/ha
Manual	1,5 jornales/ha	2	5 años	Cada 90 días	80 €/jornal	160 €/ha
Manual	1,5 jornales/ha	2	>5años	Cada 90 días	80 €/jornal	160 €/ha

Tabla 16.48. Costes mano de obra de la limpieza química.

Modalidad	Medición	Cantidad al año	Edad de la plantación	Precio unitario	Coste total
Manual	1 jornal/ha	6	1 año	Cada 30 días	480 €/ha
Manual	1,5 jornales/ha	4	2 años	Cada 45 días	320 €/ha
Química	2 jornales/ha	2	3 años	80 €/jornal	160 €/ha
Química	2 jornales/ha	2	4 años	80 €/jornal	160 €/ha
Química	2 jornales/ha	2	5 años	80 €/jornal	160 €/ha
Química	2 jornales/ha	2	> 5años	80 €/jornal	160 €/ha
Glifosato	2,5 litros/ha			11,25 €/litro	28,13 €/ha

Fertilización

Los costes de fertilización en la palma aceitera suponen aproximadamente entre el 20 y 30% del presupuesto total de producción. Por la variedad de suelos y condiciones en los que puede desarrollarse este cultivo, es conveniente establecer diagnósticos de los requerimientos reales de fertilizantes. Los análisis foliares constituyen una de las fuentes más importantes de información sobre el estado nutricional de la palma. Tomando como muestra 4 foliolos de la sección media de la hoja, dos de cada lado del raquis, los niveles adecuados de los distintos elementos expresados en porcentaje de materia seca, se presentan en la siguiente Tabla 16.49. Los niveles por debajo de estos porcentajes se consideran deficiencias.

Tabla 16.49. Niveles críticos de fertilizantes en el suelo (kg/ha).

Elemento	N	P	K	Mg	Ca	Cl	B
	2,5-2,7	0,15-0,18	1-1,25	0,22-0,26	0,6-0,8	0,3-0,5	20 mg/kg

Para la aplicación de fertilizantes, debe tenerse en cuenta que el mayor porcentaje de raíces absorbentes se encuentra a unos 25 cm de profundidad, y que las raíces se extienden en la misma forma que el follaje de la corona. Durante el primer año desde el trasplante la aplicación de los fertilizantes se hace en círculos de 0,50 m de radio; al segundo año en un radio de 1,50 m; y de 2,00 m a los 3 años. Posteriormente el círculo se agranda en 0,50 m cada año.

La aplicación puede realizarse bien mediante el riego por sistema de goteo, o mediante abonadora centrífuga. En este caso se debe fraccionar en dos pases al año con el 50% de las necesidades nutricionales cada uno. Los requerimientos medios se muestran en la Tabla 16.50.

Tabla 16.50. Requerimientos nutricionales de la palma aceitera.

	1° año g/planta	2° año g/planta	A partir de 3° año g/planta
Necesidades N	320,0	460,0	500
Necesidades P	225,0	340,0	365
Necesidades K	375,0	400,0	450
Necesidades S	165,0	175,0	200
Necesidades Mg	20,0	30,0	41,3
Para marco en tresbolillo (9×9)	**1° año kg/ha**	**2° año kg/ha**	**A partir de 3° año kg/ha**
Necesidades N	72,2	103,8	112,8
Necesidades P	50,8	76,7	82,4
Necesidades K	84,6	90,3	101,6
Necesidades S	37,2	39,5	45,1
Necesidades Mg	4,5	6,8	9,3

Ejemplo 4

Cálculo de las cantidades de abono en la palma

Para desarrollar un ejemplo más realista vamos a suponer que se disponen de nueve fertilizantes como los mostrados en la Tabla 16.51, el cálculo de las cantidades a aplicar de cada uno de ellos en cada etapa del desarrollo (1º año, 2º año y 3º año) se realiza mediante un sistema de programación lineal, cuya función objetivo sería cubrir las necesidades nutricionales del cultivo al mínimo coste.

Tabla 16.51. Ejemplo de fertilizantes que podrían utilizarse.

Abonos utilizados	% de los distintos elementos					coste €/kg	Cantidades a aplicar por ha
	N	P	K	S	Mg		
Nitrato amónico (33%)	33					0,40	A
Urea	46					0,39	B
Sulfato amónico	21			60		0,29	C
Superfosfato (18%)		18				0,35	D
Superfosfato triple		45				0,40	E
Sulfato potásico			50	45		0,67	F
Complejo 15-15-15	15	15	15			0,40	G
Complejo 6-10-30	6	10	30	12	2	0,45	H
Sulfato de magnesio				12	16,5	0,70	I

La función objetivo resulta

$$\min(0,40 \cdot A + 0,39 \cdot B + 0,29 \cdot C + 0,35 \cdot D + 0,40 \cdot E + 0,67 \cdot F + 0,40 \cdot G + 0,45 \cdot H + 0,70 \cdot I)$$

Para el primer año las restricciones son:

$$0,33 \cdot A + 0,46 \cdot B + 0.21 \cdot C + 0.15 \cdot G + 0,06 \cdot H \leq 72,22$$
$$0,18 \cdot D + 0,45 \cdot E + 0,15 \cdot G + 0,10 \cdot H \geq 50,78$$
$$0,50 \cdot F + 0,15 \cdot G + 0,30 \cdot H \geq 84,63$$
$$0,60 \cdot C + 0,45 \cdot F + 0,12 \cdot H + 0,12 \cdot I \geq 37,24$$
$$0,02 \cdot H + 0,165 \cdot I \geq 4,51$$

Para el segundo año las restricciones son:

$$0,33 \cdot A + 0,46 \cdot B + 0.21 \cdot C + 0.15 \cdot G + 0,06 \cdot H \leq 103,8$$
$$0,18 \cdot D + 0,45 \cdot E + 0,15 \cdot G + 0,10 \cdot H \geq 76,7$$
$$0,50 \cdot F + 0,15 \cdot G + 0,30 \cdot H \geq 90,3$$
$$0,60 \cdot C + 0,45 \cdot F + 0,12 \cdot H + 0,12 \cdot I \geq 39,5$$
$$0,02 \cdot H + 0,165 \cdot I \geq 6,8$$

Para el tercer año las restricciones son:

$$0,33 \cdot A + 0,46 \cdot B + 0.21 \cdot C + 0.15 \cdot G + 0,06 \cdot H \leq 112,8$$
$$0,18 \cdot D + 0,45 \cdot E + 0,15 \cdot G + 0,10 \cdot H \geq 82,4$$
$$0,50 \cdot F + 0,15 \cdot G + 0,30 \cdot H \geq 101,6$$
$$0,60 \cdot C + 0,45 \cdot F + 0,12 \cdot H + 0,12 \cdot I \geq 45,1$$
$$0,02 \cdot H + 0,165 \cdot I \geq 9,3$$

Las soluciones a los tres sistemas se muestran en la Tabla 16.52.

Tabla 16.52. Cantidades a aplicar de cada tipo de fertilizante.

Abonos utilizados		Cantidades a aplicar por ha		
		1º año kg/ha	2º año kg/ha	A partir del 3º año kg/ha
A	Nitrato amónico (33%)	0,0	0,0	0,0
B	Urea	62,4	156,8	168,2
C	Sulfato amónico	62,1	64,9	72,1
D	Superfosfato (18%)	0,0	0,0	0,0
E	Superfosfato triple	25,1	103,7	107,8
F	Sulfato potásico	0,0	0,0	0,0
G	Complejo 15-15-15	112,8	0,0	0,0
H	Complejo 6-10-30	225,7	300,9	338,5
I	Sulfato de magnesio	0,0	4,6	15,5
	Coste (función objetivo) €/ha	**199,10**	**260,07**	**292,85**

Se puede comprobar que con la aplicación de estas cantidades de estos fertilizantes los aportes de todos los elementos cumplen con las exigencias nutricionales del cultivo sin sobrepasarse.

Fin.

A partir del tercer año en adelante los abonados se programan de acuerdo a los resultados de los análisis foliares, luego, después de la primera cosecha se considera la tasa de exportación de nutrientes en los racimos y la expectativa de producción.

Tabla 16.53. Dosis y costes de los fertilizantes aplicados a la palma aceitera.

	Unidad	Cantidades a aplicar por ha				Coste fertilización		
		1º año kg/ha	2º año kg/ha	3º año kg/ha	Precio €/ud	1º año €/ha	2º año €/ha	3º año €/ha
Nitrato amónico (33%)	kg/ha	0,00	0,00	0,00	0,40	0,0	0,0	0,0
Urea	kg/ha	62,43	156,81	168,23	0,39	24,3	61,2	65,6
Sulfato amónico	kg/ha	62,07	64,91	72,14	0,29	18,0	18,9	20,9
Superfosfato (18%)	kg/ha	0,00	0,00	0,00	0,35	0,0	0,0	0,0
Superfosfato triple	kg/ha	25,08	103,65	107,83	0,40	10,0	41,5	43,1
Sulfato potásico	kg/ha	0,00	0,00	0,00	0,67	0,0	0,0	0,0
Complejo 15-15-15	kg/ha	112,85	0,00	0,00	0,40	45,1	0,0	0,0
Complejo 6-10-30	kg/ha	225,69	300,92	338,54	0,45	101,6	135,4	152,3
Sulfato de magnesio	kg/ha	0,00	4,56	15,46	0,70	0,0	3,2	10,8
					Total	199,10	260,07	292,85

Tabla 16.54. Costes de aplicación de fertilizantes.

		Unidad	Medición	Precio Euros/ud	Precio total Euros/ha
1° año	Manual	jornal/ha	0,2	80,00	16,00
2° año	Manual	jornal/ha	0,2	80,00	16,00
A partir del 3° año					
	Abonadora centrífuga	h/ha	0,26	32,41	8,51

Tabla 16.55. Coste total de la fertilización.

1° año	2° año	3° año
€/ha	€/ha	€/ha
207,61	268,58	301,36

Control fitosanitario

El control fitosanitario tiene como objetivo el tratamiento temprano de ataques de plagas y enfermedades con el fin de que no causen daños económicos en el cultivo, y sin que afecte al medio ambiente. Para conseguir este objetivo conviene un manejo integrado basado en la aplicación de depredadores o agentes químicos según un sistema de conteos en campo como indicador del nivel de presencia de una determinada plaga o enfermedad.

El manejo integrado exige mantener ciclos regulares de vigilancia de la plantación para detectar tempranamente focos de cada plaga y seguir su evolución. Se deben escoger las fechas o momentos adecuados de aplicación de los tratamientos, de tal manera que reduzcan los agentes causantes a niveles de daño mínimo. Las aplicaciones deben ser localizadas en las áreas donde se encuentren la plaga.

Las principales plagas de la palma aceitera son el *Atta* spp. (provoca la defoliación de plantas principalmente jóvenes), *Retraces elaeidis* (coloración anaranjada del follaje inferior) y *Sigmodon hispidus* (atacan a los frutos y a las inflorescencias masculinas).

El tratamiento general es la pulverización de las plantas jóvenes con pistola con clorpirifos.

La enfermedad más importante es la *Rhadinaphelenchus cocophilus* provoca un verde pálido amarillento en las hojas nuevas, haciendo también que se reduzca el crecimiento de todos los órganos y tallo. Un tratamiento tipo sería el siguiente:

1. Aplicación de azufre mediante un pulverizador de mochila con precompresión para distribución de fitosanitarios líquidos.
2. Aplicación de clorpirifos aplicado del mismo modo anterior.
3. Colocación de cebos.

Tabla 16.56. Costes de mano de obra para las labores de sanidad vegetal.

	Unidad	Medición	Precio €/ud	1° año Precio total €/ha	2° año Precio total €/ha	3° año Precio total €/ha
Pulverizador hidráulico	h/ha	0,26	32,77	-	-	8,60
Colocación y retirada de cebos	jornal/ha	0,5	80,00	40,00	40,00	40,00
Azufre	kg/ha	1,5	0,09	0,14	0,14	0,14
Clorpirifos	litros/ha	1,6	2,51	4,02	4,02	4,02
Cebos	unidad/ha	5	10,00	50,00	50,00	50,00
Conteos	jornal/ha	3,5	80,00	280,00	280,00	280,00
			Total	374,15	374,15	382,76

Polinización

La palma aceitera produce inflorescencias femeninas y masculinas con localización distinta dentro de una misma planta, de tal manera que se necesita trasladar el polen de una flor a otra. Para favorecer la productividad, se hace necesaria una ayuda a la polinización. La polinización natural se realiza a través de las abejas y el viento, que trasladan el polen entre inflorescencias; sin embargo, el nivel de producción de frutos queda sometido al azar, y en algún año puede llegar a ser muy baja, sobre todo en variedades con alta producción de racimos, que durante los dos o tres primeros años emiten muy pocas inflorescencias masculinas, siendo casi todas femeninas. Por tanto, para obtener producciones adecuadas deben realizarse polinizaciones a partir de los 26-28 meses de la plantación. La polinización puede realizarse de forma manual o mediante refuerzo entomológico.

a) Polinización manual: consiste en la utilización de una mezcla de un 5% de polen y un 95% de talco; 0,1 g de esta mezcla se espolvorea en cada inflorescencia femenina en estado receptivo (antesis). La flor permanece en este estado tres días, luego se marchita. El porcentaje de fructificación es de 60% de frutos normales.

b) Polinización entomófila: las inflorescencias emiten un olor suave característico que atraen especialmente a unos pequeños insectos llamados *curculiónidos* que se alimentan y reproducen en las flores masculinas. Estos insectos tienen el cuerpo cubierto de vellosidades al que se adhieren los granos de polen, que luego al moverse entre las flores femeninas van liberando y asegurando la polinización de éstas. Esta particularidad ha permitido diseñar un sistema de polinización utilizando estos insectos que se capturan en los cultivos más adultos, luego se los libera en los cultivos más jóvenes. El sistema requiere la liberación de 20 000 insectos polinizadores por hectárea cada tres días. El porcentaje de fructificación es de 80%.

Las técnicas inductoras de polinización se suspenden a los 6 o 7 años de edad de las palmas, que es cuando la emisión de polen por las flores masculinas es suficiente para asegurar la misma por los insectos polinizadores que ya se han establecido asegurando de esta manera la fructificación de las flores femeninas en forma natural. El porcentaje de fructificación alcanza el 85-95% de frutos normales.

Tabla 16.57. Frecuencias y rendimientos de la polinización.

Modalidad	Cantidad	Edad de la plantación	Precio unitario	Coste total
Polinización manual	7 jornales/ha	2-4 años	80 €/jornal	560 €/ha
Polinización entomófila	8 jornales/ha	4-7 años	80 €/jornal	640 €/ha

Poda sanitaria

Esta labor consiste en eliminar todos los racimos podridos y las hojas secas de la parte más baja de la corona, respetando las hojas verdes funcionales. Suele realizarse después de la cosecha, o después de 6 meses de la polinización.

Tabla 16.58. Frecuencias y rendimientos de la poda sanitaria.

	Unidad	Medición	Precio €/ud	Precio total €/ha
>1° año	jornal/ha	2	80,00	160,00
			Total	160,00

Cosecha y transporte de racimos

El objeto de esta operación será cosechar toda la fruta en su madurez óptima con el máximo contenido y calidad de aceite y palmiste. La primera cosecha se realiza a los 3 años (entre los 32 y 34 meses de edad de la plantación).

Para la extracción de racimos del interior de las parcelas, en las grandes plantaciones, se utilizan remolques. En plantaciones pequeñas lo hacen al hombro o en carretillas manuales.

Tabla 16.59. Costes mano de obra labores de cosecha y transporte.

	Unidad	Medición	Precio €/ud	Precio total €/ha
1° año	-	-		
2° año	-	-	-	
3° año	jornal/ha	2	80,00	160,00
4° año	jornal/ha	3	80,00	240,00
5° año	jornal/ha	4	80,00	320,00
6° año	jornal/ha	6	80,00	480,00
> 7 año	jornal/ha	8	80,00	640,00
h tractor/ha		2	80,00	160,00

Para la programación de la cosecha, prever los equipos y mano de obra, es conveniente realizar una evaluación y predicción de la producción durante la fase de polinización.

Esto consiste en realizar un inventario del número de inflorescencias femeninas en antesis y de todos los racimos en sus diferentes estados de desarrollo, lo cual permite disponer por cada campaña de una información completa tanto en número de racimos como en toneladas métricas potenciales. Existen dos formas de evaluación, una para cultivos de 3-10 años de edad (de fácil acceso a la corona de racimos), otra para cultivos de más de 11 años de edad en la que ya el uso de escaleras resulta arriesgado:

En cultivos de 3-10 años, aproximadamente cada 6 meses, se contabilizan todas las inflorescencias femeninas y racimos en cada una de las plantas marcadas para el muestreo (4% del total). Después del sexto año será necesario utilizar una escalera, debido a la altura de las plantas. Este método permite una exactitud del 100% en la previsión de cosecha correspondiente a los próximos seis meses a partir de la fecha del censo.

En cultivos de más de 10 años, la dificultad de acceder a la corona de racimos, obliga a realizar la evaluación desde el suelo, limitándose al conteo de racimos visibles que corresponden a una edad de desarrollo entre 2-6 meses. Este método tiene un error de un $\pm 10\%$ de la producción que corresponde a los próximos 4 meses.

Rendimientos y evaluación económica

El resumen de costes se muestra en la Tabla 16.60. Cada hectárea de palma aceitera adulta (más de 5 años), produce entre 15 y 20 toneladas anuales de frutos de los cuales se extrae entre 4500 y 6000 kilogramos de aceite de palma, entre 1125 y 1500 kg de aceite de palmiste y entre 800 y 1000 kg de almendra por hectárea. El precio del aceite de palma en los mercados internacionales oscila 500 y 700 €/t. Las tasas de transformación y precios se muestran en la Tabla 16.61. El balance económico se muestra en la Tabla 16.62.

Tabla 16.60. Resumen de costes de producción.

	Año		Año		Año	
	1	**1**	**2**	**2**	**3**	**3**
	min	**max**	**min**	**max**	**min**	**max**
1. Mantenimiento	480,00	508,13	320,00	348,13	160,00	268,13
2. Fertilización	207,61	207,61	268,58	268,58	301,36	301,36
3. Riego	270,00	270,00	270,00	270,00	270,00	270,00
4. Sanidad vegetal	374,15	374,15	382,76	382,76	382,76	382,76
5. Polinización	-	-	560,00	560,00	560,00	560,00
6. Poda sanitaria	-	-	160,00	160,00	160,00	160,00
7. Cosecha y tra.	-	-	-	-	320,00	320,00
TOTAL	**1331,76**	**1359,89**	**1961,34**	**1989,46**	**2154,11**	**2262,24**
	Año		Año		Año	
	4	**4**	**5**	**5**	**6**	**6**
	min	**max**	**min**	**max**	**min**	**max**
1. Mantenimiento	160,00	188,13	160,00	188,13	160,00	188,13
2. Fertilización	301,36	301,36	301,36	301,36	301,36	301,36
3. Riego	270,00	270,00	270,00	270,00	270,00	270,00
4. Sanidad vegetal	382,76	382,76	382,76	382,76	382,76	382,76
5. Polinización	640,00	640,00	640,00	640,00	640,00	640,00
6. Poda sanitaria	160,00	160,00	160,00	160,00	160,00	160,00
7. Cosecha y tra.	400,00	400,00	480,00	480,00	640,00	640,00
TOTAL	**2314,11**	**2342,24**	**2394,11**	**2422,24**	**2554,11**	**2582,24**

Tabla 16.61. Tasas de transformación y precios.

Tasa transformación frutos en semillas	(t semillas/t de fruto)	0,80
Tasa transformación de aceite	(t aceite/t de semilla)	0,30
Tasa transformación de torta	(t torta/t de semilla)	0,70
Tasa transformación de torta	(t torta/t aceite)	2,33
Tasa restos	(t restos/t semilla)	0,25
Precio tonelada de semillas	(€/t semillas)	600,00
Precio tonelada de aceite	(€/t aceite)	700,00
Precio tonelada de torta	(€/ t torta)	0
Precio tonelada de restos	(€/t restos)	0
Precio tonelada almendra	(€/t)	203,26
Coste transformación aceite	(€/t)	32

Como se puede observar el precio más influyente en la rentabilidad del cultivo es el de los fertilizantes, seguido de los productos fitosanitarios.

Tabla 16.62. Cálculo flujos de caja del cultivo de palma.

Datos de producción		Año 1	Año 2	Año 3	Año 4	Año 5
Producción de frutos plantación palma	(t/ha año)	2,25	5,25	9,75	13,50	15,00
Producción anual de semillas	(t semillas/ha año)	1,80	4,20	7,80	10,80	12,00
Producción anual de aceite por hectárea	(t aceite/ha año)	0,54	1,26	2,34	3,24	3,60
Costes medios producción cultivo	(€/ha)	1359,89	1989,46	2262,24	2342,24	2422,24
Ingresos	(€/ha)	1350	3150	5850	8100	9000
Costes transformación aceite	(€/ha)	0,00	0,00	0,00	0,00	0,00
Costes logísticos	(€/ha)	0,00	0,00	0,00	0,00	0,00
Flujos de caja	(€/ha)	-9,89	1160,54	3587,76	5757,76	6577,76
		Año 6	**Año 7**	**Año 8**	**Año 9**	**Año 10**
Producción de frutos plantación palma	(t/ha año)	16,00	17,00	18,00	19,00	20,00
Producción anual de semillas	(t semillas/ha año)	12,80	13,60	14,40	15,20	16,00
Producción anual de aceite por hectárea	(t aceite/ha año)	3,84	4,08	4,32	4,56	4,80
Costes medios producción cultivo	(€/ha)	2582,24	2742,24	2742,24	2742,24	2742,24
Ingresos	(€/ha)	9600	10200	10800	11400	12000
Costes transformación aceite	(€/ha)	0,00	0,00	0,00	0,00	0,00
Costes logísticos	(€/ha)	0,00	0,00	0,00	0,00	0,00
Flujos de caja	(€/ha)	7017,76	7457,76	8057,76	8657,76	9257,76

En la Tabla 16.63 y 16.64 se muestran los indicadores del Valor Actual Neto (VAN) y Tasa Interna de Rendimiento (TIR) para una hectárea de cultivo.

La inversión en las explotaciones de regadío es la suma de la instalación de riego y la maquinaria. El coste de la tierra no se considera inversión puesto que al final del cultivo este recurso se mantiene. Los costes de inversión asociados a la maquinaria se muestran en el Anexo 16.1.

Tabla 16.63. Cálculo del VAN y la TIR (palma en secano € por hectárea).

	Inversión	AÑOS									
		1	2	3	4	5	6	7	8	9	10
Flujo de caja anual	-7649	-9,89	1161	3588	5758	6578	7018	7458	8058	8658	9258
Tasa de descuento	3,00%										
V.A.N a diez años	39335	Valor positivo, inversión (en principio) factible									
T.I.R a diez años	39,61%	Valor superior a la tasa, inversión (en principio) factible									

Tabla 16.64. Cálculo del VAN y la TIR (palma en regadío € por hectárea).

	Inversión	AÑOS									
		1	2	3	4	5	6	7	8	9	10
Flujo de caja anual	-12474	-9,89	1160	3588	5758	6578	7018	7458	8058	8658	9258
Tasa de descuento	3,00%										
V.A.N a diez años	34510	Valor positivo, inversión (en principio) factible									
T.I.R a diez años	27,56%	Valor superior a la tasa, inversión (en principio) factible									

En la Tablas 16.65 y 16.66 se muestran los indicadores del Valor Actual Neto (VAN) y Tasa Interna de Rendimiento (TIR) para una tonelada de aceite producido.

Tabla 16.65. Balance económico por tonelada de aceite.

Datos de producción		Año 1	Año 2	Año 3	Año 4	Año 5
Costes de producción cultivo por t de aceite	(€/t aceite)	2518,31	1578,94	966,77	722,91	672,84
Costes transformación aceite	(€/t aceite)	32,00	32,00	32,00	32,00	32,00
Costes logísticos	(€/t aceite)	50,00	50,00	50,00	50,00	50,00
Ingresos aceite	(€/t aceite)	378,00	882,00	1638,00	2268,00	2520,00
Flujos de caja	(€/t aceite)	-2222,31	-778,94	589,23	1463,09	1765,16
		Año 6	Año 7	Año 8	Año 9	Año 10
Costes de producción cultivo por t de aceite	(€/t aceite)	672,46	672,12	634,78	601,37	571,30
Costes transformación aceite	(€/t aceite)	32,00	32,00	32,00	32,00	32,00
Costes logísticos	(€/t aceite)	50,00	50,00	50,00	50,00	50,00
Ingresos aceite	(€/t aceite)	2688,00	2856,00	3024,00	3192,00	3360,00
Flujos de caja	(€/t aceite)	1933,54	2101,88	2307,22	2508,63	2706,70

Tabla 16.66. Cálculo del VAN y la TIR (palma en secano € por tonelada de aceite).

	Inversión	AÑOS									
		1	2	3	4	5	6	7	8	9	10
Flujo de caja anual	-2125	-2222	-779	589	1463	1765	1934	2102	2307	2509	2707
Tasa de descuento	3,00%										
V.A.N a diez años	7432	Valor positivo, inversión (en principio) factible									
T.I.R a diez años	19,69%	Valor superior a la tasa, inversión (en principio) factible									

16.6. Estudio de la jatrofa (*Jatropha curcas* L.)

La *Jatropha curcas* L. es un arbusto originario de América Central, difundido hoy en día por el mundo entero debido al elevado contenido en aceite de sus semillas. Esto, junto su elevado rendimiento ha provocado que adquiera un interés especial como materia prima para producir biodiésel. Es capaz de producir hasta 2 a 3 toneladas de semillas por hectárea, que se transforman en 1800 litros de aceite por hectárea, las cuales se pueden convertir en 1680 litros de biodiésel.

Esta planta es muy resistente a la sequía, se puede desarrollar con apenas 250 a 600 mm de lluvia al año, por eso se adapta perfectamente en las zonas más áridas del planeta. Actualmente se encuentra en todas las zonas cálidas del mundo.

Descripción botánica

La *Jatropha curcas* L. es un arbusto o árbol pequeño de 3 a 8 m de altura. Es una planta dicotiledónea, de la clase de las Magnoliophyta, orden Eupherbiales, familia Eupherbiaceae.

- El sistema radicular lo forman normalmente 5 raíces: 1 central y 4 periféricas.
- Los tallos crecen con una discontinuidad morfológica en cada crecimiento, formando un cilindro verde, robusto, que produce ramas con savia láctea o rojiza viscosa. La corteza es blanco-grisácea, que exuda un látex translúcido.
- Posee hojas simples, alternas, con peciolos de 5-15cm de largo, lámina dura, con 3 a 5 lóbulos, de borde liso. El haz es verde, el envés verde claro blanquecino, este último con pelillos finos.
- La jatrofa posee flores femeninas y masculinas en la misma planta, algunas hermafroditas. Son de color amarillo verdoso o blanquecino amarillento. Sus pétalos son pubescentes de 6 mm de largo, con pedúnculo entre 2 y 20 cm. Las inflorescencias se forman terminalmente en el axial de las hojas en las ramas. Poseen 10 estambres y 3 estilos.

Figura 16.6. Planta de *Jatropha curcas* L. (Immersia, 2007).

- Los frutos tienen forma elíptica con de 2,5 a 4 cm de largo, y casi 3 cm de ancho. Se divide en tres cavidades donde se desarrolla una semilla en cada una. La pulpa es un poco carnosa, de color amarillo que se vuelve café al madurar.
- Existen 2 o 3 semillas por fruto. Son elipsoides de aproximadamente 2 cm de largo y 1 cm de ancho, de color pálido, con líneas negras. Un kilogramo contiene entre 1000 y 2400 semillas. El porcentaje de aceite en las semillas oscila entre el 35 y 40%.

Exigencias del cultivo

A medida que aumenta la altura sobre el nivel del mar de las plantaciones el crecimiento y desarrollo de la planta es menor. Este menor desarrollo de la planta no es sólo debido a la altitud sino al descenso progresivo de la temperatura media anual.

Obtención de plantas en vivero para trasplante de parcelas comerciales

Para la mejora de la germinación en vivero se realizan tratamientos a la semilla. Éstos consisten en el remojo y remoción de las semillas en agua corriente durante 24 horas, o tiempos alternos de remojo y secado. La remoción, secado y separación de impurezas de las semillas se puede realizar con una máquina que agita un contenedor de malla a través de la cual pasa el agua. La potencia de bomba y motor para el lavado de semillas puede ser de 2,5 CV.

Una vez las semillas han sido liberadas de las impurezas y secadas se hacen pasar por tamices vibrantes para separar éstas según diámetros: menor de 10 mm, entre 10 y 15 mm, y mayores de 15 mm de diámetro, escogiéndose las de mayor tamaño para la plantación en vivero.

La siembra en vivero debe hacerse en camas de arena o directamente en bolsas de trasplante, con la cicatriz de la semilla hacia abajo.

En vivero la semilla fresca muestra porcentajes altos de germinación, alrededor de 80%. Sin embargo, en plantaciones comerciales directamente sobre parcela este valor se ve reducido por debajo del 50%. Por ello suele recurrirse al trasplante. La germinación en vivero comienza a los 8-10 días después de la siembra.

Si la siembra se ha realizado en camas, a los 15-30 días la plántula emergida se pasa a bandejas alveoladas donde cada planta tendrá un cepellón.

En las bolsas de trasplante se recomienda un sustrato franco a franco-arenoso, preferiblemente mezclado con abono orgánico. Las plantas tardan 6-8 semanas para alcanzar alturas apropiadas para su establecimiento en el campo. La especie también puede ser propagada mediante estacones de 1 m de longitud y 5 cm de diámetro promedio, y la brotación ocurre a los 20 días aproximadamente.

La elección del marco de plantación es una de las cuestiones más importantes en el diseño de una plantación de jatrofa, debido a la que la permanencia del cultivo en el campo será aproximadamente de 30-40 años, que es el tiempo en que la planta puede ser productiva.

Algunas investigaciones recomiendan que las plantas en bolsas o propagadas por cepellones o estacas anteriormente descritas se plantan con espaciamientos de 2 m entre plantas y 3 m entre líneas. Sin embargo, por experiencia personal, recomendaría en plantaciones tecnificadas espaciamientos entre líneas de al menos 6 m, es decir, el doble. Ello permite el paso de maquinaria y reduce muchísimo los costes de los tratamientos, aunque existen plantaciones con marcos de 2×2 m^2, 3×3 m^2 y 4×3 m^2. El espaciamiento entre plantas dependerá del nivel pluviométrico de la zona donde va a estar la plantación. En climas secos, sin riego se realizará un espaciamiento más amplio para evitar competencia entre plantas. En regímenes de lluvia abundante se utilizarán los marcos de plantación más bajos para aumentar la producción por hectárea. La cuantificación de recursos necesarios y la estimación de costes de inversión de esta fase de cultivo se muestran en la Tabla 16.67.

$$n^\circ\, semillas = \frac{10000}{0,7 \cdot 6 \cdot 3} = 1190$$

(Se divide por 0,7, por previsión de las semillas de vivero no germinadas).

Tabla 16.67. Cuantificación de recursos y estimación de costes para la obtención de plantas trasplante.

	Unidad	Medición	kg de semilla/ha	Precio Euros/ud	Precio total Euros/ha
Adquisición de semillas para plantones	semillas/ha	1190	1,190	0,012	0,014
Limpieza y clasificación de las semillas	kWh eléctrico	35,33		0,06	2,12
	jornal/ha	1,5		60,00*	90,00
Trasplante de plántulas a bandejas y mantenimiento hasta trasplante	jornal/ha	3		60,00	180,00
				Total	272,13

*Se ha considerado un precio de la mano de obra de 60 €/jornal, de acuerdo a los estándares de las zonas donde se cultiva *Jatropha curcas* L.

Preparación del terreno

Limpieza de las zonas de plantación

En áreas donde se van a iniciar nuevas plantaciones de *Jatropha curcas* L. se debe proceder primero a la limpieza del terreno mediante el desbroce de la masa arbustiva preexistente, o en su caso, tala de los árboles que lo ocupan previamente; por una parte, para evitar la competencia por nutrientes, agua e iluminación sobre los plantones recién introducidos; y por otra, facilitar las labores de plantación. Esta actividad en el campo tiene dos fases bien marcadas: el desbroce y retirada o trituración de residuos.

Según sea el coste de la mano de obra, el desbroce de la masa arbustiva se puede ejecutar de forma manual, utilizando azadas o machetes (esto es común es Sudamérica o África) o mediante desbrozadoras mecánicas accionadas desde la toma de fuerza de los tractores agrícolas. La tala de árboles debe realizarse con motosierra, y posteriormente eliminar el tocón con excavadora o *ripper*, realizando una nivelación con la pala.

Tabla 16.68. Costes de las labores de limpieza de la zona de plantación manual.

Componente	Unidad de medida	Medición	Precio Euros/ud	Coste total
Mano de obra en limpieza manual y retirada de residuos	jornal	3 jornales/ha	60 €/jornal	180 €/ha
Tractor de 120 CV con desbrozadora de cadenas.	h	1,4 h/ha	33,51 €/h	46,92 €/ha

El precio del tractor está fijado según el consumo de combustible, lubricantes, seguros, alojamientos, amortizaciones y reparaciones.

Remoción del suelo

Las labores preparatorias de remoción van orientadas a incrementar la capacidad de infiltración del suelo para almacenar la mayor cantidad de agua posible durante las lluvias, y aprovechar esta agua en la fase de desarrollo inicial de la planta. También el objetivo es romper capas compactas que imposibilitan la penetración de las raíces para asegurar una buena nascencia. Estas labores consistirán en la mayoría de los casos en un pase de subsolador y rulo, y posteriormente poceo para la colocación de las bolsas de trasplante.

El subsolador es un apero acoplado al tractor agrícola consistente en uno o más punzones que se clavan en el suelo unos 40 cm de profundidad. Al avanzar el tractor rompe el suelo de forma vertical. La velocidad de trabajo del tractor realizando estas labores puede ir de 3 a 6 km/h, dependiendo de la dureza del suelo. La anchura de trabajo suele ser de 1,5 a 2,5 m, por lo que el rendimiento de esta operación es de aproximadamente 1,75 h/ha.

Tabla 16.69. Costes pase subsolador y labor de refino, nivelación y compactación.

Componente	Unidad de medida	Medición	Precio Euros/ud	Coste total
Tractor de 120 CV con subsolador	h	2,33 h/ha	31,67 €/h	73,89 €/ha

En el precio del tractor se incluye consumo de combustible, lubricantes, seguros, alojamientos, amortizaciones y reparaciones.

Poceo

Consiste en la abertura de los agujeros en el suelo para la plantación. En Sudáfica y Lantinoamérica generalmente se realiza de forma manual mediante herramientas adecuadas (palas o azadas). Aunque existen equipos mecánicos como retroexcavadoras o ahoyadores acoplados a tractores agrícolas. Los hoyos deben ser de 15-25 cm de diámetro con 30-40 cm de profundidad, dependiendo del porte de las plantas a trasplantar. Es preferible que los hoyos sean efectuados el mismo día del trasplante, para evitar la pérdida de humedad de la tierra.

Tabla 16.70. Costes formación de pozos.

Componente	Unidad de medida	Cantidad	Precio unitario	Coste total
Mano de obra	Jornal	3 jornales/ha	60 €/jornal	180 €/ha

Plantación

Se retira totalmente la bolsa o contenedor donde se encuentra instalada la planta procedente de vivero, y se procede a realizar el trasplante introduciéndola en el hoyo. Se rellenan los huecos entre las raíces con la tierra superficial procedente del hoyo, haciéndose un compactado para evitar que queden huecos que con la lluvia formen depósitos de agua, asfixiando a las mismas tornándose las plantas amarillas. Puede añadirse en el fondo del hueco 100 g de abono fosfórico/planta para favorecer el desarrollo vegetativo inicial.

Tabla 16.71. Costes de fertilización en la plantación.

Componente	Unidad de medida	Cantidad	Precio unitario	Coste partida
Mano de obra	Jornal	3 jornales/ha	60 €/jornal	180,00 €/ha
Triple fosfato	kg	83,33 kg/ha	0,40 €/kg	33,33 €/ha
			Total	213,33 €/ha

Fertilización

El objetivo del primer año es favorecer el desarrollo radicular y un crecimiento rápido, para que comience a florecer y a producir los primeros frutos lo antes posible. La primera fertilización se realizará en el momento del trasplante mediante una dosis con alto contenido de fósforo (P) y cantidades menores nitrógeno (N) y potasio (K). Se hará una segunda aplicación alta en nitrógeno (N) para fortalecer el crecimiento. Durante la floración temprana se aplicará fertilizante foliar para garantizar el cuaje de frutos.

Posteriormente, se realizará un abonado al inicio de la brotación anual. La aplicación de los fertilizantes se realizará en superficie en un radio de medio metro del tronco, tapándolo al finalizar. Una dosis tipo de fertilización anual puede ser la siguiente:

Tabla 16.72. Dosis de fertilización *Jatropha curcas* L.

	1º año g/planta	Años siguientes g/planta	1º año kg/ha	Años siguientes kg/ha
N	23,0	460,0	19,2	383,3
P	90,0	337,5	75,0	281,3
K	37,5	450,0	31,3	375,0
S	34,0	367,0	28,3	305,8
Mg		42,0	0,0	35,0

Ejemplo 5

Cálculo de las cantidades de abono en la *Jatropha curcas* L.

Para desarrollar un ejemplo más realista vamos a suponer que se disponen de nueve fertilizantes como los mostrados en la Tabla 16.73, el cálculo de las cantidades a aplicar de cada uno de ellos en cada etapa del desarrollo (1º año, 2º año y 3º año) se realiza mediante un sistema de programación lineal, cuya función objetivo sería cubrir las necesidades nutricionales del cultivo al mínimo coste.

Tabla 16.73. Ejemplo de fertilizantes que podrían utilizarse.

Abonos utilizados	% de los distintos elementos					coste €/kg	Cantidades a aplicar por ha
	N	P	K	S	Mg		
Nitrato amónico (33%)	33					0,40	A
Urea	46					0,39	B
Sulfato amónico	21			60		0,29	C
Superfosfato (18%)		18				0,35	D
Superfosfato triple		45				0,40	E
Sulfato potásico			50	45		0,67	F
Complejo 15-15-15	15	15	15			0,40	G
Complejo 6-10-30	6	10	30	12	2	0,45	H
Sulfato de magnesio				12	16,5	0,70	I
Cloruro potásico			60		0,9	0,27	J

La función objetivo resulta:

$\min(0,40 \cdot A + 0,39 \cdot B + 0,29 \cdot C + 0,35 \cdot D + 0,40 \cdot E + 0,67 \cdot F + 0,40 \cdot G + 0,45 \cdot H + 0,70 \cdot I + 0,27 \cdot J)$

Para el primer año las restricciones son:

$0,33 \cdot A + 0,46 \cdot B + 0.21 \cdot C + 0.15 \cdot G + 0,06 \cdot H \leq 19{,}17$

$0,18 \cdot D + 0,45 \cdot E + 0,15 \cdot G + 0,10 \cdot H \geq 70{,}00$

$0,50 \cdot F + 0,15 \cdot G + 0,30 \cdot H + 0,60 \cdot J \geq 31{,}25$

$0,60 \cdot C + 0,45 \cdot F + 0,12 \cdot H + 0,12 \cdot I \geq 28{,}33$

Para los años siguientes las restricciones son:

$0,33 \cdot A + 0,46 \cdot B + 0.21 \cdot C + 0.15 \cdot G + 0,06 \cdot H \leq 383{,}33$

$0,18 \cdot D + 0,45 \cdot E + 0,15 \cdot G + 0,10 \cdot H \geq 281{,}25$

$0,50 \cdot F + 0,15 \cdot G + 0,30 \cdot H + 0,60 \cdot J \geq 375{,}00$

$0,60 \cdot C + 0,45 \cdot F + 0,12 \cdot H + 0,12 \cdot I \geq 305{,}83$

$0,02 \cdot H + 0,165 \cdot I + 0,009 \cdot J \geq 35{,}00$

Las soluciones de los dos sistemas se muestran en la Tabla 16.74.

Tabla 16.74. Cantidades de aplicar de cada tipo de fertilizante.

		Cantidades a aplicar por ha	
Abonos utilizados		1º año kg/ha	2º año kg/ha
A	Nitrato amónico (33%)	0,0	0,0
B	Urea	20,1	443,1
C	Sulfato amónico	47,2	497,6
D	Superfosfato (18%)	0,0	0,0
E	Superfosfato triple	166,7	347,2
F	Sulfato potásico	0,0	0,0
G	Complejo 15-15-15	0,0	0,0
H	Complejo 6-10-30	0,0	1250,0
I	Sulfato de magnesio	0,0	60,6
J	Cloruro potásico	52	0,0
	Coste (función objetivo) €/ha	**102,3**	**1061**

Se puede comprobar que con la aplicación de estas cantidades de estos fertilizantes los aportes de todos los elementos cumplen con las exigencias nutricionales del cultivo sin sobrepasarse.

Fin.

1. Las cantidades a aplicar de urea se dividen en 3 aplicaciones por año.
2. De fósforo se hará sólo una aplicación.
3. Primero se aplicará el sulfato y en el segundo semestre se aplicará el abonado potásico.

Tabla 16.75. Coste de maquinaria de abonado.

	Unidad	Medición	Precio Euros/ud		Precio total Euros/ha
Abonadora centrífuga	h/ha	0,26	32,41	3 veces	25,52

Riego

El cultivo de la jatrofa se desarrolla en condiciones óptimas en zonas donde existe una precipitación media entre 600 y 1200 mm, bien distribuida durante todo el año. No obstante, mediante riego puede producirse jatrofa en zonas donde existan épocas largas de sequía siempre y cuando el agua recibida sea superior a los 800 mm. Si la precipitación se concentra de forma muy intensa en épocas concretas, deben construirse drenajes adecuados para evacuar el agua susceptible de producir encharcamientos.

En condiciones ambientales adecuadas (suelo, temperatura e insolación) las necesidades de agua mensuales, para lograr las máximas producciones, se estiman en 100 mm ($1000 \ m^3/ha$).

El coste de instalación de red de riego por goteo puede ser aproximadamente entre 3500 y 5000 €/ha, incluyendo en la instalación: la bomba necesaria para suministrar agua desde un pozo, depósito, río o lago hasta la parcela; centro de control y distribución (valvulería de aislamiento de ramales; elementos de protección como ventosas, válvulas de alivio y arquetas, etc.; e hidrantes (goteros). El desglose de la estimación de costes se encuentra en el Anexo 16.2. Este coste variará de acuerdo al número de hectáreas que puedan regarse con los elementos comunes (bomba, depósitos, controladores de consumo, etc.).

El coste anual de utilización y mantenimiento, incluyendo la amortización oscilará entre: 100 y 200 Euros/ ha.

Tabla 16.76. Coste de los riegos.

	Unidad	Medición m^3/ha	Precio Euros/m^3	Precio total Euros/ha
Agua	m^3	12 000	0,015	180

Operaciones de mantenimiento

Las operaciones de mantenimiento se concretan en:

Poda

Durante los tres primeros años se realizarán podas de formación. Las ramas alcanzan un largo de 40-60 cm para asegurar que el árbol crezca en la forma y el tamaño apropiado que se requiera. A partir del cuarto año en adelante se hará una poda de fructificación.

Tabla 16.77. Frecuencias y rendimientos de la poda.

Modalidad	Cantidad	Frecuencia	Precio unitario	Coste total
Corte con cincel	3 jornales/ha	12 meses	60 €/jornal	180 €/ha

Eliminación de malas hierbas en la base de los árboles plantados y entre líneas

Esta tarea suele ser necesaria dos veces al año, dependiendo de la intensidad de propagación de la maleza. Puede realizarse mediante escarda manual o por medios químicos.

Tabla 16.78. Frecuencias y rendimientos del control de malas hierbas.

	Unidad	Medición	Precio Euros/ud	Precio total Euros/ha
Manual	jornales/ha	4	60,00	**240,00**
Química				
Diflufenican4%+Glifosato16% p/v	litros/ha	2,5	11,25	28,13
Mano de obra	jornales/ha	2	60,00	120,00
		Total limpieza química		**148,13**

Sanidad Vegetal

Las principales plagas de la *Jatropha curcas* L. son: la hormiga termita (carcome la base del tronco), gusanos comedores de hojas (*Estigmene* spp.,), insectos (*Thrips* spp.), minador de hojas, arañas y pulgones (*Eriosoma* spp.).

Las principales enfermedades son la infección con *Verticillium* spp. o *Rhizoctonia* spp. que provoca marchitez en hojas y frutos; con *Fusarium* spp., *Botryodiplodia* spp. o *Phyllosticta* spp. que produce pudrición seca de las ramas y tallo, con la clorosis foliar por la consiguiente total falta de nutrientes.

Se realizará por lo general uno o dos tratamientos fitosanitarios anuales. Para la prevención y erradicación de los diferentes tipos patógenos que causan daño en las raíces, en las hojas y en los frutos se harán aplicaciones foliares de fungicidas sistémicos como azufre y cobre, Fenhexamida 50% WG o Fenpropimorf 75% p/v EC.

Las plagas que más preocupan son las que aparecen en la etapa de floración y fructificación porque pueden influir en los rendimientos de la planta. Si fuera necesario se harán aplicaciones de insecticidas de contacto y sistémicos como Clorpirifos, Abamectina, Paration Metil, Thiacloprid + Beta-Cyflutrin, Amitraz, Dimetoato, Metamidofos y Deltamethrin.

Tanto la aplicación del fungicida como de los insecticidas, acaricidas y demás fitosanitarios puede realizarse de forma mecanizada a través de un pulverizador hidroneumático, consistente en una cuba donde se realiza la preparación del caldo, un sistema de emisión de gotas (bomba, filtros, reguladores y boquillas) y un sistema de impulsión de aire que hace llegar las microgotas a la superficie foliar donde se absorben las materias activas. El rendimiento y coste de la maquinaria se muestra en el Anexo 16.1.

También se recurrirá a la colocación de cebos de control.

Tabla 16.79. Estimación de los costes de los tratamientos fitosanitarios de la *Jatropha Curcas* L.

	Unidad	Medición	Precio Euros/ud	Precio total Euros/ha
Azufre	kg/ha	1,5	3,0	4,50
Clospirifos	litros/ha	9	2,5	22,59
Cebos	ud/ha	5	5,4	27,00
Pulverización	h/ha	0,26	32,8	8,60
Colocación y retirada de cebos	jornales/ha	0,5	60,0	30,00
		Total		92,69

Operaciones de recolección

Los frutos deben ser recolectados cuando comienzan a abrirse, cambiando de color verde a amarillo. La cosecha se realizará generalmente a mano, utilizando una canasta. La recolección de los frutos de cada planta debe realizarse de forma escalonada pasando varios días a la semana.

Posteriormente se extienden los frutos sobre lonas al sol hasta para que completen la apertura y se procede entonces a extraer la semilla manualmente. Un kilogramo contiene entre 1000 y 2400 semillas.

Tabla 16.80. Costes de recolección del frutos de *Jatropha curcas* L.

	Unidad	Medición	Precio Euros/ud	Precio total Euros/ha
Recolección manual	jornales/ha	6	60,00	360,00
Tractor	jornales/ha	1	30,56	30,56
			Total	390,56

Rendimientos y análisis económico de producción de *Jatropha curcas* L.

Cada hectárea de jatrofa adulta (más de 5 años), produce unas 12 toneladas anuales de frutos. El precio del aceite de jatrofa en los mercados internacionales oscila entre 500 y 900 €/tonelada.

Tabla 16.81. Rendimientos en la producción de frutos.

	Año 1	Año 2	Año 3	Año 4	> Año 5
Producción de frutos (t/ha)	2,70	6,30	11,70	16,20	18,00
Producción anual de aceite (t/ha)	0,61	1,43	2,66	3,69	4,10

El resumen de los costes se muestra en la Tabla 16.82.

Tabla 16.82. Resumen de los costes de producción de la *Jatropha curcas* L.

	min	max
Fertilización	1086,65	1086,65
Riego	180,00	180,00
Operaciones de mantenimiento	428,13	328,13
Control fitosanitario	103,58	92,69
Operaciones de recolección	499,48	390,56
Total	2078,03	2169,91

Como puede observarse el precio más influyente en la rentabilidad del cultivo es el de los fertilizantes, seguido de las operaciones de poda y eliminación de malas hierbas (operaciones de mantenimiento).

Las tasas de trasformación de las semillas de jatrofa en aceite se muestran en la Tabla 16.83.

Tabla 16.83. Tasas de transformación de frutas de la *Jatropha curcas* L.

Tasa transformación frutos en semillas	(t semillas/t de fruto)	0,65
Tasa transformación de aceite	(t aceite/t de semilla)	0,35
Tasa transformación de torta	(t torta/t de semilla)	0,65
Tasa transformación de torta	(t torta/t aceite)	1,86
Tasa restos	(t restos/t semilla)	0,54

Con los costes expuestos para que la rentabilidad del cultivo en regadío sea aceptable el precio de la producción debe situarse alrededor de 950 €/t. El balance económico se muestra en la Tabla 16.84 Los costes pueden presentar variaciones de unas zonas a otras y por otra parte dependen en muchas ocasiones de los tratamientos necesarios y el precio de las materias primas.

Tabla 16.84. Balance económico de la producción de la *Jatropha curcas* L.

		Año 1	Año 2	Año 3	Año 4	Año 5
% anual de frutos plantación jatrofa	(%)	15%	35%	65%	90%	100%
Producción de frutos plantación jatrofa	(t/ha año)	2,70	6,30	11,70	16,20	18,00
Producción anual de semillas	(t sem./ha año)	1,76	4,10	7,61	10,53	11,70
Producción anual de aceite por hectárea	(t aceite/ha año)	0,61	1,43	2,66	3,69	4,10
Costes medios producción cultivo	(€/ha)	318,60	743,39	1380,58	1911,57	2123,97
Ingresos	(€/ha)	583,54	1361,59	2528,66	3501,20	3890,25
Costes transformación aceite	(€/ha)	19,66	45,86	85,18	117,94	131,04
Costes logísticos	(€/ha)	6,14	14,33	26,62	36,86	40,95
Flujos de caja	(€/ha)	-1566	558	1036,29	1434,86	1594,29

La inversión en las explotaciones de regadío es la suma de la instalación de riego y la maquinaria. El coste de la tierra no se considera inversión puesto que al final del cultivo este recurso se mantiene. Los costes de inversión asociados a la maquinaria se muestran en el Anexo 16.1.

Tabla 16.85. Análisis de inversión de maquinaria.

Apero	Velocidad de trabajo (km/h)	Anchura de trabajo (m)	Tiempo de giro (h)	Tiempo de trabajo (h/ha)	Vida útil (horas)	Valor compra (€)	Invers./ ha (€/ha)*
Tractor	5	4	0,0083	0,74	15840	60000	1000
Abonadora	6	6	0,0083	0,44	5280	2500	41,66
Pulverizador	6	10	0,0083	0,26	5280	3000	50

*se considera que la propiedad media es de 60 ha.

Tabla 16.86. Resumen de inversión de las plantaciones de *Jatropha curcas* L.

	Mínimo Euros/ha	Máximo Euros/ha	Media Euros/ha
1. Obtención de plantones	272,13	272,13	272,13
2. Preparación del terreno	300,81	433,89	367,35
3. Plantación	213,33	213,33	213,33
4. Instalación de riego	4825,00	4825,00	4825,00
5. Maquinaria	1091,67	1091,67	1091,67
Total	6702,94	6836,02	6769,48

En la Tabla 16.87 se muestran los indicadores del Valor Actual Neto (VAN) y Tasa Interna de Rendimiento (TIR) para la evaluación de la inversión por hectárea.

Tabla 16.87. Cálculo del VAN y la TIR (Jatrofa por hectárea).

	Inversión	AÑOS									
		1	2	3	4	5	6	7	8	9	10
Flujo de caja anual	-6769	-1566	558	1036	1435	1594	1594	1594	1594	1594	1594
Tasa de descuento	3,00%										
V.A.N a diez años	2133	Valor positivo, inversión (en principio) factible									
T.I.R a diez años	6,98%	Valor superior a la tasa, inversión (en principio) factible									

Tabla 16.88. Análisis económico de producción por tonelada de aceite de *Jatropha curcas* L.

Costes de producción cultivo por t de aceite	(€/t aceite)	518,67	518,67	518,67	518,67	518,67
Costes transformación aceite	(€/t aceite)	32,00	32,00	32,00	32,00	32,00
Costes logísticos	(€/t aceite)	10,00	10,00	10,00	10,00	10,00
Ingresos aceite	(€/t aceite)	950,00	950,00	950,00	950,00	950,00
Ingresos torta	(€/t aceite)	0,00	0,00	0,00	0,00	0,00
Flujos de caja por t de aceite	(€/t aceite)	389,33	389,33	389,33	389,33	389,33

Tabla 16.89. Cálculo del VAN y la TIR (Jatrofa por tonelada de aceite).

	Inversión	AÑOS									
		1	2	3	4	5	6	7	8	9	10
Flujo de caja anual	-1653	389	389	389	389	389	389	389	389	389	389
Tasa de descuento	3,00%										
V.A.N a diez años	1668	Valor positivo, inversión (en principio) factible									
T.I.R a diez años	19,63%	Valor superior a la tasa, inversión (en principio) factible									

CAPÍTULO XVI. RECUERDA

- Los productos fitosanitarios autorizados en la Unión Europea pueden consultarse en: http://ec.europa.eu/food/plant/pesticides/eu-pesticides-database/public

- En esta misma base de datos pueden consultarse los límites máximos de cada sustancia activa en los frutos y alimentos, admitidos para su comercialización.

REFERENCIAS

Immersia, 2007. [https://commons.wikimedia.org/wiki/File:Jatropha_curcas.jpg (CC BY-SA 3.0), Wikimedia Commons

ANEXO 16.1. EVALUACIÓN DE LA MAQUINARIA

El tiempo de trabajo por hectárea de la maquinaria se calcula de acuerdo con la Ecuación A16.1, donde c es la velocidad del tractor en m/h, A es la anchura de trabajo del apero en metros, L es la longitud de la parcela, G es el tiempo de giro, I las interrupciones tenidas por hectárea.

$$\text{Tiempo de trabajo por hectárea (h/ha)} = \frac{10000\,(m^2/ha)}{c\,(m/h) \cdot A\,(m)} + \frac{10000(m^2/ha)}{A\,(m) \cdot L\,(m)} \cdot G\,(h) + I(h/ha) \qquad (A16.1)$$

En la Tabla A16.1 se muestran los parámetros considerados para el cálculo de los tiempos de trabajo de la maquinaria y el cálculo estimado de la inversión en maquinaria por hectárea. Para ello se han supuesto 15 años de vida útil. En el caso del tractor, el número de horas de trabajo al año se estiman aproximadamente en 1000 h, tal que se consideran 8 h de trabajo al día, 22 días al mes, durante 6 meses, resultando 1056 h/año.

En el caso de los aperos, el número de horas de trabajo al año es menor, puesto que realizan labores puntuales que se ejecutan en plazos costos de tiempo durante el cultivo. Considerando un trabajo de 8 h al día, 22 días al mes, durante 2 meses al año, supone un trabajo de 352 h/año.

El precio del combustible supuesto es de 0,8 €/l; coste de la mano de obra 10 €/ha.

Tabla A16.1. Parámetros considerados para el cálculo de la tiempos de trabajo de la maquinaria y el cálculo estimado de la inversión en maquinaria por hectárea.

Apero	Velocidad de trabajo (km/h)	Anchura de trabajo (m)	Tiempo de giro (h)	Longitud de la parcela (m)	Anchura de la parcela (m)	Tiempo de trabajo (h/ha)	Productividad (ha/h)	Vida útil (horas)	Vida útil (ha)	Valor compra (€)	Inversión/h (€/ha)*
Tractor	5	4	0,0083	100	100	0,74	1,34	15840	21297	60000	1000,00
Arado de vertedera	5	1,5	0,0083	100	100	1,98	0,50	5280	2662	4000	66,67
Fresadora	4	2,5	0,0083	100	100	1,40	0,71	5280	3771	4000	66,67
Desbrozadora	4	2,5	0,0083	100	100	1,40	0,71	5280	3771	4000	66,67
Subsolador	4	1,5	0,0083	100	100	2,33	0,43	5280	2263	1500	25,00
Apero refino	6	4	0,0083	100	100	0,66	1,52	5280	8046	1500	25,00
Abonadora	6	10	0,0083	100	100	0,26	3,81	5280	20114	2500	41,67
Sembradora en líneas	5	3	0,0083	100	100	0,99	1,01	5281	5325	5500	91,67
Sembradora de precisión	5	4	0,0083	100	100	0,74	1,34	5280	7099	5500	91,67
Pulverizador	6	10	0,0083	100	100	0,26	3,81	5280	20114	3000	50,00
Cosechadora de girasol	6	8	0,0083	100	100	0,33	3,05	5280	16091	65000	1083,33
Cosechadora de colza	6	6	0,0083	100	100	0,44	2,29	5280	12069	65000	1083,33

*Se considera que la propiedad media es de 60 ha.

Tabla A16.2. Evaluación económica el tractor.

Vida útil	Años	15			
	Horas	15840			
	Equivalencia h de trabajo/años				
		8 h/d	22 d/mes	6 meses/año	1056 h/año

Inversión	60000 Euros	
Interés	2 %	
Capacidad de producción	0,74 h/ha	
Potencia	147200 W	200 CV
Precio del combustible	0,8 Euros/l	
Productividad parcela	2,5 t/ha	

Costes Fijos	Euros/año	*Euros/h	Euros/ha	Euros/t de producción
Amortización (I-0,1*I)/Vu	3600	3,41	2,54	1,01
Intereses (I*i/200)	600	0,57	0,42	0,17
Seguros e impuestos (I*0,02)	1200	1,14	0,85	0,34
Reparaciones (I*0,1)	6000	5,68	4,23	1,69
Almacenamiento (I*0,07)	4200	3,98	2,96	1,18
Costes Variables				
Mano de obra	*10 560,00	10,00	7,44	2,98
Combustible	*6109,96	5,79	4,30	1,72
TOTAL	32 269,96	30,56	22,73	9,09

*Valores para un trabajo de 1056 horas al año.

Para los valores de la Tabla A16.2 las funciones de costes del tractor son respectivamente:

$$C_a(€/año) = 15600 + 15,79 \cdot H$$

$$C_b(€/año) = 15600 + 11,74 \cdot S$$

$$C_c(€/año) = 15600 + 4,70 \cdot T$$

Donde H es el número de horas que se trabajan al año, S es la superficie trabajada al año, y T es el número de toneladas cosechadas al año.

Tabla A16.3. Evaluación económica del arado de vertedera.

Vida útil	Años	15			
	Horas	5280			
	Equivalencia h de trabajo/años				
		8 h/d	22 d/mes	2 meses/año	352 h/año

Inversión	4000 Euros	
Interés	2 %	
Capacidad de producción	1,98 h/ha	
Potencia	147200 W	200 CV
Precio del combustible	0,8 Euros/l	
Productividad parcela	2,5 t/ha	

Costes Fijos	Euros/año	*Euros/h	Euros/ha	Euros/t de producción
Amortización	240	0,68	0,60	0,24
Intereses	40	0,11	0,10	0,04
Seguros e impuestos (I*0,02)	80	0,23	0,20	0,08
Reparaciones (I*0,1)	400	1,14	0,99	0,40
Almacenamiento (I*0,07)	280	0,80	0,70	0,28
Tractor		14,77	29,30	4,39
Costes Variables				
Mano de obra	3520,00*	10,00	19,83	7,93
Combustible	2036,65*	5,79	11,48	4,59
TOTAL	6596,65	33,51	64,74	25,90

*Valores para un trabajo de 352 horas al año.

Para los valores de la Tabla A16.3 las funciones de costes del arado de vertedera son respectivamente:

$$C_a(\text{€}/a\tilde{n}o) = 1040 + (15,79 + 14,77) \cdot H$$

$$C_b(\text{€}/a\tilde{n}o) = 1040 + (31,31 + 29,30) \cdot S$$

$$C_c(\text{€}/a\tilde{n}o) = 1040 + (12,52 + 4,39) \cdot T$$

Donde H es el número de horas que se trabajan al año, S es la superficie trabajada al año, y T es el número de toneladas cosechadas al año.

Tabla A16.4. Evaluación económica de la fresadora.

Vida útil	Años	15			
	Horas	5280			
	Equivalencia h de trabajo/años				
		8 h/d	22 d/mes	2 meses/año	352 h/año

Inversión	4000 Euros			
Interés	2 %			
Capacidad de producción	1,4 h/ha			
Potencia	147200 W	200 CV		
Precio del combustible	0,8 Euros/l			
Productividad parcela	2,5 t/ha			

Costes Fijos	**Euros/año**	***Euros/h**	**Euros/ha**	**Euros/t de producción**
Amortización	240	0,68	0,95	0,38
Intereses	40	0,11	0,16	0,06
Seguros e impuestos (I*0,02)	80	0,23	0,32	0,13
Reparaciones (I*0,1)	400	1,14	1,59	0,64
Almacenamiento (I*0,07)	280	0,80	1,11	0,45
Tractor		14,77	20,68	4,39
Costes Variables				
Mano de obra	*3520,00	10,00	14,00	5,60
Combustible	*2036,65	5,79	8,10	3,24
TOTAL	6596,65	33,51	46,92	18,77

*Valores para un trabajo de 352 horas al año.

Para los valores de la Tabla A16.4 las funciones de costes de la fresadora son respectivamente:

$$C_a(\text{€}/ a\tilde{n}o) = 1040 + (15,79 + 14,77) \cdot H$$

$$C_b(\text{€}/ a\tilde{n}o) = 1040 + (22,10 + 20,68) \cdot S$$

$$C_c(\text{€}/ a\tilde{n}o) = 1040 + (8,84 + 4,39) \cdot T$$

Donde H es el número de horas que se trabajan al año, S es la superficie trabajada al año, y T es el número de toneladas cosechadas al año.

Tabla A16.5. Evaluación económica del subsolador.

Vida útil	Años	15		
	Horas	5280		
	Equivalencia h de trabajo/años			
		8 h/d	22 d/mes	2 meses/año 352 h/año

Inversión	1500 Euros			
Interés	2 %			
Capacidad de producción	2,33 h/ha			
Potencia	147200 W	200 CV		
Precio del combustible	0,8 Euros/l			
Productividad parcela	2,5 t/ha			

Costes Fijos	**Euros/año**	***Euros/h**	**Euros/ha**	**Euros/t de producción**
Amortización	90	0,26	0,60	0,24
Intereses	15	0,04	0,10	0,04
Seguros e impuestos (I*0,02)	30	0,09	0,20	0,08
Reparaciones (I*0,1)	150	0,43	0,99	0,40
Almacenamiento (I*0,07)	105	0,30	0,70	0,28
Tractor		14,77	34,47	4,39
Costes Variables				
Mano de obra	*3520,00	10,00	23,33	9,33
Combustible	*2036,65	5,79	13,50	5,40
TOTAL	5946,65	31,67	73,89	29,56

*Valores para un trabajo de 352 horas al año.

Para los valores de la Tabla A16.5 las funciones de costes del subsolador son respectivamente:

$$C_a(€/año) = 390 + (15,79 + 14,77) \cdot H$$

$$C_b(€/año) = 390 + (36,83 + 34,47) \cdot S$$

$$C_c(€/año) = 390 + (14,73 + 4,39) \cdot T$$

Donde H es el número de horas que se trabajan al año, S es la superficie trabajada al año, y T es el número de toneladas cosechadas al año.

Tabla A16.6. Evaluación económica de la abonadora centrífuga.

Vida útil	Años	15			
	Horas	5280			
	Equivalencia h de trabajo/años				
		8 h/d	22 d/mes	2 meses/año	352 h/año
Inversión	2500 Euros				
Interés	2 %				
Capacidad de producción	0,26 h/ha				
Potencia	147200 W	200 CV			
Precio del combustible	0,8 Euros/l				
Productividad parcela	2,5 t/ha				

Costes Fijos	Euros/año	*Euros/h	Euros/ha	Euros/t de producción
Amortización	150	0,43	0,11	0,04
Intereses	25	0,07	0,02	0,01
Seguros e impuestos (I*0,02)	50	0,14	0,04	0,01
Reparaciones (I*0,1)	250	0,71	0,19	0,07
Almacenamiento (I*0,07)	175	0,50	0,13	0,05
Tractor		14,77	3,88	4,39
Costes Variables				
Mano de obra	*3520,00	10,00	2,63	1,05
Combustible	*2036,65	5,79	1,52	0,61
TOTAL	6206,65	32,41	8,51	3,40

*Valores para un trabajo de 352 horas al año.

Para los valores de la Tabla A16.6 las funciones de costes de la abonadora son respectivamente:

$$C_a(€/año) = 650 + (15,79 + 14,77) \cdot H$$

$$C_b(€/año) = 650 + (4,15 + 3,88) \cdot S$$

$$C_c(€/año) = 650 + (1,66 + 4,39) \cdot T$$

Donde H es el número de horas que se trabajan al año, S es la superficie trabajada al año, y T es el número de toneladas cosechadas al año.

Tabla A16.7. Evaluación económica de la sembradora en líneas.

Vida útil	Años	15		
	Horas	5280		
	Equivalencia h de trabajo/años			
		8 h/d	22 d/mes	2 meses/año	352 h/año

Inversión	5500 Euros			
Interés	2 %			
Capacidad de producción	0,99 h/ha			
Potencia	147200 W	200 CV		
Precio del combustible	0,8 Euros/l			
Productividad parcela	2,5 t/ha			

Costes Fijos	Euros/año	*Euros/h	Euros/ha	Euros/t de producción
Amortización	330	0,94	0,93	0,37
Intereses	55	0,16	0,15	0,06
Seguros e impuestos (I*0,02)	110	0,31	0,31	0,12
Reparaciones (I*0,1)	550	1,56	1,55	0,62
Almacenamiento (I*0,07)	385	1,09	1,08	0,43
Tractor		14,77	14,65	4,39
Costes Variables				
Mano de obra	*3520,00	10,00	9,92	3,97
Combustible	*2036,65	5,79	5,74	2,30
TOTAL	6986,65	34,62	34,33	13,73

*Valores para un trabajo de 352 horas al año.

Para los valores de la Tabla A16.7 las funciones de costes de la sembradora en líneas son respectivamente:

$$C_a(€/año) = 1430 + (15,79 + 14,77) \cdot H$$

$$C_b(€/año) = 1430 + (11,74 + 14,65) \cdot S$$

$$C_c(€/año) = 1430 + (6,26 + 4,39) \cdot T$$

Donde H es el número de horas que se trabajan al año, S es la superficie trabajada al año, y T es el número de toneladas cosechadas al año.

Tabla A16.8. Evaluación económica de la sembradora de precisión.

Vida útil	Años	15		
	Horas	5280		
	Equivalencia h de trabajo/años			
		8 h/d	22 d/mes	2 meses/año 352 h/año
Inversión	5500 Euros			
Interés	2 %			
Capacidad de producción	0,74 h/ha			
Potencia	147200 W	200 CV		
Precio del combustible	0,8 Euros/l			
Productividad parcela	2,5 t/ha			

Costes Fijos	**Euros/año**	***Euros/h**	**Euros/ha**	**Euros/t de producción**
Amortización	330	0,94	0,70	0,28
Intereses	55	0,16	0,12	0,05
Seguros e impuestos (I*0,02)	110	0,31	0,23	0,09
Reparaciones (I*0,1)	550	1,56	1,16	0,46
Almacenamiento (I*0,07)	385	1,09	0,81	0,33
Tractor		14,77	10,99	4,39
Costes Variables				
Mano de obra	*3520,00	10,00	7,44	2,98
Combustible	*2036,65	5,79	4,30	1,72
TOTAL	6986,65	34,62	25,75	10,30

*Valores para un trabajo de 352 horas al año.

Para los valores de la Tabla A16.8 las funciones de costes de la sembradora de precisión son respectivamente:

$$C_a(\text{€} / a\tilde{n}o) = 1430 + (15,79 + 14,77) \cdot H$$

$$C_b(\text{€} / a\tilde{n}o) = 1430 + (11,74 + 10,99) \cdot S$$

$$C_c(\text{€} / a\tilde{n}o) = 1430 + (4,70 + 4,39) \cdot T$$

Donde H es el número de horas que se trabajan al año, S es la superficie trabajada al año, y T es el número de toneladas cosechadas al año.

Tabla A16.9. Evaluación económica del pulverizador hidráulico de barra.

Vida útil	Años	15		
	Horas	5280		
	Equivalencia h de trabajo/años			
		8 h/d	22 d/mes	2 meses/año 352 h/año

Inversión	3000 Euros		
Interés	2 %		
Capacidad de producción	0,26 h/ha		
Potencia	147200 W	200 CV	
Precio del combustible	0,8 Euros/l		
Productividad parcela	2,5 t/ha		

Costes Fijos	**Euros/año**	***Euros/h**	**Euros/ha**	**Euros/t de producción**
Amortización	180	0,51	0,13	0,05
Intereses	30	0,09	0,02	0,01
Seguros e impuestos (I*0,02)	60	0,17	0,04	0,02
Reparaciones (I*0,1)	300	0,85	0,22	0,09
Almacenamiento (I*0,07)	210	0,60	0,16	0,06
Tractor		14,77	3,88	4,39
Costes Variables				
Mano de obra	*3520,00	10,00	2,63	1,05
Combustible	*2036,65	5,79	1,52	0,61
TOTAL	**6336,65**	**32,77**	**8,60**	**3,44**

*Valores para un trabajo de 352 horas al año.

Para los valores de la Tabla A16.9 las funciones de costes del pulverizador hidráulico de barra son respectivamente:

$$C_a(€/año) = 780 + (15,79 + 14,77) \cdot H$$

$$C_b(€/año) = 780 + (4,14 + 3,88) \cdot S$$

$$C_c(€/año) = 780 + (1,66 + 4,39) \cdot T$$

Donde H es el número de horas que se trabajan al año, S es la superficie trabajada al año, y T es el número de toneladas cosechadas al año.

Tabla A16.10. Evaluación económica de la cosechadora.

Vida útil	Años	15			
	Horas	5280			
	Equivalencia h de trabajo/años				
		8 h/d	22 d/mes	2 meses/año	352 h/año

Inversión	3000 Euros	
Interés	2 %	
Capacidad de producción	0,33 h/ha	
Potencia	147200 W	200 CV
Precio del combustible	0,8 Euros/l	
Productividad parcela	2,5 t/ha	

Costes Fijos	Euros/año	*Euros/h	Euros/ha	Euros/t de producción
Amortización	3900	11,08	3,64	1,45
Intereses	650	1,85	0,61	0,24
Seguros e impuestos (I*0,02)	1300	3,69	1,21	0,48
Reparaciones (I*0,1)	6500	18,47	6,06	2,42
Almacenamiento (I*0,07)	4550	12,93	4,24	1,70
Tractor		14,77	3,88	4,39
Costes Variables				
Mano de obra	3520,00*	10,00	3,28	1,31
Combustible	2036,65*	5,79	1,90	0,76
TOTAL	**22456,65**	**63,80**	**20,93**	**8,37**

*Valores para un trabajo de 352 horas al año.

Para los valores de la Tabla A16.10 las funciones de costes de la cosechadora de girasol de barra son respectivamente:

$$C_a (€/año) = 16900 + 15,79 \cdot H$$

$$C_b (€/año) = 16900 + 4,23 \cdot S$$

$$C_c (€/año) = 16900 + 1,69 \cdot T$$

Donde H es el número de horas que se trabajan al año, S es la superficie trabajada al año, y T es el número de toneladas cosechadas al año.

_ ANEXO 16.2. RECOPILACIÓN DE COSTES UNITARIOS

En la Tabla A16.11 se muestran los precios unitarios considerados en los análisis económicos de los cultivos estudiados.

Tabla A16.11. Relación de precios unitarios.

Materiales			Mano de obra		
Semillas	6	€/kg	Jornal (8h)	80,00	€/jornal
Plantones	1,95	€/plantón	Tractorista	10,00	€/h
Fertilizantes			**Energía**		
Nitrato amónico (33%)	0,40	€/kg	kWh eléctrico	-	€/kWh
Urea	0,39	€/kg	kWh gasóleo	-	€/kWh
Sulfato amónico	0,29	€/kg	gasóleo	0,80	€/l
Superfosfato (18%)	0,35	€/kg	aceite	950	€/t
Superfosfato triple	0,40	€/kg	**Maquinaria**		
Sulfato potásico	0,67	€/kg	Tractor con fresadora	33,51	€/h
Complejo 15-15-15	0,40	€/kg	Tractor con subsolador	31,67	€/h
Complejo 6-10-30	0,45	€/kg	Tractor con apero combinado	31,67	€/h
Sulfato de magnesio	0,70	€/kg	Tractor con arado de vertedera	33,51	€/h
Riego			Abonadora centrífuga	32,41	€/h
Agua de riego	0,015	€/m³	Sembradora de líneas	34,62	€/h
Herbicidas			Sembradora de precisión	34,62	€/h
Diflufenican4%+Glifosato16% p/v	11,25	€/litro	Sembradora de siembra directa	39,81	€/h
Devrinol Super	29,35	€/litro	Pulverizador hidráulico de barra	32,77	€/h
Cletodi	49,50	€/litro	Cosechadora autopropulsada	63,80	€/h
Treflán					
Abades					
Fitosanitarios					
Deltametrin 2,5% p/v EC	26,40	€/litro			
Clorpirifos 5% GR.	2,51	€/kg			
Fenpropimorf 75% p/v EC	49,12	€/litro			
Fenhexamida 50% WG	99,00	€/kg			
azufre	3,00	€/kg			
cebos	5,40	€/ud			

ANEXO 16.3. RECOPILACIÓN DE ANÁLISIS ECONÓMICO DEL CULTIVO DEL GIRASOL

En la Tabla A16.12 se muestra la inversión asociada a la instalación de riego. En la Tabla A16.13 se muestra la inversión en maquinaria para una propiedad media de 60 hectáreas.

Tabla A16.12. Inversión en instalación de riego por aspersión con aspersores separados 20×20 m.

	Unidad	Medición	€/ud	Total	
Aspersores	ud	25	65	1625	€/ha
Bomba, automatismos y contadores	ud	1		50	€/ha
Red de distribución	m	60	7,5	450	€/ha
Tubería terciaria	m	100	4,5	450	€/ha
Laterales	m	500	4,5	2250	€/ha
			Total	4825	€/ha

Tabla A16.13. Parámetros considerados para el cálculo de los tiempos de trabajo de la maquinaria y el cálculo estimado de la inversión en maquinaria por hectárea.

Apero	Tiempos de trabajo (h/ha)	Productividad (ha/h)	Vida útil (horas)	Vida útil (ha)	Valor compra (€)	Inversión (€/ha)*
Tractor	0,74	1,34	15 840	21 297	60 000	1000,00
Fresadora	1,40	0,71	5280	3771	4000	80,00
Subsolador	2,33	0,43	5280	2263	1500	25,00
Apero Refino	0,66	1,52	5280	8046	1500	25,00
Abonadora	0,26	3,81	5280	20 114	2500	41,67
Sembradora	0,74	1,34	5282	7102	5500	91,67
Pulverizador	0,26	3,81	5280	20 114	3000	50,00
Cosechadora girasol	0,33	3,05	5280	16 091	65 000	1083,00
					Total	2396,34

*Se considera una propiedad media de 60 ha.

Tabla A16.14. Resumen de inversiones.

		Secano €/ha	Regadío €/ha	
1. Instalación de riego	€/ha	0	4825,00	
2. Maquinaria	€/ha	2383,33	2383,33	
Coste total de la inversión		2383,33	7208,33	€/ha

En las Tablas A16.15-A16.28 se muestran desglosados los costes de cultivo y los análisis de rentabilidad del girasol.

Tabla A16.15. Costes de las labores por hectárea para la preparación del suelo para el cultivo del girasol.

	Unidad	Medición	Precio €/h	Total €/ha
Fresadora	h/ha	1,40	33,51	46,92
Subsolador	h/ha	2,33	31,67	73,89
Labor de refino	h/ha	0,66	31,67	20,78
			Total	141,59

Tabla A16.16. Necesidades de nutrientes por cada 1000 kg de producción de girasol.

Nitrógeno (N)	50 kg
Fósforo (P_2O_5)	20 kg
Potasio (K_2O)	100 kg
De los cuales corresponde a la semilla:	
Nitrógeno (N)	30 kg
Fósforo (P_2O_5)	10 kg
Potasio (K_2O)	5 kg

Tabla A16.17. Ejemplo de fertilizantes que podrían utilizarse.

Abonos utilizados	% de los distintos elementos			coste €/kg	Cantidades a aplicar por ha
	N	P	K		
Nitrato amónico (33%)	33			0,40	227
Superfosfato (18%)		18		0,35	0
Complejo 15-15-15	15	15	15	0,40	0
Complejo 6-10-30	6	10	30	0,45	833,33
				Coste	465,91 €/ha

Tabla A16.18. Coste de aplicación de abonado por hectárea de girasol.

Abonado de fondo		Unidad	Medición	Precio Euros/ud	Precio total Euros/ha
	Abonadora centrífuga	h/ha	0,26	32,41	8,51
(1/2)	Nitrato amónico (33%)	kg abono/ha	113,64	0,40	45,45
(1/2)	Superfosfato (18%)	kg abono/ha	0,00	0,35	0,00
(1/2)	Complejo 15-15-15	kg abono/ha	0,00	0,40	0,00
(1/2)	Complejo 6-10-30	kg abono/ha	416,67	0,45	187,50
				Total	241,46

(Continúa en la página siguiente)

(Continúa de la página anterior)

	Abonado de cobertera	Unidad	Medición	Precio Euros/ud	Precio total Euros/ha
	Abonadora centrífuga	h/ha	0,26	32,41	8,51
(1/2)	Nitrato amónico (33%)	kg abono/ha	113,64	0,40	45,45
(1/2)	Superfosfato (18%)	kg abono/ha	0,00	0,35	0,00
(1/2)	Complejo 15-15-15	kg abono/ha	0,00	0,40	0,00
(1/2)	Complejo 6-10-30	kg abono/ha	416,67	0,45	187,50
				Total	241,46

Tabla A16.19. Costes de la siembra para el cultivo del girasol.

	Unidad	Medición	Precio Euros/ud	Precio total Euros/ha
Semilla	kg/ha	8,01	4,16	33,05
Sembradora de precisión	h/ha	0,74	34,62	25,75
			Total	59,10

Tabla A16.20. Tratamiento herbicida presiembra o preemergencia.

	Unidad	Medición	Precio Euros/ud	Precio total Euros/ha
Pulverizador hidráulico	h/ha	0,26	32,77	8,60
Diflufenican4%+Glifosato16% p/v	l/ha	2,50	11,25	28,13
			Total	36,73

Tabla A16.21. Análisis de costes de aplicación de tratamientos fitosanitarios en el girasol.

		Unidad	Medición	Precio Euros/ud	Precio total Euros/ha
Insecticida	Deltametrin 2,5% p/v EC	l/ha	0,36	26,40	9,50
	Pulverizador hidráulico	h/ha	0,26	32,77	8,60
Insecticida	Clorpirifos 5% GR	kg/ha	9	2,51	22,59
	Abonadora centrífuga	h/ha	0,26	32,41	8,51
Fungicida	Fenpropimorf 75% p/v EC	l/ha	1	49,12	49,12
	Pulverizador hidráulico	h/ha	0,26	32,77	8,60
				Total	106,93

Tabla A16.22. Costes de cosecha de girasol.

	Unidad	Medición	Precio Euros/ud	Precio total Euros/ha
Cosechadora+ tractorista	h/ha	0,328	63,80	20,93
			Total	20,93

Tabla A16.23. Resumen de los costes de producción del girasol.

	Sistema convencional secano Euros/ha	Sistema convencional regadío Euros/ha	Siembra directa Euros/ha	Laboreo de conservación Euros/ha
1. Semillas	33,35	33,35	33,35	33,35
2. Preparación del terreno	141,59	141,59	0,00	47,20
3. Abonado	482,92	482,92	482,92	482,92
4. Siembra	25,75	25,75	29,61	29,61
5. Riego	0,00	60,00	60,00	60,00
6. Tratamientos fitosanitarios	143,66	143,66	143,66	143,66
7. Recolección y transporte	20,93	20,93	20,93	20,93
Total	848,20	908,20	770,48	817,67

Tabla A16.24. Tasas de trasformación de las semillas.

Tasa transformación frutos en semillas	(t semillas/t de fruto)	1,00
Tasa transformación de aceite	(t aceite/t de semilla)	0,30
Tasa transformación de torta	(t torta/t de semilla)	0,70
Tasa transformación de torta	(t torta/t aceite)	2,33
Tasa restos	(t restos/t semilla)	0,00

Tabla A16.25. Balance económico de la producción del girasol.

	Unidad	Secano	Regadío	S. directa	L. Conservación
Producción de frutos de girasol	(t/ha)	1,5	3	2	2,3
Producción anual de semillas	(t semillas/ha)	1,5	3	2	2,3
Producción anual de aceite por hectárea	(t aceite/ha)	0,45	0,9	0,6	0,69
Costes medios producción cultivo	(€/ha)	848,20	908,20	770,48	817,67
Ingresos	(€/ha)	1050	2100	1400	1610
Flujo de caja explotación	(€/ha)	201,80	1191,80	629,52	792,33

Tabla A16.26. Cálculo del VAN y la TIR (girasol regadío € por hectárea).

		AÑOS									
	Inversión	**1**	**2**	**3**	**4**	**5**	**6**	**7**	**8**	**9**	**10**
Flujo de caja anual	-7208,33	1192	1192	1192	1192	1192	1192	1192	1192	1192	1192
Tasa de descuento	3,00%										
V.A.N a diez años	2958 €	Valor positivo, inversión (en principio) factible									
T.I.R a diez años	10,37%	Valor superior a la tasa, inversión (en principio) factible									

Tabla A16.27. Balance económico de aceite de girasol.

		Secano	**Regadío**	**S. directa**	**L. Conservación**
Costes medios producción cultivo	(€/ha)	848,20	908,20	770,48	817,67
Costes transformación aceite	(€/ha)	14,4	28,8	19,2	22,08
Costes logísticos	(€/ha)	2,25	4,50	3,00	3,45
Ingresos aceite	(€/ha)	427,50	855,00	570,00	655,50
Ingresos torta	(€/ha)	472,50	945,00	630,00	724,50
Flujos de caja	(€/ha)	**35,15**	**858,50**	**407,32**	**536,80**

Tabla A16.28. Análisis económico de producción de semilla y aceite por tonelada de aceite de girasol.

	Unidad	**Secano**	**Regadío**	**S. directa**	**L. Conservación**
Costes medios producción cultivo	(€/t aceite)	1884,90	1009,11	1284,13	1185,03
Ingresos	(€/t aceite)	2333,33	2333,33	2333,33	2333,33
Flujo de caja explotación	(€/t aceite)	**448,44**	**1324,22**	**1049,21**	**1148,30**
Costes transformación aceite	(€/t aceite)	32	32	32	32
Costes logísticos	(€/t aceite)	5	5	5	5
Ingresos aceite	(€/t aceite)	950	950	950	950
Ingresos torta	(€/t aceite)	1050	1050	1050	1050
Flujos de caja agricultor y productor de aceite	(€/t aceite)	78,10	953,89	678,87	777,97

ANEXO 16.4. RECOPILACIÓN DE ANÁLISIS ECONÓMICO DEL CULTIVO DE LA COLZA

En la Tabla A16.12 se muestra la inversión asociada a la instalación de riego dado que es la misma que en el caso de girasol. En la Tabla A16.29 se muestra la inversión en maquinaria para una propiedad media de 60 hectáreas. El total de la inversión asciende a 2230 € en secano y 7055 € en regadío.

Tabla A16.29. Cálculo estimado de la inversión en maquinaria por hectárea.

Apero	Tiempos de trabajo (h/ha)	Productividad (ha/h)	Vida útil (horas)	Vida útil (ha)	Valor compra (€)	Inversión/ha (€/ha)
Tractor	0,74	1,34	15840	21297,48	60000	1000,00
Arado de vertedera	1,98	0,50	5280	2662,18	4000	66,67
Apero refino	0,66	1,52	5280	8045,71	1500	25,00
Abonadora centrífuga	0,26	3,81	5280	20114,29	2500	41,67
Sembradora en líneas	0,99	1,01	5280	5324,37	5500	91,67
Pulverizador	0,26	3,81	5280	20114,29	3000	50,00
Cosechadora de colza	0,44	2,29	5280	12068,57	65000	1083,00
					Total	2358,33

*Se considera que la propiedad media es de 60 ha.

En las Tablas A16.30-A16.43 se muestran desglosados los costes de cultivo y los análisis de rentabilidad de la semilla y aceite de colza

Tabla A16.30. Costes de las labores por hectárea para la preparación del suelo para el cultivo de la colza.

	Unidad	Medición	Precio €/h	Total €/ha
Arado de vertedera	h/ha	1,98	33,51	66,47
Labor de refino	h/ha	0,66	31,67	20,78
			Total	87,25

Tabla A16.31. Necesidades nutricionales de la colza.

Por cada 1000 kg. de producción	
Nitrógeno (N)	45 kg
Fósforo (P_2O_5)	25 kg
Potasio (K_2O)	30 kg
Dosis recomendada	
Nitrógeno (N)	100-150 kg/ha
Fósforo (P_2O_5)	65-90 kg/ha
Potasio (K_2O)	220 kg/ha
Magnesio (MgO)	45 kg/ha

Tabla A16.32. Ejemplo de fertilizantes que podrían utilizarse.

Abonos utilizados	% de los distintos elementos				coste €/kg	Cantidades a aplicar por ha
	N	P	K	S		
Nitrato amónico (33%)	33				0,40	229
Superfosfato (18%)		18			0,35	0
Complejo 15-15-15	15	15	15		0,40	0
Complejo 6-10-30	6	10	30		0,45	1166,67
Sulfato amónico	21			60	0,29	108,33
					Coste	656,16 €/ha

Tabla A16.33. Coste de aplicación de abonado por hectárea de colza.

Abonado de fondo		Unidad	Medición	Precio Euros/ud	Precio total Euros/ha
	Abonadora centrífuga	h/ha	0,26	32,41	8,51
(1/2)	Sulfato amónico	kg abono/ha	124,62	0,29	36,19
(1/2)	Nitrato amónico (33%)	kg abono/ha	124,62	0,40	49,85
(1/2)	Superfosfato (18%)	kg abono/ha	0,00	0,35	0,00
(1/2)	Complejo 15-15-15	kg abono/ha	0,00	0,40	0,00
(1/2)	Complejo 6-10-30	kg abono/ha	583,33	0,45	262,50
				Total	320,85
Abonado de cobertera		**Unidad**	**Medición**	**Precio Euros/ud**	**Precio total Euros/ha**
	Abonadora centrífuga	h/ha	0,26	32,41	8,51
(1/2)	Sulfato amónico	kg abono/ha	124,62	0,29	36,19
(1/2)	Nitrato amónico (33%)	kg abono/ha	124,62	0,40	49,85
(1/2)	Superfosfato (18%)	kg abono/ha	0,00	0,35	0,00
(1/2)	Complejo 15-15-15	kg abono/ha	0,00	0,40	0,00
(1/2)	Complejo 6-10-30	kg abono/ha	583,33	0,45	262,50
				Total	320,85

Tabla A16.34. Costes de la siembra para el cultivo de colza.

	Unidad	Medición	Precio Euros/ud	Precio total Euros/ha
Semilla	kg/ha	4,17	12,00	50,00
Sembradora en líneas	h/ha	0,99	34,62	34,33
			Total	84,33

Tabla A16.35. Tratamientos herbicidas.

		Unidad	Medición	Precio Euros/ud	Precio total Euros/ha
Preemergencia	Pulverizador hidráulico	h/ha	0,26	32,77	8,60
	Devrinol Super	l/ha	2,50	11,25	28,13
Postemergencia	Pulverizador hidráulico	h/ha	0,53	32,77	17,21
(2 pases)	Cletodim	l/ha	1,60	49,50	79,20
				Total	133,13

Tabla A16.36. Análisis de costes de aplicación de tratamientos fitosanitarios en la colza.

		Unidad	Medición	Precio Euros/ud	Precio total Euros/ha
Insecticida	Deltametrin 2,5% p/v EC	Litros/ha	0,36	26,40	9,50
	Pulverizador hidráulico	h/ha	0,26	32,77	8,60
Fungicida	Fenhexamida 50% WG	kg/ha	3,00	99,00	297
	Pulverizador hidráulico	h/ha	0,26	32,77	8,60
				Total	323,71

Tabla A16.37. Costes de cosecha de colza.

	Unidad	Medición	Precio Euros/ud	Precio total Euros/ha
cosechadora+ tractorista	h/ha	0,438	63,80	27,91
			Total	27,91

Tabla A16.38. Resumen de los costes de producción de la colza.

	Sistema convencional secano Euros/ha	Sistema convencional regadío Euros/ha
1. Semillas	50,00	50,00
2. Preparación del terreno	58,00	87,25
3. Abonado	641,71	641,71
4. Siembra	34,33	34,33
5. Riego	0,00	75,00
6. Tratamientos fitosanitarios	442,30	456,85
7. Recolección y transporte	27,91	27,91
Total	1298,05	1373,05

Tabla A16.39. Balance económico de la producción de la colza.

		Secano	Regadío
Producción anual de semillas	(t semillas/ha)	3,5	4
Producción anual de aceite por hectárea	(t aceite/ha)	1,05	1,2
Costes medios producción cultivo	(€/ha)	1298,05	1373,05
Ingresos	(€/ha)	2450	2800
Flujo de caja explotación	(€/ha)	1151,95	1426,95

Tabla A16.40. Cálculo del VAN y la TIR (colza regadío € por hectárea).

	Inversión	AÑOS									
		1	2	3	4	5	6	7	8	9	10
Flujo de caja anual	-7183,3	1427	1427	1427	1427	1427	1427	1427	1427	1427	1427
Tasa de descuento	3,00%										
V.A.N a diez años	4989	Valor positivo, inversión (en principio) factible									
T.I.R a diez años	14,92%	Valor superior a la tasa, inversión (en principio) factible									

Tabla A16.41. Cálculo del VAN y la TIR (colza secano € por hectárea).

	Inversión	AÑOS									
		1	2	3	4	5	6	7	8	9	10
Flujo de caja anual	-2358,33	1152	1152	1152	1152	1152	1152	1152	1152	1152	1152
Tasa de descuento	3,00%										
V.A.N a diez años	7468	Valor positivo, inversión (en principio) factible									
T.I.R a diez años	47,87%	Valor superior a la tasa, inversión (en principio) factible									

Tabla A16.42. Balance económico de la producción de aceite de la colza.

		Secano	Regadío
Costes medios producción cultivo	(€/ha)	1298,05	1373,05
Costes transformación aceite	(€/ha)	33,6	38,4
Costes logísticos	(€/ha)	5,25	6,00
Ingresos aceite	(€/ha)	997,50	1140,00
Ingresos torta	(€/ha)	1102,50	1260,00
Flujos de caja	(€/ha)	**763,10**	**982,55**

Tabla A16.43. Análisis económico de producción de semilla y aceite por tonelada de aceite de colza.

		Secano	Regadío
Costes medios producción cultivo	(€/t aceite)	1236,24	1144,21
Ingresos	(€/t aceite)	2333,33	2333,33
Flujo de caja explotación	(€/t aceite)	1097,10	1189,13
Costes transformación aceite	(€/t aceite)	32	32
Costes logísticos	(€/t aceite)	5	5
Ingresos aceite	(€/t aceite)	950	950
Ingresos torta	(€/t aceite)	1050,00	1050,00
Flujos de caja	(€/t aceite)	726,76	818,79

ANEXO 16.5. RECOPILACIÓN DE ANÁLISIS ECONÓMICO DEL CULTIVO DE LA SOJA (*Glycine max* L.)

Los costes de inversión en el cultivo de la soja son similares al de las plantaciones de colza En la Tabla A16.12 se muestra la inversión asociada a la instalación de riego En la Tabla A16.29 se muestra la inversión en maquinaria para una propiedad media de 30 hectáreas. El resumen de inversión se muestra en la Tabla Tabla A16.44.

Tabla A16.44. El resumen de inversión del cultivo de la soja.

		Secano €/ha	Regadío €/ha
1. Instalación de riego	€/ha	0	4825,00
2. Maquinaria	€/ha	4716,67	4716,67
	Coste total de la inversión	4716,67	9541,67

En las Tablas A16.45-A16.57 se muestran desglosados los costes de cultivo y los análisis de rentabilidad de la semilla y aceite de soja

Tabla A16.45. Costes de las labores por hectárea para la preparación del suelo para el cultivo de la soja.

	Unidad	Medición	Precio €/h	Total €/ha
Arado de vertedera	h/ha	1,98	33,51	66,47
Labor de refino	h/ha	0,66	31,67	20,78
			Total	87,25

Tabla A16.46. Necesidades nutricionales de la soja.

Por cada 1000 kg. de producción	
Nitrógeno (N)	80 kg
Fósforo (P_2O_5)	8 kg
Potasio (K_2O)	33 kg
Magnesio y azufre	9 kg
Dosis recomendada	
Nitrógeno (N)	300-340 kg/ha
Fósforo (P_2O_5)	30-35 kg/ha
Potasio (K_2O)	130-135 kg/ha
Magnesio (MgO)	35-40 kg/ha

Tabla A16.47. Coste de aplicación de abonado por hectárea de soja.

Abonado de fondo		Unidad	Medición	Precio Euros/ud	Precio total Euros/ha
	Abonadora centrífuga	h/ha	0,26	32,41	8,51
(1/2)	Sulfato amónico	kg abono/ha	30,00	0,29	8,71
(1/2)	Nitrato amónico (33%)	kg abono/ha	425,76	0,40	170,30
(1/2)	Superfosfato (18%)	kg abono/ha	0,00	0,35	0,00
(1/2)	Complejo 15-15-15	kg abono/ha	0,00	0,40	0,00
(1/2)	Complejo 6-10-30	kg abono/ha	220,00	0,45	99,00
				Total	286,52
Abonado de cobertera		**Unidad**	**Medición**	**Precio Euros/ud**	**Precio total Euros/ha**
	Abonadora centrífuga	h/ha	0,26	32,41	8,51
(1/2)	Sulfato amónico	kg abono/ha	30,00	0,29	8,71
(1/2)	Nitrato amónico (33%)	kg abono/ha	425,76	0,40	170,30
(1/2)	Superfosfato (18%)	kg abono/ha	0,00	0,35	0,00
(1/2)	Complejo 15-15-15	kg abono/ha	0,00	0,40	0,00
(1/2)	Complejo 6-10-30	kg abono/ha	220,00	0,45	99,00
				Total	286,52

Tabla A16.48. Costes de la siembra para el cultivo de la soja.

	Unidad	Medición	Precio Euros/ud	Precio total Euros/ha
Semilla	kg/ha	90,00	0,79	71,82
Sembradora	h/ha	0,74	34,62	25,75
			Total	97,57

Tabla A16.49. Tratamientos herbicidas en la soja.

	Unidad	Medición	Precio Euros/ud	Precio total Euros/ha
Pulverizador hidráulico	h/ha	0,26	32,77	8,60
Bentazona	l/ha	2,50	45,40	113,50
			Total	122,10

Tabla A16.50. Análisis de costes de aplicación de tratamientos fitosanitarios en la soja.

		Unidad	Medición	Precio Euros/ud	Precio total Euros/ha
Insecticida	Deltametrin 2,5% p/v EC	Litros/ha	0,36	26,40	9,50
	Pulverizador hidráulico	h/ha	0,26	32,77	8,60
Acaricida	tetradifón+dicofol.	kg/ha	6	4,00	24
	Pulverizador hidráulico	h/ha	0,26	32,77	8,60
Fungicida	Fenhexamida 50% WG	kg/ha	3	99,00	297
	Pulverizador hidráulico	h/ha	0,26	32,77	8,60
				Total	356,31

Tabla A16.51. Costes de cosecha de soja.

	Unidad	Medición	Precio Euros/ud	Precio total Euros/ha
cosechadora+ tractorista	h/ha	0,328	63,80	20,93
			Total	20,93

Tabla A16.52. Resumen de los costes de producción de la soja.

	Sistema convencional secano Euros/ha	Sistema convencional regadío Euros/ha
1. Semillas	71,82	71,82
2. Preparación del terreno	87,25	87,25
3. Abonado	573,04	573,04
4. Siembra	25,75	25,75
5. Riego	0,00	90,00
6. 6.Tratamientos fitosanitarios	478,42	478,42
7. Recolección y transporte	20,93	20,93
Total	1257,21	1347,21

Tabla A16.53. Balance económico de la producción de la soja.

		Secano	Regadío
Producción anual de semillas	(t semillas/ha)	3,5	4,5
Producción anual de aceite por hectárea	(t aceite/ha)	1,05	1,35
Costes medios producción cultivo	(€/ha)	1257,21	1347,21
Ingresos	(€/ha)	2450	3150
Flujo de caja explotación	(€/ha)	1192,79	1802,79

Tabla A16.54. Cálculo del VAN y la TIR (soja regadío € por hectárea).

	Inversión	AÑOS									
		1	2	3	4	5	6	7	8	9	10
Flujo de caja anual	-9541,66	1803	1803	1803	1803	1803	1803	1803	1803	1803	1803
Tasa de descuento	3,00%										
V.A.N a diez años	5836	Valor positivo, inversión (en principio) factible									
T.I.R a diez años	13,63%	Valor superior a la tasa, inversión (en principio) factible									

Tabla A16.55. Cálculo del VAN y la TIR (soja secano € por hectárea).

	Inversión	AÑOS									
		1	2	3	4	5	6	7	8	9	10
Flujo de caja anual	-4716,67	1193	1193	1193	1193	1193	1193	1193	1193	1193	1193
Tasa de descuento	3,00%										
V.A.N a diez años	5458	Valor positivo, inversión (en principio) factible									
T.I.R a diez años	21,76%	Valor superior a la tasa, inversión (en principio) factible									

Tabla A16.56. Balance económico de la producción de aceite de la soja.

		Secano	Regadío
Costes medios producción cultivo	(€/ha)	1257,21	1347,21
Costes transformación aceite	(€/ha)	33,6	43,2
Costes logísticos	(€/ha)	5,25	6,75
Ingresos aceite	(€/ha)	997,50	1282,50
Ingresos torta	(€/ha)	1102,50	1417,50
Flujos de caja agricultor y productor aceite	(€/ha)	803,94	1302,84

Tabla A16.57. Análisis económico de producción de semilla y aceite por tonelada de aceite de soja.

		Secano	Regadío
Costes medios producción cultivo	(€/t aceite)	1197,34	997,93
Ingresos	(€/t aceite)	2333,33	2333,33
Flujo de caja explotación	(€/t aceite)	1135,99	1335,40
Costes transformación aceite	(€/t aceite)	32	32
Costes logísticos	(€/t aceite)	5	5
Ingresos aceite	(€/t aceite)	950	950
Ingresos torta	(€/t aceite)	1050	1050
Flujos de caja	(€/t aceite)	765,66	965,07

ANEXO 16.6. RECOPILACIÓN DE ANÁLISIS ECONÓMICO DEL CULTIVO DE LA PALMA AFRICANA (*Elaeis guineensis* Jacq.)

En las Tablas A16.58-A16.59 se muestran los costes de inversión considerados para las plantaciones de palma africana.

Tabla A16.58. Costes de las labores de preparación del terreno.

Componente	Unidad de medida	Cantidad	Precio unitario	Coste total
Desbroce				
Mano de obra desbroce manual	jornal	20 jornales/ha	80 €/jornal	1600 €/ha
Costes de las labores de apilado de árboles				
Mano de obra manual	jornal	2 jornales/ha	80 €/jornal	160,00 €/ha
Tractor	h/ha	8 h/ha	30,56 €/ha	244,47 €/ha
			Coste total	2004,47 €/ha

Tabla A16.59. Coste de habilitación de drenajes, caminos y cuneta.

Unidad	Medición	Precio €/ud	Precio total €/ha
h/ha Buldócer para nivelación	8	30,56	244,5
h/ha Excavadora para abertura de zanjas	8	30,56	244,5
m Tubos y colectores de drenaje	600	4,5	2700,0
jornales/ha	2	80,00	160,0
h tractor/ha	8	30,56	244,5
		Total	3593,41

Tabla A16.60. Costes de las labores de plantación.

	Unidad	Medición	Precio €/ud	Precio total €/ha
Alineado y estaqueo	jornales/ha	1	80,00	80
Poceo manual	jornales/ha	2	80,00	160
	plantones/ha	226	1,94	437,84
Plantación de la palma	jornales/ha	0,5	80,00	40,00
triple fosfato	kg/ha	35,75	6,00	214,50
Siembra de cobertura	kg semilla/ha	5	1,94	9,70
Replantación	plantones/ha	11	1,5	16,93
			Total	958,97

Tabla A16.61. Inversión en instalación de riego por aspersión con aspersores separados 20×20 m.

	Unidad	medición	€/ud	Total	
Aspersores	ud	25	65	1625	€/ha
Bomba, automatismos y contadores	ud	1		50	€/ha
Red de distribución	m	60	7,5	450	€/ha
Tubería terciaria	m	100	4,5	450	€/ha
Laterales	m	500	4,5	2250	€/ha
			Total	4825	€/ha

Tabla A16.62. Parámetros considerados para el cálculo de los tiempos de trabajo de la maquinaria y el cálculo estimado de la inversión en maquinaria por hectárea.

Apero	Tiempos de trabajo (h/ha)	Productividad (ha/h)	Vida útil (horas)	Vida útil (ha)	Valor compra (€)	Inversión (€/ha)*
Tractor	0,74	1,34	15840	21297,48	60000	1000
Abonadora	0,26	3,81	5280	20114,29	2500	41,67
Pulverizador	0,26	3,81	5280	20114,29	3000	50
					Total	1091,67

*Se considera una propiedad media de 60 ha.

Tabla A16.63. Resumen de inversiones.

		Secano €/ha	Regadío €/ha	
1. Preparación del terreno		5597,88	5597,877	€/ha
2. Plantación		958,968	958,97	€/ha
3. Instalación de riego		-	4825,00	€/ha
4. Maquinaria		1091,667	1091,67	€/ha
	Total	7648,512	12473,51	€/ha

En las Tablas A16.64-A16.81 se muestran desglosados los costes de cultivo y los análisis de rentabilidad de la semilla y aceite de palma

Tabla A16.64. Costes de las labores de limpieza de círculos de plantación manual.

Modalidad	Mano de obra	Cantidad al año	Edad de la plantación	Frecuencia	Precio unitario	Coste total €/ha
Manual	1 jornal/ha	6	1 año	Cada 30 días	80 €/jornal	480 €/ha
Manual	1,5 jornales/ha	4	2 años	Cada 45 días	80 €/jornal	320 €/ha
Manual	1,5 jornales/ha	3	3 años	Cada 60 días	80 €/jornal	240 €/ha
Manual	1,5 jornales/ha	2	4 años	Cada 90 días	80 €/jornal	160 €/ha
Manual	1,5 jornales/ha	2	5 años	Cada 90 días	80 €/jornal	160 €/ha
Manual	1,5 jornales/ha	2	>5años	Cada 90 días	80 €/jornal	160 €/ha

Tabla A16.65. Costes mano de obra de la limpieza química.

Modalidad	Medición	Cantidad al año	Edad de la plantación	Precio unitario	Coste total
Manual	1 jornal/ha	6	1 año	Cada 30 días	480 €/ha
Manual	1,5 jornales/ha	4	2 años	Cada 45 días	320 €/ha
Química	2 jornales/ha	2	3 años	80 €/jornal	160 €/ha
Química	2 jornales/ha	2	4 años	80 €/jornal	160 €/ha
Química	2 jornales/ha	2	5 años	80 €/jornal	160 €/ha
Química	2 jornales/ha	2	> 5años	80 €/jornal	160 €/ha
Glifosato	2,5 litros/ha			11,25 €/litro	28,13 €/ha

Tabla A16.66. Niveles críticos de fertilizantes en el suelo (kg/ha).

Elemento	N	P	K	Mg	Ca	Cl	B
	2,5-2,7	0,15-0,18	1-1,25	0,22-0,26	0,6-0,8	0,3-0,5	20 mg/kg

Tabla A16.67. Requerimientos nutricionales de la palma aceitera.

	1º año g/planta	2º año g/planta	A partir de 3º año g/planta
Necesidades N	320,0	460,0	500
Necesidades P	225,0	340,0	365
Necesidades K	375,0	400,0	450
Necesidades S	165,0	175,0	200
Necesidades Mg	20,0	30,0	41,3
Para marco en tresbolillo (9×9)	1º año kg/ha	2º año kg/ha	A partir de 3º año kg/ha
Necesidades N	72,2	103,8	112,8
Necesidades P	50,8	76,7	82,4
Necesidades K	84,6	90,3	101,6
Necesidades S	37,2	39,5	45,1
Necesidades Mg	4,5	6,8	9,3

Tabla A16.68. Dosis y costes de los fertilizantes aplicados a la palma aceitera.

		Cantidades a aplicar por ha				Coste fertilización		
	Unidad	1° año kg/ha	2° año kg/ha	3° año kg/ha	Precio €/ud	1° año €/ha	2° año €/ha	3° año €/ha
Nitrato amónico (33%)	kg/ha	0,00	0,00	0,00	0,40	0,0	0,0	0,0
Urea	kg/ha	62,43	156,81	168,23	0,39	24,3	61,2	65,6
Sulfato amónico	kg/ha	62,07	64,91	72,14	0,29	18,0	18,9	20,9
Superfosfato (18%)	kg/ha	0,00	0,00	0,00	0,35	0,0	0,0	0,0
Superfosfato triple	kg/ha	25,08	103,65	107,83	0,40	10,0	41,5	43,1
Sulfato potásico	kg/ha	0,00	0,00	0,00	0,67	0,0	0,0	0,0
Complejo 15-15-15	kg/ha	112,85	0,00	0,00	0,40	45,1	0,0	0,0
Complejo 6-10-30	kg/ha	225,69	300,92	338,54	0,45	101,6	135,4	152,3
Sulfato de magnesio	kg/ha	0,00	4,56	15,46	0,70	0,0	3,2	10,8
					Total	199,10	260,07	292,85

Tabla A16.69. Costes de aplicación de fertilizantes.

		Unidad	Medición	Precio Euros/ud	Precio total Euros/ha
1° año	Manual	jornal/ha	0,2	80,00	16,00
2° año	Manual	jornal/ha	0,2	80,00	16,00
A partir del 3° año					
	Abonadora centrífuga	h/ha	0,26	32,41	8,51

Tabla A16.70. Coste total de la fertilización.

1° año €/ha	2° año €/ha	3° año €/ha
207,61	268,58	301,36

Tabla A16.71. Costes de mano de obra para las labores de sanidad vegetal.

	Unidad	Medición	Precio €/ud	1° año Precio total €/ha	2° año Precio total €/ha	3° año Precio total €/ha
Pulverizador hidráulico	h/ha	0,26	32,77	-	-	8,60
Colocación y retirada de cebos	jornal/ha	0,5	80,00	40,00	40,00	40,00
Azufre	kg/ha	1,5	0,09	0,14	0,14	0,14
Clorpirifos	litros/ha	1,6	2,51	4,02	4,02	4,02
Cebos	unidad/ha	5	10,00	50,00	50,00	50,00
Conteos	jornal/ha	3,5	80,00	280,00	280,00	280,00
			Total	374,15	374,15	382,76

Tabla A16.72. Frecuencias y rendimientos de la polinización.

Modalidad	Cantidad	Edad de la plantación	Precio unitario	Coste total
Polinización manual	7 jornales/ha	2-4 años	80 €/jornal	560 €/ha
Polinización entomófila	8 jornales/ha	4-7 años	80 €/jornal	640 €/ha

Tabla A16.73. Frecuencias y rendimientos de la poda sanitaria.

	Unidad	Medición	Precio €/ud	Precio total €/ha
>1º año	jornal/ha	2	80,00	160,00
			Total	160,00

Tabla A16.74. Costes mano de obra labores de cosecha y transporte.

	Unidad	Medición	Precio €/ud	Precio total €/ha
1º año	-	-		
2º año	-	-	-	
3º año	jornal/ha	2	80,00	160,00
4º año	jornal/ha	3	80,00	240,00
5º año	jornal/ha	4	80,00	320,00
6º año	jornal/ha	6	80,00	480,00
> 7 año	jornal/ha	8	80,00	640,00
h tractor/ha		2	80,00	160,00

Tabla A16.75. Resumen de costes de producción (€).

	Año 1 min	Año 1 max	Año 2 min	Año 2 max	Año 3 min	Año 3 max
1. Mantenimiento	480,00	508,13	320,00	348,13	160,00	268,13
2. Fertilización	207,61	207,61	268,58	268,58	301,36	301,36
3. Riego	270,00	270,00	270,00	270,00	270,00	270,00
4. Sanidad vegetal	374,15	374,15	382,76	382,76	382,76	382,76
5. Polinización	-	-	560,00	560,00	560,00	560,00
6. Poda sanitaria	-	-	160,00	160,00	160,00	160,00
7. Cosecha y tra.	-	-	-	-	320,00	320,00
TOTAL	**1331,76**	**1359,89**	**1961,34**	**1989,46**	**2154,11**	**2262,24**

(Continúa en la página siguiente)

(Continúa de la página anterior)

	Año		Año		Año	
	4 min	4 max	5 min	5 max	6 min	6 max
1. Mantenimiento	160,00	188,13	160,00	188,13	160,00	188,13
2. Fertilización	301,36	301,36	301,36	301,36	301,36	301,36
3. Riego	270,00	270,00	270,00	270,00	270,00	270,00
4. Sanidad vegetal	382,76	382,76	382,76	382,76	382,76	382,76
5. Polinización	640,00	640,00	640,00	640,00	640,00	640,00
6. Poda sanitaria	160,00	160,00	160,00	160,00	160,00	160,00
7. Cosecha y tra.	400,00	400,00	480,00	480,00	640,00	640,00
TOTAL	**2314,11**	**2342,24**	**2394,11**	**2422,24**	**2554,11**	**2582,24**

Tabla A16.76. Tasas de transformación y precios.

Tasa transformación frutos en semillas	(t semillas/t de fruto)	0,80
Tasa transformación de aceite	(t aceite/t de semilla)	0,30
Tasa transformación de torta	(t torta/t de semilla)	0,70
Tasa transformación de torta	(t torta/t aceite)	2,33
Tasa restos	(t restos/t semilla)	0,25
Precio tonelada de semillas	(€/t semillas)	600,00
Precio tonelada de aceite	(€/t aceite)	700,00
Precio tonelada de torta	(€/ t torta)	0
Precio tonelada de restos	(€/t restos)	0
Precio tonelada almendra	(€/t)	203,26
Coste transformación aceite	(€/t)	32

Tabla A16.77. Cálculo flujos de caja del cultivo de palma.

Datos de producción		Año 1	Año 2	Año 3	Año 4	Año 5
Producción de frutos plantación palma	(t/ha año)	2,25	5,25	9,75	13,50	15,00
Producción anual de semillas	(t semillas/ha año)	1,80	4,20	7,80	10,80	12,00
Producción anual de aceite por hectárea	(t aceite/ha año)	0,54	1,26	2,34	3,24	3,60
Costes medios producción cultivo	(€/ha)	1359,89	1989,46	2262,24	2342,24	2422,24
Ingresos	(€/ha)	1350	3150	5850	8100	9000
Costes transformación aceite	(€/ha)	0,00	0,00	0,00	0,00	0,00
Costes logísticos	(€/ha)	0,00	0,00	0,00	0,00	0,00
Flujos de caja	(€/ha)	-9,89	1160,54	3587,76	5757,76	6577,76

(Continúa en la página siguiente)

(Continúa de la página anterior)

Datos de producción		Año 6	Año 7	Año 8	Año 9	Año 10
Producción de frutos plantación palma	(t/ha año)	16,00	17,00	18,00	19,00	20,00
Producción anual de semillas	(t semillas/ ha año)	12,80	13,60	14,40	15,20	16,00
Producción anual de aceite por hectárea	(t aceite/ ha año)	3,84	4,08	4,32	4,56	4,80
Costes medios producción cultivo	(€/ha)	2582,24	2742,24	2742,24	2742,24	2742,24
Ingresos	(€/ha)	9600	10200	10800	11400	12000
Costes transformación aceite	(€/ha)	0,00	0,00	0,00	0,00	0,00
Costes logísticos	(€/ha)	0,00	0,00	0,00	0,00	0,00
Flujos de caja	(€/ha)	7017,76	7457,76	8057,76	8657,76	9257,76

Tabla A16.78. Cálculo del VAN y la TIR (palma en secano € por hectárea).

	Inversión	AÑOS									
		1	2	3	4	5	6	7	8	9	10
Flujo de caja anual	-7649	-9,89	1161	3588	5758	6578	7018	7458	8058	8658	9258
Tasa de descuento	3,00%										
V.A.N a diez años	39335	Valor positivo, inversión (en principio) factible									
T.I.R a diez años	39,61%	Valor superior a la tasa, inversión (en principio) factible									

Tabla A16.79. Cálculo del VAN y la TIR (palma en regadío € por hectárea).

	Inversión	AÑOS									
		1	2	3	4	5	6	7	8	9	10
Flujo de caja anual	-12474	-9,89	1160	3588	5758	6578	7018	7458	8058	8658	9258
Tasa de descuento	3,00%										
V.A.N a diez años	34510	Valor positivo, inversión (en principio) factible									
T.I.R a diez años	27,56%	Valor superior a la tasa, inversión (en principio) factible									

Tabla A16.80. Balance económico por tonelada de aceite).

Datos de producción		Año 1	Año 2	Año 3	Año 4	Año 5
Costes de producción cultivo por t de aceite	(€/t aceite)	2518,31	1578,94	966,77	722,91	672,84
Costes transformación aceite	(€/t aceite)	32,00	32,00	32,00	32,00	32,00
Costes logísticos	(€/t aceite)	50,00	50,00	50,00	50,00	50,00
Ingresos aceite	(€/t aceite)	378,00	882,00	1638,00	2268,00	2520,00
Flujos de caja	(€/t aceite)	-2222,31	-778,94	589,23	1463,09	1765,16
Datos de producción		**Año 6**	**Año 7**	**Año 8**	**Año 9**	**Año 10**
Costes de producción cultivo por t de aceite	(€/t aceite)	672,46	672,12	634,78	601,37	571,30
Costes transformación aceite	(€/t aceite)	32,00	32,00	32,00	32,00	32,00
Costes logísticos	(€/t aceite)	50,00	50,00	50,00	50,00	50,00
Ingresos aceite	(€/t aceite)	2688,00	2856,00	3024,00	3192,00	3360,00
Flujos de caja	(€/t aceite)	1933,54	2101,88	2307,22	2508,63	2706,70

Tabla A16.81. Cálculo del VAN y la TIR (palma en secano € por tonelada de aceite).

	Inversión	AÑOS									
		1	2	3	4	5	6	7	8	9	10
Flujo de caja anual	-2125	-2222	-779	589	1463	1765	1934	2102	2307	2509	2707
Tasa de descuento	3,00%										
V.A.N a diez años	7432	Valor positivo, inversión (en principio) factible									
T.I.R a diez años	19,69%	Valor superior a la tasa, inversión (en principio) factible									

ANEXO 16.7. RECOPILACIÓN DE ANÁLISIS ECONÓMICO DEL CULTIVO DE LA *JATROPHA CURCAS* L.

En las tablas siguientes se muestran las inversiones y costes de la plantación de *Jatropha curcas* L.

$$n^o\ semillas = \frac{10000}{0,7 \cdot 6 \cdot 3} = 1190$$

(se divide por 0,7, por previsión de las semillas de vivero no germinadas)

Tabla A16.82. Cuantificación de recursos y estimación de costes para la obtención de plantas trasplante.

	Unidad	Medición	kg de semilla/ha	Precio Euros/ud	Precio total Euros/ha
Adquisición de semillas para plantones	semillas/ha	1190	1,190	0,012	0,014
Limpieza y clasificación de las semillas	kWh eléctrico	35,33		0,06	2,12
	jornal/ha	1,5		60,00*	90,00
Trasplante de plántulas a bandejas y mantenimiento hasta trasplante	jornal/ha	3		60,00	180,00
				Total	272,13

*Se ha considerado un precio de la mano de obra de 60 €/jornal, de acuerdo a los estándares de las zonas donde se cultiva *Jatropha curcas* L.

Tabla A16.83. Costes de las labores de limpieza de la zona de plantación manual.

Componente	Unidad de medida	Medición	Precio Euros/ud	Coste total
Mano de obra en limpieza manual y retirada de residuos	jornal	3 jornales/ha	60 €/jornal	180 €/ha
Tractor de 120 CV con desbrozadora de cadenas.	h	1,4 h/ha	33,51 €/h	46,92 €/ha

Tabla A16.84. Costes pase subsolador y labor de refino, nivelación y compactación.

Componente	Unidad de medida	Medición	Precio Euros/ud	Coste total
Tractor de 120 CV con subsolador	h	2,33 h/ha	31,67 €/h	73,89 €/ha

Tabla A16.85. Costes formación de pozos.

Componente	Unidad de medida	Cantidad	Precio unitario	Coste total
Mano de obra	Jornal	3 jornales/ha	60 €/jornal	180 €/ha

Tabla A16.86. Costes de fertilización en la plantación.

Componente	Unidad de medida	Cantidad	Precio unitario	Coste partida
Mano de obra	Jornal	3 jornales/ha	60 €/jornal	180,00 €/ha
Triple fosfato	kg	83,33 kg/ha	0,40 €/kg	33,33 €/ha
			Coste total	**213,33 €/ha**

Tabla A16.87. Dosis de fertilización *Jatropha curcas* L.

	1º año g/planta	Años siguientes g/planta	1º año kg/ha	Años siguientes kg/ha
N	23,0	460,0	19,2	383,3
P	90,0	337,5	75,0	281,3
K	37,5	450,0	31,3	375,0
S	34,0	367,0	28,3	305,8
Mg		42,0	0,0	35,0

Tabla A16.88. Cantidades de aplicar de cada tipo de fertilizante.

	Abonos utilizado	Cantidades a aplicar por ha	
		1º año kg/ha	A partir del 2º año kg/ha
A	Nitrato amónico (33%)	0,0	0,0
B	Urea	20,1	443,1
C	Sulfato amónico	47,2	497,6
D	Superfosfato (18%)	0,0	0,0
E	Superfosfato triple	166,7	347,2
F	Sulfato potásico	0,0	0,0
G	Complejo 15-15-15	0,0	0,0
H	Complejo 6-10-30	0,0	1250,0
I	Sulfato de magnesio	0,0	60,6
J	Cloruro potásico	52	0,0
	Coste (función objetivo) €/ha	102,3	1061

Tabla A16.89. Coste de maquinaria de abonado.

	Unidad	Medición	Precio Euros/ud		Precio total Euros/ha
Abonadora centrífuga	h/ha	0,26	32,41	3 veces	25,52

Tabla A16.90. Coste de los riegos.

	Unidad	Medición m^3/ha	Precio Euros/m^3	Precio total Euros/ha
Agua	m^3	12000	0,015	180

Tabla A16.91. Frecuencias y rendimientos de la poda.

Modalidad	Cantidad	Frecuencia	Precio unitario	Coste total
Corte con cincel	3 jornales/ha	12 meses	60 €/jornal	180 €/ha

Tabla A16.92. Frecuencias y rendimientos del control de malas hierbas.

	Unidad	Medición	Precio Euros/ud	Precio total Euros/ha
Manual	jornales/ha	4	60,00	**240,00**
Química				
Diflufenican4%+Glifosato16% p/v	litros/ha	2,5	11,25	28,13
Mano de obra	jornales/ha	2	60,00	120,00
			Total limpieza química	148,13

Tabla A16.93. Estimación de los costes de los tratamientos fitosanitarios de la *Jatropha curcas* L.

	Unidad	Medición	Precio Euros/ud	Precio total Euros/ha
Azufre	kg/ha	1,5	3,0	4,50
Clospirifos	litros/ha	9	2,5	22,59
Cebos	ud/ha	5	5,4	27,00
Pulverización	h/ha	0,26	32,8	8,60
Colocación y retirada de cebos	jornales/ha	0,5	60,0	30,00
			Total	92,69

Tabla A16.94. Costes de recolección del frutos de *Jatropha curcas* L.

	Unidad	Medición	Precio Euros/ud	Precio total Euros/ha
Recolección manual	jornales/ha	6	60,00	360,00
Tractor	jornales/ha	1	30,56	30,56
			Total	390,56

Tabla A16.95. Rendimientos en la producción de frutos.

	Año 1	Año 2	Año 3	Año 4	> Año 5
Producción de frutos (t/ha)	2,70	6,30	11,70	16,20	18,00
Producción anual de aceite (t/ha)	0,61	1,43	2,66	3,69	4,10

Tabla A16.96. Resumen de los costes de producción de la *Jatropha curcas* L.

	min	max
Fertilización	1086,65	1086,65
Riego	180,00	180,00
Operaciones de mantenimiento	428,13	328,13
Control fitosanitario	103,58	92,69
Operaciones de recolección	499,48	390,56
Total	2078,03	2169,91

Tabla A16.97. Tasas de transformación de frutos de la *Jatropha curcas* L.

Tasa transformación frutos en semillas	(t semillas/t de fruto)	0,65
Tasa transformación de aceite	(t aceite/t de semilla)	0,35
Tasa transformación de torta	(t torta/t de semilla)	0,65
Tasa transformación de torta	(t torta/t aceite)	1,86
Tasa restos	(t restos/t semilla)	0,54

Tabla A16.98. Balance económico de la producción de la *Jatropha curcas* L.

		Año 1	Año 2	Año 3	Año 4	Año 5
% anual de frutos plantación jatrofa	(%)	15%	35%	65%	90%	100%
Producción de frutos plantación jatrofa	(t/ha año)	2,70	6,30	11,70	16,20	18,00
Producción anual de semillas	(t sem./ha año)	1,76	4,10	7,61	10,53	11,70
Producción anual de aceite por hectárea	(t aceite/ha año)	0,61	1,43	2,66	3,69	4,10
Costes medios producción cultivo	(€/ha)	318,60	743,39	1380,58	1911,57	2123,97
Ingresos	(€/ha)	583,54	1361,59	2528,66	3501,20	3890,25
Costes transformación aceite	(€/ha)	19,66	45,86	85,18	117,94	131,04
Costes logísticos	(€/ha)	6,14	14,33	26,62	36,86	40,95
Flujos de caja	(€/ha)	-1566	558	1036,29	1434,86	1594,29

Tabla A16.99. Análisis de inversión de maquinaria.

Apero	Velocidad de trabajo (km/h)	Anchura de trabajo (m)	Tiempo de giro (h)	Tiempo de trabajo. (h/ha)	Vida útil (horas)	Valor compra (€)	Invers./ ha (€/ha)*
Tractor	5	4	0,0083	0,74	15840	60000	1000
Abonadora	6	6	0,0083	0,44	5280	2500	41,66
Pulverizador	6	10	0,0083	0,26	5280	3000	50

*se considera que la propiedad media es de 60 ha.

Tabla A16.100. Resumen de inversión de las plantaciones de *Jatropha curcas* L.

		Mínimo Euros/ha	Máximo Euros/ha	Media Euros/ha
1. Obtención de plantones		272,13	272,13	272,13
2. Preparación del terreno		300,81	433,89	367,35
3. Plantación		213,33	213,33	213,33
4. Instalación de riego		4825,00	4825,00	4825,00
5. Maquinaria		1091,67	1091,67	1091,67
	Total	6702,94	6836,02	6769,48

En la Tabla A16.101 se muestran los indicadores del Valor Actual Neto (VAN) y Tasa Interna de Rendimiento (TIR) para la evaluación de la inversión por hectárea.

Tabla A16.101. Cálculo del VAN y la TIR (Jatropha curcas L. € por hectárea).

		AÑOS									
	Inversión	1	2	3	4	5	6	7	8	9	10
Flujo de caja anual	-6769	-1566	558	1036	1435	1594	1594	1594	1594	1594	1594
Tasa de descuento	3,00%										
V.A.N a diez años	2133	Valor positivo, inversión (en principio) factible									
T.I.R a diez años	6,98%	Valor superior a la tasa, inversión (en principio) factible									

Tabla A16.102. Análisis económico de producción por tonelada de aceite de *Jatropha curcas* L.

Costes de producción cultivo por t de aceite	(€/t aceite)	514,98	514,98	514,98	514,98	514,98
Costes transformación aceite	(€/t aceite)	32,00	32,00	32,00	32,00	32,00
Costes logísticos	(€/t aceite)	10,00	10,00	10,00	10,00	10,00
Ingresos aceite	(€/t aceite)	950,00	950,00	950,00	950,00	950,00
Ingresos torta	(€/t aceite)	0,00	0,00	0,00	0,00	0,00
Flujos de caja por t de aceite	(€/t aceite)	393,02	393,02	393,02	393,02	393,02

Tabla A16.103. Cálculo del VAN y la TIR (*Jatropha curcas* L. € por tonelada de aceite).

		AÑOS									
	Inversión	1	2	3	4	5	6	7	8	9	10
Flujo de caja anual	-1653	389	389	389	389	389	389	389	389	389	389
Tasa de descuento	3,00%										
V.A.N a diez años	1668	Valor positivo, inversión (en principio) factible									
T.I.R a diez años	19,63%	Valor superior a la tasa, inversión (en principio) factible									